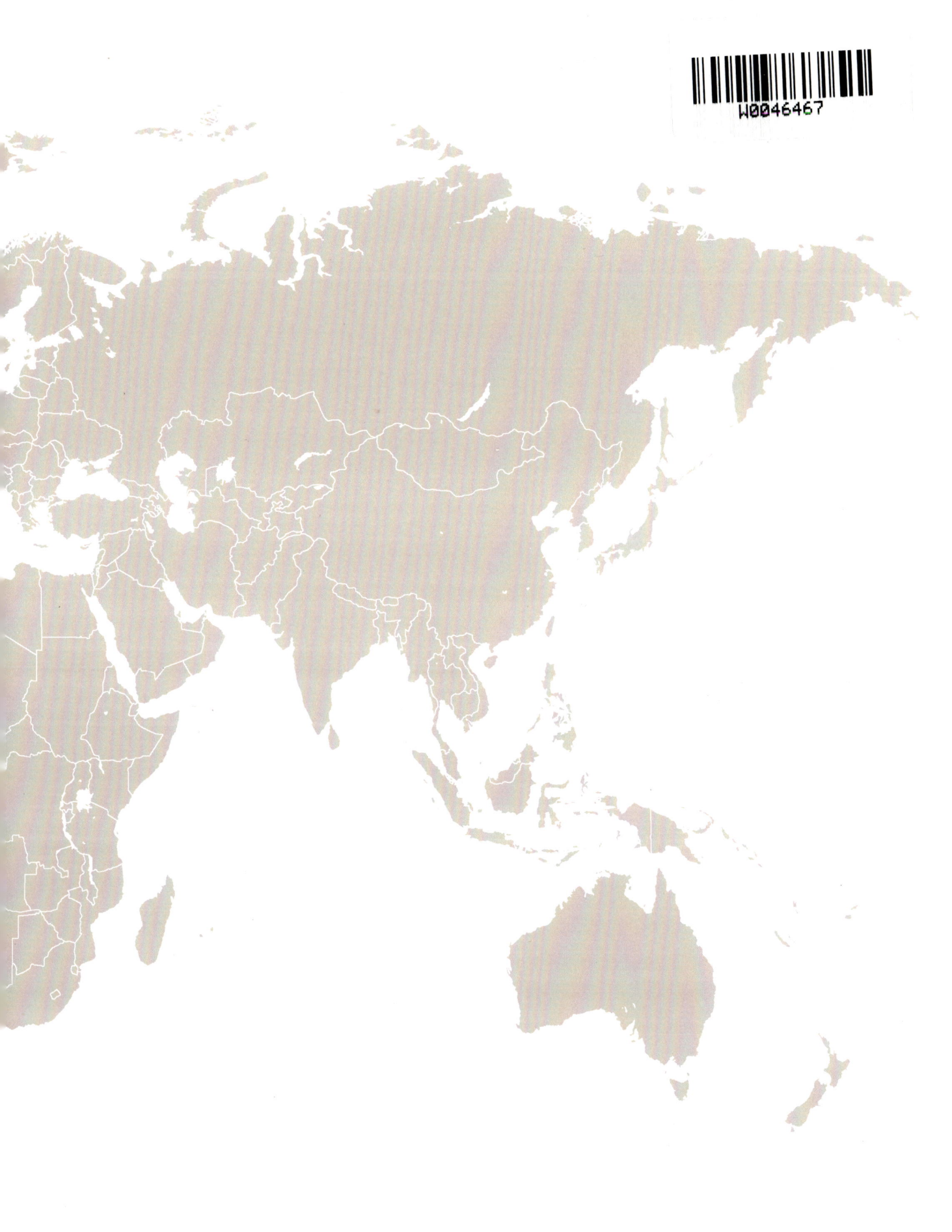

DIE ZEIT

Der ZEIT-Bildungskanon

DAS WISSEN DIESER WELT

Der ZEIT-Bildungskanon

50 Redakteure erklären Politik
Wirtschaft, Wissenschaft und Kultur

Impressum

Herausgegeben von Zeitverlag Gerd Bucerius GmbH & Co. KG und Spektrum Akademischer Verlag GmbH

Herausgeber DIE ZEIT: Andreas Sentker, Urs Willmann
Redaktionsleitung: Urs Willmann
Lektorat: Uta Kleimann
Korrektorat: Mechthild Warmbier (verantw.), Ursula Nestler, Maren Preiß, Oliver Voß
Layout und Einbandgestaltung: Buchholz Graphiker
Illustrationen: Alexandra Kardinar, Volker Schlecht, www.drushbapankow.de
Zeitleisten: Spektrum Akademischer Verlag: Dominik Wigger, Stefan Preiß, Frank Wigger (verantw.), Bettina Saglio
Karten: Gisela Breuer, Anne Gerdes, Jelka Lerche, Wolfgang Sischke
Produktion: Mike Kandelhardt, Ingrid Nündel

Bibliografische Information der Deutschen Nationalbibliothek
Die Deutsche Nationalbibliothek verzeichnet diese Publikation in der Deutschen Nationalbibliografie;
detaillierte bibliografische Daten sind im Internet über http://dnb.d-nb.de abrufbar.

© 2009 Zeitverlag Gerd Bucerius GmbH & Co. KG und Spektrum Akademischer Verlag GmbH
Spektrum Akademischer Verlag ist ein Imprint von Springer, Springer ist ein Unternehmen von
Springer Science+Business Media, springer.de

Die Artikel sind als wöchentliche ZEIT-Serie »Das Wissen dieser Welt« in den Ausgaben
Nr. 44/2007 bis Nr. 41/2008 erschienen.

Verlag: Zeitverlag Gerd Bucerius GmbH & Co. KG, Pressehaus, Buceriusstraße, Eingang Speersort 1, 20095 Hamburg
Spektrum Akademischer Verlag GmbH, Slevogtstr. 3–5, 69126 Heidelberg

Druck und Bindung: Firmengruppe APPL, aprinta druck, Wemding
Printed in Germany

ISBN: 978-3-8274-2089-3

Bildnachweise

S. 23: Universität Bielefeld; S. 33: ISFH; S. 43: privat; S. 53: privat; S. 63: Humboldt-Universität ; S. 73: Ronny
Heidenreich; S. 83: privat; S. 93: Sven Ehmann/Freie Universität Berlin; S. 103: Kursat Bayhan; S. 123: privat; S. 133:
privat; S. 143: privat; S. 153: privat; S. 163: Universität Erfurt; S. 173: R. Gaillarde/Gamma/Studio X; S. 183: Annegret
Günther/FSU Jena; S. 193: privat; S. 213: GeoForschungsZentrum Potsdam; S. 223: privat; S. 233: Justin Knight; S. 243:
Marijan Murat/Picture-Alliance/dpa; S. 253: privat; S. 263: privat; S. 273: Charité-Universitätsmedizin Berlin; S. 283:
privat, S. 293: privat; S. 313: privat; S. 323: Universität Tübingen; S. 333: Universität Erfurt; S. 343: Forschungsinstitut
Senckenberg; S. 353: © Verlag C. H. Beck oHG; S. 363: akg; S. 373: privat; S. 383: Christoph Drösser; S. 403: privat;
S. 413: Deutsche Kinemathek; S. 423: © Evi Künstle, HfG Karlsruhe; S. 433: Dieter Andree; S. 443: privat; S. 453: JLU/
Hans-Peter Loew; S. 463: Merz Akademie, Hochschule für Gestaltung, Stuttgart; S. 473: www.agentur-dietrich.de;
S. 493: © Verlag Antje Kunstmann; S. 503: © Patrick Hertzog/AFP/Getty Images; S. 513: privat; S. 523: privat; S. 533: Campus
Verlag; S. 543: Institut für Sportwissenschaft der Eberhard Karls Universität Tübingen; S. 553: TU Berlin; S. 563: privat

INHALTSVERZEICHNIS

WERKSTATTBERICHT

Das Wissen dieser Welt

AUS 50 REPORTAGEN WURDE DER ZEIT-BILDUNGSKANON.
EIN WERKSTATTBERICHT

Kann man einen Kanon konzipieren, der alles umfasst, was man heute wissen muss? Schon unsere ersten Gespräche mit Bildungsexperten und Wissenschaftlern zeigten die Unmöglichkeit des Unterfangens: Wir hatten 50 Folgen geplant, die größte Serie, die die ZEIT je gedruckt hat. »Zu wenig«, bekamen wir zur Antwort. Wir wollten Woche für Woche zwei Zeitungsseiten für jeweils ein Thema frei räumen. »Viel zu wenig«, schimpften die Experten.

Setzt sich eine Zeitung aber trotzdem in den Kopf, einen zeitgenössischen Bildungskanon zu gestalten, woraus kann er, woraus soll er bestehen?

Grammatik und Rhetorik, Dialektik und Arithmetik, Geometrie, Musik und Astronomie waren nach römischer Vorstellung die Studienfächer (Septem Artes liberales – die sieben freien Künste), die einen freien Mann zu einem gebildeten machten. Die historischen Kanonvorbilder bedurften offensichtlich einer Ergänzung, wollten wir der heutigen Vielfalt der politisch, wirtschaftlich, wissenschaftlich und gesellschaftlich relevanten Themen gerecht werden.

Wir studierten die Fachgebietseinteilung der amerikanischen Library of Congress, der größten Bibliothek der Welt. Wir lasen im Brockhaus, wir blätterten bei Dietrich Schwanitz (*Bildung – Alles, was man wissen muss*) und Ernst Peter Fischer (*Die andere Bildung – Was man von den Naturwissenschaften wissen sollte*). Wir sahen uns an, wie die Deutsche Forschungsgemeinschaft die Disziplinen einteilt, an die sie ihre Millionen Euro Fördermittel vergibt. Wir dachten an die gängigen Schulfächer, ließen uns von der Struktur universitärer Lehrstühle inspirieren.

Von der Fülle erschlagen, standen wir kurz vor der Kapitulation. Sollten wir den Lesern 300 Teile zumuten? Undenkbar. Ein Jahr lang das komplette Wissen-Ressort der ZEIT als Enzyklopädie? Wo bliebe dann die Aktualität (der neueste Hominidenschädel, der jüngste Klon, der Durchbruch in der Krebsforschung), wo die Bildungs- und Forschungspolitik (Grundschulen, Eliteuniversitäten), wo blieben die Nobelpreise, die Klimadebatte?

Dann kamen zwei Gedanken zusammen – und ergaben einen glücklichen dritten: Hans Schuh hatte die Idee skizziert, über Spitzbergen zu schreiben. Die Inselgruppe in der Arktis ist einer der am weitesten gereisten Flecken des Planeten. Im Lauf der Kontinentaldrift ist er vom Südpol fast bis zum Nordpol gewandert. Das Thema Spitzbergen verknüpften wir mit dem Kanongedanken: Warum sollte Hans Schuh nicht von diesem mit geologischer Geschwindigkeit über den Planeten wandernden Punkt aus die Erdgeschichte erklären – Gebirgsentstehung, Vulkanausbrüche, Sedimentation, Bodenschätze und Fossiliensuche inklusive?

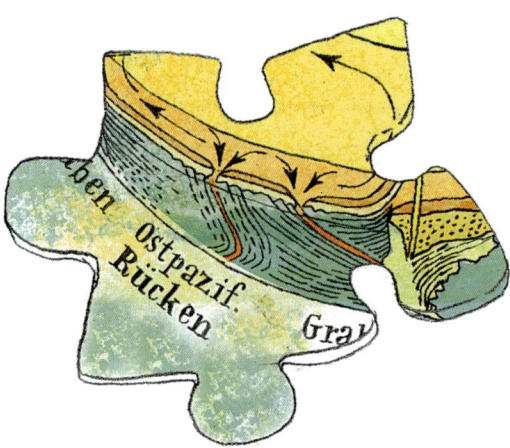

Von wo aus, fragten wir ZEIT-Literatur-Chef Ulrich Greiner, würde er über Literatur schreiben? Seine Antwort: aus den wohlgehüteten Archiven von Marbach. Dann sprudelten die Ideen. Feuilleton-Redakteur Peter Kümmel aus Stratford-upon-Avon über das Theater, Wissen-Redakteur Ulrich Bahnsen aus den Bostoner Biotechschmieden über Moleküle, Russlandkorrespondent Johannes Voswinkel aus dem Moskauer Café Lux über Kommunismus, Wirtschaftsfachmann Wolfgang Uchatius aus dem Züricher Bankenviertel über Kapital.

Wir beschlossen: 50 Spielplätze sollten den Rahmen bilden, sie sollten zu Orten der Inspiration und Kontemplation werden, an denen die wichtigsten Ideen, Konzepte und Erkenntnisse eines Feldes entwickelt werden

können. Das Resultat sollte erlebtes und lebendiges Wissen sein. Dazu eine Übersicht mit den wichtigsten Begriffen, Namen oder Daten sowie ein Interview mit einem prominenten Vertreter einer Disziplin – zum Beispiel darüber, was er weiß, ohne es beweisen zu können. Oder darüber, was er nicht weiß.

Die Auswahl der Gebiete erfolgte im ersten Schritt nach klassischen journalistischen Kriterien: Neugierde und Leidenschaft. Wir haben unsere Kollegen nach dem Schlüsselbegriff ihrer Arbeit gefragt. Wo wird er lebendig? Die Liste der Vorschläge wollten wir gegen die wissenschaftlichen Raster der Fachgebiete abgleichen. Wo sich eklatante Lücken zeigen würden, wollten wir Themen ganz gezielt bestellen. Wo ein Vorschlag zu randständig oder abseitig erschiene, müssten wir mit Bedauern absagen.

Was dann geschah, hat uns selbst am meisten überrascht. Die Liste der Vorschläge ließ sich ohne Mühe ordnen. Die großen Begriffe der Politik – Staat, Demokratie, Macht – waren ebenso schnell vereint wie die der Wirtschaft: Kapital, Arbeit, Globalisierung. Die Disziplinen der Naturwissenschaften waren von der Physik über die Geologie bis zur Biologie allesamt vertreten, alle klassischen Künste ebenso.

So ein Kanon, geboren aus der Neugier von 50 Journalisten, kann trotzdem nicht vollständig sein. Aber er versammelt Wissen auf eine Weise, die trockenen Bildungspflichtstoff lebendig und anschaulich werden lässt. Es ist im Wortsinn erlebtes Wissen, das nicht alle Antworten geben kann, aber die richtigen Fragen stellen lässt.

Die »Orte der Erkenntnis« (so lautete der Arbeitstitel des Kanons) sind nicht gleichmäßig über den Erdball verteilt. Das alte Europa spielt eine ganz zentrale Rolle. Das liegt nicht nur an seiner langen ideengeschichtlichen Tradition, sondern auch an seiner kulturellen Vielfalt. Bei den modernen Wissenschaften und bei der Alltagskultur kommen die USA ins Spiel. In der Wirtschaft hat Asien eine wichtige Rolle übernommen.

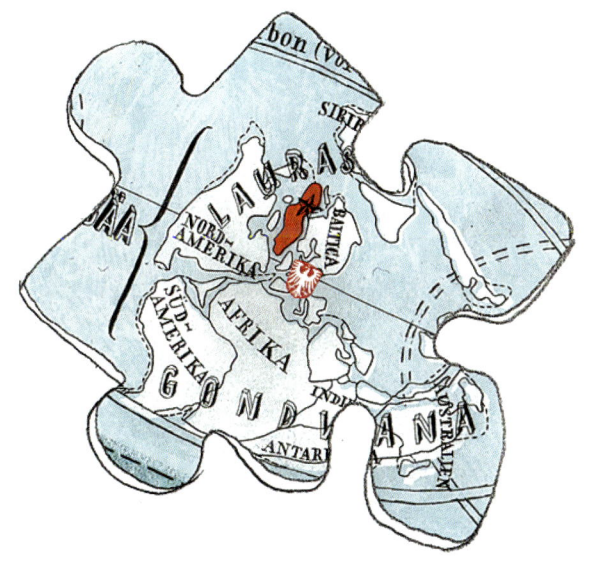

Der Titel »Das Wissen dieser Welt« war als Arbeitsauftrag wörtlich gemeint. Was lernt man, wenn man an die Hotspots der Aktualität wie die des historischen Geschehens reist, an Orte des Nachdenkens und zu den Baustellen der Zukunft? Nicht aus Lehrbüchern, sondern aus dem Leben sollten sie berichten – mit diesem Auftrag sind die Reporter ausgeschwärmt.

In unseren beiden Illustratoren Alexandra Kardinar und Volker Schlecht fanden wir die idealen Mitreisenden. Die beiden Grafikdesigner, Zeichner und Illustratoren arbeiten unter dem Namen Drushba Pankow (Drushba ist russisch und heißt Freundschaft, und mit Pankow ist der Berliner Stadtteil gemeint). Sie haben als »Kollektiv für manuelle und rechnergestützte Bilderzeugung« schon viele Preise gewonnen. Was sie in den 50 Wochen unserer Weltreise auszeichnete, war die immer wieder überraschende Mischung aus großer Nähe und analytischer Distanz, die sie mit Zeichenstift, Farbkasten und Computer erzielten. Sie waren im Geiste mit uns unterwegs und sezierten im Atelier Strich für Strich unsere Beobachtungen.

Der ZEIT-Bildungskanon hat mit Hilfe von Drushba Pankow einen fast klassischen Anstrich erhalten – und erfüllt doch ganz andere Kriterien als die antike Aufstellung

der Artes liberales. Wir können und wollen keinen Anspruch auf Vollständigkeit oder Allgemeingültigkeit erheben. Aber wir stoßen 50-mal das Tor zu einem Thema so weit auf, dass sich das Faszinierende und Inspirierende am jeweiligen Wissen erschließt. Denn das Wissen dieser Welt ist wie die Welt selbst: in beständigem Wandel begriffen. Auch deshalb will dieser Kanon nicht endgültig definieren, was Bildung ist. Er gibt Anstoß zum Weiterdenken.

Andreas Sentker und Urs Willmann

Demokratie | Mainz

In Mainz, 1792/93 Ort der ersten deutschen Republik, kann man
lernen, wie schwierig es war, die moderne Demokratie zu erfinden.

Frieden | New York

Den Krieg abzuschaffen ist der vielleicht älteste und erhabenste
Menschheitstraum. Die Vereinten Nationen in New York versuchen seit
1945, diesen Traum zu realisieren. Auch wenn sie immer wieder scheitern –
ohne den UN-Sicherheitsrat gäbe es noch mehr Konflikte auf der Welt.

Kommunismus | Moskau

Im Moskauer Hotel Lux lebten jahrzehntelang Weltrevolutionäre, Spitzel,
Emigranten und künftige Staatsmänner unter einem Dach. Heute regiert auch dort
der Kapitalismus.

Krieg | Al Bazourieh

Der Krieg ist eine mordende Bestie und ein Verführer der Menschen. Im Sommer 2006
kam er in das Dorf Al Bazourieh im Süden des Libanons. Die israelische Armee ließ Millionen
Streubomben auf das Land fallen. Noch Jahre nach dem Angriff zerstören sie Ernten und töten
Mensch und Tier.

Macht | Sant'Andrea in Percussina

Vor 500 Jahren erfand der italienische Philosoph Niccolò Machiavelli die Politikwissenschaft, indem er die
Mechanismen der Macht entschlüsselte. Seine Analyse erklärt noch heute, warum Staaten im Chaos versinken
und wie Demokratien sich am Leben halten.

Nationalismus | Istanbul

Am Beispiel des Pogroms von Istanbul 1955 lässt sich zeigen, wie Nationalismus entsteht und wie gefährlich er ist.

Recht | München

Der Mensch schuf das Recht, um sozialen Frieden zu stiften. Doch Gesetze werden von Politikern gemacht,
Staatsanwälte von Medien beeinflusst. Der Prozess gegen die Münchner U-Bahn-Schläger zeigt: Das Recht ist nicht
die unabhängige Größe, als die es erscheint.

Revolution | Paris

Die Französische Revolution von 1789 gilt als die Revolution schlechthin. Solche politischen Umstürze kommen nie
aus heiterem Himmel. Und sie geschehen mit dem Anspruch, eine neue, gerechtere Ordnung zu schaffen.

Staat | Prishtina

Man nehme ein Stück Land, ein Volk und organisiere ein effektives Gewaltmonopol. Im Kosovo, das seine Unabhängigkeit anstrebt, lässt sich beobachten, wie schwierig es ist, dieses Rezept in die Realität umzusetzen.

■ Frieden

POLITIK

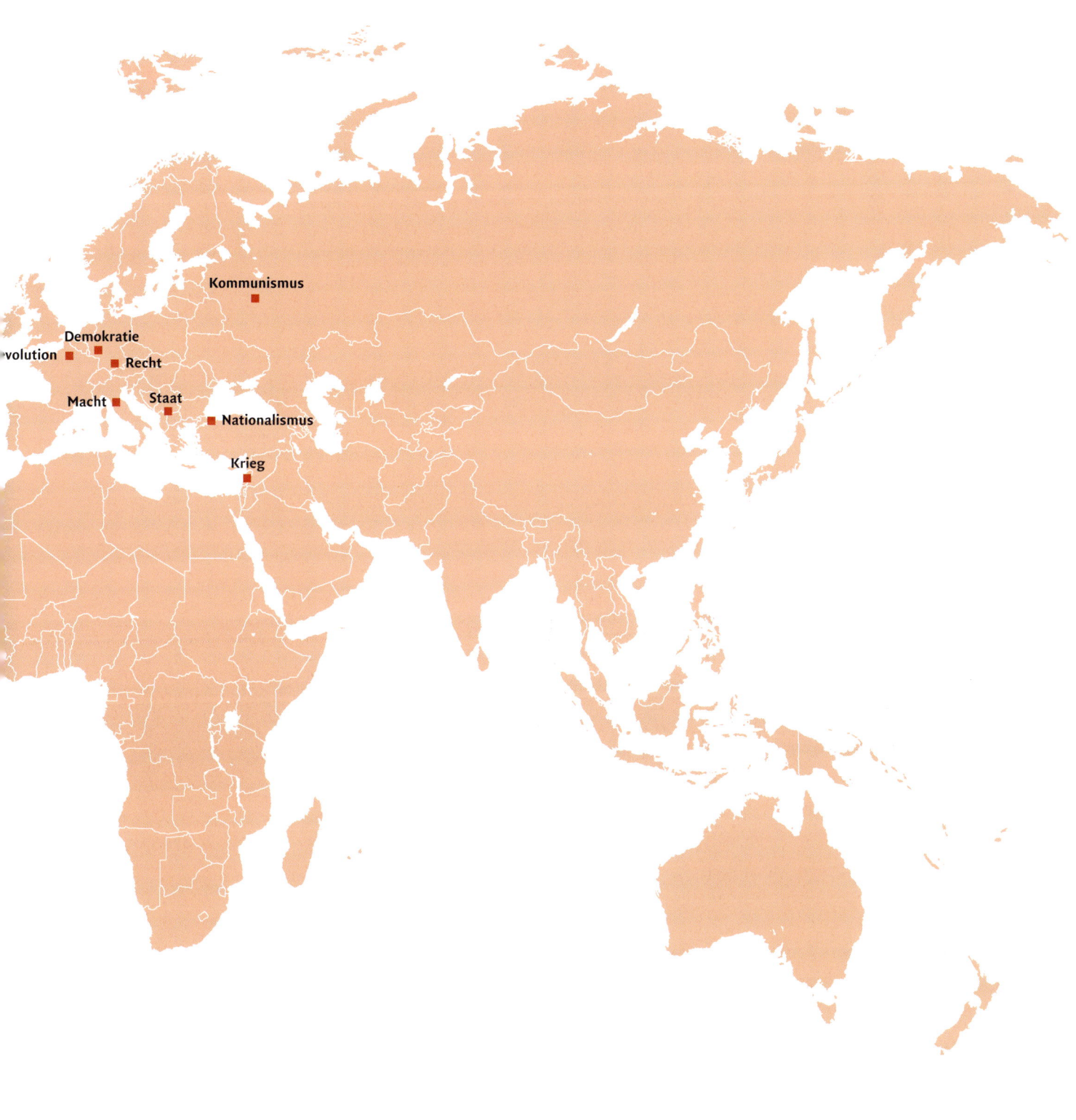

Kommunismus

Demokratie

volution

Recht

Macht

Staat

Nationalismus

Krieg

DEMOKRATIE

Urdemokratie heute: Fahnenjunker
auf dem jährlichen Treffen der
APPENZELLER LANDSGEMEINDE

Als »Regierung des
Volkes durch das Volk und
für das Volk« bezeichnete
US-Präsident
ABRAHAM LINCOLN
die Demokratie

Der führende Kopf
der Mainzer Republik:
GEORG FORSTER

Aufstand für die Demokratie:
MONTAGSDEMONSTRATION
in Leipzig

Zentrum des politischen
Lebens im antiken Athen:
AKROPOLIS

Ein Staat für alle

In Mainz, 1792/93 Ort der ersten deutschen Republik,
kann man lernen, wie schwierig es
war, die moderne Demokratie zu erfinden

VON GUNTER HOFMANN

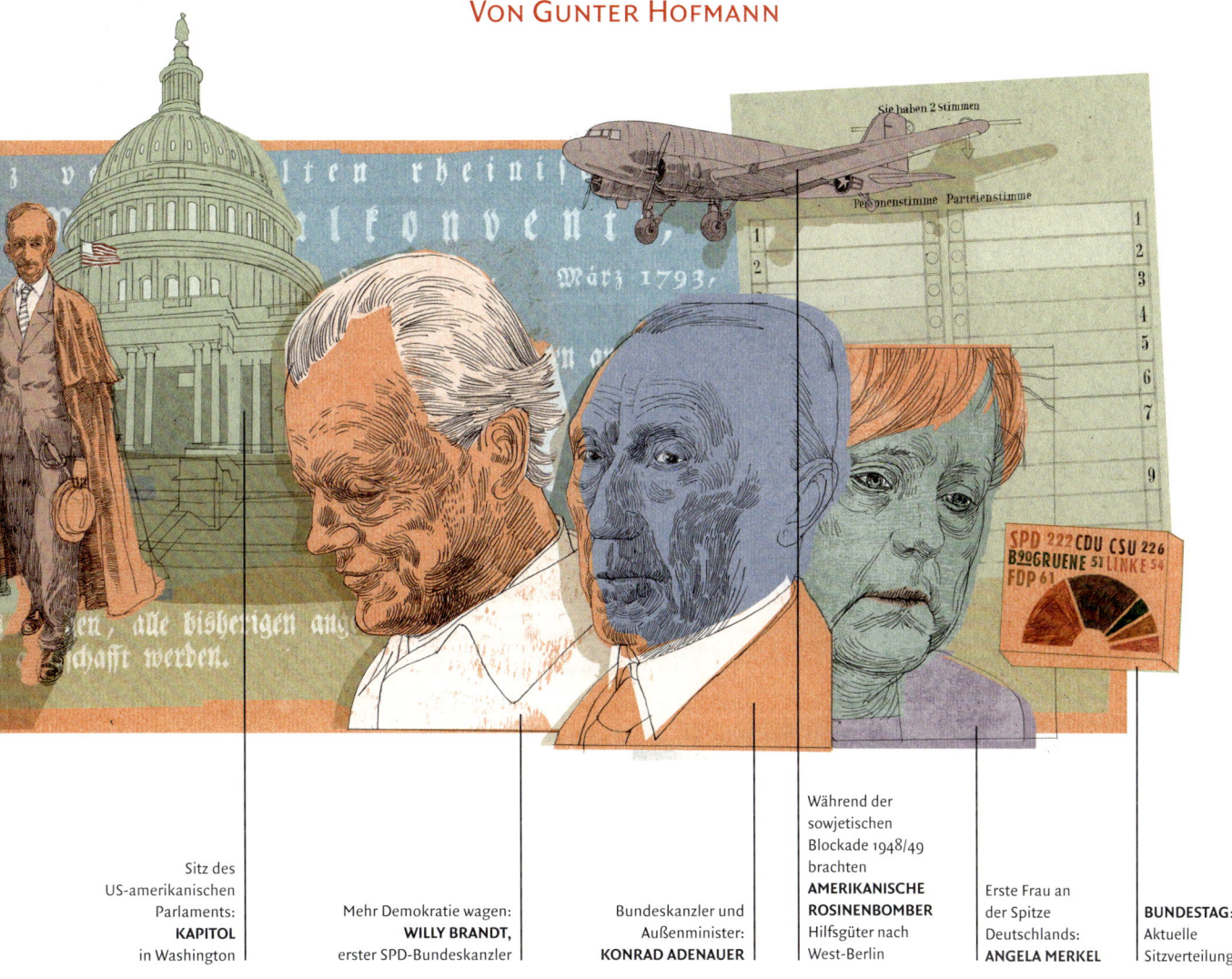

Sitz des
US-amerikanischen
Parlaments:
KAPITOL
in Washington

Mehr Demokratie wagen:
WILLY BRANDT,
erster SPD-Bundeskanzler

Bundeskanzler und
Außenminister:
KONRAD ADENAUER

Während der
sowjetischen
Blockade 1948/49
brachten
**AMERIKANISCHE
ROSINENBOMBER**
Hilfsgüter nach
West-Berlin

Erste Frau an
der Spitze
Deutschlands:
ANGELA MERKEL

BUNDESTAG:
Aktuelle
Sitzverteilung

Fürst Metternich« leuchtet als Inschrift von der rechten Seite des Rheins, Werbung für eine Sektkellerei. Letzte Erinnerung an einen fürstlichen Metternich-Vorfahren. Zu Zeiten der Französischen Revolution von Ende 1790 bis Sommer 1792 hatte er in Mainz studiert. Später wurde er österreichischer Staatskanzler, der für Unterdrückung und die Vielstaaterei der Fürsten »von Gottes Gnaden« stand. In seinen Memoiren rechnete er zornbebend ab mit diesen Mainzer Lehren, die auf die »Emanzipation des menschlichen Geschlechts« zielten. Vom »fürchterlichen Jakobinernest« Mainz sprach er noch lange danach verächtlich.

Hier, ausgerechnet an einem »Centralort« des viele Staaten umfassenden Heiligen Römischen Reiches Deutscher Nation, hatte nämlich die »Mainzer Republik« das Licht der Welt erblickt. Vom Herbst 1792, als die französischen Revolutionstruppen »Mayence« besetzten, bis zum Sommer 1793, als sie wieder vertrieben wurden, währte das Unternehmen. Von Landau bis Bingen reichte der Frei-Raum, der – nach französischem Muster – Freiheit und Gleichheit versprach. Ja, das erste Demokratieexperiment war es auf deutschem Boden.

Besonders erbleichen ließ den Fürsten Metternich vermutlich ein Datum: der 18. März 1793. Da wurde vom Balkon des Deutschhauses aus die Republik ausgerufen. Am Tag zuvor hatte sich der Rheinisch-Deutsche Nationalkonvent mit 130 Abgeordneten konstituiert, das erste nach demokratischen Grundsätzen gewählte Parlament in Deutschland.

Als Vertreter des »ganzen Volkes«, nicht der Stände, begriffen sich die Delegierten. Und: Das Mandat war frei, »an Aufträge und Weisungen nicht gebunden«, wie es heute im Grundgesetz heißt. So weit kam es nicht einmal in der Frankfurter Nationalversammlung von 1848, der nächsten großen Etappe auf dem krummen Weg zur deutschen Demokratie. Von Frankreich war der revolutionäre Impuls ausgegangen. Am 14. Juli 1789 hatten die Franzosen die Bastille gestürmt. Das war die Zeitenwende für ganz Europa gewesen.

Demokratie, die Volkssouveränität, hatte bis dahin nur spärliche Vorläufer. Die attische »Demokratie« in Athen 451 vor Christus – erstmals taucht das Wort hier auf – gab nur (männlichen) »Vollbürgern« ein Mitsprache- und Stimmrecht, wer diese Demokratie bedrohte, durfte verbannt werden; die Römische Republik (509 bis 27 vor Christus) enthielt lediglich Spurenelemente davon, vor allem bei der Wahl republikanischer Magistrate. Das Mittelalter in Europa machte dann Tabula rasa; außer in einigen großen Städten, deutschen Reichsstädten oder italienischen Stadtrepubliken, in den Bauernrepubliken Nordeuropas und wenigen Nischen der Schweiz überlebte der Gedanke nirgends.

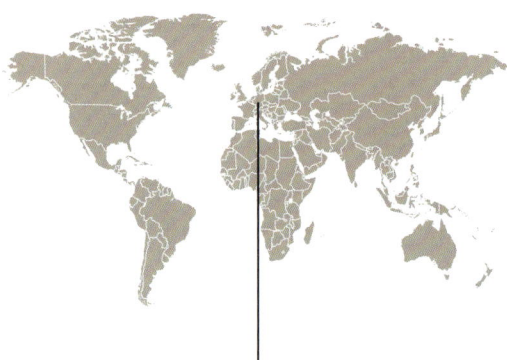

MAINZ UND DIE PFALZ
von Landau bis Bingen waren in den Jahren 1792 und 1793 Schauplatz des ersten Demokratie-experiments auf deutschem Boden. Es gab Wahlen und ein Parlament

Von Mainz 1793 bis Bagdad 2007: Niemand liebt bewaffnete Missionare

Dann das Erwachen, das Urmodell der modernen parlamentarischen Demokratie: 1689. Mit der Bill of Rights rang das Volk in Großbritannien der Monarchie weitgehende parlamentarische Rechte für sein Unterhaus ab: Immunität für die Deputierten des Parlaments, das Recht, Steuern zu erheben, und das Recht, von sich aus zusammenzutreten; die geistlichen Gerichtshöfe wurden abgeschafft, Wahlrecht hatten »frei geborene« Männer. Schließlich kamen die Franzosen: 1748 entwarf Montesquieu die Gewaltenteilung, 14 Jahre später veröffentlichte Jean-Jacques Rousseau den »Gesellschaftsvertrag«, Voltaire und Diderot stritten für Gedankenfreiheit, Toleranz und Gleichheit vor dem Gesetz.

Schauplatz Deutschhaus am Mainzer Rheinufer. Als wäre es nicht von den Bomben im Zweiten Weltkrieg dem Erdboden gleichgemacht worden, steht es heute wieder originalgetreu da. 1953 zog der Rheinland-Pfälzische Landtag dort ein. Helmut Kohl plante hier seine Karriere. Der Rhein allerdings, der einst direkt an die Altstadt schwappte, ist begradigt worden und verschwindet überdies hinter breiten Zubringerstraßen, die die Stadt verkehrsgerecht zerschneiden.

Reagenzglas Mainz: Die Ingredienzien einer modernen Demokratie enthielt die Republik jedenfalls. Wahlrecht (weitgehend), Volkssouveränität, Gleichheit für die Bürger (noch war sie allerdings den Frauen vorenthalten), repräsentativer Parlamentarismus, Eigentum verpflichtet, soziale Grundsicherung. Selbstverständlichkeiten heute, aber damals: Welch ein radikaler Bruch mit der alten Zeit!

Bis zum Einmarsch der Franzosen thronte der Kurfürst von Mainz, Friedrich Karl von Erthal, zugleich Reichserzkanzler, Reichsprimas der katholischen Kirche, über allem. Sein Schloss blieb erhalten, roter Sandstein, bröckelnde Pracht. Hier, wo heute in der Fastnachtszeit *Mainz bleibt Mainz*

gefeiert wird, wo 2005 Kanzler Schröder George Bush empfing, tagten gleich nach der Flucht der Kurfürsten die Freiheitsfreunde, der Jakobinerklub. Etliche solcher Klubs gab es damals in Deutschland, manche waren schon vor der Revolution gegründet worden – zumeist als »Lesegesellschaften«. Demokratie, zeigte sich, fängt mit dem Lesen an, mit dem freien Verbreiten von Worten und Texten. Spitzel lasen mit, aber das wussten die Klubisten, die »vivre libre ou mourir« geschworen hatten. Nur ein historischer Zufall ist es, aber ein auffallend passender, dass in Mainz Johannes Gutenberg den Buchdruck erfand. Ohne gedrucktes und freies Wort keine Demokratie. Erinnerungen an Gutenberg sind in Mainz überall zu finden; für die Mainzer Republik hingegen zeigt die Stadt keinerlei Interesse.

Der Zeitgeist: Nicht Revolutionslust à la française herrschte im Heiligen Römischen Reich, diesem zerfaserten Stückwerk, wohl aber schlug die Stunde der Empörung, der wahren Empfindung, wider die »Despoten«, die kalte Arroganz der »Höflinge«. Lessing schrieb *Emilia Galotti*, Schubart die *Fürstengruft*, Schiller die *Räuber* und *Kabale und Liebe*, Goethe den *Werther*. Manche Philosophen – zumal Immanuel Kant – verlegten die Befreiung noch weithin nach innen. Dort musste man zunächst herausfinden aus der »selbst verschuldeten Unmündigkeit« im Kopf, aber der nächste Schritt, ein bisschen Demokratie und Freiheit, fand auch der Königsberger bald, würde nicht schaden. Und Gott, nun, wenn dessen Existenz nicht zu belegen war, wie konnten die Fürsten sich fortan noch auf höhere Weisung berufen? Kant, blickte später der Revolutionsfreund Heinrich Heine zurück, »war unser Robespierre«.

Georg Forster, ach, der Kurfürst selber
hatte ihn nach Mainz geholt, als Biblio-
thekar an seine Exzellenzuniversität, den
Kosmopoliten, Revolutionsfreund, Republikaner, bald auch Demokraten. Sein
Bericht über die *Reise um die Welt* (1778)
auf einem Schiff James Cooks hatte ihn
berühmt gemacht. Neutralität sei »miss-
lich«, schrieb er einem Professoren-
freund, bei der Revolution im Kopf wollte
er nicht stehen bleiben, er wolle handeln,
»wie ich dachte«. Und so handelte er denn
auch, als die Franzosen kamen. Wurde
der führende Mann des Jakobinerklubs

im Schloss, ja des ganzen Unternehmens Mainzer Republik.

Ein paar kleine Hinweise auf den politischen Avantgardisten Forster finden sich noch, Schilder,
Andeutungen, das Haus Nummer 5 in der Neuen Universitätsstraße, wo er vermutlich gelebt hat,
bis er vom Mainzer Parlament in den Konvent nach Paris entsandt wurde – von wo er nicht mehr zurückkommen sollte. Denn da war Mainz wieder zurückerobert, die Klubisten eingekerkert. Einsam
und arm starb Georg Forster, knapp 40 Jahre alt, 1794 in Paris.

Er hätte ja auch, wie später so mancher geschlagene Demokrat der 1848er-Revolution, nach Amerika gehen können. Hier war man Frankreich längst vorweggeeilt: 1787 hatten sich in Philadelphia
die Founding Fathers der (13) Staaten getroffen und eine republikanische Bundesverfassung mit
starkem Präsidialsystem, Föderation und klarer Gewaltenteilung entworfen. In Europa wiederum
war es Polen, das sich – orientiert am britischen Parlamentarismus, beschwingt durch die Vorgänge
in Paris – eine Verfassung mit demokratischer Staatsordnung gab. Bewahrt hat das die Nation vor
der Zersplitterung und der Aufteilung leider nicht.

Mainz 2007: Nein, »Centralort« ist die Stadt heute nicht. Sitz des ZDF am Lerchenberg ist Mainz,
groß, modern und doch mit einem Touch Biedermeier, und die Soldatenkostüme an Fassenacht
erinnern an die Franzosenzeit, aber auch an die ungeliebten Preußen. Republikaner waren oder
sind sie ja; Jockel Fuchs, Helmut Kohl, Bernhard Vogel, Kurt Beck haben in dem Milieu reüssiert.
Rheinische Künstler des Durchwurstelns, Jakobiner stellt man sich anders vor.

Im Ernst: Lange vergessen, verschüttet, verdrängt war die Mainzer Republik. Erst langsam entdeckte man sie wieder. Kurioserweise zunächst in der DDR, die sich doch politisch nie aus dem stali-
nistischen Ancien Régime befreien konnte, dann auch im Westen. Der Mainzer Historiker Franz
Dumont gehört heute zu den leidenschaftlichsten Spurensuchern der Mainzer Republik. Ein dickes
Buch hat er darüber geschrieben. Die Republikaner, resümiert er, stünden uns selbstredend näher
als all die Kaiser, Könige, Fürsten, Bischöfe, Offiziere, deren Mainz in seinen Museen und Kirchen
so überreich gedenkt.

Im Mikrokosmos wird sichtbar, wie hoch kompliziert dieser Entstehungsprozess »Demokratie«
praktisch ist. Bis in die Biografien hinein Widersprüche, Brüche. Und dennoch, wenn man sich

hineinliest in diese Erregungen der kleinen Republik, in die Protokolle der Klub- und Konventsdebatten, hat man doch das Bild einer demokratischen Stunde null vor Augen, wie es sie in Deutschland selten gab. Aktuell ist das auch. Alle Apologeten des Demokratieexports mit Gewehren und gepanzerten Humvees, mal herhören! Sogar Robespierre warnte hellsichtig: »Niemand liebt die bewaffneten Missionare!« Nein, ein geradliniger Prozess ist das »Demokratiewerden« keineswegs.

Auf das Volk hören? Trau, schau, wem!

Geliehene Freiheit? Jüngere Historiker, wie Jörg Schweigard, haben wunderbar erfolgreich in den Eingeweiden der Republik gewühlt. Ja, es wehte ein freier Geist, und wie! Oder sie weisen, wie Jürgen Riethmüller, doch überzeugend nach, dass »Sozialstaatlichkeit«, »Volkssouveränität« und »Mehrheitsprinzip« bereits in den ersten Verfassungsdiskursen als Grundprinzipien der Demokratie skizziert worden sind. Früh leuchtete das auf, bevor es in Deutschland wieder dunkel wurde. Das nationale Republik-Projekt vertagt bis 1848/49, bis 1919, bis 1949, 1989.

Was ist Demokratie? Und wie lassen sich Gesellschaften »demokratisieren«? Bagdad ist nicht Mainz, aber ... The Rise of American Democracy. Jefferson to Lincoln heißt ein fulminantes neues Buch des Historikers aus Princeton, Sean Wilentz. Amerika weiß es besser, Lektüre für General David Petraeus! Exakt über diese Frage schreibt Wilentz: wie lang dauernd und kompliziert der Prozess des »Demokratiewerdens« für die Amerikaner war. Die Freiheit mussten sie von innen erobern. Bis mitten in die sechziger Jahre des letzten Jahrhunderts brauchte es, bevor das Civil Rights Movement unter Martin Luther King gleiche Rechte für die Schwarzen eroberte, die Verfassung von Philadelphia aber wurde bereits 1787 formuliert.

Ja, Amerika, die westliche Zivilisation und Demokratie, wurde ein Muster. Übertragen, das zeigte sich, ließen sich Grundregeln: eine Verfassung, die dem demokratischen Staat als Rahmenwerk dient, unveräußerliche Grundrechte festzuhalten und Verfahren für freie Wahlen, eine demokratische Organisation des Staates, die Unabhängigkeit der Abgeordneten, Gewaltentrennung von Parlament, Exekutive und Justiz. Menschenrechte gehören dazu, Minderheitenschutz, Meinungsfreiheit, freie Religionswahl. Mit dem Nichtübertragbaren jedoch beginnen die Schwierigkeiten erst. Denn wann, bitte, ist eine Gesellschaft »reif« für die Demokratie, sagen wir Mali, China, der Irak?

Für »demokratieunfähig« erklären manche Kritiker gerade den Islam, weil er antimodern sei und Religion vor den Rechtsstaat setze. Aber fing der Prozess der Zivilisation und der Demokratie in Europa nicht auch im Konflikt mit den Religionen, Modernitätsverweigerung und alten Autoritäten an? In der (muslimischen) Türkei glückte es, dank strikter Säkularisierung des Staates. In Pakistan hatte sich Präsident Musharraf per Putsch an die Staatsspitze gebracht, Militär und Geheimdienste haben unverändert mehr Macht als das Parlament, und mit der Religiosität wächst auch antidemokratischer Fundamentalismus. Familien, also »Adel«, sind es, die Afghanistan trotz formaler »parlamentarischer Demokratie« dominieren, eine weithin vormoderne Männergesellschaft, die von sich sogar glaubt, den »Volkswillen« auszudrücken. Dem Riesen China mit seiner Einparteienherrschaft bringt der Einzug der modernen Wirtschaft und vor allem das Internet plötzlich Demokratie von unten oder durch die Hintertür. Überall sehen die Voraussetzungen vollkommen anders aus. Demokratie gibt es nicht von der Stange.

Ein weiter Zeitsprung, eine kurze Stecke nur auf der Landkarte: von Mainz nach Bonn. 1949 startete die neue Demokratie im Land und gelang. Peu à peu. Amerika stand Pate. Deutschland war tief gestürzt, hatte jeden inneren Halt verloren und war bereit, zuzuhören und aufzusaugen. Das war »Demokratisierung« von außen und innen unter sehr spezifischen Umständen. Ein Land, Lernort für Jahrzehnte. Wegen der Erfahrungen mit der Weimarer Republik wurde darauf geachtet, dass der demokratische und soziale Rechtsstaat nicht mehr angetastet werden konnte. Plebiszitäre Elemente, also direkte Demokratie von unten, mied das Grundgesetz, anders als in der Schweiz. Auf das Volk hören? Trau, schau, wem!

Eine Kanzlerdemokratie entstand zunächst, formal korrekt, doch sonderbar starr, routiniert, leblos. Gegen diese Erstarrungen der Nachkriegsrepublik West schwoll die Kritik der außerparlamentarischen Opposition (Apo) in den sechziger Jahren an. Der Bundesrepublik gelang es, sich eine »Konfliktdemokratie« zu erstreiten, wie der Soziologe Ralf Dahrendorf es nannte. Dann kam Willy Brandt, mehr Demokratie zu wagen, dann übte die Bundesrepublik Basisdemokratie mit Frauenbewegung, Friedensbewegung, Anti-Kernkraft-Initiativen. Kritiker wüteten, »die Straße« regiere mit, so werde die Republik »unregierbar«. Das Gegenteil war der Fall, farbenfroher und gesellschaftsnäher wurde sie, streitbar wie im Jakobinerklub, selbstbewusst wie 1832 beim Hambacher Fest.

Heute zielt die Kritik an den demokratischen Zuständen auf einen anderen Punkt: Mit ihrem Lärm und ihren modischen Erregungen überschatte vor allem die »Mediendemokratie« die eigentliche politische Arena, heißt es. Falsch ist das nicht. Ja, der Jakobinerklub 1793 war eine Form »politischer Öffentlichkeit«, es fehlte noch die demokratische Gesellschaft darum herum. Dagegen spiegelt die Talkshow-Demokratie 2007 durchaus eine liberale Gesellschaft wider, aber wo »politische Öffentlichkeit« entsteht, verliert man im dissonanten Vielerlei fast aus dem Blick. Sie aber ist das Ferment aller Demokratie.

Und dennoch, unter dem Strich: Eine recht liberale Republik entwickelte sich aus dem, was einst in Mainz begann. Der repräsentative Parlamentarismus von damals funktioniert, alles in allem. Das nächste demokratische Experiment lautet: Europa. Auch das könnte glücken. Gut, dass Fürst Metternich das alles nicht sieht. Selbst die Sektkellerei ist längst aus dem Familienbesitz übergegangen an einen großen Konzern, Oetker. Neben der Demokratie regiert eben noch jemand mit: Der Kapitalismus, der einfach sämtliche Feudalherren und Stände besiegt hat, er ist der Sieger aller Klassen. Nicht nur Mainz, würde Metternich wohl klagen, das ganze Land sei verkommen – zu einem einzigen »fürchterlichen Jakobinernest«.

Jahrestage – 18 Stationen aus der Geschichte der Freiheit

451 vor Christus taucht der Begriff »Demokratie«, Volksherrschaft, in Athen auf. 30 000 Vollbürger (männlich, über 18) bestimmen mit. Wer die Demokratie bedroht, darf per »Scherbengericht« verbannt werden. Mit der modernen parlamentarischen Demokratie hat diese Staatsform noch nichts zu tun.

1378 versammelt sich erstmals die Appenzeller Landsgemeinde. Urkundlich belegt ist sie seit 1403. Bis auf Glarus und Appenzell Innerrhoden haben heute alle Schweizer Kantone die Landsgemeinde abgeschafft.

1494 werden die Medici vorübergehend aus Florenz vertrieben, die Republik wird von Grund auf erneuert. Staatsdenker (wie etwa Donato Giannotti) entwickeln erste Überlegungen zur Gewaltenteilung.

1689 erhält in Großbritannien das Parlament weitgehende Rechte. Die Bill of Rights markiert den Beginn dessen, was man heute unter moderner Demokratie versteht.

1748 entwirft Montesquieu die für eine moderne Demokratie konstitutive Gewaltenteilung.

1762 entwickelt Rousseau im »Gesellschaftsvertrag« die Vorstellung von der *volonté générale*, dem Gemeinwillen, auf dem Volkssouveränität basiert.

1776 verabschieden die Amerikaner ihre Unabhängigkeitserklärung (4. Juli). Die Verfassungen der 13 Einzelstaaten sehen Volkssouveränität und Gewaltenteilung vor. Das Wahlrecht ist an Eigentumsrechte geknüpft; trotz Menschen- und Bürgerrechtskatalogen wird es Frauen vorenthalten; die Sklaverei bleibt.

1787 entwerfen Amerikas Gründerväter eine republikanische Bundesverfassung: starkes Präsidialsystem, Föderalismus, klare Gewaltenteilung.

1789 konstituiert sich in Frankreich der bürgerliche »Dritte Stand« – nach Klerus und Adel – als Nationalversammlung (Assemblé Nationale). Am 14. Juli erfolgt in Paris der Sturm auf die Bastille. Zehn Jahre lang dauert die Revolution.

1792/93 werden in Mainz und in der Pfalz die Freiheitsbäume gepflanzt. Die Mainzer Republik ist das erste Demokratieexperiment auf deutschem Boden. 1832 feiern 30 000 Freiheitsfreunde, darunter Franzosen und Polen, auf Schloss Hambach bei Neustadt in der Pfalz das Hambacher Fest (27. Mai). Sie fordern ein freies, einiges Deutschland und Europa.

1848 tritt in Frankfurt am Main das erste gesamtdeutsche Parlament zusammen. Ziel: ein Bundesstaat. Die Delegierten können sich aber nicht einigen. 1849 verabschieden sie eine Verfassung. Sie tritt nie in Kraft – ist aber das erste deutsche Grundgesetz.

1919 erarbeitet die Nationalversammlung in Weimar die Weimarer Verfassung. Das Kaiserreich wird Republik; erstmals erhalten die Frauen das Wahlrecht.

1948 tagt auf einer Insel im Chiemsee der »Verfassungskonvent von Herrenchiemsee« (10. bis 23. August). Fachleute arbeiten einen Verfassungsentwurf aus.

1949 beschließt der Parlamentarische Rat in Bonn das Grundgesetz (8. Mai).

1969 Willy Brandt, der erste sozialdemokratische Bundeskanzler der Republik, verspricht in seiner Regierungserklärung, »mehr Demokratie zu wagen«.

1983 beginnt mit dem Einzug der Grünen in den Bundestag eine neue Debatte darüber, ob Abgeordnete an ein »imperatives Mandat« gebunden sein sollen und ob ein »Rotationsverfahren« (keine Wiederwahl) mehr Unabhängigkeit gewährleiste.

1989 stürzen die Bürger der DDR die SED-Diktatur. Die Mauer fällt. Ein Jahr später tritt die DDR der Bundesrepublik bei; Deutschland ist wiedervereint.

2007 gelten knapp die Hälfte der etwa 200 UN-Mitgliedsstaaten als Demokratien, die bei Menschen- und Bürgerrechten Mindeststandards erfüllen. Ganze Regionen (wie weite Teile der arabischen Welt) sind davon allerdings noch weit entfernt.

»Kritische Bürger«

Welchem Ereignis der Geschichte verdankt die Demokratie ihren Durchbruch am meisten?
Der Überzeugung der puritanischen Revolution im England des 17. Jahrhunderts, dass der Gleichheit der Seelen vor Gott die Gleichheit der Menschen im Diesseits entsprechen müsse.

Welche Chancen geben Sie der Demokratie in nächster Zukunft?
Die Demokratie gestattet als einzige Regimeform die friedliche Korrektur der eigenen politischen Fehler und bleibt daher das attraktivste politische Modell.

Was wissen Sie, ohne es beweisen zu können?
Ich glaube an die Durchsetzungsfähigkeit von Demokratie à la longue.

Dem Volk zu Mitsprache zu verhelfen ist ein schwieriges Unterfangen: Was war der größte Irrtum in der Geschichte?
Der Kampf aller Konservativen gegen das allgemeine Wahlrecht.

Was ist die große offene Frage Ihrer Disziplin?
Gelingt endlich die Historisierung Hitlers und des Nationalsozialismus?

Was braucht es für eine Demokratie?
Möglichst viele kritische Aktivbürger.

Wie wird man reif für die Demokratie?
Durch die Teilnahme an politischen Entscheidungsprozessen.

HANS-ULRICH WEHLER
ist Historiker.
Er lehrte in Köln,
Berlin und Bielefeld

Mehr zum Thema:

Hans Vorländer:
Demokratie
Geschichte, Formen, Theorien;
C. H. Beck 2003; 128 S.

Franz Dumont:
Die Mainzer Republik von 1792/93
Rheinhessische
Druckwerkstätte 1993;
686 S.;
nur noch antiquarisch

Jörg Schweigard:
Die Liebe zur Freiheit ruft uns an den Rhein
Aufklärung, Reform und
Revolution in Mainz;
Casimir Katz 2005;
285 S.

Alexander Hamilton/James Madison/John Jay:
Die Federalist Papers
A. d. Engl. u. hrsg. von
Barbara Zehnpfennig;
C.H. Beck 2007; 583 S.

FRIEDEN

MICHAIL GORBATSCHOW
leitete das Ende
des Kalten Krieges ein

Symbol für
Frieden:
DIE TAUBE

Skulptur vor dem UN-Sitz:
Carl Fredrik Reuterswärds
VERKNOTETE PISTOLE

238

CARL VON OSSIETZKY:
Friedensnobelpreisträger 1935,
Opfer der Nazis

Unternehmen Weltfrieden

Den Krieg abzuschaffen ist der vielleicht älteste und erhabenste Menschheitstraum. Die Vereinten Nationen in New York versuchen seit 1945, diesen Traum zu realisieren. Auch wenn sie immer wieder scheitern – ohne den UN-Sicherheitsrat gäbe es noch mehr Konflikte auf der Welt

VON MATTHIAS NASS

Aufteilung Deutschlands:
Vor Ende des Zweiten Weltkriegs
trafen sich
CHURCHILL, ROOSEVELT UND STALIN
zur Jalta-Konferenz

KOFI ANNAN:
UN-Generalsekretär
von 1997 bis 2006 und
Friedensnobelpreisträger
2001

Eine Woche
im Bett für den
Weltfrieden:
YOKO ONO und **JOHN LENNON**
beim »Bed-in«

UN-Instrumente
gegen Konflikte:
BLAUHELM
und **M16**

FRIEDEN

In New York, am East River, gibt es eine geheime Welt, ein Arkanum voller schmaler Gänge, kleiner und größerer Konferenzräume, winziger Sekretariate, alles abgeschirmt durch zwei strenge Grenzlinien. Die erste Grenze (»*Delegates Only*«) stoppt die Journalisten. Die zweite trennt autorisierte und nicht autorisierte Diplomaten: Zugang nur für Mitglieder! Hinter dieser zweiten Grenzlinie beginnt die unbekannte Welt des UN-Sicherheitsrates.

Diese Welt liegt nur ein paar Schritte neben der bekannten Sicherheitsrats-Welt, wie sie uns aus den Fernsehnachrichten vertraut ist: der große Saal, in der Mitte der mächtige Hufeisentisch, dahinter das kitschige Wandgemälde des Norwegers Per Krogh, auf dem ein Phönix aus der Asche steigt. Knapp 700 Menschen fasst dieser Saal.

In der unbekannten Welt ist der große Hufeisentisch im Kleinformat nachgebildet. Der Raum, in dem er steht, fasst allenfalls 80 Personen. Alles hier drin ist eng, klein, alt und abgenutzt. Die Botschafter, die im *consultation room* tagen, sitzen Knie an Knie. Ihre Mitarbeiter müssen sich auf schmale Stühle quetschen. Und doch: Dies ist der Raum, in dem über Krieg und Frieden entschieden wird. Nebenan, im großen Sitzungssaal, heben die Botschafter zwar die Hand zur Abstimmung; die Entscheidungen aber fallen hier. Und natürlich in den Hauptstädten, aus denen die Diplomaten ihre Weisungen erhalten.

»Früher tagte der Sicherheitsrat grundsätzlich öffentlich«, erzählt Gunter Pleuger, Berlins ehemaliger Botschafter bei den Vereinten Nationen. »Heute tagt er zu 95 Prozent in sogenannten *informals*, hinter verschlossenen Türen. Und die öffentlichen Sitzungen dauern häufig nur zehn Minuten. In diesen *informals* wird hart diskutiert und ganz offen.«

Im Februar 2003, auf dem Höhepunkt des diplomatischen Ringens vor Ausbruch des Irakkrieges, hatte Deutschland die Präsidentschaft im Sicherheitsrat inne. Mehrmals kam Außenminister Joschka Fischer herbeigejettet, ansonsten saß Pleuger dem Rat vor. Jetzt lebt der Exbotschafter in Berlin als rastloser Ruheständler, den das Thema UN nicht loslässt. »Als ich das erste Mal auf Posten in New York war, 1970, mitten im Kalten Krieg, da tagte der Sicherheitsrat vielleicht einmal im Vierteljahr. Und in der Regel traf er keine Entscheidung, weil das entweder an einem amerikanischen oder an einem sowjetischen Veto scheiterte. Heute tagt er jeden Tag, morgens und nachmittags.«

So auch an diesem 23. April 2008. Morgens hat das Thema Nahost auf der Tagesordnung gestanden. Am Nachmittag wird es um Georgien gehen; aus Tbilissi ist der Außenminister angereist. Jetzt, um die Mittagszeit, da alles still ist, leuchtet auf dem Bildschirm vor der ersten Grenzlinie nur die Ankündigung: »*4 pm Security Council Meeting (Closed)*«.

Um vier Uhr werden die Vertreter folgender 15 Nationen am Tisch Platz nehmen: Costa Rica, China, Burkina Faso, Belgien, Vietnam, Vereinigte Staaten, Großbritannien, Südafrika (das in diesem Monat den Ratspräsidenten stellt), Russland, Panama, Libyen, Italien, Indonesien, Frankreich

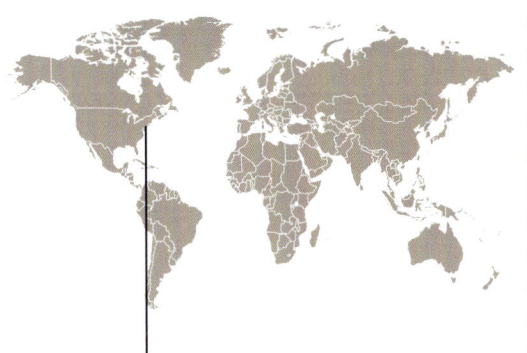

NEW YORK
An der Ostseite Manhattans, am Ufer des East River, steht das Hauptquartier der Vereinten Nationen. 192 Staaten versuchen hier, den Weltfrieden zu sichern

und Kroatien. Und Russlands Botschafter wird mit Blick auf den georgischen Außenminister irritiert fragen: »Was macht der hier?« Denn außer den 15 hat niemand Zugang zum *consultation room*. Also wird man das Treffen zum »*private meeting*« erklären. Der Außenminister darf kommen, aber das georgische Fernsehen bleibt draußen. Niemand in Tbilissi wird den Auftritt des Außenministers im Rat sehen.

»Wir, die Völker der Vereinten Nationen – fest entschlossen, künftige Geschlechter vor der Geißel des Krieges zu bewahren«: So beginnt die Präambel der UN-Charta. In Artikel 1 haben sich die Vereinten Nationen als höchstes Ziel gesetzt, »den Weltfrieden und die internationale Sicherheit zu wahren und zu diesem Zweck wirksame Kollektivmaßnahmen zu treffen, um Bedrohungen des Friedens zu verhüten und zu beseitigen (...)«. So hat es die Gründungsversammlung am 26. Juni 1945 in San Francisco beschlossen. Die Siegermächte des Zweiten Weltkrieges wollten die Lehren aus dem großen Völkersterben ziehen. Vier Jahre vorher, im August 1941, hatten der amerikanische Präsident Franklin D. Roosevelt und der britische Premier Winston Churchill in der Atlantikcharta ihre Kriegsziele verkündet, darunter auch den Aufbau eines kollektiven Sicherheitssystems.

Dieses System sollte machtvoller sein als der schmählich gescheiterte Völkerbund. Woodrow Wilson, der idealistische Interventionist im Weißen Haus, hatte dessen Gründung als Konsequenz aus den Verheerungen des Ersten Weltkrieges zu seiner Sache gemacht. »Die Welt muss sicher für die Demokratie gemacht werden!«, hatte der Präsident im Jahr 1917 ausgerufen. Doch die Isolationisten im Kongress wollten von Wilsons mutigen Plänen nichts wissen: Amerika sollte aus den Händeln der Welt nach Möglichkeit herausgehalten werden. Die Vereinigten Staaten traten dem Völkerbund nicht bei. Die Sowjetunion, gerade erst in der Oktoberrevolution geboren, wollte dem »kapitalistischen« Weltklub ebenfalls nicht angehören; Deutschland wiederum, das erst 1926 zugelassen wurde, trat nach Hitlers Machtübernahme wieder aus.

Was konnte aus der kühnen Vision werden, wenn die Großmächte abseits standen? Tatenlos sah der Völkerbund der japanischen Invasion in der Mandschurei zu, dem Abessinien-Feldzug Italiens, der Besetzung des Rheinlands durch Nazideutschland. Die Appeasement-Politik Neville Chamberlains und das Münchner Abkommen versetzten dem Völkerbund den Todesstoß. »Der erste Versuch, ein Parlament der Menschheit zu schaffen, die gebrechliche Version von 1919, war gescheitert«, resümiert der Historiker Paul Kennedy.

Frieden schaffen! Ein alter Menschheitstraum, vielleicht der älteste und erhabenste überhaupt. Die großen Philosophen und Religionslehrer haben den Frieden in den Mittelpunkt ihres Denkens gerückt. Den Frieden Gottes und den Frieden auf Erden. Aber Frieden herrschte selten unter den Menschen, Krieg war über Jahrtausende der Normalzustand, als offener Raub- und Eroberungskrieg oder als »gerechter Krieg«, als Angriffs- wie als Verteidigungskrieg, als Missionierungskrieg und als Vernichtungskrieg.

Demokratien führen keine Kriege gegen Demokratien

»Der Friedenszustand unter Menschen (...) ist kein Naturzustand«, schrieb Immanuel Kant in seinem vielleicht wirkungsmächtigsten Werk *Zum ewigen Frieden* (1795). Der Frieden müsse vielmehr »gestiftet werden«, es müsse »einen Bund von besonderer Art geben, den man den Friedensbund nennen kann«.

Der Königsberger Philosoph setzte auf eine Politik, die dadurch, dass sie sich der Idee des Rechts unterordnet, den Frieden unter den Menschen ermöglicht. Ähnlich sagt es heute die christliche Friedenslehre. »Das ethische Leitbild des gerechten Friedens ist zu seiner Verwirklichung auf das Recht angewiesen«, heißt es in der Denkschrift *Aus Gottes Frieden leben – für gerechten Frieden sorgen*, die der Rat der Evangelischen Kirche in Deutschland (EKD) 2007 veröffentlichte.

Aber was ist das überhaupt: Frieden? Bernhard Zangl und Michael Zürn unterscheiden in ihrem Buch *Frieden und Krieg* zwischen »negativem« und »positivem« Frieden. »Der negative Frieden ist durch die bloße Abwesenheit physischer Gewalt durch Kampfverbände gekennzeichnet. Der positive Frieden zeichnet sich hingegen durch die Abwesenheit sowohl physischer als auch struktureller Gewalt, mithin durch Gewaltfreiheit und Gerechtigkeit aus.«

Zur Gerechtigkeit gehört das Recht auf Entwicklung, eines der fundamentalen Menschenrechte. »Es kann keinen beständigen Frieden ohne Entwicklung geben«, schrieb der damalige UN-Generalsekretär Butros Butros-Ghali 1995 in seiner *Agenda for Peace*, so wenig wie es Entwicklung ohne ein stabiles, friedliches Umfeld geben könne.

Wirtschaftliche Entwicklung aber fördert politische Teilhabe, schafft die Voraussetzungen einer funktionierenden Demokratie. Nichts wiederum ist dem Frieden zuträglicher. Denn: Demokratien führen keine Kriege gegen Demokratien, schreiben Zangl und Zürn: »Die Geschichte des internationalen Systems hat noch keinen einzigen Krieg gesehen, in dem zwei eindeutige Demokratien gegeneinander gekämpft haben.«

Allein, die Welt besteht nicht nur aus Demokratien. Wie also den Frieden erzwingen? Im nationalen Rahmen sorgt das Machtmonopol des Staates dafür, dass die Menschen in ihren Leidenschaften und bösen Absichten einander nicht an die Kehle gehen. Die Staatenwelt kennt ein solches Gewaltmonopol nicht. Das Völkerrecht, dieser *»gentle civilizer of nations«* (Martti Koskenniemi, Rechtsprofessor), ist nicht im gleichen Maße verbindlich wie das Strafrecht. Eine Justiz, die es durchsetzt, gibt es – mit dem Internationalen Strafgerichtshof in Den Haag – erst in Ansätzen.

Aber auch zwischen Staaten gilt das Gewaltverbot als »die Grundnorm allen Rechts«, als die »Quel-

le« des Völkerrechts, schreibt Reinhard Merkel, Professor für Strafrecht und Rechtsphilosophie in Hamburg. Die Instanz, die das Recht erzwingen, den Frieden sichern soll, ist heute der UN-Sicherheitsrat. Die Charta hat ihm die institutionelle Stärke gegeben, die dem Völkerbund fehlte. Die Großmächte, in Gestalt der Sieger des Zweiten Weltkrieges, gehören ihm als Ständige Mitglieder mit Vetorecht an. Vor allem aber sind seine Entscheidungen, anders als die unver-

bindlichen Resolutionen der UN-Generalversammlung, für alle Mitgliedsstaaten verbindlich. In der Generalversammlung wird debattiert, im Sicherheitsrat entschieden.

Wobei Anspruch und Wirklichkeit oft auseinanderklaffen. Die Geschichte des Sicherheitsrates verlief in Zyklen. Auf Jahre intensiver, ja euphorischer Aktivität nach 1945 folgten die bleiernen Jahre des Kalten Krieges, die den Sicherheitsrat fast vollständig paralysierten. Die Weltpolitik war im Gleichgewicht des Schreckens zwischen Nato und Warschauer Pakt erstarrt. Bis Mitte der achtziger Jahre Michail Gorbatschow die Sowjetunion zu reformieren begann. Auch wenn die von manchem damals erhoffte »neue Weltordnung« ein Wunschtraum bleiben sollte: Die Vereinten Nationen überwanden ihre Lähmung.

Anfang der neunziger Jahre begann die Zahl ihrer Friedensmissionen zu explodieren. Von Kambodscha bis Haiti, vom ehemaligen Jugoslawien bis zum Kaukasus: Überall ertönte plötzlich der Ruf nach den Blauhelmen der UN. Neben Erfolgen, etwa in Namibia oder in Osttimor, stand schreckliches Versagen: in Ruanda, wo die UN-Truppen am Vorabend des Völkermordes abgezogen wurden, oder in Srebrenica, wo niederländische Blauhelme der serbischen Soldateska hilflos das Feld überließen.

Bush drohte den Vereinten Nationen, bei Verweigerung würden sie irrelevant

Eine Kluft zwischen Hilferufen und Hilfsmöglichkeiten brach auf. Ihr gebt mir ständig neue Mandate, aber nicht die Mittel, diese zu erfüllen, rief UN-Generalsekretär Butros-Ghali den Mitgliedstaaten zornig zu. Mitte der neunziger Jahre hatte sich die Weltorganisation »vollkommen erschöpft« (Paul Kennedy).

Dann folgte die Zäsur des Jahres 2003. Im Sicherheitsrat kam es zum Showdown um den Irakkrieg. Gunter Pleuger erinnert sich an die »unglaubliche Brutalität, mit der die Amerikaner im Sicherheitsrat gegen alle vorgegangen sind, die sich ihrem Wunsch nach Annahme einer kriegslegitimierenden Resolution entgegengestellt haben«. Colin Powell hatte CIA-Chef George Tenet zur entscheidenden Sitzung am 5. Februar mitgebracht. Aber die Deutschen, die Franzosen, die Russen, die Chinesen trauten deren Beweisen nicht. »Das war eine gespenstische Sitzung«, erinnert sich Pleuger.

Als George W. Bush für einen Angriff gegen den Irak im Rat keine Mehrheit fand, schlug er ohne UN-Mandat los. Viele sahen damals das Ende des Systems kollektiver Sicherheit kommen. Hatte Bush den UN nicht im Allmachtsgefühl der übrig gebliebenen Supermacht zugerufen, sie drohten bei einer Verweigerung »irrelevant« zu werden? Aber schon bald ließ der Misserfolg im Irak bei der US-Regierung Ernüchterung einkehren. »Mit der Intervention im Irak endete der unipolare Moment Amerikas«, sagt Pakistans UN-Botschafter Munir Akram.

Völlig unerwartet brachte der Irakkrieg damit für die UN eine Wende. »Heute ist der Multilateralismus eine sehr starke Kraft«, sagt Edward C. Luck, Direktor des International Peace Institute in New York und Sonderbeauftragter von UN-Generalsekretär Ban Ki Moon für das völkerrechtlich bedeutsame Projekt »Responsibility to Protect«.

Und tatsächlich: Inzwischen tagt der Sicherheitsrat praktisch in Permanenz. Auf der Tagesordnung im April 2008 standen folgende Themen: Konfliktprävention, Kleinwaffen, Somalia, Sudan/Darfur, Äthiopien/Eritrea, Tschad/Zentralafrikanische Republik, Elfenbeinküste, Kosovo, Georgien, Haiti, Irak, Libanon, Nepal, Westsahara, Nordkorea, Liberia, Sierra Leone, Antiterrorismus.

Kein Konflikt, der nicht beim Sicherheitsrat landete. Er muss allerdings nur groß genug sein oder die Interessen eines der fünf ständigen Mitglieder (P5) berühren, dann ist die Chance groß, dass sich der Rat nicht mit ihm befasst. Tschad: Ja. Tschetschenien: Nein. So ungefähr lautet das Muster. Doch dann, am Morgen des 23. April 2008, kommt es im Rat zur »Revolte«, wie eine Beobachterin schildert. Es geht um das Elend der Palästinenser im Gaza-Streifen. »Warum tun wir nichts?«, ruft der Vertreter Costa Ricas anklagend in den Raum. Der Präsident des Rates, der Botschafter Südafrikas, tritt ihm zur Seite: »Meine Hauptstadt hat mir einen Text in die Sitzung mitgegeben. Aber den werde ich jetzt nicht mehr vorlesen. Sie haben mir das Wort aus dem Mund genommen.« Der Italiener äußert sich zustimmend, der Indonesier pflichtet bei, auch der Franzose. Schließlich schlägt Costa Ricas Botschafter vor, der Ratspräsident solle vor der Presse eine Erklärung abgeben, der Sicherheitsrat sei über die Lage in Gaza »besorgt«.

Der Amerikaner hält dagegen: Darüber müsse er mit Washington Rücksprache nehmen. Am Nachmittag, Georgiens Außenminister hat gerade den Raum verlassen, ist das Thema dann in fünf Minuten erledigt. Washington hat seinem Vertreter untersagt, für eine Erklärung des Rates zu stimmen. Libyens Botschafter ruft noch empört, die Lage in Gaza ähnele einem Konzentrationslager; aber da hat der US-Botschafter den Raum bereits verlassen.

Demokratisch geht es im Sicherheitsrat nicht zu. Jeder hat eine Stimme, die von fünf Ländern aber wiegt schwerer. Ohne die P5 – USA, Russland, China, Frankreich, Großbritannien – läuft nichts. Seit Jahren wird über eine Reform des Rates gestritten, nach dem Motto: »Ohne Repräsentativität keine Legitimität!« Aber der bisher letzte Reform-Versuch, den Rat um Brasilien, Deutschland, Indien, Japan und mindestens ein afrikanisches Land als ständige Mitglieder zu erweitern, scheiterte 2005.

Indiens Botschafter Nirupam Sen, im hochgeschlossenen Nehru-Anzug, Shakespeare zitierend und das römische Recht in fließendem Latein ins Gespräch einstreuend, ist wegen der Reformstarre frustriert: »Der Sicherheitsrat kann noch nicht einmal kleine Probleme lösen. Seine Resolutionen werden ignoriert, ja mit Verachtung gestraft.«

Ein ungerechtes Urteil. Der Rat ist aus der Lähmung des Kalten Krieges und der Irak-Konfrontation gestärkt hervorgegangen. Manchem ist die Macht des Sicherheitsrates viel zu groß. Nicht zuletzt, weil er auch legislative Befugnisse wahrzunehmen beginnt. Seine Beschlüsse binden alle Regierungen, etwa wenn es darum geht, die Finanzquellen des internationalen Terrorismus auszutrocknen.

Wichtiger aber ist etwas anderes. Die meisten Konflikte sind heute innerstaatlicher Natur, nicht mehr Kriege zwischen Staaten. Auf diese »neuen Kriege« (Herfried Münkler, Politikwissenschaftler) muss sich der Sicherheitsrat einstellen. In Gefahr gerät dabei die uneingeschränkte Souveränität der Staaten, seit dem Westfälischen Frieden von 1648 eines der Prinzipien des Völkerrechts. Die souveräne Gleichheit aller Staaten, ihre territoriale Unverletzlichkeit sind durch Artikel 2 der UN-Charta verbrieft.

83 000 Soldaten und 20 000 Zivilisten sind auf UN-Friedensmission

Aber unter Staatsrechtlern herrscht heute weitgehend Konsens: Völkermord, schwerste Kriegsverbrechen, Verbrechen gegen die Menschlichkeit sind keine »inneren Angelegenheiten«. Eine Regierung, die sich solcher Verbrechen schuldig macht oder nicht in der Lage ist, ihre Bürger zu schützen, muss mit dem Eingreifen der Staatengemeinschaft rechnen. Ruanda und Srebrenica haben ein Umdenken ausgelöst. Der Streit um Myanmar, wo die Machthaber nach dem verheerenden Zyklon keine ausländischen Helfer ins Land lassen, zeigt, wie aktuell diese Debatte ist.

In einer großen Rede vor der UN-Vollversammlung hat Papst Benedikt XVI. das Gebot der »humanitären Intervention« verteidigt. »Eine solche Intervention sollte nie als unerwünschte Einmischung oder als eine Beschränkung der Souveränität betrachtet werden, vorausgesetzt, sie erfolgt nach den Prinzipien der internationalen Ordnung. Im Gegenteil, Scheitern oder Passivität richtet wirklich Schaden an.« Diese Rede sei »wunderbar« gewesen, applaudiert ein europäischer Diplomat. Viele in New York sehen in den Worten des Papstes eine moralische Unterstützung für eine Institution, die endlich jene Aufgabe wahrzunehmen beginnt, für die sie geschaffen wurde: den Weltfrieden zu bewahren.

»Es gibt zum Sicherheitsrat keine Alternative«, sagt Michael Brzoska, Direktor des Hamburger Instituts für Friedensforschung und Sicherheitspolitik. Seit Mitte der neunziger Jahre habe die Zahl der Kriege deutlich abgenommen. Der Sicherheitsrat sei seit dem Ende des Kalten Krieges viel handlungsfähiger geworden, die Großen machten kaum noch von ihrem Vetorecht Gebrauch. »Ohne den Sicherheitsrat wäre die Welt weniger friedlich.«

»Aber«, sagt ein französischer Diplomat, »es steht nicht in Stein gemeißelt, dass die Welt die Entscheidungen der UN immer akzeptieren wird.« Es gibt Konkurrenz, die Treffen der G8 etwa, bei denen längst alle wichtigen Themen der Weltpolitik verhandelt werden: der Terrorismus, der Klimawandel, die Unterentwicklung ebenso wie die Weltfinanzkrise. »Die großen Probleme schaffen sich für ihre Lösung die Institutionen selbst, wenn die UN nicht wahrgenommen werden als das am besten geeignete Instrument, diese Krisen zu bewältigen«, sagt der deutsche UN-Botschafter Thomas Matussek.

Können die Vereinten Nationen noch zu dem von Kant ersehnten »Friedensbund« werden? In reiner Form gewiss nicht. Und doch. »Wir sind jetzt im 63. Jahr der UN, das ist schon außerordentlich«, sagt Edward C. Luck in seinem Büro an New Yorks First Avenue, direkt gegenüber vom UN-Hauptquartier. »Die Welt ist ein gefährlicher Ort«, fügt er hinzu. Wenn es in ihr ein wenig sicherer zugehe, dann sei dies auch den UN zu verdanken.

Ein paar Straßenzüge weiter überreicht ein europäischer Diplomat dem Besucher einen kiloschweren Band, in dem alle aktuellen UN-Friedensmissionen beschrieben werden. Ende 2007 waren bei diesen Missionen 83 000 Soldaten und 20 000 Zivilisten im Einsatz. »Ein großer Konflikt, alle gucken zu, keiner macht was – das kann ich mir nicht mehr vorstellen«, sagt der Diplomat.

Über Nacht ist es Frühling geworden. Jenseits der First Avenue glitzert der East River in der Morgensonne. Der Diplomat verschränkt seine Arme hinter dem Kopf, blinzelt in die Sonnenstrahlen und lacht: »Ich denke schon, das lohnt sich hier.«

Verträge, Preise, Bewegungen, Forschung –
die Mittel gegen den Krieg

Erster Friedensvertrag: Seit mehr als drei Jahrtausenden versuchen Menschen, Kriege mit Verhandlungen zu beenden. Als ältester dokumentierter Friedensvertrag gilt der Nichtangriffspakt, den der ägyptische Pharao Ramses II. und der Hethiterkönig Hattusili III. im Jahr 1259 vor Christus schlossen. Darin war sogar eine Bündnisvereinbarung gegen Angriffe Dritter festgehalten

Westfälischer Frieden: Das Ende des Dreißigjährigen Krieges (1648) hatte welthistorische Folgen. Der Friedensschluss schuf eine Ordnung, die auf der Souveränität und Gleichberechtigung der Staaten beruhte und deren Grundsätze bis heute Gültigkeit haben. Die Völkerrechtsprinzipien der Souveränität und der Nichteinmischung fanden 1945 Eingang in die Charta der Vereinten Nationen).

Grenzen der Souveränität: Unter Völkerrechtlern besteht heute weithin Konsens, dass der 1945 von den UN formulierte Anspruch auf Souveränität durch schwere Menschenrechtsverletzungen verwirkt werden kann. Diese Weiterentwicklung des Völkerrechts fand ihren Niederschlag auf dem UN-Gipfel im September 2005. Dort beschlossen die Staats- und Regierungschefs eine »internationale Schutzverantwortung« *(responsibility to protect)*. Danach kann, ja muss die Staatengemeinschaft bei Völkermord, schwersten Kriegsverbrechen und Verbrechen gegen die Menschlichkeit eingreifen, notfalls auch militärisch.

Friedensnobelpreis: Erster Friedensnobelpreisträger war 1901 Henry Dunant, der Gründer des Roten Kreuzes. Den Preis erhielten unter anderem Bertha von Suttner (1905), Woodrow Wilson (1919), Carl von Ossietzky (1935), Albert Schweitzer (1952), Martin Luther King (1964), Willy Brandt (1971) sowie Nelson Mandela und F. W. de Klerk (1993). Einige Entscheidungen lösten Kritik aus, etwa die Verleihung an Henry Kissinger und Le Duc Tho (1973), die Unterhändler zur Beendigung des Vietnamkrieges, oder an Jassir Arafat, Schimon Peres und Jitzchak Rabin (1994) für ihre Bemühungen um einen Friedensschluss in Nahost.

Deutsche Friedensbewegung: Heute demonstrieren meist nur noch wenige Hundert Pazifisten zu Ostern gegen Krieg und Aufrüstung. Anfang der achtziger Jahre gingen Hunderttausende gegen den Nato-Doppelbeschluss auf die Straße und protestierten mit Sitzblockaden und Menschenketten gegen die Stationierung neuer Mittelstreckenraketen.

Friedensbewegungen weltweit: In den USA, England und Frankreich gründeten Christen und Humanisten Friedensgesellschaften. Nach dem Zweiten Weltkrieg ging von England die Ostermarschbewegung aus. In Frankreich entstand die katholische Bewegung Pax Christi. In den USA kulminierte die Bewegung gegen den Vietnamkrieg 1969 im »Marsch auf Washington«. Nach Ende des Kalten Krieges verlor die Bewegung an Zulauf. Unter dem Eindruck schwerer Menschenrechtsverletzungen begann bei vielen ehemaligen Friedensaktivisten ein Umdenken. Gerade in ihren Reihen finden sich heute Befürworter »humanitärer Interventionen«, etwa in Darfur.

Friedenssymbole: Weil am Ende der Geschichte von der Sintflut eine Taube mit einem Ölzweig im Schnabel zur Arche zurückkehrt, ist das Tier zum bekanntesten Friedenssymbol geworden. Populär ist auch das von der britischen Antiatomwaffenbewegung geschaffene Peace-Zeichen; es leitet sich von den Buchstaben N (für *nuclear*) und D (für *disarmament*, deutsch: Abrüstung) aus dem Winkeralphabet ab. Die von dem italienischen Pazifisten Aldo Capitini gestaltete Regenbogenfahne ist hierzulande erst seit einigen Jahren bekannt; sie trägt den Schriftzug »PACE«. Wegen des Fackellaufs ist das Image des Olympischen Feuers ramponiert. Es erinnerte einst an den Frieden, der während der antiken Olympischen Spiele herrschte.

Friedensforschung: Sie ist eine interdisziplinäre, in der Regel bei den Sozialwissenschaften angesiedelte wissenschaftliche Richtung, die sich der Erforschung von Kriegsursachen und Konfliktlösungen widmet. Wichtigste Zentren in Deutschland sind die Hessische Stiftung Friedens- und Konfliktforschung in Frankfurt sowie das Institut für Friedensforschung und Sicherheitspolitik an der Universität Hamburg.

»Aus Armut entstehen Kriege«

Wovon geht heute die größte Gefahr für den Frieden aus?

Davon, dass wir nicht wissen, wie wir wirtschaftlich arme Gesellschaften politisch so organisieren können, dass in ihnen Gewalt keine Rolle spielen muss und dass von ihnen auch keine Gefahr ausgeht für andere Regionen.

Wie wahren wir den Frieden am besten?

Wenn wir Ungerechtigkeit und Armut bekämpfen, bekämpfen wir auch den Krieg.

Die »strukturelle Gewalt« ist gefährlicher als militärische Gewalt?

Seit 1970 hat die Zahl der Kriege zwischen Staaten deutlich abgenommen, seit Jahren sinkt auch die Zahl der Kriege innerhalb von Staaten. Die militärische Gewalt spielt eine geringere Rolle als noch vor 20, 30 Jahren. Aber die Gefahr, dass aus Ungerechtigkeit und Armut Kriege entstehen, ist immer noch nicht gebannt.

Was war die wichtigste Erkenntnis der Friedensforschung in den vergangenen Jahren?

Das Zusammenwachsen der Welt hat tatsächlich dazu geführt, dass es weniger Kriege gibt. Die wirtschaftliche Verflechtung, die gegenseitige Abhängigkeit von Gesellschaften, die Berichterstattung über jeden Winkel der Welt bewirkten, dass Krisen seltener in Kriege umschlagen.

Was weiß die Friedensforschung, ohne es beweisen zu können?

Dass gerechter Frieden in Freiheit möglich ist und es gelingen kann, die unvermeidlichen Konflikte ohne Einsatz organisierter Gewalt zu lösen.

Das lässt sich nicht beweisen?

Leider nicht, denn wir haben in der neueren Geschichte noch nie eine Phase gehabt, in der es keine Auseinandersetzungen, keine kollektive Gewalt gegeben hat.

Was war der größte Irrtum Ihrer Disziplin?

Dass wir mit dem Ende des Ost-West-Konflikts eine neue Welt bekommen würden. Es gibt immer noch 27 000 Atomwaffen, die weltweiten Militärausgaben sind auf demselben Niveau geblieben. Das hätte vor 18 Jahren keiner in der Branche erwartet.

Auf welche Einsicht wartet die Friedensforschung am sehnsüchtigsten?

Wie kann verhindert werden, dass der Klimawandel Auswirkungen auf Krieg und Frieden hat? Wir wissen sehr wenig über die Zusammenhänge von Umweltveränderungen und Kriegen. Gleichzeitig wissen wir, dass der Klimawandel die Lebensbedingungen vieler Menschen grundlegend verändern wird. Wer da Lösungsvorschläge hat, kann große Beiträge für die Zukunft leisten.

MICHAEL BRZOSKA,
Professor für Politikwissenschaft und Direktor des Instituts für Friedensforschung und Sicherheitspolitik an der Universität Hamburg

Mehr zum Thema:

Immanuel Kant:
Zum ewigen Frieden
Reclams Universal
Bibliothek 1984; 87 S.

Paul Kennedy:
Parlament der Menschheit
Die Vereinten Nationen und
der Weg zur Weltregierung;
C. H. Beck 2007; 400 S.

Bernhard Zangl
Michael Zürn:
Frieden und Krieg
Sicherheit in der nationalen
und postnationalen
Konstellation;
Suhrkamp 2003; 338 S.

David Cortright:
Peace
A History of Movements
and Ideas;
Cambridge University Press;
376 S.

KOMMUNISMUS

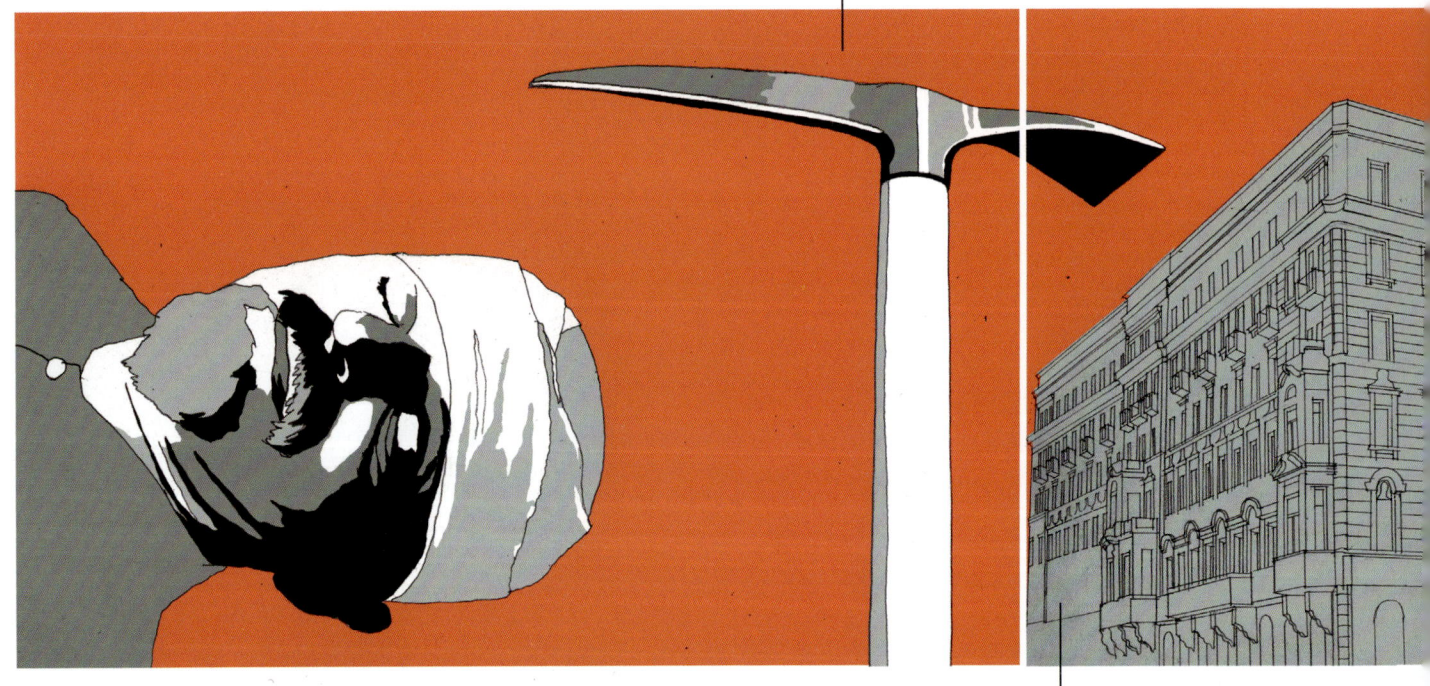

Tod den Abweichlern: Stalin ließ seinen Exgenossen **LEW TROTZKIJ** 1940 in Mexiko brutal ermorden – mit einem Eispickel

Früher war das **HOTEL LUX** eine Zuflucht für Kommunisten aus aller Welt. Unter neuem Namen ist es ein Hort des Kleinkapitalismus

Frühstück mit Genossen

Im Moskauer Hotel Lux lebten jahrzehntelang Weltrevolutionäre, Spitzel, Emigranten und künftige Staatsmänner unter einem Dach. Heute regiert auch dort der Kapitalismus

VON JOHANNES VOSWINKEL

Eine Galerie bekannter marxistischer und kommunistischer Theoretiker und Praktiker. Oben v.l.n.r.: **RUDI DUTSCHKE** führte die deutsche Studentenbewegung. **ERNST BLOCH** schuf das Prinzip Hoffnung. Manche halten **JESUS** für den ersten Kommunisten. **MAO TSE-TUNGS** Kulturrevolution stürzte China ins Chaos. Unten v.l.n.r.: Auf **KARL MARX** berufen sich alle Kommunisten. **HERBERT MARCUSE** begründete die Kritische Theorie. **ANTON NEGRI** ist einer der wenigen heutigen marxistischen Denker. **ROSA LUXEMBURG** und **KARL LIEBKNECHT** träumten von einem menschlicheren Kommunismus. **ERNST THÄLMANN** führte die deutschen Kommunisten in der Weimarer Republik. **STALIN** errichtete in der Sowjetunion ein Terrorregime. **LENIN** begründete den »Demokratischen Zentralismus«.

D as Haus, aus dem heraus die Welt erobert werden sollte, ist so abgewirtschaftet wie die Ideologie, die einst in ihm wohnte. Der Kommunismus gilt vielen seit der Weltenwende zwischen 1989 und 1992 als gescheitert. Auch die Tage des Hotels Zentralnaja, des früheren Moskauer Absteigequartiers der Revolutionäre aus der Kommunistischen Internationale, scheinen gezählt. Als Hotel Lux ist es berühmt geworden in der Gorkijstraße 10, die heute Twerskaja heißt. Hier vermuten manche die unerlösten Seelen gläubiger Kommunisten, die von ihrer höheren Kreml-Priesterschaft in den Selbstmord getrieben, eingekerkert oder umgebracht wurden. Und noch ein Gespenst geht um in den Fluren: Eine Investorenbank plant den Umbau in ein Fünf-Sterne-Fashion-Hotel mit Luxuseinkaufszone.

Der Kapitalismus hätte damit auch dort triumphiert, wo sich einst Richard Sorge auf seine Spionage für Stalin vorbereitete, Ho Tschi-minh Bettwanzen knackte und der Tscheche Klement Gottwald mit Genossen frühstückte, die er später in Prag als Hochverräter hängen ließ. Komintern-Delegierte und kommunistische Emigranten, künftige Staatsmänner und Todgeweihte lebten im Hotel Lux zusammen. Hier wurde agitiert, konspiriert, gebangt und geliebt – worüber sich auch manch gefallene Bürgerliche im Broterwerb als Prostituierte nach der Oktoberrevolution freuen konnte.

Der Kleinkapitalismus hat das Hotel bereits seit 15 Jahren im Griff: Minireisebüros, Klitschenfirmen zur juristischen Beratung oder Betriebsliquidation, ein Gouvernantenservice und die Agentur Rendezvous mieten den Hauptteil der Zimmer. Seinen Geheimnisdunst bewahrt das Haus, das in den frühen sowjetischen Zeiten nur durch ein strenges Passierscheinsystem zu betreten war, bis heute. Der künftige Investor, die Bank Rossijskij Kredit, lehnt einen Besuch des Hotels durch Journalisten ab, als gäbe es etwas zu verbergen. Das Gebäude sei in einem baufälligen Zustand, heißt es bedrohlich, und das Betreten nicht ungefährlich.

Doch dem Besucher fällt kein Deckenstuck auf den Kopf, und bei den Firmen herrscht Kommen und Gehen. Wer den Hoteleingang an der dem Kreml zugewandten Seite sucht, landet im Nachtklub Rotkäppchen, dessen Männerstrips mit Hartstahlbäuchen und Bizeps wie eine späte, billige Ehrung der großen Emanzipierten unter den Kommunistinnen wirken; Ruth Fischer war eine von ihnen, sie lebte ebenfalls im Lux.

Die Glastür des Hoteleingangs an der Twerskajastraße ist leicht zu übersehen. Drinnen verunstaltet eine Geldwechselbude das Hotelfoyer mit seinen Säulen aus rotem Marmor. Abgeschabte Teppichläufer bedecken die Flure, auf denen die Emigrantenkinder einst Partisan und Faschist spielten. Der mürbe Dielenboden vor den weiß lackierten Türen aus den dreißiger Jahren gibt unter jedem Schritt nach. Im fünften und sechsten Stock wohnen noch Hotelgäste. Toilette und Gemeinschaftsdusche finden sich auf dem Flur. Eine Kassettenstuckdecke, Prunkornamente im orientalischen Stil und wild wuchernder Plastik-Efeu zieren das Café im

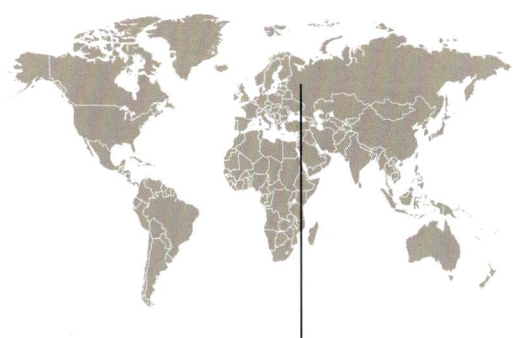

MOSKAU
Viele Revolutionäre
im Wartestand hausten
im legendären
Hotel Lux,
Gorkijstraße 10.
Das Hotel heißt heute
Zentralnaja,
die Straße Twerskaja

zweiten Stock, wo die Kommunisten 1923 den Hamburger Aufstand herbeifantasierten. Das Hotel Zentralnaja bietet eine einzigartige Mixtur aus ermattetem zaristischem Goldprunk, sozialistischer Piefigkeit und nachsowjetischem Basar und Tand.

Es roch nach Kohl und Windeln, die Seite an Seite köchelten

Ins Zimmer 339 hat sich ein Friseursalon gequetscht. Früher, in der damaligen Nummer 173, wohnte hier Waltraut Schälike mit ihren Eltern, deutschen »Arbeiterkommunisten«. Ihre Existenz hat Schälike einer gewissen Linienuntreue der Mutter zu verdanken. Deren gewollte Schwangerschaft 1927 erschien manchem Berliner Genossen als Verrat an der ewigen Kampfbereitschaft. 1931 floh die Familie vor der Verfolgung durch die deutschen Behörden nach Moskau in ein Zimmer des Hotels Lux.

Die Revolutionäre im Wartestand lebten wie in einer mehrstöckigen Wohngemeinschaft: Es roch nach Kohl und Windeln, die auf den Herden der zwei Küchen pro Etage Seite an Seite köchelten. Den Eingang der meisten Zimmer durchzogen aus Platznot Wäscheleinen. Die Bäckerei im Erdgeschoss hielt die Kakerlaken- und Mäusepopulation stabil auf hohem Niveau. Für das Mädchen Waltraut aber war es Heimatglück. »Wir waren begeistert von der Zeit«, sagt sie. »Ich wollte unbedingt den Sozialismus auf der ganzen Welt haben.« Nach dem Zweiten Weltkrieg kehrte Schälike nicht nach Deutschland zurück. Sie hat in Moskau Geschichte studiert. »Die Hochschulen standen jetzt den Arbeitern offen. Das war für meine Eltern, die aus Arbeiterfamilien stammten, ein sozialer Sieg.« Heute wohnt die 81-Jährige gemeinsam mit ihrer erwachsenen Enkelin in einer Einzimmerwohnung im Süden Moskaus.

Das Hotel Lux erschien Schälike in der Kindheit wie eine kleine, ideale Sowjetunion, in der soziale Herkunft und Nationalität keine Rolle spielten. Allein die Genossensolidarität zählte. Tatsächlich waren viele der Lux-Bewohner beseelt vom Glauben an die Welterklärung und quasireligiöse Paradiesverheißung des Kommunismus. Er sollte dem vergangenen Jahrhundert die größte Menschheitshoffnung und Enttäuschung verschaffen. Er führte zu einer bis dahin ungekannten Stufe totalitärer Herrschaft und hinterließ Millionen Tote. Zur Initialzündung der kommunistischen Weltbewegung wurde die russische Oktoberrevolution. Sie machte die Sowjetunion zwischen den beiden Weltkriegen zum alleinigen kommunistischen Modellstaat. Allerdings war der Kommunismus, der sich als wissenschaftlich pries, nie eine monolithische Weltanschauung.

Die kompromisslose Rosa Luxemburg oder beherzte Partisanen gegen das Hitlerregime, der Abenteurer Che Guevara, der kambodschanische Massenmörder am eigenen Volk, Pol Pot, und graue Apparatschiks wie Konstantin Tschernenko verstanden sich als Anhänger einer Lehre, die ihren Anfang bei zwei Deutschen in England nahm.

Karl Marx und Friedrich Engels, der das Geld für die sozialpolitischen Schriften recht kapitalistisch als Unternehmer in Manchester verdiente, wurden zu den geistigen Vätern des Kommunismus. Marx bündelte im Londoner Exil die Untersuchung der kapitalistischen Gesellschaft zu einem Werk, das Politik, Wirtschaft, Philosophie und Gesellschaft miteinander verband und in der heutigen Gesamtausgabe 43 Bände umfasst. Im *Kommunistischen Manifest* verhieß er nach dem unausweichlichen Endkampf zwischen Bourgeoisie und Proletariat ein Urzeitparadies ohne Hierarchien und soziale Ungleichheit. Marx' Kritiker beklagten seine einseitige Konzentration auf ökonomische Ursachen als Motor geschichtlicher Ereignisse, die Zweifelhaftigkeit einer linearen Geschichtsentwicklung und die Gefahr der Intoleranz seiner Lehre.

Armut und Unterdrückung erwiesen sich als beste Brutplätze der kommunistischen Aktivität. Das autokratische Russland mit seiner geknechteten Landbevölkerung und der scharfen Sicherheitspolizei Ochrana bot zum Ende des Ersten Weltkriegs nach dem Kollaps der Monarchie die Chance zum Umsturz. Zwar besaß das agrarisch geprägte Land eigentlich noch nicht den von Marx beschriebenen revolutionären Reifegrad, aber das störte Lenin und seine Bolschewiken nicht. Nach der Oktoberrevolution 1917 sorgte er für die grundlegende Interpretation des Kommunismus: gewaltsame Machtübernahme, Einparteiensystem, Diktatur, staatsgeführte Wirtschaft. Die »Jakobiner mit Telefon und Maschinengewehr«, wie der britische Historiker Robert Service schreibt, versprachen eine neue Welt mit neuen Menschen. Anfangs hatten sie Populäres zu bieten: Land für die besitzlosen Bauern, das Ende des Krieges und die Arbeiterkontrolle der Fabriken.

Im März 1919 lud Lenin Vertreter aller kommunistisch orientierten Parteien der Welt zur Gründung der III. Kommunistischen Internationale nach Moskau. Sie sollten die Revolution exportieren. Das Spektrum der Delegierten war breit, und sie waren

diskussionsfreudig. Der deutsche Spartakist Hugo Eberlein, der anstelle der ermordeten Rosa Luxemburg anreiste, lehnte die Komintern anfangs als verfrüht ab. Luxemburgs Kritik an Lenins Verachtung für die Demokratie und Grundrechte durfte noch anklingen. Die Delegierten einte die Vorstellung, dass nur die Weltrevolution soziale Gerechtigkeit schaffen und einen weiteren Weltkrieg der Moderne verhindern könnte.

In den folgenden Jahren ersetzte zunehmend Disziplin die Begeisterung. Von den Gründungsteilnehmern der Komintern kamen nur wenige erneut nach Moskau. »Die Delegierten der folgenden Weltkongresse waren aus einem anderen Teig gemacht«, erklärt der russische Historiker Alexander Watlin. »Sie waren bereit, sich zu unterwerfen.« Die Bolschewiken hatten als Argumente die Macht der Roten Armee und Koffer voller Geld und Juwelen zur Unterstützung der internationalen Genossen auf ihrer Seite. »Die Komintern-Kader sollten eigentlich Offiziere der Weltrevolution sein«, sagt Watlin. »Sie wurden aber gehorsame Soldaten.«

Die »soziale Säuberung« gegen alles Antisowjetische führte in den Terror

Das verstaatlichte Hotel Lux diente ihnen von 1920 an als zivile Kaserne. Neun Jahre zuvor hatte es der Moskauer Großbäcker Filippow, der seine Kalatschen (gefüllte Kugeln) und Rosinenbrötchen bis an den Zarenhof lieferte, erbaut. Der Zutritt zum hauseigenen Restaurant war vor der Revolution für Hunde und »niedrige Ränge« verboten. Mit dem Einzug der Komintern wurde das Lux zum Ort der Verschworenheit und Verschwörung mit falschen Identitäten und Geheimmissionen, abgeschirmt von Wachposten der Staatssicherheit. Im jugoslawischen Emigrantenklüngel um Josip Broz alias Walter alias Tito waren Gewährsmann und Polizeispitzel kaum zu unterscheiden. Herbert Wehner schrieb als Kurt Funk Berichte über die Genossen. Das Who's who der Internationalen logierte im Lux, nur die Weltrevolution kam nicht. So musste das Haus 1933, als der Strom deutscher Emigranten anschwoll, um zwei Etagen aufgestockt werden. 300 Zimmer boten danach 600 Menschen Platz.

Die Komintern funktionierte mittlerweile nach Sowjetmodell zentralisiert und widerspruchslos. Sie lobpries Stalin, der sie seinerseits als kostspieligen, palavernden »Krämerladen« verachtete. Auf dem VII. Weltkongress 1935 trat ein lebender Mythos an ihre Spitze: der Bulgare Georgi Dimitrow, der im Prozess um den Reichstagsbrand Joseph Goebbels vorgeführt hatte. Noch einmal herrschte Euphorie unter den Delegierten. Der Crash an der Wall Street 1929 und die anschließende Wirtschaftsdepression schienen der Weltrevolution zuzuarbeiten.

Doch die Aufbruchstimmung hielt nicht lange an. Die ausgerufene Volksfrontpolitik, die gegen den europäischen Faschismus auf Bündnisse mit anderen linken Parteien setzte, scheiterte halbherzig an der Angst, die eigene Identität zu verlieren. Die »soziale Säuberung« gegen alle »antisowjetischen Elemente« führte 1937 in den großen Terror. Stalin selbst markierte als präventive Maßnahme gegen Opponenten die Personalakten der Genossen: hier Hinrichtung, dort zehn Jahre Lagerhaft. Seit Mitte der dreißiger Jahre saßen etwa zwei Millionen Menschen im Gulag ein. Millionen waren verbannt oder als Arbeitssklaven umgesiedelt worden. »Die Kommunisten verloren so einige ihrer hellsten Köpfe«, schreibt Service. »Es war ein Prozess des umgekehrten Darwinismus, wobei die fähigsten Individuen nicht überlebten.«

Waltraut Schälike beobachtete, wie ihre Eltern eiligst die Bücher des später erschossenen Nikolaj Bucharin aussortierten. Ein Trotzkij-Porträt konnte den Tod bedeuten. Nachts herrschte nervöse Stille im Hotel – aus Angst vor den schweren Stiefeltritten der Geheimdienstler. Eine versiegelte Zimmertür bezeugte am nächsten Tag die Verhaftung. Frauen und Kinder der »Volksfeinde« mussten wie Aussätzige ins Hinterhaus umziehen. Für viele traten Misstrauen, Heuchelei und Liebedienerei an die Stelle der Solidarität. Es wurde denunziert, um den eigenen Kopf zu retten oder ein größeres Zimmer zu bekommen. Über die Deutschen, die das stärkste Kontingent im Hotel stellten, kursierte der Spruch: »Was die Gestapo von der KPD übrig gelassen hat, liest der NKWD auf.«

Die Angst vor der langen Hand des »Volkskommissariats des Innern« prägte das Leben der Bewohner, die sich mehr und mehr wie Insassen vorkamen. Der Verstand überprüfte ständig, was gesagt werden durfte, was verschwiegen werden musste. Die strenge Selbstdisziplin ging auf die Kinder über. In Schälikes Familie herrschte von klein auf die Vorstellung: Je weniger du weißt, desto besser. Das galt zuerst für die Verhaftung durch die Polizei und später als Schutz vor den Genossen. Nach dem Krieg musste sich Schälike oftmals rechtfertigen, warum ihr Vater trotz »mangelnder Wachsamkeit gegenüber dem Volksfeind« nur zeitweise seine Arbeit verloren hatte. Die Opfer der Säuberungen, die nach Historikerschätzungen zwischen 12 und 17 Millionen Menschen zählten, galten als schuldig. Wer nicht Opfer geworden war, erschien verdächtig.

Familie Schälike blieb ihrem Ziel treu, den Sozialismus aufzubauen. »Für meine Eltern hatte die Partei immer recht«, erzählt Waltraut Schälike. »Das Ende des Glaubens wäre für sie Verrat an aller Hoffnung gewesen. Alle Zweifel wurden von ihnen wie in der Religion als Glaubensprüfung auf gefasst.«

Apathie ergriff die Gesellschaft, Zynismus ersetzte den Idealismus

Schälikes Vater baute nach dem Krieg in Ostberlin einen Verlag auf, der vor zwei Jahren auch ihre Lebenserinnerungen veröffentlichte. Waltraut Schälike versteht sie als ein Protestbuch gegen die Gleichsetzung des Kommunismus mit den Stalinschen Verbrechen. »Das Leben geht auch im Totalitarismus weiter«, sagt sie. »Die Menschen hatten nicht jede Minute Angst. Meine Eltern liebten einander, zeugten Kinder, und ich war damals jung und glücklich mit meiner Familie im Hotel Lux. Trotz alledem.«

Die nächste schwere Glaubensprüfung für die Kommunistische Internationale folgte 1939 mit dem Ribbentrop-Molotow-Nichtangriffspakt. Stalin tat das Undenkbare und kollaborierte mit dem Erzfeind Hitler bei der Aufteilung Osteuropas. Erst der antifaschistische Kampf im Zweiten Weltkrieg brachte dem Kommunismus weltweit wieder Sympathien ein. 1943 löste Stalin die Komintern auf, damit die Rote Armee nicht als Vorhut der Weltrevolution, sondern als Befreiungsarmee nach Europa vorrücken konnte. Das Lux wurde 1954 als Zentralnaja ein gewöhnliches Hotel. Dem Aufstieg der Sowjetunion zur Weltmacht folgte der gewaltsame Siegeszug des Kommunismus durch Osteuropa, China, Ostasien bis nach Kuba. Anfang der achtziger Jahre hatte er global seinen Zenit erreicht. Der Niedergang begann.

Heute regieren kommunistische Parteien nur noch wenige Staaten: China, Vietnam, Nordkorea,

Kuba und die Republik Moldau. Einige von ihnen sind längst auf Abwegen von der reinen Lehre. Die meisten der historischen kommunistischen Regime verstießen durch die Bevormundung der Menschen sogar ihre Anhänger. Je unpopulärer das Regime wurde, desto mehr tendierte es zum Totalitären. Es fehlte die nötige Freiheit für jene Einzelinitiative, die eine dynamische Wirtschaftsentwicklung befördert. Apathie und Desillusion ergriffen die Gesellschaft, Zynismus ersetzte den Idealismus.

Doch der Kommunismus lebt weiter, glaubt Waltraut Schälike. »Die Sowjetunion war ein Geschenk für all jene, die Marx' Theorie ein für alle Mal verdammen wollen«, sagt sie. »Aber die Sowjetunion war gar kein Kommunismus.« Schälike hat sich auf die Erkundung der Wurzeln besonnen: »Marxforscherin« steht auf ihrer Visitenkarte. »Marx bietet auch heute noch das nötige theoretische Instrumentarium, um die Welt zu verstehen und zu gestalten«, urteilt sie. Sie spricht in der Terminologie der »Produktionsmittel«, sagt »Bourgeoisie« und »entfremdete Arbeit« und kommt doch zu unorthodoxen Erkenntnissen: »Das Privateigentum macht heute noch einen beeindruckenden Stimulus zum Arbeiten aus, und das Problem des Defizits ist in Russland gelöst«, sagt sie. Den Kommunismus der Zukunft erkennt Schälike im Menschlichen, in der alltäglichen Solidarität der Familie und im sozialen Engagement, als eine Welt ohne Krieg, Armut und Unterdrückung. Jeden Zwang zum Glück lehnt sie, ausnahmsweise in ganz unmarxistischer Sprache, ab: »Die Diktatur des Proletariats ist heute einfach Käse.«

»Proletarier aller Länder ...« – eine Chronik des Kommunismus

Karl Marx (1818 bis 1883) ist der bedeutendste Philosoph und Theoretiker des Kommunismus. Im Revolutionsjahr 1848 veröffentlichte er das *Kommunistische Manifest*, in dem er den Klassenkampf zwischen Bourgeoisie und Proletariat als unausweichliche Station auf dem Weg zum kommunistischen Paradieszustand vorhersagte. Es endet mit dem Aufruf: »Proletarier aller Länder, vereinigt Euch!« In Marx' Werk flossen die Geschichte der Französischen Revolution, die Erfahrung des Manchester-Kapitalismus und die deutsche Philosophie vor allem Hegels ein. In der Emigration in London erarbeitete Marx mit Friedrich Engels die Bibel des Antikapitalismus: *Das Kapital*.

»Das Kapital« schildert die sklavenhaften Arbeitsbedingungen der englischen Industriearbeiter. Darauf baut Marx seine Grundthesen von der Entfremdung des Menschen von seinem Produkt, der Notwendigkeit der Abschaffung des Privatbesitzes und von den zerstörerischen inneren Widersprüchen des Kapitalismus auf. Marx und Engels wurden später in kommunistischen Staaten aufgrund des wissenschaftlichen und umfassenden Anspruchs ihrer Werke zu Propheten überhöht.

Die »Internationale« diente bis 1944 der Sowjetunion als Staatshymne. Ihr Text bezieht sich auf die Internationale Arbeiterassoziation. Dieser Ersten Internationalen als Vereinigung der Arbeiterbewegung folgten drei weitere, darunter 1919 die Kommunistische Internationale (Komintern).

Wladimir Iljitsch Uljanow, genannt Lenin (1870 bis 1924), unterschied nach Marx eine erste und eine zweite Phase der kommunistischen Gesellschaft: Auf die Diktatur des Proletariats und die Vergesellschaftung der Produktionsmittel im Sozialismus sollte die klassenlose Gesellschaft folgen, mit dem Ziel der Vereinigung von Arbeitern und Bauern.

Josef Dschugaschwili, genannt Stalin (1879 bis 1953), gewann den Machtkampf nach Lenins Tod 1924. Der gebürtige Georgier baute 1928 die Wirtschaft fundamental um und ließ mit Hilfe der Roten Armee die Großbauern vertreiben oder umbringen und die Landwirtschaft kollektivieren. Die gezielt herbeigeführten Hungersnöte in der Ukraine und in Kasachstan 1932/33 mit Millionen Todesopfern reihen sich ein in die Massenvernichtungen des 20. Jahrhunderts, zu denen auch das unter der Abkürzung Gulag bekannte Straf- und Arbeitslagersystem der Sowjetunion zählte.

Die Oktoberrevolution durch kommunistische Bolschewiki unter Lenins Führung 1917 definieren manche Historiker als Putsch. Danach etablierte sich 1922 erstmals ein Regime, das den Kommunismus verwirklichen wollte: die Sowjetunion (Räteunion). Die Zerstörung der alten Hierarchien führte sogar zur Bildung eines Sinfonieorchesters ohne Dirigent. Politische und soziale Rebellionen wie der Kronstädter Matrosenaufstand (1921) wurden niedergeschlagen.

Im Gulag waren zeitweise bis zu 2,5 Millionen Menschen inhaftiert. Viele der Gefangenen mussten für Stalinsche Großprojekte zur Erschließung des Landes schuften und sterben. Zu diesen Projekten zählten die Polareisenbahn und der Weißmeerkanal.

Der erste Fünfjahresplan der sowjetischen Planwirtschaft hatte bereits 1928 eine gewaltsame Industrialisierung zugunsten der Eisenerz- und Kohleförderung, der Stahlproduktion und des Maschinenbaus eingeleitet. Auf dem 7. Parteitag ließ sich Stalin 1934 als »Lenin von heute« feiern. Er begann mit der »sozialen Säuberung« gegen »antisowjetische Elemente«. Den Höhepunkt der Verfolgung und Liquidierung vieler Mitstreiter und Parteigenossen bildete der Große Terror 1937/38 mit den Moskauer Schauprozessen.

Nikita Chruschtschow (1894 bis 1971) machte drei Jahre nach Stalins Tod, auf dem 20. Parteitag im Februar 1956, die Delegierten in einer Geheimrede mit den Verbrechen Stalins bekannt. Der Parteichef kritisierte den Personenkult seines diktatorischen Vorgängers und begann mit einer vorsichtigen Reformpolitik.

Michail Gorbatschow leitete mit seiner Politik der Offenheit (Glasnost) und Umgestaltung (Perestrojka) das Ende des Kalten Kriegs ein. Er erhielt 1990 den Friedensnobelpreis. Die Sowjetunion, lange Zeit der Modellstaat des Kommunismus, zerbrach im Dezember 1991.

»Die Idee lebt noch«

Ist der Kommunismus 1991 untergegangen?

Nicht völlig. Und das Siechtum begann früher. Nach Chruschtschow wurden die Führer bescheidener. Sie verstanden, dass die Weltrevolution nicht gelingt. Es ging ihnen nur noch um die Sicherung der Macht. Stagnation setzte ein; man konnte kaum mehr von Kommunismus sprechen. Aber die Idee lebt heute noch, in vielen Ländern – aber kaum in Russland.

Woran ist die Weltrevolution gescheitert?

Die Geschichte war klüger als die Bolschewiken. Aber die wollten das nicht anerkennen und hielten stur an der Ideologie von Marx fest. Die Komintern, anfangs voller Begeisterung, erstarrte in aufgezwungener Disziplin. Sie degenerierte zum außenpolitischen Unterstützerverein der Sowjetmacht. Das hatte mit Weltrevolution wenig zu tun.

Ihre wichtigste Erkenntnis?

Früher hatte ich gedacht, dass die Komintern als Weltgründung in der Welt operierte. Aber ich erkannte, dass sie viel mehr Teil der Geschichte meines Landes ist: eine russische Gründung mit dem Impetus, den Weltbolschewismus zu schaffen.

Was fehlt in der Kominternforschung?

Ein historisches Gesamtwerk. Auch ist die menschliche Geschichte der Komintern verloren gegangen. Die Bewohner des Hotels Lux lebten ja abgeschottet wie im Elfenbeinturm. Sie waren schockiert, wenn sie Straßenkinder und hungernde Bauern sahen. Bekanntschaften mit Russen waren unerwünscht. Keiner hat ein Tagebuch geführt. In den offiziellen Dokumenten kommen die Kominternler nur als Soldaten der Weltrevolution, nicht als normale Menschen mit Schwächen vor.

Was würden Sie gern herausfinden?

Es gibt Vermutungen, aber keine Belege, dass der vierte der Moskauer Prozesse als Prozess gegen die Komintern geplant war. Es gab ein Verfahren gegen zwei KPDler, die angeblich Kontakt zu Trotzkij hatten. Die öffentliche Meinung war also vorbereitet, dass die Komintern ein Spionagenest sein könnte. Doch für Stalin war es nicht nützlich, sie ganz zu vernichten. So kam es nicht zum Prozess.

ALEXANDER WATLIN
ist Professor für Geschichte
an der Moskauer
Lomonossow-Universität

Mehr zum Thema:

Robert Service: Comrades!
A History of World Communism;
Harvard University Press 2007; 592 S.

Waltraut Schälike:
»Ich wollte keine Deutsche sein«
Berlin-Wedding – Hotel »Lux« – Dietz Verlag;
Karl Dietz 2006; 344 S.

Ruth von Mayenburg: Hotel Lux
Bertelsmann 1989; 352 S.;
nur noch antiquarisch

Reinhard Müller: Menschenfalle Moskau
Hamburger Edition 2001; 501 S.

KRIEG

Abigail, Soldatin; Israel

BLU 24B "Orange"; USA

Mohamed Samer Elhaz Mouss (12); Libanon

Typ BLU-18; USA

Tochter von Jamil Gaffal;

Kim Wadim, Soldat; †23.12.2006, Irak

Typ MZD-2, China

Avi Karouchi (25), Soldat; †19.6.2005; Israel

Laila Gaffal; Libanon

cluster bomb, Afghanistan

Das schmutzige Geschäft

Der Krieg ist eine mordende Bestie und ein Verführer
der Menschen. Im Sommer 2006 kam er in das Dorf
Al Bazourieh im Süden des Libanons.
Die israelische Armee ließ Millionen Streubomben
auf das Land fallen. Noch Jahre nach dem
Angriff zerstören sie Ernten und töten Mensch und Tier

Von Ulrich Ladurner

APM; USA

Rockeye I (Cluster Bomb Mark 12), USA

Kindersoldat; Kongo

BLU 4A/B, USA

Mirko L., Hauptfeldwebel, Kundus

apple", USA

Zahra Hussein Soufan (12); Süd-Libanon

SD2, Deutsches Reich

Omar Khadr (15), Kindersoldat; Afghanistan

SMArt 155, Deutschland

KRIEG

D er österreichische Schriftsteller Peter Menasse wird der Nachwelt weniger wegen seiner literarischen Leistungen in Erinnerung bleiben als wegen seiner pornografisch zur Schau gestellten Lust am Krieg. Im August 2006 schrieb er in der *Süddeutschen Zeitung:* »Jetzt sitze ich vor dem Fernseher, will Bomben sehen, noch mehr Bomben, so viele Bomben, bis die Hisbollah ausradiert ist und alle Vernichter vernichtet sind.« Als Menasse das schrieb, ging der Krieg der israelischen Armee gegen den Libanon in die dritte Woche. Bomben, darüber hätte sich Menasse nicht beklagen müssen, sind auf den Libanon schon zum Zeitpunkt der Veröffentlichung seines Artikels zur Genüge gefallen. Als der Krieg nach 33 Tagen zu Ende ging, waren es mehrere Millionen Stück. Millionen? Millionen. Der bombenvernarrte Schreiber aus Österreich hat vor dem Fernseher durchaus ein wenig mitzählen können. Immer wenn eine Rakete aus einem Multiple Launch Rocket System (MLRS) in Richtung Libanon abgefeuert wurde, fielen wenige Sekunden später 644 Streubomben auf die Erde nieder – so viele enthält eine Rakete. Ein Offizier der israelischen Armee verriet, dass insgesamt 1800 Raketen abgefeuert worden seien. Das macht 1 159 200 Streubomben. Zusätzlich flogen Tausende Artilleriegranaten und Fliegerbomben auf den Libanon – eine Artilleriegranate trägt in der Regel 88 Streubomben in ihrem stählernen Mantel, eine Fliegerbombe 650 Stück. Ein todbringender Regen ging auf den Süden des Libanons nieder.

Streubomben sind klein und unscheinbar, manche sind etwas größer als ein Tennisball, andere haben Form und Größe einer Getränkedose. Wie für Waffen üblich, tragen sie Abkürzungen und Zahlenreihen als Namen, BLU63, BLU26, BLU61, M85, MZD2. Diese Dinger mit anonymen Namen dringen bis in die privaten Bereiche des Menschen ein. Fotos, die libanesische Behörden aufgenommen haben, zeigen die Streubomben in Wohnzimmern, in Schlafzimmerbetten, in Badezimmern, in Mülleimern, auf Dächern, in Olivenbäumen hängend, in Bananenstauden verkeilt – stählerne Früchte, vom Himmel gefallen.

Die Möglichkeit, eines Tages im Bett des eigenen Kindes ein hochgefährliches Ding namens M85 zu finden oder im Waschbecken eine BLU63, symbolisiert den modernen Krieg. Er macht nicht nur keinen Unterschied zwischen Zivilisten und Soldaten, vielmehr will er sogar die Bevölkerung terrorisieren.

Der Krieg ist eine Bestie, die ihre Gestalt im Lauf der Geschichte häufig gewandelt hat. Es gibt die Kabinettskriege des 18. Jahrhunderts, die im Vergleich zu den industriellen Kriegen des 20. Jahrhunderts geradezu harmlos erscheinen; es gibt Guerillakriege, Interventionskriege, Befreiungskriege, ja sogar Fußballkriege. In Zukunft gibt es vielleicht Kriege, die sich per Computer führen lassen und in denen menschliche Opfer nur mehr als Statistiken erscheinen. So viele Spielarten des Krieges existieren, so vielfältig sind auch die Versuche, ihn einzudämmen. Die Geschichte des Völkerrechts lässt sich lesen als ein einziger großer Versuch, Kriege

AL BAZOURIEH
Der verheerende Raketenregen, der 2006 über dem Libanon niederging, traf auch das Dorf Al Bazourieh. Der Krieg war längst vorbei, als eine Streubombe detonierte und den Arbeiter Jamil Gaffal tötete

zu verhindern, sie gar obsolet zu machen. Doch die Grundeigenschaft der Bestie hat sich nie geändert. Sie hält sich an keine Regeln, folgt nur ihrer Gier nach Vernichtung. Sie will jedes Gesetz brechen und die Zäune niederreißen, die man errichtet hat, um sie einzusperren.

»Der erste Japaner, auf den ich schoss, war ein kleiner, mondgesichtiger Mann«

Wenn ein Krieg ausbricht, begleitet ihn unvermeidlich die Brutalisierung. Welch schmutziges Geschäft das Töten eines Menschen ist, hat William Manchester in seinen Memoiren über den Zweiten Weltkrieg im Pazifik aufgeschrieben. »Der erste Japaner, auf den ich schoss, war ein kleiner, mondgesichtiger, dicklicher Mann. (...) Er hatte mich kommen hören. Als er sich umdrehte, verfing sich sein Gewehrriemen in einem Strauch. Er konnte sich nicht mehr verteidigen. Seine Augen begannen in Panik hin und her zu rollen. Er bewegte sich seitwärts, wie ein Krebs. Mein erster Schuss verfehlte ihn, mein zweiter aber traf ihn ins Bein. Sein linker Oberschenkel begann sich rot zu färben und wurde zu einer Art Brei. Dann kam eine Welle Blut aus der Wunde. (...) Stumm schaute er nach unten. Er berührte die Wunde mit der Hand und schmierte sich dann Blut über die Wange. Seine Schultern zuckten, als hätte ihm jemand auf den Rücken geschlagen; und dann kam aus ihm ein unglaublicher, krächzender Furz, er knickte ein und starb. Ich schoss weiter auf ihn und verschwendete damit Eigentum der Regierung.«

Als wollte er zeigen, dass der Krieg nicht aufhört, selbst wenn man sein Ende herbeiwünscht, kann auch William Manchester mit seiner Schilderung nicht mehr innehalten: »Seine Augen waren weit aufgerissen. Eine Fliege setzte sich auf seinen linken Augapfel. Bald kam eine zweite dazu. Ich weiß nicht, wie lange ich so stehen blieb, auf ihn starrend. Ich wusste von vorhergehenden Kämpfen, was den Körper erwartete. Er würde anschwellen, sich dann aufblähen, und die Uniform platzte

Abigail, Soldatin; Israel

BLU 24B "Orange"; USA

Mohamed Samer Elhaz Mouss (12); Libanon

MASCHE

Wadim, Soldat; †23.12.2006, Irak

Typ MZD-2, China

Avi Karouchi (25), Soldat; †19.6.2005; Israel

auf. Das Gesicht würde sich zuerst rot, purpurrot, grün und schließlich schwarz verfärben. (...) Ich begann zu zittern, am ganzen Körper schüttelte es mich. Ich schluchzte mit einer Stimme, die von der Angst ganz körnig war: ›Es tut mir leid!‹ Dann übergab ich mich, ich war über und über mit meinem eigenen Erbrochenen beschmutzt. (...) Neben dem Geruch nach Erbrochenem nahm ich gleichzeitig noch einen anderen Geruch wahr: Ich hatte in die Hosen gepisst. (...) Ein Kamerad kam auf mich zu und trat dann mit einem Ausdruck des Abscheus zurück. Er sagte: ›Slim, du stinkst!‹ Ich sagte nichts. Ich wusste, dass ich ein zuckendes Ding geworden war, gemacht aus Tränen und schmutzigen Hosen.«

Typ BLU-18; USA | Tochter von Jamil Gaffal; Libanon | BLU-42/B WAAPM; USA

So ist der Krieg, und da dies unerträglich ist, muss in der Regel ein sehr großer Aufwand betrieben werden, um den Menschen zu erklären, warum sie ihn führen sollten.

Politikwissenschaftler würden sagen: Krieg hat ein sehr hohes Legitimationsbedürfnis. Darum wird Krieg auch immer im Namen hehrer Werte geführt, meist geschieht es im Namen der Freiheit. Kein Politiker könnte sagen: »Wir überfallen dieses Land, rauben seine Bodenschätze und bereichern uns!«, oder: »Wir werfen Bomben über diesem Land ab, damit die Leute zu Hause wissen, dass wir keine Weicheier sind!« Nein, das ginge nicht. Krieg wird immer verbrämt, und seine wirklichen Ursachen müssen meist im Verborgenen bleiben. Es geht dabei um den Zugang zu Ressourcen, um Hegemoniestreben, um die Durchsetzung religiöser Vorstellungen, um die Öffnung von Märkten, um die Eliminierung eines Konkurrenten – um all diese Trivialitäten geht es bei Kriegen, doch darf es nicht ausgesprochen werden, weil der Mythos des Krieges zerbrechen, weil sonst der Blick frei werden könnte auf das, was er ist: organisiertes, massenhaftes Töten.

Gleichzeitig ist er ein Sinnstifter und damit ein großer Verführer der Menschen. Darauf hat der langjährige Kriegskorrespondent Chris Hedges hingewiesen: »Trotz der Vernichtung und des Schlachtens gibt der Krieg uns, wonach wir uns am meisten in unserem Leben sehnen. Er kann uns eine Aufgabe geben, einen Sinn, einen Grund zum Leben. Nur inmitten des Kampfes werden wir uns der Oberflächlichkeit und Fadheit unseres Lebens bewusst. (...) Krieg ist ein verlockendes Elixier. Er gibt uns Entschlossenheit, eine Mission. Er erlaubt uns, edel zu sein. Das erklärt die andauernde Attraktivität des Krieges.«

Jeder ist in Gefahr, verführt zu werden, hingerissen von dem vermeintlich reinigenden Gewitter des Krieges. Dahinter steckt auch die Sehnsucht nach einer höheren Gewalt, die Ordnung schafft in dieser Welt und uns einen Platz zuweist. Krieg ist die selbst gewollte Entmündigung des Menschen. Er erfüllt seinen brennenden Wunsch, in etwas aufzugehen, was größer ist als er selbst, in der Nation, der Religion, dem Volk. Krieg, das ist die Kapitulation des Menschen als Individuum.

Während Streubomben auf den Süden des Libanons fielen, feuerte die libanesische Hisbollah Raketen auf Städte im Norden Israels. Da es ihr nicht möglich ist, den Gegner Israel militärisch zu besiegen, war das Ziel der Raketen, Schrecken unter den Zivilisten zu verbreiten. Beide Parteien taten dies im Namen der Selbstverteidigung. Dabei ging es um Terror, auf beiden Seiten der Front. Streubomben verbreiten unter den Zivilisten einen besonderen Schrecken, denn sie können nicht nur überall sein, sondern sie wirken auch noch Jahre weiter.

Wollte man Waffen menschliche Charaktereigenschaften zuschreiben, müsste man die Streubombe wohl »gemein« nennen. Das ist auch der Grund dafür, dass es jetzt gelungen ist, diese Bomben zu bannen. Mehr als 100 Staaten haben sich vor Kurzem darauf geeinigt, die Anwendung von Streumunition ebenso zu unterlassen wie deren Entwicklung, Weitergabe, Lagerung oder sonstige Verwendung. Innerhalb von acht Jahren sollen diese gefährlichen Waffen weltweit aus den Arsenalen der Streitkräfte, auch der Bundeswehr, verschwinden. Allerdings haben wichtige Staaten, die gleichzeitig zu den größten Produzenten gehören, nicht unterschrieben, darunter die USA,

Russland, China, Israel, Indien, Pakistan. Sie wollen weiterhin auf diese »gemeine« Waffe setzen. Frank Masche widerspricht solcher Vermenschlichung einer Waffe: »Was heißt schon gemein?!« Waffen erfüllten gewisse ihnen zugeschriebene Funktionen. »Menschen erfinden sie, um bestimmte Ziele damit zu erreichen.« Masche gibt sich betont nüchtern, Sentimentalitäten kann er sich als Kampfmittelräumer nicht leisten. Er kann Waffen in ihre Einzelteile zerlegen, Bomben entschärfen, Munition unschädlich machen. Dafür braucht er Erfahrung, Sachverstand und ein Höchstmaß an Konzentration. Präzision ist gefragt, nicht Sentimentalität. Das hört sich bei Masche so an: »Die Streubombe ist eine Mehrzweckmunition. Sie enthält rund 30 Gramm Sprengstoff, der in einem Kegel steckt. Sie gibt einen gezielten Strahl ab, der 70 bis 100 Millimeter Stahl durchschlagen kann. Gleichzeitig zerlegt sich die Bombe in Splitter, in einem Umkreis von drei bis sieben Metern ist sie für Menschen tödlich.«

Als Jamil Gaffal eine Stange hervorzog, kullerte eine Streubombe zu Boden

Masche sitzt in einem Café der südlibanesischen Hafenstadt Tyrus. Der Blick geht auf das Meer, das in schäumenden Wellen auf die Küste zurollt. Es regnet. Wind fegt über die Küstenstraße. Masche schaut in den verhangenen Tag und leistet sich nun doch ein paar Gedanken, die über das rein Technische der Waffen hinausgeht. Er spricht von den Menschen, die er darüber aufklärt, was eine Streubombe ist und was sie alles anrichten kann. »Wir hatten den Fall eines Jungen, der eine Streubombe im Rucksack mit in die Schule genommen hatte. ›Mein Onkel hat gesagt, das sei ungefährlich‹, meinte der Junge!« Masche schüttelt den Kopf, doch nur sehr kurz. Es liegt ihm nicht, sich über die zu erheben, die seit 20, 30 Jahren im Krieg leben.

Masche arbeitet seit eineinhalb Jahren im Libanon für die Mine Advisory Group (MAG) einer Organisation, die nach Kriegen das Gröbste wegräumt, um den Menschen ein halbwegs normales und einigermaßen gefahrloses Leben zu ermöglichen. Die MAG beginnt mit der unmittelbarsten Umgebung des Menschen: Wohnung, Haus, Garten, Geschäfte, Straßen, Krankenhäuser. Wenn diese Bereiche einmal frei sind, geht es zur nächsten Phase, den Aufräumarbeiten in den intensiv genutzten landwirtschaftlichen Flächen, und schließlich geht es an das Weideland, doch es kann Jahre dauern, bis es dazu kommt. Manche Weideflächen werden nie vollständig geräumt werden, und immer wieder wird eine Detonation zu hören sein. Ein Hirte, ein Feldarbeiter, ein Wanderer, ein Kind oder ein Schaf wird dann auf eine Streubombe getreten sein. Die Menschen werden darüber reden, und der Schrecken des Krieges wird ihnen beängstigend auf den Leib rücken, ihnen Angstträume bescheren, Schweißausbrüche und Krämpfe im Herzen. Streubomben schränken, wenn sie einmal gefallen sind, das Leben der Betroffenen ein, indem sie ihnen buchstäblich Raum

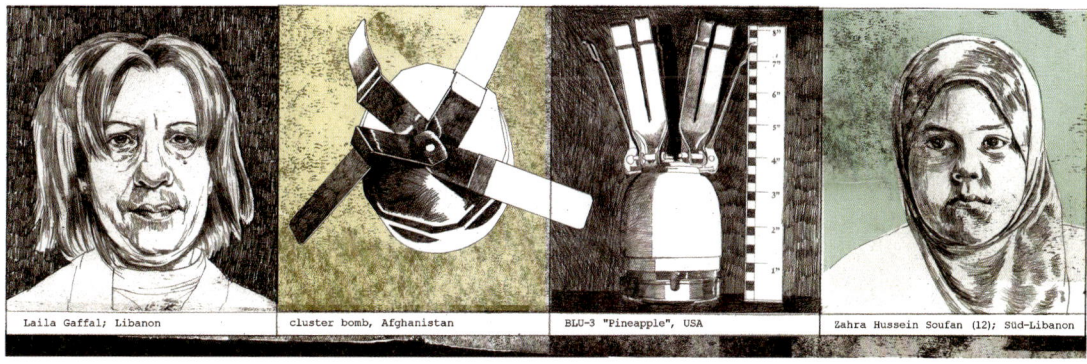

Laila Gaffal; Libanon   cluster bomb, Afghanistan   BLU-3 "Pineapple", USA   Zahra Hussein Soufan (12); Süd-Libanon

Rockeye I (Cluster Bomb Mark 12), USA   Kindersoldat, Kongo   BLU 4A/B, USA

zum Leben wegnehmen. Der Feind ist zwar abgezogen, aber er hält das Territorium mit diesen kleinen, bösen Dingern weiter besetzt.

Mehr als eineinhalb Jahre nach den Kriegen ist es der MAG und einer Reihe anderer ähnlicher Organisationen gelungen, den engsten Lebensraum der Menschen so weit wiederherzustellen, dass er bewohnt werden kann. Masche arbeitet jetzt vor allem in den Feldern rund um Tyrus. Nach dem Beschuss des Südlibanons ist es zu großen Ernteausfällen gekommen, weil die Arbeiter nicht auf die Felder gehen konnten. 40 Prozent der Oliven konnten nicht eingebracht werden, 35 Prozent der Zitrusfrüchte, 15 Prozent des Weizens und 15 Prozent des Tabaks. Insgesamt schätzt die Regierung nach dem Ende des Krieges den Verlust durch Ernteausfall auf 350 Millionen Dollar.

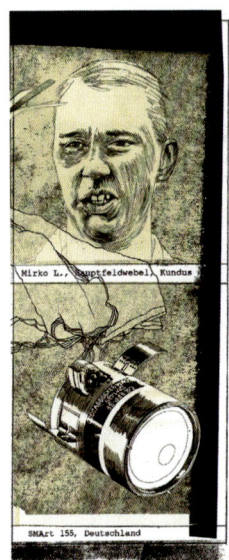

Mirko L., Hauptfeldwebel, Kundus

SMArt 155, Deutschland

Am heutigen Tag fährt Masche zu seinem Team, das in einem Zitronenhain, nicht weit von der Stadt entfernt, mit Räumen beschäftigt ist. Auf Knien kriechend, arbeiten sich Masches Männer Zentimeter für Zentimeter voran. Nichts darf übersehen werden. Ein kleiner Fehler kann einem Menschen das Leben kosten. Die Aufgabe ist schwer, weil sie sich immer anders stellt. Wenn es stark regnet, wenn die Felder unter Wasser stehen oder es gar zu Überschwemmungen kommt, wandern die Streubomben mit dem Wasser mit. Dann müssen die Minenräumer ihre Arbeitsgeräte neu justieren, immer auf der Spur des metallischen Teufelszeugs.

Den Erfindern von Streubomben ging es darum, mit wenig Aufwand möglichst viel Raum unter zerstörerisches Feuer zu nehmen. Eine Rakete, die mit Streubomben gefüllt ist, kann eine Fläche von der Größe eines Fußballfeldes eindecken. Streubomben sind keine Minen, das ist ein weit verbreitetes Missverständnis. Streubomben sollen nämlich explodieren, wenn sie auf dem Boden aufschlagen. Sie sind als sehr effiziente Waffe gegen feindliche Truppenkonzentrationen gedacht sowie gegen Panzer und gepanzerte Einheiten. Das Problem ist, dass die Fehlerquote relativ hoch ist, zwischen 10 und 35 Prozent explodieren nicht.

Warum die israelische Armee so viele Streubomben abgeworfen hat, bleibt vielen ein Rätsel. Die Tatsache, dass sie die große Mehrheit der Bomben drei Tage vor Ende des Krieges abfeuerte, zu einem Zeitpunkt, als der Waffenstillstand schon vereinbart war, ist aus militärischen Gründen nicht zu erklären. Viele Experten im Libanon vermuten, dass die israelische Armee den schon zu Ende gehenden Krieg nutzte, um ihre alten, in den siebziger Jahren hergestellten Bestände günstig loszuwerden – der Süden des Libanons als Müllhalde für explosives Material. Beweise für diese These gibt es nicht, denn die israelische Armee gibt keinerlei Erklärungen für ihr Verhalten ab. »Wir haben die Israelis immer wieder um Informationen gebeten«, sagt Dalya Farran von der UN-Mission Libanon, »aber sie kooperieren nicht!« Sie geben auch keinerlei Auskünfte darüber ab, wo sie die Streubomben abgeworfen haben. »Das würde uns die Arbeit ganz wesentlich erleichtern«, sagt Farran. So aber müssen die Minenräumer erst durch ihre Funde vor Ort rekonstruieren, wie die Streubomben auf dem Gelände verteilt sind. Und das erhöht möglicherweise die Fehlerquote bei der Suche.

In dem Dorf Al Bazourieh blieb mindestens eine Streubombe unbeachtet. Sie lag auf einer Baustelle zwischen Eisenstangen, farblich kaum von diesen zu unterscheiden. Als der Arbeiter Jamil Gaffal eine dieser Stangen hervorzog, kullerte eine Streubombe zu Boden und explodierte. Ein Splitter drang in den Kopf des Arbeiters. Seine Kollegen brachten ihn eiligst in das acht Kilometer entfernte Krankenhaus, wo er trotz einer Notoperation ein paar Stunden später starb. Jetzt hängt sein Bild über einem Türrahmen in seinem Haus.

Frische Farbe, glatte Fußböden – alles wirkt wie ein Statement gegen den Krieg

Jamil hinterließ eine Frau, zwei Kinder und eine unverheiratete Schwester, die an ihm hing wie an keinem anderen Menschen. »Wir waren neun Kinder zu Hause. Da unsere Mutter früh gestorben ist, haben wir uns immer gegenseitig gestützt. Wir sind als Kinder zusammengewachsen. Ich und Jamil hatten ein besonders enges Verhältnis.« Dann weint sie, wie sie immer wieder weinen wird an diesem strahlenden, sonnigen Nachmittag in Al Bazourieh.

Jamils Frau Laila hingegen bleibt sehr gefasst. Sie erzählt noch einmal, wie alles geschehen ist, wie sie entfernt den Knall gehört hat, wie sie gar nicht daran dachte, dass ihr Mann vielleicht Opfer einer Streubombe geworden sein könnte. Wie hätte sie auf solch einen Gedanken auch kommen können – hatten sie nicht diesen letzten Krieg überlebt? Die Familie Gaffal floh, wie Hunderttausende andere Libanesen, im Sommer 2006 vor der heranrückenden israelischen Armee. Sie suchten Schutz vor den feuerspeienden Raketenwerfern, dem ohrenbetäubenden Lärm der Kampfbomber, der stahlspuckenden Artillerie. Sie machten sich damals auf in Richtung Küste, nach Tyrus, oder sie schleppten sich bis in die Hauptstadt Beirut. Nur weg von Al Bazourieh, weg von diesem Ort, der den Zorn Israels zu spüren bekam.

Al Bazourieh ist wie die meisten anderen Orte im Süden des Libanons eine Hochburg der Hisbollah, der schiitischen Partei Gottes mit engsten Beziehungen zur Islamischen Republik Iran. Die Straßen sind gesäumt mit Bildern des Hisbollah-Führers Scheich Nasrallah, und an jeder Ecke springt Passanten das düstere Gesicht des iranischen Revolutionsführers Ajatollah Chomeini ins Auge. Wo es noch Lücken gibt, da ist Ali Chameini zu sehen, der gegenwärtige Führer Irans, oder das Bild eines Hisbollah-Milizionärs, der im Kampf gegen Israel heldenhaft gestorben ist.

Für die israelische Armee war Al Bazourieh ein logisches, ein einfaches Ziel. Im Rathaus hängt wandgroß eine ältere Luftaufnahme, die den Ort in allen Details zeigt: Fußballfeld, Moschee, Hauptplatz, Straßen, Felder, Bäume, Felsen. Durch die Fenster hat man einen traumhaften Panoramablick auf die Küste, das Meer und die Berge. Das Rathaus ist nach dem Krieg mit Hilfe einer italienischen Partnergemeinde neu erbaut worden. In den Räumen riecht es nach frischer Farbe, die Fußböden sind glatt, und die Bücher in der Bibliothek warten auf die ersten Leser. Das alles wirkt wie ein Statement gegen den Krieg: Al Bazourieh lebt.

Nach dem Tod des Arbeiters Jamil Gaffal bekam seine Witwe Laila von einer italienischen Hilfsorganisation Geld, damit sie einen Laden eröffnen konnte. Sie räumte im Erdgeschoss ihres Hauses ein Zimmer frei, baute Regale auf und stellte sie mit Waren voll, von denen sie annimmt, dass die Leute sie brauchen: Waschmittel, Seife, Bürsten, Kekse, Schokolade, Bonbons. Viel verkauft Laila nicht, denn die meisten Nachbarn fahren nach Tyros, um einzukaufen, in die großen, billigeren Supermärkte. Manchmal kommt doch ein Kunde aus dem Ort, mehr vom Mitgefühl denn vom Warenangebot getrieben, und kauft Kleinigkeiten. Es sind die Kinder, die am häufigsten in den Laden kommen und sich Bonbons holen. Wenn Laila Gaffal die paar Münzen in die Kasse fallen lässt, ist ein kurzer metallischer Klang zu hören. Dann ist es sehr einsam im Laden. Es ist die Einsamkeit, die der Krieg gebracht hat.

Macht, Freiheit, Fußball, Klima:
Warum Menschen Waffen sprechen lassen

Krieg ist nicht gleich Krieg. Nationen kämpfen gegeneinander, Aufständische rebellieren mit Waffengewalt gegen die eigene Regierung, oder es sind die Bürger desselben Staates, die sich bekriegen. Krieg hat viele Erscheinungsformen.

Weltkriege: Zwischen 1914 und 1918 verstrickten sich alle großen Mächte (Deutschland, Frankreich, England, Österreich-Ungarn, Russland und die USA) in den Ersten Weltkrieg. Er zeichnete sich durch den bis dahin nie da gewesenen Einsatz aller zur Verfügung stehenden Mittel aus, Giftgas eingeschlossen. Die gesamte Wirtschaft wurde auf den Krieg ausgerichtet. Diese industrialisierte Art der Kriegführung forderte Millionen Todesopfer. Zwischen 1939 und 1945 verwüstete der Zweite Weltkrieg Europa. Dieser Krieg wurde auch in Asien ausgefochten, da Japan 1941 aufseiten Deutschlands gegen die alliierten Mächte in den Krieg eingetreten war. Der Zweite Weltkrieg war gezeichnet durch den Massenmord an sechs Millionen europäischen Juden. Der Krieg im Kongo zwischen 1996 und 2008 wird oft auch als Afrikanischer Weltkrieg oder Dritter Weltkrieg bezeichnet.

Befreiungskriege: Einer der Krieg führenden Parteien geht es darum, Unabhängigkeit und Freiheit von einer als fremd empfundenen Macht zu erlangen. Zu den wichtigsten Kriegen dieser Art gehört der amerikanische Unabhängigkeitskrieg gegen die britischen Kolonialherren (1775 bis 1783). Für das 20. Jahrhundert prägend war der Kampf der Algerier gegen Frankreich (1956 bis 1964).

Erbfolgekriege: Ist nach dem Ende einer Dynastie oder dem Tod eines Monarchen umstritten, wer die Nachfolge antritt, können sich Konflikte ausweiten. Der Spanische Erbfolgekrieg (1701 bis 1714) brach nach dem Ableben des letzten spanischen Habsburgers, des kinderlosen Königs Karl II., aus. Es gibt allerdings auch moderne Erbfolgekriege. Bei den jugoslawischen Kriegen zwischen 1991 und 1999 ging es um die Nachfolge des sozialistischen Monarchen Josip Broz Tito, der Jugoslawien geschaffen und jahrzehntelang beherrscht hatte.

Revolutionskriege: Darunter versteht man die Kriege des revolutionären Frankreichs gegen die europäischen Monarchien (1792 bis 1801). Ein Revolutionskrieg war aber auch der, den Fidel Castro gegen den Diktator Fulgencio Batista führte. Er dauerte drei Jahre (1956 bis 1959) und führte zur Bildung einer kubanischen Revolutionsregierung.

Fußballkrieg: 1969 kam es nach dem Fußballspiel zwischen El Salvador und Honduras zu Ausschreitungen. Mehrere Menschen kamen ums Leben. Der Konflikt eskalierte zu einem Krieg. Das Fußballspiel, eine Qualifikationspartie für die Weltmeisterschaft in Mexiko, war dabei nur der äußere Anlass. Den eigentlichen Grund bildeten ökonomische Spannungen. Der Fußballkrieg dauerte nicht mehr als 100 Stunden. Er kostete 3000 Menschen das Leben.

Kalter Krieg: Er wurde zwischen den Westmächten (unter Führung der USA) und dem von der Sowjetunion beherrschten Ostblock ausgetragen. Beide Seiten versuchten alles, um den Gegner zu besiegen, vermieden allerdings den Ausbruch eines heißen Kriegs. Es gab jedoch eine Reihe von äußerst blutigen Stellvertreterkriegen, darunter den Vietnamkrieg und den Krieg in Angola.

Bürgerkrieg: Sie brechen zwischen den Bürgern desselben Staates aus. Ausländische Mächte mischen da häufig mit. Die Amerikaner haben einen Bürgerkrieg erlebt (1861 bis 1865), ebenso die Spanier (1936 bis 1939) und die Österreicher (1934). Der heute bekannteste Bürgerkrieg ist der irakische.

Guerillakrieg: Übersetzt heißt der Begriff »kleiner Krieg«. Er wird von kleinen, irregulären Gruppen gegen einen militärisch überlegenen Gegner geführt. Als erster Guerillakrieg gilt der Kampf der Spanier gegen die französischen Besatzungstruppen zwischen 1807 und 1814. Guerillakriege in moderner Zeit sind die Auseinandersetzungen zwischen der tamilischen LTTE und der Regierung Sri Lankas (seit 1986) sowie die Aktivitäten der kolumbianischen FARC.

Klimakriege: Die Veränderung des Klimas wird die Verteilungskonflikte verschärfen. Es könnte zu Kriegen um Wasser, Land und Ressourcen kommen. Die bewaffneten Auseinandersetzungen in Darfur, Sudan, werden von manchen bereits als Klimakrieg bezeichnet.

»Keine Gefahr von Religionskriegen«

Wieso glaubten viele Menschen nach dem Ende des Kalten Kriegs, dass ein Zeitalter ohne Krieg anbrechen könnte?

Nach dem Fall der Berliner Mauer und der Auflösung der Sowjetunion sprachen insbesondere die UN von der nun zu erwartenden »Friedensdividende«, die zur Befriedung der Welt beitragen würde. Dies war eine Illusion, wurde doch bereits 1990 die Weltöffentlichkeit durch Saddam Hussein und seinen Überfall auf Kuwait daran erinnert, dass das Zeitalter der Kriege keineswegs vorüber war. Der Beginn des zweiten Golfkriegs 1991 machte vollends deutlich, dass Kriege weiterhin zum Alltag gehören würden.

Es ist von »neuen Kriegen« die Rede. Taugt der Begriff, um Kriege unserer Zeit zu beschreiben?

Nicht besonders. Er suggeriert, der Charakter der Kriege habe sich vollkommen gewandelt. Das einzig neue Phänomen sehe ich in den asymmetrischen Kriegen, verdeutlicht am »Antiterrorkrieg«, da hier der Gegner nicht mehr ein Staat ist, sondern der »internationale Terrorismus«. Bezeichnend ist, dass dieser im staatlichen Rahmen weitergeführt wird – siehe Afghanistan und Irak.

Ist Krieg eine geeignetes Mittel, um Nation-Building zu initiieren?

Der Interventionskrieg hat sich jedenfalls nicht als geeignetes Mittel erwiesen, wie erneut Afghanistan und Irak deutlich machen.

Gibt es mit Blick auf das Verhältnis zwischen dem Westen und dem Islam die Gefahr eines Religionskriegs?

Das halte ich für ausgeschlossen. Sicherlich ist es richtig, dass islamistische Bewegungen in Nordafrika, im Nahen und Mittleren Osten eine wichtige politische Rolle spielen. Dennoch muss sich der Westen darüber im Klaren sein, dass diese den Islam als ein Mobilisierungsmittel für die Bevölkerung einsetzen, vergleichbar mit der Propagierung der »ethnischen« Kriege. Auf keinen Fall sollte man dem Islam oder anderen Religionen eine kriegsfördernde Ideologie zuschreiben.

Was sind die wichtigsten Kriegsursachen?

Nach wie vor gravierende Machtungleichgewichte, die sich in zunehmenden sozialen, ökonomischen und politischen Disparitäten niederschlagen. Es ist bezeichnend, dass zwischen den Staaten der OECD, der Organisation für wirtschaftliche Zusammenarbeit und Entwicklung, keine Kriege mehr stattfinden. Außerhalb jedoch sehr wohl, wobei nicht unterschlagen werden sollte, dass die Beteiligung der OECD-Welt an diesen Kriegen – insbesondere was die Rüstungslieferungen betrifft – keineswegs rückläufig ist.

Wie können Kriege verhindert werden?

Wo eine sich verschärfende Krisensituation zu beobachten ist, sollte durch präventive Konfliktregelung möglichst frühzeitig eine Eskalation verhindert werden. Ein Beispiel erfolgreicher Krisenprävention war das Handeln von EU und Nato in den baltischen Staaten, unmittelbar nach ihrer Loslösung von der Sowjetunion.

ULRIKE BORCHARDT
lehrt am Institut für Politische Wissenschaft, Universität Hamburg

Mehr zum Thema:

Thukydides:
Der Peloponnesische Krieg
Artemis & Winkler 2002; 648 S.

Chris Hedges:
War Is a Force That Gives Us Meaning
Anchor 2003; 224 S.

John Keegan:
Die Kultur des Krieges
Rowohlt 1997; 592 S.

Mark Kurlansky: **Nonviolence**
The History of a Dangerous Idea;
Random House 2008; 224 S.

MACHT

FRIEDRICH NIETZSCHES Denken kreiste immer wieder um den »Willen zur Macht«

»Masse und Macht« war das Lebensthema von **ELIAS CANETTI**

HANNAH ARENDT untersuchte vor allem die Beziehung zwischen Macht und Gewalt

Die **BERITTENE POLIZEI** repräsentiert bis heute das Gewaltmonopol des Staates

Das Wesen der Herrschaft

Vor 500 Jahren erfand der italienische Philosoph Niccolò Machiavelli die Politikwissenschaft, indem er die Mechanismen der Macht entschlüsselte. Seine Analyse erklärt noch heute, warum Staaten im Chaos versinken und wie Demokratien sich am Leben halten

VON JOSEF JOFFE

Die »kritische Theorie« von **MAX HORKHEIMER** wuchs aus den Ruinen des Faschismus

Sein Mitstreiter **THEODOR W. ADORNO** durchleuchtete die »autoritäre Persönlichkeit«

DIE MEDICI, mit Lorenzo »dem Prächtigen«, beherrschten Florenz

MACHIAVELLI widmete sein Werk »Der Fürst« Guiliano de' Medici

Die »dunkle Seite der Macht« – **DARTH VADER** aus »Star Wars«

I n der Kirche Santa Croce zu Florenz steht ein Ehrenmal für Niccolò Machiavelli. Die Inschrift lautet: *»Tanto nomini nullum par elogium«,* etwa »Keine Lobpreisung wird diesem großen Namen gerecht«. Doch 14 Jahre vor seinem Tod (1527) lag Machiavelli noch auf der Folterbank: Gegen die Medici hätte er sich verschworen, die der Republik Florenz im Schutze spanischer Waffen gerade den Garaus gemacht hatten. Er hatte Glück und wurde nur ins halbe Exil verbannt: Der frühere Staatsdiener durfte das Zentrum der Macht, den Palazzo Vecchio, nicht mehr betreten, aber auch nicht den Bannkreis von Florenz verlassen. So zog er sich auf seinen bescheidenen Landsitz in Sant'Andrea in Percussina zurück.

Hier, in den Chianti-Weinbergen, ein paar Kilometer von Florenz entfernt, ist heute alles irgendwie Machiavelli. Das Restaurant, das Albergo, das Bed and Breakfast tragen seinen Namen. Wer ein paar freundliche Worte mit Guido Falcone, dem Restaurantchef, wechselt, bekommt eine Führung durch die sorgfältig restaurierte Villa des Meisters. Sechs Meter im Quadrat misst das Arbeitszimmer; an diesem Schreibtisch gegenüber einem überdimensionierten Kamin verfasste Machiavelli sein berühmtestes Werk, *Il Principe (Der Fürst).* Aus dem Fenster konnte er sein geliebtes Florenz sehen, die Stadt, die ihm unter den Medici Amt und Ruhm genommen hatte.

Warum Machiavelli, warum der »große Name«, für den jede Eloge zu klein sei? Weil er mit Fug und Recht als Erfinder der Politikwissenschaft gelten kann. Wieso das? War nicht Aristoteles der Erste, der über Regierungsformen – über Despotie, Oligarchie, Republik – nachdachte, wie sie entstehen und vergehen? Oder 200 Jahre nach Machiavelli jener Charles de Secondat, besser bekannt als Montesquieu, der über den Einfluss von Klima und Geografie auf die Entwicklung politischer Systeme räsonierte? Oder gar Platon mit seinem Hauptwerk *Der Staat?*

Diese Großen und Größten gehören in das Reich der politischen Philosophie, die sich mit dem Guten, Wahren und Erhabenen in der Politik, also mit Werten beschäftigt. Die Politikwissenschaft hat ein anderes Anliegen. Sie will wissen, was ist und warum – nicht, was sein soll. Sie sammelt Fakten, um sie kausal zu verknüpfen – wenn A, dann B –, nicht um sie zu verdammen oder zu preisen. Platon und Nachfahren dozierten über den guten Staat, Politologen wollen wissen, wie Herrschaft funktioniert.

Natürlich hat sich auch Machiavelli mit Sinn und Zweck der Politik beschäftigt. Sonst hätte er nicht seinem Fürsten, Giuliano II. de' Medici, ein ganzes Buch lang gute Ratschläge erteilt – und schon gar nicht die *Discorsi,* das reifere und ruhigere Werk, geschrieben, die Abhandlungen über die ersten zehn Bücher des Titus Livius, die ein Hohelied auf die Republik, den Vorläufer der Demokratie, singen. Aber wie schrieb er doch 1513 im Exil in einem oft zitierten Brief an Francesco Vettori? »Ich habe mich mit der Frage auseinandergesetzt, was Herrschaft sei, von welcher Art und wie man sie erwirbt, wie man sie behält und wie man sie nie verliert.«

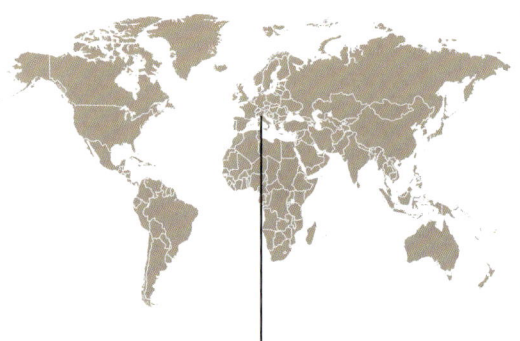

SANT'ANDREA IN PERCUSSINA
Wo Niccolò Machiavelli am Schreibtisch saß, inmitten der Chianti-Weinberge, ist heute vieles irgendwie Machiavelli. Das Restaurant, das Albergo und das Bed and Breakfast tragen seinen Namen

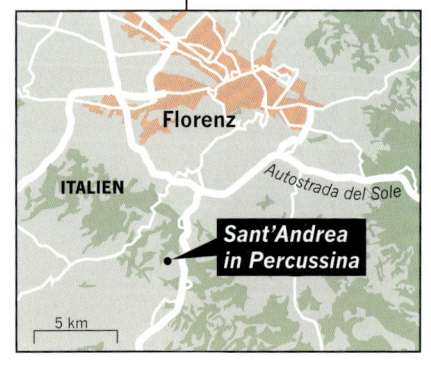

Mithin: Die Macht – nicht die Moral, nicht der Glaube, nicht das Telos (»Bestimmung«) – stand im Mittelpunkt. Er wollte Technik und Wesen der Herrschaft ergründen; das war das ungeheuerlich Originelle an Machiavelli. Und der Anfang der Politikwissenschaft. Jede Wissenschaft braucht ein Fundament, ein zentrales Konzept, das Beobachtung und Vermessung zulässt. Die Chemie hat ihre Elemente und Valenzen. Die Physik kreist um Masse und Energie, um Raum und Zeit – Variablen, die sich zumindest prinzipiell in Zahlen fassen lassen. Die Ökonomie versucht, das wirtschaftliche Verhalten von Millionen auf einen gemeinsamen Nenner,

den des Geldes als Zähleinheit, hinunterzubrechen und so hochgetürmte ökonometrische Modelle zu bauen. Die »Zähleinheit« der Politikwissenschaft ist die Macht. So will sie die Schlüsselfrage aller Politik beantworten, die der amerikanische Politologe Harold Laswell ganz knapp in den berühmten Satz gekleidet hat: Wer kriegt was, wann und wie?

Macht statt Moral – diese Vorstellung von Politik hat Machiavelli nicht gerade populär gemacht, und schon gar nicht in Deutschland, wo spätestens seit Kant und Hegel eine idealistische Auffassung von Politik vorherrscht. Die Ironie will es, dass ausgerechnet Friedrich der Große (da war er noch ein kleiner Kronprinz) eine wüste Polemik gegen Machiavelli verfasste, den *Anti-Machiavel*, der anonym von Voltaire herausgegeben wurde.

»Die Größe eines Landes«, tobte der junge Friedrich 1740, »bringet (dem Fürsten) nicht Ehre; einige Meilen mehr Erdreich machen ihn nicht berühmt.« Das war der Fritz, der einige Monate später, gleich nach seiner Krönung, Maria Theresia von Österreich ihr Schlesien raubte. Und warum? *»Le désir de faire parler de moi«*, antwortet er in der *Histoire de mon temps* – kurz: die Ruhmsucht. Dann im *Anti-Machiavel:* »Wenn Machiavel bestellet wäre, in einer Schule von Bösewichtern die Laster oder auf einer Universität von Veräthern die Treulosigkeit zu lehren, so wäre es kein Wunder, dass er dergleichen Materien abhandelte; allein er redet zu allen Menschen (...) Was ist schändlicher und unverschämter, als ihnen in der Treulosigkeit Unterricht zu geben?«

Friedrich II. ging in die Geschichte ein, Machiavelli wurde verflucht

Der Große Fritz hat die Verbündeten so oft wie die gepuderten Perücken gewechselt, sie verraten und wieder umarmt – zum Beispiel just die Todfeindin Maria Theresia, mit der er sich in einer Kriegspause Polen teilte. Friedrich verhielt sich so, wie Machiavelli schrieb; dieser hat jedoch eine viel schlechtere Presse als der Preuße, der bis zu seinem Tod ohne Unterlass in die Schlacht zog, um zu kriegen, was er wollte, oder zu behalten, was er erobert hatte. Ein Heuchler war Machiavelli allenfalls, wo er sich bei den Medici wieder einzuschmeicheln versuchte. (*Der Fürst*, eine Art Bewerbungsschreiben, war Giuliano gewidmet.)

Friedrich II. ist als »der Große« in die Geschichte eingegangen. Doch der Eremit von Sant'Andrea, von wo er Florenz sehen, aber nicht betreten durfte, wurde in der elisabethanischen Literatur als »*murderous Machiavel*« verflucht, von den Jesuiten als »Genosse des Teufels«. Der Philosoph Bertrand Russell geißelte die Herrschaftsanleitung als »Handbuch für Gangster«. Hier ersetzt Agitprop die Analyse. Machiavelli war kein Abgesandter der Hölle. Er versuchte, »praktische Wahrheiten« zu ergründen, nicht irgendwelchen »Fantasien« nachzujagen, wie er sein Projekt umschrieb; er wollte eine realistische Wissenschaft von der Politik.

Zu diesen »Fantasien« gehörten Metaphysik, christliche Theologie und Idealismus – die Säulen der mittelalterlichen Philosophie. Machiavelli aber beschäftigte der Mensch, wie er war, nicht wie er sein sollte. Vorweg beginnt der gnadenlose Realist mit einem Menschenbild, das ihm gern als Zynismus angekreidet wird: »Das menschliche Verlangen ist unstillbar«; der Mensch ist demnach »fortwährend unzufrieden«.

Daraus folgt die Gier nach Besitz, Ruhm und Macht – aber auch die Amoral. »Im Allgemeinen«, doziert er, »sind die Menschen undankbar, treulos und falsch; sie scheuen die Gefahr und streben nach Gewinn.« Die Liebe? »Diese Fessel der Verpflichtung werden diese elenden Kreaturen zerschneiden, wenn es ihnen passt.«

Wie können diese Kreaturen in einem Gemeinwesen miteinander auskommen, ohne einander das Leben zur Hölle zu machen? »Die Angst hält sie zurück – das nimmer schwindende Grauen vor der Bestrafung.« Diesen Rat hätten alle Totalitären sofort verstanden. Die Angst war das Herrschaftsinstrument von Stalin und Hitler sowie ihrer kleineren Brüder, der Francos und Mussolinis. Die Angst, das ist heute Kuba, Birma und Nordkorea. Oder sie kommt in Gestalt des Muchabarat-Staates daher, des Polizeistaates, auf den sich alle arabischen Herrscher stützen – in milderer Form in Jordanien, in härterer Ausführung in Syrien.

Bei Machiavelli ist die Angst aber nur Teil der Macht – weshalb man ihn nicht als Vorläufer der Totalitären sehen darf. Die Macht, nicht die Angst, ist zwar das Fundament aller Herrschaft, aber sie ist ein komplexes »Gut«. Hat der Fürst sie errungen, was muss er tun? Vorweg präsentiert Machiavelli eine äußerst moderne Erkenntnis, die gut zur Agenda 2010 passt: »Kein Unternehmen ist schwerer und misslicher als der Versuch, eine neue Ordnung zu schaffen. Der Reformer hat alle zum Feind, die von der alten profitierten, und nur lauwarme Verteidiger unter denen, die Gewinn aus ihr ziehen könnten.« Denn die Leute »glauben nur an das Neue, wenn sie es auch erfahren haben«.

Was tun, um die Macht zu erhalten? Hier ist der Satz, dessen ersten Teil die Leitartikler gern zitieren, wenn sie einem neuen Regierungschef gute Ratschläge verpassen wollen: »Der Eroberer muss alle Grausamkeiten auf einmal begehen, damit er es nicht nötig hat, jeden Tag von vorn anzufangen; so kann er die Leute beruhigen und sie mit Wohltaten für sich gewinnen.«

Diese seien jedoch »nach und nach zu erweisen, damit sie besser schmecken mögen«. Das sagt die moderne Verhaltenstherapie auch: Um den Patienten bei der Stange zu halten, müssen die Belohnungen ständig weiterträufeln.

Den Populismus hat Machiavelli auch erfunden. Ein Fürst soll eben nicht nur durch Angst regieren, sondern »sich vor allem um die Gunst des Volkes bemühen«. Ist das nicht das Rezept aller modernen Politik? Jeder demokratische Regierungschef verteilt Wahlgeschenke vorher und nachher; selbst Autoritäre wie Hugo Chávez oder der saudische König Abdullah verteilen Milliarden. Denn: Die »Freundschaft des Volkes« sei kritisch; »andernfalls hat er nichts, worauf er sich in schlimmen Zeiten stützen kann«. Wenn die Massen des Fürsten Herrschaft schätzten, »werden sie ihm ewig treu sein«. Er soll auch seine Kriege ausfechten, ohne seinen Untertanen »zuviel aufzubürden«. Auf Modern: Kriege möglichst so führen, wie heute im Irak, dass das Volk nichts davon merkt – keine Steuererhöhung, keine Wehrpflicht. Ganz allgemein möge der Fürst doch Haushaltsdisziplin üben, dafür Prunk und Verschwendung vermeiden.

Ist Angst besser als Zuneigung? Beides ist gut, aber wenn er schon die Liebe des Volkes nicht erringen kann, »soll der Fürst sich so fürchten lassen, dass er Hass vermeidet«. Und wenn er einem das Leben nimmt? Das möge er mit gutem und einsichtigem Grund tun. Nie aber sollte er den »Besitz anderer ergreifen« – nicht aus moralischen, sondern aus höchst praktischen Gründen. »Denn die Menschen vergessen eher den Tod ihres Vaters als den Verlust ihres Erbes.«

»Gewissensbisse sind Zeichen der Verwirrung und Schwäche«

Eine klare Hierarchie der Werte: Das Schwert ist manchmal gerechtfertigt, der Raub nie. All diese Herrschaftsweisheiten zieht Machiavelli aus der Empirie – mit zahllosen Beispielen aus der Geschichte, die von Alexander und Darius über die Römer in die Renaissance reichen. Nach heutigen Maßstäben ist die Methode krude; Machiavelli kannte weder Korrelation noch Regression; er sucht sich die Fakten aus, die passen, lässt aber Konträres beiseite. Und doch verkörpert dieser Denker den Beginn empirischer Politikwissenschaft, weil er nicht auf einem ungeprüften Prämissen-Fundament aus lauter Ableitungen eine hochstrebende Gedankenkathedrale baut, sondern einen faktischen Stein auf den anderen setzt.

Die Macht ist der Mörtel, der alles zusammenhält – das Theoriengerüst der Politikwissenschaft wie den real existierenden Staat. Was ist denn Macht? Die beste Antwort: die Kraft, die einen anderen

dazu bringt, etwas zu tun oder zu lassen, was er sonst verweigern würde. Diese Stärke kommt aus vielen Quellen: Autorität und Ansehen, Belohnung und Bestechung, Angst und Erpressung, Zwang und Gewalt. Doch in der letzten Konsequenz kommt Macht von Gewaltfähigkeit.

War Machiavelli also ein Theoretiker der Blutrunst, ein präexistenter Heinrich Himmler? Nichts könnte absurder sein. Vielmehr wollte er, wie einer der klügsten Machiavelli-Kenner, Sheldon Wolin von der Princeton University, schreibt, eine »Ökonomie der Gewalt« begründen, eine »Wissenschaft von der kontrollierten Anwendung der Macht«. Der moderne Staat ist in diesem Sinne »machiavellistisch«. Daheim, etwa bei gewalttätigen Demos, setzt er die Polizei am liebsten zur Einschüchterung oder zum Abdrängen ein; tödliche Gewalt findet so gut wie nicht mehr statt. Im Äußeren ficht zumindest der demokratische Staat keine totalen Kriege mehr aus; die Gewalt bleibt begrenzt wie in Afghanistan oder im Irak.

In den Discorsi schreibt Machiavelli: »Zu tadeln sei der Mann, der Gewalt nutzt, um die Dinge zu verderben, nicht jener, der sie zu heilen sucht.« Und: »Je größer seine Grausamkeit, desto schwächer wird seine Herrschaft.« Das ist die eisige Sprache des Realismus, die aber dennoch im Sinne Max Webers eine Ethik der Verantwortung hergibt: Bedenke die Konsequenzen deines Handelns.

Die neue Wissenschaft sollte analog zur Medizin die präzise Gewaltdosis verschreiben, die den politischen Organismus heilt. Manchmal, wenn das Chaos sonst nicht mehr aufzuhalten wäre, müsse eine Schockbehandlung her – kurz, aber heftig. In leichteren Fällen könnte allein schon die Drohung helfen. Auf keinen Fall dürfe der Fürst maßlos und immer wieder zur Gewalt greifen; das brächte ihm den noch schrecklicheren Aufstand der Verzweifelten ein. Aber der Arzt dürfe auch nicht halbherzig sein, schrieb Isaiah Berlin, der Oxford-Philosoph, in dem Aufsatz The Question of Machiavelli. Deshalb müsse er »bereit sein, auszubrennen und zu amputieren, wenn die Krankheit es erfordert. Gewissensbisse sind Zeichen der Verwirrung und Schwäche; sie produzieren die schlechteste aller Welten.«

Ist der Machiavellismus tatsächlich die Unmoral im Quadrat? Dann würde es auch die Chirurgie sein, wo der Operateur die verkrebste Lunge wegschneidet, um den Menschen zu retten. Machiavelli selbst beantwortet die Frage in den Discorsi so: »Der Fürst möge das moralisch Gebotene nicht verschmähen, wenn er es einhalten kann, aber er sollte wissen, wie er mit dem Übel umgehen muss, wenn er dazu gezwungen wird.« Das ist fein austariert, aber nicht die »Boshaftigkeit«, die ihm der junge Friedrich auf jeder Seite des Anti-Machiavel so lustvoll unterstellt.

Zerbricht der Staat, dann kennt die Grausamkeit keine Grenzen mehr

Machiavelli war der Erste, der so rigoros Privatmoral von Staatsräson trennte: »Staat und Volk folgen anderen Prinzipien als Individuen.« Der Mensch kann gut und edel sein, wenn die schützende Ordnung gewahrt bleibt. Der Staat aber muss für seine Sicherheit selbst sorgen – erst recht in Italien um 1500 herum. Das war Machiavellis Epoche – die Blüte der Renaissance, der Horror im Politischen –, als Italien der Spielball der Großmächte, zumal Frankreichs und Habsburgs, war, als fremde Armeen Florenz und das Land verheerten, als die Stadtstaaten mit den Invasoren paktierten und sich gegenseitig bekriegten. Das war keine Zeit für platonische Dialoge oder scholastische Diskurse.

Folglich schreibt Machiavelli in den Discorsi mit unnachahmlicher Kälte: »Wenn das Überleben des Landes auf dem Spiel steht, dürfen Überlegungen über Recht und Unrecht, Menschlichkeit und

Grausamkeit, Ruhm oder Ehrlosigkeit nicht den Sieg davontragen. Die einzige Frage muss sein: Was rettet Leben und Freiheit des Landes?« Dann heiligt der Zweck alle Mittel. Zerbricht der Staat wie weiland in Italien – siehe Angola, Kongo oder Ruanda –, kennt die Grausamkeit keine Grenzen mehr.

Allein die nackte Existenzfrage zu stellen erzeugt heute, da Europa den längsten Frieden aller Zeiten genießt, unsäglichen Widerwillen. Zu Machiavellis Zeiten hätten sie die allermeisten Italiener in seinem Sinne beantwortet: Ohne Sicherheit in Freiheit ist alles nichts. Weder Sklaven noch Tote können moralisch handeln, weil Sittlichkeit den freien Willen und erst recht die Existenz voraussetzt. Ergo muss Macht sein, die beides bewahrt. Und deshalb Machiavellis Brief an Francesco Vettori im Dezember 1513, aus dem Exil zu Sant'Andrea, das heute inmitten manikürter Weinberge auf der Sonnenseite der Geschichte steht: Er wollte ergründen, »was Herrschaft sei, wie man sie erwirbt, behält und verliert«.

Doch selbst dieser scheinbar kaltschnäuzige Techniker der Macht konnte seinem Metier nicht bis zum Schluss treu bleiben. Im letzten Kapitel des *Fürsten*-Traktats verstummt der leidenschaftslose Arzt des Staates; es tritt auf der passionierte Patriot, der an Giuliano appelliert, »der Plünderung der Lombardei sowie der Raubgier ein Ende zu machen, die im Königreich Neapel und in der Toskana wütet«. Jetzt sei der Moment, »da Italien endlich seinen Befreier finden kann«. Auf der allerletzten Seite zitiert der Moralist Machiavelli ein Gedicht von Petrarca, das in der Übersetzung von 1745, dem Erscheinungsjahr des *Anti-Machiavel*, so klingt:

Gerechtigkeit ruft itzt die tolle Welt zum Streit;
Doch zeigt der kurze Kampf, die alte Tapferkeit
Sey in der Welschen Brust noch itzo nicht
erstorben,
Die sonst Italien so großen Ruhm erworben.

Der kühle Politikwissenschaftler als flammender Patriot? Diese Vermengung zeigt, dass weder die Politologie noch irgendeine andere Sozialdisziplin bloß Wissenschaft ist. Ideologie und Vorurteil werden sich immer einschleichen, weil der Forscher seine eigenen Leidenschaften mitbringt. Das ist zwar unwissenschaftlich, aber unvermeidbar. Denn der Politologe, Psychologe oder Soziologe beschäftigt sich mit Mensch und Gesellschaft, nicht mit Molekülen und DNA-Ketten. Bei denen spielen Gut und Böse, Gerecht und Gemein keine Rolle.

Geld, Heirat und Geheimpolizei –
die beliebtesten Werkzeuge der Macht

Armeen sind seit je klassische Machtgaranten. Schon in dem antiken Epos *Der Peloponnesische Krieg*, in dem Athen und Sparta um die griechische Vorherrschaft kämpfen, erklären die Athener der militärisch unterlegenen spartanischen Kolonie Melos, »dass im menschlichen Verhältnis Recht gilt bei Gleichheit der Kräfte«. Bis heute teilen viele Experten diese Ansicht: Nur wer das Recht des Stärkeren auf seiner Seite habe, könne sich international durchsetzen. Die militärisch stärkste Nation sind derzeit die USA. Mit einem Militärbudget von 547 Milliarden Dollar sind sie für fast 50 Prozent der weltweiten Militärausgaben verantwortlich.

Charisma kann bei der Ausübung von Macht enorm von Nutzen sein. Wer auf seine Anhänger wie eine übermenschliche Lichtgestalt wirkt, wird ganz natürlich als Führer akzeptiert. Napoleon oder Hitler profitierten von dieser Wirkung ebenso wie Nelson Mandela.

Heiraten war ein im absolutistischen Europa höchst beliebtes Machtmittel. Herrschergeschlechter sicherten und erweiterten auf diese Art ihre Besitztümer, vermieden Kriege und besiegelten Bündnisse. Die Meister der Familienplanung waren die Habsburger. Sie vergrößerten im ausgehenden 15. Jahrhundert das österreichische Territorium allein durch familiäre Bindungen um Burgund, Spanien, Böhmen, Kroatien und Ungarn. Erfolgreich in die Neuzeit übertragen hat dieses Konzept ein Österreicher namens Arnold Schwarzenegger. 1986 wurde er durch die Heirat mit der John-F.-Kennedy-Nichte Maria Shriver Mitglied der einflussreichsten Politikerfamilie der USA, seit 2003 ist er Gouverneur in Kalifornien.

Geld regiert bekanntlich die Welt. Es wird von jeher auch gegen Macht getauscht – in Form von Wahlkampfbudgets, Bestechungsgeldern oder politischen Stiftungen. Ein eindrückliches Beispiel für die Beziehung von Geld und Macht ist Michael Bloomberg, seit 2001 Bürgermeister von New York. Der mehrfache US-Milliardär und eingetragene Demokrat wechselte kurz vor der Wahl zu den Republikanern, um innerparteilicher Konkurrenz zu entgehen. Dem Vorwurf des Opportunismus setzte er eine 50 Millionen Dollar teure Wahlkampagne entgegen, die teuerste, die New York je sah.

Plebiszite beziehen ihre Effektivität nicht aus der Unterdrückung, sondern aus der Einbindung des Volkes. Trotz ihres eigentlich urdemokratischen Charakters werden sie häufig dazu benutzt, die Aushöhlung demokratischer Institutionen und Grundrechte zu legitimieren. 1802 sicherte sich Napoleon per Plebiszit den Titel des »Konsuls auf Lebenszeit« und somit seine Alleinherrschaft. Aktueller Meister im Plebiszite-Abhalten ist Hugo Chávez. Seit der ehemalige Oberstleutnant 1998 zum Präsidenten Venezuelas gewählt worden ist, hat er ungefähr ein halbes Dutzend Referenden durchführen lassen und so seine Machtposition schrittweise ausgebaut.

Geheimdienste sind ein Machtinstrument, das nur im Zusammenspiel mit anderen Machtmitteln wirklich effektiv ist. Schmerzlich musste dies zum Beispiel DDR-Chef Erich Honecker erfahren. Im Arbeiter- und Bauernstaat arbeitete ungefähr jeder 50. Bürger für die Staatssicherheit (Stasi). Als jedoch die Sowjetunion 1989 die DDR-Machthaber nicht mehr stützte, half auch das »Schild und Schwert der Partei« nicht mehr.

Lobbyismus ist das vielleicht geräuschloseste Werkzeug der Macht. Wer es zu benutzen weiß, kann im Idealfall über Jahrzehnte hinweg durch Gefälligkeiten, Drohungen oder sogar Korruption Politik gestalten. Ganz ungefährlich ist allerdings auch dieses Instrument nicht. Der US-Geschäftsmann Jack Abramoff, der ein landesweites Firmen-Netzwerk besaß, verstand es jahrelang, führende Politiker in seinem Sinne zu beeinflussen. Nach einer Serie von Skandalen wurde er 2006 wegen Betrugs zu mehr als fünf Jahren Gefängnis verurteilt.

Gewaltlosigkeit als Machtmittel funktioniert nur, wenn günstige Umstände zusammenkommen. Ein wirtschaftlich geschwächtes Großbritannien, das sich bereits schleichend aus der Verwaltungskontrolle in Indien zurückzog, konnte ein Ghandi mit Hungerstreiks noch beeindrucken. Gegen ein vor Macht strotzendes China dagegen scheint die gewaltlose Politik des Dalai Lama wenig auszurichten.

»Selbstkontrolle«

Was ist die wichtigste Erkenntnis, die die Politikwissenschaft über Macht gewonnen hat?

Dass es »die Macht« im einheitlichen Sinne nicht gibt, sondern dass man »Sorten« von Macht unterscheiden sollte, etwa politische, militärische, ökonomische und kulturelle Macht. Wer über ein tendenziell ausgeglichenes Portfolio dieser Machtsorten verfügt, hat die größten Chancen, seinen Willen geltend zu machen.

Wissen Sie etwas über die Macht, was Sie nicht beweisen können?

Um Aussagen zu verifizieren oder zu falsifizieren, müsste man machtpolitische Konstellationen nachstellen. Derartige Großversuche stehen der Politikwissenschaft nicht zur Verfügung. Es wäre interessant, die Geschichte des »Dritten Reichs« zu wiederholen, aber Hitler 1938 bei einem Autounfall sterben zu lassen.

Was ist die wichtigste Fähigkeit, um Macht zu erringen?

Selbstkontrolle, Macht über sich selbst.

Wieso streben Menschen nach Macht?

Die Gründe sind unterschiedlich. Wer Ziele hat, braucht Macht, um sie zu erreichen. Aber es gibt auch jene Typen, die ihre Ziele je nach Lage wechseln und denen es nur darauf ankommt, Macht zu haben. Hier wird die Macht zur psychischen Krücke, ohne die sich die Betreffenden nicht bewegen können. Man gewöhnt sich an Macht. Vermutlich ist nicht das Streben nach, sondern der Verlust von Macht das eigentliche Problem. Aktuelles Beispiel: Robert Mugabe.

HERFRIED MÜNKLER
ist Politikwissenschaftler
und Professor
an der Humboldt-Universität
zu Berlin

Mehr zum Thema:

Niccolò Machiavelli: Der Fürst
Insel 2008; 165 S.

Niccolò Machiavelli: Discorsi
Gedanken über Politik und
Staatsführung;
Kröner 2007; 595 S.

Thomas Hobbes: Leviathan
Erster und zweiter Teil;
Reclam 1986; 327 S.

NATIONALISMUS

SMYRNA,
heute Izmir, ging 1922 bei der
Eroberung durch Atatürks Truppen
in Flammen auf

Als Premierminister träumte
ELEFTHÉRIOS VENIZÉLOS
vor rund neunzig Jahren von
Großgriechenland, inklusive
Konstantinopel

Serbiens Expräsident
SLOBODAN MILOŠEVIĆ
entzog sich der Verurteilung
wegen Völkermordes –
er starb

EDVARD BENEŠ
ordnete die ethnischen
Säuberungen in der
Tschechoslowakei an

MUSTAFA KEMAL ATATÜRK
gründete nach dem
Ersten Weltkrieg
die Republik Türkei

Ein Volk, ein Staat, ein Krieg

Am Beispiel des Pogroms von Istanbul 1955 lässt sich zeigen, wie Nationalismus entsteht und wie gefährlich er ist

Von Michael Thumann

Der sowjetische Diktator **JOSEF STALIN** ließ Millionen Menschen deportieren und umbringen

Der italienische Faschist **BENITO MUSSOLINI** führte Vernichtungskriege in Afrika

ADOLF HITLER hat das größte Massenmorden der Geschichte angeordnet

Türkischer Panzer 1955 in **ISTANBUL:** Pogrom gegen die griechische Minderheit

In Istanbul der Grieche, in Athen der Türkenfreund: Journalist **MICHALIS VASSILIADIS**

Kein Zweifel, Istanbul ist eine türkische Stadt. Oder doch nicht ganz? Manchmal ist es ein marmorner Hauseingang mit griechischen Aufschriften, der einen stutzen lässt, andernorts eine fast vergessene Kirche hinter Neubauten und Leuchtreklamen. Mitunter ist es eine alte, ehrwürdige Ladenpassage wie diese auf der breiten Istiklal-Straße im Zentrum des alten Istanbuls: Suriye pasajı. In der syrischen Passage zwischen sechsstöckigen Stadtpalästen verkauften einst christlich-arabische Händler aus Damaskus, Beirut und Jerusalem ihre Waren. Heute locken die heißen Mokkas der türkischen Cafés, die knatschbunten Magazine des Zeitungskiosks, die Pelze eines türkischen Kürschners.

Dazwischen fällt ein altes griechisches Schild kaum noch auf: Tageszeitung *Apogevmatini*. »Willkommen!«, hallt es aus einem Raum hinter dem mit grauer Farbe zugepinselten Schaufenster. Flackernde Neonröhren hängen von der hohen Decke. Die Büroutensilien stammen aus einem

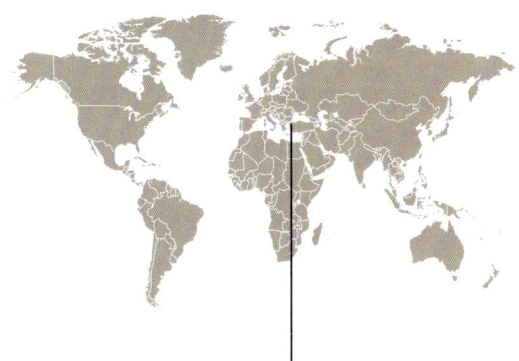

vordigitalen Zeitalter, Briefwaage, Tintenlöscher, Briefbeschwerer, dazu Schwarzweißfotos, Stapel von Zeitungen. In der Ecke steht ein alter Computer. Das ist die Welt von Michalis Vassiliadis, Chefredakteur des griechischen Blattes, eines der ältesten der Türkei. Der 68-Jährige und seine 1925 gegründete Zeitung sind Denkmäler einer Epoche, in der Istanbul für Türken und andere Völker gleichermaßen Heimat war. Die Türken waren in der Stadt eine Minderheit unter Minderheiten.

Die »anderen« waren hier geboren, ihre Eltern und Urahnen auch, sie lebten und sie starben hier. Heute kommen die »anderen« nur noch zu Besuch.

Was zwischen jener vergangenen Zeit und der Gegenwart liegt, lässt sich in einem Wort verdichten: Nationalismus. Hinter diesem Begriff stecken 200 Jahre Weltgeschichte, wehende Flaggen und verheerende Kriege, Nationalfeiertage und Vertreibungen, Parlamentsgründungen und Pogrome, Massenaufläufe und Massengräber. Der Philosoph Norbert Elias hat den Nationalismus das »mächtigste Glaubenssystem des 19. und 20. Jahrhunderts« genannt. Hunderte Millionen Menschen sind ihm verfallen, Hunderte Millionen Menschen mussten dafür sterben. Hinter dem Wort Nationalismus verbergen sich ungezählte Geschichten auf allen Kontinenten. Eine davon ist die von Michalis Vassiliadis und den Griechen von Istanbul.

ISTANBUL
In der Stadt am Bosporus waren die Türken einst eine Minderheit – wie alle andern auch.
Dann veränderte der Nationalismus das Gesicht der Metropole

»Kommen Sie, ich zeige Ihnen meine Stadt!«, ruft Vassiliadis, richtet seinen kleinen Zopf aus grauen Haaren und schließt sein Kontor ab. Er bahnt sich den Weg durch das Gewühl von Beyoglu, dem Istanbuler Szene- und Ausgehviertel. Früher nannten die Griechen diesen mondänen Stadtteil Pera, es war ihre Gegend. An der vierspurigen Tarlabasi-Straße bleibt Vassiliadis stehen, zeigt auf ein historisches, stuckübersätes Wohnhaus. Im ersten Stock, sagt er, hat seine Familie in den fünfziger Jahren gewohnt. Daneben lebten Türken, darüber Madame Marie, eine Armenierin, im dritten bis fünften Stock waren gleichfalls Griechen eingezogen. »Es war ein gutes Haus, man verstand sich prächtig.« Rechts neben dem Gebäude steht noch heute eine türkische Polizeistation. Gegenüber war eine griechische Konditorei, wo der Polizeikommissar seinen Kuchen zu Vorzugspreisen kaufte und jeden Mittag eine Partie Backgammon spielte. Dahinter, den Berg hinunter, die griechischen Kirchen, St. Helena, St. Konstantin. »Das war unser Istanbul.« Bis zum 6. September 1955.

Am Morgen dieses warmen Sommertages arbeitete der damals 16-jährige Michalis Vassiliadis im Ägyptischen Basar nicht weit von der Hagia Sofia. Achtzig Prozent der Textilläden im Basar gehörten damals Griechen, Armeniern und Juden. Sie bildeten das Rückgrat des Handels und Handwerks in der Türkei. Auf der Straße zwischen ihren Geschäften begannen an diesem Morgen merkwürdige Leute zu patrouillieren. Offensichtlich kamen sie nicht aus Istanbul, sie waren alle gleich gekleidet, hatten wohl zum ersten Mal eine Krawatte gebunden und trugen dazu einer ungewöhnlichen Mode folgend einen Klappspaten am Bund. »Die türkischen Händler kamen zu uns und meinten, wir sollten besser unsere Läden schließen«, sagt Vassiliadis. Sein Chef folgte dem Rat und ließ die Rollläden herunter. Vassiliadis lief nach Hause. Er ging über die elegante Einkaufsstraße Grande Rue de Pera und sah, wie die ersten Türken Steine in die Läden warfen. Der Pogrom hatte begonnen.

»Heute bin ich kein Kommissar, mein Freund, heute bin ich Türke«

Er kam zu Hause an, da fing ihn Ahmet ab, der türkische Hausmeister. »Schnell, versteck dich«, zischte Ahmet und schwenkte vor dem Haus eine türkische Flagge. Dann kam ein Geschwader mit Steinen und Knüppeln und zog an dem Haus vorbei. Sie gingen zur Konditorei und begannen die Fensterscheiben einzuschlagen. Der griechische Inhaber suchte Hilfe bei jenem Polizeikommissar, mit dem er schon so viele Stunden Backgammon gespielt hatte. Er hörte eine Antwort, die an diesem Tag jeder türkische Polizist jedem Hilfe suchenden Griechen gab: »Heute bin ich kein Kommissar, mein Freund, heute bin ich Türke.«

Wenigstens Hausmeister Ahmet hatte sich voll für seine Griechen ins Zeug gelegt. »Hier wohnen nur Muslime!«, rief er vor dem Haus und schwenkte unermüdlich die türkische Flagge. Als der letzte Verwüstungstrupp vorbeigezogen war, brachte er die Fahne in den Keller und holte einen nagelneuen Klappspaten hervor. Mit dem rannte er hinter den Brandschatzern her und schlug die Fenster griechischer Häuser ein. »Ahmet hatte uns geschützt, weil wir seine Herrschaften waren«, sagt Vassiliadis. Jene, bei denen er danach die Wohnungen zerstörte, waren für ihn einfach nur Griechen.

Die Schwadronen verheerten bis zum nächsten Morgen 3500 Wohnungen und mehr als 4000 Geschäfte und Büros, sie legten Feuer in 72 Kirchen und 31 Schulen, sie entweihten Friedhöfe, plünderten, vergewaltigten nichtmuslimische Frauen und töteten 30 Menschen. Als Vassiliadis zwei Tage später in den Ägyptischen Basar zur Arbeit zurückkehrte, waren die Geschäfte der Griechen, Armenier und Juden verwüstet. Die Läden der Türken nicht. »Sie waren zuvor alle sorgfältig gekennzeichnet worden.« Es war nichts dem Zufall überlassen worden. In

Istanbul hatte nicht nur einfach ein wild gewordener nationalistischer Mob randaliert. Die Stadt war Schauplatz eines staatlich organisierten Massenverbrechens geworden.

Adnan Menderes, der damalige Ministerpräsident, gab später in seinem eigenen Prozess zu Protokoll: »Wir hatten erlaubt, einige Fensterscheiben einzuschlagen.« Es war mehr als das. Menderes nutzte den kontrollierten nationalistischen Krawall, um von seiner missratenen Wirtschaftspolitik abzulenken und um der Türkei im Ringen um die Insel Zypern Vorteile zu verschaffen. Seine »Demokratische Partei« hatte Tage zuvor Gruppen von Arbeitern und Polizisten aufgestellt, sie mit Spaten und anderem Gerät versorgt und nach Istanbul fahren lassen. Ein türkischer Geheimdienstmann hatte im Geburtshaus des Republikgründers Atatürk im griechischen Thessaloniki eine Bombe gelegt, um einen passenden Anlass zu schaffen. Nationalistische Medien schrien die Nachricht vom Anschlag am 6. September 1955 heraus, um die Leute zu mobilisieren. Jetzt lief alles wie von selbst. Am Abend desselben Tages informierte der Istanbuler Polizeichef den Premier und den türkischen Präsidenten über die Zerstörungen. Zuversichtlich bestiegen die beiden türkischen Führer um Viertel nach acht den Zug nach Ankara.

Nationalismus – das ist die Rage der aufgewiegelten Massen in Tateinheit mit dem ausgefeilten Schlachtplan der Mächtigen. Eine tödliche Ideologie, wenn Schreibtischtäter und Schläger sich gegen die Schwachen im Land verbünden. Vertreibungen und erzwungene Flucht bedürfen wissenschaftlicher Vorbereitung, konzertierter Propaganda und der Befehle von oben. Erst kommt die Idee, dann werden Musketen und Äxte verteilt.

Im internationalen Vergleich war Adnan Menderes freilich einer der kleinen Täter. Wenige Jahre vor ihm hatten europäische Regierungschefs und Diktatoren in großem Stil den Vielvölkerkontinent Europa umgepflügt, Millionen von Menschen entwurzelt, deportiert, ermordet oder in Todesfabriken vergast. Vor allem die Deutschen unter Hitler haben der Welt das bis heute unübertroffene Schreckbild eines entfesselten Nationalismus geliefert. Dagegen benutzte der Georgier und Kommunist Josef Stalin den russischen Nationalismus als Vehikel, um ganze Völker umzusiedeln und auszurotten. Der Brite Winston Churchill stimmte auf den Kriegskonferenzen bis 1945 der erzwungenen Umsiedlung von Millionen Polen und Deutschen zu. Der Tscheche Eduard Beneš verwirklichte nach Rückkehr aus dem Exil nach Prag seinen lang gehegten Plan der Vertreibung der Sudetendeutschen.

Durch die Abgrenzung vom Fremden wird das Selbstbild geschärft

Mit dem Nationalstaat entstand im 19. Jahrhundert die Idee von der »Selbstbestimmung« und der »ethnischen Reinheit«. Im Gegensatz zur politischen Nation wie etwa in den USA, wo viele Ethnien sich um eine nationale Idee zusammenschlossen, haben in Mittel- und Osteuropa einzelne Völker ihre Staaten begründet, in denen sie fortan keine Fremden mehr sehen wollten. Doch die Reiche, aus denen sie herausbrachen, waren Vielvölkerimperien, die Städte, die sie eroberten, multikulturelle Räume. Die »Befreiung« von den alten Imperien, der Krieg um das nationale Territorium geriet so rasch zum Kampf um nationale Homogenität. Durch Abgrenzung vom Anderen, vom Fremden, vom Feind wurde das Selbstbild geschärft. Was der deutsche Publizist Carl Ludwig Börne im 19. Jahrhundert den »Völkerfrühling« nannte, schlug an vielen Orten Europas um in ungehemmten Völkerhass.

»Die Gründung Griechenlands 1821«, sagt Michalis Vassiliadis, »hat viele der kosmopolitischen Griechen von Istanbul lange Zeit nicht reizen können.« Die vielsprachige, quirlige »Metropole des Osmanischen Reiches war unser Zuhause, nicht das bäuerliche Neuhellas«, das in einer Kette von Aufständen gegen die Osmanen auf dem Peloponnes und in Athen entstand. »Aber je mehr sich

der Nationalismus verbreitete«, sagt er, »desto mehr waren wir gezwungen, uns damit zu identifizieren.«

Dem griechischen Beispiel waren die Serben vorangegangen, es folgten Bulgaren, Rumänen, Tschechen, Polen, die ihre Nationalstaaten bildeten und feststellten, dass sie in ihren Grenzen nicht allein, sondern zum Zusammenleben mit Minderheiten verdammt waren. Nirgendwo fielen die Siedlungsgrenzen mit den neuen Staatsgrenzen zusammen. Um beides irgendwie zur Deckung zu bringen, hat Südosteuropa 200 Jahre Krieg erlebt. Vom griechischen Aufstand 1821 bis zu den Massakern in den Balkankriegen 1912/13, von den Überfällen armenischer Nationalisten auf Türken bis zu den groß angelegten Massakern der Türken an den anatolischen Armeniern 1915. Der Krieg flammte in den 1990er Jahren neu auf, als Kroaten und Serben die Muslime in Bosnien-Herzegowina vertrieben oder zu Tausenden umbrachten.

Griechen und Türken hatten Anfang der zwanziger Jahre einen ganz besonderen Dreh gefunden, um ihre Territorien von Fremden zu säubern: den Bevölkerungsaustausch. Nach dem Abkommen von Lausanne 1923 mussten weit über eine Million Griechen Anatolien verlassen und bis zu einer halben Million Türken das neue Griechenland. Ausgenommen blieben die Griechen von Istanbul und die Muslime im griechischen Thrakien. Sie waren fortan die Geiseln des griechisch-türkischen Dauerkonflikts.

Die türkische Bartholomäusnacht des 6. September 1955 stand schon im Schatten des heraufziehenden Konflikts um Zypern. Danach wurde das Leben für die Griechen von Istanbul immer schwieriger. »Ich musste wegen der türkisch-nationalistischen Studentenbewegungen die Universität verlassen«, sagt Michalis Vassiliadis. Sobald er etwas auf Griechisch sagte, folgte der Rüffel: »Wir sind hier nicht im Land der Ungläubigen!«

Griechen zahlten in Istanbul mehr Abgaben und erhielten weniger Lohn

Die Diskriminierungen nahmen zu. Griechen zahlten mehr Abgaben, bekamen weniger Lohn. Bei einem Verkehrsunfall war immer der Grieche schuld. An Schulen und an der Universität wurden Griechen gemobbt. Als in Zypern 1964 erneut ethnische Konflikte ausbrachen, wies das türkische Innenministerium über Nacht 12 000 Istanbuler Griechen aus. Der junge Journalist Vassiliadis wurde für seine Artikel in griechischen Zeitungen mit einem zehnjährigen Dauerprozess gequält. »Das Leben wurde moralisch und ökonomisch unerträglich«, sagt er.

Bei Ausbruch des Zypernkrieges 1974 war Michalis Vassiliadis mürbe geworden. Der Istanbuler Grieche zog mit seiner Mutter in die Fremde, in den Nationalstaat Griechenland nach Athen. Dort war gerade das Obristenregime gestürzt worden, eine neue demokratische Regierung wagte ihre ersten Schritte. Vassiliadis arbeitete als Journalist weiter – und bekam alsbald Probleme. »Wir Istanbuler Griechen wurden in Athen von den griechischen Nationalisten umarmt«, erzählt Vassiliadis. Die Zeitung *Konstantinopoli* lud ihn ein zu schreiben. Doch schnell geriet er mit dem Chefredakteur aneinander: »Türkendreschen war bei denen schwer in Mode«, sagt Vassiliadis. Je rassistischer, desto besser: »Türken sind Feinde, sind Barbaren, sind minderwertig.« Ein militanter, revanchistischer Ton zog sich durchs ganze Blatt: »Die Hagia Sofia ist unser!«

Vassiliadis desertierte alsbald von der antitürkischen Front und ging zu einem anderen Blatt von Exil-Istanbulern. Dort schrieb er über einen Streit zwischen Griechen und Muslimen in Nordgriechenland. Es ging um die Höhe eines Minaretts, das angeblich 25 Zentimeter zu lang geraten sei und deshalb vor dem Abriss stand. »Ich plädierte für das Minarett«, sagt Vassiliadis. Dafür nannten ihn die Kommentatoren anderer Zeitungen »Stiefellecker der Türkei«. Vassiliadis und seine nationalistischen Gegner überzogen einander mit Beleidigungsklagen.

Seit fünf Jahren nun lebt Michalis Vassiliadis wieder in seiner türkischen Heimat. Er verbringt die Tage in seinem Istanbuler Büro neben der Briefwaage und dem Tintenlöscher und den Zeitungsstapeln. Er schreibt in einer Sprache, die nicht mehr viele Istanbuler lesen können. Etwa 2000 Griechen leben heute noch in der 15-Millionen-Stadt, *Apogevmatini* hat eine Auflage von 600 Exemplaren. Hinter Vassiliadis hängen zwei Bilder, eines von Kemal Atatürk, dem legendären Gründer der türkischen Republik, und eines von Hrant Dink, dem mutigen armenischen Journalisten, der im Januar 2007 von einem türkischen Nationalisten in Istanbul ermordet wurde. Dem Mörder applaudierten türkische Fußballfans und Polizisten. Für solche Nationalisten kann die Nation nie rein genug sein.

In Griechenland war das nicht anders, sagt Vassiliadis. Aber: »Das Land hat seit den achtziger Jahren ein kleines Wunder erlebt, das den Nationalisten die Köpfe zurechtgerückt hat.« Das Wunder hieß Europäische Gemeinschaft. Griechenland sei von einem Balkanland, wo Diskussionen gern in Messerstechereien endeten, zu einem normalen Land in einer Gemeinschaft demokratischer Länder geworden. Das habe dem Nationalismus den Stachel genommen.

Auch die Türkei habe in den vergangenen Jahren unter ihrem Premier Tayyip Erdoğan Riesenschritte nach vorn gemacht, sagt Vassiliadis. Zum ersten Mal werde von der ethnischen Vielfalt der Türkei gesprochen. Im Jahr 2005 gab es in Istanbul eine Ausstellung über die Pogrome gegen die Griechen von 1955. Und doch, sagt Vassiliadis vor dem Bild des ermordeten Hrant Dink, sei die Glut des türkischen Nationalismus noch nicht erstickt. Um sie zu löschen, empfiehlt der Istanbuler Grieche ein Mittel, das wiederum viele Griechen und Europäer in heißen Furor versetzt: den Beitritt der Türkei zur Europäischen Union.

Staaten kosten Menschenleben – elf Schauplätze

Frankreich: Während der Revolution 1789 und der Schreckensherrschaft der Wohlfahrtsausschüsse entstand die moderne französische Nation. In den Kämpfen zwischen 1789 und 1794 starben schätzungsweise 40 000 Menschen allein in Frankreich. Die nationalen Eroberungskriege, mit denen der junge ambitiöse französische Nationalstaat Europa bis 1814 überzog, forderten weitaus mehr Opfer.

USA: Im Bürgerkrieg von 1861 bis 1865 kämpften die Nordstaaten gegen die konföderierten Südstaaten, die auf ihre Souveränität und die Erhaltung der Sklaverei pochten. Mit ihrem Sieg setzten die Nordstaaten die Einheit der Nation durch und hoben die Sklaverei auf. 650 000 Amerikaner starben im ersten totalen Krieg der Geschichte, nicht wenige von ihnen waren Sklaven.

Deutschland: Otto von Bismarck brauchte von 1864 bis 1871 drei Kriege – gegen Dänemark, Österreich und Frankreich –, um den deutschen Nationalstaat zu begründen. Dank einer ausgeklügelten Bündnispolitik gegen das auf Revanche sinnende Frankreich gelang es ihm nach 1871, das deutsche Kaiserreich ohne weiteren Krieg im europäischen Mächtekonzert zu platzieren. Doch seinen nationalistisch verblendeten Nachfolgern mangelte es am diplomatischen Geschick. Der deutsche Nationalstaat stürzte Europa in zwei große Kriege, vernichtete systematisch Millionen von Menschen und verursachte in Ost- und Mitteleuropa gewaltige Bevölkerungsverschiebungen, bis er endlich friedlich seinen Platz auf dem Kontinent gefunden hatte.

Balkan: Seit den serbischen Aufständen 1804 und 1815 gegen das Osmanische Reich und dem griechischen Befreiungskrieg 1821 bis 1829 sind bis heute auf dem Balkan zehn bis zwölf Millionen Menschen gewaltsam aus ihren Siedlungsgebieten verdrängt worden. In den jugoslawischen Nachfolgekriegen seit 1991, in denen die Nationalstaaten Serbien, Kroatien, Bosnien und Herzegowina, Slowenien und Montenegro entstanden, wurden fast vier Millionen Menschen vertrieben oder mussten die Flucht ergreifen. Auf dem Hauptkriegsschauplatz Bosnien und Herzegowina starben rund 100 000 Menschen.

Italien: Unter Benito Mussolini suchte der Nationalstaat in Afrika sein Territorium zu vergrößern. In den Vernichtungskriegen gegen Äthiopien zwischen 1935 und 1941 starben bis zu 750 000 Äthiopier.

Japan: Das Land überzog in den dreißiger und vierziger Jahren seine Nachbarstaaten mit Eroberungs- und Ausrottungskriegen. Allein japanischen Kriegsgräueln fielen über fünf Millionen Menschen zum Opfer.

Israel und Palästina: Im Konflikt zweier Nationen um dasselbe Territorium sind seit 1948 Hunderttausende Araber aus Israel geflohen und Hunderttausende Juden aus arabischen Staaten nach Israel übergesiedelt.

Algerien: Im Krieg der jungen Nation gegen die französischen Kolonialherren 1954 bis 1962 kam es zu Terroranschlägen von beiden Seiten, zu Massakern und gezielten Vertreibungen. 350 000 algerische Muslime seien gestorben, sagen die Franzosen, von 1,5 Millionen Toten sprechen die Algerier. Über eine Million Nichtmuslime mussten das Land verlassen.

Irak und Iran: Der junge Nationalstaat Irak griff 1980 unter dem Diktator Saddam Hussein den revolutionären schiitischen Staat Iran an. Beide Seiten bombardierten Städte und führten einen erbarmungslosen Stellungskrieg. Mehrfach setzten sie Giftgas ein. Bis 1988 starben bis zu einer Million Menschen.

Armenien und Aserbajdschan: Armenische Kämpfer besetzten 1992 einen Teil Aserbajdschans mit der Region Berg-Karabach im Zentrum. In dem Krieg der jungen Nationalstaaten starben schätzungsweise 40 000 Menschen, etwa eine Million Aserbajdschaner und 300 000 Armenier wurden zu Flüchtlingen.

Kurdistan: Im Krieg der türkischen Armee gegen die »kurdische Arbeiterpartei« PKK, die mit Terror und Guerillaaktionen einen kurdischen Nationalstaat erzwingen will, starben seit 1984 rund 30 000 Menschen. Türkische Soldaten zerstörten über 4000 Dörfer und vertrieben so Millionen von Menschen.

Mehr zum Thema:

Benedict Anderson:
Die Erfindung der Nation
Zur Karriere eines folgenreichen Konzepts;
Campus 2005;
3. Aufl., 308 S.

Miroslav Hroch:
Das Europa der Nationen
Die moderne Nationsbildung im europäischen Vergleich;
Vandenhoeck & Ruprecht 2005;
279 S.

Eric Hobsbawm:
Nationen und Nationalismus
Mythos und Realität seit 1780;
Campus 2005;
3. Aufl., 256 S.

Siegfried Weichlein:
Nationalismus und Nationalstaat in Europa
Ein Forschungsüberblick;
Neue Politische Literatur 51 (2007),
Heft 2/3

»Selbst Kanada steht periodisch vor der Teilung«

Welche Erkenntnisse haben die Nationalismusforschung in den vergangenen Jahren vorangebracht?

Nationalismus hat sich als eine erstaunlich »geschichtslose« ideologische Konzeption entpuppt. Sie wird von ethnischen Unternehmern in der jeweiligen Gegenwart zur Besitzstandswahrung und zur Durchsetzung eigener machtpolitischer und ökonomischer Interessen zurechtgezimmert. Und sie kann – wenn entsprechende Transmissionsriemen vorhanden sind – der jeweiligen Zielgruppe, dem »Volk«, kommuniziert werden. Ein solcher erfolgreicher Transfer von Identifikation bietet dann die Möglichkeit zur Radikalisierung, zu politischer Mobilisierung, gar zu Aufstands- beziehungsweise Unterdrückungsgewalt.

Was war der größte Irrtum über die Natur des Nationalismus?

Sicher der, dass es einerseits »zivilisierten«, gewaltfreien und demokratischen Nationalismus – wie vermeintlich in Westeuropa – und andererseits »unzivilisierten«, gewalttätigen und autoritären – wie angeblich in Osteuropa – gibt. Vielmehr stellen wir bezüglich der Nationalbewegungen eine Phasenverschiebung fest: Was im »Westen« im 19. Jahrhundert stattfand und erfolgreich »vergessen« wurde, geschah im »Osten« erst im 20. Jahrhundert – und nimmt sich daher als präsenter aus.

Welches war der Höhepunkt der nationalistischen Epoche?

Historiker können Epochen nur im Nachhinein identifizieren und begründen. Die des Nationalismus erscheint aber selbst innerhalb von EU-Europa mitnichten als beendet, denkt man an die Nationalbewegung der Flamen in Belgien, an die estnische und lettische Regierungspolitik gegenüber russophonen Staatsbürgern und Nichtstaatsbürgern oder an die katalanische Autonomie in Spanien. Mittels »samtener Scheidung« haben Slowaken und Tschechen bald nach dem Ende der sowjetischen Hegemonie den Staatsverband der Tschechoslowakei aufgelöst und eigene Nationalstaaten gegründet – vor allem im slowakischen Fall zeitweilig mit starken nationalistischen Tendenzen in der Innen- und Außenpolitik. Montenegro ist 2006 der jüngste Staat Europas geworden – durch Zellteilung einer montenegrinischen Nation von der serbischen – und wird möglicherweise noch in den letzten Tagen des Jahres 2007 vom Kosovo abgelöst. Ob Bosnien-Herzegowina künftig ein Staat bleiben oder in zwei, gar drei Nationalstaaten zerfallen wird, ist derzeit nicht zu prognostizieren. Und selbst eine westliche Demokratie wie Kanada steht periodisch vor der Teilung entlang ethnokultureller Trennlinien. Mit anderen Worten: Die Devise des 19. Jahrhunderts »Jede Nation ein Staat – jeder Staat eine Nation« übt auch im 21. ihre Faszination aus.

Behält der Nationalismus seine Bedeutung?

Nationalismus als Strategie, um eine imaginierte Trias von »Land«, »Volk« und »Staat« zur Deckungsgleichheit zu bringen, bleibt vor allem für die ressourcenmäßig unterlegene Seite in einem asymmetrischen Konflikt von Bedeutung. Dies gilt sowohl für innerstaatliche als auch für zwischenstaatliche Konfliktlagen, desgleichen für »Globalisierungsverlierer«.

Was kann die gewaltsame Wirkung des Nationalismus entschärfen?

Wie – mit Tolstoj – jede unglückliche Familie auf ihre eigene Art unglücklich ist, sind interethnische Spannungslagen und ethnopolitische Konflikte spezifischer Natur. Lösungen müssen maßgeschneidert werden – ein Allheilmittel gibt es nicht. Als erfolgreich erwiesen sich innere Selbstbestimmung mittels Föderalisierung oder Autonomieregelungen – zuletzt im Fall der Gagausen Moldawiens, aber eben nicht im spanischen Baskenland. Auch äußere Selbstbestimmung in Form von Eigenstaatlichkeit kann konfliktvermeidend wirken – siehe Tschechen und Slowaken 1994 oder die Scheidung Norwegens von Schweden 1905 und Finnlands von Russland 1918. Konfliktmindernd wirkt sich Europäisierung in Form einer EU-Beitrittsperspektive aus, siehe Makedonien.

STEFAN TROEBST
ist Professor für Kulturstudien
Ostmitteleuropas
an der Universität Leipzig

RECHT

Mit Waage und Richtschwert: **JUSTITIA** ist die römische Göttin der Gerechtigkeit und des Rechtswesens

20. DEZEMBER 2007: Eine Überwachungskamera filmt den Überfall im U-Bahnhof

SPYRIDON L., heute 18-jährig, schlug den Rentner ins Gesicht und trat ihm gegen den Kopf

Die schärfste Waffe des Staates

Der Mensch schuf das Recht, um sozialen Frieden zu stiften. Doch Gesetze werden von Politikern gemacht, Staatsanwälte von Medien beeinflusst. Der Prozess gegen die Münchner U-Bahn-Schläger zeigt: Das Recht ist nicht die unabhängige Größe, als die es erscheint

Von Sabine Rückert

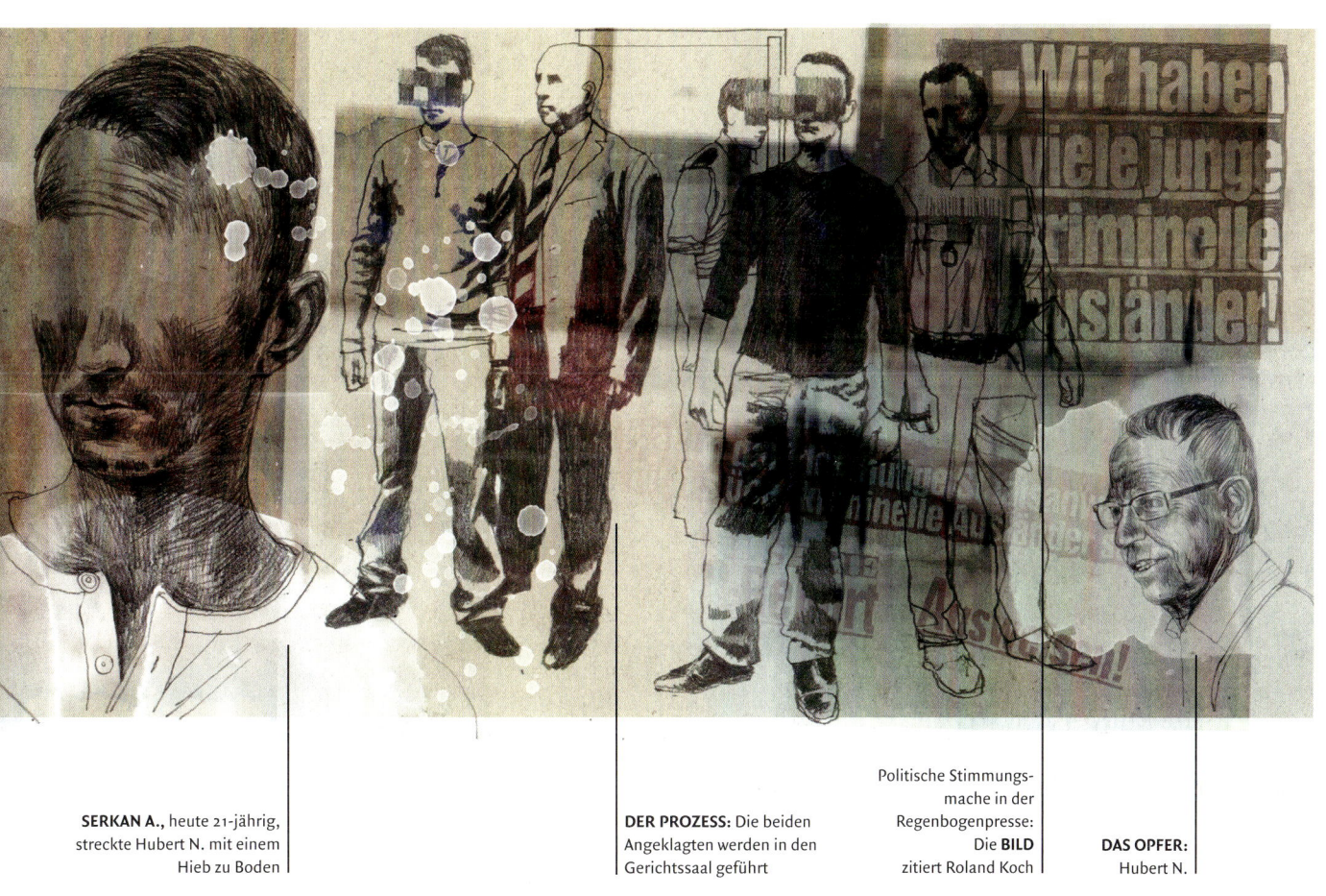

SERKAN A., heute 21-jährig, streckte Hubert N. mit einem Hieb zu Boden

DER PROZESS: Die beiden Angeklagten werden in den Gerichtssaal geführt

Politische Stimmungsmache in der Regenbogenpresse: Die **BILD** zitiert Roland Koch

DAS OPFER: Hubert N.

W as die Überwachungskamera der Münchner Verkehrsbetriebe im Untergeschoss der U-Bahn-Station Arabellapark am Abend des 20. Dezember 2007 aufgezeichnet hat, ist eine Jagdszene, die dem Betrachter den Atem raubt. Zwei Gestalten kommen die Rolltreppe heraufgerannt, eine dritte Silhouette verfolgend. Der erste Verfolger erreicht die Beute, stößt sie zu Boden und tritt sie in die Seite, schon ist der zweite heran, kniet sich über den Liegenden und schlägt ihm blindwütig mit der Faust ins Gesicht, dann erhebt er sich und tritt gegen seinen Kopf, rennt Anlauf holend aus dem Bild, kehrt zurück und tritt ein zweites Mal gegen den Schädel des Hilflosen, diesmal mit solcher Wucht, dass er danach hinkt. Sein Begleiter schnappt sich den Rucksack des Überfallenen, und beide sind weg. Zurück bleibt die hingestreckte Figur, von der der Betrachter annehmen muss, dass sie diesen Angriff nicht überleben wird.

Fast jeder Deutsche hat diese Bilder gesehen, der Mitschnitt lief um die Weihnachtszeit als Topnachricht auf allen Fernsehkanälen. Auch im Saal A101/I des Landgerichts München hat die Szene nichts von ihrer beängstigenden Aggressivität verloren. Hier, im sogenannten U-Bahn-Schläger-Prozess, der Recht schaffen und den durch die Tat gestörten sozialen Frieden im Volk wiederherstellen soll, begegnen sich die drei Personen der Szene ein zweites Mal: Das Opfer hat jetzt ein Gesicht, es ist der 76-jährige Hubert N., pensionierter Realschuldirektor, ein knorriger kleiner Herr, der die Tat mit mehreren Schädelbrüchen wie durch ein Wunder überlebt und die Klinik bereits nach drei Tagen auf eigenen Wunsch verlassen hat. N. begnügt sich damit, als Zeuge aufzutreten und zu berichten, durch welche Nichtigkeit er die Wut der mit Zigaretten in der Untergrundbahn lümmelnden jungen Männer auf sich gezogen hat: »Ich sagte zu ihnen: In der U-Bahn raucht man nicht.« Hubert N. lässt sich nicht instrumentalisieren. Er hat darauf verzichtet, im Prozess als Nebenkläger aufzutreten und mit Hilfe eines Anwalts eine besonders harte Bestrafung der Täter zu fordern oder sich gar in einer Talkshow – entgeltlich – als Verbrechensopfer zu präsentieren.

Auf der Anklagebank sitzen die beiden geständigen Gewalttäter: Serkan A., zum Tatzeitpunkt 20-jährig und damit Heranwachsender, ist ein in München geborener Türke. Er hat den Rentner zu Boden gerissen und in den Rumpf getreten. Der seit 2001 in München lebende Grieche Spyridon L. aber war es, der N. die lebensbedrohlichen Schädelverletzungen beigebracht hat. Er war bei der Tat 17 Jahre alt, also Jugendlicher.

Als die beiden wenige Tage nach dem Überfall gefasst wurden und feststand, dass es sich um Einwandererkinder handelte, hatte der im Wahlkampf stehende hessische Ministerpräsident Roland Koch sein Thema gefunden. »Wir haben zu viele kriminelle junge Ausländer«, zitierte die Bild-Zeitung ihn am 28. Dezember 2007 auf der Titelseite und machte die Kampagne des CDU-Politikers über die nächsten Wochen zu ihrer eigenen. Auch von anderen Medien unterstützt, forderte Koch, junge gewalt-

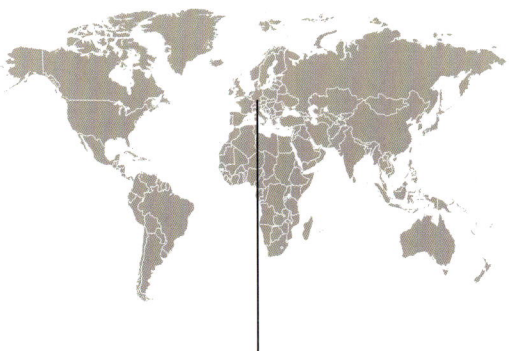

MÜNCHEN
Zwei junge Männer standen vor dem Münchner Landgericht. Sie hatten in der U-Bahn einen 76-Jährigen zusammengeschlagen und lebensgefährlich verletzt

tätige Migranten auszuweisen. Obwohl er für keine einzige seiner Ideen einen Fachmann auf seiner Seite hatte und keiner seiner Vorschläge durch ein wissenschaftliches Argument gestützt wird, dachte er laut über eine Verschärfung des Jugendstrafrechts nach, über die Verlängerung der maximalen Jugendstrafe von 10 auf 15 Jahre, über das Herabsetzen der Strafmündigkeit auf das Alter von 12, über Erziehungscamps nach amerikanischem Vorbild.

Koch ging es offenbar auch nicht um die Zustimmung der Kriminologen und Juristen, sein Ziel war es, Angst vor jungen Ausländern zu entfachen und sich als Problemlöser zu empfehlen. An einer Lösung der gewaltigen Probleme, die Einwandererkinder in Deutschland unbestritten haben, war er weniger interessiert.

Spätestens bei solchen Kampagnen zeigt sich, dass das Recht nicht die von Interessen unabhängige Größe ist, als die es erscheint. Gesetze werden von Menschen gemacht, und der Richter ist auch nicht immer der Fels im Strom, mag er sich auch selbst dafür halten. Das gilt vor allem auf dem Gebiet des Strafrechts. Zu verlockend ist es für die Politik, sich von der Emotion statt vom Erfahrungswissen leiten zu lassen und die Stimmungen, die zu Gesetzesverschärfungen führen, zur eigenen Profilierung erst hervorzurufen. Dass solche Stimmungen auch Richter erreichen, zeigt sich am Süd-Nord-Gefälle beim Maß der verhängten Strafen. Zwar gilt überall in Deutschland das Strafgesetzbuch, doch dieselbe Tat kann in München deutlich härter geahndet werden als in Bremen. Und der für Bayern zuständige 1. Strafsenat des Bundesgerichtshofs gilt als besonders nachsichtig gegenüber harten Urteilen.

Bald dürften sogar 14-Jährige lebenslang hinter Gittern verschwinden

Auch die Informationspolitik der Medien wirkt auf das Recht: Besonders Boulevardzeitungen – aber auch viele Privatsender – brauchen den Verbrecher für Auflage und Quote, sie schüren im Volk mit gefühlsgeladenen Beiträgen Angst und Aggression gegen Beschuldigte. Die Politik, also der Gesetzgeber, reagiert darauf wiederum mit Gesetzen, die einen vernünftigen Umgang mit Kriminalität erschweren. Dieser politisch-mediale Verstärkerkreislauf hat in Deutschland dazu geführt, dass das Strafrecht in den vergangenen 20 Jahren nur zum Nachteil von Beschuldigten oder Verurteilten überarbeitet worden ist.

Passend zum Prozessauftakt, hat der Bundestag gerade wieder ein neues Gesetz verabschiedet, von dem kein Fachmann etwas hält, das aber das subjektive Wohlbefinden der Bürger stärken soll: Die Sicherungsverwahrung – also das weitere Einsperren auch nach verbüßter Freiheitsstrafe – wird jetzt auch bei Jugendlichen erlaubt sein, was bedeutet, dass deutsche Richter demnächst auch 14-Jährige lebenslang hinter Gefängnismauern verschwinden lassen dürfen.

Zu welchem Spielball der Interessen das Recht verkommen ist, hat sich 2001 in Hamburg gezeigt, wo die Methode Koch sensationellen Erfolg hatte. Mit Parolen von der harten Hand schafften es zwei der unseriösesten Vertreter des politischen Personals auf Senatorensessel der Hansestadt: Der durch maßlos harte – und in der Berufungsinstanz durchweg aufgehobene – Urteile aufgefallene Amtsrichter Ronald Schill wurde Innensenator, und sein Bruder im Geiste von der CDU, Roger Kusch, stand plötzlich an der Spitze der Justizbehörde. Dank ihrer politischen und charakterlichen Defizite haben die beiden ihre Ämter zwar bald wieder verloren, doch zuvor hatte vor allem Kusch, der inzwischen seine eigene Partei aufgemacht hat, die Gelegenheit, dem Rechtswesen in Hamburg nachhaltig zu schaden.

In den USA fällt der Präsidentschaftskandidat und »Hoffnungsträger« Barack Obama über den Supreme Court her, weil der die Todesstrafe für Kindervergewaltiger für verfassungswidrig erklärt hat. Diese Missachtung des höchsten Gerichts soll Obama in den Augen des Volkes zum Präsidentenamt befähigen. Der Umgang mit dem Strafrecht zeigt – auch in Deutschland und anderswo – die dunkle Seite der Demokratie, die Korrumpierung des Strafrechts durch primitive Anwandlungen der Masse. Der politisch-mediale Verstärkerkreislauf führt dazu, dass letztlich die schädlichen Neigungen des Mobs in Gesetze gegossen und in »Recht«, also Urteile, umgesetzt werden. Wahres Recht will Vernunft und leitet sich vom Begriff »richtig« her, doch unter dem Diktat der Desinformation wird nicht mehr das Richtige zu Recht, sondern das Falsche.

Auch in München lastet ein enormer öffentlicher Druck auf den Beteiligten. Der junge Grieche Spyridon hat es etwas besser als sein türkischer Komplize Serkan, denn für ihn gilt seines Alters wegen das Jugendstrafrecht. Dieses trägt der Erkenntnis Rechnung, dass die Entwicklung des jugendlichen Straftäters nicht abgeschlossen und er durch erzieherische Maßnahmen immer noch erreichbar ist. Sein Sinn ist nicht, den devianten Jugendlichen zu beschädigen oder andere abzuschrecken, sondern ihn durch soziale Beeinflussung für die Gesellschaft zurückzugewinnen. Auch deshalb gibt es im Jugendstrafrecht keine Strafrahmen, die die Höchst- und die Mindeststrafe für die einzelnen Taten bezeichnen. Das Höchststrafmaß darf aber zehn Jahre nicht überschreiten.

Auf dem Überwachungsvideo agiert Spyridon als der Haupttäter. Dass Halbstarke unter dem Einfluss von Alkohol und Testosteron Menschen niederschlagen, von denen sie sich provoziert fühlen,

ist entwicklungstypisch. Was sich im U-Bahnhof über dem alten Lehrer entlud, war jedoch mehr. Spyridon kann mit dem Zuschlagen nicht mehr aufhören. Hier im Gerichtssaal starrt der Grieche mit gerunzelter Stirn vor sich hin oder blickt herausfordernd ins Publikum. Man kann spüren, wie es in ihm kocht.

Im Sommer vor der Tat musste Spyridon wochenlang psychiatrisch behandelt werden, er war zeitweise auf der geschlossenen Station der Universitätsklinik untergebracht und bekam schwere Psychopharmaka verabreicht. Früher in Griechenland, wo er seine ersten elf Jahre verlebt hat, war Spyridon ein braves Kind mit guten Schulnoten gewesen. Erst mit dem Umzug und dem Abrutschen von der griechischen Mittelschicht in die deutsche Unterschicht lief Spyridon aus dem Ruder. Er versagte in der Schule, trank bis zum Filmriss, nahm Rauschgift, wurde auf offener Straße gewalttätig und bedrohte sogar seine Eltern. Als Spyridon erzählte, er fühle sich in der U-Bahn von anderen Fahrgästen verfolgt, gingen die Eltern mit ihm zum Psychiater. In der Uniklinik stellte man »Anzeichen von paranoidem Erleben« und »Verfolgungswahn« fest und schloss eine Fremdgefährdung durch Spyridon nicht aus. Mit dem Verdacht auf eine Schizophrenie wurde der Patient zur näheren Abklärung in die jugendpsychiatrische Heckscher-Klinik geschickt. Dort diagnostizierten die Ärzte bloß eine »Störung des Sozialverhaltens«. Noch während sie diese vergleichsweise harmlose Diagnose zu Papier brachten, schlug und trat Spyridon den Realschullehrer fast tot.

Obwohl der junge Grieche als Patient in der Heckscher-Klinik behandelt und seine Gefährlichkeit dort nicht erkannt worden war, hat die Staatsanwaltschaft München den Chefarzt dieser Klinik, Franz Josef Freisleder, mit der psychiatrischen Begutachtung des Spyridon L. betraut. Spyridons Recht auf einen unabhängigen Sachverständigen, der nicht daran interessiert ist, den Ruf seiner Klinik zu retten, wurde nicht berücksichtigt. Erwartungsgemäß bleibt Freisleder vor Gericht auch bei der alten Diagnose: Spyridon sei voll schuldfähig, an einer psychischen Krankheit leide er nicht. Die beobachteten Anwandlungen führt Freisleder auf eine vorübergehende drogenbedingte psychotische Episode zurück.

Die Härte trifft einen, auf den schon das Schicksal nur eingeprügelt hat

Spyridons Verteidiger, Wolfgang Kreuzer, hat Freisleder als Sachverständigen wegen Besorgnis der Befangenheit abgelehnt und hat – auf dessen unheilvolle Doppelrolle hinweisend – der Entgegennahme des Gutachtens widersprochen. Tatsächlich gehört die drogeninduzierte Psychose zu den häufigsten Fehldiagnosen in der Psychiatrie. Viele Patienten, bei denen in Spyridons Alter die falsche Kausalverbindung zwischen Drogen und psychotischer Episode vermutet wurde, haben sich später zu klassischen Schizophrenen entwickelt. Spyridon könnte gefährdet sein, zumal ihn noch weitere Risikofaktoren einer psychischen Erkrankung belasten, wie seine soziale Entwurzelung, der gesellschaftliche Abstieg ohne haltende Strukturen, der Drogenmissbrauch und seine dissoziale Entwicklung. Das Gericht hat den Befangenheitsantrag der Verteidigung trotzdem abgelehnt, und Kreuzer wird gegen das Urteil des Landgerichts München, wohl Revision einlegen.

In seinem Plädoyer hat der Münchner Staatsanwalt Laurent Lafleur neun Jahre Jugendstrafe für Spyridon gefordert – wegen versuchten Mordes an Hubert N. Heimtückisch und aus niederen Beweggründen hätten die beiden gehandelt. Den türkischen Heranwachsenden Serkan A. trifft es noch härter: Er soll – so will es der Staatsanwalt – nach Erwachsenenstrafrecht bestraft und zwölf Jahre eingesperrt werden. Obwohl die lebensgefährlichen Hiebe nicht von ihm waren, lastet der Staatsanwalt die Ausschreitungen des Spyridon dem Serkan als Mittäter an.

Diese Härte trifft einen, auf den das Schicksal nur eingeprügelt hat. Serkans Leben bestand aus Gewalt und Konfusion. Als kleines Kind wurde er vom gewalttätigen Vater misshandelt und kam nach der Schule nicht mehr heim. Leider zeichnete keine Überwachungskamera auf, wie der Haustyrann dem Jungen Stockschläge auf die Fußsohlen gab oder wie die panische Mutter sich mit den Kindern im Badezimmer verbarrikadieren musste. Obwohl sich früh zeigte, dass die Kinder der Familie A. hoch gefährdet waren, unterließen es die bayerischen Behörden, den Eltern das Sorgerecht zu entziehen und sie in Obhut zu nehmen. Und so führte Serkans Leben, weit vorbei an den gewaltfreien Erziehungsvorstellungen des Bundesverfassungsgerichts, geradewegs ins Chaos. Deshalb zeigen die aufwühlenden Bilder aus dem U-Bahn-Video eben nicht die Wahrheit, sondern eine Straftat, die nur die brutale Konsequenz eines Aufwachsens in der Brutalität ist.

Dem Angeklagten Serkan ist sein Lebensweg anzusehen. Sein Blick ist der eines geprügelten Hundes, traurig, immer auf der Hut. Seine rechte Hand ist bei einer Familienstreitigkeit schwer verletzt worden und zu einer Klaue verkrüppelt. Etwas Ausgehungertes, Verzweifeltes umgibt ihn, wie jeden, der chancenlos ist. Alles, was Serkan gelernt hat, ist Ausweichen und Versagen – die Schule: abgebrochen, beim Drogenentzug: rückfällig, Bewährungsauflagen: nicht eingehalten. Nicht einmal sein Wohnsitz steht fest.

Im aktuellen Verfahren hat Serkan wieder Pech. Diesmal mit dem Rechtsanwalt Oliver Schmidt, der seinen Mandanten nicht nur während der polizeilichen Vernehmung allein ließ, weil es ihn zu Wichtigerem drängte, sondern ihn in der Hauptverhandlung durch einfältige Fragen noch weiter hineinreitet. Jeder Automechaniker, der sein Handwerk so ausübt, geht pleite – ein Rechtsanwalt aber, auf den ahnungs- und mittellose Mandanten angewiesen sind, muss keine Konsequenzen fürchten. Deshalb ist Serkan ein gutes Beispiel für die Binsenweisheit, dass es oft vom Geld abhängt, ob einer sein Recht bekommt.

Der Staatsanwalt, der in Serkans Leben keine Entwicklung, sondern nur eine »beeindruckende

Stagnation« erkennen kann, plädiert dafür, ihn strafrechtlich als Erwachsenen zu behandeln, ungeachtet der Tatsache, dass der Angeklagte noch gar keine Entwicklung hatte. Die CSU hat sich mit der Forderung hervorgetan, Heranwachsenden nur noch in Ausnahmefällen die Segnungen des Jugendstrafrechts zuteil werden zu lassen, wobei die Annahme des Ausnahmefalls Abwägungssache ist. Und weil es keine tragfähigen entwicklungspsychologischen Argumente gibt, warum der eine 20-Jährige sich noch entwickeln sollte, der andere aber nicht, ist Serkans weiteres Schicksal letztlich eine politische Frage.

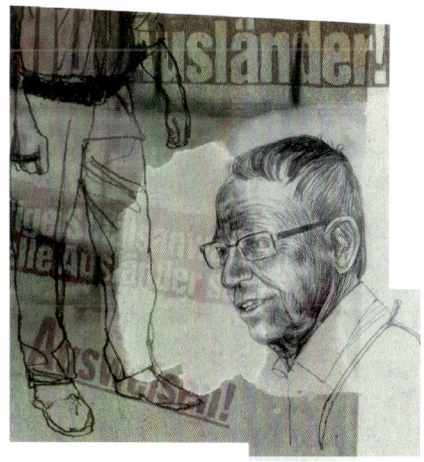

Das Hauptverfahren bietet einem jungen Staatsanwalt jedenfalls die passende Gelegenheit, sich zu profilieren. *Bild online* ließ Laurent Lafleur schon einmal hochleben: Ganz Deutschland setze auf ihn, hieß es. Und er hat die Erwartungen nicht enttäuscht. Als Lafleur nach einer Stunde mit seinem Schlussvortrag zu Ende ist, schaut Spyridon trotzig und Serkan heult – verkrümmt unter dem Unwerturteil des Staatsanwalts – in seinen Ärmel. Das Strafrecht ist die Waffe des Staates gegen das Verbrechen. Die Aufgabe, Elend zu beseitigen, hat es nicht. Sollte das Gericht dem Strafantrag der Staatsanwaltschaft folgen, wird von Serkan nach zwölf Jahren Gefängnis wohl nichts mehr übrig sein.

Wegen versuchten Mordes
verhängt das Landgericht
München I am 8. Juli 2008
gegen den 18-jährigen Spyridon L.
achteinhalb Jahre Jugendhaft.
Der 21-jährige Serkan A.
bekommt zwölf Jahre Gefängnis

Von den Zehn Geboten zum Bundesverfassungsgericht

Anfang: Wann beginnt das Recht? Mit den zehn Geboten, die Gott Moses vor knapp 3000 Jahren übergeben haben soll. Oder mit der ersten überlieferten Gerichtsverhandlung, die Homer vor 2800 Jahren in seiner *Ilias* schildert. Oder – noch früher – mit der ägyptischen Ma'at, dem Recht, das zur Zeit des Pyramidenbaus eingerichtet wurde. Alle Urformen des Rechts haben denselben Sinn: Sie sollen zwischenmenschlichem Chaos entgegenwirken.

Germanische Gefühle: Hierzulande herrschte damals eine Art Gewohnheitsrecht, das von Mitgliedern eines Stammes spontan gesprochen wurde. Dieses Recht war nicht vernunftgesteuert, es orientierte sich am Gefühl und war bestimmt von Aberglauben und Zauberei.

Das römische Recht: Kaiser Justinian ließ um 500 die zersplitterte zivile Rechtsprechung in einem Gesamtwerk zusammenfassen, dem Corpus Juris Civilis. Im 11. Jahrhundert kamen Studenten aus ganz Westeuropa nach Bologna, um die neue Jurisprudenz zu studieren. So gelangte das römische Recht nach Deutschland, wo es aber weiter mit Gewohnheitsrecht und lokalen Rechtsvorstellungen vermischt wurde.

Richter Gott: Im Strafrecht herrschten in deutschen Landen lange mittelalterliche Zustände. Der Strafrichter nahm die Stelle Gottes ein. Man glaubte, die Welt sei im Innersten gerecht und weise, Wahrheit komme stets von selbst ans Licht. Deshalb vertraute man auf Gottesurteile. Ging ein Angeklagter schadlos über glühende Eisen, war er unschuldig, verbrannte er sich, war er der Täter.

Die Folter: 1532 wurde unter Kaiser Karl V. die Carolina beschlossen. Sie ist Strafrecht und Strafprozessrecht in einem und gilt als das bedeutendste Strafgesetz des Heiligen Römischen Reichs Deutscher Nation. Hierin wurden auch die Umstände der Folter geregelt, da ein Angeklagter nur verurteilt werden durfte, wenn es entweder zwei Tatzeugen gab oder ein Geständnis. Was der Verdächtige unter der Folter gestand, wurde mit den ermittelten Tatsachen verglichen, um zu überprüfen, ob das Geständnis echt ist. Die Carolina regelte, dass Kinder, Kranke, Schwangere und Wöchnerinnen der Folter nicht unterworfen werden durften. Erst Mitte des 18. Jahrhunderts erhob sich aus dem Geist der Aufklärung eine Bewegung zur Abschaffung der Folter. Im 19. Jahrhundert wurde die gesetzliche Beweistheorie der Carolina durch die freie richterliche Beweiswürdigung ersetzt. Dazu bedurfte es gereifter, vertrauenswürdiger Berufsrichter.

Nationalsozialismus: Das 1871 gegründete Deutsche Reich erhielt ein eigenes Reichsrecht. 1879 wurde in Leipzig das Reichsgericht als Revisionsinstanz in Zivil- und Strafsachen geschaffen. Ihm entzogen die NS-Machthaber 1934 per Gesetz die letztinstanzliche Zuständigkeit für Hoch- und Landesverrat und übertrugen diese dem Volksgerichtshof, der mit Juristen und NS-Funktionären besetzt war. Besonders im Zweiten Weltkrieg entfaltete der Volksgerichtshof seine eigentliche Bestimmung als Terrorinstrument eines Unrechtsstaates – über 5000 Todesurteile wurden verhängt und vollstreckt. Der schrecklichste Richter war der Präsident Roland Freisler, der sich auch in den Verfahren gegen Mitglieder der Widerstandsbewegung vom 20. Juli 1944 unheilvoll hervortat.

Das Grundgesetz: 1948 trat ein Verfassungskonvent zusammen. Seine Aufgabe war es, den Text für das Grundgesetz eines aus Bundesländern zusammengesetzten Bundesstaates zu entwerfen. Am 24. Mai 1949 trat das neue Grundgesetz in Kraft, der erste Bundestag wurde gewählt. Das Grundgesetz ist föderalistisch und liberal: Es gewährleistet die Stärke des Bundes durch starke Länder und schützt das Individuum vor dem Staat. Deshalb enthält es an der Spitze einen Katalog von Grundrechten, deren erstes mit den Worten beginnt: »Die Würde des Menschen ist unantastbar«.

Deutschlands höchste Gerichte: 1950 wurde als Nachfolgegericht des Leipziger Reichsgerichts der Bundesgerichtshof in Karlsruhe errichtet. Seine Aufgabe ist die Wahrung der Einheit des Rechts und dessen gesunde Fortbildung durch Rechtsprechung. Das ranghöchste Rechtsprechungsorgan ist das Bundesverfassungsgericht (ebenfalls in Karlsruhe). Es entscheidet über die Auslegung des Grundgesetzes, über Rechte und Pflichten der Staatsorgane sowie über Verfassungsbeschwerden wegen Grundrechtsverletzungen durch die öffentliche Gewalt.

»Zu viele Deals«

Sind Sie mit dem deutschen Strafrechtssystem zufrieden?

Nein. Das herkömmliche Strafrecht besteht aus eng, aber ziemlich genau gefassten Straftatbeständen. Wer einen anderen vorsätzlich oder fahrlässig tötet oder verletzt, wird bestraft. Das ist klar und kann meistens auch genau festgestellt werden. Die neu entstandenen Strafnormen verwandeln dagegen zahllose soziale Handlungen unter ungenau formulierten Voraussetzungen in eine Straftat. So kann eine Reihe von lästigen Handlungen, die einen anderen in seiner Lebensführung beeinträchtigen, als Stalking bestraft werden, etwa das Versenden unerwünschter Liebesbriefe. Die Schaffung von flächendeckenden Strafnormen mit solch primitiver Bestimmtheit führt dazu, dass immer weniger Straftaten wirklich geahndet werden.

Muss der Bürger das Strafrecht verstehen?

Als Adressat der Normbefehle muss er das Strafrecht im Grundsatz verstehen können. Unverständliches Strafrecht ist verfassungswidrig.

Was wissen Sie, ohne es beweisen zu können?

Ich weiß, dass eine nicht unerhebliche Zahl von Strafurteilen, die aufgrund einer intuitiven Beweiswürdigung gefällt werden, falsch sind. Und dass es für diese Urteile keine effektive Kontrolle gibt. Warum? Weil die Aussagen von Angeklagten, Zeugen und Sachverständigen in der Hauptverhandlung niemals aufgezeichnet werden und alle Rechtskontrollinstanzen – etwa der Bundesgerichtshof – stets nur von Sachverhalten ausgehen, die der Richter ins Urteil geschrieben hat. Der Glaube an die Richtigkeit rechtskräftiger Urteile äußert sich in einem Glaubensbekenntnis – das oft falsch ist.

Hat Recht etwas mit Gerechtigkeit zu tun?

Recht trachtet nach der Herbeiführung der Gerechtigkeit durch Gesetzesanwendung, nachdem der wahre Sachverhalt festgestellt ist. Damit wird ein Idealzustand beschrieben, der nicht stets erreicht werden kann, aber anzustreben ist. Deshalb ist die moderne Praxis der Deals und Absprachen hinter den Kulissen eines Strafverfahrens Unrecht und ungerecht. Sie kapituliert vor der Aufgabe der Wahrheitserforschung.

RALF ESCHELBACH
ist Richter am
Oberlandesgericht Koblenz

Mehr zum Thema:

W. Hassemer/J. P. Reemtsma:
Verbrechensopfer
Gesetz und Gerechtigkeit;
C. H. Beck 2002; 230 S.

Scott Turow:
Aus Mangel an Beweisen
Roman; Heyne 2007; 526 S.

Die zwölf Geschworenen
US-amerikanischer Spielfilm von
1957 mit Henry Fonda;
neuverfilmt 1997 mit
Jack Lemmon
und Armin Mueller-Stahl

REVOLUTION

Am 13. Juli 1793 in der Badewanne erstochen: Der Jakobinerführer **JEAN-PAUL MARAT**

JAKOBINERMÜTZE: Symbol der Freiheit – und der Schreckens-herrschaft. Im Hintergrund zwei Soldaten des royalistischen Aufstands in der Vendée

Ein Sansculotte mit **TRIKOLORE:** Rot und Blau für Paris, Weiß für den König

Der Kopf von **LOUIS XVI.,** abgetrennt durch die Guillotine

»Zu den Waffen!«

Die Französische Revolution von 1789 gilt als
die Revolution schlechthin. Solche politischen Umstürze
kommen nie aus heiterem Himmel.
Und sie geschehen mit dem Anspruch, eine neue,
gerechtere Ordnung zu schaffen

VON VOLKER ULLRICH

Instabiles Papiergeld
der Revolution:
ASSIGNATEN verloren
schnell an Wert

IKONE DER 68ER:
Revolutionsheld
Ernesto Che Guevara

OPFER DER KHMER:
Einen der blutigsten
Umstürze erlebte
Kambodscha

**PANZERKREUZER
»AURORA«:**
das Symbol der
Oktoberrevolution
von 1917

Es war wie in den Jahren zuvor, nur größer und prächtiger. Eine Staffel von neun Alpha-Jets malte die Farben der Trikolore in den blauen Himmel von Paris. Danach defilierten 4000 Vertreter aller Waffengattungen, an der Spitze Blauhelmsoldaten, die Champs-Élysées hinunter zur Place de la Concorde, vorbei an der Ehrentribüne, wo Staatspräsident Sarkozy an die vierzig Staats- und Regierungschefs, die Teilnehmer des Mittelmeergipfels, um sich versammelt hatte. Zehntausende säumten den Prachtboulevard. Der Abend wurde beschlossen mit einem Open-Air-Konzert vor dem illuminierten Eiffelturm und dem traditionellen Feuerwerk an der Place du Trocadéro.

Seit 1880 ist der Quatorze Juillet französischer Nationalfeiertag – und er ist immer mehr zum Ritual erstarrt. Kaum etwas erinnert heute noch an jenen denkwürdigen 14. Juli 1789, als das Volk von Paris die Bastille stürmte. Die ehemalige Festung, die zu einem Staatsgefängnis umgewandelt worden war, galt als Inbegriff des Despotismus. Hier hatte Voltaire gesessen, und hier waren viele echte oder vermeintliche Feinde des Staates und der Kirche verschwunden. Allerdings hatte der französische König Ludwig XVI. in den siebziger und achtziger Jahren des 18. Jahrhunderts erwogen, die Bastille als Gefängnis abzuschaffen, und die Bastille-Stürmer fanden denn auch nur noch sieben Gefangene vor. »Man hat ja noch lange nach dem Sturm auf die Bastille verzweifelt versucht, die Verliese zu entdecken mit den dort angeketteten Gefangenen, doch was man fand, war eine Druckerpresse, die man erst als Folterinstrument qualifizierte, um dann festzustellen, dass sie bei einem aufmüpfigen Drucker konfisziert worden war«, erzählt Gudrun Gersmann, seit 2007 Direktorin des Deutschen Historischen Instituts in Paris, das unweit der Place de la Bastille sein Domizil hat. Und sie fügt hinzu: »Dieser 14. Juli konnte nur deshalb zu dem nationalen Ereignis schlechthin stilisiert werden, weil er auf der Rezeption eines Mythos beruhte.«

Doch historische Umbrüche wie der von 1789 bedürfen der Mythen und Symbole, um die revolutionären Energien zu mobilisieren und auf ein Ziel zu lenken. Schon den Zeitgenossen war bewusst, dass nach dem 14. Juli nichts mehr war wie zuvor. »Auf diese Weise, Mylord, hat sich die größte Revolution der bisherigen Geschichte vollzogen«, schrieb der englische Botschafter Lord Dorset am 16. Juli aus Paris an den Duke of Leeds. Und der englische Arzt Edward Rigby, der sich als Tourist hier aufhielt, berichtete drei Tage später nach Hause: »Ich bin Zeuge der außerordentlichsten Revolution gewesen, die vielleicht jemals in der menschlichen Gesellschaft stattgefunden hat.«

Als Ludwig XVI. am Abend des 14. Juli vom Sturm auf die Bastille erfuhr, empörte er sich: »Aber das ist eine Revolte!« Doch der Berichterstatter, der Großmeister der Garderobe, Duc de La Rochefoucauld-Liancourt, korrigierte: »Nein, Sire, das ist eine Revolution!« Kaum ein Geschichtsbuch hat sich den Wortwechsel im königlichen Schlafgemach entgehen lassen, obwohl es keinen sicheren Beleg dafür gibt, dass er stattgefunden hat. Aber

PARIS
Am 14. Juli 1789 stürmten die Pariser die Bastille. Dunkle Pflastersteine auf der Place de la Bastille künden heute vom zentralen Ereignis der Französischen Revolution

die Anekdote passte einfach zu gut, weil sie die welthistorische Zäsur von 1789 auch im Wandel der politischen Sprache sinnfällig machte.

Bis in die frühe Neuzeit hinein bedeutete »Revolution« (von lateinisch *revolvere* – zurückrollen) noch keine politische Umwälzung, sondern eher das Gegenteil, die ewige Wiederkehr des Gleichen. In diesem Sinne hatte etwa Kopernikus das Wort in seinem Werk *De revolutionibus orbium caelestium* verwendet, um eine kreislaufförmige Bewegung zu beschreiben, die zu ihrem Ausgangspunkt zurückführt, aber nicht in Neues mündet.

Ebendies aber macht den Kern des modernen Revolutionsbegriffs aus, wie er sich nach 1789 durchgesetzt hat. Seither verbindet sich damit die Erfahrung eines dramatischen Wandels in Politik und Gesellschaft, von Institutionen und Mentalitäten. Nicht mehr Altes, Abgelebtes soll wiederhergestellt, sondern der Bruch mit dem Bestehenden radikal vollzogen werden. Dies geschieht mit dem Anspruch, eine neue, gerechtere Ordnung zu schaffen und so dem geschichtlichen Fortschritt auf die Sprünge zu helfen – am prägnantesten zusammengefasst im populären Schlachtruf der Französischen Revolution: »Liberté, Égalité, Fraternité«.

Revolutionen kommen nie aus heiterem Himmel, sie bereiten sich lange im Schoße der alten Gesellschaft vor. Zumeist ist es die Unfähigkeit der Herrschenden, durch rechtzeitige Reformen das politische und gesellschaftliche System zu erneuern, die revolutionäre Umwälzungen unvermeidlich macht. Im Frankreich des Ancien Régime zeigte sich diese Reformunfähigkeit am deutlichsten auf dem Gebiet der Finanzpolitik. Der Versuch der Krone, die enorme Staatsverschuldung durch Abbau der Steuerprivilegien zu verringern und damit den Staatsbankrott abzuwenden, stieß auf den erbitterten Widerstand der privilegierten Stände – des Adels und der hohen Geistlichkeit. In dieser Situation blieb dem König nichts anderes übrig, als die Flucht nach vorn anzutreten und – erstmals seit 1614 – die Generalstände für Anfang Mai 1789 nach Versailles einzuberufen.

Die Bastille existiert nicht mehr, sie wurde erstürmt und abgerissen

Damit wurde ein Prozess in Gang gesetzt, der von der Regierung nicht mehr zu steuern war. Denn in den Wahlen zu den Generalständen meldete der Dritte Stand seinen Anspruch auf Teilhabe an der politischen Macht an, am wirkungsmächtigsten in der Flugschrift des Abbé Sieyès vom Januar 1789: »Was ist der Dritte Stand? Alles. Was stellt er in der politischen Ordnung bisher dar? Nichts. Was fordert er? Etwas zu sein.«

Am 17. Juni 1789 erklärte sich der Dritte Stand (dem sich Teile des niederen Klerus anschlossen) nach längerem Hin und Her zur Nationalversammlung und verpflichtete sich in dem berühmten Ballhausschwur vier Tage später, nicht auseinanderzugehen, bis eine Verfassung ausgearbeitet worden sei – der Anfang vom Ende der Monarchie.

Die Französische Revolution wurde schon von zeitgenössischen Beobachtern wie dem deutschen Dichter Friedrich Schlegel als »ein Urbild der Revolution, als die Revolution schlechthin« begriffen. Tatsächlich zeigen sich hier die typischen Muster: Die alte Ordnung und deren Repräsentanten verlieren an Ansehen und Autorität. Gesellschaftliche Gruppen, Schichten, Klassen sehen sich massiv benachteiligt und melden ihren Anspruch auf Mitbestimmung an. Intellektuelle formulieren diesen Anspruch und machen sich zu Sprechern der Missstimmung. Die Regierung trägt den Protesten nicht in ausreichendem Maße Rechnung, sondern sucht ihr Heil in halbherzigen Zugeständnissen und fortdauernden Repressalien. Schließlich entsteht eine explosive Situation, die sich in einer gewaltsamen, symbolträchtigen Aktion entlädt, so wie am 14. Juli 1789 im Sturm auf die Bastille. Erst das Eingreifen des Volkes von Paris sicherte das Werk der Nationalversammlung vor den gegenrevolutionären Bestrebungen des Hofs und verhalf der Revolution zum Sieg.

Sucht man heute in Paris nach Spuren jener Tage, die die Welt erschütterten, wird man nicht so rasch fündig. Die Bastille existiert nicht mehr. Ihr Abriss wurde wenige Tage nach ihrer Erstürmung beschlossen. Damit beauftragt wurde Pierre-François Palloy – eine »faszinierende Figur der Revolutionsgeschichte« nennt ihn Gudrun Gersmann. Denn der geschäftstüchtige Bauunternehmer verstand es, mit den Überresten der verhassten Zwingburg einen schwunghaften Handel zu betreiben.

Alle 83 französischen Departements erhielten kleine Modellbastillen, gefertigt aus jeweils einem Stein des Festungswerks.

Ein Exemplar ist im Musée Carnavalet unweit der Place de la Bastille zu bestaunen. Neben der umfassendsten Sammlung von Revolutionsexponaten findet sich hier – auf Tassen, Schüsseln, Tabakdosen, Fächern, Uhren – das Motiv des Sturms der Bastille, finden sich die Symbole, Embleme und Insignien der Revolution. Große historische Umbrüche wie der von 1789 bedeuten eben immer auch eine kleine Kulturrevolution, eine Entdeckung des Politischen und seine Trivialisierung und Verkitschung durch die Gebrauchskunst.

Das einzige sichtbare Zeichen, das von der Bastille selbst geblieben ist, sind dunkle Pflastersteine, die an der Place de la Bastille eingelassen wurden, um die Umrisse des achttürmigen massigen Baus zu markieren – und ein Stück der äußeren Befestigung, das in der Métro-Station freigelegt wurde. Auf der Mitte des Platzes steht seit

1833 eine 50 Meter hohe Säule, von einem vergoldeten Engel gekrönt – »le Génie de la Liberté«. Unter dem Sockel wurden die Gefallenen der Julirevolution von 1830 beigesetzt, später kamen die Toten der Februarrevolution von 1848 hinzu. Das, erklärt Gersmann, sei typisch für die französische Gedenkkultur, dass sich mehrere Erinnerungsschichten und -segmente vermischen. Ein zentrales Monument, das ausschließlich dem Umsturz von 1789 gewidmet wäre, gibt es nicht.

Sie wollten mehr als Unabhängigkeit: Die Emanzipation der Menschheit

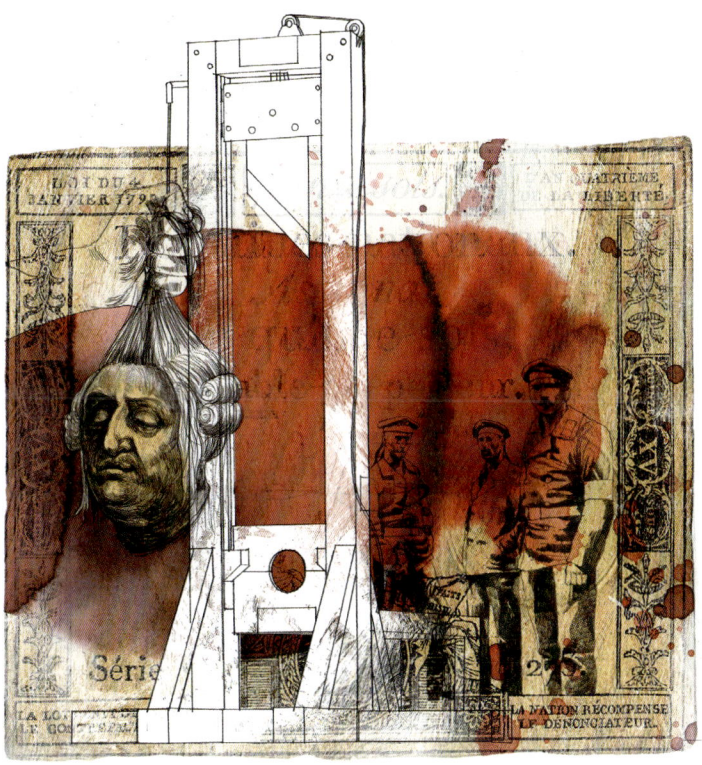

Was es gibt, ist der Palais-Royal, nur wenige Schritte vom Louvre entfernt, heute Sitz des französischen Staatsrats, damals im Besitz des Herzogs von Orléans, eines Cousins Ludwigs XVI., und ein beliebtes Einkaufs- und Vernügungszentrum. Nichts erinnert mehr daran, dass hier im Sommer 1789 das Herz der Revolution schlug, dass sich hier eine kritische Öffentlichkeit ausbildete, die den Schlag gegen das Ancien Régime intellektuell vorbereitete. Hier geschah es, dass der junge, noch unbekannte Journalist Camille Desmoulins, auf einem Tisch vor einem Café stehend, am 12. Juli 1789 die Parole ausgab »Zu den Waffen!« – und damit den Stein ins Rollen brachte.

Einmal in Gang gesetzt, entwickeln Revolutionen ihre eigene Dynamik. In der Regel durchlaufen sie mehrere Phasen, wobei es zu erbitterten Kämpfen um Machtpositionen und einer Radikalisierung der revolutionären Bewegung kommt. Auch hier ist die Französische Revolution typisch: Die erste, gemäßigte Phase von 1789 bis 1791 wurde bestimmt durch die Nationalversammlung. Mit ihren Beschlüssen in der Nacht vom 4. auf den 5. August 1789 hob sie die feudalen Vorrechte auf dem Lande auf und zerstörte damit die Grundlagen der ständischen Privilegienordnung. Von bleibender Bedeutung war vor allem die Erklärung der Menschen- und Bürgerrechte vom 26. August 1789. Sie bildete die Grundlage der Verfassung vom 3. September 1791, durch die Frankreich zur konstitutionellen Monarchie wurde.

Gewiss, das amerikanische Beispiel, die Bill of Rights und die Unabhängigkeitserklärung vom 4. Juli 1776, übten hier nachhaltigen Einfluss aus. Es war kein Zufall, dass General La Fayette, gefeierter Held des amerikanischen Unabhängigkeitskriegs, als Erster in der Nationalversammlung Anfang Juli 1789 den Entwurf einer Menschenrechtserklärung vorlegte, der sich stark an den von Thomas Jefferson für den Staat Virginia verfassten Text anlehnte. Doch es ging den französischen Verfassungsvätern nicht um eine Nachahmung, nicht um eine bloße Unabhängigkeitserklärung, sondern um etwas ganz Neues: die Emanzipation der Menschheit selbst.

Dieser universalistische Anspruch verlieh den Debatten in der Nationalversammlung ein Pathos, in dem sich alle Hoffnungen und Sehnsüchte trafen, die freiheitlich gesinnte Menschen seit Jahrhunderten im Kampf gegen obrigkeitliche Willkür und Unterdrückung gehegt hatten. Und es ist dieses Pathos des Neubeginns, das bis heute die Faszination der Französischen Revolution ausmacht.

Eine zweite, radikale Phase führte vom Sturz der Monarchie und von der Ausrufung der Republik im August/September 1792 bis zum Ende der Jakobinerherrschaft am 27. Juli 1794. Diese Phase war gekennzeichnet durch die sich verschärfenden Gegensätze im Lager der Revolutionäre selbst – zwischen Girondisten, den Vertretern des liberalen Bürgertums, und Jakobinern, die sich auf die kleinbürgerlich-plebejischen Schichten, die Sansculotten, stützten. Angetrieben wurde die Radikalisierung durch die doppelte Bedrohung von innen und außen: einerseits durch die Haltung des Königs, der mit seiner Rolle als konstitutioneller Monarch unzufrieden war, und die gegenrevolutionären Aufstände vor allem in der Vendée; andererseits durch den Krieg mit den europäischen Mächten seit April 1792, der sich zeitweilig zu einem militärischen Desaster auszuwachsen schien. Mit der Entmachtung der Gironde Ende Mai/Anfang Juni 1793 begann die Jakobinerherrschaft, die sich zu einer Diktatur des Wohlfahrtsausschusses unter Maximilien Robespierre entwickelte. Als neues Instrument des Terrors wurde die Guillotine, diese furchtbare »Sichel der Gleichheit«, eingesetzt. Ihr fielen nicht nur Tausende wirklicher oder vermeintlicher Revolutionsgegner zum Opfer, sondern auch Weggefährten Robespierres wie Georges Danton und Camille Desmoulins und am Ende Robespierre selbst. »Die Revolution frißt ihre eigenen Kinder«, dieses Wort eines Girondisten von 1793, das Georg Büchner in *Dantons Tod* (1835) aufnahm, drückte eine zentrale Erfahrung aus. Die Conciergerie auf der Île de la Cité zählt zu den Orten, die am nachdrücklichsten an die Phase der Terreur, der Schreckensherrschaft, erinnern. Hier wurden die zum Tode Verurteilten untergebracht, bevor sie durch die Rue St. Honoré zur Richtstätte, der heutigen Place de la Concorde, gekarrt wurden. In einem Raum sind die Namen sämtlicher 2780 allein in Paris Hingerichteten aufgeführt, doch die Aufmerksamkeit konzentriert sich vor allem auf die originalgetreue Nachbildung der Zelle, in der die Königin Marie-Antoinette, von zwei Gendarmen bewacht, mehr als zwei Monate zubringen musste, bevor sie im Oktober 1793, ein Dreivierteljahr nach ihrem Gemahl, ihr Haupt aufs Schafott legte. In den vergangenen Jahren hat das Interesse an der Leidensgeschichte der königlichen Familie in Frankreich deutlich zugenommen. Dazu beigetragen haben unter anderem der Film *Marie-Antoinette* von Sofia Coppola aus dem Jahr 2006, der zur Identifikation einlud, und eine gerade im Grand Palais gezeigte Ausstellung *Marie-Antoinette*, die viele Besucher anlockte.

Gehört Gewalt zur Revolution? Daran scheiden sich die Geister

Gudrun Gersmann, die deutsche Historikerin, sieht hier Anzeichen für einen neuen Umgang mit der Französischen Revolution. Über deren dunkle Seiten werde heute offener gesprochen als noch vor einigen Dekaden, als die jakobinische Geschichtsschreibung eine Deutungshoheit beanspruchte. So hat sich in diesem Frühjahr eine heftige Debatte über das im katholischen Verlag Les Editions du Cerf erschienene *Schwarzbuch der Französischen Revolution* entzündet – eine Debatte, welche die schon zum 200. Jahrestag der Revolution 1989 gestellte Frage wiederaufgenommen hat: ob der Bürgerkrieg in der Vendée als »Genozid« bezeichnet und in eine Reihe mit den Völkermorden des 20. Jahrhunderts gestellt werden kann.

An der Frage nach Ursache und Notwendigkeit von Gewalt in der Revolution scheiden sich bis heute die Geister. War die Politik der Terreur bereits in den Ideen von 1789 angelegt, oder handelt es sich hier um eine Entgleisung? Wie immer diese Frage beantwortet wird: Das Nebeneinander von Menschenrechten und Schreckensherrschaft, von bürgerlicher Verfassung und Wohlfahrtsdiktatur – dieses Janusgesicht der Französischen Revolution – bleibt ein irritierendes Phänomen, das die Historiker immer aufs Neue herausfordert.

Unbestritten aber ist, dass »1789« ein epochales Ereignis war, das über Frankreich hinaus tiefe Spuren hinterlassen hat. Innerhalb nur eines Jahrzehnts wurden, wie in einem Laboratorium, die verschiedenen Verfassungsformen durchgespielt, die für das 19. und 20. Jahrhundert wirkungsmächtig werden sollten: von der konstitutionellen Monarchie über die Republik, die Diktatur der Jakobiner bis zur bonapartistischen Herrschaft Napoleons.

Zugleich aber verweist die Französische Revolution über sich selbst hinaus auf die universale Utopie einer noch zu verwirklichenden menschlicheren Gesellschaft. Ebendies meinte Immanuel Kant, wenn er in seiner Schrift über den *Streit der Fakultäten* von 1798 von der Unmöglichkeit sprach, dass sich »ein solches Phänomen in der Menschheitsgeschichte« vergessen könne, »weil es eine Anlage und ein Vermögen in der menschlichen Natur zum Besseren aufgedeckt hat«. Denn jene Begebenheit sei »zu groß, zu sehr mit dem Interesse der Menschheit verwebt ..., als daß sie nicht den Völkern, bei irgendeiner Veranlassung günstiger Umstände, in Erinnerung gebracht und zu Wiederholung neuer Versuche dieser Art erweckt werden sollte«.

Neue Versuche – sie gab es in Frankreich, wo 1830 in der Julirevolution die restaurierte Bourbonen-Monarchie gestürzt, wo 1848 mit der Februarrevolution der europäische »Völkerfrühling« eingeläutet wurde, wo 1871 die Pariser Commune für einige Wochen das wohlhabende Bürgertum in Angst und Schrecken versetzte. Aber auch in der Russischen Revolution von 1917, in der deutschen Revolution von 1918, in vielen Revolutionen der Dritten Welt nach 1945 wurde das Vorbild der Französischen Revolution beschworen, an dem man sich orientierte – und an deren Erfahrungen man sich abarbeitete.

Zuspitzung der Verhältnisse – Revolution in Stichworten

Revolution hat sich als Allerweltsvokabel in unseren Sprachgebrauch eingebürgert. Was neu ist oder als neu erscheinen soll in der Welt der Moden und Waren, wird gern mit diesem Begriff belegt. Gegenüber dieser inflationären Verwendung insistieren Historiker und Politologen auf der ursprünglichen politischen Bedeutung des Begriffs. Danach werden unter Revolutionen in der Regel tief greifende und nachhaltige Veränderungen in der Struktur eines politischen und gesellschaftlichen Systems verstanden, die häufig abrupt erfolgen: Die alten Eliten werden entmachtet und die politischen Institutionen umgewandelt.

Karl Marx sah in Revolutionen »die Lokomotiven der Geschichte«. Er vertrat die Ansicht, dass auf einer bestimmten Stufe der Entwicklung die Produktivkräfte zwangsläufig in Widerspruch zu den Produktionsverhältnissen geraten würden und dann »eine Epoche sozialer Revolution« eintrete.

Die großen Revolutionen der Neuzeit beginnen mit den englischen Revolutionen der Jahre 1640 bis 1660 und 1688 (Glorious Revolution), in deren Verlauf die Position des Parlaments gegenüber der Krone entscheidend aufgewertet und England der Weg zur parlamentarischen Monarchie geöffnet wurde.

Die Amerikanische Revolution wurde ausgelöst durch wirtschaftliche und fiskalische Maßnahmen, die das englische Mutterland den nordamerikanischen Kolonien auferlegte. Im Unabhängigkeitskrieg (1776 bis 1783) ging es sowohl um Autonomie nach außen als auch um Verfassungsgebung nach innen. Von bleibender Bedeutung war die Verabschiedung eines Grundrechtskatalogs in der Virginia Bill of Rights vom 12. Juni 1776.

Die Revolution von 1848/49 war eine gesamteuropäische Bewegung. Sie begann mit der Februarrevolution in Paris, die die Herrschaft Louis Philippes beendete. Im März erfasste die Bewegung auch die Staaten des Deutschen Bundes. Die Nationalversammlung, die am 18. Mai 1848 in der Frankfurter Paulskirche zusammentrat, stand vor einer doppelten Aufgabe: nicht nur eine freiheitliche Verfassung auszuarbeiten, sondern auch die nationale Einheit zu verwirklichen. An dieser doppelten Aufgabe ist sie letztlich gescheitert.

Die Russische Revolution 1917 war ein Produkt des Ersten Weltkriegs, dessen katastrophaler Verlauf die Krise der zaristischen Autokratie verschärfte. Im Februar 1917 probten Arbeiter und Soldaten in Petrograd den Aufstand. Zar Nikolaus II. musste abdanken. Nach einer Phase der »Doppelherrschaft« von bürgerlich-liberaler Mehrheit in der Duma, dem russischen Parlament, und dem Petrograder Sowjet der Arbeiter- und Soldatendeputierten rissen die Bolschewiki im Oktober 1917 die Macht an sich. Russlands Weg in die parlamentarische Demokratie war damit abgebrochen.

Die deutsche Revolution von 1918/19 ging aus den sozialen und politischen Konflikten des späten Kaiserreichs hervor, die sich durch die Nöte und Entbehrungen im Ersten Weltkrieg außerordentlich verschärft hatten. Am 9. November rief der Sozialdemokrat Philipp Scheidemann in Berlin die »deutsche Republik« aus. Nach heftigen, bürgerkriegsähnlichen Kämpfen trat Anfang Februar 1919 in Weimar die Nationalversammlung zusammen und arbeitete eine demokratische Verfassung aus.

Die kubanische Revolution 1958/59 beendete die Herrschaft des Diktators Fulgencio Batista. Am 8. Januar 1959 zog Fidel Castro, begeistert gefeiert, in die Hauptstadt Havanna ein. Im Dezember 1956 war er mit einer kleinen Gruppe von Männern am Südzipfel Kubas gelandet und hatte von hier aus den Guerillakampf gegen das korrupte Regime eröffnet. Der Versuch seines Kampfgefährten Che Guevara, die Revolution nach Bolivien zu exportieren, scheiterte.

Die friedliche Revolution von 1989 beendete die tiefe Krise der DDR und führte zur Entmachtung der staatstragenden Partei, der SED, und des von ihr geschaffenen monströsen Sicherheitsapparats. Seit Sommer 1989 hatte die Flüchtlingswelle dramatische Ausmaße angenommen. Die Montagsdemonstrationen in Leipzig destabilisierten das System. Aus dem Ruf »Wir sind das Volk!« wurde nach Öffnung der Mauer am 9. November die Parole »Wir sind ein Volk!«. Statt um eine Reform der DDR ging es jetzt um die möglichst rasche Wiedervereinigung.

»Geschichte ist Menschenwerk«

Die Französische Revolution ist die »Mutter aller Revolutionen« genannt worden. Zu Recht?

Das heutige Verständnis der Revolution, nämlich ein grundsätzlicher Wandel, der dazu führt, dass die Verhältnisse danach ganz anders sind als vorher und dass es kein Zurück mehr gibt – dieses Verständnis der Revolution ist älter als die Französische Revolution. Insofern ist die Französische Revolution nicht die »Mutter aller Revolutionen«.

Worin sehen Sie die bleibenden Errungenschaften der Französischen Revolution?

Die Menschenrechtserklärung ist das Erste, was mir einfällt. Dann für Frankreich speziell die Gleichsetzung von Republik und Demokratie. Und drittens die Vorstellung, dass es Maßstäbe und Ziele gibt in der Politik, die einen allgemeinen Wert haben über das Land oder die Nation hinaus.

Und was wären das zum Beispiel für allgemeine, universelle Werte?

Es fängt an mit der Demokratie, mit den Menschenrechten, mit der Gewissensfreiheit, mit der Gleichstellung von Mann und Frau, auch wenn das nicht explizit formuliert war in der Erklärung der Menschenrechte, also all die Werte, die für uns als zwingend betrachtet werden mit einem Absolutheitsanspruch. Das sind Sachen, die von der Französischen Revolution herkommen. Darüber hinaus kommt noch etwas hinzu: diese Vorstellung, worüber sich Marx zu Recht lustig gemacht hat, dass die Menschen in der Lage sind, ihre Geschichte zu machen und ihre Zukunft zu verbessern, wenn sie sich nach dem Maßstab der Vernunft richten.

Welche Rolle spielt die Französische Revolution heute noch im politischen Leben Frankreichs? Ist sie noch wichtig für die Identität der Nation?

Sie ist immer noch wichtig. Allerdings längst nicht so, wie sie es während der Dritten Republik und in der Zwischenkriegszeit war. Längst nicht so, wie sie es unmittelbar nach dem Zweiten Weltkrieg war. Ich sehe es, wenn ich die Art und Weise vergleiche, wie man heute davon spricht und wie ich das in der Schule tradiert bekommen habe. Die Französische Revolution hat viele Züge der Folklorisierung, der Verharmlosung, der kommerziellen Banalisierung bekommen. Es ist heute in Frankreich durchaus erlaubt, manchmal chic, distanziert zur Revolution zu stehen. Das ist nicht mehr verpönt. Allerdings besteht ein dauernder Erfolg der Französischen Revolution darin, dass ihr Anspruch, eine neue Zeit zu beginnen, immer noch als Realität betrachtet wird – die Zeit vor der Revolution ist das Ancien Régime oder das Mittelalter, und mit der Revolution beginnt das moderne Frankreich.

Kann Frankreich noch einmal Vorreiter für revolutionäre Entwicklungen in Europa sein?

Das würde mich eher wundern. Ich habe den Eindruck, die Zeiten sind vorbei. Der, der sich heute zur Revolution bekennt, befindet sich in der Minderheit. Allerdings, die Sehnsucht nach der Revolution ist in Frankreich nach wie vor stark, und auch wenn heute die Revolution von sehr vielen nicht nur in Frankreich negativ konnotiert wird, bedeutet das nicht, dass die Idee der Revolution endgültig gestorben ist.

ETIENNE FRANÇOIS
ist Professor für Geschichte am Frankreich-Zentrum der FU Berlin

Mehr zum Thema:

Winfried Schulze:
Der 14. Juli 1789
Klett-Cotta 1989; 250 S.,
nur noch antiquarisch

H.-U. Thamer:
Die Französische Revolution
C. H. Beck 2006; 123 S.,

Peter Wende (Hrsg.):
Große Revolutionen der Geschichte
C. H. Beck 2000; 391 S.,
nur noch antiquarisch

S T A A T

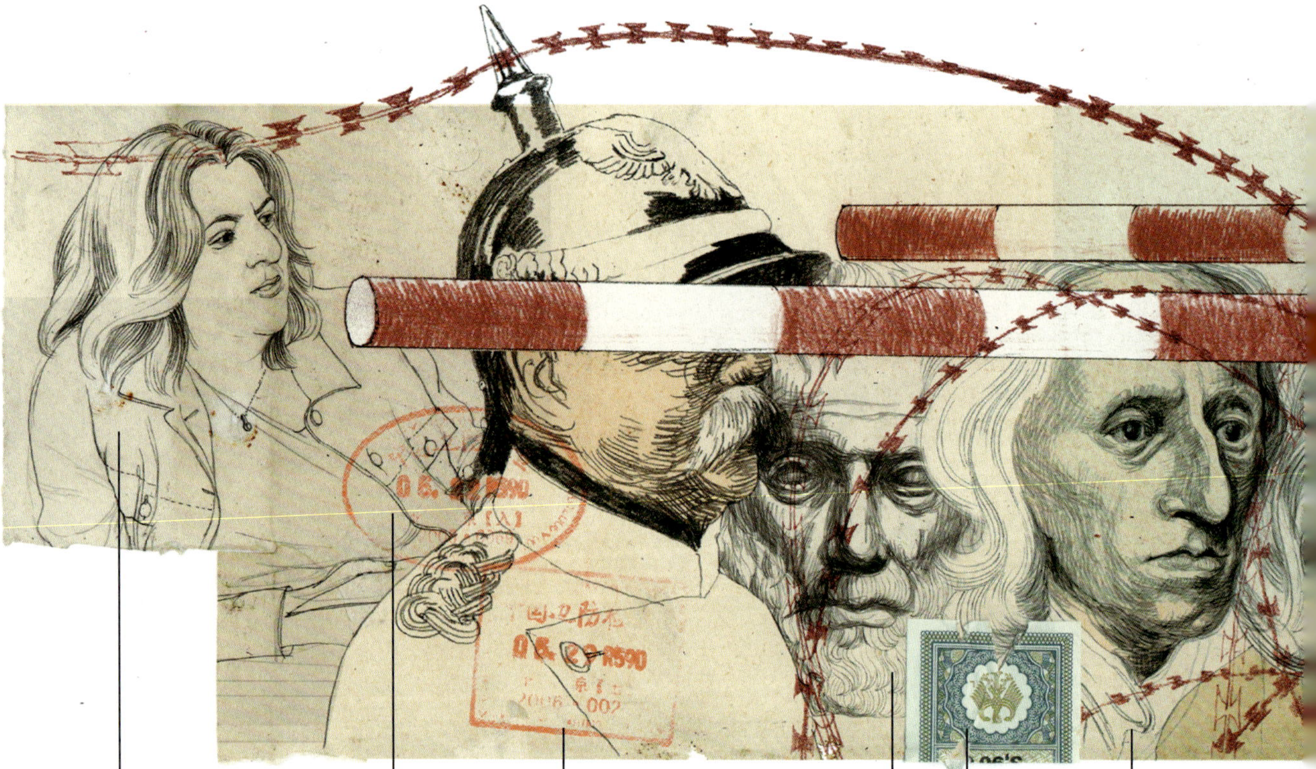

EDITA TAHIRI, mögliche Außenministerin eines unabhängigen Kosovos

VISASTEMPEL der Volksrepublik China

OTTO VON BISMARCK gilt als Vater des deutschen Nationalstaats

ARISTOTELES definierte Herrschaftsformen wie Tyrannis, Oligarchie, Demokratie

Geld für den Staat: **STEUERMARKE**

JOHN LOCKE formulierte das Recht der Bürger auf Rebellion

Wie baut man einen Staat?

Man nehme ein Stück Land, ein Volk und organisiere ein effektives Gewaltmonopol. Im Kosovo, das die Unabhängigkeit anstrebt, lässt sich beobachten, wie schwierig es ist, dieses Rezept in die Realität umzusetzen

VON ANDREA BÖHM

Alle Macht dem Staat – und nicht dem Menschen: **THOMAS HOBBES**

In Europa selten geworden: **SCHLAGBAUM UND ZOLLSCHILD**

Grenzsicherung brutal: **NATO-DRAHT** soll illegale Migranten abhalten. Die rasiermesserscharfen Schneiden verursachen schlimme Verletzungen

Die bürokratische Herrschaft: Für **MAX WEBER** zeichnete sich ein Staat auch durch Fachbeamtentum aus

Der österreichische Staatsrechtler **GEORG JELLINEK** formulierte in der Drei-Elemente-Lehre die Kriterien eines Staates: Territorium, Volk und Gewaltmonopol

Das Restaurant De Rada ist Prishtinës bevorzugte Adresse für Intellektuelle, Politiker und solche, die es gerne wären. Der Wein ist gut, die Küche italienisch, die Kellner sind charmant, und dass der EU-Gesundheitskommissar 2009 ein europaweites Rauchverbot durchsetzen will, hat sich noch nicht herumgesprochen. »Wenn alles gut geht«, sagt Edita Tahiri und drückt ihre Zigarette aus, »sind wir in zehn Jahren reif für die Mitgliedschaft in der EU.«

Wenn alles gut geht. Tahiri ist eine der wenigen prominenten Frauen in der kosovarischen Politik, groß gewachsen und mit ihrer hellblonden Mähne und dem tiefroten Lippenstift in jeder Menschenmenge leicht auszumachen. Stimmt es, was die Gerüchteküche in Prishtinë dieser Tage verbreitet, dann wird Tahiri die erste Außenministerin eines unabhängigen Kosovos. »Kein Kommentar«, sagt sie und klopft die nächste Marlboro aus der Packung.

In einem Staat, dessen Institutionen erst laufen lernen, wäre Tahiri für jeden Kabinettsposten qualifiziert. Als Mitglied der (nie anerkannten) »Regierung« des Unabhängigkeitsführers Ibrahim Rugova war sie in den neunziger Jahren für »Auslandsbeziehungen« zuständig. Als Dozentin für Politikwissenschaften in Prishtinë lässt sie ihre Studenten über den Aufbau einer öffentlichen Verwaltung forschen und Staatstheorie pauken – von Aristoteles über Thomas Hobbes, John Locke bis Georg Jellinek und Max Weber. Nebenbei schreibt sie ihre Doktorarbeit zum Thema »Souveränität und Staatsaufbau«. Am Beispiel des Kosovos und Osttimors.

»Osttimor«, sagt Tahiri, »hatte es leichter. Alle Voraussetzungen waren geklärt. Bei uns ist weder die Frage der Souveränität endgültig entschieden, noch haben wir die Kontrolle über unser gesamtes Territorium.« Womit man mittendrin ist in den Mühen und Wehen, einen Staat zu gründen.

Man könnte meinen, der globale Trend ginge in die entgegengesetzte Richtung. Nie waren Staatsgrenzen so durchlässig wie seit dem Ende des Kalten Kriegs. Nie wurde so viel über das Ende des Nationalstaats und den Beginn der »Weltgesellschaft« geschrieben und nachgedacht. Und nie haben Regierungen und Parlamente so bereitwillig Teile staatlicher Souveränität abgegeben: an die Europäische Union (EU), an die Welthandelsorganisation (WTO), an den Internationalen Strafgerichtshof (IStGh), an die Vereinten Nationen (UN).

Doch gleichzeitig setzte mit dem Fall der Mauer ein Gründungsboom ein. Aus einer Sowjetunion wurden 15 Nationen – ein Zerfallsprozess, der nicht ohne Drohgebärden und Schusswechsel vonstatten ging. Die Tschechoslowakei hingegen teilte sich friedlich in zwei Staaten, aus den beiden deutschen wurde – ebenfalls friedlich – wieder einer. Osttimor erkämpfte sich blutig die Unabhängigkeit von Indonesien, Jugoslawien zerfiel nach mehreren Kriegen in seine Teilrepubliken. Nun steht auch eine seiner Provinzen, das Kosovo, bereit, mit eigener Hymne und Flagge die internationale Bühne zu betreten.

Das klingt einfacher, als es ist. Nicht nur, weil Serbien die Provinz partout

PRISHTINË
Sollte sich die serbische Provinz in den nächsten Tagen für unabhängig erklären, dürfte Prishtinë die Hauptstadt des neuen Staates Kosovo werden

nicht hergeben will. Sondern auch, weil die Kosovaren, anders als Slowenen, Slowaken oder Litauer, keine leidlich funktionierende Verwaltung übernehmen konnten. Hier wird immer noch gebaut, geflickt und improvisiert, hier kann man live die Entstehung eines Staates beobachten – und sich dabei fragen: Was würde wohl Herr Jellinek dazu sagen?

Georg Jellinek war vermutlich nie im Kosovo, das zu seinen Lebzeiten noch zum Osmanischen Reich gehörte. Der österreichische Staatsrechtler, geboren 1851, gestorben 1911, zählte um die Jahrhundertwende zum Heidelberger Gelehrtenkreis um Max Weber. Wie Weber hat er die Lehre von Staat und Gesellschaft geprägt. Von Jellinek stammt die »Drei-Elemente-Lehre«, eine der wichtigsten bis heute gültigen Theorien des Internationalen Rechts. Demnach wird ein Stück Land erst zum Staat, wenn es drei Kriterien erfüllt: Es braucht, erstens, ein Staatsgebiet, also die Kontrolle über ein Territorium durch Grenzen und Gesetze; zweitens eine stabile Kernbevölkerung, also ein Staatsvolk; und drittens eine effektive Staatsgewalt in Gestalt von Verwaltung, Armee, Polizei und Regierung.

Läuft man dieser Tage durch Prishtinë, so scheint die Umsetzung der »Drei-Elemente-Lehre« zunächst auf bestem Weg: Straßenhändler verkaufen am Mutter-Teresa-Boulevard druckfrische Landkarten. Sie zeigen »Kosova«, wie die albanische Mehrheit ihren zukünftigen Staat nennt, mit soliden, rot schraffierten Landesgrenzen. In der Akademie des Kosovo Protection Corps (KPS), bislang noch als eine Art Technisches Hilfswerk ausgewiesen, exerzieren Kadetten für ihre zukünftige Rolle als Soldaten der neuen Armee. Vom Parkplatz der Polizeizentrale in der Innenstadt starten Streifenwagen für die nächste Schicht. Ein paar Schritte weiter im Parlament liegen Gesetzestexte aus: Gesetz 02/L-70 soll die Verkehrssicherheit verbessern, der Zusatz zu Gesetz 2003/17 die »transparente Vergabe« öffentlicher Aufträge fördern. Löbliche Maßnahmen gegen Verkehrschaos und Korruption – zwei Probleme, über die sich das Staatsvolk in den Kaffeehäusern jederzeit in Rage reden kann.

Nationalhymne gesucht. Für die beste Komposition winken 10 000 Euro

Im Regierungsgebäude um die Ecke tagt derweil eine überparteiliche Jury, um Fahne und Hymne für den neuen Staat auszuwählen. Über 900 Designer, Amateurzeichner, Komponisten und Hob-

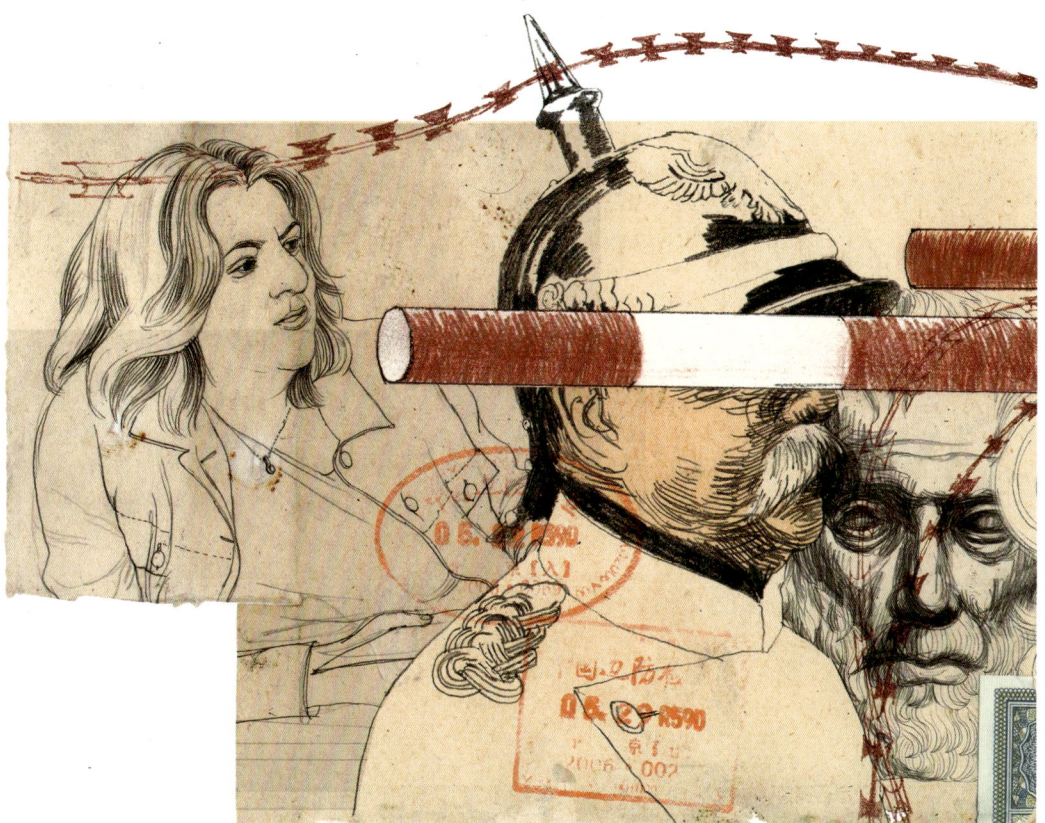

bymusiker haben Entwürfe eingereicht. Den glücklichen Gewinnern winken jeweils 10 000 Euro – eine märchenhafte Summe. Im Kosovo liegt das Durchschnittseinkommen bei etwa 250 Euro im Monat.

Warum, kann man sich jetzt fragen, hat ein kleiner Landflecken, der ja de jure immer noch zu einem anderen Land, nämlich Serbien, gehört, schon seit Jahren eine eigene Polizei und ein eigenes Parlament? Die Antwort liegt in diesem Fall in New York, genauer beim UN-Sicherheitsrat. Der hatte am 10. Juni 1999, unmittelbar nach dem Ende des Kosovokriegs, per Resolution beschlossen, dass eine internationale Mission »provisorische Institutionen für eine demokratische und autonome Selbstverwaltung« aufbauen und diese nach und nach den Kosovaren übergeben sollte. Anders als im Fall Osttimor, dessen Unabhängigkeit völkerrechtlich nicht zur Debatte stand, ließ der Sicherheitsrat den zukünftigen Status des Kosovos offen.

Nun gibt es für die Kunst des Staatsaufbaus keine Handbücher und kaum praktische Erfahrung. State-Building durch eine fremde Macht – das hatten im 19. Jahrhundert europäische Kolonialherren in Afrika und Asien betrieben und dabei mehr auf Gewalt als auf Aufbau gesetzt. Nach dem Zweiten Weltkrieg machten es die USA vor, in der Bundesrepublik Deutschland und in Japan, aber unter völlig anderen Voraussetzungen.

Die Vereinten Nationen wiederum gaben sich ausdrücklich antikolonial, sie halfen nach 1960 mehreren ehemaligen Kolonien in Afrika und Asien, sich per Referendum in die Unabhängigkeit zu wählen. Aber noch nirgendwo hatte die Weltorganisation versucht, eine demokratische Regierungsform samt Verwaltung aus dem Boden zu stampfen.

Folglich begann das Projekt Kosovo nicht gerade elegant. Nach Kriegsende schwappte eine Buchstabensuppe über die kleine Provinz: Abkürzungen internationaler Organisationen. Diese sollten unter UN-Oberkommando Trümmer beseitigen, Häuser und Felder entminen, die Guerillatruppe der Befreiungsarmee des Kosovos (UÇK) entwaffnen, Flüchtlinge zurückholen – und eben die Fundamente einer Selbstverwaltung legen, die nach der felsenfesten Überzeugung der albanischen Kosovaren nur zu einem Ziel führen konnten: Unabhängigkeit.

UN-Polizisten aus Kanada, Sambia, Pakistan und Deutschland bildeten kosovarische Kollegen aus; österreichische, irische und jamaikanische Richter assistierten örtlichen Gerichten. Die OSZE trainierte Wahlhelfer und hielt Fortbildungen zum Thema »Demokratisierung« ab; Anwälte und Finanzexperten aus EU-Ländern übernahmen die Bestandsaufnahme und Privatisierung von Wirtschaftsbetrieben.

Die Bilanz ist achteinhalb Jahre später zwiespältig. Des Kosovos Justiz ist trotz internationalen Beistands völlig überfordert. Gleiches gilt für die Steuerbehörde. Die isländische Luftfahrtbehörde, zuständig für den internationalen Flughafen Prishtinë, kassiert nach Meinung vieler Kosovaren zu hohe Honorare für zu wenig Leistung. Die Betrugsdelikte bei dem Versuch, den Energiekonzern KEK zu sanieren, sind Legende. Ebenso die exzellenten Beziehungen, mit denen die französische Firma Alcatel von den UN den Auftrag für ein Mobilfunknetz ergatterte. Seither telefonieren die Kosovaren über die teure Vorwahl eines Netzbetreibers im Fürstenstaat Monaco, was die Kassen bei Monaco Telecom und Alcatel klingeln lässt.

Mit Transparenz und Professionalität war es allerdings auch in der UN-Verwaltung nicht immer zum Besten bestellt. Jellineks Zeitgenosse Max Weber, Verfechter der »bürokratischen Herrschaft«, also einer rational agierenden professionellen Verwaltung mit qualifizierten Beamten, hätte sich im Grabe umgedreht. Andererseits ist den »Internationalen« einiges gelungen. Die Polizei agiert professionell und hat Serben, Roma und Angehörige anderer Minderheiten in ihren Reihen integriert. Wahlen verlaufen mittlerweile reibungslos und nach Aussage internationaler Beobachter fair und offen. Seit Februar 2007 gibt es eine, wenn auch noch arg schwächelnde, Antikorruptionsbehörde. Der Haushalt ist einigermaßen konsolidiert, Banken können operieren.

»Die Institutionen für eine Selbst-Regierung sind aufgestellt, jetzt muss der nächste Schritt kommen«, sagt der scheidende Machthaber des Kosovos und meint natürlich die Unabhängigkeit. Joachim Rücker heißt der Mann, er ist seit anderthalb Jahren der Leiter der UN-Mission, gewissermaßen der Statthalter der Weltgemeinschaft. Solange das Kosovo noch unter UN-Verwaltung steht, tritt kein Gesetz, kein Regierungshaushalt ohne seine Zustimmung in Kraft. Rücker, ein deutscher Diplomat, der zwischen Stationen in Sarajevo und Daressalam auch mal Bürgermeister von Sindelfingen war, möchte diese Macht lieber heute als morgen abgeben.

Denn bis zur »Klärung der Status-Frage«, wie es im UN-Jargon heißt, geht wirtschaftlich nichts weiter, bekommt das Kosovo keinen Zugang zu internationalen Finanzinstitutionen – und damit zum Beispiel zu Krediten des Währungsfonds. Bis dahin wissen Investoren nicht, in welches Land sie investieren. Bis dahin kann das Kosovo keinen internationalen Konventionen oder Organisationen beitreten, kann also auch international nicht haftbar gemacht werden, wenn es die Rechte von Minderheiten verletzt, gegen Umweltstandards verstößt oder die EU-Richtlinie für Produktsicherheit missachtet.

Es gibt für alles eine ISO-Norm. Auch für neue Staaten

All das ist völkerrechtlich noch kein ausreichender Grund für eine Sezession. Im Gegenteil: Juristisch ist die bevorstehende Unabhängigkeit höchst umstritten. Schließlich wird hier das Recht des inzwischen demokratischen und friedlichen Serbiens auf territoriale Integrität dem Selbstbestimmungsrecht der Kosovo-Albaner untergeordnet. Nur wiegt der politische Sachzwang im Zweifelsfall schwerer als das Völkerrecht: Nach über acht Jahren internationaler Protektoratsverwaltung

gibt es keine andere Option als die Eigenstaatlichkeit – allein deswegen, weil alles andere wieder Unruhen hervorrufen könnte. Also kommt in Kürze die Unabhängigkeit mit dem Segen Amerikas und der Mehrheit der EU-Länder – und damit nicht nur eine eigene Fahne und Hymne, sondern endlich reguläre Pässe, eine eigene Landesvorwahl, ausgestellt von der International Telecommunication Union (ITU), und ein international gültiges Landeskürzel, ausgestellt von der Internationalen Organisation für Normung (ISO). Merke: Es gibt für alles eine Norm. Auch für Staaten.

Ein nicht unerhebliches Problem allerdings bleibt dem neuen Staat auch nach der Unabhängigkeit. Die Kontrolle über das eigene Territorium wird eine Lücke haben. »Hier oben«, sagt Naim Huruglica und fährt mit dem Finger über den nördlichen Zipfel auf der Landkarte, sei die Angelegenheit nicht geregelt. »Hier oben« liegt der von Serben bewohnte Norden des Kosovos, hier leben etwa 50 000 Kosovo-Serben, die partout nicht zum neuen Staatsvolk gehören wollen, weder die Verwaltung der UN anerkannt haben noch die Autorität eines unabhängigen Staates Kosovo anerkennen wollen. Huruglica beschäftigt dieses Problem tagtäglich, er ist Chef der kosovarischen Zollbehörde und verantwortlich für zwölf Grenzübergänge.

Bei aller Skepsis gegenüber staatlichen Einrichtungen des Kosovos und seiner Reputation als »Schmugglerparadies« gilt der Zoll inzwischen als Erfolgsgeschichte. 567 Mitarbeiter – »Männer, Frauen, Albaner, Serben«, wie Huruglica betont – haben die Schulung britischer, deutscher und schwedischer Experten absolviert: acht Wochen Grundkurs, dann Fortbildung in Autokontrolle, Selbstverteidigung, Management, »integrierter Grenzverwaltung« und den neuesten Softwareprogrammen. Vor Kurzem wurden an allen Grenzübergängen Videokameras installiert. Demnächst wird Huruglica Röntgen-Scangeräte anschaffen. Erst vor einigen Monaten hat ein misstrauischer Kollege an der Grenze zu Montenegro einen Lastwagen mit Farbeimern aus Venezuela gestoppt und 400 Kilogramm Kokain entdeckt. Mit den neuen Maschinen können Huruglicas Leute in Zukunft systematisch Fahrzeuge röntgen.

Der Zollchef, gerade mal 35 Jahre alt, wäre der Letzte, der leugnen würde, dass im Kosovo weiterhin geschmuggelt wird: Zigaretten, Alkohol, elektronische Geräte. Aber seine Truppe arbeitet inzwischen so erfolgreich, dass sie jährlich rund 500 Millionen Euro einnimmt, was etwa 70 Prozent der Staatseinnahmen entspricht. Das ist wahrlich keine gesunde volkswirtschaftliche Grundlage, aber Huruglica, ein drahtiger Mann mit großen Geheimratsecken, hat andere Sorgen. Womöglich blockiert Serbien nach der Unabhängigkeitserklärung erst einmal seine Grenzübergänge zur abtrünnigen Provinz. Womöglich ziehen die 61 serbischen Mitarbeiter des kosovarischen Zolls dann ihre Uniformen aus, weil ihre Loyalität gegenüber dem alten Staat eben doch größer ist als gegenüber dem neuen. Huruglica jongliert in diesen Tagen mit Notfallplänen und hofft, dass das politische Zeter und Mordio sich schnell wieder legen wird. Dass die Serben im Norden des Kosovos sich irgendwie mit dem neuen Staat arrangieren werden. Dass er sich bald wieder mit seinem serbischen Amtskollegen treffen kann, um wirklich wichtige Dinge zu bereden: Datenaustausch, gemeinsame

Strategien gegen Schmuggelbanden. Denn die grenzüberschreitende Zusammenarbeit hat in den vergangenen Jahren schon recht gut geklappt, nicht nur, weil Huruglica fließend Serbisch spricht, sondern »weil wir Experten sind und keine Politiker«.

Im Geist sehen viele das Kosovo ohnehin schon in der EU

Mit dem Tag der Unabhängigkeit wird Joachim Rücker, der UN-Chef im Kosovo, seine Zuständigkeit für die Zollbehörde dem kosovarischen Finanzministerium übergeben. Naim Huruglica sieht dem mit gemischten Gefühlen entgegen, schließlich ist der Zoll mit seinen Einnahmen der verlockendste Honigtopf für Politikerfinger. Immerhin bleibt die Zuständigkeit für Personalentscheidungen in internationalen Händen.

Denn völlig souverän wird das Kosovo noch nicht sein. Die Truppen unter Nato-Kommando bleiben zum Schutz der serbischen Minderheit. Und an die Stelle der UN rückt eine kleinere EU-Mission mit einem Hohen Repräsentanten. Der, nicht der Finanzminister, wird bestimmen, wer Chef der Zollbehörde ist. Huruglica ist das nur recht. Auch wenn bis dahin mehr als zehn Jahre ins Land gehen dürften. Wie viele sieht er im Geist sein Kosovo ohnehin schon in der EU. Dort, wo Grenzen und auch Zölle keine große Rolle mehr spielen.

Die Kleinsten, die Ältesten, die Verschwundenen

Demokratische Republik Kongo: Fragiler, phasenweise kollabierter Staat mit einzigartiger Geschichte. Entstand 1885 als »Freistaat Kongo« im Privatbesitz des belgischen Königs Leopold II. Nach der Unabhängigkeit 1960 erst in Kongo, später in Zaire umbenannt. Schauplatz eines der verheerendsten Kriege nach 1945. Derzeit versucht hier die größte Friedensmission der UN staatliche Strukturen wieder aufzubauen.

Ägypten: Präsidialrepublik mit autoritärem Charakter. Neben China Anwärter auf den Titel »Ältester Staat der Welt«. Erste Staatsformen wurden hier schon vor 5000 Jahren entwickelt, was sogar Napoleon Bonaparte beeindruckte, als er 1798 in Ägypten einmarschierte: »Soldaten, 40 Jahrhunderte blicken auf Euch herab!«, soll er am Fuß der Pyramiden seiner Armee zugerufen haben. Auch der heutige Staats- und Regierungschef Hosni Mubarak erweist sich als langlebig: Seit 27 Jahren im Amt, hat er mindestens sechs Attentate überlebt.

San Marino: Einer der ältesten europäischen Staaten, wurde 301 gegründet. 61 Quadratkilometer groß, seit dem 12. Jahrhundert unabhängig. Das Miniland ist vollständig von Italien umgeben und liegt zwischen den Regionen Emilia-Romagna und Marken. Von 4500 Einwohnern sitzen immerhin 60 im Parlament, das in San Marino »Großer und Allgemeiner Rat« heißt. Amtssprache ist Italienisch, als Staatsoberhäupter fungieren zwei »Capitani Regenti«, vom Parlament gewählte Regierungsräte. San Marino ist Mitglied der Vereinten Nationen, des Europarats, der Weltbank und des Internationalen Währungsfonds.

Vatikan: Kleinster Staat der Welt und Sitz der spirituellen Führung der katholischen Kirche. Fläche: 0,44 Quadratkilometer. Einwohnerzahl: 900. Etwa 550 von ihnen haben die vatikanische Staatsbürgerschaft. Landessprachen: Lateinisch und Italienisch. Wurde am 11. Februar 1929 von Italien unabhängig. Es handelt sich um einen Staat mit »monarchisch-priesterlicher« Regierungsform, der durch den Heiligen Stuhl international vertreten wird. Oberhaupt ist derzeit Papst Benedikt XVI.; zuständig für Beziehungen zu anderen Staaten ist Bischof Mamberti. Der Heilige Stuhl hat einen permanenten Beobachterstatus bei den UN.

Schweiz: Die Alpenrepublik bildet sich manchmal (wie die USA, England, Griechenland, Island und San Marino) irrtümlich ein, die älteste Demokratie der Welt zu sein. Zwar sind Landsgemeinden seit 1403 erwähnt – in zwei Kantonen gibt es sie noch immer. Doch ein Großteil der Bevölkerung war in der alten Eidgenossenschaft ohne Mitsprache. Seit 1848 ist die Schweiz ein teils basisdemokratischer Bundesstaat. Die vermeintlichen Volksrecht-Pioniere brauchten allerdings Bedenkzeit, bis sie Abstimmen und Wählen auch der Mehrheit gestatteten: Erst seit 1971 dürfen die Frauen auf Bundesebene mittun. Im Kanton Appenzell Innerrhoden gar erst seit 1990.

Nagornyj-Karabach: Fällt unter die Kategorie »nicht anerkannte Staaten«. Von Armeniern bewohnte Enklave inmitten des Territoriums der Republik Aserbajdschan, zu der sie de jure auch gehört. Erklärte sich 1991 für unabhängig, was einen Krieg mit mindestens 20 000 Toten auslöste. Seit 1994 herrscht Waffenstillstand zwischen der Enklave und Aserbajdschan. Eine Friedensregelung ist nicht in Sicht.

DDR: Gehört mit der UdSSR, der Tschechoslowakei, Süd-Jemen und Nord-Jemen zur Kategorie »verschwundene Staaten«. Die Geschichte der DDR endete am 3. Oktober 1990 mit der deutschen Wiedervereinigung. Wenige Monate zuvor, am 22. Mai 1990, hatten sich der Süden und der Norden des Jemen vereinigt. Am 1. Januar 1992 löste sich die UdSSR auf, neun Monate später trennten sich Slowaken von Tschechen in der »samtenen Scheidung«.

Tokelau: Polynesisches Territorium unter Verwaltung von Neuseeland. Tokelau besteht aus drei Insel-Atollen, hat eine Fläche von zwölf Quadratkilometern und 1500 Einwohner. Die UN wollen Tokelau zu größerer Unabhängigkeit ermutigen, doch die Tokelauer haben das in zwei Referenden fast einstimmig abgelehnt. Lokalpolitische Angelegenheiten regeln ihre drei Atoll-Oberhäupter. Alle weitere Staatsgewalt liegt bei Neuseelands Behörden. Und Staatsoberhaupt bleibt bis auf Weiteres Elisabeth II., Königin von England.

Mehr zum Thema:

Stefan Breuer: Der Staat
Entstehung, Typen, Organisationsstadien;
Rowohlt 1998; 334 S.

Jochen Hippler (Hg.): Nation Building
Ein Schlüsselkonzept für friedliche
Konfliktbearbeitung?
Dietz 2004; 276 S.

Klaus Schlichte: Der Staat in der
Weltgesellschaft
Politische Herrschaft in Afrika, Asien
und Lateinamerika;
Campus 2005; 329 S.

»Ein unabhängiges Schottland wäre kein Problem«

1990 hatten die UN 159 Mitglieder, heute sind es 192. Geht dieser Trend zu Ende, oder werden weitere (Klein-)Staaten hinzukommen?

15 der neuen Staaten, die seit 1990 entstanden, gehen allein auf den Zerfall der UdSSR zurück. Dazu kommen die sechs Nachfolgestaaten Jugoslawiens. In Europa ist die Zeit der Staatenbildungen damit wohl abgeschlossen: Das Kosovo ist nicht der Beginn einer neuen Welle, sondern der letzte Schritt der Abwicklung Jugoslawiens.

Welche Kandidaten haben nach dem Kosovo eine reelle Chance auf Unabhängigkeit?

Es gibt einige eingefrorene Konflikte und dadurch Möchtegernstaaten – von Transnistrien in Moldawien über Abchasien in Georgien bis Nordzypern. Wirkliche Chancen auf breite Anerkennung oder gar Aufnahme in die UN haben diese Gebiete aber nicht. Das ist nur bei einer einvernehmlichen Trennung vorstellbar: wenn sich etwa Belgien aufspaltete oder Schottland beschließen würde, unabhängig zu werden. Diese Kandidaten wären kein Problem für die Weltpolitik.

**Spätestens seit der Militärintervention in Afghanistan macht der Begriff des »failed state«, des »gescheiterten Staates«, die Runde.
Wann ist erstmals ein moderner Staat kollabiert?**

Bürgerkriege haben schon immer zum Zusammenbruch des staatlichen Gewaltmonopols geführt, auch wenn der Begriff *failed state* erst seit den neunziger Jahren verwendet wird. Neu ist der Gedanke, dass schon die Existenz von *failed states* eine Bedrohung der Sicherheit westlicher Staaten darstellt. 2002 hieß es in der amerikanischen Nationalen Sicherheitsstrategie sogar: »Amerika ist weniger durch aggressive Staaten als durch *failed states* gefährdet.« Eine erstaunliche Aussage, die darauf zurückgeht, dass das Attentat vom 11. September in Afghanistan geplant wurde: Die kommunistische Bedrohung wurde ersetzt durch die indirekte Bedrohung durch schwache Staaten.

Somalia, Afghanistan, Irak, Bosnien, Kosovo, Kongo – UN, Nato und EU versuchen, kollabierte Staaten aufzubauen. Die Bilanz ist durchwachsen. Die größten Fehler und Irrtümer?

Die Hybris, der Glaube, es gebe ein Patentrezept für State-Building, auch der Irrglaube, man müsse sich nicht in jedem Fall aufs Neue mit einer sehr komplexen Situation im Detail auseinandersetzen. 2003 war der Höhepunkt dieser Welle der Selbstüberschätzung, in Washington schlugen manche ein Ministerium für Interventionen und State-Building vor, nach dem Motto: Jetzt haben wir schon die Demokratie in Afghanistan eingeführt, warum es dabei belassen? Dann aber setzte Ernüchterung ein. Es wurde klar, dass etwa die Intervention im Irak einen *failed state* erst geschaffen hatte.

Welche Lehre gilt es in jedem Fall zu beachten?

Auch internationale Behörden bestehen aus fehlbaren Menschen. Gerade dort, wo sie exekutive Macht übernehmen, wird die Grenze zum klassischen Kolonialismus dann überschritten, wenn diese Behörden keinerlei unabhängiger Kontrolle mehr unterliegen, keinerlei Rechenschaftspflicht denen gegenüber haben, die von ihren Entscheidungen direkt betroffen sind.

Gibt es Kriterien für ein Frühwarnsystem für Staaten, die zu kollabieren drohen?

Es gibt Versuche. 2000 erstellte die CIA erstmals eine Liste von *failed states*. Das Kriterium war »der totale Zusammenbruch staatlicher Autorität«, 20 Staaten fanden sich auf der Liste. Das schien zu kurz gesprungen, und in der nächsten CIA-Liste, mit neuen Kriterien, waren es auf einmal 114 Fälle, darunter nun auch China, Indien, Israel. Seit 2005 veröffentlicht das angesehene Magazin *Foreign Policy* gleichfalls jedes Jahr seine Liste: den Failed State Index. Hier gibt es zwölf Kriterien, soziale, wirtschaftliche und politische. 2007 wurden 177 Staaten verglichen: Sudan, Irak und Somalia stehen an der Spitze, Norwegen an letzter Stelle.

GERALD KNAUS
ist Direktor der European Stability Initiative (ESI, www.esiweb.org) und Koautor des Artikels *Travails of the European Raj«* (*Journal of Democracy*, Vol. 14, Nr. 3, Juli 2003, S. 60–74)

ZEITLEISTE POLITIK

WICHTIGE EREIGNISSE UND MEILENSTEINE

~ 3000 V. CHR.

In **Ägypten** bildet sich eines der ersten Staatswesen der Geschichte.

~ 2800 V. CHR.

Das **Altsumerische Reich,** eine der ersten und wichtigsten Hochkulturen der Menschheit, wird im Wechsel von Regenten seiner Stadtstaaten regiert.

~ 1750 V. CHR.

Unter König **Hammurabi von Babylon** entsteht der Codex Hammurabi, die älteste erhaltene Gesetzessammlung der Geschichte.

1259 V. CHR.

Ramses II. und Hattusili III. schließen nach einem 15-jährigen Krieg den **Ägyptisch-Hethitischen Friedensvertrag.** Er gilt als der erste Friedensvertrag der Weltgeschichte.

~ 1250 V. CHR.

Moses befreit der biblischen Überlieferung zufolge sein Volk aus Ägypten.

1213 V. CHR.

Ramses II., der bedeutendste ägyptische Pharao und Erbauer der Felsentempel von Abu Simbel, stirbt.

508–507 V. CHR.

Die Reformen des **Kleisthenes** von Athen bilden die Grundlage für die erste **Demokratie** der Welt.

492–479 V. CHR.

Die griechischen Staaten schlagen die **Perser** in mehreren entscheidenden Schlachten zurück und wehren sich so erfolgreich gegen die Eingliederung ins persische Großreich.

486 V. CHR.

Der persische Großkönig **Dareios I.** stirbt. Unter seiner Herrschaft erreichte das **Persische Reich** seine größte Ausdehnung – vom heutigen Bulgarien bis ins heutige Pakistan.

~ 475 V. CHR.

Das Königreich **Rom** wird Republik.

336 V. CHR

Alexander der Große wird makedonischer König und herrscht wenige Jahre darauf über ein gigantisches Weltreich. Seine Eroberungsfeldzüge vernichten das persische Großreich und bringen die griechische Kultur in weite Teile Asiens.

221 V. CHR.

Qin Shihuangdi einigt China. Er wird der erster Kaiser des Reiches.

201 V. CHR.

Am Ende des Zweiten Punischen Krieges ist **Karthago,** dessen Truppen wenige Jahre zuvor unter Hannibal beinahe Rom erobert hätten, fast vollständig besiegt.

27 V. CHR.

Octavian nimmt den Ehrennamen Augustus an und wird de facto erster Kaiser des Römischen Reiches.

106–117

Unter Kaiser **Trajan** erreicht das römische Weltreich seine größte Ausdehnung.

395

Nach dem Tod des Kaisers Theodosius zerfällt das **Römische Reich** in ein Weströmisches (Rom) und ein Oströmisches Reich (Byzanz).

451

Hunnenkönig **Attila** herrscht über große Teile Eurasiens, bevor er auf den Katalaunischen Feldern vom Heer des römischen Oberbefehlshabers Flavius Aetius besiegt wird.

476

Der germanische Feldherr **Odoaker** setzt den letzten weströmischen Kaiser **Romulus Augustulus** ab und lässt sich zum König von Italien ausrufen.

497–526

Theoderich der Große herrscht als König der Ostgoten (und zeitweise auch als Vormund des Westgotenkönigs) über Italien und den westlichen Balkan.

528–534

Unter dem byzantinischen Kaiser **Justinian I.** entsteht der **Corpus Iuris Civilis,** die bis heute maßgebliche Sammlung des römischen Rechts.

732

Der fränkische Hausmeier **Karl Martell** schlägt die aus Spanien einfallenden Mauren bei Tours und Poitiers und verhindert damit das Vordringen des Islams ins Frankenreich.

751

Das China der Tang-Dynastie unterliegt in der **Schlacht am Talas** dem Abbasiden-Kalifat und verliert seine Macht in Zentralasien, das unter islamischen Einfluss gerät.

800

Der Frankenkönig **Karl der Große,** der weite Teile Westeuropas regiert, wird vom Papst zum Kaiser des Heiligen Römischen Reiches gekrönt.

~3000 v. Chr. bis 1588

843
Die drei noch lebenden Enkel Karls des Großen (die **Söhne Ludwigs des Frommen**) teilen das Frankenreich im Vertrag von Verdun in drei Teile. Aus dem Ost- und dem Westteil entstehen im Hochmittelalter die deutschen Lande und Frankreich.

886
Alfred der Große von Wessex wird Herrscher über die Angelsachsen und gilt später als erster englischer König.

962
Der deutsche König **Otto I.** wird zum römischen Kaiser gekrönt und begründet damit das **Heilige Römische Reich Deutscher Nation.**

1066
Unter Herzog **Wilhelm dem Eroberer** nehmen die Normannen England ein und regieren es für mehrere Jahrhunderte.

1077
Der deutsche Kaiser **Heinrich IV.** unterwirft sich **Papst Gregor VII.** auf der Burg von Canossa und gesteht damit seine Niederlage im Investiturstreit ein.

1099
Im von **Papst Urban II.** initiierten Ersten Kreuzzug (1096–1099) erobern christliche Ritter Jerusalem und richten ein Blutbad an.

1215
Mit der **Magna Charta** wird der Grundstein für das Mitspracherecht des englischen Adels in königlichen Angelegenheiten und damit für das englische Parlament gelegt.

1229
Friedrich II. schließt mit Sultan al-Kamil den **Frieden von Jaffa.** Jerusalem, Bethlehem und Nazareth werden den Christen übergeben.

1241
Mongolische Truppen unter **Batu Khan** stoßen bis nach Schlesien und Österreich vor, ziehen sich aber bald wieder zurück.

1291
Uri, Schwyz und Unterwalden schließen sich zu einem Bund gegen die Habsburger zusammen, dies gilt als Beginn der **Schweizerischen Eidgenossenschaft.**

1337–1453
Das englische Königshaus versucht im **Hundertjährigen Krieg** vergeblich, seine Ansprüche auf den französischen Thron durchzusetzen.

1356
Kaiser **Karl IV.** erlässt die **Goldene Bulle,** die die Königswahl durch die sieben Kurfürsten regelt und bis 1806 gültig bleibt.

1403
Im Schweizer Kanton **Appenzell** wählt, erstmals urkundlich belegt, die gesamte (männliche) Bevölkerung den Landammann, eine Tradition, die bis heute anhält.

1453
Die osmanischen Truppen erobern **Konstantinopel.** Damit endet das **Byzantinische Reich.**

~ 1480
Unter **Tupac Yupanqui** erreicht das Inkareich seine größte Ausdehnung – vom heutigen Ecuador bis nach Chile und Argentinien.

1492
Mit der Einnahme Granadas endet die **Reconquista,** die Wiedereroberung der unter maurischer Herrschaft stehenden Iberischen Halbinsel.

1492
Christoph Kolumbus entdeckt Amerika.

1494
Unter Vermittlung von **Papst Alexander VI.** teilen Spanien und Portugal im **Vertrag von Tordesillas** die zu erobernden Gebiete der gesamten Welt unter sich auf.

1547
Iwan IV., genannt der Schreckliche, wird zum ersten russischen Zaren gekrönt.

1569
Mit der **Lubliner Union** verbinden sich Polen und Litauen zu einem große Teile Osteuropas umfassenden Königreich.

1581
Die **sieben niederländischen Provinzen** sagen sich von Spanien los und erringen ihre Unabhängigkeit im folgenden **Achtzigjährigen Krieg.**

1588
Mit der Niederlage der **spanischen Armada** im Ärmelkanal beginnt der Aufstieg Englands zur größten Seemacht.

ZEITLEISTE POLITIK

1605

Mit **Akbar** stirbt der wichtigste indische Großmogul. Er hinterlässt ein gefestigtes Reich, das fast den ganzen Subkontinent umfasst.

1618–1648

Im **Dreißigjährigen Krieg** bekämpfen sich alle europäischen Mächte bis aufs Äußerste. Der Konflikt zwischen Protestanten und Katholiken ist dabei nur ein Aspekt des blutigen Streits um Macht und Einfluss. Rund 4 Millionen Menschen kommen ums Leben.

1625

Der niederländische Rechtsgelehrte und Staatsmann **Hugo Grotius** veröffentlicht *Über das Recht des Krieges und des Friedens* und legt die Grundlagen für das **Völkerrecht**.

1648

In Münster und Osnabrück wird der **Westfälische Frieden** unterzeichnet, der den Dreißigjährigen Krieg beendet und Vorbild für viele andere Friedensschlüsse wird.

1651

Der englische Philosoph **Thomas Hobbes** veröffentlicht seine Schrift *Leviathan*, in der er den starken Staat zur Vermeidung des Krieges aller gegen alle proklamiert.

1661

Ludwig XIV., der bekannteste Herrscher des Absolutismus (»L'État c'est moi«), übernimmt die Regierungsgeschäfte in Frankreich und beginnt, das Schloss von Versailles auszubauen.

1689

Nach der Glorious Revolution von 1688/89 verpflichtet das englische Parlament den neuen König zur Unterzeichnung der **Bill of Rights,** eines der grundlegenden Dokumente des Parlamentarismus.

1690

Der englische Philosoph **John Locke** veröffentlicht seine Schrift *Zwei Abhandlungen über die Regierung*, das maßgebliche Werk der liberalen Demokratietheorie.

1701–1714

Der **Spanische Erbfolgekrieg** ist Teil einer jahrhundertelangen Auseinandersetzung zwischen England und den Habsburgern einerseits und Frankreich andererseits. Spanien verliert seine Besitzungen in Italien und den südlichen Niederlanden an Österreich.

1605 bis 1848

1707

Mit dem **Act of Union** werden England und Schottland zum Königreich Großbritannien vereinigt.

1748

Charles Baron de Montesquieu entwickelt in seinem Werk *Vom Geist der Gesetze* die Theorie der **Gewaltenteilung.**

1756–1763

Der **Siebenjährige Krieg** ist der erste Krieg der europäischen Großmächte, der auch in ihren Kolonien ausgefochten wird.

1776

Vertreter der **13 nordamerikanischen Kolonien** erklären ihre Unabhängigkeit von Großbritannien unter Verweis auf die Verletzung ihrer Rechte.

1787

Mit der Gründung der Gesellschaft zur Abschaffung des Sklavenhandels beginnt der **Kampf gegen die Versklavung** von Afrikanern.

1787

Die Vertreter der 13 Gründerstaaten der **USA** unterzeichnen in Philadelphia die bis heute gültige Verfassung.

1789

Beginn der **Französischen Revolution:** Der dritte Stand erklärt sich zur Nationalversammlung und verkündet die Menschenrechte. Drei Jahre später stürzen die Revolutionäre die Monarchie. Erstmals werden mit der Französischen Revolution politische Ideen wie Volkssouveränität oder allgemeines Wahlrecht in Europa verwirklicht.

1795

Immanuel Kant veröffentlicht seine Schrift *Zum ewigen Frieden*, die den modernen Friedensbegriff prägt.

1795

Mit der **Dritten Polnischen Teilung,** die die polnischen Gebiete unter Preußen, Österreich und Russland aufteilt, verschwindet Polen für mehr als 100 Jahre von der Landkarte.

1804

Der **Code civil,** der den Bürgern Gleichheit vor dem Gesetz und mehr Freiheiten bringt, tritt in den von Napoleon beherrschten Gebieten Europas in Kraft.

1804

Napoleon Bonaparte krönt sich zum Kaiser der Franzosen. Unter seinem Einfluss stehen bald weite Teile Europas.

1806

Unter dem Druck Napoleons legt **Franz II.** die römisch-deutsche Kaiserkrone nieder und beendet damit eine tausendjährige Tradition. Das Heilige Römische Reich Deutscher Nation hört auf zu existieren.

1813–1815

In den **Befreiungskriegen,** die für das deutsche Nationalbewusstsein eine große Rolle spielen, überwinden Preußen, Österreich und Russland die französische Vorherrschaft.

1815

Der **Wiener Kongress** setzt den Napoleonischen Kriegen ein Ende und installiert ein europäisches Mächtegleichgewicht.

1816

Chaka wird Herrscher über 1500 Zulu und erweitert sein Reich durch Eroberungen in den kommenden Jahren auf 250 000 Untertanen.

1819

Nach zehnjährigem Unabhängigkeitskampf unter **Simón Bolívar** wird Kolumbien von Spanien unabhängig, weitere südamerikanische Länder folgen.

1822

Brasilien wird als Kaiserreich unter der Dynastie der Braganza von seinem Mutterland Portugal unabhängig.

1828

Während der Präsidentschaftskandidatur von Andrew Jackson gründen sich die **amerikanischen Demokraten** als erste moderne Partei.

1830

Griechenland wird nach einem achtjährigen Befreiungskrieg gegen das Osmanische Reich unabhängig.

1832

30 000 Menschen versammeln sich zum **Hambacher Fest** und demonstrieren für ein freies und einiges Deutschland.

1848

Im Revolutionsjahr 1848 kommt es in mehreren europäischen Staaten zu Erhebungen gegen die herrschenden Dynastien – mit unterschiedlichem Erfolg.

1848

Karl Marx und **Friedrich Engels** veröffentlichen in London das *Kommunistische Manifest.*

ZEITLEISTE POLITIK

1850–1864
Der wohl größte Bürgerkrieg der Menschheitsgeschichte, die **Taiping-Rebellion,** bricht aus. Die Konfrontation zwischen der Qing-Dynastie und einer christlichen Sekte im Süden Chinas fordert circa 20 Millionen Tote.

1857–58
In **Indien** kommt es zu einem erfolglosen Aufstand einheimischer Soldaten gegen die britische Kolonialherrschaft, woraufhin die Verwaltung an die Krone übergeben wird.

1861
Unter König **Viktor Emanuel** II. wird Italien zum ersten Mal ein einheitlicher Nationalstaat, wobei Rom erst 1870 zur Hauptstadt wird.

1863
Die **Emanzipationserklärung** ist das offizielle Ende der Sklaverei in den Vereinigten Staaten.

1865
Durch den **13. Zusatzartikel der amerikanischen Verfassung** wird die Sklavenhaltung endgültig verboten.

1867
Mit dem österreichisch-ungarischen Ausgleich entsteht die **Doppelmonarchie Österreich-Ungarn,** deren Teilstaaten nur noch das Kaiserhaus und die Außenpolitik gemeinsam haben.

1868
Kaiser Mutsuhito, 122. Tenno Japans, leitet eine Reformära und Japans Aufstieg zur Weltmacht ein. Seiner Regierungszeit gab er den Namen Meiji (»aufgeklärte Regierung«).

1871
Nach dem Sieg über Frankreich gelingt **Otto von Bismarck** die seit Langem angestrebte deutsche Einigung – unter dem preußischen König **Wilhelm I.** als deutschem Kaiser.

1871
In Frankreich wird mit der **Pariser Kommune** erstmals der Versuch unternommen, ein sozialistisches Gemeinwesen zu errichten.

1876
Königin Viktoria wird zur Kaiserin von Indien gekrönt und herrscht am Ende ihrer Regentschaft über ein Viertel der Weltbevölkerung.

1881–1899
Im **Mahdi-Aufstand** unter dem selbst ernannten Kalifen von Omdurman erheben sich die Bewohner des Sudans gegen die angloägyptische Herrschaft.

1885
In Berlin endet die **Kongo-Konferenz,** die den Grundstein für die Aufteilung Afrikas in Kolonien der europäischen Großmächte legt.

1890
Mit dem **Massaker am Wounded Knee** wird die Unterwerfung der nordamerikanischen Indianer abgeschlossen, die Überlebenden werden in Reservate verbannt.

1893
Neuseeland führt als erster Staat der Welt das **Frauenwahlrecht** ein.

1899–1902
Im **Zweiten Burenkrieg** besiegt Großbritannien die Burenrepubliken Oranje-Freistaat und Transvaal und gliedert ganz Südafrika ins britische Empire ein.

1900
In Deutschland tritt das noch heute gültige **Bürgerliche Gesetzbuch** in Kraft, das das Zivilrecht regelt.

1900
In China kommt es zum fremdenfeindlichen **Boxeraufstand,** der von den Großmächten gemeinsam niedergeschlagen wird.

1901
Nach der Ermordung William McKinleys wird **Theodore Roosevelt,** unter dem der amerikanische Imperialismus seinen Höhepunkt erreicht, 26. US-Präsident.

1901
Der **Friedensnobelpreis** wird erstmals und seitdem jährlich in Oslo verliehen.

1905
Der **Russisch-Japanische Krieg** klärt die Gebietsverhältnisse in Ostasien zugunsten Japans, das zur Weltmacht aufsteigt.

1912
Der letzte chinesische Kaiser Pu-Yi muss infolge der **Xinhai-Revolution** abdanken. Der Revolutionsführer Sun Yat-sen ruft die Republik China aus, die jedoch von zahlreichen Krisen heimgesucht wird.

1850 bis 1949

1914–1918

Der **Erste Weltkrieg** übertrifft alle bisherigen kriegerischen Auseinandersetzungen, nicht nur was das Ausmaß der Verluste und Zerstörungen, sondern auch was den Grad der Technologisierung und die globale Bedeutung betrifft.

1917

Nach der **Oktoberrevolution** wird in Russland der erste kommunistische Staat der Welt errichtet.

1918

Mit dem Ende des Ersten Weltkriegs und dem Zusammenbruch dreier bedeutender Dynastien entstehen viele neue Demokratien in Europa, unter anderem die **Weimarer Republik.**

1919

Der Erste Weltkrieg endet formell mit den **Pariser Vorortverträgen** (zu denen auch der Versailler Vertrag zählt), die allerdings keinen dauerhaften Frieden ermöglichen.

1921

Der katholische Südteil **Irlands** wird von Großbritannien unabhängig, während der protestantische Norden britisch bleibt, was zu einem bis heute anhaltenden Konflikt führt.

1922

Die Staaten Russland, Weißrussland, Ukraine und Transkaukasien gründen die **UdSSR.**

1922

Richard Nikolaus Graf von Coudenhove-Kalergi gründet die **Paneuropa-Union,** die erste europäische Einigungsbewegung.

1922

Josef Stalin wird Generalsekretär des Zentralkomitees der KPdSU. In den folgenden Jahren baut er seine Macht aus und errichtet sein Terrorregime. Bis zu seinem Tod 1953 herrscht er uneingeschränkt über die Sowjetunion.

1923

Der Führer der türkischen Unabhängigkeitskriege, **Kemal Atatürk,** ruft die **Türkische Republik** aus und setzt damit dem Osmanischen Reich ein Ende.

1933

In Deutschland wird **Adolf Hitler** zum Reichskanzler ernannt und errichtet innerhalb kurzer Zeit eine Diktatur.

1936

Mit einem Putsch rechtsgerichteter Generäle gegen die Zweite Republik beginnt der **Spanische Bürgerkrieg,** der 1939 mit dem Sieg der Nationalisten unter Franco endet.

1938

In der **Reichspogromnacht** vom 9. November werden Synagogen und Geschäfte deutscher Juden geplündert und zerstört. Rund 100 Juden werden ermordet. Mit den Ausschreitungen beginnt eine neue, offen gewaltsame Phase der nationalsozialistischen Entrechtungs- und Vertreibungspolitik.

1939–1945

Der **Zweite Weltkrieg** ist der verlustreichste Krieg der Menschheitsgeschichte. 55 bis 60 Millionen Menschen sterben.

1942

Auf der **Wannseekonferenz** stimmen sich hochrangige Vertreter der nationalsozialistischen Reichsbehörden und Parteidienststellen über die planmäßige Vernichtung der europäischen Juden ab. Zwischen 1941 und 1945 werden in Konzentrationslagern und durch Massenerschießungen rund sechs Millionen Juden ermordet.

1942

Die Widerstandsgruppe **Weiße Rose** verteilt an der Münchner Universität ihre ersten gegen das NS-Regime gerichteten Flugblätter.

1945

Nach dem Ende des Zweiten Weltkriegs werden zur Sicherung des Weltfriedens die **Vereinten Nationen** als Nachfolgeorganisation des Völkerbundes gegründet.

1947

Indien erlangt nach jahrelangen gewaltlosen Protesten die **Unabhängigkeit von Großbritannien.** Das Kolonialgebiet wird aber in einen hinduistischen und einen muslimischen Staat (Pakistan) geteilt.

1948

In Palästina wird der jüdische Staat **Israel** gegründet.

1949

Nordamerikanische und westeuropäische Staaten gründen die **Nato** (North Atlantic Treaty Organization) als Verteidigungsbündnis gegen etwaige kommunistische Angriffe.

ZEITLEISTE POLITIK

1949
Die Mitglieder des Parlamentarischen Rates unterzeichnen am 8. Mai mit dem **Grundgesetz** die provisorische, aber bis heute gültige deutsche Verfassung. Am 24. Mai tritt sie in Kraft – die Geburtsstunde der Bundesrepublik. Am 7. Oktober wird die **DDR** gegründet.

1949
Die Kommunisten unter **Mao Tse-tung** siegen im Chinesischen Bürgerkrieg und errichten die Volksrepublik China.

1950
Der kommunistische Norden Koreas greift den Süden des Landes an. Die von den USA geführte Intervention löst die Befürchtung aus, der **Koreakrieg** könne in einen Dritten Weltkrieg münden.

1953
Der Protest gegen erhöhte Arbeitsnormen in der DDR weitet sich in mehr als 300 Städten zum Generalstreik und schließlich zum Volksaufstand aus. Am **17. Juni** wird er von sowjetischen Truppen brutal niedergeschlagen.

1956
In der **Sueskrise,** provoziert durch die Verstaatlichung des Sueskanals durch Ägypten, scheitert der letzte Versuch europäischer Mächte, die Kontrolle über die von der Logik des Kalten Krieges bestimmte Weltpolitik zu behalten.

1956
Truppen der Roten Armee schlagen den **Ungarischen Volksaufstand** nieder.

1957
Sechs europäische Staaten unterzeichnen die **Römischen Verträge,** die die Grundlage für die friedliche europäische Einigung bilden.

1959
Mit **Fidel Castros** Machtübernahme endet die kubanische Revolution. Auf der Insel entsteht der einzige kommunistische Staat der westlichen Hemisphäre.

1959
Die Organisation **Eta** (»Baskenland und Freiheit«), die sich mit Gewalt für ein unabhängiges Baskenland einsetzt, wird gegründet.

1959
Der **Antarktisvertrag,** der allen Gebietsansprüchen einen Riegel vorschiebt und bestimmt, dass der Kontinent nur friedlich genutzt werden darf, wird unterzeichnet.

1960
Im **»Jahr Afrikas«** werden 14 afrikanische Kolonien unabhängig, unter anderem Nigeria, Kongo und der Tschad.

1961
Der britische Rechtsanwalt Peter Benenson kritisiert öffentlich, dass in einigen Staaten die Bevölkerung von der eigenen Regierung unterdrückt wird. Aus dieser Initiative entsteht **amnesty international.**

1961
Die **DDR**-Führung errichtet die **Berliner Mauer.** Mit der Schließung seiner Grenze schottet sich der Staat systematisch vom Westen ab.

1964
Der **Civil Rights Act** beendet offiziell die Diskriminierung von Schwarzen in den Südstaaten der USA. Das ist der größte Erfolg der Bürgerrechtsbewegung um Martin Luther King.

1968
Der **Vietnamkrieg** löst erstmals weltweite Friedens- und Protestbewegungen aus.

1968
Mit dem Einmarsch sowjetischer Truppen in die Tschechoslowakei endet der **Prager Frühling** – der Versuch, einen »Sozialismus mit menschlichem Antlitz« zu schaffen.

1975
Die Unterzeichnung der **Schlussakte der KSZE-Konferenz** in Helsinki markiert den Höhepunkt der Entspannungspolitik im Kalten Krieg.

1979
Unter **Ajatollah Chomeini** wird in Iran der Schah gestürzt und die streng religiös ausgerichtete Islamische Republik Iran ausgerufen.

1980
Auf der Danziger Lenin-Werft beginnt die unabhängige Gewerkschaftsbewegung **Solidarność** mit dem Streik, der langfristig zur Demokratisierung Polens führt.

1989
Auf dem **Tiananmen-Platz** in Peking wird die Demonstration chinesischer Studenten für mehr Demokratie blutig beendet.

1949 bis 2005

1989

Durch friedliche Revolutionen als Folge von **Glasnost und Perestrojka** beginnt der Übergang der ehemaligen Ostblockstaaten zur Demokratie.

1989

Am 9. November fällt die **Berliner Mauer.**

1989

Der **14. Dalai Lama** Tenzin Gyatso, das Symbol der tibetischen Autonomiebewegung, erhält den **Friedensnobelpreis.**

1990

Wiedervereinigung Deutschlands am 3. Oktober.

1990

Nato und Warschauer Pakt erklären auf der **KSZE-Nachfolgekonferenz** in Paris offiziell das Ende des Kalten Krieges.

1991

Mit der **Unabhängigkeitserklärung Kroatiens und Sloweniens** beginnt der Zerfall Jugoslawiens. Es folgt eine Serie von Kriegen.

1993

Der Bürgerkrieg in **Ruanda** gipfelt im Völkermord der Hutu-Milizen an der Minderheit der Tutsi, der drei Millionen Opfer fordert.

1993

Das **Friedensabkommen von Oslo** legt den Grundstein für eine Zweistaatenlösung des Nahostkonflikts, die aber bis heute nicht verwirklicht wurde.

1994

In **Südafrika** finden erstmals **freie Wahlen** statt, zu denen auch die schwarze Bevölkerung zugelassen ist.

1995

Die UN-Friedensmission zur Beendigung des Krieges in **Bosnien** kann Massaker nicht verhindern, was die Weltgemeinschaft in eine schwere Krise stürzt.

1996

Der **Kongokrieg,** oft auch als Afrikanischer Weltkrieg bezeichnet, beginnt mit einem Aufstand gegen den Diktator Mobutu und fordert bis 2008 etwa 5 Millionen Menschenleben.

2001

Nach den **Anschlägen vom 11. September** in New York und Washington tritt die Bekämpfung des weltweiten Terrorismus ins Zentrum der Weltpolitik.

2005

Einer der längsten und blutigsten **Bürgerkriege in Afrika** findet im **Friedensvertrag** zwischen den südsudanesischen Rebellen und der sudanesischen Zentralregierung ein Ende.

Arbeit | Kitakyushu

In der japanischen Industriestadt Kitakyushu bauen Roboter Roboter. Sie werden in alle Welt verschifft, um Menschen zu ersetzen. In Dänemark packen sie Käse ein, in Deutschland lackieren sie Autos. Trotzdem geht uns die Arbeit nicht aus.

Energie | Greifswald

Der Hunger nach Energie wächst weltweit – während die Ressourcen schrumpfen und das Klima sich erwärmt. Wie der Energiemix der Zukunft aussehen kann, zeigt das Beispiel Greifswald. Auf der Brache eines Atommeilers entstehen moderne Stromfabriken.

Geld | Zürich

Um den Handel zu erleichtern, erfand der Mensch Münzen, Scheine, Plastikkarten. Aber Geld ist nicht nur ein Tauschmittel, sondern steht für den Traum von Freiheit, Sicherheit und einem angenehmen Leben. Die Bankenstadt Zürich lebt von diesem Versprechen.

Globalisierung | Kalikut

Globalisierung ist ein altes Phänomen. Sie begann vor 500 Jahren am Kappad Beach. In dem indischen Palmenparadies zeigen sich bis heute die Folgen des Handels ohne Grenzen.

Kommunikation | Seoul

Noch nie haben Menschen so viel kommuniziert wie heute. In Asien begeistern sich Teenager besonders schnell für neue technische Errungenschaften, fast alle südkoreanischen Haushalte sind online. Für Mediensüchtige gibt es Therapiezentren.

Landwirtschaft | Südostanatolien

An der Geburtsstätte des Ackerbaus: In Mesopotamien entstand vor mehr als 12 000 Jahren die Landwirtschaft. Heute treibt die Agroindustrie weltweit Millionen Kleinbauern in den Ruin. Dabei könnte sie von den Verlierern viel lernen.

Mobilität | Sahara

Die Nomaden der Sahara überleben, weil sie Jahr für Jahr mit ihren Tieren umherziehen. So hat die Wüste den Tuareg längst das Verhalten beigebracht, das der globale Kapitalismus heute von den Sesshaften verlangt.

Welternährung | Molde

Damit uns die Erde auch in Zukunft ernähren kann, muss sie klug bewirtschaftet werden. Beim Fischfang ist die Grenze des Wachstums erreicht – riesige Farmen an Norwegens Küste sollen den Nachschub sichern.

WIRTSCHAFT

ternährung ■

■ Energie

Geld ■

Landwirtschaft ■

■ Kommunikation

■ Arbeit

■ Mobilität

Globalisierung ■

ARBEIT

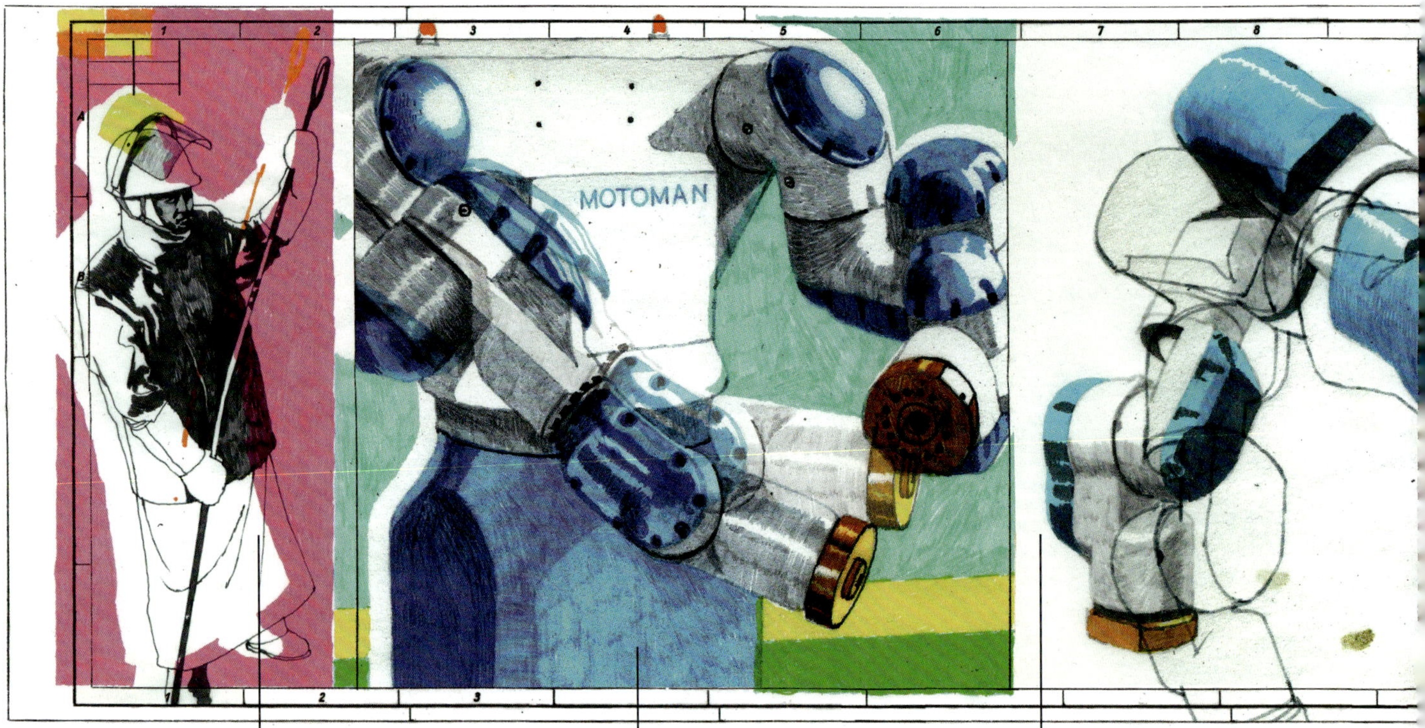

Neue Arbeitswelt:
Wenig **STAHLKOCHER,**
viele Dienstleister

Zählt zur neusten
Generation maschineller
Gehilfen:
DUAL-ARM-ROBOTER DA 20

ROBOTER BAUT ROBOTER:
IA 20 steht am Fließband
und wird auch nach Monaten
nicht müde

Immer viel zu tun

In der japanischen Industriestadt Kitakyushu bauen Roboter Roboter.
Sie werden in alle Welt verschifft, um Menschen zu ersetzen.
In Dänemark packen sie Käse ein, in Deutschland lackieren sie Autos.
Trotzdem geht uns die Arbeit nicht aus

Von Kolja Rudzio

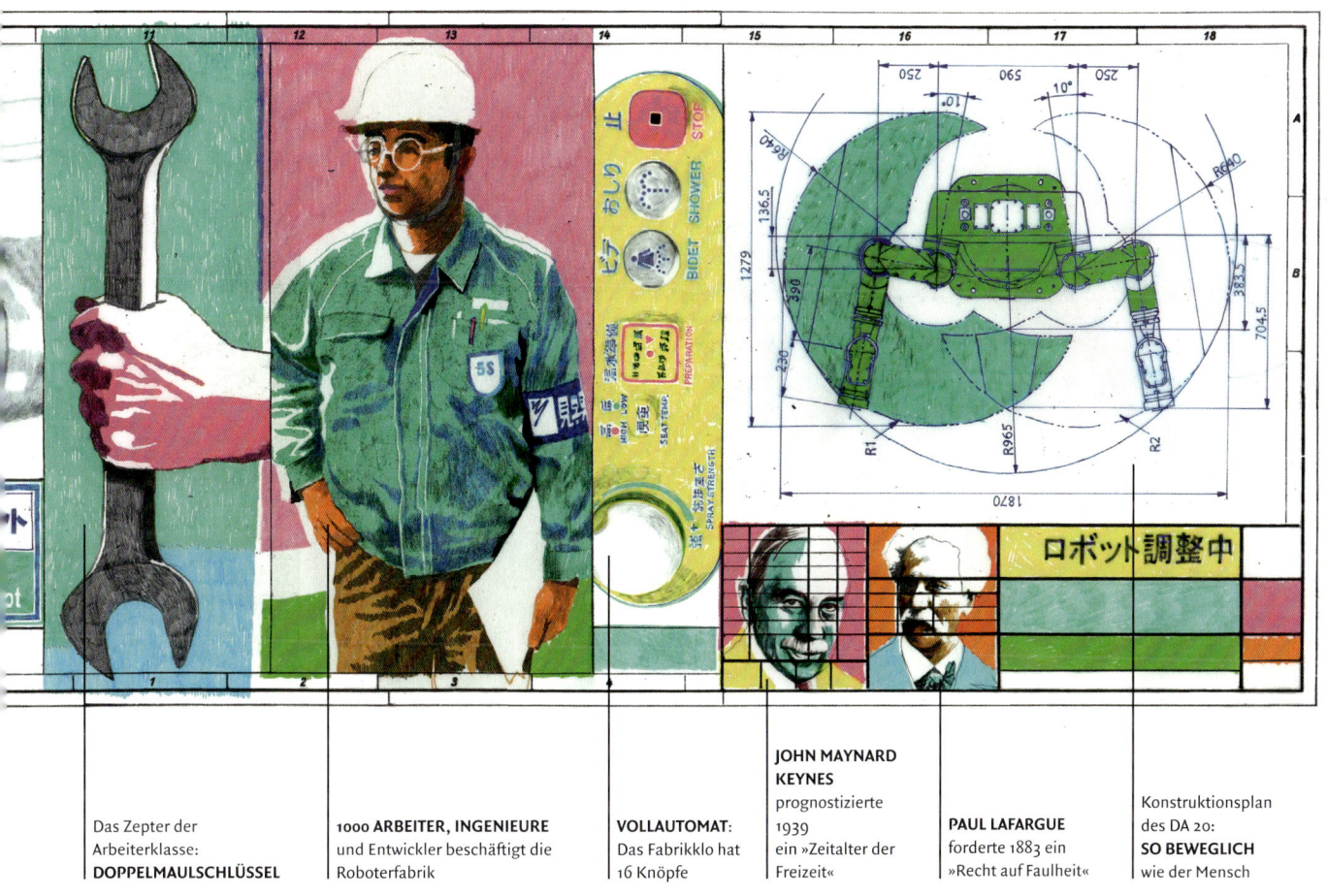

Das Zepter der
Arbeiterklasse:
DOPPELMAULSCHLÜSSEL

1000 **ARBEITER, INGENIEURE**
und Entwickler beschäftigt die
Roboterfabrik

VOLLAUTOMAT:
Das Fabrikklo hat
16 Knöpfe

**JOHN MAYNARD
KEYNES**
prognostizierte
1939
ein »Zeitalter der
Freizeit«

PAUL LAFARGUE
forderte 1883 ein
»Recht auf Faulheit«

Konstruktionsplan
des DA 20:
SO BEWEGLICH
wie der Mensch

A uf dem Gelände der Firma Yaskawa kann man zusehen, wie Arbeit vernichtet wird. Man muss bloß Ei-aeh Niju zuschauen. Niju steht in einer neonlichtdurchfluteten Halle am Fließband. Dort macht er nichts Ungewöhnliches. Er legt eine Art Schablone in einen Metallsockel, füllt sie mit vier Schrauben, greift sich einen elektrischen Schraubenzieher und dreht sie surrend fest. Viel mehr muss er nicht tun, dann rückt der Metallklotz vor ihm zur Seite und macht Platz für den nächsten.

Die Handgriffe sind simpel, spannender ist, was dabei herauskommt: Roboter. Niju montiert ihre Sockel. Sein Arbeitsplatz ist die größte Roboterfabrik der Welt, wie die Firma stolz erklärt. Bis zu 2300 Stück werden hier, in der japanischen Industrie- und Hafenstadt Kitakyushu, monatlich produziert. Roboter, die in alle Welt verschifft werden – damit sie in Dänemark Käse einpacken, in Deutschland Autokühler lackieren oder in den USA Einkaufswagen zusammenschweißen. Maschinen, die, ohne zu murren, Arbeit jeder Art annehmen. Roboter wie Niju.

Denn auch er ist eine Maschine. »Ei-aeh Niju« ist die japanisch-englische Sprechweise von »IA 20«. So heißt dieses Modell. Es ist 1,60 Meter groß, wiegt 120 Kilo und sieht aus wie ein großer, muskelbepackter Arm aus Metall. Mit ein bisschen Strom kann er monatelang Schrauben festziehen, ohne dass jemand Öl nachfüllen oder sich sonst wie darum kümmern müsste. Niju – oder ebendieser IA 20 – ist selbst ein Produkt der Fabrik, in der er jetzt am Fließband steht.

Arbeit ist es genau genommen nicht, was der Roboter macht. Denn in der Ökonomie zählt dazu nur menschliches Tun. Menschliche Tätigkeit, die dazu dient, eine Ware oder Dienstleistung zu produzieren. Arbeit ist einer der drei klassischen Produktionsfaktoren. Die anderen heißen »Boden« und »Kapital«. Und genau genommen bezeichnet dieser letzte Begriff das, was Niju tut: Es ist der Beitrag, den Werkzeug und Maschinen zur Produktion leisten. Greift der Roboter nach seinem Schraubenzieher, sieht man also den Produktionsfaktor Kapital in Aktion. Genauer: Kapital, das hilft, den Faktor Arbeit durch weiteres Kapital zu ersetzen. Niju vernichtet also Arbeit.

Das klingt dramatisch. Aber ist das wirklich schlimm? Ist es nicht ein Traum der Menschheit, sich von der Last der Arbeit zu befreien? Warum gibt es überhaupt noch – trotz aller Nijus und allen technischen Fortschritts – so viel zu tun auf dieser Welt?

Japan ist ein spannender Ort, um diesen Fragen nachzugehen. Nirgendwo sonst stehen so viele Roboter an den Werkbänken. Jeder dritte Industrieroboter weltweit schuftet in einer japanischen Fabrik. Aber es mangelt auch den Menschen nicht an Beschäftigung. Mehr als 96 Prozent der japanischen Erwerbsbevölkerung haben einen Job. Die Arbeitslosenquote ist nur halb so hoch wie in Deutschland (3,8 statt 7,6 Prozent nach internationaler Zählweise). Mancher Japaner arbeitet sogar bis zum Umfallen. Für den Tod durch Überarbeitung gibt es ein eigenes Wort – *Karoshi*. 147 Opfer in einem Jahr zählte das Arbeitsministerium zuletzt.

KITAKYUSHU
Die Millionenstadt im Süden Japans ist die Heimat der größten Roboterfabrik, die es gibt. Bis zu 2300 Stück im Monat werden hier produziert

Ökonomen verkündeten einst den Dreistundentag. Daraus wird nichts

Es scheint unglaublich: Die Menschen malochen wie besessen, obwohl sie immer mehr durch Maschinen erledigen lassen könnten. Denn die Technik wird ständig besser. »Die neueste Robotergeneration«, schwärmt Masahiro Ogawa mit der Begeisterung des Erfinders, »haben wir extra dem Menschen nachempfunden.« In einem Konferenzraum im ersten Stock der Roboterfabrik präsentiert der Manager Folien und Videofilme. Darauf: der neue Dual-Arm-Roboter DA 20. Er braucht nicht mehr Platz als ein Mensch und kann seine Arme – er hat anders als Niju zwei statt einem – genauso bewegen wie ein Mensch. »Man braucht keine Produktionslinien mehr umzubauen«, fasst Ogawa zusammen, »man kann einfach da, wo ein Arbeiter steht, den Roboter hinstellen und ihn machen lassen.« Rund 75 000 Euro koste das Gerät, spätestens nach zwei Jahren habe es sich amortisiert.

Liegt es da fern, das Ende der Arbeit kommen zu sehen? Wenn die Technik immer besser wird und heute schon Roboter Roboter bauen? Soziologen wie Ulrich Beck, Philosophen wie Frithjof Bergmann und Buchautoren wie Jeremy Rifkin (*Das Ende der Arbeit*) künden schließlich schon seit Jahren vom nahenden Untergang der Erwerbsgesellschaft. Allerdings: Prophezeit wurde das schon oft. Vor rund 30 Jahren sah der Soziologe Ralf Dahrendorf die Zeit reif, vor 40 Jahren schwärmte der Studentenführer Rudi Dutschke, die Menschen in den Fabriken müssten bald nur noch wenige Stunden arbeiten (und hätten endlich Zeit für politische Debatten). Bereits 1883 erklärte der Sozialist Paul Lafargue, Schwiegersohn von Karl Marx, eine solche Überproduktion sei möglich, dass es den Men-

schen eigentlich verboten werden müsse, sich mehr als drei Stunden täglich abzurackern. Das *Recht auf Faulheit* betitelte er sein bissig-polemisches Traktat. Nüchterner prognostizierte 1930 einer der bekanntesten Ökonomen, John Maynard Keynes, spätestens in 100 Jahren sei der Dreistundentag erreicht. Ein »Zeitalter der Freizeit« stehe bevor.

Davon hat Keiichi Takaoka bisher nichts bemerkt. Der 42-Jährige arbeitet direkt über der Werkshalle, in der Niju so unermüdlich vor sich hin schraubt. In einem riesigen Großraumbüro, in dem etwa 100 Menschen vor ihren Schreibtischen sitzen. Männer wie Takaoka in mintgrünen Jacken und braunen Hosen, ein paar Frauen mit rosafarbenen Jacken und braunen Hosen. Die meisten starren angestrengt in ihren Laptop, einige telefonieren oder beugen sich über Konstruktionspläne. Hier wird die nächste Robotergeneration entwickelt. Takaokas Team, das in einer Ecke zusammensitzt, kümmert sich um die Software. »Wir überlegen zum Beispiel, ob wir den Robotern einen Internetzugang geben«, erzählt Takaoka. »Dann könnten sie bei Störungen automatisch eine Warnmail verschicken.«

Der Japaner lässt von 18 Urlaubstagen durchschnittlich 10 verfallen

Takaoka gefällt seine Arbeit. Doch oft ist es ihm einfach zu viel. »Ich bin normalerweise bis um zehn, elf Uhr abends im Büro«, sagt er mit einem müden Lächeln. Nicht selten gehe er abends auch noch mit den Kollegen etwas trinken – im traditionellen japanischen Bürokollektiv ist das Pflicht. Und manche Wochenenden verbringt Takaoka ebenfalls am Schreibtisch. »Viele hier«, sagt er nachdenklich, »arbeiten eigentlich zu viel.« Wie sich das ändern ließe, darauf weiß der Softwarespezialist keine rechte Antwort. Für drei Jahre war er mal in Deutschland, damals kümmerte er sich um die Roboter beim Kunden DaimlerChrysler. In dieser Zeit, erzählt Takaoka, sei er viel herumgereist und habe sich Europa angeschaut.

»Doch seit ich wieder hier bin, komme ich kaum noch raus.« Der Urlaub in Japan ist kurz, und üblicherweise wird er nicht ausgeschöpft. Der durchschnittliche Japaner lässt von seinen 18 Urlaubstagen 10 verfallen.

Ein Wahnsinn!, möchte man da als Deutscher ausrufen. Aber das Beispiel zeigt: Wie viel jemand arbeitet, ist nicht nur eine Frage persönlicher Vorlieben oder individueller Verträge. Arbeit ist immer auch mit gesellschaftlichen Normen verbunden, gesetzlich kodifizierten und ungeschriebenen

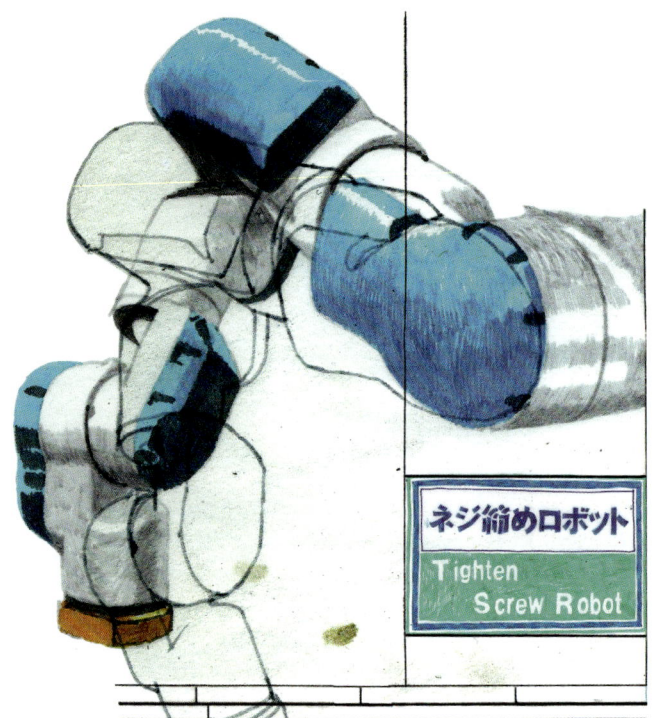

Regeln. Welche Loyalität man dem Arbeitgeber schuldet, ob man ihn wechseln darf (in Japan unüblich), ob man Überstunden notiert, Erziehungspausen einlegt, ob Arbeit als notwendiges Übel, Pflichterfüllung oder eher als Sinnstiftung verstanden wird, all das wird auch von sozialen Normen geprägt. Oft schlägt sich das in griffigen Formeln nieder – etwa im berühmten ora et labora, dem Beten und Arbeiten, das in mittelalterlichen Klöstern als Losung galt, oder im »Samstags gehört Papi mir«, mit dem Hunderte Jahre später die Gewerkschaften in Deutschland die Fünftagewoche durchsetzten. Das Arbeitsleben ist von Wertvorstellungen umgeben, von zähen Normen, die sich nur sehr langsam ändern.

»Die jungen Japaner sind anders«, erzählt Takaoka beim Mittagessen. Für sie stehe der Beruf nicht so sehr im Mittelpunkt. »Die gehen auch lieber abends mit richtigen Freunden aus statt immer mit den Bürokollegen.« Am Tisch sitzt eine jüngere Kollegin. Sie gibt Takaoka recht. »Immer nur Arbeit, Arbeit – das kann es doch nicht sein«, sagt Ayano Fukumoto, »das sehen doch selbst die Jungs inzwischen kritischer.« Die 27-Jährige kam erst vor zwei Jahren von der Universität. Jetzt ist sie bei Yaskawa für Aktionärsinformationen und eine Mitarbeiterzeitschrift zuständig. »Ich gehe normalerweise um fünf«, sagt sie. »Zu Hause weiß ich genug mit meiner Zeit anzufangen.«

Das Gespräch wird durch einen Gong unterbrochen. Eine Lautsprecherdurchsage hallt durch das Fabrikgebäude. Der Sprecher erinnert daran, dass Mittwoch sei und jeder das Haus bis um 17 Uhr zu verlassen habe. »Eine Vereinbarung mit der Gewerkschaft«, erklärt Takaoka. Mittwochs sei früh Schluss. Wer länger arbeiten wolle, brauche eine Ausnahmegenehmigung. Seit drei Jahren gebe es das. Es tut sich etwas, selbst im arbeitswütigen Japan.

Zwar verbringt jeder achte Japaner noch ähnlich viel Zeit mit seinem Beruf wie Takaoka – mehr als 60 Stunden in der Woche –, aber die Mehrheit genießt deutlich mehr Freizeit als die Generation ihrer Eltern. Schon seit den sechziger Jahren gehen die Arbeitszeiten zurück: von damals 2400 Stunden im Jahr auf heute rund 1800, Überstunden eingerechnet. Und ein 1987 eingeführtes Gesetz zum Tod durch Überarbeitung ist auch ein Signal, dass grenzenlose Schinderei nicht mehr hingenommen wird. Heute können Angehörige von *Karoshi*-Opfern auf Entschädigung klagen.

Der Trend ist in praktisch allen Industriestaaten gleich: Die Arbeitszeit sinkt. Die Einwohner der meisten OECD-Länder widmen ihrem Beruf heute 100 bis 200 Stunden weniger pro Jahr als

noch 1979. Extrem stark war der Rückgang in Westdeutschland (um 349 auf 1421 Stunden), extrem mickrig in den USA (um 30 auf 1804 Stunden). Dahinter steckt, wohlgemerkt, kein stetiger Anstieg der Arbeitslosigkeit, die eher mit der Konjunktur schwankt und derzeit in vielen Ländern so niedrig liegt wie lange nicht. Die Beschäftigten selbst arbeiten weniger. Insofern verändert sich die Erwerbsgesellschaft tatsächlich.

Nur verläuft dieser Prozess viel langsamer, als es die um zwei bis drei Prozent im Jahr wachsende Produktivität erwarten ließe. Daran gemessen könnte die Freizeit schneller zunehmen. Um zu verstehen, warum die Arbeit nicht aussterben will, fehlt noch ein Puzzlestück.

Es findet sich außerhalb der Roboterfabrik, im Zentrum von Kitakyushu. Dort gewährt das historische Museum der Millionenstadt einen Blick in die Vergangenheit, in die Anfangsjahre der Industrialisierung. Schon vor dem Museum ragt eine 40 Meter hohe Stahlkonstruktion in den Himmel. Sie erinnert an das, womit die Stadt groß geworden ist. Das Ungetüm ist ein Hochofen, »1901« steht in großen Lettern daran. Das Jahr, in dem das Yahata-Stahlwerk gegründet wurde, einst das größte in ganz Asien. Kohle und Stahl (und anfangs auch aus Deutschland importierte Technik) haben die Stadt wachsen lassen, die Region ist so etwas wie ein japanischer Ruhrpott. Der Wohlstand kam mit viel harter körperlicher Arbeit: Die Menschen krochen in die Erde, zogen Kohlefrachter über Flüsse oder kochten in glühender Hitze Stahl.

Heute beschäftigen die Stahlwerke gerade noch 7000 Bürger der Stadt. Drei von vier Einwohnern haben mit Industrie nichts mehr zu tun, sondern verdienen sich ihr Geld mit Dienstleistungen. In Kitakyushu spiegelt sich, was in vielen Ländern geschieht: Die Arbeit wandelt sich. Die Industrieländer müssten längst Dienstleistungsländer heißen.

Länger Rentner sein – der Job ist nur noch ein Lebensabschnittspartner

Doch der interessanteste Einblick, den Kitakyushus historisches Museum gewährt, gilt nicht der Arbeit selbst, sondern dem mit ihr verbundenen Lebensstandard. In einer großen Halle steht ein komplettes Haus. Das Heim einer Stahlarbeiterfamilie aus dem Jahr 1950. Es dokumentiert den aufkommenden Wohlstand jener Zeit. Aus heutiger Sicht möchte man allerdings sagen: Es sieht nach nackter Armut aus. Eine Holzhütte mit zwei kargen Räumen, in denen eine vier- bis fünfköpfige Familie lebte. Statt Einbauküche eine steinerne Feuerstelle, statt hübsch gekacheltem Badezimmer ein Bretterverhau mit Holzzuber. Und selbst das war Luxus, wie der tragbare Audioguide erklärt. Die meisten dieser Häuser hatten kein Bad. Das Wohnzimmer ist nahezu leer – statt Flachbildfernseher, Hi-Fi-Anlage und Computer thront ein Röhrenradio auf einer Kommode. Statt eines Kinderzimmers voller Spielzeug liegt irgendwo ein Kreisel herum. Und vor dem Haus steht kein Auto mit Klimaanlage, Navi und DVD-Spieler (mancher Japaner schaut auf dem Supermarkt-Parkplatz Filme, während seine Frau den Einkauf erledigt), sondern nur ein altes Fahrrad.

Gäbe sich heute jemand damit zufrieden? Kaum. Vor allem deshalb will die Arbeit nicht verschwinden: Laufend entstehen neue Bedürfnisse. Roboter wie Niju werden nicht bloß genutzt, um das Gleiche wie gehabt herzustellen und Arbeit zu sparen, sondern auch, um mehr und bessere Produkte zu erzeugen. Manches mag einem überflüssig vorkommen – etwa die in Japan beliebten Toiletten mit Sitzheizung, Reinigungsstrahl und Trockendüse (das Fabrikklo bei Yaskawa hat 16 Knöpfe). Oder die Kirchen, die hier als bloße Kulissen errichtet werden, um Hochzeiten im »christlichen

Stil« zu feiern. Doch in freien Gesellschaften entscheiden die Verbraucher nach eigenem Gusto, was zum Wohlstand zählt und wofür sich die Plackerei lohnt, ob für eine Glotze oder Geige.

Es gibt noch einen Grund, warum die Arbeit selbst in den entwickeltsten Industriestaaten langsamer zurückgeht als gedacht. Man braucht sie, um den immer längeren Ruhestand zu finanzieren. Japan ist wiederum ein gutes Beispiel. Nirgendwo ist die Lebenserwartung höher. Bekäme Keiichi Takaoka heute eine Tochter, hätte sie die Aussicht, 100 Jahre alt zu werden. Viele Stahlarbeiter wurden früher nicht einmal 60. Das ist das Alter, in dem heute für Japaner ein jahrzehntelanges Rentnerleben beginnt. Auch wenn viele danach weiterjobben, werden sie kaum einen so großen Teil ihrer Lebensspanne mit dem Broterwerb verbringen wie ihre Vorfahren. Statt drei Viertel ihrer Existenz okkupiert der Job in vielen Fällen nur noch die Hälfte; er wird zum Lebensabschnittspartner.

So betrachtet, sind die Menschen der von Keynes erwarteten »Ära der Freizeit« doch ein Stück nähergekommen. Nur arbeiten sie nicht bloß weniger Stunden pro Tag, sondern vor allem weniger Jahre pro Lebenszeit.

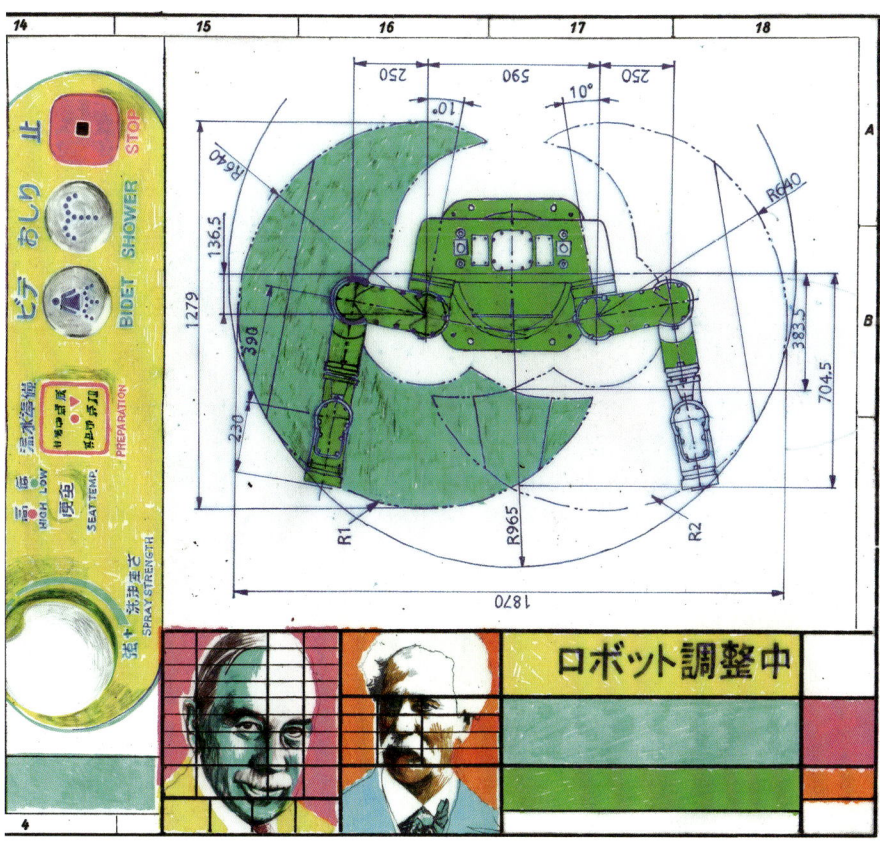

Zahlen und Quoten: Knapp die Hälfte der Weltbevölkerung ist berufstätig

Drei Milliarden Menschen arbeiten: Von wegen Ende der Arbeit: Immer mehr Menschen sind erwerbstätig. Nach Angaben der UN-Agentur International Labour Organization (ILO) waren 2007 knapp drei Milliarden Menschen als Arbeiter, Angestellte oder Selbstständige beschäftigt – eine halbe Milliarde mehr als vor zehn Jahren. Allerdings wuchs auch die Weltbevölkerung, der Anteil der Arbeitenden blieb fast unverändert. In Ländern wie Korea, Taiwan oder China sind besonders viele berufstätig. Laut ILO arbeiten 72 Prozent aller Einwohner Ostasiens. Dagegen sind die Werktätigen in Nordafrika (etwa Marokko, Algerien, Tunesien) in der Minderheit: Sie machen dort nur 45 Prozent der Bevölkerung aus. In den sogenannten entwickelten Ländern (Westeuropa, Nordamerika oder Japan) arbeiten 56 Prozent aller Einwohner.

190 Millionen Menschen sind ohne Job: Seit 1997 stieg die Zahl der Arbeitslosen auf dem Globus von 165 Millionen auf 190 Millionen. Trotzdem sank die Arbeitslosenquote, denn die Zahl der Beschäftigten wuchs schneller als das Arbeitslosenheer. 2007 waren 6,0 Prozent der weltweiten Erwerbsbevölkerung arbeitslos. Am weitesten verbreitet ist Arbeitslosigkeit im Iran, im Irak und in anderen Ländern des Mittleren Ostens – dort hat jeder Achte keinen Job. Am niedrigsten sind die Zahlen in Ost-asien, wo nach ILO-Angaben nur jeder 30. ohne Broterwerb ist (Industriestaaten: jeder 16.). Zwar ist die Furcht vor Globalisierung und Jobverlagerung in Billiglohnländer verbreitet, doch die Arbeitslosigkeit in den Industriestaaten sinkt seit zehn Jahren. Die EU erwartet in diesem Jahr sogar die niedrigste Quote seit mehr als 20 Jahren.

Welcher Wert pro Stunde produziert wird: Der Wert der Güter, die pro Arbeitsstunde produziert werden – die Arbeitsproduktivität –, unterscheidet sich von Land zu Land erheblich. Zur Weltspitze gehören Luxemburg und Norwegen. Dort wurden 2006 pro Ar-beitsstunde Güter und Dienstleistungen im Wert von über 70 Dollar geschaffen. Deutschland (47 Dollar) liegt etwa auf dem Niveau der USA (50 Dollar). Deutlich dahinter rangieren Portugal (24 Dollar), Polen (19 Dollar) und Mexiko (16 Dollar). Das Schlusslicht aller 30 Mitglieder der Industrieländerorganisation OECD bildet die Türkei mit 15 Dollar. Für die meisten Entwicklungsländer gibt es keine verlässlichen Daten pro Arbeitsstunde. Hier erlaubt nur der pro Einwohner und Jahr geschaffene Wert eine Annäherung. In extrem armen Ländern wie Ruanda werden nur 250 Dollar pro Kopf und Jahr erwirtschaftet. Indien erreicht 3400 Dollar. In den USA liegt der Wert bei 42 000 Dollar.

200 Millionen Kinder arbeiten: Nach Schätzungen der ILO arbeiten weltweit 200 Millionen Kinder im Alter von 5 bis 17 Jahren. Am häufigsten in der Landwirtschaft (70 Prozent), nur ein relativ kleiner Teil schuftet in Industriebetrieben (9 Prozent). Die meisten Kinder arbeiten im asiatisch-pazifischen Raum (122 Millionen), gefolgt von Afrika (49,3 Millionen). In den vergangenen Jahren beobachtete die ILO erstmals eine leichte Verbesserung der Situation: Zwischen 2000 und 2004 sank die Zahl der Kinderarbeiter im Alter von 5 bis 14 Jahren um 20 Millionen, und ihr Einsatz in besonders gefährlichen Bereichen, etwa Bergwerken, ging deutlich zurück. Eine Konvention zur Abschaffung der schlimmsten Formen der Kinderarbeit aus dem Jahr 1999 haben inzwischen mehr als 90 Prozent der 181 Mitgliedsstaaten der ILO unterzeichnet.

Berufstätige Frauen oft in der Minderheit: In allen Erdregionen gehen Frauen seltener einer bezahlten Arbeit nach als Männer. Etwa jede zweite ist berufstätig – und drei von vier Männern. In Nordafrika hat nur jede fünfte Frau einen bezahlten Job; in Ostasien hingegen sind es zwei von drei. Deutschland bewegt sich bei den Industrieländern im Mittelfeld (knapp 60 Prozent der Frauen sind erwerbstätig). Am unteren Ende rangieren in dieser Gruppe Italien (45 Prozent), Mexiko (42 Prozent) und die Türkei (25 Prozent).

Wo am meisten geschuftet wird: Rund 2300 Stunden im Jahr arbeitet der Koreaner im Durchschnitt. Das ist einsame Spitze im Vergleich aller OECD-Staaten. Danach kommen Griechen, Polen, Tschechen und Ungarn, die rund 2000 Stunden im Jahr mit Geldverdienen beschäftigt sind. Am wenigsten nötig haben das offenbar Norweger, Niederländer und Deutsche, die mit durchschnittlich 1400 Stunden auskommen.

»Viele Wege zu mehr Jobs«

Gibt es ein Patentrezept gegen Arbeitslosigkeit?

Nein. Zurzeit haben die USA, Großbritannien, Dänemark, Australien oder Irland eine niedrige Arbeitslosigkeit. Aber wir wissen oft nicht sicher, worauf der Erfolg basiert. Die Iren galten als hoffnungsloser Fall, dann schlossen sie einen Pakt zur Lohnzurückhaltung, senkten die Steuern, es gab Geld von der EU. Was war entscheidend? Viele Wege führen zu mehr Jobs.

Ist also völlig offen, was richtig oder falsch ist?

Einiges ist klar: dass ein irre hoher Mindestlohn Jobs gefährdet. Oder man Arbeitslosen nicht so viel Geld geben darf, wie sie mit Arbeit verdienen würden. Aber das sind nur Hinweise. Geht es in der Politik darum, ob der Mindestlohn 6 oder 6,50 Dollar sein soll, ist eine Antwort schwer.

Kann man sagen: Wenig Arbeitslosengeld und wenig Kündigungsschutz sind gut, hohe Löhne und Gewerkschaften schlecht für mehr Arbeit?

Nein, richtig ist nur: Wenn sehr lange Arbeitslosengeld gewährt wird, bleiben die Leute auch länger arbeitslos. Die Höhe ist weniger wichtig. Beim Kündigungsschutz wissen wir nicht, ob er die Beschäftigung senkt. Aber er beeinflusst ihre Struktur: zugunsten älterer männlicher Arbeitnehmer und auf Kosten der Frauen und Jüngeren. Er benachteiligt die »Outsider«. Was Gewerkschaften angeht: Es gibt erfolgreiche Länder mit schwachen und andere mit starken Gewerkschaften. Denken Sie an Dänemark.

Ist Vollbeschäftigung noch möglich?

Sicher. In den fünfziger und sechziger Jahren wurde sie bei Arbeitslosenquoten von ein, zwei Prozent erreicht. Aber damals drängten kaum Frauen auf den Arbeitsmarkt. Heute kann man bei vier Prozent von Vollbeschäftigung sprechen. Das erreichen einige Länder, und es gibt keinen Grund, warum es anderswo nicht möglich sein sollte.

RICHARD B. FREEMAN
ist Professor in Harvard und Leiter der Arbeitsmarktstudien des amerikanischen National Bureau of Economic Research

Mehr zum Thema:

Jürgen Kocka/Claus Offe (Hrsg.):
Geschichte und Zukunft
der Arbeit
Campus 2000; 510 S.

Arne Eggebrecht/Jens Flemming/
Gert Meyer:
Geschichte der Arbeit
Vom Alten Ägypten
bis zur Gegenwart;
Kiepenheuer & Witsch 1980; 463 S.

Bundeszentrale für politische
Bildung (Hrsg.): Neue Arbeitswelt
Aus: »Politik und Zeitgeschichte«,
Band 21/2001

ENERGIE

Der größte Bagger der Welt arbeitet im **BRAUNKOHLE-TAGEBAU**
Garzweiler. Mit dem Inhalt einer Schaufel kann so viel Strom erzeugt
werden, wie zwei Familien im Jahr verbrauchen

Ein Netz aus 1,7 Millionen
Kilometer Stromleitung
spannt sich über Deutschland.
Weltweit haben zwei Drittel
der Menschen einen
STROMANSCHLUSS

Warten auf Hochspannung

Der Hunger nach Energie wächst weltweit – während die Ressourcen schrumpfen und das Klima sich erwärmt. Wie der Energiemix der Zukunft aussehen kann, zeigt das Beispiel Greifswald. Auf der Brache eines Atommeilers entstehen moderne Stromfabriken

VON STEFANIE SCHRAMM

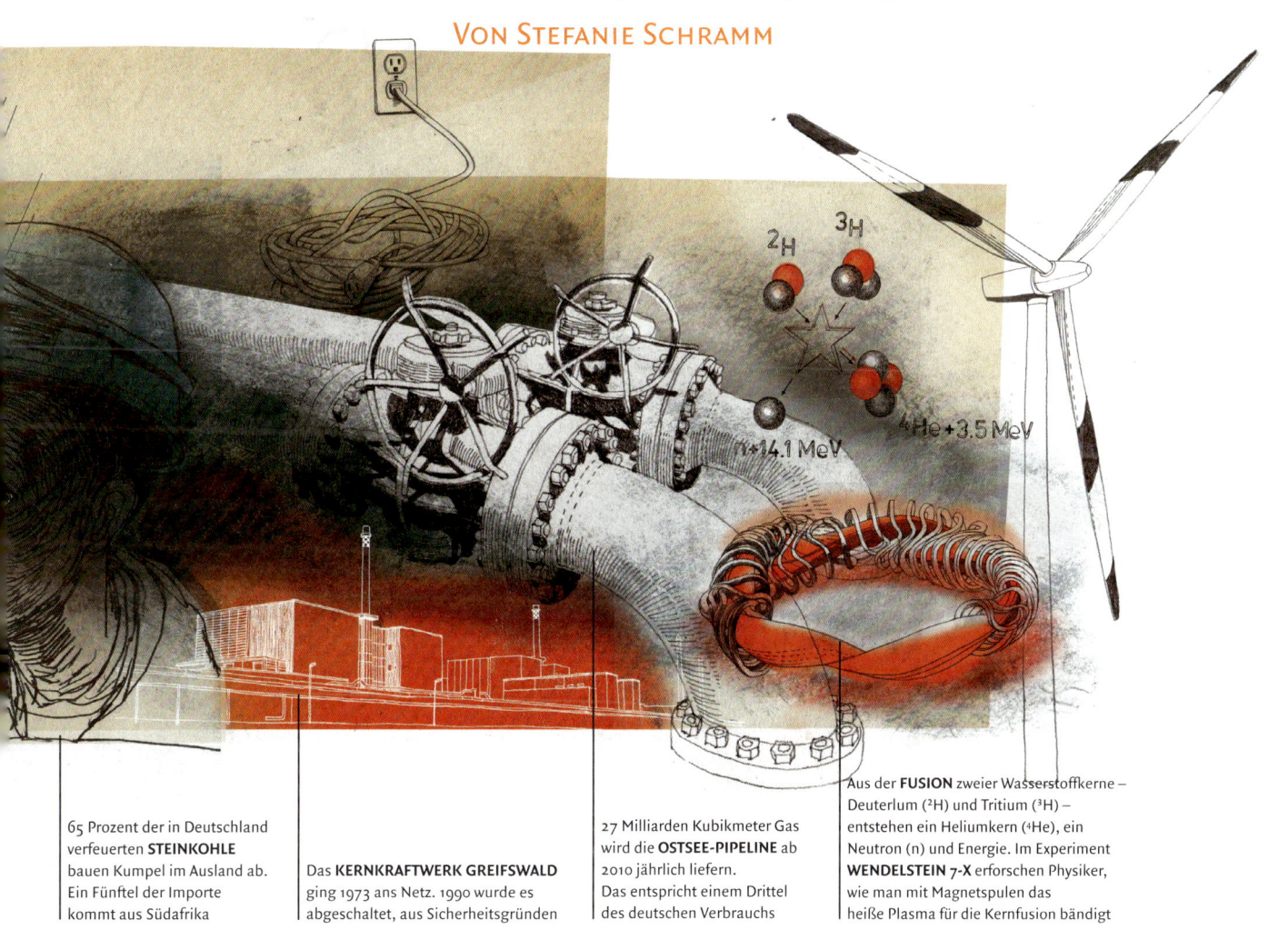

65 Prozent der in Deutschland verfeuerten **STEINKOHLE** bauen Kumpel im Ausland ab. Ein Fünftel der Importe kommt aus Südafrika

Das **KERNKRAFTWERK GREIFSWALD** ging 1973 ans Netz. 1990 wurde es abgeschaltet, aus Sicherheitsgründen

27 Milliarden Kubikmeter Gas wird die **OSTSEE-PIPELINE** ab 2010 jährlich liefern. Das entspricht einem Drittel des deutschen Verbrauchs

Aus der **FUSION** zweier Wasserstoffkerne – Deuterlum (^{2}H) und Tritium (^{3}H) – entstehen ein Heliumkern (^{4}He), ein Neutron (n) und Energie. Im Experiment **WENDELSTEIN 7-X** erforschen Physiker, wie man mit Magnetspulen das heiße Plasma für die Kernfusion bändigt

Die Leitungen sind gekappt, Kabelkringel hängen in der Luft, Hochspannungstrenner recken ihre stählernen Hebelarme nutzlos in die Höhe. Hier fließt kein Strom, schon lange nicht mehr. Schäfchenwolken schweben über der Ostsee, Ruhe herrscht auf dem Gelände der Freiluftschaltanlage Lubmin.

Einst war Lubmin der größte Aufspeisepunkt der Welt. Zehn Hochspannungsleitungen transportieren Strom aus dem Kombinat Kernkraftwerke »Bruno Leuschner« in die Schaltanlage. Von hier führen Überlandleitungen nach Berlin, Magdeburg und Stralsund.

Kurz nach der Wiedervereinigung wurde die russische Atomspaltungsanlage bei Greifswald abgeschaltet, aus Sicherheitsgründen. Die Energiewerke Nord, Nachfolger des Kernkraft-Kombinats, entschieden sich gegen den »sicheren Einschluss« und für den sofortigen Abriss. In vier Jahren sollen die Innereien der Meiler beseitigt sein.

Ganz hinten in der Schaltanlage knistert trotzdem Hochspannung. Dort verschwindet die 380 000-Volt-Leitung aus Magdeburg in grauen Kästen. Hier ist Endstation für die Energie aus dem Netz. Drosselspulen bändigen summend die Spannung. »Wir nutzen die Schaltanlage im Moment, um das Stromnetz zu stabilisieren«, erklärt Ralf Plischke. Der stämmige Mann mit Bürstenschnitt und Prankenhänden kümmert sich beim heutigen Betreiber Vattenfall um das Übertragungsnetz.

Rost hat sich in die Eisenteile der Schaltanlage gefressen. Aber ausgemustert ist sie nicht. Im Gegenteil, ihre Zukunft hat schon begonnen. Die Energie-Sackgasse soll bald wieder zu einer Einfahrt für Strom werden: Auf der Atom-Brache ist eine ganze Reihe neuer Kraftwerke geplant. Der Energiepark, der hier entsteht, soll vielfältig werden – weg mit der alten nuklearen Monokultur.

Fast jeder gängige Energieträger erhält auf dem Abbruchgelände eine Chance zum Aufbruch. Ein Kraftwerk wird Steinkohle verfeuern, ein anderes Erdgas – russisches Erdgas, das die Ostsee-Pipeline an die vorpommersche Küste liefern wird. »Werden die Kraftwerke gebaut, rüsten wir die Schaltanlage auf«, sagt Plischke. Vielleicht muss Netzbetreiber Vattenfall gar Leitungen bis in die Ostsee verlegen, wo dann riesige Offshorewindparks Strom erzeugen, sauber und nachhaltig.

Das erste Kraftwerk hat, direkt auf dem Gelände des alten Atommeilers, seinen bescheidenen Betrieb aufgenommen: Solarmodule von BP machen aus Sonnenenergie Strom, bis zu 1,7 Megawatt bringen sie. »Das reicht noch nicht einmal, um unsere Drosselspulen aufzuwärmen«, bespottet Hochspannungsspezialist Plischke die Leistung der Fotovoltaik.

Sollte Deutschland tatsächlich, wie von der rotgrünen Regierung beschlossen, aus der Atomenergie aussteigen, wird jede Stätte gebraucht, die irgendwie Strom produziert. 20 000 Megawatt Kraftwerksleistung werden fehlen. Noch einmal 35 000 Megawatt fallen aus, weil die bestehenden fossilen Stromfabriken veralten. In den nächsten 15 bis 20 Jahren muss Deutschland rund die Hälfte seiner gesamten Kraftwerkskapazität

GREIFSWALD
Vor der Wende produzierte hier ein Kernkraftkombinat Strom. Heute entsteht an der Ostsee ein vielfältiger Energiepark

ersetzen. Womöglich müssen sogar zusätzliche Anlagen her, denn der Energiehunger wächst weiter. Die Internationale Energieagentur schätzt, dass weltweit im Jahr 2030 doppelt so viel Strom gebraucht wird wie heute. Woher soll er kommen?

Bis vor Kurzem haben nur wenige Verbraucher darüber nachgedacht, wie der Strom entsteht, der ihren Fernseher und die Bohrmaschine zum Laufen bringt. Hauptsache, 230 Volt. Dass weit hinter der Steckdose aus verschiedensten Energieträgern die Einheitswährung Strom gemacht wird, dämmert den meisten erst, seit man den Anbieter wechseln kann. Nun holt sich der Sparsame den billigsten und der Öko den saubersten Saft aus der Steckdose. Und wer Angst vor Atomstrom hat, wählt den Mix ohne Kernkraft.

Als die Vorfahren des modernen Menschen vor etwa 1,5 Millionen Jahren begannen, systematisch Energieträger zu nutzen, da bestimmte noch allein die Verfügbarkeit, woraus sie die Joules fürs Überleben gewannen. Sie fingen an mit erneuerbaren Ressourcen, zähmten das Feuer, verbrannten Holz, Knochen, Fette. Die Römer schafften es vor 2000 Jahren, Mühlen mit Wasser in Gang zu setzen. Im Mittelalter waren Windmühlen der wichtigste Maschinenantrieb. Zum Heizen blieb Holz bis ins 19. Jahrhundert hinein der beliebteste Energieträger, dann erst kam die Kohle, im 20. Jahrhundert das Öl, nun im 21. etabliert sich das Erdgas.

Doch mit dem Verfeuern der fossilen Bodenschätze handelte sich die Menschheit ein Problem ein, das derzeit so heftig diskutiert wird wie nie zuvor: Wir setzen mehr Kohlendioxid frei, als die irdische Pflanzenwelt bei der Fotosynthese einsammelt. Dadurch verändert sich die Zusammensetzung der Erdatmosphäre, das Klima wird wärmer.

Zudem sind die unterirdischen Vorräte begrenzt. Das beschert uns hohe Preise und Engpässe. Noch ist ungewiss, was dereinst die feste, die flüssige und die gasförmige Fossilenergie ersetzen wird.

Eine Presse staucht die Reaktorteile zu strahlenden Atommüll-Pellets

»Hausmüll« steht in weißen Buchstaben auf dem Container vor dem ehemaligen Kernkraftwerk, als müsste man normalen Abfall hier gesondert kennzeichnen. Rostige Rohre liegen verkeilt am Boden, in roten und blauen Behältern ruhen, säuberlich sortiert, Überreste der Meiler. 1,8 Millionen Tonnen Schrott sind zu beseitigen, es ist die größte Atomkraftwerk-Abbaustelle der Welt – ein gigantisches Mülltrennungsunternehmen.

Eigens für den Abbau wurde am Ostrand des AKW-Geländes ein Zwischenlager errichtet. Hier ist Uwe Kopp zuständig für alles, was wegmuss. Seine »Säzeg« (Säge zum Zerlegen von Großkomponenten) macht die groben Brocken klein. Die Hochdruckpresse Fakir staucht die Kleinteile des Reaktors zu Atommüll-Pellets. Dann trocknet Föhn Petra die feuchten, verpressten Abfälle. Und schließlich werden je drei Pellets in ein Fass versenkt.

In seinem grauen Kittel wirkt Kopp wie der Hausmeister hier. Der Spezialfußboden ist blitzblank. »Wir haben einen Extraputztrupp, der den Boden wienert«, sagt er. Verunreinigungen sind unerwünscht. Grundsätzlich. Denn die Atomindustrie hat ein Problem, das tiefer geht und seit Jahrzehnten lauert: Wie wird man den Dreck wieder los?

Allein in Lubmin lagern 5000 Brennelemente in Castor-Behältern. Dazu der ganze Kraftwerksmüll, der hier den radioaktiven Zerfall abwartet. Ist die Strahlung weit genug abgeklungen, wird das Material wiederverwertet oder deponiert. Stark aktivierte Teile müssen wie der Kernbrennstoff irgendwann in ein Endlager. Nur: Noch gibt es keines, nirgends auf der Welt, zumindest kein reguläres. 300 000 Tonnen hoch radioaktiven Unrat haben Atomkraftwerke in 50 Jahren produziert. 1000 Tonnen kommen jeden Monat hinzu. Tendenz steigend. Auf 31 Baustellen weltweit errichten Kerntechniker neue Reaktoren. Die meisten entstehen in Asien, der stärkste in Frankreich. Und an die hundert Meiler sind in Planung, meldet die World Nuclear Association.

Insofern ist Lubmin ein paradoxer Ort. Das Kyotoprotokoll verpflichtet Deutschland, den CO_2-Ausstoß zu senken. Doch ausgerechnet hier, auf der Energiebaustelle der Zukunft, bekommt die Atomkraft keine Chance, obwohl sie einzig bei der Förderung des Brennstoffs, nicht aber beim Betrieb CO_2 freisetzt. Es ist ein alter Streit, der um diese Technik ausgetragen wird. Vor zwei Jahrzehnten verstrahlte ein GAU in der Ukraine Pilze, Flechten und Fische in Deutschland. Spätestens seit 1986 wollen daher viele Bundesbürger keine Technologie fördern, die ein Risiko mit sich bringt und heute bloß sechs Prozent des weltweiten Energieverbrauchs deckt. Und im Jahr 2030 höchstens sieben, nach Schätzung der Internationalen Energieagentur. Fest steht, dass mit der Kernspaltung allein der Energiehunger nicht zu stillen ist – zumal auch die Uran-Ressourcen begrenzt sind.

»Ein wenig schmerzt das immer noch«, sagt Armin Lau, der Pressesprecher der Energiewerke Nord. Als die Hochspannungsmasten zwischen dem toten Reaktor und der Schaltanlage gesprengt wurden, hätte er am liebsten nicht hingesehen. Der gelernte Elektromonteur saß früher in einer Baracke neben der Freiluftschaltanlage und bediente die Leittechnik. Er legte die Schalter um. Er sorgte dafür, dass der Strom floss, aus dem Atomkraftwerk hinaus ins Netz. Armin Lau machte das Licht an in der Deutschen Demokratischen Republik.

Eine einzige Stromverbindung zwischen Schaltanlage und Kraftwerksgelände ist übrig geblieben. Ein Rinnsal noch fließt durch den Reservetrafo 1 ins Netz der Energiewerke Nord: Power für die Demontage und die Lagerung des strahlenden Mülls.

Politiker möchten der schmuddeligen Braunkohle zum Comeback verhelfen

Man kann es drehen und wenden, wie man will: Jede Ressource hat ihren Haken. Unschlagbar billig ist Kohle – solange der Kohlendioxid-Ausstoß nichts kostet. Holz ist gut, weil CO_2-neutral. Doch es enthält weniger Energie als Kohle, und bei der Verbrennung entstehen Mengen übler Feinstäube, die die Gesundheit gefährden. Erdgas dagegen ist schön sauber: Es setzt kaum Staub frei und weniger CO_2 als Kohle.

Deshalb ist Gas in Deutschland auf dem Vormarsch. Die Ostsee-Pipeline wird gegenüber dem abgewrackten Kernkraftwerk an die Lubminer Küste stoßen. Von 2010 an liefert sie russisches Erdgas, ein Teil davon soll vor Ort verfeuert werden: ConcordPower plant ein modernes Gas-und-Dampfturbinen-Kraftwerk mit 1200 Megawatt, das größte in Deutschland. Ein anderer Riese scheint Ähnliches vorzuhaben; die EnBW hat ein Grundstück nebenan gekauft.

So bequem Gas sich nutzen, so effizient es seine Energie im Strom verwandeln lässt – es ist knapp und folglich teuer. Außerdem muss Deutschland den Stoff importieren, das macht uns abhängig von anderen, vor allem von Russland. Da redet mancher Politiker beim Planen der Energiezukunft gern von Versorgungssicherheit und bringt im gleichen Zug die dreckige Kohle zurück ins Spiel. Sie ist nicht nur billig auf dem Weltmarkt, sondern auch vor Ort erhältlich. Vor allem über günstige Braunkohle verfügt Deutschland in rauen Mengen. Wie wäre es, wenn man die schmuddelige Kohle für die Zukunft rüsten könnte – indem man sie reinwäscht?

Fast alle großen Energiekonzerne arbeiten daran. 26 neue Kohlekraftwerke sind hierzulande geplant, und für den Fall, dass der umweltpolitische und finanzielle Druck auf die CO_2-Schleudern weiter zunimmt, entwickeln die Unternehmen heute schon Techniken, mit denen man Kohlendioxid abscheiden und speichern kann. Gesucht wird auch eine dauerhafte Bleibe für das Treibhausgas. Alte Öl- und Gasfelder könnten geeignet sein, auch poröses Gestein.

Ob im Lubminer Untergrund eine letzte Ruhestätte für Kohlendioxid liegt, untersucht das dänische Energieunternehmen

Dong Energy. Der Konzern will im nächsten Jahr ein Kohlekraftwerk direkt neben dem ehemaligen Atommeiler hochziehen. Ganz hinten auf dem Baugelände hat Dong Energy Platz für eine Abscheideanlage reserviert – und in Aussicht gestellt, wenigstens von 2020 an kein CO_2 mehr in die Luft zu pusten.

Vorher schon wird der Hochspannungsexperte Plischke in seiner Schaltanlage Ökostrom ins Netz speisen. Neue Kabel werden vom Meer die Ernte aus zwei Offshorewindfarmen einfahren, 600 Megawatt sollen die Rotoren bringen. Diese Form der Stromproduktion wird in Deutschland seit Langem kräftig gefördert; nirgends stehen mehr Windräder als hier. Nach den Wünschen des Bundesumweltministeriums sollen bis 2030 die Windmühlen auf See eine maximale Leistung von 20 000 Megawatt liefern – damit würden sie exakt die bis dahin abgeschalteten Kernkraftwerke ersetzen.

Aber auch die sauberen Windverwerter haben ihre Schattenseite. Wie Sonnenkollektoren liefern sie nicht stetig Strom, sondern drehen sich je nach Wind und Wetter. Speichern lässt sich Energie bisher nur in Pumpspeicherkraftwerken; deren Kapazität ist begrenzt. Solange es keine anderen Energielager in industrieller Dimension gibt, müssen konventionelle Kraftwerke bereitstehen, um bei Flaute einzuspringen. Weltweit hat Ökostrom einen Marktanteil von 18 Prozent, neun Zehntel davon fließen – kontinuierlich – aus Wasserkraftwerken. Weit abgeschlagen, folgen Biomasse, Wind, Erdwärme und die Sonnenenergie.

Auf die Schnelle werden die sauberen Erneuerbaren den Energiemix nicht umkrempeln. Der Energiehunger wächst rasanter als die Ökostrom-Produktion, die Zugewinne werden einfach aufgefres-

sen. Regenerative Energien haben nur eine Chance, wenn gleichzeitig gespart wird. Effizientere Technik könnte den Verbrauch nahezu halbieren. Das würde am schnellsten gegen Knappheit und Klimawandel helfen.

Am faszinierendsten bleibt aber der Traum von einer unerschöpflichen Energiequelle, er rumort weiter in den Köpfen von Forschern. Plasmaphysiker werkeln an der bislang kühnsten Idee: Aus der Kernfusion soll Energie ohne Ende strömen. Im Versuchsreaktor ITER wollen sie das Feuer der Sonne entfachen, dabei verschmelzen in einem Plasma – ionisiertem Gas – Wasserstoffkerne. Es entsteht weder Treibhausgas noch stark strahlender Müll, und anders als bei der Kernspaltung kann die Reaktion nicht außer Kontrolle geraten.

Lässt sich aus Sonnenfeuer auf der Erde überhaupt Energie gewinnen?

Zu gern hätte die Regierung Mecklenburg-Vorpommerns ITER nach Lubmin geholt. Wo vor der Wende Atomkerne gespalten wurden, sollten nun welche vereinigt werden. Auf dass das Energie-Schlaraffenland Realität werde! Die Bundesregierung bewarb sich jedoch nicht um das Projekt, der Reaktor wird nun in Südfrankreich gebaut.

Im Hafen beim alten Atommeiler wurden trotzdem Teile für die Fusionsforschung angelandet. Das Max-Planck-Institut für Plasmaphysik baut in Greifswald Wendelstein 7-X. Die Versuchsanlage ist viel komplizierter konstruiert als ITER – dafür kann sie, im Gegensatz zum französischen Cousin, im Dauerbetrieb arbeiten. Zehn Jahre haben Plasmaphysiker und Supercomputer gebraucht, um die seltsam geformten Magnetspulen zu berechnen, die das heiße Plasma in einen Käfig aus Magnetfeldern sperren.

Wie ein verbeulter Donut wird die fertige Apparatur aussehen. Zwei Segmente hängen bereits in der Montagehalle des Max-Planck-Instituts. Ingenieure fädeln die Magnetspulen auf das Plasmagefäß. Dann verschrauben und verschweißen sie die beiden Teile und hieven das Ganze auf ein Fundament. In sieben Jahren soll das letzte Modul des 725 Tonnen schweren Monstrums montiert sein. Dann will Thomas Klinger, der Leiter des Projekts, erkunden, wie man ein Plasma mit Magnetkräften so bändigt, dass darin Atomkerne verschmelzen könnten. Eine Fusion aber wird in Wendelstein 7-X nie stattfinden.

Um die nötige Hitze lange aufrechtzuerhalten, ist das Gerät zu klein, erklärt Klinger: »Die Spitzmaus ist das kleinste Säugetier, immer knapp an der Grenze zum Erfrieren. Wir befinden uns weit unterhalb der Spitzmausgröße.« ITER wird, als erster Fusionsreaktor überhaupt, darüber hinauswachsen. Und er soll mehr Energie produzieren, als zum Aufheizen und Dirigieren des Plasmas nötig ist.

Frühestens 2050, schätzen die Forscher, könnte das erste kommerzielle Sonnenfeuer-Kraftwerk ans Netz gehen. Zunächst aber müssen die Wissenschaftler zeigen, dass aus der Fusion überhaupt Energie zu gewinnen ist.

Im Keller des Max-Planck-Instituts stehen Mikrowellensender, jeder 1000-mal so stark wie ein heimischer Mikrowellenherd. Sie werden das Plasma in Wendelstein 7-X heizen. Die Energie dafür kommt aus der Hochspannungsleitung, die direkt in das Experimentgebäude führt. Manchmal, erzählt Projektleiter Klinger, glaubten Besucher, hier werde schon Fusionsstrom ins Netz gespeist. Die muss er enttäuschen: »Hier geht erst mal nur Strom rein, nicht raus.«

Vom Ursprung der Energie – neun Stichworte

Energie ist die Fähigkeit eines Systems, Arbeit zu verrichten, so die physikalische Definition. Streng genommen, kann sie weder erzeugt noch verbraucht werden, obwohl man das umgangssprachlich so ausdrückt. Sie kann nur von einer Form in eine andere umgewandelt werden. Diesen Energieerhaltungssatz haben Julius Robert von Mayer, Hermann von Helmholtz und James Prescott Joule zwischen 1842 und 1847 formuliert. Nach Joule ist die Einheit der Energie benannt. Ein Joule entspricht der Energie, die in einer Tafel Schokolade (100 Gramm) gespeichert wird, wenn man sie einen Meter anhebt.

Fünf Energieformen lassen sich unterscheiden: elektrische, mechanische, thermische, chemische und Kernenergie. Die elektrische Energie steckt in den Kräften zwischen geladenen Teilchen, Elektronen zum Beispiel. Übertragen wird sie durch die Bewegung der Ladungsträger, den elektrischen Strom. Zur mechanischen Energie gehören die Bewegungs- und die Lageenergie (etwa die in einem Stausee gespeicherte Energie). Die thermische Energie steckt in der ungeordneten Bewegung von Atomen und Molekülen (Brownsche Molekularbewegung). In Bindungen von Atomen und Molekülen ist chemische Energie enthalten. Die Kernenergie liegt in den Kräften zwischen Protonen und Neutronen im Atomkern. Bei der Kernspaltung und -fusion wird sie vor allem als thermische Energie frei.

Leistung ist die in einer bestimmten Zeit verrichtete Arbeit oder die Menge Energie, die in dieser Zeit umgewandelt wird. Die Einheit der Leistung ist das Watt, benannt nach James Watt, dem Erfinder der modernen Dampfmaschine. Ein Watt ist die Leistung, bei der in einer Sekunde ein Joule Energie freigesetzt wird. Ein Mensch kann für kurze Zeit bis zu 500 Watt Leistung bringen, ein Pferd über einen längeren Zeitraum etwa 735 Watt, das ist eine Pferdestärke (PS).

Ursprung aller Energie auf der Erde sind vier Phänomene: die Kernfusion in der Sonne, der Zerfall radioaktiver Elemente, die Entstehungshitze der Erde und die Gravitation der Himmelskörper.

Die Kernfusion in der Sonne ist die wichtigste Energiequelle für uns. Durch das Verschmelzen von Wasserstoffkernen entsteht Energie, die als Sonnenstrahlung die Erde erreicht. Pflanzen machen daraus in der Fotosynthese Biomasse. Zerfällt diese unter Luftabschluss, entstehen fossile Energieträger wie Kohle, Erdöl und Erdgas. Thermische Solarkraftwerke und Fotovoltaikanlagen wandeln Sonnenenergie in elektrische Energie um. Weil die Sonnenstrahlung die Erde ungleichmäßig erwärmt, bilden sich Atmosphärenbewegungen und Meeresströmungen, die man mit Windrädern, Wellen- und Strömungskraftwerken nutzen kann. Auch Verdunstung und Niederschlag von Wasser entstehen durch die Sonneneinstrahlung, es bilden sich Flüsse; in Wasserkraftwerken treiben sie Turbinen an.

Der radioaktive Zerfall von Uran, Thorium und Kalium in der Erdkruste setzt thermische Energie frei. Etwa 60 Prozent der Erdwärme entstehen auf diese Weise. In Kernkraftwerken wird die Hitze einer radioaktiven Kettenreaktion genutzt, um Dampf zu erzeugen.

Die Entstehungshitze der Erde sorgt für rund 40 Prozent der Erdwärme. Vor etwa 4,6 Milliarden Jahren entstand der Planet durch die Zusammenballung von Materie, die sich dabei stark erhitzte. Die Gesteine, die sich während der Abkühlung bildeten, leiten die Wärme aus dem Erdinneren nur langsam ab. Deshalb ist sie zum Teil bis heute erhalten. Nutzbar ist sie nur dort, wo Anomalien wie Heißwasservorkommen und oberflächennahe heiße Gesteinsschichten auftreten.

Die Gravitation der Himmelskörper lässt Ebbe und Flut auf der Erde entstehen. In Gezeitenkraftwerken wird versucht, deren Energie zu nutzen.

Dunkle Energie soll 70 Prozent des Universums ausmachen. Sie gilt als Ursache für die immer schnellere Ausdehnung des Weltalls. Indirekte Hinweise auf ihre Existenz gibt es, direkt beobachten kann man sie nicht. Sie strahlt keine elektromagnetischen Wellen ab und tritt auch sonst mit normaler Materie nur sehr schwach in Wechselwirkung, deshalb nennen Astrophysiker sie »dunkel«.

»Wir haben noch jedes Mal eine neue Quelle gefunden«

Welches war der wichtigste Schritt zur Lösung des Energieproblems in den vergangenen Jahren?

Das waren gleich zwei Schritte: die Erhöhung der Energieeffizienz in konventionellen Kraftwerken und die rasche Entwicklung der Technik für erneuerbare Energien. So können wir mit geringerem Kohlendioxidausstoß Strom erzeugen.

Welchen Durchbruch erwarten Sie in nächster Zukunft?

Dass die erneuerbaren Energien wirtschaftlicher werden. Vor allem die Fotovoltaik muss billiger werden, aber auch die großen Windkraftanlagen. Die Preisschere zwischen fossilen und regenerativen Energien wird sich schließen, auch mit Hilfe von CO_2-Abgaben.

Was wissen Sie, ohne es beweisen zu können?

Dass bei den Klimaprognosen noch lange nicht das letzte Wort gesprochen ist. Und dass wir die Kohlendioxidemissionen nicht so schnell senken können, wie es die Politiker manchmal gern hätten.

Die Menschen haben allerhand versucht, um Energie nutzbar zu machen. Was war ihr größter Irrtum?

Sie dachten immer, es würde nichts Neues erfunden, man müsse mit dem Vorhandenen auskommen. Aber nach Holz kamen Kohle, Öl, Gas und die Atomkraft, jetzt die Windenergie. Trotzdem denken wir heute noch wie damals. Man muss optimistischer sein.

Auf welche Erfindung wartet Ihre Zunft am sehnsüchtigsten?

Auf einen Energiespeicher, der im großindustriellen Maßstab funktioniert.

Die Entstehung des Erdöls aus Pflanzen wird bereits technisch imitiert. Können Maschinen eines Tages auch die Fotosynthese nachahmen?

Da müsste man einen Biologen fragen. Ich denke, dass zumindest die Fotolyse machbar ist: mit Sonnenlicht direkt Wasser in Sauer- und Wasserstoff spalten.

Wird man jemals die Drehung der Erde als Energiequelle nutzen können?

Es gibt Spekulationen in diese Richtung. Aber meiner Meinung nach sind die Unfug.

Warum nutzen wir die Wärme im Inneren der Erde nicht stärker?

Einfach weil es zu teuer ist. Das Bohren müsste billiger werden.

Wird das Perpetuum mobile für immer ein Traum bleiben?

Darauf können Sie sich verlassen. Aber das Drei-Liter-Haus ist doch schon ganz gut: Es kann mit drei Liter Heizöl pro Quadratmeter ein Jahr lang beheizt werden. Normale Häuser verbrauchen das Drei- bis Sechsfache.

HERMANN-JOSEF WAGNER
leitet das Institut für Energietechnik an der Universität Bochum.
Er beschäftigt sich mit technischen und wirtschaftlichen Fragen der Energieversorgung.
Beim G8-Gipfel beriet er die Regierungschefs zu Investitionen in zukunftsfähige Energiesysteme, Energieeffizienz und Klimaschutz

Mehr zum Thema:

Jürgen Petermann (Hrsg.):
Sichere Energie im 21. Jahrhundert
Hoffmann und Campe 2006; 405 S.

Hermann-Josef Wagner:
Was sind die Energien
des 21. Jahrhunderts?
Der Wettlauf um die Lagerstätten;
Fischer 2007; 310 S.

GELD

Gute Idee: Wildschwein mit
FEUERSTEIN bezahlen

DUKATEN wurden erstmals
1284 in Venedig geprägt

STEINGELD ist auf der
mikronesischen Insel Yap noch
immer Zahlungsmittel

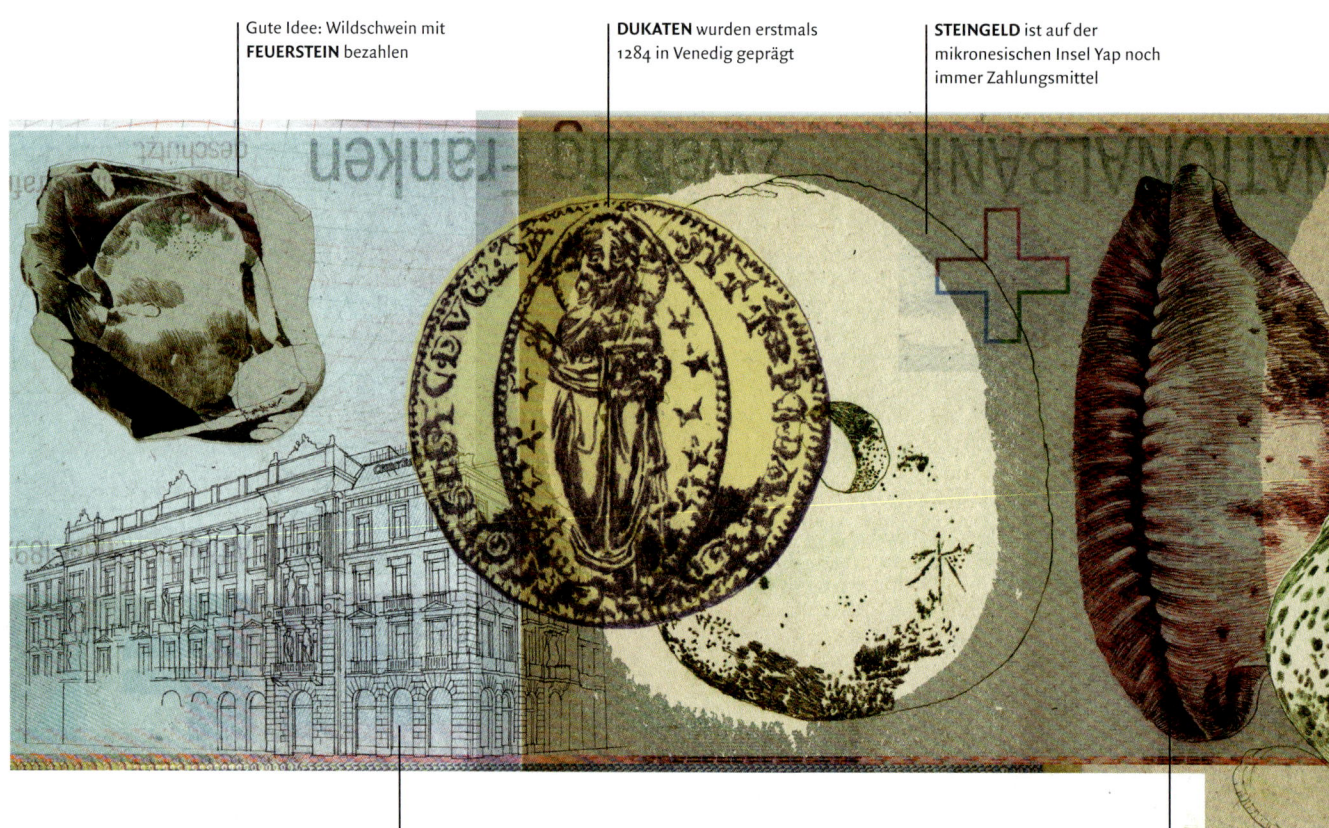

Ein Haus wie ein Palast:
Zentrale der Credit Suisse am
PARADEPLATZ

Mit **KAURISCHNECKEN** kauften
Sklavenhändler in der
Südsee einst ihre »Ware«

Der Rohstoff der Wirtschaft

Um den Handel zu erleichtern, erfand der Mensch Münzen, Scheine, Plastikkarten. Aber Geld ist nicht nur ein Tauschmittel, sondern steht für den Traum von Freiheit, Sicherheit und einem angenehmen Leben. Die Bankenstadt Zürich lebt von diesem Versprechen

VON WOLFGANG UCHATIUS

CREDIT SUISSE beschäftigt weltweit 48 000 Angestellte

Arbeiten mit dem Vermögen der Reichen: **BANKER**

ZEHN SCHWEIZER FRANKEN sind sechs Euro

Die **UBS** verwaltet rund 2000 Milliarden Euro Kundengelder

Unübersehbar helvetisch: **DER FÜNFLIBER** heißt im Volksmund Schnägg

KAKAO war für die Azteken nicht nur ein Genussmittel, sondern auch Währung

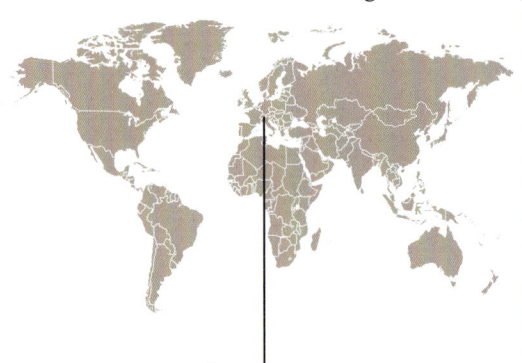

W
eit unter den Großraumbüros, tief unter der Erde, hinter Panzertüren und elektronischen Sicherheitsschleusen verbirgt sich das größte Geheimnis der Schweizer Großbank UBS: der Geldspeicher. Er ist so groß wie eine Fabrik. Er ist eine Fabrik. Nur, dass hier nicht Stahl oder Bretter verarbeitet werden, sondern Geldscheine.

Sie liegen in Blechkisten, in Leinensäcken, in verschweißten Plastiktüten. Kunden der UBS haben sie eingezahlt, irgendwo in den Filialen im ganzen Land. Jetzt schleppen Männer in abgewetzten Arbeitskitteln das Geld durch die Gänge. Junge Frauen mit Stöpseln in den Ohren stopfen sie in dröhnende Maschinen wie in einen Fleischwolf. Am anderen Ende aber kommen die Scheine nicht zerfetzt heraus, sondern gezählt, geordnet und gebündelt. Ein paar Meter weiter liegen sie dann in den Regalen: Franken, Euro, Dollar, mexikanische Pesos, thailändische Baht, indische Rupien, Währungen aus 111 Ländern, blaue, rote, braune Scheine, bedruckt mit den Gesichtern von Kaufleuten und Künstlern, von Königen und Diktatoren. Millionen von Geldscheinen, von denen keiner dem anderen gleicht und die doch alle eines gemeinsam haben: Ihr Materialwert ist kaum höher als der von Papiertaschentüchern. Trotzdem sind sie Milliarden wert.

Warum eigentlich?

Wieso gibt ein Bauer für ein bedrucktes Stück Papier sein Getreide weg? Wie funktioniert eine Bank? Stimmt es, dass Geld arbeiten und sich vermehren kann? Dass es die Welt regiert?

Kurz: Was ist eigentlich Geld?

Ein Tauschmittel, nichts weiter, sagen die meisten ökonomischen Lehrbücher, eine geschickte Erfindung, weil es lästig ist, Getreide gegen Koteletts zu tauschen. Vor Tausenden von Jahren musste ein Ackerbauer, der Fleisch haben wollte, so lange durch den Urwald laufen, bis er einen Jäger fand, der sein Mehl benötigte. Ziemlich umständlich. Deshalb kamen die Menschen auf die Idee, die toten Wildschweine mit Feuersteinen zu bezahlen. Die brauchte jeder. Aus Feuersteinen wurden Münzen, aber auch Münzen sind unpraktisch, wenn es um große Beträge geht. Also kam das Papiergeld hinzu und später die Scheckkarte. Und wäre Geld wirklich nur ein Tauschmittel, dann wäre die Geschichte an dieser Stelle schon zu Ende.

Aber vielleicht ist es ja viel mehr.

»Geld ist etwas, mit dessen Hilfe die Menschen viele ihrer tiefsten Wünsche verwirklichen können«, sagt Alain Robert, der einst Musik studierte, bevor er die Klarinette gegen eine Karriere bei der UBS eintauschte.

»Geld ist der Rohstoff der Wirtschaft«, sagt Hans-Ulrich Doerig. Er arbeitet seit 35 Jahren für die Credit Suisse, die andere große Schweizer Bank.

»Es ist eine Projektionsfläche für alles, was sich Menschen wünschen, Freiheit, Sicherheit, ein schönes Leben«, sagt Jürg Conzett, der für viel Geld ein Museum gebaut hat, das den Menschen das Geld erklären soll.

»Es hat uns fast die Luft abgeschnürt«, sagt Erika Baumann, die nie mehr

ZÜRICH
Kein Ort der Welt ist so von der Bankenwelt geprägt wie die größte Stadt der Schweiz. Hier lebt jeder fünfte Erwerbstätige vom Geschäft mit dem Geld

wollte als ein wenig Wohlstand, bis ein Schicksalsschlag nach dem anderen ihre Familie traf und sie plötzlich ihre Schulden nicht mehr zurückzahlen konnte.

»Geld ist für den Menschen das, was Käse für die Mäuse ist: eine Belohnung«, sagt Ernst Fehr, der von allen den kühlsten Blick auf das Geld hat, weil das zu seinem Beruf gehört. Fehr ist Wissenschaftler.

Und deshalb sollte die Suche nach der Antwort auf die Frage, was Geld ist, bei ihm beginnen.

Wenn Geld fließt, strömen im Hirn die Glückshormone

Wenn Ernst Fehr aus seinem Büro an der Uni tritt, dann kann er hinunterschauen auf die Börse, die Banken, die Versicherungen, den Geldsektor, der für Zürich eine Bedeutung hat wie für keine andere Stadt der Welt. In New York, London oder Frankfurt mag es mehr Finanzhäuser, mehr Bankkaufleute geben, aber dort gibt es auch Pharmaunternehmen, Ölkonzerne und Autohersteller. In Zürich ist nichts größer als das Geld. Wenn die Credit Suisse ihre Bilanz präsentiert, beherrscht das die Nachrichten überall in der Schweiz. Wenn die UBS ein neues Büro in New York eröffnet, interessiert das in New York niemanden, in der Schweiz steht es in den Zeitungen. Fast jeder fünfte der 280 000 Erwerbstätigen in Zürich lebt davon, Geld zu verleihen, anzulegen, zu verwalten. Fehr lebt davon, es zu erforschen. Er ist Ökonom. Allerdings ein ungewöhnlicher. Statt mit Effizienztheorien, Transaktionskosten oder Substitutionseffekten beschäftigt er sich mit dem Menschen. Zum Beispiel damit, was Geld im Kopf auslöst.

Die Wissenschaftler an seinem Institut haben den Leuten ins Hirn geschaut und einen Unterschied zwischen Menschen und Mäusen entdeckt. Bekommt eine Maus ein Stück Käse, freut sie sich. Man erkennt das daran, dass ihr Gehirn Glückshormone ausschüttet. Beim Menschen der Antike war

das vermutlich ähnlich. Zufriedenheit empfand er nicht, wenn er Geld bekam, sondern, wenn er das Brot aß, das er sich davon kaufte und seinen Hunger stillte. Der moderne Mensch ist anders. Die Hormone strömen, sobald er Geld erhält. Er fühlt sich dann belohnt, selbst wenn ihm weiter der Magen knurrt. Selbst wenn er schon alles besitzt, wie jene Millionäre, die um weiterer Millionen willen Steuer hinterziehen. Denn Geld ist nicht mehr nur ein Tauschmittel, es ist zur eigenständigen Größe geworden. Der Mensch will es besitzen, weil es ihm ein gutes Gefühl verschafft. Was Fehr da beobachtet hat, ist letztlich die Basis des ewigen Auf und Ab der Wirtschaft. Denn um das Gefühl noch zu verbessern, trägt der Mensch sein Geld auf die Bank, auf dass es arbeite und sich vermehre. Und hält damit den Kapitalismus am Leben.

Mitten in Zürich, wo Bauern einst ihre Kühe verkauften, später Soldaten paradierten und heute Straßenbahnen vorbeiquietschen, steht ein Haus, groß wie ein Palast, verziert mit Säulen, mit Statuen, mit kleinen Balkonen. Es könnte eine Oper sein, ein Theater, eine Universität. Es ist eine Bank: die Zentrale der Credit Suisse, einer der größten Banken der Welt, der Arbeitgeber von Hans-Ulrich Doerig.

Er ist jetzt 67. 1973 hat er hier angefangen. Ein kräftiger Mann, dessen Lebenslauf sich liest wie eine Treppe, die Doerig hinaufgestürmt ist, bis in den Vorstand der Bank. Heute sitzt er im Verwaltungsrat, dem Schweizer Pendant des Aufsichtsrats. Er hat also alles miterlebt, »an vorderster Front«, wie er sagt: die Finanzkrisen der Siebziger und frühen Achtziger, den Aufschwung Ende der Neunziger und zuletzt den großen Einbruch an den Börsen.

Der Ursprung von Krisen wie Blütezeiten aber war derselbe: »Immer ging es um Geschäfte mit der Zukunft«, so Doerig. Immer gaben die Menschen ihr Geld den Banken. Die reichten es weiter an Leute mit einer Geschäftsidee. Wie bei einer Pferdewette setzten sie auf einen Zukunftsmarkt, ein Zukunftsprodukt. Mitte des 19. Jahrhunderts war das die Eisenbahn.

Damals, als durch Berlin längst die Dampfloks fuhren, hatten die Schweizer genug von der Postkutsche. Die ersten Eisenbahnunternehmen entstanden, entwarfen Pläne, brauchten Geld – und bekamen es von der Schweizerischen Kreditanstalt, der heutigen Credit Suisse. Die wiederum bekam es von Kaufleuten und Großbürgern, die darauf bauten, ihr Geld werde nun für sie arbeiten.

Tatsächlich waren es die Arbeiter und die Ingenieure, die da schufteten. Sie verlegten Gleise und sprengten Felsen. Bald rollten Züge durchs ganze Land, die Eisenbahnunternehmen verdienten ein Vermögen, sie zahlten ihren Arbeitern die Löhne aus, beglichen ihre Schulden bei der Bank. Und die Bank zahlte den Kunden die Zinsen aus, sozusagen den Lohn dafür, dass sie ihr so viel Geld anvertraut hatten. Die Wette war gewonnen.

Mehr als 150 Jahre später lässt sich die Geschichte des Kapitalismus als ewige Abfolge solcher Geldwetten lesen. Wenige, wie die Internetwetten der Neunziger, wurden verloren, die meisten gewonnen. Die Welt erlebte eine immense Wohlstandssteigerung, die nur möglich war, weil Menschen mit Geld dieses vermehren wollten und es zu den Banken trugen, die es in Form von Krediten weitergaben. Daran hat sich bis heute nichts geändert. Und doch sagt Doerig, der noch immer mithilft, die Credit Suisse wachsen zu lassen, dass heute alles anders sei.

Als er anfing, hatte der Großteil der Kunden nur einen Wunsch: ein Konto mit festem Zinssatz. Viel mehr hatte eine Bank auch nicht zu bieten. Heute gibt es Aktienfonds und Rentenfonds, Futures, Optionen, Swaps und unzählige Kombinationen aus alledem. Das Versprechen auf Geldvermehrung ist zum Produkt geworden wie Haarwaschmittel oder Mineralwasser. Wie im Großmarkt steht der Kunde vorm Regal und kann zwischen Tausenden Varianten wählen. Und kaum einer weiß, wo das Geld letztlich hinfließt.

Manchmal wissen es auch die Banken nicht. Das zeigt der jüngste Börsencrash: Amerikanische Kreditinstitute liehen amerikanischen Verbrauchern Geld für den Immobilienkauf. Sie schlossen eine Wette auf die Zukunft ab. Aber dann verkauften sie diese Kredite, sprich das Recht, die Zinsen zu kassieren, an Banken in der halben Welt, und die verkauften sie an wieder andere Banken. Irgendwann verloren alle den Überblick. Als sich herausstellte, dass mancher Hausbesitzer zu wenig verdiente, um seinen Kredit zurückzuzahlen, waren viele Banken überrascht. Hatten sie darauf eine Wette laufen? Ja, hatten sie. Und sie haben sie verloren.

Eine, die besonders viel verloren hat, ist die UBS: 21 Milliarden Franken, knapp 13 Milliarden Euro. Sie wäre in ernsthafte Schwierigkeiten geraten, hätten nicht zwei Investoren aus Asien und Arabien Kapital zugeschossen. Die Bank, die davon lebt, anderen Geld zu leihen, braucht nun selbst welches.

Fonds, Superreiche und Banken bestimmen über Arbeit und Löhne

Alain Robert läuft über den grauen Teppich, vorbei an Südamerika. Er grüßt in Richtung Frankreich, nach Griechenland, winkt Osteuropa zu, am Rand von Asien bleibt er stehen. Er sagt: »Wir haben hier die ganze Welt vereinigt.« Er steht in einem Großraumbüro in einem der UBS-Gebäude in der Zürcher Innenstadt. Ein großer, schlanker Mann von Anfang 50, der einst lange Haare hatte und professionell Klarinette spielte. Dann merkte er, dass er Geld aufregender fand als Musik, und begann, Wirtschaft zu studieren.

Auch Alain Robert arbeitet seit Jahrzehnten für seine Bank. Auch er ist schnell aufgestiegen. Inzwischen hat er 18 000 Mitarbeiter unter sich und ist zuständig für Tausende Key-Klients. So nennen sie bei der UBS die Kunden mit einem Geldvermögen von mehr als 50 Millionen Franken. Weil diese Superreichen über die ganze Welt verstreut leben, haben sie bei der UBS auch ihre Anlageberater nach Ländern und Kontinenten sortiert: Südamerika, Frankreich, Osteuropa, Asien. In Gruppen sitzen sie beisammen, schauen auf Bildschirme, beobachten Börsenkurse und Rohstoffpreise, telefonieren mit brasilianischen Zuckerbaronen und russischen Neureichen. Hin und wieder fliegen sie auch zu ihnen, zu den Millionären und Milliardären, den Menschen, die ihr Geld für sich arbeiten lassen wollen.

In den vergangenen drei Jahren ist das von der UBS verwaltete Privatvermögen um 70 Prozent auf 1,3 Billionen Franken gestiegen, die gesamte Schweiz braucht fünf Jahre, um das zu erwirtschaften. Nie zuvor gab es so viele Reiche auf der Welt. Nie zuvor hatten sie einen solchen Einfluss.

Einem mitteleuropäischen Angestellten konnte es lange ziemlich egal sein, wenn irgendwo da draußen Superreiche ihr Geld vermehren wollten. Die hatten ihr Leben, er hatte seines. Es war die Zeit, als jeder, der arbeiten wollte, eine Stelle bekam. Damals erfanden Soziologen den Begriff der Arbeitsgesellschaft.

Heute sprechen sie meist von deren Ende. Weil die Jobs vielerorts schlechter und unsicherer geworden sind. Weil sich die Arbeitnehmer oft nur noch als Spielball der Weltmärkte empfinden. Weil inzwischen selbst hoch bezahlte Konzernchefs darüber klagen, dass sie kaum noch Handlungsspielraum hätten. Die wichtigen Entscheidungen treffen längst die Geldgeber, die Investoren. Wobei Investor ein unpräzises Wort ist; er kann eine Einzelperson sein, eine andere Firma, eine Bank, ein Anlagefonds. Sicher ist nur: Der Investor hat viel Geld und möchte daraus noch mehr machen. Deshalb erfährt der Angestellte womöglich aus einer Rundmail in der Firma, dass sein Job demnächst gestrichen wird. Vielleicht auch, dass neue Stellen geschaffen werden. In jedem Fall aber begreift er, dass heute andere darüber entscheiden, ob und wie lange er eine Arbeit hat. Diejenigen, die Geld haben. Das Ende der Arbeitsgesellschaft ist gleichbedeutend mit dem Anfang der Geldgesellschaft.

Nur wenige Kilometer entfernt von den Bürogebäuden der Banken zerfällt Zürich in Dörfer. Bauernhöfe stehen hier und Häuser mit kleinen Gärten, in denen kleine Obstbäume wachsen. Wer hier lebt, ist es gewohnt, einen anderen auf der Straße zu grüßen, auch wenn er ihn nicht kennt. Wobei das selten vorkommt. Hier kennen sich eigentlich alle.

Und genau das wurde für die Baumanns (Name geändert) zum Problem.

Reich waren sie nie, aber es ging ihnen immer ganz gut. Erika Baumann ist Bürokauffrau, ihr Mann Beat arbeitet Akkord auf dem Bau. Sie sind jung, Mitte 20, als sie beschließen, eine Familie zu gründen. Kurz vor der Geburt des Kindes hat er einen Autounfall, die Kniescheibe bricht, er wird eine Weile arbeitsunfähig sein. Um trotzdem die Steuern bezahlen zu können, die in der Schweiz nicht vom Lohn abgezogen, sondern vom Staat separat eingefordert werden, nehmen die Baumanns einen kleinen Kredit bei einer amerikanischen, auf Verbraucherkredite spezialisierten Bank auf, 4000 Franken. In zwei, drei Jahren haben sie die abgestottert, denken sie.

Sie schaffen es nicht. Beat Baumanns Knie will nicht heilen. Die neu geborene Tochter ist geistig behindert, sie muss in einen speziellen Kindergarten, eine spezielle Schule, braucht Zuwendung, die Mehrkosten übernimmt der Staat nur zum Teil. Die Bank gewährt den Baumanns einen neuen Kredit mit neuen Zinsen und Zinseszinsen.

Beat Baumann lässt sich zum Bürokaufmann umschulen, er findet eine neue Stelle, die Schulden sinken trotzdem kaum, das Gehalt ist zu niedrig. Auch das ist ein Merkmal der Geldgesellschaft: Arbeit ist nicht mehr gleichbedeutend mit Wohlstand. Aber wer keine Arbeit hat, muss deshalb nicht arm sein. Zwei Drittel aller Schweizer erwarten in den nächsten Jahren eine größere Erbschaft oder haben bereits geerbt. Im Schnitt 200 000 Franken.

Die Baumanns gehören zum anderen Drittel. Um mehr Geld zu verdienen, fährt Beat Baumann nach der Arbeit noch Pizza aus, jeden Abend, jedes Wochenende. »Wir haben uns gar nicht mehr gesehen«, sagt Erika Baumann über diese Zeit. Sie endet, als ihr Mann mit Anfang 30 den ersten Herzinfarkt bekommt, dann den zweiten. Wieder liegt er im Krankenhaus. Die Schulden wachsen.

Er war Banker und Fondsmanager. Dann gründete er das Moneymuseum

Es geht noch Jahre so weiter. Beat Baumann arbeitet so viel, wie seine Gesundheit es zulässt. Es reicht nicht. Die Bank gewährt neuen Kredit, zu höheren Zinsen. Die Baumanns haben jetzt mehrere 10 000 Franken Schulden und erkennen, dass es aussichtslos ist. Im Gemeindeamt gibt es eine Schuldnerberatung. Sie wagen es nicht, dorthin zu gehen. »Dann weiß es gleich das ganze Dorf«, sagt Erika Baumann, die sich damals wie gefesselt fühlt, von Ketten, die niemand sehen kann, sehen darf.

Es ist ein paradoxes Gefühl, denn das Geld und der Kapitalismus haben den Menschen viel Freiheit gebracht. Es ist nicht lange her, da war die Gesellschaft geteilt in Herren und Knechte, in Adelige und Leibeigene. Wer wohin gehörte, entschied die Geburt. Bis zum Tod war daran nichts zu ändern. Heute gilt: Wer Geld hat, bekommt etwas, ganz egal, wie er aussieht, wie er heißt, was er weiß. Eine mit der Vergangenheit vergleichbare Unfreiheit setzt erst ein, wenn das Geld fehlt. Wenn plötzlich nichts mehr da ist. Wie bei den Baumanns.

Irgendwann fassen sie sich ein Herz. Sie gehen zur Schuldnerberatung. Nicht im Dorf, sondern in Zürich, zur Caritas. Die verhandelt in ihrem Namen mit der Bank und setzt durch, dass auf ihre Schulden keine Zinsen mehr erhoben werden. Man könnte auch sagen, sie schließt einen Teil der Ketten auf, und den Rest werden die Baumanns wohl aus eigener Kraft abstreifen. Noch ein paar Jahre, dann sind sie schuldenfrei. Sie wollen dann in den Urlaub fahren. Zum ersten Mal seit 15 Jahren.

Am Eingang sollen sich die Leute Gummistiefel nehmen und durch Geld waten. Durch Wasser eigentlich, aber das ist ja das Gleiche, zumindest in diesem Haus, zumindest so, wie Jürg Conzett es sich vorstellt. Denn Wasser hat viel mit Geld gemein, es kommt herangeschwappt, manchmal fließt es davon. Der eine ertrinkt fast darin, der andere lechzt nach jedem Tropfen. Deshalb will Conzett in seinem Museum das Geld durch Wasser symbolisieren.

Es wird ihn mehrere Millionen Franken kosten. Er kann das aufbringen. Das Geld selbst hat ihn reich gemacht. Er war Banker und Fondsmanager, hat in New York und Tokyo gearbeitet. Aber das ist lange her. Jetzt ist er ein freundlicher älterer Herr mit goldenen Manschettenknöpfen, der ein ungewöhnliches Projekt verfolgt, das »Moneymuseum«. Ein Teil ist schon fertig, Conzett zeigt dort alte Münzen und Videos über Geld in anderen Kulturen.

Wenn sie aus den Gummistiefeln wieder herausgeschlüpft sind, die Leute, dann sollen sie ein Gefühl dafür haben, was Geld alles noch ist außer einem Tauschmittel. Dass es die Wirtschaft antreibt, die Gesellschaft verändert, Menschen Macht gibt, anderen die Freiheit nimmt. Aber ob sich das Wesen des Geldes endgültig begreifen lässt? »Die Kraft des Geldes zu erklären«, sagt Jürg Conzett, »ist fast so schwer, als wollte man Gott erklären.« Nur dass beim Geld niemand bezweifelt, dass es existiert.

Von der Aktie bis zum Zins – das Abc der Finanzwelt

Aktie, kein Geld, sondern ein Anteilschein an einem Unternehmen. Lässt sich aber in Geld umwandeln.

Börse, früher der Ort, an dem –> Aktien gehandelt wurden. Heute der Ort, an dem die Glasfaserkabel zusammenlaufen. Dank –> Xetra werden Aktien in Deutschland fast nur noch am Computer gekauft.

Chinesen, Erfinder des Papiergelds. Marco Polo bestaunte 1276 kaiserliche Banknoten aus Papier.

Diwarra, anderes Wort für Kaurischnecken, noch heute gültige Währung auf vielen Südseeinseln.

Elektronisches Geld, Kredit- oder ec-Karten, häufigstes Zahlungsmittel in Industrieländern.

Falschgeld gibt es, seit es Geld gibt, egal, ob Muscheln, Münzen oder Plastikkarten.

Gold, früher anderes Wort für Geld, weil Taler oder Dollar gegen eine feste Menge Gold eintauschbar waren.

Heu, Knete, Kies, Moos, Asche, Tacken, Zaster, Schotter, Kohle und Moneten sind nur einige Beispiele für die ungezählten volkstümlichen Bezeichnungen für Geld.

Inflation heißt: Die Preise steigen. Bedeutet Wertverlust des Geldes.

»Jedermann«, in der Fassung von Hugo von Hofmannsthal (1874 bis 1929) bekannt gewordenes Theaterstück über einen Reichen, der im Augenblick des Todes feststellt, dass ihm sein Geld nichts hilft.

Krösus (ca. 600 bis 550 v. Chr.), König der Lydier. Sein Volk entwickelte das erste Münzsystem, sein Wappen diente als Echtheitszertifikat, daraus entstand die Legende seines unermesslichen Reichtums.

Law, John (1671 bis 1729), schottischer Bankier, führte in Europa das Papiergeld ein, das sogleich massenhaft gefälscht wurde.

M3, Abkürzung für die gesamte Geldmenge im Euro-Raum. Besteht nur noch zu etwa sieben Prozent aus Bargeld, der Rest sind Einlagen auf Girokonten, Geldmarktfonds und anderes Buchgeld.

Notenbank, Bank der Banken. Hat als Einzige das Recht, Geld zu drucken. Versucht –> Zinsen und Geldmenge zu steuern, um die –> Inflation niedrig zu halten.

Onlinebanking spart den Banken Personal. Der Kunde erledigt seine Überweisungen selbst.

Preisstabilität bedeutet: keine –> Inflation, Ziel und Traum aller –> Notenbanker.

Quantitätstheorie, einflussreiche ökonomische Theorie, die davon ausgeht, dass der Geldwert von der Geldmenge bestimmt wird. Je mehr Euro auf dem Markt sind, desto weniger kann man damit kaufen.

Raucher hatten im Amerika des 17. und 18. Jahrhunderts ein besonderes Verhältnis zum Geld. In den Bundesstaaten Maryland und Virginia galt Tabak damals als gesetzliches Zahlungsmittel.

Scheidemünzen sind Münzen, auf denen zum Beispiel 1 Euro oder 1 Franken steht, deren Materialwert aber weit darunter liegt. Trifft heute auf praktisch alle Münzen der Welt zu.

Tauschhandel war der Anfang allen Wirtschaftens. Gibst du mir ein Mammut, geb ich dir einen Feuerstein.

USA: Nirgendwo gibt es so viele Reiche. 40 000 der 100 000 wohlhabendsten Menschen der Welt leben dort.

Vertrauen ist das Material, aus dem heute Geld gemacht wird. Nur wenn alle daran glauben, dass die billigen Scheine nicht massenweise nachgedruckt werden, bleiben sie wertvoll.

Wechselkurs, das Wertverhältnis zwischen zwei Währungen. Bis heute weiß kein Ökonom, was ihn letztlich bestimmt: die Inflationsraten, die –> Zinsen, das Wirtschaftswachstum oder die Spekulanten?

Xetra heißt das elektronische Handelssystem derDeutschen –> Börse, Aktienkauf per Tastendruck.

Yap, Insel im Westpazifik, mit der schwersten Währung der Welt: Steingeld. Die zentnerschweren Scheiben wurden bei Besitzerwechsel selten bewegt. Es genügte, den neuen Eigentümer beim Dorfältesten zu melden.

Zinsen, meistens zu hoch, wenn man sich Geld leihen will. Und zu niedrig, wenn man es anlegen möchte.

»Geld ist wertvoll, weil es nicht zu viel davon gibt«

Was ist Geld?

Wertloses Papier, das Leute nur besitzen wollen, weil sie wissen, dass die anderen es auch alle haben wollen. Eine der großen Erfindungen der Menschheit.

Der am meisten verbreitete Irrtum über Geld?

Viele Leute glauben, ihre Währung sei in irgendeiner Weise abgesichert, dass sie ihr Geld bei drohendem Wertverlust etwa in Gold eintauschen können. Früher war das wirklich so, aber das ist lange vorbei. Heute ist Geld nur deshalb wertvoll, weil Notenbanken dafür sorgen, dass es nicht zu viel davon gibt.

Wie arbeitet denn eine Notenbank?

Moderne Notenbanken wie die Europäische Zentralbank konzentrieren sich auf Preisstabilität, also darauf, den Wertverlust des Geldes gering zu halten. Sie erreichen das, indem sie die sehr kurzfristigen Zinsen ändern, also die Zinsen, zu denen sich die privaten Banken bei den Zentralbanken Geld leihen können. Das Problem der Zentralbanken ist, dass normale Leute und Unternehmen für Jahre Kredite aufnehmen und sich deshalb eher um die Langzeitzinsen kümmern, von denen dann ihr Ausgabeverhalten abhängt. Die langfristigen Zinsen aber können von der Zentralbank nicht direkt kontrolliert werden. Sie hängen hauptsächlich davon ab, welche Entwicklung wir von den kurzfristigen Zinsen erwarten.

Die wichtigste Entdeckung Ihrer Disziplin?

Dass Transparenz notwendig ist. Da die kurzfristigen Zinsen eine so geringe Rolle spielen, geht es bei der Politik der Zentralbank immer darum, Erwartungen zu managen. Früher haben Zentralbanken ihr eigenes Mysterium gepflegt. Sie dachten, je weniger sie bekannt gäben, desto weniger könnten sie missverstanden werden. Das war nicht gut. Heute versuchen die meisten Zentralbanken, möglichst transparent zu sein.

Und was war der größte Irrtum?

Zu viel Geld zu drucken und damit die Hyperinflation der zwanziger Jahre zu verursachen, als das Papiergeld das Goldgeld ersetzt hatte. Und zu wenig Geld zu erzeugen und damit die Wirtschaftskrise der dreißiger Jahre zu verursachen. Heute wissen wir mehr – aber bei Weitem nicht genug.

CHARLES WYPLOSZ
ist Professor für Volkswirtschaft,
Universität Genf

Mehr zum Thema:

John Kenneth Galbraith: Geld
Woher es kommt, wohin es geht;
Droemer Knaur 1976; 350 S.;
nur noch antiquarisch

Georg Simmel:
Philosophie des Geldes
Gesamtausgabe Band 6;
Suhrkamp 2001; 787 S.

Adrian Furnham/Michael Argyle:
The Psychology of Money
Taylor and Francis 1998; 332 S.

GLOBALISIERUNG

Der portugiesische Seefahrer
VASCO DA GAMA entdeckte 1498
den Seeweg nach Indien. Unterwegs
war er mit der »Nau São Gabriel«

STAUPLAN für Unterbringung
von 482 Sklaven. Die »Brookes«
lieferte im 18. Jahrhundert
Arbeitskräfte in die USA

Exakte Ortung per Satellit: Seit 1995 lenkt
das **GLOBAL POSITIONING SYSTEM (GPS)**
die Verkehrsströme um die Erde

Die Welt ist ein Markt

Globalisierung ist ein altes Phänomen.
Sie begann vor 500 Jahren am Kappad Beach. In dem
indischen Palmenparadies zeigen sich bis heute
die Folgen des Handels ohne Grenzen

Von Thomas Fischermann

Mit 10 000 CONTAINERN fahren die größten Frachtschiffe über die Weltmeere. Der Warenumschlag auf See hat sich in 20 Jahren verachtfacht

Outsourcing: **INDIEN PROGRAMMIERT** und telefoniert für die westliche Welt

Einheitsgeschmack im Kinderzimmer: Pro Sekunde werden drei **BARBIEPUPPEN** verkauft

ATTAC ist in Deutschland die bekannteste Gruppe von Globalisierungsgegnern

Zur Geburtsstätte der Globalisierung pilgert man in einer Badehose. Schließlich ist der Kappad Beach ein tropisches Strandparadies. Auch würde ein Besucher in vollständiger Kleidung schnell bis auf die Knochen durchweichen. Alle paar Stunden zieht an diesem wolkenverhangenen Monsuntag ein Sturm herauf, dann fliehen die Fischer und ihre Fußball spielenden Kinder in die Häuschen zwischen den Palmen, und der Indische Ozean spült schaumig-weiße Gischt an Land. Zwei oder drei Minuten noch, dann prasselt ein warmer Wasserfall vom Himmel und verwandelt den Sand in Morast.

Von »Regengüssen und Gewittern, die unablässig auf die Küste und auf uns niedergingen« berichtete schon ein anonymer Seefahrer, der 1498 mit Vasco da Gama die Malabarküste abwärtssegelte. Eine moosgeschwärzte Betontafel markiert heute die Stelle, an der er schließlich den Anker warf: am Strand von Kappad eben, unweit des Städtchens Kalikut im Südwesten Indiens gelegen. Die Seefahrt des portugiesischen Königsgesandten, sein zehnmonatiger *caminho duvidoso* um das Kap der Guten Hoffnung und durch das Arabische Meer, überwand damals das Monopol arabischer Händler auf den See- und Landrouten nach Indien. So traten die Europäer des 15. Jahrhunderts in die Globalisierung ein – die wirtschaftliche Verflechtung der Welt durch den Handel, die Wanderung von Menschen und Investitionen in ferne Länder.

Allerdings stießen sie recht spät zu dieser Party. Als Vasco da Gama in Kappad landete, war die Malabarküste schon jahrtausendelang ein interkontinentales Handelszentrum. Ein Treffpunkt chinesischer Dschunken und arabischer Daus, ein Drehkreuz von Gewürzrouten, die im Osten weiter nach China, Indonesien oder in die Archipele der Südsee führten, im Westen zur Arabischen Halbinsel und durch das Rote Meer nach Afrika. Der globalisierteste Strand der Welt.

Viel hatte das mit dem Monsunregen zu tun. Ein paar Stunden landeinwärts, an den Hängen des Westghats-Gebirges, ließ das feuchte Klima schon immer den besten schwarzen Pfeffer der Welt gedeihen. Epoche für Epoche hatte dieser Reichtum Phönizier, Griechen und Römer angelockt, Araber und Ägypter, Chinesen und Mongolen, Christen und Juden, Seefahrer aus Sumatra und Ceylon. In den Häfen von Malabar tummelten sich höfische Gesandte und *gentleman adventurers* auf der Suche nach Ruhm und Abenteuern und jenen schweren Pfefferkörnern, die in ihrer Heimat so wertvoll waren wie pures Gold.

Chilischoten: der süßliche Duft einer frisch geöffneten Packung Kartoffelchips. Ingwer: der schwere Karamellgeruch einer Portion warmer Zuckerwatte. Schwarzer Pfeffer: holzig und herb und so scharf beißend, dass man den Kopf abwendet und an die frische Luft fliehen will. AG Mathew lacht und fällt in seine liebste Rolle: die des Dozenten über alles, was mit Gewürzen zu tun hat. »Das Geheimnis des Pfeffers ist, dass er

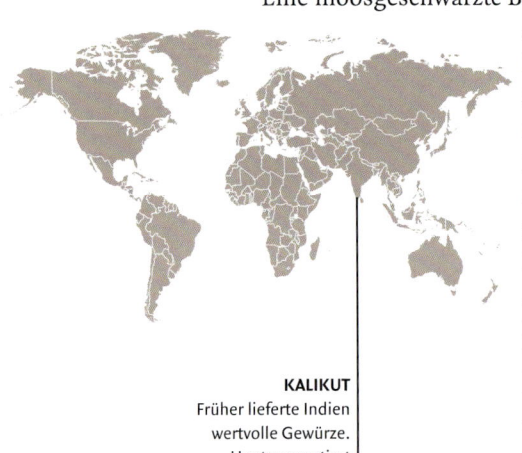

KALIKUT
Früher lieferte Indien wertvolle Gewürze. Heute exportiert der Subkontinent Dienstleistungen in alle Welt

gar kein Gewürz im eigentlichen Sinn ist«, sagt er. »Was wir als Schärfe wahrnehmen, ist eher eine Stressreaktion des Körpers.«

Man glaubt ihm das sofort. Der 72-jährige Doktor der Lebensmittelchemie, der mit vollem Namen Attokaran George Mathew heißt und seinen Vornamen nach indischer Gewohnheit mit zwei Initialen abkürzt, hat 28 Jahre lang in staatlichen Forschungszentren für die Gewürzkunde gearbeitet. Vor ein paar Jahren wechselte er zu einer Firma namens Plant Lipids am Stadtrand der Hafenstadt Cochin. An deren Produktionsanlagen der gedrungene Mann in seinem grauen Anzug gerade halsbrecherisch herumklettert. Mit leuchtenden Augen erklärt er Gewürz für Gewürz, Aromawolke für Aromawolke. Aber die Stahlgerüste und Silotrommeln, die vielen Rohre, Stellhebel und zischenden Töpfe lassen eher an ein Chemiewerk denken als an einen Marktführer im Gewürzexport.

Plant Lipids exportiert Gewürze auf fortgeschrittene Art. Gigantische Gewürzmühlen aus Stahl zerdrücken oder zerhacken die angelieferten Kerne, Nüsse und Schoten, Transportbänder kippen sie in ein Lösungsmittelbad aus Alkohol oder Aceton. Nach Stunden oder Tagen werden die giftigen Stoffe wieder herausgewaschen, und Arbeiter entfernen die Feststoffe mit einer Art Mistgabel aus den Trommeln. Bei dieser Behandlung schrumpfen beispielsweise 30 Kilo Chilischoten auf ein Kilo dickflüssiges Extrakt zusammen, das schließlich, in blauen Plastikeimern versiegelt, auf Lastwagen verladen und in den Hafen gefahren wird. Ein Viertel aller indischen Gewürzexporte läuft heute auf diese Weise ab.

Nur so sind Gewürze nämlich heute als moderne Massenprodukte am Weltmarkt zu vertreiben. Die Lebensmittelindustrie, ob Kraft oder Nestlé, bezieht sie am liebsten in dieser Form. Konzentrate lassen sich preiswert transportieren, sie überstehen auch ruppigere Methoden der Lagerung und des Transports. Vor allem ist ihre Zusammensetzung klar vermessbar: AG Mathew kann sei-

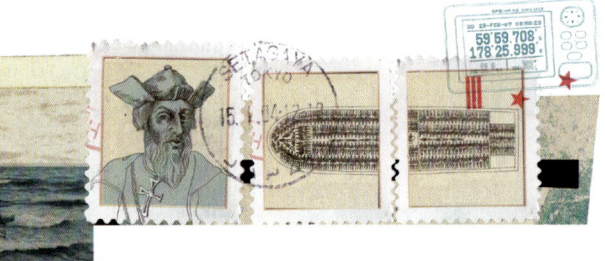

nen Kunden genaue Auskunft über die Farbe und die Schärfe geben, die Süße und die Zusammensetzung Hunderter weiterer Geschmacksstoffe, die sich in Gewürzen finden. Wie ein Alchemist beherrscht er die Kunst, aus indischen Chilis die Schärfe herauszunehmen, damit der gewonnene Extrakt süß schmeckt wie roter Pfeffer aus Spanien. Er kann sogar aus minderwertigen Muskatnüssen Delikatessen machen. »Für einen Koch ist das Würzen eine Kunst«, sagt er mit der distanzierten Art, die Forschern zu eigen ist, »aber für die Lebensmittelchemie ist es eine Wissenschaft.«

Für Mathew ist es auch eine Selbstverständlichkeit, dass längst nicht alle Gewürze, die bei Plant Lipids verarbeitet werden, aus den Plantagen der Region stammen. »Broken, wormy and punky« wünsche er sich seine Muskatnüsse, sagt er und kann darüber herzhaft lachen. Zerbrochen, wurmstichig und modrig. Sein Lieblingswitz und trotzdem nah an der Realität. Warum sollte Mathew teures Geld für perfekt geformte Nüsse zahlen, wenn er ihren edlen Geschmack auch billiger hinbekommt? »Selbst unseren Pfeffer kaufen wir am liebsten in Sri Lanka«, verrät der Gewürzexperte. Dort wachsen verschrumpeltere Körner. Aber sie können preiswerter gepflanzt und geerntet werden.

Das Land, in dem der Pfeffer wächst, hat also den Anbau von Gewürzen outgesourct. Selbst ferne Länder wie Vietnam und Nigeria liefern heute Gewürze nach Malabar, damit Firmen wie Plant Lipids sie dort weiterverarbeiten können. Sie folgen der eisernen Logik des Weltmarktes. Dinge werden eingekauft, wo sie in der besten Qualität oder zum günstigsten Preis hergestellt werden können. Für Gewürzextrakte gilt das wie für Fernseher und Kleinwagen, Duschgel und Wintermützen, Spielzeugpuppen und Rasierapparate.

Es ist die weltweite Anwendung eines Grundsatzes, den die Urväter der Wirtschaftswissenschaft formuliert hatten. Adam Smith im späten 18. Jahrhundert und David Ricardo im frühen 19. Jahrhundert. Für den Wohlstand der Nationen sei es am besten, wenn die Menschen keine Generalisten und Selbstversorger blieben. Sie sollten Spezialisten werden und untereinander Güter tauschen. Am Ende würde dann jeder die Tätigkeit ausüben, die er am besten beherrscht.

Im Kern hat diese Lehre bis heute überlebt. Doch nie wurde sie so eifrig befolgt wie heute. Wir leben im Zeitalter der Turbo-Globalisierung. Transporte sind billiger als je zuvor, die Kommunikationsmöglichkeiten größer. Politiker haben Zölle gesenkt und andere Handelsschranken fallen lassen. Der Welthandel hat sich seit 1980 verfünffacht. 55 Prozent aller Waren und Dienstleistungen, die irgendwo auf der Welt entstehen, werden gehandelt.

Die meisten Leute sind dadurch wohlhabender geworden. Adam Smith und David Ricardo hatten das also richtig vorausgesagt. Allerdings profitierten nicht alle. Große Bevölkerungsgruppen verloren ihre Arbeit an Konkurrenten in fernen Ländern und fanden keine neue. Globalisierungskritische Gruppen wie Attac erleben heute regen Zulauf, Demonstranten gehen für die Entflechtung der Welt auf die Straße. Die Globalisierung mag nichts Neues sein, doch die Geschwindigkeit des Wandels ist vielen Menschen unheimlich geworden.

Wer heute die Malabarküste entlangfährt, passiert die Hafenstädte Mangalore, Kalikut, Cochin und Quilon, entdeckt kilometerlange einsame Strände und ein weit verzweigtes Netz dschungel-überwachsener Brackwasserkanäle und Flüsse. Er stolpert auch ständig über Spuren, die die Händler vergangener Epochen hinterlassen haben. Vor den Toren von Cochin graben sie gerade die Reste eines legendären Hafens der Antike aus, Muziris aus der Römerzeit. Zumindest sind die Archäologen zuversichtlich, dass Hunderte von Amphorenscherben und römischen Münzen ihnen den richtigen Weg gewiesen haben.

Man kann auch durch die Altstadt von Mattancherry laufen und in die Innenhöfe lugen, wo alte Männer in weißen Roben Ingwer und Pfefferkörner zum Trocknen auf Sackleinen auslegen. So mag es hier schon zugegangen sein, als in Europa tiefstes Mittelalter war. Wenn man ein bisschen weitergeht, finden sich nah beeinander eine Moschee, eine Synagoge und ein Tempel der Jains aus Gujarat. Am nahen Flussufer, wo gelegentlich ein Containerschiff auf seiner Fahrt in den modernen Hafen von Cochin vorbeizieht, sind bis heute chinesische Fischernetze in Betrieb. Der Überlieferung zufolge waren sie Geschenke vom Hof des Kublai Khan, Zeichen der Wertschätzung unter Handelspartnern.

Noch etwas weiter, und man entdeckt Überreste jener Neuerungen, die die Europäer brachten: die imposante St. Francis Church im Fort Cochin, aber auch Befestigungsanlagen und Kanonen. Paläste für korrupte Maharadschas, die solche Bauten im Gegenzug für ihre Gefügigkeit akzeptierten. Das prunkvolle Handelshaus der englischen Gesellschaft Aspinwall, das selbst aussieht wie ein Palast. Bald nachdem Vasco da Gama am Kappad Beach vor Anker gegangen war, kehrten die Portugiesen nämlich mit noch mehr Kanonenschiffen zurück, erzwangen gewaltsam die Kontrolle über den Handel mit der Malabarküste. Es folgten Epochen der Kolonialherrschaft unter Portugiesen, Niederländern und Engländern.

Den Landstreifen entlang der Malabarküste nennt man heute Kerala. Er ist ein vergleichsweise wohlhabender Bundesstaat der indischen Republik. Auf den ersten Blick ist das schwer zu erklären: Es gibt hier nur wenig Industrie, die Produktivität ist niedrig, die Äcker sind zerstückelt. Entwick-

lungsökonomen haben immer wieder das Rätsel vom »Kerala-Phänomen« untersucht, sie lobten mal die guten Schulen und mal die kommunistische Regierung. Doch die beste Erklärung ist die Globalisierung.

Zwar wäre der Export von Gewürzen und Kokosnussfasern, Gummi und Kaffee zu klein, um allein den Wohlstand in Kerala zu erklären. Aber die Globalisierung war immer schon mehr als Gütertausch. Entlang der Handelsrouten verbreiten sich auch neue Ideen und Techniken. Kapital wurde um die Welt transferiert, Handelsposten und Produktionsstätten in fernen Ländern begründet, um dort günstige Rohstoffe oder fähige Arbeitskräfte nutzbar zu machen. Wo Staaten es erlaubten, zogen die Menschen selbst in die Ferne und arbeiteten dort, wo ihre Fertigkeiten am dringendsten gebraucht wurden. Die Leute von Kerala haben das genauso gemacht wie türkische Gastarbeiter, die zu uns nach Deutschland kamen.

In jeder Stadt entlang der Küste von Malabar kann man heute Plakatwände sehen, auf denen Produkte, Immobilien oder Geldanlagen für »NRIs« angeboten werden. Das sind »Non Resident Indians«, Inder, die im Ausland arbeiten. »Unter den indischen Gastarbeitern ist eine Mehrheit aus Kerala«, sagt GK Nair, ein örtlicher Wirtschaftsreporter der Zeitung The Hindu. Fast jeder Haushalt hat hier ein Familienmitglied, das für ein paar Jahre an den Persischen Golf zieht, um auf Ölbohrplattformen zu arbeiten, als Sekretärin in den Werbeagenturen Dubais oder als Computerfachkraft im fernen Amerika. Überweisungen von NRIs in ihre Heimat machten zuletzt ein Viertel des Einkommens im Staat Kerala aus.

Der Infopark ist nur ein paar Kilometer vom Stadtzentrum Cochins entfernt, aber das Taxi braucht fast eine Stunde. Geduldig umkurvt der Fahrer regengefüllte Schlaglöcher, Hunde, Handkarren und die Statue des Maha Rama Varma, um schließlich in eine gigantische Baustelle einzubiegen. Erst blickt man auf fünf Bürotürme, noch in Rohbeton. Am hinteren Ende sind die Gebäude aber schon fertig. An einem steht »Outsource Partners International«, das blaugrau verspiegelte Glas leuchtet in der Sonne wie das Arabische Meer. Nebenan ein cremefarbener Bau, die Niederlassung der Firma Wipro.

Wipro ist eine der größten Outsourcing-Firmen Indiens. Sie verdient ihr Geld mit der modernsten Form des Handels, die die Globalisierung hervorgebracht hat: Dienstleistungen bei fernen Kunden, mit denen die Wipro-Mitarbeiter über Satelliten, Unterseekabel, Computer und Telefone verbunden sind. In Callcentern beantworten sie Kundenanfragen für amerikanische und europäische Banken, über das Internet warten sie die Kassen- und Lagerhaltungscomputer amerikanischer Supermarktketten. 2006 setzte der Konzern 3,4 Milliarden Dollar um.

»Sie stehen im am schnellsten wachsenden Standort Wipros!«, sagt JK Sanjay. Er ist hier mit 38 Jahren der Chef und führt stolz durch die nagelneuen Großraumbüros. Es riecht nach frischem Kiefernholz und Klebstoffen, auf manchen Bildschirmen sieht man Maschinencodes, auf anderen Mikroskopdarstellungen von Leiterplatinen. »Heute erwarten die Kunden immer mehr von uns«, fügt er noch hinzu. »Sie wollen jetzt schon, dass wir ihre Computersysteme komplett entwerfen und aufbauen.«

Dafür braucht Wipro Leute. Viele Leute. Die sind inzwischen sogar in Indien schwer zu finden. Wipro geht daher an 120 indischen Colleges auf Rekrutenjagd, und die Firma baut an immer entlegeneren Orten ihre Niederlassungen auf. Auch in Cochin, 14 Autostunden von Bangalore entfernt. Hier lassen sich noch viele qualifizierte Leute mit der Aussicht locken, für ein indisches Unternehmen zu arbeiten und weiter zu Hause in der Nähe der Familie zu leben. Premy Varghese ist einer von ihnen. Ein Ingenieur, geboren in Cochin, der gerade etwas gehetzt aus einem Besprechungszimmer eilt. Er gerät schnell ins Plaudern.

Wie viel er über die Welt gelernt habe, seit er im Geschäft mit dem Outsourcing angefangen hat! Über die Japaner zum Beispiel, mit denen er zu tun hat, seit er im vergangenen Herbst dort zu einer Kundenfirma reiste und ein neues Projekt besprach. »Die haben diese Einstellung, dass alles gleich beim ersten Mal perfekt sein muss«, erzählt er, »darum sprechen sie lange Zeit alle Aspekte einer neuen Entwicklung durch.« Auch über die Deutschen weiß er Bescheid, die seien »ebenfalls gründlich, aber weniger streng als Japaner«. Dann lacht er und fügt hinzu, als müsse er etwas Versöhnliches sagen: »Dafür sind die Deutschen flexibler.« Man merkt es gleich, Leute wie Premy Varghese sind die neue Avantgarde der Globalisierung.

Es musste ja so kommen: Die Geburtsstätte der Globalisierung hat den Handel des 21. Jahrhunderts entdeckt. Und die Kosmopoliten der Malabarküste werden daran wieder prächtig verdienen.

Globaler Tauschring – Fakten zum Welthandel

Den Begriff Globalisierung hat 1983 der Harvard-Ökonom Theodore Levitt bekannt gemacht. Gemeint ist die zunehmende wirtschaftliche, soziale und kulturelle Verflechtung der Welt. Sie wird besonders durch den Austausch von Handelsgütern und Kapital, Wissen und Arbeitskräften zwischen Ländern vorangetrieben.

Outsourcing bedeutet, dass ein Unternehmen sich auf seine Kernaufgaben konzentriert und weniger wichtige Hilfstätigkeiten an Subunternehmer im In- oder Ausland vergibt. Ein Turnschuhunternehmen kann beschließen, dass seine Kernaufgaben das Design und die Kundenbetreuung sind – dann wird es die Herstellung der Schuhe nach China vergeben. Ein anderes Turnschuhunternehmen mag das anders sehen, die Herstellung selbst erledigen, aber den Kundendienst an ein Callcenter in Indien auslagern.

Vasco da Gama entdeckte als Gesandter des Königs von Portugal den Seeweg nach Indien. Als er 1498 am Strand von Kappad landete, empfing ihn zwar der lokale Machthaber – der Zamorin war aber nicht, wie erwartet, zu großzügigen Handelskonzessionen bereit. Die ansässigen arabischen Händler begegneten den Portugiesen feindlich; es kam zu Scharmützeln. Da Gama und andere portugiesische Seefahrer kehrten später mit mehr Kriegsschiffen zurück. Da Gama richtete dabei brutale Gemetzel unter Fischern und Kaufleuten an. Eine Seeschlacht besiegelte 1509 den Beginn der portugiesischen Kolonialherrschaft.

Spezialisierung bringt Vorteile. Schon die Urväter der modernen Volkswirtschaftslehre, Adam Smith (1723 bis 1790) und David Ricardo (1772 bis 1823), sahen darin den wichtigsten Grund für den Handel. Auf unterschiedlichen Wegen zeigten sie, dass Menschen den größten Wohlstand erreichen, wenn sie ihre Arbeit auf bestimmte Produkte und Dienstleistungen spezialisieren – und ihren restlichen Bedarf mit Tauschgeschäften decken.

Handelsschranken kann jede Regierung für ihren jeweiligen Staat erlassen – und damit auch die Globalisierung einschränken oder gar rückgängig machen. Neben klassischen Zöllen sowie Einfuhr- und Ausfuhrverboten können auch Subventionen als Hemmnisse funktionieren, weil sie heimische Unternehmen bevorzugen. Ausländische Konkurrenten sind auf einem subventionierten Markt kaum konkurrenzfähig. Schwer erfüllbare technische Auflagen für ausländische Lieferanten erreichen das Gleiche. Die meisten Länder haben sich allerdings in internationalen Verträgen verpflichtet, auf vielerlei Handelsschranken zu verzichten. Zu den bekannteren Abkommen dieser Art gehören Freihandelszonen wie die Europäische Union und die weltweit beschlossenen Regeln der WTO.

Attac ist eine Nichtregierungsorganisation, die 1997 von Journalisten der linken französischen Zeitung *Le Monde Diplomatique* gegründet wurde. Ursprünglich sollte sie Stimmung gegen Finanzspekulanten und für eine Spekulationssteuer machen. Später spielte sie eine wesentliche Rolle bei der Gründung des World Social Forum. Hierzulande ist ihr deutscher Ableger die bekannteste globalisierungskritische Gruppierung.

Die Schlacht von Seattle wurde im November 1999 anlässlich der Welthandelskonferenz geschlagen. Auf Einladung der Welthandelsorganisation (WTO) wollten Delegierte aus aller Welt über eine neue Runde von Handelserleichterungen verhandeln. Mehrere zehntausend Demonstranten aus unterschiedlichen politischen Lagern und Nichtregierungsorganisationen belagerten damals das Tagungszentrum, und die Verhandlungen scheiterten (allerdings aus anderen Gründen). Seattle wurde zum Geburtsort der weltweiten globalisierungskritischen Bewegung.

Das World Social Forum fand 2001 erstmals in der südbrasilianischen Stadt Porto Alegre statt und wird seither jährlich in verschiedenen Städten der Welt veranstaltet. Globalisierungskritische Gruppen und Intellektuelle debattieren dort über eine gerechtere, umweltfreundlichere Form der wirtschaftlichen Verflechtung. Nur eine Minderheit von Gruppen will die Globalisierung stoppen oder zurückdrehen. Deshalb führt die gebräuchliche Bezeichnung »Globalisierungsgegner« in die Irre.

Mehr zum Thema:

Dani Rodrik: One Economics, Many Recipes
Globalization, Institutions,
Economic Growth;
Princeton University Press 2007; 278 S.

Le Monde Diplomatique (Hg.):
Atlas der Globalisierung
taz-Verlag 2007; 240 S.

Gernot Giertz (Hg.): Vasco da Gama.
Die Entdeckung des Seeweges nach Indien
Ein Augenzeugenbericht 1497–1499;
Heyne 1980; 230 S.; nur noch antiquarisch

»Der internationale Handel hilft gegen Armut und Kinderarbeit«

Die Nützlichkeit des Welthandels ist für manche Ökonomen ein Dogma. Ist das noch Wissenschaft oder schon Religion?

Sie können rechnen, wie Sie wollen: Die volkswirtschaftlichen Gewinne aus dem Handel sind gewaltig. Wir müssen am Wirtschaftsaustausch teilnehmen, um diese Vorteile zu nutzen.

Auch wenn wir unsere Arbeitsplätze an Billiglohnländer verlieren?

Arbeitskosten sind im Wettbewerb viel weniger entscheidend, als die Leute immer glauben. Nachrangig sogar, mit der Ausnahme äußerst arbeitsintensiver Branchen. Da gibt es auch noch die Infrastruktur, Steuern, die Verfügbarkeit von Rohmaterialien, die Lage von Zulieferfirmen …

Aber der Wettbewerb wird immer härter.

Das stimmt, aber das geht mal für das eine Land gut oder schlecht aus, mal für das andere. Wer den Vorteil hat, ändert sich oft über Nacht. Damit müssen wir umgehen lernen.

Wie denn?

Zum Beispiel, indem wir unsere Bildungssysteme anders ausrichten und auf die Frage ansetzen: Wie können die Leute befähigt werden, schneller von einer Spezialisierung in eine neue zu wechseln?

Warum haben Sie sich auf das Feld der Außenwirtschaftstheorie spezialisiert?

Ich sah, dass internationaler Handel eine höchst effiziente Methode ist, um Wirtschaftswachstum und Armutsbekämpfung zu erreichen.

Die globalisierungskritischen Demonstranten sehen das anders.

Ich war schon ein bisschen enttäuscht, dass vor allem in Europa diese Generation junger, idealistischer Menschen zu Gegnern der Globalisierung wurde. Sie fragten ja zu Recht: Was macht der freie Handel mit den Frauenrechten? Was macht er mit der Kultur von Eingeborenenstämmen? Oder der Kultur der Franzosen? Was ist mit der Armut, mit Kinderarbeit, Demokratie? Doch in all diesen Dingen hilft der internationale Handel.

Was haben Außenwirtschaftstheoretiker in den vergangenen Jahren hinzugelernt?

Wir haben mehr über die politische Ökonomie des Welthandels erfahren, über seine Durchsetzbarkeit bei internationalen Verhandlungen. Und mein Schüler Paul Krugman hat es geschafft, die Modelle der Handelstheorie zu erweitern: um die realistische Annahme, dass der Wettbewerb auf den Märkten nicht perfekt ist.

Warum war das wichtig?

Der Hintergrund für Paul Krugmans Arbeit war der amerikanische Konkurrenzkampf mit Japan. Die Japaner hatten damals sehr verschlossene Märkte, und jeder fragte sich: Verlieren wir gegen Japan? Da wurden imperfekte Märkte sehr wichtig. Es gibt zum Beispiel Firmen, die werden umso wettbewerbsfähiger, je größer sie sind. Und wenn die Japaner ihren Markt verschließen und wir unseren öffnen, bedienen unsere Firmen nur einen Markt, die japanischen Konkurrenten aber zwei! Wenn das eintritt, dann würden die uns eines Tages überrollen.

Wenn Sie morgen ein Forschungsprojekt frei auswählen könnten, welches wäre es?

Ich würde die Ursachen des Protektionismus besser erforschen. Derzeit besteht die große Gefahr, dass dieser wieder in den reichen Ländern ausbricht. Um das zu erklären, müsste man eine Menge akademischer Disziplinen zusammenbringen.

Der größte Fehler in der Außenhandelstheorie?

Den hat mein Kollege Jeffrey Sachs begangen. Der ist ein Technokrat. Er hat Ländern eine Schocktherapie empfohlen …

… ein Reformpaket über Nacht, um die Wirtschaft der Globalisierung zu öffnen.

Ein Riesenfehler. Politisch unmöglich. Man sollte solche Dinge Schritt für Schritt machen.

Was wissen Sie, ohne es beweisen zu können?

Dass es unerhört teuer ist, dass Handelsverträge zwischen Staaten und Regionen wild wuchern. Davon gibt es heute fast 400. Das ist ein Angriff auf das Prinzip, dass kein Handelspartner bevorzugt werden sollte, wenn man im Welthandel Wohlstand erreichen will. Doch niemand konnte bisher nachweisen, wie teuer das ist. Das muss geschehen.

JAGDISH BHAGWATI,
Ökonom an der Columbia-Universität New York, hat die moderne Handelstheorie mitbegründet und ist ein flammender Verfechter des Freihandels

KOMMUNIKATION

3995 US-Dollar kostete 1983
ein **MOTOROLA DYNATAC 8000X** –
das erste kommerzielle
Mobiltelefon

SEEKABEL: Verdrillte
Stahlseile, Aluminiumrohr,
Paraffin, Lichtwellenleiter

Junge Koreanerinnen
schmücken ihre Handys –
etwa mit **STOFFTIEREN**

ALEXANDER GRAHAM BELL
ist einer von mindestens
drei Erfindern des Telefons

Setzte sich zuerst in den
USA und Asien durch: das
KLAPPHANDY

Total vernetzt

Noch nie haben die Menschen so viel kommuniziert wie heute.
In Asien begeistern sich Teenager besonders schnell für neue
technische Errungenschaften. Fast alle südkoreanischen Haushalte
sind bereits online. Für Mediensüchtige gibt es Therapiezentren

VON JENS UEHLECKE

Der Buchstabe X:
Das **WINKER-
ALPHABET**
wird militärisch
noch genutzt

Relikt aus jenen
fernen Zeiten, als
noch Briefpapier
beschrieben wurde:
POSTBRIEFKASTEN

STÖPSEL:
Symbol der iPod-
und Headset-
Gesellschaft

Diese **BRIEFTAUBE** transportierte
1910 keine Depeschen durch die
Luft, sie lieferte Panoramabilder

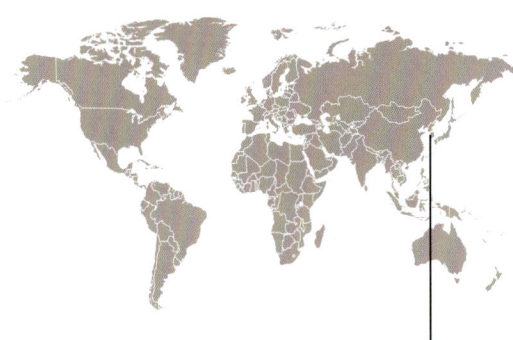

D as Mittagessen von A-Jeong und Jeong-Hwa folgt dem immer gleichen Ritual. Auch heute, in dem Imbiss am Yongsan-Bahnhof in Seoul: Die 19-jährigen Mädchen wechseln erst zwei, drei Sätze, dann stopfen sie sich ein paar scharfe Rindfleischstreifen in den Mund, und schließlich tippen sie beim Kauen eine SMS unter dem Tisch. An eine Freundin (»Was machst du gerade?«), die Mama (»Ich esse zu Mittag«) oder den Jungen von der Uni (»Keine Zeit«).

Ist der Mund wieder leer, beginnt das Ganze von vorn: reden, kauen, tippen. Reden, kauen, tippen. Nur einmal unterbricht A-Jeong die Routine, um ihre Fingerabdrücke von den Tasten zu wischen – mit einem grünen VW-Käfer-Schwämmchen, das extra dafür an ihrem Handy baumelt.

Wer asiatische Teenager beobachtet, schaut in unsere Zukunft, behaupten Trendforscher und Medienwissenschaftler. So, wie sie kommunizieren, könnte bald der Rest der Welt kommunizieren.

Sie begeistern sich schneller für neue technische Errungenschaften als Teenager anderswo – vor allem wenn sie wie A-Jeong und Jeong-Hwa in Südkorea leben. In dem Land, das sich selbst Technologie-Front Asiens nennt, in dem 94 Prozent der Haushalte online sind und das mittlerweile jedes fünfte Mobiltelefon der Welt produziert. Niemand würde sich hier ein Handyhalfter an den Gürtel schnallen wie so viele Europäer. Wozu auch? Man benutzt sein Telefon ja ohnehin ständig.

Läuft der Hund weg, ruft man ihn einfach an – auf dem Handyhalsband

Auch Jeong-Hwa scheint ihr Klapphandy an die Handfläche angewachsen zu sein wie ein lebenswichtiges Organ. Bis zu 200 Kurznachrichten verschickt sie am Tag. Wenn sie wach ist, im Schnitt alle fünf Minuten eine. Das sei doch nichts Ungewöhnliches! Keiner ihrer Freunde lasse auch nur eine der 3000 Frei-SMS verfallen, die in vielen südkoreanischen Jugend-Mobilfunkverträgen monatlich inklusive sind – sagt sie und tippt die nächste Nachricht.

»Der gesellschaftliche Stellenwert von Kommunikation steigt rapide«, sagt der Berliner Medienforscher Norbert Bolz. »Zugleich verändert sich ihr Zweck: Immer häufiger kommunizieren wir, nur um zu kommunizieren – und empfinden eine unbändige Lust dabei.« Der Anthropologe Lionel Tiger hat diese Lust der Gesellschaft an sich selbst *sociopleasure* genannt. Es gehe, sagt Bolz, nicht mehr darum, Informationen zu übermitteln, es gehe darum, permanent Kontakt zu halten – permanent wahrgenommen zu werden: *Ich kommuniziere, also bin ich.* Flatrate-Tarife, mit denen man so viel sprechen, surfen, mailen kann, wie man will, hätten diesen Trend verstärkt, sagt der Medienforscher. »Das ist absolut toxisch, dem kann man sich fast nicht entziehen.«

Aber auch wenn sie nicht *munja-reul bonaeda* – so heißt »eine SMS verschicken« hier –, lassen junge Koreanerinnen kaum von ihren Telefonen. Beim Friseur halten sie sich ein Kamerahandy vor die Nase und beraten mit der

Freundin per Videokonferenz, ob die Spitzen ordentlich geschnitten werden. Kleinen Terriern legen sie Handyhalsbänder an, die sie anrufen können, wenn sie die Hunde per Wau-wau-Klingelton lokalisieren wollen. Und bevor sie in ein Taxi steigen, halten sie ihr Telefon an die Autotür, um sich von einem dort eingebauten Chip das Unfallregister des Fahrers auf ihr Telefon zu laden – und dann vielleicht doch lieber zu Fuß gehen.

Technische Spielereien wie diese sind der vorläufige Höhepunkt eines rasanten Fortschritts, der die zwischenmenschliche Kommunikation in den vergangenen zwei Jahrhunderten radikal verändert hat. Am besten beschreibt ihn das Wörtchen »tele«. Es steht für die mediale Eroberung der Ferne – dafür, dass Menschen heute nicht mehr am selben Ort sein müssen, um sich verzögerungsfrei auszutauschen. Über weite Strecken machte das im 19. Jahrhundert zuerst der Telegraf mit dem Morsealphabet möglich, dann aber vor allem das Telefon.

Der erste Satz, den sein Erfinder Alexander Graham Bell in den Apparat gebrüllt haben soll, galt seinem Assistenten: »Watson, komm her!« Bell hatte sich aus Versehen Säure aufs Hemd geschüttet und brauchte dringend Hilfe (sein deutscher Konkurrent Johann Philipp Reis bevorzugte bei den Vorführungen seines Apparats Nonsens-Sätze wie »Das Pferd frisst keinen Gurkensalat«). Von diesem Tag an machte das Telefon eine Blitzkarriere als Befehlsmedium. Es transportierte nicht nur Stimmen über große Entfernungen, sondern erweiterte auch die Machtsphäre des Einzelnen. Kein Wunder, dass sich das Militär ebenso dafür begeisterte wie die zivile Oberschicht, die damit ihr Dienstpersonal herumkommandierte. Dass sich ein Angerufener »meldet«, sobald es klingelt, zeugt noch heute von den Anfängen.

Ende der 1950er Jahre wurde »die Strippe« erstmals überflüssig, die ersten Funk-Autotelefone waren auf den Straßen unterwegs und entwurzelten die Kommunikation restlos. Allerdings waren sie zunächst so teuer wie ein kompletter Kleinwagen. 1983 schließlich schrumpfte der amerikanische Motorola-Konzern das mobile Telefon auf handliche Maße – das Zeitalter des Handys brach an. Aus dem Statussymbol für Besserverdiener wurde im Lauf der Zeit ein nicht mehr wegzudenkendes Alltagsutensil. Heute, gut zwei Jahrzehnte später, sind weltweit 3,3 Milliarden davon auf Empfang, statistisch gesehen, hat jeder zweite Mensch ein Telefon für unterwegs.

Eine Homepage hat in Südkorea jeder, der halbwegs im Hier und Jetzt lebt

»Früher war unsere Kommunikation von Anwesenheit geprägt, heute ist die Erreichbarkeit entscheidend. Überall und immer verfügbar zu sein ist zur Statusfrage geworden«, sagt die Mediensoziologin Christiane Funken. Dieser Status manifestiert sich sichtbar im Mobiltelefon, dem allgegenwärtigen Symbol der Always-on-Kultur.

Nach dem Essen bummeln A-Jeong und Jeong-Hwa durch das Elektronik-Kaufhaus gleich am Yongsan-Bahnhof. In der achten Etage des kolossalen Gebäudes stehen Handy-Stände, so weit das Auge reicht. Hierher kommt, wer in Seoul ein billiges Mobiltelefon kaufen will. In den Vitrinen liegen unzählige Modelle, darunter – weil die weibliche Kundschaft derzeit darauf steht – viele in Rosa und Pink. Und in unzähligen Abstufungen dazwischen.

»Kommt hierher! Wir haben, was ihr wollt«, brüllen die jungen Verkäufer den Mädchen von allen Seiten nach. Die aber wissen: Die beste Kommunikationsstrategie im Yongsan Electronics Market ist es, nicht zu kommunizieren. Wer sich in ein langes Verkaufsgespräch verwickeln lässt, hat keine Zeit zum Vergleichen und wird das perfekte Handy nicht finden.

Das muss nicht nur hauchdünn und federleicht sein. »Man sollte damit auch fernsehen können, das ist praktisch in der U-Bahn«, sagt A-Jeong. Und natürlich muss es eine Öse haben für die vielen Anhänger, mit denen koreanische Mädchen ihre Telefone schmücken, als wären sie tragbare Altäre für den Gott der Erreichbarkeit. »Sind die nicht süß?«, fragt Jeong-Hwa und zeigt auf einen Stand mit kleinen Wollpüppchen, von denen jedes einzelne fast so schwer ist wie das Handy, an dem es bald baumeln soll.

»Cool ist das Handy da drüben«, sagt A-Jeong und zeigt auf den Pappaufsteller eines Teenie-Popstars, der wie Prinzessin Leia aus *Star Wars* in Pin-up-Pose aussieht und ein extrem flaches Gerät in die Luft reckt. Das hat eine gute Kamera, sodass man damit Fotos sofort auf seine Mini-Hompi übertragen kann, so heißen private Homepages in Südkorea. Eine Mini-Hompi hat jeder in Korea, der halbwegs im Hier und Jetzt lebt. Schon lange bevor die Web-2.0-Welle Deutschland erreichte, tauschten südkoreanische Teenager Cyworld-Profilnamen anstelle von Telefonnummern aus – Cyworld ist die hiesige Variante sozialer Netzwerke wie MySpace oder StudiVZ. Derzeit hat fast jeder zweite Koreaner dort ein Profil.

Eine Welt ohne Internet ist heute nicht nur in Korea undenkbar. Wie das Telefon verdankt es seine rasche Verbreitung ursprünglich dem Militär, das es in den siebziger Jahren als dezentrales Netz zwischen seinen Forschungsstandorten entworfen hatte. Schnell entdeckten Universitäten die Vorteile der E-Mail. Und als Tim Berners-Lee schließlich Anfang der neunziger Jahre das World Wide Web (WWW) vor-

stellte, begann die explosionsartige Vernetzung der Menschheit. Inzwischen haben mehr als 1,4 Milliarden einen Internetzugang. »Das Netz« ist zum Medium der Masse geworden, gleichwohl es anders als Kino, Radio und Fernsehen kein reines Massenmedium ist. Schließlich – und das macht es so beliebt – ermöglicht es nicht nur die einseitige Berieselung, sondern auch den Dialog.

Die Folgen sind zwiespältig: Zum einen finden im Internet Menschen zueinander, die sich auf der Straße nie ansprechen würden. Menschen mit den gleichen Interessen, Überzeugungen, Ängsten. Es entstehen weltumspannende Gesinnungsgemeinschaften: Fans südafrikanischer Grunge-Musik, Maulwurfzüchter, Liebhaber seltener Fesselspielmethoden – jeder findet seine Nische, in der er chatten, mailen, skypen kann. Die *like-mindedness* ist hier technisch perfektioniert.

Zum anderen entstehen aber auch jene dunklen Ecken für Verschwörungstheoretiker, Gewaltbereite und Esoteriker, in denen sie, geschützt vor jeglichem sozialen Korrektiv, ihren Hirngespinsten anhängen können. Das WWW hat auch den weltweiten Wahnsinn perfektioniert.

Am nächsten Mittag im Inyx, einem der unzähligen Seouler PC Bangs – Internet-Cafés. Auf der Wand steht in roten Lettern »battlezone«, davor kämpfen 20 Jungs an Flachbildschirmen gegen Feinde im Netz. Jeong-Hwa sitzt in einem schwarzen Ledersessel, der für ihre 1,60 Meter viel zu groß geraten scheint. Wie jeden Tag bringt sie ihre Mini-Hompi auf den neusten Stand, so selbstverständlich, wie andere ihre Katze füttern.

»Eigentlich bin ich selten online«, sagt sie. Ihre Freundinnen, ja, die seien fast immer im Netz. Die eine schreibe ständig Tagebuch. (»Gerade ist kein gutes Wetter, es ist eher schlecht. Meistens regnet es, zwischendurch scheint die Sonne. Ich hätte gern, dass jemand an mich denkt, der Jemand weiß schon Bescheid.«) Die zweite hänge ständig vor Ulzzang-Seiten – dort lädt man sein Foto hoch und lässt andere benoten, wie hübsch sie ist. Könnte sie nicht auch einfach jemanden fragen? Jeong-Hwa kichert: »Das tut man in Korea nicht.«

Mobilfunkfirmen dürfen Jugendlichen nur noch 30 Euro im Monat berechnen

»Im Schutz des Internets kommunizieren Menschen völlig anders«, sagt Christiane Funken. »Sie können nicht mehr all die Kanäle nutzen, die ihnen bei einem Gespräch von Angesicht zu Angesicht zur Verfügung stehen.« Beim Chatten und in E-Mails lassen sich nur schriftliche Botschaften austauschen – Merkmale wie Mimik, Gestik, Sprechtempo entfallen. Schönheit, Geschlecht und Hautfarbe werden irrelevant. Das hat durchaus Vorteile, eine fachliche Diskussion etwa wird nicht durch ein offenherziges Dekolleté beeinflusst. Fehlender Sichtkontakt und Anonymität wirken zudem enthemmend: »Das Netz ist daher ein idealer Ort für alle, die sonst zu schüchtern sind, um zu kommunizieren«, sagt Norbert Bolz. Und davon gebe es verdammt viele. »Sie haben bessere Verständigungschancen, in diesem Sinne demokratisiert das Netz die Kommunikation.«

Klick, klick. Jeong-Hwa loggt sich bei Nateon ein, dem beliebtesten Chatdienst in Korea – »dann kann ich mit meinen Freunden online chatten und meine Frei-SMS schonen«, sagt sie. 123 von rund 200 »Freunden« sind online. Als Nächstes schaut sie nach, wer in ihrem Gästebuch Nachrichten hinterlassen hat (»Hi, schöne Seite! Bis bald!«) – und dann natürlich, ob es neue Fotos auf den Mini-Hompis ihrer Freundinnen gibt. »Das gehört zum guten Stil«, sagt sie. Sie selbst hat erst gestern ihr Album ergänzt: Sie mit einer Freundin, sie mit einer anderen Freundin, sie mit einer dritten Freundin. Der Zeitstempel verrät, wann die Bilder hochgeladen wurden: nachts um 3.17 Uhr.

Auf viele übt das Netz eine unheimliche Anziehungskraft aus, der sie sich nur schwer entziehen können. »Die kulturpessimistische These, dass wir alle seltener persönliche Gespräche führen, weil wir häufiger online kommunizieren, ist empirisch jedoch nicht haltbar«, sagt der Medienforscher Klaus Beck. »Es ist nur ein Kanal hinzugekommen.« Allerdings verfangen sich immer wieder einzelne Menschen im Netz. In Südkorea berichteten 2006 die Panoramaseiten über einen Teenager, der sich wegen einer hohen Handyrechnung das Leben nahm – er war rund um die Uhr online gewesen. Daraufhin bestimmte die südkoreanische Regierung, dass Mobilfunkfirmen Jugendlichen monatlich nur noch umgerechnet 30 Euro berechnen dürfen.

Ein Wartezimmer südwestlich vom Zentrum Seouls, türkis bezogene Sitzreihen, dazwischen spärlich begrünte Balkonkästen, die das Linoleumboden-Ambiente freundlicher machen sollen. Hier im staatlichen »Internetsucht-Zentrum« werden Menschen behandelt, für die moderne Medien vom Segen zum Fluch geworden sind. »Wenn jemand drei, vier Stunden täglich am Computer oder am Telefon verbringt, ständig müde und antriebslos ist, den Augenkontakt verweigert, dann kümmern wir uns um ihn«, sagt der Leiter Young-Sam Koh.

Eigentlich gehöre das Zentrum zu einer Behörde, die Senioren und Behinderten den Weg ins Netz ebnen soll. Doch jetzt, da fast jeder in Südkorea online ist, sei eben ein anderes Problem dringlicher: die Onlinesucht.

Meist bringen verzweifelte Eltern ihre Kinder hierher, weil die nicht mehr vom Bildschirm loskommen. Immer wieder hören sich die Psychologen dann Variationen derselben Geschichten an: wie die des 19-jährigen Erstsemesters, der tagsüber ständig einschlief, weil er nachts als Elf durch die Online-Fantasiewelt *Lineage* wandelte. Dem das zweite Leben wichtiger als das erste wurde und der schließlich nicht mehr auf seine Eltern hören wollte.

Eine Autostunde von Seoul entfernt entsteht die perfekt vernetzte Stadt

»Natürlich ist Kommunikationssucht keine eigenständige Krankheit, und das Internet allein macht uns auch nicht krank«, sagt Koh. Aber wenn Menschen virtuelle Welten der echten vorziehen, dann sei das ein Symptom für psychisches Leiden. »Was Korea von anderen Ländern unterscheidet, ist der hohe Grad an Vernetzung. Deshalb tritt dieses Symptom besonders häufig auf – und deshalb brauchen wir Beratungsstellen wie diese.« Rund 18 000 Fälle behandelten die koreanischen Internetsucht-Zentren im Jahr 2007, einer von 59 Koreanern gehört einer Studie zufolge zur Hochrisikogruppe.

Beim ersten Besuch werden die Patienten und ihre Angehörigen in den kleinen Behandlungsraum gebeten, mit gelb-grünem Plastikspielzeug im Regal und einer Schale Pfefferminzbonbons auf dem Tisch. Dort füllen sie psychologische Tests aus, anhand derer Koh und seine Kollegen eine Psychotherapie planen. Einfachen Fällen empfehlen die Ärzte wöchentliche Therapiesitzungen, schwere Fälle schicken sie für vier Tage in eine Art Bootcamp für Internetsüchtige außerhalb von Seoul. Tag und Nacht stehen die Patienten dort unter Beobachtung, Laptops und Handys sind natürlich tabu. Sie lernen, sich wieder offline zu beschäftigen, zu kochen, zu reden, zu lesen.

Einfach mal das Handy abzuschalten täte den meisten Menschen gut, schreibt die Sankt Galler Kommunikationsprofessorin Miriam Meckel. Von Zeit zu Zeit müsse jeder einmal überprüfen, ob er nicht längst Opfer des »informationellen Sisyphus-Syndroms« sei, getrieben von den Informationen, die ständig via Handy und Blackberry auf ihn einströmten. Wir müssten den Aus-Knopf wiederentdecken, fordert sie, und die Phasen des Inputs mit Phasen der Kontemplation abwechseln. *Ich maile, funke, simse, also bin ich* – dieser Satz ist eben ein verhängnisvoller Irrtum.

Korea wäre nicht Korea, wenn es nicht auch gegen die Informationsflut ein technisches Mittel gäbe – New Songdo, eine neue Stadt, die eine Autostunde von Seoul entfernt entsteht. Noch ragt hier eine Skyline aus Kränen und Betonskeletten in den Himmel. Von 2014 an sollen fast 400 000 Menschen in New Songdo leben und arbeiten. Mehr als 25 Milliarden Euro investiert der amerikanische Konzern Gale in die Stadt, die einen Central Park wie New York, Kanäle wie Venedig und die Eleganz von Paris haben soll. Vor allem aber soll sie perfekt vernetzt sein.

»Jeder Einwohner wird von uns ein U-Phone bekommen, eine Mischung aus Handy und Kontrollbildschirm«, erklärt Il-Young Maing, der für das Netzwerk New Songdos zuständig ist. Dieses U-Phone filtere wie eine Privatsekretärin die einströmenden Informationen. »Wir unterscheiden vier Ebenen: Daten, Informationen, Wissen und Weisheit – das U-Phone sorgt dafür, dass wir von der Datenflut unbehelligt bleiben, die Weisheit aber nicht verpassen.« Zudem automatisiere das U-Phone einen Teil der Kommunikation.

Wenn ein Neu-Songdoianer nach einer Party etwa sein Auto stehen lässt, weil er zu viel getrunken hat, merkt seine Stadt das. Sowohl das persönliche U-Phone als auch der Bordcomputer des Autos funken permanent ihre Aufenthaltsorte an einen Zentralcomputer. Entfernen sich beide mehr als 15 Kilometer voneinander, beauftragt der Rechner einen Fahrer, der das Auto zur Wohnung des Eigentümers bringt. »All das passiert, ohne dass Sie sich darum kümmern müssen«, sagt Maing. »Sie haben Zeit, sich auf die wesentliche Kommunikation zu konzentrieren.«

Ein koreanischer Traum? »Auf keinen Fall«, sagt Jeong-Hwa. »Ich bleibe lieber in Seoul, das wäre mir zu viel Technik.« Mal sehen, wie junge Koreanerinnen das in sechs Jahren sehen werden.

Kommunikation vom Rauchzeichen bis zum Emotikon

Rauchzeichen sind eine frühe, primitive Variante der Telekommunikation. Schon der Pekingmensch soll sich angeblich vor 350 000 Jahren mit Hilfe einer Zeichenfolge von Rauch und Nichtrauch über weite Entfernungen verständigt haben. Während der Papstwahl spielen Rauchzeichen noch heute eine große Rolle. Solange schwarzer Rauch aus der Sixtinischen Kapelle aufsteigt, haben sich die wahlberechtigten Kardinäle noch nicht auf ein neues Kirchenoberhaupt geeinigt. Ist der Rauch weiß, steht ihre Wahl fest.

Nachrichtentrommeln werden bereits seit Jahrhunderten von Dschungelvölkern verwendet. Vor allem in Afrika entstanden eigene Trommelsprachen: Die Botschaften werden in Anlehnung an Rhythmus und Silbentonhöhe natürlicher Sprachen nachgetrommelt. Mittlerweile sind daraus in Westafrika auch eigene Popmusikstile entstanden, etwa der in Senegal und Gambia populäre Mbalax.

Brieftauben überbrachten schon im alten Ägypten Nachrichten. Sie legen Strecken von bis zu 1000 Kilometern mit einer Höchstgeschwindigkeit von 120 Stundenkilometern zurück. Dank Eisenmineralien im Schnabel können die Tauben das Erdmagnetfeld messen und so ihre geografische Position bestimmen. Die Schweizer Armee unterhielt noch bis 1997 einen eigenen Brieftaubendienst.

Das Fadentelefon erfand der chinesische Philosoph Kung-Foo Whing im Jahr 968. Er verband zwei Zylinder aus Bambusrohr mit einem straff gespannten Faden. Ein Zylinder diente als Mikrofon, der andere als Lautsprecher. Heute wird das Fadentelefon nur noch in Kindergärten verwendet – mit Jogurtbechern anstelle der Bambuszylinder.

Der Schreibtelegraf von 1837 war das erste wichtige Kommunikationsmittel der Moderne – und eine der ersten technischen Anwendungen von Elektrizität. Die Nachricht wurde in Form von Stromstößen übertragen und beim Empfänger auf einen fortlaufenden Papierstreifen geprägt. Das passende Alphabet aus Punkten und Strichen entwickelte der Erfinder Samuel Morse gleich mit – den Morsecode.

Das Telefon hat mehrere Erfinder: Der Deutsche Philipp Reis, der Amerikaner Elisha Gray und der nach Kanada emigrierte Schotte Alexander Graham Bell bastelten gleichzeitig an den ersten Modellen. 1876 reichte Bell schließlich ein Patent ein – zwei Stunden vor Gray. Bell durfte seine Erfindung allein vermarkten und legte damit den Grundstein für den amerikanischen Kommunikationskonzern AT&T. Wie kein anderes Medium zuvor schuf das Telefon eigene Regeln: Da im Gespräch keine nonverbalen Signale übertragen werden können, zeigt man dem Gegenüber etwa durch Absenken der Stimme, dass man fertig und er dran ist. Zudem signalisieren bestimmte Formeln dem Kommunikationspartner, dass man das Gespräch beenden will: »Okay ...« zum Beispiel oder »Also dann ...«.

E-Mail, SMS und Chat gehören zu den kanalärmsten Kommunikationsmitteln, die Nachrichten bestehen nur aus Symbolen der Schriftsprache. Deshalb gibt es medienspezifische Ausdrucksformen, die das Fehlen anderer Kanäle kompensieren und Stimmungen transportieren können. Emotikons und Kürzel weisen in E-Mails etwa auf Scherze oder Ironie hin. »;-)« steht zum Beispiel für ein auf der Seite liegendes Gesicht mit zwinkerndem Auge, »kkkk« in Korea für das Geräusch beim Lachen. Sowohl E-Mail- als auch Chat-Kommunikation werden zunehmend durch »Spam« gestört – Werbebotschaften, die massenweise versandt werden. Ihr Anteil an der weltweiten E-Mail-Kommunikation wird auf mehr als 90 Prozent geschätzt. Viele asiatische Jugendliche tauschen sich deshalb lieber über SMS oder Internet-Communities aus.

Internet-Communities wie Facebook, MySpace oder StudiVZ sind soziale Netzwerke, die es ihren Mitgliedern erleichtern, neue Kontakte zu schließen. Zum einen wirken Distanz und Anonymität des Internets enthemmend, zum anderen kennt jeder jeden – zumindest um ein paar Ecken. Und sei es, weil man in seinem Profil die gleichen Interessen angegeben hat. Weil Kommunikation heute einen hohen gesellschaftlichen Stellenwert hat, genießt einen hohen sozialen Status, wer besonders viele »Freunde« oder »Kontakte« in seinem Profil »geaddet« hat. Ob man auf diese Weise weniger einsam ist, steht auf einem anderen Blatt.

»Entscheidend ist, wer was versteht«

Wir tauschen uns heute zunehmend digital über E-Mails, SMS und in Chats aus. Verarmt unsere Kommunikation?

Natürlich benutzen wir im Internet oder am Telefon nur einen Teil der Wahrnehmungskanäle, die uns in einem persönlichen Gespräch zur Verfügung stehen. Aber das hat auch Vorteile. Erstens will man ja oft gar nicht alles vom anderen mitbekommen. Denken Sie nur an die berühmte Angst vor dem Bildtelefon: Das benutzt kaum einer, weil die Bildübertragung häufig eher stört, zum Beispiel wenn man in der Badewanne telefoniert. Zweitens ist es viel einfacher, eine mediatisierte Unterhaltung kurz zu halten. Und das ist oft notwendig, weil wir immer mehr kommunizieren und das zeitlich und räumlich organisieren müssen.

Das heißt, die neuen Medien geben uns mehr Freiheit?

Genau. Das Schreckensbild, neue Kommunikationsmittel seien unser Untergang, weil sie alte verdrängten, ist historisch falsch. Die Wahrheit ist, dass wir in immer komplexeren Medienumgebungen leben. Dabei lernen wir, uns über eine wachsende Zahl von Kanälen auszutauschen. Sogar Steinplatten werden ja heute noch zum Kommunizieren verwendet – als Grabsteine oder Denkmäler.

Wie hat der technische Wandel unsere Art zu kommunizieren verändert?

Die Technik wird überschätzt. Neue Medien wie das Internet verändern uns nicht per se. Sie sind Angebote mit Chancen und Risiken. Marshall McLuhan hatte einst vorhergesagt, das Fernsehen werde die Welt zum Guten verändern. Wir Europäer könnten zum Beispiel sehen, wie die Menschen in Entwicklungsländern verhungerten – und würden uns daher mehr engagieren. Heute wissen wir, dass McLuhan irrte.

Welche Irrtümer gab es noch in der Kommunikationswissenschaft?

Der größte war wohl, dass wir Kommunikation lange als Informationstransport betrachtet haben. Die Standardfrage war: Wer sagt was zu wem über welchen Kanal? Dieses Modell ist zu schlicht. Es zielt auf beobachtbare Sachverhalte, das Entscheidende in der Kommunikation sind aber die Prozesse, die in uns ablaufen. Es kommt nicht so sehr darauf an, wer was sagt, sondern wer was versteht.

Wie hat sich das Kommunikationsverhalten verändert?

Mit dem Wandel der Medien entstehen dauernd neue Regeln. Ein klassisches Beispiel ist die Glaubwürdigkeit. Früher galt als glaubwürdig, wer direkt in die Kamera schaute. Dann kamen die Teleprompter, und plötzlich schauten alle in die Kamera. Das haben die Zuschauer natürlich mitbekommen und nehmen das heute eher als unglaubwürdig wahr.

FRIEDRICH KROTZ
ist Professor für soziale Kommunikation an der Universität Erfurt

Mehr zum Thema:

Klaus Beck:
Kommunikationswissenschaft
UTB 2007; 244 S.

Norbert Bolz:
ABC der Medien
Wilhelm Fink 2007; 163 S.

George Herbert Mead:
Geist, Identität, Gesellschaft
aus der Sicht des
Sozialbehaviorismus
Suhrkamp 2008; 456 S.

LANDWIRTSCHAFT

Kultstätte auf dem **GÖBEKLI TEPE:** Begannen hier die Menschen mit dem Ackerbau, um Arbeiter und Gläubige zu versorgen?

Der **RÄDERPFLUG** war eine der wichtigsten Innovationen für die Bauern im Mittelalter

Der ewige Kampf der Bauern

An der Geburtsstätte des Ackerbaus: In Mesopotamien entstand vor mehr als 12 000 Jahren die Landwirtschaft. Heute treibt die Agroindustrie weltweit Millionen Kleinbauern in den Ruin. Dabei könnte sie von den Verlierern viel lernen

VON CHRISTIANE GREFE

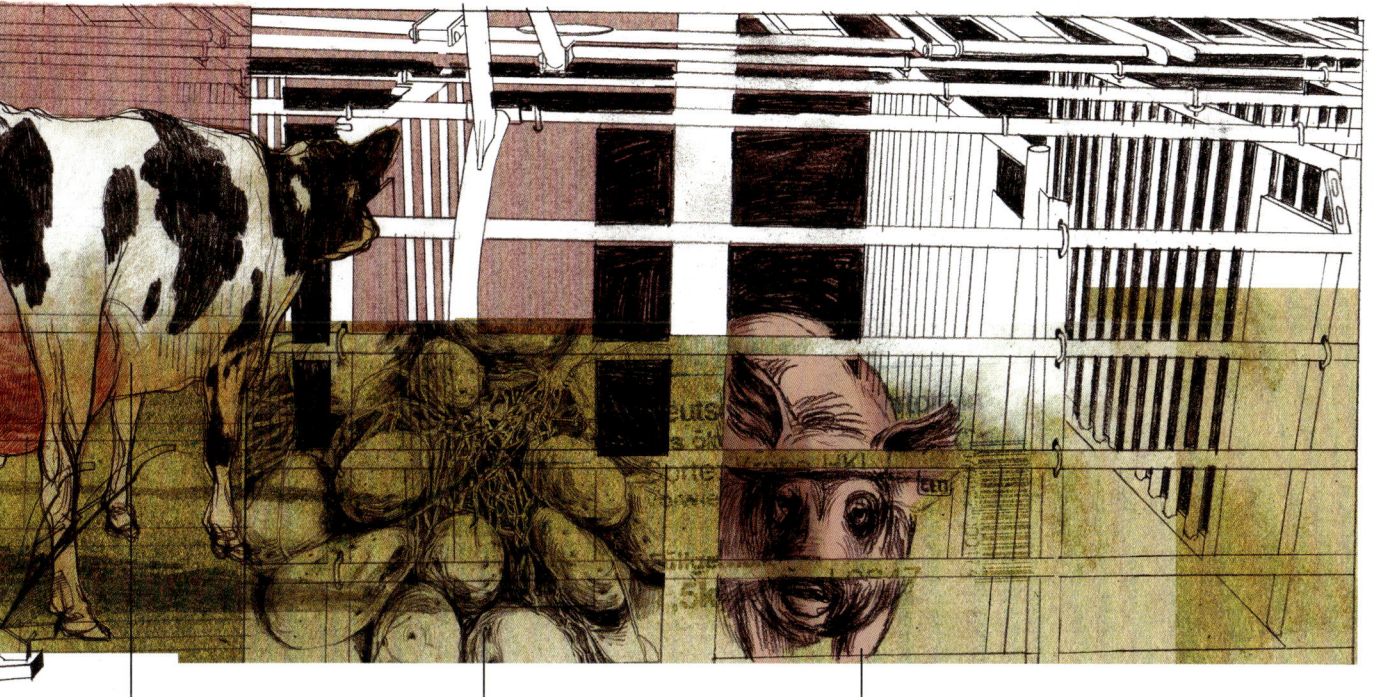

Kraftfutter und Zucht brachten nur den Industrienationen **MILCH UND FLEISCH** im Überfluss

KARTOFFELN stießen in Europa zunächst auf Misstrauen – und wurden nur an Tiere verfüttert

Das **SCHWEIN** wurde vor 9000 Jahren domestiziert. In China und Vorderasien

Mehmets Gehöft liegt am Ende einer Staubstraße, nahe der südostanatolischen Stadt Diyarbakır. Von hier blickt man auf den mächtigen Sattel des Berges Karacadağ. Im Frühjahr grünt das Korn an seinen Hängen, nach der Ernte hebt sich das Fell der Schafe kaum ab vom trockenen Ocker des Bodens und vom grauweißen Gestein. Eine uralte Kulturlandschaft, strapaziert in eisigen Wintern und weißer Sommerhitze, von karger Schönheit.

Der rostige Traktor vor Mehmets Haus ist von einem Freund geliehen, magere Hühner stieben aus seinem Schatten. Drinnen hockt der Bauer in seinem Schalwar, der weiten orientalischen Hose, auf einem Teppich, dem einzigen Einrichtungsgegenstand. Um ihn herum die jüngsten seiner elf Kinder. »Nur zwei Hektar Land habe ich«, sagt Mehmet, »von Weizen und Gerste bringe ich die Familie nicht durch. Ich würde ja Schulden machen, etwas Land dazukaufen. Aber wie soll ich? Der Aga kann uns jederzeit zwingen, hier zu verschwinden.« Der Aga ist der Großgrundbesitzer, er gehört zu den sieben Prozent der Landwirte in der Region, die mehr als die Hälfte der Äcker besitzen. Mehmet sagt: »Der hat hier alle in der Hand.«

Es ist die jahrhunderte-, die jahrtausendealte Klage von Millionen von Bauern aller Länder. Ähnlich mögen schon die Fellachen unter den Pharaonen geklagt haben, die Pächter der Landlords, die Verlierer der Bauernkriege, die Leibeigenen der Elbjunker. Manchmal wurde aus der Klage Zorn, auch noch heute bei vielen italienischen Contadini, kenianischen Mkulima und indischen Kissan, die keinem Landbesitzer verpflichtet sind. Ihre neuen Herren sehen sie in Banken, Saatgutkonzernen und der Agrarbürokratie, die ihnen die Vorschriften machten, die Preise drückten.

Arm seien Bauern seit jeher gewesen, schreibt der britische Autor John Berger, weil sie zuerst für andere arbeiten, erst andere ernähren mussten, »oft um den Preis, dass sie selbst hungrig bleiben«. Doch mit ihrem vielfältigen Wissen, ihren Traditionen hätten sie den Abhängigkeiten immer wieder getrotzt; so wie sie auch Missernten, Fluten, Kriegen widerstanden. Bauern seien »eine Klasse von Überlebenden«. Doch Berger schreibt auch: »Zum ersten Mal ist es möglich, dass eine Klasse von Überlebenden nicht überlebt.« In einigen Jahrzehnten werde es vielleicht keine unabhängigen, kreativen Bauern mehr geben.

Noch arbeitet die Hälfte der Weltbevölkerung in Dörfern. Doch Landflucht in Metropolen von Peking bis Lagos und Zigtausende Selbstmorde von indischen Bauern bezeugen weltweit das oft existenzielle Elend. In Europa leben nur noch zwei bis drei Prozent der Bevölkerung vom Ackerbau – trotz Subventionen; denn die konzentrieren sich auf immer weniger Betriebe, meist sind es die großen. In Deutschland schrumpfte die Zahl der Bauern seit 1950 auf weniger als ein Sechstel, und jedes Jahr machen Tausende weiterer Höfe dicht.

Was aber würde das Ende der Bauern bedeuten? Ein ökologisches Risiko, weil ihre besondere, unmittelbare Verbindung mit der Natur und ihr

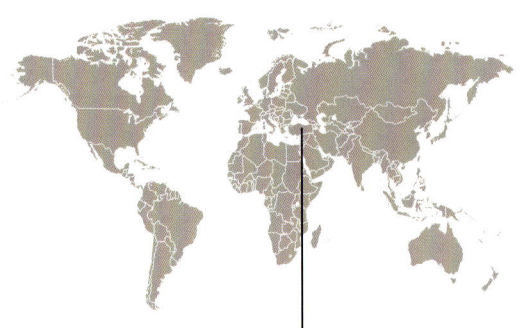

SÜDOSTANATOLIEN
umfasst einen Teil des alten Zweistromlandes Mesopotamien. Hier, im heutigen Kurdengebiet, liegt der Ursprung der Landwirtschaft

langfristiges Denken verloren gehen? Oder ein neues Paradies, das die Menschheit endlich vom biblischen Fluch befreit: »Im Schweiße deines Angesichtes sollst du dein Brot essen«?

Zwischen Euphrat und Tigris wurden Jäger erstmals sesshaft

In jedem Fall wäre es eine weitere Revolution in der revolutionsreichen Geschichte der Landwirtschaft, die vor etwa 12 000 Jahren in Mehmets Heimat mit der »Erfindung« der Bauern begann. Hier, im nördlichsten Teil des alten Mesopotamiens, zwischen Euphrat und Tigris, wurden mit höchster Wahrscheinlichkeit erstmals Jäger sesshaft und begannen, sich von Feldfrüchten zu ernähren.

Sanft wölbt sich der Göbekli Tepe, der »bauchige Berg«, über einem flachen Felsrücken. Eines Tages wird gewiss eine Asphaltstraße Touristenbusse hierher bringen. Doch noch steht jener Baum einsam neben der archäologischen Grabungsstätte, der im Oktober 1994 den professionellen Instinkt eines Prähistorikers weckte. Als Klaus Schmidt vom Deutschen Archäologischen Institut hier in der Nähe der Stadt Şanlıurfa Hinweise auf Ruinen entdeckte, da ahnte er noch nicht, dass er womöglich zugleich eine neue Antwort auf die uralte Frage finden könnte: Warum haben die Jäger die Anstrengungen und Sorgen des Ackerbaus überhaupt auf sich genommen? Sie verbrachten doch ihre Tage in »kaum getrübter elementarer Lebensfreude«, wie der Ethnologe Hans Peter Duerr meint – paradiesisch eben.

In 13 Jahren hat Schmidts Team auf dem Göbekli Tepe Mauerreste und mächtige T-förmige Pfeiler freigelegt, die an menschliche Gestalten erinnern. Sollten sie Götter darstellen? Dämonen? Ahnen? In einige sind Reliefs von Wildschweinen, Stieren, Kranichen oder Füchsen eingeritzt. Vier Kultanlagen kann man bereits besichtigen, doch 20 weitere mit tonnenschweren Pfeilern sind unter Staub und Steinen begraben. Imposante Architektur: Aus ihrer Monumentalität schließt der Archäologe, dass hier in der frühen Jungsteinzeit ein Heiligtum lag, zu dem Gläubige aus der ganzen Region herbeiströmten. Als »Bühne eines komplexen Ritualgeschehens« habe der Tempel gedient, für eine Gesellschaft, die alles andere war als »primitiv«; sonst hätte sie wohl weder die geistige Energie noch die Menschenmassen für eine derart gewaltige Bauleistung an einem zentralen Ort aufbrin-

gen können. War womöglich, fragt Klaus Schmidt, die Konzentration auf den Ackerbau auch die Antwort auf ein Versorgungsproblem? Hunderte von Arbeitskräften mussten schließlich beim Bau des Heiligtums ernährt werden und auch die zahlreichen Teilnehmer an den religiösen Versammlungen.

Bisher dachte man, dass der rasche Klimawandel am Ende der letzten Eiszeit die Jäger zur Sicherung ihrer Nahrung zwang. Doch das ist ebenso wenig belegt wie die Vermutung, die »Neolithische Revolution« habe weiter südlich in der Levante begonnen; diese Annahme mag eher daher geführt haben, dass Archäologen dort besseren Zugang hatten und entsprechend mehr Artefakte fanden als in der vom Kurdenkonflikt zerrissenen Türkei. In den anatolischen Vorgebirgslandschaften nämlich, am Rande des »Fruchtbaren Halbmondes«, der sich bis in den Irak hinein erstreckt, waren die Lebensbedingungen besonders günstig für eine große Vielfalt an Tieren und Pflanzen. An den Hängen des Karacadağ lebten die Urschafe, -ziegen und -rinder; bis heute wachsen in seinen üppigen Wiesen wilde Varianten der ältesten Getreide. Anhand von DNA-Analysen haben Biologen belegt, dass auch die Wildform des später domestizierten Einkorns aus einer Region stammt, in deren Mitte der Göbekli Tepe liegt.

Irgendwann mögen die Steinzeitmenschen begonnen haben, wilde Gräser zu sammeln; dann damit, große Flächen vor Tieren zu schützen; schließlich dürften sie besondere Eigenschaften einzelner Pflanzen gezielt ausgewählt, deren Samen ausgesät und in der Nähe dieser ersten Felder gesiedelt haben. Die Neolithisierung war also kein Umsturz, sondern ein Prozess über viele Jahrhunderte. Und er geschah nicht nur einmal. Um 9000 bis 4000 vor Christus begannen Bewohner der Andenregion, Mais, Kürbis, Avocado und Paprika zu kultivieren. An Chinas Gelbem Fluss und am Jangtse wurden etwa zur selben Zeit verschiedene Gemüse, Reis und Soja genutzt. Von jedem dieser Zentren und einigen kleineren breitete sich der Ackerbau allmählich über den Globus aus.

Überall eroberten die ersten Bauern auch neue Flächen durch Brandrodung, wenn ihr Ackerland ausgelaugt war. Diese Vernichtung von dichten Urwäldern, von Megatonnen Biomasse, Wasserreserven und Humus, die heute nicht zuletzt wegen des Fleischkonsums und des Biosprits weitergetrieben wird, sei, schreiben die Agrarexperten Laurence Roudard und Marcel Mazoyer, »ohne Zweifel die größte ökologische Zerstörung der Geschichte«. Seither kämpfen die Menschen gegen den

Verlust der Bodenfruchtbarkeit. Dabei schufen sie vielfältige, immer produktivere Agrarsysteme. In Europa regenerierten die Bauern den Boden, indem sie die Felder eine Zeit lang brachliegen ließen; Herden, die auf Wiesen geweidet hatten, hinterließen mit ihrem Dung Nährstoffe auf dem Acker. Doch die Erträge blieben gering, die Not gebar Kriege.

Im Mittelalter steigerten neue Geräte die Produktivität. Beweglichere Pflugscharen konnten den Boden besser durchlüften; große Wagen halfen, Heu und Mist zu transportieren und mehr Vieh zu halten. Und doch hinkte der Erntezuwachs jenem der Bevölkerung immer wieder hinterher. Zyklisch kehrte der Hunger zurück.

Bauern sind vorsichtig, konservativ, ja stur, Wetter und Schädlinge bringen genug Ungewissheit in ihr Dasein. Aber viele sind zugleich erfinderisch und probieren laufend Neues aus; fremde Pflanzen etwa wie Mais und Kartoffeln, die von den Entdeckern und Kolonisatoren mitgebracht wurden. In der frühen Industrialisierung trugen die Erzeuger zur ersten modernen Agrarrevolution bei: durchdachtere Fruchtwechsel und stickstoffbindende Futtergewächse ermöglichten es nun, auf die Brache zu verzichten. Bauern begannen, mit Wissenschaftlern zu kooperieren, etwa als der Chemiker Justus von Liebig mit Düngemitteln experimentierte. Später beflügelten erste dampfgetriebene Maschinen auch die landwirtschaftliche Produktion. In manchen Regionen Europas konnte allein zwischen 1800 und 1900 der Getreideertrag verdoppelt, die Menge tierischer Produkte verdreifacht werden. Und das mit weniger Arbeitskräften. Die Landbevölkerung wurde aus der Leibeigenschaft befreit, weil man sie jetzt in den Manufakturen und Fabriken brauchte. Die Städte waren zugleich willkommene neue Absatzmärkte.

Bald aber wurden die Erzeuger mit der Ambivalenz der Globalisierung konfrontiert: Eisenbahnen und Dampfschifffahrt brachten billiges Überschussgetreide aus den Kornkammern der USA, und diese Konkurrenz bedeutete für viele europäische Bauern das Aus – so wie heute für Bauern in Südamerika oder Afrika.

Andererseits brachte die Revolution des Transportwesens neue Verkaufschancen. Viele Regionen begannen sich auf Produkte zu spezialisieren, die bei ihnen besonders gut gediehen. In Südostanatolien, wo die Kleinbauern oft noch wie vor Jahrhunderten wirtschaften, sind das bis heute neben Weizen und Hülsenfrüchten die einheimischen Pistazien, die Kälte und Trockenheit überstehen und besonders aromatisch sind. Sie werden von jungen Frauen mehrfach handverlesen, getrocknet, geröstet. Dann backt man aus ihnen das süße Bakklava, mit Traubenmelasse überschüttet. Oder sie exportieren sie über die Hafenstadt Izmir in westeuropäische Schokoladenfabriken.

Gaziantep, auch Şanlıurfa haben neuerdings eigene Flughäfen. Von dort aus sollen frische Agrarprodukte ins sonnenarme Europa, ins wasserarme Arabien und den Nahen Osten exportiert werden. Ein sich ausbreitender »Garten Eden« mitten in der Halbwüste ist Teil des großen anatolischen Entwicklungsprojektes GAP. Es zieht sich von Diyarbakır bis Gaziantep, entlang einer Kette von 22 Staudämmen und 19 Wasserkraftwerken an Euphrat und Tigris.

Das GAP, von Nationalstolz getragen, war von Anfang an auch umstritten. Derzeit gibt es Proteste gegen den jüngsten, den Ilısu-Staudamm. Tausende zwingt er aus ihren Dörfern, alte Kulturdenkmäler werden überflutet. Die Kritiker des GAP bemängeln zudem, dass mehr als drei Viertel der Investitionen in die Stromproduktion und damit größtenteils in den türkischen Westen geflossen seien – und nur 14 Prozent den Bauern der Region zugute kämen. »Da stehen wir erst am Anfang«,

gibt GAP-Sprecher Suphi Özer zu. Aber dann malt der junge Umweltingenieur blühende Landschaften von 1,8 Millionen Hektar bis zur irakischen Grenze aus, die jetzt, finanziert aus den Stromeinkünften, bewässert werden sollen.

Die Grüne Revolution erhöhte die Erträge – und die Ungleichheit

So wie die Harran-Ebene: »Ein Fluss von Menschenhand!« Begeistert deutet Özer auf das Ende der mächtigen Pipeline, die das kostbare Nass vom Atatürk-Staudamm auf die Äcker nahe der syrischen Grenze führt. Fast unwirklich erscheint das glitzernde, kalte Türkis neben den Terrakottafarben des Landes. Der Kanal speist nicht enden wollende Weizen- und Baumwollfelder. Neben der Straße reihen sich Nudel- und Textilfabriken aneinander, Ölmühlen und Parks mit riesigen Landmaschinen, so bunt wie Karussells.

Ein neuer Triumph der Grünen Revolution, der bisher umwälzendsten in der Geschichte der landwirtschaftlichen Intensivierungen. Sie ging in den fünfziger Jahren des letzten Jahrhunderts vom amerikanischen Maisgürtel aus. Die Kombination aus neu gezüchteten Hochertragssorten, Mechanisierung, Agrarchemie und Bewässerung, angetrieben durch den massiven Einsatz damals billiger Energie, machte aus Bauern monokulturell wirtschaftende Landwirte und brachte in kurzer Zeit die vier- bis fünffachen Getreideerträge. Zunächst ein Modell gegen den Hunger: Indien verhalf es dazu, sich von Nahrungsimporten unabhängig zu machen. Doch es profitierten vor allem die Großbauern, für Kleinbauern waren die neuen Methoden häufig zu aufwendig und teuer. Der Erfolg ist zwiespältig – auch in Anatolien.

Viele Pächter können sich die Technik nicht leisten. Sie fliehen nach Istanbul

Zwar ernten die Erzeuger jetzt die drei- bis fünffache Menge, und die zu Wohlstand Gekommenen kaufen eine Wohnung in der Stadt, wo knallig bemalte Neubauten in den Himmel wachsen und riesige Supermärkte eröffnen. Allein die Bevölkerungszahl Şanlıurfas stieg in nur zehn Jahren um 40 Prozent. Daneben aber wachsen auch die Armenviertel. Tausende kleiner Pächter werden verdrängt, weil sie die Investitionen und immensen Energiekosten für die moderne Landwirtschaft nicht aufbringen können. Sie ziehen fort, bis nach Istanbul oder Ankara. Doch wie die ebenfalls in rasendem Tempo wachsenden Metropolen von Lima bis Mumbai können diese Städte nicht allen Landflüchtlingen die erhoffte Arbeit geben.

Zudem zerstört die industrielle Produktion am Ende ihre eigenen Grundlagen: Chemischer Dünger und Pestizide fordern einen enormen Input an fossilen Ressourcen und befeuern so den Klimawandel – der seinerseits die Landwirtschaft neuen Ungewissheiten aussetzt. Langfristig wird der Boden ausgelaugt und das Wasser verseucht. Verschwendet hat man es überdies, auch in Anatolien. Tief stehen die Baumwollpflanzen mancherorts im Wasser, weil die Bauern ihre Felder jahrelang regelrecht überschwemmt und die Entwässerung vernachlässigt haben. Die Grundwasserspiegel stiegen zu stark, Nährstoffe wurden fortgewaschen, plötzlich hatte man es sogar mit Malaria zu tun. Ein Teil der Böden ist unfruchtbar geworden, weiß glitzern die Salzkristalle in der Sonne.

Probleme macht auch der Atatürk-Staudamm. Erdsedimente von seinen Hängen lagern sich im See ab, der zudem schrumpft. Wird diese Hydrokultur ähnlich wie einst jene im alten Mesopotamien an ökologischer Unbedachtheit zugrunde gehen? Suphi Özer winkt ab: Längst habe man am Atatürk-Damm aufgeforstet und auf den Feldern damit begonnen, eine sparsamere Tröpfchenbewässerung einzuführen. »Außerdem raten wir den Landwirten, ihre Baumwoll-Monokulturen aufzugeben«, sagt der GAP-Experte. »Sie sollen auch Granatäpfel, Kirschen, Mandeln, Pfirsiche und vielfältige Gemüse anbauen – einen Teil davon biologisch.«

Die Frage bleibt aber: Werden neben dieser Exportlandwirtschaft Kleinbauern noch eine Chance haben? Auch sie haben oft Raubbau betrieben. Aber sie haben auch Lösungen gefunden. Lokal unterschiedliche Methoden zum Beispiel, wie man ohne Riesenstaudämme Regenwasser sammeln kann, oder Anbauformen, die ökologisch verantwortlich die Erträge erhöhen. Auf manches davon greifen heute moderne Agrarwissenschaftler zurück; etwa wenn sie von Indien bis zum Rand des Sahels mit wiederentdeckten alten Pflanzensorten der Dürre trotzen, wenn sie mit dem Schatten bestimmter Sträucher Verkaufsfrüchte vor Austrocknung schützen oder Energie- und Nahrungspflanzen so auf demselben Feld anbauen, dass sie sich gegenseitig unterstützen, statt miteinander zu konkurrieren. Vielleicht ist dieses Zusammengehen die neueste landwirtschaftliche Revolution. Niemand solle das Schicksal »Überlebender«, die Härte ihres Daseins idealisieren, warnt John Berger. Aber angesichts der globalen Umweltkrise schreibt er auch: »Die bemerkenswerte Beständigkeit bäuerlicher Erfahrung und bäuerlicher Weitsicht gewinnt im Moment, da sie von der Auslöschung bedroht ist, eine beispiellose und unerwartete Wichtigkeit.« Kleine, selbstständige Erzeuger sind es, die in Anatolien noch die alten Traubensorten wachsen lassen, die das Einkorn weiter züchten, obgleich es den Großbäckereien nicht zu verkaufen ist, oder die am Karacadağ eine ganz eigene Form des Reisanbaus pflegen. Sie erhalten die biologische Vielfalt – und damit Zukunft.

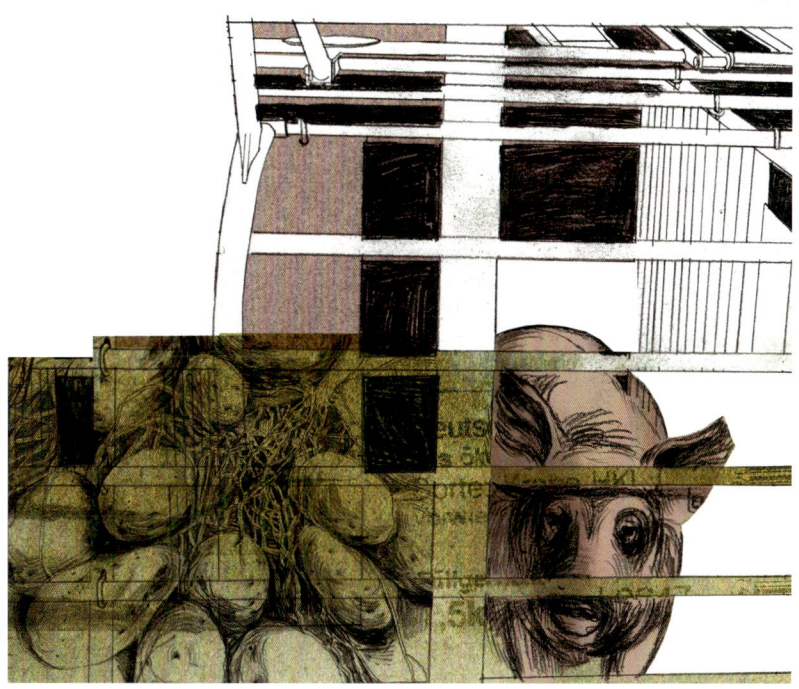

Das Handwerkszeug des Bauern

Grabstock und Hacke sind die ältesten Instrumente, um den Boden aufzulockern. In den ärmeren Teilen der Welt werden sie noch heute verwendet.

Schon in prähistorischer Zeit ersetzte der **Pflug** diese einfachen bäuerlichen Geräte. Dessen Urform ist der Hakenpflug, ein zugespitztes Holz, das die Erde aufreißt. Wendepflüge wurden erst im 15. Jahrhundert entwickelt. Sie konnten am Ende des Feldes ohne mühseliges Heben gedreht werden und parallele Furchen ziehen. Bewegt wurden Pflüge von Rindern, Eseln oder Kamelen, später Pferden, heute von Traktoren. Der amerikanische Schmied John Deere erfand 1837 den selbstreinigenden Stahlpflug – und begründete damit den weltweit größten Landmaschinenkonzern. 1850 gab es den ersten Pflug mit Dampfantrieb.

Mit ihren vielen Zinken dient die **Egge** dazu, nach dem Pflügen Erdschollen zu zerkleinern, den Boden zu ebnen, Dünger unterzumischen. Es gibt verschiedene Formen: Rüttelegge, Scheibenegge, Netzegge. Sie bearbeiten den Boden direkt an der Oberfläche oder in etwas tieferen Schichten.

Sämaschinen, auch Drillmaschinen genannt, bringen die Saat möglichst gleichmäßig in den Boden. Der englische Agrarreformer Jethro Tull entwickelte 1708 ein Sägerät, das ein Loch im Boden öffnete, das Korn hineinlegte und die Öffnung verschloss; das Ganze in drei Reihen. Heutige Maschinen sind präziser, flexibler und arbeiten mit unterschiedlichen Antrieben. Seit einigen Jahrzehnten gibt es »Direktsämaschinen«, bei denen das Pflügen wegfällt.

Mit dem **Dreschflegel,** einem hölzernen Prügel, der meist mit Leder an einem Stab befestigt war, schlugen die Bauern das Korn aus den Ähren. Schon vor hundert Jahren wurden für diese Arbeit erste Maschinen entwickelt. Seit den sechziger Jahren wird das Korn von **Mähdreschern** in einem Arbeitsgang gemäht, gedroschen und von Spelzen, Spreu und Unkrautsamen gereinigt.

Mit der langen, gebogenen Klinge der **Sense** schnitten die Bauern früher in schwingenden Bewegungen Gras und Getreide. Auch die **Heugabel** erfordert Körpereinsatz, wenn das Gras auf- oder abgeladen oder als Futter im Stall verteilt wird. Sie hat nur wenige, lange und gebogene Zinken.

Ohne **Traktor** geht heute gar nichts. Die Schlepper haben meist Allradantrieb und mächtige Räder. Traktoren werden immer schneller, schwerer, kräftiger, haben mehr als 300 Pferdestärken. Das große Gewicht verfestigt jedoch den Boden. Die modernsten Trecker werden mit Hilfe von Satelliten vollautomatisch in der Spur gehalten.

Mulcher schneiden und zerkleinern das Gras zugleich, sodass es schnell verrottet. Mit dem zerstückelten Mähgut soll der Boden bedeckt bleiben. Auf diese Weise werden die Wurzeln anderer Pflanzen vor Hitze geschützt. Auch verhindert man auf diese Weise, dass der Boden durch heftige Regenfälle ausgewaschen oder durch starken Wind ausgetrocknet wird. Gleichzeitig kompostiert die Mulchschicht und reichert den Boden mit Humus an.

Mehr zum Thema:

Marcel Mazoyer, Laurence Roudart:
A History of World Agriculture
From the Neolithic Age
to the Current Crisis.
Monthly Review Press 2006; 469 S.

Klaus Schmidt:
Sie bauten die ersten Tempel
Das rätselhafte Heiligtum
der Steinzeitjäger.
Die archäologische Entdeckung am
Göbekli Tepe;
C.H. Beck Verlag 2006; 282 S.

John Berger: **Von ihrer Hände Arbeit**
Eine Trilogie;
Carl Hanser Verlag 1995; 622 S.;
nur noch antiquarisch

»Die immergrüne Revolution«

Was war der wichtigste Durchbruch in Ihrem Fach in den vergangenen Jahren?

Dass es gelang, symbiotische Wechselwirkungen zwischen Bewässerung, Düngung, Pflanzenschutz und genetischen Eigenschaften zu erzielen. Sie waren die Voraussetzungen für den Beginn der Grünen Revolution.

Welche Erkenntnisse erwarten Sie und Ihre Kollegen in nächster Zukunft?

Fortschritte auf dem Gebiet der Genmanipulation und der Biotechnologie. Sie können uns dabei helfen, Pflanzensorten zu züchten, die auch bei Trockenheit und Versalzung wachsen.

Auf welche Erfindung hofft Ihre Forschergemeinde am sehnsüchtigsten?

Wir benötigen dringend Technologien, mit deren Hilfe wir die bedrohlichen Folgen des Klimawandels bewältigen können.

Woran arbeiten Sie gerade?

Wir suchen nach Methoden, um die arme Landbevölkerung aus ihrer Unbildung heraus zu mehr Professionalität im Landbau zu führen. Zum Beispiel wollen wir dafür sorgen, dass auch Bauernfamilien von den Vorzügen der Kommunikations- und Biotechnologien profitieren können und von erneuerbaren Energien.

Was war der größte Irrtum der Agrarforschung?

Die Diskrepanz zwischen den wirtschaftlichen und sozialen Realitäten im Dorf und den Laborbedingungen, unter denen Technologien entwickelt werden, wurde lange unterschätzt. Die Kluft zwischen dem wissenschaftlichen Know-how und dem Do-how auf dem Feld ist groß.

Wo stehen Sie in der Kontroverse zwischen Agroindustrie und biologischer Landwirtschaft?

Schon 1968 habe ich bei einem Vortrag vor Wissenschaftlern in Varanasi vor den Problemen gewarnt, die große Mengen Kunstdünger und Pestizide verursachen können, jedenfalls wenn sie nur eingesetzt werden, um schnelle Produktionszuwächse und sofortigen Profit zu erzielen. Damals habe ich bereits gesagt, dass ein Intensivanbau, der sich nicht um Bodenfruchtbarkeit und Bodenerhaltung kümmert, zur Entstehung von Wüsten führen wird: Bewässerungssysteme ohne Entwässerung lassen die Böden versauern und versalzen. Der unbedachte Einsatz von Pestiziden, Fungiziden und Herbiziden kann die biologische Balance ins Taumeln bringen und die Häufigkeit von Krebs und anderen Krankheiten erhöhen. Und wenn man Grundwasserreserven unsachgemäß anzapft, wird diese wundervolle Ressource versiegen, die uns nach Generationen natürlicher Bewirtschaftung überlassen worden ist. So habe ich schon damals, vor 40 Jahren, vor einem »Zeitalter der Katastrophen« gewarnt.

Und heute?

Jetzt müssen wir grüne Technologien für die Landwirtschaft entwickeln, auch solche mit integrierter Schädlingsbekämpfung und Nährstoffversorgung, damit wir eine hohe Produktivität ohne ökologischen Schaden erzielen – und zwar auf Dauer. So können wir das Zeitalter einer immergrünen Revolution einleiten.

Monkombu Sambasivan Swaminathan
ist Agrarwissenschaftler
und gilt als Vater
der Grünen Revolution
in Indien

MOBILITÄT

BOOTSFLÜCHTLINGE
aus Afrika auf dem
Weg nach Europa

TEE: Die erste Tasse
schmeckt bitter, die zweite
süß, die dritte sanft

EDLER WILDER
mit Turban: Symbolfigur
für Jobnomaden

DER MOBILE MENSCH
hat seinen Arbeitsplatz
immer dabei

Immer unterwegs

Die Nomaden der Sahara überleben, weil sie Jahr für Jahr
mit ihren Tieren umherziehen. So hat die Wüste den Tuareg
längst das Verhalten beigebracht, das der
globale Kapitalismus heute von den Sesshaften verlangt

VON STEFANIE FLAMM

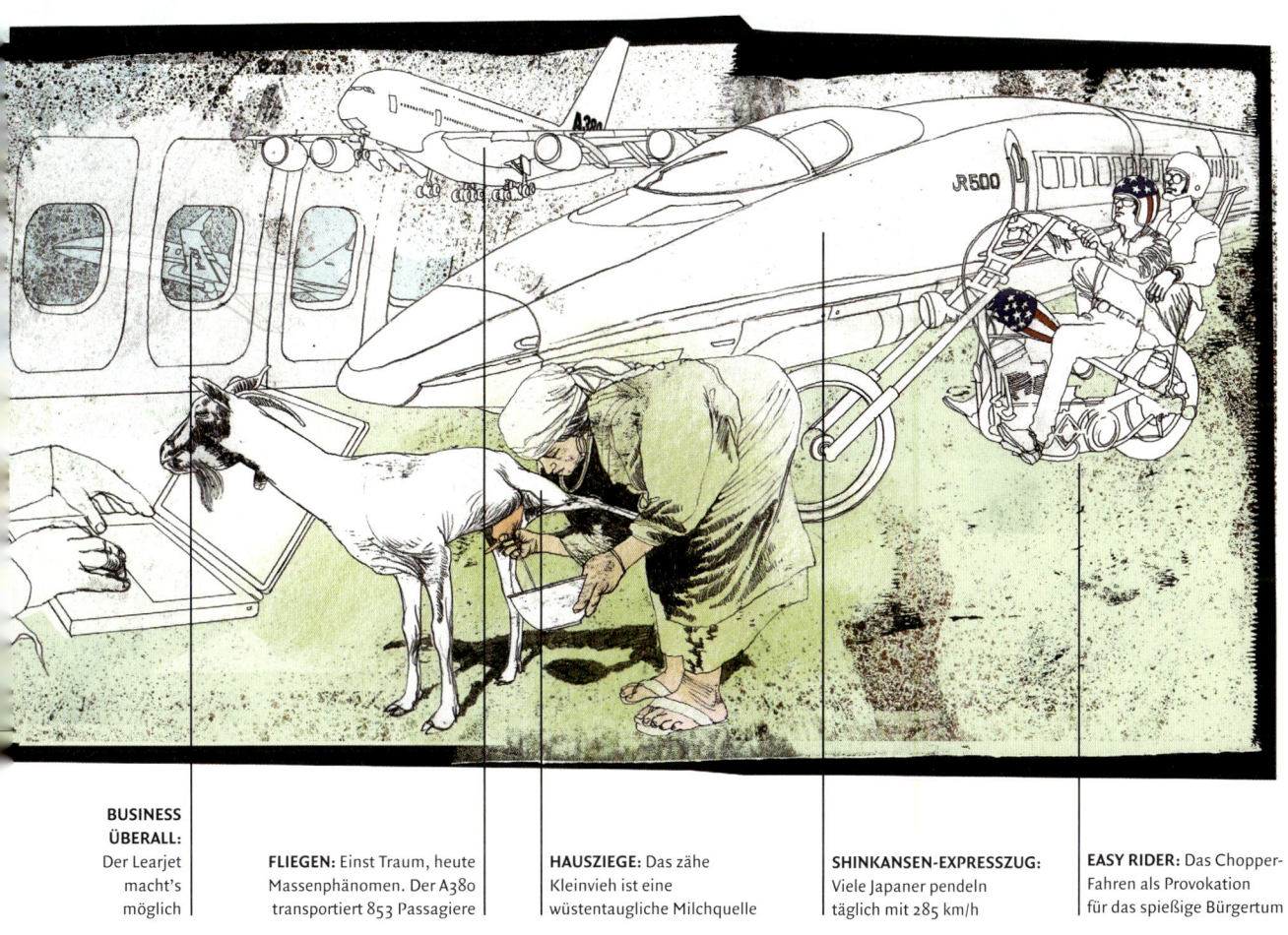

**BUSINESS
ÜBERALL:**
Der Learjet
macht's
möglich

FLIEGEN: Einst Traum, heute
Massenphänomen. Der A380
transportiert 853 Passagiere

HAUSZIEGE: Das zähe
Kleinvieh ist eine
wüstentaugliche Milchquelle

SHINKANSEN-EXPRESSZUG:
Viele Japaner pendeln
täglich mit 285 km/h

EASY RIDER: Das Chopper-
Fahren als Provokation
für das spießige Bürgertum

S ie bleiben so lange, wie es sich für sie lohnt, dann ziehen sie weiter, ohne sich umzudrehen. Sie wissen, dass sie so schnell nicht wiederkommen, das ist ihnen egal. Sie sind nicht sentimental. Deshalb verstehen sie auch nicht, warum andere Menschen an ihren Häuschen hängen und warum diese Menschen in ihren Häuschen Besitz anhäufen. »Unser einziger Reichtum sind die Herden«, hat Abdellah gesagt, als wir in der Frühe den gemieteten Jeep mit Schlafsäcken, Isomatten und Unmengen von Wasser beluden. »Um sie zu ernähren und zu vermehren und am Ende unseren Kindern zu vererben, ist uns kein Weg zu weit.«

Der schmale Mann mit den dunklen Locken und der hellblauen Gandoura hat als Einziger seiner Sippe eine Nomadenschule besucht und soll in den nächsten Tagen Führer und Übersetzer sein. Doch seitdem Zagora, die marokkanische Oasenstadt, in der er eine wunderschöne Pension betreibt, hinter uns liegt, blickt er bloß schweigend aus dem Autofenster. Viel gibt es da nicht zu sehen: Steine, Kies oder Sand in Braun, Gelb oder Grau, eine Tamariske, ab und zu ein verkrüppelter Akazienbaum, darüber stundenlang derselbe milchblaue Himmel. Man muss hier aufgewachsen sein, um in dieser Welt ohne Horizont die Orientierung zu behalten.

Abdellah bereitet es keine Schwierigkeiten, eine staubige Piste als Straße gen Osten zu erkennen und in drei gestapelten Steinen eine Wegmarke. Er begreift auf Anhieb, warum das von schroffen Bergen umstandene Geröllfeld am Rand des Antiatlas, auf dem sich ein Teil seiner Sippe vor ein paar Tagen niedergelassen hat, ein guter Lagerplatz sein soll. »Ist ganz einfach. Man läuft eine gute Stunde zur nächsten Weide und eine Stunde zum Brunnen«, sagt er, als wir am späten Nachmittag dort ankommen.

Da taucht die Sonne die verdorrte Landschaft schon in ein rostiges Rot. Die drei Zelte aus schwarzem Kamelhaar werfen lange Schatten. Vor einem der Zelte hockt eine Schwangere und zerstößt mit stoischer Ruhe Hirse, vor einem anderen sitzen alte Männer um ein kleines Feuer herum, die Gesichter so zerfurcht wie die Hände, die Augen matt vom vielen Licht. Wie alle Männer vom Tuaregstamm der Nouaji tragen sie einen indigoblauen Gesichtsschleier, nur der Stammesälteste hat sich einen weißen Chech umgebunden. Weiß, sagt Abdellah, sei die Farbe des Respekts.

Der Stammesälteste ist sein Onkel Mohamed. Er begrüßt den Neffen mit einer Umarmung, erkundigt sich pflichtschuldig nach dem Ergehen von Eltern, Geschwistern und anderen Verwandten. Dabei blickt er so mürrisch auf den staubigen Boden, als ahne er, dass er in den nächsten Tagen Fragen beantworten soll, die er sich selbst nie stellen würde.

Die Tuareg, deren Karawanen noch durch die Wüste schaukelten, als längst Überschalljets den Himmel kreuzten, sind in Europa ein Mythos. Saharareisende schwärmen seit je von den edlen Wilden mit den indigoblauen Turbanen, von ihrer verwegenen Schönheit, ihrem Stolz und ihrer Selbstdisziplin. Doch erst jüngst wurden sie zu Symbolfiguren – nicht nur in fadenscheinigen Ratgeberbüchern für Karrierekosmopoliten und Job-

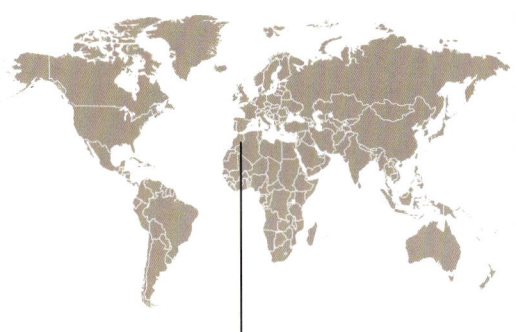

SAHARA
Früher zogen Salzkarawanen von Zagora ins malische Timbuktu. Staatsgrenzen beschneiden heute die Kreise der marokkanischen Tuareg

nomaden. Auch die Soziologie bemüht die Figur des unstet umherziehenden Wüstenbewohners, um die Anforderungen, die der globale Kapitalismus an die Mobilität der Menschen stellt, anschaulich auf den Punkt zu bringen.

Morgens in Frankfurt, mittags in Paris, abends auf dem Familienfest in Madrid

Dank Auto, Eisenbahn und Flugzeug können und müssen wir Orte, die für unsere Großeltern noch in unerreichbarer Ferne lagen, in Stunden erreichen. Es ist möglich geworden, in Berlin zu leben, in Kopenhagen ein Büro zu unterhalten und in London sein Feierabendbier zu trinken. Wer gut organisiert ist, schafft es sogar, seine Kinder morgens in Frankfurt/Main zur Tagesmutter zu bringen, mittags beim Geschäftsessen in Paris zu sein und abends das Familienfest in Madrid zu besuchen. Weil der mobile Lebenswandel Geld kostet, geht der polnisch-britische Soziologe Zygmunt Bauman davon aus, dass in Zukunft eine immobile Masse von einer mobilen Elite beherrscht wird.

Doch auch die vermeintlichen Verlierer sind längst in Bewegung geraten. Bosnische Krankenschwestern, polnische Klempner, ukrainische Putzfrauen und moldawische Bauarbeiter marschieren seit Ende des Kalten Krieges zu Tausenden das europäische Wohlstandsgefälle hinauf. Weltweit sollen 100 Millionen Menschen auf Wanderschaft sein, 35 Millionen laut UN als Flüchtlinge. Aber es sind nicht die ganz Armen und Hoffnungslosen – wer seine Heimat verlässt, um nach Besserem zu streben, gehört auf seine Art zur Avantgarde. Auch der Illegale, der alles daran setzt, um im Maschinenraum eines Containerschiffs von Lagos nach Lissabon zu gelangen, nutzt die Möglichkeiten des mobilen Zeitalters.

Nur was bedeutet es für den Einzelnen, dass ein Flugzeug von Frankfurt/Main nach New York heute weniger lang braucht als vor 200 Jahren eine Postkutsche von Hannover nach Berlin? Wie fühlt es sich an, ein vollkommen mobiler Mensch zu sein? Wie organisiert man Alltag ohne festen Wohnsitz, ein Familienleben ohne Heimat?

Der alte Mohamed zieht sich den Chech bis über die Nase, der Höflichkeitscode der Wüste verbietet es einem Mann, einer Frau seinen Mund zu zeigen. Er zerschlägt einen Zuckerhut und gibt die Brocken zu Pfefferminzzweigen und grünen Teeblättern in eine Blechkanne, lässt das Ganze kurz aufkochen und schenkt das stark duftende Gebräu in hohem Bogen in ein Glas und zurück in die Kanne. Diese Prozedur wiederholt er, bis ihm seine Erfahrung als *roi du thé* sagt, dass es jetzt gut ist.

»Teezeremonie. Davon haben Sie bestimmt gehört. Die erste Tasse soll bitter schmecken wie das Leben«, sagt Abdellah, während hinter seinem Rücken langsam Leben ins Camp kommt. Frauen, die unter der Last ihrer vielen bunten Röcke ganz krumm geworden sind, fachen hinter dem Männerzelt einen Lehmofen an und kneten säuerlich riechenden Teig. Kinder spielen zu ihren Füßen im Staub. Sie wissen, dass ihre Mütter bei Sonnenuntergang mit den Ziegen zurückkommen werden. Von Ferne hört man schon das Gemecker der Tiere.

Mohamed reicht ein Tablett mit winzigen Teegläsern in die Runde. Eigentlich, sagt er dann, sollte die Familie gar nicht hier sein. In anderen Jahren seien sie stets weiter in Richtung algerische Grenze gezogen. Dort, in den Palmengärten am Rand der Sanddünen von Chegaga, die jedes Jahr Tausende Saharatouristen anlocken, sammelten sie heruntergefallene Datteln als Zuckervorrat für den Winter.

Doch wider Erwarten hat es hier im Osten geregnet. Der Draa, den eine ganze Generation von Marokkanern nur als Wadi, als ausgetrocknetes Flussbett, kannte, führte zum ersten Mal seit Jahren Wasser, und die Steinwüste hinter Tazzarine ergrünte: Wenn die Hirtinnen weit genug laufen, können die 250 Ziegen der Sippe ein paar Wochen lang vom struppigen Steppengras satt werden. Allerdings nur die Ziegen. Die Dromedare haben die jungen Männer der Sippe vor Monaten schon in den Atlas getrieben, damit sie dort, auf den fruchtbaren Bergwiesen, ihre Fettreserven aufbauen. Das machen sie seit Jahrzehnten so, sagt Abdellah. Wie die Kinder, die bei den alten Frauen herumtollen, hat auch er seinen Vater nur selten zu Gesicht bekommen. Seine alte Mutter lebt bis heute die meiste Zeit vom Mann und den erwachsenen Söhnen getrennt. Sie beschwere sich nicht darüber. »Nomaden beschweren sich nie«, sagt Abdellah und nippt an seiner zweiten Tasse Tee. Süß soll sie sein wie die Liebe.

»Die Wüste hat uns beigebracht, unsere Bedürfnisse an unsere Umwelt anzupassen«, schreibt der 1995 verstorbene Targi-Rebell Mano Dayak in seinen Memoiren. Schon die Kinder lernten, sich die Dromedare zum Vorbild zu nehmen, weil sie so zäh ihre Lasten durch die Hitze trügen und dann auch noch wochenlang ohne Wasser und Nahrung auskämen. Wenn man so will, hat die Wüste den Nomaden schon vor Jahrtausenden das Verhalten beigebracht, das der globale Kapitalismus heute von den Sesshaften verlangt. Mit einem gravierenden Unterschied: Wer in der Wüste nicht mobil, flexibel und unsentimental ist, findet kein Wasser und keine Weidegründe und früher oder später den Tod. Wer sich in einem Industrieland weigert, die Zeichen der Zeit zu erkennen, läuft bloß Gefahr, keine oder keine besonders gute Arbeit zu bekommen. Außerdem gerät er in den Ruf, auch geistig unbeweglich, faul oder spießig zu sein.

Das war nicht immer so. Lange Zeit sei die Menschheit keineswegs stolz auf ihre Beweglichkeit gewesen, sagt der Verkehrswissenschaftler Hermann Knoflacher. Hatte eine Gemeinschaft sich einmal ihr Territorium erobert, machten die Menschen sich nur noch auf den Weg, wenn sie ihre Bedürfnisse vor Ort nicht befriedigen konnten. Sie gingen auf die Jagd, weil Fleisch nun einmal nicht auf Bäumen wächst, sie eroberten neue Siedlungsräume, wenn sie die alten in Kriegen oder Naturkatastrophen verloren hatten. Später zogen sie in die Städte, weil sie sich dort eine bessere Zukunft versprachen.

Gehen aus einer Ehe genügend Kinder hervor, gilt sie als erfolgreich

Erst mit den Reisen von Goethe und Alexander von Humboldt begann die Bedeutung des Unterwegsseins sich zu verändern. Die höheren Stände leisteten sich eine Reise, um Erfahrungen zu sammeln. Die Auswanderer, die Europa Ende des 19. Jahrhunderts verließen, betrachteten sie als Möglichkeit, alte Abhängigkeiten, Hunger oder Verfolgung hinter sich zu lassen. Weil ihnen das meist gelang, war Mobilität für sie gleichbedeutend mit Fortschritt und Befreiung. Aber sie blieb zeitlich begrenzt.

Wer von zu Hause aufbrach, egal ob als Bildungsreisender, Auswanderer oder Flüchtling, wollte in der Regel auch wieder irgendwo ankommen. Sesshaftigkeit blieb bis vor ein paar Jahren die Norm, Staatsangehörigkeit und oft auch der Arbeitsplatz waren daran gebunden. Die Figuren aus Jack Kerouacs Roman *Unterwegs* inszenieren sich als Außenseiter, und auch die Helden aus Dennis Hoppers Film *Easy Rider* bekommen in keiner bürgerlichen Pension ein Bett für die Nacht. Mobil zu sein bedeutete für die sesshafte Mehrheit bis in die achtziger Jahre nur, in Urlaub zu fahren und ab dem ersten Kilometer die Pendlerpauschale zu bekommen.

Die dritte Tasse Tee soll sanft schmecken wie der Tod, sagt Abdellah. Als wir sie trinken, ist es stockfinster in der Wüste. Eine Wolkendecke verhängt den Sternenhimmel, das kleine Feuer vor dem Zelt der alten Männer ist die einzige Lichtquelle weit und breit. Darauf schmoren, in kleine Häppchen zerteilt, die Innereien der frisch geschächteten Ziege. Nieren, Herz und Leber gelten als besondere Köstlichkeit und sind den Gästen vorbehalten.

Auch Fremde und solche, die ungebeten kommen, werden fürstlich bewirtet. Man fragt sie ausführlich, wie es den Verwandten geht, reicht ihnen die drei Gläser Tee, bitter, süß und sanft, und eine warme Mahlzeit. Sollten die Fremden nicht wissen, wo sie die Nacht verbringen, bekommen sie selbstverständlich einen Platz in den Zelten. Doch man sollte sich hüten, die Gastfreundschaft der Nomaden mit Herzlichkeit oder Neugier zu verwechseln.

Stärker ritualisiert als der Smalltalk zweier einsamer Geschäftsleute an der Hotelbar, ist sie Teil eines komplexen Regelwerks aus Brauchtum, Riten und ungeschriebenen Gesetzen, das seit Jahrtausenden den Alltag zwischen Zagora und Timbuktu bestimmt: Die jungen Männer kümmern sich um die Dromedare, die jungen starken Frauen hüten die Ziegen, während die alten Frauen sich um die Kinder und den Ofen sorgen und die alten Männer den ganzen Tag vor dem Zelt sitzen und Tee trinken.

Sobald sie mit dem Essen fertig sind, sammelt einer das übrig gebliebene Grillfleisch und die zerpflückten Brotreste in einem Wachstuch, um es den Frauen ins Nachbarzelt zu bringen. Die würden es nie wagen, sich dem Männerzelt unaufgefordert zu nähern. Selbst für verheiratete Frauen ist die Schlafstatt ihrer Männer die meiste Zeit des Jahres tabu.

Die Ehen der Tuareg, auch dafür sorgt das alte Regelwerk, sind bis heute reine Zweck- und Versorgungsgemeinschaften, die Väter für ihre Kinder arrangieren, wenn sie im Herbst auf den Märkten Ziegen gegen Zucker und Hirse tauschen. Liebe, sagt Abdellah, ergebe sich im Laufe eines Lebens, oder sie ergebe sich nicht. Solange aus einer Verbindung genügend Kinder hervorgehen, gilt sie als erfolgreich.

Es ist eine archaische Gemeinschaft, die da

ihre ewig gleichen Kreise durch die Wüste zieht. Was wirklich zählt, sind nicht Freiheit, Selbstbestimmung und das für die westliche Welt so bedeutende Streben nach Glück, sondern der Erhalt der Sippe, ohne deren Schutz der Einzelne nicht überleben könnte. Nomaden, die nicht wie Abdellah und Mano Dayak das Glück hatten, eine der wenigen Wüstenschulen zu besuchen, bleiben in der Regel ein Leben lang Analphabeten ohne Geburtsurkunde, ohne Pass und ohne Kalender. Und man muss sie nicht gleich wie die österreichische Ethnologin Ines Kohl als »Gefangene der Wüste« bezeichnen, um sich zu fragen, ob Mobilität immer gleichbedeutend mit Freiheit ist oder ob das Unterwegssein auf Dauer nicht eigene Zwänge und Abhängigkeiten hervorbringt.

Ein Luxus wie zu Goethes Zeiten ist es längst nicht mehr. Wenn deutsche Akademiker im Schnitt sechsmal im Leben den Arbeitgeber und damit in der Regel auch die Stadt wechseln, tun sie das nicht nur, um ihre Karriere voranzutreiben, sondern auch, um der Arbeitslosigkeit zu entgehen. Der Mainzer Soziologe Norbert F. Schneider spricht in seiner Studie *Berufsmobilität und Lebensform* vom »Zwang zur Mobilität«.

67 Prozent der Befragten empfinden das ständige Unterwegssein als Belastung, sie klagen über Zeitmangel, Stress und darüber, dass sie langsam den Kontakt zu ihren Freunden verlieren. 21 Prozent wird die eigene Familie langsam fremd. »Wenn es schlimm kommt, verliert der mobile Mensch das Gefühl, eine Heimat, einen Platz in der Welt zu haben«, sagt Schneiders Jenaer Kollege Hartmut Rosa. Aber Rosa sagt auch, dass es nicht zwangsläufig schlimm kommen muss.

Wer immer unterwegs war, entwickelt keine warmen Gefühle für einen Ort

Gegen sechs Uhr morgens, als die ersten Sonnenstrahlen über die Bergkuppen blitzen, treiben die jungen Frauen die Ziegen zusammen. Die alten Frauen fachen den Ofen an. Mohamed macht sich mit zittrigen Händen am Teegeschirr zu schaffen. Eigentlich, sagt er, während er mit einer minimalen Menge Wasser seine Gläser ausspült, gehöre den Nomaden die ganze Wüste. Doch seit die Sahara in den sechziger Jahren unter den Anrainerstaaten aufgeteilt wurde, sind die Kreise, die sie ziehen können, kleiner geworden. Auch die legendären Salzkarawanen vom marokkanischen Zagora ins malische Timbuktu sind wohl für immer Geschichte. Denn selbst wenn die Grenze zu Algerien fallen würde, wäre es unwahrscheinlich, dass sich solche monatelangen Gewaltmärsche noch lohnen würden.

Denn das Handelsgut hat seinen Wert eingebüßt. Schon 1962, als die letzte Karawane in Zagora aufbrach, kostete das Salz bloß noch halb so viel wie Zucker. Heute liegt der Weltmarktpreis bei weniger als zwei Eurocent pro Kilo. Und es ist wohl die bizarrste Ironie des mobilen Jahrhunderts, dass die Beschleunigung der Warenwirtschaft, die die Sesshaften langsam wieder zu Nomaden macht, die Saharanomaden früher oder später in die Sesshaftigkeit zwingen könnte. Je schneller Arbeit und Kapital sich um den Globus bewegen, desto unrentabler wird ihre Lebensform.

Heute leben in der Sahara nur noch knapp eine Million Menschen. Hunderte von ihnen geben jedes Jahr auf, weil es sich im Zeitalter der Massentierhaltung einfach nicht mehr lohnt, mit Ziegen und Dromedaren durch die Wüste zu streifen. Und dann? »Die wenigsten ziehen in die Stadt«, sagt Abdellah. Die meisten ließen sich einfach dort nieder, wo ihnen am Ende des Winters die Vorräte ausgingen.

Wir werden in den nächsten Tagen ein paar dieser Niederlassungen besuchen. Auch nach zehn Jahren haben diese Ansammlungen von Lehmhütten etwas Provisorisches. Sesshaft gewordene Nomaden halten sich nach wie vor eine kleine Herde, mit der sie sich bei Sonnenaufgang auf den Weg machen. Abends sitzen sie vor ihren Häuschen wie der alte Mohamed vor seinem Zelt und kochen Tee.

Das ist ihre Art, sich in der fremden Umgebung zu Hause zu fühlen, sagt Abdellah. Die Soziologen würden vielleicht sagen: »ihre Art, in der Welt zu sein«. Denn wer sein Leben lang unterwegs war, der entwickelt keine warmen Gefühle für einen Ort. Wer nie lange irgendwo bleibt, für den ist Heimat zwangsläufig ein relativer Begriff. Auch den Global Player, der niemandem seine Adresse mitteilt, weil er über den Blackberry sowieso überall zu erreichen ist, interessiert an seiner Wohnstraße wohl nur noch, ob es dort einen Bäcker und eine Reinigung gibt.

Ist das tragisch? Nicht, solange es Dinge gibt, die ihm Halt geben, sagt Hartmut Rosa: die Freunde, die Familie, die Religion oder einfach nur sorgsam gepflegte Rituale wie die drei Tassen Tee der Wüstennomaden. Die erste schmeckt bitter wie das Leben, die zweite süß wie die Liebe, die dritte sanft wie der Tod.

Reiten, fahren, fliegen – zwölf Stichwörter zur Fortbewegung

Das Dromedar: Es ist seit je das Statussymbol der Nomaden, kann wochenlang ohne Nahrung und Wasser auskommen und trägt auf langen Strecken bis zu 150 Kilogramm. Allerdings ist es nicht besonders schnell.

Die Kutsche: Die Römer benutzten vom 2. Jahrhundert an gefederte Reisewagen. Diese Innovation ging aber mit dem Untergang des Reichs wieder verloren. Erst im 15. Jahrhundert wurde die Federung im ungarischen Kocs erneut erfunden – von dem Ortsnamen leitet sich auch das Wort Kutsche ab.

Die Eisenbahn: »Durch die Eisenbahn wird Raum getötet, und es bleibt nur noch die Zeit übrig«, notierte Heinrich Heine nach seiner ersten Zugreise im Jahr 1843. Damals schaffte der schnellste Zug 126 Kilometer pro Stunde. Heute erreicht der Transrapid zwischen Shanghai City und dem Flughafen Pudong 430 Kilometer pro Stunde.

Mit Paddel und Segel: Schon vor 40 000 Jahren schipperte der Homo sapiens übers Wasser. Denn damals brauchte er ein hochseetaugliches Wasserfahrzeug, um von Asien nach Australien auszuwandern. Wie das Floß oder Boot aussah, weiß man nicht; die ältesten fossilen Überreste von Einbäumen in Nordeuropa sind etwa 9500 Jahre alt.

Volldampf: Seit den siebziger Jahren des 19. Jahrhunderts brachten Dampfschiffe Menschen in acht oder neun Tagen von Bremerhaven nach New York. Wer heute mit einem Motorschiff wie der *Queen Mary II* eine Passage von Hamburg nach New York bucht, braucht immer noch eine gute Woche – ein Linienflugzeug überwindet diese Distanz in acht Stunden.

Beschleunigung des Lebens: Sie ist die eigentliche Grunderfahrung der Moderne. Spätestens seit den 1920er Jahren gelten Tempo und Mobilität als emblematisch für den modernen, zukunftsoptimistischen Lebensstil. Bahnhöfe, Flughäfen, Dampferstege werden zu Orten der Sehnsucht.

Das Automobil: Das erste mit Verbrennungsmotor (ein Dreirad) baute der Deutsche Carl Benz im Jahr 1886. Nach dem 2. Weltkrieg etablierte sich das Auto als vorherrschendes Verkehrsmittel in Westeuropa und den Vereinigten Staaten.

Individualverkehr: Weil das Auto die Menschen unabhängig macht, eignete es sich hervorragend als individualistisches Statussymbol für die erstarkenden Mittelschichten. Ende der fünfziger Jahre gab es in Deutschland schon knapp 6,5 Millionen Autos, heute sind es rund 50 Millionen.

Die »autogerechte Stadt«: 1959 forderte der Architekt Hans Bernhard Reichow, alle stadtplanerischen Maßnahmen dem Straßenverkehr unterzuordnen. Die Idee erwies sich im Nachhinein als desaströs, weil historische Innenstädte mutwillig zerstört und die Menschen vollkommen außer Acht gelassen wurden. Ein Paradebeispiel dieses verkehrspolitischen Irrwegs ist der Österreichische Platz in Stuttgart.

Die »autofreie Stadt«: Weil die Verkehrslawine zur Pest geworden ist, versuchen Urbanisten und Ökologen alles, um den Autoverkehr wieder aus den Innenstädten herauszuhalten. Immerhin die Einkaufspassagen sind heute vielerorts autofrei.

Über den Wolken: Der Traum vom Fliegen ist wahrscheinlich so alt wie die Menschheit. Die Ikarus-Sage des römischen Dichters Ovid erzählt davon. Leonardo da Vinci fertigte Zeichnungen eines Flugapparats an. Mit seinem Buch *Der Vogelflug als Grundlage der Fliegekunst* schuf Otto Lilienthal 1889 das theoretische Fundament für den ersten »Menschenflug«: Er konstruierte mehr als 20 Flugapparate und Flügelschlagapparate, bevor 1894 eines seiner Gleitflugzeuge in die Serienproduktion ging. Sieben Jahre später, am 23. März 1902, meldeten die Amerikaner Wilbur und Orville Wright das erste steuerbare Motorflugzeug zum Patent an. 1927 hielt sich Charles Lindbergh mit einem Propellerflugzeug 33,5 Stunden in der Luft und überquerte dabei den Atlantik von New York nach Paris.

Der Linienflug: Die Indienstnahme der Junkers F13 im Jahr 1919 ermöglichte die ersten regelmäßigen Passagierflüge, etwa auf der Strecke Paris–London oder Berlin–Weimar. Die Maschine bot vier Fahrgästen Platz, flog Tempo 170 und legte Distanzen von 1000 Kilometern zurück. 50 Jahre später fasste die Boeing 747, liebevoll Jumbojet genannt, 500 Passagiere. Sie ist 850 Km/h schnell und hat eine Reichweite von 10 000 Kilometern.

»Ohne Stabilität keine Bewegung«

Wie viele Bedeutungen hat der Begriff Mobilität in der Soziologie?

Zunächst kann man wörtliche Bedeutungen, die sich auf die Bewegung im Raum beziehen, von symbolischen Bedeutungen unterscheiden. So reden wir etwa von sozialer Mobilität, wenn wir uns auf die Auf- und Abstiegsmöglichkeiten in der Gesellschaft beziehen, oder von beruflicher oder familialer Mobilität, wenn es um die Bereitschaft geht, Familien- oder Berufsbindungen zu wechseln, oder auch von politischer und religiöser Mobilität. In allen Bereichen hat die Beweglichkeit zugenommen.

War die Menschheit nicht immer unterwegs?

Einzeln oder gruppenweise waren Menschen immer zum Ortswechsel gezwungen. Aber das ist der springende Punkt: Sie waren gezwungen durch unkontrollierbare, äußere Einflüsse – Hungersnöte, Krieg, Krankheiten, klimatische Veränderungen. Neu ist aber eine aus der Gesellschaft selbst heraus erzeugte, systematische Mobilität.

Was unterscheidet den Wanderarbeiter vom Jetsetter?

Der Wanderarbeiter setzt bei jeder Ortsveränderung seine ganze Existenz aufs Spiel: seine Beziehungsnetze, seine Gewohnheiten. Der Jetsetter löst dagegen seine ganze Existenzweise von der räumlichen Fixierung: Er behält seine Freunde, Familie, Netzwerke und Lebensweise, während er von Ort zu Ort geht.

Ist eine durch und durch mobile Gesellschaft überhaupt denkbar?

Dynamische Bewegung ergibt nur vor stabilen Hintergrundbedingungen einen Sinn. Es kann erfolgreich und funktional sein, wenn die Spitzenmanager in einem globalen Rotationssystem Firmen und Länder wechseln. Wenn sich die Firma aber aufgelöst hat, wenn die Manager am neuen Arbeitsort ankommen, ist die dynamische Bewegung in einen Prozess des chaotischen Zerfalls übergegangen. Flexibilität und Mobilität sind nur in einer stabilen Welt funktional. Die totale Mobilmachung, die heute vielerorts gefordert wird, ist ein selbstzerstörerischer, dysfunktionaler Prozess.

Wie viel Mobilität verkraftet eine Gesellschaft?

Menschen und ihre Gesellschaften sind erstaunlich wandlungs- und anpassungsfähig. Wir verkraften heute eine viel höhere Mobilität, als frühere Gesellschaften sich hätten träumen lassen. Daher sollten wir vielleicht eher fragen: Wie viel Mobilität verkraftet diese Gesellschaft? Da scheint es eine schwerwiegende Diskrepanz zwischen Demokratie und schrankenloser Mobilität zu geben: Demokratische Selbstregierung funktioniert nur, wenn die Beteiligten eine gewisse raumzeitliche Stabilität aufweisen, sodass man den demokratischen Entscheidungsfindungsprozess auch organisieren und danach Verantwortung zuschreiben kann. Es ist unmöglich, wie schon Dewey bemerkte, eine demokratische Öffentlichkeit zu organisieren, wenn sie dauernd umzieht.

HARTMUT ROSA
ist Soziologieprofessor
an der Friedrich-Schiller-
Universität Jena

Mehr zum Thema:

Hartmut Rosa:
Beschleunigung
Die Veränderung der Zeitstrukturen in
der Moderne; Suhrkamp 2005; 537 S.

Z. Bauman:
Flaneure, Spieler
und Touristen
Essays zu postmodernen
Lebensformen;
Hamburger Edition 2007; 270 S.

Karl Schlögel:
Planet der Nomaden
WJS 2006; 150 S.

WELTERNÄHRUNG

LACHS gehört zu den beliebtesten Speisefischen. Er wird roh, gekocht, gebraten und geräuchert verzehrt

Pelagische **SCHLEPPNETZE** sind bis zu 1500 Meter lang. Sie sammeln Rundfische wie Rotbarsch, Kabeljau oder Seelachs ein

Zehntausende Lachse haben in einem **NETZGEHEGE** Platz. Gefüttert werden sie mit Fischmehlpellets

Mengenmäßig ist **MAIS** das bedeutendste Getreide. Der größte Teil davon wird an Vieh verfüttert. Vom **WEIZEN** existieren etwa zwei Dutzend Arten

HECKTRAWLER ziehen riesige Schleppnetze durch die Ozeane

Die Eiweißfabriken

Damit uns die Erde auch in Zukunft ernähren kann,
muss sie klug bewirtschaftet werden. Beim Fischfang ist die
Grenze des Wachstums erreicht - riesige Farmen
an Norwegens Küste sollen den Nachschub sichern

VON MARCUS ROHWETTER

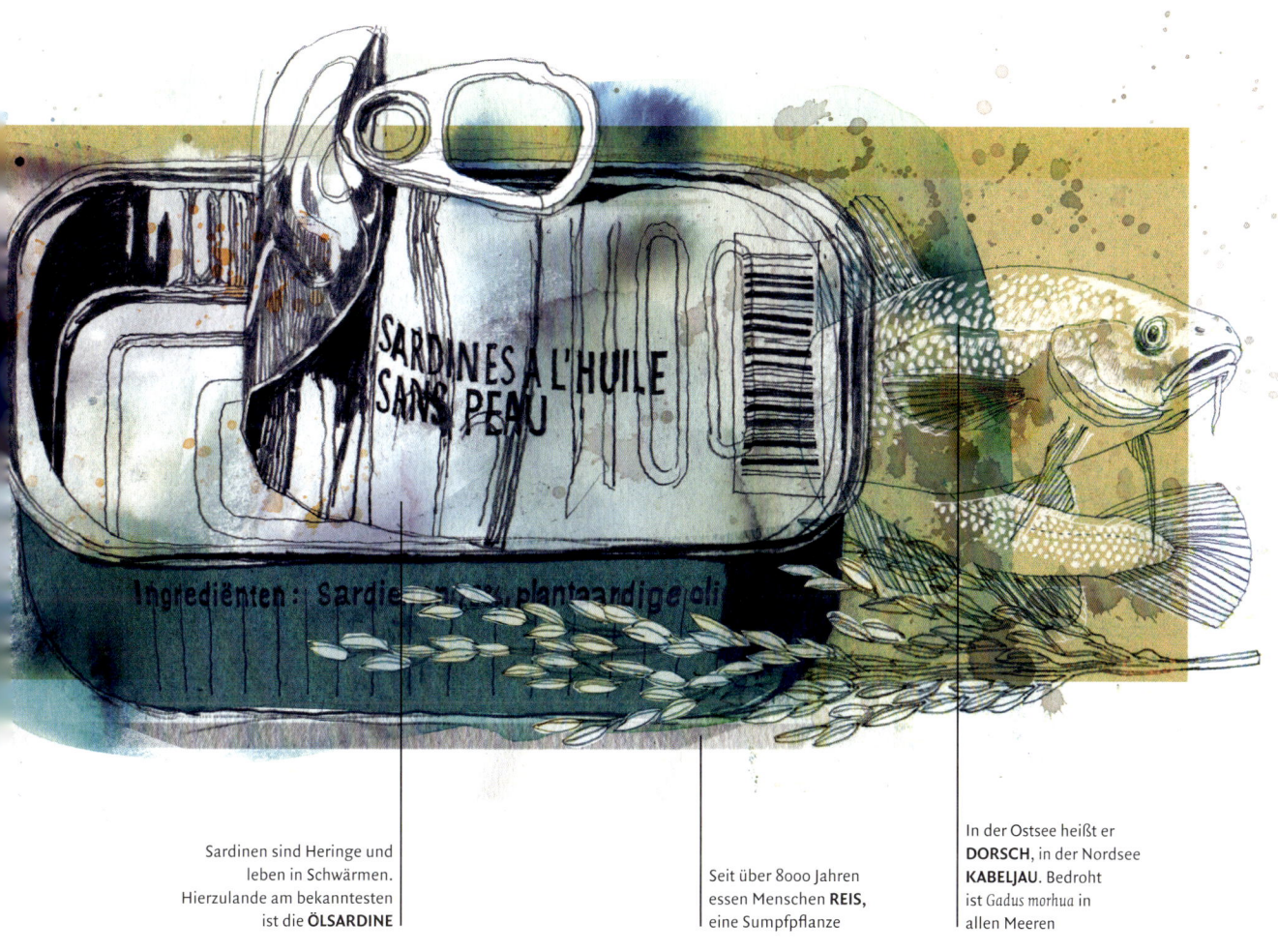

Sardinen sind Heringe und
leben in Schwärmen.
Hierzulande am bekanntesten
ist die **ÖLSARDINE**

Seit über 8000 Jahren
essen Menschen **REIS,**
eine Sumpfpflanze

In der Ostsee heißt er
DORSCH, in der Nordsee
KABELJAU. Bedroht
ist *Gadus morhua* in
allen Meeren

Der Schnee ist früh dran. Gestern waren einige Bergspitzen am Tresfjord weiß. Über Nacht kroch das Eis die Hänge hinab. Windböen treiben die Kälte runter bis zum Wasser. Knatternd stößt der Motor das kleine blaue Boot über das Wasser im Fjord. Vorne auf der Ladefläche steht Pelle. Er trägt einen dicken gelb-schwarzen Schutzoverall, der ihm das Leben retten kann, sollte er über Bord gehen. Jedes Mal, wenn das Boot an eine Welle klatscht, springt die Gischt hoch und macht Pelle nasser, als er schon ist. Noch eine gute Viertelstunde, dann sind wir draußen bei den Fischen. Pelle kneift die Augen zusammen, deutet mit dem Kopf über den Bug. Gut 200 Meter voraus steht eine dunkelgraue Schlechtwetterwand auf dem Wasser. Der Regen, von dem man nicht weiß, ob er noch von oben oder schon von vorn kommt, vermischt sich mit Hagel. Wind und Schiffsdiesel lärmen, knapp versteht man, was Pelle sagt: »Die Natur ist eben kein Disneyland!«

In der norwegischen Fischindustrie zu arbeiten ist ein Kampf mit den Elementen. Ganz oben im Land, nördlich des Polarkreises, sind die Bedingungen zwar noch härter. Aber selbst hier am Tresfjord, nahe der Stadt Molde im Südwesten Norwegens, kann es ungemütlich werden. Wenn die Natur schlechte Laune hat, war es schon immer anstrengend, ihr etwas abzuringen. Besonders, wenn sich das Etwas unter Wasser befindet.

Fisch. Die Welt isst 17 Kilo pro Kopf und Jahr, aber das ist nur Statistik. Fischkonsum war immer auch eine Frage von Armut und Reichtum, von Kultur und Geografie. In Staaten mit Küstenlinien finden sich naturgemäß mehr Fischer als in abgeschiedenen Gebirgsregionen. Isländer und Japaner verspeisen ein Vielfaches des Durchschnitts. In zahlreichen asiatischen Schwellen- und Entwicklungsländern stellen Fische die bedeutendste Proteinquelle dar. Zwar sind, von der Menge her, die Fleischlieferanten Schwein, Rind, Geflügel wichtiger – ebenso das Getreide. Mit der wachsenden Weltbevölkerung aber steigt der irdische Gesamtappetit und damit auch die Nachfrage nach Nahrung aus dem Wasser. Jedes Jahr werden 142 Millionen Tonnen Fisch gefangen, so viel wie nie zuvor.

Um den Hunger zu stillen, hat der Mensch sich Tiere untertan gemacht. Fabriken produzieren tierische Nahrung. Fast jedes essbare Lebewesen wurde auf die Bedürfnisse der industriellen Fleischproduktion abgestimmt. Es gibt Anlagen, in denen Rinder in Stockwerken übereinander gehalten werden. Schweine, früher erst nach drei Jahren schlachtreif, kommen heute nach sechs Monaten unters Messer. Beim Geflügel dauert es bloß noch 38 Tage, bis ein frisch geschlüpftes Küken am Grillspieß endet. Computer überwachen die Zucht, steuern Licht, Temperatur und die Futterabgabe. Ohne detaillierte Handbücher lassen sich die hochgezüchteten Rassen praktisch nicht mästen.

Briten und Isländer lieferten sich erbitterte Kämpfe um üppige Schwärme
Fische hingegen sind die einzigen Tiere, die bis heute überwiegend wild gejagt und gefangen werden. Draußen auf offener See. Aber nicht mehr lange.

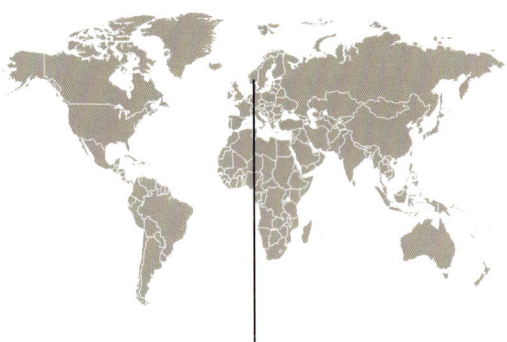

MOLDE
Im Tresfjord, im Südwesten Norwegens, liegt die Zukunft der Proteinproduktion. In riesigen Netzkäfigen gedeihen Biolachs und Kabeljau

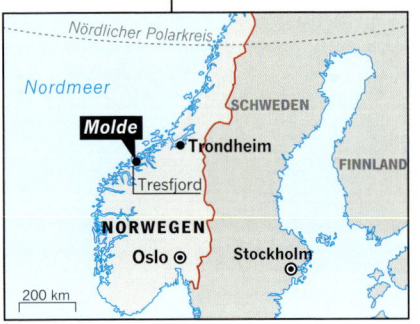

Nördlicher Polarkreis

Nordmeer

SCHWEDEN

Molde

• Trondheim

FINNLAND

Tresfjord

NORWEGEN

Oslo ◉

Stockholm ◉

200 km

Das Boot wird langsamer, der Motor leiser. Auch der Regen lässt nach. In einer ruhigen Ecke des Fjords, umgeben von Felsen und wenigen Häusern, liegt die Zukunft der Proteinproduktion: schwarze Plastikrohre, zusammengesteckt zu mächtigen schwimmenden Ringen. Ein halbes Dutzend davon liegt im Wasser. Jeder mit einem so großen Durchmesser, dass bequem ein Einfamilienhaus hineinpasste. Eineinhalb Meter Netz überragen, einem Zaun gleich, die Ringe. 30 Meter Netz sind es nach unten.

Als das Boot längs kommt, springt Pelle über die Reling und greift nach dem Zaun. Sein Gewicht drückt den gigantischen Netzkäfig kurz unter Wasser, sodass es ihm fast in die Gummistiefel schwappt. Im Innern des Kreises springen Lachse aus dem Wasser – als gelte es, eine Stromschnelle zu überwinden. Zehntausende sind es. Es wird nicht mehr lange dauern, bis sie, filetiert und in Frischhaltefolie verpackt, ihre letzte Reise antreten.

»Das ist die Zukunft«, sagt Pelle, der mit vollem Namen Per Gunnar Kvenseth heißt. Er glaubt es. So sehr, dass er sein Haus verkauft und Anteile an der Firma erworben hat, der diese Anlagen gehören: Villa Fish. Ein junges Unternehmen, das vielleicht einen Tick weiter denkt als andere Fischzüchter. Villa hat sich auf nachhaltige Produktion von Lachsen und Kabeljau spezialisiert. Das ist trotz Biobooms noch ungewöhnlich. Aber vielversprechend.

Pelle ist kein Träumer. Kalkulieren hat er gelernt, als er noch in Bergen bei einer internationalen Wirtschaftsberatung arbeitete. Und mit Fischen kennt er sich aus, schließlich ist er studierter Biologe. Bei Villa hat der Mittfünfziger mit den kurzen grauen Haaren dafür zu sorgen, dass die Tiere gesund bleiben. Ein komplizierter Job, will man einigermaßen umweltverträglich arbeiten.

Fischfarmen gibt es immer mehr auf der Welt. Aquakultur nennen Fachleute das, was nichts anderes ist als Massentierhaltung unter Wasser. Tierschützer kritisieren, dass Fische heute wie Legehennen gehalten werden. Aber ohne diese Produktionsform könnte der Hunger der Welt auf Seafood längst nicht mehr gedeckt werden. Seit den achtziger Jahren geht praktisch der gesamte Zuwachs der globalen Fischproduktion auf das Konto der Aquakultur. Mehr als 40 Prozent der weltweit vom Menschen verzehrten Fische stammen aus Farmen irgendwo vor den Küsten der Welt.

Denn die Ozeane geben nicht mehr viel her. Drei Viertel aller Bestände sind bis an die biologisch vertretbare Grenze – oder darüber hinaus – beansprucht. Das Meer leert sich. In den siebziger Jah-

ren machte der *cod war* Schlagzeilen, der Kabeljaukrieg im Nordatlantik. Damals lieferten sich Briten und Isländer erbitterte Kämpfe um die üppigen Schwärme, mit denen sich gutes Geld verdienen ließ. Doch irgendwann war es zu viel. Erst gingen weniger Fische in die Netze, dann verschwanden sie ganz. Seitdem hat sich der Kabeljau in diesem Teil der See nie wieder erholt.

Heute ist auch der Dorsch in der Ostsee gefährdet. Und der Thunfisch im Mittelmeer. Weil aber Fischer ohne Fisch keine Zukunft haben, begann der Aufstieg der Aquakultur. Sie ist die am schnellsten wachsende Form der Tierproduktion überhaupt.

Die Zuchtfische setzten weniger Muskeln an. Läuse fielen über sie her

Dabei ist Fischzucht keine neue Erfindung. Im Brackwasser Indonesiens und auf den Philippinen betrieb man sie schon im 16. Jahrhundert. In Europa sind Forellenteiche lange bekannt. Heute sollen die Unterwasserfarmen jene Nahrung bereitstellen, die die Meere nicht mehr hergeben.

Die industrielle Fischzucht hätte die Lösung sein können. Doch sie wurde zum Teil des Problems. Pelle kennt die Geschichte. Norwegen musste früh dieselben Erfahrungen machen wie viele andere große und stolze Fischnationen auch. Die Tiere einfach zehntausendfach in Käfigen zu züchten entpuppte sich als zu einfache Strategie. Viele wurden krank. Jenen Arten, die wie der Lachs gewohnt sind, in Freiheit weite Strecken zurückzulegen, bekam die Enge in den Netzen nicht. Die Fische bildeten weniger Muskeln, Infektionen breiteten sich aus, Antibiotika wurden massenhaft ins Wasser gekippt. Seeläuse fielen über die Zuchtlachse her, die ja nicht flüchten konnten. Das Fleisch der Tiere galt lange als zweite Wahl.

Pelle hat mit dafür gesorgt, dass das heute nicht mehr so sein muss. »Putzerfische haben uns weitergebracht«, sagt er, grinst und zeigt ins Wasser. Man kann sie nicht sehen. Aber sie fressen die Seeläuse von den Lachsen, simpel, biologisch einwandfrei. Mehr als zehn Jahre lang hat Pelle die winzigen Saubermacher erforscht. Jetzt sind sie im Dauereinsatz: In jedem Becken schwimmt eine Putzkolonne mit.

Während man dieses Problem in den Griff bekam, tat sich ein anderes auf. Fast alle Fische, die für den menschlichen Verzehr gezüchtet werden, sind Räuber. Das gilt für den Lachs wie für den Kabeljau. Sie fressen andere Fische. Wie aber gelangen die Jäger, eingepfercht in Unterwasserfarmen, an Nahrung? Sie lagert in großen grauen Metallcontainern, die zwischen den Netzringen schwimmen. Computergesteuert rieseln die Pellets, gepresst aus Fischmehl und -öl, durch Schläuche zu den Lachsen, drei Tonnen pro Tag. »Es ist nicht immer einfach, Futter aus nachhaltiger Produktion zu bekommen«, sagt Pelle. Diese zurückhaltend formulierte Aussage offenbart das Drama der boomenden Fischzucht, die von ihrer Idee her die Weltmeere schonen sollte – und sie nun weitaus stärker belastet, als man ahnte.

Diese Pellets nämlich werden meistens aus Fischen hergestellt, die draußen auf See gefangen wurden. Die großen Flotten fahren weiter mit ihren Schleppnetzen um die Welt und durchpflügen die Ozeane. Sie fangen keine Fische mehr, die die Menschen essen. Sie fangen Fische zum Verfüttern. Der Welternährungsorganisation (FAO) ist der Trend nicht verborgen geblieben. *Trash fish* – Müllfische – heißen diese Meeresbewohner im jüngsten Jahresbericht. Das mag verächtlich klingen; auch hierzulande sprach man lange von Gammelfischerei, wenn es um jene Fische ging, die bestimmt waren, als Tierfutter zu enden. Doch aus dem Abfallgeschäft entwickelte sich eine wach-

sende Industrie – und eine neue Bedrohung für die Weltmeere. »Fischerei und Fischzucht sind in einem Kreislauf gefangen, in dem die Nachfrage für *trash fish* als Futter den Druck auf die ohnehin verminderten Wildbestände erhöht«, warnt die FAO. »Das wirft bedeutende Fragen auf nach den sozialen, ökonomischen und ökologischen Vor- und Nachteilen dieses Systems, seine Nachhaltigkeit und künftige Entwicklung.«

Schon heute endet ein Viertel des wild gefangenen Fischs als Futter. 2003 wurden 570 000 Tonnen Fischmehl allein für die Lachszucht verwendet, fast dreimal so viel wie Anfang der neunziger Jahre. Die Nachfrage nach Fischöl versiebenfachte sich sogar. Um eine Tonne Zuchtlachs zu produzieren, müssen rund drei Tonnen sonstige Fische gefangen, gemahlen, zu Pellets gepresst und verfüttert werden.

Zu den großen *trash fish*-Quellen zählen die Anchovisbestände vor Peru. Diese Fische tauchen zwar vereinzelt in Dosen oder als Pizzabelag auf, sind praktisch aber bloß Rohware für die Fischmehlproduktion. Grundsätzlich sei es sogar völlig in Ordnung, sie als Futter für die Aquakultur zu verwenden, sagt Jörn Scabell, der den Fischeinkauf für Frosta in Bremerhaven leitet. »Dies gilt aber nur, wenn das Fischereimanagement nachhaltig ausgerichtet ist.«

Oft bilden hässliche und kleine Arten die Grundlage für das Fischmehl. Sie sind grätenreich und knorpelig; kein Laie kennt sie, kein westliches Restaurant würde sie je auf die Speisekarte setzen – und doch stellen sie in manchen Entwicklungsländern eine Nahrungsgrundlage dar. Im globalen Ökosystem spielen diese Tiere zudem eine ebenso wichtige Rolle wie Thunfische oder Delfine. Was geschieht nun mit diesen Beständen, wenn die rasant wachsende Aquakultur nach immer mehr Fischmehl verlangt?

Gerd Hubold weiß, welche Fischarten bedroht sind und welche nicht. Er ist der Chef des Interna-

tionalen Rats für Meeresforschung (ICES) in Kopenhagen. Seine Organisation liefert die wissenschaftlichen Grundlagen für die Festlegung der Fangquoten. Ob sich die Politiker – und letztlich die Fischer – an die Empfehlungen des ICES halten, ist eine andere Frage. Hubold kramt Zettel mit Grafiken hervor und legt sie auf den Schreibtisch. Dann erzählt er, dass seit einiger Zeit das Schicksal des Sandaals in Teilen der Nordsee besonders beobachtet wird. Das Tier gehört zu jenen Arten, die ausschließlich für die Futterindustrie interessant sind. Ende der neunziger Jahre wurde noch eine Million Tonnen Sandaal gefangen. Dann 800 000 Tonnen. Jetzt sind es keine 300 000 Tonnen mehr. »Das kann aber auch natürliche Ursachen haben«, sagt Hubold. Kann. Muss aber nicht. In jedem Fall ist es ein Beleg dafür, dass auch der Fang jener Fische überwacht werden muss, die nicht von Menschen gegessen werden.

Der Umgang mit dem maritimen Rohstoff kann unvorhersehbare Wirkungen haben. Zum Beispiel auf die Seevögel vor der schottischen Nordseeküste, denen mit den Sandaalen die Nahrungsgrundlage weggefischt wurde. Also errichtete man Schutzzonen. Später gingen insgesamt weniger Sandaale in die Netze, worauf die Politik überall die Fangquoten senkte, »aber das gaben die Fänge längst nicht mehr her«, sagt Hubold.

Die Raubfische werden sich kaum in Vegetarier verwandeln lassen

Es gehört zu den fatalen Eigenarten der Fischproduktion, dass sie ein weltweites Geschäft ist, bei dem alles in Beziehung steht. Da konkurrieren Seevögel und Futterproduzenten um dieselben Fischbestände. Und in Entwicklungsländern wie Bangladesch entscheidet sich, ob heimische Fische gegessen oder an die Lachsfarmer in der Ersten Welt verkauft werden. Für eine nachhaltige Fischwirtschaft, die alle Menschen ernährt und zugleich die Natur erhält, bedeutet das eine gigantische Herausforderung.

Als Johan Andreassen und Bjørn-Vegard Løvik Mitte der neunziger Jahre die Firma Villa Fish gründeten, müssen sie die Konflikte der Zukunft geahnt haben. Die beiden sind immer noch jung, erst um die 30, und sie verkörpern eine Unternehmergeneration, die mit dem Nachhaltigkeitsgedanken vertrauter ist als die vorhergegangene. Ein weißes Holzhaus am Tresfjord dient als Firmenzentrale. Bäume, Wasser, Berge. Idyllisch, wenn die Sonne scheint. Wenn.

Andreassen macht nicht viele Worte, sagt aber, dass man gegen die Natur nichts machen kann. Nur mit ihr – wenn es von Dauer sein soll. Bislang ist die Idee aufgegangen, Villa Fish hat hundert Angestellte, expandiert. Die Nachfrage nach Biolachs steigt. Als Villa Fish Aktien ausgab, um Geld für Wachstum auszugeben, kaufte sich die Deutsche Bank ein. Sie hält heute eine Minderheitsbeteiligung.

Spricht man Pelle auf seine jungen Chefs an, die fast seine Kinder sein könnten, lächelt er und sagt, dass man sie manchmal »ein wenig bremsen« müsse. Pelle ist der Erfahrene. Er weiß, dass manch gute Idee eine Idee zu viel sein kann, wenn sie zu früh kommt. Ein junges Unternehmen darf sich nicht übernehmen. Auch das gehört zur Nachhaltigkeit.

Fest steht, dass die Aquakultur die wilden Bestände mehr beeinflusst, als es zunächst den Anschein hatte. Und dass auch jene Ressourcen rücksichtsvoll bewirtschaftet werden müssen, die in keinem Einkaufsführer und keiner Sushi-Bar auftauchen. Nur dann wird die Aquakultur jenen Teil zur Welternährung beitragen, den man sich von ihr verspricht.

Ansätze gibt es. So haben sich die Vereinigten Fischmehlwerke in Cuxhaven darauf spezialisiert, ausschließlich Abfälle der Fisch verarbeitenden Industrie zu vermahlen: Gräten, Köpfe, Innereien. Im weltweiten Fischmehl-Business sind die Cuxhavener eine kleine Nummer, aber ihr Chef Bodo von Holten fand einen Weg, seinen Rohstoff nicht eigens im Meer zu fangen. Stattdessen schickt er Lastwagen und Kühltransporter nach Italien, Polen und in die Niederlande, um Fischreste einzusammeln und nach Cuxhaven zu bringen. Der Sandaal wird's danken.

Vielleicht wird man eines Tages Futterfische züchten, die selbst Pflanzenfresser sind. Noch aber ist es billiger, die Weltmeere auszubeuten. Die Farmfische selbst umzuerziehen, lasse die Natur nicht zu, schätzen Wissenschaftler wie Hubold. »Alle hochwertigen Fische sind Raubfische«, sagt er. »Sie werden sich nicht in Vegetarier verwandeln lassen.«

Produktionsplanet Erde: Die Hauptnahrung von Mensch und Tier

Fleisch ist die Nahrung der Reichen – der Fleischkonsum ist höher, je wohlhabender eine Region ist. So ist der Pro-Kopf-Konsum in den Industrieländern etwa doppelt so hoch wie im Durchschnitt der Weltbevölkerung. Mehr als 220 Millionen Tonnen Fleisch werden voraussichtlich in diesem Jahr produziert. Fast die Hälfte davon entfällt auf Schweinefleisch, je knapp ein Viertel auf Geflügel und Rind. Der zunehmende Konsum wirft Probleme auf. So steigt zum einen der Verbrauch von Getreide und Wasser exponentiell, weil immer größere Mengen Viehfutter hergestellt werden. Zum anderen tragen die Ausscheidungen der Tiere zur Klimaerwärmung bei.

Kartoffeln stammen aus den südamerikanischen Anden und sind seit dem 16. Jahrhundert in Mitteleuropa zu einem bedeutenden Grundnahrungsmittel geworden. Die Knollen, hierzulande oft Beilage zu Fleischgerichten, bekommen Konkurrenz durch Reis und Nudeln, die sich schneller zubereiten lassen. In der Snack- und Fast-Food-Industrie bleibt die Kartoffel (Pommes frites, Chips) jedoch beliebt. Mengenmäßig sind China, Russland und Indien heute die größten Produzenten. Mehr als 300 Millionen Tonnen werden jedes Jahr angebaut, von denen etwa die Hälfte an Nutztiere verfüttert wird.

Mais ist, gemessen an der produzierten Menge, das bedeutendste Getreide der Welt. In Mexiko kultiviert, brachte es Kolumbus nach Europa. Mehr als 700 Millionen Tonnen werden heute jedes Jahr angebaut. Während jedoch in Industrienationen wie den USA Mais in erster Linie als Viehfutter angebaut wird, produzieren zahlreiche Entwicklungsländer größtenteils direkt für die menschliche Ernährung. Zunehmend stehen gentechnisch veränderte Pflanzen auf den Feldern. Ferner eignet sich Mais für die Energieerzeugung in Biogasanlagen.

Milch wird jedes Jahr in einer Menge von rund 600 Millionen Tonnen erzeugt; der größte Teil ist Kuhmilch. Die Europäische Union ist zwar der weltgrößte Hersteller, im Ländervergleich führt jedoch Indien die Liste an. Milch wird größtenteils weiterverarbeitet, zu Butter, Sahne, Joghurt oder Käse. Wegen der Beliebtheit dieser Milchprodukte steigt die weltweite Produktionsmenge.

Reis wird vor allem in Südostasien angebaut. Weitere bedeutende Anbaugebiete befinden sich in den USA sowie in der norditalienischen Poebene. Reis bevorzugt feucht-warmes Klima und wächst am besten in sumpfig nassem Boden. Reiskörner gehören seit Jahrtausenden zu den bedeutendsten Grundnahrungsmitteln. Weltweit werden jährlich 600 Millionen Tonnen erzeugt. Im Gegensatz zu anderem Getreide spielt Reis kaum eine Rolle als Tierfutter.

Weizen existiert weltweit in etwa zwei Dutzend Arten. Sie unterscheiden sich in ihren Ansprüchen an Boden und Klima, aber auch hinsichtlich der Mahl- und Backeigenschaften. Rund 600 Millionen Tonnen Weizen werden jedes Jahr angebaut. Durch Züchtung und Schädlingsbekämpfung wurde das Getreide ständig an die Bedürfnisse der industriellen Verarbeitung angepasst. So enthalten moderne Sorten mehr Körner und sind widerstandsfähiger gegenüber Schädlingen. Der größte Teil des Weizens gelangt als Brot und Nudeln auf den Tisch, große Mengen werden jedoch auch als Tierfutter verwendet.

Wasser ist der wichtigste Bestandteil der menschlichen Ernährung. Der Pro-Kopf-Verbrauch von Trinkwasser variiert stark von Land zu Land – dennoch macht der direkte Konsum von Wasser nur einen kleinen Teil des Verbrauchs aus. Bis zu 90 Prozent verbraucht die Landwirtschaft. So müssen für ein Kilo Mais etwa 900 Liter Wasser aufgewendet werden, für die Produktion eines Kilos Rindfleisch insgesamt 16 000 Liter.

Soja enthält viel Eiweiß und Öl. Die Bohne ist zwar auch Bestandteil der vegetarischen Küche, jedoch werden bis zu 80 Prozent der Welternte (214 Millionen Tonnen) zu Viehfutter verarbeitet. Die USA, Brasilien und Argentinien zählen zu den größten Produzenten. Die gentechnische Veränderung der Pflanze ist weit fortgeschritten. Experten schätzen, dass bald kaum noch relevante Mengen gentechnikfreies Soja auf dem Weltmarkt zu finden ist. Umweltschützer kritisieren, dass in Südamerika Urwälder abgeholzt werden, um auf der gerodeten Fläche neue Felder für den Anbau von Sojapflanzen zu errichten.

? »Verteilen wir gerecht?«

Wie lässt sich die Ernährung der Menschheit sicherstellen?

Potenziell können sich bis zu zwölf Milliarden Menschen von der Erde ernähren. Trotzdem hungern schon heute weltweit 854 Millionen. Entscheidend sind also die Prioritäten: Setzen wir alles daran, genügend Nahrungsmittel zu produzieren – und verteilen wir sie gerecht?

Welche Rolle wird die Gentechnik spielen?

Eine wachsende, da viele große Agrarländer inzwischen auf Gentechnik setzen.

Wird die Nachfrage nach Energiepflanzen zum Problem? Und wenn ja, für wen?

Der Anbau von Energiepflanzen droht die ohnehin massiv steigenden Nahrungsmittelpreise drastisch anzuheizen, auf Kosten vieler Armer – einschließlich der 1,5 Milliarden Kleinbauern, die selbst Nahrungsmittel zukaufen müssen und selten vom Biosprit-Boom profitieren.

Was war in Ihrem Fach die wichtigste neue Erkenntnis der vergangenen Jahre?

Dass die Landwirtschaft in der Entwicklungspolitik sträflich vernachlässigt wird – wie die Weltbank in ihrem aktuellen Weltentwicklungsbericht feststellt. 80 Prozent der Hungernden in aller Welt leben auf dem Land, aber nur 4 Prozent der Entwicklungshilfe kommen der Landwirtschaft zugute.

Welchen wissenschaftlichen Durchbruch erwarten Sie in der nächsten Zeit?

Die Erkenntnis, wie statt Nahrungsmitteln andere Ressourcen als Energiepflanzen genutzt werden können, zum Beispiel Getreideabfälle oder die heute schon eingesetzte Jatrophapflanze.

Was war der größte Irrtum in der Geschichte Ihrer Organisation?

Der Glaube, dass wir uns bald überflüssig machen könnten, weil der Hunger in der Welt beseitigt ist.

Was wissen Sie, ohne es beweisen zu können?

Dass die Agrarproduktion in Afrika bei ungebremstem Klimawandel bis 2020 um bis zu 50 Prozent zurückgehen wird. Wir hoffen, eines Besseren belehrt zu werden.

MONIKA MIDEL,
Leiterin im Berliner
Büro des Welternährungs-
programms der UN

Mehr zum Thema:

Hans-Peter Rodenberg:
See in Not
Die größte Nahrungsquelle
des Planeten:
eine Bestandsaufnahme;
Mare Buchverlag 2004; 303 S.

Klaus Hahlbrock:
Kann unsere Erde die
Menschen noch ernähren?
Fischer Taschenbuch,
3. Auflage 2007; 318 S.

FAO: The State of World
Fisheries and
Aquaculture 2006
FAO 2007; 180 S.

ZEITLEISTE WIRTSCHAFT

Wichtige Ereignisse und Meilensteine

VOR 140 000 JAHREN

Noch vor der Entstehung differenzierter Gesellschaften treten in Afrika die ersten belegbaren **Fernhandelsbeziehungen** auf.

VOR 12 000 JAHREN

Im Norden Mesopotamiens, zwischen Euphrat und Tigris, entwickelt sich der **Ackerbau;** Jäger und Sammler werden zu sesshaften Bauern. So kann erstmals planmäßig Nahrung produziert werden.

5. JTSD. V. CHR.

In Mitteleuropa tritt zum ersten Mal der **Pflug** auf und erhöht die Effizienz der Landwirtschaft.

8. JH. V. CHR.

Die **Phönizier**, die wichtigste Seemacht im Mittelmeerraum, die zudem auf Handelsreisen bis nach Britannien und in den Golf von Guinea vordringen, gründen als eine ihrer Kolonien Karthago.

7. JH. V. CHR.

Im Reich der Lyder werden erstmals **Münzen** als Zahlungsmittel ausgegeben.

6. JH. V. CHR.

In Griechenland entstehen die ersten großen **Sklavenmärkte,** die Sklavenhaltung stellt einen selbstverständlichen Teil des antiken Wirtschaftssystems dar.

1. JH.

Die römischen Kaiser Augustus und Tiberius bauen die **Bernsteinstraße,** eine seit der Urgeschichte benutzte Handelsroute zwischen der Ostsee und dem heutigen Italien, aus.

5. JH.

Im persischen Sassanidenreich werden **akks,** die ersten gesicherten Vorläufer der bis heute gebräuchlichen Schecks, verwendet.

578

Koreanische Einwanderer gründen in Osaka das Bauunternehmen **Kong Gumi,** das bis zur Insolvenz 2006 in Familienbesitz bleibt und damit als **ältestes Unternehmen der Welt** gilt.

7. JH.

Unter der Tang-Herrschaft erreicht der Handel auf der **Seidenstraße** zwischen China und Europa seinen Höhepunkt.

10. JH.

Die skandinavischen **Wikinger** verbreiten durch Raubüberfälle Angst und Schrecken in Europa. Sie unterhalten aber auch Handelsbeziehungen nach Byzanz, Russland und Andalusien.

1024

Im China der Song-Dynastie zirkulieren erstmals **Geldscheine** aus Papier, diese Praxis wird aber später wegen der Inflationsgefahr wieder aufgegeben.

~ 1100

Im mittelalterlichen Europa wird die **Dreifelderwirtschaft** eingeführt, die jahrhundertelang üblich ist und schließlich zu Beginn des 19. Jahrhunderts von der Fruchtwechselwirtschaft abgelöst wird.

12. JH.

In den italienischen Städten, vor allem in Florenz, entwickelt sich das **europäische Bankwesen,** dessen Vokabular bis heute erhalten geblieben ist.

1204

Im Auftrag der Republik Venedig erobern die Kreuzfahrer Konstantinopel, als eine Folge wird **Venedig** zur wichtigsten **Handelsmacht** nicht nur im Mittelmeer.

1240

Frankfurt am Main erhält als erste deutsche Stadt die **Messeprivilegien** und nimmt den Betrieb halbjährlicher Messen auf.

1347–1353

Die **Pest** wütet in Europa; die Krankheit, die damals unerklärlich ist, tötet 25 Millionen Menschen und zerrüttet die mittelalterliche Gesellschaft.

1370

Im **Frieden von Stralsund** garantiert Dänemark der **Hanse** Handelsprivilegien im Ostseeraum. Dies gilt als der Höhepunkt der Macht der Handelsvereinigung.

1469

Lorenzo di Medici, einer der wohlhabendsten und einflussreichsten Männer seiner Zeit, tritt an die Spitze seiner Heimatstadt **Florenz,** die er zu einem der mächtigsten Staaten Italiens macht.

140 000 Jahre vor unserer Zeit bis 18. Jh.

1472

Im italienischen Siena wird die Bankgesellschaft **Monti dei Paschi di Siena** gegründet, die älteste heute noch existierende Bank der Welt.

1498

Vasco da Gama entdeckt den Seeweg nach Indien, der für spätere Handelsbeziehungen von großer Wichtigkeit ist.

1519

Jakob Fugger, der bekannteste der Frühkapitalisten, beweist seine Macht, indem er durch Kredite die Kaiserwahl Karls V. finanziert.

1528

Die **Handelsfamilie der Welser** erhält von Karl V. die Statthalterschaft über die Kolonie Venezuela.

1585

In Frankfurt werden auf Betreiben mehrerer Kaufleute **einheitliche Wechselkurse** festgelegt, dies gilt als Geburtsstunde der Frankfurter Wertpapierbörse.

1602

Die **Niederländische Ostindien-Kompanie** wird gegründet. Sie ist der erste multinationale Konzern und die erste Aktiengesellschaft.

1630

Der Arzt und Journalist **Théophraste Renaudot** eröffnet in Paris das Bureau d'adresse et de rencontre, die erste Arbeitsvermittlung.

1637

An der **Börse von Alkmaar** kommt es zum ersten bekannten **Börsenkrach:** Nachdem viele Anleger zu hohen Preisen Tulpenzwiebeln gekauft haben, bleiben die Käufer aus, und die Preise fallen um 95 Prozent.

1661

Jean-Baptiste Colbert wird unter dem französischen König Ludwig XIV. Minister für Handel und Wirtschaft und verwirklicht die Grundsätze des Merkantilismus.

1676

Die **Hamburger Feuerkasse** wird gegründet, das älteste bestehende Versicherungsunternehmen der Welt.

~ 1680

Der **Atlantische Dreieckshandel** zwischen Europa, Westafrika und Amerika entwickelt sich, die Grundlage der britischen Kolonialherrschaft.

18. Jh.

Nach den großen Hungersnöten des 17. Jahrhunderts setzt sich die **Kartoffel** als Anbauprodukt in vielen europäischen Ländern endgültig durch.

1709

In England wird in **Hochöfen** statt Holzkohle erstmals Koks benutzt, dies steigert die Produktivität der Verhüttungsindustrie erheblich.

1710–1730

Nach dem Ende des Spanischen Erbfolgekriegs gehen viele bisher von den verschiedenen Staaten akzeptierte Freibeuter zur offenen **Piraterie** über, was deren Goldenes Zeitalter einläutet.

1750–1860

In England wird zunehmend Ackerland in **Großgrundbesitz** übertragen, was eine effizientere Landwirtschaft und damit die Industrialisierung ermöglicht.

~ 1770

Die **industrielle Revolution** verändert nicht nur die Produktionsweise, sondern auch die Lebensbedingungen der Menschen radikal.

1771

Im englischen Cromford wird nach der Erfindung der wasserbetriebenen **Spinnmaschine** die erste Fabrik der Welt eröffnet.

1776

Der schottische Ökonom **Adam Smith** veröffentlicht die Schrift *Über den Wohlstand der Nationen*, die eine der wichtigsten Grundlagen des Wirtschaftsliberalismus bildet.

1778

In Hamburg wird auf Initiative der **Patriotischen Gesellschaft** von 1769 die erste moderne **Sparkasse** der Welt gegründet.

1804

François Nicolas Appert gründet die erste Konservenfabrik der Welt und revolutioniert damit langfristig die Ernährungsgewohnheiten in den Industrieländern.

1810

Mit der Einführung der **Gewerbefreiheit** werden die Preußischen Reformen abgeschlossen; diese und die Bauernbefreiung fördern die Industrialisierung, führen aber auch zu Massenarmut.

1814

Der Aufstand der **Luddites** genannten Maschinenstürmer, die gegen die sozialen Folgen der Maschinisierung protestieren, wird endgültig niedergeschlagen.

1825

Zwischen Stockton und Darlington in Nordengland wird die erste öffentliche **Eisenbahnverbindung** der Welt eingerichtet.

1827

Friedrich Wöhler stellt erstmals reines **Aluminium** her, der Wert des Metalls ist zu dieser Zeit höher als der von Gold.

1834

Mit der Gründung des fast alle deutschen Staaten umfassenden **Deutschen Zollvereins** erhält die Industrialisierung in Deutschland einen bedeutenden Schub.

1839

Der deutsche Ökonom Johann Karl Rodbertus vollendet seine Schrift *Die Forderungen der arbeitenden Classen.* Er gilt als Begründer des **Staatssozialismus.**

1841

Friedrich List, der als Begründer der modernen **Volkswirtschaftslehre** gilt, veröffentlicht sein Hauptwerk *Das nationale System der Politischen Ökonomie.*

1844

Die **schlesischen Weber** wehren sich erfolglos gegen die schlechten Arbeitsbedingungen und die Armut, die die traditionellen Handwerker infolge der Industrialisierung erleiden müssen.

1847

Werner von Siemens gründet das Elektronikunternehmen Siemens, heute einer der wichtigsten deutschen Global Player.

1848

In New York eröffnet das erste **Versandhandelsgeschäft,** Hammacher Schlemmer. In der Folgezeit führt es Neuheiten wie das Dampfbügeleisen oder den elektrischen Rasierer ein; es existiert bis heute.

1848

Im revolutionären Paris wird das **Recht auf Arbeit** proklamiert. Zur Beschäftigung arbeitsloser junger Männer richtet man die Nationalwerkstätten ein, die aber bald wieder geschlossen werden.

1709 bis 1886

1848

Nach Goldfunden beginnt in Kalifornien der größte **Goldrausch** der Geschichte, der Hunderttausende Einwanderer in die bisher fast unbewohnte Region zieht.

1851

Im Crystal Palace in London findet die erste **Weltausstellung** statt, im 19. Jahrhundert eine Demonstration des technischen Fortschritts der westlichen Welt.

1856

William Henry Perkin entdeckt durch Zufall den Farbstoff Mauvein. Es ist der Beginn der künstlichen Herstellung von Farbstoffen in der chemischen Industrie.

1857

Die erste **Weltwirtschaftskrise**, entstanden in den USA und ausgelöst durch den Zusammenbruch der Banken, greift auch auf Europa über.

1859

In Pennsylvania werden die ersten ergiebigen **Ölbohrungen** durchgeführt, und es wird mit der Förderung des »schwarzen Goldes« begonnen, das damals noch überwiegend für Öllampen verwendet wird.

1860

Mit dem **Cobden-Chevalier-Vertrag**, einem Freihandelsabkommen zwischen Frankreich und England, dem später weitere europäische Länder beitreten, erreicht die Ära des Freihandels ihren Höhepunkt.

1863

In Leipzig entsteht auf Initiative Ferdinand Lasalles der **Allgemeine Deutsche Arbeiterverein,** die weltweit erste politische Vertretung der Arbeiter.

1866

Die **National Labor Union** wird in den USA gegründet, sie gilt als erste Gewerkschaft im heutigen Sinne.

1869

Mit der Schließung der letzten Lücke in Utah wird die erste **transkontinentale Eisenbahn** der USA, zwischen Omaha an der Ost- und Sacramento an der Westküste, vollendet.

1869

Der **Sueskanal** wird eröffnet und verkürzt den Seeweg von Europa nach Indien erheblich.

1873

Mit dem Deutschen Münzgesetz wird die **Goldmark** zur einheitlichen Währung im ganzen Deutschen Kaiserreich erklärt.

1873

Mit dem **Wiener Börsenkrach** endet der rasante wirtschaftliche Aufschwung der Gründerzeit in Deutschland und Europa. Eine wirtschaftliche Depression beginnt.

1879

Otto von Bismarck führt auf Verlangen von Großagrariern und Schwerindustrie erstmals **Schutzzölle** im Deutschen Reich ein.

1880

Der Sozialist **Paul Lafargue** übt in seiner Schrift *Das Recht auf Faulheit* radikale Kritik an der Arbeitsmoral des Kapitalismus.

1880ER

In einer der größten **Einwanderungswellen** der US-amerikanischen Geschichte kommen über 5 Millionen Menschen ins Land, darunter mehr als eine Million Deutsche.

1881

Mit der **Kaiserlichen Botschaft** an den Reichstag beginnt Otto von Bismarcks damals einzigartige **Sozialgesetzgebung** für Arbeiter, die die Grundlagen des deutschen Sozialstaates legt.

1882

Mit der Gründung des Standard Oil Trust erringt **John D. Rockefeller** die Vorherrschaft über den amerikanischen Erdölmarkt und wird dadurch zum Multimilliardär.

1882

Die ersten durch Dampfmaschinen angetriebenen **Elektrizitätswerke** werden in New York und London in Betrieb genommen.

1886

Beim **Haymarket Riot** in Chicago werden streikende Arbeiter von der Polizei erschossen. In Erinnerung daran wird der 1. Mai seither als **Tag der Arbeit** begangen.

1886

John Stith Pemberton erhält ein Patent für ein kokainhaltiges Getränk, muss sein Rezept aber später aus Geldmangel verkaufen; heute ist **Coca-Cola** die weltweit bekannteste Marke.

1889

Die **British South African Company** erhält einen königlichen Freibrief für die Erschließung großer Teile des südlichen Afrikas.

1889

Die erste Ausgabe des **Wall Street Journal** wird veröffentlicht, es hat heute als einflussreichste Wirtschaftstageszeitung eine Auflage von 1,8 Millionen.

1891

Papst Leo XIII. verkündet die **Enzyklika Rerum Novarum,** die als erste Stellungnahme der katholischen Kirche zur sozialen Frage den Beginn der katholischen Soziallehre darstellt.

1892

John Froelich aus Iowa entwickelt den ersten von einem Benzinmotor angetriebenen **Traktor,** der in den folgenden Jahrzehnten die Landwirtschaft revolutioniert.

1896

Im **Deutschen Reich** beginnt eine Phase der **Hochkonjunktur,** die das Land neben den USA zur führenden Industrienation der Erde macht.

1896

Der **Dow Jones Industrial Average** wird an der New Yorker Börse geschaffen. Er wird zum bedeutendsten Aktienindex der Welt.

1901

In Kopenhagen wird der **Internationale Gewerkschaftsbund** gegründet, der weltweit Arbeitnehmerinteressen vertreten soll und heute über 167 Millionen Mitglieder hat.

1908

William C. Durant gründet **General Motors,** Amerikas größten Autokonzern. Er war 77 Jahre lang Weltmarktführer, bis Anfang 2008.

1910

Das **Haber-Bosch-Verfahren** zur Synthese von Ammoniak wird zum Patent angemeldet. Es wird in der Produktion von Sprengstoffen und Düngemitteln genutzt.

1911

Frederick Winslow Taylor veröffentlicht seine einflussreiche Schrift *The Principle of Scientific Management* über die Rationalisierung von Produktionsprozessen.

1911

Mit der Zerschlagung großer Trusts und Kartelle wie Standard Oil endet die 40 Jahre dauernde Ära des **Big Business** in den USA.

1913

Mit der Einrichtung des ersten **Fließbandes** in der Automobilproduktion durch **Henry Ford** in Detroit beginnt das Zeitalter der Massenproduktion.

1913

Mit dem **Underwood-Simmons Tariff Act** werden die Einfuhrzölle in den USA drastisch gesenkt. Das Land geht damit vom Protektionismus zum Freihandel über, den es bis heute verfolgt.

1913

Der US-Kongress richtet eine halbstaatliche Notenbank ein, das **Federal Reserve System**. Sie soll das Finanzsystem stabilisieren.

1914

Henry Fords Modell T erreicht den Höhepunkt seiner Popularität; zu diesem Zeitpunkt sind neun von zehn Autos weltweit Fords.

1916

Die **Transsibirische Eisenbahn,** mit über 9000 Kilometern die längste Eisenbahnlinie der Welt und Hauptverkehrsachse für die Erschließung Sibiriens, wird vollendet.

1923

In Deutschland kommt es zur **Hyperinflation,** die Mark verliert drastisch an Wert und treibt damit Millionen Menschen in den finanziellen Ruin.

1886 bis 1950

1924

Zwischen Mailand und Varese in Norditalien wird mit der **Autostrada dei Laghi** die erste öffentliche Autobahn der Welt eröffnet.

1929

Mit dem **Schwarzen Donnerstag,** dem Börsencrash an der New Yorker Börse, beginnt die bisher verheerendste weltweite Wirtschaftskrise.

1933

Nach den ersten Ölfunden wird in Saudi-Arabien die **Aramco** gegründet, das Land entwickelt sich so zum größten Erdölproduzenten und zu einem der reichsten Länder der Welt.

1933

US-Präsident **Franklin D. Roosevelt** beginnt den **New Deal,** ein interventionistisches Reformprogramm zur Überwindung der Wirtschaftskrise und der sozialen Ungleichheit.

1933

Das **NS-Regime** startet sein scheinbar erfolgreiches Programm zur Bewältigung der Wirtschaftskrise, das vor allem Arbeitsbeschaffungsmaßnahmen, Aufrüstung und Autobahnbau beinhaltet.

1934

Die **Deutsche Lufthansa** beginnt mit den ersten regelmäßigen Transatlantikflügen – von Brasilien nach Gambia – für den Posttransport.

1936

John Maynard Keynes veröffentlicht sein Werk *The General Theory of Employment, Interest and Money,* in dem er die Notwendigkeit staatlicher Planung betont.

1936

Unter der linksgerichteten Volksfrontregierung wird in Frankreich als erstem Land der Welt die **40-Stunden-Woche** eingeführt.

1938

Auf dem Colloque Walter Lippmann in Paris entwerfen führende Ökonomen eine reformierte marktwirtschaftliche Wirtschaftsordnung, für die der Begriff **Neoliberalismus** geprägt wird.

1939

Der Flugverkehr für Passagiere zwischen Nordamerika und Europa wird aufgenommen.

1939

In einer New Yorker Filiale der heutigen Citibank wird probeweise der erste **Geldautomat** aufgestellt. Solche Installationen setzen sich aber erst in den siebziger Jahren durch.

1940

In San Bernardino, Kalifornien, wird der erste **McDonald's** eröffnet. Das größte Fast-Food-Unternehmen der Welt hat heute circa 30 000 Filialen.

1944

Die Siegermächte des Zweiten Weltkriegs installieren das **Bretton-Woods-Währungssystem,** das der Weltwirtschaft Stabilität verleihen soll und den US-Dollar zur Leitwährung macht.

1946

Der **Internationale Währungsfonds** nimmt seine Arbeit auf. Zusammen mit der Weltbank gehört er zu den Bretton-Woods-Institutionen, die die Weltwirtschaft stabilisieren sollen.

1948

Das European Recovery Program, besser bekannt als **Marshallplan,** liefert, auf heutige Verhältnisse umgerechnet, 75 Milliarden Euro Aufbauhilfe für das kriegsgeschädigte Europa.

1948

In den westlichen Besatzungszonen Deutschlands wird die **D-Mark** eingeführt, um den blühenden Schwarzmarkt zu bekämpfen. Sie legt die Grundlage für das westdeutsche **Wirtschaftswunder.**

1948

Zur Behebung des Arbeitskräftemangels der Nachkriegszeit werden in Großbritannien erstmals Einwanderer aus Jamaika ins Land geholt, die **Windrush-Generation.**

1950

Der **Diners Club** führt die erste Universalkreditkarte ein, ein heute weltweit verbreitetes Zahlungsmittel.

ZEITLEISTE WIRTSCHAFT

1952

Die **Europäische Gemeinschaft für Kohle und Stahl,** eine Produktionsgemeinschaft sechs europäischer Staaten in der Schwerindustrie, tritt in Kraft, die Keimzelle des europäischen Binnenmarkts und der EU.

1954

In der Nähe der russischen Stadt Obninsk wird das erste **Atomkraftwerk** der Welt in Betrieb genommen. Die Atomenergie deckt heute etwa 16 Prozent des weltweiten Strombedarfs.

1955

Der **einmillionste VW Käfer** wird verkauft. Das Billigauto aus Wolfsburg hat die Deutschen mobil gemacht.

1956

Malcolm McLean führt den Container in die Transportschifffahrt ein. Heute werden zwei Drittel des internationalen Warentransports mit **Containerschiffen** abgewickelt.

1957

Auf der Schwäbischen Alb wird durch **Ulrich W. Hütter** das erste Versuchsfeld mit modernen **Windkraftanlagen** aufgestellt.

1961

General Motors setzt erstmals einen Industrieroboter ein, was die **Automatisierung** im Fabrikbetrieb einläutet.

1964

In Japan wird mit dem **Shinkansen** auf der Route Tokyo–Osaka der erste Hochgeschwindigkeitszug der Welt in Betrieb genommen.

1966

In Ghana wird der **Volta-Stausee** samt Wasserkraftwerk vollendet, mit einer Fläche von 8502 Quadratkilometern der größte künstlich geschaffene Stausee der Erde.

1970ER

Kohle- und Stahlkrisen führen zu einem beschleunigten **Strukturwandel** in den Industrieländern und zur Dienstleistungsgesellschaft.

1971

Klaus Schwab organisiert die European Management Conference, das heutige **World Economic Forum:** Jedes Jahr treffen sich in Davos 2000 Firmenchefs, Ökonomen und Politiker.

1972

Der **Club of Rome** warnt in seinem Bericht *Die Grenzen des Wachstums* erstmals vor der Erschöpfung der natürlichen Ressourcen durch Bevölkerungswachstum und Industrialisierung.

1973

Die USA geben den Wechselkurs des Dollar zu anderen Währungen frei und leiten damit das Zeitalter der **Wechselkursschwankungen** ein.

1973

Der durch den Jom-Kippur-Krieg ausgelöste Lieferboykott der arabischen Länder verursacht den ersten **Ölpreisschock** und heftige weltwirtschaftliche Turbulenzen.

1973

Der Anteil des Welthandels an der Weltproduktion erreicht erstmals das Niveau von vor dem Ersten Weltkrieg. In den nächsten 30 Jahren verdreifacht sich der **Welthandel.**

1975

Drei amerikanische Informatik-studenten entwickeln eine neue Programmiersprache – die Geburtsstunde von **Microsoft,** einem der größten Softwarekonzerne der Welt.

1976

Milton Friedman, der sich selbst als »klassischen Liberalen« bezeichnet, erhält den Nobelpreis. Er ist einer der bedeutendsten Wirtschaftswissenschaftler und Verfechter der freien Marktwirtschaft.

1979

Mit der Einrichtung von Sonderwirtschaftszonen beginnen die **Reformen Deng Xiaopings** in der Volksrepublik China, die eine Abkehr von der Planwirtschaft und eine enorme Wohlstandssteigerung bringen.

1984

Unter Ministerpräsident **Rajiv Gandhi** liberalisiert Indien seine bisher auf Autarkie ausgelegte Wirtschaftspolitik und beginnt mit seinem wirtschaftlichen Aufstieg.

1952 bis 2007

1986

Nach der Reaktorkatastrophe von **Tschernobyl** gerät die Atomkraft in die Kritik, viele Länder beschließen daraufhin den Ausstieg.

1988

An der Frankfurter Wertpapierbörse wird der Deutsche Aktienindex, kurz **Dax,** eingeführt.

1989

Mit dem **Zusammenbruch des sozialistischen Systems** in den Ostblockstaaten beginnt deren oft schwieriger Übergang zur freien Marktwirtschaft.

1993

In der EU wird der **Europäische Binnenmarkt** eingerichtet, der unter anderem freien Warenverkehr garantiert und die Union zu einem der größten Wirtschaftsräume der Welt macht.

1995

Die Welthandelsorganisation **(WTO),** die das Ziel eines weltweiten Freihandels und freien Zugangs zu allen Märkten verfolgt, nimmt in Genf ihre Arbeit auf.

1995

Pierre Omidyar gründet auctionweb, später umbenannt in **eBay,** das größte Internetauktionshaus der Welt.

1997

Mit der **Asienkrise** wird der Wirtschaftsboom in den südostasiatischen **Tigerstaaten** abrupt unterbrochen, gleichzeitig erlebt auch Japan eine schwere Wirtschaftskrise.

1997

China Telecom wird gegründet. Knapp ein Jahrzehnt später ist sie unter dem Namen China Mobile der größte Mobilfunkanbieter der Welt sowie die wertvollste nichtamerikanische Marke.

1998

In Frankreich wird **Attac,** die »Vereinigung zur Besteuerung von Finanztransaktionen im Sinne der Bürger«, gegründet, heute die bekannteste globalisierungskritische Bewegung.

1998

Larry Page und Sergey Brin entwickeln die Internet-Suchmaschine **Google.** Das Unternehmen ist heute Weltmarktführer bei Internetdienstleistungen.

2000ER

Im Zuge der Globalisierung erlangen **Schwellenländer** wie Indien oder China eine immer größere Bedeutung, so sind im Jahr 2008 bereits vier der acht reichsten Männer der Welt Inder.

2000

Mit dem **Platzen der New-Economy-Blase** an den Börsen geht der erste Boom der IT-Branche zu Ende.

2001

Nachdem die New Yorker Börse eine Woche nach den **Terroranschlägen auf das World Trade Center** wieder öffnet, sinkt der Dow Jones innerhalb von einer Woche um 14 Prozent.

2002

Der **Euro,** bereits seit 1999 als Buchgeld offizielle Währung in zwölf EU-Staaten, wird auch als Bargeld eingeführt und löst die nationalen Währungen ab.

2003

Früher als erwartet richten sechs **Asean-Staaten** die größte **Freihandelszone** der Welt ein. 2012 tritt die Regelung in vier weiteren Staaten in Kraft.

2004

Ein Seebeben im Indischen Ozean verursacht einen **Tsunami.** In der Folge sterben mehr als 230 000 Menschen von Indonesien bis Tansania; mehr als 1,5 Milliarden Euro Hilfsgelder werden privat gespendet.

2005

Das 1997 unterzeichnete **Kyoto-Protokoll,** die erste weltweite Vereinbarung zur Reduzierung von Treibhausgasen, tritt in Kraft. Die USA beteiligen sich nicht daran.

2006

Der umstrittene **Drei-Schluchten-Damm** am Jangtsekiang, eine der größten Talsperren der Welt, wird fertiggestellt.

2007

Der Boom am US-amerikanischen Immobilienmarkt endet mit der **Immobilienkrise,** die das globale Finanzsystem durcheinanderbringt. Der Internationale Währungsfonds schätzt die weltweiten Verluste auf 945 Milliarden Dollar.

Erde | Spitzbergen

Die Erkundung Spitzbergens führt tief hinein in die Geschichte der Erde. In 600 Millionen Jahren driftete die Inselgruppe 15 000 Kilometer weit – vom Süd- bis fast zum Nordpol. Das hinterließ Spuren, die man heute noch lesen kann.

Gehirn | Lausanne

Wie erschaffen 100 Milliarden Nervenzellen in unserem Kopf Geist und Bewusstsein? In Lausanne suchen Forscher auf vielen Wegen nach Antworten. Sie bauen das Gehirn künstlich nach und lassen die Seele aus dem Körper fahren.

Kosmos | Baikalsee

Ein Unterwasserteleskop im Baikalsee empfängt Elementarteilchen aus dem Weltall. Die Messdaten helfen Kosmologen zu verstehen, wie vor 13,7 Milliarden Jahren das Universum entstand.

Leben | Kubah-Nationalpark

Im Regenwald von Borneo kam der britische Naturforscher Alfred Russel Wallace vor 150 Jahren gleichzeitig mit Charles Darwin auf die Evolutionstheorie. Noch heute finden Zoologen dort immer neue Tier- und Pflanzenarten.

Logik | Bletchley Park

Im britischen Bletchley Park arbeiteten im Zweiten Weltkrieg Tausende Mitarbeiter an der Entschlüsselung der deutschen Funksprüche. Ihr Werkzeug war die abstrakteste aller Wissenschaften: die Lehre vom folgerichtigen Denken.

Maschine | Hamburg

Maschinen nehmen uns Arbeit ab, berechnen die Welt und machen uns mobil. Doch schon ein Haarriss in einer Tragfläche kann zur Katastrophe führen. Da hilft nur ständige Kontrolle: 80 000 Arbeitsstunden erfordert die Revision einer Boeing 747.

Medizin | Kerala

Bildung, Demokratie und eine aufgeklärte Elite sind die Faktoren für ein effizientes Gesundheitssystem. Das indische Kerala zeigt, dass auch in einem Entwicklungsland die Lebenserwartung hoch sein kann.

Molekül | Baltimore

Alle Materie besteht aus Atomen, und diese bilden Moleküle. Das größte, das in der Natur vorkommt, ist die Erbsubstanz DNA. In Baltimore suchen Forscher in den menschlichen Genen nach winzigen Defekten – sie sind der Schlüssel, um Krebs früh zu erkennen und zu heilen.

Wetter | Mount Washington

Meteorologen denken global, ihre Vorhersagen werden immer genauer. Nirgends ist das Wetter schlechter als auf dem Mount Washington.

■ Wetter

■ Molekül

Naturwissenschaft

Erde

gik

Maschine

Gehirn

Kosmos

Medizin

Leben

ERDE

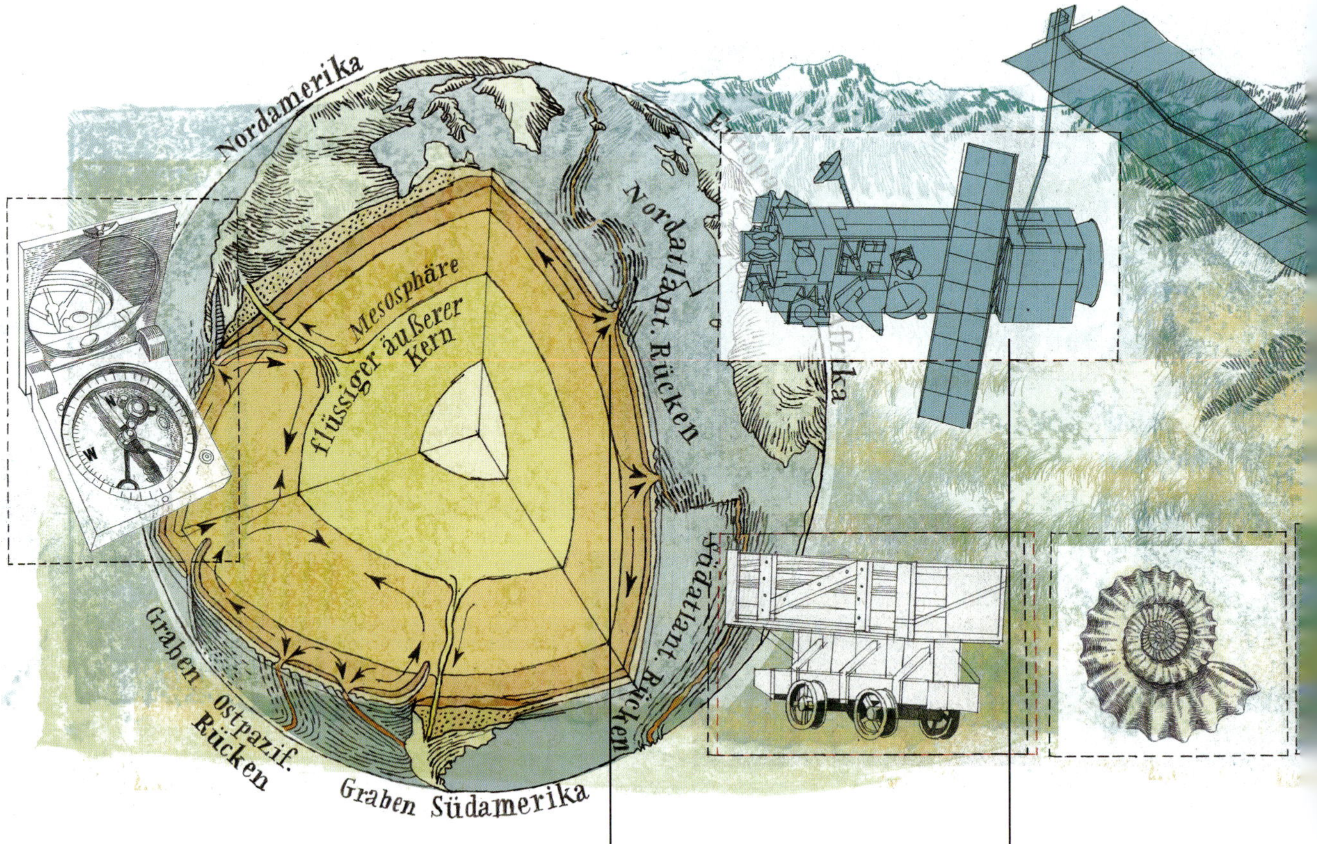

Schnitt durch den **PLANETEN:** Aus dem Innern quillt Magma und drückt am nordatlantischen Rücken Europa und Amerika auseinander

SPÄHER IM ALL: Satelliten überwachen Wind, Wellen, Wolken, Pflanzenwachstum und Umweltverschmutzung

Eine Insel auf Weltreise

Die Erkundung Spitzbergens führt tief hinein in die Geschichte der
Erde. In 600 Millionen Jahren driftete die Inselgruppe
15 000 Kilometer weit – vom Süd- bis fast zum Nordpol. Das hinterließ
Spuren, die man heute noch lesen kann

Von Hans Schuh

★ SPITZBERGEN ⚜ Frankfurt (M.)

Vendium (vor 600 Mio. Jahren) · Kambrium (vor 530 Mio. Jahren) · Devon (vor 390 Mio. Jahren) · Karbon (vor 320 Mio. Jahren) · Kreidezeit (vor 95 Mio. Jahren)

Fossilien sind **ZEUGEN VERGANGENER ZEITEN.**
Vor 150 Millionen Jahren jagte der Pliosaurus
vor Spitzbergens Küste. Das Monster hatte
bananengroße Zähne

SO REISEN KONTINENTE: Vor 600 Millionen
Jahren lagen Nordamerika und Spitzbergen
am Südpol. Dann entstand der Superkontinent Pangäa – und löste sich wieder auf

D ie Reise in die Vergangenheit der Erde beginnt in »Gruve 7«. Mit einem Minibus der Store Norske Spitsbergen Kulkompani rumpeln wir durch einen Stollen kilometerweit ins Frostgestein der Arktis. Die kurvenreiche Strecke in die Unterwelt folgt einem ausgekohlten Flöz, der alte Ford hüpft und quietscht. Auf den Köpfen der Insassen rutschen die Grubenhelme. Rauchfilter schlagen gegen die Brust.

Wer die Geschichte der Erde verstehen will, muss lernen, wie die Kohle an die Pole kam. Die uralten Schichten in den Bergen der arktischen Inselgruppe sind wichtige Zeugen einer wilden Vergangenheit. Denn kein Kontinent unserer scheinbar stillen Erde blieb in den vergangenen Jahrmillionen an seinem Platz. Die dünne Kruste, die das flüssige Innere unseres vor 4,6 Milliarden Jahren entstandenen Planeten umgibt, ist stetig in Bewegung. Spitzbergen wanderte vom Süd- bis zum Nordpol. Und diese Weltreise hinterließ Spuren; hinter ihnen sind wir her.

Nicht nur Erdhistoriker interessieren sich für die Kohle am Pol. »Wir liefern nach Bremen und ins Ruhrgebiet«, sagt Malte Jochmann. Der junge deutsche Geologe führt uns in die Vergangenheit. Er arbeitet bei der staatseigenen Kulkompani, dem größten Arbeitgeber im nahen Longyearbyen; das 1800 Einwohner zählende Städtchen ist das norwegische Verwaltungszentrum Spitzbergens.

Die Inseln sind ein Eldorado für Geologen: Mutter Erde ist hier vielerorts nackt. Weder Bäume noch Gebüsch bedecken sie in dieser niederschlagsarmen, fast vegetationslosen Gegend. Auch die Schneedecke schwindet im Sommer, vier Monate scheint die Polarsonne ohne Unterlass. Kundige wie Jochmann können dann in Felsformationen lesen wie in einem Buch. Gesteine aus fast allen Zeiten dokumentieren die bewegte Erdgeschichte. Es waren die dortigen Kohle-, Fossilien- und Rohstoffvorkommen, die vor fast hundert Jahren den deutschen Geophysiker und Polarforscher Alfred Wegener davon überzeugten, dass er mit seiner Theorie der Kontinentalverschiebung richtig lag.

Der Kleinbus stoppt. Wegen abnehmender Stollenhöhe müssen wir in ein Chassis ohne Sitze und Dach umsteigen. Als die Decke noch näher kommt, ist die Fahrt zu Ende. Wir gehen zu Fuß, mit gesenkten Köpfen. Ganz vorn im Flöz sehen wir einen Stahlsaurier rumoren. Sein Steuermann liegt daneben, in der Hand die Fernbedienung. Plötzlich ohrenbetäubendes Getöse. Das Ungetüm wuchtet eine tonnenschwere rotierende Stahlwalze gegen die Wand aus Kohle. Mit Hunderten Zähnen fräst sie sich voran. Die Kohle fliegt auf ein Förderband und von dort auf einen Transporter. Obwohl ein mannsdicker Bewetterungsschlauch Frischluft herbeipumpt, flirrt der Staub im Licht der Funzeln. Es stinkt nach Gülle und faulen Eiern – als würden die letzten Fürze von Urviechern frei. Dann ist der Transporter voll. Stille. Wo Kohle war, klafft ein Loch. Das Deckgebirge setzt sich – und knackt bedrohlich.

Dass dieses Kohlelager einst belebt war, zeigt nicht nur der deftige Stall-

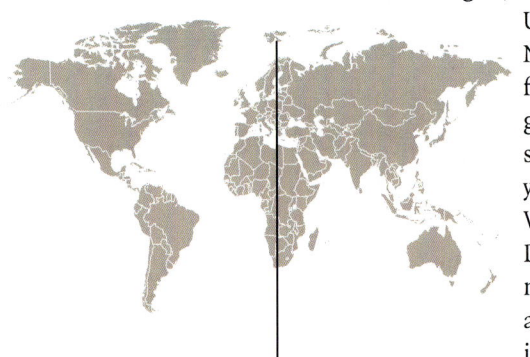

SPITZBERGEN gehört politisch zu Norwegen und geologisch in die Arktis. Das war nicht immer so

geruch. Wir zwängen uns in ein Nebenflöz; es ist stellenweise nur einen Meter hoch. Da! Am Sandstein der Decke hängen zwei Reihen dunkler Pfannkuchen, groß wie Suppenteller. Die 14 Beulen sind auf einer Seite rund, auf der andern gezackt – Trittsiegel und Krallenabdrücke! Ist da ein Saurier durch den Sumpf gestampft? »Nein«, sagt Jochmann. »Diese Steinkohle ist jung, aus der Erdneuzeit, dem Tertiär. Da waren alle Saurier ausgestorben.«

Damals, vor 60 Millionen Jahren, war Spitzbergen von Wäldern bedeckt. In küstennahen Sümpfen sammelten sich abgestorbene Pflanzen, bildeten dicke Torfschichten. Diese wurden von Sedimenten überdeckt, unter Luftabschluss entstand Kohle. Die Entwicklung Sumpf – Torf – Kohle ist weltweit typisch. So entstand auch die rheinische Braunkohle. Das Revier war im Tertiär ein Sedimentationsbecken für die Urflüsse Rhein, Ruhr und Erft, in das zeitweise das Wasser der Urnordsee schwappte.

Die Spuren über uns stammen von Pflanzenfressern. »Das waren Säugetiere, Pantodonten, so groß wie Flusspferde«, sagt Jochmann. Das hat Ende 2006 der Osloer Paläontologe Jørn Hurum festgestellt. Diese Urtiere waren zuvor nur aus Nordamerika bekannt. Wie kamen sie nach Spitzbergen? Schwammen sie nach Grönland und dann 500 Kilometer durch die Grönlandsee?

»Nein, der Weg war kürzer«, amüsiert sich Jochmann. »Es gab noch keine Grönlandsee.« Wenige Millionen Jahre nach dem Ableben der Saurier sah die Erdoberfläche anders aus. Der Atlantik, der jedes Jahr zwei Zentimeter breiter wird, begann erst sich zu öffnen. Asien, Europa, Spitzbergen, Grönland und Nordamerika bildeten den Großkontinent Laurasien. Viel wärmer war es auch; im Tertiär lagen die Pole eisfrei. »Faszinierend ist, dass hier trotz viermonatiger Polarnacht Wälder gediehen«, sagt der Geologe. Offenbar waren sie an extreme Hell-dunkel-Perioden angepasst. »Die Wälder ähnelten bereits unseren heutigen. Das lässt sich draußen an fossilen Blättern leicht beweisen.«

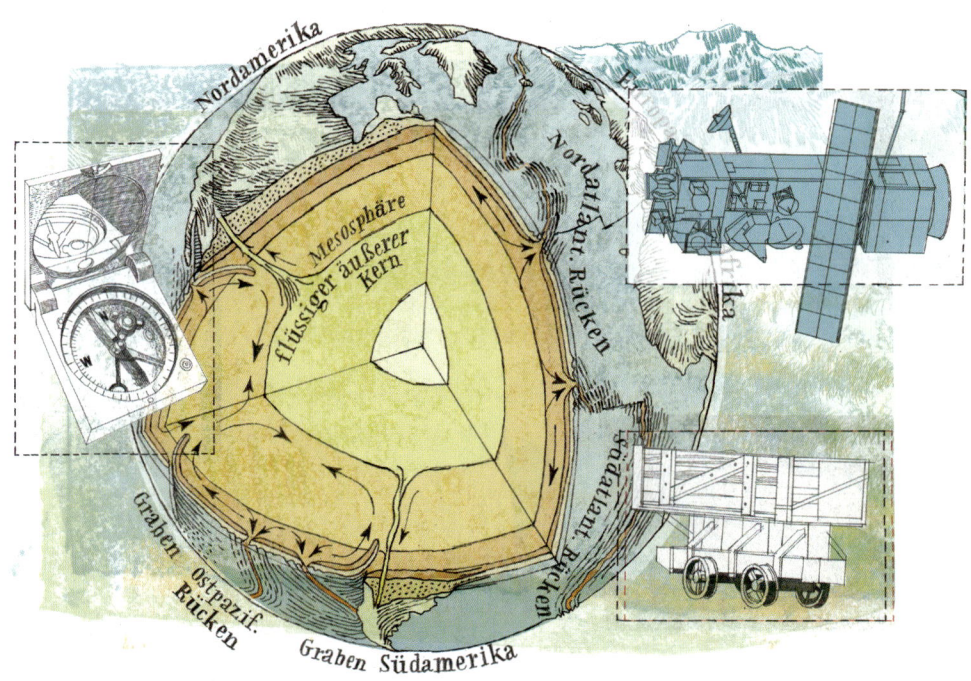

Als Spitzbergens Kohle entstand, hausten in Urgermanien die Krokodile

Den Beweis tritt sein Kollege Karsten Piepjohn an, unser zweiter Führer in die Vergangenheit. Der Polargeologe von der Bundesanstalt für Geowissenschaften und Rohstoffe in Hannover ist ein hervorragender Kenner der Insel. Er rekonstruiert an Gesteinsproben Spitzbergens Reise über den Globus und hatte schon viel fossiles Laub unter den Stiefeln. »Es klingt verrückt: Man steht in einer baumlosen Landschaft neben einem Gletscher. Und am Boden liegen so viele Blätter, dass man Lust bekommt, Laub zu fegen«, sagt Piepjohn. Er lädt ein zur Exkursion zum nahen Gletscher, dem Longyearbreen.

Zügig geht es das Longyeardalen hoch, über Schutt und Geröll. Nach dem Schlussaufstieg über glitschigen Lehm und verharschten Schnee bietet sich auf der Endmoräne ein grandioser Blick: über den Gletscher zwischen tausend Meter hohen Gipfeln und hinunter auf den Fjord. Der Moränenkamm ist voller Felsbrocken. Dazwischen liegen, vom Gletscher freigegeben, Kohlestücke und detailgetreue Abdrücke von Laubblättern – jahrmillionenalt und steinhart. Sie stammen aus Zeiten, als hier üppige Wälder wuchsen. Auf dem ganzen Planeten war die Temperatur höher. Und in Urgermanien hausten Krokodile – wie die berühmten Fossilien der Grube Messel bei Darmstadt belegen.

Auf Spitzbergen reicht die irdische Chronik viel weiter zurück als in deutschen Sedimenten. Neben den Waldresten und der Kohle aus der Erdneuzeit bieten die Inseln wesentlich ältere Baumfossilien und Kohle. »Vor etwa 360 Millionen Jahren begannen die Pflanzen vom Wasser her über die Flusstäler das Festland zu erobern«, erzählt Piepjohn. »Wir finden hier die Überreste der ältesten Wälder der Welt.« Ihre Baumstümpfe stehen dicht beieinander und sogar noch aufrecht. Schlammfluten verdanken wir, dass sie erhalten geblieben sind. Damals waren die Kontinente überwiegend kahl. Sturzregen schwemmten Lehm und Schutt in das jung bewaldete Tal. Der Schlamm trocknete aus, wurde hart wie Beton, die zugeschütteten Pflanzen verwesten. Zurück blieben Röhren. »Die füllten sich später mit neuem Schlamm, der härtete wieder aus«, schildert Piepjohn die Entstehung dieses Archivs. »So entstanden Abgüsse der ältesten Wälder der Welt.« Ähnliche Funde gibt es nur noch in Irland und Kanada.

Was passierte danach? In wenigen Millionen Jahren hatten die Pflanzen das Festland erobert. Das Leben explodierte. Durch üppige Wälder schwirrten Libellen mit fast meterlangen Flügeln. Das Zeitalter des Karbon begann. »Grönland und Spitzbergen lagen in den Tropen. Auch da gab es große Sümpfe, in denen sich Pflanzenreste sammelten. Diese wurden verschüttet und später zu Steinkohle«, erzählt Piepjohn. Zur gleichen Zeit entstand auch die Steinkohle im Ruhrgebiet.

50 Kilometer nördlich von Longyearbyen bauten die Russen Spitzbergens Uraltkohle ab. Der Ort heißt Pyramiden. »Eine Fahrt dorthin durch den Billefjord ist wunderschön«, sagt Piepjohn, »die Gebirge an seinen Küsten stammen aus verschiedenen Zeiten. Man besichtigt eine Milliarde Jahre Erdgeschichte.«

Polargirl heißt der Ausflugsdampfer in den Billefjord. Die Berge Sfinxen, Luxor, Cheops und Pyramiden (dessen Gipfel einer Pyramide gleicht) bilden dort eine tausend Meter hohe Kette. Kaum an Bord, kommt Piepjohn geologisch in Fahrt. Er liest in der Felsenlandschaft die Geschichte Spitzbergens. »Der Billefjord ist ein Graben aus dem mittleren Karbon, der langsam von Nord nach Süd absinkt. Je weiter wir hineinfahren, desto älter das Gestein.«

★ SPITZBERGEN   Frankfurt (M.)

Wir schippern durch die Erdgeschichte. »Es klingt unglaublich, dass Spitzbergen in 600 Millionen Jahren 15 000 Kilometer weit gewandert ist, vom Süd- bis zum Nordpol«, erzählt der Geologe. »Das waren im Schnitt unmerkliche 2,5 Zentimeter pro Jahr.« Dabei wurden die Inseln steinerweichend gewalkt, unter Wasser gedrückt, hochgehievt, in sengender Hitze gedörrt, von vulkanischem Magma aufgebrochen, von Frost zersetzt, von Gletschern gehobelt.

Der Startpunkt im Süden, Longyearbyen, entsprach der Erdneuzeit. Auf halbem Weg zum Billefjord ragt ein schroffer dunkler Vogelfelsen aus dem Wasser. Der Basaltfelsen entstand in der Kreidezeit durch hochquellendes Magma und ist 100 Millionen Jahre alt. Dahinter, landeinwärts, liegt ein sensationeller Friedhof, mit den Resten von 28 Meeressauriern, die derzeit ausgegraben werden. Weltweit einmalig ist das fast vollständige Skelett eines Pliosaurus. Das Monster war groß wie ein Bus, hatte bananengroße Zähne und jagte vor 150 Millionen Jahren.

Der Archipel im Polarmeer ist eine Fundgrube für Fossilien. Auf der anderen Fjordseite liegen der Saurierberget und das Saurierdalen. Als die Dinos vor 65 Millionen Jahren ausstarben, lagen die Inseln auf der jetzigen Höhe von Oslo. Als die Saurier vor 235 Millionen Jahren auftauchten, lagen sie noch auf 45 Grad Nord (Mailand). Mitteleuropa war äquatornah. Spitzbergen dümpelte in einem Schelfmeer unter Wasser.

Und davor in einem tropischen Flachmeer. Auch von diesen Unterwasserzeiten künden mächtige Zeugen. Einer der schönsten ist der Tempelberg an der Einfahrt zum Billefjord: ein fünf Kilometer langer und 600 Meter hoher Gebirgszug, der steil in den Fjord abfällt. Seine turmartigen Vorsprünge ähneln Säulen; sie verleihen ihm sakralen Charakter. Helle Kalkschichten durchziehen ihn. »Die sind voller Fossilien von Korallen, Muscheln und anderen Meerestieren«, sagt Piepjohn.

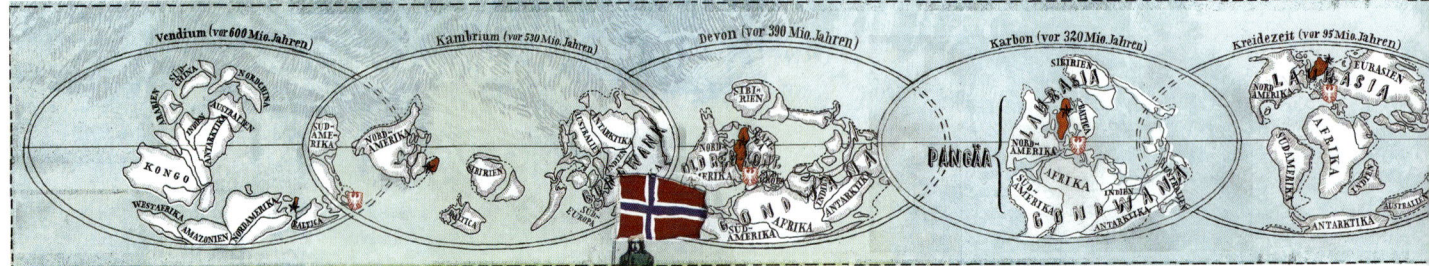

Die Kontinente schwimmen wie eine Haut auf der Glutsuppe der Erde

Von versunkenen Zeiten erzählt auch die benachbarte Felsformation, der Gipshuken. Der Gips ist im Karbon vor 350 Millionen Jahren entstanden. Damals gab es neben Sümpfen auch Lagunen, seichte, vom Meer getrennte Gewässer. Die Tropensonne ließ darin das Wasser verdunsten. Gips und Salz sind typische Verdunstungsrückstände. Ein gewaltiger Fels mit fast senkrechten Wänden und Steintürmen ragt aus dem Wasser, der Skansen (»Schanze«). Dort ist der Versuch gescheitert, Gips zu gewinnen. Genauso wie viele Versuche in der Region, Gold, Blei, Zink, Kupfer, Marmor, Öl oder Gas abzubauen.

Gegen die Wand fuhren auch die Russen in Pyramiden. Sie mussten die Großsiedlung 1998 aufgeben, zeitweise die größte Spitzbergens, mit Hafen, Heizkraftwerk, Krankenhaus und Kulturpalast. Dutzende Holzhäuser und Plattenbauten umgeben den Dorfplatz, auf dem die nördlichste Lenin-statue der Welt steht. Sie blickt über den verwaisten Ort auf den Billefjord. Geschrei von Möwen erfüllt die Luft. Sie nutzen die Plattenbauten als Vogelfelsen.

Ein Hauptproblem in Pyramiden waren unterbrochene Kohleflöze, was aufwendiges Suchen nach der Fortsetzung erzwang. Diese Brüche in den Flözen sind kein Wunder, denn in der Nähe hat es geologisch furchtbar rumort: Wenige Kilometer nördlich taucht plötzlich Urgestein auf. Der Bruch ist vom Schiff aus zu sehen: Durch die Ostflanke des Cheops geht ein fast senkrechter Sprung, erkennbar am abrupten Farbwechsel des Gesteins. »Dort liegen eine Milliarde Jahre alte Glimmerschiefer neben 450 Millionen Jahre alten Kalksandsteinen. Ein riesiger Zeitsprung«, erläutert Piepjohn.

Er ist noch nicht fertig mit seinem Streifzug durch die Sturm-und-Drang-Jahre der Erde. Auf der Rückfahrt tauchen südlich von Pyramiden dunkelrote Fjordfelsen auf. »Die stammen aus dem Devon, 400 Millionen Jahre alt.« Damals lag Spitzbergen am Äquator, mitten auf einem Urkontinent namens Old Red. Roter Tonstein verlieh seinen Wüsten die typische Farbe. Beim Entstehen von Old Red durchlief Spitzbergen eine wilde Phase, wurde geknautscht zwischen zwei mächtigen Platten, Laurentia und Baltica. Krusten wurden übereinandergeschoben und gefaltet, lockere Ablagerungen durch immensen Druck und Hitze verflüssigt und umgeformt zu neuem Gestein. Dennoch war das Leben im Meer hochaktiv. So lagen vor Nordgrönland gewaltige Korallenriffe. »Sie waren über 800 Kilometer lang und ähnelten dem Großen Barrierriff«, sagt Piepjohn.

Etwa 150 Millionen Jahre zuvor hobelten hingegen Gletscher über Spitzbergen. Es lag damals auf 60 Grad südlicher Breite am Polarbecken. Dort durchlief es zwei Eiszeiten.

Den Antrieb für die gigantischen kontinentalen Verschiebungen, die unsere Erdoberfläche seit Urzeiten immer wieder umbauen und neu gestalten, liefert die Gluthitze im Innern. Flüssiges Magma quillt ständig aus untermeerischen Gräben und Vulkanketten. Sie bilden die »mittelozeanischen Rücken« mit einer Gesamtlänge von 60 000 Kilometern. So trennt der mittelatlantische Rücken auf 15 000 Kilometern Europa und Afrika von Nord- und Südamerika. Magmafluss spreizt dort den Ozeanboden, wodurch sich Amerika und Europa jährlich ein Stück weiter voneinander entfernen.

Erstarrtes Magma ist schwer, die Kruste der Kontinente hingegen leichter. Zusammen schwimmen sie wie eine dicke Haut auf der Glutsuppe der Erde. Das Magma sinkt dabei tiefer ein als die Kontinente, die wie Schaum oben schwimmen. Diese banale Physik prägt das Bild des Blauen Planeten: Magmatische Böden bilden Riesensenken. Dort sammelt sich fast alles Wasser. Entsprechend sind die meisten Ozeanböden nur wenige zehn Millionen Jahre jung. Die Kontinente dagegen, seit Urzeiten obenauf, haben Milliarden Jahre auf dem Buckel.

Da die Erdoberfläche nicht wachsen kann, muss die Neubildung von Ozeanboden kompensiert werden. Dies geschieht etwa an den Westküsten Amerikas, von Alaska bis Feuerland. Dort verrät die längste Gebirgskette der Welt heftige Verwerfungen: Die Kordilleren, 15 000 Kilometer lang, mit den Rocky Mountains und den Anden. Hier schiebt sich Meeresboden wie eine Schaufel unter die leichten Kontinente. Wasser hilft als Schmiermittel und macht Dampf beim Hochdrücken der Kontinentalkruste um Tausende Meter – bis der Druck des hohen Gebirges den Ozeanboden zwingt, abzutauchen in den Glutofen der Erde. Dort schmilzt er, liefert neues Magma für Vulkane. Der Feuerkreis schließt sich.

Wohin werden die Kontinente driften? Spitzbergen wird über den Nordpol in Richtung Sibirien wandern. Der Atlantik wächst weiter: »Tschüs, Amerika!« Auf der anderen Seite schrumpft der Pazifik. Amerika kann das herantreibende Asien mit *»Welcome home!«* begrüßen. Alle Erdteile werden dann wieder vereint sein, wie damals, als es schon einmal einen Superkontinent gab: Pangäa (griechisch: ganze Erde). So konnten sich die Saurier zu Fuß weltweit verbreiten. »Vielleicht wird Spitzbergen auf der anderen Seite des Globus wieder nach Süden driften und den Äquator überqueren«, spekuliert Karsten Piepjohn. »Nach 600 Millionen Jahren könnte es im Südpolargebiet wieder in eine Eiszeit geraten.« Auch dieser Kreis wäre wieder geschlossen. Na also: Bis dann!

Was die Erde bewegt – zehn Stichwörter zur Geologie

Spitzbergen ist eine zu Norwegen gehörende Inselgruppe. Besonders wegen der Arktisforschung gilt es als »größtes Labor der Welt«. Über die Hälfte der 2800 Einwohner lebt in der Hauptstadt Longyearbyen.

Urkontinente und Superozeane hat es mehrmals gegeben. Zuletzt hingen vor 250 Millionen Jahren alle Erdteile zusammen (Pangäa). Diesen Superkontinent umspülte der Superozean Panthalassa. Der Pazifik ist ein Überrest davon. Vor 1,1 Milliarden Jahren gab es schon einen weltumspannenden Urozean: Mirovia. Er umspülte den Superkontinent Rodinia. Auch Rodinia hatte Vorläufer: Columbia und Kenorland.

Die Wärme im Erdinnern liefert die Energie für die Kontinentalverschiebung. Sie stammt aus der Entstehungshitze des Planeten und zu 60 Prozent aus radioaktivem Zerfall von Uran, Thorium und Kalium. Dies entspricht der Energie Tausender Kernkraftwerke.

Der Erdkern ist innen fest und außen flüssig. Er besteht zu über 90 Prozent aus Eisen. Mit 5000 Grad Celsius ist er fast so heiß wie die Sonnenoberfläche. Wärme und Erdrotation bewirken spiralförmige Bewegungen im äußeren Erdkern; eine Folge davon ist das Erdmagnetfeld. Um den Kern liegt der Mantel. Dessen zähes Material steigt auf, kühlt an der Oberfläche ab und versinkt wieder. Diese Zirkulation (Konvektion) ist der Motor für die Drift der kontinentalen und der ozeanischen Platten.

Alfred Wegener gilt als deutscher Darwin der Geowissenschaften. Seine 1912 veröffentlichte Theorie der Kontinentalverschiebung widersprach dem damaligen Bild von fixen Kontinenten und wurde als »Humbug« abgetan. Man kannte allerdings noch nicht die Kraft, die Erdteile driften ließ. Wegener starb 1930 auf einer Grönlandexpedition völlig entkräftet im Eis, 50-jährig. Der Visionär wurde erst Jahrzehnte später berühmt.

Basalt ist das Gestein mit der größten Verbreitung. Er ist schwer, hart, dunkel und vulkanischen Ursprungs. Vor allem die Meeresböden bestehen daraus. Die allererste (basaltische) Erdkruste wurde eingeschmolzen und später stellenweise durch leichtere Materialien ersetzt. Diese stiegen nach oben und bildeten die (im Vergleich zum Meeresboden) leichteren Kontinente.

Vulkane sind Auslöser verheerender Katastrophen. Doch ohne die Feuerspeier gäbe es weder Wasser noch eine Atmosphäre – also kein Leben. Wir verdanken ihnen Baustoffe wie Bims und Tuff, ihre Schlote fördern Diamanten und viele Rohstoffe wie etwa Schwefel. Verwitterte vulkanische Böden sind sehr fruchtbar. Global sind etwa 1900 Vulkane aktiv, meist an Plattenrändern.

Die Uratmosphäre enthielt leichte Gase wie Wasserstoff und Helium. Sonnenwind pustete sie ins All. Ausgasung und Vulkanismus setzten Kohlendioxid und Wasserdampf frei. Es dauerte über eine Milliarde Jahre, bis sich ein Ozean bildete. Als Abfallprodukt primitiven bakteriellen und pflanzlichen Lebens entstand Sauerstoff, ohne den kein höheres Lebewesen atmen kann. Vor 600 Millionen Jahren war genügend Sauerstoff in der Stratosphäre, um Ozon zu bilden, das vor UV-Licht schützt und so Leben an Land ermöglicht.

Fossilien sind Zeugnisse vergangenen Lebens. Die meiste Biomasse ist zerfallen oder hat fossile Energieträger gebildet wie Erdöl, Erdgas, Kohle. Manchmal blieben Bestandteile wie Knochen oder Schalen erhalten. Selten versteinerte weiches organisches Material wie Blätter oder Libellenflügel. In Glücksfällen blieb die Farbe erhalten, etwa von Urkäfern im Ölschiefer.

Im Verlauf der Erdzeitalter stieg die Temperatur oft stark an. Wir leben im Quartär. Dieses ist unterteilt in das Pleistozän und das heutige Holozän – die Nacheiszeit.

»Die immergrüne Revolution«

Was war die wichtigste neue Erkenntnis der vergangenen Jahre?
Vielleicht die Entdeckung von neuen Lebensformen durch Geobiologen kilometertief unter unseren Füßen in völlig unwirtlicher Umgebung. An Orten ohne Sonne und Sauerstoff.

Welche Folgen hat diese Entdeckung?
Die Entstehung des Lebens kann ganz anders abgelaufen sein, als bisher gedacht. Das eröffnet völlig neue Perspektiven für mögliches Leben auf anderen Planeten.

Was sind die größten Herausforderungen?
Die wachsende Erdbevölkerung und deren Rohstoffversorgung. Insbesondere die Ressourcen Wasser und Boden sind Zukunftsfragen.

Was war der größte Irrtum Ihrer Zunft?
Über Jahrzehnte wurde die bereits 1912 formulierte Kontinentaldrifttheorie Alfred Wegeners und die Durchschlagskraft seines interdisziplinären Ansatzes unterschätzt.

Weshalb sind Erdbeben nicht vorhersagbar?
Echte Erdbebenvorhersage-Forschung existiert erst seit etwa 40 Jahren. Auf diesem Gebiet gibt es eine Unzahl von Variablen und nichtlinearen Zusammenhängen. Wir wissen heute noch nicht einmal, wonach wir suchen müssen. Da hat es die Meteorologie mit ihrer langen Geschichte leichter.

Was wissen Sie, ohne es beweisen zu können?
Dass die Erde ein einzigartiger Planet ist.

In welcher Klimaphase leben wir heute, ist diese geologisch stabil?
Seit dem Ende der letzten Eiszeit, genauer: der letzten Kaltphase vor rund 10 000 Jahren, verhält sich das Klima erstaunlich stabil. Aber das wird nicht so bleiben, sagt uns die Erdgeschichte.

Kann der Mensch den Klimawandel stoppen?
Die klassische Antwort lautet: Das einzig Konstante am Klima ist sein permanenter Wandel. Unsere Erde ist durch ganz andere Dimensionen von Zeit, Raum und Größe charakterisiert als die – im Wortsinn – eher begrenzte Wahrnehmung der allermeisten Menschen. Das entbindet uns nicht davon, vernünftig und nachhaltig zu handeln.

REINHARD HÜTTL,
Vorstandsvorsitzender
des Geoforschungszentrums
GFZ in Potsdam

Mehr zum Thema:

John Grotzinger, Frank Press et al.:
Allgemeine Geologie
Einführung in das System Erde;
Spektrum-Verlag ab Nov. 2007; 736 S.

Rolf Stange:
Spitzbergen – Svalbard
Wissenswertes rund um eine arktische
Inselgruppe; Eigenverlag
(www.spitzbergen.de) 2007; 560 S.

Gregor Markl:
Die Erde
Eine Reise durch ihre Geschichte;
DVA 2004; 240 S.

GEHIRN

Die **NERVENZELLEN** sind über
lange Fortsätze vernetzt.
Deren Gesamtlänge beläuft
sich insgesamt auf mehrere
Millionen Kilometer

OUT-OF-BODY-
Erlebnisse werden
durch gezielte
Stromstöße im
Gyrus angularis
ausgelöst

Im Labyrinth des Denkens

Wie erschaffen 100 Milliarden Nervenzellen in unserem Kopf Geist und Bewusstsein? In Lausanne suchen Forscher auf vielen Wegen nach Antworten. Sie bauen das Gehirn künstlich nach und lassen die Seele aus dem Körper fahren

VON ULRICH SCHNABEL

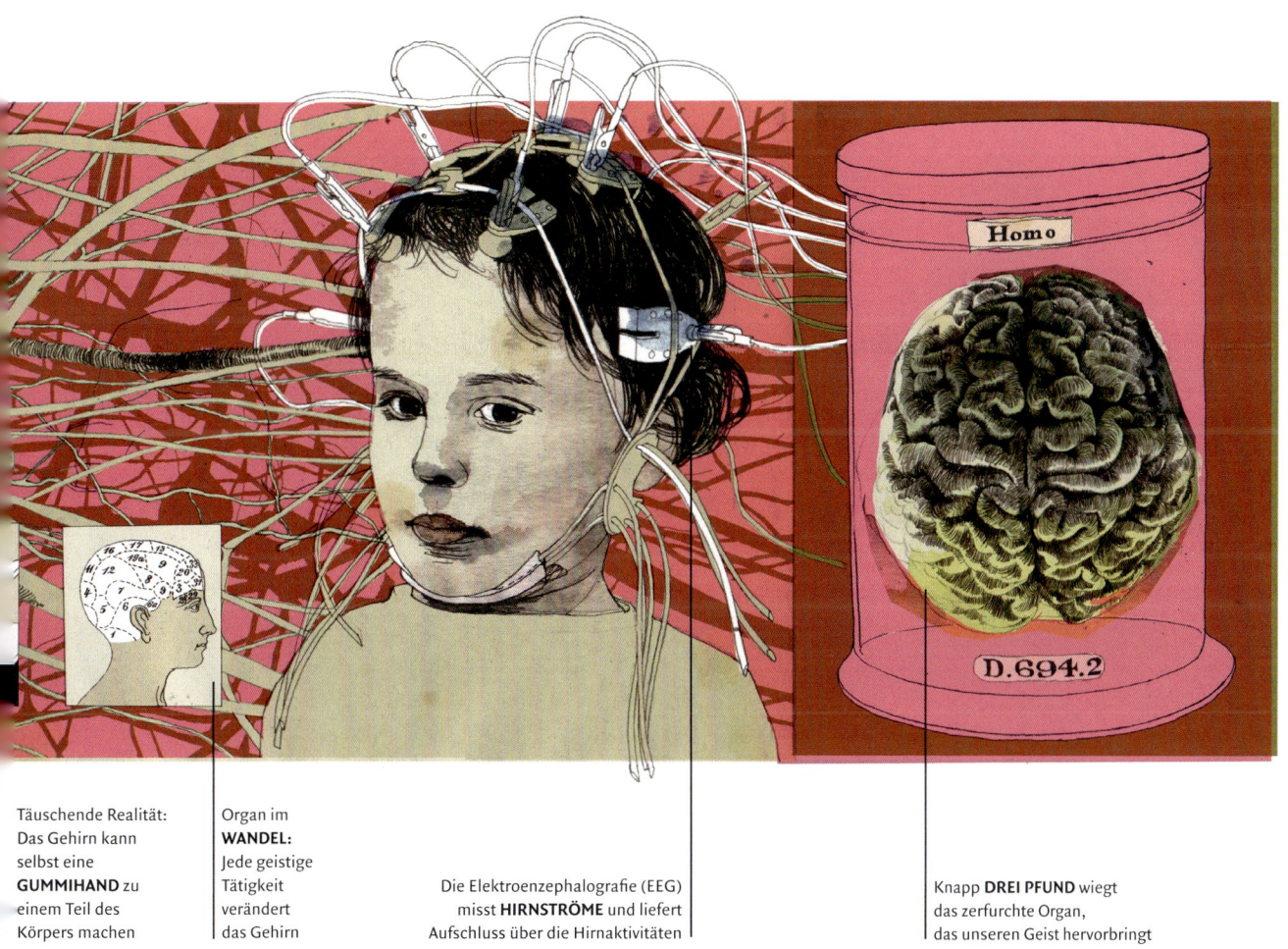

Täuschende Realität: Das Gehirn kann selbst eine **GUMMIHAND** zu einem Teil des Körpers machen

Organ im **WANDEL:** Jede geistige Tätigkeit verändert das Gehirn

Die Elektroenzephalografie (EEG) misst **HIRNSTRÖME** und liefert Aufschluss über die Hirnaktivitäten

Knapp **DREI PFUND** wiegt das zerfurchte Organ, das unseren Geist hervorbringt

E s zuckt im bunten Nervengeflecht. Das Dickicht aus gelben, roten und grünen Fasern blinkt und leuchtet, und während man hindurchgleitet, fühlt man sich an den tropischen Regenwald erinnert. Wie fette Spinnen sitzen dicke Zellkörper in ihrem Netz aus faserigen Fortsätzen, die sich lianengleich ineinanderschlingen, mal Urwaldstämmen gleichen, mal in zarte Äste auslaufen, an denen sich immer neue Knospen bilden. Und wenn sich zwei Nervenstränge berühren, kommt es zu heftigen Entladungen: Hier werden chemische Botenstoffe ausgeschüttet, da werden hektisch blinkend elektrische Impulse abgesetzt, vom Nachbarn aufgenommen und eiligst weitergeleitet, wie flackernde Blitze durch den Dschungel der Neuronen gejagt.

Willkommen im Heimkino des »Blue Brain Project« in Lausanne! Was auf der Leinwand sichtbar wird, ist der faszinierende Versuch, das Innenleben des Gehirns dreidimensional erlebbar zu machen. Denn die bunt gefärbten Nervenzellen und -fasern entstammen allesamt dem Rechner. Einer der größten Supercomputer der Welt simuliert die Neuronen und ihr Zusammenwirken mit nie da gewesener Detailtreue. Mit Hilfe einer 3-D-Brille kann man sich in das Zellgespinst hineinversetzen und staunend durch ein Gebilde schier unentwirrbarer Komplexität reisen, in dem doch alles seinen Platz hat und auf geheimnisvolle Weise zusammenwirkt.

Derzeit besteht das künstliche Hirngewebe aus 10 000 Nervenzellen. Doch das ist nur der Anfang. Irgendwann sollen in der Blue-Brain-Simulation 100 Milliarden Neuronen zusammengefügt werden – zu einer vollständigen Kopie eines menschlichen Gehirns! Sind die Neurowissenschaftler am Genfer See vielleicht größenwahnsinnig?

»Das hier ist kein Frankenstein-Projekt«, stellt Henry Markram als Erstes klar. Der ruhig und zurückhaltend wirkende Südafrikaner sitzt in Jeans und Pullover in seinem Universitätsbüro und ist auf Journalisten nicht allzu gut zu sprechen. Seit er im Jahre 2005 das Blue Brain Project gestartet hat, musste er immer wieder reißerische Artikel über sein Kunsthirn lesen, mit dem er angeblich das Rätsel des Bewusstseins lösen oder die menschliche Seele in eine Maschine verpflanzen wolle. Alles Quatsch, meint der Hirnforscher. »Es geht uns nicht um Künstliche Intelligenz, sondern um ein besseres Verständnis«, erklärt Markram. »Wir wollen ein realistisches Modell des Gehirns erzeugen, in das wir alle bekannten Forschungsergebnisse integrieren. Wenn das gelingt, haben wir ein fantastisches Werkzeug. Wir können zum Beispiel die Wirkung von Medikamenten im Hirn punktgenau simulieren.«

In der Tat, wenn das gelänge, wäre dies eine Revolution und Markram so etwas wie der Einstein der Hirnforschung. Denn trotz eines gigantischen Forschungsaufwandes – jedes Jahr werden etwa 35 000 neurowissenschaftliche Arbeiten veröffentlicht – fehlt noch immer ein umfassendes Modell des Gehirns. Zwar wurde das honigmelonengroße Organ in den vergangenen Jahrzehnten immer genauer seziert; man hat bestimmte

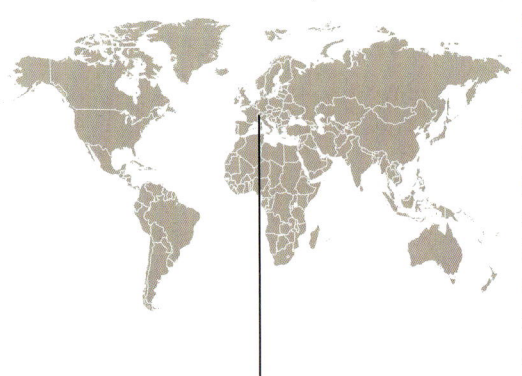

LAUSANNE
Am Schweizer Ufer des Genfer Sees liegt die École Polytechnique Fédérale de Lausanne (EPFL). Seit 2005 arbeiten Forscher hier an einem künstlichen Gehirn

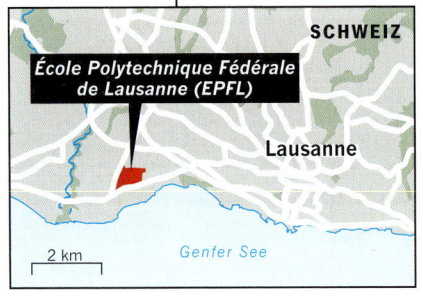

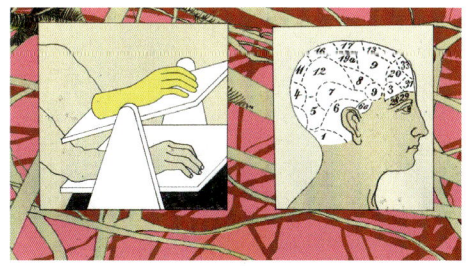

Denktätigkeiten einzelnen Hirnarealen zugeordnet, deren Morphologie studiert und die elektrische Aktivität der grauweißen Schwabbelmasse analysiert, bis hinunter zur Reizleitung einzelner Zellen. Doch all das, was unsere menschliche Einzigartigkeit ausmacht, schien sich dabei unter dem Mikroskop gleichsam in Luft aufzulösen. Und die entscheidenden Fragen sind noch immer ungeklärt: Wie bringt das Nervengeflecht in unserem Kopf Gedanken hervor, auf welche Weise führt das Neuronenfeuer zu so etwas wie Bewusstsein, kurz: Wie entsteht aus Materie Geist?

Kann man das Hirn simulieren? Nicht wenige halten schon die Idee für spinnert

Wer Antworten auf solche Fragen sucht, findet derzeit kaum einen geeigneteren Ort als die École Polytechnique Fédérale de Lausanne (EPFL). Hier ist nicht nur das Blue Brain beheimatet, sondern auch das Labor für kognitive Neurowissenschaft, das mit der Erforschung seltsamer Bewusstseinsphänomene Schlagzeilen macht: Hier geht es um Spiegelhalluzinationen, Doppelgängerphänomene oder *out of body*-Erlebnisse, bei denen sich die Seele regelrecht vom Körper zu lösen scheint. Solche »außerkörperlichen« Erfahrungen treten manchmal in Todesnähe auf und werden gern mit religiösen oder esoterischen Vorstellungen in Zusammenhang gebracht. Im Labor für kognitive Neurowissenschaft dagegen werden sie fast schon routinemäßig erzeugt.

Wer also die hundert Meter zurücklegt, die die beiden Labors in Lausanne trennen, durchmisst das gesamte Spektrum der modernen Hirnforschung, von der Anatomie einzelner Neuronen bis zur Frage, wie aus ihrem Zusammenwirken am Ende Geist und (Selbst-)Bewusstsein entstehen. Und er lernt zwei sehr gegensätzliche Zugänge zum Gehirn kennen: zum einen die Analyse merkwürdiger Bewusstseinszustände, aus denen man sozusagen top-down auf die Funktionsweise des Gehirns rückschließt; zum anderen den kühnen Versuch, das Denkorgan bottom-up aus seinen Einzelteilen wieder zusammenzusetzen.

Dass solche ungewöhnlichen Experimente an einer kleinen, idyllisch gelegenen Schweizer Hochschule stattfinden, liegt daran, dass die EPFL nicht unter dem Ballast der Traditionen leidet. Erst vor sechs Jahren hat die École Polytechnique, die sich als »eine der innovativsten Universitäten in Europa« lobt, eine neue Fakultät für Lebenswissenschaften aus der Taufe gehoben. Und die Forscher, die hier in moderne Labors einzogen, von deren Fenstern aus man den Schnee auf den Gipfeln der französischen Alpen sieht, konnten von Anfang an visionäre Ideen in Angriff nehmen, ohne sich groß um Traditionen oder die Bedenken alteingesessener Kollegen scheren zu müssen.

Henry Markram kam 2002 vom Weizmann-Institut in Israel, weil er die Chance sah, endlich

seinen Traum vom Kunsthirn zu verwirklichen, den er seit Jahren mit sich herumtrug. »Ich hatte damals auch Angebote von Eliteuniversitäten in den USA«, erzählt der 45-Jährige, »aber ich stellte fest, dass ich dort meine Zeit mit dem Schreiben von Forschungsanträgen hätte zubringen müssen.« In Lausanne dagegen war die Hochschulleitung mutig genug, das Blue Brain Project von Anfang an finanziell zu unterstützen – ohne genau zu wissen, wohin es am Ende führen würde.

Die Meinungen der Fachwelt über das Experiment sind bis heute geteilt. Nicht wenige Wissenschaftler halten schon allein die Idee, das Hirn nachbauen zu wollen, für spinnert. Hat nicht die Geschichte der Hirnforschung genug Bescheidenheit gelehrt? Ist nicht mit jeder neuen Untersuchungsmethode eine Euphorie ausgebrochen, die ebenso schnell wieder verflog? Über die Phrenologen, die Ende des 18. Jahrhunderts postulierten, man könne an der Form der Schädelknochen den menschlichen Charakter ablesen, lachen wir heute nur noch. Als hundert Jahre später Camillo Golgi und Ramón y Cajal mit einer speziellen Färbetechnik erstmals die Neuronen und ihre Verbindungen (Synapsen) sichtbar machten, glaubte man, endlich den Schlüssel zum Gehirn gefunden zu haben. Auch der junge Sigmund Freud hoffte damals, in dem grauweißen Nervengeflecht den Schlüssel zum menschlichen Seelenleben zu finden – vergebens. Wiederum hundert Jahre später führte der Boom der bildgebenden Verfahren – Computer-, Kernspin- und Positronenemissionstomografie – zu neuer Euphorie. Der amerikanische Präsident rief die 1990er Jahre zur *decade of the brain* aus, Forscher gaben ihren Büchern großspurige Titel wie *Was die Seele wirklich ist*, und es schien, als sei das jahrhundertealte Leib-Seele-Problem schon so gut wie gelöst. Doch inzwischen macht sich von Neuem Ernüchterung breit. Die bunten Bilder aus dem Kernspintomografen zeigen eben doch nur den Blutfluss im Gehirn und nicht das Denken selbst. Und prominente Vertreter der Zunft wie Wolf Singer stellen selbstkritisch fest, »dass wir heute weniger wissen, wie das Gehirn funktioniert, als wir vor zwanzig, dreißig Jahren zu wissen glaubten«.

Ein dreidimensionales Puzzle mit 30 Millionen Verbindungsstellen

Und da will Henry Markram nun das Rätsel fast im Alleingang lösen? »Ich verstehe die Skepsis«, sagt der Neurobiologe. »Aber für mich lautet die Frage nicht: Ist es möglich, das Gehirn nachzubauen? Sondern: Was braucht man, damit es möglich wird?« Das Blue Brain Project soll genau diese Frage beantworten.

Der eingangs gezeigte Film, die Reise durch den bunten Nerven-Tropenwald, ist die Frucht von 15 Jahren harter Arbeit. So lange hat Markram Daten gesammelt, hat bei dem deutschen Nobelpreisträger Bert Sakmann in Heidelberg gelernt, wie man in Rattenhirnen einzelne Nervenzellen untersucht und wie man ihre Kommunikation abhört. »Heute haben wir eine riesige Datenbank mit über 10 000 *recordings* von Zellen, mit Hunderttausenden Kommunikationsmustern, mit Studien zur Genexpression und so weiter«, erzählt Markram, und man hat den Eindruck, er kenne jede Nervenzelle persönlich. Stundenlang kann er über ihre biologischen, elektrischen, chemischen oder magnetischen Eigenschaften reden, und es wird klar, dass Neuronen keine amorphe Masse sind, sondern höchst individuelle Gebilde, so einzigartig wie Fingerabdrücke oder Gesichter. »Und genau aus dieser Diversität und Komplexität entsteht die Macht des Gehirns«, sagt Markram.

Dessen Leistungsfähigkeit illustriert der Neurobiologe anhand eines einfachen Vergleichs: »Wollte man versuchen, einen Computer mit der Rechenkapazität des Gehirns zu bauen, würde der Tau-

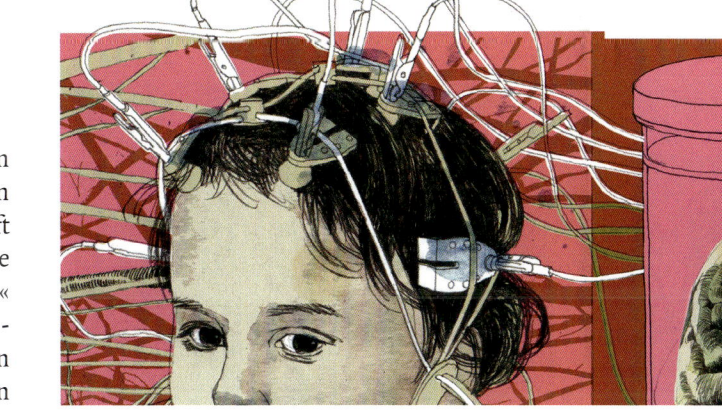

sende von Gigawatt brauchen und Milliarden Dollar kosten – in unserem Kopf schafft das eine drei Pfund schwere Masse, die auf 60 Watt läuft.« Der Unterschied zwischen - Supercomputern und Gehirn besteht in der biologischen Struktur. Über Trillionen von Synapsen tauschen die Neuronen permanent elektrische und chemische Informationen aus, arbeiten also zugleich analog und digital. »Wenn wir verstehen, wie das genau funktioniert, wird das unsere gesamte Informationstechnik revolutionieren«, prophezeit Markram.

Noch ist es nicht so weit. Aber das Blue Brain Project läuft ja auch erst seit zweieinhalb Jahren. Und immerhin hat Markram nun bewiesen, dass sein Ansatz zumindest im Prinzip funktionieren kann: Indem er seinem BlueGene/L-Computer mit allen bekannten Daten über die Funktionsweise der Neuronen fütterte, errechnete dieser daraus den Aufbau der kleinsten Grundeinheit eines Gehirns, einer »kortikalen Säule«. »Wir mussten dazu quasi ein dreidimensionales Puzzle mit 30 Millionen Verbindungsstellen zusammensetzen«, erzählt Markram nicht ohne Stolz.

Seit Ende vergangenen Jahres pulsieren die 10 000 zusammengeschalteten (Ratten-)Neuronen im Rechner. Das blinkende Nervengeflecht lässt sich nicht nur in beeindruckenden Filmen sichtbar machen; auf Knopfdruck können die Hirnforscher auch jede einzelne Zelle ansteuern, ihren Signalaustausch mit anderen Neuronen beobachten oder simulieren, was bei einer Störung des Systems geschieht.

Nun müsste man nur eine Vielzahl solcher Bausteine zusammenfügen, dieselben Schritte beim Menschen nachvollziehen – voilà, fertig wäre das Gehirn. Es gibt lediglich ein Problem: Die Lausanner Forscher brauchten dazu einen Supercomputer völlig neuen Typs, der einige Hundert Millionen Dollar kosten würde. »Leider ist es extrem schwer, visionäre Investoren zu finden«, berichtet Markram. Ständig halte er Vorträge vor Milliardären, immer seien sie interessiert – »aber am Ende investieren sie dann doch lieber in Aktien oder Hedgefonds«.

Mit ganz anderen Herausforderungen zu kämpfen hat hundert Meter weiter Olaf Blanke. Der Leiter des Labors für kognitive Neurowissenschaft braucht für seine Forschungen keine Supercomputer, sondern geeignete Patienten und Probanden. Denn er untersucht, was die 100 Milliarden Neuronen am Ende hervorbringen: (Selbst-)Bewusstsein. Täglich erlebt Blanke, der auch als Oberarzt am Universitätsklinikum Genf tätig ist, »wie selbst kleine Störungen im Hirn einen Menschen tiefgreifend verändern«.

Wenn der schlaksige Deutsche beim Mittagessen anfängt, begeistert von seinen Fallgeschichten zu erzählen, fühlt man sich an die fantastischen Storys des Neurologen Oliver Sacks erinnert. Da wäre etwa jener Patient, der durch einen Hirninfarkt das »Gourmand-Syndrom« entwickelte: Eine Läsion im präfrontalen Cortex weckte in dem Manne eine unwiderstehliche Lust auf edles Essen und erlesene Kochkünste; am Ende kündigte der Jurist seinen Job und arbeitete als Genussexperte für Zeitschriften.

Ein anderer Fall machte Blanke 2002 weltberühmt. Damals untersuchte der Neurologe eine Epilepsie-Patientin, der er zur Vorbereitung auf eine Operation winzige Elektroden ins Gehirn gepflanzt hatte. Als Blanke damit eine spezielle Hirnregion namens Gyrus angularis reizte, geschah Unerwartetes: Plötzlich, so berichtete die 43-jährige Frau, hatte sie das Gefühl, ihren Körper zu verlassen. »Ich fühle mich leicht und schwebe in etwa zwei Meter Höhe. Unten sehe ich meinen Körper auf dem Bett liegen«, sagte die Patientin. Als der Arzt die Elektrode deaktivierte, hörte das Phänomen schlagartig auf, als er den Stromfluss wieder einschaltete, meinte die Patientin prompt wieder abzuheben. Banke hatte, ohne es zu wollen, eine *out of body*-Erfahrung ausgelöst.

Jahrhundertelang galten solche Erlebnisse als Hinweis auf die Existenz einer Seele. Zugleich schienen sie ein schlagender Beweis für den sogenannten Dualismus, demzufolge Körper und Geist getrennte Phänomene sind. *Res extensa* und *res cogitans* hieß das bei René Descartes – niemand hat die Trennung zwischen der »ausgedehnten Körpersubstanz« und der »ausdehnungslosen denkenden Substanz« deutlicher formuliert als der französische Philosoph. Und als er 1637 sein berühmtes »cogito, ergo sum« (»Ich denke, also bin ich«) niederschrieb, ging es ihm auch darum, »dass ich eine Substanz sei, deren ganze Wesenheit oder Natur bloß im Denken bestehe und die zu ihrem Dasein weder eines Ortes bedürfe noch von einem materiellen Dinge abhänge, sodass dieses Ich, das heißt die Seele (...), auch ohne Körper nicht aufhören werde, alles zu sein, was sie ist«.

Olaf Blanke sieht das heute völlig anders. Für ihn – wie für die meisten Neurowissenschaftler – ist das »Selbst« ebenso wie das Körpergefühl untrennbar mit dem Gehirn verbunden. Wer will, kann das in seinem Labor selbst erleben. »Bitte hier herein«, sagt Bigna Lenggenhager und führt mich in einen abgedunkelten Raum, in dem ein merkwürdiger Glaskasten steht. Beim Nähertreten sieht man darin eine hautfarbene Gummihand liegen, deren Armansatz unter einem schwarzen Vorhang verschwindet. »Und nun Ihre Hand da hinein«, kommandiert die 27-jährige Doktorandin freundlich-resolut, und mein Arm verschwindet in dem Kasten. Lenggenhager schiebt meine Hand zur Seite unter eine Sichtblende – sodass von außen plötzlich der Eindruck entsteht, mein Arm sei nun mit der Gummihand verbunden. Dann greift die junge Forscherin zu zwei kleinen Pinseln und beginnt, gleichzeitig meine unsichtbare Hand und die sichtbaren Gummifinger zu streicheln.

Ein merkwürdiger Eindruck entsteht: Während ich die Berührung an den eigenen Fingern *spüre, sehe* ich sie an der Attrappe. Allmählich scheint das hautfarbene Gummiding ein Teil meines Körpers zu werden. Man meint geradezu, ein Gefühl in den Gummifingern zu entwickeln – und spürt ein schmerzhaftes Erschrecken, wenn plötzlich ein Hammer darauf niedersaust.

»Überrascht?«, fragt Blanke lächelnd. »Diese Sinnestäuschung ist ganz normal.« Sie belegt nichts anderes, als dass unser Körpergefühl eine Repräsentation des Gehirns ist. »Das Gehirn konstruiert aus allen Inputs, die es bekommt, ein möglichst konsistentes Bild des Körpers und des Selbst – und optische Reize haben dabei offenbar ein sehr großes Gewicht.« Wird das Gehirn also mit widersprüchlichen Informationen konfrontiert – Berührungsreizen an der Hand und konkurrierenden visuellen Rückmeldungen von der

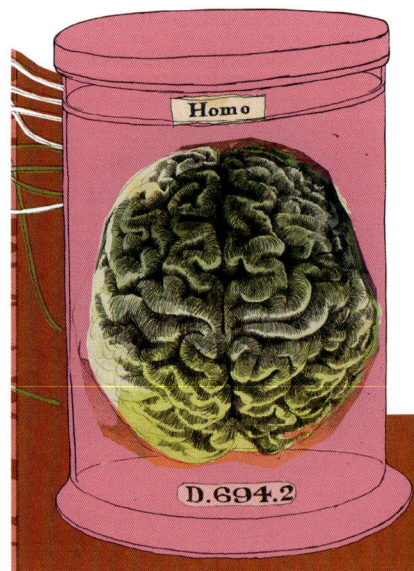

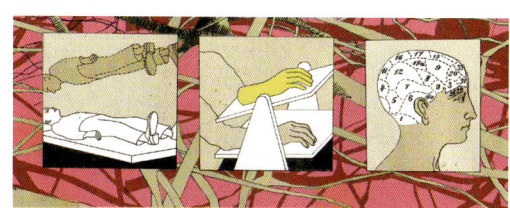

Gummihand –, bemüht es sich um einen diplomatischen Ausgleich und kann kurzerhand einen fremden Gegenstand in den Körper integrieren und als Selbst attribuieren.

Descartes' »cogito, ergo sum« ist passé. In Lausanne heißt es »video, ergo sum«

Klingt unglaublich? Blanke hat noch mehr zu bieten. Seit Neuestem versucht er, die Gummihand-Illusion dank virtueller Realität auf den ganzen Körper auszudehnen. Wir gehen in einen Laborraum, in dem ein Stativ mit einer Videokamera steht. Blanke positioniert mich vor der Kamera und reicht mir eine spezielle Videobrille, in der ich – mich selbst von hinten sehe. Denn die Kamera filmt meinen Rücken und überträgt genau dieses Bild auf die Brille. Wieder greift Lenggenhager zu ihren Pinseln und streicht damit über meinen Rücken. Ähnlich wie im Gummihand-Experiment spüre ich die Berührung am eigenen Rücken, während ich sie im Abstand von zwei Metern vor mir sehe. Und alsbald stellt sich wiederum die Wahrnehmungsverschiebung ein: Mehr und mehr meine ich, ein Gefühl in dem virtuellen Körper vor mir zu entwickeln. Bei anderen Probanden war dieser Effekt offenbar so stark, dass sie geradewegs aus ihrer Haut zu fahren meinten.

Video, ergo sum – so war der Bericht über dieses Experiment im Fachblatt *Science* betitelt. Blanke arbeitete dabei mit dem Philosophen Thomas Metzinger zusammen, der schon länger die These vertritt, das »Selbst« sei nichts anderes als eine Repräsentation des Gehirns. Es entsteht Metzinger zufolge aus all den inneren und äußeren Eindrücken, die das Gehirn zu einem Modell der Innen- und der Außenwelt zusammenfügt. Blankes Experimente zeigen beispielhaft, wie fragil diese Modellbildung ist, wie sehr sich sogar unser (scheinbar so selbstverständliches) Körperempfinden manipulieren lässt – und welche Rolle dabei die Arbeitsweise des Gehirns spielt. Als Nächstes will Blanke nun mit Hilfe einer Kombination von virtueller Realität und bildgebenden Verfahren jene Hirnareale und -prozesse detailliert beschreiben, die solche Selbst-Repräsentationen erzeugen.

Anders als die Dualisten meinten, gibt es im Gehirn eben keine übergeordnete Instanz, die ein »Ich« oder »Selbst« hervorbringt. Stattdessen beschreiben Neurowissenschaftler das Gehirn heute gern als »Orchester ohne Dirigent«: Niemand führt hier das Kommando, aber jede Einheit weiß, wie sie auf einen bestimmten Stimulus reagieren muss. Wird zum Beispiel die Amygdala aktiviert, eine Region, die für Furcht und Aggression zuständig ist, dann wird dieser Stimulus an den Hypothalamus weitergegeben, an den Hirnstamm und weiter bis zum Rest des Körpers. Man wird bleich, das Herz rast, die ganze Physiologie ändert sich. All diese Änderungen wiederum werden sehr genau vom Gehirn registriert – es entsteht ein »Gefühl«. Und am Ende konstruieren Tausende solcher Kreisläufe das, was wir Realität nennen.

Das ist übrigens auch der Grund, weshalb Henry Markram auf einen Erfolg seines Blue Brain Project hoffen kann. Gerade weil Gehirn, Körper und Bewusstsein sich nicht voneinander trennen lassen, kann man versuchen, dieses Wechselspiel künstlich nachzuformen. Ähnlich wie Olaf Blanke wurde dabei auch dem Blue-Brain-Chef im Laufe seiner Forschungsarbeit immer mehr klar, wie verletzlich und manipulierbar das menschliche Denkorgan ist: »Jeder äußere Reiz, jede Wahrnehmung, jeder Gedanke beeinflusst das Gehirn.« Je mehr ihm das bewusst geworden sei, umso größer sei sein Respekt davor geworden, meint Markram: »Das Gehirn verändert sich ständig – und es hängt von unserem Verhalten ab, in welcher Weise es das tut.«

Eine kurze Geschichte der Hirnforschung in neun Durchbrüchen

Aristoteles hegt zwar falsche Ansichten über das Gehirn, diese aber erweisen sich als einflussreich. Aus der Sektion von geschlachteten Tieren schließt der griechische Philosoph, das Gehirn sei der »blutloseste« und »kälteste« Körperteil und diene vor allem der Kühlung. Das Denken und die Seele dagegen verortet er im Herzen. Diese Theorie wirkt noch 2300 Jahre später nach: Bis heute nehmen wir uns Dinge »zu Herzen« und nicht »zu Hirn«.

Mit flüssigem Wachs erkundet Leonardo da Vinci um 1500 das Schädelinnere: Er füllt heißes Wachs in die Gehirne von Toten. Seine Wachsabdrücke zeigen ein vielfältig verästeltes Gebilde. Damit widerlegt da Vinci die zuvor gültige »Ventrikeltheorie«, derzufolge das Gehirn aus streng voneinander getrennten Kammern besteht.

Tinte und Farbstoffe injiziert Thomas Willis im 17. Jahrhundert in die Arterien des Gehirns, um die Zirkulation des Blutes zu erforschen. Außerdem treibt er Nägel in die Schädelkalotte von Tieren und beobachtet, wie die armen Kreaturen krampfen, zittern und verenden. In seinem Werk *Cerebri anatome* interpretiert Willis erstmals die Hirnsubstanz als Sitz höherer geistiger Funktionen – und stellt zugleich fest, dass sich die Nervensysteme von Mensch und Tier kaum unterscheiden.

Eine Eisenstange schießt Phineas Gage 1848 ein Loch in die Moral. Bei einer Explosion fährt das Eisen dem amerikanischen Sprengmeister durch den Schädel und zerstört einen Teil des vorderen Stirnhirns. Gage überlebt den Unfall, kann sogar reden und gehen. Doch seine Psyche ändert sich. Aus dem höflichen Gentleman wird ein launischer und ausfallender Grobian. Das zeigt: »Moralische« Verhaltensweisen werden vorn im Stirnhirn verarbeitet, Sprache und Bewegung in jenen Hirnarealen, die bei Gage intakt geblieben sind.

Tan-Tan wird der Mann genannt, der 21 Jahre in einer französischen Anstalt für Geisteskranke zubringt und zeitlebens nur die Silbe »tan« hervorbringt. Nach seinem Tod 1861 seziert der Pariser Chirurg Paul Broca dessen Gehirn und findet eine winzige Schädigung in einer Region im unteren Stirnlappen. Dieses »Broca-Areal« gilt heute als wichtiges Sprachzentrum, in dem Syntax, Grammatik und Satzstruktur verarbeitet werden.

Die Teilung des Gehirns galt in den sechziger Jahren als letztes Mittel zur Therapie von Epilepsie-Patienten. Bei ihnen durchschnitt man kurzerhand den Balken zwischen linker und rechter Hirnhälfte. In trickreichen Experimenten erforscht der Neuropsychologe Roger Sperry die Folgen des Eingriffs und kann zeigen, dass linke und rechte Hirnhälfte unterschiedliche Aufgaben haben.

Den freien Willen stellt Benjamin Libet in den siebziger Jahren auf die Probe. Er stellt fest: Das Gehirn wird schon 0,3 Sekunden *vor* einem bewussten Entschluss aktiv. Ist der freie Wille also eine Illusion? Libet sagt dazu: »Die Handlung beginnt zwar unbewusst – aber uns bleibt immer noch Zeit, sie vor der Ausführung zu stoppen.«

Anhand von Taxifahrern weist die Londoner Neurologin Eleanor Maguire 1997 nach, dass nahezu jede Tätigkeit ihre Spuren im Gehirn hinterlässt. Mit dem Positronenemissionstomografen (PET) zeigt sie, dass jahrelanges Einprägen von Fahrtrouten, Einbahnstraßen und Sehenswürdigkeiten den hinteren Teil des Hippocampus anwachsen lässt, der für das räumliche Gedächtnis zuständig ist.

Eine Erdnuss bringt Vittorio Gallese und Giacomo Rizzolatti auf die Spur der Spiegelneuronen. Eigentlich wollen die italienischen Neurologen Anfang der neunziger Jahre testen, wie das Gehirn eines Affen arbeitet, wenn das Tier nach einer Nuss greift. Zu ihrer Überraschung feuern bestimmte Neuronen im Affenhirn sowohl, wenn der Makake zugreift – als auch, wenn er nur *sieht*, wie einer der Forscher die Hand danach ausstreckt. Spiegelneuronen lassen uns also eine Handlung, die wir bei anderen sehen, täuschend echt im eigenen Kopf nacherleben. Inzwischen hat sich gezeigt, dass die speziellen Zellen selbst dann aktiv werden, wenn man andere Menschen lachen oder weinen sieht. Manche Hirnforscher glauben, dass wir nicht nur unsere Fähigkeit zur Empathie, sondern auch die Entwicklung der menschlichen Kultur letztlich den Spiegelneuronen verdanken.

»Ein soziales Organ«

Immer wieder heißt es, »demnächst« werde es möglich sein, Gedanken zu lesen. Werden wir dazu je in der Lage sein?

Partiell ja. Man kann zumindest entschlüsseln, mit welchen Inhalten sich jemand beschäftigt – zum Beispiel, ob er Bilder von Gesichtern sieht oder von anderen Dingen. Aber was er wirklich denkt, werden wir wohl nie sagen können, weil die individuellen neuronalen Repräsentationen der jeweiligen Gedanken bei jedem ein wenig anders aussehen.

Verstehen wir das Gehirn besser als früher?

Natürlich wissen wir sehr viel mehr als früher. Aber zugleich dämmert uns die Erkenntnis, dass das Gehirn auch sehr viel komplexer ist, als wir vor ein paar Jahrzehnten gedacht haben.

Was war das wichtigste Ergebnis der Hirnforschung in den vergangenen Jahren?

Die Erkenntnis, dass es sich um ein extrem distributiv organisiertes System handelt, das keine zentrale Instanz kennt und sich selbst organisiert. Früher wurde das Gehirn als Reiz-Reaktions-Maschine gesehen, das im Wesentlichen auf das reagiert, was in der Außenwelt geschieht. Heute wissen wir, dass dies falsch ist. Das Gehirn weiß bereits sehr viel über die Welt aufgrund seiner funktionellen Architektur, die sich im Lauf der Evolution verfeinert hat. Und es wendet dieses Wissen an, um die Welt zu ordnen und zu interpretieren.

Wenn Sie mit Laien über Hirnforschung reden – welche falsche Vorstellung müssen Sie am häufigsten korrigieren?

Die meisten Menschen können sich nicht vorstellen, dass unsere geistigen und mentalen Leistungen die Folge von neuronalen Prozessen sind – und nicht umgekehrt. Sie sind meist heimliche Dualisten und glauben, dass da ein unabhängiger Geist schaltet und waltet und irgendwie mit dem Gehirn wechselwirkt, damit es das tut, was der Geist will.

Was war der größte Irrtum in der Geschichte der Hirnforschung?

Die Phrenologie, also die Vorstellung, man könne Charakterzüge an der Kopfform ablesen. Dieser Irrläufer hatte leider auch gesellschaftliche Konsequenzen. In gewisser Weise gibt es solche Ideen selbst heute noch. Manche behaupten zum Beispiel, man könne dem Gehirn ansehen, ob der betreffende Mensch gewalttätig ist. Ich wäre mit solchen Aussagen sehr, sehr vorsichtig.

Auf welche Einsicht wartet Ihre Forschergemeinde am sehnsüchtigsten?

Am meisten beschäftigt uns der Übergang von neuronalen Prozessen zu subjektiv erfahrenen Bewusstseinsprozessen, den sogenannten Qualia.

Wie können wir denn einer Antwort näher kommen?

Wir müssen das Gehirn als Teil seines soziokulturellen Umfelds verstehen. Unser Gehirn ist nicht nur von genetischen Dispositionen geprägt, sondern auch von unserer Erziehung, den Werten und moralischen Kategorien, die uns vermittelt wurden, und der Wechselwirkung mit anderen Gehirnen. Das Gehirn ist ein soziales Organ – man kann es nicht isoliert von der Umwelt verstehen.

Mehr zum Thema:

S. Aamodt/S. Wang:
Welcome to your Brain
Ein respektloser Führer
durch die Welt unseres Gehirns;
C. H. Beck 2008; 297 S.

Brian Burell:
Im Museum der Gehirne
Die Suche nach Geist
in den Köpfen
berühmter Menschen;
Hoffmann und Campe 2005; 383 S.

Michael Hagner:
Der Geist bei der Arbeit
Historische Untersuchungen
zur Hirnforschung;
Wallstein 2006; 286 S.

WOLF SINGER
ist Direktor des
Max-Planck-Instituts
für Hirnforschung
in Frankfurt am Main

KOSMOS

SUPERNOVA: Der Kern eines Sterns kollabiert, dann setzt die Implosion eine Schockwelle frei

IN DER FALLE: Kugelige Messgeräte registrieren im Baikalsee Neutrinos, die zuvor die Erde durchquert haben

13,7 MILLIARDEN JAHRE: Zeit und Raum entstehen im Urknall (links, gelb). Das Universum bläht sich schlagartig auf. Es folgt das dunkle Zeitalter. Dann entstehen Galaxien

Botschaft vom Anfang

Ein Unterwasserteleskop im Baikalsee empfängt Elementarteilchen
aus dem Weltall. Die Messdaten helfen
Kosmologen zu verstehen, wie vor 13,7 Milliarden Jahren
das Universum entstand

VON MAX RAUNER

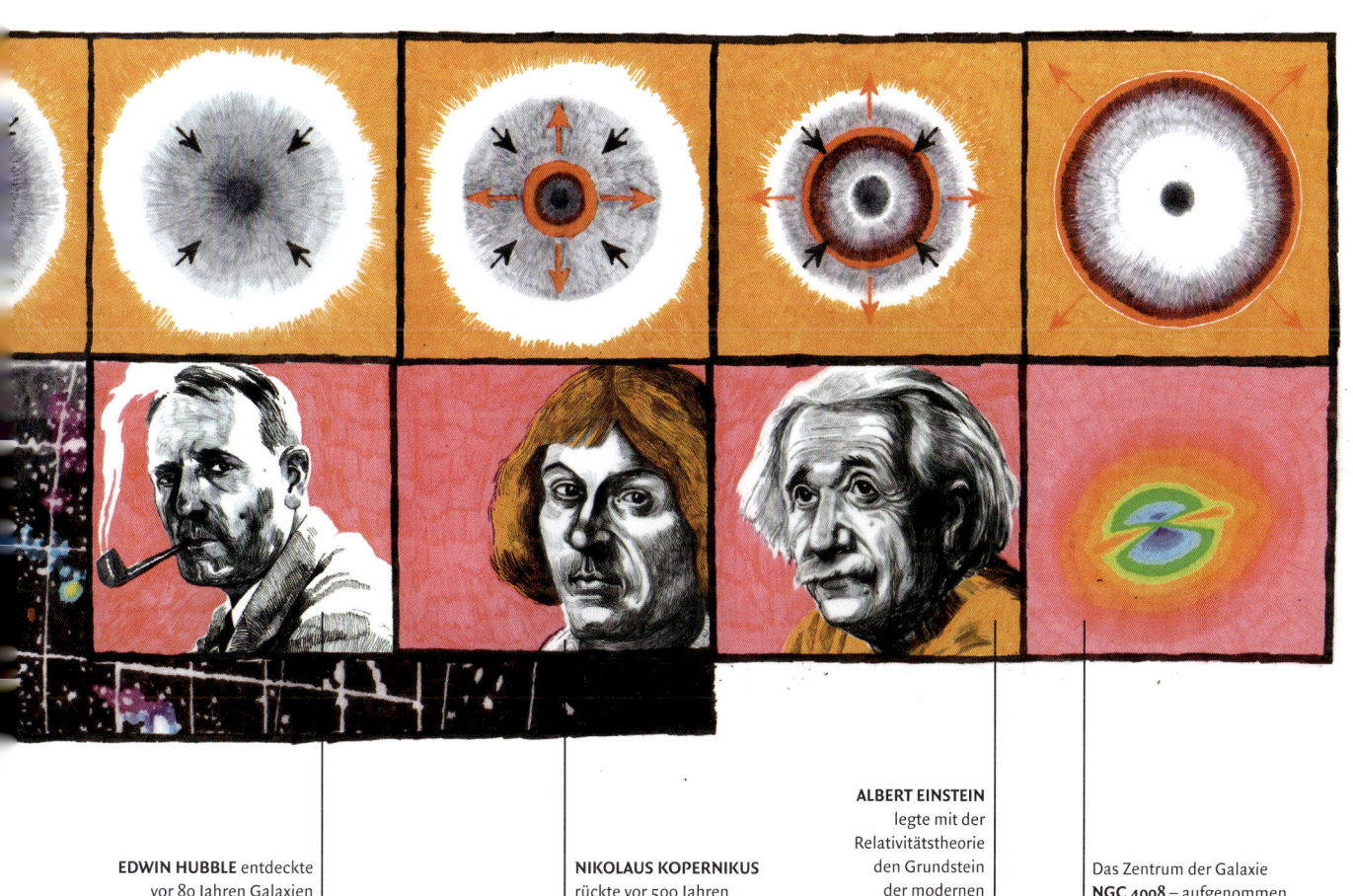

EDWIN HUBBLE entdeckte
vor 80 Jahren Galaxien
jenseits der Milchstraße

NIKOLAUS KOPERNIKUS
rückte vor 500 Jahren
die Sonne ins Zentrum

ALBERT EINSTEIN
legte mit der
Relativitätstheorie
den Grundstein
der modernen
Kosmologie

Das Zentrum der Galaxie
NGC 4908 – aufgenommen
mit dem Hubble-Teleskop

Am Anfang fand Igor Belolaptikow es auch seltsam, jedes Jahr im Februar von Moskau nach Sibirien zu fahren, um mit einer Kettensäge Löcher ins Eis des Baikalsees zu schneiden. Seine Zukunft als Physiker hatte er sich früher mal anders vorgestellt. Heute, sagt er, sei es für ihn »das Normalste der Welt«. Am Morgen hat er seine Kollegen von den anderen Blockhütten am Ufer abgeholt, bärtige Männer mit Fellmützen und dicken Stiefeln, die man hier leicht mit Holzfällern verwechseln könnte. Mit einem umgebauten Krankenwagen sind sie die drei Kilometer aufs Eis gefahren, am Horizont die weißen Gipfel des Chamar-Daban-Gebirges. Nun stehen sie an den Löchern und ziehen mit rostigen Elektrowinden endlose Stahlseile aus der Tiefe, neben dem Plumpsklo auf Kufen tuckert ein Dieselgenerator. Das Eis ist hier einen Meter dick, darunter folgen 1,4 Kilometer Wasser.

Seit 20 Jahren kommen sie jedes Jahr im Frühjahr für zwei Monate hierher, um alles zu reparieren, was in der Zwischenzeit kaputtgegangen ist. Diesmal hängt ein Fischernetz in den Seilen, sie müssen es losschneiden. Viermal in der Woche fährt am Ufer ein Bummelzug vorbei, früher war es die Strecke der Transsibirischen Eisenbahn. Manchmal steigen bei Kilometer 106 sogar russische Touristen aus und wundern sich über das Treiben auf dem Eis. Denen, die sich bis zu den Löchern trauen, erklärt Igor Belolaptikow geduldig, dass an den Seilen Messgeräte hängen, die tief unten im See Elementarteilchen aus dem Weltall empfangen, Neutrinos, die bei Chile auf die Erde treffen, den gesamten Globus durchqueren und von unten in den Baikalsee eindringen, wo einige von ihnen Lichtblitze hinterlassen, die sich dann in den Messgeräten bemerkbar machen. Das ist die Wahrheit. Die Touristen machen dann ein Foto und gehen schnell wieder.

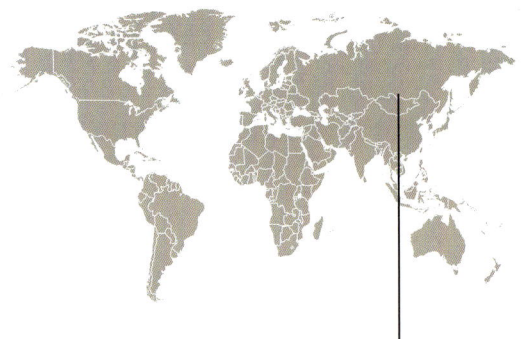

BAIKALSEE
Der tiefste See der Erde liegt in Sibirien. Deutsche und russische Physiker betreiben dort seit 20 Jahren ein riesiges Unterwasserteleskop

Das Neutrinoteleskop, das russische und deutsche Physiker seit 20 Jahren im Baikalsee betreiben, gehört zu den erstaunlichsten Instrumenten, die Naturwissenschaftler jemals auf dem Planeten Erde installiert haben. Es dient einem kühnen Projekt: winzige Teilchen zu fangen, die im Inneren von Sternen entstanden sind und nach ihrer Reise durchs All einmal die Erde durchquert haben. Aber selbst das ist nur Teil eines viel größeren und noch fantastischeren Vorhabens: zu verstehen, wie alles anfing und wo alles endet, also die Sache mit den Sternen, dem Weltall und dem Urknall.

An diesem Außenposten der Forscherwelt sind Wissenschaftler noch Helden – und doch voll integriert in die globale Gemeinde. So gibt es in den winzigen Hütten am Ufer zwar kein fließend Wasser, und das Plumpsklo hat keine Heizung, aber Internet muss sein. Über eine Satellitenschüssel, finanziert aus friedenserhaltenden Fördergeldern der Nato, funken die Physiker ihre Veröffentlichungen ins Netz.

Die Erforschung des Universums ist ein globales Unternehmen, die Arbeit unter Spezialisten aufgeteilt. Astronomen beobachten und vermessen Sterne und Sternexplosionen oder gleich ganze Galaxien. Astrophysiker berechnen die Physik der Himmelsphänomene. Astroteilchenphysiker, zu denen auch die Neutrinofänger vom Baikalsee gehören, ergründen den Ursprung der kosmischen Strahlung. Und Kosmologen schaffen aus all den Beobachtungen und physikalischen Theorien ein Weltbild – Kosmos ist Griechisch für (Welt-)Ordnung.

Der Mensch, gerade einmal 100 000 Jahre in der Welt, glaubt heute, er könne die vergangenen 14 Milliarden Jahre erklären, also die gesamte Geschichte des Universums, mit Ausnahme vielleicht der ersten 10^{-35} Sekunden. Und die nächsten 100 Trillionen Jahre sowieso. Das ist verrückt – oder genial.

Mit Galileo begann die Vertreibung des Menschen aus dem Zentrum

Den Anfang der modernen Kosmologie machte vor 400 Jahren Galileo Galilei. Er baute sich ein Teleskop, um damit in den Himmel zu schauen. Die Kosmologie hatte ihr erstes Werkzeug, sie wurde zur empirischen Wissenschaft. Was Galileo in 60-facher Vergrößerung am Himmel entdeckte, war eine Sensation. Der Mond übersät von Löchern und Pickeln, alles andere als der perfekte Himmelskörper, für den ihn die meist religiösen Welterklärer bislang gehalten hatten. Die Sonne überzogen von dunklen Flecken. Der Jupiter umgeben von vier Monden, Himmelskörpern also, die entgegen der herrschenden Doktrin nicht um die Erde als Zentrum des Universums kreisten. Beharrlich sammelte Galileo Beweise für das Weltbild von Nikolaus Kopernikus, der ein paar Jahrzehnte zuvor die Sonne ins Zentrum der Welt gerückt hatte. Mit seinem Teleskop trieb Galileo die kopernikanische Revolution weiter voran.

Hier ging es um mehr als Physik. Galileo begründete die moderne Wissenschaft, die der Natur mit Theorie und Experiment auf den Leib rückte. Mit ihm begann die Vertreibung des Menschen vom Mittelpunkt der Welt. Papst Urban VIII. reagierte verschnupft. Galileo wurde von der Inquisition zu Hausarrest verurteilt. Als er am 8. Januar 1642 starb, wurde er ohne große Zeremonie beigesetzt. Aber die Kirche lernte dazu. 1992 wurde Galileo rehabilitiert, im kommenden Jahr soll er im Vatikan sogar mit einer Marmorstatue geehrt werden.

Den Versuch, sich einen Reim auf die eigene Existenz zu machen, gab es freilich schon lange bevor Galileo sein Teleskop auf den Mond richtete. Ob Ägypter, Inder, Chinesen oder Babylonier, jede Kultur konstruierte sich ihr eigenes Weltbild. Die Kosmologie bediente ein wichtiges psychologisches Bedürfnis, notierte der Wissenschaftshistoriker Thomas Kuhn, sie stellte eine Bühne bereit für die täglichen Verrichtungen des Menschen und die Aktivitäten der Götter. Der Mensch brauchte ein Zuhause in der Welt. Kosmologie war eine Projektion der eigenen Lebenswirklichkeit.

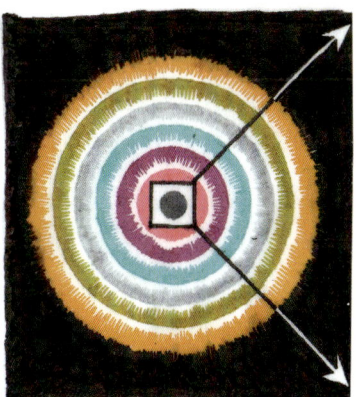

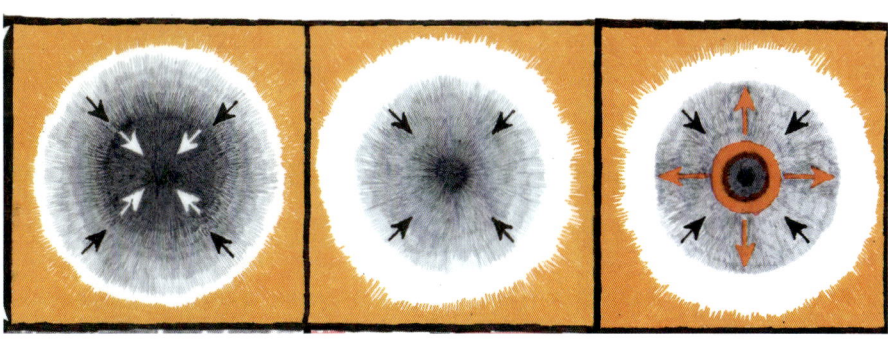

Für die alten Ägypter zum Beispiel war die Erde eine längliche Platte – sie hatten ihr Land schließlich nur entlang des Nils erkundet. Die Platte schwamm auf Wasser und wurde von einem Himmel überwölbt. Die Sonne verkörperte der Gott Re, der zwei Boote besaß, eins für seinen täglichen Kurs durch die Luft und eins für die nächtliche Rückfahrt durchs Wasser. Für die Babylonier im Zweistromland war die Erde ein ausgehöhlter Berg und das Wasser der Ursprung aller Dinge. Chinesische Kosmologen wiederum verglichen den Himmel mit einer Eierschale und betrachteten die Erde als flache Scheibe am Ort des Eigelbs, umgeben von Wasser.

Zwar nutzten auch frühe Kulturen schon Hilfsmittel, um den Gang der Sonne zu beobachten. In der Steinzeit stellten Menschen im englischen Stonehenge 40 Tonnen schwere Steine zu einem primitiven Observatorium auf. Aber aus Himmelsbeobachtungen systematisch eine Kosmologie zu konstruieren, das versuchten erst die alten Griechen. Ihre Kosmologie sollte nicht nur als Kulisse für Götter und Menschen dienen, sondern auch den Gang der Sonne und des Mondes sowie die Bahnen der Planeten erklären.

Der griechische Astronom Anaximander von Milet beschrieb die Sterne im 6. Jahrhundert vor Christus als rotierende Wagenreifen mit Hohlfelgen, gefüllt mit brennender Luft, die an einigen Stellen durch kleine Öffnungen leuchtet. Ähnlich sei es mit dem Mond, 19-mal so groß wie die Erde, und der Sonne, 28-mal so groß wie die Erde. Während einer Sonnenfinsternis, glaubte Anaximander, schließe der Durchlass für das Sonnenlicht. Seine Schrift ist das älteste Zeugnis der griechischen Kosmologie, ein früher Versuch, den Lauf der Welt durch einen Mechanismus zu erklären und nicht durch die Tricks der Götter.

Was für diffuse Nebel waren das in den Weiten der Milchstraße?

Mit dem 4. Jahrhundert vor Christus zeichnete sich unter den Experten ein Konsens über die wichtigsten Komponenten des Weltalls ab: Die Erde ist eine ruhende Kugel im Zentrum einer großen rotierenden Kugelschale, auf der die Sterne befestigt sind. Die Sonne bewegt sich in dem Raum dazwischen. Dieses Zwei-Sphären-Universum sollte die westliche Astronomie für die kommenden 2000 Jahre dominieren.

Dieses Universum hatte allerdings einen Schönheitsfehler: die Bahn der Planeten. Die scheinen nämlich seltsame Pirouetten zu drehen, wenn man annimmt, die Erde stehe still. Ptolemäus entwarf um 150 nach Christus ein ausgefeiltes mathematisch-technisches Modell, dem zufolge die Planeten auf verschachtelten Kreisbahnen, den Epizyklen, um die ruhende Erde eiern. Das funktionierte nur dürftig. Erst das heliozentrische Weltbild von Nikolaus Kopernikus, veröffentlicht in seinem Todesjahr 1543, konnte die beobachteten Planetenbahnen sehr viel eleganter beschreiben.

Die kopernikanische Revolution war erst der Anfang. Mit besseren Teleskopen kamen neue Kosmologien. Im 18. Jahrhundert stellten Astronomen fest, dass die Sonne nur ein unbedeutender Stern in einem viel größeren Sternenhaufen ist, der Galaxis oder Milchstraße. Das heliozentrische wurde vom galaktozentrischen Weltbild abgelöst. Doch was waren das für diffuse Nebel in den Weiten der Milchstraße? In den 1920er Jahren konnte Edwin Hubble mit einem haushohen Teleskop auf dem Mount Wilson zweifelsfrei nachweisen, dass es sich dabei um Galaxien weit außerhalb unserer eigenen Galaxie handelt. Wieder war eine Neupositionierung fällig.

Die Sonne war nur mehr ein Stern von vielen im Vorgarten einer Galaxie, die sich mit mehr als 400

Milliarden anderer Galaxien ein unendlich aus-
gedehntes Universum teilte. Die Kosmologen
hatten den Menschen endgültig aus dem Zentrum des Kosmos verbannt. Eine Frage war aber
noch offen: Wie ist das alles entstanden?

Man wird den Menschen später nicht vorwerfen
können, sie hätten sich nicht bemüht, das herauszufinden. Im mexikanischen Arecibo haben
sie die größte Schüssel der Welt in Karstgestein
eingelassen, ein Radioteleskop, das schon als
Kulisse für einen James-Bond-Film diente. In
der chilenischen Atacama-Hochebene installieren sie in 5200 Meter Höhe gerade ein Teleskop,
das in manchen Himmelsrichtungen alle drei Minuten eine neue Galaxie entdecken soll. Am Südpol
versenken Astroteilchenphysiker Lichtdetektoren einen Kilometer tief im Eis, in Argentinien stehen
auf einer Fläche von der Größe des Saarlandes Tanks, um kosmische Teilchen zu messen. In der
Nähe von Pisa, bei Hannover und in den US-Bundesstaaten Louisiana und Washington schießen
Laser Hunderte Meter weit durch Vakuumröhren, um Gravitationswellen zu empfangen. Im Erdor-
bit drängen sich Forschungssatelliten, die das All auf sämtlichen Frequenzen von Radiowellen bis
zum Röntgenlicht durchmustern. Und auf dem tiefsten See der Welt frieren sich Physiker für den
Nachweis von Neutrinos die Füße ab.

Am Ufer des Baikalsees kauert ein schmaler Mann auf einem Schemel in seiner Blockhütte und
schaut durch ein zerbrochenes Fenster aufs Eis. Grigorij Domogatsky leitet die Expedition, über
ein Funkgerät hält er Kontakt zu den Männern an den Eislöchern. Tiefe Furchen ziehen sich durch
seine Stirn, er raucht Zigaretten mit Pappmundstück, und wenn er nicht raucht, hustet er, trinkt
Tee oder kaut getrocknete Aprikosen. Wie jedes Jahr sorgt sich Domogatsky, dass seine Leute nicht
rechtzeitig fertig werden, bevor im April das Eis schmilzt und die Arbeiten lebensgefährlich werden, vor allem die Transporte mit dem Laster. Durch die Panne mit dem Fischernetz haben sie zehn
Tage verloren.

Neutrinos sind die Geisterteilchen der Astrophysiker. Sie entstehen im Innern von Sternen, reagieren auf kaum eine der bekannten Kräfte und fliegen daher – anders als Licht – durch materielle
Körper nahezu ungehindert hindurch. »Ich habe etwas Schreckliches getan«, notierte der Physiker
Wolfgang Pauli, als er 1930 die Existenz des Neutrinos postulierte, um den radioaktiven Zerfall von
Atomen besser erklären zu können: »Ich habe ein Teilchen vorausgesagt, das nicht nachgewiesen
werden kann.« Er irrte sich. Ganz selten stoßen Neutrinos mit Atomkernen zusammen und hinterlassen dabei eine Spur.

1956 wurden erstmals Neutrinos in einem Kernreaktor nachgewiesen, 1994 erzeugte ein Neutrino
zum ersten Mal eine Spur in dem Unterwasserdetektor am Baikalsee. Seitdem haben die Physiker
rund 400 von vielen Milliarden Neutrinos registriert. Für jedes malen sie einen Punkt auf die Him-
melskarte, an die Stelle, von der es gekommen ist. Noch sind alle Punkte gleichmäßig über den
Himmel verteilt.

Nun träumen die Physiker davon, einen ganzen Neutrinoschauer von einer einzigen Sternexplosion einzufangen. Dabei sollen jetzt auch Neutrinodetektoren am Südpol und im Mittelmeer helfen, größer noch als das Baikalteleskop. Der Grund, warum man die Messgeräte so tief versenkt: In einem Kilometer Tiefe im Eis oder Wasser kommen kaum noch andere Elementarteilchen an, die die Messung stören. Domogatsky steckt sich eine Zigarette an. Sein Vater war Bildhauer, sein Großvater Maler, seine Frau ist Kuratorin. Er sagt: »Es gibt viele Wege, die Welt zu verstehen. Wir machen hier dasselbe wie damals Galileo. Wir bauen neue Instrumente.«

Die Instrumente der Astrophysiker dienen heute vor allem diesem Zweck: Sie sollen auf allen Frequenzen das Weltall abhören und kosmische Teilchen messen, die zufällig auf die Erde treffen. Es ist der größte Lauschangriff auf das Universum, den es jemals gegeben hat.

Aus all den Daten und Theorien haben die Kosmologen eine Schöpfungsgeschichte geschrieben, die inzwischen weitgehend akzeptiert wird und recht gut mit den meisten Beobachtungen übereinstimmt (siehe Kasten): Am Anfang war der Urknall. Raum, Energie und Materie des Universums waren konzentriert auf einen unendlich kleinen und heißen Punkt. Es gab kein »davor«, weil auch die Zeit im Urknall begann. Doch dann kam die Zeit in Schwung. In Bruchteilen der ersten Sekunde dehnte sich der Raum schlagartig um das 10^{50}-Fache aus, nach 100 Sekunden bildeten sich die ersten Atomkerne, nach 400 000 Jahren konnte Licht ungehindert durchs Universum leuchten, ab 100 Millionen Jahren entstanden die ersten Sterne. Nach 9 Milliarden Jahren bildete sich unsere Sonne, dann die Erde, auf der 13,7 Milliarden Jahre nach dem Urknall der Mensch auf den Plan trat. Seine Knochen, Hautzellen und Organe bestehen aus Atomen, die von der ersten Sternengeneration ausgebrütet und in gewaltigen Explosionen ins All geschleudert wurden.

Und so wird es weitergehen: Das Universum dehnt sich immer schneller aus. In 20 Milliarden Jahren wird unsere Galaxie mit der benachbarten Andromeda-Galaxie durcheinanderwirbeln. In 100 Milliarden Jahren werden alle anderen Galaxien außer Sichtweite sein, in 100 Trillionen Jahren verglühen die letzten Sterne. Auf Beobachtungen wird man neue Weltbilder dann nicht mehr stützen können.

Wer ein Stück dunkle Materie findet, erhält den Nobelpreis

Bis dahin gibt es noch viel zu tun. Denn damit Theorie und Beobachtung zusammenpassen, müssen die Physiker derzeit noch einige Unbekannte in ihr Modell einfügen. Erstens: Das Universum besteht zu 74 Prozent aus »dunkler Energie«, einer Art Antigravitation, die dafür sorgt, dass sich das All immer schneller ausdehnt. Zweitens: Es besteht zu 22 Prozent aus »dunkler Materie«, die weder Licht aussendet noch Licht absorbiert. Nur vier Prozent des Universums – Sterne, Monde, Planeten, Menschen – bestehen aus jener gewöhnlichen Materie, die man in der Schule kennenlernt und die sich mit dem Periodensystem der Elemente erklären lässt. 96 Prozent des Universums sind also noch unbekannt. Wer einen Teil davon findet, bekommt den Nobelpreis.

Christian Spiering, ein Astrophysiker vom Forschungszentrum Desy in Zeuthen bei Berlin, ist in diesem Jahr zum letzten Mal an den Baikalsee gekommen. Seine Gruppe hat das Baikalteleskop mit aufgebaut, schon zu DDR-Zeiten. Ohne sie hätten es die Russen hier schwer gehabt, besonders Anfang der neunziger Jahre, als die Wissenschaft in Russland darniederlag. Spiering organisierte damals zwei Jeeps der ehemaligen Nationalen Volksarmee, schickte Butter, Schokolade, Reis und

Kaffee, Computer, Lötkolben und Elektronik. Seine Mitarbeiter bauten Laser und programmierten einen Teil der Datenauswertung.

Ein letztes Mal fährt Spiering mit einem Jeep aufs Eis, um sich zu verabschieden. Er ist jetzt 60 und macht nun am Südpol weiter, sein Institut beteiligt sich am Neutrinodetektor IceCube. Spiering hat erlebt, wie die DDR und die Sowjetunion zusammengebrochen sind, er kennt sich aus mit ideologischen Systemen. Kann es sein, dass die Kosmologen heute wieder auf dem falschen Dampfer sind? Dass diese Geschichte von der beschleunigten Expansion des Universums eines Tages so veraltet sein wird wie heute das Ptolemäische Weltbild? »Kann sein«, sagt Spiering, »kann durchaus sein. Wir sind offen für Neues.«

Bereits heute denken Kosmologen über die Möglichkeit nach, dass unser Kosmos eingebettet ist in ein viel größeres Multiversum. Darin befinden sich unzählige unbewohnbare Universen, in denen ganz andere Naturgesetze herrschen als bei uns – aber auch viele Universen wie unseres, in denen sich Materie und sogar Leben entwickeln konnte. Dieses Weltbild wäre nur konsequent. Der Mensch hätte den Mittelpunkt endgültig verlassen.

Die Sonne geht unter am Baikalsee, an einigen Stellen ragen Eisschollen aus der weißen Ebene wie große Scherbenhaufen. Am Horizont lässt sich nicht erkennen, wo das Eis aufhört und wo der Himmel anfängt.

Wo ist Gott? Diese Frage kann jeder Baikalkosmologe sofort beantworten. Gott heißt Burchan und wohnt im See. Besonders im April muss er positiv gestimmt werden, wenn sich auf dem Eis die ersten Pfützen bilden und die Laster die Elektrowinden ans Ufer ziehen. Wenn die letzte Maschine im Sommerlager steht und alle Messgeräte versenkt sind, versammeln sich die Physiker noch einmal an den Eislöchern. Den ersten Schluck Wodka kippen sie aufs Eis, um Burchan gnädig zu stimmen. Nun können die Neutrinos kommen.

Die Geschichte des Universums in 100 Trillionen Jahren

Vor unserer Zeit: Was war vor dem Urknall? Ein anderes Universum, glauben Kosmologen. Es stürzte in sich zusammen, bis alle Materie und Energie in einem Punkt konzentriert waren. Dieser Kollaps könnte den Urknall für unser Universum ausgelöst haben. Vielleicht ist der Urknall auch durch eine spontane Fluktuation aus dem Nichts entstanden. Oder er war nur einer von vielen in einem viel größeren Multiversum.

0:00:00: Der Urknall. Was in diesem Moment passiert, entzieht sich bislang allen Theorien.

10^{-43} Sekunden: Raum und Zeit entstehen. Ein wichtiges Indiz für die Urknalltheorie entdeckt Edwin Hubble in den 1920er Jahren: Die Galaxien im Universum entfernen sich voneinander, der Raum dehnt sich aus. Es muss also einst einen gemeinsamen Ausgangspunkt gegeben haben.

10^{-35} Sekunden: Die Inflation bläht das Universum um das 10^{50}-Fache auf. Durch räumliche Energiefluktuationen werden die späteren Strukturen angelegt: Wo die Energiedichte höher ist, wird mehr Materie zusammenklumpen – der Ursprung von Galaxienhaufen und Galaxien.

10^{-32} Sekunden: Die Inflation endet. Das Universum ist nun angefüllt mit einer Ursuppe aus Elementarteilchen wie Quarks, Neutrinos und Elektronen. Es dehnt sich fortan langsamer aus, allerdings immer noch fast mit Lichtgeschwindigkeit.

0,000 001 Sekunden: Jeweils drei Quarks kleben zusammen und bilden Protonen und Neutronen sowie deren Antiteilchen. Dank unterschiedlicher Häufigkeiten von Quarks und Antiquarks gibt es einen leichten Überschuss an normaler Materie. Ohne diese Asymmetrie hätten sich Materie und Antimaterie wieder vernichtet, das Universum wäre nur mit Energie gefüllt.

100 Sekunden: Das Universum kühlt sich ab, ist aber noch heiß genug für die Kernfusion: Ein Teil der Protonen und Neutronen verschmilzt zu Heliumatomkernen.

1 Stunde: Protonen, Heliumatomkerne und Elektronen bevölkern den Raum: ein Plasma, ähnlich wie in Leuchtstoffröhren. Es ist mehrere Millionen Grad heiß.

400 000 Jahre: Es wird hell. Die Atomkerne und Elektronen sind so weit abgekühlt, dass sie Wasserstoff- und Heliumatome bilden. Elektromagnetische Strahlen können sich ungehindert ausbreiten. Diese Mikrowellenstrahlung, das Echo des Urknalls, wird Mitte der 1960er Jahre von zwei Angestellten der Bell Laboratories entdeckt: 1978 erhalten Arno Penzias und Robert Wilson den Physiknobelpreis.

100 Millionen Jahre: Dunkle Materie, deren Natur heute noch unbekannt ist, Wasserstoff und Helium ziehen sich durch die eigene Schwerkraft zusammen und bilden erste Sterne. In ihrem Innern verschmelzen die Atome zu schwereren Elementen wie Kohlenstoff, Stickstoff, Sauerstoff und Silizium.

300 Millionen Jahre: Zwerggalaxien vereinigen sich zu Galaxien. Unsere Milchstraße ist eine von ihnen. Sie besteht heute aus mindestens 100 Milliarden Sternen.

9 Milliarden Jahre: Unsere Sonne entsteht an einem Seitenarm der Galaxis aus einer kollabierenden kosmischen Gaswolke. Sie ist umgeben von einer Scheibe aus Staub und Gas. Da, wo sich die meiste Materie befindet, bilden sich Planeten, darunter die Erde.

13,7 Milliarden Jahre: Der Mensch tritt auf den Plan. Er besteht aus Atomen, die in Sternen ausgebrütet wurden. Das Universum dehnt sich unterdessen immer schneller aus, das zeigen Messungen entfernter Sterne. Die dunkle Energie – Ursprung noch rätselhaft – treibt diese Ausdehnung voran.

20 Milliarden Jahre: Der Sonne geht der Brennstoff aus. Ihr Kern stürzt in sich zusammen und heizt sich dabei noch einmal gewaltig auf. Die Sonne schwillt auf das 250-Fache ihrer derzeitigen Größe an und schluckt dabei wohl auch die Erde.

100 Trillionen Jahre: Die letzten Sterne sind verglüht und durch die beschleunigte Expansion des Raums außer Sichtweite. Müssten Kosmologen jetzt noch einmal von vorn anfangen, hätten sie keine Chance, aus Himmelsbeobachtungen auf die Geschichte des Universums zu schließen. Die Kosmologie ist am Ende.

»Immer wieder dieselbe Fehler!«

Wozu brauchen wir Kosmologen?

Ohne sie wäre die Menschheit blind. Wir wüssten weder, woher wir kommen, noch, wohin wir gehen. Wenn wir das große Bild verstehen und unseren Platz im Kosmos kennen, können wir das Leben viel mehr genießen. Aus demselben Grund sollten wir Musiker und Komponisten fördern; sie bereichern unser Leben. Ich würde den Spieß sogar umdrehen: Wir leben, damit wir Musik hören können und Kosmologie machen dürfen. Sie sind kein Zweck, sondern das Ziel.

Was war die wichtigste Entdeckung der Kosmologie in den vergangenen Jahren?

Die Transformation der Kosmologie von einer eher philosophischen Angelegenheit in eine Präzisionswissenschaft. Den Physiknobelpreis 2006 gab es für die Vermessung der Mikrowellenstrahlung, die das Weltall erfüllt. Sie stammt aus einer Zeit, als das Universum 400 000 Jahre alt war, und liefert uns quasi ein Babybild des Universums. Dank Sternenbeobachtungen haben wir außerdem indirekte Indizien dafür, wie viel dunkle Materie und dunkle Energie es im Kosmos geben muss. Als ich Student war, diskutierten wir darüber, ob das Universum 10 oder 20 Milliarden Jahre alt ist. Heute geht es darum, ob das Universum 13,7 oder 13,8 Milliarden Jahre alt ist.

Welchen Durchbruch erwarten Sie in naher Zukunft?

Ich würde mein Geld auf die Entdeckung der dunklen Materie verwetten. Wir wissen derzeit nur durch indirekte Beobachtungen, dass diese Materie existiert und dass sie fast ein Viertel des Universums ausmacht. Der Teilchenbeschleuniger LHC in Genf wird vielleicht solche Teilchen erzeugen. Außerdem gibt es neue Detektoren, die vielleicht dunkle Materie messen können, und es gibt den Satelliten *Glast*, der im Mai starten soll und durch die Beobachtung von Gammastrahlung Hinweise auf dunkle Materie im Zentrum unserer Galaxie liefern könnte.

Gibt es etwas, von dem Sie glauben, es sei wahr, ohne es beweisen zu können?

Ich glaube, dass der Teil des Raums, den wir sehen können, nur ein winzig kleiner Teil von dem ist, was tatsächlich existiert. Ich bin sicher, dass es Paralleluniversen gibt, aber wir können das nicht beweisen.

Auf welche Einsicht warten Kosmologen am sehnsüchtigsten?

Was dunkle Materie und was dunkle Energie ist. Und: Gab es die Inflation, und wie funktionierte sie? Wir haben noch einiges zu tun.

Was war der größte Irrtum in der Geschichte der Kosmologie?

Die Annahme, dass der Kosmos kleiner ist, als er wirklich ist. Interviewen Sie mal Plato! Der hielt unser Sonnensystem für das gesamte Universum. Und als Einstein so alt war wie ich jetzt, dachte man noch, das Universum sei so groß wie unsere Galaxie. Heute denken wir, das Universum reiche so weit, wie wir sehen können. Wir machen den Fehler immer wieder – weil wir Menschen gern denken, wir wüssten alles. Wir sollten aus unseren Fehlern lernen und bescheidener sein.

MAX TEGMARK
ist Professor für Kosmologie am Massachusetts Institute of Technology bei Boston

Mehr zum Thema:

Simon Singh:
Big Bang
Von der Mythologie
bis zur Urknalltheorie;
dtv 2007; 544 S.

Günther Hasinger:
**Das Schicksal
des Universums**
Eine Reise vom Urknall
bis zum Ende;
C. H. Beck 2007; 288 S.

LEBEN

Anpassungsleistung:
Die Kaulquappen des Frosches
MERISTOGENYS JERBOA
saugen sich mit ihrem Bauch
an Steinen im Wasser fest

Die blauäugige Winkelkopfagame
GONOCEPHALUS LIOGASTER
ist als typischer Bewohner der
Regen- und Bergwälder von
Indien bis Australien verbreitet

Kinderstube: Kaulquappen
der Gattung **MICROHYLA**
leben in Kannenpflanzen.

Die Inventur des Lebens

Im Regenwald von Borneo kam der britische Naturforscher
Alfred Russel Wallace vor 150 Jahren gleichzeitig mit Charles Darwin
auf die Evolutionstheorie. Noch heute finden
Zoologen dort immer neue Tier- und Pflanzenarten

VON ANDREAS SENTKER

KANNENPFLANZEN sind Fleischfresser.
In umgeformten Blättern sammeln
sie ihre Beute. Die Art Nepenthes
ampullaria zählt zu den
größten Vertretern der Familie

Wie viele Tiere im Regenwald ist der
Baumfrosch POLYPEDATES OTILOPHUS
nachtaktiv. Sein Ruf klingt
manchmal wie das Schnauben
eines Pferdes

D er Wald ist ohrenbetäubend laut, als probe in ihm ein wild gewordenes Orchester. Den Tag dominieren die Zikaden. Durch ihr gnadenloses Schrillen dringt nur dann und wann ein Vogelruf. Am
Abend setzt Regen ein. Hat sein Trommelwirbel nachgelassen, probt der Chor der Frösche.

Sarawak auf der Insel Borneo ist der größte Bundesstaat Malaysias. Hier hausten die berüchtigten
Kopfjäger der Dayak. Hier entdeckte der Naturforscher Alfred Russel Wallace vor 150 Jahren die
Prinzipien der Evolution. Hier suchen im März 2008 der Hamburger Zoologieprofessor Alexander
Haas und sein Student Jörg Hofmann nach unbekanntem Leben.

Haas hat sich schon als Tübinger Biologiestudent auf Frösche spezialisiert, auf ihre Anatomie, ihre
Lebensweise, ihre Vielfalt. Hofmann trägt wegen seiner Leidenschaft für Amphibien und Reptilien
den Spitznamen Lurchie. Der Schlangenexperte und angehende Lehrer berät den Hamburger Zoll,
wenn Beamte bei Tierimporten einen Verstoß gegen das Artenschutzab-
kommen vermuten.

Nur 150 Kilometer trennen den Kubah National Park vom Äquator. Die
Dunkelheit fällt mehr herab, als dass sie hereinbricht. Die Zoologen verlassen das einfache Haus am Waldrand, das die Parkverwaltung großzü-
gig als »Chalet« vermietet. Wer jetzt im Urwald unterwegs ist, muss sich
nicht um Raubtiere sorgen, sondern um das eigene Gleichgewicht. Der
unbedachte Griff an einen Ast kann eine Spinne zubeißen lassen oder
eine auf Beute lauernde Schlange alarmieren.

Mit Stirn- und Taschenlampen bewaffnet, erwägen Haas und Hofmann jeden Schritt über Wurzelwerk und Gestein. Im Lichtkegel blinken auf dem
Waldboden Spinnenaugen wie Pailletten auf einem Kleid. Eine Waldscha-
be hockt geduckt auf einem Blatt. Am Wegesrand sitzt Megophrys nasuta,
ein Frosch, dessen Zacken über den Augen an Theo Waigels beeindruckende Brauen erinnern. Ein Fuchsgesichtgecko lässt sich blenden und
mit beherztem Griff einfangen. Eine Gespenstheuschrecke stakst vorbei.

An einem Tümpel lokalisiert Haas seine Beute – zunächst akustisch, dann
im Lichtkegel der Lampen. Frösche quaken? Unsinn. Sie quietschen wie
Türen (Hylarana luctuosa), knarzen wie Enten (Polypedates leucomys-
tax), hämmern wie Spechte (vermutlich Racopherus nigropalmatus) oder
schnauben wie Pferde (Polypedates otilophus). Nach sieben Uhr herrscht
im Dschungel Hochbetrieb.

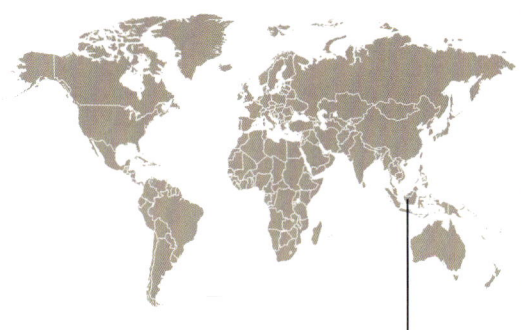

KUBAH-NATIONALPARK
Unter den vom Staat
Malaysia unter Schutz
gestellten Regenwäldern
ist der Kubah-Park auf
der Insel Borneo der
kleinste – und doch
einer der artenreichsten

Der Dschungel Borneos ist ein historischer Ort, 2008 ein historisches Jahr.
Vor 150 Jahren, im Sommer 1858, kommt ein Brief aus dem malaysischen
Archipel bei Charles Darwin an. Der Absender ist Alfred Russel Wallace,
das Schreiben 20 Seiten lang. In seinem später so genannten Sarawak Pa-
per hat der Naturaliensammler und Hobbyfeldforscher die Ansätze einer
Evolutionstheorie skizziert, noch bevor Darwin seine Gedanken zu Papier
bringen kann. Voller Respekt und in der Hoffnung auf fruchtbare Diskussion bittet Wallace seinen Landsmann um einen Ideenaustausch.

Schon zehn Jahre zuvor, bei einer Reise nach Amazonien, war Wallace zu der Einsicht gelangt, ein noch unentdecktes »Naturprinzip« bringe die wunderbare Anpassung der Tiere an ihre Umwelt, bringe die Vielfalt des Lebens hervor. In Sarawak, wo Wallace am 1. November 1854 an Land geht, formuliert der Forscher präziser, wie das Werden des Lebens vor sich gehe: »Jede Art entstand in räumlichem und zeitlichem Zusammenhang mit einer nahe verwandten Art.«

Mitten in einem der ursprünglichsten Wälder der Welt klingelt das Handy

Es ist unter anderem dieser Satz, der Darwin aufschrecken und nach langem Zaudern seine Evolutionstheorie endlich zu Papier bringen lässt. Am 25. Juni 1858 schreibt Darwin seinem Freund, dem Geologen Charles Lyell, er sei froh, »auf etwa einem Dutzend Seiten einen Abriss meiner allgemeinen Überlegungen zu veröffentlichen, aber ich bin unsicher, ob ich das mit Anstand tun kann«.

Am 1. August 1858 versammeln sich in Burlington House, Piccadilly, London, die Mitglieder der Linnean Society, eines der ältesten Forscherclubs Englands. Sir Charles Lyell und Sir Joseph Dalton tragen die Texte von zwei Männern vor. Die Texte eines Naturaliensammlers und Privatgelehrten und die eines wohlhabenden Gutsherrn aus der Grafschaft Kent: Alfred Russel Wallace und Charles Darwin. Übereinstimmend zeigen beide anhand ihrer Beobachtungen, dass Arten keine statisch über Jahrtausende festgelegten Einheiten der Natur sind. Im Gegenteil, schreiben Wallace und Darwin: Ständig entstünden neue Spezies, unter denen die Natur auswähle.

Lyell und Dalton haben eine Dramaturgie gewählt, die Darwins Ideen an diesem Abend den Vortritt lässt – so wird es bleiben. Am 24. November 1859 erscheint Darwins Hauptwerk *Über die Entstehung der Arten durch natürliche Zuchtwahl*, die Evolutionstheorie ist geboren.

Am Rande des kleinsten Nationalparks von Borneo – Kubah ist nur 2230 Hektar groß und an seiner schmalsten Stelle kaum mehr als zwei Kilometer breit – windet sich eine Betonpiste zum Gipfel des Gunung Serapi empor. Mit 911 Metern Höhe ist er einer der imposantesten Berge an der Küste Sarawaks. Jeeps der Armee brausen vorbei. Die Soldaten auf der Ladefläche heben zum Gruß die Hand. Malaysia ist ein freundliches Land. Auch Malaysia Telecom ist in Geländewagen unterwegs. Sie hat auf die Bergspitze einen Mobilfunkmast gestellt, der hier Zivilisation und Zivilisationsferne aufs Paradoxeste vereint. Mitten in einem der artenreichsten und ursprünglichsten Wälder der Welt könnten die Zoologen problemlos zum Handy greifen, wenn sie denn wollten.

Im Aufstieg wandelt sich die Vegetation. Meterhohe Baumfarne erinnern an das Karbon, das geologische Zeitalter, in dem die Kohle entstand. Mimosen wachsen am Rand der Piste. Auf 700 Metern Höhe gibt ein Vogel erschreckend menschliche Töne von sich. Mühelos komponiert er immer neue

Melodien, gut gelaunt wie ein Fliesenleger beim Verfugen. Der Gipfel bietet Ausblick auf sattgrüne Berge, auf Kuching, die Hauptstadt des Bundesstaates – und auf die Küste Borneos, gegen die das Südchinesische Meer brandet.

Wallace' »Molukken-Reise« führt ihn nach seinem Aufenthalt in Sarawak auf unzählige Inseln des malaysischen Archipels und dauert von 1854 bis 1862. Am Ende hat er an etwa 3000 Arbeitstagen 125 660 Präparate hergestellt, mehr, als selbst große Naturkundemuseen besitzen. Allein seine private Sammlung besteht aus »dreitausend Vogelbälgen von etwa tausend Arten, mindestens zwanzigtausend Käfern und Schmetterlingen von etwa siebentausend Arten«.

Sein Arbeitstag ist streng strukturiert: »Aufstehen um halb sechs, Bad und Kaffee, Ordnung in die Insekten vom Vortag bringen ... Um acht Uhr Frühstück. Um neun geht es raus in den Dschungel ... bis drei Uhr nachmittags. Zu Hause Kleiderwechsel. Dann setzen wir uns an die Arbeit, töten die Insekten, spießen sie auf ... Um vier Uhr Dinner und dann nochmals bis sechs an die Arbeit. Kaffee. Dann Lesen oder Gespräche, oder, wenn besonders viele Insekten zu bearbeiten sind, nochmals bis acht an die Arbeit. Danach Bettruhe.«

Die Regenwälder Borneos zählen zu den artenreichsten Regionen der Erde. 15 000 Pflanzenarten haben Botaniker gefunden. Im Lambir Hill National Park wachsen auf einem Hektar mehr als tausend verschiedene Baumarten, Weltrekord. An den Hängen des Mount Kinabalu finden Orchideenliebhaber 750 verschiedene Spezies. 221 Säugetierarten gibt es auf Borneo, 622 Vogelarten, 400 verschiedene Amphibien und Reptilien, darunter etwa 160 Frösche, 140 Schlangen (in Kubah sind es allein 67) und 80 Eidechsen.

Zu Wallace' Zeiten war die nach Grönland und Neuguinea drittgrößte Insel der Welt von Urwald bedeckt. Bis an die Ufer reichen noch heute die Mangroven und lassen von fast 5000 Kilometern Küstenlinie nur wenige Buchten übrig, an denen der Mensch siedeln kann.

Im Inneren schwindet der natürliche Reichtum. Gegenwärtig werden zwei Millionen Hektar Wald im Jahr gefällt, fünf Fußballfelder pro Minute. Im Norden der Insel liegen die beiden malaysischen Bundesstaaten Sabah und Sarawak und das souveräne Sultanat Brunei. Kalimantan, der große Südteil Borneos, gehört zu Indonesien. Vor allem dort haben die Mächtigen der Holzmafia lange Zeit freie Hand gehabt, bevor der Staat dem internationalen Druck der Naturschützer nachgeben musste und endlich illegale Rodungen bestrafte.

Alfred Russel Wallace profitiert auf seine Art von der beginnenden Umweltzerstörung. Nach Monaten der Insektensuche in der Umgebung von Sarawaks Hauptstadt Kuching hat er gerade einmal 320 verschiedene Käfer gefunden – die Hoffnung auf weitere Entdeckungen schwindet. Er wechselt seinen Standort und folgt einem britischen Ingenieur und seinen chinesischen Arbeitern, die den Bau einer Kohlemine am Fluss Simunjon vorbereiten und dazu eine tiefe Schneise in den Wald schlagen.

Wallace bietet den chinesischen Hilfskräften einen Cent pro gefundenen Käfer und kann von nun an durchschnittlich 24 Neuzugänge pro Tag verzeichnen. Sein Rekord besteht in 76 verschiedenen Arten, die er an einem Tag sorgsam konserviert. Unter ihnen sind 34 unbekannte Spezies.

Es ist feucht im Chalet. Schon ein paar Grad Temperaturunterschied lassen die Luftfeuchtigkeit kondensieren. Im Wald bildet sich Nebel, auf den Kameraobjektiven der Zoologen ein stumpfer Tropfenfilm, der nur langsam verdunstet. Den Wohnraum der Unterkunft hat Alexander Haas zum Fotostudio umgebaut. Ein Turm aus zwei Couchtischen ist mit schwarzem Samt bedeckt. Auf der wenig vertrauenswürdig erscheinenden Konstruktion thront ein nur vier Zentimeter schma-les, lang gestrecktes Aquarium, in dem der Hamburger Froschexperte seine Kaulquappen in Szene setzt. Stative und Kamerarucksäcke stehen herum. Der dicht schließende Küchenmülleimer ist zum Behältnis für Giftschlangen mutiert, die Jörg Hofmann nicht nur tief im Wald, sondern auch auf einem Treppengeländer vor der Haustür einfängt. Dazwischen regt sich in Plastiktüten die weniger gefährliche Ausbeute des Tages.

Das Polyäthylen gerät vor allem abends in manchmal hektische Bewegung. Ein Zipfelfrosch hüpft mitsamt seiner Plastikhülle durch den Raum. Die Augen des gefangenen Fuchsgesichtgeckos spähen durch eine Folie. Gleich wird er Modell sitzen – und am nächsten Morgen wieder in die Freiheit dürfen. »Take Nothing but Photos« mahnen Schilder am Eingang des Nationalparks. Die beiden Zoologen halten sich nicht immer daran. Eine Ausnahmegenehmigung erlaubt ihnen, Tiere für spätere Untersuchungen zu konservieren. Das Sammlungsmaterial bleibt zum Teil im Land. Haas arbeitet mit Indraneil Das zusammen, einem indischstämmigen Professor der University of Malaysia in Sarawak.

Nur wer die Vielfalt der Lebensformen kennt, kann sie richtig schützen

Gemeinsam mit Haas' Diplomanden Andre Jankowski haben sie die Froschfauna im Kubah-Park katalogisiert. Hinter der hermetisch erscheinenden Liste lateinischer Doppelnamen steckt jahrelange Sucharbeit – und in ihr eine große Hoffnung: dass, wer die Vielfalt des Lebens kennt, sie besser zu schützen vermag.

Doch wann beginnt Leben? Ist es aus dem Nichts entstanden? Die molekulare Basis wurde vor mehr als 3,5 Milliarden Jahren gelegt. Darum gibt es über die ersten Schritte nur kluge Mutmaßungen: Fettsäuremoleküle ordnen sich im Wasser zu Lipidblasen an. Ihre Wasser liebende Seite richten sie nach außen, der das Wasser abstoßende Teil ragt zwangsläufig ins Innere der Blase. Der Prozess der Blasenbildung ist molekulare Selbstorganisation und folgt physikalischen Gesetzen, und doch ist diese Blase schon eine wichtige Voraussetzung von Leben, eine Art Protozelle.

Wenn jetzt noch innerhalb der Blase, in dieser Mikrowelt innerhalb der großen Welt, chemische Reaktionen stattfinden, die es etwa im Meer so nur höchst selten gibt, weil sich die Reaktionspartner nie ungestört nahe kommen können – wäre das nicht schon der nächste Schritt? Und wenn die Moleküle komplexer werden? Wenn sie als Katalysatoren Reaktionen beschleunigen? Wenn in ihnen Information gespeichert werden kann?

Es sind viele solcher Wenns, die zum Leben führen, von der Physik über die Chemie zur Biochemie, von kleinen Molekülen in der Ursuppe zu den gewaltigen Architekturen biologisch wirksamer Atomverbände, von der ersten primitiven Zelle über einfache Zellverbände bis zum Menschen – oder zum Orang-Utan. Es ist eine Kette von Zufällen, Unfällen und Zwischenfällen, in der die Komplexität des Bestehenden wächst, bis das Entstandene neue Eigenschaften hervorbringt. Emergenz nennen Wissenschaftler dieses Phänomen.

Große Teile des Kubah National Park werden von einem Sandsteingebirge dominiert, die Gipfel von Gunung Kayan, Gunung Serapi, Gunung Bawang und Gunung Selang bilden eine halbkreisförmige Kette. Zwischen 150 und 450 Metern Höhe hat sich im Laufe der Erdgeschichte eine Schicht aus Kalkstein in das Sediment gelagert. Wo früher einmal Meeresboden war, waschen heute reißende Urwaldbäche Stufen in das Gestein, an denen das Wasser tosend herunterfällt.

Die Wege durch den Wald sind steil, Wurzeln bilden natürliche Treppenstufen – und manchmal gefährliche Hindernisse. An heiklen Stellen haben die Ranger künstliche Stufen gezimmert und kleine Brücken gebaut. Die Konstruktionen bestehen aus härtestem Tropenholz und doch nicht auf Dauer. An mehreren Stellen haben umgestürzte Urwaldriesen die Konstruktion zerschlagen. Die deutsche Eiche ist hier kein Maßstab, älter als 200 Jahre wird hier kaum einer der so gewaltig wirkenden Bäume. Dann fallen sie einfach um.

Immer wieder haben die beiden Zoologen nach Echsen Ausschau gehalten, hier wartet eine blauäugige Winkelkopfagame an einem Stamm direkt am schmalen Trail. Die Jäger mit der Kamera installieren Blitzgeräte und richten ihre Objektive aus. Es wird selbst bei strahlendem Sonnenschein nie richtig hell im Regenwald. In der Konkurrenz um das Licht schießen Bäume nahezu astlos nach oben. Lianen und Epiphyten bedienen sich der schlanken Stämme, um sich rasch emporzuhangeln oder gleich im Obergeschoss zu siedeln, wohin andere erst mühsam wachsen mussten. So entsteht eine Pflanzen- und Tiergesellschaft mit strenger Stockwerkseinteilung, und wer unten wohnen muss, sieht wenig Sonne.

Wichtig für den Erfolg des Lebens auf der Erde ist, dass es Fehler macht

Betäubendes Rauschen dringt in die Ohren, dann blendet ungewohntes Licht. Das Dach des Waldes öffnet sich. Über eine Stufe von mehr als zehn Metern Höhe tost Wasser weiß schäumend hinunter und umspült in wilden Bögen größere Steinstufen und rund geschliffene Sandsteinboliden. Alexander Haas steigt in rutschfeste Gummischuhe und steht alsbald, seinen Käscher im Anschlag, hüfttief im Wasser. Mit routinierten Bewegungen greift er unter Felsen und streicht über den Rand der Stufen. Hier, im tosenden Wasser, leben Kaulquappen, die sich perfekt ihrem Lebensraum angepasst haben. Mit dem Mund und ihrer zum Saugnapf umgebildeten Bauchhaut halten sich die Larven von Meristogenys jerboa an den Felsen fest und grasen den Aufwuchs ab. Einer anderen Art, der Gattung Ansonia, reicht ihr Mund zum Festsaugen. Vermutlich sorgt die Körperform bei beiden Tieren dafür, dass das Wasser sie an die Felsen presst wie der Fahrtwind einen gut gebauten Formel-1-Rennwagen auf den Asphalt.

Es ist eine der wichtigsten Voraussetzungen für den Erfolg des Lebens auf der Erde: dass es Fehler macht. Dass im Erbgut beständig Mutationen entstehen, die an die Nachkommen weitergegeben werden. Was dabei tatsächlich ein Fehler ist und was die Voraussetzung für die Eroberung eines neuen Lebensraums, stellt sich meist erst im Nachhinein heraus.

Ein solcher Fehler hat womöglich bei einer Kaulquappe überschüssige Bauchhaut wachsen lassen, aus der sich dann viele Fehler später eine Art Saugnapf bilden konnte. So schaffen die Fehler Variationen, unter denen die Umwelt auswählt. Ein Frosch, der zufällig längere Finger entwickelt, kann besser klettern. Ein anderer mit vergrößerten Haftscheiben an den Füßen sich besser festhalten. Ein dritter mit ausgeprägten Häuten zwischen den Zehen kann von Baum zu Baum fliegen. Die

Zeichnung eines Flugfrosches findet sich bereits in Wallace' berühmtem Reisebericht *The Malay Archipelago*. Mitsamt der Erkenntnis, welche Rolle solche Variationen für den immerwährenden ziellosen Wandel des Lebens spielen.

53 Froscharten kennt Alexander Haas im Kubah National Park. In diesem Jahr wächst die Liste nicht weiter, keine Neuentdeckung in den Plastiktüten. Aber Eintrag Nummer 53 muss der Wissenschaft ohnehin noch offiziell bekannt gemacht werden. Die Kaulquappen der Gattung Microhyla entdeckten Alexander Haas und sein Kollege Indraneil Das in einem lebensfeindlichen Biotop: in der Kannenpflanze Nepenthes ampullaria.

Kannenpflanzen ernähren sich von Fleisch und haben zu seiner Beschaffung eine perfide Strategie entwickelt. Der Rand ihrer gefäßartigen Blätter ist ebenso verlockend wie glatt. Einmal auf ihm gelandet, gleiten Insekten aus und rutschen unweigerlich ihrem Tod im Inneren der Kanne entgegen. Dorthin nämlich scheidet die Pflanze einen Verdauungssaft aus, der aus ihrer Beute den überlebensnotwendigen Stickstoff freisetzt.

Auf Borneo gibt es viele Kannenpflanzen, die sich vor allem durch einen bemerkenswerten Unterschied in zwei Gruppen aufteilen: Die einen verhindern durch eine Art Deckel auf ihrer Kanne, dass Regen die Säfte verdünnen und die Verdauung stören könnte. Den anderen scheint das Wasser nichts auszumachen, möglicherweise leben sie schlicht von den Ausscheidungen ihrer Gefangenen.

Genau hier haben Haas und sein Kollege die Kaulquappen der bisher unbekannten Froschart gefunden – und bald danach auch den dazugehörigen Frosch, den vermutlich kleinsten ganz Südostasiens. In wenigen Monaten werden sie ihren Bericht publizieren, wie Wallace es mit seinen Funden tat.

Dann ist das Inventar des Lebens wieder um einen Eintrag reicher.

Die Geschichte der Lebenskunde

Der griechische Philosoph **Thales** (um 625 bis 547 vor Christus) vertritt wie sein Zeitgenosse **Anaximenes** die Theorie, ein Element wie das Wasser oder die Luft sei als eine Art Urstoff die Ausgangssubstanz des Lebens.

Der Philosoph **Anaximander von Milet** (um 610 bis 546 vor Christus) glaubt, dass die ersten Lebewesen im Wasser entstanden sind – aus der in der Sonne verdunstenden Feuchtigkeit.

Empedokles (um 483 bis 430 vor Christus) hingegen stellt die These auf, eine gleichmäßige Vermischung der Elemente Feuer, Wasser, Luft und Erde sei die Grundbedingung der Lebensentstehung.

Aristoteles (384 bis 322 vor Christus) träumt davon, den Urstoff zu finden, »aus dem alles Seiende besteht und aus dem es ursprünglich hervorgeht und in das es letzthin vergeht, indem die Substanz zwar beharrt, sich aber in ihren Zuständen verändert«.

Theophrast (um 372 bis 288 vor Christus) gilt als Vater der Botanik. Er untersucht als Erster systematisch die Pflanzenwelt und beschreibt 550 Arten.

Der schwedische Botaniker **Carl von Linné** (1707 bis 1778) bringt Ordnung in die Vielfalt des Lebens und gibt jedem Lebewesen einen zweiteiligen lateinischen Namen, der Gattung und Art bezeichnet. Den Menschen nennt er Homo sapiens.

1774 führt der Mannheimer Botaniker **Friedrich Casimir Medicus** (1736 bis 1808) den Begriff »Lebenskraft« ein.

Der Bremer Arzt **Gottfried Reinhold Treviranus** (1776 bis 1837) erfindet das Fach Biologie.

Jean-Baptiste Lamarck (1744 bis 1829) definiert die Biologie als Teil seiner »physique terrestre«: »Alles, was Pflanzen und Tieren gemeinsam ist (...) muss ausnahmslos den einzigen und ausgedehnten Gegenstand der Biologie bilden.«

Der britische Naturforscher **Charles Darwin** (1809 bis 1882) veröffentlicht am 2. November 1859 sein Werk »Über die Entstehung der Arten durch natürliche Zuchtwahl«. Sein Konkurrent **Alfred Russel Wallace** (1823 bis 1913) bleibt in der Geschichte der Evolutiuonsforschung der ewige Zweite.

Der deutsche Biologe **Theodor Schwann** (1810 bis 1882) entdeckt, dass alle Lebewesen aus Zellen aufgebaut sind.

»Omnis cellula a cellula« – alle Zellen entstehen aus Zellen, postuliert der Berliner Arzt **Rudolf Virchow** (1821 bis 1902).

»Omne vivum e vivo« – alles Leben entsteht aus Leben, ergänzt sein französischer Kollege **Louis Pasteur** (1822 bis 1885).

Der Mönch Johann **Gregor Mendel** (1822 bis 1884) entdeckt im Klostergarten von Brünn in Kreuzungsexperimenten mit Erbsen die Gesetze der Vererbung.

Der deutsche Anatom **Wilhelm Roux** (1850 bis 1924) erforscht an Tierembryonen, wie aus einem befruchteten Ei ein komplexer Organismus wird.

Der amerikanische Mediziner **Oswald Theodore Avery** (1877 bis 1955) identifiziert einen Stoff namens Desoxyribonukleinsäure als Erbmolekül.

Der Amerikaner **Francis Crick** (1916 bis 2004) und der Brite **James Watson** (geboren 1928) entschlüsseln die Struktur des Erbmoleküls Desoxyribonukleinsäure: Zwei Molekülstränge winden sich wie zwei Wendeltreppen umeinander.

Der Forscher und Unternehmer **Craig Venter** (geboren 1946) legt gemeinsam mit seinem staatlich geförderten Konkurrenten **Francis Collins** (geboren 1950) und seinen weltweit vernetzten Kollegen einen Rohentwurf des menschlichen Genoms vor, einen Text mit drei Milliarden Buchstaben.

»Evolution findet statt«

Wie lässt sich Leben definieren?

Lebende Wesen können wachsen, sie können sich selbst vermehren. Die Moleküle, die durch ihre Struktur bereits das Rezept zu ihrer Selbstverdopplung in sich tragen, sind die Nukleinsäuren, aus denen die Gene bestehen. Leben erzeugt komplexe geordnete Strukturen entgegen der Entropie, nach der alle Systeme »von selbst« dem Zustand größtmöglicher Unordnung entgegenstreben. Die dabei verwendete Energie kommt aus dem Sonnenlicht.

Was war die wichtigste Erkenntnis der Biologie in den vergangenen Jahren?

Durch den Vergleich der Gensequenzen verschiedenster Organismen wurde offenbar, dass die Baupläne der unterschiedlichsten Tiere durch sehr ähnliche Gene gesteuert werden. Das bedeutet, dass die Signalwege, die diese Entwicklung steuern, in einem gemeinsamen Vorfahren bereits sehr früh in der Evolution entstanden sind.

Welchen Durchbruch erwarten Sie in nächster Zukunft?

Dass Stammzellen zur Therapie von Krankheiten eingesetzt werden können – embryonale Stammzellen oder rückprogrammierte Körperzellen. Wir sehen Ansätze dazu bisher nur im Tiermodell. Bis zum Einsatz in der Medizin wird es vermutlich noch lange dauern.

Was wissen Sie, ohne es beweisen zu können?

Dass Leben aus unbelebter Materie »von allein« entstanden ist. Dass Evolution im Darwinschen Sinn über Variation und Selektion der Organismen stattgefunden hat und stattfindet. Dass Frauen genauso kreativ und intelligent wie Männer sein können.

Was war der größte Irrtum in der Geschichte Ihrer Disziplin?

Die Theorie, nach der erworbene Eigenschaften weitervererbt werden können, die von Lyssenko verbreitet wurde.

Auf welche Einsicht wartet Ihre Forschergemeinde am sehnsüchtigsten?

Dass die grüne Gentechnik einen Fortschritt und eine Chance für Welternährung und Umweltschutz bedeutet – und nicht einen Irrweg. Für den Einsatz der Gentechnik in der Biomedizin, die sogenannte rote Gentechnik, hat sich diese Erkenntnis ja bereits durchgesetzt. Bei der Gentechnik auf dem Acker müssen wir endlich die ideologischen Hürden überwinden.

CHRISTIANE NÜSSLEIN-VOLHARD
ist Nobelpreisträgerin und
forscht am Max-Planck-Institut
in Tübingen

Mehr zum Thema:

Peter Raby:
Alfred Russel Wallace: A Life
Princeton University Press 2002;
368 S.

Robert F. Inger/Robert B.
Stuebing:
**A Field Guide to
the Frogs of Borneo**
Natural History Publications
(Borneo) 2005; 201 S.

Ernst Mayr:
Das ist Biologie
Die Wissenschaft des Lebens
Spektrum Verlag 2000; 439 S.

Ilse Jahn (Hrsg.):
Geschichte der Biologie
Direct Media Publishing 2006;
CD-ROM

LOGIK

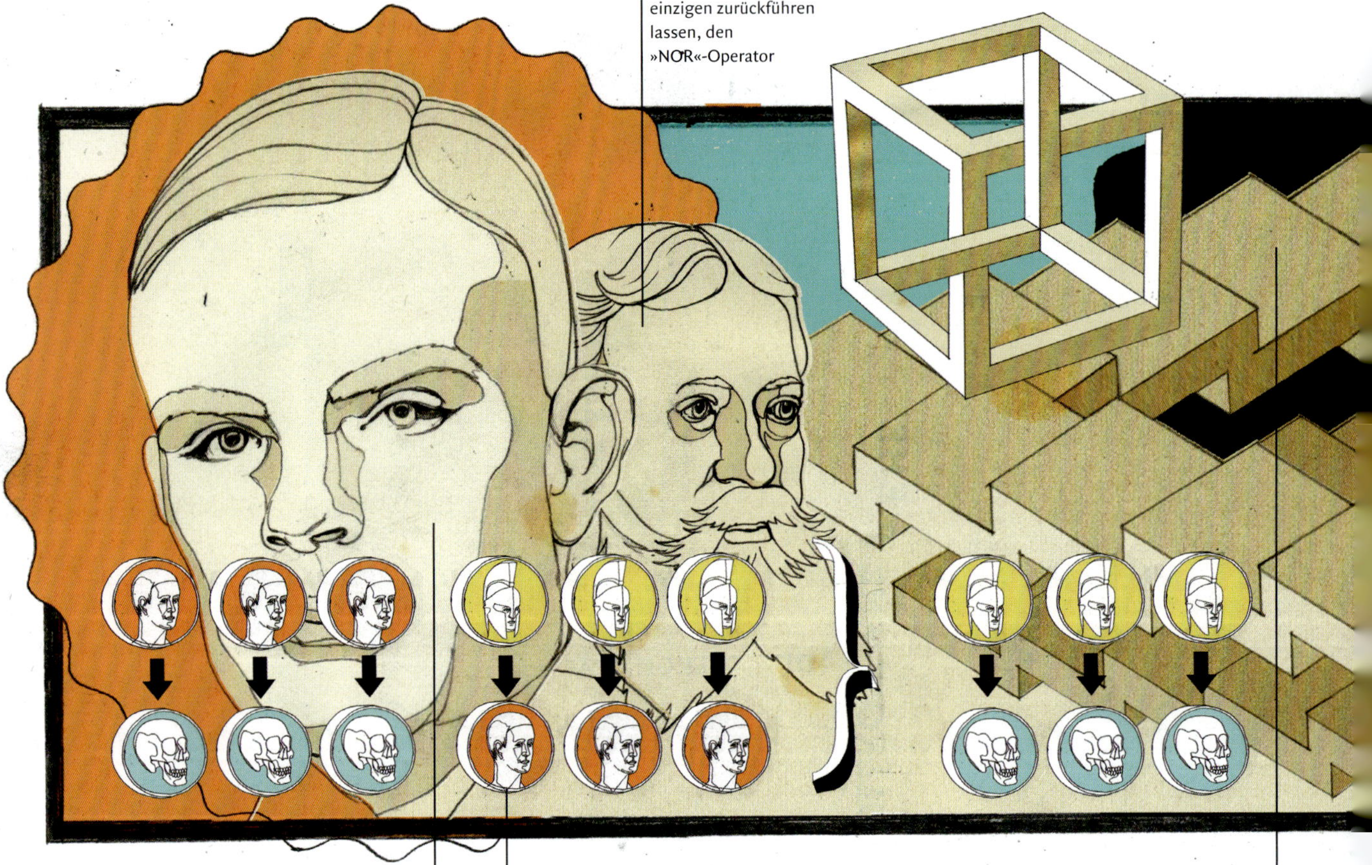

CHARLES PEIRCE wies nach, dass sich alle logischen Operatoren auf einen einzigen zurückführen lassen, den »NOR«-Operator

ALAN TURING entwickelte die Grundlagen für die Entschlüsselung der deutschen Funksprüche – Logik wurde zur Waffe

ALLE MENSCHEN SIND STERBLICH, alle Griechen sind Menschen, also sind alle Griechen sterblich – der bekannteste logische Schluss der Antike

Wenn die Logik Kapriolen schlägt: Eine **UNMÖGLICHE FIGUR,** auf der man ständig bergauf laufen kann

Wo die Logik Fabrik wurde

Im britischen Bletchley Park arbeiteten im Zweiten Weltkrieg
Tausende Mitarbeiter an der Entschlüsselung der
deutschen Funksprüche. Ihr Werkzeug war die abstrakteste aller
Wissenschaften: Die Lehre vom folgerichtigen Denken

VON GERO VON RANDOW

Die **ENIGMA**
verschlüsselte die
Nazifunksprüche –
und wurde mit
Logik geknackt

P ODER NICHT-P –
der »Satz vom
ausgeschlossenen Dritten«
ist ein Grundaxiom
der klassischen Logik

GOTTFRIED W. LEIBNIZ
glaubte, alle
Streitfragen ließen
sich ausrechnen

KURT GÖDEL fand
heraus: Die meisten
logischen Systeme
sind unvollständig

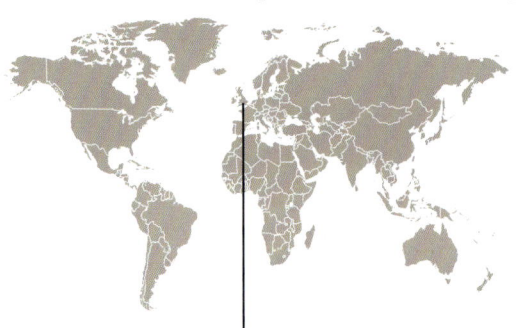

D ie Logik hat kein Zuhause, ist überall und nirgends. Wer sie sucht, stößt auf Schriften, die nur der Eingeweihte versteht. Hin und wieder jedoch greift sie in die Geschichte ein – dann zeigt sie sich. Etwa zwei Stunden von London entfernt liegt das Gelände namens Bletchley Park. Hier wurden mit logischen Methoden die Geheimcodes der Deutschen im Zweiten Weltkrieg geknackt. Weshalb England den U-Boot-Krieg gewinnen konnte, Hitler die Schlacht am Kursker Bogen verlor und die Invasion der Normandie gelang. Nicht auszudenken, was andernfalls geschehen wäre. Atombomben auf Berlin?

Bletchley Park ist heute ein Museum, betrieben mit Enthusiasmus und beschämenden Mitteln. Die teils baufälligen Baracken säumen den Weg zum Haupthaus, dessen pittoresk zusammengestoppelte Fassade mehr verspricht, als sie hält. Im »Ballsaal«, dem Vortragsraum, fällt im Winter zuweilen die Heizung aus, das Publikum lacht grimmig darüber. Aber leider regnet es auch durchs Dach.

Eine der Baracken fungiert als Archiv, hier wartet eine Division von Kartons, randvoll mit entschlüsselten Funksprüchen, auf Historiker. Nebenan ein liebevoll arrangiertes Sammelsurium von Churchill-Memorabilia. Doch Bletchley Park hat mehr zu bieten als Karteikarten oder den Kriegspremier als Teetopf, nämlich raumfüllende Apparate. Denn an diesem Ort ist die Logik Fabrik geworden.

Tag und Nacht rackerten sich hier Tausende Frauen und Männer ab, denen nach Schichtende die ölverschmierten Finger schmerzten. Ihre Augen brannten, weil nur in flackerndem Neonlicht gearbeitet wurde. Und die Ohren klingelten ihnen, denn sie bedienten mehr als 200 schrankwandgroße Maschinen, die unausgesetzt ratterten und rasselten.

Elektrische Logikmaschinen waren das, »Bomben« genannt. Mit deren Hilfe wurden von 1940 an die Funksprüche dekodiert, die der deutsche Verschlüsselungsapparat Enigma verfremdet hatte. Gegen das noch wirkungsvollere Kodiergerät Lorenz SZ wiederum trat im Jahr 1944 ein Trumm namens Colossus an. Das war der erste elektronische Computer der Welt. Gebaut hatte ihn Thomas Flowers, ein Ingenieur, seiner Zeit voraus. Doch als das Genie auf dem englischen Geheimgelände galt Alan Turing. Der erschien oft seltsam abwesend. Ihn nachlässig gekleidet zu nennen war eine Untertreibung. Seine Stimme kiekste Kapriolen, die Handschrift kroch kaum leserlich dahin. Aber Turings Geist strahlte punktgenaues Laserlicht aus und zerlegte die deutschen Funksprüche.

Statt »wahr« und »falsch« könnte man auch »grün« und »rot« sagen

Turing war Logiker. Er gehörte also zu jenen, die erforschen, wie man folgerichtig denkt. Logik ist etwas anderes als Rhetorik, die das Überzeugen untersucht. Oder als Psychologie, die das tatsächliche Denken betrachtet. Ebenso wenig handelt es sich um Philosophie. Denn für die Logik ist »Wahrheit« nur eine Kennung, eine Marke; sie könnte Sätze auch mit den

BLETCHLEY PARK
Hier knackten Computerspezialisten im Zweiten Weltkrieg den Enigma-Code – und England gewann den U-Boot-Krieg gegen Deutschland

Werten »grün« und »rot« belegen statt mit »wahr« und »falsch«, daraus würde für ihre Weise kein Unterschied entstehen.

Mathematik ist sie auch nicht, obwohl logische Manuskripte auf den ersten Blick wie mathematische aussehen. Den Unterschied haben vor gut 100 Jahren Benjamin Peirce und sein Sohn Charles miteinander ausdiskutiert. Der Senior war Mathematiker, der junge Peirce einer der wichtigsten Logiker der Geschichte. Beide stellten fest, dass ihre Interessen bezeichnend weit auseinanderlagen. Mathematiker, schrieb Charles Sanders Peirce später, ziehen zwingende Schlüsse, Logiker hingegen untersuchen das zwingende Schließen. Während der Mathematiker, beispielsweise, einen kurzen knackigen Beweis schön findet, seziert ihn der Logiker in seine atomaren Bestandteile, denn er will nicht nur erleben, dass der Beweis zwingend ist, sondern ganz genau zeigen, warum.

Damit sich in den Beweisgang keine Missverständnisse einschleichen, baut die Logik ihre Begriffsgebäude minutiös, Steinchen auf Steinchen. Im Idealfall so, dass sich die Sätze durch regelkonforme Umgruppierung von Symbolen aus einander erzeugen lassen, rein mechanisch, wie von Computern gesteuert. Weshalb die Logik zugleich die Basisdisziplin der Informatik ist (und Software auf Französisch *logiciel* heißt).

Die erste Blütezeit der Logik fand in der Antike statt. »Logik« kommt von *logos*, dem griechischen Begriff für das »Wort«. Die Frage, wie zwingende Schlüsse erzeugt werden können, war in der Diskussionskultur der Zeit Platons entstanden. Es dauerte dann aber noch gut 60 Jahre, bis Aristoteles sein *Organon* verfasste, eine Sammlung und Diskussion von Schlussregeln – etwa: »Wenn jedes *b* ein *c* ist und jedes *a* ein *b*, dann ist jedes *a* ein *c*.«

Die nachfolgende Geschichte der Logik lässt sich als eine Verfeinerung dieses *Organons* beschreiben,

die Jahrhunderte in Anspruch nahm. Logik wurde präziser, ziselierter, systematischer. Schließlich kam sie, nachdem die mittelalterlichen Scholastiker noch einmal ihre ordnende Hand angelegt hatten, zum Stillstand. Über das Schließen in natürlicher Sprache schien so ziemlich alles gesagt worden zu sein.

Eine Rädermaschine sollte die Heiden vom Christentum überzeugen

Doch im Werk des 1235 auf Mallorca geborenen Raimundus Lullus finden sich dann erste Spuren einer neuen, der modernen Logik. Der Mystiker hatte darüber nachgesonnen, wie sich Muslime zum Christentum bekehren ließen, und war ausgerechnet auf eine Maschine verfallen. Lullus vermutete, die Heiden könnten sich nicht recht vorstellen, wie viele großartige Eigenschaften der Christengott und sein Sohn besäßen, weshalb er ein Gerät erfand, das einem Ziffernschloss ähnelte. Nur dass dort, wo der heutige Radler Zahlen sieht, Symbole für göttliche Eigenschaften angebracht waren. Nun musste der Heide nur noch drehen und wurde der erstaunlichsten Kombinationen gewahr. Mit einer solchen Rädermaschine ließen sich natürlich auch Botschaften verschlüsseln, und genau nach diesem Prinzip taten es die Hitlerdeutschen später auch.

Angeblich wurde Lullus von Muslimen zu Tode gesteinigt. Er hinterließ seltsame Tabellen, die weitere Symbole kombinierten, darunter logische Zusammenhänge wie »Widerspruch« oder »Gleichheit«. Alles Wissen der Welt sollte so erzeugt werden, durch reine Symbolmanipulation also.

Derselbe Gedanke kam gut fünf Jahrhunderte später dem deutschen Gelehrten Gottfried Wilhelm Leibniz. Er dachte über eine Symbolsprache nach, in der sich aus ein paar Annahmen (Axiomen) »durch Umwandlung von Formeln nach gewissen vorgeschriebenen Gesetzen« sämtliches Wissen herleiten ließe. Und da die Symbole dieser Sprache auch Zahlen sein könnten, hoffte Leibniz, dass eines Tages, »wenn zwischen den Menschen Streit entsteht, man nur zu sagen braucht: ›Rechnen wir!‹« – das berühmteste Zitat des Frühaufklärers.

Doch immer noch war die Zeit nicht reif für die Formalisierung des Denkens. Vielleicht, weil es ein schwer zugängliches Konzept ist, weit vom Alltagsverstand entfernt. Und selbst da, wo es verständlich klingt, muss man schon genauer hinsehen.

In der Aussagenlogik beispielsweise, die sich mit gültigen Sätzen beschäftigt, existiert eine Verknüpfung namens »Implikation«: $a \rightarrow b$. Allerdings besagt dieser Ausdruck nur, dass b gilt, wenn a gegeben ist, mitnichten aber, dass zwischen beiden irgendein anderer Zusammenhang bestehe – von derlei außerlogischen Beziehungen wird abstrahiert. Infolgedessen ist auch der Satz *Die*

Erde ist ein Planet → *Hamburg ist eine Stadt* eine gültige Interpretation von *a* → *b*. Selbst *Die Erde ist eine Zitrone* → *Hamburg ist eine Stadt* geht aussagenlogisch in Ordnung, denn *a* → *b* umfasst sämtliche Fälle, in denen *b* gilt, also auch diejenigen, in denen *a* falsch ist. Wenn wir → als »folgt« lesen wollen, können wir also sagen: Logisch gesehen kann aus Falschem durchaus Richtiges folgen. Wie im echten Leben.

Mitte des 19. Jahrhunderts ging der Engländer George Boole daran, die Aussagenlogik durchzuformalisieren. Er zeigte unter anderem, dass Verknüpfungen wie »und« auch als Operationen gedeutet werden können, etwa als Multiplikation. Und statt »wahr« und «falsch« könne man auch »1« und »0« schreiben. Die »Boolesche Algebra« liegt der heutigen Digitaltechnik zugrunde, die 1 und 0 elektronisch als *an* und *aus* darstellt.

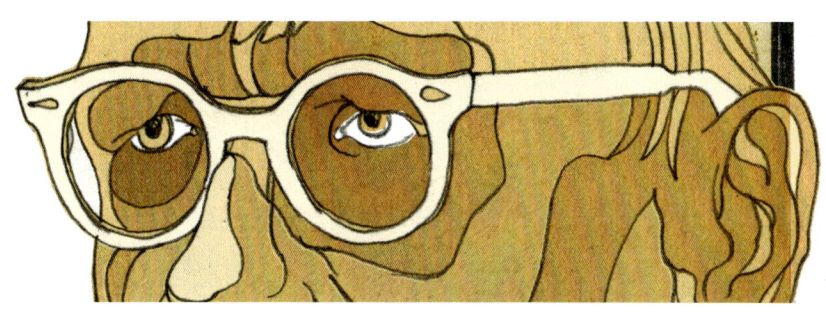

Mit Boole nahm die Forschung Fahrt auf. Einige Logiker überlegten, was der Mindestvorrat an Verknüpfungen sein müsste, um alle anderen definieren zu können; die Palme errang der bereits erwähnte Charles Sanders Peirce, der nachwies, dass sich sämtliche Verknüpfungen der Aussagenlogik aus einer einzigen herleiten lassen, nämlich aus »nicht – oder« (im gewöhnlichen Sprachgebrauch: »weder – noch«). Sie wird auch NOR genannt und bedeutet, dass *a* NOR *b* wahr ist, wenn sowohl *a* als auch *b* falsch sind. Die vertraute »und«-Verknüpfung von *a* und *b* lässt sich auf diese Weise schreiben als *(a NOR a) NOR (b NOR b)*. Elektronische NOR-Gatter finden sich in fast jedem Computerchip.

Andere Logiker fanden Begriffe, die es erlaubten, eine Vielzahl mathematischer Konzepte exakt zu definieren. Im frühen 20. Jahrhundert schließlich ging die Hoffnung um, es ließe sich die gesamte Mathematik logisch herleiten, genauer: Es könnten alle wahren mathematischen Sätze aus ein paar Axiomen und mit Hilfe einer begrenzten Zahl rein formaler Rechenregeln erzeugt werden.

Dann schlug der Blitz ein. Im Jahr 1931 wies der Österreicher Kurt Gödel nach, dass sich in der Sprache jedes einigermaßen komplexen formalen und widerspruchsfreien Systems Sätze bilden lassen, die zwar unbestreitbar wahr sind, aber aus den Axiomen ebendieses Systems nicht hergeleitet werden können. Eine epochale Entdeckung.

Auch Alan Turing war hingerissen. Um die Ableitbarkeit von Sätzen zu untersuchen, hatte sich der Brite ein Gedankenexperiment einfallen lassen, und zwar eine Maschine mit Schreib-/Lesekopf und Programmspeicher, die Zeichenfolgen je nach Programm umformt. Einen Computer! Gab's damals nicht, außer in Turings Kopf. Man kann sich diese »Turing-Maschine« auch als einen Kasten denken: Oben wirft man eine Zeichenfolge hinein, unten kommt eine andere heraus. Sie ist also eine Herleitungsmaschine, eine Beweismaschine, eine Logikmaschine. Turing hatte der Logik Beine gemacht. Und gezeigt, dass seine Fantasiemaschine mit Hilfe geeigneter Programme alles herleiten könnte, was sich herleiten lässt.

Die Enigma hatte 158 Trillionen Schlüssel – Turing knackte sie trotzdem

Man könnte sie auch, überlegte Turing, so zu programmieren versuchen, dass sie ableitbare Sätze in eine 1 umformt und alle anderen in eine 0. Aber er bewies, dass es immer wieder Sätze geben muss, bei deren Überprüfung die Maschine niemals zum Stillstand kommen wird. Das Programm prüft und prüft, trifft aber keine Entscheidung. Anders gesagt: Es gibt Formalismen, in denen nicht für jede Behauptung mit Hilfe ein und desselben Computerprogramms bewiesen werden kann, dass sie ableitbar ist oder nicht, also dass sie wahr oder falsch ist.

Das war Turings Entdeckung aus dem Jahr 1936. Bald darauf konnte er in Bletchley Park seinen Stil, Logik maschinell zu verstehen, in der Praxis erproben: für die Attacke auf Deutschlands Verschlüsselungsmaschine Enigma. Deren Mechanismus ersetzte die Buchstaben eines Klartextes durch andere, und zwar nach einem veränderlichen Schlüssel. Um den zu bestimmen, nutzte die Enigma im Wesentlichen mehrere Walzen, nach dem Prinzip Lullus oder Fahrradschloss, in die jeweils 26 Drähte hinein- und wieder hinausführten; die Walzen ließen sich drehen, und mit den Stellungen veränderten sich auch ihre elektrischen Kontakte untereinander.

Der Soldat tippte auf einer Schreibmaschinentastatur einen Buchstaben und erzeugte einen Stromstoß, der durch die Walzen wanderte und schließlich eine von 26 Lampen aufleuchten ließ, von denen jede für einen Buchstaben stand. Es kamen noch ein paar weitere Tricks hinzu, sodass die Maschine 158 000 000 000 000 000 000 verschiedene Positionen einnehmen konnte, um Buchstaben miteinander zu vertauschen. 158 Trillionen Schlüssel! Und immer wieder bestimmten die Wehrmachtsfunker aus dieser Menge durchs Drehen an den Walzen einen neuen. Wie sollte man so ein System knacken?

Die Analyse einiger Enigma-Funksprüche, erleichtert durch Bedienungsfehler deutscher Soldaten, hatte einen wunden Punkt offenbart, nämlich dass an entscheidender Stelle des Geräts die logische Beziehung $a \leftrightarrow b$ eingebaut war. Also nicht nur $a \rightarrow b$, sondern auch umgekehrt $b \rightarrow a$. Die Symmetriebeziehung $a \leftrightarrow b$ bedeutet aber, dass ein unrichtiges a immer ein unrichtiges b nach sich zieht. Anders als im Fall $a \rightarrow b$ folgt diesmal aus Falschem also stets Falsches. Das war Turings Chance. Er verfiel auf die Idee, bestimmte Annahmen über die kodierten Funksprüche zu prüfen, diese Annahmen aber nicht zu verwerfen, sobald sie sich als irrig erwiesen hatten, sondern aus ihnen vielmehr mit maschineller Hilfe massenhaft weitere Annahmen abzuleiten – lauter falsche natürlich. Zu diesem Zweck konstruierte Turing seine »Bomben«, in denen rotierende Lullus-Walzen, vereinfacht gesagt, unablässig ungültige Fälle erzeugten, damit diejenigen übrig blieben, die möglicherweise Sinn ergaben.

Der Erfolg war überwältigend. Dank Turings Logik sank die Zahl der von deutschen U-Booten vernichteten britischen Schiffe schlagartig.

Bis sie 1941 ebenso dramatisch wieder stieg. Die Deutschen besaßen jetzt die neue Verschlüsselungsmaschine, die Lorenz SZ, die wieder mit Walzen, aber nach anderen Prinzipien arbeitete. Bis nach dem Krieg hatten die Engländer keine Ahnung, wie das tückische Räderwerk wohl aussehen mochte – aber ihre Logiker konnten seine Funktionsweise analysieren, und die Elektronenröhren von zehn Colossus-Computern knackten schließlich auch diesen Code, mit Hilfe Boolescher Logik. Bald darauf eruierten sie Deutschlands Vorbereitungen auf die Invasion der Alliierten, was die Planung des D-Day entscheidend beeinflusste.

Nach Kriegsende wurden sämtliche Spuren in Bletchley Park beseitigt, und Alan Turing wandte sich gänzlich den Computern zu. Einen langen Weg war die Logik nun gegangen: In der Klassik hatte sie die Regeln des zwingenden Argumentierens erschöpfend behandelt; in der Moderne die Grenzen des formalisierten Schließens entdeckt; schließlich das Schlussfolgern zum Programmieren umgewandelt. War's das?

Nach wie vor existiert die angewandte Logik. Sie ist Hilfs- und Grundlagendisziplin der Informatik, der Sprachwissenschaft, der Philosophie und natürlich vor allem der Mathematik, deren Fundamente logisch bearbeitet werden. Zum anderen entwickelt sich die Logik als eigenständige Wissenschaft munter weiter. Sie entwirft formale Systeme, die eine Interpretation zulassen, in der auch zeitliche Begriffe wie »jetzt«, »bald« oder »später« verwendet werden: »Temporallogik«. Oder solche, die mit Wahrscheinlichkeitsbegriffen umgehen oder mit Unschärfen: »Modallogik« oder »Fuzzy-Logik«. Oder solche, die Widersprüche oder bloße Möglichkeiten zulassen: »parakonsistente« und »kontrafaktuale« Logiken. Und etliche mehr, manche von ihnen reine Gedankenexperimente, andere für Informatiker oder Ingenieure interessant.

Der Philosoph und Logiker Ludwig Wittgenstein (1889 bis 1951) schrieb, dass die Menschen viele verschiedene »Sprachspiele« übten. Er wandte sich damit gegen die Vorstellung, Sprache und Denken seien nur mit Logik zu begreifen.

Doch kann das Sprachspiel der Logik als das allgemeinste Verhältnis zwischen den Menschen gelten. Sie ist rein abstrakt; sie sieht ab von Ideologie und Religion, Nationalität und Hautfarbe, Geschlecht und Alter und Klassenlage und Leitkultur oder Migrationshintergrund und Zeitalter und Ort und überhaupt von allem, was den Teilnehmer am Überzeugungsprozess spezifisch anfärbt.

Die Regeln der logischen Vernunft sind eben universell. Wie die Menschenrechte. Und dass diese heute in Europa gelten, ist nicht zuletzt der Logik zu verdanken.

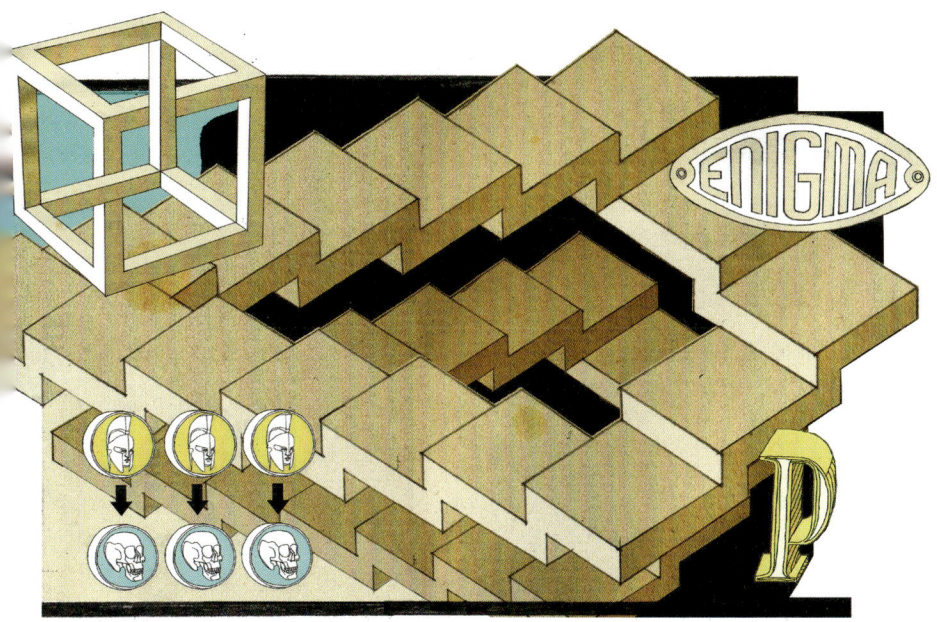

Kalkulierte Wahrheiten – Grundbegriffe der Logik

Modus ponens: Eine der sogenannten »Schlussfiguren« der klassischen Logik, die auf Aristoteles zurückgeht. Die Figur heißt korrekt Modus ponendo ponens, und das bedeutet so viel wie »indem eine Aussage getroffen wird, wird zugleich eine andere getroffen«. Und das geht so: Aus den Voraussetzungen *aus a folgt b* und *a* ergibt sich die Aussage *b*. Die klassische Logik kennt viele solcher Schlussregeln. Sie werden in der Philosophie noch heute verwendet, um vertrackte Argumentationsgänge exakt auseinanderzulegen.

Wahrheit ist ein Begriff der Aussagenlogik, die Aussagen und deren Kombinationen die Eigenschaft »wahr« oder »falsch« zuspricht. Und zwar nach festgelegten Regeln. Stellen wir uns etwa vor, *p* und *q* seien irgendwelche Aussagen, aus denen wir die zusammengesetzte Aussage *p oder nicht-q* bilden. Diese ist wahr in folgenden drei Fällen: *p* ist wahr, und *q* ist falsch; *p* ist wahr, und *q* ist wahr; *p* ist falsch, und *q* ist falsch. Alle anderen, nicht formalen Wahrheitsbegriffe sind für die Logik sinnlos, so argumentierte jedenfalls der polnische Logiker Alfred Tarski (1901 bis 1983).

Die Philosophie muss sich natürlich mit anderen Wahrheitsbegriffen auseinandersetzen. Der »Korrespondenztheorie«, die auf Aristoteles zurückgeführt wird, gilt eine Aussage *p* dann als wahr, wenn dieser ein Sachverhalt *p'* außerhalb der Sprache entspricht. Anderen Theorien zufolge ist *p* wahr, wenn sich die am Gespräch Beteiligten auf *p* geeinigt haben – oder wenn *p* zum bisherigen Wissen passt. Diese Theorien lassen sich auch untereinander kombinieren.

Philosophische Logik ist eine Bezeichnung für sehr unterschiedliche Dinge. Einer ihrer Zweige untersucht Argumente, die in natürlicher Sprache vorgebracht werden, auf ihren formallogischen Gehalt. Insofern ist sie mit der Linguistik verwandt.

Etwas anderes ist die Logik, wie sie beispielsweise von Philosophen wie Georg Wilhelm Friedrich Hegel (1770 bis 1831) verfasst wurde. Es handelt sich um eine Lehre von den Kategorien: Sie soll die Allgemeinbegriffe des Denkens aus einander ableiten – und damit, Hegel war ja Idealist, nicht nur die Grundgesetze des Denkens, sondern der Wirklichkeit als Ganzer. In Hegels dreibändiger *Wissenschaft der Logik* werden Begriffe wie Sein, Nichts, Werden und viele andere scharfsinnig hin- und hergewendet – aber dass sich abstrakte Begriffe, einer nach dem anderen, aus sich selbst erzeugen könnten, glaubt in der heutigen Philosophie kaum noch jemand.

Kalkül ist in der Logik ein Wort männlichen Geschlechts, es heißt also »der Kalkül«. Er besteht aus festgelegten, in allen Schlüssen vorausgesetzten Sätzen (Axiomen) sowie Umformungsregeln. Auf diese Weise werden in einem Kalkül aus vorhandenen Formeln wieder neue gebildet.

Modell ist ein Begriff, der in der Logik anders verwendet wird als in den übrigen Wissenschaften. Die Formeln eines Kalküls sind aus Symbolen zusammengesetzt. Den Symbolen kann eine bestimmte Interpretation zugewiesen werden – etwa dass die Symbolfolge *a ◊ b* die Bedeutung *»a plus b«* tragen soll. Wenn das so interpretierte Axiomensystem zu widerspruchsfreien Schlüssen führt, dann wird diese Interpretation als »Modell« des Axiomensystems bezeichnet. Mit dieser Sprechweise halten die Logiker strikt und sehr feinsinnig am Unterschied zwischen Syntax (dem Spiel mit den Symbolen des Kalküls) und Semantik (seiner Bedeutung) fest. Die angewandte Logik besteht nicht zuletzt aus der Überprüfung dieses Unterschieds innerhalb mathematischer Beweise – praktisch wichtig wird das in der Sicherheitstechnik (siehe Interview).

Östliche Logik: Über das Schließen wurde schon in vorhellenischer Zeit nachgedacht, namentlich in Mesopotamien, was aber nur als Vorgeschichte der aristotelischen Logik bewertet werden kann. Eine Blüte erlebte die Logik im islamischen Kulturkreis bis ins 12. Jahrhundert, aus heutiger Sicht wurden aber keine über Aristoteles hinausweisenden Ergebnisse erzielt; Ähnliches gilt für die Logik im indischen und im chinesischen Raum.

»Schöne Beweise!«

Woran arbeiten Logiker?

Sie untersuchen Beweise. Beweise sind der Kern der Mathematik, und wenn Sie fragen, was ist ein Beweis, betreten Sie das Gebiet der Logik.

Sind denn da noch Fragen offen?

Durchaus. Sie haben zum Beispiel in der Informatik oft mit Sicherheitsfragen zu tun; da muss dann bewiesen werden, dass eine Schaltung oder eine Software fehlerfrei ist. Dieser Beweis muss auch wasserdicht sein – das untersucht der Logiker.

Theoretische Fragen gibt es auch?

Das geht Hand in Hand. Ein attraktives Forschungsthema ist der rechnerische Gehalt von Beweisen. Wenn Sie die Aussage bewiesen haben, dass es Zahlen mit einer Eigenschaft E gibt, dann ist das schön und gut. Aber besser wäre es, den Beweis so zu führen, dass solche Zahlen tatsächlich errechnet werden. Dann kann man den Beweis »stark« nennen. Die Anschlussfrage lautet: Wie kann man einen »schwachen« Beweis in einen »starken« übersetzen? Oder Teile davon?

Hat so etwas praktische Bedeutung?

Wenn Sie auf diese Weise arbeiten, dann entdecken Sie Schwachstellen in Beweisen – und wenn es sich um Beweise auf dem Gebiet der technischen Sicherheit handelt, dann ist das wichtig.

Also ist die Industrie an Logikern interessiert?

Das ist sie. Zu den Vorlesungen, die Mathematiker unbedingt besucht haben sollten, zählen die Industrievertreter gerade die Logik, speziell die Beweistheorie. Und die Modelltheorie.

Um was geht's da?

Dieselbe mathematische Struktur kann sich als Modell für Geometrie oder für das Rechnen mit natürlichen Zahlen eignen. Solche Modellbeziehungen untersucht der Logiker; er unterscheidet zwischen einem Formalismus und seiner Bedeutung, also zwischen Syntax und Semantik. Aus der Vermischung entstehen immer wieder Fehler, die Geld kosten können, im Finanzwesen oder in der Chiptechnik.

Sie finden Beweise aber auch einfach schön, oder?

Es gibt Beweise und schöne Beweise. Sie sind das Herzstück der Mathematik. Dass in der Schule viel mehr gerechnet statt bewiesen wird, ist ein Fehler.

HELMUT SCHWICHTENBERG,
Logiker am
Mathematischen Institut der
Universität München

Mehr zum Thema:

Rolf Hochhuth:
Alan Turing
Erzählung; Rowohlt 1998;
200 S.

Douglas R. Hofstadter:
Gödel, Escher, Bach
Klett-Cotta 2006;
896 S.

Alfred Tarski:
Einführung in die mathematische Logik
Vandenhoeck & Ruprecht 1977;
285 S.

MASCHINE

Durchmesser fünf Meter:
LUFTSCHRAUBE
von Leonardo da Vinci

Wie die Kraft zum Rad kommt:
KURBELWELLE eines
Verbrennungsmotors

Seiner Größe wegen
JUMBOJET genannt:
1969 hob erstmals
eine Boeing 747 vom
Boden ab

So weit die Niete tragen

Maschinen nehmen uns Arbeit ab, berechnen die Welt und machen uns mobil. Doch schon ein Haarriss in einer Tragfläche kann zur Katastrophe führen. Da hilft nur ständige Kontrolle: 80 000 Arbeitsstunden erfordert die Revision einer Boeing 747

VON BURKHARD STRASSMANN

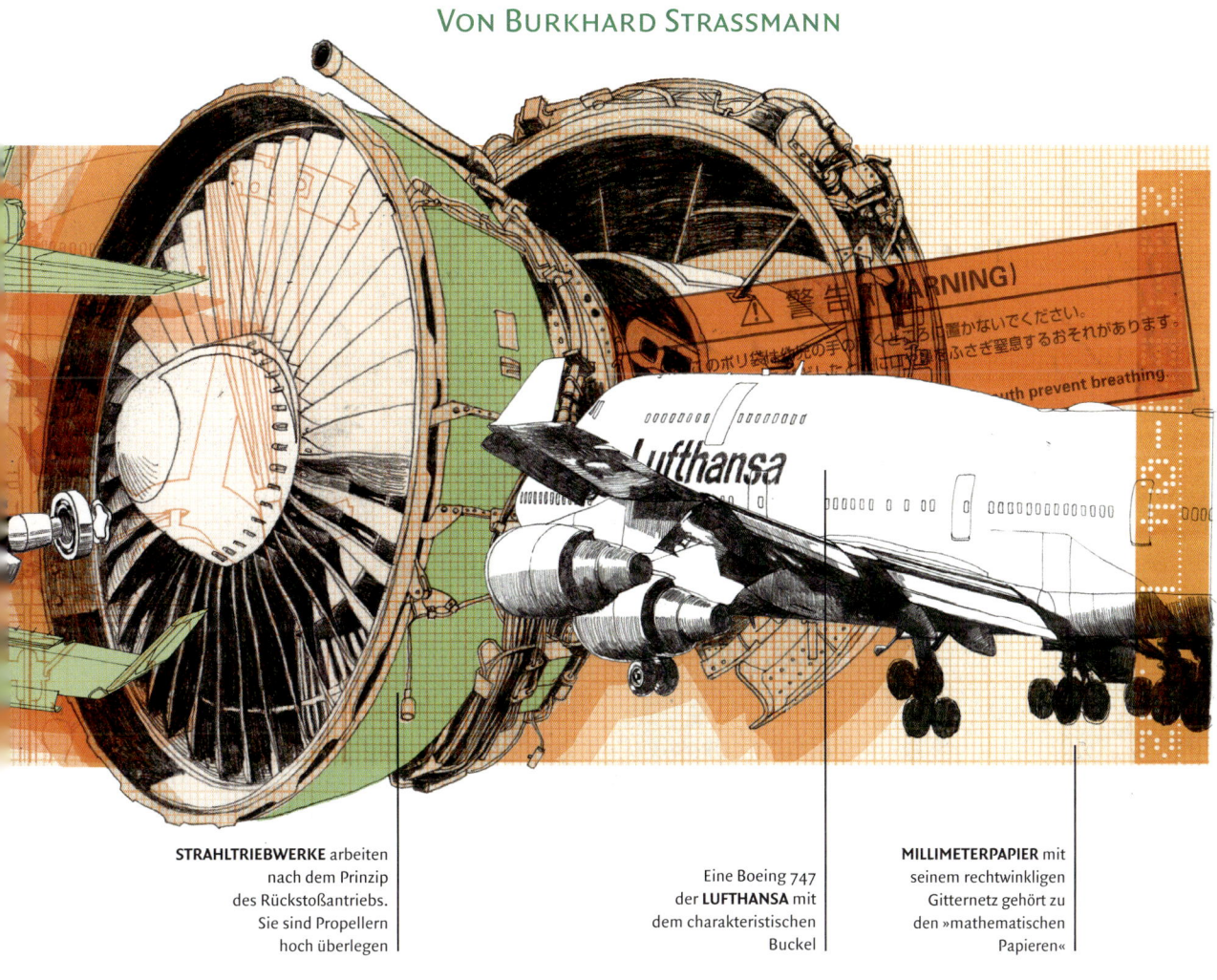

STRAHLTRIEBWERKE arbeiten nach dem Prinzip des Rückstoßantriebs. Sie sind Propellern hoch überlegen

Eine Boeing 747 der **LUFTHANSA** mit dem charakteristischen Buckel

MILLIMETERPAPIER mit seinem rechtwinkligen Gitternetz gehört zu den »mathematischen Papieren«

D ie Maschine ist tot. Ausgeschaltet, abgeknipst, ausgeweidet, amputiert. Kein Röhren mehr, kein Heulen, kein Zischeln, kein Zittern. Eine leere Hülle, in der bloß noch Kabel und Seilzüge herumhängen und sich ein paar Verstrebungen kreuzen. Wie Ameisen krabbeln Menschlein in blauen Overalls über den Leichnam und durch den Bauch und verteilen auf Außenhaut, Lagern, Schienen, Klappen winzige rote Aufkleber. Hunderte.

Als hätte man noch was vor mit der Maschine. Man hat. Rot ist die Farbe der Fehler. Also die Farbe der Hoffnung.

Hamburg. So heißt der Ort. So heißt die Maschine. 1990 taufte Annerose Voscherau, die Frau des damaligen Ersten Bürgermeisters der Hansestadt, eine Boeing 747-400 auf diesen Namen. Der Jumbojet war das größte Passagierflugzeug der Welt, bis der Airbus A380 den Titel übernahm. Heute ist die *Hamburg* im Dienst der Lufthansa alt geworden. 88 744 Stunden geflogen, 11 435 Mal gestartet bzw. gelandet – die Männer mit den Overalls, Fluggerätbauer, Mechaniker und Elektrikspezialisten, sprechen fast respektvoll von der »betagten Dame«. Das Alter bringt Zipperlein, Ausfälle und Ermüdungserscheinungen mit sich. Fehler, die in der Luftfahrt unbedingt ausgeschlossen werden müssen. Die Dame musste zur Generalüberholung, einer Mischung aus TÜV, Mayo-Klinik und OP.

Am 26. November 2007 hatten Mitarbeiter der Hamburger Wartungsgesellschaft Lufthansa Technik die *»Tango Delta«* in die Halle 7 am Flughafen Fuhlsbüttel bugsiert. Der Insidername kommt von den letzten beiden Buchstaben des amtlichen Kennzeichens D-ABTD – T heißt im Fliegeralphabet Tango, D Delta. Alle sechs Jahre muss so ein Flugzeug in die Generalüberholung, zum D-Check, dem umfassendsten von mehreren Flugzeugchecks. Das ist ein Großereignis: 300 Techniker arbeiten in drei Schichten an der radikalsten Dekonstruktion einer Maschine, die man sich denken kann. In bis zu 80 000 »Mannstunden« müssen drei- bis fünftausend Fehler behoben werden, dann folgt eine ziemlich kühne Rekonstruktion. Nach 43 Tagen im Reparaturdock soll die Maschine wieder – wie aus dem Jungbrunnen gezogen – in den Himmel über Hamburg steigen.

Was da tot und filetiert in der Jumbo-Halle verstreut liegt, ist mehr als eine Maschine. Einerseits ist die Flugmaschine ein System aus vielen Submaschinen. Und zwar nicht nur aus Triebwerken, Stellmotoren, Pumpen und Kaffeemaschinen. Nach neuerer Definition sind laut Georg Klaus (*Wörterbuch der Kybernetik*) alle Geräte oder Vorrichtungen, die einen Input zu einem Output verarbeiten, Maschinen: Computer, Fernseher, Küchen (und zweifellos auch Toiletten). Von der Generalüberholung der Flugmaschine ist aber auch eine ganze Reihe von Metamaschinen betroffen. Die Logistik des Flugzeugbetreibers. Der Fahrplan, aus dem das Flugzeug ausschert und wieder eingefädelt wird. Der Wartungsplan des Herstellers Boeing. Die Sicherheitssysteme verschiedener Behörden. Und nicht zuletzt die Wartungsmaschine von Lufthansa Technik.

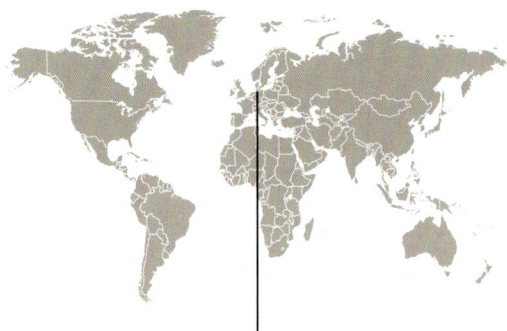

HAMBURG

Am 26. November 2007 wird eine Boeing 747 in die Halle 7 des Flughafens Fuhlsbüttel geschoben – zur Revision. Zuvor ist die »alte Dame« 11 435 Mal gestartet. Sie war 88 744 Stunden in der Luft

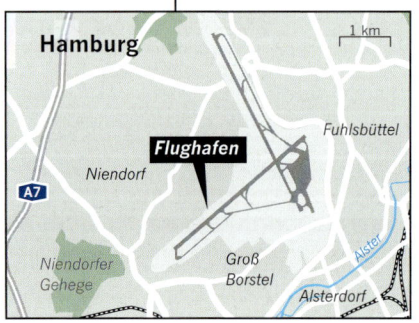

Es schlägt die Stunde der Spezialisten für »nichtdestruktives Testen«

Denn »das reine Flugzeug ist ein Haufen Blech«, sagt Klaus Kornwachs, Inhaber des Lehrstuhls für Technikphilosophie an der Brandenburgischen Technischen Universität Cottbus. Zum Verständnis einer Maschine gehörten alle »technisch-organisatorischen Cosysteme«, Flugpläne, Materialflüsse, Kontrollen, nicht zu vergessen – man denke an die Maschine Atomkraftwerk – die Entsorgung. Und eben die Wartung. Er nennt die Summe der Cosysteme die »organisatorische Hülle«. Das Versagen der Maschine, das beweist die Analyse von Flugunfällen, ist nicht einfach auf technisches oder menschliches Versagen zurückzuführen.

»Die Fehler passieren an der Schnittstelle zwischen Maschine und organisatorischer Hülle.« Durch eine unglückliche Vermischung aus technischem Ausfall, menschlicher Schlamperei, mangelnder Qualifikation und schlecht gestalteter Mensch-Maschine-Schnittstelle. Darum ist die Aufgabe, ein Flugzeug zu warten, zwar *auch* eine Frage der Qualität der Techniker. Aber insbesondere eine Frage der Organisation der Wartung.

5. Dezember. Verhalten rauscht die Klimaanlage in der Jumbo-Halle 7. Das über 70 Meter lange Flugzeug mit einer Spannweite von fast 65 Metern ruht auf drei filigran wirkenden Stützen. Wie als Vorlage für eine Explosionszeichnung sind Sitze, Innenverkleidungsteile, Bestandteile der Klimaanlage, Reifen, WC-Schüsseln, Teppiche um den leeren Torso herum gruppiert. Die *Tango Delta* als reine Struktur, als mit Aluminiumhaut beplanktes Metallgerüst – jetzt ist die Stunde der NDTler. Die Spezialisten für »nichtdestruktives Testen« sind an der Arbeit. Ihr Auftrag: mit geeigneter Messtechnik Fehler im Material finden, Risse, Korrosion, schadhafte Klebungen, ohne das Material dabei zu beschädigen.

In einem Bereich des Cockpits, der Sektion 41, fahren sie unendlich geduldig mit einem Messgerät über jeden einzelnen Niet. Die Wirbelstrom-Messtechnik findet winzige Haarrisse. Jeder noch so kleine Riss bekommt einen roten

Sticker und eine Nummer für den Computer. Die Entdeckung selbst eines Minirisses führt zu einem zeitraubenden Reparaturauftrag: Herstellung und Montage eines gut DIN-A4-großen Alupflasters, eines »Doublers«, das genietet wird, kosten mindestens zwei Tage Arbeit.

Nun halten rund drei Millionen Niete einen Jumbo zusammen, die können nicht alle einzeln kontrolliert werden. Sicherheit ist relativ. Sie beruht – das möchte der Fluggast am liebsten gar nicht wissen – beunruhigend oft auf dem Prinzip Versuch und Irrtum. Anders gesagt: Fehler passieren. Aber jeder Fehler darf nur einmal passieren.

In Sektion 41 hat der Jumbo eine konstruktionsbedingte Schwäche, die schon Ende der achtziger Jahre bekannt wurde. Zunächst glaubte man, die auffällig starke Rissbildung in diesem Bereich rühre von den Schlägen her, die beim Landen des Riesenflugzeugs dem Bugrad versetzt werden. Heute gehen die Fachleute eher von der speziellen Bauweise des Jumbos aus. Die Kabine ist in diesem Bereich zweigeschossig, oben das Cockpit und die erste Klasse, unten Business und Holzklasse, und darum ist das Flugzeug hier im Querschnitt nicht rund. Die flachen Partien im Sektor 41 geraten in Flughöhe durch den künstlich erzeugten Kabineninnendruck unter starken Stress. Die Kabine bläht sich dann wie ein Luftballon, sie wird um einige Zentimeter länger. An den Nieten zerrt es gewaltig. Just hier wurden in der Vergangenheit auffällig oft Risse entdeckt.

Seit der Hersteller Boeing die Schwachstelle kennt, muss Sektion 41 besonders streng überwacht werden. Was passieren kann, wenn kleinste Risse nicht beachtet werden, zeigt das Beispiel des berüchtigten Aloha-Airlines-Fluges 243. 1988 verlor eine hawaiianische Boeing 737 plötzlich in 7300 Meter Höhe Teile des Kabinendachs. Eine Stewardess wurde aus der Kabine gerissen. Den »Cabrio-Flug« überlebten wunderbarerweise 94 Menschen. Einer der Gründe für das Unglück: mangelhafte Risskontrolle. Schlamperei bei der Wartung.

18. Dezember. Auf den Tragflächen sind mit rotem Klebeband kleine Bereiche markiert. Hier wird im Notfall ein Loch in den Flügel geschnitten. Die schlanksten, unerschrockensten Mitarbeiter werden nämlich zur Sichtprüfung in die Kerosintanks geschickt. Selbst Techniker, die nie eine klaustrophobe Anwandlung hatten, geraten hier bisweilen in Not. Sie finden nicht mehr nach draußen. In dem Fall werden sie durch das Notloch gezogen.

Diese Helden haben keine Taschen am Overall, damit sie in der Enge der Tragflächentanks nicht hängen bleiben. Nur die Grundausstattung tragen sie am Körper, die jeder, der am Flugzeug arbeitet, bei sich hat: seine Arbeitskarte, auf der sein Job verzeichnet ist. Und einen kleinen Stempel mit einer fünfstelligen Zahl. Mit dem Stempelabdruck, also einer persönlichen Kennnummer, verbindet sich – lange über die Lebenszeit des reparierten Flugzeugs hinaus – jeder Job mit einem Mitarbeiternamen. Am Ende eines Checks kann man sich die Tausende von dokumentierten Stempelabdrücken wie eine »Verantwortungspyramide« vorstellen, so formuliert es die für das Qualitätsmanagement zuständige Katrin Hoffmann. Unten jedes kontrollierte Schräubchen, jede Lampe, jede aus-

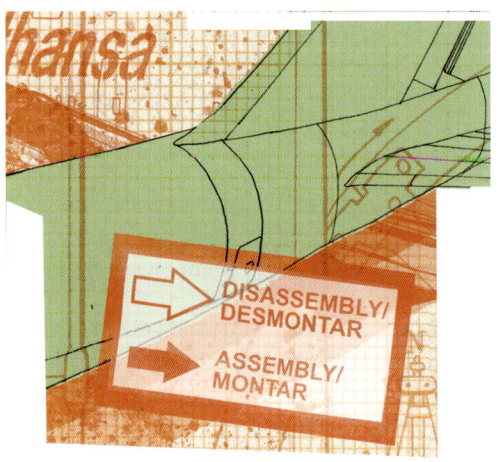

gebesserte Delle. Oben der das Gesamtprojekt abschließende Stempel des Ingenieurs mit den weitestreichenden Lizenzen. Und der Verantwortung für die Sicherheit der kompletten Maschine.

Beängstigend detailliert reden die Mitarbeiter über explodierende Tanks

Außer Arbeitskarten und Auszügen aus dem Wartungshandbuch findet man wenig Papier in der Halle. Vor sieben Jahren ist ein Lufthansa-Airbus beinahe abgestürzt, weil zwei Kabel falsch herum angeschlossen waren. Ein Wartungstechniker hatte veraltete Unterlagen benutzt. Seitdem gilt hier in Hamburg: Es gibt keine herumfliegenden Dokumente mehr. Es gibt nur noch eine, die aktuellste, Version im Intranet. Würde man das Wartungshandbuch der *Tango Delta* ausdrucken, hielte man 41 000 Seiten in der Hand. Man ahnt, warum das »Entsorgen von Wissen« (Kornwachs) in avancierten Technologiebereichen ein so wichtiges Thema ist.

Im eigenartigen Kontrast zu der unbestrittenen Sicherheit des Flugzeugs steht, dass ausgerechnet hier, wo man so akribisch und geradezu beispielhaft Sicherheit produziert, das Versagen der Maschine so präsent ist. Unglücke, Abstürze, Beinahcrashs: Gerade wird in Kantinen und Werkstätten ein desaströser Triebwerks-Testlauf in Toulouse diskutiert. Das blockierte Flugzeug riss sich los und zerstörte sich selbst. Der Diskurs des Scheiterns hat etwas Beschwörendes. Es gibt aber auch kaum eine Stelle am Flugzeug, zu der nicht eine schreckliche Geschichte zu erzählen wäre. Über geborstene Tragflächen, im Flug verlorene Triebwerke, Feuer an Bord und explodierende Tanks reden die Mitarbeiter gern beängstigend detailliert. Jedoch immer entspannt und locker im Ton.

Der technische Laie dagegen kann sich gar nicht recht entscheiden, ob er besorgt sein soll oder sich beruhigt zurücklehnen kann. Dieses heikle Angst-Vertrauen-Verhältnis zwischen Mensch und Maschine hat der Historiker und Kulturwissenschaftler Wolfgang Schivelbusch vor knapp 20 Jahren am Beispiel der Eisenbahn untersucht. Belege für das verbreitete Erschrecken vor der damals neuen Maschine fand er in einem Bericht des englischen Politikers Thomas Creevy, der 1829 nach einer Eisenbahnfahrt notierte: »Es ist unmöglich, sich von der Vorstellung eines sofortigen Todes aller bei dem geringsten Unfall zu lösen.« Die Bahnfahrt vermittelte, sagt Schivelbusch, »ein Gefühl der Gewalttätigkeit und latenten Destruktion«. Erst die Gewöhnung an die neue Technik, die Einbindung des Bahnreisens in die Kultur des Alltags (Reiselektüre) führte zur »kulturellen und psychischen Assimilation der Bahn«. Und zum Vertrauen in die Verlässlichkeit der Technik.

Doch die Angst vor der Monstrosität der Maschine ist bloß überdeckt. Sie bricht immer wieder auf, wenn es zum Unfall kommt. »Nur der Unfall«, stellte Ernst Bloch fest, »bringt sie zuweilen noch in Erinnerung. Krach des Zusammenstoßes, Knall der Explosionen, Schreie zerschmetterter Menschen, kurz ein Ensemble, das keinen zivilisierten Fahrplan hat.«

Der D-Check hat einen zivilisierten Fahrplan. Hinweise gibt ein riesiger Bildschirm, auf dem die Mitarbeiter der Lufthansa Technik ablesen können, wie sie in der Zeit sind. Das Zerlegen des Fliegers ist kalkulierbar. Die Schadensaufnahme bei der großen Erfahrung der Techniker ebenfalls, in gewissen Grenzen. Dann kommt die TAT (*turn around time*), der Tag, an dem der Eigentümer erfährt, wann sein Flugzeug fertig sein soll. »Ab dann läuft die Uhr«, sagt Sonja Gritschke, eine der wenigen Frauen, die in der Jumbo-Halle zu finden sind. Als »Ereignisleiterin« koordiniert sie den D-Check. Von der TAT an »wird es ungemütlich«. Denn die Ersatzteilbeschaffung, die Instandsetzung defekter Teile und die »Rückrüstung« bergen gerade bei älteren Maschinen jede Menge Überraschungen. Unterdessen plant der Kunde im Vertrauen auf den avisierten Termin das Flugzeug schon wieder in seine Logistik ein.

Rost an den Sitzschienen – schuld war der Orangensaft

17. Dezember. Stress an Triebwerk Nummer 3, einem der kabinennäheren »inneren« der vier Motoren, an der rechten Tragfläche. Auch hier ein Bereich, der üble Geschichten erzählen könnte. 1992 verlor eine Boeing 747 der israelischen Fluggesellschaft El Al in der Nähe von Amsterdam im Flug Motor Nummer 3. Er brach von der Tragfläche ab und riss auch noch den zweiten Motor (Nummer 4) mit sich. In regelmäßigen Simulationsflügen lernen Piloten, wie sie selbst beim Komplettausfall von zwei Triebwerken noch fliegen können. Doch in diesem Fall wurde der rechte Flügel so stark beschädigt, dass das Flugzeug nicht mehr kontrollierbar war. Es stürzte in einen Wohnblock. »Nur« 47 Menschen kamen ums Leben, weil es sich um ein Frachtflugzeug handelte.

Der Grund für das Desaster: Materialermüdung in der Aufhängung des Motors Nummer 3. Boeing reagierte mit einer großen Modifikation: In der Folge mussten weltweit alle Boeing 747 für drei Wochen in die Werkstatt und umfangreich nachgebessert werden. Auch die aktuellen Arbeiten an Triebwerk 3 sind Spätfolgen der El-Al-Katastrophe: Die Motoraufhängung muss bei diesem D-Check verstärkt werden. Lager sind zu ersetzen. Das Problem klingt banal: Ein paar Muttern, die man im Baumarkt kaufen könnte, sind nicht vorrätig. Doch selbst Muttern müssen im Flugzeugbau eine garantierte Qualität haben und vom Hersteller lizenziert sein. Weil die Nachbesserung alle Boeing 747 weltweit betrifft, hat der Hersteller derzeit – zum Ärger der Techniker – keine Muttern mehr am Lager. Die Arbeit in dem Bereich stockt. Heute wäre der Tag der TAT geplant gewesen – er wird verschoben.

10. Januar 2008. Die gute Nachricht: Fast alle entdeckten »Findings« sind repariert. Einige Haarrisse in der Außenhaut, eine Delle unterhalb des Cockpits, die wahrscheinlich von einem Blitzeinschlag herrührt, Schäden im stark strapazierten Bereich der Türen. Korrosionsschäden fanden sich unterhalb der Küche und der Toiletten. Und an den Sitzschienen – der Übeltäter ist vermutlich verschütteter Orangensaft. Die »Rückrüstung« der *Tango Delta* hat begonnen, neue Fenster sind montiert, auch viele neu bezogene Sitze. Die schlechte Nachricht: In tragenden Spanten und Verstrebungen innerhalb der Kabine wurden zahlreiche Risse entdeckt. Ein überraschender und erschreckender Befund; Risse in solchen Teilen der Konstruktion haben vor vier Jahren zum Absturz einer 747 geführt. Wieder ein Problem der Sektion 41. Und Boeing ist nicht vorbereitet und kann keine Ersatzteile liefern. Die komplizierten Formteile müssen in Hamburg gebaut werden. Das kann eine Verzögerung von Wochen bedeuten.

Mit dem Zeitdruck steigt die Nervosität. Die Rückrüstung kommt wegen der großen Baustelle im vorderen Kabinenbereich nicht voran. Die ersten Leiharbeiter werden nach Hause geschickt, Resturlaub wird abgebummelt, manche Techniker schieben einen Lehrgang dazwischen. Drei Schichten sind nicht mehr nötig. Lufthansa Technik hat Konkurrenz; einen D-Check bieten Wettbewerber weltweit an. Spezialisten in China arbeiten für ein Drittel des hiesigen Lohns. Und jeder Tag, an dem ein Flugzeug am Boden bleiben muss, kostet die Fluggesellschaft einen sechsstelligen Betrag. Der deutsche Standort überlebt nur, wenn hier schneller gearbeitet wird als anderswo.

»Geschwindigkeit und Sicherheit beißen sich«, sagt der Philosoph Kornwachs. Sie dürfen sich aber nicht ausschließen. Als Waffe gegen die Schlamperei, gegen fatale Routine, gegen den womöglich verhängnisvollen Druck durch Kunden oder die eigene Kostenkontrolle sind in die Wartungsmaschine Sicherungen eingebaut. Eine glasklare Struktur der Verantwortungen; ein umfassendes Kontrollsystem; und – Eigensinn. Wer in den Werkstätten Sitze neu bezieht oder Verkleidungsteile schleift, muss nur gut sein. Wer das Flugzeug anfasst, muss schon als Azubi Charakter bewiesen haben. Denn der kleine Schrauber muss sich im Ernstfall vor dem arabischen Scheich, der sein Flugzeug abholen möchte, aufbauen und sagen: Stopp! An einer Hydraulikleitung tropft es. Das Flugzeug bleibt am Boden. Die Konsequenzen mögen schrecklich sein und auch schrecklich teuer – Sicherheit und Opportunismus schließen sich aus.

28. Januar 2008. Die Maschine ist gewogen worden, mit Treibstoff befüllt, das Gerüst ist entfernt, die *Tango Delta* steht wieder auf dem Vorfeld. Vorsichtig wird sie in ein Spezialgebäude bugsiert, in die Lärmschutzhalle. Auf dem Programm steht der »Run-up«, ein Testlauf der Motoren mit umfassendem Systemcheck. Gewaltige Portale schließen sich hinter dem Flugzeug, nur die Spitze des knapp 20 Meter hohen Leitwerks schaut aus dem Dach hervor. Eine ganze Nacht lang werden endlose Checklisten abgearbeitet. Hydraulik, Pneumatik, Generatoren – und schließlich die Triebwerke. Ein leichtes Schütteln im Cockpit. Dann kommen nacheinander die Motoren auf Drehzahl. Der infernalische Lärm, der zum Schutz der flughafennah lebenden Menschen in der Halle eingefangen wird, ist im Inneren der Maschine nur als Brummen wahrnehmbar. Die letzten Fehler, die an Bord entdeckt werden, sind durchgebrannte Kontrollleuchten. Die Maschine lebt wieder!

1. Februar 2008. Der Prüfflug führt die *Tango Delta* nach Frankfurt. Keine Beanstandungen. Einen Tag später geht es, bis auf den letzten Platz besetzt, nach Washington. Dann zurück nach Frank-

furt. Anschließend nach Tel Aviv. Wieder nach Frankfurt. Dann nach Johannesburg. Mit üppigen zwei Wochen Verspätung bewegt sich die Maschine – nach menschlichem Ermessen sicher – wieder in ihrem Element. Beim Start in Hamburg sollen einige Techniker feuchte Augen bekommen haben.

Neun Superlative aus der Welt der Maschinen

Die Älteste: Dreh- oder Drechselbänke gab es in Ägypten und Mesopotamien schon vor 5000 Jahren. Seit 600 vor Christus lassen sie sich in der Nähe von Rom belegen. Etwa aus dieser Zeit sind auch assyrische Schöpfwerke bekannt. Offenbar ohne das Potenzial zu erahnen, erfand Heron von Alexandria (lebte wahrscheinlich im 1. Jahrhundert nach Christus) eine befeuerte, mit Wasserdampf gefüllte Hohlkugel – die erste bekannte Wärmekraftmaschine.

Die Visionärste: Leonardo da Vinci, geboren 1452 in der Toskana, entwarf zahllose Maschinen und Konstruktionen, die zum Teil erst viel später realisiert wurden: Katapulte, einen automatischen Wagen, den Vorläufer eines Hubschraubers (die »Luftschraube«), Druckpumpen, Bohrmaschinen, Taucherglocken, Kräne sowie Maschinen zur Tuchherstellung. Außerdem ein Mehrstufengetriebe und einen Pferdestall mit halbautomatischer Futterzufuhr.

Die Revolutionärste: Voraussetzung für die industrielle Revolution und Grundlage der mobilen und globalisierten Gesellschaft ist die Dampfmaschine. Der englische Ingenieur und Erfinder Thomas Savery ließ 1698 die Miner's Friend (des Bergmanns Freund) patentieren – eine mit Dampf betriebene Anlage zum Abpumpen von Wasser in Bergwerken. Mit einem Wirkungsgrad im Promillebereich konnte die Maschine praktisch nur in Kohlebergwerken verwendet werden. Thomas Newcomen (Wassereinspritzung) und James Watt (Kondensator, Fliehkraftregelung) schufen erst die Voraussetzungen für ubiquitäre Anwendung und Serienfertigung.

Die Beängstigendste: Spätestens seit der Reaktorkatastrophe von Tschernobyl verschreckt das Atomkraftwerk viele. Das erste zivile Kernkraftwerk entstand 1954 im russischen Obninsk und lieferte nur 5 Megawatt. 1956 ging in England als erstes kommerzielles Kernkraftwerk das KKW Calder Hall (55 Megawatt) ans Netz. Das erste deutsche KKW wurde 1960 in Kahl am Main gebaut (16 Megawatt).

Die Schnellste: Der Computer arbeitet heute mit Lichtgeschwindigkeit. Los ging es mit Lochkarten: 1890/1891 kam bei der amerikanischen Volkszählung erstmals die Datenerfassungs- und Speicherungsmaschine des Herman Hollerith (»Hollerithmaschine«) zum Einsatz. 1938 stellte Konrad Zuse den Zuse Z1 fertig, einen frei programmierbaren mechanischen Rechner (nie voll funktionstüchtig). Ab 1949 entwickelte Alan Turing in der Computerabteilung der Universität Manchester die Software für einen der ersten echten Computer, den Mark I.

Die Größte: Der Large Hadron Collider (LHC) ist ein 26,7 Kilometer langer Teilchenbeschleuniger. Er wird am europäischen Forschungszentrum Cern bei Genf gebaut, kostet drei Milliarden Euro und soll helfen, die Struktur des Kosmos, die Geheimnisse des Urknalls und Ereignisse im Nanokosmos zu enträtseln. 6500 Forscher und Ingenieure arbeiten am Cern, etwa die Hälfte der globalen Gemeinde der Teilchenphysiker. Je nach Sichtweise kann auch das weltweite Telefonnetz oder das World Wide Web (WWW) als größte Maschine gelten.

Die Fernste: Die Raumsonde *Voyager 1* ist die am weitesten von der Erde entfernte Maschine. Im August 2006 war sie rund 15 Milliarden Kilometer von der Erde entfernt und nähert sich nun der Grenze des Sonnensystems. Bis 2020 soll sie den interstellaren Raum erreichen.

Die Kleinste: Seit 2002 präsentiert der amerikanische Physiker Alex Zettl von der Universität Berkeley immer wieder Teile von »Nanomaschinen«. Zum Beispiel einen Nanorotor aus Siliziumplättchen, eine Nanoröhre, ein Nanotransportband, eine Nanohydraulik oder ein tatsächlich funktionierendes »Nanoradio«. Es handelt sich stets um Prototypen. Wann Nanomaschinen in größerer Menge produziert und eingesetzt werden können, ist unklar.

Die Absurdeste: Vermutlich verdient dieses Attribut Franz Gsellmanns »Weltmaschine«. Der Bauer aus Edelsberg in der Steiermark, 1919 geboren, arbeitete 23 Jahre seines Lebens (bis 1981) teilweise im Geheimen an dem Gesamtkunstwerk aus zahllosen Glühbirnen, Pfeifen, Motoren, allerlei Sperrmüll und 18 Hula-Hoop-Reifen. Einmal in Betrieb gesetzt, pfeift, rasselt, klingelt, leuchtet, blinkt und bewegt sich die Maschine aufs Erbaulichste.

»Heben und Rollen«

Was ist eine Maschine?

Die argentinische Fußballmannschaft River Plate der vierziger Jahre zum Beispiel. Sie wurde La Máquina genannt. Das damalige Ideal war ein Team, das wie eine Maschine arbeitet. Eins fügt sich ins andere, alles geht reibungslos vor sich. Die Vorstellung war: Wenn eine Mannschaft effektiv spielen und nicht nur zaubern will, muss sie effizient werden.

Das ist ein stark erweiterter Maschinenbegriff …

Im Lexikon steht: jede Vorrichtung zur Erzeugung oder Übertragung von Kräften. Interessant ist, dass der Ursprung des Begriffs ein militärischer ist. Die römische *machina* ist eine Belagerungsmaschine. Doch der Maschinenbegriff hat sich sehr gewandelt. Heute gelten auch Computer als Maschinen.

Welches waren die wichtigsten Maschinen?

Die meisten würden heute den Computer nennen. Eine ältere Generation käme vielleicht auf die Dampfmaschine und den Verbrennungsmotor. Historisch muss man über Heben, Rollen und Schrauben reden. Das sind zumindest Maschinenelemente, aus deren Kombination erste einfache Maschinen entstanden. Eine Art Basismaschinen waren sicherlich antike Schöpfwerke und in der Spätantike und im Mittelalter die Windmühlen.

Gibt es mehr Gründe, vor der Maschine Angst zu haben oder ihr zu vertrauen?

In ihr angelegt ist die Doppelgesichtigkeit, sie erzeugt Faszination und Schrecken. Denken Sie an den Ikarus-Mythos. Man erhebt sich über die Natur und geht zugrunde. Oder der Deus ex Machina im Theater des Barocks und der Klassik: Sein Auftritt ist plötzlich und erschreckend, doch er bringt die Lösung. Zu Beginn der industriellen Revolution wurde die Entwicklung der Technik, vor allem natürlich vonseiten der Innovatoren, positiv erlebt. Doch gleichzeitig stellte sich die Frage nach Gewinnern und Verlierern. Wer leidet, wer verliert seine Existenz?

Welche Maschinen sind gescheitert?

In der Regel erfährt man davon nichts, die Firmen reden nicht gern darüber. Doch es ist bekannt, dass die meisten Entwicklungen früh scheitern. Ein Beispiel ist der Kohlenstaubmotor, der im »Dritten Reich« wegen des Treibstoffmangels entwickelt wurde. Er hat funktioniert, aber nicht auf Dauer. Und seine Leistungsfähigkeit war begrenzt. In den fünfziger Jahren scheiterte Chrysler mit dem Versuch, die Gasturbine wie beim Flugzeug im Automobil einzusetzen. Der Verbrauch war zu hoch, und die Turbine kam mit den Bedingungen des innerstädtischen Stop-and-go-Verkehrs nicht zurecht.

HANS-JOACHIM BRAUN
ist Professor für
Neuere Sozial-, Wirtschafts-
und Technikgeschichte an
der Helmut-Schmidt-Universität/
Universität der Bundeswehr
Hamburg

Mehr zum Thema:

Lewis Mumford:
Mythos der Maschine
Kultur, Technik und Macht;
Fischer 1974; 856 S.;
nur noch antiquarisch

Wolfgang Schivelbusch:
Geschichte der Eisenbahnreise
Zur Industrialisierung von Raum
und Zeit im 19. Jahrhundert;
Fischer 2000; 222 S.

Martin Burckhardt:
Vom Geist der Maschine
Eine Geschichte kultureller
Umbrüche;
Campus 1999; 409 S.

Klaus Kornwachs (Hg.):
Technik – System – Verantwortung.
Technikphilosophie Bd. 10;
LIT 2004; 704 S.

MEDIZIN

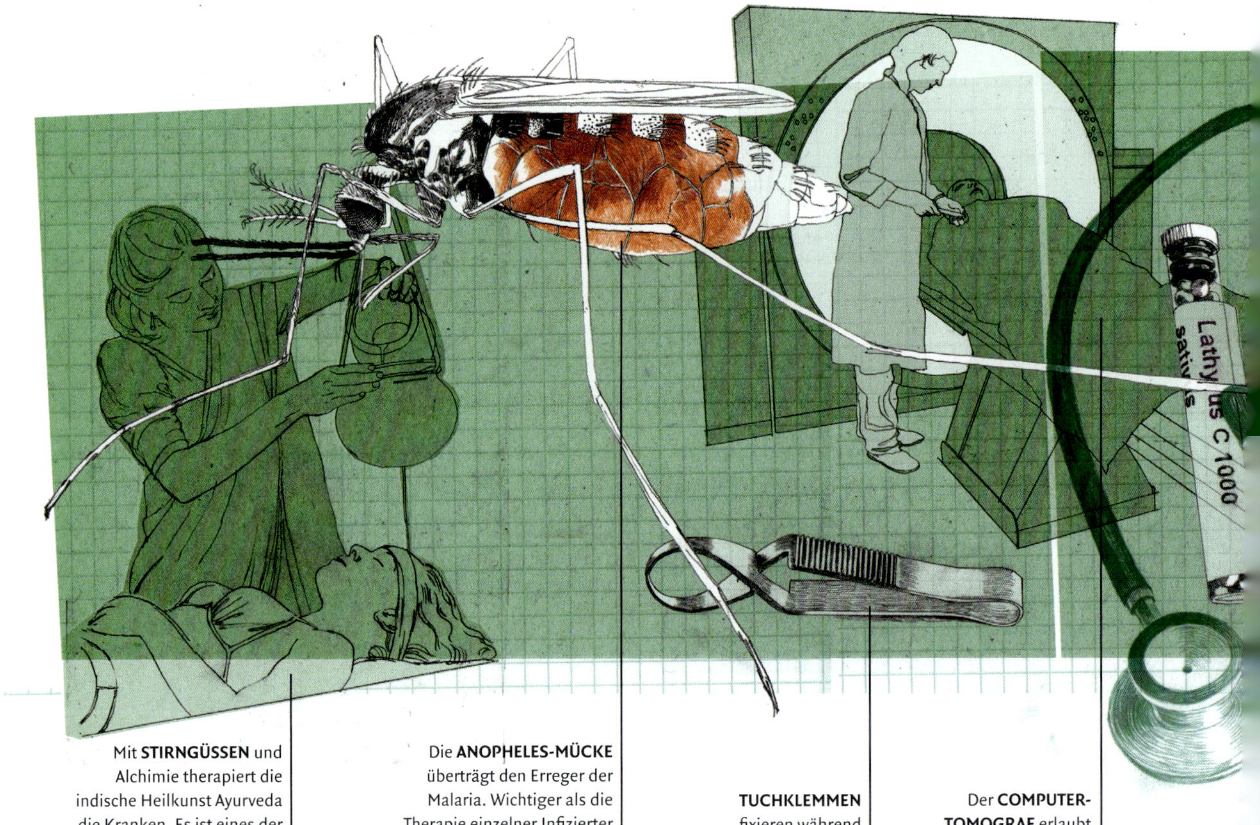

Mit **STIRNGÜSSEN** und
Alchimie therapiert die
indische Heilkunst Ayurveda
die Kranken. Es ist eines der
ältesten Medizinsysteme
der Welt

Die **ANOPHELES-MÜCKE**
überträgt den Erreger der
Malaria. Wichtiger als die
Therapie einzelner Infizierter
ist die Eliminierung
der Infektionswege

TUCHKLEMMEN
fixieren während
einer Operation
die Abdecktücker

Der **COMPUTER-
TOMOGRAF** erlaubt
den Blick in den
ungeöffneten Körper

Was die Welt gesund macht

Bildung, Demokratie und eine aufgeklärte Elite sind die
Bedingungen für ein effizientes Gesundheitssystem. Das indische
Kerala zeigt, dass auch in einem Entwicklungsland
die Lebenserwartung hoch sein kann

VON HARRO ALBRECHT

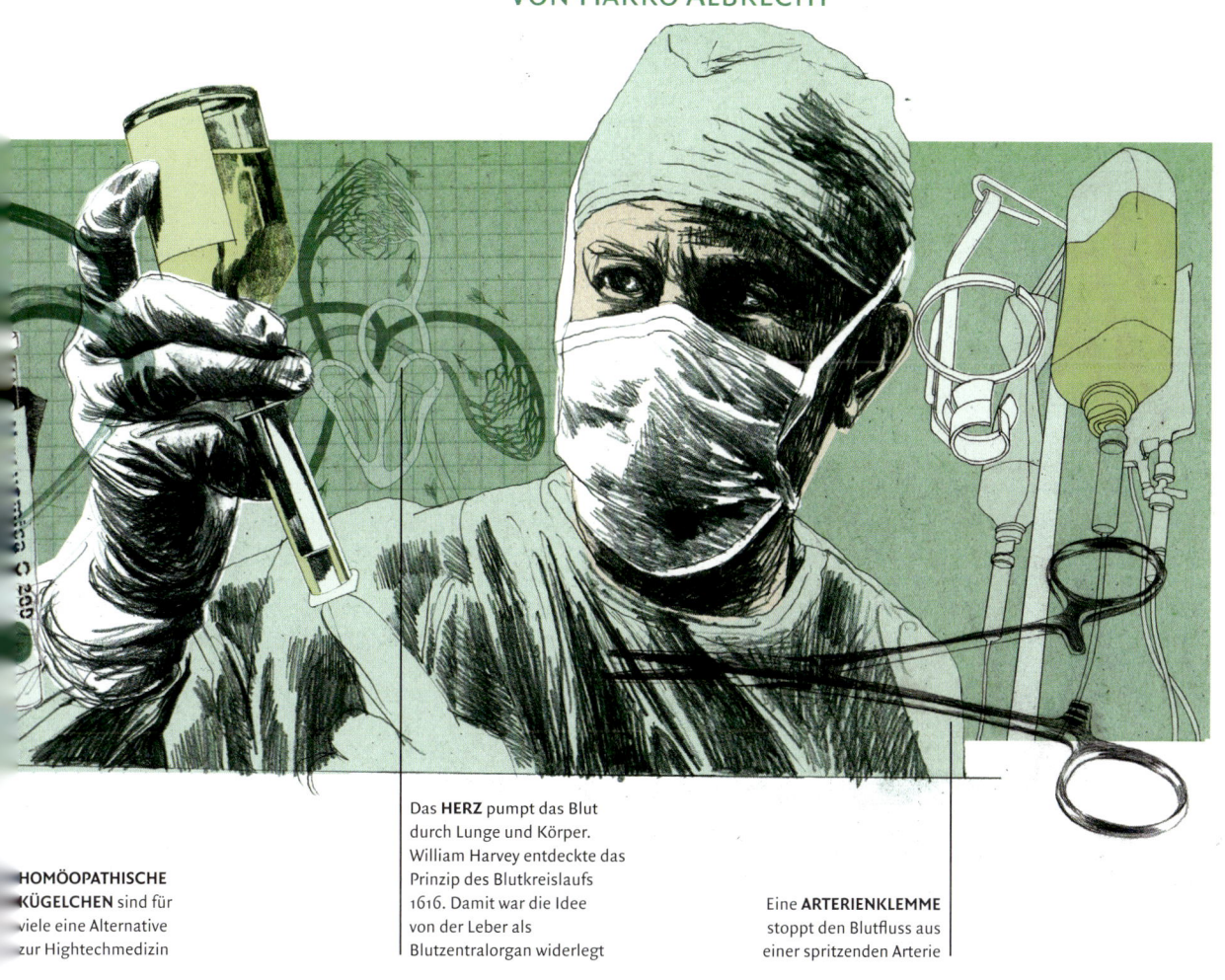

HOMÖOPATHISCHE
KÜGELCHEN sind für
viele eine Alternative
zur Hightechmedizin

Das **HERZ** pumpt das Blut
durch Lunge und Körper.
William Harvey entdeckte das
Prinzip des Blutkreislaufs
1616. Damit war die Idee
von der Leber als
Blutzentralorgan widerlegt

Eine **ARTERIENKLEMME**
stoppt den Blutfluss aus
einer spritzenden Arterie

MEDIZIN

und 40 Männer liegen im Krankensaal des General Hospital von Thiruvananthapuram. Es ist acht Uhr morgens, der Ventilator kreist träge unter der Decke und schafft es schon jetzt kaum mehr, die stickige Warmluft und den strengen Desinfektionsgeruch aus dem Raum zu wehen. Könnten sie es sich leisten, würden viele Patienten im Doppelzimmer in einem der schmucken privaten Hospitäler der Stadt liegen. Vielleicht im Cosmopolitan. Oder besser noch im KIMS.

Aber sie sind arm. Sie müssen mit einfachen Holzbetten vorliebnehmen. Der einzige Lichtblick sind auch an diesem Morgen die Zeitungen, die die Ehefrauen mitgebracht haben. Während auf deutschen Krankenstationen zur Ablenkung durchgehend der Fernseher läuft, sitzen in Thiruvananthapuram die Männer in ihren bunten Wickelröcken auf den Bettkanten, ein Bein untergeschlagen, und stecken schweigend ihre Köpfe in den *Kerala Express* oder in *The Hindu*. Für kurze Zeit verwandelt sich der Krankensaal der Armen in einen Lesesaal.

Kerala hat eine der höchsten Zeitungsleserdichten in ganz Indien. Das Interesse an der Welt, der Politik und auch an medizinischen Themen ist einer der Gründe, warum die Bewohner des südindischen Bundesstaats Kerala im Schnitt 74 Jahre alt werden – obwohl sie umgerechnet nur rund 460 Euro im Jahr verdienen. Hierzulande mag sich die Ansicht verfestigt haben, ein langes Leben sei vor allem eine Folge von Wohlstand und teurer medizinischer Versorgung. Das Modell Kerala aber erinnert daran, dass Gesundheit mehr von Bildung, gleichmäßiger Einkommensverteilung und Teilhabe der Bevölkerung an politischen Prozessen abhängt als von Computertomografen und teuren Medikamenten.

Doch wie haben die Keraliten, wie sie sich nennen, das Wunder eines langen Leben ohne Wohlstand vollbracht? Die Suche nach Antworten führt in einer knatternden Dreiradrikscha vom General Hospital durch die vollgestopften Gassen zur Temple Road im Stadtteil Kochulloor. Dort residiert in einem schlichten weißen Flachdachbau die Organisation Health Action by People. Ihr erster Vorsitzender heißt CR Soman (die Keraliten benutzen keine Vornamen; die beiden Kürzel stehen für die Namen von Vater und Mutter). Der Arzt und Ernährungsspezialist ist ein Star in Kerala. Er hat als Aktivist die medizinische Entwicklung in dem Musterstaat von Anfang an mitgestaltet. Inzwischen ist er pensioniert, gibt aber in einer Fernsehsendung noch Ernährungstipps, stellt medizinische Quizfragen und meldet sich in Zeitungen oft mit harscher Kritik zu Wort.

»Es begann vor 150 Jahren«, erzählt Soman, »das General Hospital, in dem Sie gerade waren, wurde in jener Zeit gegründet.« Die Patienten litten an üblen Durchfällen, Gonorrhö und Syphilis; oder ein Königstiger hatte ihre Gliedmaßen zerfleischt. Zwar wurde am General Hospital schon westliche Medizin praktiziert, aber sonst herrschte die ayurvedische Medizin, mit ihren Schwermetallen und Pflanzenpräparaten. Ayurveda, das Wissen vom langen Leben, geht aus von den im menschlichen Körper angelegten Mischungsverhältnissen der Grundelemente Feuer, Erde, Was-

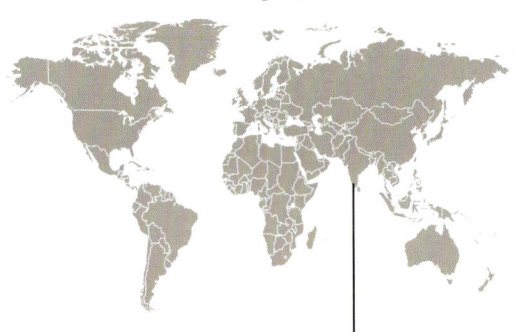

KERALA
liegt im südwestlichen Zipfel Indiens. Die Lebenserwartung in dem extrem dicht besiedelten Bundesstaat geht weit über den indischen Durchschnitt hinaus

Andhra Pradesh

Karnataka

100 km

INDIEN

Golf von Bengalen

Kerala

Tamil Nadu

Indischer Ozean

SRI LANKA

Thiruvananthapur

ser, Luft und Äther. Daraus leiten die ayurvedischen Heiler die drei angeborenen physiologischen Eigenschaften oder »Doshas« ab: Pitta, Kapha, Vata. Jeder Mensch sei mit einem individuellen Mischungsverhältnis dieser Doshas geboren. Bei einem Kranken gilt es, Ernährung, Verhalten und Mäßigung ins Gleichgewicht zu bringen.

CR Soman hält nicht viel von Ayurveda. »Die Effekte sind doch nur placebobedingt, gegen Cholera oder Typhus war und ist Ayurveda nutzlos.« Nein, der Nestor der keralitischen Medizin hält mehr von den Ansätzen, die im 19. Jahrhundert in Europa die Medizin revolutionierten und ihren Weg auch in das frühere Königreich Travancore fanden (Kerala entstand erst 1956). Europa war das Weltzentrum der neuen Heilkunde. Wissenschaftliches Denken löste die hippokratische Variante der Elemententheorie, die Viersäftelehre, ab. John Snow etwa analysierte in London das Verteilungsmuster der Wohnorte, in denen Menschen an Cholera erkrankten, und stieß auf eine Wasserpumpe in der Broad Street. Sie war der Ausgangspunkt des Ausbruchs. Snow ließ den Pumpenschwengel abmontieren – die Krise legte sich. In Frankreich lieferte Louis Pasteur die letzten Beweise, dass Krankheiten durch kleinste Lebewesen verursacht werden und nicht durch schlechte Luft. Und in Deutschland definierte der Pathologe, Politiker und Arzt Rudolf Virchow Krankheit neu als »aktive und passive Störungen größerer und kleinerer Summen der vitalen Elemente (Zellen), deren Leistungsfähigkeit je nach dem Zustande ihrer molekularen Zusammensetzung sich ändert«. Medikamente gegen diese Störungen standen den Medizinern indes noch nicht zur Verfügung. Deshalb hatte ein anderes Konzept Virchows zunächst größere Bedeutung: Die Gesundheit des Menschen ist ein Spiegel seiner Lebensbedingungen. Für die leidenden Armen forderte er Hygiene, Kläranlagen, Licht, Luft und Demokratie. Es waren Forderungen, die – als sie erfüllt waren – in Europa den größten Schub in Sachen Lebenserwartung brachten, lange bevor Antibiotika, Chirurgie und Molekularbiologie die Medizin noch einmal veränderten.

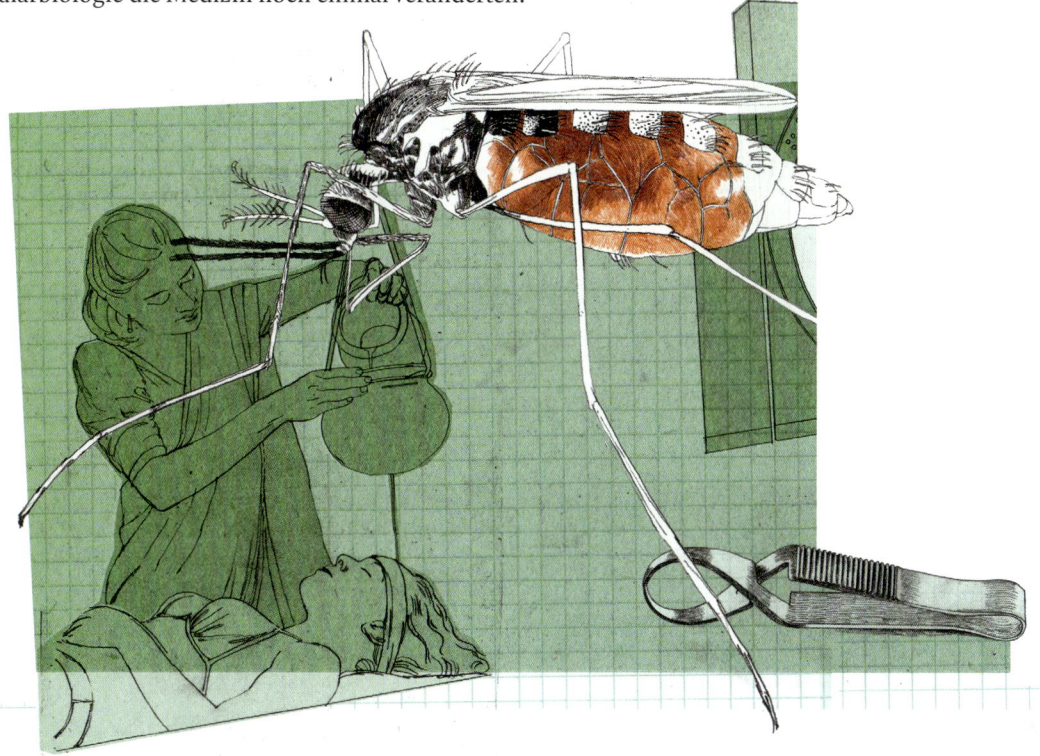

Die Maharadschas zeigten sich fürsorglich – die Sklaverei aber blieb

Die ersten Wellen dieser neuen Denkart erreichten das Königreich Travancore, als in Deutschland die Revolution tobte. 1848 türmte Rudolf Virchow in den Straßen Berlins Barrikaden auf, und in Thiruvananthapuram entdeckte der Maharadscha Swathi Thirunal sein Herz für die Wissenschaften. Der Regent ließ einen Zoo bauen, legte den Grundstein für die erste Regierungsdruckerei und engagierte den schottischen Arzt Colin Paterson.

»Die damaligen Könige waren bescheiden«, sagt CR Soman, »sie wanderten mit bloßem Oberkörper durch die Straßen und hatten schlichte Paläste – anders als in Nordindien. Die Leute nahmen ihnen ab, wenn sie von ›unseren Angelegenheiten‹ sprachen.« Das aber bedeutete noch lange kein Mitspracherecht. Die Regenten trieb väterliche Fürsorge um; demokratische Umwälzung wie in Deutschland stand im Königreich nicht zur Diskussion. 13 Prozent der Bevölkerung waren staatseigene Sklaven, weiteren 15 Prozent war der Zugang zu Schulen und öffentlichen Straßen verwehrt. Ohne Partizipation großer Teile der Bevölkerung aber konnten sich die modernen Erkenntnisse nicht verbreiten. Und sie ließen sich auch nicht einfordern.

»Im 19. Jahrhundert kamen die Missionare – vor allem aus Deutschland«, sagt Soman. »Mit den Missionaren begann die Modernisierung und Verwestlichung der Bildung.« Das war die Voraussetzung dafür, dass ein gesunder Staat entstehen konnte. Dann erzählt Soman von dem in Kerala verehrten Hermann Gundert – »Nonno« nannte ihn sehr viel später sein Enkel Hermann Hesse. Den Missionar und Sprachwissenschaftler hatte es aus Stuttgart in das angrenzende Königreich Malabar gezogen, das später Teil von Kerala wurde. Er gründete 1847 die Zeitschrift *Rajya Samacharam*, Nachrichten des Königreichs, in der Landessprache Malayalam und verfasste ein Malayalam-Englisch-Wörterbuch. Zur gleichen Zeit focht Virchow in Deutschland für die Pressefreiheit, denn nur wo es eine freie Presse gibt, können die Herrschenden von der Not ihrer Völker erfahren.

Solange aber die Bewohner Travancores der Großzügigkeit und Kontrolle der Herrscher und der britischen Kolonialherren ausgeliefert waren, verbesserte sich die gesundheitliche Situation nur langsam. Die Maharadschas rangen sich gerade dazu durch, die Sklaverei abzuschaffen, als in Deutschland bereits überall Abwasserkanäle entstanden und Wilhelm Conrad Röntgen die später nach ihm benannten Strahlen entdeckte.

»Wir hatten keine Kultur der Toiletten«, sagt CR Soman, »aber wir hatten viel Platz und viel Wasser.« Dank Bildung (und der verbreiteten Angewohnheit, sich zweimal am Tag zu waschen) verbesserte sich die Situation auch ohne politische Teilhabe. Außerdem bestand für einen Teil der Frauen in bestimmten Kasten die Möglichkeit zu erben – was sich zum Wohl vieler Kinder auswirkte. Noch bevor Indien 1947 unabhängig wurde, sank in der Region die Kindersterblichkeit deutlich unter den Durchschnitt im Rest des Subkontinents.

1956 entstand Kerala aus den Distrikten Cochin, Malabar und Travancore. Im darauffolgenden Jahr kam die erste frei gewählte kommunistische Regierung der Welt an die Macht. Auch CR Soman, der Adlige, war glühender Kommunist. Die junge Ministerriege stellte alles auf den Kopf. Sie verteilte Land an die besitzlosen Bauern, dezentralisierte die Verwaltung und investierte ein Drittel des Haushalts in die Bildung. Überall entstanden Gesundheitszentren und

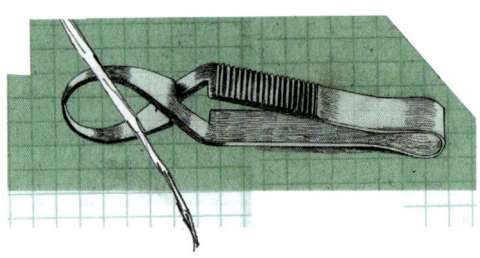

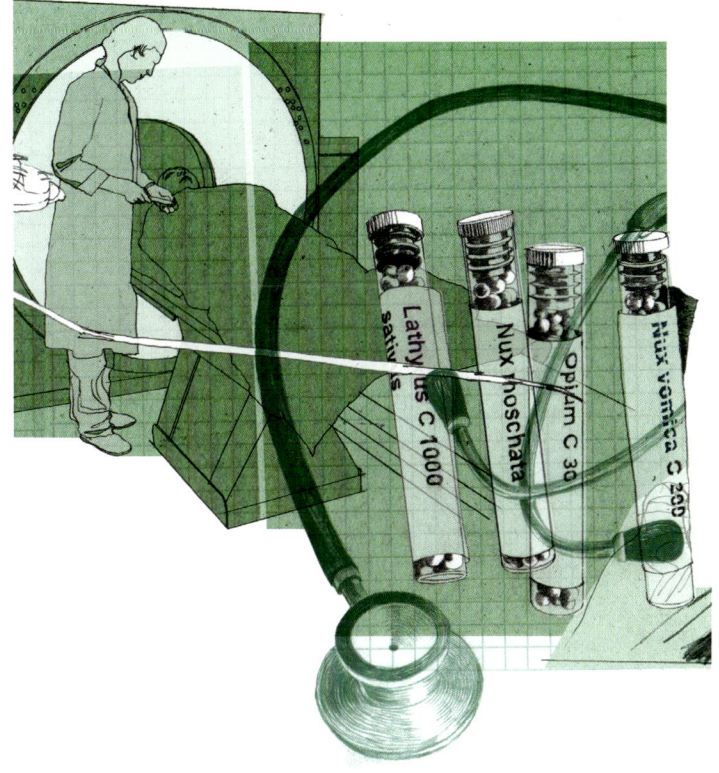

Krankenhäuser. Massenimpfungen gegen Pocken und Essensrationen für die Ärmsten senkten die Kindersterblichkeit weiter. Schulkinder legten Wasserpfützen trocken und drehten Kokosnussschalen um, in denen Malariamücken zu brüten pflegen. Zusätzlich ließ die indische Zentralregierung großflächig DDT sprühen. In der Hauptstadt öffnete ein medizinisches College die Pforten; schon bald praktizierten erste keralitische Ärzte auf dem Land.

Ihre Aufgabe war und ist es, sich nicht nur um das individuelle Wohl der Patienten zu kümmern, sondern – ganz im Sinn Virchows – das große Ganze im Blick zu behalten. Bis heute besteht die ärztliche Aufgabe darin, die regelmäßigen Impfungen zu überwachen und alles im Auge zu behalten, was gesundheitsschädlich sein könnte. Die Strategie zahlte sich aus. Das Durchschnittseinkommen Keralas lag zwar 1979 noch zehn Prozent unter dem anderer indischer Staaten, aber die durchschnittliche Lebenserwartung betrug 65 Jahre – Inder in anderen Teilen des Landes durften nur auf 56 Jahre hoffen.

Und das war erst der Anfang. Von jeder nachfolgenden Regierung forderte das kämpferische und belesene Wahlvolk mehr Gesundheitsinfrastruktur. Heute liegt in Kerala zwischen dem Wohnort des Kranken und dem nächsten staatlichen oder privaten Gesundheitszentrum nie mehr als ein Kilometer Weg. Und die Patienten nutzen das Angebot. 99 Prozent aller Frauen gehen für die Entbindung ins Krankenhaus. Ist ein Zentrum ein paar Tage lang nicht besetzt, fliegen nicht selten Steine. Gesundheit ist für Keraliten zur Obsession geworden.

Seit den achtziger Jahren reicht vielen Ärmsten die Perspektive nicht mehr, zwar gesund, aber arm zu sein. Sie wanderten in die boomenden Golfstaaten aus. Dank des zurückgeschickten Geldes stand zu Hause plötzlich reichlich Essen auf dem Tisch, Fahrradrikschas wichen den motorisierten Pendants. »Wir sind bequem geworden«, sagt CR Soman, »die Wasserpfützen werden nicht mehr trockengelegt. Die Mückendichte hat wieder zugenommen, und Menschen aus anderen Teilen Indiens schleppten den Malariaerreger wieder ein.« 1997 und 1998 gab es erneut erste große Ausbrüche mit 4000 Infizierten.

Cholera gibt es nicht mehr. Dafür westliche Leiden wie Diabetes

In Europa sorgen einzig Rückkehrer aus Tropengebieten in Flughafennähe für vereinzelte Malariafälle. Die Cholera ist verschwunden, und gegen die restlichen Infektionen stehen potente Antibiotika bereit. Dank der medizinischen Revolution werden die Menschen hierzulande immer älter – aber gleichzeitig auch runder. Bewegungsarmut, Arbeitsbelastungen, veränderte Ernährungsgewohnheiten und letztlich auch die gewonnenen Jahre bescheren uns vermehrt Krankheiten wie Diabetes, Herzinfarkt, Schlaganfall, Krebs, Hüftarthrose und Alzheimer. Ärzte und Forscher haben ihr Betätigungsfeld an die neuen Bedürfnisse angepasst. Statt Röntgenreihenuntersuchungen für Tuberkulose durchzuführen, suchen sie nach maßgeschneiderten Medikamenten, abgestimmt auf die genetischen Profile der Kranken.

Diesen Wandel im Krankheitsspektrum macht auch Kerala durch. Nirgendwo zählt Indien mehr Übergewichtige, Alkoholiker, Diabeteskranke und Herzinfarktopfer. Seit die Menschen mehr verdienen, lassen sie sich häufiger mit der motorisierten Rikscha durch die Hauptstadt chauffieren. Auch würzen sie mit ihrem Curry vermehrt Fleisch statt Reis und Gemüse. 25 Prozent aller Todesfälle, sagt Soman, gehen inzwischen auf das Konto von Herzinfarkten – und ein Keralite erleidet seinen Herzinfarkt im Schnitt zehn Jahre früher als der Europäer. Anstelle von Pockenimpfungen ist jetzt westliche Technik für westliche Erkrankungen gefragt. Allerdings ist im General Hospital das Ultraschallgerät defekt, ein Computertomograf nicht vorhanden, und das veraltete Röntgengerät produziert nur verschwommene Aufnahmen. Patienten kaufen sich die fehlende Diagnostik daher auf dem freien Markt. Das führt dazu, dass sich die Geschichte plötzlich wie ein Medizinbericht aus einem Industrieland anhört: Einerseits häufen sich die Probleme bei der medizinischen Grundversorgung, andererseits sind aus Patienten anspruchsvolle Kunden geworden. »Viele haben inzwischen eine völlig verzerrte Wahrnehmung von dem, was Gesundheit ist«, sagt Soman.

Während das öffentliche System verfällt, brummt das Geschäft mit den modernen Bedürfnissen. Vor allem Rückkehrer leisten sich die bestmögliche Versorgung in den Privatkliniken. Diese sprießen überall aus dem Boden und preisen auf riesigen Plakaten neueste Diagnostiktechniken an. Die verbeulten rot-gelben Stadtbusse machen Reklame für künstliche Befruchtung und Herzkatheter – zum Spottpreis von umgerechnet 100 Euro.

Das erfolgreiche System zerfällt – wer gute Behandlung will, muss zahlen

Die größte Versuchung aber heißt KIMS, Kerala Institute of Medical Sciences. Es ist das schickste Privathospital der ganzen Stadt. Auf dem roten Hochhaus mit der getönten Glasfront thronen, weit herum sichtbar, die vier Buchstaben. Im Innern verschafft die Klimaanlage den Patienten in der Wartehalle Linderung. Der Direktor MI Sahadulla versucht in seinem komfortablen Büro gerade Kontakt mit einem Kollegen aus Singapur aufzunehmen. Die Verbindung ist schlecht. Er legt auf, wendet sich milde lächelnd dem Besucher zu und sagt: »Das Einkommen steigt, die Kaufkraft hat beträchtlich zugenommen.«

Seine Geschäfte gehen gut, extrem gut: »Die Mittelklasse fragt nach einer besseren Versorgung, und wir sind eingesprungen.« Sein Institut hat die modernste Apparatediagnostik im Angebot und den ganzen Apothekenschrank der pharmazeutischen Industrie. Hier buchen nicht nur neureiche Heimkehrer, sondern sogar afrikanische Eliten ihre Operationen – Sahadullas Ärztestab transplantiert Nieren, entfernt Hirntumoren, öffnet verstopfte Herzkranzgefäße, ersetzt kaputte Hüften.

Die Suiten in den obersten Stockwerken, wo in gedämpfter Atmosphäre ein glanzpolierter Holzmassagetisch für gestresste Europäer und reiche Afrikaner zu einem ayurvedischen Stirnguss mit handwarmem Öl lädt, sind für die meisten Keraliten unerschwinglich. Aber es gibt im KIMS auch klinisch weiße Quartiere, deren Liegeplätze (ein Dutzend pro Saal) etwa so teuer sind wie die besten Privatzimmer im öffentlichen Krankenhaus.

Dieses Angebot findet regen Zuspruch. »Viele Leute, die hierherkommen, können sich das eigentlich nicht leisten«, sagt Sahadulla. Für ihre Gesundheit verschulden sich die Patienten lieber, als im öffentlichen Krankenhaus lange Wartezeiten, Schlendrian und mangelnde Hygiene in Kauf zu nehmen. Der Direktor bemüht sich, den Eindruck zu zerstreuen, sein Krankenhaus sei ein Motor der Entsolidarisierung im Gesundheitssystem: »Über das Jahr geben wir 10 Millionen Rupien für die subventionierte Behandlung von armen Patienten aus.« Das sind rund 175 000 Euro. »Wir verweigern niemandem, der hier reinkommt, die Behandlung«, sagt der Arzt. Was natürlich nicht heißt, dass das Krankenhaus nicht versucht, sein Geld zu bekommen: »Irgendwer muss ja zahlen. Wir sind schließlich auch unseren Shareholdern verpflichtet.«

Der Nestor der keralischen Medizin, CR Soman, verfolgt die jüngste Entwicklung in seinem gesunden Staat mit Besorgnis. An die Stelle von Medizinern, denen man gern vertraute, seien Abzocker getreten. »Die Zivilgesellschaft in Kerala wird immer unzivilisierter«, sagt er, »wir haben keine Seele mehr in der medizinischen Profession. Der Patient ist nur noch das Mittel, um Geld zu machen.«

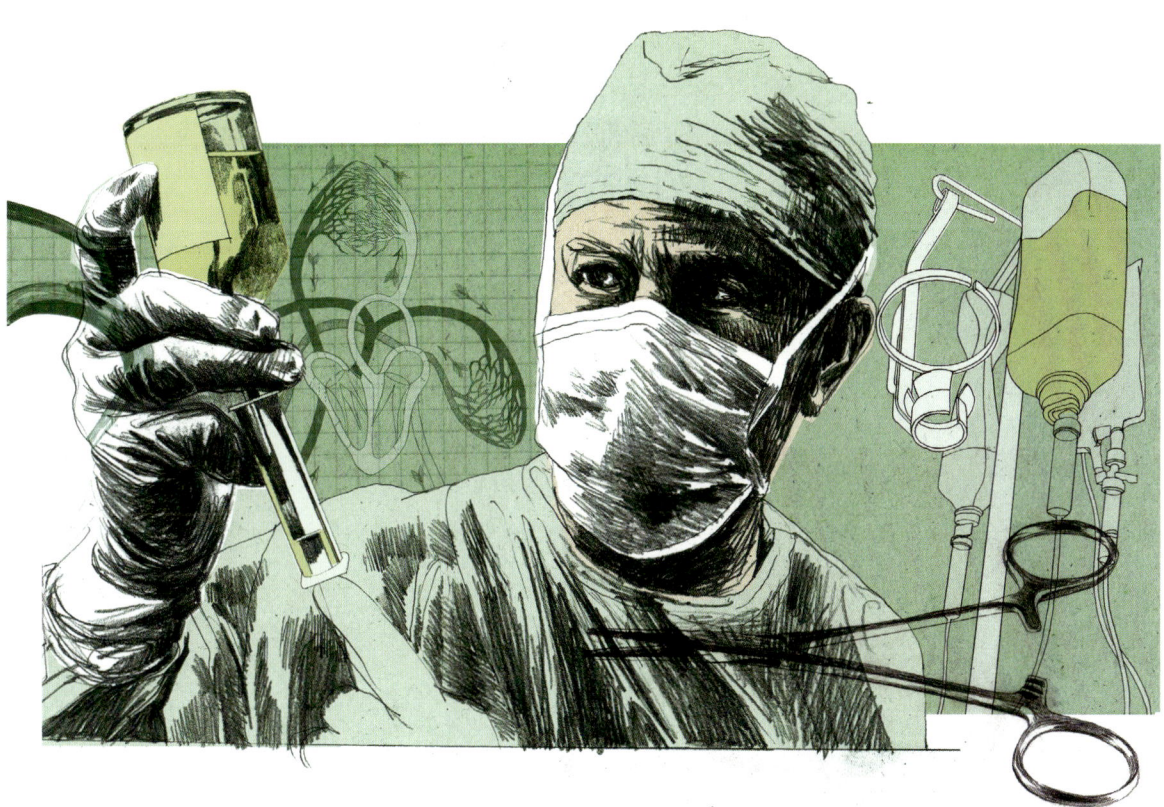

Galerie der Heilkundigen – sieben Ärzte-Charaktere

Dorothea Christiana Erxleben (1715 bis 1762) Die medizinischen Grundkenntnisse lernte die erste Ärztin Deutschlands von ihrem Vater. Solange sie in der väterlichen Praxis ohne akademische Würden Patienten behandelte, war Dorothea Christiana Erxleben, geborene Leporin, in ihrer Heimatstadt Quedlinburg als Dilettantin verschrien. Das änderte sich erst mit ihrer Dissertation.

Philippe Pinel (1745 bis 1826) »Freiheit, Gleichheit, Brüderlichkeit« – das Motto der Französischen Revolution sollte auch für die Geisteskranken gelten. Also verkündete der französische Arzt Philippe Pinel: »Die Irren sind keine Schuldigen, die man bestrafen muss, sondern Kranke, die alle Rücksicht verdienen, die wir einer leidenden Menschheit schuldig sind.« Der Advokat der Patienten forderte einen humaneren Ansatz: leichte, sinnvolle Arbeit und beruhigende Worte als Therapie.

Edward Jenner (1749 bis 1823) Etwa 60 Millionen Menschen rafften die Pocken im 18. Jahrhundert dahin. Heute gilt die Seuche als ausgerottet. Die Grundlagen dazu legte der britische Landarzt Edward Jenner. Jenner gewann 1796 aus den für Menschen harmlosen Kuhpocken erstmals ein brauchbares Mittel gegen die tödliche Plage, obwohl er von Viren noch nichts wissen konnte. Der weltweite Impffeldzug begann wenig später, und 182 Jahre danach, im Sommer 1978, registrierte die Weltgesundheitsorganisation das letzte Pockenopfer.

Albert Schweitzer (1875 bis 1965) Er war dreifacher Doktor der Philosophie, Theologie und Medizin, Nobelpreisträger, Pazifist und Humanist. Albert Schweitzer gründete 1913 als Missionsarzt in Lambarene (Gabun) ein Urwaldhospital und engagierte sich selbstlos für die humanitäre Sache. Ein Ausspruch wirft jedoch einen Schatten auf das makellose Bild des Elsässers: »Der Neger ist ein Kind. Ohne Autorität ist bei einem Kinde nichts auszurichten.«

Theodor Morell (1886 bis 1948) »Reichsspritzenmeister« nannte Hermann Göring den dicken Doktor. Schnell erkannte Adolf Hitlers Leibarzt die hypochondrischen Schrullen seines Herrn und stellte ihn mit Traubenzucker, Vitamingaben und Hormonspritzen aus Stierhoden zufrieden. Ein Läusemittel, das der Scharlatan für das Heer entwickelte, wirkte nicht.

Alexander Mitscherlich (1908 bis 1982) An die Zeit, als die »Heilkunde« im großen Stil zum Unheil verkam, mochten sich deutsche Nachkriegsmediziner nicht gern erinnern lassen. Der Arzt und Psychoanalytiker Alexander Mitscherlich allerdings zeigte Rückgrat. Minutiös beschrieben er und sein Mitarbeiter Paul Mielke in dem Buch *Das Diktat der Menschenverachtung* 1960 das barbarische Handwerk der NS-Mediziner. Die beiden fanden heraus, dass von rund 90 000 Ärzten mindestens 300 an Menschenversuchen beteiligt waren. Die Ärzteschaft wehrte sich gegen die »Nestbeschmutzung«, und Mitscherlich geriet in die Defensive. Autor Peter-Ferdinand Koch zitiert in seiner NS-Dokumentation *Menschenversuche* den Dekan der Medizinischen Fakultät der Universität Göttingen. Der bezeichnet die Faktensammlung des Autorenteams als »geradezu unverantwortlich«.

Gregory House (geb. 1959) Als misanthropen Zyniker legt der Schauspieler Hugh Laurie die Hauptfigur der amerikanischen Arztserie *Dr. House* an. Nach lauter hilfsbereiten TV-Doktoren wie aus dem Gloria-Roman ist der gehbehinderte Doktor ein medizinischer Unhold. Er schluckt in einem fort Schmerztabletten, meidet den Patientenkontakt und traktiert seine Kollegen mit beißendem Spott. Dafür aber ist die Fernsehfigur ein begnadeter Diagnostiker. Es ist wie in der Wirklichkeit: Hat man lieber einen empathischen, aber durchschnittlichen Mediziner – oder einen spöttischen, unnahbaren medizinischen Sherlock Holmes, der auch noch den kniffligsten Fall löst?

»Bildung ist die beste Voraussetzung für präventive Medizin«

Welche Erkenntnisse haben die Medizin in den vergangenen Jahren vorangebracht?

Entscheidend war die naturwissenschaftliche Orientierung der Medizin. Dazu gehört die Einbindung von Biophysik und Biochemie, die ja in der Vergangenheit besonders von deutschen Forschern geprägt wurden. Die dadurch gewonnenen Erkenntnisse haben die Medizin entscheidend vorangebracht, wie zum Beispiel die Entdeckung der DNA, die von Max Delbrück und anderen wesentlich vorbereitet wurde.

Welchen Durchbruch erwarten Sie?

Nach den jüngsten Erfolgen der Stammzellforschung denke ich, dass auf dem Gebiet der regenerativen Medizin in naher Zukunft klinisch praktikable Durchbrüche gelingen. Dabei werden dann möglicherweise nicht Organe oder Zellen transplantiert, sondern die körpereigenen Reparaturmechanismen angeregt – analog zu dem Lurch Axolotl, dem Gliedmaßen und Organe nachwachsen. Das zweite Feld ist die individualisierte Medizin. Durch die Analyse individueller Varianten der Enzyme und Rezeptoren lässt sich vorhersagen, wie ein bestimmter Patient auf ein Medikament anspricht. So kann man die passenden Mittel zum Beispiel in der Krebstherapie besser auswählen.

Was war der größte Irrtum in der Medizin?

Der größte Irrtum ist, dass wir auch heute noch darauf warten, dass Menschen krank werden und dann Heilung beim Arzt suchen. Wir müssen mehr Arbeit in die Vorbeugung stecken. Das relative Übergewicht der kurativen Medizin zur präventiven Medizin muss korrigiert werden.

Kann man Menschen für eine gesunde Lebensweise gewinnen?

Fast 50 Prozent der erwachsenen Bevölkerung haben einen zu hohen Blutdruck und müssten abnehmen.

Doch wie kann man das erreichen? Am besten durch Bildung. Bildung ist nachweislich die wichtigste Voraussetzung für präventive Medizin.

Was wissen Sie, ohne es beweisen zu können?

Dass fröhliche, optimistische Menschen im Allgemeinen gesünder sind als Pessimisten. Und dass der Wille und der Glaube, gesund zu werden, fast so wichtig sind wie ein guter Arzt.

Auf welche Entdeckung wartet die Medizin am sehnlichsten?

Wir warten auf wirksame Impfungen gegen die großen Infektionskrankheiten wie Malaria, Tuberkulose, HIV – aber auch gegen Krebs, Alzheimer, Bluthochdruck und andere Krankheiten.

Wenn Sie morgen ein Forschungsprojekt auswählen könnten, welches wäre es?

Ein hochspannendes Forschungsfeld ist die Entstehung des Lebens und des Menschen auf molekularer Ebene. Erkenntnisse auf diesem Gebiet ermöglichen ein ganz neues Verständnis für die Entstehung und die Bedeutung von Krankheit. Damit lässt sich auch die Fähigkeit des Menschen, komplett irrsinnige Ideen zu haben, also die Voraussetzung für Kreativität, erforschen.

Was ist wichtiger: öffentliche Gesundheitspflege oder moderne, individuelle Medizin?

Die Charité betreibt beides mit höchster Intensität. Langfristig ist die öffentliche Gesundheitspflege, wie die Vorbeugung, mindestens genauso wichtig wie die individuelle Medizin.

Wird jemals Gesundheit für alle bis zum letzten Augenblick erreichbar sein?

Nein, das wird es immer nur für einige wenige geben. Nämlich für jene, die plötzlich tot umfallen. Letztlich kommt der Tod immer zur Unzeit. Krankheit gehört zum Leben, und zum Leben gehört Sterben.

Mehr zum Thema:

Constantin Goschler:
Rudolf Virchow
Mediziner – Anthropologe – Politiker;
Böhlau 2002; 568 S.

Atul Gawande:
Complications
A Surgeon's Notes on an
Imperfect Science; Picador USA, Reprint 2003; 288 S.

Hans Bankl:
Woran sie wirklich starben
Krankheiten und Tod historischer Persönlichkeiten;
Verlag Wilhelm Maudrich, 4. Aufl., 2005; 265 S.

DETLEV GANTEN
ist Arzt und Gründer des
Max-Delbrück-Centrums
für Molekulare Medizin
und Vorstandsvorsitzender
der Charité in Berlin

MOLEKÜL

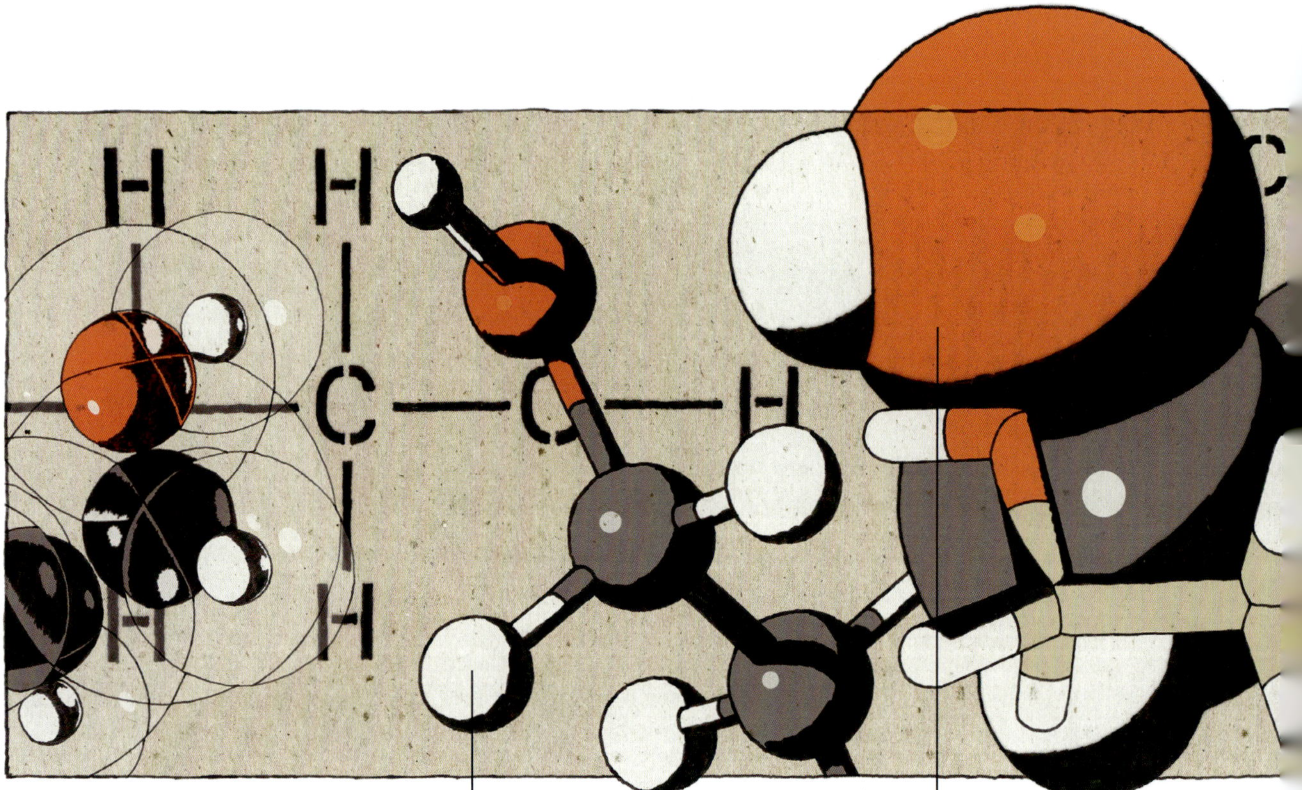

Kugel-Stab-Modell von Äthanol.
Das Molekül wird gern unter
dem Namen **ALKOHOL** konsumiert

ÄTHANOL (C_2H_6O)
als Kalotten- und davor
als Stäbchenmodell

Die Kleinteile der Schöpfung

Alle Materie besteht aus Atomen, und diese bilden Moleküle.
Das größte, das in der Natur vorkommt, ist die Erbsubstanz DNA.
In Baltimore suchen Forscher in den menschlichen Genen
nach winzigen Defekten – sie sind der Schlüssel, um Krebs früh
zu erkennen und zu heilen

VON ULRICH BAHNSEN

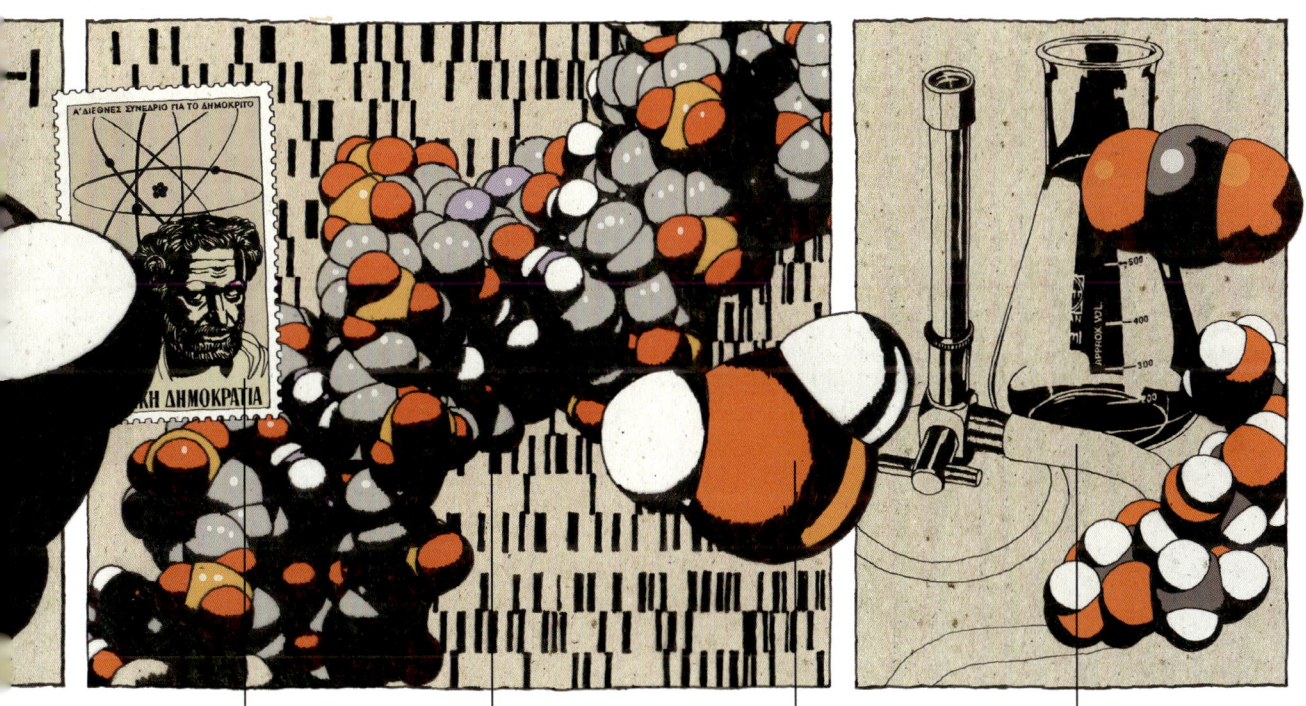

DEMOKRIT postulierte eine Natur aus kleinsten, unteilbaren Einheiten. Der griechische Philosoph zeichnete allerdings noch keine Atommodelle

DIE MENSCHLICHE DNA enthält den Quellcode, all unsere Erbinformationen

DAS WASSERMOLEKÜL ist geladen, negativ auf der Sauerstoffseite, positiv bei den Wasserstoffatomen

Laborgeräte: Der **BUNSENBRENNER** und der **ERLENMEYERKOLBEN.** Rechts davon CO_2 und Zellulose

Es ist nicht normal, wenn man morgens schon an Jägermeister denkt. Aber dieser Hirschkopf, der da an der Wand hängt. Wie in der TV-Werbung. »Das ist Buck«, sagt Kerstin Schmidt. Die Medizinerin drückt einen Schalter und erweckt ihn zum Leben. Der Hirschkopf setzt sich in Bewegung, schwenkt hin und her, öffnet das Maul und setzt zu einer absurden Performance an. Laut und scheppernd singt er: »*Rolling, rolling, rolling.*«

Offenbar ticken Menschen, die Tag für Tag in einer unsichtbaren Welt auf Erkundung gehen, anders als normale Leute. »Irgendwie sind hier alle ein bisschen verrückt«, sagt Schmidt. Ein wenig genial zu sein hilft aber genauso, um hier zu bestehen. In den Laborfluchten des Krebsexperten Bert Vogelstein, auf dem Medical Campus der Johns Hopkins University in Baltimore, arbeitet eine Gruppe Wissenschaftler weit jenseits der sichtbaren Realität. Sie sind Spezialisten im Universum der Moleküle. Und dort suchen sie nach den Ursachen für Krebs.

Bösartige Tumoren sind, weit mehr als alle anderen medizinischen Leiden, eine Krankheit der Moleküle. Eine unendlich komplizierte. Sie entsteht, wenn in den winzigsten Teilen des Räderwerks der Zellen etwas zu Bruch geht. Bert Vogelstein hat fast sein gesamtes Forscherleben damit zugebracht, diese Moleküldefekte zu entdecken. Seine Forschergruppe belegt mittlerweile zwei Stockwerke im Bunting Blaustein Building, einem funktionalen Glas-und-Beton-Bau.

Kein Wissenschaftler unserer Zeit hat so viel dazu beigetragen, die Vorgänge in Krebszellen zu verstehen, wie Vogelstein. Er sitzt an seinem Schreibtisch vor zwei riesigen Bildschirmen, auf denen Grafiken und Datentabellen flimmern. »Forschung ist das Einzige, was ich tun möchte. Irgendwann war mir klar: So will ich mein Leben verbringen.«

Was den kleinen, schmalen Mann mit dem ergrauten Stoppelbart antreibt, ist mehr als Wissbegierde. Der 58-jährige Mediziner erinnert sich, wie er und seine Leute früher auf dem Weg zum Arbeitsplatz immer durch die Abteilung für Strahlentherapie gehen mussten. »Da lagen all diese schwer krebskranken Menschen; den wenigsten konnten wir helfen. Jedes Mal, wenn ich das sah, dachte ich: Heute musst du dein Bestes geben, um das zu ändern.«

Wer die Ursachen verstehen und mit diesem Wissen neue Therapien finden will, muss die Moleküle zum Sprechen bringen. Dafür gibt es Maschinen. Sequenzer heißen sie im Laborjargon. Apparate in einem grauen Kunststoffgehäuse mit einem großen Display. In roten, grünen, schwarzen und blauen Zackenlinien spult die Maschine das Idiom des Lebens ab. Sein Alphabet besteht zwar nur aus den vier Buchstaben A, T, G und C – doch der Text, den die Maschine zu entziffern hat, ist so kompliziert, dass es noch lange dauern wird, bis alle seine Kapitel erschlossen sind. Das Molekül, das die Maschine gerade durchbuchstabiert, heißt 2-Desoxyribonukleinsäure, kurz DNA.

BALTIMORE
Die Stadt liegt im US-Bundesstaat Maryland. Einer der größten Arbeitgeber in Baltimore ist die Johns Hopkins University. Hier forscht Bert Vogelstein, einer der weltweit bekanntesten Krebsmediziner

All unsere genetischen Daten sind in 23 lang gestreckten Molekülen abgelegt

Sie ist ein besonderes Molekül: das Speichermedium für alle Erbinformationen. Es enthält den Quellcode des Menschen, alle seine Erbinformationen. Unsere genetischen Daten sind in 23 lang gestreckten DNA-Molekülen abgelegt. In den einzelnen Genen, bestimmten Abschnitten auf dem DNA-Molekül, stecken Montageanleitungen und Produktionsvorschriften für die Herstellung der Zellproteine. Über 25 000 solcher Rezepte enthält die DNA eines Menschen.

Man kann dieses gigantische Speichermedium aber auch anders betrachten: Die DNA ist eine ganz normale chemische Verbindung aus einzelnen Atomen. Ein durchschnittlich großes DNA-Molekül eines Menschen enthält rund 7,7 Milliarden Atome der Elemente Kohlenstoff, Wasserstoff, Stickstoff, Sauerstoff und Phosphor. Das gesamte Erbgut in einer einzigen Körperzelle ist aus mehr als 350 Milliarden Atomen aufgebaut.

Grundsätzlich besteht alle Materie aus Atomen. Die Chemiker kennen bislang 118 verschiedene Elemente. Manche sind künstlich erzeugt, einige existierten nur Sekundenbruchteile, die Herstellung von Element 117 ist noch nicht gelungen. In der Natur allerdings kommen nur die Edelgase als »selbstständige« Atome vor. Alle anderen sind chemische Verbindungen mit anderen oder ihresgleichen. Das einfachste Molekül ist Wasserstoff: H_2.

Im unsichtbaren Reich der Kleinstteile ist jedes Atom ähnlich aufgebaut wie das Sonnensystem: In der Mitte der Atomkern aus Protonen und Neutronen, und darum herum schwirren die Elektronen – ähnlich wie die Planeten. Dazwischen liegt das subatomare Nichts. Ein Wasserstoffatom besteht nur aus einem positiv geladenen Proton im Kern, und in seiner Hülle befindet sich ein negativ geladenes Elektron.

MOLEKÜL

Die Bewohner der Atomhüllen zeichnen sich durch einen sehr speziellen Charakter aus. Elektronen sind einerseits Teilchen, die eine Masse besitzen, doch man kann sie auch durch eine Wellenfunktion beschreiben. Diese Zwittrigkeit führt dazu, dass man zwar sagen kann, wie viele Elektronen in der Hülle von Atomen vorhanden sind – die Anzahl entspricht der Summe der Protonen im Kern –, aber den genauen Aufenthaltsort in der Hülle kann man nicht berechnen.

Immerhin ist es möglich, den wahrscheinlichen Aufenthaltsbereich anzugeben. Dieser Raum in der Atomhülle, das sogenannte Orbital, ist der Ort, an dem Atome in einer chemischen Reaktion Verbindungen eingehen. Dabei verschmelzen Orbitale zweier Atome zu einem gemeinsamen Orbital, das dann zwischen den Atomkernen des neu entstandenen Moleküls liegt. Das jedenfalls sagen die mathematischen Formeln. Ein Orbital gesehen hat noch niemand. »Materie ist leer«, hat der deutsche Physiker Rolf Landua einmal gesagt, »mein Schreibtisch ist bloß eine Illusion.«

Aber obwohl sie fast gänzlich aus leerem Raum bestehen, sind die Moleküle die Großmacht der Schöpfung. Alles, was ist, alle Materie, ist aus Molekülen komponiert. Die belebte und die unbelebte Natur. Luft, Wolken, Regen, Gebirge und Ozeane bestehen genauso aus diesen Miniteilchen wie Tiere und Pflanzen. Jeder Organismus ist die Summe seiner Moleküle und ihrer Eigenschaften, ein Konglomerat aus Wasser, Fetten, Proteinen und DNA. Wer einen Schnupfen hat, wurde von einem Molekül befallen. Moleküle bauen die Knochen, die Haut, die Organe, das Gehirn. Auch Seele und Bewusstsein entstehen letztlich in einem Konzert der Moleküle. Botenmoleküle im Hirn erzeugen Liebe, Freundschaft und Vertrauen. Aber auch Mordlust, Bosheit, Wahnsinn.

Das Vogelstein-Team hat sich das größte Molekül vorgenommen, das es in der Natur gibt: die DNA im menschlichen Erbgut. Die Büros, Seminarräume und Labors der Forscher sind bis unter die Decke vollgestopft mit Geräten und Computern. Und dann steht da noch, in einem Zwischengang des Labortrakts, ein Bergmassiv aus riesigen Kühlschränken: drei nebeneinander; eine zweite Reihe, darübergestapelt, reicht bis zur Decke. »Da sind unsere Schätze«, sagt Frank Diehl und zieht mit einem maliziösen Lächeln eine der schweren Türen auf. Dahinter stehen, säuberlich etikettiert und aufgestapelt, kleine weiße Plastikeimer. Sie sind voller Probendosen, und der Inhalt ist zum Glück tiefgefroren. Sonst wäre der Gestank wohl erbärmlich. Denn in den Kühlschränken lagern die natürlichen Ressourcen der Forscher – Tausende menschlicher Stuhlproben, im Lauf vieler Jahre gesammelt. Die Ausscheidungen

von Gesunden und Kranken, von Patienten mit und ohne Darmkrebs sind hier vereint zu einer weltweit einmaligen Kollektion.

Die Fäkalienhaufen sind ein wertvoller Forschungsgegenstand, weil auch in ihnen DNA enthalten ist, genauer: die Erbmoleküle von abgelösten Darmzellen. Das Besondere bei Stuhlproben von Kranken ist, dass sich in ihnen auch Darmkrebszellen finden. Sie enthalten ebenfalls Erbmoleküle. Und nach denen fahnden Frank Diehl und Kerstin Schmidt. Die beiden feilen an einem Gentest, der DNA-Moleküle mit krebsauslösenden Defekten aufspürt.

Jedes Gramm Exkremente enthält etwa 10 Milliarden Bakterien

Bei Darmkrebs, dem kolorektalen Karzinom, sind häufig ganz bestimmte Gene in den Krebszellen verändert. Findet man diese Fehler in der Stuhlprobe eines Menschen, so ist die Wahrscheinlichkeit hoch, dass er an dem Krebs leidet. Man kann diese genetischen Defekte in den Krebszellen sehr früh aufspüren – wenn der Patient noch nichts von seiner Erkrankung ahnt, weil er keine Symptome verspürt. In dieser Zeit hat er eine große Chance, geheilt zu werden. Die erste Version eines Darmkrebstests hat das Vogelstein-Labor bereits entwickelt. Das Diagnoseverfahren ist allerdings noch nicht von den amerikanischen Behörden und der American Cancer Society zugelassen.

Bislang ist eine Darmspiegelung die einzige zuverlässige Möglichkeit, um Darmkrebs frühzeitig zu erkennen. Doch die Prozedur ist unangenehm »und nicht völlig ungefährlich«, sagt Vogelstein. Stellt der Arzt sich ungeschickt an, kann es passieren, dass der Darm perforiert wird. In schlimmen Fällen ist dann eine Operation fällig, um den Schaden zu beheben. Nicht einmal 10 Prozent der Deutschen über 55, denen empfohlen wird, sich untersuchen zu lassen, nehmen die Vorsorgeuntersuchung in Anspruch. Auch in den Vereinigten Staaten, wo das Screening seit Langem propagiert wird, sind es nur 20 Prozent.

Ein Gentest, der nichtinvasiv und bequem durchzuführen ist, würde als Methode zur Früherkennung dieses häufigen Tumors eher akzeptiert. Seine Einführung könnte helfen, die Todesrate zu senken. »Wir arbeiten jetzt schon an der nächsten Generation des Tests«, sagt Diehl.

Das ist allerdings nicht ganz einfach. Denn bei der Suche nach Krebsgenen im Stuhl stöbert der Forscher in einer Vielzahl verschiedener Moleküle: Etwa drei Viertel sind Wasser, H_2O. Nur acht Prozent sind unverdauliche oder unverdaute Moleküle aus der Nahrung, zum Beispiel Zellulose, ein Kohlenhydrat. Zellulose bildet die Zellwand von Pflanzen. Sie besteht aus einer langen Kette von Zuckermolekülen. Dazu kommen Salze und unverdaute Eiweiße, Fett und Kollagenfasern aus Muskelfleisch, Lecithin und andere Phospholipide.

Die braune Farbe erhalten die Exkremente unter anderem durch chemische Verbindungen, nämlich bakterielle Abbauprodukte des Gallenfarbstoffes Bilirubin: Sterkobilin ist braunrot, Mesobilin orangegelb, Mesobilifuscin braun. Daneben sind im Stuhl noch zwei flüchtige Moleküle vorhanden, die in geringer Konzentration einen durchaus verführerischen Duft erzeugen – und deshalb beliebte Zutaten bei den Parfümeuren sind. In großer Menge aber sorgen Indol und Skatol dafür, dass die Sache zum Himmel stinkt. Beide Moleküle sind Abbauprodukte der Aminosäure Tryptophan aus den Nahrungseiweißen. Abgerundet wird die Komposition durch Schwefelwasserstoff. Und durch Alkaloide; sie stammen aus Pflanzenzellen.

Ein ziemlich großer Teil der ausgeschiedenen menschlichen Exkremente aber ist lebendig. Jedes Gramm enthält etwa 10 Milliarden Bakterien und zudem noch viele Milliarden Viren. Auch die bestehen natürlich aus Molekülen, aus Zuckern, Proteinen, Fetten – und auch sie enthalten ein DNA-Molekül, ihre eigene Erbsubstanz, die sie zur Vermehrung und zum Leben benötigen. Menschliche Zellen sind ebenfalls dabei, etwa acht Prozent der ausgeschiedenen Masse bestehen aus abgeschilferten Darmepithelzellen – und, falls ein Darmkrebs wächst, eben auch aus Tumorzellen.

Mehr als ein Dutzend fehlerhafte Erbinformationen auf den DNA-Molekülen sind bei Darmkrebs bekannt. Um solche Krebssignaturen zu finden, wendet Vogelsteins Team ein raffiniertes biochemisches Kopierverfahren an, das solche Defekte sichtbar macht. Doch die Forscher ahnen: In dieser Handvoll Krebsgene werden sie nur einen Teil jener wichtigen und häufigen Gendefekte finden, die Tumoren auslösen. Die Suche wird lange dauern.

Welches Gen ist der Fahrer und welches nur der Passagier?

Um sich ein möglichst genaues Bild vom molekularen Geschehen in Krebszellen zu verschaffen, hat die Arbeitsgruppe einen bislang einzigartigen Forschungsfeldzug gestartet. Mit Hilfe neuartiger, besonders schneller Lesegeräte haben sie sämtliche Erbinformationen der Darmkrebszellen von elf Patienten entschlüsselt. Dieselbe Anstrengung galt elf Patientinnen mit Brustkrebs. Herausgekommen ist ein bestürzender Befund: Die Forscher stießen allein bei diesen zwei Krebstypen auf über 1700 defekte Gene in den Tumorzellen.

Nach dem Vorbild der Vogelstein-Gruppe haben Krebsforscher des Broad Institute in Boston und des britischen Sanger Institute in der Nähe von Cambridge ein gigantisches Projekt in Angriff genommen. In den kommenden Jahren sollen sämtliche Gene aller Krebsarten von jeweils 500 Patienten entschlüsselt werden. Niemand kann derzeit abschätzen, wie viele molekulare Defekte in den Erbinformationen dann als Ursache für Krebs infrage kommen werden.

In jedem Fall bedeutet die zu erwartende große Zahl, dass die Entwicklung besserer Therapien und Medikamente schwierig sein wird. »Wir haben keine guten Nachrichten«, sagt Vogelstein. Der Mutationswirrwarr ist auch für die Entwicklung molekularer Tests ein Riesenproblem. Denn zunächst müssen die Forscher herausfinden, welche der vielen Genfehler die Krebsentstehung, das Tumorwachstum und die Metastasenbildung überhaupt antreiben. Und welche von ihnen nur Nebeneffekte erzeugen. »Wer dabei Fahrer ist und wer nur Passagier«, meint Vogelstein, sei in Zukunft die am schwierigsten zu beantwortende Frage der Krebsforschung, aber eben auch die wichtigste.

Junge Wissenschaftler aus aller Welt bemühen sich um einen Job in Vogelsteins Team. Sie möchten bei der Beantwortung der Frage dabei sein. Doch Intellekt, Fleiß und Enthusiasmus reichen nicht, um in Baltimore zu reüssieren. Wer sich bei Vogelstein mit einem wissenschaftlichen Vortrag bewirbt, muss den Jägermeister-Test bestehen. Der geht so: Der singende Hirschkopf im Seminarraum ist mit einem Mikrofon im Nebenraum verbunden. Bevor der Bewerber mit Reden loslegen darf, meldet sich der Paarhufer zu Wort. Scheppernd und röhrend stellt er dem Auditorium den neuen Kandidaten vor.

»Wer das nicht lustig findet, hat keine Chance«, sagt der Chef. »Meine Leute müssen Humor haben. Sonst passen sie nicht ins Team.«

Kleine Menagerie der besonderen Moleküle

Der Stoff des Lebens: Das irdische Leben ist vermutlich im Wasser entstanden, und bis heute spielen sich alle Lebensvorgänge des Körpers in wässrigem Milieu ab. Wasser ist ein besonderes Molekül. Es besteht aus zwei Wasserstoffatomen und einem Sauerstoffatom, und es besitzt eine ungleiche Ladungsverteilung: negativ auf der Seite des Sauerstoffatoms, positiv auf der Seite der Wasserstoffatome. Daher herrschen zwischen Wassermolekülen Anziehungskräfte; sie bilden variable molekulare Cluster. Am nächsten rücken die Moleküle bei 4 Grad Celsius zusammen. Mit dieser Temperatur besitzt Wasser seine höchste Dichte, weshalb beim weiteren Abkühlen – eine Besonderheit – sein Volumen wieder zunimmt. Sprunghaft verliert es im Moment des Gefrierens an Dichte, sodass Eis schwimmt. Aus diesem Grund frieren Gewässer von oben nach unten zu, eine Voraussetzung für das Leben unter Wasser. Auf der Erde gibt es knapp 1,4 Milliarden Kubikkilometer Wasser, davon entfallen 96,5 Prozent auf das Salzwasser der Weltmeere.

Das Ökokraftwerk: Pflanzen beherrschen die absolut umweltfreundliche Energieerzeugung. In ihren Chloroplasten befinden sich Molekülverbände, unter anderem aus Chlorophyll, Proteinen und Fettmembranen. Sie überführen die Energie der Sonnenstrahlung in einen elektrochemischen Protonengradienten über einer Membran. Das heißt, es entsteht ein Konzentrationsgefälle und damit ein Energiepotenzial. Beim späteren Konzentrationsausgleich wird diese Energie wieder frei. Pflanzen nutzen sie dann, um Zuckermoleküle aus Kohlendioxid und Wasser zu synthetisieren. Dabei entsteht als »Abfallprodukt« nur Sauerstoff.

Der Nanofußball: Eine dritte Modifikation von Kohlenstoff, neben Grafit und Diamant, wurde 1985 entdeckt. Es handelt sich um symmetrische Kugelmoleküle aus reinem Kohlenstoff, sogenannte Fullerene. Am besten bekannt ist das C_{60}-Fulleren aus 12 Fünfecken und 20 Sechsecken – es gleicht einem Fußball.

Der Glücksbringer: Das Gehirn schüttet in Notfallsituationen, aber auch beim Küssen Endorphine aus – Peptidhormone aus Aminosäuren. Ganz geklärt sind ihre Aufgaben nicht, aber sie sollen Euphorie hervorrufen, wie das *runner's high* bei Läufern. Auch eine schmerzstillende Wirkung wird ihnen zugesprochen. Verletzungen, UV-Licht oder der Konsum von Chili sollen die Endorphinproduktion stimulieren.

Das Verfemte: Cholesterin ist ein fettartiges Molekül und ein wichtiger Baustein der Zellmembranen. Es dient auch als Vorstufe für Hormone und Vitamin D. Ein Übermaß an Cholesterin im Blut galt lange als Ursache für Arterienverkalkung, Herzinfarkt und Schlaganfall. Fachgesellschaften warnen vor cholesterinreicher Ernährung. Allerdings lassen sich durch strikte Diät nur wenige Prozent des Cholesteringehalts kontrollieren, da 90 Prozent vom Körper hergestellt werden. Millionen Menschen werden deshalb mit cholesterinsenkenden Statinen behandelt. Nachweisbar ist ein Zusammenhang zwischen Schlaganfall oder Herzinfarkt und Cholesterin aber nur bei drastisch erhöhten Werten.

Der Gigant: Das mit Abstand größte Eiweißmolekül im Körper ist Titin, ein Muskelprotein. Es besteht aus einer Kette von rund 27 000 Aminosäuren. Das Rieseneiweiß macht etwa 10 Prozent der Muskelmasse aus.

Das Alltagsmolekül: Das Problem der Entsorgung von Chlorverbindungen in der chemischen Industrie führte zur Herstellung des Kunststoffs Polyvinylchlorid (PVC). Er wird durch Polymerisation aus Vinylchlorid erzeugt. Der deutsche Chemiker Fritz Klatte erfand 1912 die Synthese von Vinylchlorid aus Acetylen und Chlorwasserstoff. PVC diente zunächst nur zur Bindung und Lagerung von Chlor. Ende der zwanziger Jahre begann die Produktion von PVC als billigem Rohstoff. 1948 löste PVC den Schellack bei der Schallplattenherstellung endgültig ab. Die Vinylscheibe war geboren.

Das tödlichste Molekül: Botulinumtoxin (BTX) ist so giftig, dass Mengen im Nanogrammbereich einen erwachsenen Menschen töten können. BTX ist ein Protein aus dem Bakterium Clostridium botulinum. Es blockiert die Signalübertragung zu den Muskeln. Das Gift wird in extremer Verdünnung zu medizinischen oder kosmetischen Zwecken eingesetzt (Botox).

»Leben kann man erschaffen«

Wie viele chemische Verbindungen kennen die Chemiker eigentlich?

Mehr als 20 Millionen. Genau kann man es nicht sagen, weil täglich neue dazukommen. Als ich in den sechziger Jahren studierte, waren es nur etwa 6 Millionen.

Welche Erkenntnis hat Sie sehr fasziniert?

Die bahnbrechendste Entdeckung im vergangenen Jahrhundert war sicher die der Doppelhelixstruktur der DNA durch Watson und Crick. Leider kam sie nicht aus meinem Fach, die beiden hatten ja kaum Ahnung von Chemie. Ihre Erkenntnis half, die Frage zu beantworten, was Leben ist und wie Information gespeichert werden kann. In neuerer Zeit markierte die Entdeckung der Fullerene den Beginn der Nanotechnologie.

Die wichtigste ungelöste Frage in der Chemie?

Wo ist der Übergang von toter zu lebender Materie? Mit diesem Wissen könnten wir die Entstehung des Lebens erklären. Außerdem: die molekularen Grundlagen des Bewusstseins. Es muss sie geben, aber bislang haben wir nur Hinweise.

Wann wird man Leben künstlich erschaffen?

Das ist möglich. Aber wir sind weit davon entfernt.

Werden wir irgendwann komplizierte chemische Reaktionen direkt beobachten können?

Da sind wir weiter, als man denkt. Inzwischen lässt sich wie im Mikroskop beobachten, wie sich Atome bewegen, welche Bindungen zuerst gebrochen und dann geknüpft werden. Und auch, in welchen Zeiträumen das passiert: in der Größenordnung von 10^{-15} Sekunden.

Was war der größte Irrtum Ihres Fachs?

Ganz klar: die kalte Fusion Ende der achtziger Jahre. Das war der größte Flop aller Zeiten in der Chemie: Die Idee, man könne eine Kernfusion durch einen einfachen elektrochemischen Prozess auslösen. Ganz schlimm war, dass viele wirklich daran geglaubt haben.

HELMUT SCHWARZ
ist Professor für
Organische Chemie
an der Technischen
Universität Berlin
und Präsident der
Alexander von
Humboldt-Stiftung

Mehr zum Thema:

Das neue Genom
Die Software des Lebens;
Spektrum der Wissenschaft
Dossier 2006; 82 S.

Detlev Ganten/Klaus Ruckpaul:
**Grundlagen der
Molekularen Medizin**
Springer 2003; 834 S.

WETTER

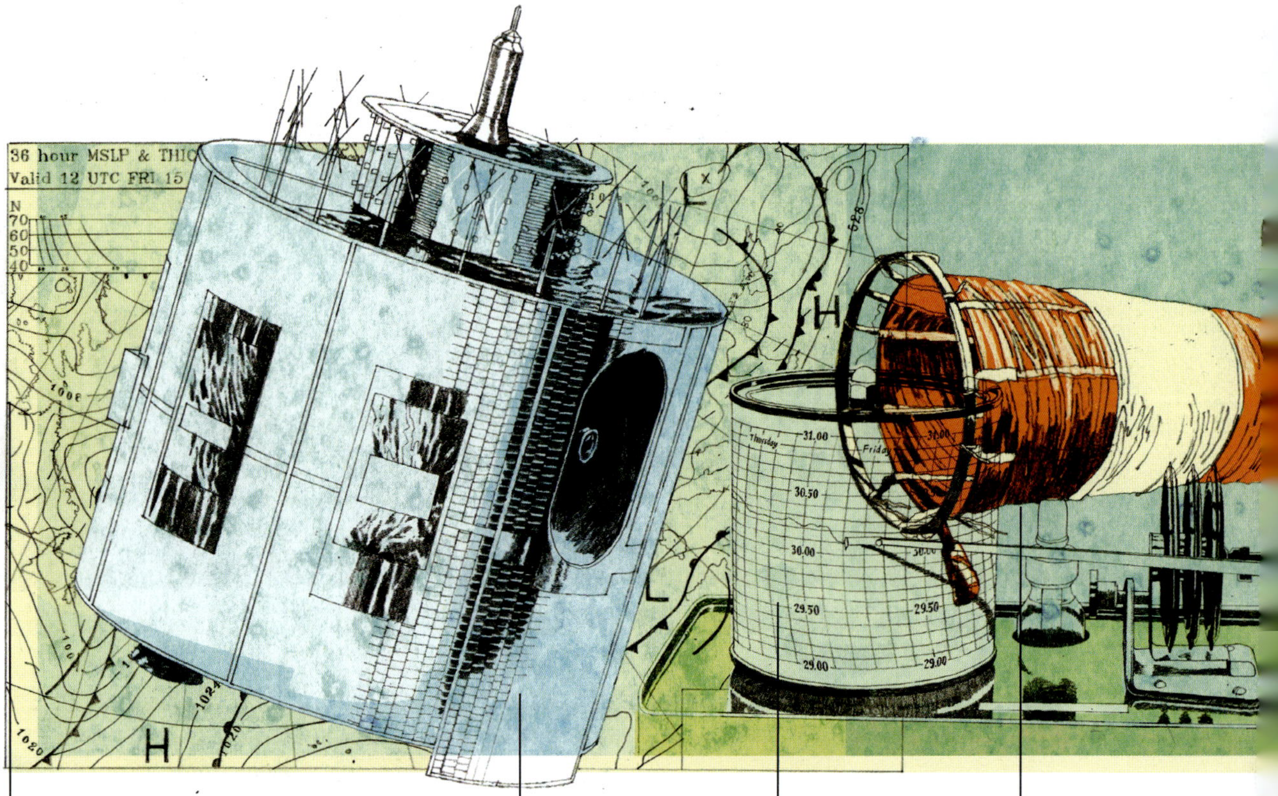

36 hour MSLP & THIC
Valid 12 UTC FRI 15

Tefferquote 73 Prozent: Die
36-STUNDEN-PROGNOSEN
vom Mount Washington

METEOSAT 8,
der geostationäre
Wettersatellit
der europäischen
Organisation Eumetsat

Ein **BAROGRAF**
vermerkt
Luftdruckwerte auf
einer mit Papier
bespannten
Trommel

WINDSÄCKE
auf Flughäfen
zeigen die
ungefähre Stärke
und die Richtung
des Windes an

**SCHALENKREUZ-
ANEMOMETER**
messen
die Windstärke
meist zehn Meter
über dem Boden

Und nun das Wetter

Meteorologen denken global, ihre Vorhersagen
werden immer genauer. Nirgends ist das Wetter
schlechter als auf dem Mount Washington

VON DIRK ASENDORPF

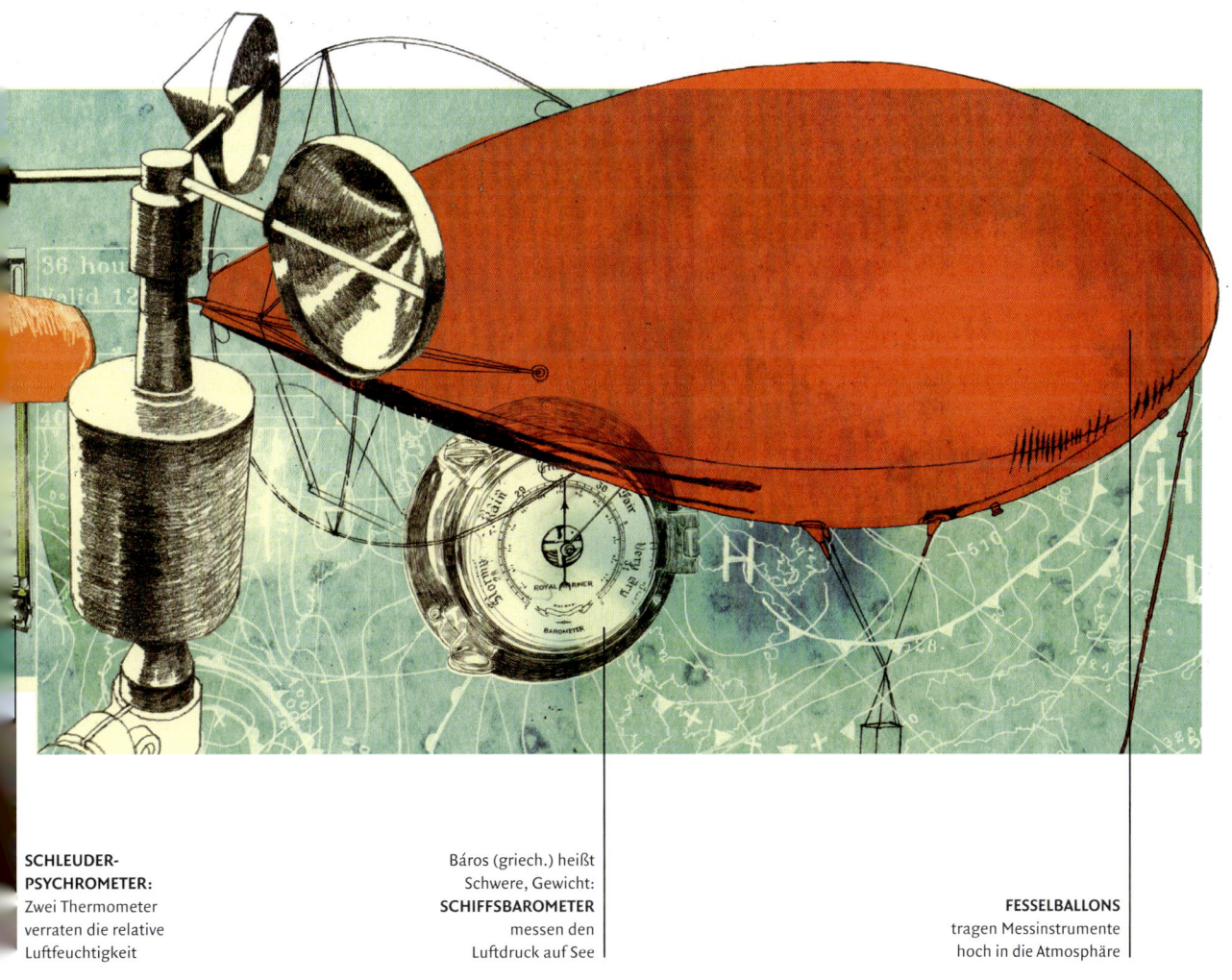

**SCHLEUDER-
PSYCHROMETER:**
Zwei Thermometer
verraten die relative
Luftfeuchtigkeit

Báros (griech.) heißt
Schwere, Gewicht:
SCHIFFSBAROMETER
messen den
Luftdruck auf See

FESSELBALLONS
tragen Messinstrumente
hoch in die Atmosphäre

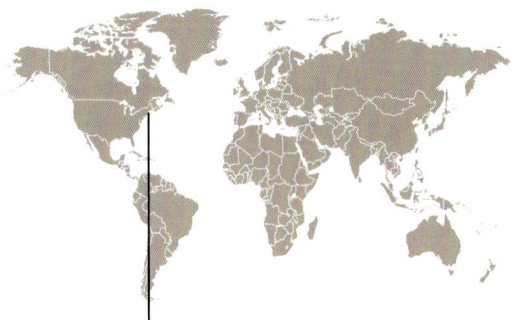

Es ist 3.35 Uhr, Zeit für die Messung der Luftfeuchtigkeit. Ryan Knapp schlüpft in den Arktisparka, zieht eine Schneebrille über die Gesichtsmaske und steigt die Stahlleiter im Beobachtungsturm hinauf. In der Hand hält er ein Schleuder-Psychrometer. Das 1887 erfundene Gerät besteht aus zwei baugleichen Quecksilberthermometern. Bei einem liegt der Fühler offen an der Luft, über den anderen hat Knapp einen nassen Baumwollschlauch gezogen. Jetzt schnell durch die Luke hinaus auf die vereiste Plattform. Und das Psychrometer zehn Minuten lang über dem Kopf herumschleudern. Danach, im Licht der Stirnlampe, zeigt das nackte Thermometer minus 19 Grad, die derzeitige Lufttemperatur. Beim feuchten Pendant liegt der Messwert noch tiefer. Denn beim Schleudern ist ein Teil des Wassers im Baumwollschlauch verdunstet und hat dadurch – wie Schweiß auf der Haut – für zusätzliche Abkühlung gesorgt. »Die Differenz der beiden Temperaturen ist ein Maß für die relative Luftfeuchtigkeit«, erklärt Knapp, als er zurück ist im wohlig geheizten Wetterraum. »Liegt sie bei 100 Prozent, kann kein Wasser aus dem Baumwollschlauch verdunsten; beide Thermometer zeigen dann denselben Wert.«

Diesmal ist es anders. »82 Prozent«, sagt Knapp nach dem Blick auf die Psychrometertafel. Er schreibt den Wert in eine Tabelle und tippt ihn in den Computer. »Natürlich gibt es heutzutage auch vollautomatische Hygrometer«, erklärt der junge Meteorologe. Sie messen die elektrische Leitfähigkeit der Luft und errechnen daraus deren Feuchtigkeit. »Mit modernen Geräten haben wir hier oben aber nur schlechte Erfahrungen gemacht.«

»Hier oben« heißt: auf dem Gipfel des Mt. Washington. Der Berg liegt drei Autostunden nördlich von Boston im US-Bundesstaat New Hampshire. Er ist keine 2000 Meter hoch, setzt die Meteorologen aber Wetterextremen aus, wie sie sonst nur auf den Gipfeln des Himalaja oder in der Antarktis zu finden sind. Jede Weltregion hat ihre Wetterspezialitäten – am heißesten ist es in der Sahara, am kältesten in der Antarktis, die Sonne scheint am häufigsten in Arizona, und besonders mild ist es auf den Azoren. Der Mt. Washington zeichnet sich dadurch aus, dass es hier besonders stürmisch, kalt und feucht ist. Über seinen Gipfel tobte am 21. April 1934 mit 372 Kilometern pro Stunde, also in dreifacher Orkanstärke, der kräftigste je auf der Erde gemessene Sturm. Von November bis April herrscht an drei von vier Tagen Windstärke zwölf oder mehr. Die Temperatur sinkt im Winter bis auf minus 44 Grad und steigt auch im Sommerdurchschnitt nur knapp über den Gefrierpunkt. Schnee und Eis sind jederzeit möglich. 60 Prozent der Zeit liegt der Gipfel im dichten Nebel.

Das Wetter in Kalifornien war dem Meteorologen zu langweilig

»Einen Vorteil hat das«, sagt Knapp, »das Psychrometer kann ich dann unten lassen.« Bei Nebel ist die Luft gesättigt, die relative Luftfeuchtigkeit beträgt 100 Prozent. Nach draußen auf den Turm muss der Meteorologe

MOUNT WASHINGTON
Der Berg im Nordosten der USA ist wegen seines schlechten Wetters bei Meteorologen beliebt. 1934 wurde die weltweit höchste Windgeschwindigkeit gemessen: 372 km/h

trotzdem einmal in der Stunde. Denn Nebel in Kombination mit Frost und Sturm führt zu soge-
nanntem Raufrost, einer Spezialität des Wetters auf dem Mt. Washington. Die feinen Nebeltröpf-
chen kondensieren nicht zu Eiskristallen, sondern bleiben auch bei tiefen Minusgraden als unter-
kühltes Wasser flüssig. Sobald sie auf ein Hindernis treffen, erstarren sie sofort zu einer weißen,
faserigen Schicht. Um bis zu 20 Zentimeter pro Stunde wächst das Raueis dem Wind entgegen.
Wird es nicht regelmäßig mit einem Stahlrohr abgeschlagen, verklebt es alle Instrumente. Dreht
der Wind, brechen fußballgroße Brocken ab und jagen als gefährliche Geschosse durch die Luft.
Die meisten Messgeräte halten einen Treffer nicht aus. Eine ganze Sammlung von verbeulten und
zerbrochenen Instrumenten bewahren Knapp und seine Kollegen in einem Schrank im Wetterraum
auf. Besonders gefährdet sind die Anemometer. Statt mit drehenden Halbschalen wird die Windstärke auf dem Mt. Washington deshalb mit einem Pitotrohr bestimmt, einem Gerät, das normalerweise der Geschwindigkeitsmessung an Flugzeugen dient. Es sitzt auf einem geheizten Gestän-
ge, damit sich die Öffnung des spitz zulaufenden Rohres stets direkt gegen den Wind ausrichten
kann. Der Hersteller eines elektronischen Anemometers wirbt zwar mit dem Prädikat: *»Tested on Mt.
Washington«.* Dass dieser Test aber schon nach einigen Tagen mit einem Komplettausfall endete,
erwähnt die Reklame nicht. Der Werbespruch, mit dem das von einer privaten Stiftung betriebene
Observatorium jeden ihrer zahlreichen Wetterberichte in Radio und Fernsehen beendet, ist dagegen
nah an der Realität: »Mt. Washington – die Heimat des schlechtesten Wetters der Welt.«
»Extremere Verhältnisse findet man in keiner Wetterstation«, sagt Ryan Knapp, »deswegen arbeite
ich gern hier oben.« Der Meteorologe stammt aus Kalifornien und hat einige Jahre lang das Wetter
für den Flughafen des Silicon Valley in San José beobachtet. Den Urlaub verbringt er noch immer
dort, doch meteorologisch war ihm der Sonnenstaat zu langweilig. Luftfeuchtigkeit, Luftdruck,
Temperatur, Niederschlagsmenge, Windrichtung und Windstärke, dazu der Blick nach draußen,
um Wolken und Sicht-
weite zu bestimmen – die
Daten, mit denen Zustand
und Veränderung der At-
mosphäre   beschrieben
werden, sind auf dem Mt.
Washington die gleichen
wie in Miami, Accra oder
Mannheim. Doch so haut-
nah wie hier sind die Launen des Wetters fast nir-
gendwo zu erfahren.
Das hat auch einen meteo-
rologischen Nutzen. Trotz
Satelliten und Computer-
modellen – der amerika-
nische National Weather
Service (NWS) allein ver-

fügt nach dem Pentagon über den zweitgrößten Rechnerpark der Welt – spielt die Intuition des einzelnen Meteorologen noch immer eine wichtige Rolle bei der Einschätzung der Wetterentwicklung. »Ich gebe jetzt eine Unwetterwarnung heraus«, sagt Knapp, nachdem er sich durch die staatlichen und wissenschaftlichen Datenbanken geklickt hat. Dank Internet hat er Zugriff auf dieselben Informationen wie die Kollegen in der Washingtoner Zentrale des NWS, und oft kommen dabei auch ganz ähnliche Prognosen heraus. Heute aber nicht. »Die sehen keine wesentliche Wetteränderung«,

sagt Knapp, »ich bin aber überzeugt, dass wir heute noch einen Temperatursturz und zunehmenden Wind bekommen werden.«

Minus 25 Grad bei Windstärke elf, das ergäbe dann eine gefühlte Temperatur unter 40 Grad minus. Wer diesem Wetter unbedeckte Haut entgegenstreckt, muss nach wenigen Minuten mit Erfrierungen rechnen. Deshalb die Unwetterwarnung an Wanderer und Skifahrer, die auch im Winter auf dem Mt. Washington unterwegs sind.

Knapp rechnet nicht vor 12 Uhr mittags mit dem Wettersturz, doch diese Information behält er für sich. »Ich möchte nicht, dass sich jemand darauf verlässt und sein Leben riskiert.« Erst gestern ist ein Schneeschuhläufer am Nordhang gestürzt und erfroren. Sein Name wird als Opfer Nummer 138 in die Gedenktafel im Foyer der Wetterstation graviert werden. Auch erfahrene Alpinisten unterschätzen die extremen Launen dieses Berges, Unterkühlung ist hier selbst im Sommer die häufigste Todesursache.

Die Bewohner des Berges dürfen nur einmal in der Woche duschen

4.30 Uhr, Knapp verschwindet zum letzten Mal in dieser Nacht unter Gesichtsmaske und Arktisparka. Außenthermometer ablesen, das tiefgefrorene Rohr des Niederschlagsmessers wechseln, Raueis abklopfen – normalerweise geht er allein auf diese Tour. Nur wenn ihm der Sturm zu unheimlich ist, weckt er seinen Kollegen auf, der dann wach bleibt, bis er heil zurück ist. Um fünf Uhr ist Schichtwechsel. Sieben Tage lang wechseln sich zwei Meteorologen im 12-Stunden-Rhythmus ab, dann haben sie eine Woche frei, und zwei Kollegen übernehmen die Station. Jetzt noch den Wetterbericht für die Frühnachrichten aufzeichnen und per E-Mail an die Radiosender schicken, dann geht Knapp schlafen, und Brian Clark übernimmt die Tagesschicht.

»Hast du auch genug getrunken?«, empfängt er den Besucher und verbindet die Frage gleich mit einer Lektion Meteorologie für Anfänger. »Draußen haben wir jetzt 100 Prozent relative Luftfeuchtigkeit, hier drin sind es aber nur zehn Prozent. Warum?« Je kälter die Luft ist, desto weniger Wasserdampf kann sie aufnehmen. Der eiskalte Nebel ist gesättigt, wird er aber auf Zimmertemperatur erwärmt,

sinkt die relative Luft-
feuchtigkeit auf Wüsten-
niveau. Wer da nicht viel
trinkt, trocknet aus.

»Draußen passiert gera-
de genau das Gegenteil«,
erklärt Clark, »klare Luft
trifft aus Nordwesten ge-
gen den Berg, wird am
Hang hochgedrückt und
kühlt dabei ab. Die rela-
tive Feuchtigkeit steigt,
bis sie kurz vor dem
Gipfel den Taupunkt er-
reicht. Deshalb sitzen
wir im Nebel.« Auf der
anderen Seite des Berges
sinkt die Luft und er-

wärmt sich wieder, die relative Luftfeuchtigkeit nimmt ab, der Nebel verschwindet. »Guckt man aus
dem Tal herauf, sieht man, dass nur der Gipfel in einer Wolke steckt.« Lektion beendet.

»Frühstück ist fertig«, ruft Steve Moore aus der Wohnküche herauf. Er ist diese Woche für den Haushalt zuständig. Bezahlt wird er dafür nicht. Sein Lohn ist die Gelegenheit, ein paar Tage aus dem
Alltag auszusteigen. »Im Winter fühlt man sich hier oben wie ein Forscher in der Antarktis«, sagt
der pensionierte Lehrer und serviert Rührei mit Schinken. Gut essen, reichlich trinken – die Klo-
spülung aber nur benutzen, wenn es unbedingt sein muss. Das ist der Ratschlag, den er für jeden
Besucher bereithält. Denn Abwasser ist ein großes Problem. Es muss bis zum Frühjahr in einem
Tank gesammelt werden, draußen würde es sofort festfrieren und sich im Sommer unangenehm
zurückmelden. Bewohner dürfen einmal in der Woche duschen, Besucher sollen sogar zum Hände-
waschen Desinfektionsmittel statt Wasser benutzen.

Draußen hat der Wind zugelegt. Ab Stärke neun dringt sein Heulen durch die luftdichten Isolier-
fenster. Jetzt knirscht es im Betonbau. »Wenn er anfängt zu zittern, sind es 100 Meilen pro Stunde«,
sagt Brian Clark. Noch ist es nicht so weit, Zeit für einen Ausflug. Arktisparka, Gesichtsmaske,
Skibrille und hoch auf den Turm. Wie ein eisiges Brett drückt einen der Sturm gegen das Geländer.
Warum weht er ausgerechnet hier stärker als überall sonst auf der Erde? Drei Gründe schreit der
Meteorologe herüber: Treffpunkt dreier Zugrichtungen nordamerikanischer Tiefs, vor dem Berg
weit und breit kein Hindernis, Gartenschlaucheffekt. Wie der auf das Schlauchende gedrückte Dau-
men das Wasser spritzen lässt, so stellt sich der Mt. Washington in den Luftstrom, verengt und be-
schleunigt ihn dabei. Nach oben kann der Sturm nicht ausweichen. Denn in zehn bis zwölf Kilometern Höhe begrenzt die Tropopause die unterste Schicht der Erdatmosphäre, in der sich praktisch
das gesamte meteorologische Geschehen abspielt.

Angetrieben wird die irdische Wetterküche von der Sonne. Ihre Strahlung erreicht die Erde mit einer Leistung von rund 1370 Watt pro Quadratmeter. Wolken und Eis reflektieren 30 Prozent davon sofort zurück ins All. 20 Prozent werden von der Atmosphäre aufgenommen, 50 Prozent erwärmen Landmassen und Ozeane. Am Ende wird auch diese Leistung wieder abgestrahlt; vorher jedoch treibt sie die Meeresströmungen an und sorgt für den Kreislauf aus Verdunstung und Niederschlag, für Wind, Wolken, Gewitter, Wirbelstürme, Hoch- und Tiefdruckgebiete.

Auf dem Mt. Washington lichtet sich plötzlich der Nebel, die Sonne lässt die in weißen Raufrost verpackte Station wie ein Märchenschloss strahlen. In Windrichtung hängt ein paar Kilometer entfernt eine scharf umrissene Wolke in der Luft. Sie hat die Form des Berggipfels. »Das ist eine Leewelle«, erklärt Clark auf dem Rückweg in den Wetterraum. Das auch Lenticulariswolke genannte Phänomen entsteht, wenn der Sturm über den Gipfel jagt, ins Tal abfällt und wieder nach oben schwingt. Die Wolke steht unbeweglich am Himmel, dabei bläst die Luft mit Tempo 120 hindurch.

In den Alpen treten Leewellen bei Föhn auf, am Mt. Washington entstehen sie gern an der Rückseite einer Kaltfront. Wolken sind Wetterboten, doch so einfach wie Temperatur oder Luftdruck lassen sie sich nicht in Zahlen übersetzen und in Rechenmodelle einfügen. Die offizielle Klassifizierung der Meteorologischen Weltorganisation unterscheidet vier Wolkenfamilien mit zehn Gattungen und Dutzenden Unterarten und Sonderformen. Um die *Altocumulus lenticularis* sicher von einer *stratiformis* unterscheiden zu können, ist langjährige Beobachtungserfahrung gefragt.

Im Tal scheint die Sonne, über dem Gipfel tobt der Orkan

Die Meteorologen auf dem Mt. Washington haben ihre Performance im vergangenen Jahr extern begutachten lassen. Eine Trefferquote von 73 Prozent wurde ihren 36-Stunden-Prognosen dabei bescheinigt. Das ist guter Durchschnitt für das wechselhafte Wetter in den gemäßigten Breiten. »Voraussagen über mehrere Tage überlassen wir dem NWS«, sagt Brian Clark, »die lassen sich lokal nicht mehr machen.« Die Wetterküche ist eine globale Veranstaltung – schon für Prognosen über 48 Stunden muss der Blick über die Kontinentgrenzen hinausgehen. Seriöse Voraussagen für den Nordosten der USA berücksichtigen Beobachtungen aus der Arktis, aus Europa und Asien. Schauen die Wetterfrösche noch weiter in die Zukunft, beziehen sie auch Einflüsse der Südhalbkugel in ihre Rechnungen mit ein.

Ein Flügelschlag am Amazonas kann einen Orkan in Europa auslösen – mit diesem Bild fasste Edward Lorenz die Erkenntnis aus dem ersten globalen Wettermodell zusammen, das er 1963 am Computer simuliert hatte. Obwohl das Geschehen in der Atmosphäre nach klaren physikalischen und chemischen Gesetzen abläuft, führt seine enorme Dynamik dazu, dass kleinste Abweichungen in den Anfangsbedingungen zu komplett unterschiedlichen Ergebnissen führen können. Meteorologen sprechen vom »Schmetterlingseffekt« – und trauen sich doch immer längerfristige Vorhersagen zu.

Um rund einen Tag pro Dekade haben sich die Prognosen in den letzten 40 Jahren verbessert – durch Satellitenbeobachtung, genauere Messgeräte und immer bessere Computermodelle. Eine Vorhersage für fünf Tage ist heute etwa so zuverlässig wie die 24-Stunden-Prognose vor 40 Jahren. Selbst an Saisonvorhersagen wagen sich Meteorologen inzwischen heran. Für die Tropen liefern sie bereits Ergebnisse, die in der Landwirtschaft genutzt werden können; für das wechselhafte Wetter rund um den Nordatlantik sind sie noch nicht so weit.

13.30 Uhr auf dem Mt. Washington. Ryan Knapp lag richtig mit seiner Unwetterwarnung. Die Sonne ist wieder im Eisnebel verschwunden, die Temperatur auf 27 Grad minus abgesackt. Und der Sturm legt weiter zu. In Böen bläst er jetzt mit der Autobahn-Richtgeschwindigkeit 130 – höchste Zeit für die Rückkehr ins Tal. Die Schneeraupe wartet mit laufendem Motor vor der Garage der Wetterstation. Die Kabine ist beheizt, trotzdem heißt es wieder Arktisparka anlegen. »Es kommt sehr selten vor«, sagt Brian Clark zum Abschied, »aber wenn die Raupe unterwegs liegen bleibt, musst du darauf vorbereitet sein, den Abstieg zu Fuß zu schaffen.« Kaum vorstellbar, wie das gegen das Eisbrett gehen soll, das einem beim Blick gegen den Wind sofort von den Füßen haut.

Doch die Raupe bleibt heil. Langsam rattert sie über Eisflächen und Schneewehen den Hang hinab. Schon bald reißt der Himmel auf, und der Sturm lässt spürbar nach. Unten im Tal scheint die Sonne auf tief verschneiten Wald. Es sind nur noch ein paar Grade unter null, der Wind ist wenig mehr als eine leichte Brise. Kaum zu glauben, dass nur 1400 Höhenmeter entfernt ein eisiger Orkan über den Gipfel tobt. Wie hatte es der Nachtmeteorologe Knapp noch ausgedrückt? »Eigentlich sitzen wir auf dem Mt. Washington nicht mehr auf der Erde, sondern wie in einem Wetterballon mitten in der Atmosphäre.«

Stürme, Fluten, Blitze: Extremes aus der Atmosphäre

Oft bewegt sich das Wetter in gut erträglichen Grenzen: etwas Regen für den Landwirt, etwas Sonne für den Büromenschen, eine muntere Brise für den Surfer, klarer Sternenhimmel für den Hobbyastronomen. Doch manchmal verbünden sich Luftdruck, Luftfeuchtigkeit, **Windgeschwindigkeit** und Temperatur zu einmaligen Konstellationen – und ein Wetterextrem wird geboren. Nicht immer ist dann ein Messinstrument vor Ort. Als sicher gilt, dass in Wirbelstürmen höhere Windgeschwindigkeiten auftreten können als die 372 km/h, die 1934 auf dem Mt. Washington registriert wurden. In Tornados soll sich die Luft mit bis zu 500 km/h drehen. Nur hat das noch niemand zuverlässig gemessen. In den USA wacht eine Behörde über Wetterrekorde, das National Climate Extremes Committee. So hatte die US Airforce im Dezember 1997 eine 380 km/h schnelle Bö in einem Taifun auf der Pazifikinsel Guam gemessen. Doch der Rekord wurde nicht anerkannt. Das verwendete Anemometer war durch gleichzeitig auftretenden Starkregen unzuverlässig geworden.

Der Hurrikan Katrina hat der westlichen Welt mit der Zerstörung von New Orleans bewiesen, welche Kraft in einem tropischen **Wirbelsturm** steckt. In seinem Auge kann der Luftdruck bis auf 870 Hektopascal beziehungsweise Millibar sinken, rundherum rotiert die Luft bis in einer Höhe von 20 Kilometern – gegen den Uhrzeigersinn auf der Nordhalbkugel, andersherum in der südlichen Hemisphäre.

Auf der Erde entladen sich zu jedem Zeitpunkt rund 2000 **Gewitter.** In Deutschland sind es je nach Region 15 bis 35 jährlich an einem Ort, in Bogor auf der indonesischen Insel Java wurden dagegen 322 Gewittertage in einem einzigen Jahr gezählt. Blitze erzeugen die höchsten Temperaturen, die natürlich auf der Erde vorkommen: bis zu 28 000 Grad Celsius. Zum Vergleich: Die Temperatur im Erdkern liegt bei 5000 Grad.

Der höchste durchschnittliche **Niederschlag** pro Jahr wird auf der Hawaii-Insel Kauai gemessen. Den heftigsten Regen verzeichnete aber mit 1870 Millimetern in 24 Stunden die Insel Réunion im Indischen Ozean. Am trockensten ist es mit 0,7 Millimeter Niederschlag pro Jahr in der ägyptischen Oase Dachla.

Den meisten **Sonnenschein** gibt es wiederum ganz woanders: im US-Bundesstaat Arizona mit 4040 Stunden pro Jahr. Nur 478 Stunden zeigt sich die Sonne dagegen im Jahresdurchschnitt auf den Südorkneyinseln vor der Antarktis.

Die höchste **Temperatur** wurde mit 57,3 Grad Celsius im libyschen El Asisija gemessen, die niedrigste (minus 89,2 Grad) auf der Antarktisstation Wostok. Dort wurde mit minus 55,1 Grad auch die niedrigste Jahresdurchschnittstemperatur aufgezeichnet.

Die größte **Temperaturspanne** innerhalb eines Jahres findet sich dagegen in Werchojansk in Sibirien: minus 70 Grad im Winter, plus 36,6 Grad im Sommer.

Das weltgrößte **Hagelkorn** fiel am 22. Juni 2003 in Aurora, Nebraska, vom amerikanischen Himmel. Sein Durchmesser betrug 17,8 Zentimeter. Den höchsten Versicherungsschaden richtete mit fast 2 Milliarden Dollar ein Hagelsturm am 10. April 2001 in St. Louis, Missouri, an. 200 000 demolierte Autos und 70 000 beschädigte Gebäude wurden am 12. Juli 1984 nach einem Hagelsturm in München gezählt, der Schaden summierte sich auf rund 1,5 Milliarden Euro.

Der Wintersturm Kyrill war viel teurer. 2007 verursachte er in Europa **Schäden** von über 7 Milliarden Euro. Teuerstes Unwetter aller Zeiten war der Wirbelsturm Katrina mit 150 Milliarden Dollar. Die meisten Todesopfer gab es bei Unwettern in Asien: Allein im 20. Jahrhundert starben mehrere Millionen Menschen bei Überschwemmungen des Jangtse in China, 1970 500 000 infolge des Zyklons Bhola in Bangladesch.

Wetterbeobachtungen wurden schon vor über 3500 Jahren in Mesopotamien schriftlich festgehalten. Seit dem 14. Jahrhundert sind tagebuchartige Wetteraufzeichnungen aus England bekannt. 1781 wurde die Wetterwarte auf dem Hohenpeißenberg im Alpenvorland gegründet. Diese älteste Bergwetterstation verfügt heute auch über die weltweit längste ununterbrochene Messreihe.

»Vorhersagen, die immer richtig sind, helfen niemandem«

Was ist für Sie schlechtes Wetter?
Wenn es sich nicht ändert, langweilt es mich. Aber das kommt selten vor. Auch ein wolkenloser Himmel ändert seine Farbe, und die Sonnenuntergänge können sehr verschieden sein. Dann weiß man als Meteorologe: Die Aerosolkonzentration hat sich geändert. Allein das Zugucken ist immer spannend.

Was hat der Meteorologie den größten Durchbruch gebracht?
Es gibt Schlüsseltechnologien, ohne die wir nicht arbeiten könnten. Die wichtigste ist die Erfindung der Telegrafie. Um eine Wettervorhersage machen zu können, ist der Austausch von Beobachtungsdaten in nahezu Echtzeit unverzichtbar.

Was war die wichtigste Erkenntnis der Meteorologie in den vergangenen Jahrzehnten?
Der Beweis, den Edward Lorenz 1963 dafür erbracht hat, dass die Vorhersagbarkeit der Atmosphäre als chaotisches System grundsätzlich beschränkt ist. Die Fehlerwahrscheinlichkeit einer Vorhersage nimmt mit der Zeit zu – und nach einer bestimmten Zeit ist die Prognose unbrauchbar.

Welche große Herausforderung steht der Meteorologie derzeit bevor?
Die numerische Kürzestfristvorhersage. Da die computergestützten Berechnungen sehr aufwendig sind, können wir sie bisher erst einige Stunden nach Beobachtungsbeginn für die Wettervorhersage zur Verfügung stellen. Alle kurzfristigeren Prognosen beruhen auf subjektiven Einschätzungen und Rückschlüssen aus der aktuellen Wetterlage. Für einen sehr kurzen Zeitraum funktioniert das auch gut. Aber dann haben wir eine Lücke von einigen Stunden, bis die numerische Wettervorhersage greift. Und diese Lücke müssen wir schließen. Dafür brauchen wir nicht nur enorme Rechnerkapazität, sondern auch eine Weiterentwicklung unserer mathematischen Modelle.

Und dann sagen Sie exakt voraus, wann das Gewitter meine Gartenparty beendet?
Nein, das werden wir nie schaffen. Wir können nur Wahrscheinlichkeiten angeben. Darin liegt sowieso die Zukunft der Wettervorhersage.

In der deutschen Öffentlichkeit ist das Konzept noch nicht angekommen. Die »Tagesschau« liefert uns jeden Abend eine Viertagevoraussage; über deren Zuverlässigkeit erfahren wir nichts.
Es ist sehr schwierig, Wahrscheinlichkeiten öffentlich zu vermitteln. Aber man hört schon manchmal, dass die Niederschlagswahrscheinlichkeit 20 Prozent beträgt.

Muss ich dann einen Schirm mitnehmen?
Das ist genau das Problem. Die Nutzung einer solchen Information ergibt nur einen Sinn, wenn der Nutzer seine Entscheidungskriterien kennt. Jemand, der auf keinen Fall nasse Flecken auf der Kleidung will, sollte besser einen Schirm einpacken, wem das egal ist, der kann ihn zu Hause lassen.

Was wissen Sie, ohne es beweisen zu können?
In der Atmosphäre wiederholt sich nichts. Das Wetter von heute wird es kein zweites Mal geben.

Wie hoch sind heute die Trefferquoten?
Kommt darauf an, was Sie damit meinen. Sage ich vorher, dass die Temperatur über minus 50 und die Windgeschwindigkeit unter 300 km/h liegen wird, ist diese Aussage garantiert richtig. Aber sinnvoll ist sie nicht. Ich kann Vorhersagen so formulieren, dass sie immer richtig sind – aber niemandem helfen.

Und wenn Sie danebenliegen ...
... dann ist das nicht unbedingt eine Fehlleistung der Meteorologen. Durch die beschränkte Vorhersagbarkeit werden wir immer Fehlprognosen haben. Das ist die Physik.

Was war der größte Irrtum der Meteorologie?
Goethe kam zu dem Ergebnis, dass ein Meteorologe besonders krankheitsanfällig sein sollte, um seine Aufgaben erfüllen zu können. Eine guter Meteorologe müsse wetterfühlig sein. Ich hoffe nicht, dass das so ist. Ich fühle mich jedenfalls ganz gesund und hoffe das auch für meine Kollegen. Trotzdem machen wir gute Wettervorhersagen.

GERHARD ADRIAN
ist Vizepräsident und wissenschaftlicher Direktor des Deutschen Wetterdienstes

Mehr zum Thema:

Peter Göbel: Schnellkurs Wetter und Klima
Dumont 2004; 192 S.

Jörg Kachelmann und Siegfried Schöpfer:
Wie wird das Wetter?
Rowohlt 2006;192 S.

Horst Malberg:Meteorologie und Klimatologie
Eine Einführung;
Springer 2007; 396 S.

ZEITLEISTE NATURWISSENSCHAFT

Wichtige Ereignisse und Meilensteine

VOR 13,7 MRD. JAHREN

Mit dem **Urknall** entstehen Raum, Zeit und Materie. Manchen kosmologischen Theorien zufolge könnte es zuvor auch schon ein Multiversum oder mehrere Universen gegeben haben.

VOR 13,2 MRD. JAHREN

Das **Milchstraßensystem**, unsere Galaxie, entsteht.

VOR 4,6 MRD. JAHREN

Durch den Kollaps einer interstellaren Gaswolke bilden sich die **Sonne** und mehrere Himmelskörper, darunter Planeten wie die **Erde.**

VOR 3,7 MRD. JAHREN

Leben gedeiht auf der Erde, noch sind es nur kleine **Einzeller.**

VOR 470 MIO. JAHREN

Die ersten **Landpflanzen** treten auf.

VOR 460 MIO. JAHREN

Es entwickeln sich kieferlose **Fischartige** wie die Pteraspidomorphi, Vorläufer der heutigen Fische.

VOR 365 MIO. JAHREN

Im heutigen Grönland lebt **Acanthostega**, der sich noch im Wasser aufhält, aber bereits beinähnliche Gliedmaßen besitzt und somit als Zwischenform von Wasser- und Landwirbeltieren gilt.

VOR 200 MIO. JAHREN

Das **Sinoconodon** ist eines der ersten bekannten Säugetiere im weiteren Sinne.

VOR 65 MIO. JAHREN

Die **Dinosaurier**, die 170 Millionen Jahre lang die Erde beherrscht haben, sterben aus, wahrscheinlich infolge eines Meteoriteneinschlages – das Zeitalter der Säugetiere beginnt.

VOR 6,5 MIO. JAHREN

Der vermutlich schon aufrecht gehende **Sahelanthropus** lebt in Afrika – möglicherweise ein früher Vorfahr des Menschen.

VOR 3,2 MIO. JAHREN

Das weltberühmte **Australopithecus-Weibchen Lucy,** einer der sicher belegbaren menschlichen Ahnen, lebt im heutigen Äthiopien.

VOR 1,8 MIO. JAHREN

Der jagende **Homo erectus** tritt auf. Er kennt Werkzeuge, das Feuer und ist die erste Menschenart, die sich in großen Teilen der Welt verbreitet.

VOR 160 000 JAHREN

Der **Homo sapiens**, dessen Evolution weiterhin umstritten ist, tritt in Afrika in Erscheinung.

~ 2700 V. CHR.

Der Schriftgelehrte, Erfinder und Pharao-Ratgeber **Imhotep** wird der erste große Baumeister des Alten Reichs in Ägypten. Er gilt manchen als das erste Universalgenie der Menschheit.

~ 1600 V. CHR.

Die bronzezeitliche **Himmelsscheibe von Nebra**, die erste konkrete Darstellung des Himmels, wird gefertigt.

~ 1100 V. CHR.

Im indochinesischen Kulturraum taucht der **Abakus** auf, die bis ins 17. Jahrhundert wichtigste Rechenhilfe.

~ 600 V. CHR.

Anaximander, ein Schüler des Thales von Milet, stellt die Theorie auf, dass die Menschen sich aus fischähnlichen Lebewesen entwickelt haben müssen.

~ 600 V. CHR.

Im Auftrag von Pharao Necho II. umsegeln **phönizische Seefahrer** – einem Bericht Herodots zufolge – von der Sinai-Halbinsel aus ganz Afrika.

5. JH. V. CHR.

Demokrit und sein Lehrer **Leukipp** sind die Ersten, die von Atomen als kleinsten unteilbaren Teilchen sprechen, aus denen sich alle materiellen Dinge zusammensetzen.

~ 370 V. CHR.

Hippokrates von Kos, der als Begründer der wissenschaftlichen Medizin gilt, stirbt.

~ 350 V. CHR.

Der griechische Philosoph, Logiker und Naturwissenschaftler **Aristoteles** veröffentlicht seine zoologischen Werke *Historia animalium* und *De partibus animalium.*

~ 320 V. CHR.

Theophrastos von Eresos, Schüler des Aristoteles, verfasst seine *Historia plantarum* und *De causis plantarum,* die eineinhalb Jahrtausende lang die zuverlässigsten Werke der Botanik bleiben sollen.

13,7 Mrd. Jahre vor unserer Zeit bis 1647

~ 300 V. CHR.

Euklid von Alexandria schreibt seine *Elemente*, die Grundlage der klassischen Geometrie und das einflussreichste Werk in der Geschichte der Mathematik.

3. JH. V. CHR.

Archimedes formuliert die Hebel-gesetze, berechnet die Kreiszahl Pi, entdeckt den Zusammenhang zwischen Auftriebs- und Gewichtskraft und gilt heute als bedeutendster Wissenschaftler der Antike.

120 V. CHR.

Hipparchos von Samos, einer der Begründer der Astronomie und Trigonometrie, der unter anderem die Länge des tropischen Jahres berechnete, stirbt.

~ 0

Die älteste chinesische Sammlung medizinischer Schriften, *Die Inneren Klassiker des Gelben Kaisers*, erklärt **Akupunktur und Moxibustion** zu Bestandteilen der damaligen Medizin.

~ 175

Todesjahr von **Claudius Ptolemäus,** des einflussreichsten Mathematikers und Philosophen des Mittelalters, auf den sich unter anderem das geozentrische Weltbild stützt.

216

Der bedeutende Arzt **Galenos von Pergamon** stirbt. Seinen Schriften kommt in den folgenden Jahrhunderten höchste Autorität zu.

628

Der indische Mathematiker **Brahmagupta** behandelt in seinem Werk *Brahmasphutasiddhanta* erstmals die **Null** als gleichwertige Zahl.

1037

Der persische Mystiker, Philosoph und Mediziner **Avicenna** wird zu Grabe getragen. Er gilt als einer der wichtigsten muslimischen Wissenschaftler aller Zeiten.

11. JH.

Im China der Song-Dynastie werden zum ersten Mal **Kompassnadeln** genutzt, die jedoch nach Süden und nicht wie heute gebräuchlich nach Norden zeigen.

1202

Leonardo da Pisa, bekannt unter dem Namen Fibonacci, stellt in seinem *Liber abaci* die heute gebräuchlichen indischen Ziffern vor, die er bei einem Algerienaufenthalt zehn Jahre zuvor kennengelernt hat.

1325

Das in China schon lange bekannte **Schwarzpulver** kommt in Europa auf, kurz darauf entstehen die ersten Feuerwaffen, die mit der Zeit völlig neue Möglichkeiten der Kriegsführung bieten.

1492

Auf der Suche nach dem Seeweg nach Indien landet **Christoph Kolumbus** in Amerika, zunächst jedoch ohne dies zu erkennen.

1519

Leonardo da Vinci, das größte Universalgenie der Geschichte, Anatom, Architekt, Maler, Ingenieur, Erfinder und Vordenker für zahlreiche erst Jahrhunderte später aufgegriffene Entwicklungen, stirbt.

1543

Nikolaus Kopernikus veröffentlicht kurz vor seinem Tod seine Schrift *De Revolutionibus Orbium Coelestium*, in der er postuliert, dass die Sonne und nicht die Erde im Mittelpunkt des Universums stehe.

1569

Der Geograf und Mathematiker **Gerhard Mercator** erstellt die erste winkeltreue Weltkarte; die nach ihm benannte Mercator-Projektion ist vor allem für Karten der Seefahrer von elementarer Wichtigkeit.

1580

In Leiden wird der **Verlag Elsevier** gegründet, bei dem unter anderem Galilei und Descartes und später ein Großteil aller naturwissenschaftlichen Nobelpreisträger publizieren werden.

1609

Der Astronom, Mathematiker und Theologe **Johannes Kepler** veröffentlicht die ersten zwei der drei Keplerschen Gesetze über die Umlaufbahnen der Planeten um die Sonne.

1630

Galileo Galilei stellt in seinem *Dialogo* seine Erkenntnisse dar, darunter sein von der Kirche abgelehntes heliozentrisches Weltbild.

1647

Blaise Pascal führt sein berühmtes Experiment »Leere in der Leere« durch, durch das er die Existenz des Vakuums nachweist.

ZEITLEISTE NATURWISSENSCHAFT

1655

Christiaan Huygens, der Begründer
der Wahrscheinlichkeitsrechnung,
wendet sich nach jahrelangen
mathematischen Forschungen der
Astronomie zu und entdeckt den
Saturnmond Titan.

1662

Robert Boyle entdeckt den nach ihm
benannten Zusammenhang zwischen
Druck und Volumen eines Gases,
er gilt zudem als Mitbegründer der
modernen Chemie und Physik.

1675

Ein Jahr nach der genauen Erforschung
der roten Blutkörperchen beschreibt
Antoni van Leeuwenhoek als Erster
Bakterien, die er mit einem selbst
gebauten Mikroskop untersucht.

1686

Der britische Physiker Isaac Newton
formuliert in seinem Werk *Philosophiae
Naturalis Principia Mathematica* erstmals
sein Gravitationsgesetz.

1705

Der britische Astronom Edmond
Halley sagt aufgrund von
Forschungen an vergangenen
Kometenerscheinungen die
Wiederkehr des nach ihm benannten
Halleyschen Kometen für das Jahr
1759 voraus.

1748

Leonhard Euler, einer der
wichtigsten Mathematiker
überhaupt, veröffentlicht seine
Introductio in analysin infinitorum
über die Grundlagen der von ihm
weiterentwickelten Analysis.

1750

Der erste russische Forscher von
Weltrang, Michail Wassiljewitsch
Lomonossow, Mitbegründer
von Geologie, Geografie und
Meteorologie, erklärt erstmals
die Gefahr von Eisbergen für die
Schifffahrt.

1758

In der zehnten Auflage seines *Systema
Naturae* benennt Carl von Linné die
Organismen erstmals mittels der
heute gültigen binären (binominalen)
Nomenklatur.

1769

James Watt verbessert die von
Thomas Newcomen entwickelte
Dampfmaschine für den industriellen
Gebrauch und gilt seither als deren
Erfinder.

1772

Carl Wilhelm Scheele entdeckt den
Sauerstoff, den er zunächst »Feuerluft«
nennt. Seine Bedeutung erkennt
jedoch erst Antoine Lavoisier, der dem
Gas auch seinen heutigen Namen gibt.

1781

Wilhelm Herschel entdeckt den
Uranus, den siebten Planeten unseres
Sonnensystems.

1789

Antoine Lavoisier formuliert das
Gesetz der Massenerhaltung – das
Michail Wassiljewitsch Lomonossow
bereits 40 Jahre zuvor entdeckt hatte
– und revolutioniert damit die Chemie.

1794

Philippe Pinel, Begründer der
Psychiatrie, wird leitender Arzt
am Pariser Hôpital Salpêtrière. Er
setzt durch, dass Geisteskranke als
Patienten behandelt werden.

1798

Der britische Landarzt Edward Jenner
publiziert seine Ergebnisse über die
Prävention von Pockenerkrankungen
mit Erregern von Kuhpocken. Die
Methode wird zur Grundlage von
Schutzimpfungen gegen Krankheiten.

1798

Der britische Ökonom Thomas
Malthus warnt vor dem extremen
Bevölkerungswachstum seiner
Zeit, das für ihn notwendigerweise
zu Hungersnöten führen wird. Er
beeinflusst damit unter anderem
Charles Darwin.

1799

Der Naturforscher Alexander von
Humboldt, bereits zu Lebzeiten als
»zweiter Kolumbus« und »neuer
Aristoteles« verehrt, bricht zu seiner
fünfjährigen Amerikareise auf.

1800

Alessandro Volta vollendet die
Voltasche Säule, die als Vorläufer
der Batterie großen Einfluss auf die
Elektrizitätslehre hat.

1801

Carl Friedrich Gauß, dem auf
vielen Gebieten bahnbrechende
Erkenntnisse gelingen, veröffentlicht
seine *Disquisitiones arithmeticae* über
Zahlentheorie.

1804

Richard Trevithick entwickelt die erste
funktionsfähige Dampflokomotive,
Grundlage für den Eisenbahnbau und
der Beginn einer Transportrevolution.

1808

John Dalton greift in seinem *New
System of Chemical Philosophy* Demokrits
Theorie auf, dass alles aus Atomen,
kleinsten Teilen, besteht.

1655 bis 1865

1809

Jean-Baptiste de Lamarck, der den Begriff Biologie prägt, veröffentlicht seine *Philosophie Zoologique*. In ihr beschreibt er seine schnell überholte Evolutionstheorie.

1818

Jöns Jakob Berzelius publiziert ein Werk über die Atommassen. Er gilt als »Vater der modernen Chemie« und führt die bis heute gültigen Kurzschreibweisen für die Elemente ein.

1823

Pierre-Simon Laplace vollendet sein astronomisches Hauptwerk *Traité de Mécanique Céleste*, in dem er einen Überblick über bereits Erforschtes gibt und einige Theorien beweist oder weiter ausbaut.

1827

Der schottische Botaniker **Robert Brown** entdeckt die Brownsche Molekularbewegung, deren Bedeutung für die Thermodynamik erst später erkannt wird.

1828

Friedrich Wöhler, Pionier der organischen Chemie, synthetisiert Harnstoff. Damit kann erstmals ein bisher nur von lebenden Organismen bekannter Stoff künstlich hergestellt werden.

1829

Johann Wolfgang Döbereiner ordnet die Elemente in seinem Werk *Versuch zu einer Gruppierung der elementaren Stoffe nach ihrer Analogie* erstmals in Triaden, eine Grundlage für das Periodensystem.

1830

Charles Lyell veröffentlicht sein Werk *Principles of Geology*, in dem er unter anderem die Entstehung der Erdkruste erklärt.

1831

Justus von Liebig, Begründer der organischen Chemie und bedeutendster Chemiker des 19. Jahrhunderts, gibt die wissenschaftliche Zeitschrift *Annalen der Chemie* heraus.

1833

Anselme Payen entdeckt das erste Enzym, die Vielfachzucker spaltende Amylase. Dies kann als Geburtsstunde der Biochemie gelten.

1838

Friedrich Wilhelm Bessel gelingt die erste erfolgreiche Parallaxenmessung zur Entfernungsbestimmung eines Himmelskörpers. Damit können erstmals Maßstäbe für das Universum ermittelt werden.

1839

Der deutsche Physiologe **Theodor Schwann** entdeckt, dass alle Pflanzen und Tiere aus Zellen aufgebaut sind.

1840

Louis Agassiz erklärt das Vorhandensein bestimmter geologischer Phänomene in Großbritannien mit einer früheren Vergletscherung, der Beginn der Eiszeittheorie.

1842

Der Anatom **Richard Owen** prägt den Begriff Dinosaurier für die wenige Jahre zuvor durch Gideon Mantell entdeckten Fossilien von ausgestorbenen Urzeitechsen.

1842

Julius Robert von Mayer formuliert den ersten Hauptsatz der Wärmelehre. Er lautet: Energie kann weder erzeugt noch vernichtet, sondern nur in andere Energieformen umgewandelt werden.

1843

In Großbritannien läuft der erste eiserne und schraubengetriebene **Dampfer** vom Stapel.

1858

Rudolf Virchow, Arzt und Politiker, veröffentlicht seine Theorie der Zellularpathologie, die ihm Weltruhm einbringt. Sie verdrängt endgültig die auf antiken Vorstellungen der Viersäftelehre basierende Humoralpathologie.

1859

Gustav Kirchhoff und Robert Bunsen entdecken bei Experimenten mit dem Bunsenbrenner die Grundlagen der Spektroskopie.

1859

Der britische Naturforscher **Charles Darwin** publiziert *Die Entstehung der Arten*, das grundlegende Werk der heutigen Evolutionstheorie.

1861

Hermann von Meyer beschreibt erstmals den *Archaeopteryx*, der als Bindeglied zwischen Reptilien und Vögeln zu einem wichtigen Indiz der Darwinschen Evolutionstheorie wird.

1865

Gregor Mendel veröffentlicht zunächst kaum beachtete Erkenntnisse, die heute als Grundlage der Vererbungslehre anerkannt sind.

1866

Werner von Siemens entdeckt das dynamoelektrische Prinzip und baut den ersten brauchbaren Generator zur Stromerzeugung.

1866

Der Zoologe **Ernst Haeckel** veröffentlicht seine *Generelle Morphologie*, in der er viele von Darwins Gedanken aufnimmt und weiterentwickelt. Er prägt Begriffe wie Stamm oder Ökologie.

1867

Joseph Lister, Professor an der Universität Glasgow, nutzt in Phenol getränkte Verbände und verringert damit die Sterblichkeit deutlich. Er gilt als Vater der antiseptischen Chirurgie.

1867

Alfred Nobel entwickelt das Dynamit, den ersten handhabbaren Sprengstoff, der stärker als das herkömmliche Schwarzpulver ist.

1869

Dmitrij Mendelejew veröffentlicht sein Periodensystem der Elemente und kann mit dessen Hilfe wenig später die Eigenschaften dreier bislang unentdeckter Elemente voraussagen.

1869

Johannes Diderik van der Waals entdeckt die schwachen, aber wichtigen Wechselwirkungen zwischen polaren Molekülen, die heute Van-der-Waals-Kräfte heißen.

1869

Die erste Ausgabe der britischen Wissenschaftszeitschrift **Nature** erscheint. Das Blatt ist heute neben der US-amerikanischen *Science* die prestigeträchtigste Fachzeitschrift im Bereich Naturwissenschaften.

1871

Der seinerzeit als »Reichskanzler der Physik« bekannte **Hermann von Helmholtz** wird Professor in Berlin. Von ihm stammen wichtige Erkenntnisse in vielen Bereichen der Physiologie und Physik.

1876

Nikolaus August Otto erhält ein Patent für seinen Verbrennungsmotor, Grundlage fast aller heute benutzten Benzinmotoren, unter anderem in Kraftfahrzeugen.

1877

Der italienische Astronom **Giovanni Virginio Schiaparelli** veröffentlicht die Zeichnung einer von Rinnen durchzogenen Marsoberfläche, was jahrelange Spekulationen über die »Marskanäle« auslöst.

1878

Louis Pasteur gelingt der Nachweis, dass Gärung, Fäulnis und Infektionskrankheiten auf Mikroorganismen zurückzuführen sind.

1882

Robert Koch entdeckt den Erreger der Tuberkulose, die erste erfolgreiche Identifizierung eines pathogenen Mikroorganismus. Zwei Jahre später gelingt ihm auch der Nachweis des Erregers der Cholera.

1884

Auf der Internationalen Meridiankonferenz in Washington D. C. wird die Welt, ausgehend vom Nullmeridian im Londoner Stadtteil Greenwich, in standardisierte **Zeitzonen** unterteilt.

1888

Heinrich Rudolf Hertz gelingt die Übertragung elektromagnetischer Wellen, Grundlage für Radiotechnik und drahtlose Telegrafie.

1888

Der spätere Friedensnobelpreisträger **Fridtjof Nansen,** auch bekannt durch seine Forschungen an Nervenzellen, durchquert Grönland und sammelt wichtige Informationen zu Meteorologie und Geografie.

1894

Emil Fischer beschreibt das Schlüssel-Schloss-Prinzip, wichtig für das Verständnis der Wirkungsweise von Enzymen oder Antikörpern.

1895

Wilhelm Conrad Röntgen entdeckt die nach ihm benannten Strahlen, die heute in Medizin und Technik unverzichtbar sind.

1896

Antoine Henri Becquerel entdeckt bei einem Versuch zur Phosphoreszenz von Uransalzen zufällig die Radioaktivität.

1896

Svante Arrhenius untersucht den 70 Jahre zuvor beschriebenen Treibhauseffekt erstmals genau und entdeckt die Relevanz des Kohlendioxids für das Weltklima.

1897

Felix Hoffmann und Arthur Eichengrün stellen die heute als Aspirin bekannte Acetylsalicylsäure erstmals in reiner Form her – sie wird das populärste Medikament aller Zeiten.

1866 bis 1930

1898

Der Mikrobiologe und Botaniker **Martinus Willem Beijerinck** entdeckt den Erreger der Tabakmosaikkrankheit. Er gibt ihm den Namen Virus und wird damit zum Begründer der Virologie.

1900

Max Planck formuliert sein Strahlungsgesetz. Es steht im Widerspruch zur klassischen Physik und gilt als Beginn der **Quantenphysik.**

1900

Der Deutsche **David Hilbert** stellt auf einem Kongress 23 ungelöste mathematische Probleme vor. Sie sollen die Mathematik des 20. Jahrhunderts entscheidend prägen.

1901

Karl Landsteiner entdeckt das ABo-System, 40 Jahre später auch den Rhesusfaktor, beides für Bluttransfusionen und Operationen bedeutende Erkenntnisse.

1901

Erstmalige Verleihung der **Nobelpreise** in den Kategorien Chemie, Physik und Physiologie beziehungsweise Medizin. Sie werden aus dem Nachlass des Erfinders Alfred Nobel finanziert.

1903

Orville und Wilbur Wright gelingt zwar nicht der erste, aber zumindest der wichtigste frühe motorisierte Flugversuch.

1904

Der französische Psychologe **Alfred Binet** entwickelt den ersten Intelligenztest.

1909

Sven Hedin kehrt von seiner dritten Asienreise zurück, bei der er unter anderem die Quellen von Indus und Brahmaputra fand und mit der er entscheidend zur Kartografierung Zentralasiens beiträgt.

1911

Ernest Rutherford, neuseeländischer Kernphysiker, veröffentlicht sein Modell, in dem er das Verhältnis von Atomkern und Atomradius beschreibt.

1911

Marie Curie erhält für die Entdeckung von Radium und Polonium den Chemienobelpreis, nachdem sie acht Jahre zuvor bereits den Nobelpreis für Physik erhalten hat.

1911

Roald Amundsen erreicht kurz vor seinem Rivalen Robert Falcon Scott als erster Mensch den geografischen Südpol.

1913

Niels Bohr entwickelt sein berühmtes Atommodell. Ihm zufolge bewegen sich die Elektronen auf bestimmten Kreisbahnen um den Kern.

1915

Alfred Wegener beschreibt in seinem Buch *Die Entstehung der Kontinente und Ozeane* seine – damals umstrittene – Theorie der Kontinentaldrift.

1916

Albert Einstein vollendet seine allgemeine Relativitätstheorie, die das physikalische Weltbild radikal verändert.

1926

Erwin Schrödinger stellt die Schrödingergleichung auf, eine für die Quantenmechanik bedeutende Arbeit, die ihm Weltruhm und später den Nobelpreis einbringt.

1927

Werner Heisenberg formuliert seine Unschärferelation, eine der zentralen Aussagen der Quantenmechanik, die von ihm, Max Born, Wolfgang Pauli und weiteren Physikern erheblich vorangebracht wird.

1927

Der belgische Priester und Physiker **Georges Lemaître** entwickelt als erster eine Urknalltheorie zur Erklärung der Entstehung des Universums.

1928

Alexander Fleming entdeckt durch einen Zufall in einer Kolonie von Schimmelpilzen den antibiotischen Wirkstoff Penicillin, hat jedoch zunächst wenig Interesse an dessen weiterer Nutzung.

1929

Thomas Midgley, der zuvor das verbleite Benzin eingeführt hatte, wird gefeiert für die Synthese der Fluorchlorkohlenwasserstoffe (FCKW). Manche bezeichnen ihn heute als größten Umweltsünder aller Zeiten.

1930

Wegen scheinbarer Verletzung der Energieerhaltung beim Zerfall von Atomkernen postuliert **Wolfgang Pauli** ein später Neutrino genanntes Teilchen. Das geisterhafte Elementarteilchen wird 1956 erstmals nachgewiesen.

Zeitleiste Naturwissenschaft

1931

Der österreichische Mathematiker **Kurt Gödel** formuliert die Unvollständigkeitssätze. Sie besagen, dass nicht alle mathematischen Aussagen eindeutig beweisbar oder widerlegbar sind.

1931

Ernst Ruska und Max Knoll stellen das erste Elektronenmikroskop her, das eine deutlich höhere Auflösung als herkömmliche Lichtmikroskope hat.

1932

Paul Dirac stellt aufgrund von Widersprüchen zwischen Einsteins Relativitätstheorie und Schrödingers Wellengleichung die Theorie der Antimaterie auf.

1938

Otto Hahn bemerkt bei einem Experiment, dass Uran in mehrere kleinere, leichtere Kerne gespalten worden ist. Dies gilt als die Entdeckung der Kernspaltung, er erhält dafür den Nobelpreis.

1939

Paul Hermann Müller entdeckt die insektizide Wirkung des DDT, das daraufhin bis zu seinem Verbot in den siebziger Jahren zum wichtigsten Insektizid weltweit wird.

1939

Linus Pauling, bereits bekannt für sein Elektronegativitätsmodell, veröffentlicht *Die Natur der chemischen Bindung* und erhält für die beschriebenen Erkenntnisse später den Nobelpreis für Chemie.

1940

Die britische Entschlüsselung der mit der Chiffriermaschine Enigma verschlüsselten deutschen Nachrichten beginnt. Entscheidend ist hierfür das Werk **Alan Turings,** der einen Großteil der theoretischen Grundlagen schuf.

1941

Konrad Zuse entwickelt den Z3, den ersten funktionstüchtigen Computer der Welt.

1942

Mit seinem Werk *Systematics and the Origin of Species* leistet der Evolutionsbiologe **Ernst Mayr** einen bedeutenden Beitrag zur Weiterentwicklung der Evolutionstheorie.

1942

Unter der Leitung von **Robert Oppenheimer** beginnt in den USA das sogenannte Manhattan-Projekt, das die Entwicklung der ersten Atombombe zum Ziel hat.

1944

Der kanadische Mediziner **Oswald Avery** beweist durch einen Versuch mit Pneumokokken, dass die DNA der Träger der Erbinformation ist.

1946

Willard Frank Libby entwickelt die Radiokohlenstoffdatierung, die heute eine der wichtigsten Methoden der Altersbestimmung ist.

1947

Thor Heyerdahl fertigt ein Floß aus Balsaholz (die *Kon-Tiki*), segelt damit über den Pazifik und beweist, dass die Besiedlung Polynesiens von Südamerika aus möglich war.

1948

Die **WHO,** die Weltgesundheitsorganisation der UN, wird gegründet. Sie setzt sich für die Bekämpfung von Seuchen und die Verbesserung der Gesundheitsversorgung ein.

1953

James Watson und Francis Crick entdecken die Doppelhelixstruktur der **DNA.**

1954

Dr. Joseph Murray führt in Boston die erste erfolgreiche Nierentransplantation durch.

1955

Der Grundstein für das europäische Kernforschungszentrum **Cern** wird in der Nähe von Genf gelegt. **Heute ist es** vor allem durch seine Teilchenbeschleuniger bekannt.

1957

Die Sowjetunion entsendet mit dem **Sputnik 1** den ersten Satelliten ins All und eröffnet damit den Wettlauf um die Eroberung des Weltraums. Vier Jahre später folgt der erste bemannte Raumflug.

1958

Für seine Forschungen zur Ermittlung der Basensequenz in Nukleinsäuren erhält der britische Biochemiker **Frederick Sanger** den Nobelpreis für Chemie.

1961

Murray Gell-Mann und George Zweig entwickeln das Modell der Quarks, der elementaren Bausteine aller Materie, beispielsweise von Neutronen und Protonen.

1931 bis 2006

1967

Einem 31-köpfigen Operationsteam um den Chirurgen **Christian Barnaard** gelingt in Kapstadt die erste Herztransplantation.

1969

Die amerikanischen Astronauten **Neil Armstrong und Edwin Aldrin** landen als erste Menschen auf dem Mond.

1973

Die Begründer der modernen Verhaltensforschung **Karl von Frisch, Konrad Lorenz und Nikolaas Tinbergen** erhalten für ihre wissenschaftlichen Verdienste den Nobelpreis für Physiologie und Medizin.

1974

Mario Molina und Sherwood F. Rowland sagen voraus, dass durch FCKW die Ozonschicht der Erde angegriffen wird, was sich elf Jahre später mit der Entdeckung des Ozonlochs bewahrheiten sollte.

1982

Das kurz zuvor als eigenständige Krankheit diagnostizierte Acquired Immune Deficiency Syndrome **(Aids),** an dem heute 40 Millionen Menschen leiden, erhält seinen Namen.

1982

Stanley Prusiner erweitert mit seiner Hypothese die Gruppe der bekannten Krankheitserreger um die Prionen – Proteine, die beim Rind BSE und beim Menschen die Creutzfeldt-Jakob-Krankheit auslösen.

1984

Michael Green und John Schwarz zeigen, dass sich mit der Ende der sechziger Jahre aufgestellten Stringtheorie von subatomaren schwingenden Schleifen alle bisher beobachteten Fundamentalkräfte in einem physikalischen Modell vereinigen lassen.

1986

Die russische **Mir,** die erste auf dauerhafte wissenschaftliche Nutzung ausgelegte Raumstation, beginnt ihren 15-jährigen Aufenthalt im Weltraum.

1988

Stephen Hawkings Buch *Eine kurze Geschichte der Zeit*, in dem es um die Entstehung des Universums, Quanten und schwarze Löcher geht, wird zum Bestseller.

1989

Der Cosmic Background Explorer **(COBE)** bricht in den Weltraum auf und sammelt wichtige Beweise für die Urknalltheorie.

1995

Erstmals gelingt die Erzeugung des von Albert Einstein und Satyendranath Bose 1924 vorausgesagten **Bose-Einstein-Kondensats,** eines speziellen quantenphysikalischen Aggregatzustands.

1995

Giacomo Rizzolatti und **Vittorio Galese** entdecken die Spiegelneuronen, deren Aktivität dafür sorgt, dass man betrachtete Vorgänge aktiv miterlebt. Manche sehen darin die Basis der Empathie.

1995

Physikern am Forschungszentrum Cern gelingt erstmals die künstliche Erzeugung von **Antiwasserstoffatomen.**

1996

Britische Wissenschaftler stellen das Klonschaf **Dolly,** das erste aus einer Körperzelle geklonte Säugetier, der Öffentlichkeit vor.

1998

Das erste Bauteil der Internationalen Raumstation **(ISS),** an deren Nutzung und Unterhaltung sich 16 Nationen beteiligen, wird ins All gebracht.

2000

Der Forscher **Craig Venter** und das staatliche **Hugo-Projekt** (Human Genome Organisation), die sich einen erbitterten Wettlauf um die Entschlüsselung des menschlichen Erbguts geliefert haben, veröffentlichen gemeinsam ihre Ergebnisse.

2006

Der russische Mathematiker **Grigorij Perelman** erhält für seinen Beweis der Poincaré-Vermutung die höchste mathematische Auszeichnung, die Fields-Medaille, lehnt sie jedoch ab.

Geist | Tübingen

Wovon die Philosophie heute zehrt: In Tübingen kämpften Hegel, Schelling und Hölderlin gegen die Orthodoxie und erneuerten das Denken.

Gott | Waldersbach

Freund, Herr oder weltfremder Geist: Seitdem es die Vorstellung eines einzigen Gottes gibt, wird über seinen Charakter heftig gestritten. Ein Elsässer Pfarrer predigte und lebte vor 200 Jahren den Glauben an einen Allmächtigen, der alltagstauglich ist.

Kult | Helsinki

Kulte geben Gesellschaften den Takt vor. Es gibt Sonnen- und Mondfeste, religiöse Feiern und unheilige Riten wie die kollektive Fußballbegeisterung. Seine Kraft beweist der Kult sogar, wenn er ins Wasser fällt – wie bei der Sonnenwendfeier in Finnland.

Mensch | Dmanisi

Das wechselhafte Klima beschleunigte die Menschwerdung. Es zwang unsere Vorfahren zum aufrechten Gang, machte sie zu Kulturwesen und trieb sie aus Afrika hinaus in die Welt. Vor 1,8 Millionen Jahren siedelten Hominiden am Fuß des Kaukasus. Dann eroberten sie Europa.

Schrift | Caral

Schriften haben nicht nur die Sumerer und Ägypter erfunden. Die Ureinwohner im peruanischen Caral gehörten zu den ersten Menschen, die ein System entwickelten, um Informationen zu speichern. Geknotete Schnüre aus Lamawolle halfen ihnen bei der Buchhaltung.

Seele | Wien

Seit Jahrtausenden fragen Philosophen, Therapeuten und Hirnforscher nach dem Wesen der Seele. Wo steckt sie – und gibt es sie überhaupt? Eine Suche in Wien.

Volk | Chapada dos Parecis

»Volk« kann ein Synonym für die Masse sein; die Nazis meinten damit eine Blutsgemeinschaft. Und der Völkerkundler Claude Lévi-Strauss wollte in der Begegnung mit dem Stamm der Nambikwara die eigene Kultur besser verstehen. Eine Spurensuche im Herzen Brasiliens.

Wissen | Silicon Valley

Alles, was die Menschheit je veröffentlicht hat, digital abrufbar im Internet: Der Traum von der Universalbibliothek, lange als illusorisch abgetan, wird Wirklichkeit. Aber darf das Weltwissen in der Hand privater Firmen liegen?

■ Wissen

■ Schrift

■ Volk

GEISTESWISSENSCHAFT

GEIST

Das **STIFT IN TÜBINGEN** ist seit 1536 die »Kaderschmiede« für den theologischen Nachwuchs der evangelischen Kirche

»Nun aber eilt die Wissenschaft, von ihrem käftigen Wahne angespornt«: **FRIEDRICH WILHELM NIETZSCHE** (1844 bis 1900)

Aufbau des Sonnensystems: **KEPLERS MODELL**

»Der Anfang und das Ende aller Philosophie ist – Freiheit!«: **FRIEDRICH WILHELM JOSEPH SCHELLING** (1775 bis 1854)

Weltgeist hinter Butzenscheiben

Wovon die Philosophie heute zehrt: In Tübingen
kämpften Hegel, Schelling und Hölderlin gegen die
Orthodoxie und erneuerten das Denken

VON THOMAS ASSHEUER

Oberster Zuchtmeister:
**CARL EUGEN, HERZOG
VON WÜRTTEMBERG**
(1728 bis 1793); ihm
war das Tübinger
Stift direkt unterstellt

»Die Philosophie
ist ihre Zeit
in Gedanken erfasst«:
**GEORG WILHELM
FRIEDRICH HEGEL**
(1770 bis 1831)

»Die Umlaufbahn
eines Objekts
ist eine Ellipse«:
JOHANNES KEPLER
(1571 bis 1630)

»Ich verstand die Stille
des Äthers, der Menschen
Worte verstand ich nie«:
**JOHANN CHRISTIAN
FRIEDRICH HÖLDERLIN**
(1770 bis 1843)

A lles scheint wie immer, aber nichts ist mehr wie sonst. Vom Donnergrollen der Französischen Revolution ist noch nichts zu hören, aber im Evangelischen Stift Tübingen brodelt es. In der Kaderschmiede für die künftigen Diener der württembergischen Kirche halten unbotmäßige Studenten »freisinnige Reden« und rufen: »*Vive la liberté!*« Eine Revolte liegt in der Luft. Unverzüglich melden die Famuli, die Aufpasser im Stift, die Aufsässigkeiten nach Stuttgart, wo die Strafen gemäß der Pönalverordnung festgesetzt werden. Der Landesvater Carl Eugen fürchtet um die »gottgesetzte« Ordnung. »Die ungehorsamen Glieder sind vom übrigen Corpore abzuschneiden.«

Es hilft nichts, die Studenten singen von heiliger Freiheit und heiliger »Democratie«. Sie lesen verbotene französische Zeitungen und gründen einen politischen Club. Sie berauschen sich an Schillers *Räubern* und am Evangelium Rousseaus. Die kühne Lyrik eines C. F. Daniel Schubart kennen sie auswendig, denn das ist jener revolutionäre Dichter, den Carl Eugen auf der Festung Hohenasperg einmauern ließ. Zehn Jahre lang, bei lebendigem Leib.

Die Rebellion macht die Anstaltsleitung ratlos. Ihr Stift, 1536 als »feste Burg des Protestantismus« gegründet, ist weithin berühmt. Man nennt sie den »Pflanzgarten Gottes«, und darin wuchsen große Männer heran, zum Beispiel Johannes Kepler. Aber viele sind auch am protestantischen Tugendterror zerbrochen, an den gnadenlosen Sitten hinter den niedlichen Butzenscheiben, an der dumpfen Atmosphäre, der formelhaften Frömmigkeit. Das Leben im Stift ist ein Kreuz. Wer nicht spurt, landet im »Karzer«. »Pünctlichkeit, Praecision, Genauigkeit« heißt die Parole. Und danach ein »scharfes Examen«. Um sechs Uhr in der Früh werden die Studenten geweckt, hören die Predigt und lesen Psalmen. Das ist das berüchtigte Tübinger Frühstück, ein anderes wird nicht gereicht.

Nach der Französischen Revolution soll eine Reform die »sittliche Ordnung« wiederherstellen. Zudem wird das Stift renoviert, denn Württembergs »Landoberbauinspektor« hatte die Stuben mit Gefängniszellen verglichen. Und doch, so fürchtet der Stiftsleiter, Ephorus Schnurrer, »kommen die neuen Statuten zu spät. Unsere jungen Leute sind von dem Freiheitsschwindel angesteckt.« Wie recht er hat. Ein junger Student, vielleicht die empfindlichste Seele, die die Zuchtstätte des protestantischen Geistes je betreten hat, klagt der Mutter sein Leid. Seine Kräfte gingen an »Willkür« und Schikane zugrunde. »O liebe Mamma, soll ich einst sagen müssen, meine Universitätsjahre verbitterten mir das Leben auf immer?« Der junge Mann will das Stift verlassen, die »Galeere der Theologie«, das freudlose Kloster, die Versammlung von »Todtengräbern«. Der Name des Unglücklichen: Johann Christian Friedrich Hölderlin aus Lauffen am Neckar.

Auch sein Stubengefährte führt bittere Klage über die Disziplinaranstalt und ihren schrecklichen Lehrkörper. Dem entsetzten Vater schreibt er, am Tübinger Stift habe er seinen Glauben verloren. Zur »Theologie tauge ich

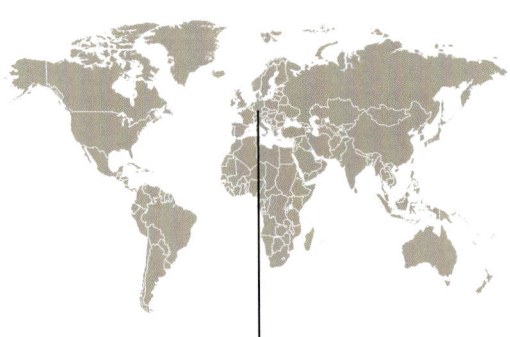

TÜBINGEN
In Württemberg wurde die Philosophie erneuert. Das Tübinger Stift war im ausgehenden 18. Jahrhundert eine Keimzelle des Denkens

10 km

Stuttgart

Baden-Württemberg

Neckar

A8

Tübingen

A81

Neckar

Reutlingen

nicht, weil ich indeß um nichts orthodoxer geworden bin«. Sein Name: Friedrich Wilhelm Joseph Schelling aus Leonberg.

Am dritten Stubenbewohner ist die Abrichtung zum Pastor ebenfalls grandios gescheitert, und auch er verachtet seine Lehrer aus ganzem Herzen. »Ich glaube, es wäre interessant, die Theologen aus jedem Ausfluchtswinkel herauszupeitschen, bis sie keinen mehr fänden und sie ihre Blöße dem Tageslicht ganz zeigen müssten.« Verfasser des Briefes: Georg Wilhelm Friedrich Hegel aus Stuttgart.

Hölderlin, Schelling, Hegel: Was für eine Konstellation, was für eine »einzigartige Fügung der Geistesgeschichte« (Manfred Frank). Fast über Nacht hat sie auf allen Feldern – in der Philosophie, in der Politik und der Kunst – die geistige Situation der Zeit verändert, und ihre Ausläufer sind noch heute zu spüren. Im Oktober 1788 zieht Hölderlin zusammen mit Hegel ins Stift ein; Schelling wird, gegen anfängliche Bedenken, im Herbst 1790 im Alter von erst 15 Jahren aufgenommen. Er bleibt fünf Jahre lang Stubengefährte Hegels und Hölderlins und bildet mit ihnen zusammen das, was man später die Keimzelle des deutschen Idealismus nennen wird. Alle drei entstammen einem schwäbisch-pietistischen Pfarrhaus, alle drei waren Musterschüler und Hochbegabte. Schelling konnte kaum laufen, da galt er bereits als »Wunderkind Schwabens«. Der Vater, Professor in Bebenhausen, steckte den 11-Jährigen in den Unterricht für 18-Jährige, aber auch hier langweilte sich der Überflieger zu Tode. Als Zeitvertreib eignete er sich Grundkenntnisse in Hebräisch, Arabisch, Französisch, Englisch, Italienisch und Spanisch an. Griechisch und Latein beherrschte er längst.

In ruhigen Zeiten wären die drei vermutlich Pfarrer geworden und ihre philosophischen Passionen in einem pietistischen Herrgottswinkel vertrocknet. Aber es waren keine ruhigen Zeiten. Die Gegenwart fieberte, und »Königsstühle trümmerten«: Der Zeiger auf der Weltuhr war vorgerückt und der Aufbruch in eine neue Epoche nicht mehr aufzuhalten. »Bete für die Franzosen, die Verfechter der menschlichen Rechte«, rief Hölderlin den Mitstreitern zu. Schelling verschlang im Dämmerlicht der Stifterstube die Bücher wie im Rausch, und auch der bedächtige Hegel ließ sich mitreißen. Morgens um vier Uhr weckten sich die Freunde, um zu »disputieren«, und wer verschlief, musste sein karge Ration an saurem Tischwein abtreten. Es stimmt, was Hegel später schreiben wird: Immer wenn das Selbstverständliche nicht mehr selbstverständlich ist, schlägt die Stunde der Philosophie.

Ein moderner Bachelorstudent hätte gewiss schlaflose Tage, wenn er sich klarmachte, wie viele Bücher und Schriften die drei Stiftler in Windeseile »verzehrten«, wie ausgefächert das Spektrum ihrer Themen und Motive war. Keine 20 Jahre alt, brannten ihnen die Urthemen des abendländischen Denkens unter den Nägeln. Was ist das Sein? Was ist der Mensch, und wie soll er handeln? Was darf er hoffen? Was kann er wissen? Kann er die Welt an sich erkennen, oder sieht er sie nur im Spiegel unserer Erkenntnisformen? Gibt es einen Sinn des Lebens und ein Ziel der Geschichte? Ist die Seele unsterblich? Was ist das gute Leben, und in welcher Spannung steht es zum gerechten Leben? Und, jedenfalls für die Tübinger drei, die Frage aller Fragen: In welchem Verhältnis steht die menschliche Vernunft zur Religion?

Die Antworten auf diese Fragen haben die drei Genies nicht im Stillen ausgebrütet, sondern

durch den »Communismus der Geister« hervorgetrieben. Im Übrigen war Tübingen zwar ein verschlafenes Nest, aber keine geistige Provinz – es war Teil einer hitzig diskutierenden, von der Französischen Revolution erschütterten Gelehrtenrepublik und stand im regen Austausch mit Göttingen, Hamburg, Berlin.

Und natürlich im Austausch mit Königsberg. Denn dort lehrte der gewaltigste Philosoph seiner Zeit, ein Radikaler im öffentlichen Dienst – Immanuel Kant. »Mit Kant«, befand Schelling, »ging die Morgenröte auf.« Der »Alleszermalmer« hatte ein Loch in den Himmel der Orthodoxie philosophiert und ihr Lehrgebäude in den Grundfesten erschüttert. Was für ein Umsturz, welch eine »Insurrektion«. Kant entmachtete die Theologie, und danach war sie nicht mehr die oberste Hüterin des Denkens und verlor alles Recht, die Philosophie als ihre hörige Magd in die Schranken zu weisen. Das heißt: Gott war nicht länger die metaphysische Deckungsreserve der menschlichen Vernunft. Seit Kant, wird Heinrich Heine später schreiben, schwimmt der »Oberherr der Welt unbewiesen in seinem Blute«. Von nun an herrschte »Freiheit« im Reich des Geistes, und Freiheit, jubelte Schelling, sei »Anfang und Ende aller Philosophie«.

Nun war es nicht so, als habe den Studenten ein schwarzer Block geistig scheintoter Reaktionäre gegenübergestanden. Dieses Bild ist falsch und von dem Philosophen Dieter Henrich in seiner monumentalen, fast 1800-seitigen Studie *Grundlegung aus dem Ich* (Suhrkamp Verlag) gründlich widerlegt worden. Am Stift lehrte mit Gottlieb Storr der scharfsinnigste unter den konservativen Theologen, und er begegnete den Studenten nicht mit der Zuchtrute der Katederphilosophie, sondern mit Argumenten. Allerdings – was Hegel, Schelling und Hölderlin zu Recht empörte, das waren die Taschenspielertricks, mit denen Kant erst entgiftet und entschärft wurde, um ihn anschließend am Gängelband der Orthodoxie in den Schoß der Kirche zurückzuschleifen. Das »Priesterthum heuchelt neuerdings Vernunft«, schrieb Schelling, und deshalb müsse man »verhindern, dass das Große, was unser Zeitalter hervorgebracht hat, sich wieder mit dem Sauerteig vergangner Zeiten zusammenfinde«.

Damit kein Missverständnis aufkommt: Das Tübinger Triumvirat hat die Religion nicht verteufelt. Es schwärmte vielmehr von einer anderen, »griechisch« gefärbten Religion – einem Glauben, der die »Herzen des Volkes« (Hegel) erwärmt und dabei das moralische Erbe des Christentums bewahrt, einem Glauben ohne Erbsünde und Knechtschaft, ohne Heuchelei und Repression, ohne protestantische Verzichtsprediger. Die Stiftler waren keine Tragiker, sie liebten das Leben und nicht das Opfer, und für sie war der Mensch kein elender Wurm, sondern »Liebling der Götter«. Mit einem Wort: Die Versöhnung von Mythos und Monotheismus, von Dionysos und Christus unter den Bedingungen der von Kant eröffneten Moderne war die Grundmelodie ihres Denkens und ein entscheidender Schlüssel zu ihrem Werk. Deshalb weinten sie der heiligen Allianz aus Thron und Altar auch keine Träne nach. Jahrhundertelang habe die schlagende Verbindung aus König und Klerus »unter einer Decke gespielt«, die Vernunft beleidigt und das freie Spiel der menschlichen Wesenskräfte in Ketten gelegt. Die alte Religion, schrieb Hegel, lehre nur das, was der Despotismus immer verlangte: die »Verachtung des Menschengeschlechts«, seine »Unfähigkeit zu irgend einem Guten, durch sich selbst etwas zu sein«.

Heute werden Schelling, Hölderlin und Hegel vor allem für ihre philosophischen Fundierungen gerühmt. Dabei wird auffällig gern vergessen, dass das Dreigestirn eine Gesellschaftsutopie entwarf, dessen entflammtes Pathos atemberaubend ist, auch wenn heutige Augen darin zu Recht kaum anderes erkennen können als politische Romantik. Ohne einen Anflug von historischem Zweifel glaubten die jungen Intellektuellen, »in einer Zeitperiode zu leben, wo alles hinarbeitet auf bessere Tage«. Sie verstanden die Weltgeschichte als Menschwerdung Gottes und sich selbst als Teil einer unsichtbaren Kirche. »Das Reich Gottes komme«, schrieb Hegel, »und unsere Hände seien nicht müßig im Schoße! Vernunft und Freiheit bleiben unsere Losung, und unser Vereinigungspunkt die unsichtbare Kirche.« Das klingt heillos überspannt, und doch fühlten sich die Tübinger Freunde nicht als antikisierende Elite, sondern als »democratische« Avantgarde – die Wahrheit sei für alle bestimmt, im »Reich der Geister« herrsche »Gleichheit«.

In großartigen Widersprüchen träumten die »Vereinigungsphilosophen« vom Ende der Entzweiung, von einer Welt, in der der »Geist ins Leben übergeht« (Schelling), einer Zukunft ohne politische Gewalt und ohne den Abstraktionsschmerz des Rechts. Hölderlin wollte die »Maschine« des Staates, der »freie Menschen als ein mechanisches Räderwerk behandelt«, in ein beseeltes Kunstwerk überführen und Politik in Schönheit. Alles Bedrängende und Bedrückende müsse abgeschüttelt, alle überkommenen Gegensätze überwunden werden. Das Ewige sollte mit dem Zeitlichen ebenso versöhnt werden, genauso wie Vernunft und Sinnlichkeit, Theologie und Wissenschaft. Aus den »befleckten veralteten Formen«, befand Hölderlin, sollte die »jüngste, schönste Tochter der Zeit, die neue Kirche hervorgehen«, eine wahrhaft christliche Gemeinschaft, doch so licht und klar und frei wie die antike Polis.

Kaum etwas trifft die Wunschenergien der Tübinger genauer als die griechische Losung »hen kai pan« – Alles in Einem und Eins in Allem. Das heißt: Die Welt ist die Einheit der »Vielheiten«, und in ihr sind Gegensätze nicht feindselig und tragisch, sondern produktiv. Gesellschaftliche Spannungen sollten nur insoweit notwendig sein, um das Weltgebäude zu tragen. Mit dem unauflöslichen Rest an Tragik, an Leid und Schmerz versöhnen die Dichter.

Freilich, mit der asketischen Vernunft eines Immanuel Kant konnte der Traum einer Versöhnung von Antike und Christentum kaum ins Werk gesetzt werden. Denn sosehr man den Königsberger Meisterdenker auch verehrte, für das »hen kai pan« einer künftigen Gesellschaft musste man – ohne Kant damit zu verraten – über ihn hinausgehen. Vermutlich speiste sich dieser Wunsch auch aus einem metaphysischen Unbehagen. Denn Kants Philosophie war ja nicht nur ein revolutionärer Gewinn an Freiheit; sie bedeutete auch einen Verlust an Gewissheit und religiösem Trost. Eines war für Kant nämlich so sicher wie das Amen in der Kirche: Mochte die Vernunft ruhig ihre Flügel ausspannen, »um über die Sinnenwelt durch die bloße Macht der Speculation hinauszukommen« – sie wird nicht vom Boden kommen. Das »Ding an sich«, das Jenseits der Sinnenwelt, bleibt ihr verschlossen.

Genau diese Selbstbescheidung lehnten die Stiftsfreunde ab. Spekulationen über die Natur und Geschichte im Ganzen wollten sie sich ebenso wenig verbieten lassen wie die Bestimmung dessen, was über die Sinnenwelt hinausgeht. Kant, schrieb der gerade mal 19 Jahre alte Schelling, habe »die Resultate gegeben: die Praemissen fehlen noch«. Unfreundlicher gesagt: Nicht länger sollte das Ich im abstrakten Raum kreisen; es sollte auf eine »Prämisse« zurückbezogen werden, auf ein Absolutes, das ihm

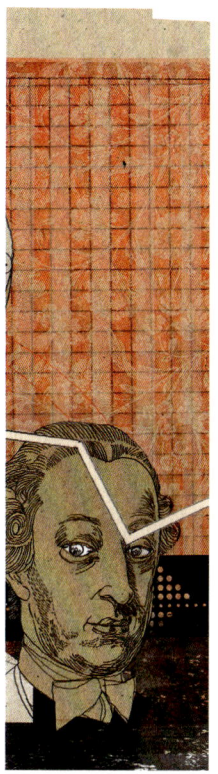

vorgängig ist, und nicht aus dem Selbstverhältnis des Denkens abgeleitet werden kann.

Aber wie konnte dieses Nicht-Ich, diese Prämisse gedacht werden? Da es doch nur einen sicheren Grund der Erkenntnis gibt, nämlich das ursprüngliche Selbstbewusstsein, das »Ich«. In der Tat, wie bei dem Philosophen Johann Gottlieb Fichte, dem Schelling in Tübingen begegnet war, musste *zunächst* alles beim irreduziblen Subjekt seinen Ausgang nehmen – damit es dann erkennt, dass seine Selbstgewissheit in einem unvordenklichen Grund »gründet«, den es nicht selbst erzeugt hat.

Diesen Gedanken hatte Hölderlin schon in seinem Fragment *Urtheil und Seyn* notiert, und Schelling wird ihm nach seiner Spinoza-Lektüre darin folgen: Das »Ich denke« entdeckt im Gang der Reflexion ein unhintergehbares »Seyn, das allem Denken und Vorstellen vorhergeht«. Mit diesem Satz ist die nachkantische Philosophie geboren. Sie ersetzt den verlorenen personalen Gott durch ein Unendliches in der Welt – durch ein göttliches »Seyn«.

Nach den gemeinsamen Tübinger Jahren verlassen die Freunde das »Pfaffen- und Schreiberland« und gehen getrennte Wege, auch philosophisch. Hegel nimmt eine Hauslehrerstelle in Bern an, Schelling wechselt später auf Vermittlung Goethes nach Jena, dem neuen geistigen Zentrum Deutschlands. Er gilt als Philosoph der Romantik, und sein Stern leuchtet am Himmel der deutschen Philosophie am hellsten, bis Hegel mit seiner *Phänomenologie des Geistes* (1807) dem ehemaligen Freund den Rang abläuft und ihn »fürstlich zu Grabe trägt«.

Ein Jahrzehnt nach Hegels Tod, 1841, holt der eben an die Regierung gelangte Preußenkönig Friedrich Wilhelm IV. Schelling nach Berlin an die Universität, damit er die »Drachensaat des Hegelschen Pantheismus« ausrotte. Schellings Antrittsvorlesung ist ein gesellschaftliches Ereignis ersten Ranges, unter den Zuhörern finden sich ein gewisser Sören Kierkegaard, Friedrich Engels, Ferdinand Lassalle, Michail Bakunin, Leopold Ranke und Jacob Burckhardt. Aber der neue Ruhm verblasst schnell. An Schelling klebt der Ruf des Reaktionärs, und das junge und das alte Deutschland wenden sich ab.

Nur für Karl Marx war – wie Manfred Frank gezeigt hat – der alte Schelling noch nützlich. Marx wollte Hegels idealistisches System aufsprengen, um es materialistisch auf die Füße zu stellen. Anders gesagt: Er interessierte sich nicht für die Selbstbewegung des Geistes, sondern für die Selbstbewegung der Geschichte in ihren sozialen Kämpfen. Dafür kam ihm Schelling wie gerufen. Denn auch dieser hatte – und darin bestand der unbestechliche Realismus des Idealisten – erbittert gegen Hegels Versuch protestiert, alles »Seyn« in ein System zu pressen und zu behaupten, die Welt sei nur eine Äußerungsform des »Geistes« und der wirkliche Mensch nur sein Anhängsel, sein »Praedicat«. Schellings »Unvordenkliches« wurde zur Basis für den Materialismus von Marx.

Und Hölderlin? Ihm wird die Philosophie fremd, und er wendet sich dem »süßen Handwerk« des Dichtens zu. »Ich verstand die Stille des Äthers, der Menschen Worte verstand ich nie.« Bald erscheint er seinen alten Freunden sonderlich, gar verwirrt. »Sein Anblick war für mich erschütternd«, berichtet Schelling 1803. Drei Jahre später wird Hölderlin nach einer halbjährigen Behandlung in der Heilanstalt Tübingen beim Schreinermeister Zimmer zur Pflege gegeben und verbleibt in der Einsamkeit des »Turmzimmers« bis zu seinem Tod im Jahr 1843.

Hölderlins Schicksal hat, wie sollte es anders sein, stets zu Spekulationen Anlass gegeben, und eine davon stammt von dem Religionswissenschaftler Jacob Taubes. Sie ist auf faszinierende Weise haltlos und führt doch mitten in die Kontroversen unserer Gegenwart. Hölderlin, behauptet Taubes, sei am Grundirrtum der Tübinger Freunde zerbrochen. Schockartig habe er erkannt, dass der gemeinsame philosophische Traum, nämlich die Versöhnung von Mythos und Monotheismus, von Antike und Christentum, eine Illusion gewesen sei. Denn in Wirklichkeit hätten Moses und Jesus mit den griechischen Göttern nichts, aber auch gar nichts gemein. Zwischen dem antiken Olymp auf der einen und dem jüdischen Sinai und dem christlichen Golgatha auf der anderen Seite liege ein Abgrund, eine fundamentale Differenz. Hölderlins Wahn, schreibt Taubes, wurzele in der Erkenntnis, dass Moses und Jesus unwiderruflich mit den antiken Mythen gebrochen und diese hinter sich gelassen hätten. Nichts, auch nicht der heilige Jünglingstraum der drei Stiftler, habe diesen Bruch überwinden können.

Das sind keine Fragen von gestern. Wie sehr die Gegenwart noch im Schatten der Tübinger Diskussion steht, zeigt der Streit über die »richtige« Religion. Um nur ein Beispiel zu nennen: Jene, die mit Dieter Henrich glauben, der Monotheismus sei spirituell ausgebrannt, empfehlen den Zeitgenossen, sich dem kosmotheistischen, in die Antike und fernöstlichen Religionen zurückführenden Unterstrom der Tübinger Denker zu öffnen. Einem »metaphysischen Rahmen«, der das Leben auch unter den entzweienden Bedingungen der Moderne »im Ganzen« tragen soll und verbindlich Orientierung verleiht.

Andere wiederum, zum Beispiel der Philosoph Jürgen Habermas, gehen zu dieser Forderung auf Distanz. Sie fürchten, dass Kants Grenzziehungen zwischen Vernunft und Glauben unscharf werden, sobald die Philosophie mystischen und fernöstlichen Traditionen zu weit entgegenkommt. Zwar will Habermas, wie einst die Tübinger, die Religion wieder ins Spiel bringen – doch ohne dabei das Erbe des Monotheismus zu beschädigen. »Wenn sich das Absolute über die meditative Auflösung der Selbstbewusstseinsproblematik in ein ursprüngliches Mit-sich-vertraut-Sein erschließen soll, meldet sich in dieser Botschaft die ursprüngliche Verwandtschaft des Platonismus mit fernöstlichen Weltreligionen zu Wort. Wer von hier aus eine Brücke zum Christentum schlägt, wird am anderen Ufer bestenfalls die mystischen Unterströmungen dieser Tradition erreichen.«

Es gibt noch ein anderes Feld, auf dem das Tübinger Vermächtnis auf dem Prüfstand steht. Was Hegel, Schelling und Hölderlin einmal »Geist« und »Selbstbewusstsein« nannten und wovon sie glaubten, es sei das Unverlierbare und Ureigene des Menschen, das ist für die Hirnforschung kaum mehr als eine Schimäre – eine Vorspiegelung des limbischen Systems, eine neuronal erzeugte Illusionskulisse. Es ist dieser Angriff der Hirnforscher auf die tradierten Vorstellungen von Geist und Seele, Freiheit und Bewusstsein, der die Philosophie in Atem hält und sie nötigt, gegen die Naturalisierung des Subjekts noch einmal den Weg zurückzugehen. Zurück zu den Fragen nach dem »Ich«, dem »ursprünglichen Selbstbewusstsein« und der irreduziblen Subjektivität. Und damit zurück in den Denkraum, den die drei Tübinger Intellektuellen einst spektakulär eröffnet haben.

In den Höhlen der Erkenntnis – Stationen der Philosophiegeschichte

Platon (um 427 bis 347 v. Chr.), Schüler von Sokrates, war mit Aristoteles der bedeutendste Philosoph der Antike. Wahrnehmung, behauptete er, erzeuge nicht Wissen, sondern täuschende Meinungen. Wahres Wissen erhalten wir nur mit Hilfe von Begriffen, die den Zugang zu ewigen Ideen eröffnen. Bei der Begriffsbildung »erinnern« wir uns an Ideen, die die Seele »geschaut« hat, bevor sie im Körper eingekerkert wurde. Für diesen Gedanken steht Platons Höhlengleichnis: Die Insassen der Höhle kennen die äußere Welt nicht, sind angebunden; hinter ihnen brennt ein Feuer, während zwischen ihrem Rücken und den Flammen Bilder und Gegenstände vorübergetragen werden, die an der Wand Schatten werfen. Der gewöhnliche Mensch lebt wie in einer Höhle. Was er sinnlich wahrnimmt und als untrüglich zu erkennen glaubt, sind nur Schatten, Abbilder der Wahrheit und der Ideen. Philosophieren heißt, über das sinnliche Wahrnehmen hinauszukommen.

Aristoteles (384 bis 322 v. Chr.), Erzieher Alexanders des Großen, studierte bei Platon, lehnte aber seine Ideenlehre ab, weil sie die Welt aufteile und unnötig verdopple. Als »Realist« verlegt Aristoteles das Wesen der Phänomene zurück in ihre Form und erfahrbare Wirklichkeit. Form und Stoff existieren immer nur als Einheit. Aristoteles, vielleicht der wirkmächtigste Philosoph überhaupt, hat als Erster Erfahrungen in verschiedene Wissensgebiete gegliedert und in Grundbegriffen geordnet. Nach dem Niedergang Roms gingen Aristoteles' Werke im Westen verloren; arabische Gelehrte entdeckten sie im 9. Jahrhundert neu und nutzten sie für die theologische Fundierung des Islams.

Thomas von Aquin (um 1225 bis 1274) benutzte das von islamischen Gelehrten gerettete Werk des Aristoteles als Grundlage für eine christliche Philosophie, die die Brücke zum Seinsdenken der Antike schlägt und in der sich Vernunft und Glauben widerspruchsfrei versöhnen lassen sollen. Das Weltall verstand er als Hierarchie, die auf einen personalen Gott ausgerichtet ist.

Jean-Jacques Rousseau (1712 bis 1778), eine der leidenschaftlichsten Stimmen der Aufklärung, ist berühmt für seine sozialkritische Ursprungsfiktion: Die Menschheit hat ihren glücklichen »wahren« Naturzustand verlassen und ist in die »unwahre« Zivilisation eingetreten. Seitdem herrschen Entfremdung, Feindseligkeit, Ungleichheit, Verstellung und Unfreiheit. »Der Mensch ist frei geboren und liegt doch überall in Ketten.«

Immanuel Kant (1724 bis 1804) galt nicht nur den Tübinger Philosophen als Revolutionär im Reich des Denkens. Er hinterließ ein weit gefächertes Lebenswerk, das über Erkenntnistheorie, Ethik, Naturtheorie, Ästhetik, Anthropologie, Religions-, Rechts- und politische Philosophie reicht. Sein Hauptwerk *Kritik der reinen Vernunft* (1781/1787) wurde als kopernikanische Wende gefeiert: Die Philosophie ist nicht mehr die Lehre vom Absoluten, sondern Wissenschaft von den Grenzen der Vernunft – also Erkenntnistheorie.

Sören Kierkegaard (1813 bis 1855) hörte 1841 Schellings Berliner Vorlesungen und bekämpfte Hegels Denken mit dem Argument, es verfehle die »wirkliche Existenz« des Einzelnen, das »*factum brutum*« des menschlichen Daseins.

Friedrich Nietzsche (1844 bis 1900) verfasste im Anschluss an Schopenhauer eine rabiate Gegenphilosophie zum deutschen Idealismus, dessen Zentralbegriffe er als »Fictionen« kritisierte. Geist, Wahrheit und Moral seien bloß ein »bewegliches Heer von Metaphern«, also ohne Referenz in der Wirklichkeit.

Martin Heidegger (1889 bis 1976) sah bei Nietzsche noch zu viel »Metaphysik« im Spiel: Seit Sokrates hätten die Philosophen mit ihren Antworten die ursprüngliche, die Frage aller Fragen verdeckt und vergessen – die Frage nach dem »Sein«. Dieses Sein müsse von allen metaphysischen, religiösen oder idealistischen Vorstellungen befreit werden.

Theodor W. Adorno (1903 bis 1969) sah in Heidegger seinen philosophischen Gegner und warf ihm reaktionäre Verklärung des »Seienden« vor. Adorno kritisierte den Systemzwang des Idealismus und warf Hegel vor, sein geschlossenes System unterschlage das Individuelle, das Besondere und »Nicht-Identische«.

? »Unvordenklich«

Sie sind heute noch von den drei Tübinger Meisterdenkern fasziniert. Warum?

Hölderlin, Schelling und Hegel waren sich der Chance bewusst, in einer einzigartigen historischen Fügung zu leben: Sie waren Zeitgenossen der Französischen Revolution. Diese war ein Blitzschlag in unhaltbare Verhältnisse, sowohl in politische wie auch metaphysische. Die Tübinger waren zudem Zeitgenossen von Immanuel Kant, dessen Werk einsam und allein auf der Höhe des revolutionären Umbruchs stand. Der Wunsch, dieses Erbe würdig fortzuentwickeln, ist nirgends so eindrucksvoll sichtbar geworden wie in dem geistigen Raketenfeuerwerk, das sie in dichtester Produktionsfolge abbrannten: immer wieder und immer rascher aufs Werk eines Vorgängers aufbauend und weithin in der Welt sichtbar.

Worin besteht das Vermächtnis der Tübinger?

Wir verdanken ihnen die Ermutigung, unter Bedingungen der kritisch entzauberten Welt alles Wirkliche als *wesentlich eines* zu verstehen und der Natur ihren Vorrang vor dem Geist zuzugestehen. Auch wenn Hegel von der »Ohnmacht der Natur« gegenüber dem Geist sprach – Hölderlin jedenfalls war schon 1795 überzeugt, dass unsere Begriffe beim »Sein« auf Granit stoßen. Der späte Schelling widerrief seinen und Hegels Idealismus im Namen einer Existenz, vor die sich kein Gedanke schieben kann. Diese Existenz nannte er das »unvordenkliche Sein«.

Ihr neues Buch heißt »Auswege aus dem Deutschen Idealismus«. Warum »Auswege«?

Mich beschäftigt der Gedanke, was aus Kants Erbe geworden wäre, wenn Denker wie Hölderlin, Erhard, Novalis oder Friedrich Schlegel die Deutung seiner Philosophie bestimmt hätten. Es hätte in der bekannten Form keinen deutschen Idealismus gegeben. Wohl aber hätte sich Hölderlins Gedanke vom Vorrang der Wirklichkeit vor der Idee in den Köpfen der nachkantischen Philosophie festgesetzt.

Für Hirnforscher ist »Geist« eine neuronale Fiktion. Ist damit das Tübinger Erbe hinfällig?

Maßgebliche Geist-Philosophen wollen heute eher die Struktur von Selbstbewusstsein erkunden. Diese Struktur müsste, selbst wenn sie fiktiv wäre, irgendwie konsistent angegeben werden. Danach sieht es nach jahrzehntelanger Diskussion nicht aus. Heutige Forscher wollen wissen: Wie repräsentiert unser Geist die Wirklichkeit, und wie nimmt er kausal auf sie Einfluss? Was unterscheidet unser Selbstbewusstsein vom Gegenstandsbewusstsein? Hier lässt sich manches von dem Tübinger Hölderlin lernen.

Schelling wollte die Natur in ihre »Gottesrechte« einsetzen. Würde uns das heute weiterhelfen?

Schelling sprach von der Wiederauferstehung, der Resurrektion der Natur nach Jahrhunderten der Verachtung und Ausbeutung. Wem das zu pathetisch klingt, der möge sich klarmachen, dass keine Epoche der Menschheitsevolution so viel Grund wie die unsere hätte, Schellings Forderung anzuerkennen. Die Unmenschlichkeit unserer Umwelt spiegelt den Verrat, den wir an der Natur begangen haben. Ändern könnten wir nur etwas, wenn wir uns auf die Tatsache besännen, dass die Natur den Menschen nicht zu ihrem Zweck hat, sondern dass sie Selbstzweck ist. Sie ist ein selbstreflexiver Organismus, der sich souverän durch Assimilation und Adaptation reguliert, wie es ebenso – mutatis mutandis – der selbstbewusste Geist tut. Auch das ist eine Lektion Schellings.

MANFRED FRANK
ist Professor für Philosophie an der Universität Tübingen

Mehr zum Thema:

Dieter Henrich: Konstellationen
Probleme und Debatten am
Ursprung der
idealistischen Philosophie
(1789–1795);
Klett-Cotta 1991; 295 S.

Dieter Henrich:
Denken und Selbstsein
Vorlesungen über Subjektivität;
Suhrkamp 2007; 380 S.

Manfred Frank:
Auswege aus dem
deutschen Idealismus
Suhrkamp 2007; 480 S.

Hans Jörg Sandkühler:
Handbuch Deutscher Idealismus
Metzler 2005; 430 S.

Gerhard Gamm:
Der Deutsche Idealismus
Eine Einführung in die
Philosophie von Fichte,
Hegel und Schelling;
Reclam 1997; 274 S.

Martin Leube:
Die Geschichte des Tübinger
Stifts 1770 bis 1950
Steinkopf 1954; 732 S.;
(nur noch antiquarisch)

Michael Franz/Hölderlin
Gesellschaft (Hg.):
»... im reiche des Wissens
Cavalieremente«?
Hölderlins, Hegels und Schellings
Philosophiestudium
an der Universität Tübingen;
Edition Isele 2005; 571 S.

GOTT

In der **BASILIKA SAINTE-MARIE-MADELEINE** von Vézelay in Burgund rief Bernhard von Clairvaux 1146 zum zweiten Kreuzzug auf

Fast sechs Jahrzehnte lang war **JOHANN FRIEDRICH OBERLIN** Pfarrer in Waldersbach/Elsass

OSTERLAMM: Der Festschmaus erinnert Christen an den Auferstandenen

Die **ALTNEU-SYNAGOGE** in der Prager Josefstadt ist die älteste erhaltene Synagoge in Europa

Lieber Gott auf Erden

Freund, Herr oder weltfremder Geist: Seitdem es die Vorstellung eines einzigen Gottes gibt, wird über seinen Charakter heftig gestritten. Ein Elsässer Pfarrer predigte und lebte vor 200 Jahren den Glauben an einen Allmächtigen, der alltagstauglich ist

VON ROBERT LEICHT

JHWH
(Jahwe oder Jehovah) ist in der hebräischen Bibel der Eigenname Gotttes

Die Toleranz zwischen den Religionen thematisiert Aufklärer **GOTTHOLD EPHRAIM LESSING** in »Nathan der Weise«

Christlicher Reformator und letztlich gar Antisemit: **MARTIN LUTHER**

Die **BLAUE MOSCHEE** in Istanbul bekam 2006 Besuch von Papst Benedikt XVI.

Im Koran die arabische Bezeichnung für den einzigen Gott: **ALLAH**

D

en 20. ging Lenz durchs Gebirg.« So beginnt Georg Büchners 1835 fragmentarisch belassene Novelle *Lenz*. Sie hat den Besuch des in höchster seelischer Verwirrung hin und her gerissenen Sturm-und-Drang-Dichters Jakob Michael Reinhold Lenz bei dem elsässischen Pfarrer Johann Friedrich Oberlin zum äußerlichen Gegenstand. Freunde von Lenz und Oberlin hatten dem Dichter geraten, sich in die Obhut des Geistlichen zu begeben, dem offenbar schon damals, 1778, eine besondere seelsorgerische Begabung zugetraut worden war. Allein, bereits nach knapp drei Wochen muss Oberlin erkennen, dass er mit dem im nackten Irrsinn und in wüsten Selbstmordanläufen aufbrausenden Patienten völlig überfordert ist, und lässt ihn unter Attachierung von drei Begleitern und zwei Fuhrleuten nach Straßburg bringen, wo sich für Oberlin – aber auch für Büchners Novelle – dessen Spur verliert: »So lebte er hin.«

»Den 20. Januar 1778 kam er hieher.« So beginnt der Bericht, den Oberlin selber bald nach Lenzens Abreise aus Waldersbach im elsässischen Steintal niederschrieb. Dieser Rapport diente nicht nur Jahrzehnte später Georg Büchner als Hauptquelle seines Erzählprojekts, sondern Oberlin selber zur Rechenschaft: »Sooft wir reden wird von uns geurteilt, will geschweigen, wenn wir handeln. Hier schon fällte man verschiedene Urteile von uns; die einen sagen: wir hätten ihn gar nicht aufnehmen sollen, – die anderen: wir hätten ihn nicht so lange behalten, – und die dritten: wir hätten ihn noch nicht fortschicken sollen.«

Diese drei Wochen im Leben des Johann Friedrich Oberlin haben seinen Nachruhm literarisch überhöht – begründet haben ihn aber die 59 Jahre eines einzigartigen Pfarr-, Gottes- und Weltdienstes in einer rückständigen Dorfpfarrei, so nahe bei Straßburg und doch so entfernt vom zeitgenössischen Leben.

Am Anfang dieses Dienstes steht ein Schriftstück, das Oberlin zu Neujahr 1760, noch vor seinem 20. Geburtstag, aufgesetzt hat, im seelenbewegten pietistischen Geiste. Es trägt die Überschrift *Feierliche Akte der Gottesweihe*. Darin heißt es unter anderem: »Unendlicher, ewig seeliger Gott! (...) Dir widme ich alles, was ich bin und habe: die Kräfte meiner Seele, die Glieder meines Leibes, meine Zeit und zeitlichen Güter (...).« Wer aber ist Gott? Religionen gibt es viele – Gott aber nur als Singular. Unübersehbar groß ist die Zahl der Vorstellungen, mit denen Menschen seit je ihr endliches Leben in ein Sinngefüge einzubetten versuchen, das vor ihnen existierte und über sie hinausreicht. Auch der vergleichenden Religionswissenschaft ist es nicht gelungen, all die ewigkeitsbezogenen Weltanschauungen, Religionen und Kulte (Ahnenkulte, Geisterkulte, Naturkulte, Reinkarnationskulte, Mythen aller Arten) in einem System zu ordnen. Solche Versuche können kaum über Friedrich Daniel Schleiermacher hinausgreifen, der – übrigens just zur Zeit Oberlins — formuliert hatte, Religion sei das individuelle »Bewusstsein schlechthinniger Abhängigkeit«. Wenn man Oberlins Bekenntnis liest, gewinnt diese Definition zwar unmittel-

WALDERSBACH
Im Elsass wirkte Johann Friedrich Oberlin nicht nur als Pfarrer. Sein Glaube machte ihn zum Straßenbauer und Förderer des Obstbaus

bare Plausibilität, sie bleibt aber im Grund doch hochformal. Wo läge auch das Gemeinsame zum Beispiel zwischen einem Kult, in dem man Menschenorgane verzehrt, um sich die Kraft der Toten anzueignen, und einer Religion, die den Verzehr selbst tierischen Blutes verbietet und deshalb das Schächten verlangt, weil aus ihrer Sicht das Blut der Sitz des Lebens ist, das selber nie verletzt werden darf?

Religionen im Plural – Gott aber nur im Singular. »Gott« gibt es nur im Monotheismus, also in den drei abrahamitischen Religionen (benannt nach dem ihnen gemeinsamen legendären Stammvater Abraham), im Judentum, Christentum und Islam. Die Kultkonzentration auf einen Gott ist die singuläre kulturgeschichtliche, über eine längere Zeit hin aufgebaute Innovation des frühen Judentums. Erst mit diesem einen Gott tritt etwas in die Religionsgeschichte ein, das sich gerade auch im Beispiel Oberlins so plastisch zeigt: ein Gott, der sich zwar von den Menschen strikt unterscheidet (insofern er ewig, überall, allwissend und allmächtig ist), der ihnen aber in Person gegenübertritt (stets liebend, öfters zürnend, im Christentum sogar leidend) und zu dem der einzelne Mensch wiederum in eine höchst persönliche Beziehung treten kann; so persönlich, ja geradezu intim, dass er ihn in allen Fragen des Lebens und Sterbens anredet: »Dir widme ich alles, was ich bin und habe.« Insofern ist diese höchst persönliche und subjektive Gottesbeziehung der jüdisch-christlichen Variante eine der sehr frühen Wurzeln des westlichen Individualismus der Moderne.

Die Leute waren nicht nur ungebildet, sondern auch unvorstellbar arm

Verlässt man heutzutage, auf der Nationalstraße 420 von Straßburg kommend, in Fouday das Tal der Breusch, dann ahnt man gar nicht mehr, wie gefahrvoll der Zugang zum seitab gelegenen Steintal zu Oberlins Zeiten gewesen war; keine reguläre Brücke damals, geschweige denn regelmäßiger Güter- und Personenverkehr mit der Außenwelt. Was hätten denn die Bewohner des Steintals der Welt auch zu sagen gehabt, was wiederum die Welt den Leuten? Sie sprachen ein für die Außenwelt unverständliches Patois, verstanden also weder das Französisch ihrer Lehnsherren noch das Deutsch der Straßburger Bürger. Oberlin musste, als er mit 27 Jahren in die Pfarrstelle einrückte, die Leute erst im Französischen unterweisen. Anfangs brauchte er beim Predigen einen Dolmetscher, der seine Worte zumindest für die Älteren ins Patois übersetzte. Doch die armen Leute vom Steintal waren nicht nur unbelehrt und ungebildet, sondern auch auf eine wirklich schier unvorstellbare Weise arm. Kartoffeln zu essen schämten sie sich aus Unverstand, schon gar nicht wussten sie dieselben ertragreich anzubauen; auch das musste Oberlin ihnen erst beibringen. Bis dahin zehrten die Leute, wenn die geringen Vorräte wieder zu Neige gingen, schlicht von gekochtem Gras und von Wegespflanzen.

Doch bevor man das Steintal hinauffährt, besuche man in Fouday den Friedhof. Dort findet man den massigen Grabstein Oberlins und die Worte: »Die Lehrer aber werden leuchten wie des Himmels Glanz; und die, so viele zur Gerechtigkeit weisen, werden leuchten wie die Sterne immer und ewiglich.« Diesen Satz aus dem letzten Kapitel des Propheten Daniel (Dan. 12, 3) hatte Oberlin im Jahr seines Dienstantritts in Waldersbach als Motto über seine theologische Dissertation gesetzt. Auf dem Grab aber wurde ein Kreuz aus Eisen aufgerichtet, in dessen Querarmen die Buchstaben stehen: »Papa Oberlin«. Und weiter oben im Tal, in Waldersbach, findet man Oberlins Pfarrhaus, das er freilich erst zu bauen zugelassen hatte, nachdem die umliegenden Dörfer eins ums andere ihr Schulhaus bekommen hatten (vorher, also auch zu Lenz' Zeiten, wohnte er – wie er selber sagte – in einem »Rattennest« von Gebäude).

Friedrich Oberlin war seinen Dörflern in fast sechzig Jahren nahezu alles gewesen, sowohl Pfarrer als auch Lehrer in Ackerbau (die Kartoffeln, die später berühmten »Steintaler Roten«, wurden bis nach Straßburg geliefert) und Viehzucht, in Pflanzen- und Weltkunde, in Hygiene und praktischer Medizin, in Handarbeit und Handwerk, Sitten-, Sozial- und Kreditwesen. Wer bei ihm heiraten wollte, musste je einen Obstbaum pflanzen, um erst einmal gesundes Obst ins Steintal zu bringen. Wege ließ er bauen, auch eine Brücke über die Breusch, den »*pont de charité*«, die Brücke der Barmherzigkeit. Den Eltern, für die der ungeregelt eintreffende Nachwuchs vorrangig eine Last und allenfalls nützlich war, wenn er mitarbeiten konnten, brachte er Achtung vor den Kindern bei (das

Gegenstück zum 4. Gebot: »Du sollst Vater und Mutter ehren!«) und lehrte sie erkennen, dass die jungen Wesen Bildung brauchen, um später auch für die Eltern da sein zu können. In seiner energischen Erziehungsarbeit verlegte er sich stark auf den Anschauungsunterricht und war darin einer der Ersten. Und so gewannen seine Dörfer nach und nach einen bescheidenen Wohlstand.

Oberlin war aber nicht nur ein vielseitiger Entwicklungshelfer in praktischen Dingen. Man würde ihn gar nicht verstehen, wollte man von seinem Gottesglauben absehen, der all diese so unterschiedlichen Facetten seines Wirkens zusammenhielt: Franzose und Deutscher, Pietist und Praktiker, Rationalist und Schwärmer, Mystiker und – man staune – Freimaurer, wie Pfarrer Pascal Hetzel vom Musée Oberlin in Waldersbach sich sicher ist. Auf Oberlin passt keine Schablone. Obschon er als lutherischer Pastor eigentlich den Abstand zur Werkgerechtigkeit kennt, hängt er einer fast unerbittlichen Ethik der guten Werke an. Er lädt Katholiken zum lutherischen Abendmahl – lange hat es gedauert, bis es heute wieder so weit ist.

Alle drei monotheistischen Religionen haben ihre finsteren Schattenseiten

Ein Heiliger also? Wenn, dann ein merkwürdiger, nicht immer ein liebenswürdiger. Sein Mentor Johann Georg Stuber schrieb einmal: »Ach, er hütet mir meine Herde mit einem Stab von Eisen.« Im Alter sagte sogar Oberlin: »Mit der Peitsche hätte ich sie damals gern in den Himmel treiben wollen.« Diese Ungeduld war sicherlich zum einen der unnötig bitteren Not der Leute geschuldet. Zum anderen aber schlägt hier eine religiöse Unbedingtheit durch, die zu den fatalen Zügen jedes Monotheismus gehören kann. Was Wunder, dass man ihn in seiner gründlichen Herrschaft zuweilen den »Papst des Steintals« nannte. In seiner ebenso autoritativen wie autoritären Menschenliebe wirkt Oberlin – bei allen Unterschieden der beiden Personen im Übrigen – wie ein Vorläufer jenes anderen weltbekannt karitativen Elsässers, nämlich Albert Schweitzers. Schweitzer war zunächst ein bedeutender Organist, Musikwissenschaftler und Theologe. Dies alles war Oberlin nie gewesen, weder musisch noch wissenschaftlich. Doch dann hat Schweitzer, wie Oberlin, alle bürgerliche Sekurität und Bequemlichkeit, auch die Bequemlichkeit des nur räsonierenden Christentums hinter sich geworfen, und sich – so streng gegen sich selbst wie gegen seine Patienten – nach einem zusätzlichen Medizinstudium den Ärmsten der Armen zugewandt. Das Steintal Schweitzers lag, Vorbote der Globalisierung (!), nicht hinter den elsässischen Bergen, sondern im afrikanischen Lambaréné. Es gibt von Albert Schweitzer keine Äußerung über seinen Steintaler Vorgänger, doch in seinem Ar-

beitszimmer hingen zwei Bilder: Eines zeigte Schweitzers Mutter, das andere – Friedrich Oberlin. Friedrich Oberlin und Albert Schweitzer sind zwei prägnante Beispiele dafür, was jenes jesuanische Doppelgebot der Liebe meint, in dem zwei Gebote aus der jüdischen Thora zusammengefasst wurden – und das die Essenz jüdischer wie christlicher Religiosität enthält: »Du sollst Gott, deinen Herrn, lieben von ganzem Herzen, von ganzer Seele, von allen Kräften und von ganzem Gemüte und deinen Nächsten wie dich selbst« – so zu finden im Gleichnis vom barmherzigen Samariter oder eben schon im 3. und 5. Buch Mose. Auch im Koran finden sich ähnliche Gebote – das Problem ist nur: Gilt diese Nächstenliebe, gilt ein Mindestmaß an Toleranz auch den Anhängern anderer Religionen?

Das Steintal und Lambaréné sind zwei *lieux de memoire*, zwei Orte der Erinnerungskultur, an denen man erkennen kann, wozu ein starker (und strenger) Glaube – im günstigsten Fall – führen kann; die Kathedrale von Vézelay in Burgund, die Kirche, in der Bernhard von Clairvaux seine berüchtigten Kreuzzugspredigten hielt, weckt freilich ganz andere Erinnerungen. In Wirklichkeit haben alle drei monotheistischen Religionen auch ihre finsteren Schattenseiten von Gewalt, Eroberung, Verfolgung. Es war eben lange sehr schwer, die allein selig machende Wahrheit (vermeintlich) zu besitzen – und sich gleichzeitig vorzustellen, gar zu dulden, dass andere Menschen anders denken und glauben. Erst Papst Johannes Paul II. hat den lapidaren Satz ausgesprochen: Der Glaube darf nie eine Rechtfertigung für Gewalt sein.

Was aber kann ein Glaube sein? Man muss nicht die Heiligen Schriften studieren, um ein guter gläubiger Mensch zu sein, die ersten Juden, Christen, Muslime kannten weder Hochschulen noch ein Dienstexamen – ebenso wenig, wie ein hervorragendes Theologiestudium einen frommen Menschen machen muss; für beide Seiten der Medaille findet man eindrucksvolle, teils bedrückende Beispiele. Zum anderen – und das hat gerade Albert Schweitzer zugespitzt formuliert – hat die christliche, wie hinzuzufügen ist: jede monotheistische, Religion mit ewigen Wahrheiten zu tun (*sicut erat in principio et nunc et semper*). Die aber brach erst an einem bestimmten Tag und an einem bestimmten Ort in die konkrete Zeit und Welt ein, zum Beispiel im Judentum am Ort Bethel, wo Jakob von der Himmelsleiter träumte. Oder im Islam am Felsen in Jerusalem, vom dem aus Mohammed auf einer Leiter aus Licht durch die sieben Himmel aufstieg, um dann nach Mekka zurückzukehren. Oder eben im Jahre null unserer Zeitrechnung im (legendären) Stall zu Bethlehem oder später am Kreuz von Golgatha und am leeren Grab: »Dem Christentum wird durch das Ergebnis der historischen Forschung über Jesus, das Urchristentum und die Entstehung der Dogmen das Schwere zugemutet, sich von seiner Entstehung Rechenschaft zu geben und sich einzugestehen, dass es, so wie es jetzt ist, das Ergebnis einer Entwicklung ist, die es durchgemacht hat«, schrieb Albert Schweitzer 1950. Ähnliches gilt aber auch für die beiden anderen abrahamitischen Religionen: Es ist zu unterscheiden – noch einmal Schweitzer zitierend – zwischen »Wesen« und »Gestalt« einer religiösen Wahrheit.

Damit ist aber auch schon das »Wissensprogramm« jeder Theologie elementar umrissen, die einer monotheistischen Religion der Bücher und des Wortes zugeordnet ist. Man sollte zum einen die überzeitlich gültigen Lehrtexte kennen, also die (ja keineswegs von vornherein verdächtigen) Dogmen, Katechismen und Bekenntnisse: Das ist die systematische Seite der Sache. Man sollte sich zum anderen aber auch die Geschichte, die historische Entwicklung und Dynamik (sowie die schrecklichen Verfehlungen) der Religion vergegenwärtigen, auch ihre Gründergestalten und Gemeinden, deren Reformationen, Spaltungen und interessante Häresien: Das ist die empirische Seite der Sache. Das Bindeglied, die sozusagen empirisch-systematische Disziplin, ist die Dogmen-Geschichte, die Zeitgeschichte der sich zeitlich wandelnden ewigen Wahrheiten.

Wie der Glaube ein Tal voller Menschen in ein besseres Leben versetzen kann

Und allemal gilt es, das hermeneutische Problem zu bedenken. Wie kann etwas aus dem damaligen Verstehenshorizont in unsere heutige Lage übersetzt werden? Der bildungswillige Zeitgenosse – ob er nun religiös gestimmt ist oder »nur« verstehen will, wie der unsichtbare Gott konkrete Menschen so erfassen kann, dass sie ihr Leben umstürzen und ihm widmen – liest vielleicht am besten einmal Büchners Novelle *Lenz* in der Studienausgabe, die auch den Rechenschaftsbericht von Oberlin enthält. Dann fährt er ins Steintal zu einem Besuch im Musée Oberlin – einfach, um anhand der Dokumente und Exponate zu staunen, wie der Glaube eines Menschen wenn nicht Berge, so doch ein Tal voller bettelarm vegetierender Menschen in ein besseres Leben versetzen kann, materiell, sozial, geistig – und vielleicht auch geistlich.

Das menschliche Himmelspersonal – Götter, Halbgötter, Antigötter

Tiergeister und Naturgötter waren vermutlich die ersten Objekte der Anbetung. Jahrtausendelang wurden sie in schamanistischen Ritualen von den Urmenschen beschworen. Für die frühen Jäger und Sammler war der innige Kontakt zur Natur lebenswichtig. Außerdem stärkten die Rituale den sozialen Zusammenhalt und dienten der Abwehr archaischer Ängste.

Menschenähnliche Götter traten auf den Plan, als die Menschheit vor etwa 10 000 Jahren sesshaft wurde. Um Städte oder Staaten zusammenzuhalten, waren neue (politische wie religiöse) Hierarchien notwendig. Eine der ältesten Erzählungen ist der Mythos von Gilgamesch, der möglicherweise einen realen Hintergrund hat. Vor gut 4500 Jahren wurde damit vermutlich der Regent der mesopotamischen Stadt Uruk ins Göttliche erhoben. Als Kind der Göttin Ninsun und des Unterwelt-Halbgotts Lugalbanda ist er rechnerisch aber nur ein Dreiviertelgott – und folglich sterblich.

Überväter sind aus vielen Religionen bekannt. In der nordisch-germanischen Mythologie hieß der Hauptgott Odin, im Südgermanischen Wodan. Die zahlreichen überlieferten Beinamen ergeben ein komplexes Bild des »Allvaters«: Er sah schlecht, hatte aber flammende Augen, er ließ Heere erzittern und war ein mächtiger Redner, er war schrecklich und beliebt, wohnte auf einem Berg, sein Bart war grau.

Supermütter hatten es dagegen schwer. Eine der erfolgreichsten war noch Erdmutter Gaia, die im griechischen Götterhimmel zeitweilig als Gegenspielerin von Zeus auftrat. Doch am Ende setzten sich im Olymp Männer durch. Bei den Inka wird dagegen Mama Pacha als Mutter Erde und Fruchtbarkeitsgöttin verehrt. Als Vermittlerin zwischen Ober- und Unterwelt verfügt sie über hervorragende kommunikative Fähigkeiten.

Ein Zugereister avancierte zur obersten Gottheit der Römer. Diese übernahmen viel griechisches Personal und benannten es um. Aus Zeus zum Beispiel wurde der Römer Jupiter, ein Wettergott, der zunächst für Blitz und Donner zuständig war. Eine steile Karriere führte ihn bald an die Spitze des Pantheons.

Der multiple Gott bevölkert den hinduistischen Himmel. Die altindischen Upanishaden sprechen von bis zu 3306 Göttern, die letztendlich nur Manifestationen eines einzigen transzendenten Gottes seien. Hindus zeichnen sich dementsprechend durch eine gewisse Lässigkeit im Gottesbegriff aus: Manche glauben an viele, andere an wenige oder gar keine Götter. Wichtiger für einen Hindu sind die Rituale, die er ausführt, und die Regeln, an die er sich hält.

Ein Antigott ist der von den guatemaltekischen Indios verehrte Maximón. Was die kostümierte Figur darstellt, darüber sind sich die Anhänger nicht einig: mal Gott, mal Buddha, mal Judas, mal einen Maya-Gott. Er ist aus einer Trotzreaktion gegenüber der katholischen Kirche entstanden, als diese den Einheimischen einen neuen Glauben oktroyieren wollte. Maximón wird vor allem an Ostern gefeiert und hat im Gegensatz zu christlichen Religionsfiguren zahlreiche Laster: Er säuft, raucht und besucht Prostituierte.

Als »Gott zum Anfassen« wird der Dalai Lama vom *Spiegel* gefeiert. Dabei vertritt das religiöse Oberhaupt der Tibeter mit dem Buddhismus gerade eine Religion, die ohne Gottesbegriff auskommt. Selbst der Buddha, der »Erwachte«, gilt durch und durch als Mensch, wenn auch als einer, der jeglichen Egoismus aufgegeben hat. Doch eine solch pragmatische Religion scheint für christlich geprägte Westler nur schwer fassbar.

Das »Fliegende Spaghettimonster« ist die neueste Kreation der Gottesschöpfer. Die satirische Idee, von dem Physiker Bobby Henderson in die Welt gesetzt, soll den Glauben an alle anderen unbeweisbaren Götter lächerlich machen. Allerdings hat der Kult um »ihre Nudelheit« eine wachsende Gemeinde von Jüngern, die »Pastafaris«. Selbst ein Evangelium des Fliegenden Spaghettimonsters existiert schon.

»Die Urfragen bleiben«

Was war die wichtigste religiöse Entwicklung in den letzten Jahrzehnten?

Die Rückkehr des Islams auf die Weltbühne. Und dass sich trotz verfehlter Politik des Westens im Nahen Osten der Dialog der Religionen weltweit entwickelt hat.

Wann wird es eine Einheit der christlichen Kirchen geben?

Wenn ein Papst die schon seit Langem vorhandenen ökumenischen Konsensdokumente endlich in die Tat umsetzt.

Kann man sich dauerhaften Frieden zwischen den Weltreligionen vorstellen – und wann?

Schon jetzt überall, wo Religionen im Kleinen wie im Großen auch bei den anderen Wahrheiten erkennen, auf religiöse Dominanz und Machtpolitik verzichten und zusammenarbeiten.

Welches war das größte Versagen der Religionen im zurückliegenden Jahrhundert?

Dass sie den Holocaust nicht verhindert haben! Und auf dem Balkan in den vergangenen Jahrzehnten die ethnischen Gruppen polarisiert haben, statt sie zusammenzuführen.

Was werden künftige Generationen noch von Gott wissen – oder wissen wollen?

Der seit dem 19. Jahrhundert angekündigte »Tod Gottes« musste immer neu dementiert werden. Menschen, Generationen kommen und gehen. Die Urfragen bleiben: Woher kommt die Welt? Was ist der Sinn meines Lebens? Woran mich halten? Ist mit dem Tod alles aus? Doch sollte man sich nicht mit dem »Kinderglauben« begnügen, sondern sich um ein zeitgemäßes Gottesverständnis bemühen.

Wird der wissenschaftliche Fortschritt Gott irgendwann unnötig machen?

Nein! Gottesglaube und Wissenschaft sind für aufgeklärte Menschen des 21. Jahrhunderts kein Gegensatz, sondern »komplementär«.

HANS KÜNG,
emeritierter katholischer
Theologe in Tübingen,
ist Gründer der
Stiftung Weltethos

Mehr zum Thema:

Hans D. Betz u. a. (Hg.):
Religion in Geschichte
und Gegenwart
Handwörterbuch für Theologie
und Religionswissenschaften;
Mohr-Siebeck 2007,
4. Auflage; 9 Bände

Alister E. McGrath:
Der Weg der
christlichen Theologie
Eine Einführung;
Brunnen 2007; 624 S.

Hubert Gersch (Hg.):
Georg Büchner: Lenz
Reclam 1984; 88 S.

KULT

Goldgrube,
Westernserie,
Flugzeugmodell
und Fahrradtyp:
BONANZA

Esoterik-Wallfahrtsort:
Die Megalithformation von
STONEHENGE

Sie besuchen am
DÍA DE LOS MUERTOS
die Lebenden:
Mexikos Tote

Brennt in d
kürzesten Nac
JUHANNUS-FEU
auf der Ins
Seurasa

Sehnsucht nach Ekstase

Kulte geben Gesellschaften den Takt vor. Es gibt Sonnen- und Mondfeste, religiöse Feiern und unheilige Riten wie die kollektive Fußballbegeisterung. Seine Kraft beweist der Kult sogar, wenn er ins Wasser fällt – wie bei der Sonnenwendfeier in Finnland

VON URS WILLMANN

Kultsachse: Komiker **OLAF SCHUBERT** (im Rautenpullunder)

Sportsmann aus Mönchengladbach: **GÜNTER NETZER**

Dank Schlagermove genauso hip wie die Ponderosa: **HEINO**

FC ST. PAULI: »Niemand siegt am Millerntooooooor!«

KATI OUTINEN, MATTI PELLONPÄÄ: Traumpaar des finnischen Kinos

Schamanische Reliquie von der Schwäbischen Alb: **DER LÖWENMENSCH**

Als würde er eine Fliege verscheuchen, versucht er mit der Hand Wasser von der Schulter zu wischen, das längst im schwarzen Kapuzenshirt versickert ist. Er hatte nicht bemerkt, dass der Regen als Strahl vom Schirm der alten Dame, die neben ihm sitzt, auf seinen Rücken fällt. Dass das Nass hinunterläuft, durch den Aufdruck mit dem knochenfingrigen Sensenmann hindurch, hinab in die Hose. Anssi hält sich nicht damit auf, weder mit der Nachbarin noch mit dem Wasser in den Kleidern. »Kippis«, sagt er nur, »Prost«, trinkt und schaut wieder zur Bühne, wo die Paare in tropfnassen Trachten noch einen Tanz in Angriff nehmen. Zu einem nordfinnischen Volkslied, einer Ode an die Sommersonne.

Aber der Sommer findet nicht statt. In der Nacht, in der es auf der nördlichen Hälfte der Erde am wenigsten lang dunkel ist, hat der Wettergott eine schwarze Wolkenplane über Helsinki ausgebreitet, und er schickt Bäche vom Himmel, die den Festplatz auf der Insel Seurasaari in ein Moor verwandeln. Es ist, in anderen Jahren, das größte Volksfest Finnlands. Heute sind höchstens tausend Besucher da, auf diesem kleinen Eiland, das die Gletscher der Eiszeit rund-, aber nicht weggeschliffen haben. Sie feiern, wie fast alle Skandinavier am 20. Juni, Sonnenwende. Mit Feuer, Musik, Tanz und Alkohol.

Ausgerechnet an diesem hellsten aller Tage, an dem kultisches Treiben seit Jahrtausenden die Nordhemisphäre erfüllt; an dem Hexen, Feen und Druiden in der Megalithformation von Stonehenge der Sonne huldigen und am Fuß der Externsteine im Teutoburger Wald Esoterikfreaks ihre Zelte aufschlagen; wenn St. Petersburg seine weißen Nächte feiert und Isländer sich nackt im Tau rollen, weil die Kräuter zur Sonnenwende magische Kräfte besitzen sollen – ausgerechnet während dieses größten Fests des Lichts geht auf Seurasaari die Welt unter.

»Ich find's scheiße, scheiße, scheiße«, sagt Mika, der schlechtere Nerven hat als Anssi mit dem nassen Sensenmann auf dem Rücken. Mika erzählt, dass er 2007 auf dem Mittsommerfestival in Pori war. »In diesem Jahr spielt dort Jay-Z.« Der Rapper aus New York. Nun ärgert sich Mika noch mehr, dass er nicht dorthin gefahren ist: »Das Festival ist Kult. Verdammt!« Viele Städter ziehen hinaus, zum Grillen, Feuermachen, Feiern. Helsinki ist an Mittsommertagen halb verlassen. Daheimgebliebene und Touristen aber fahren mit dem Bus Nummer 24 an den Stadtrand, Endstation Seurasaari, und schauen im Halbdunkel Holzstößen beim Brennen zu.

»Über die Sonne erhalten wir Anschluss ans Kosmische«, sagt Hartmut Böhme, Professor für Kulturtheorie und Mentalitätsgeschichte an der Berliner Humboldt-Universität. »Die Sonne ist die zentrale Gliederungsachse der Zeit.« Vielleicht wird deshalb der Himmelskörper aus Helium und Wasserstoff, um den wir uns drehen und der pro Sekunde Hunderte Millionen Tonnen Masse verbrennt, mit besonderer religiöser Inbrunst gefeiert. Für jede Auffälligkeit in seinem Wirken gibt es irgendwo ein Brauchtumsfest mit kultischem Hintergrundrauschen: Sommersonnenwende, Winterson-

HELSINKI
Richtig dunkel wird es zur Zeit der Sommersonnenwende nicht. Viele Bewohner der Hauptstadt feiern die kürzeste Nacht des Jahres auf der kleinen Insel Seurasaari. Es ist das größte Familienfest Finnlands

nenwende, Tagundnachtgleiche. »Die Sonne ist der Lichtgeber«, sagt Böhme, »unser Organismus ist eingestellt auf sie; sie bestimmt unseren Biorhythmus.« Als Lebensspenderin besitzt sie einen hohen Symbolwert.

Auch in den Hochreligionen stecken bis heute kultische Elemente

Was am Himmel mit bloßem Auge gut sichtbar ist, taucht im Kultischen auf. Es gibt den Mondkult der Babylonier, der Maori, der Inka und Maya; es gibt den Sternenkult der Steinzeit, der Bronzezeit, der Gegenwart. Kulte stehen vermutlich am Anfang der Religionen, weil sie nahezu alle komplexen Fragestellungen abdecken: Es gibt Totenkulte und Riten zur Ahnenverehrung. Jäger- und Sammlergesellschaften erfanden den Entschuldungskult. Da es ein Sakrileg war, Tiere zu töten, und Tiere auch Gottheiten waren, galt es, die höheren Mächte zu besänftigen. Opferkulte brachten zerrüttete Verhältnisse wieder ins Lot. Und dann gibt es noch die Kulte, die den Hoffnungen folgen: der Bitte um schönes Wetter, gute Ernte, Nachwuchs.

Ansatzweise erschließt sich, warum Mika nicht zum Kultfestival nach Pori gefahren ist, sondern seine Mittsommerbiere auf dieser nassen Insel trinkt, mit Anssi und Jari und Lisa. Die Gründe fangen bei Lisa an. Sie will ihre Cousine auf der Bühne tanzen sehen. Jari interessiert sich für Lisa. Ein bisschen möchten wohl auch Mika und Anssi mit Lisa. Außerdem sind die Freunde Mika, Anssi und Jari am Wochenende immer gemeinsam unterwegs.

Deshalb schauen sich die drei jungen Männer und die junge Frau mit vielen Familien unter tropfenden Bäumen und Schirmen Folklore an. Weil es das Programm so vorgesehen hat, werfen sich jetzt Mädchen in kurzen Röcken auf den glitschigen Bohlen Gymnastikringe zu. Anssi sagt: »Wenn du innen ganz nass bist, spürst du den Regen nicht.« Er steht auf. Der Schnitter mit den knochigen Fingern steuert einen Verkaufsstand an. Er holt Bier.

Kultische Handlungen folgen meist einem ritualisierten Ablauf, und oft sind Schamanen oder Priester mit der Traditionspflege betraut. Sie stellen den Kontakt zu höheren Wesen her. Die sogenannten Hochreligionen haben sich zwar von den alten Kulten losgesagt, aber ihr Glaube, damit nichts mehr zu tun zu haben, ist für Böhme schlicht »eine Illusion«. Zu deutlich sind die Abläufe christlicher Handlungen gespickt mit Ingredienzien kultischen Treibens: außergewöhnliche Choreografie, Wiederholung, sakrale Musik, gemeinsamer Gesang, symbolische Handlung. »Ich entdecke im Totenmahl, im Grabkult, in den Votivgaben und auch in den Martinsumzügen urgermanische Überbleibsel«, sagt Rudolf Simek, Professor für skandinavische Literatur in Bonn. Und für Walter Burkert, den emeritierten Philologen der Universität Zürich, zeigen alle »Lebensphasenfeste« deutliche Ausprägungen kultischer Ideen. Taufe, Firmung, Hochzeit seien »Ausnahmen im ewigen Einerlei«. Selbst Kindern ist bei der Konfirmation ein gewisser Exzess gestattet.

Letztlich verfolgen Kult und »Hochreligion« mit ihren Liturgien die gleichen Ziele. »Rituale stellen Gemeinschaft in Raum und Zeit her«, sagt Böhme. Sie führen zur »Vertiefung der persönlichen Beziehungen«. Auffällig sei die ständige Rückkoppelung. »Damit verankert man sich als instabile Gruppe im Kontinuum der Zeit, schafft Sicherheiten in einer Umgebung, in der tödliche Gefahren lauern.« Letztlich sind die Rituale auch ein Mittel der Abgrenzung: Man vergewissert sich der Regeln und findet heraus, wer zur Gruppe gehört. Und wer nicht.

In ihrem Bemühen, ihrerseits die Menschen einzubinden, haben die Christen viele einst von Heiden begründete Feste ins Programm aufgenommen. Christi Geburt wurde auf die Wintersonnenwende gelegt, und Johannes der Täufer, am 24. Juni geboren, gab dem Mittsommerkult seinen Namen. Der Festtag heißt in Finnland Juhannus.

Anssi kommt zurück, konsterniert. Er hat nur Olut 1 auftreiben können, Schwachbier mit 2,7 Volumenprozent Alkohol, weil die Stände keine Lizenz für härtere Drogen haben. Das dünne Bier ist regenwarm. Andere haben vorgesorgt, mit Wodka im Flachmann. »Kippis!«, sagt Anssi. Unermüdlich macht die Festgemeinde weiter. Die Landesfahnen kleben an den Stangen, die Trachten an den Körpern wie Putzlappen. Aus der Verstärkeranlage dringt das Zupfen verstimmter, feuchter Saiten, ein Kind platscht auf den Bauch. Die Paare drehen sich nach Plan. »Beim Tanzen geht der Tanzende über seine Grenzen«, sagt Böhme, »er gerät in Ekstase, er versucht, in eine Phase einzutreten, wo er intensiv erlebt, wo Verschmelzung stattfinden kann: mit Gottheiten oder mit den anderen der Gruppe.« Der Kulturwissenschaftler ist überzeugt, dass der Tanz »ganz nah am Kultischen« ist: Normalerweise seien wir »eingekörpert«. So aber würden wir »Teil eines größeren Ganzen«.

Am Rand des Festplatzes verkaufen zwei Schäfer unverdrossen Flöten und Hörner. Frauen bieten Tuch feil, ein Flechter Körbe. Das kultische Treiben umfasst auch einen Handwerkermarkt mit Holzbechern und Elchflaschenöffnern. Es gibt Rentierküchlein und Teller mit Seefischchen. Im Schutz der Plastikplanen kokeln Würste. Unnötigerweise ist die Feuerwehr mit dem Löschwagen da.

»Was ganz am Anfang des Kults war«, sagt Walter Burkert, »kann man nicht sagen. Das Zeug ist zu alt.« Er vermutet: Angst. Angst um die Ernte, Angst wegen der Kriege. Angst um die Gesundheit. »Der medizinische Aspekt ist in den Hintergrund getreten, aber angefangen hat auch Jesus als Heiler«, sagt Burkert. Ausgestorben ist diese Tradition nicht: »Lourdes existiert. Der Pilger denkt: Vielleicht hilft's.«

Dann brennen die ersten kleinen Feuer. Regionale Meisterwerke der Stapelkunst: ein Modellwolkenkratzer im Maßstab 1 zu 100, schlank getürmt, daneben ein Wagenrad, mit Stroh zum Sonnenschiffsteuerrad umflochten. Die Sicherheitsleute haben brandbeschleunigende Pakete zwischen die Ritzen gestopft, damit es höllisch brenne. Der Erfolg: bescheiden. Vor der Abschrankung stehen dicht gedrängt Zuschauer, die etwas zu erleben hoffen. Anssi, Mika, Jari und Lisa stehen inmitten dieses Pulks. Lisa rümpft die Nase. Es sind die Trachten, die stinken – Mottenkugeln. Jari geht Bier holen.

»Das Saufen ist ein auf den Hund gekommenes Ritual«

Das Feuer war schon bei den Griechen das wichtigste Element: nach oben strebend. Es gibt weltweit unzählige Feuergötter. Auch auf Seurasaari sind die Scheiterhaufen der zentrale rituelle Programmpunkt. »Mit dem Entfachen einer Flamme stelle ich eine Beziehung zu Gott her«, sagt Böhme. Ein

Böller schreckt um Punkt zehn Festgemeinde und Möwen auf. Als Flammen am größten, sieben Meter hohen Tannenhaufen zu lecken beginnen, gedeiht Applaus. Schaulustige Seeleute in kleinen Jachten feuern, als das nasse Holz eine bombastische Rauchwolke entlässt, ein Blitzlichtgewitter ab. Die Seevögel protestieren krächzend. Das Organisationskomitee dankt für den Besuch, kündigt aber an: Es gibt für Interessierte noch Tanz bis eins.

Viele Künste sind aus Riten entstanden, Musik ist oft beeinflusst von sakralen Klängen. Anders als im Theater oder in der Oper aber, sagt Hartmut Böhme, gehe es im Gottesdienst um die Herstellung einer »homogenisierten Gemeinde, letztlich auch um die Vereinigung im Corpus Christi«. Nicht anders zu beobachten bei Popkonzerten, wo Mengen zu »Kollektivkörpergesellschaften« werden. Elias Canetti hat dieses Phänomen in *Masse und Macht* kritisch beleuchtet und dessen unangenehme Seite beschrieben: In einem von »Affekten« geleiteten Gebilde verliere der Mensch seine Furcht vor Berührung. Der Verlust der Individualität werde als befreiender Akt empfunden – doch das Andersartige der Welt da draußen werde der Masse umso deutlicher bewusst. Schließlich entstehe als auffälligste Eigenschaft einer Masse die »Zerstörungssucht«: Um ihr eigenes Überleben zu sichern, will sie das Andere vernichten.

Im »Dritten Reich«, sagt der Kulturwissenschaftler Böhme, »haben strenge liturgische Choreografie und Ekstase zusammengewirkt. Die Nazis haben sich eine jahrtausendalte Erfahrung der Religionen zunutze gemacht. So schafft man Loyalitäten.« Eine Affinität zum Urgermanisch-Kultischen pflegen Neonazis noch heute. Auch sie pilgern im Mittsommer zu den Externsteinen, jenem Ort, den schon Heinrich Himmler mit Verweis auf angebliche Traditionen glorifizierte.

Das Problem der parlamentarischen Demokratie: Ihr fehlen oft die Rituale. Und so stellt sich für Böhme die Frage: »Wie macht man Demokratie zum Fest?« Da sie wenig unmittelbare Ekstase verschaffe, brauche sie »kulturelle Zonen der außerdemokratischen Wildheit«. Böhme hat in einem Aufsatz dargelegt, wo heute viele Menschen ihren Erlebnishunger stillen: Die Kathedralen stehen leer, doch in den Fußballstadien tost das heilige Spektakel um Kampf, Sieg, Untergang. Böhme beschreibt die Arenen als wahre kultische »Turboauflader«, in deren »Resonanzraum« die Kollektivkörper »eine gewaltige Rückkoppelung erfahren«.

»Scheiße!« – Mika hat noch immer keine neue Sammelvokabel für den Regen, die trübe Stimmung, das verpasste Kultfestival gefunden. Die vier gehen den Fußweg zurück, an Ständen vorbei, die immer noch Körbe verkaufen. Lisa hat sich bei Jari untergehakt. Schließlich fläzt sich die Gruppe durchweicht und erlöst auf den Sitzen des 24er-Busses, der ins Zentrum von Helsinki fährt. Afterparty im Lady Moon, wo es trocken ist, moderne Takte und Starkbier gibt.

Leib und Seele, sagt Rudolf Simek, kämen im Kultischen selten zu kurz. »Beim Totenmahl wird viel gegessen und viel getrunken – typisch germanisch.« Vor allem die Verbindung mit Drogen zieht sich durch die Kultgeschichte. Noah legte den ersten Weinberg an, Dionysos, Gott des Rebensafts, der Fruchtbarkeit und der Ekstase, pflegte mit feierndem Gefolge herumzulärmen. Und mexikanische Schamanen, berichtete LSD-Pionier Albert Hofmann, genießen die Wirkung sakraler Pilze, damit Gott aus ihnen spreche. Auch als Breitensport löst sich Bewusstseinserweiterung nicht von ihren kultischen Wurzeln: »Wenn ich sehe, wie entschlossen die Engländer am Freitagabend losziehen, dann hat das schon was Kultisches«, sagt Simek. Kulturtheoretiker Böhme sieht es so: »Das Saufen ist ein auf den Hund gekommenes Ritual.«

Mit dem unsicheren Schritt des Angetrunkenen trägt Mika Bier durchs Lady Moon. Wo sind Lisa, Jari, Anssi? Die vierköpfige Kollektivkörpergesellschaft löst sich langsam auf im größeren Fluidum aus tanzenden, teigig diskutierenden, stumm vor sich hin stierenden jungen Menschen. Mitternacht ist vorbei. Draußen müsste es längst wieder heller geworden sein.

Volksfest und Kirchentag dienen nicht zuletzt der Verbreitung des Genpools

Jari stützt sich an Lisas Körper ab. Oder sein Arm versucht die nächste Flirtstufe zu zünden. Lisa aber ist, anders als er gehofft hat, noch nicht außer Selbstkontrolle. Sie löst sich aus der Umarmung. Nicht mit Jari. So viel weiß sie jetzt und geht tanzen.

Vor allem die agrarische Bevölkerung, in kleinen Stuben hockend, schuf Möglichkeiten, zusammenzukommen. »Auch ein Bierzelt ist Kult oder ein Kirchentag«, sagt Simek. Die Treffen dienten nicht zuletzt »der Verbreitung des Genpools«. Wenn Finnen wie Schweden die kürzeste Nacht begehen, lassen sie diesen Aspekt selten außer Acht. Ihre Sonnenwendfeiern sind erotisch aufgeladen. Unverheiratete Mädchen laufen, manchmal nackt, durchs Kornfeld, sammeln sieben verschiedene Blumen und legen sie unter das Kopfkissen, damit ihnen – im Traum – der zukünftige Ehemann begegne.

Lisa ist verschwunden. Jari hat sich – lange her – wankend in Richtung Theke verabschiedet, Bier holen. Mika steckt in einem Seitenflügel der Disco fest. Nur Anssi steht noch hier, sein Sensenmann ist fast trocken. Er schaut zwei Sturzbetrunkenen beim Schmusen zu. Einige Gäste im Lady Moon, die Älteren, sehen jetzt aus wie Figuren in einem Kaurismäki-Film. Anssis Lider sind auf Halbmast, er stöhnt Silben heraus, deren Bedeutung sich nicht erschließt. Er verfällt in einen tranceartigen Zustand, kaut minutenlang an einem Wortfetzen. In Superzeitlupe entlassen seine Lippen einen geheimnisvollen Code.

Es war das Jahr 165, als die Montanisten in Kleinasien die »Neue Prophetie« verkündeten. Kultische Ekstase war zentrales Ritual dieser frühchristlichen Glaubensgemeinschaft. Abends erhob sich ein Prophet. Er tanzte, sein Stimmapparat vollführte Kunststücke. In einer sogenannten Zungenrede entfuhren ihm tollkühne Vokale und Gluckser, die ein Kundiger in verständliche Rede überführte.

Erst durch die Übersetzung des Assistenten nahmen die Visionen des scheinbar Irren Gestalt an. Die Performance endete zum Beispiel mit der Ankündigung eines Weltuntergangs. Paulus selbst berichtet im ersten Brief an die Korinther von einschlägigen Veranstaltungen. Oft sprach nur die Zunge, der Verstand schwieg: »Denn wer in Zungen redet, der redet nicht für Menschen, sondern für Gott; denn niemand versteht ihn, durch den Geist vielmehr redet er Geheimnisse« (1. Kor. 14). Endlich ist Jari zurück. Er stellt Anssi ein Bier vor das Gesicht. Als sie nicht mehr können, steigen sie um auf das, was noch runtergeht. Wodka.

Um halb vier ist keiner mehr in Sicht, den er zu kennen glaubt. Anssi sortiert seine Füße, verlässt das Lady Moon und macht sich auf nach Norden. Als ein Bauzaun kommt, hält er inne. Nach einer halben Minute ist die Grobmotorik wieder unter Kontrolle. Den nächsten Halt gibt eine Straßenlaterne. Er nimmt sie in den Arm wie eine Geliebte. Festigen der Konzentration. Etwas weiter stehen Bäume. Anssi nimmt den ersten und kommt zu Kräften. Er hat das viele Male geübt. Feiern mit Freunden, Innehalten, nach Hause kommen. Auch im Winter, wenn die Sonne einfach nicht hervorkommen will.

Kultisches und Kultiges: Berge, Tote, Zweitligisten

Totenkult: In ritueller Form wird Verstorbener gedacht. Dazu gehören im Christentum Einsargung, Totenmahl, Reliquienverehrung. Im alten Ägypten ließen sich Pharaonen ganze Pyramiden hinstellen – als Wohnhaus für das Leben danach. In Mexiko ist der Día de los Muertos gar der wichtigste Festtag: In der Nacht vom 1. auf den 2. November besuchen die Seelen der Verstorbenen die Lebenden.

Menschenopfer: Als Nahrung für höhere Mächte, zur Besänftigung göttlichen Zorns oder um die Fruchtbarkeit des Bodens zu erhöhen, sind Menschenopfer seit der Steinzeit belegt. Potentaten in China, Ägypten oder Mesopotamien zogen es vor, in Begleitung ihres Hofstaats ins Grab zu gehen. Dem allgemeinen Glauben zum Trotz handelt es sich bei in Nordeuropa gefundenen Moorleichen in den seltensten Fällen um Opfer ritueller Praktiken: Nur ein Dutzend von 2000 bekannten Moorleichen sind aus kultischen Motiven ermordet worden.

Schamanismus: Vor über 30 000 Jahren schnitzte ein Künstler auf der Schwäbischen Alb aus dem Stoßzahn eines Mammuts einen Löwenmenschen. Solche »anthropozoomorphen Figuren«, halb Tier, halb Mensch, sind für den Archäologen David Lewis-Williams Repräsentanten des Schamanismus: Zauberer, die – durch ekstatische Tänze, Musik, Drogen – ihr Bewusstsein verändern. Ziel der Übung: Kranke heilen, Zukunft voraussagen, Wetter beeinflussen, Bestien neutralisieren.

Heilige Berge: Ihre Größe lässt Menschen ehrfürchtig erstarren und weckt religiöse Gefühle. Beeindruckende Felsriesen gelten als Orte, an denen sich Himmel und Erde, Mensch und Gott begegnen, als Wohnstätten von Ahnen; sie sind Kraftzentren, Wallfahrtsorte oder Schauplatz von Mythen. Auf dem Schlern in Südtirol wurde ein bronzezeitlicher Brandopferplatz freigelegt. Als heilig gelten auch: Annapurna und Ararat in Asien, Uluru (Ayers Rock) in Australien, Olymp in Europa, Kilimandscharo in Afrika, Mateo Tepee in Nordamerika.

KULT: Die Rockband wurde 1982 in Warschau gegründet. In kommunistischer Zeit litt sie unter Zensur, sie rebellierte gegen Walęsa und lehnte den MTV Award ab; Begründung: »zu kommerziell«.

Personenkult: Ausgeprägt im Römischen Reich um Caesar oder im Nationalsozialismus um Adolf Hitler. Zweifelhaften Ruf erwarben sich in dieser Hinsicht auch Saddam Hussein (Irak), Ceauşescu (Rumänien), Hoxha (Albanien), Mao (China) oder Vater und Sohn Kim (Nordkorea). Eher wie ein Popstar wird post mortem Ernesto Che Guevara verehrt.

Körperkult: Hat eine lange und vielfältige Tradition (Olympia, Sumoringer in Japan, Tattoos). Fitnesswahn und Bodybuilding gehören auch dazu.

Kultregisseure: Akin, Altman, Antonioni, Bergman, die Brüder Coen, Coppola, Fassbinder, Fellini, Godard, Herbig, Hitchcock, Jarmusch, Kaurismäki, Kubrick, Lubitsch, Meyer, Polanski, Pollack, Scorsese, Soderbergh, Tarantino, Truffaut, Welles, Wilder.

FC St. Pauli: Der Kiezclub (2. Bundesliga) verdankt den Kultstatus den Besetzern der Hamburger Hafenstraße. Hier entstand die Idee, mit Piratenflagge ins Stadion zu ziehen, wo sich Rituale wie der Einlauf der »Gladiatoren« zu *Hell's Bells* beobachten lassen. Heute gibt es Shirts mit dem Aufdruck »Weltkulturerbe«.

Mehr zum Thema:

Walter Burkert: Kulte des Altertums
Biologische Grundlagen der Religion;
C. H. Beck 1998; 179 S.

Jörg Rüpke: Zeit und Fest
Eine Kulturgeschichte des Kalenders;
C. H. Beck 2006; 256 S.

Hartmut Böhme:
Fetischismus und Kultur
Eine andere Theorie der Moderne;
Rowohlt 2006; 570 S.

Martin Kuckenburg:
Kultstätten und Opferplätze
in Deutschland
Von der Steinzeit bis zum Mittelalter;
Theiss 2007; 160 S.

»Die Rituale der Primaten«

Was waren die ersten kultischen Handlungen des Menschen?

Warum fangen Sie beim Menschen an? Versteht man Kult als stereotypes Handeln, dessen pragmatische Funktion zugunsten von Zeichenhandlung und Kommunikation zurückgetreten ist, könnte man auch im Tierreich suchen. Walter Burkert hat in seinen *Kulten des Altertums* mehrere Rituale bis zu Primaten zurückverfolgt, hier allerdings in pragmatische Zusammenhänge – Gruppenbildung, Feindabwehr, Konfliktminimierung – eingeordnet. Spitzt man Ihre Frage auf archäologisch Nachweisbares zu, sind Bestattungsrituale an erster Stelle zu nennen. Jagdrituale gehören schon zu hoch arbeitsteilig organisierten Gruppen.

Welche kultische Handlung verstehen wir noch immer nicht?

Die religionswissenschaftliche Ritualforschung hat im vergangenen Jahrhundert so viele Zugänge zu Kulten entwickelt, dass es schwerfällt, einen nicht zu verstehen. Abbild sozialer Wirklichkeit, Codierung von Glaubensüberzeugungen oder zweckfreies Spiel: Erklärungen sind schnell gefunden. Worüber wir aber insgesamt viel zu wenig wissen, ist, wie die Teilnehmer an solchen Kulten ihr Handeln *verstehen* und wie solche Kulte in Anbetracht völlig unterschiedlicher Verständnisse ihrer Teilnehmer (von Experten bis hin zu Kindern und Zuschauern) *funktionieren* können.

Warum ist die Sonne als Gegenstand von Kulten so wichtig?

In Zeiten ohne elektrischen Strom ist die Sonne ein so mächtiger und in der Ausübung dieser »Macht« sichtbarer Faktor des täglichen Lebens, dass es naheliegt, über die dahinterliegenden Intentionen oder Mechanismen nachzudenken – und diesen Faktor als Zeichen für anderes, Herrschaft zum Beispiel, zu benutzen. In der Jungsteinzeit und frühen Bronzezeit ermöglichte Expertenwissen, den Sonnenlauf mit architektonischen Hilfsmitteln – Steinbauten, Palisadenkreise – direkt in Rituale einzubinden.

Was wissen Sie, ohne es beweisen zu können?

Fast alles, was ich hier kundtue, sind Hypothesen zum Verstehen menschlichen Handelns. Zu beweisen werden sie nie sein.

Was hat man lange falsch verstanden?

Magie wird heute nicht mehr als eine besondere Klasse von kultischen Handlungen verstanden, die »aus sich heraus«, als »Götterzwang« wirken. Stattdessen ist deutlich geworden, dass alles »Magie« sein kann: Es sind immer die kultischen Handlungen der »anderen«, der »Bösen«, die Magie sind.

Was wüssten Sie nur zu gern?

Was die Menschen historischer und vorgeschichtlicher Kulturen bei der Durchführung der Rituale, deren Hinterlassenschaften wir noch finden, gedacht und gefühlt haben.

Was haben Heino, »Sex and the City« oder Jogi Löw mit Kult zu tun?

Die Sprache der Religion – dieser Versuch, nicht Fassbares in Bildern zu fassen – dient leicht zur Steigerung menschlicher Dinge. Der Herrscher wird zum Gott, die politische Entscheidung ist Erlösung, der Wellness-Aufenthalt ist wie eine Wiedergeburt. »Flankengötter« und »Fußballengel« flattern im Moment über die Bildschirme. *Cultus* heißt auf Lateinisch »Pflege«, »Verehrung«. Da können auch Heino und Löw neben und anstelle des Gottesdienstes treten. Neue Gurus. Oft sind es aber gar nicht Personen, sondern Produkte. Norbert Bolz hat diesen Konsumismus provozierend als Neureligion beschrieben.

JÖRG RÜPKE
ist Religionswissenschaftler
an der Universität Erfurt

MENSCH

TURKANA BOY
(Homo ergaster,
Kenia) lebte
vor 1,6 Millionen
Jahren

Aufrecht – 3,2 Millionen Jahre
vor uns: **LUCY** aus dem heutigen
Äthiopien

Fortschritt
per Faustkeil:
weiblicher
HOMO HABILIS
(Fundort Kenia)

Konnte singen
und jagen:
NEANDERTALER

Fast in Europa:
Dieser weibliche
HOMO HABILIS
hielt sich vor
1,8 Millionen in
Dmanisi auf

Aufrecht nach Europa

Das wechselhafte Klima beschleunigte die Menschwerdung.
Es zwang unsere Vorfahren zum aufrechten Gang, machte sie zu
Kulturwesen und trieb sie aus Afrika hinaus in die Welt.
Vor 1,8 Millionen Jahren siedelten Hominiden am Fuß des
Kaukasus. Dann eroberten sie Europa

VON TOBIAS HÜRTER

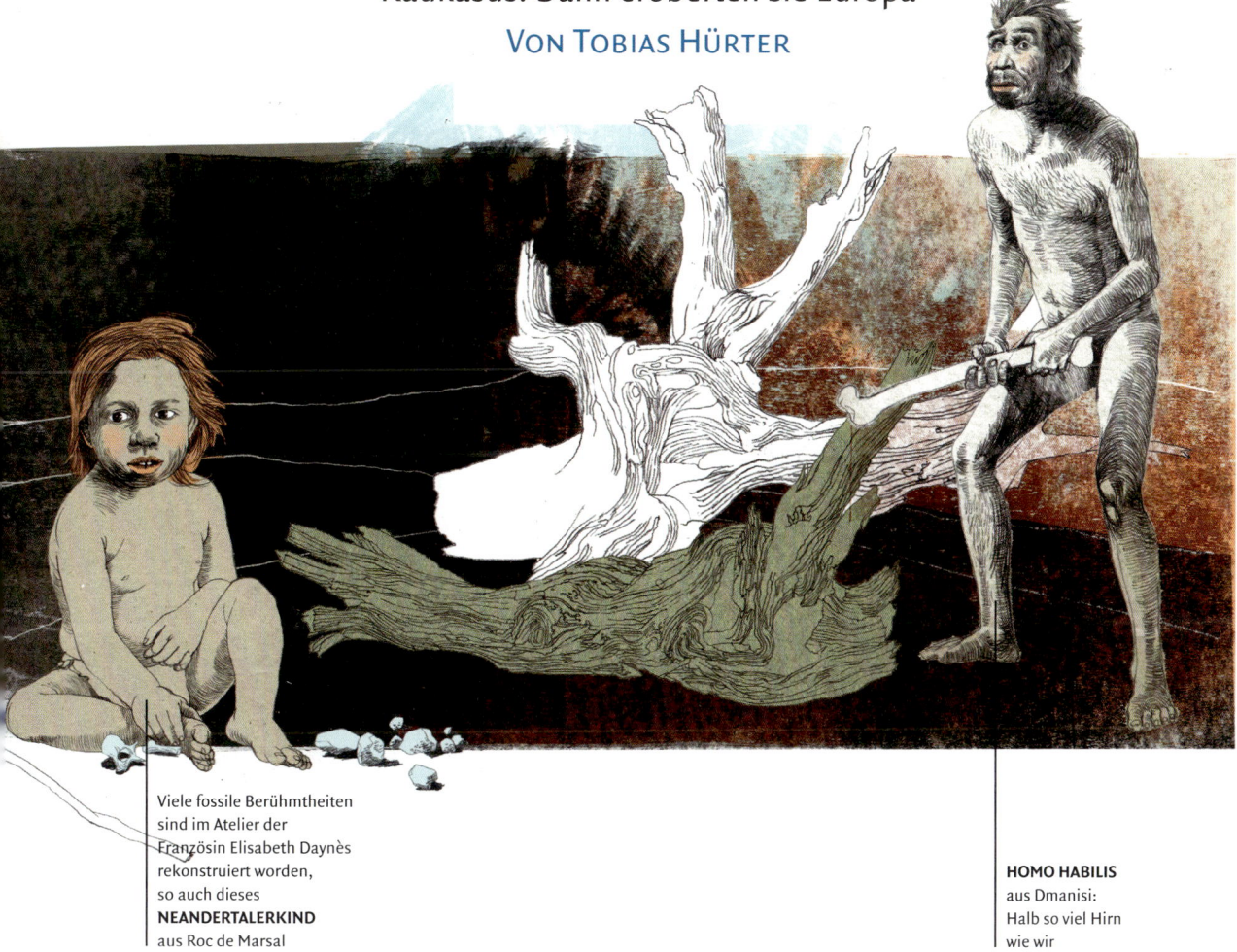

Viele fossile Berühmtheiten
sind im Atelier der
Französin Elisabeth Daynès
rekonstruiert worden,
so auch dieses
NEANDERTALERKIND
aus Roc de Marsal

HOMO HABILIS
aus Dmanisi:
Halb so viel Hirn
wie wir

Gehen Urmenschenforscher auf Knochensuche, wird es meist beschwerlich. Die Reste unserer Ahnen finden sich im heißen Wüstensand, im schwülen Dschungel oder in düsteren Höhlen. Wer dagegen als Paläoanthropologe in Dmanisi graben darf, den verwöhnt das Schicksal: Der Fundort liegt auf einer Bergnase mit Rundblick über das Hügelland des Kleinen Kaukasus. Unten Flussauen. Oben blau-weißer Himmel. Am Horizont ein Frühlingsgewitter.

In dieser Idylle im Südosten Georgiens kommen seit Anfang der 1990er Jahre versteinerte Knochen zutage, die das alte Bild von der Menschwerdung durcheinanderbringen. Schon vor 1,8 Millionen Jahren trieben sich hier unsere fernen Vorfahren herum – zu einer Zeit, in der Forscher sie bisher noch daheim in der afrikanischen Savanne vermuteten, 4000 Kilometer südlich. Woher kamen diese Hominiden? Was hat sie in den Norden getrieben? Und wohin gingen sie? Sonderlich schlau oder geschickt waren sie vermutlich noch nicht. Aber gut zu Fuß.

Der Ort Dmanisi zog auch später die Menschen an. Im Mittelalter lag auf dem Bergrücken eine der mächtigsten Städte der Gegend, mit einer gewaltigen Zitadelle und eigener Münzprägerei. Damals trotteten Lastkamele über die Seidenstraße durch das Tal östlich der Stadt. Auch Marco Polo kam hier vorbei. Gleich unter den mittelalterlichen Stadtresten liegen Siedlungen aus der Bronzezeit. Fast jeder Spatenstich führt hier in eine andere Epoche.

Wo einst die Fürsten von Dmanisi residierten, lehnt heute David Lordkipanidze an einer Ruinenmauer und genießt die Stille. »Wird Zeit, dass wir endlich wieder etwas finden«, sagt der Generaldirektor des georgischen Nationalmuseums und Leiter der Grabung. Endlich wieder? Schon wieder, würden die meisten seiner Fachkollegen sagen. Keine Wissenschaft hängt so vom Glück ab wie die Paläoanthropologie. Lordkipanidze ist 44 Jahre alt und hat bereits genügend Finderglück für mehrere Forscherkarrieren gehabt. Die versteinerten Reste von sieben Urmenschen sind bisher in seiner Grabung zutage gekommen, die ältesten Hominidenfunde außerhalb Afrikas: fünf Schädel, eine Wirbelsäule, Teile von Schultern, Oberarmen, Beinen, Füßen und Fingern.

Das mittelalterliche Dmanisi wird seit 1936 ausgegraben. In einem der Keller stießen die Archäologen 1983 auf einen Knochenhaufen: Der Rest eines Festmahls, war ihr erster Gedanke. Dann erklärte ihnen ein Paläontologe, dass einer der Knochen von einem Nashorn stammt. Nashörner sind in Georgien vor einer Million Jahren ausgestorben. Dann stießen die Ausgräber auf menschliche Spuren: Steinwerkzeuge. Die Sache begann richtig interessant zu werden. Lagen irgendwo in der sandigen Erde auch noch die Werkzeugmacher?

Die Forscher stellten lieber die Datierung als ihr Weltbild infrage

Im Sommer 1991 war David Lordkipanidze noch als Student dabei. Sein Vater, Leiter des Archäologischen Zentrums in Tbilissi, hatte Gäste aus

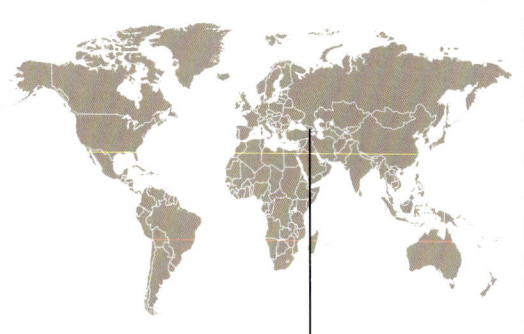

DMANISI
In der mittelalterlichen Ruinenstadt stießen Forscher 1983 auf einen Haufen Knochen. Deren Alter: 1,8 Millionen Jahre. Die Gebeine machten den Ort in Georgien zum Brennpunkt der Urmenschenforschung

Deutschland nach Dmanisi eingeladen. Der 24. September sollte der letzte Grabungstag sein. Die Forscher wollten heim, die Arbeiter warteten darauf, die Löcher zuzuschütten. Da stieß die deutsche Doktorandin Antje Justus auf den Rückenwirbel eines Tieres. Sie hob ihn auf. Ein Stück Kiefer kam zum Vorschein. Justus fluchte: »Nicht noch ein Knochen!« Sie tippte zunächst auf einen Affen. Dann erkannte sie die typisch menschliche Zahnstellung.

»Wir hatten nicht einmal daran gedacht, Menschenknochen zu finden«, erinnert sie sich. Aus einer beschaulichen Pleistozän-Fundstätte war einer der Brennpunkte der Urmenschenforschung geworden. Als sich herumsprach, dass im Südkaukasus 1,8 Millionen Jahre alte Menschenknochen gefunden worden sein sollten, taten die Paläoanthropologen erst einmal, was sie meisterhaft können: streiten. Viele glaubten, es wären ausgetüfteltes Werkzeug und ein entwickeltes Denkorgan nötig gewesen, um den Weg aus Afrika hinauszufinden. Diese Bedingungen aber erfüllte die Menschheit erst einige Hunderttausend Jahre später. Die Menschen von Dmanisi hatten nur urtümliche Steinkeile und halb so viel Hirn wie wir. Deshalb stellten manche Wissenschaftler lieber die Datierung der Funde infrage als ihr eigenes Weltbild.

Die Paläoanthropologie ist eine Disziplin, die aufgrund von wenigen Spuren große Fragen beantworten will: Woher kommt der Mensch? Was trieb seine Entwicklung voran? Aus fast sieben Millionen Jahren Menschheitsgeschichte haben die Forscher nur ein paar Tausend Knochenstücke in der Hand. Macht ungefähr ein Stück auf hundert Generationen – weltweit. Im Durchschnitt bleibt von einer Zeitspanne wie der von Christi Geburt bis heute vielleicht ein Backenzahn. »Man könnte sämtliche Funde locker in die Regale einer Dreizimmerwohnung legen«, sagt Friedemann Schrenk vom Senckenberg-Institut in Frankfurt. Seine ansehnliche Sammlung von 150 Stück passt in einen Koffer.

Die Fundlage ist also lückenhaft, und die Urmenschenforscher füllen die Zwischenräume mit ihrer Fantasie. Kein Wunder, dass ihr Erkenntnisfortschritt nicht immer geradlinig verläuft. Gänz-

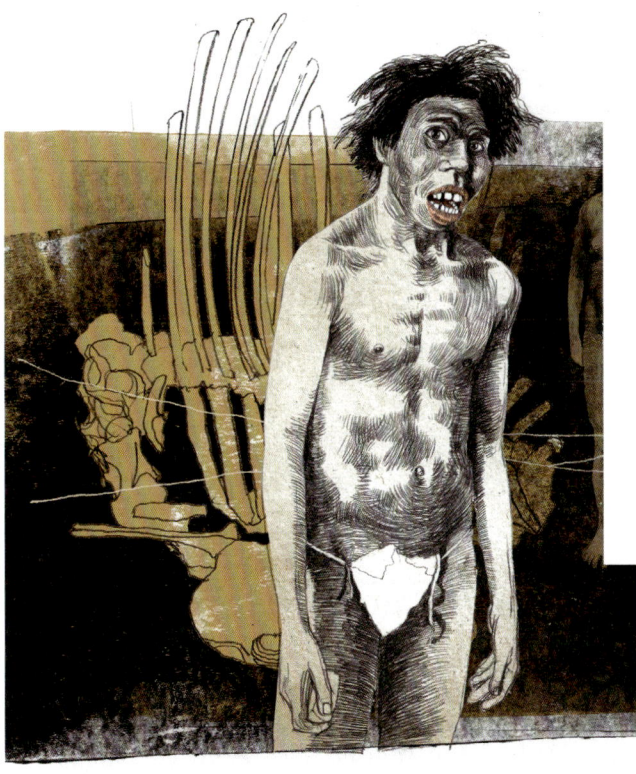

lich in die Irre führte sie 1912 ein Schädel, der in einer Kiesgrube in Südengland aufgetaucht war. Der
musste einst ein stattliches Gehirn beherbergt haben,
wies aber archaische Kauwerkzeuge auf. Der Piltdown
Man schien die damals verbreitete These zu beweisen,
dass die Menschwerdung mit einem großen Hirn begonnen hatte – und zwar in England. Erst Jahrzehnte
später wurde er als Fälschung entlarvt. Ein bis heute
Unbekannter hatte einen modernen Menschenschädel
mit dem Unterkiefer eines Orang-Utans kombiniert,
in den er die abgefeilten Zähne eines Schimpansen gesteckt hatte.

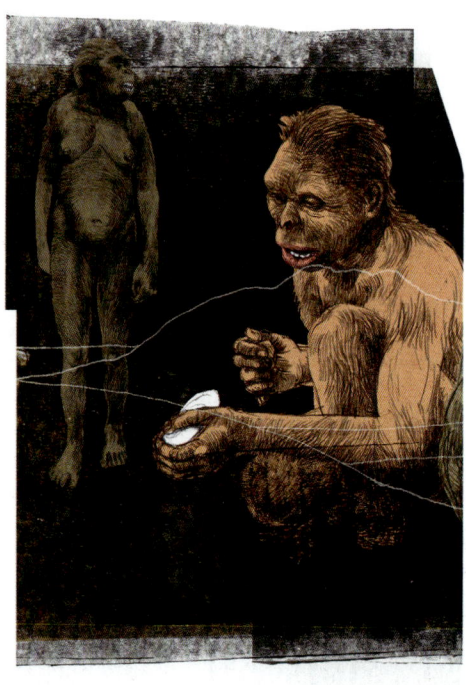

Die Menschheit entstand nicht in England, sondern
in Afrika. Das gehört zu den wenigen Gewissheiten
der Paläoanthropologie. Am Anfang war auch nicht
das große Denkorgan, sondern der aufrechte Gang.
Vor sieben Millionen Jahren begann der riesige Re-
genwald, der das tropische Afrika einst von West bis Ost überzogen hatte, sich zu lichten. Unsere
Vorfahren, gewöhnt ans Dickicht, fanden sich in Buschland oder Baumsavanne wieder, wo man auf
zwei Beinen besser überlebt. Also erhoben sie sich. Gut möglich, dass der aufrechte Gang in jener
Zeit sogar mehrmals entstand. Allerdings handelte es sich wohl vier Millionen Jahre lang eher um
ein Watscheln. Der grazilere Gang entwickelte sich erst zu Zeiten der Dmanisi-Menschen.

Der zweite große Schritt der Menschwerdung ereignete sich vor etwa 2,5 Millionen Jahren, als das
Klima weltweit aus dem Gleichgewicht geriet. Eine Eiszeit brach über Europa herein, eine Trockenheit über Afrika. Die Regenzeiten blieben aus. Wieder mussten unsere Ahnen umdisponieren. Sie
taten es auf zwei grundverschiedene Weisen: Die sogenannten Nussknackermenschen entwickelten
mächtige Kieferknochen und Kaumuskeln, um hartschalige Früchte und zähes Fleisch zu zermal-
men. Die anderen schlugen sich mit Grips statt mit Kraft durch. Statt sich große Zähne wachsen zu
lassen, schufen sie Werkzeuge. So begann die Kultur und mit ihr die Gattung Homo. Das vielleicht
größte Wunder der Naturgeschichte nahm seinen Lauf: der Ausbau des Großhirns. Die Vorfahren
von Dmanisi könnten uns helfen, die treibenden Kräfte dahinter aufzuklären. Als sie noch lebendig
herumliefen, setzte gerade der größte Wachstumsschub des menschlichen Gehirns ein. Seine Größe verdoppelte sich in wenigen Hunderttausend Jahren.

Das Gewitter, das vorhin noch in der Ferne rumort hatte, zieht inzwischen über Dmanisi hinweg.
Regen prasselt auf das Stahldach, das Lordkipanidze kürzlich über der Grabung hat aufstellen
lassen. Eine Tafel zeigt die Embleme der Sponsoren: des Ölkonzerns BP, des Uhrmachers Rolex.
Lordkipanidze ist dabei, die Spielregeln der Wissenschaft im 21. Jahrhundert kennenzulernen: »Der
Staat hat uns keinen Cent dazugegeben.« Dabei dient die Grabung durchaus der Staatsräson. Denn
die Georgier leben nur geografisch in Asien, kulturell fühlen sie sich als Europäer. Georgien gehört
zum Europarat und strebt in die Nato. Da kann es nur helfen, die »ältesten Europäer« aufbieten zu
können.

Sie waren Wesen des Übergangs: Kleiner Wuchs, winziges Gehirn

Dieser Titel ist umkämpft – auch wenn England nach der Pleite von Piltdown aus dem Rennen ist. Italienische Forscher bezeichnen ihre 1,4 Millionen Jahre alten Funde aus Pirro Nord in Apulien als »Belege für das erste Auftreten des Menschen in Europa«. Im Frühjahr verkauften spanische Paläontologen eine 1,2 Millionen Jahre alte Kieferpartie aus Atapuerca am Jakobsweg als den »ersten Hominiden Europas«, obwohl er 600 000 Jahre jünger ist als die Knochen von Dmanisi. »Propaganda«, murrt Lordkipanidze. Tatsächlich reduzierten die Spanier ihren Anspruch später auf »Westeuropa«. Auf ein paar Quadratmetern Grabungsfläche kam in Dmanisi eine unglaubliche Vielfalt an Fossilien zum Vorschein: Schnecken, Schlangen und Nagetiere; Pferde, Giraffen, Elefanten und Straußenvögel, die unsere Ahnen einst gejagt haben könnten; Löwen, Hyänen und Säbelzahntiger, mit denen sie sich wohl ums Essen stritten.

Wie die einzigartige Knochensammlung zustande kam, ist ein Rätsel. Frühe Menschenfunde treten meist einzeln auf – in Dmanisi fanden sich sieben auf einen Streich. Der französische Anthropologe Henry de Lumley vermutet eine prähistorische Naturkatastrophe: Die Asche eines 20 Kilometer entfernten Vulkans habe die Gruppe begraben. Ein Pompeji im Pleistozän? »Schöne Geschichte«, sagt Lordkipanidze, »aber wohl leider falsch.« Nach den Maßstäben der Erdgeschichte mögen die Fundstücke aus dem gleichen Augenblick stammen. Aber bei genauem Hinsehen liegen sie in verschiedenen Sedimentschichten. Jahrtausende liegen zwischen ihnen.

Eine plausiblere Erklärung ist, dass Wasserkraft den Fossilienhaufen zusammengeschoben hat. Zuerst müssen die Knochen hangaufwärts gelegen haben. Damals überschwemmten die Flüsse immer

wieder das Gebiet und spülten die Fossilien in eine Senke. Schließlich fanden die Flüsse ihre Betten, das Gebiet trocknete. Eine harte Kalkschicht legte sich über die Knochen und konservierte sie – weshalb sie heute frisch wirken. »Als hätte gerade jemand Kotelettknochen weggeworfen«, sagt Antje Justus. Und diese Sammlung zieht sich weit über die bisherige Grabung hinaus, bis jenseits des Flusses. »In Dmanisi könnten Sie noch hundert Jahre graben«, sagt Justus, »da liegt noch unheimlich viel.«

Als vor 1,8 Millionen Jahren die ersten Menschen das Gebiet erkundeten, sah hier nichts so aus wie heute. Die Vulkane brodelten noch, die Flüsse hatten noch keine Täler in die junge Landschaft geschnitten. Zur einen Seite lag die offene Savanne, zur anderen geschlossener Wald und ein See oder Tümpel, an dem sich hervorragend auf Beute lauern ließ. Im Windschatten des Kaukasus fanden die Neuankömmlinge eine mediterrane Idylle vor. »Sie waren perfekt angepasst an die Bedingungen hier«, sagt Lordkipanidze. Es waren Geschöpfe des Übergangs: von kleinem Wuchs, nur rund anderthalb Meter groß, mit dicken Augenbrauenwülsten und winzigen Gehirnen. Ihr Oberkörper war noch auf Bäumeklettern ausgelegt, mit langen Armen und nach vorn gedrehten Handflächen. Aber ihr Unterbau war bereits gründlich modernisiert: lange Beine und gewölbte Füße. Mit ihren Zehen konnten sie nicht mehr so gut greifen wie Affen, aber ähnlich lässig abrollen wie wir heute.

Konnten sie miteinander sprechen? »Allenfalls miteinander grunzen«, vermutet Lordkipanidze. Haben sie sich gegenseitig gefressen? »Sie wären dumm gewesen, es nicht zu tun.« Was nicht heißt, dass sie nicht nett zueinander waren: Im Kiefer, der zu dem jüngsten Schädelfund von 2005 passt, steckt nur noch ein Zahn. Viele Jahre musste dieses Wesen überlebt haben, ohne kauen zu können. Und schon sehen die Paläoanthropologen einen tattrigen Urgeorgier vor sich, der von seinen fürsorglichen Mitmenschen mit Wurzelbrei gepäppelt wird.

Vielleicht kehrten die Aussiedler abgehärtet zurück nach Afrika

Seit der Entdeckung der Dmanisi-Menschen kämpfen die Paläoanthropologen damit, sie in ihr taxonomisches Schema einzuordnen. Zunächst zählte man sie zur Art Homo erectus. Dann gab man ihnen einen eigenen Namen: Homo georgicus. Inzwischen ordnet man diesen Hominiden eher dem Homo habilis zu, dem frühesten Vertreter unserer Gattung. Es ist eine alte und fragwürdige Gewohnheit der Urmenschenforscher, die Linnésche Systematik in die Vergangenheit zu übertragen. Leben entwickelt sich fließend, nicht sprunghaft von einer Art zur nächsten.

Nachdem die Menschen erst einmal von Afrika zum Kaukasus gefunden hatten, war dort längst nicht Endstation. Lordkipanidze ist überzeugt davon, dass hier das Basislager für die erste große Globalisierungswelle der Menschheit lag. Er sieht die Dmanisi-Menschen als Prototyp für den

Homo erectus, die erfolgreichste Menschenart aller Zeiten. Fast zwei Millionen Jahre lang herrschte der Homo erectus über die besiedelten Teile des Globus. Erst vor 200 000 Jahren lief seine Zeit ab, als sich die vorläufig letzte und inzwischen einzige Version der Gattung Mensch entwickelte: der Homo sapiens. Auf den Inseln Indonesiens allerdings hielt sich Homo erectus bis mindestens vor 130 000 Jahren, verkümmert zu einem Zwerg namens Homo floresiensis.

In den Jahrhunderttausenden nach der Erstbesetzung Dmanisis wanderte der Homo erectus bis nach Südostasien und in den äußersten Westen Europas. Auch wenn es damals zur Eiszeit nördlich von Alpen und Pyrenäen arg unwirtlich war, ist Lordkipanidze überzeugt: »Da war kein Hindernis, das sie hätte aufhalten können.« Ihm scheint sogar plausibel, dass die Aussiedler später abgehärtet nach Afrika heimkehrten – Afrika mag die Wiege der Menschheit gewesen sein, Europa aber war ihr Abenteuerspielplatz. Solches Hin und Her von Arten zwischen Kontinenten kennen Paläobiologen von Pferd und Rind. Obendrein würde es erklären, warum es dem Homo erectus in den bisherigen afrikanischen Fossilienfunden an direkten Vorfahren fehlt.

Was aber hatte die Steinzeitler damals überhaupt weg- und mit jeder Generation ein paar Kilometer weitergetrieben? Sobald sie die Beine dazu hatten, verließen sie sogar den angestammten Kontinent, obwohl sie außerhalb Afrikas kaum angenehmere Bedingungen als daheim erwarteten. Trieb prähistorische Überbevölkerung die Expansion? Oder Revierkämpfe? Es lag in ihrer Natur, glaubt Lordkipanidze. »Sie waren Menschen. Sie waren neugierig.« Am Anfang war die Wanderlust.

Der moderne Mensch: In acht Schritten zum Kulturwesen

Werkzeuge: Der Mensch benutzt sie, seit es ihn gibt, also seit rund 2,5 Millionen Jahren. Lange blieb er bei simplem Gerät: Steinbrocken, aus denen er mit wenigen Schlägen eine Klinge herausschlug. Erst vor 1,5 Millionen Jahren schuf der Homo erectus aufwendig behauene Handäxte.

Waffen: Hölzerne Wurfspeere aus einer Kohlegrube beim niedersächsischen Schöningen sind die ältesten eindeutigen Waffen. Der Homo erectus stellte sie vor 400 000 Jahren her, um damit schnelle Tiere wie Pferde zu erlegen. Zweifellos haben Menschen schon früher gejagt, indem sie mit Steinen nach Tieren warfen. Wie weit die Waffentechnik vor 90 000 Jahren fortgeschritten war, zeigen Funde aus Zaire: eine scharfzackige Harpune und Pfeilspitzen aus Knochen.

Essen: Wählerisch konnten unsere Vorfahren wegen ihrer nährstoffhungrigen Gehirne nicht sein. Nach den abgenutzten Zähnen zu urteilen, aßen sie zunächst hauptsächlich Pflanzen und deren Früchte, wohl auch Insekten, Würmer, Eier. Mit wachsendem Denkorgan wuchs der Hunger nach Fleisch, wobei sie ihre Mahlzeiten oft mit Raubtieren und Aasfressern teilen mussten. Und sie aßen sich gegenseitig: 780 000 Jahre alte Homo-erectus-Knochen aus Spanien zeigen Spuren von Steinklingen. Erst der Homo sapiens aß gesitteter. Vor 164 000 Jahren bereitete er in Südafrika Muscheln über dem Feuer zu.

Feuer: Wann auch immer unsere Ahnen es zähmten – dieser Durchbruch war gewaltig. Mit dem Feuer ließen sich kalte Lebensräume erschließen. Kochen machte die Nahrung haltbar, leichter verdaulich, oft erst genießbar. Ohne Feuer wäre der Mensch nicht aus Afrika herausgekommen, glauben manche Paläoforscher. Die ältesten Spuren von Feuernutzung sind allerdings weitaus jünger: 790 000 Jahre altes verkohltes Holz und Gräsersamen aus Israel. Spätestens seit 200 000 Jahren, also seit es den modernen Menschen gibt, ist Feuermachen Routine.

Sprache: Lange bevor im 4. Jahrtausend vor Christus die Schriften entstanden, müssen Menschen mit Sprache kommuniziert haben. Seit wann? Indirekte Hinweise liefern die Anatomie des Stimmapparats, die kulturellen Leistungen, die nur mit Sprache möglich waren – und die »Sprachgene« in unserem Erbgut. Manche Forscher glauben, dass sich bereits der Homo erectus vor zwei Millionen Jahren in einer Protosprache artikulierte. Andere schreiben die Entstehung der Sprache einer Genmutation vor 50 000 Jahren zu. Auch der Kehlkopf des Neandertalers scheint fürs Sprechen geeignet gewesen zu sein – zumindest aber fürs Singen.

Kleidung: Die älteste Klamotte ist wohl der Lendenschurz. Je mehr Pelz der Mensch verlor und je weiter im Norden er siedelte, desto wichtiger wurde wärmende Kleidung. Der Neandertaler im eiszeitlichen Europa war vermutlich der erste richtig angezogene Mensch. Garderobe hinterließ er keine, jedoch Werkzeug zur Herstellung von Lederkleidung. Genetiker fanden heraus, dass die Kleiderlaus sich vor mehr als 70 000 Jahren von der Kopflaus abspaltete – also muss es damals Kleidung gegeben haben. Der Homo sapiens schnitzte vor fast 30 000 Jahren Nähnadeln aus Knochen. 20 000 Jahre alte Zeichnungen zeigen Jacken, Hemden, Hosen und Schuhe. Am Bodensee hinterließen Menschen vor 12 000 Jahren Knöpfe aus Holz, Stein und Knochen. Dort fand man auch 6000 Jahre alte Mäntel und Hüte.

Behausungen: Die angeblichen »Höhlenmenschen« schliefen lieber auf Bäumen oder an geschützten Stellen. Erst spät bauten sie Behausungen. 1,8 Millionen Jahre alte Steinkreise in der ostafrikanischen Olduvai-Schlucht könnten Grundrisse sein. Vor 400 000 Jahren wurden bei Nizza womöglich Holzhütten gebaut. Nicht weit davon errichteten vor 20 000 Jahren Cromagnonmenschen steinerne Unterstände und Hütten.

Kunst: Ein kulturgeschichtlich junges Phänomen. Vor über 30 000 Jahren zeichneten Menschen Pferde, Löwen und Nashörner an die Wände der Chauvet-Höhle in Südfrankreich. Ob bereits die 75 000 Jahre alten gebohrten Schneckenschalen und gravierten Ockerstücke aus der Blombos-Höhle in Südafrika symbolische Bedeutung hatten, ist umstritten. Jedenfalls sind sie ein frühes Beispiel für Schmuck. Noch älter sind Farbpigmente aus einer weiteren südafrikanischen Höhle, die vor 164 000 Jahren der Homo sapiens bewohnte. Forscher deuten sie als Schminke.

»Knochen deuten sich nicht selbst«

Gibt es überhaupt gesichertes Wissen in Ihrer Forschungsdisziplin?

Die Paläoanthropologie ist keine Naturwissenschaft wie jede andere, wir können ja keine Experimente machen. Sie ist eine historische Wissenschaft ohne schriftliche Zeugnisse. Knochen deuten sich nicht von selbst.

Stand die Wiege der Menschheit wirklich in Afrika?

Ja, aber nicht nur in Ostafrika, wie man früher dachte. Eine wichtige Erkenntnis der letzten Jahre ist, dass die Menschheit auf dem ganzen Kontinent entstand.

Wie verließen unsere Vorfahren Afrika?

Das ist eine große offene Frage. Es gibt mehrere mögliche Wege: über das Mittelmeer nach Spanien oder Italien, entlang der Levante oder über die Arabische Halbinsel.

Werden wir je wissen, welche Route es war?

Entlang der meisten dieser Routen ist bisher kaum gegraben worden. Das beginnt erst.

Was für neue Erkenntnisse versprechen Sie sich von Erbgutanalysen?

DNA-Analytik ist enorm wichtig für uns als unabhängige Datenquelle neben den Knochen; sie hat uns bereits mehrfach korrigiert. So hat die Analyse des Neandertaler-Erbguts geklärt, dass die nicht unsere Vorfahren waren. Und nur dank DNA-Vergleichen erfuhren wir, dass die menschliche Linie sich erst vor 7 Millionen Jahren von den Menschenaffen getrennt hat und nicht schon vor 20 Millionen Jahren, wie man vorher glaubte.

Bricht also für die Paläoanthropologie das Genzeitalter an?

Leider sagen uns die Genetiker, dass ihre Verfahren nur höchstens 80 000 Jahre zurückreichen. Älteres Erbgut ist zerfallen.

Also doch wieder zurück zu den Knochen?

Es reicht nicht mehr, Knochen zu finden und zu beschreiben. Wir wollen Lebensumstände und Lebensräume der frühen Menschen verstehen.

FRIEDEMANN SCHRENK
leitet die Sektion
Paläoanthropologie am
Forschungsinstitut
Senckenberg in
Frankfurt am Main

Mehr zum Thema:

Nicholas Conard (Hg.):
Woher kommt der Mensch?
Attempo 2006; 331 S.

Donald Johanson/
Blake Edgar:
Lucy und ihre Kinder
Elsevier 2006; 288 S.

Friedemann Schrenk/
Stephanie Müller:
Die 101 wichtigsten
Fragen – Urzeit
C. H. Beck 2006; 159 S.

SCHRIFT

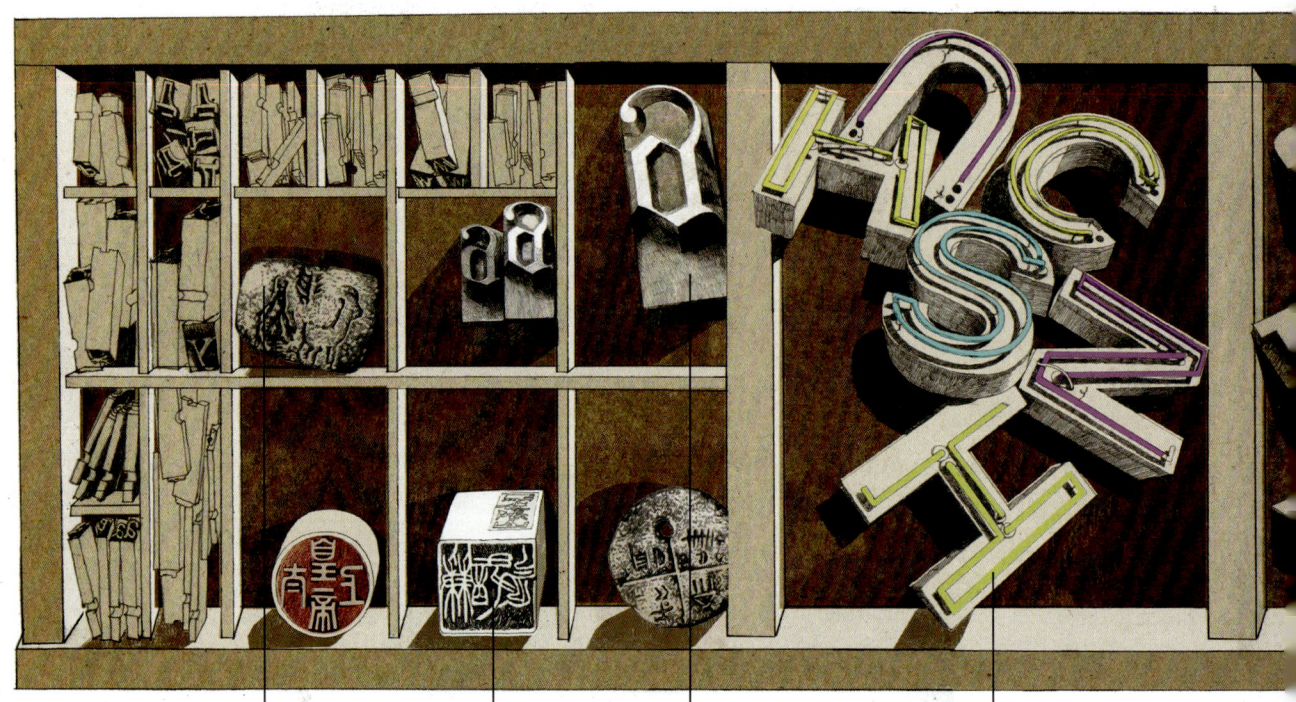

Älteste längere
Zeichensequenzen:
Die **TONTAFELN
VON TĂRTĂRIA**

Anstelle einer
Unterschrift:
SIEGELSTEMPEL
aus China

BLEISATZ:
Das kleine g der
Unger-Fraktur in
unterschiedlichen
Größen

Die auffälligsten
Lettern der Moderne:
Buchstaben für
LEUCHTREKLAMEN

GROTESKSCHRIFT
Ohne häkchenartige
Enden (Serifen

Das magische Medium

Schriften haben nicht nur die Sumerer und Ägypter erfunden.
Die Ureinwohner im peruanischen Caral gehörten zu den
ersten Menschen, die ein System entwickelten, um Informationen
zu speichern. Geknotete Schnüre aus
Lamawolle halfen ihnen bei der Buchhaltung

VON CHRISTIAN SCHMIDT-HÄUER

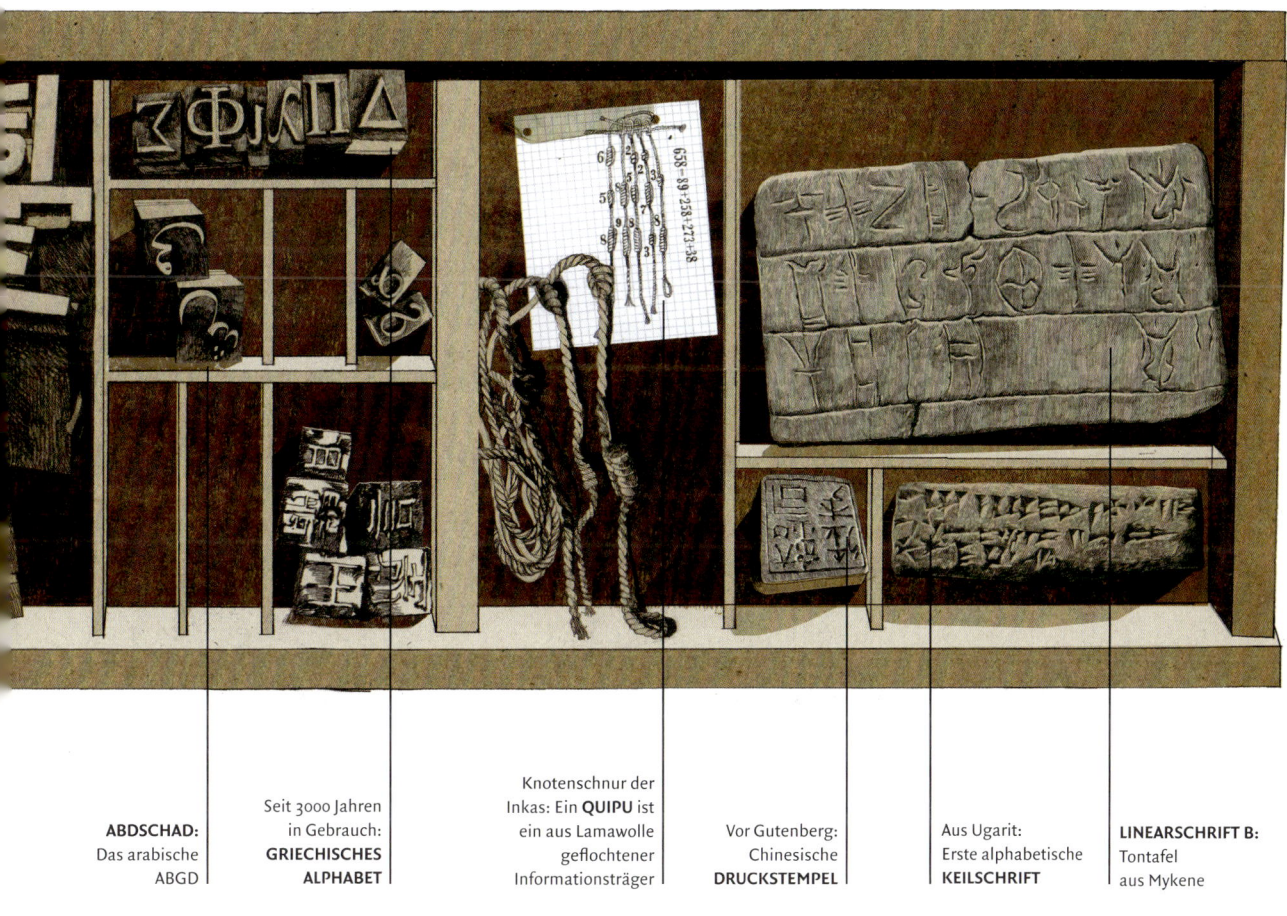

ABDSCHAD:
Das arabische
ABGD

Seit 3000 Jahren
in Gebrauch:
**GRIECHISCHES
ALPHABET**

Knotenschnur der
Inkas: Ein **QUIPU** ist
ein aus Lamawolle
geflochtener
Informationsträger

Vor Gutenberg:
Chinesische
DRUCKSTEMPEL

Aus Ugarit:
Erste alphabetische
KEILSCHRIFT

LINEARSCHRIFT B:
Tontafel
aus Mykene

Als sie der Anruf erreicht, zögert Ruth Shady Solís keine Sekunde. Die Archäologin von der San-Marcos-Universität greift nach dem Strohhut, stürmt die Treppe hinunter und bahnt sich den Weg durch ihr Institut. Draußen, in einem stillen Viertel am Rande Limas, wartet wie immer Abraham Malasquez. Als der alte Chauffeur die Tür aufhält, weiß er auch ohne Worte, dass es auf dieser Fahrt nicht die übliche Kaffeepause geben wird.

Wie mit Blaulicht scheucht er den roten Geländewagen durch das Verkehrschaos der peruanischen Megastadt. Vorbei an Limas Bergen, die den hochkriechenden Favelas erliegen wie einst Laokoon den Schlangen. Hinaus aus dem Moloch nach Norden über die Panamericana, die sich durch die tristen Wüsten am Rande des Pazifiks frisst. Hinein in das graubraune, verdurstete Hochland auf Pisten aus der Postkutschenzeit. Hinter gelben Dünen öffnet sich das Tal zu einer sandgrauen Senke. Steinhügel sind in der weiten Ebene verstreut. Riesen haben das getan, sagen die wenigen Bauern aus der kärglichen Umgebung noch heute. Doch die Hügel stammen von Menschenhand. Es sind Pyramiden.

Caral heißt die Stätte, die Abraham in mehr als drei Stunden angesteuert hat. Zwischen ihr und der 9-Millionen-Metropole Lima liegen 180 Kilometer – und 5000 Jahre Menschheitsgeschichte. In dieser erst jüngst freigelegten Frühzeit Amerikas zählte der Ort im Tal der Pyramiden bereits 3000 Bewohner. Heute gilt Caral zusammen mit den übrigen 19 Siedlungen im Supe-Tal als die älteste urbane Zivilisation des Kontinents. Rund 3000 Jahre vor Beginn unserer Zeitrechnung entstand sie, etwa 1600 vor Christus verschwand sie wieder. Das allerdings wusste noch niemand, als die Peruanerin Ruth Shady Solís 1994 mit den Ausgrabungen begann. Der stete, stille Wind, Sanddünen und Felsgeröll hatten die Schätze der frühen Kultur über Jahrtausende begraben. Die Trockenheit des

Hochlandes erhielt sie. Radiokarbondatierungen zu Beginn dieses Jahrhunderts enthüllten, dass sie rund 1800 Jahre älter sind als die Siedlungen der Olmeken am Golf von Mexiko.

Und dann, im April 2005, bekam die Ausgrabungsleiterin diesen Anruf. Ihr Team ist in der dritthöchsten Pyramide Carals, der Galerie-Pyramide, auf ein fest verschnürtes Bündel gestoßen, eingemauert unter einer Stufe. In dem gemeinsamen Wohn- und Arbeitszentrum am Rande Carals bilden die Archäologen, Anthropologen, Architekten und Studenten einen Kreis um ihre zusammengeschobenen Schreibtische, auf denen Ruth Shady Solís das Päckchen öffnet. Es enthält Muscheln, ein Halsband aus Federn, Sandalen, mehrere Flöten. Das alles kennt man schon. Nur das braune Baumwollknäuel nicht, das um dünne Stäbe gewickelt ist. Beim Aufrollen gehen unterschiedlich lange Fäden von einer Hauptschnur strahlenförmig auseinander. Sie sind hellbraun, aber in zwei Farbtönen, und mit Knoten durchsetzt.

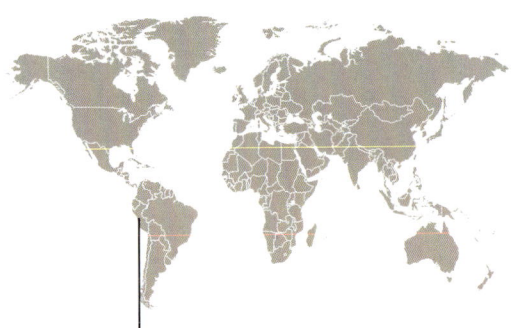

CARAL
Vor 5000 Jahren war im Supe-Tal eine Hochkultur entstanden. Archäologen stießen dort auf rätselhafte verknotete Fäden – eines der ältesten Aufzeichnungssysteme der Menschheit

KOLUMBIEN
ECUADOR
BRASILIEN
Caral
Supe
Lima
PERU
Pazifischer
Ozean
BOLIVIEN
400 km

Die Schreibkunst war die neue Votivspenderin der Religion

Es sind diese unscheinbaren Fäden, die zu einem der frühen Aufzeichnungssystemen der Menschheit zurückführen: Die Anzahl, Form und Position der Knoten und die Farben der Schnüre bilden zusammen eine Art Datenbank. Der Fund aus der Pyramide von Caral ist ein Quipu – das Wort aus der Indianersprache Quechua bedeutet »Knoten«. Nur sind die Knotenschnüre von Caral um Jahrtausende älter als die in ihren Funktionen schon bekannten, doch bisher nur begrenzt entzifferten Quipus der Inkas.

Über diese zumeist aus Lamawolle geflochtenen Stränge lief die gesamte Buchhaltung des Inkastaates. Der reichte im 15. und 16. Jahrhundert von Ecuador über Peru bis nach Zentralchile. Mit Hilfe der Quipus wurden Geburten- und Sterberegister, Ernteerträge und Steuereinnahmen fixiert und archiviert. Die spanischen Eroberer zerstörten die geheimnisvollen Schnüre als »Gotteslästerung«. Nur rund 750 Quipus haben den frommen Vernichtungswahn überstanden. Umstritten ist bis heute, ob sie allein numerische Informationen enthalten haben und damit nur ein Verfahren der Mnemotechnik gewesen sind oder ob sie doch einem Schreibsystem gleichkamen, von dem Daten und Bezeichnungen zugleich logografisch und fonetisch abgerufen werden konnten. Fraglos aber bilden die Knotenschnüre, wie es die Quipu-Forscher Marcia und Robert Asher formuliert haben, einen »Meilenstein intellektueller Errungenschaften der Menschheit«.

Mit den alten Schriftkulturen Mesopotamiens und des geeinten Ägyptens teilten sie zumindest das Ziel, den immer breiteren Informationsfluss einer sich entwickelnden Zivilisation zu bewältigen. Wo Staaten entstanden waren und nach Administration verlangten, speicherte die neue Schrifttechnologie gleich den Quipus Daten, Register und Fakten, für deren Fülle kein Gedächtnis mehr reichte. Die Schreibkunst war die neue Votivspenderin der Religion, und sie machte aus Mnemotechnikern die ersten Buchhalter und Statistiker, die frühen Kontrolleure von Herrschaftswissen. So wurde die

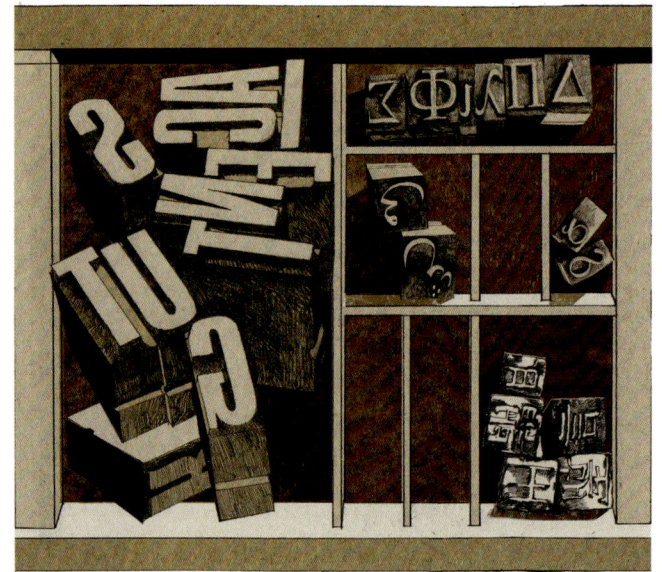

Schrift über Jahrtausende zum unersetzlichen Medium des Glaubens, der Kunst und der Informationsverarbeitung zugleich. Dieses Vermögen hat die Computertechnologie in nur wenigen Jahren überflügelt. Die digitalen Programme machen ihre Rechnung heute ohne unsere alte Schrift. Das geschriebene Wort dient da nur als Dolmetscher für die Datennutzer.

Stirbt das Schreiben, bleibt das Lesen? Immer mehr Menschen legen den Stift weg, mailen, simsen, verschicken statt Glückwunschschreiben animierte Clips, nutzen die Multi-Touch-Systeme ohne Tastaturen. Doch gleichzeitig bitten die ungezählten Autogrammjäger bei der Fußballeuropameisterschaft oder bei Filmfestspielen ihre Stars um deren persönlichen Schriftzug. Und ausgerechnet der Stein, der Urgrund aller erhaltenen Zeichenzeugnisse von den Felshöhlen bis zu Hammurabis Gesetzeskodex, erhält das Schreiben jung: Täglich werden ungezählte Gedenkinschriften gemeißelt und Graffiti an Mauern gesprüht. Die Schrift bleibt also ein magisches Medium, umrankt von Mythen und Legenden.

Zu ihnen gehört, dass die älteste aller Schriften in Mesopotamien entstanden sein soll. Der Sprachwissenschaftler Harald Haarmann hat in seinem Standardwerk *Universalgeschichte der Schrift* diese und andere Überlieferungen gründlich korrigiert. Schreiben und Schriftkultur beginnen nach dem heutigen Stand des Wissens vor mehr als 7000 Jahren in Südosteuropa. Die ältesten längeren Zeichensequenzen finden sich auf den Tontafeln von Tărtăria im jetzigen rumänischen Siebenbürgen. Sie entstanden etwa 5300 Jahre vor Christus und 2000 Jahre vor den ersten sumerischen Schriftzeugnissen. Was die Alteuropäer, die keine Indogermanen waren, in der Periode der jüngeren Steinzeit schufen, hat den Namen Vinča-Kultur erhalten. Er stammt von einem besonders reichen Fundort an der Donau, 14 Kilometer östlich von Belgrad.

Die Donauzivilisation als Urquell des Schreibens versiegte, als nach der Wende vom 5. zum 4. Jahrtausend vor Christus indogermanische Viehnomaden aus den südrussischen Weiten in den Donauraum eindrangen. Ihre Kampfkraft setzte sich gegen die höher entwickelte Kultur der alteingesessenen bäuerlich-protostädtischen Siedler durch. Mit Beginn der Bronzezeit verlöschte die wohl älteste Schrift der Menschheit wieder. Die Zeichen jener Zeit werden kaum je enthüllen, was sie besagten oder beschworen. Doch weist Haarmann darauf hin, dass sich alle beschrifteten Objekte abseits von den Siedlungsplätzen nur an Grab- und Kultstätten fanden. Ein Indizienbeweis dafür, dass sich die Alteuropäer mit ihrer frühen Fertigkeit der Religion verschrieben und eine reine Sakralschrift geschaffen hatten.

Dagegen dienten die meisten der alten Schriften im Orient alsbald dem Diesseits. In Mesopotamien hatten sich seit dem 4. Jahrtausend vor Christus die ersten Stadtstaaten entwickelt. Ihrer Verwaltung kam die Kunst des Schreibens wie gerufen. Die Tempelbürokratie von Alt-Sumer nutzte die Schrift, um über das Steuerwesen die staatliche Kontrolle der Untertanen auszubauen.

Die Stele galt als steinerne Verkörperung königlicher Macht

Im alten Ägypten stand die Hieroglyphenschrift anfangs im Dienst der Religion und wurde von Priestern sorgsam gehütet. Das änderte sich spätestens unter der einigenden Hand des Pharaos. Der Ägyptologe und Kulturwissenschaftler Jan Assmann stellt fest, dass es im Land der Pyramiden für die Begriffe »Befehl« und »Stele« nur ein Wort gab. Die Stele galt als die »steinerne Verkörperung königlicher Macht«. Das schrieben noch die mosaischen Tafeln fort, indem sie die Machtworte sterblicher Könige in das Gesetz des einen und unsterblichen Gottes ummünzten und mit den Ansprüchen verknüpften, das ganze Leben normativ zu regeln. Auch im Griechenland der Antike und im römischen Imperium war die Schrift nicht nur Kulturträger, sondern zugleich Instrument der sozialen Kontrolle in den Händen einer professionellen Kaste. Könige, Kirchen, Akademien haben dieses Erbe bis in die Neuzeit verlängert.

Die administrativen und zeremoniellen Funktionen, die der Schrift schon im Altertum zuwuchsen, machten die Texte immer länger. Es wurde mühselig, mit den alten Piktogrammen zu schreiben – mit jenen seit Jahrhunderten verwendeten Zeichen, die in stilisierter Form den Gegenstand darstellten, den sie dem Leser bewusst machen sollten. Um 2700 vor Christus legten die Sumerer den Griffel, mit dem sie jedes Zeichen in den Ton gekratzt hatten, zur Seite. Nun nahmen sie Stiele mit stumpfen Enden und drückten sie auf die weiche Tontafel. Die Piktogramme wandelten sich zu keilförmigen Zeichen – die Keilschrift war geboren. Vom Sumerischen wurde sie auf das Akkadische übertragen und weiter in fast alle Regionen des Orients.

Auch die größte Wende in der Schriftgeschichte, die dann alle alten Schreibsysteme mit Ausnahme des chinesischen zum Abdanken zwingen sollte, beginnt im Nahen Osten. Es ist die Alphabetisierung der Keilschrift. Äußerlich bleiben ihre Zeichen noch erhalten, doch sie gewinnen den Charakter von Buchstaben. Die Zeichen drücken Einzellaute aus, allerdings nur Konsonanten und keine Vokale. Die kommen ein paar Jahrhunderte später auf Kreta hinzu, als das inzwischen fortschrittlichste Alphabet, das phönizische, dort landet. Mit der griechischen Sprache als Partner erobert die Alphabetschrift die mediterrane Welt.

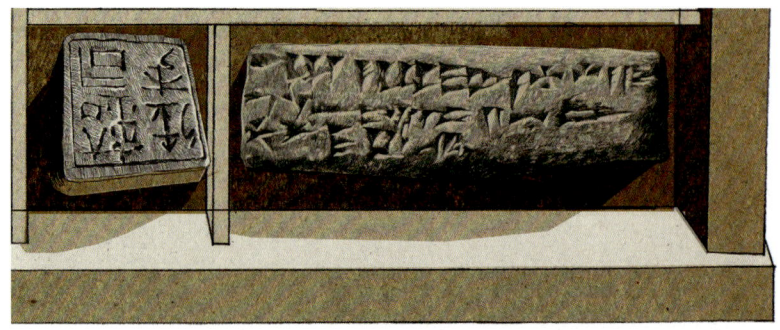

Im 7. vorchristlichen Jahrhundert erreicht sie die ersten Nichtgriechen in Etrurien und Latium. Bei den Etruskern, dem Volk der Gelehrten, sind es die *principes*, die sich die neue Schrift als Elitetechnologie erst einmal exklusiv aneignen. In den prachtvollen Gräbern der Aristokratie sind Geschenke und Grabbeilagen alphabetisch beschriftet. Hier fallen wieder der ideologische Wert der Schrift und ihre gleichzeitige Bedeutung für die soziale Kontrolle zusammen. Das ist besonders daran zu erkennen – wie der Archäologe und Historiker Mario Torelli in seinem Standardwerk über die Etrusker zeigt –, dass die fürstlichen Gräber mit Schreibtafeln und Schreibwerkzeug ausgestattet worden sind.

Den hoch gebildeten Etruskern schaut ein kleines, damals gerade aus dem Sandkasten der Geschichte kommendes Völkchen die Alphabetschrift ab: die Latiner. Wenige Jahrhunderte später streben deren Legionen von Rom aus an die Spitze der Welt – und die von ihnen mitgeführte, noch provinzielle Lateinschrift erobert ebendiese Stellung im Laufe der Zeit. Und wird sie bis heute halten. Mit der Kultur der Römer zieht ihre Schrift im Westen Europas ein, während sie im östlichen Teil von der griechischen, arabischen und später kyrillischen Schrift der Slawenapostel umringt bleibt. Vom 16. Jahrhundert an sind es Westeuropas Kolonialmächte und Missionare, die Afrikaner, Asiaten und Indianer unter die Lateinschrift zwingen. Dem leibhaftigen und kulturellen Völkermord der spanischen Konquistadoren fallen nicht nur die Quipus der Inkas, sondern auch die weit höher entwickelte Schreib- und Buchkultur der Maya und ihrer Lehrmeister, der Olmeken, zum Opfer.

Gutenberg eröffnet der Alphabetschrift ungeahnt weite Leserkreise

Doch bahnen nicht nur Feuer und Schwert den Weg, der die lateinische Alphabetschrift und ihre Hundertschaften lokaler Ableitungen auf alle fünf Kontinente führt. Es sind auch Entscheidungen und Erfindungen einzelner Personen, die sich mit der enormen Anpassungsfähigkeit dieser Schreibvariante verbünden. Der Kirchenvater Augustinus stiehlt sich zum Latein in Wort und Schrift davon, weil ihm das Griechische zu schwer und unbequem erscheint. Johannes Gutenberg öffnet der lateinischen Alphabetschrift mit der Erfindung der Buchdruckerkunst 1455 ungeahnt weite Leserkreise. Und Bill Gates verschafft dem Englisch in Lateinschrift den Vorsprung im Internet.

Dennoch gibt es eine Vielfalt von Schriften, die auf anderen Alphabeten fußen – die meisten in Asien. Drei der sechs großen Sprachen, in denen die UN-Dokumente abgefasst werden, gehören nicht zur lateinischen Schriftfamilie, der größten aller Zeiten: Arabisch, Russisch und – als einzige nichtalphabetische Variante – Chinesisch.

Unter den großen Kulturen der Menschheitsgeschichte hat nur die chinesische ungebrochen überlebt – dank ihrer Schrift. Die hält sich bis heute an die Grundlagen, von denen sie vor 4000 Jahren ausging. Für die Chinesen und auch die Japaner geben die Schriftzeichen noch immer Auskunft nicht nur über den Bildungsgrad des Schreibers, sondern auch über seine Wesenszüge. Die Kalligrafie, die Schönschrift, gehört für Ostasien auch weiter zu Ästhetik und Magie der kulturellen Erinnerung. Europa dagegen hat die »Schönschrift« weitgehend abgewickelt. In den Schulen der meisten deutschen Bundesländer ist die Benotung der Schrift vom Lehrplan gestrichen worden. Allein ihr praktischer Nutzen zählt noch.

Der schien auch damals zu triumphieren, als das Internet seinen Siegeszug antrat. Die Lateinschrift in englischer Sprache beherrschte die digitale Kommunikation. Doch so schnell ist ein neues angloamerikanisches Rom im Cyberspace denn doch nicht erbaut worden. In den vergangenen zehn Jahren ging der Anteil des Englischen von 80 auf 30 Prozent zurück. Mit Arabisch, Chinesisch, Japanisch, Koreanisch sind im Internet die Nachkommen älterer Schriftsysteme auf dem Vormarsch.

Die Quipus, die geknoteten Datenbanken aus Wolle, dagegen haben ihren Faden in der Evolutionsgeschichte der Informationstechnik längst verloren. Ihr Aufzeichnungssystem aber könnte der Forschung viel über Logik und frühes abstraktes Denken jenseits der überlieferten und entzifferten Schrifttraditionen verraten. Das macht die Spurensuche der Archäologen in Caral ebenso wichtig wie die Bemühungen der Spezialisten, den Quipu-Code zu knacken.

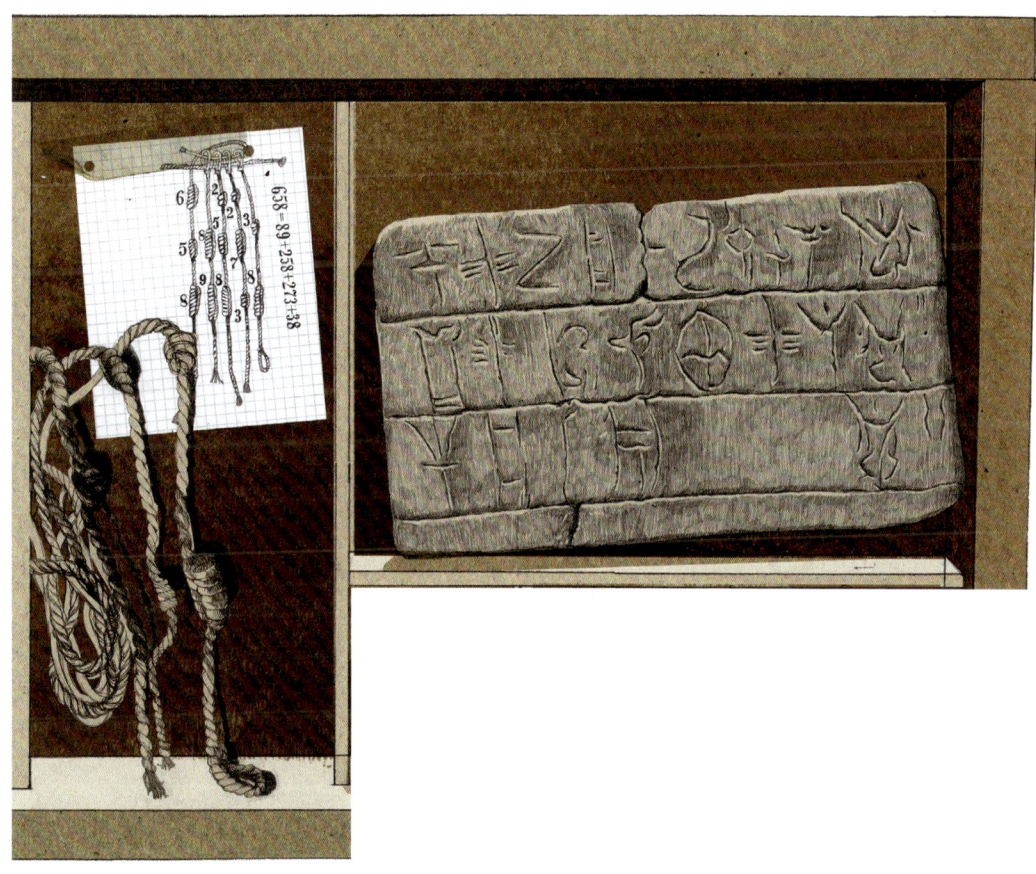

Ton hat Tradition – Schriftgelehrtes aus sieben Jahrtausenden

Schreiben ohne Alphabet: China hat die längste ungebrochene Schrifttradition der Welt – und damit kein Alphabet. Da alle sprachlichen Bedeutungseinheiten (Lexeme) einsilbig sind, gibt es eine Unzahl gleichlautender Wörter (Homophone). Beim Sprechen sind sie nur durch eine jeweils andere Tonhöhe der Stimme zu unterscheiden. Ein Beispiel: Weil sich früher die Männer vor der Übernahme von Ämtern einen Bart wachsen ließen, ist das Zeichen für »Bart« das gleiche wie das Zeichen für »notwendig«. Was gemeint ist, bestimmt die Tonhöhe.

Das Land der 19 Schriften: Der indische Schriftkreis liegt nach der Vielzahl seiner Schriftarten in der »Weltrangliste« an zweiter Stelle hinter den Variationen der Lateinschrift. Indien hat 19 alphabetische Schriften im Gebrauch, mit denen mehr als 60 einheimische Sprachen geschrieben werden. Unter den 30 Amtssprachen ist Englisch die einzige, die mit lateinischen Buchstaben geschrieben wird.

Runen: Unabhängig von der Lateinschrift entwickelte sich im Norden Europas eine einheimische Schriftkultur, die Runen. Jedes einzelne Zeichen hatte in der mythischen Überlieferung der Germanen magische Bedeutung. Es gab ein früheres Alphabet (1. bis 8. Jahrhundert) und ein späteres (9. bis 12. Jahrhundert). Runentexte entstanden nicht nur in Nordeuropa, sondern verbreiteten sich auch in den Handelsniederlassungen der Wikinger von den Britischen Inseln bis Russland.

Quadratschrift: Diese Schriftart, die sich mit dem Hebräischen als Sakralsprache des Judaismus in den jüdischen Enklaven verbreitete, hat in Europa eine lange Tradition. Jüdische Kaufleute hatten sie schon im 1. Jahrhundert in die Handelszentren wie Rom, Trier und Köln mitgebracht.

Schrift und Politik: Um ein Haar wäre Pergamon, das kleine Königreich im Nordwesten Asiens, gar nicht in die Annalen der Geschichte eingegangen. Und auch seine berühmte Bibliothek hätte es nicht gegeben. Denn die Ptolemäer hatten ein Papyrusembargo verhängt, und Pergamon ging der Schreibstoff aus. Da begann man um 180 vor Christus mit Tierhäuten zu experimentieren und erfand das Pergament. Ebenfalls politisch motiviert war der Wechsel der Türkei von der arabischen zur lateinischen Schrift. In den zwanziger Jahren des vergangenen Jahrhunderts wollte sie ihre veraltete Gesellschaft modernisieren und Europas modernen Staaten nacheifern. Wer aber heute in der Türkei vorschlägt, das türkische Alphabet um die Buchstaben k, x und w zu erweitern, damit die Kurden ihre Namen auf ihre Art schreiben können, der gilt als Feind.

Stein und Ton: In den 7000 Jahren der Schriftgeschichte haben die Menschen ebenso anorganisches Material (Stein, Ton, Metall, Kunststoff) wie organisches (Holz, Knochen, Palmblätter, Leder, Textilien, Papier) verwendet. Bevor sie zu schreiben begannen, malten sie jahrtausendelang Bilder und Zeichen auf Felsgestein. Das älteste Material, auf das Schriftzeichen geritzt oder gemalt wurden, ist Ton. Schon vor mehr als 5000 Jahren vor Christus wurden in Tărtăria (Siebenbürgen) beschriftete Tontafeln hart gebrannt.

Palmblätter und Leder: Hindus und Buddhisten schrieben religiöse Texte auf Palmblätter, die zwischen Holzdeckeln gebündelt und wie in einem Buch zusammengehalten wurden. Im antiken Griechenland wurde auch Ziegenleder beschriftet. Die griechische Bezeichnung dafür, *diphtera*, kam über die Etrusker zu den Römern, die sie als *littera* (Buchstabe) und *litterae* (Brief) latinisierten.

Papyrus und Papier: Im Reich der Pharaonen bevorzugte man Papyrus. Im 8. Jahrhundert wechselten die Ägypter zu Papier, das die Araber eingeführt hatten. Papyrus und Papier werden zwar beide aus Pflanzen hergestellt, aber auf ganz unterschiedliche Weise. Zum ersten Mal in der Geschichte rührten die Chinesen Papier an. Das war im 2. Jahrhundert vor Christus. Es kam dann über Indien zu den Arabern, die ihr Monopol über fünf Jahrhunderte bewahrten. Erst im 12. Jahrhundert gelang es den Europäern, das Geheimnis der Papierherstellung zu lüften.

»Teil der Identität«

Wie kam die Schrift in die Welt?

Nach neueren Erkenntnissen entfaltete sich der frühe Schriftgebrauch in einer Reihe von Gesellschaften ohne staatliche Organisation. In diesen Kulturen ohne Staatswesen (Alteuropa, Indus-Zivilisation, Altchina, olmekische Zivilisation im präkolumbischen Amerika) stand die Schrift nicht im Dienst eines Verwaltungsapparates, sondern im Verbund mit religiösen Funktionen.

Wann kamen die Buchhalter hinzu?

Noch bevor es in Mesopotamien die Schrift gab. Die erste funktionelle Gabelung sehen wir beim frühen Schriftgebrauch in der Zeit vor Entstehung des ägyptischen Einheitsstaates unter dem Pharao. Die Schreibkunst behält ihre symbolische Funktion (beschriftete Grabstatuen) und übernimmt zugleich praktische Aufgaben (Siegelinschriften auf Warenbehältern).

Warum spielt die Kalligrafie in Asien immer noch eine viel größere Rolle als bei uns?

Der erste Schriftgebrauch in China galt ausschließlich dem Orakelwesen. Man nahm den Panzer einer Schildkröte oder den Schulterblattknochen eines Hirsches und schrieb darauf die Fragen, die man von den Ahnen beantwortet haben wollte. Die Knochen wurden ins Feuer geworfen, und aus dem Verlauf der Risse las man den Rat der Ahnen. Bis in die Neuzeit wurde den Schriftzeichen magische Kraft zugeschrieben. So hat sich die Tradition des sorgfältigen Schreibens bis heute gehalten.

Ist bei uns der Sinn für Schönschrift verloren gegangen?

Schrift und insbesondere Handschrift sind Teil der Identität. Welche Beziehung ich zum eigenen Schriftgebrauch entwickele, ist Teil meiner Individualität. Wenn Schönschrift nicht mehr unterrichtet wird, verwehrt man dem Individuum den Zugang zur Identitätsfindung.

Welche Zukunft hat die Schrift?

Das Computerwesen ist der beste Beweis, dass der Mensch gar nicht in der Lage ist, sich von seiner traditionellen Informationstechnik zu lösen. Seine begrenzte Kapazität macht die Schrift nicht überflüssig, sondern zum unverzichtbaren Transformator der elektronischen Informationsverarbeitung in »humane« Symbolik.

HARALD HAARMANN
ist Vizepräsident
des Institute of
Archaeomythology
in Sebastopol,
Kalifornien

Mehr zum Thema:

Harald Haarmann:
Geschichte der Schrift
C. H. Beck 2002; 128 S.

Harald Haarmann:
Weltgeschichte der Sprachen
C. H. Beck 2006; 398 S.

Edoardo Fazzioli: Gemalte Wörter
214 chinesische Schriftzeichen;
marixverlag 2006; 251 S.

Mario Torelli: Die Etrusker
Campus 1988; 332 S.,
nur noch antiquarisch

SEELE

DIE SEELE, splitternackt,
an der Fassade des
Kunsthistorischen Museums
in Wien. Und mit ihr Amor.
Apuleius hat dieses
Traumpaar einst erfunden

Heute ein Museum:
47 Jahre lang lebte
Freud in der
BERGGASSE 19 –
bis die Nazis ihn in
die Emigration
zwangen

Wer die Seele zu
hart anfasst, bricht
ihr die Flügel:
EINE SPHINX
aus dem Nachlass
von Freud

Hier sitzt sie –
vielleicht.
Mit dem Begriff
Seele kann die
HIRNFORSCHUNG
allerdings wenig
anfangen

Pseudowissen-
schaft
Chiromantie:
DIE HAND
als Datenträger
der Psyche

Wie der Atem, wie der Wind

Seit Jahrtausenden fragen Philosophen,
Therapeuten und Hirnforscher nach dem Wesen der Seele.
Wo steckt sie – und gibt es sie überhaupt?
Eine Suche in Wien

Von Elisabeth von Thadden

Das Wort Psyche heißt
nicht nur Atem, Seele
und Lebenskraft,
es bedeutet auch
SCHMETTERLING

Der Arzt und Tiefenpsychologe
SIGMUND FREUD
stellte nach Aristoteles
die umfassendste Theorie
der Seele auf

DIE PHRENOLOGEN
wollten anhand der
Schädelmaße dem
Innern des Menschen
auf die Spur kommen –
sogar dem Geist

D a sitzt sie, tatsächlich. Makellos schön, in der eisigen Kälte des Wiener Winters, weiß wie der Neuschnee, der ihr Knie nun bedeckt, und splitternackt: Das ist Psyche, die Seele. Sie trägt Flügel, wie der junge Mann neben ihr, Amor oder Eros genannt. Psyche und Amor sind zwar seit Langem zusammen, seit nämlich das spätantike Märchen von Apuleius vor etwa 1850 Jahren das Traumpaar erfunden hat, in Kunst und Wissenschaft tauchen sie seither vielerorts auf. Aber dass die flüchtige Schöne hier, vor aller Augen, einen Sitz hat, als schimmernde Statue an der Fassade des Kunsthistorischen Museums zu Wien, ist doch merkwürdig. Denn in Wien hat in jenen liberalen Gründerjahren um 1880, als am Ring auch das Kunsthistorische Museum mit dieser Psyche entstand, ein Arzt namens Freud gewohnt, der die umfassendste Theorie der Seele seit Aristoteles aufgestellt hat. Freud wurde als Jude verjagt, die Existenz der Seele wird heute von vielen Wissenschaftlern bestritten, aber da sitzt sie, die Schöne, und scheint zu sagen: Erinnert euch doch!

Wer heute meint, die Seele gäbe es nicht, in der naturwissenschaftlich verstandenen Welt habe dieser eigentümliche Resonanzraum von Empfindung, Erinnerung, Wahrnehmung, Selbstgefühl und Charakter eines Menschen keinen Platz mehr, den könnte das marmorne Paar umstimmen: Die Seele ist von eigener Realität, auch wenn sie sich im Gehirn nirgends punktgenau lokalisieren lässt. Ohne den Gott Amor, der sie liebte, den sie um ein Haar für immer verlor und der sie schließlich aus den Tiefen des Totenreichs zur Göttin erhob, ist die Seele nicht zu verstehen. Ohne Amor, mit dem sie das Kind Voluptas bekam, die Lust, ist Psyche nicht zu begreifen. Zu Psyche gehören ihr Mythos und eine Geschichte, die vielschichtig ist wie die Archäologie einer Stadt und abgründig wie die Katakomben voller Pesttoter unter dem Wiener Stephansdom.

Die geflügelte Psyche, der liebende Gott, die Archäologie der Bedeutungen, die Toten der Unterwelt: Fast unweigerlich sind Metaphern, Mythen, Bilder zur Stelle, wenn von der Seele die Rede ist, und nicht erst, seit Freud folgenreich bemerkte, Psyche sei ein griechisches Wort. Es gibt ohne Sprache, ohne Übersetzungen, ohne all die Schichten von Bedeutungen keine Seele. Psyche trägt ihre Flügel aus gutem Grund. Das Wort heißt nicht nur Atem, Seele und Lebenskraft, das Wort bedeutet auch »Schmetterling«.

Ob im alten Ägypten, im alten China oder in der biblischen Genesis, in welcher der monotheistische Gott dem Menschen bei dessen Erschaffung den Odem des Lebens einhaucht: Die Seele hat Eigenschaften des Atems, des Windes. Geflügelt war die Seele in der europäischen Vorstellungswelt, seit Homer sie um 800 vor Christus in Verse brachte, als Lebensatem, der aus dem Sterbenden fortfliegt und erst dann als Seele erkennbar, benennbar ist. Der Unterschied zwischen Leben und Tod: An ihm erkennt man, was eine Seele ist oder war.

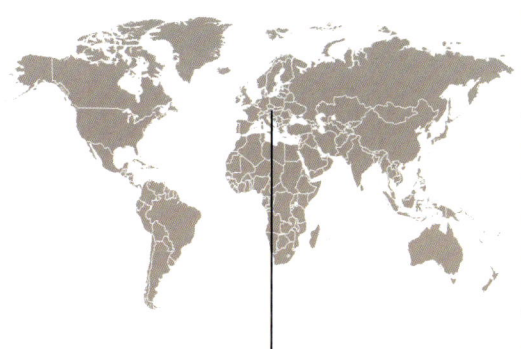

WIEN
Sigmund Freud arbeitete in der Berggasse 19, im 9. Bezirk. Grund genug, sich in Wien auf die Suche nach der Seele zu machen – und sie zu finden

Diese Geschichte der Seele spielt in Wien, in der Berggasse 19, im 9. Wiener Gemeindebezirk, ein paar Straßenblöcke von der musealen Psyche entfernt. FREUD steht da jetzt in Riesenlettern plakatiert, die ins Trottoir hineinragen. Dort lebte und arbeitete Sigmund Freud seit 1891, bis die Nazis den 82-Jährigen 1938 in die Emigration zwangen. In dieser Berggasse 19, die jahrzehntelang im Wortsinne ein Ort der Erkenntnis war, stellte der neurobiologisch kenntnisreiche Arzt, Kulturtheoretiker und Leser die bis heute weitreichendste Theorie der Seele auf.

In dieser Berggasse gab es viele geflügelte Wesen. Ein geflügelter Amor stand zu Füßen der Couch, im Blickfeld von Freuds Analysanden, eine Sphinx hing vor den Augen der Patienten über Amors Vitrine. Zu den fast 3000 Figuren des Altertums aller Kulturen und Religionen der Welt, die Freud gesammelt hatte und die ihm stumm bei seiner Arbeit zusahen, gehörte auch ein geflügelter Phallus. Fast all diese Flügelwesen sind mit Freud, der ihre Geschichte in eine moderne Sprache brachte, ausgewandert, nach London. Die Wiener Berggasse ist zum Museum geworden, ein lebloser Ort, die Seele ist fort, gewaltsam vertrieben.

Wo damals, neben der Praxis, in Freuds Privatwohnung sechs Kinder, Tanten, Verwandte und Personal die Räume bevölkerten, wohnen heute nur noch die Bücher einer Forschungsbibliothek und ein paar Computer. In einem der verwinkelten Hinterzimmer sitzt an diesem trüben Wintermorgen Lydia Marinelli, die wissenschaftliche Leiterin der Freud-Privatstiftung, eine junge Historikerin mit kräftigem dunklem Haar, dunklen Augen, und sie sagt lachend, nein, den Begriff der Seele brauche sie nicht, der mache leicht sentimental, und wenn man ihn höre, frage man sich gleich, was man verloren habe.

Die Seele gehört für die Historikerin Marinelli ins 19. Jahrhundert. Freud habe nicht umsonst lieber von der Psyche als einem Apparat voller Spannungen und Konflikte gesprochen als von der vermeintlich in sich geschlossenen, gemüthaften Seele, die der Alltagssprachgebrauch des Biedermeier ihm hinterließ. Die Psyche, das war nun der vielschichtige Ort, an dem sich ein kaum

zugängliches Unbewusstes mit einem bewussten Ich und dessen Regisseuren um die Herrschaft im Haus stritten. Die Seele als Psyche widersetzt sich rein mechanistischen Deutungen, sie besteht aus Tätigkeit, die ebenso körperlich wie nichtkörperlich ist.

Dieser Freud, sagt Marinelli, habe sich ja doppelt vom hergebrachten Nachdenken über die Seele abgekehrt: zum Ersten von der geistigen Gelehrtenexistenz eines Friedrich Nietzsche, indem Freud sich der empirischen Naturwissenschaft zuwandte. Und zum Zweiten von der experimentellen Psychologie etwa eines Wilhelm Wundt, die sich der Wahrnehmung, den Sinnesreizen und

dem Bewusstsein widmete, ohne die lebhaften Rangeleien im seelischen Apparat zu ergründen, die Freud interessierten. Das wissenschaftshistorisch Neue, das mit Freud in die Welt kam, ist für die Historikerin Marinelli die Zwei-Personen-Psychologie. Dass die Seele also jemanden braucht, der sich ihr verbindlich und spürbar zuwendet: sprachlich. Dadurch erst kann sie sich selbst erkennen. Ohne Amor keine Psyche, die alte Geschichte.

Fast alle Wissenschaften, die sich für die Seele interessieren, sagen es heute in ihren jeweiligen Sprachen vergleichbar: Der Essener Sozialpsychologe Harald Welzer siedelt die Seele in der Interaktion an, sie würde also durch Beziehungen existieren; der Bremer Neurologe und Philosoph Gerhard Roth, der die Wirksamkeit der Psycho-

analyse verstehen will, erwägt, dass im Gehirn eine Instanz wie die Amygdala vielleicht nur auf die affektiven Anteile der Sprache reagiert, auf den Gefühlsausdruck zwischen Menschen also. Der neurologisch kundige Tübinger Theologe Dirk Evers sieht in der Einfühlung, der Empathie den einzig möglichen menschlichen Zugang zur Seele eines anderen Menschen. Und die Analytikerin Marianne Leuzinger-Bohleber, Leiterin des Frankfurter Freud-Instituts, versteht die respektvolle Anteilnahme als Schlüssel. Wer die Seele zu hart anfasse, breche ihr die Flügel oder erlebe, dass sie entfliehe.

Ob Freud das Märchen von Apuleius mitsamt seiner Psyche gekannt hat? Hat er bei der Arbeit auch eine geflügelte Psyche vor Augen gehabt? In der Berggasse 19 hilft jetzt Lydia Marinelli mit, diese Seele zu suchen, bald türmen sich die Bibliothekslisten, Ausstellungskataloge und Motivregister auf dem Tisch, den Rest erledigt die elektronische Suche. Nein, in Freuds Bibliothek, die es nach London schaffte, stand Apuleius nicht, aber das heiße ja nichts, sagt Marinelli, Freud habe so vieles auswendig im Kopf gehabt, und solche Bücher habe er vor der Emigration weggegeben. Beim Blättern in den Bilddokumenten stoßen wir auf all die geflügelten Nikes, Amors und Sphinxe, die Freuds Alltag bevölkerten, aber von Psyche immer noch keine Spur. Bis sie sich doch in einem Register zeigt: im Aufsatz *Das Motiv der Kästchenwahl* von 1913 sei Psyche präsent.

Und wie: Werkausgabe, *Kästchenwahl*-Aufsatz, dort wundert sich also Freud darüber, dass so oft in der Literatur die Dritten die vorzüglichsten sind, Psyche als jüngste von drei Königstöchtern wie Aschenputtel, Shakespeares Cordelia als König Lears Jüngste, und auch Paris hat als Schönste seinerzeit die Dritte gewählt, Aphrodite. In der Figur der Dritten zeige sich das Motiv der Stummheit, und die sei »im Traume eine gebräuchliche Darstellung des Todes«. Die erste ist die Mutter, die zweite die Geliebte, und also die dritte? »Nur die Todesgöttin schließt den Mann in die Arme.«

So ist die antike Psyche bei Freud als liebende Todesgöttin neu anzutreffen, von Flügeln kein Wort, auch von der kleinen Voluptas und von Amors eifersüchtiger Mutter Venus übrigens nicht, sei's drum, die Bücher zurück ins Regal, über die Sucherei ist es spät geworden. Wenn schon nicht die Seele des Orts, hier lässt sich wenigstens Psyche finden, mit Hilfe einer Historikerin, die von Erinnerungsarbeit etwas versteht. Und von den Brüchen, den Metamorphosen, die Motive, Begriffe, Erkenntnisse historisch durchlaufen.

Heute hat die Seele in der westlichen Welt das merkwürdige Privileg, allgegenwärtig und zugleich inexistent zu sein: Während im Alltag nichts natürlicher, nichts üblicher ist, als von verletzten Seelen oder von seelischer Balance zu reden, will die exakte Wissenschaft von ihr wenig wissen. »In der Tat wären die meisten meiner neurowissenschaftlichen Kollegen schockiert«, schreibt Gerhard Roth, »wenn ich sie fragte, ob man in der Hirnforschung noch etwas mit dem Begriff der Seele anfangen könne oder wo im Gehirn die Seele sitze.«

In der Wiener Berggasse aber haben sich die Neurologie und die Seele eine Zeit lang gut miteinander vertragen. Dort saß Freud im Jahr 1896 an seinem *Entwurf einer Psychologie*, die sollte seine Theorie der Psyche mit der nagelneuen Neuronentheorie verbinden, was beim Stand der Wissenschaft zu Freuds Enttäuschung nicht gelingen konnte. Psychoanalyse sollte auch Naturwissenschaft sein. Freud ging in seinen klassischen Sätzen geläufig mit dem Wort Seele um: »Es scheint, dass unsere gesamte Seelentätigkeit darauf gerichtet ist, Lust zu erwerben und Unlust zu vermeiden.« Oder: »Die Traumdeutung ist die Via regia zur Kenntnis des Unbewußten im Seelenleben.« Aber lieber als von der Seele sprach der Sohn des Industriezeitalters vom psychischen Apparat.

Mit dem Begriff der Seele kann heute auch eine Nachfolgerin Freuds, die Wiener Analytikerin Elisabeth Brainin, nicht viel anfangen. Die Seele in Wien zu suchen, das klingt für sie ein bisschen, als sei man Mozartkugeln auf der Spur. Das klingt wie ein verkehrter Rest Metaphysik, ein verkehrter Rest Gemütsseligkeit. Denn das Wien, in dem Freuds Theorie der Seele entstand, haben die Nationalsozialisten unwiederbringlich zerstört, und den meisten Österreichern war es recht so. Die Wiener Seele, sagt Brainin, das sei doch vielmehr die des *Herrn Karl*, den Helmut Qualtinger 1961 Jahren erbarmungslos realistisch als bösen Opportunisten gezeichnet hat.

Längst hat der Schnee draußen das steinerne Wien in weiße Decken gehüllt und sich auch auf alle Fenster der Dachwohnung von Elisabeth Brainin gelegt. Ein Künstlerwohnviertel unweit des Rings. Am Tisch sitzt bei Tee, Brot, Käse und Feigen eine zierliche Frau um die 50, ebenso aufmerksam wie distanziert und doch zugewandt, und erzählt, dass schon Freud annahm, man werde viel seelisches Leid eines Tags pharmakologisch heilen können. Wie für Freud sind auch für Elisabeth Brainin, die zugleich Neurologin ist, heute Hirnforschung und Psychoanalyse nicht länger feindliche Konkurrentinnen um die Seele, sondern Künste, die voneinander profitieren können.

Der Neuropsychoanalyse, die an den Universitäten mehr Gewicht haben solle, gilt Brainins Interesse. Wie etwa

kommt es, dass manche Psychopharmaka Einfluss auf Träume haben, auf deren Häufigkeit ebenso wie auf die Intensität? Liegt es daran, dass der Angstpegel sinkt? Dass ein Über-Ich stumm ist? Warum sind bestimmte Menschen anfällig für Drogen, andere nicht? Wie entsteht im Hirn so etwas wie ein Körperbild? Und was können bildgebende Verfahren über die Wirkung von Therapien sagen? Gegenwärtig erforscht sie mit Kollegen, wie es Epilepsiepatienten ergeht, deren eine Hirnhälfte vor einer Operation stillgelegt wird.

Viele Patienten seien heute besser verstehbar, sagt Brainin, wenn man als Arzt neurologische Kenntnisse habe, bei manchen Patienten könnten Medikamente die Behandlung erleichtern oder gar erst ermöglichen, in anderen Fällen richten sie Schaden an. Nur schmälere das neurologische Wissen die Bedeutung der Psychoanalyse als Theorie der Persönlichkeit, als Kulturtheorie, als ärztliches Handeln ja keineswegs. Wie die Ärztin denn über Eingriffe im Hirn von psychisch schwer Kranken denke, deren Symptome inzwischen etwa durch Tiefenhirnstimulationen unterdrückt werden können? Plötzlich hat Brainins Stimme den feinen skeptischen Klang, den man auch in Freuds Schriften hört: »Nun, eine Operation mag für den Kranken ein Ausweg aus seinem Konflikt sein. Aber der Konflikt ist dadurch nicht aus der Welt, der sucht sich früher oder später andere Symptome.«

Dann spricht sie doch einmal von der Seele, vom »Seelenmord« nämlich, der sich etwa in schwersten Depressionen zeige, und nach der Seele der Berggasse 19 gefragt, sagt sie: »Es weht einen dort nichts mehr an.« Ein Buch nennt sie noch, das hat die Historikerin Marinelli herausgegeben, es hat nach *Freuds verschwundenen Nachbarn* gesucht.

»Wenn es zu dunkel wird bei der Seelensuche im Winter«, hatte vor der Reise ein alter Freund und Kunstkenner gesagt, »geh zu Correggio. Auch dort ist die Seele.« Bei Correggio, dem italienischen Renaissancemaler, wird es tatsächlich heller. Kann das Wesen in der Wolke dort Psyche sein? Unmöglich, die Dame ist flügellos. Aber welcher göttliche Atem wäre es dann, dem die Schöne auf dem Gemälde sich selig hingibt? Das ist nicht der biblische Gott, der einer eben erschaffenen Eva die Seele einhaucht, das ist nicht die Umarmung Amors, der Psyche küsst. Dies ist eine nebelartige bläuliche Wolke, die wie aus heiterem Himmel eine nackte irdische Schöne umschließt und sie in Luftküsse taucht, sie fraglos beseelend. Das ist Correggios Gemälde *Jupiter und Io*, entstanden um 1530, zu sehen im Kunsthistorischen Museum zu Wien, Abteilung Italien, Obergeschoss. Dicht ist die Traube von Menschen vor diesem Bild.

Dieser Correggio hat aus lauter Vorlagen etwas ganz Neues gemacht. Der Gott, der hier seinen Atem gibt, trägt nicht nur verschiedene Versionen der Geschichte von Jupiter und Io in sich, sondern auch vielerlei Seelengeschichten, die biblische, die des antiken Märchens, und eine neuzeitliche deutet er an: dass Himmel und Erde sich vereinen, wenn eine individuelle menschliche Seele liebt und geliebt wird. Im Zentrum des Bilds von Corregio, dort, wo dunkel und hell sich begegnen, liegt unsichtbar Ios Brust, die sich in die Wolkenhand schmiegt. Der göttliche Lufthauch beseelt im Kuss das irdische Wesen, während das fühlende Herz, der neuzeitliche Wohnort der Seele, sich liebend in die Hand dieses Gottes gibt. Ein Skandal, das Bild, das den beseelenden Gott der Bibel derartig naturalisiert und erotisiert, aber was für ein schöner Skandal, der die Seele dergestalt unsterblich sein lässt.

Ein Pärchen steht vor dem Bild, sie liest ihm etwas vor, so leise wie möglich, aber dann hört plötzlich jeder der Umstehenden zu, es ist Eichendorffs Gedicht *Mondnacht:* »Es war, als hätt' der Himmel / Die Erde still geküßt, / Daß sie im Blütenschimmer / Von ihm nun träumen müßt'. // Die Luft ging durch die Felder / Die Ähren wogten sacht, / Es rauschten leis die Wälder, / So sternklar war die Nacht. // Und meine Seele spannte / Weit ihre Flügel aus, / Flog durch die stillen Lande, / Als flöge sie nach Haus.« Das ist die romantische Sprache der Seele. Als hätte Eichendorff sie, Correggios Gemälde vor Augen, in eine historisch übernächste Gestalt umgewandelt.

Das Museum will schließen, es ist Zeit zu gehen. Draußen, am Ausgang, nur noch ein Blick zurück auf die Fassade des monumentalen Kunstbaus, durch den das liberale Bürgertum sich selbst feiern wollte. Und auf einmal ist sie zu sehen: Die geflügelte Psyche schimmert weiß durch den Schnee, als wär nichts gewesen, nie. Da sitzt sie, tatsächlich.

Seelenspuren, ach, in der Geistesgeschichte

Homer (8. Jh. v. Chr.): »Und die Seele den Gliedern entflog zum Hause des Hades, / Klagend über ihr Los, verlassend Mannheit und Jugend« *(Ilias)*.

Bibel: »Da bildete Gott der Herr den Menschen aus Erde vom Ackerboden und hauchte ihm Lebensodem in die Nase; so ward der Mensch ein lebendes Wesen« *(Genesis, 1. Buch Moses)*.

Platon (427 bis 347 v. Chr.): »Die machten es ihm nach, nahmen zum Anfang das Unsterbliche der Seele her, danach drechselten sie den sterblichen Leib um sie herum und gaben ihr den ganzen Leib zum Gefährt; und sie siedelten darin eine andere Art Seele an, die sterbliche, welche gewaltige, zwingende Empfindungen in ihr hat, erstens Lust, die stärkste Lockung zum Bösen, sodann Schmerzen, die Flucht des Guten, danach Kühnheit und Furcht, zwei unbesonnene Ratgeber, und Jähzorn, dem schwer zuzureden ist, und Hoffnung, die leicht verführbare ...« *(Timaois)*.

Augustinus (354 bis 430): »Im inneren Menschen wohnt die Wahrheit. Und wenn du deine Natur noch wandelbar findest, so schreite über dich selbst hinaus. Doch bedenke, dass, wenn du über dich hinausschreitest, die vernünftige Seele es ist, die über dich hinausschreitet. Dorthin also trachte, von wo der Lichtstrahl kommt, der deine Vernunft erleuchtet« *(De vera religione)*.

Voltaire (1694 bis 1778): »Seele nennen wir, was mit Leben erfüllt. Mehr wissen wir, weil unser Verstand beschränkt ist, leider nicht. Drei Viertel der Menschheit geht darüber nicht hinaus und hat an der Seele kein Interesse, das andere Viertel sucht und findet nichts, noch wird jemals irgend jemand etwas finden« *(Philosophisches Wörterbuch)*

Friedrich Schiller (1759 bis 1805): »Warum kann der lebendige Geist dem Geist nicht erscheinen? / Spricht die Seele so spricht ach! schon die Seele nicht mehr« *(Musenalmanach für das Jahr 1797)*.

Johann Wolfgang von Goethe (1749 bis 1832): »Zwei Seelen wohnen, ach, in meiner Brust / Die eine will sich von der andern trennen / Die eine hält, in derber Liebeslust / Sich an der Welt mit klammernden Organen / Die andre hebt gewaltsam sich vom Dust / Zu den Gefilden hoher Ahnen ...« *(Faust I)*.

Novalis (1772 bis 1801): »Schlaf ist Seelenverdauung« *(Fragmente)*.

Wilhelm Dilthey (1833 bis 1911): »Das Seelenleben verstehen wir, die Natur erklären wir« *(Ideen zu einer beschreibenden und zergliedernden Psychologie)*.

Sigmund Freud (1856 bis 1938): »Psyche ist ein griechisches Wort und lautet in deutscher Übersetzung Seele ... Der Laie wird es wohl schwer begreiflich finden, dass krankhafte Störungen des Leibes und der Seele durch ›bloße‹ Worte des Arztes beseitigt werden sollen. Er wird meinen, man mute im zu, an Zauberei zu glauben. Er hat damit nicht so unrecht ...« *(Psychische Behandlung)*.

Arnold Gehlen (1904 bis 1976): »Man kann den Ausdruck ›Seele‹ durch den Ausdruck ›innere Welt‹ ersetzen, und der noch zugespitztere Ausdruck ›innere Außenwelt‹ soll bezeichnen, daß gewisse Vorgänge (...) sich unter dem (...) Einflußbereich der Außenwelt abspielen« *(Der Mensch)*.

Julia Kristeva (Jahrgang 1941): »Die Seele garantiert die Verantwortung des lebenden Menschen seinem Körper gegenüber und entzieht ihn der biologischen Fatalität, indem sie ihn als sprechenden Körper betrachtet ... Die Seele macht handlungsfähig« *(Die neuen Leiden der Seele)*.

Francis Crick (1916 bis 2004): »Ein moderner Neurobiologe braucht die religiöse Vorstellung der Seele nicht, um das Verhalten von Menschen und anderen Lebewesen zu erklären« *(Was die Seele wirklich ist)*.

Gerhard Roth (Jahrgang 1942): »Das Seelische ist ein physikalischer Zustand eigener Art, d. h., ein Zustand, der den Naturgesetzen nicht widerspricht und aufs Engste mit bekannten physikalischen (chemischen, physiologischen) Zuständen interagiert, ohne dass seine spezifischen Gesetze bereits hinreichend bekannt sein müssen« *(Hat die Seele in der Hirnforschung noch einen Platz?)*.

?

»Kein Körper – und doch ein Teil von ihm«

Ist die Seele für die Wissenschaft noch von Interesse?

Wenn wir das Wissen für etwas Schönes und Ehrwürdiges halten, und zwar das eine Wissen mehr als das andere, weil es entweder mehr Genauigkeit hat oder auf bessere oder erstaunlichere Gegenstände geht, so dürfen wir aus den beiden Gründen die Forschung über die Seele mit Recht an die erste Stelle setzen.

Was ist denn der Forschungskonsens, mit dem Sie sich auseinandersetzen?

Alle bestimmen die Seele nahezu durch drei Merkmale: Bewegung, Wahrnehmung und Unkörperlichkeit.

Welche neuesten Erkenntnisse haben Sie in jüngster Zeit über die Seele gewonnen?

Die meisten Affekte scheint sie nicht ohne den Körper zu erleiden, zum Beispiel sich erzürnen, mutig sein, begehren, überhaupt wahrnehmen.

Wie Körper und Seele sich zueinander verhalten, ist im Jahr 2007 immer wieder Anlass zum wissenschaftlichen Streit. Die einen halten alles für körperlich, andere wollen von der Biologie lieber nichts wissen.

Deshalb haben diejenigen eine richtige Auffassung, die annehmen, dass die Seele weder ohne Körper ist noch selber ein Körper; denn sie ist kein Körper, wohl aber etwas, das zum Körper gehört, und liegt daher im Körper vor, und zwar in einem sobeschaffenen Körper.

Heißt das, das Körperliche bestimmt das seelische Geschehen?

Es scheint umgekehrt vielmehr die Seele den Körper zusammenzuhalten. Wenn sie von ihm herausgeht, dann verflüchtigt er sich und verfault.

Was unterscheidet Ihre Perspektive im Wesentlichen von den bisherigen? Anders gefragt: Wie sollte man über die Seele nicht mehr nachdenken?

Nicht so, wie die früheren Philosophen die Seele in einen Körper einfügten, ohne näher zu bestimmen, in welchem und wiebeschaffenen Körper sie vorliege, obwohl doch offensichtlich nicht das Beliebige etwas Beliebiges aufnimmt.

Ist die Seele gleichermaßen für die Verarbeitung von Sinnesreizen zuständig wie für das Urteilen durch den Verstand?

Für die denkfähige Seele sind die Vorstellungsbilder wie Wahrnehmungsinhalte.

Was hoffen Sie, in naher Zukunft wissenschaftlich herausfinden zu können?

Wo Wahrnehmung vorliegt, da auch Schmerz und Lust, und wo diese, da auch notwendigerweise Begehren. Hinsichtlich der Vernunft und des betrachtenden Vermögens ist es noch nicht deutlich, sondern es scheint eine andere Seelengattung zu sein, und dieses allein kann sich abtrennen, wie das Ewige vom Vergänglichen.

Was wissen Sie heute, ohne es beweisen zu können?

Die Menschen mit hartem Fleisch sind unbegabt im Denken, hingegen die mit weichem Fleisch begabt.

Wahrnehmen, Verstehen, Erklären sind eng benachbart. Welche Rolle spielt die Seele in dieser Nachbarschaft?

Das Prinzip, durch das wir leben und wahrnehmen, wird auf zweifache Weise benannt: Wir nennen es einerseits die Wissenschaft, andererseits auch die Seele, denn durch jede von beiden, so sagen wir, verstehen wir wissenschaftlich.

Und wenn Sie mit einem Satz zusammenfassen sollten, was jede Seele ausmacht?

Wenn man nun etwas Gemeinsames von jeder Seele sagen soll, so ist sie wohl die erste Vollendung eines natürlichen, organischen Körpers.

Mehr zum Thema:

Aristoteles: Über die Seele
Griechisch-Deutsch, nach der
Übersetzung von W. Theiler;
hg. v. Horst Seidl;
Meiner 1995; 298 S.

Apuleius: Amor und Psyche
Übersetzung von E. Norden;
C. H. Beck 2007; 90 S.

Sigmund Freud: Die Traumdeutung
Studienausgabe Bd. 2;
S. Fischer 1991; 662 S.

Paola Traverso:
»Psyche ist ein griechisches Wort ...«
Rezeption und Wirkung der Antike
im Werk von Sigmund Freud;
Suhrkamp 2003; 302 S.

Hans-Dieter Klein (Hg.):
Der Begriff der Seele in der Philosophie
Königshausen & Neumann 2005; 292 S.

Markus F. Peschl (Hg.): Die Rolle der Seele in
der Kognitions- und Neurowissenschaft
Auf der Suche nach dem Substrat der Seele;
Königshausen & Neumann 2005; 270 S.

ARISTOTELES,
384–322 vor Christus,
bestimmt mit seinem Werk
»De anima/Über die Seele«,
dem wir die Äußerungen
des Philosophen entnehmen,
die Diskussion bis heute

VOLK

NAMBIKWARA-MÄDCHEN:
Ihr Dorf besteht aus Bretter-
verschlägen und zerzausten
Windschirmen

»PRIMITIVE VÖLKER«:
Schlafende Nambikwara
im Jahr 1938, Brasilien

Wir
Eingeborenen

»Volk« kann Synonym für die Masse sein; die Nazis meinten damit eine Blutsgemeinschaft. Und der Forscher Claude Lévi-Strauss wollte in der Begegnung mit dem Volk der Nambikwara die eigene Kultur besser verstehen. Eine Spurensuche im Herzen Brasiliens

VON BARTHOLOMÄUS GRILL

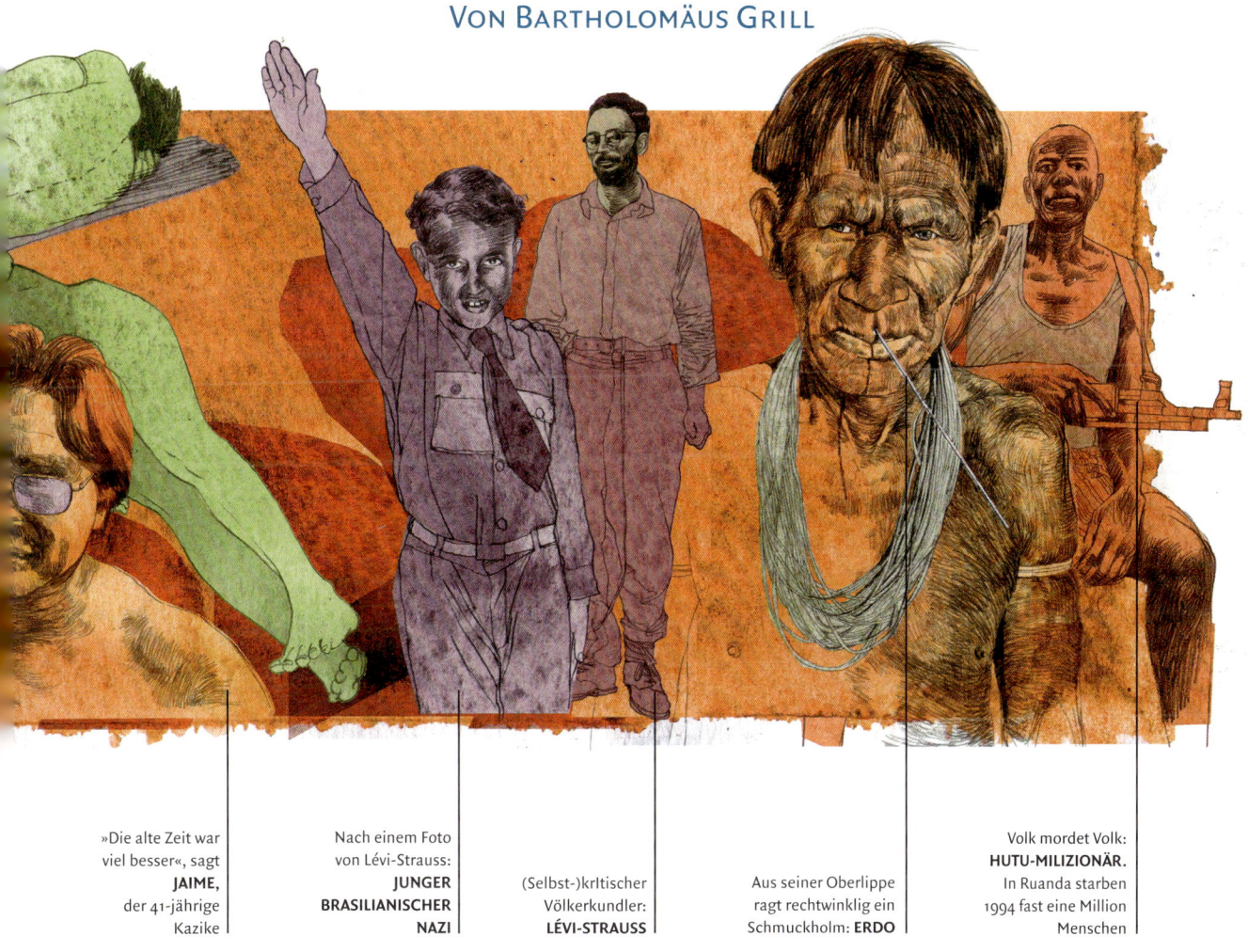

»Die alte Zeit war viel besser«, sagt **JAIME,** der 41-jährige Kazike

Nach einem Foto von Lévi-Strauss: **JUNGER BRASILIANISCHER NAZI**

(Selbst-)krItischer Völkerkundler: **LÉVI-STRAUSS**

Aus seiner Oberlippe ragt rechtwinklig ein Schmuckholm: **ERDO**

Volk mordet Volk: **HUTU-MILIZIONÄR.** In Ruanda starben 1994 fast eine Million Menschen

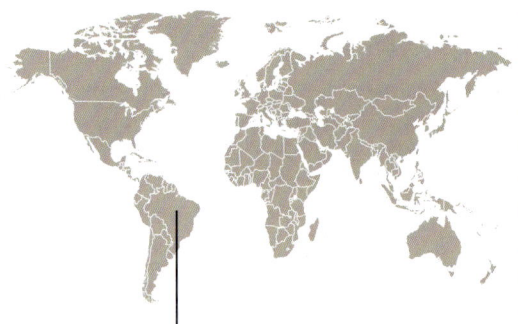

nd endlich erblicken wir den Rio Papagaio, der etwa hundert Meter breit und dessen Wasser so klar ist, dass man trotz der Tiefe den felsigen Grund sehen kann ... Und am anderen Flussufer erblicken wir zwei nackte Gestalten: die Nambikwara.«

Es ist der 17. Juni 1938, ein glutheißer Tag, als die Sierra-do-Norte-Expedition auf die ersten Vertreter dieses Indianerstamms trifft. Das wissenschaftliche Unternehmen wird angeführt von Claude Lévi-Strauss; der französische Anthropologe ist unterwegs zu den »primitiven« Völkern im Herzen Südamerikas. Er will ihre Kultur erforschen, die Zyklen des Nomadenlebens, die Rituale, die Tabus, den Naturglauben, das Verhältnis der Geschlechter, die soziale Organisation. Die Nambikwara bevölkern die Chapada dos Parecis, eine unwirtliche und damals noch weitgehend unbekannte Hochebene im »Wilden Westen« Brasiliens. Lévi-Strauss folgt mit seiner *tropa*, seiner Ochsenkarawane, den Pfaden von Cândido Rondon, einem ehrgeizigen Armeegeneral, der eine Telegrafenlinie in diese Terra incognita gebaut hatte. Es ist ein beschwerlicher Treck, begleitet von zahllosen Rückschlägen, Wutausbrüchen, Selbstzweifeln und jener Niedergeschlagenheit, die eine öde, eintönige Landschaft auslöst. Aber Lévi-Strauss treibt der Forschergeist voran, die unstillbare Neugier und der erkenntnisleitende Wille des modernen Ethnologen, nicht nur fremde Völker zu erforschen, sondern in der Begegnung mit ihnen die eigene Kultur besser zu verstehen.

Über tausend Kilometer sind wir der Expeditionsroute von Lévi-Strauss gefolgt, von Cuiabá, der Hauptstadt der Provinz Mato Grosso, hinauf in jenes mythische Hochplateau, in dem viele Zuflüsse des Amazonas entspringen. Die einstige Wildnis hat sich in ein unermessliches Meer von Monokulturen verwandelt. Soja, Hirse, Baumwolle, Sonnenblumen, Zuckerrohr bis zum Horizont, Millionen von Hektar, die Felder so groß wie hierzulande ein Regierungsbezirk. In dieser Region tobt unterdessen die größte Erzeugerschlacht der Welt, hier liegt das Zentrum der neuen Agrargroßmacht Brasilien, und die Landschaft ist auf eine ganz andere Art genauso trostlos wie die Buschsteppe, deren Monotonie Lévi-Strauss und seine Gefährten deprimierte.

Fast auf den Tag genau siebzig Jahre nach ihrer Ankunft im Zielgebiet, es ist wieder ein glutheißer Junitag, gleiten wir auf einem Floß über das smaragdgrüne, kristallklare Wasser des Rio Papagaio. Wir werden von zwei Indianern begleitet, von dem Kaziken Tarcilo Zomoi Zokae, dem Chef des Dorfes Utiariti, und seinem 18-jährigen Sohn Waldinei. Sie wollen so gar nicht dem Bild entsprechen, das sich die Außenwelt von den letzten Ureinwohnern zurechtfantasiert hat. Der Vater trägt Shorts und Flipflops, auf dem giftgrünen T-Shirt des Sohnes bleckt Spongebob seine Zunge. Die beiden führen uns zu einer verfallenen Missionsstation der Jesuiten, die einst die »Wilden« bekehren wollten. Von ihrem Außenposten ist nicht mehr viel übrig geblieben: ein paar ungepflegte Gräber, der verwilderte Mangohain, die Ruinen der Kirche und der Häuser, in denen

CHAPADA DOS PARECIS
Die Wildnis dieser Hochebene im »Wilden Westen« Brasiliens hat sich in ein Meer von Monokulturen verwandelt: Soja, Baumwolle, Zuckerrohr. In der Heimat der Nambikwara tobt heute die größte Erzeugerschlacht der Welt

die Padres residierten. Im Dorf stehen auch noch ein paar Telegrafenmasten der Rondon-Linie, zwischen den Isolatoren aus Porzellan wuchern Termitennester. Gleich unterhalb der Mission stürzt der Rio Papagaio neunzig Meter in die Tiefe. Es ist, als wäre die Vergangenheit im ewigen Donnern und Rauschen versunken.

Aber wo finden wir die Nambikwara? Existiert dieses kleine Volk überhaupt noch? Oder wurde es unter der Walze der Modernisierung zermalmt, wie Lévi-Strauss schon in den 1930er Jahren prophezeit hatte?

Es leben noch Indianer in diesem Landstrich, aber sie gehören wie Tarcilo und sein Sohn zum Stamm der Paressi. Sie bewohnen Ziegelhäuser mit Strom- und Wasseranschlüssen. Vor der Veranda des Kaziken stehen eine Satellitenschüssel und ein weinroter Chevrolet Conquest, ein Pritschenwagen, auf den er sehr stolz ist. »Wenn ihr Nambikwara finden wollt, müsst ihr ein paar hundert Kilometer weiter fahren.«

Wieder führt der Weg durch schier endlose Monokulturen. Für die Urvölker bleibt kein Platz mehr, sie stehen dem Fortschritt nur im Wege. Ihre weiten Lebensräume sind zu *terras indígenas* geschrumpft, zu Indianerreservaten. Vor der Stadt Comodoro, bei den silbrig glitzernden Silotürmen des amerikanischen Agrarkonzerns Cargill, biegen wir in einen Buschpfad ein und erreichen nach acht Kilometern das erste Dorf der Nambikwara. Aber Dorf kann man es eigentlich nicht nennen, es sind ein paar Bretterverschläge, Unterstände und zerzauste Windschirme, die eher an ein Flüchtlingscamp erinnern. Zwischen den Behausungen liegen allerlei Gerätschaften herum, Pflöcke, Matten und Kiepen, an deren Flechtstruktur wir das Handwerk der Nambikwara erkennen.

Die Freundlichkeit schlägt plötzlich in offene Feindseligkeit um

Wir sind nicht willkommen, denn heute findet ein großes Fest statt. Da will man keine *brancos* dabeihaben, keine Weißen, sie lassen sich sonst ja auch nie sehen. Drei Frauen, die uns keines Blickes würdigen, zerquetschen Maniokknollen, aus dem weißen Brei stellen sie Saft her, den sie *chicha* nennen. Im Schatten einer Bretterwand kauern ein paar betrunkene Männer – *cachaça*, Zuckerrohrschnaps. Zwei tragen Kopfschmuck aus prächtigen Papageienfedern. Die Männer mustern uns arg-

wöhnisch. Einer tritt uns gruß-
los entgegen. »Ich bin Erdo.«
Erdo, der Kazike. Er hat die
besten Jahre schon hinter
sich, aber seine straffe, falten-
lose Haut glänzt wie die eines
Jünglings; sie ist feuerrot ein-
gefärbt, mit *urucum*, einem
pflanzlichen Farbstoff. An seinem Hals hängt ein Strang fei-
ner schwarzer Perlenketten, die
Oberarme sind mit Bastbinden
geschmückt. Aus seiner Ober-
lippe ragt rechtwinklig ein Schmuckholm von der Länge und Dicke eines Mikadostäbchens.

»Wir feiern unsere jungen Mädchen, sie sind jetzt im Heiratsalter«, erklärt der Kazike. Dann wendet er sich unvermittelt anderen Gesprächspartnern zu, geht weg, kehrt zurück. Erzählt, dass drei
Nambikwarahorden seit 1955 hier siedeln. Dass sie früher an den Ufern des Rio Juruena gelebt
und in der Buschsteppe gejagt haben. Dann wendet er sich wieder ab und zündet ein graugrünes
Blattröllchen an. Raucht. Schweigt. Schaut uns unverwandt an. »Im Wald war das Leben besser«,
sagt er nach einer langen Gedankenpause. »Soja und diese Sachen sind gefährlich. Es ist nicht gut,
neben den Fazendas zu siedeln. Wegen der Ackergifte.« Wir können nicht lange mit dem Dorfchef
reden, denn ein junger Bursche, der ziemlich aggressiv dreinschaut, unterbricht uns. »Wenn ihr
was wissen wollt, dann bringt hundert Liter Diesel mit!« Die Stimmung ist plötzlich angespannt,
wir machen eine Erfahrung, die alle Besucher der Nambikwara kennen: Ihre scheue Freundlichkeit
schlägt unversehens in offene Feindseligkeit um. Wir besänftigen den erzürnten Mann und einigen
uns auf ein Gastgeschenk: zwanzig Liter Diesel, anzuliefern morgen früh, nach dem Fest.

Abendlektüre im Forschungsbericht von Lévi-Strauss. Es irritiert, dass er die Nambikwara in die
Kategorie »Volk« einsortiert. Was ist das eigentlich genau, ein Volk? Es gibt keine präzise Definition, der Begriff ist vieldeutig, schwammig – und verhängnisvoll, wenn er demagogisch überhöht
wird. In der Alltagssprache wird »Volk« als Synonym für die breite Masse oder die »einfachen« Leute verwendet. Im weltanschaulichen Kontext bezeichnet es eine große Gruppe von Menschen, die
sich als homogene Einheit begreifen und ihre kollektive Vergangenheit aus den Tiefen der Urzeit
herleiten. Sie teilen die Herkunft, das Kulturerbe, die Sprache und Sitten, den Glauben und die
Mythen. Es ist eine ideologische Konstruktion, die der aufkeimende Nationalismus gebiert – jedes
Volk möge sich von allen anderen unterscheiden und abgrenzen. Der »natürlichste Staat« sei »ein
Volk mit einem Nationalcharakter«, verkündete Johann Gottlieb Herder. Vom völkischen Geraune
des deutschen Geschichtsphilosophen führt bekanntlich eine geistige Traditionslinie zum arischen
Herrenmenschengebrüll der Nazis, zur »rassereinen« Blutsgemeinschaft: ein Volk, ein Reich, ein
Führer.

In den multiethnischen Gesellschaften des ausgehenden 20. Jahrhunderts sind Begriffe wie »Volk«
oder »Stamm« obsolet geworden – und feiern zugleich barbarische Urständ. Im zerfallenden Ju-

goslawien, einem künstlichen Staatsgebilde, wurden ethnische Identitätsmuster historisch aufgeladen und machtpolitisch instrumentalisiert – das Ergebnis war ein Selbstvernichtungskrieg mit »ethnischen Säuberungen«. In Ruanda mündete die »imaginäre Ethnografie« der Kolonialherren, die die Bevölkerung hundert Jahre lang in die »Stämme« der Hutu und Tutsi dividierten, in einen Genozid. Völkermord nennen wir dieses Verbrechen im Deutschen; so wurde das Wort »Volk« politisch korrekt für die Opfer reserviert.

Gegenstand der modernen Ethnologie ist die Ethnie, die Wissenschaftler bezeichnen damit eine Population von Menschen, die Geschichte und Kultur miteinander teilen und auf einem spezifischen Territorium zusammenleben. Dennoch sprechen die Feldforscher nach wie vor von Urvölkern, Naturvölkern oder indigenen Völkern – als ob der Plural und die Überschaubarkeit der Studienobjekte die Unschärfe des Begriffs aufheben könne. Die Ethnologen, die den ideologischen Ballast abwarfen und nicht mehr Völkerkundler heißen wollen, lösen sich zwar von der eurozentrischen Wahrnehmung, vom rassistischen Dünkel der Gründerväter, die die Menschheit in Zivilisierte und Barbaren einteilten, aber sie schleppen die überkommenen und missverständlichen Termini mit. Volk, Stamm, Ethnie. Auch Lévi-Strauss hat sie im Kopfgepäck. Und wir, die Journalisten.

Weltweit existieren nur noch 5000 dieser Urgemeinschaften

Anderntags liegen die Bewohner des Lagers träge in Hängematten oder auf der hartgetretenen Erde zwischen den Hütten. Nur die Kinder tollen herum, manche haben aufgedunsene Bäuche, ein Zeichen der Mangelernährung. Sie wälzen sich auf dem Boden, ihre Haut ist überkrustet von einem Schorf aus Staub und Asche, denn in den kühlen Nächten schlafen sie ganz nah am Feuer. Die Kleinen sehen aus, als wären sie aus der Erde gewachsen. Heute werden wir freundlicher empfangen. Carlos Sul Kithaulu, ein arbeitsloser Lehrer, der in Porto Velho studiert hat, begrüßt uns. Lévi-Strauss? »Denn kennc ich. Einige Sachen, die er über uns geschrieben hat, stimmen.« Er kritzelt mit einem Stöckchen die Umrisse des Reservats der Nambikwara in den Staub. Dann trägt er die Lebensräume der diversen Sippen ein. »So ungefähr 1400 sind wir noch.«

Im Jahre 1915 sollen noch 20 000 Nambikwara in der Buschsteppe gelebt haben. Sie wurden im ersten Drittel des vergangenen Jahrhunderts durch verheerende Epidemien dezimiert, durch Masern, Pocken oder Grippeviren, die die weißen Siedler eingeschleppt hatten. Das Immunsystem der Indianer konnte diese Erreger nicht abwehren. Ihre Nachfahren mussten irgendwann das Wanderleben aufgeben. Sie zogen in die Favelas, in die Elendsviertel der großen Städte, oder strandeten in einem Reservat, wo sie auf kleinen Parzellen Maniok, Süßkartoffeln, Kürbis, Mais und Zuckerrohr anbauen, Hühner halten, Buschgemüse sammeln, in den Flüssen fischen und im Busch jagen, Wildschweine, Affen und Papageien, manchmal auch Gürteltiere

oder Ameisenbären. Aber eigentlich sind sie Sozialfälle, die von der staatlichen Indianerschutzbehörde Funai betreut werden.

Ein Kazike aus der Nachbarsiedlung, der sich als Jaime vorstellt, tritt hinzu. Er ist 41 Jahre alt, ein kräftiger, untersetzter Mann mit pechschwarzem Schopf, dessen klobige Krankenkassenbrille einen seltsamen Gegensatz zum streichholzlangen Pflock bildet, der seine Nasenscheidewand durchbohrt. »Die alte Zeit war viel besser«, sagt Jaime. »Wir hatten unsere Kultur. Es ist für jedes Volk schade, wenn es seine Kultur verliert.« Den Nambikwara fehlen die Eigenschaften, um in der Welt der Eroberer zu bestehen; sie kennen den »Geist des Wettbewerbs« nicht und begehren keine Machtpositionen, stellt Lévi-Strauss fest.

Als Rondon seine Telegrafenlinie baute und immer mehr Goldgräber, Kautschukzapfer, Diamantensucher und Viehzüchter das Land der Indios okkupierten, begannen diese sich zu wehren. 1933 töteten die Nambikwara in der protestantischen Missionsstation Juruena sechs Menschen – ein Akt verzweifelter Selbstverteidigung. Bei der Ankunft der europäischen Kolonialherren lebten auf dem Kontinent fünf Millionen Indianer, heute sind es noch rund 350 000. Die Ethnologen sind als »Entdecker« und Erforscher der Urvölker immer auch Chronisten ihres Untergangs. Weltweit existieren nur noch rund 5000 dieser Gemeinschaften, allerorten sind sie durch die Ausbeutung natürlicher Ressourcen bedroht, sie werden vertrieben, zwangsumgesiedelt oder ausgerottet. Der Ethnograf stehe dem Verfall alter Kulturen gegenüber wie der Astronom den sich von ihm entfernenden Sternen, schreibt Lévi-Strauss. Alle Ethnien, die er untersucht hat, sind mehr denn je gefährdet: durch »weiße« Krankheiten, durch Alkohol- und Drogensucht, durch die Todesschwadronen landhungriger Großgrundbesitzer.

Unlängst ging das spektakuläre Bild von einem »Stamm« um die Welt, der angeblich noch unentdeckt ist. Man sah in einer Lichtung im Regenwald ein paar kupferrot leuchtende Männer; sie schossen Pfeile auf einen Hubschrauber, der gerade die Blätterdächer ihrer Hütten überflog. Sie lehnen unsere räuberische Zivilisation ab, sie wollen so leben, wie sie seit Menschengedenken gelebt haben.

Eine Windhose fegt durch das Lager und wirbelt den Abfall in ihrem Sogtrichter in die Luft. »Mach sauber«, sagt Jaime und lacht. Vor der Hütte nebenan knistert ein Feuer, drei Steine, darauf ein Tiegel – die Kochstelle, unverändert seit dem Neolithikum. Weil es bei allen Urvölkern so ist, deuten wir gerne das glückliche Kindesalter der Menschheit in sie hinein und romantisieren sie als »Überlebende der Steinzeit«. Wir erliegen wie Lévi-Strauss einer »morbiden Faszination«. Er war hingerissen von der »naiven und bezaubernden animalischen Zufriedenheit« der Nambikwara.

Moderne Ethnologie ist die Selbstauslegung im Fremden

Aber die Menschen, die uns begegnen, wirken überhaupt nicht glücklich und zufrieden. In ihrer schmucklosen Armut nisten Gleichgültigkeit und Selbstaufgabe, und wir empfinden, was schon Lévi-Strauss empfunden hat: Mitleid mit diesen »von einer unerbittlichen Katastrophe zu Boden gedrückten Menschen«. Dieses Gefühl schlägt den Grundton seines wunderbaren Hauptwerkes

Tristes Tropiques an, in dem er die Expedition zu den Indianern nacherzählt. Es ist das schönste und traurigste Buch, das uns die Ethnologie geschenkt hat. Lévi-Strauss entlarvt unsere Wahrnehmung des »edlen Wilden« als reine Projektion – sie hat mehr mit unserer eigenen Sehnsucht zu tun als mit dessen sozialer Wirklichkeit. Am Ende weiß man nicht, ob die verblüffendste Erkenntnis, die Lévi-Strauss in Brasilien gewann, ein Trost ist: *La pensée sauvage*, das Denken der Wilden, folge der universellen Logik des menschlichen Geistes. Sie denken wie wir, und wir denken wie sie. »Ich habe einen neolithischen Verstand«, postuliert Lévi-Strauss. Er bewies, was viele Völkerkundler vor ihm ahnten, aber verdrängten: dass die Betrachtung anderer Kulturen stets auf unsere eigene zurückverweist. Moderne Ethnologie ist die Selbstauslegung im Fremden.

Wir fragen den Kaziken Jaime nach seinem größten Wunsch. Er versteht die Frage nicht. Oder es gelingt uns nicht, sie in seine Sprache, die er Yainjausu nennt, zu übersetzen. Wir hätten dazu Curt Unckel aus Jena gebraucht, den ersten Völkerkundler, der vor hundert Jahren unter den Nambikwara gelebt und ihre Sprache gesprochen hat. Lévi-Strauss verstand nur ein paar Floskeln, dennoch konnte er ihre sozialen und religiösen Strukturen genau dokumentieren. Aber die alte Kultur der Nambikwara ist gestorben, und eine neue wurde nicht geboren. Die Ureinwohner sind verwahrlost und im Niemandsland zwischen Tradition und Moderne in einer grüblerischen Melancholie versunken. »In 508 Jahren hat sich bei uns kein Stamm wirklich der Zivilisation anpassen können«, bilanziert der legendäre Indianerexperte Sidney Possuelo.

Wir verlassen das Lager und fahren wieder an den Silos von Cargill vorbei, an diesen stählernen Kathedralen der Agroindustrie. Als wir in die Teerstraße einbiegen, geht uns der Schlusssatz von Claude Lévi-Strauss durch den Kopf: »Ich hatte eine auf ihren einfachsten Ausdruck reduzierte Gesellschaft gesucht. Die der Nambikwara war so einfach, dass ich in ihr nur Menschen fand.«

Rassen im Paradies: Der verräterische Blick auf die anderen

Völkerkunde: Der griechische Geschichtsschreiber Herodot, geboren um 480 vor Christus, wird oft der Urvater der Völkerkunde genannt. Er schildert die Kulturen der Ägypter, Skythen, Perser und anderer Völker des Altertums. Auch der Römer Tacitus zählt zu den Ahnherren der Disziplin.

Ethnografie: Spätere Pioniere sind die arabischen Gelehrten Ibn Battuta und Ibn Khaldoun sowie der Venezianer Marco Polo, der vom Leben am Hof des chinesischen Kaisers berichtet. Diese reisenden Beobachter sind die Vorläufer der Ethnografie, der Völkerbeschreibung, während die erst in der Neuzeit entstandene Ethnologie die Lebensweisen und Kulturen fremder Völker im Vergleich mit den eigenen Gesellschaften systematisch analysiert.

»Grimmige Menschenfresser«: In der Renaissance, dem Zeitalter der großen Entdeckungsreisen, werden unbekannte Völker mit eurozentrischem Blick zu Barbaren herabgestuft. Die abschätzige Beschreibung dient allein ihrer Unterwerfung und Vernichtung. Ein klassisches Exempel liefert der deutsche Landsknecht Hans Staden in seinem Bericht über die *wilden nacketen grimmigen Menschfresser in der Newenwelt America* aus dem Jahre 1557. Zu den rühmlichen Ausnahmen dieser Zeit zählt der Dominikanermönch Bartolomé de Las Casas, der mit großer Empathie das Leben und Leiden der südamerikanischen Indianer schildert und die Gräueltaten der spanischen Konquistadoren anklagt.

Paradies: Während der Aufklärung im 18. Jahrhundert wird der böse zum edlen Wilden, bei Jean-Jacques Rousseau verkörpert er den Urzustand des Menschen, und in den Journalen von Louis-Antoine de Bougainville lebt er im Paradies von Tahiti. Auch dem Deutschen Georg Forster verdanken wir einfühlsame Betrachtungen über fremde Kulturen.

Rasse: Philosophen wie Christoph Meiners begründen im 19. Jahrhundert die biologische Andersartigkeit außereuropäischer Völker und die Inferiorität der »primitiven« Eingeborenen gegenüber den hoch entwickelten Europäern – eine deterministische Lehre von der Ungleichheit der Rassen, die die Vorstellungen im Zeitalter des Imperialismus prägte.

Ethnologie: Zugleich entsteht eine philanthropische Gegenbewegung durch den Engländer William Frederic Edwards, der 1838 die Society for the Protection of Aborigines gründet, die erste ethnologische Gesellschaft. Im Verlauf des Jahrhunderts steckt die Ethnologie ihr Forschungsfeld ab und wird in den Fächerkanon der Universitäten aufgenommen.

Kolonialismus: In ganz Europa entstehen völkerkundliche Museen, in denen bis heute das Raubgut der Kolonialära ausgestellt wird. In Deutschland lehrt Adolph Bastian als Erster das junge Fach der Völkerkunde an der Berliner Universität.

Anthropologie: Im 20. Jahrhundert entstehen verwandte Fächer wie die Kulturmorphologie von Leo Frobenius oder die verschiedenen Richtungen der Anthropologie, die vor allem in der angelsächsischen Welt durch Forscher wie Franz Boas, Bronislaw Malinowski, Alfred Radcliff-Brown oder Edward Evans-Pritchard entwickelt werden. Margaret Meads romantisierende Feldstudien über Südseeinsulaner machten Furore; deren wissenschaftlicher Wert wird heute allerdings bezweifelt. In Frankreich vertritt Claude Lévi-Strauss den ethnologischen Zweig der strukturalistischen Denkschule. Sein Hauptwerk *Traurige Tropen* wurde zu einem Klassiker der (selbst-)kritischen Völkerkunde.

Moderne Forschungsdisziplinen: Heute überschneiden sich die ethnologischen Forschungsgebiete mit denen der Geschichts-, Kultur- und Religionswissenschaften, der Soziologie und der Linguistik. Ethnologen arbeiten überwiegend in Museen, Universitäten und Forschungseinrichtungen, sie beraten Entwicklungshelfer und Diplomaten und liefern den Medien Einblicke in fremde Gesellschaften.

Globalisierung: Ethnologen sind Mittler zwischen den Kulturen, als »Übersetzer« in einer vielfältig verflochtenen globalisierten Welt tragen sie zur Völkerverständigung bei. Sie untersuchen aber auch Subkulturen und Minderheiten im eigenen Land.

»Zerstörung ist kreativ«

Alle Völker sind erforscht. Brauchen wir die Ethnologie überhaupt noch?

Unter den Bedingungen der Globalisierung ist die Ethnologie vielleicht nötiger als je zuvor. Ethnologen interessieren sich für die Dynamik gesellschaftlicher Transformationsprozesse, mit besonderem Blick auf das »Lokale«. Wir sind im Gegensatz zu manchen Sozial- und Kulturwissenschaften dichter am Geschehen.

Wie unterscheidet sich die Ethnologie von der Volkskunde?

Bis in die 1960er Jahre gab es eine Arbeitsteilung zwischen der Volkskunde, die sich mit europäischen Gesellschaften beschäftigte, und der Ethnologie, die für außereuropäische Gesellschaften zuständig war. Inzwischen haben sich unsere Disziplinen einander angenähert. Auch wir Ethnologen erforschen Minderheiten im eigenen Land, zum Beispiel in einer multikulturellen Stadt wie Berlin.

Können wir das Fremde erkennen?

Wir können natürlich nie wirklich denken wie die anderen. Aber wir können uns ihnen durch geteilte Erfahrungen und Einfühlung nähern.

Ethnologen untersuchen oft untergehende Kulturen. Stimmt Sie das traurig?

Ja, natürlich, aber jede Zerstörung bringt auch etwas Neues hervor, sie ist kreativ, wie Schumpeter sagt. Nehmen wir die Aids-Krise in Afrika, über die wir hier am Institut seit Jahren arbeiten. Das ist eine Katastrophe, die die Gesellschaften um Jahre zurückwirft, zugleich aber schafft sie auch die Kraft und das Engagement, neue Lösungen zu finden.

Woran arbeiten Sie gerade?

Ich beschäftige mich im Rahmen der Exzellenzinitiative Topoi mit heiligen Orten und Landschaften, speziell mit Regenschreinen in den Matopos-Bergen in Simbabwe.

An deren höchstem Punkt ist der Erzkolonialist Cecil Rhodes begraben.

Da kann man wunderbar zeigen, wie sich Kolonialpolitik, Religion und lokale Kultur überlagern.

Kämpfen Ethnologen für bedrohte Völker?

Ethnologen sollten sich nicht zu Fürsprechern machen, das ist Paternalismus.

UTE LUIG
ist Professorin am
Institut für Ethnologie an der
Freien Universität Berlin

Mehr zum Thema:

Bartolomé de Las Casas:
Bericht von der Verwüstung
westindischer Länder
Insel 2005; 246 S.

Claude Lévi-Strauss:
Traurige Tropen
Suhrkamp 1978; 424 S.

Nigel Barley:
Die Raupenplage
Von einem, der auszog,
Ethnologie zu betreiben;
dtv 1998; 190 S.

WISSEN

IM MITTELALTER kopierten
Mönche jede Schrift einzeln.
Erst der **BUCHDRUCK** machte
Bücher zur Massenware

SCRIBES heißen die Maschinen,
mit denen beim Internet Archive in
San Francisco Bücher
eingescannt werden

Das digitale Alexandria

Alles, was die Menschheit je veröffentlicht hat, digital abrufbar
im Internet: Der Traum von der Universalbibliothek,
lange als illusorisch abgetan, wird Wirklichkeit. Aber darf das
Weltwissen in der Hand privater Firmen liegen?

VON CHRISTOPH DRÖSSER

SPEICHERPLATZ wird immer
billiger. So wurde es möglich, die
Geschichte des Netzes
auf **SERVERN** zu konservieren

SERGEY BRIN und **LARRY PAGE**
erfanden **GOOGLE** und
revolutionierten damit die Welt
der Information

WISSEN

Mit einem Tritt auf das Fußpedal senken sich V-förmig montierte Glasplatten auf das Buch, das in einer entsprechend geformten »Wiege« liegt. Adrian justiert die beiden Kameras, die je eine Seite im Blick haben, und klickt auf den Auslöser. Glas hoch, umblättern, Glas wieder runter, nächste Doppelseite fotografieren.

Adrian ist 21 und digitalisiert Bücher. Eigentlich ist er Musiker, aber über Wasser halten kann er sich nur mit Jobs wie diesem. Seine Haarpracht steckt unter einer Wollmütze, Kopfhörer berieseln ihn mit Musik. Acht Stunden dauert die Schicht, während dieser Zeit scannt er etwa 4000 Seiten. Gerade hat er ein 100 Jahre altes Buch über arabische Grammatik in Arbeit, aber ihm bleibt kaum Zeit, die Seiten näher anzusehen. »Manchmal haben wir Bücher mit Bildtafeln drin«, sagt er, »die schaut man sich schon einmal an.«

Die Scan-Station steht in Redmond am Ufer der San Francisco Bay, in einem Bibliotheksgebäude der University of California. Adrian bekommt pro Stunde umgerechnet sieben Euro. In zwei Schichten wird von acht Uhr bis Mitternacht gearbeitet, elf Mitarbeiter sitzen jeweils an ihrer Station, mit schwarzen Filzvorhängen voneinander getrennt. Gesprochen wird nicht, der Job erfordert volle Konzentration. Ist ein Buch komplett, werden alle Seitenzahlen kontrolliert, denn der häufigste Fehler ist doppeltes Umblättern. Nicht jeder ist für die stereotype Arbeit geeignet: »20 Prozent sind schon nach einer Woche wieder weg«, sagt die Betriebsleiterin Julie Lefevre.

Adrian und seine Kollegen sind die Mönche des digitalen Zeitalters. *Scribes* ist das englische Wort für die Schriftgelehrten in mittelalterlichen Klöstern, die alte Bücher kopierten. *Scribes* nennt man in Redmond nicht die Bediener der Kameras, sondern die Geräte – die menschlichen Kopierer heißen *scanners*. Sie spielen eine unverzichtbare Nebenrolle in einem ambitionierten Projekt: der digitalen Bibliothek der Zukunft. Das Ziel: alles, was jemals in Schriftform veröffentlicht worden ist, zu scannen, mittels Schrifterkennung in digitale Textdateien zu verwandeln und per Internet verfügbar und durchsuchbar zu machen. Das gesamte gedruckte Wissen der Menschheit in einer Bibliothek! Und nicht nur Bücher: Medien aller Art, Musik, Bilder, Filme und die Milliarden von Seiten, die im weltweiten Internet verstreut sind.

Die letzte Universalbibliothek stand im antiken Alexandria. Mit sanftem Druck erweiterten die Herrscher dort ihre Sammlung: Jedes Schiff, das in der ägyptischen Hafenstadt anlegte, musste die Schriftrollen, die es an Bord hatte, herausgeben. In der Bibliothek wurden die Papyri kopiert, der Kapitän erhielt sie wieder zurück. Etwa 40 Prozent der damaligen abendländischen Literatur umfasste die Bibliothek in ihrer Hoch-Zeit. Fast alle Schriftrollen wurden ein Raub der Flammen, nur die babylonischen Keilschrift-Tontafeln überdauerten. Eine Lehre daraus: Man sollte sich gut überlegen, wie man wichtige Dokumente speichert.

SILICON VALLEY
Von der Gegend um San Francisco ging die Computer- und Internetrevolution aus. Nun greifen Internetfirmen wie Google auch nach dem klassischen Wissen

Knapp ein Prozent der Weltliteratur ist bereits online frei verfügbar

In den folgenden zwei Jahrtausenden hat sich das Material, das eine mögliche Weltbibliothek umfassen müsste, vervielfacht. Mehr als 30 Millionen Buchtitel hat die Menschheit hervorgebracht, die meisten davon gibt es nur noch in wenigen Exemplaren, verstreut über Tausende Bibliotheken. Die Vorstellung, das alles digitalisieren zu können, erschien bis vor Kurzem unmöglich. Vor zehn Jahren schrieb Dieter E. Zimmer in der ZEIT: »Die Große Virtuelle Weltbibliothek wird es nie geben.« Sein Hauptargument waren die Kosten: Zwar werde die Computertechnik immer billiger, aber noch müsse jedes Buch in die Hand genommen werden, die sorgfältige digitale Erfassung koste fünf Euro pro Seite. Das Scannen auch nur einer kleineren deutschen Universitätsbibliothek sei prohibitiv teuer.

Dass das Projekt inzwischen realistisch ist, liegt vor allem an der Industrialisierung der Scannerei. Dadurch sind die Kosten drastisch gesunken. Das Internet Archive, das neben der Anlage in Richmond noch elf weitere Scan-Center unterhält, berechnet pro Seite zehn US-Cent. Dafür bekommt die Bibliothek nicht nur das digitale Bild, sondern auch eine automatisch erstellte Textdatei (Korrekturlesen ist bei diesem Preis unmöglich), eine unveränderliche Internetadresse, unter der das Buch abgespeichert ist, und Speicherplatz »für immer« auf den Servern des Vereins – was immer man darunter versteht.

Das Internet Archive ist eine gemeinnützige Organisation, ihr Hauptquartier liegt im Presidio, einem alten Militärgelände mitten in San Francisco. Auf dem üppig begrünten, weitläufigen Gelände fühlt man sich ins 19. Jahrhundert versetzt. Vor dem weißen Holzhaus weht eine leicht verschlissene blaue Fahne mit dem Logo der Open Content Alliance, die möglichst viele Inhalte frei verfügbar machen will. Drinnen das für nicht profitorientierte Initiativen übliche Chaos: eine etwas verramschte Küche mit ungespülten Kaffeetassen, enge Büros, die sich mehrere Mitarbeiter teilen, Kisten und Kartons überall.

Auch Robert Miller, auf dessen Visitenkarte »Director of Books« steht, hat kein eigenes Büro, sondern lediglich einen voll gemüllten Schreibtisch. Trotzdem fühlt sich der Mann, der gut dotierte Jobs in zwei Top-Unternehmen hatte, an seinem Arbeitsplatz wohler denn je. Er soll Partner für das Scan-Projekt finden. Meist sind es Universitätsbibliotheken, die ihren Bestand digitalisiert haben

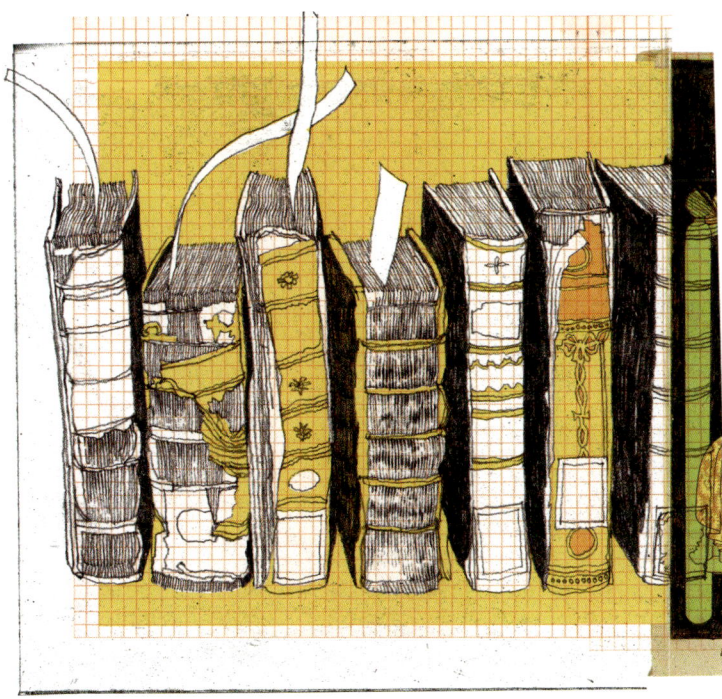

möchten. Da sie sich die zehn Cent pro Seite nicht leisten können, müssen Geldgeber her. Neben der Sloane Foundation, die zwei Millionen Dollar spendete, finanziert vor allem Microsoft die Arbeit – zu 85 Prozent. Miller hat es geschafft, das Projekt zum zweitgrößten Archiv digitaler Literatur zu machen – und zum größten, das seine Schätze frei zur Verfügung stellt. 250 000 Bücher stehen bereits online. Das ist zwar nur knapp ein Prozent der Weltliteratur, aber darunter sind wichtige Werke, die Normalsterbliche sonst nie sähen.

Angeworben wurde Miller von Brewster Kahle, dem Gründer des Internet Archive. Information muss frei sein, das ist Kahles Credo (siehe Interview). Der 47-Jährige erfand in den achtziger Jahren das erste Suchverfahren für das damals noch überschaubare Internet. Er verkaufte seine Technik an AOL und wurde reich. Dann wuchs das Netz explosionsartig, und er stellte fest, dass schon nach wenigen Jahren von den Ursprüngen weniger Zeugnisse übrig waren als von der Römerzeit. Websites kamen und gingen, niemand speicherte das Vergangene. Die Pionierjahre gelten heute als das »dunkle digitale Zeitalter«.

Kahle beschloss 1996, das Internet zu speichern. Das klang fantastisch, aber eigentlich machen die »Roboter« der Suchmaschinen genau das: die Links des Netzes abgrasen, die Seiten speichern und bereits bekannte Webadressen in regelmäßigem Abstand besuchen. Nur tun Suchmaschinen das, um ein möglichst genaues Bild des *aktuellen* Zustands zu haben (Experten gehen davon aus, dass

Suchmaschinen wie Google auch alte Daten nicht wegwerfen, aber sie nicht öffentlich anbieten). Kahle gründete einen Verein, eben das Internet Archive, und saugt seitdem den Inhalt des Netzes auf viele Festplatten. Auf zwei Petabyte ist die Sammlung inzwischen angewachsen, das sind zwei Millionen Gigabyte oder 20 000-mal der Speicherinhalt der Festplatte im handelsüblichen PC. Zum Glück wächst das Netz nur ungefähr in dem Maß, wie sich die Speichertechnik entwickelt.

Auf die alten, seit 1996 gespeicherten Seiten hat jeder über die »Wayback Machine« des Internet Archive Zugriff: Unter www.waybackmachine.org gibt man eine Webadresse ein und erhält eine Liste von »Schnappschüssen« dieser Seite aus den letzten Jahren. Wer etwa zeit.de eintippt, der findet die älteste brauchbare Homepage der ZEIT am 1. März 2000.

Das Internet ist nur ein extremes Beispiel dafür, was passiert, wenn sich niemand um die Archivierung kümmert. »Bibliotheken haben immer parallel zur Medienindustrie existiert«, sagt Kahle. Die Produzenten von Büchern, Zeitschriften, aber auch von Fernseh- und Radiosendungen sind erstaunlich nachlässig bei der Dokumentation ihres Schaffens. So ist die Frühzeit des Fernsehens weitgehend verloren, auch weil es damals an geeigneten Aufzeichnungsmedien mangelte. Und wenn ein Verlag seine Publikationen säuberlich sammelt, dann sind diese Archive meist nicht öffentlich.

Das Netz hat die Nutzer auch bequem gemacht. Warum eine Bibliothek aufsuchen, wenn man zu jedem Thema Tausende Treffer im Netz findet? Schüler und Studenten (und ihre Lehrer) geben sich gern mit Internetrecherchen zufrieden. Das Buch, das man sich erst einmal erarbeiten muss, physisch wie intellektuell, ist hoffnungslos ins Hintertreffen geraten. Es kann nur wieder konkurrenzfähig werden, sagen die Experten, wenn es ähnlich leicht erreichbar ist wie das Netz und via Webbrowser ins Haus kommt. Daher der Traum von der digitalen Bibliothek, die alle Bücher umfasst.

Natürlich ist manchen die Vorstellung zuwider, dass das jahrhundertealte Medium Buch im digitalen Ozean versinkt. Dabei geht es nicht nur um das genüssliche Blättern in alten Folianten; ein Buch ist auch eine geistige Einheit, die uns der Autor präsentiert. Einmal digitalisiert und indexiert, wird aus dem Werk ein verschlagwortetes Stück Text, verknüpft mit vielen anderen. Was herkömmliche Fußnoten und Bibliografien nur bruchstückhaft konnten, das Herstellen von Verknüpfungen zu den Gedanken anderer, erledigt dann die Software. »In der universellen Bibliothek ist kein Buch eine Insel«, schwärmt der Exchefredakteur von *Wired*, Kevin Kelly. »In der neuen Bücherwelt informieren alle Bits einander, jede Seite liest alle anderen Seiten.« Negativ betrachtet: Kein Mensch liest mehr ein ganzes Buch, sondern nur noch die Schnipsel, die ihm die Suchmaschine vorwirft. Nicht mehr der große gedankliche Bogen zählt, sondern der Remix von Ideenfetzen per Copy und Paste.

Viele »verwaiste« Bücher wurden von den Verlagen aufgegeben

Bei etwa 15 Prozent der Bücher ist die Digitalisierung und Wiederveröffentlichung nur ein logistisches Problem. Ihr Urheberrecht ist abgelaufen, in Deutschland 70 Jahre nach dem Tod des Autors, in anderen Ländern gelten andere Regeln. Die Werke von Shakespeare und Goethe kann jeder scannen, speichern und wieder als Buch veröffentlichen. Weitere 10 Prozent der Bücher werden aktuell von Verlagen zum Kauf angeboten. Sie einfach ins Netz zu stellen wäre geistiger Diebstahl, und die meisten haben Verständnis dafür, dass man Verlagsgeschäfte nicht schädigen sollte.

Das Problem sind die drei Viertel aller Bücher, die nicht mehr gedruckt werden, auf denen aber noch ein Urheberrecht oder Copyright liegt. Diese »verwaisten« Bücher sind von ihren Verlagen aufgegeben worden, weil sich ein Nachdruck nicht mehr lohnt. Oft ist es schwierig herauszufinden, wer das Recht an diesen Werken hat: der ursprüngliche Verlag? Ein Verwandter des verstorbenen Autors? Diese Werke vor allem des 20. Jahrhunderts findet man außer in Bibliotheken nur noch antiquarisch. Sie sind das Weltwissen, das im Halbdunkel der Bücherregale vor sich hin schimmelt und nur jenen zugänglich ist, die sich mit Bibliotheken auskennen. Dieses Wissen digital zu speichern und durch Suchmechanismen zugänglich zu machen, davon träumten Leute wie Brewster Kahle seit Jahren. Und kapitulierten vor den logistischen, finanziellen und juristischen Hürden.

Den gordischen Knoten dieses Dilemmas durchschlug dann Google. Die Suchmaschine existiert erst seit 1999, aber sie ist zum Quasimonopolisten auf dem Markt der digitalen Information aufgestiegen. Ihre Gründer, Larry Page und Sergey Brin, erfanden einen genialen Algorithmus, mit dem sich die Tausende oder Millionen Treffer einer Internetsuche nach Relevanz sortieren lassen, und fegten damit die Konkurrenten vom Markt. Nach demselben Prinzip funktionieren auch Google News für Nachrichten oder Google Scholar für wissenschaftliche Arbeiten. Stets sind die Suchdienste kostenlos. Milliarden verdient die Firma damit, dass sie auf den Ergebnisseiten Werbung präsentiert. Die Mission von Google lautet: »Die Information der Welt organisieren und sie universell zugänglich und nutzbar machen.« Bücher sind da eine natürliche Erweiterung. Google begann 2004, Bücher industriell zu scannen.

Google bietet Universitätsbibliotheken (darunter die von Oxford und Harvard) einen einzigartigen Service: Die Firma holt die Bücher mit einem Lkw ab, bringt sie in eine Scan-Fabrik an einem geheimen Ort, erfasst sie mit ebenfalls geheimer Technik und bringt sie samt digitaler Kopie zurück. Vor allem schert sich Google nicht um überzogene Copyright-Paragrafen, sondern verleibt alles erreichbare Gedruckte seinem Archiv ein. Eine Million Bücher lagern schon auf Googles Servern. Der Internetnutzer, der unter books.google.de nach Büchern sucht, kann allerdings nur die rechtefreien Bücher komplett ansehen und auf seinen PC herunterladen. Bei geschützten Werken erfährt er lediglich, dass und wie oft sein Suchbegriff darin auftaucht, und wird an Buchläden und Bibliotheken verwiesen. Von »verwaisten« Büchern bekommt er drei kleine Ausschnitte zu sehen, will er mehr wissen, muss er in die Bibliothek.

Googles Hauptquartier liegt 65 Kilometer südlich von San Francisco, in Mountain View im Silicon Valley. Das Suchmaschinenimperium hat sich in mehreren Gebäuden von Computerfirmen niedergelassen, die längst das Zeitliche gesegnet haben. So wirkt der »Googleplex« wie ein Universitätscampus. Dennoch hat es kein Mitarbeiter von seinem Arbeitsplatz weiter als ein paar Meter bis zur nächsten Cafeteria, in der er kostenlos verpflegt wird, teilweise mit auf dem Campus angebautem Biogemüse. Massageservice, Fitnesscenter und Sonderparkplätze für werdende Mütter vervollständigen das Rundum-glücklich-Bild. Auch geistigen Luxus bietet der Turnschuh-Konzern: Jeder Mitarbeiter darf 20 Prozent seiner Arbeitszeit einem privaten Projekt seiner Wahl widmen – aus dem dann manchmal das nächste Google-Produkt entsteht.

Der David im Scan-Geschäft kämpft mit dem Goliath Google um Bücher

Der Besucher wird betont locker empfangen, aber gleichzeitig wird ihm unmissverständlich signalisiert, dass er nicht mit Antworten auf wirklich kritische Fragen rechnen darf. Jim Gerber ist hier »Director of Content Partnerships« – er sucht und betreut die Bibliotheken, die der Firma ihre Schätze für die Digitalisierung zur Verfügung stellen. Der Mitdreißiger sieht kalifornisch-gesund aus, trägt das pinkfarbene Hemd leger über der Hose. Freundlich gibt er Auskunft, wie der Konzern das geistige Erbe der Menschheit bewahren und dafür doch nur einige unscheinbare Anzeigen auf den Webseiten platzieren will. »Weil wir es für wichtig halten und weil es ein natürlicher Teil unserer Mission ist«, sagt Gerber. Dazu, dass dieselben Verlage, die Googles Buchsuche als Werbeplattform für ihre aktuellen Bücher nutzen, Google nun für das Einscannen »verwaister« Werke verklagen, kann er nicht viel sagen, wegen schwebender Gerichtsverfahren. Laut Google ist dies nicht anders zu bewerten als das Durchforsten und Indexieren des Internets. Und wen es stört, der kann verlangen, dass seine Bücher vom Server genommen werden. Manche Verlage hingegen vergleichen Google mit einem Dieb, der das gestohlene Gut auf Verlangen wieder herausrückt.

Kann er verstehen, dass sich manche Sorgen machen angesichts dieses Quasimonopols auf das Wissen der Welt? Was wäre, wenn die Firma auf die Idee käme, ihren Dienst nur noch gegen Bezahlung anzubieten? »Google hat eine extrem User-orientierte Kultur«, sagt Gerber. »Sobald wir das änderten, würden wir die Loyalität unserer Nutzer verlieren.« Aber warum kann man nicht die Anstrengungen bündeln bei diesem Riesenprojekt? Warum müssen etwa an der University of California manche Bücher zweimal gescannt werden, von Google und vom Internet Archive? Nächste Frage, bitte.

Auch Konkurrenten unterstellen Google keine dunklen Absichten, selbst schärfste Kritiker erkennen an, dass ohne Google der Traum von der zweiten Bibliothek von Alexandria wohl für immer ein Traum geblieben wäre. Trotzdem behagt Leuten wie Brewster Kahle der Gedanke nicht, dass eine Firma die Hand auf diesem Welterbe hält. Kahle sieht im Bibliothekswesen eine öffentliche Aufgabe. Bibliotheken sind ja nicht nur Bücher-Sammelstellen, sie stellen auch ihre Schätze der Allgemeinheit praktisch kostenlos zur Verfügung. Müssten alle jedes Buch kaufen, um es zu lesen, wäre es um die Bildung in unserer Gesellschaft schlechter bestellt. Diese Aufgabe will Kahle nicht einem Privatunternehmen überlassen, und er kämpft als David im Scan-Geschäft gegen den Goliath Google, sammelt neben Büchern auch Musik und Filme und zeichnet permanent zehn internationale Fernsehkanäle auf.

»Im Internet sind die Inhalte und die Suchfunktion voneinander getrennt«, sagt Kahle, »das war eine fantastische Idee, und Google hat davon profitiert, weil sie Zugriff auf das ganze Netz hatten.« Nun erlaube die Firma aber niemandem, auf ihre gescannten Bücher zuzugreifen. Sie habe von der Offenheit des Netzes profitiert und wolle nun einen »geschlossenen Garten« daraus machen. »Das ist nicht gut für die Gesellschaft, für die Technologie und die Wirtschaft.«

Während des Gesprächs kommt ein Mitarbeiter ins Büro gestürmt. Ein Notfall, jemand sei in den Server des Internet Archive eingebrochen. »Wir sind hier ziemlich lax«, sagt Brewster Kahle, »Wir wollen ja unsere Dinge verbreiten. In eine Bibliothek einzubrechen – wie uncool.«

Wissen in zehn Zahlen

10 US-Cent etwa kostet es heute, die Seite eines Buches zu scannen – inklusive der automatischen Schrifterkennung und der Speicherung. Das macht rund 30 Euro dafür, dass ein Buch weltweit verfügbar ist. Es »on demand« auszudrucken und zu binden kostet ungefähr drei Euro – eine einzelne Ausleihe in einer Bibliothek ist im Durchschnitt genauso teuer.

14 Jahre nach seinem Erscheinen währte der Kopierschutz für ein Buch nach dem ersten »Copyright Act« der USA von 1790. Seitdem wurde das Copyright immer weiter verlängert – zuletzt 1998 mit einem Gesetz (von Kritikern als »Lex Disney« verspottet), das praktisch jedes nach 1923 erschienene Werk bis 2019 schützt. In Deutschland sind Werke bis 70 Jahre nach dem Tod des Verfassers geschützt.

27 Bibliotheken kooperieren bereits mit Google und lassen ihre Bestände einscannen, darunter die Büchereien von Harvard, Stanford, Oxford und Princeton, aber auch die Bayerische Staatsbibliothek.

94 716 Bücher sind nach Angaben des Börsenvereins 2006 in Deutschland erschienen.

500 000 Schriftrollen umfasste die antike Bibliothek von Alexandria zu ihrer besten Zeit. Sie wurde mehrmals zerstört, zuletzt bei der Eroberung durch eine muslimische Armee im Jahr 642.

2 000 000 Bücher sind bereits digitalisiert und lagern irgendwo auf einem Server, die meisten bei Google. Allerdings sind nur diejenigen davon völlig frei zugänglich, deren Copyright abgelaufen ist.

24 000 000 »Einheiten« enthält die Deutsche Nationalbibliothek an ihren Standorten Frankfurt und Leipzig. Das sind nicht nur Bücher, zudem wurde zwischen 1945 und 1989 alles doppelt gesammelt. So kann man davon ausgehen, dass es weniger als 10 Millionen deutschsprachige Bücher gibt.

32 000 000 Bücher sind in der Geschichte der Menschheit geschrieben worden – jedenfalls ist das eine Schätzung des amerikanischen Publizisten Kevin Kelly. Wahrscheinlich aber sind es mehr.

1 000 000 000 000 (eine Billion) Links verweisen im Internet nach groben Schätzungen von einer Webseite auf eine andere – diese Verknüpfungen sind die Stärke des Netzes. Im menschlichen Gehirn gibt es etwa 1000-mal so viele Verbindungen.

50 000 000 000 000 000 Byte (50 Petabyte) würde, nach den heutigen Datenstandards, ein Archiv umfassen, das alles enthält, was die Menschheit bisher veröffentlicht hat – Bücher, Zeitungen, Filme, Fernsehsendungen und Musik. Das alles könnte man schon heute auf der Fläche einer mittleren Bibliothek unterbringen.

Mehr zum Thema:

Scan This Book!
kk.org/writings/scan_this_book.php
Ein Manifest des ehemaligen
»Wired«-Chefredakteurs Kevin Kelly

Internet Archive
archive.org
Speichert das Netz sowie
Musik und Videos

Open Content Alliance
opencontentalliance.org
Zusammenschluss von
Organisationen, die
Inhalte frei im Netz zur
Verfügung stellen

»Bibliotheken stehen am Scheideweg«

Welche Entwicklung hat den Umgang mit Wissen in den vergangenen Jahren am meisten verändert?

Da gab es zwei. Erstens: Festplatten sind praktisch umsonst. Deshalb ist es keine Utopie mehr, alle veröffentlichten Werke der Menschheit auf Platte zu haben. Zweitens: Praktisch kein Mensch auf dieser Welt ist mehr als einen Tagesmarsch von einem Internetcafé entfernt. Wir haben jetzt die Kommunikationsinfrastruktur, um die großen Bibliotheken der Welt einem Jugendlichen in Uganda oder auch in armen Gegenden der USA oder Deutschlands zur Verfügung zu stellen.

Welchen Durchbruch erwarten Sie in nächster Zukunft?

Die große Herausforderung ist es, neue Geschäftsmodelle rund um die Nutzung von Wissen zu finden. Die Vorstellung, Wissen sei an Bücher gebunden, ist überholt. Wie bezahlen wir Menschen für eine intellektuelle Leistung in einer vernetzten Wissensumgebung? Das ist ein bisher ungelöstes Problem.

Was wissen Sie, ohne es beweisen zu können?

Dass der universelle Zugang zu Wissen eine gute Sache ist. Das war schon die Vorstellung hinter der Bibliothek von Alexandria, die Idee hat also eine lange Geschichte.

Was war der größte Irrtum in der Geschichte der Wissensarchivierung?

Die Vorstellung, dass man das Bibliothekswesen privaten Unternehmen überlassen könnte. Bibliotheken stehen heute an einem Scheideweg, und die öffentliche Seite steckt nicht genügend Energie in den Übergang zum digitalen Zeitalter. Der Zugang zu wissenschaftlicher Literatur wird schon von wenigen Verlagen monopolisiert, ebenso juristische Veröffentlichungen. In den USA sind nur noch die medizinischen Datenbanken in öffentlicher Hand.

Wozu brauchen wir überhaupt noch öffentliche Bibliotheken?

Bibliotheken haben immer parallel zum Verlagswesen existiert. Verlage wollen Geld verdienen, bringen immer neue Produkte heraus – Bibliotheken bewahren die Geschichte. Früher ging man persönlich in eine Bibliothek, um Zugang zum Wissen der Welt zu haben. Heute erfüllt die physische Bibliothek nicht mehr diesen Zweck, weil es da draußen noch viel mehr Bücher gibt. Wir wollen sicherstellen, dass auch die öffentlich zugänglich sind.

Sie sammeln akribisch alles, was im Internet veröffentlicht wird. Aber ist es nicht manchmal auch wichtig, dass man Dinge vergessen kann?

Vieles im Netz ist tatsächlich nicht für die Ewigkeit gedacht. Es ist aber sehr schwer, da eine Unterscheidung zu treffen. Es gibt automatische Verfahren, mit denen man die Suchroboter fernhalten kann, und wenn jemand seine private Seite aus unserem Archiv herausgenommen haben will, dann tun wir das. Wenn es aber um öffentlich gemachte politische Aussagen geht, dann können Sie sicher sein, dass wir die drin behalten!

BREWSTER KAHLE
ist der Gründer
und Direktor des
Internet Archive in
San Francisco

ZEITLEISTE GEISTESWISSENSCHAFTEN

WICHTIGE EREIGNISSE UND MEILENSTEINE

VOR 120 000 JAHREN

Homo sapiens und Homo neanderthalensis entwickeln erste **religiöse Vorstellungen,** belegt durch die Spuren aufwendiger Bestattungsriten und Grabbeigaben.

~ 2750 V. CHR.

Die **Babylonier** geben den Sternbildern erstmals Namen.

~ 2500 V. CHR.

Der Bau der Steinanlagen von **Stonehenge,** einer der berühmtesten Kultstätten der Steinzeit, beginnt.

~ 2000 V. CHR.

Die ersten, im **Hinduismus** heute noch zentralen Gottheiten werden von Stämmen am Indus verehrt.

1351 V. CHR.

Der ägyptische **Pharao Amenophis IV.** lässt alle Kulte zugunsten der Anbetung des Sonnengottes Aton verbieten und begründet so die erste monotheistische Religion.

~ 1250 V. CHR.

Moses befreit der biblischen Überlieferung zufolge sein Volk aus Ägypten und empfängt am Berg Sinai von Gott die Zehn Gebote, die Grundlage der jüdischen Religion.

~ 1200 V. CHR.

Die **griechische Mythologie** versammelt zahlreiche bis heute immer wieder verwendete Fabelwesen und Mythen und prägt auch die römische Mythologie.

~ 1000 V. CHR.

Im Nahen Osten werden erstmals religiöse Überlieferungen zusammengetragen und als Teil der heutigen **Thora** archiviert.

7. JH. V. CHR.

Der assyrische **König Assurbanipal** gründet in Ninive die größte Bibliothek seiner Zeit. Sie umfasste mehr als 25 000 Tontafeln.

~ 700 V. CHR.

Das **I Ging** oder das *Buch der Wandlungen*, das älteste große Werk der chinesischen Kosmologie und Philosophie, wird geschrieben.

624 V. CHR.

Thales von Milet, der als Begründer von Philosophie und Wissenschaft gilt, wird geboren.

~ 600 V. CHR.

Der Perser **Zarathustra** begründet die Religion des Ahura Mazda, des »Herrn der Weisheit«.

6. JH. V. CHR.

Der legendäre chinesische Philosoph **Laozi**, Begründer des Daoismus, lehrt in China.

6. JH. V. CHR.

Mahavira, der große Held, begründet den Jainismus, eine der ältesten Religionen der Welt.

~ 530 V. CHR.

Der einflussreiche Philosoph, Gelehrte und Mystiker **Pythagoras von Samos** gründet in Kroton im griechisch besiedelten Unteritalien eine Philosophenschule.

~ 480 V. CHR.

Siddharta Gautama, genannt **Buddha,** stirbt. Die von ihm begründete Lehre verbreitet sich bald über große Teile Asiens.

479 V. CHR.

Der Philosoph **Konfuzius**, dessen Vorstellungen von der idealen Gesellschaft die ostasiatischen Kulturen bis heute prägen, stirbt.

5. JH. V. CHR.

Der als Vater der Geschichtsschreibung bekannte **Herodot** verfasst seine *Historien*, sein einziges erhaltenes Werk. Es liefert wichtige Angaben zur griechischen Geschichte.

5. JH. V. CHR.

Heraklit wirkt in Ephesos. Er philosophiert der unter anderem über den beständigen Wandel der Welt und die auf Vernunft basierende Weltordnung.

~ 400 V. CHR.

Der Inder Panini verfasst die erste Grammatik des Sanskrit, das älteste erhaltene Regelwerk einer Sprache überhaupt.

~ 400 V. CHR.

Die **Viersäftelehre**, basierend auf der Vierelementelehre, wird von den Hippokratikern als Konzept zur Heilung von Krankheiten entwickelt.

399 V. CHR.

Sokrates, griechischer Philosoph und Vordenker der abendländischen Philosophie, wird zum Tod durch den Schierlingsbecher verurteilt.

120 000 Jahre vor unserer Zeit bis 48 v. Chr

350 V. CHR.

Der Athener Philosoph **Speusippos** unternimmt den Versuch, ein alle Wissensgebiete umfassendes Werk zusammenzustellen.

347 V. CHR.

Platon stirbt. Der Schüler des Sokrates ist Gründer der Platonischen Akademie und wegen seiner Vielseitigkeit einer der einflussreichsten Geisteswissenschaftler der Geschichte.

323 V. CHR.

Der Philosoph **Diogenes von Sinope** stirbt. Er wurde wegen seiner Bedürfnislosigkeit und seiner moralischen Lebensweise schon von seinen Zeitgenossen bewundert.

322 V. CHR.

Aristoteles, Lehrer Alexander des Großen, zieht sich nach Euboia zurück. Er hat zahlreiche Disziplinen wie Logik, Biologie, Physik, Ethik und Staatslehre maßgeblich beeinflusst.

291 V. CHR.

Zenon von Kition gründet die philosophische Schule **Stoa**, die viele bedeutende Philosophen hervorbringt.

2. JH. V. CHR.

Dionysios Thrax verfasst eine griechische Grammatik. Sie ist das erste derartige Werk in Europa.

141 V. CHR.

Der Bau der chinesischen **Chengdu Shishi Zhongxue**, der ältesten noch bestehenden weiterführenden Schule der Welt, wird fertiggestellt.

63 V. CHR.

Der römische Redner und Politiker **Cicero** rettet die Römische Republik vor einer Verschwörung, seine *Reden gegen Catilina* gelten bis heute als Meisterleistung der Rhetorik.

48 V. CHR.

Cäsar lässt alle Schiffe im Hafen von Alexandria anzünden, das Feuer greift auf die Bibliothek über, vernichtet 700 000 Buchrollen und einen Großteil der griechischen Literatur.

ZEITLEISTE GEISTESWISSENSCHAFTEN

27 V. CHR.

Der Universalgelehrte **Marcus Terentius Varro** stirbt. Er war auf vielen Gebieten einer der wichtigsten und produktivsten römischen Gelehrten.

~ 20 V. CHR.

Der römische Dichter und Philosoph **Horaz** verwendet in seinen Episteln erstmals den Ausspruch *sapere aude*, der später zum Leitspruch der Aufklärung wird.

~ 30

Jesus von Nazareth wird in Jerusalem am Kreuz getötet; auf ihn gründet sich die heute zahlenmäßig bedeutendste Weltreligion, das Christentum.

49

Der Stoiker **Seneca**, der einige der populärsten Schriften seiner Zeit schrieb, wird Erzieher Neros.

77

Plinius der Ältere vollendet seine 37-bändige *Naturgeschichte*, die als bedeutendste Enzyklopädie der Antike gilt.

98

Tacitus verfasst seine Schrift über die Germanen, in der er Stämme und deren Bräuche beschreibt.

100

Die Sonnenpyramide von **Teotihuacán**, drittgrößte Pyramide der Welt, wird zur Verehrung einer Gottheit und vermutlich auch zu astronomischen Zwecken errichtet.

~ 175

Der Philosophenkaiser **Marc Aurel** verfasst seine zur Weltliteratur zählenden *Selbstbetrachtungen*.

313

Das **Toleranzedikt** von Mailand gesteht allen römischen Bürgern, insbesondere den bislang verfolgten Christen, Religionsfreiheit zu.

325

Auf dem ersten **Konzil von Nicäa** wird die Dreieinigkeit des christlichen Gottes festgelegt.

333

Kaiser **Konstantin der Große** bestimmt den 25. Dezember, den bisherigen Feiertag des römischen Sonnengottes, zum Geburtstag Christi und damit zum Weihnachtstag.

~ 400

Der Theologe und Philosoph **Augustinus von Hippo**, der das abendländische Denken wesentlich prägte, schreibt seine einflussreiche Autobiografie *Confessiones*.

529

Benedikt von Nursia gründet auf dem Monte Cassino das erste Benediktinerkloster und leitet es nach noch heute gültigen Prinzipien.

622

Mohammed flieht aus seiner Heimatstadt Mekka nach Medina, wo er die ersten Anhänger für seine neue Religion, den Islam, findet.

680

Bei Kerbela im heutigen Irak werden die Anhänger des Kalifen Hussain vom Kalifen Yazid besiegt und getötet, was die Spaltung zwischen **Sunniten** und **Schiiten** besiegelt.

988

Die **Al-Azhar-Universität** in Kairo wird gegründet. Sie ist heute die älteste bestehende Universität der Welt.

1054

Papst Leo IX. exkommuniziert den Patriarchen von Konstantinopel, orthodoxe und römisch-katholische Kirche trennen sich.

1088

In **Bologna** entsteht die erste Universität Europas aus verschiedenen kleineren Rechtsschulen.

1127

Abd al-Qadir al-Dschilani gründet die Qadiriyya, einen der ältesten Sufi-Orden.

1141

Die Benediktinerin **Hildegard von Bingen**, erste Vertreterin der deutschen Mystik, beginnt damit, ihre Visionen niederzuschreiben.

1198

Ibn Rushd, bekannt als **Averroës**, stirbt. Er gilt als wichtigster islamischer Philosoph des Mittelalters und als bedeutender Aristoteles-Experte.

27 v. Chr. bis 1753

1248

Albertus Magnus wird Leiter der Kölner Klosterschule. Er macht die Vorgängerin der Universität zu einem geistlichen Zentrum Europas.

1273

Thomas von Aquin vollendet sein Hauptwerk *Summa theologica*, das gemeinsam mit seiner *Summa contra gentiles* im 19. Jahrhundert zur Grundlage der christlichen Philosophie wird.

1406

Ibn Chaldun schreibt bis zu seinem Tod am monumentalen Werk *al-Muqaddima*, mit dem er eine wissenschaftliche islamische Geschichtsschreibung einführt.

1417

Auf dem **Konzil von Konstanz** wird mit der Absetzung dreier Gegenpäpste das abendländische Schisma, die Spaltung der katholischen Kirche, beendet.

15. JH.

Der Guru Nanak Dev begründet die **Sikh-Religion**, eine Abwandlung des Hinduismus, die auf Kastensystem und alte Riten verzichtet.

1516

Thomas Morus prägt mit seinem Roman *Utopia* nicht nur den Begriff Utopie, sondern wird auch zum Vordenker zahlreicher alternativer Gesellschaftsentwürfe.

1517

Martin Luther veröffentlicht seine 95 Thesen, die vor allem den päpstlichen Ablasshandel kritisieren und später zur Trennung von protestantischer und katholischer Kirche führen.

1534

Ignatius von Loyola gründet den Jesuitenorden, eine der erfolgreichsten und umstrittensten katholischen Ordensgemeinschaften.

1534

Heinrich VIII. spaltet aus persönlichen Gründen die anglikanische von der katholische Kirche ab – und heiratet munter weiter.

1555

Im **Augsburger Religionsfrieden** wird die Gleichberechtigung von Protestanten und Katholiken im Heiligen Römischen Reich festgeschrieben.

1569

Der spanische Missionar und Ethnologe **Bernardino de Sahagún** vollendet seine *Historia general de las cosas de Nueva España* über die aztekische Kultur.

1597

Francis Bacon, dessen Hauptziel die Erneuerung der Philosophie und die Beherrschung der Natur im Interesse des Fortschritts ist, prägt den Satz »Wissen ist Macht«.

1637

Der rationalistische Philosoph **René Descartes** publiziert anonym sein Hauptwerk *Discours de la Méthode*.

1646

Gottfried Wilhelm Leibniz wird geboren. Das letzte Universalgenie der Geschichte macht bahnbrechende Entdeckungen in zahlreichen Wissenschaftsgebieten.

1670

Das *Tractatus theologico-politicus* von **Baruch Spinoza**, eine Kritik an den großen Weltreligionen, erscheint in Amsterdam, wird jedoch wenige Jahre später verboten.

1702

Christoph Cellarius teilt in seiner Schrift *Historia Universalis* die Menschheitsgeschichte in die drei noch heute so genannten Epochen Antike, Mittelalter und Neuzeit.

1725

Giambattista Vico publiziert sein Hauptwerk *Scienza Nuova*, das sich unter anderem mit dem Schicksal der menschlichen Zivilisationen befasst.

1748

Der schottische Philosoph **David Hume** veröffentlicht *Eine Untersuchung über den menschlichen Verstand*, ein grundlegendes Werk der Erkenntnistheorie.

1751

Der erste Band der **Encyclopédie** erscheint. Das erste moderne Nachschlagewerk soll Wissen im Sinne der Aufklärung mehr Menschen zugänglich machen.

1751

Der einflussreiche französische Aufklärer **Voltaire** veröffentlicht sein religionskritisches Stück *Mahomet der Prophet*, das sich gegen Fanatismus wendet.

1753

Der Arzt **Sir Hans Sloane** vererbt dem britischen Staat eine Sammlung kulturgeschichtlicher Objekte, aus der das British Museum hervorgeht.

ZEITLEISTE GEISTESWISSENSCHAFT

1755

Jean-Jacques **Rousseau** publiziert eine Schrift über den Ursprung der Ungleichheit unter den Menschen, die zu den Grundlagen des europäischen Sozialismus gehört.

1757

Michail Wassiljewitsch Lomonossow, Autor der ersten Geschichte Russlands, veröffentlicht eine Grammatik, die die Grundlage für die heutige russische Sprache bildet.

1763

Moses **Mendelssohn** wird mit seinen Veröffentlichungen zum Wegbereiter der jüdischen Aufklärung.

1764

Johann Joachim Winckelmann veröffentlicht seine *Geschichte der Kunst des Alterthums*. Mit seinen Werken löst der Begründer von Archäologie und Kunstgeschichte eine Griechen-Euphorie aus.

1768

In Glasgow erscheint die erste Ausgabe der **Encyclopædia Britannica**, des bedeutendsten englischsprachigen Nachschlagewerks.

1774

Johann Gottfried Herder publiziert seine Schrift *Auch eine Philosophie der Geschichte zur Bildung der Menschheit*, mit der er den Historismus begründet.

1774

Friedrich Gottlieb Klopstock, einer der Begründer des Nationalstaatsgedankens in Deutschland, bringt *Die deutsche Gelehrtenrepublik* heraus.

1781

Der deutsche Philosoph **Immanuel Kant** veröffentlicht seine *Kritik der reinen Vernunft*, ein bis heute maßgebliches Werk. Es behandelt unter anderem das Verhältnis von Verstand und Erkenntnis.

1792

Muhammad ibn Abd al-Wahhab stirbt. Seine strenge und dogmatische Auslegung des Islams gewinnt in den Folgejahren mehr Anhänger. Sie ist heute Staatsreligion in Saudi-Arabien.

1807

In seinem Werk *Phänomenologie des Geistes* legt der deutsche Philosoph **Georg Wilhelm Friedrich Hegel** Grundzüge seiner idealistischen Weltsicht dar.

1807

Der deutsche Philosoph **Johann Gottlieb Fichte** hält seine *Reden an die deutsche Nation*. Sie sollen das deutsche Nationalbewusstsein wecken.

1808

Der Verleger Friedrich **Arnold Brockhaus** veröffentlicht sein erstes *Conversationslexikon*, das zum bedeutendsten deutschsprachigen Nachschlagewerk wird.

1810

Wilhelm von Humboldt, auf den das Bildungsideal der deutschen Universitäten zurückgeht, gründet die erste Berliner Universität.

1816

Franz Bopp beweist die Verwandtschaft von Sanskrit, germanischen, romanischen und iranischen Sprachen und begründet so die Indogermanistik.

1819

Arthur Schopenhauer veröffentlicht sein Werk *Die Welt als Wille und Vorstellung*, in dem er behauptet, dass der Welt ein irrationales Prinzip zugrunde liegt.

1824

Das Werk *Zur Kritik neuerer Geschichtsschreiber* des deutschen Historikers **Leopold von Ranke** begründet die quellenkritische Methode und damit die Geschichte als Wissenschaft.

1835

Der politische Vordenker und Begründer der vergleichenden Politikwissenschaft **Alexis de Tocqueville** veröffentlicht sein Hauptwerk *Über die Demokratie in Amerika*.

1838

Der französische Philosoph und Religionskritiker **Auguste Comte** prägt den Begriff *Soziologie* und gilt damit als einer der Gründerväter dieser Disziplin.

1843

Søren Kierkegaard, einer der Vordenker des Existenzialismus, veröffentlicht sein wohl wichtigstes Werk *Entweder – Oder*.

1846

Ludwig Feuerbach, ein vor allem die Ideen des Marxismus beeinflussender Philosoph, veröffentlicht den ersten Band seiner *Sämmtlichen Werke*.

1848

Im iranischen Badascht trennt **Sayyid Ali Muhammad**, genannt der Bab, die heute als *Bahaismus* bekannte Religion vom Islam.

1755 bis 1918

1853

August Schleicher entwirft für den Ursprung der indoeuropäischen Sprachen einen Stammbaum und begründet die Stammbaumtheorie als Teil der vergleichenden Sprachforschung.

1855

Arthur de Gobineau vollendet seinen *Essay über die Ungleichheit der Menschenrassen*, das den Beginn des Sozialdarwinismus markiert und unter anderem den Nationalsozialisten Ideen liefert.

1859

Der englische Philosoph **John Stuart Mill**, wichtigster Denker des Utilitarismus und Liberalismus im 19. Jahrhundert, veröffentlicht seine wichtigste Schrift *On Liberty*.

1868

Der **Shintoismus**, bis dato nur eine Sammlung überlieferter Riten und Denkweisen, wird im Zuge der Meiji-Restauration nationale Religion in Japan.

1870

Auf dem **1. Vatikanischen Konzil** wird die Unfehlbarkeit des Papstes in Glaubensfragen verkündet, was unter anderem zum Kulturkampf in Deutschland führt.

1877

Richard Avenarius, der als Begründer des Empiriokritizismus nur die Erfahrungen menschlicher Empfindungen als Realität anerkennt, wird Professor in Zürich.

1880

Konrad Duden veröffentlicht sein erstes orthografisches Wörterbuch, das als *Duden* bis heute das wichtigste Nachschlagewerk zur deutschen Rechtschreibung ist.

1882

Der deutsche Philosoph **Friedrich Nietzsche** stellt seine berühmte These *Gott ist tot* auf.

1883

Wilhelm Dilthey prägt durch seine Schrift *Einleitung in die Geisteswissenschaften* maßgeblich das gleichnamige Wissenschaftsfeld in Abgrenzung zu den Naturwissenschaften.

1887

Mit dem Ziel, die zerstrittene Menschheit zumindest sprachlich zu vereinen, entwickelt **Ludwik Lejzer Zamenhof** das Esperanto, die heute am weitesten verbreitete Plansprache.

1895

Émile Durkheim veröffentlicht *Die Regeln der soziologischen Methode*, in denen er wichtige Elemente der Soziologie erstmals vereint.

1899

Der Begründer der Psychoanalyse, **Sigmund Freud**, dessen Theorien das Menschenbild einschneidend verändern, publiziert seine Hauptschrift *Die Traumdeutung*.

1905

Bertrand Russells Essay *On Denoting* stellt seinen ersten wichtigen Beitrag zur Sprachphilosophie dar, er gilt zudem als einer der Väter der Analytischen Philosophie.

1905

In Frankreich wird ein bis heute gültiges Gesetz erlassen, das eine strikte Trennung von Staat und Kirche vorschreibt **(laïcité)**.

1909

Der Jurist **Max Weber** gründet gemeinsam mit Ferdinand Tönnies, Georg Simmel und anderen die *Deutsche Gesellschaft für Soziologie*.

1913

Edmund Husserl schreibt das Buch *Ideen zu einer reinen Phänomenologie und phänomenologischen Philosophie*. Er fordert darin die Rückbesinnung auf die Erkenntnis des Gegebenen ein.

1916

Ferdinand de Saussures posthum veröffentlichte *Grundfragen der allgemeinen Sprachwissenschaft* stellen einen Meilenstein der modernen Linguistik dar.

1918

Thomas Mann vollendet sein Essay *Betrachtungen eines Unpolitischen*, in dem er »Kultur« von »Zivilisation« abgrenzt und von einem philosophisch-politischen »Sonderweg« Deutschlands spricht.

ZEITLEISTE GEISTESWISSENSCHAFTEN

1918

Der erste Teil der einflussreichen Schrift *Der Untergang des Abendlandes* des Zivilisationskritikers **Oswald Spengler** erscheint.

1918

Ludwig Wittgenstein veröffentlicht seinen *Tractatus logico-philosophicus*, in dem er die Grenzen der menschlichen Ausdrucksfähigkeit aufgrund der Begrenztheit der Sprache darlegt.

1919

Rudolf Steiner gründet die erste Waldorfschule. An ihr werden die Kinder von Arbeitern der Waldorf-Astoria-Zigarettenfabrik unterrichtet.

1921

A. S. Neill gründet die älteste demokratische Schule der Welt. 1923 zieht sie auf den Summerhill in der englischen Graftschaft Dorset.

1921

Rudolf Bultmanns *Geschichte der synoptischen Tradition* markiert den Beginn der historisch-kritischen Analyse der Bibel und ihrer »Entmythologisierung«.

1922

Bronislaw Malinowski, der Vater der Feldforschung, die heute ein zentraler Aspekt der Anthropologie ist, schreibt sein Hauptwerk *Argonauten des westlichen Pazifik*.

1923

Georg Lukács veröffentlicht seine Essaysammlung *Geschichte und Klassenbewusstsein*, das wichtigste Werk des Marxismus im 20. Jahrhundert.

1927

Der Philosoph **Martin Heidegger** publiziert sein bekanntestes Werk *Sein und Zeit*. Er fordert, sich auf die grundlegenden Fragen des Daseins zu konzentrieren.

1932

Karl Jaspers, der Begründer der Existenzphilosophie, veröffentlicht sein dreibändiges Werk *Grundriss der Philosophie*.

1918 bis 2004

1937

In der Haft vollendet der Italiener **Antonio Gramsci**, einer der bedeutendsten Denker des Marxismus, seine 32 *Gefängnishefte*.

1945

Karl Popper veröffentlicht sein Buch *Die offene Gesellschaft und ihre Feinde*. Er wirft Platon, Hegel und Marx vor, durch ihre Theorien totalitäre Systeme gefördert zu haben.

1945

In seinem Essay *L'existentialisme est un humanisme* popularisiert **Jean-Paul Sartre** die Grundlagen seiner existenzialistischen Philosophie, distanziert sich aber später von diesem Text.

1947

Theodor W. Adorno, geistiger Vordenker der 68er-Bewegung, und Max Horkheimer veröffentlichen die *Dialektik der Aufklärung*, das wichtigste Werk der Kritischen Theorie.

1947

Ernst Bloch, einer der bedeutendsten Denker des Marxismus, vollendet im US-amerikanischen Exil sein Hauptwerk *Prinzip Hoffnung*.

1950

In seinem Buch *Logique de la philosophie* gelingt **Eric Weil** die Synthese von Kantianismus und Hegelianismus.

1951

Hannah Arendt, eine der wichtigsten Vertreterinnen der politischen Philosophie, veröffentlicht ihr Werk *The Origins of Totalitarism*.

1957

In seinem Buch *Syntactic Structures* unternimmt **Noam Chomsky** den Versuch, Strukturprinzipien aller Sprachen der Welt mit Hilfe einer Universalgrammatik zu erklären.

1958

Der liberale politische Philosoph **Isaiah Berlin** prägt die Begriffe negative und positive Freiheit, Freiheit von äußeren Zwängen beziehungsweise Freiheit zum selbstbestimmten Handeln.

1960

Hans-Georg Gadamer, ein Schüler Martin Heideggers, begründet durch sein Werk *Wahrheit und Methode* die philosophische Hermeneutik.

1961

Arnold J. Toynbee, der letzte große Universalhistoriker, vollendet sein monumentales Hauptwerk *Der Gang der Weltgeschichte*.

1965

Das **2. Vatikanische Konzil** wird abgeschlossen. Eine weitgehende Reform der katholischen Kirche betrifft unter anderem Liturgie, Religionsfreiheit und Ökumene.

1967

Jacques Derrida, der Begründer des Dekonstruktivismus, veröffentlicht sein Hauptwerk *Die Schrift und die Differenz*.

1967

Das kommunistische **Albanien** wird offiziell erster atheistischer Staat der Welt.

1971

Der liberale Philosoph **John Rawls** veröffentlicht *A Theory of Justice*, in der er ein weithin beachtetes Gerechtigkeitskonzept entwickelt.

1979

Der französische Philosoph **Jean-François Lyotard** prägt den Begriff Postmoderne für die heutige Zeit nach Ende der großen Ideologien.

1983

Peter Sloterdijks *Kritik der zynischen Vernunft* löst in Deutschland ein neues Interesse an Philosophie aus.

2001

Wikipedia.org wird eingerichtet und wird in den kommenden Jahren zu einer der wichtigsten globalen Informationsquellen mit über zehn Millionen Artikeln aufsteigen.

2004

Mit der Vorstellung der **Google Book Search** unternimmt das Internet-Unternehmen Google erstmals den Versuch, sämtliche Inhalte aller Bibliotheken der Welt zu digitalisieren.

Bildung | Bielefeld
Neugierde, Freiheit und Verantwortung statt Leistungsdruck: Die
Laborschule in Bielefeld erprobt seit Jahrzehnten, was guter
Unterricht ist. Sie ist eines der wichtigsten Modelle für die
Bildungsreformen in Deutschland – und eine Gesellschaft im Kleinen.

Film | Hamlin
Die ersten Kinopioniere hießen ausgerechnet »Licht«. Den Brüdern
Lumière folgten Eisenstein, Welles, Godard und Scorsese. Im Bunker des
New Yorker Museum of Modern Art sind die Werke aller Meisterregisseure
versammelt – zur Rettung vor dem Verfall.

Kunst | Flagstaff
Vor über 30 000 Jahren entstanden erste Höhlenzeichnungen. Seit 30 Jahren
verwandelt James Turrell einen Vulkan in eine Skulptur – und führt uns zurück zu den
Anfängen der Kunst.

Literatur | Marbach am Neckar
Oben Schiller im Museum, unten Kafka im Keller – das Deutsche Literaturarchiv in Marbach zeigt in
seinen Sammlungen und Ausstellungen die Dichtung als das Gedächtnis der Menschheit.

Medien | Irvine
Computerspiele sind heute das größte Massenmedium. Die erfolgreichsten Neuerscheinungen kommen aus der
kalifornischen Stadt Irvine. Dort entwickelt die Firma Blizzard ihre Kunstwelten: Droht den Spielern in ihnen eine
reale Gefahr?

Musik | Kisoro
Komponisten schufen Werke, um Gottes Größe in Klang zu fassen oder der Rebellion eine Sprache zu geben. Seit
Urzeiten ist Musik mehr als Unterhaltung. Sie führt Menschen in transzendente Höhen – und die Lebenden zu den
Toten. Ein Besuch bei den Pygmäen in Uganda.

Pop | Los Angeles
Pop ist Gleichheit, Hoffnung, Lüge und ein großes Geschäft, in der Kunst, Literatur, Politik, Mode – und in der
Musik. Bei der Grammy-Verleihung in Los Angeles feierte sich die Branche jedes Jahr selbst.

Theater | Stratford-upon-Avon
Hamlet, Othello, Julia, Macbeth – in William Shakespeares Figuren erkennen wir uns selbst. Auch vier Jahrhunderte
nach seinem Tod hat der englische Dramatiker noch immer den größten Einfluss auf das moderne Theater.

Film

Pop ■ Kunst
■ Medien

KULTUR

ter ■
■ Bildung
■ Literatur

■ Musik

BILDUNG

NICHT FÜR DAS LEBEN,
sondern für die Schule lernen
wir – so klagte schon Seneca über
den Schulalltag

SEIT DER PISASTUDIE
steht Deutschland unter
Druck. Eine Reform
jagt die nächste

PC UND TASCHENRECHNER
haben im Klassenzimmer
längst den Abakus ersetzt

Das Lernen lernen

Neugierde, Freiheit und Verantwortung statt Leistungsdruck:
Die Laborschule in Bielefeld erprobt seit Jahrzehnten, was guter
Unterricht ist. Sie ist eines der wichtigsten Modelle für die
Bildungsreformen in Deutschland – und eine Gesellschaft im Kleinen

VON MARTIN SPIEWAK

HARTMUT VON HENTIG
begründete 1974 die
Bielefelder Laborschule –
Lernen ohne Noten
und Sitzenbleiben

DAS FRÄULEIN LEHRERIN
mit dem Rohrstock
steht für die Pädagogik
früherer Generationen

V or Kurzem waren sie das erste Mal in ihrem Leben in einer normalen Schule. Zur Probe gewissermaßen. Eine Woche lang saßen sie stundenlang in geschlossen Räumen. In geordneten Reihen. Sie hörten Lehrer lange reden. Gefallen hat es ihnen nicht. »Irgendwie ungemütlich«, fand Marleen. Die Klassenräume sahen alle gleich aus. Außerdem habe es Schüler gegeben, berichtet Rabea erstaunt, die »im Unterricht kein einziges Wort sagten«. Die beiden Mädchen sind in der zehnten Klasse. Die Schnupperwoche an der fremden Schule verbrachten sie, weil sie bald an ein solches »normales« Gymnasium wechseln werden, um ihr Abitur zu machen. Wenn die beiden 15-Jährigen darauf zu sprechen kommen, hört sich das ein wenig so an, als stünde ihnen die Vertreibung aus dem Paradies bevor.

Ihr Paradies liegt am Rand des Teutoburger Waldes und trägt einen seltsamen Namen: Laborschule Bielefeld. Rein äußerlich ein hässlicher Zweckbau auf dem Campus der Universität, die noch größer und hässlicher ist, zusammengebaut aus Beton, Stahl, Asbest. Hier haben Marleen und Rabea ihre bisherigen Schuljahre verbracht und dabei an einem Experiment teilgenommen, das seit Jahrzehnten zu den ambitioniertesten bildungspolitischen Reformprojekten der Bundesrepublik gehört. Es ist noch heute so kühn und ungewöhnlich, dass die beiden Mädchen Nachbarkindern ihre Schule immer wieder erklären mussten. Die wollten nicht glauben, dass dort niemand sitzen bleiben kann, die Rektorin von allen geduzt wird und es sogar einen Zoo gibt.

Der Gründer der Laborschule, Deutschlands Altmeister der Pädagogik Hartmut von Hentig, wollte hier den Traum einer Schule wahr machen, in der Kinder gern lernen und leben und wo sie an eigenen Erfahrungen wachsen, statt von Erwachsenen belehrt zu werden. Die Schüler sollen das Tempo, in dem sie sich die Wirklichkeit erschließen, selbst bestimmen, statt im Gleichschritt dem Lehrplan hinterherzulaufen. Die Laborschule sollte eine Art Polis im Kleinen sein, wie der Altphilologe von Hentig es nannte, ein »Zipfel besserer Welt« – und damit ein Gegenentwurf zu den anderen Lehranstalten im Land, in denen den Kindern die natürliche Neugier eher abtrainiert als nahegebracht werde. So war das vor mehr als 34 Jahren in den bildungsbewegten Siebzigern. Und so ist es heute, wo die Zeichen in Schulen und Universitäten erneut auf Wandel stehen. »Viele der Hentigschen Prinzipien sind moderner denn je«, sagt die heutige Schulleiterin Susanne Thurn. Das stimmt. Und es ist gleichzeitig falsch.

Nichts in der Schule ist so alt wie der Ruf nach Neuerungen

Denn kaum etwas im modernen Unterrichtswesen ist so alt wie der Ruf nach Neuerungen. Bildung und Reform sind gerade in Deutschland in doppelter Weise eng verknüpft. Die Gesellschaft durch Bildung zu verbessern in Institutionen, die dieser Aufgabe nicht gewachsen sind und selbst der Verbesserung bedürfen: Diese Vorstellung findet man schon bei Fried-

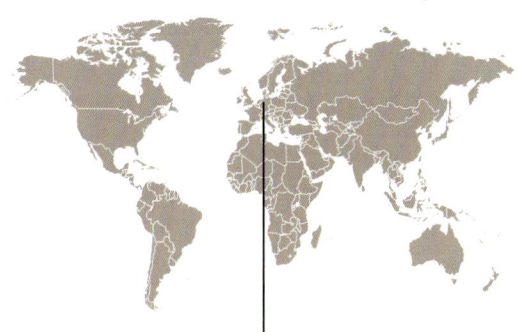

BIELEFELD
Auf dem Gelände der Bielefelder Universität, am Rand des Teutoburger Waldes, steht die Laborschule. Gegründet wurde sie 1974 nach Ideen des Pädagogen Hartmut von Hentig

Laborschule Bielefeld

Teutoburger

Bielefeld

2

Nordrhein-Westfalen

Wald

5 km

rich Schleiermacher Ende des 18. Jahrhunderts. Wilhelm von Humboldt (1767 bis 1835) machte sie zu konkreter Politik und legte in Preußen die organisatorischen Fundamente für Schulen und Universitäten.

Seither sind Bildungsreformen das Lieblingsthema der deutschen Nation. Kaum ein anderes Land hat so viele Reformpädagogen hervorgebracht: Friedrich Wilhelm August Fröbel (Kindergarten), Rudolf Steiner (Waldorfschulen), Peter Petersen (Jena-Plan-Schulen). Durchsetzen konnte sich keiner. Vielmehr haben sich die Bildungsinstitutionen in erstaunlicher Weise als resistent gegen Veränderungen erwiesen. Das Lernen im 45-Minuten-Takt, die Kategorisierung der Welt in Fächer, die Hierarchie von einfachen Schulen bis zur »höheren« Schule, dem Gymnasium, das zum Studium führt: Sie gab es damals wie heute. Und würde man verschiedene Berufsgruppen – Ärzte, Architekten, Ingenieure, Lehrer – mit einer Zeitmaschine aus der Vergangenheit ins Jahr 2008 beamen, Lehrern käme ihr Arbeitsplatz am vertrautesten vor.

Es sei denn, sie landeten an der Laborschule. Lisa hat sich heute zuerst mit krakeligen Buchstaben ins Gruppenbuch eingetragen. Kerim kam zuletzt und setzte seinen Namen in schöner Schrift daneben. Nun sitzen sie mit der »Gruppe grün« versammelt auf dem Teppich – einige in Socken, andere in Hausschuhen – und besprechen den Vormittag. Die fünfjährige Lisa möchte Buchstaben ausschneiden, Kerim die Rechenaufgaben fortsetzen, bei denen er gestern nicht besonders weit gekommen ist. Kurze Zeit später sucht sich jeder aus der Runde einen Platz. Die einen am großen Gruppentisch, die anderen auf dem Sofa.

Ganz ungesteuert geschieht dies nicht. Lehrerin Olga Petrow-Gieselmann hat am Tag zuvor das Lernangebot für jeden Schüler vorbereitet. Während der Lernzeit pendelt sie zwischen ihren Schützlingen hin und her, erklärt, lobt, fordert. Zwei »Nuller«, so heißen die Vorschüler, entscheiden sich für die Spielfläche. Dort warten schon Kinder aus der »Gruppe blau«, deren Teppichkreis nur zehn Meter entfernt stattgefunden hat.

Zwölf Klassen lernen im Haus eins der Laborschule unter einem Dach. Die Gruppen sind nur durch Galerien, dünne Stellwände und Regale mit Büchern und Spielzeugen getrennt. Experimentierecken wechseln sich ab mit kissengepolsterten Lesenischen, eine Hängematte schwingt neben einer Druckmaschine. Leises Stimmengemurmel liegt über der Bildungslandschaft. Kaum zu glauben, dass an diesem Morgen gleichzeitig 180 fünf- bis siebenjährige Kinder in einem fußballfeldgroßen Raum lernen.

In den Gebäuden der älteren Jahrgänge sieht es ähnlich aus, wenn auch nicht ganz so heimelig. Klassenräume sucht man in Bielefeld ebenso vergeblich wie ein Lehrerzimmer. Jeder Pädagoge hat den Schreibtisch dort, wo seine Schüler sind. Der Schule ihre Schranken zu nehmen war eines der Hentigschen Ziele. Weder gelten die herkömmlichen Einteilungen nach Altersstufen noch nach Fächern oder Begabungen.

Diese Freiheit verlangt von den Schülern eine große Verantwortung für das Selbststudium. An der Laborschule wird dies von Beginn an geübt. Etwa durch den sogenannten Wochenplan, mit dem sich die jungen Schüler ihre Lernzeit selbst einteilen. Oder im Rahmen von Projektarbeiten, in denen die älteren jedes Jahr »etwas großes Eigenes« anfertigen – sie basteln ein Werkstück, nähen ein Kleid, drehen ein Video oder schreiben ein Buch.

Warum aber lernen Schüler? Die juristische Antwort lautet: Weil sie es müssen. Die Schule ist eine Zwangsveranstaltung. Jeder hat die Chance zum Lernen, aber auch die Pflicht. Nirgendwo sonst greift der Staat so nachhaltig ins Selbstbestimmungsrecht ein, hierzulande gar mit besonderer Konsequenz. Im Gegensatz zu den meisten anderen Ländern gilt nicht nur Unterrichts-, sondern auch Schulpflicht. Dass Eltern ihre Kinder selbst unterrichten, ist nicht erlaubt.

An der Laborschule verficht man die optimistische Gegenposition. »Kinder lernen aus Einsicht und Kommunikation«, sagt Schulleiterin Thurn. Auch deshalb verzichtet man bis zum Schluss auf Noten. Thurn zieht Zeugnisse des vergangenen Jahres hervor; Lernberichte heißen sie hier. Mehr als ein Dutzend Seiten beschreiben detailliert, was die Klasse gemacht und der Schüler geleistet hat. Dabei ist die Spannung eines herkömmlichen Zeugnistages in Bielefeld unbekannt: Schüler wie Eltern kennen den Befund bereits. Sie haben ihn zuvor mit dem Lehrer ausgehandelt. Parallel dazu wird als Leistungsnachweis in der Laborschule viel Eigenes präsentiert. Ständig gibt es Ausstellungen und Aufführungen, trägt jemand etwas vor.

Halb elf in Haus zwei, der Heimat der Acht- bis Zehnjährigen. »Gruppe türkis« trifft sich zum Arbeitsfrühstück. Während die Klassenkameraden ihre Brote auspacken, lesen zwei Mädchen mit verteilten Rollen eine selbst geschriebene Geschichte vor. Am Ende gibt es Applaus, aber auch Kritik. Zu leise sei der Vortrag gewesen, die Rollen hätten mehr Leidenschaft vertragen, monieren die Mitschüler.

»Seit Pisa können wir uns vor Besuchern nicht mehr retten«

Am Rand sitzt Monika Rühl, eine Lehrerin aus Butzbach bei Frankfurt. Sie ist eine von rund zweitausend Besuchern im Jahr. Um des Ansturms Herr zu werden, hat die Laborschule offene Besuchstage eingerichtet. »Spielen wir wieder Zoo?«, fragen die Kinder dann schon mal. Rühl ist mit dem ganzen Kollegium zur pädagogischen Wallfahrt nach Bielefeld gekommen. In Hessen werden die Kinder knapp. Da wollen die Lehrer wissen, wie man Schüler unterschiedlichen Alters in einer Klasse unterrichten kann.

Viele Interessierte treibt nicht reformpädagogischer Eifer nach Bielefeld, sondern die Notwendig-

keiten. Die Demografie zum Beispiel oder Schüler, die mit dem traditionellen Unterricht nichts mehr anfangen können. Seit einiger Zeit ist es auch die Globalisierung. Sie brach zur Jahrtausendwende über die Schulen herein. »Seit Pisa können wir uns vor Besuchern nicht mehr retten«, sagt Klaus-Jürgen Tillmann, Pädagogikprofessor an der Universität und wissenschaftlicher Leiter der Laborschule.

Bildungssysteme sind traditionell national. Sie sind fest in den sozialen Verhältnissen, den Mentalitäten und politischen Machtkonstellationen eines Landes verwurzelt. Und sie haben ihre Leitinstitutionen: in England das Internat, in Frankreich die nationalen Wettbewerbsprüfungen, in Deutschland das Gymnasium. Seit Bildung zur wichtigsten Ressource im Kampf ums wirtschaftliche Bestehen erklärt wurde, drängt der Wettbewerb auf Angleichung. Für die Hochschulen ist die amerikanische Universität zum Leitstern geworden. Für die Schule fehlt ein gültiges Modell. Doch auch hier zwingt der globale Leistungsvergleich die nationalen Systeme zum Wandel. So ist es kein Zufall, dass die Pisa-Studie von der OECD angeregt wurde, der Organisation für wirtschaftliche Zusammenarbeit und Entwicklung. Schon Georg Picht, der mit seinem Buch *Die deutsche Bildungskatastrophe* (1964) den ersten Aufbruch von Schulen und Universitäten initiierte, begründete seinen Ruf nach Reformen mit dem Mangel an qualifiziertem Nachwuchs für die Unternehmen.

Es ist eine Ironie des Schicksals, dass ausgerechnet die Laborschule vom Pisa-Fieber profitiert. Denn die Messbarkeit von Bildung, oder, wie es modern heißt, von Kompetenzen, ist von Hentig wie den meisten Bielefelder Lehrern ein Graus. Um die eigene Leistungsfähigkeit zu belegen, unterwarf sich das Kollegium dennoch der Pisa-Logik und nahm mit einem Schülerjahrgang an der Studie teil. Anders als von den Skeptikern erwartet, schnitten die Laborschüler beim Lesen und in den Naturwissenschaften gut ab. Nur ihr mathematisches Verständnis ließ zu wünschen übrig. Hier versagte das Konzept des interdisziplinären Lernens. Für von Hentig war die Mathematik eine Sprache, die keinen gesonderten Ort braucht, sondern sich durch den ganzen Unterrichtstag zieht. Anfangs gab es darum kein Fach Mathematik. Die Annahme, wenn man etwas überall lernen kann, lernt man es irgendwo richtig, erwies sich als Irrtum. Herausragend war die Laborschule dagegen in der Charakterbildung – der Bereitschaft der Schüler, Verantwortung zu übernehmen und sich zu engagieren. An der Schule herrscht eine innige Atmosphäre. Überall wird geherzt, gelobt, geduzt. Von Hentig definierte sein Idealbild von Schule als Gesellschaft im Kleinen, in der jeder seinen Platz finden soll. Aus diesem Grund nimmt die Laborschule alle auf, vom Einwandererkind bis zum Professorenspross, egal ob lernbehindert oder besonders begabt. Das unterscheidet sie auch von der herkömmlichen Gesamtschule, die von der siebten Klasse an in unterschiedliche Leistungsstufen trennt.

Am meisten profitierten die leistungsstarken Schüler von dem System, sagt Lehrerin Sabine Geist. Sie suchen sich ihre Herausforderungen selbst – und ziehen am Ende den schwächeren Schülern weiter davon. Bildungsparadox heißt das Phänomen unter Erziehungswissenschaftlern. Wird jedes Kind nach seinen individuellen Talenten gefördert, vergrößert das den Abstand zwischen guten und schlechten Schülern. Ähnliches gilt für das System insgesamt.

Ohne Abitur keine Karriere, mit Abitur aber auch nicht immer

Die Expansion höherer Schulabschlüsse – die wichtigste Veränderung der vergangenen 100 Jahre – hat das allgemeine Kenntnisniveau angehoben. Für mehr Gleichheit sorgte sie aber allenfalls zwischen Mädchen und Jungen. Wenn alle nach oben rücken, bleiben die Abstände nämlich gleich. Gleichzeitig entwertet der Aufstieg immer größerer Bevölkerungsgruppen die Abschlüsse. Ohne Abitur gelangt heute kaum noch jemand zu Status und Einkommen, mit Abitur aber nicht notwendigerweise. So wirkt die Herkunft bei den Laborschülern genauso stark auf die Leistungen ein wie überall in Deutschland.

Schulen erneuern sich langsamer als Kirchen, lautet eine bildungshistorische Weisheit. Denn Bildungsreformen benötigen einen breiten gesellschaftlichen Konsens. Auch deshalb hat die Laborschule keine Nachahmer gefunden. Zu sehr widerspricht ihre Philosophie der herkömmlichen Schule, zu unbescheiden ist das Konzept.

Auch was die Kosten angeht. Die Laborschule darf sich nicht nur alle Lehrer selbst aussuchen und vom staatlichen Curriculum abweichen. Ihre kleineren Lerngruppen – im Schnitt 20 Schüler – würden auch das Budget jeder anderen staatlichen Schule sprengen. Die Privilegien der Laborschule waren stets das schärfste Argument gegen sie.

Folgenlos blieb sie dennoch nicht. Sie wirkte eher subtil wie viele Veränderungen in Schulen, die sich langsam und stetig statt mit einem Ruck Geltung verschaffen. Ob Englischunterricht in der Grundschule oder die frühe Einschulung, ob altersübergreifende Klassen oder Lernen im Ganztagsbetrieb, ob spezielle Jungenförderung oder die Abschaffung des Sitzenbleibens: Was andere Schulen gerade mühsam lernen, lebt die Laborschule seit 34 Jahren vor. Wie stark ihre Philosophie in den pädagogischen Mainstream eingeflossen ist, belegt das neue nordrhein-westfälische Schulgesetz. In Paragraf eins nennt es als Hauptziel die »individuelle Förderung«.

Das größte Pfund der Laborschule sind jedoch ihre Absolventen. Birgit Kottmeier gehörte zum ersten Jahrgang. Sie erinnert sich gut an ihre Schulzeit, an das Lampenfieber vor den großen Theateraufführungen, das Gefühl der Gemeinschaft auf den Klassenfahrten und an die Kamerateams, die schon damals durch die Gänge zogen. Bis heute fühlt sie »so etwas wie Dankbarkeit«. Und das nicht allein, weil sie nur eine Empfehlung für die Hauptschule hatte und am Ende doch Jura studiert und sogar promoviert hat. Die Laborschule habe ihr ein »Grundvertrauen ins eigene Lernen« geschenkt. Als ihr Sohn ins schulpflichtige Alter kam, musste sie nicht lange überlegen, wo sie ihn anmeldete.

Eine kurze Geschichte der Bildung in sieben Lektionen

Bildung seit der Steinzeit: Schon die ersten Menschen gaben Wissen an nachfolgende Generationen weiter. Der Umgang mit dem Faustkeil musste gelehrt, ein Feuer zu entfachen gelernt werden. So verstanden, gibt es Bildung seit rund 200 000 Jahren. Einrichtungen, in denen Lehrer Kenntnisse und Erfahrungen systematisch vermitteln, sind dagegen sehr viel später entstanden und an die Erfindung der Schrift gebunden.

Die ältesten Schulen: Die bislang älteste Erwähnung einer Schule hat man in Ägypten gefunden – auf einer rund 4000 Jahre alten Grabinschrift. Im Reich der Pharaonen studierten angehende Beamte die Kunst der Hieroglyphen. Auch Moral und Mathematik standen auf dem Stundenplan. In den griechischen Stadtstaaten entwickelte sich später das erste ausformulierte Bildungskonzept, die Paideia. Sie bezeichnete nicht nur den Schulunterricht für Kinder, sondern umfasste einen Bestand von Wissensinhalten, politischen und ethischen Vorstellungen. Nach einer Grundausbildung konnten die Jugendlichen Gymnasien als weiterführende Schulen besuchen, die bereits von staatlichen Beamten geleitet wurden.

Der erste Methodenstreit: Schon bei den Griechen konkurrierten zwei pädagogische Denkschulen: die Sophisten mit ihrer belehrenden Methode sowie deren Kritiker mit Sokrates (470 bis 399) und seinem Schüler Platon (427 bis 347) an der Spitze. Bei der sokratischen Methode entdeckt der Schüler – angeregt durch geschicktes Fragen des Lehrers – selbst die Wahrheiten. Diese anspruchsvolle Didaktik hat sich bis heute erhalten, wenn auch häufig als quizartige Schrumpfform: Der Lehrer fragt so lange, bis die Schüler die richtige Antwort geben.

Bildung für die Eliten: Die Griechen waren die Lehrmeister Roms und später des christlichen Europas. Bildung stand jedoch nur wenigen offen: dem freien, männlichen Teil der Bevölkerung aus wohlhabenden Familien. Daran änderte sich auch im mittelalterlichen Europa wenig. Neu war hingegen, dass die Vermittlung von Bildung nun von der Kirche übernommen wurde. Auch wer kein Priester werden wollte, lernte in Kloster-, Dom- oder Pfarrschulen. In den Universitäten, in denen vom 11. Jahrhundert an die höhere Bildung stattfand, hatte die Kirche ebenfalls das Monopol.

Bildung für alle: Mit der Gründung von Städten, dem Buchdruck und der Reformation verweltlichten sich die Bildungsinstitutionen. Reformatoren wie Philipp Melanchthon (1497 bis 1560) gründeten Schulen, entwarfen Schulordnungen und erneuerten die Lehre in den Universitäten. Johann Amos Comenius (1592 bis 1670) forderte als Erster eine Schule für alle: Jungen wie Mädchen, Reiche wie Arme. Sie sollte verpflichtend sein und die Lebenswelt der Kinder einbeziehen. Schon er hoffte angesichts der Zerstörungen des 30-jährigen Krieges auf eine bessere Gesellschaft und friedlichere Welt durch Bildung.

Der Großreformer: Lange Zeit herrschten weiterhin große Unterschiede zwischen Stadt und Land, katholischen und evangelischen Gebieten. Zu einer grundlegenden Neuordnung kam es erst unter Wilhelm von Humboldt (1767 bis 1835) in Preußen. Er erschuf ein mehrgliedriges Schulsystem, in dem jeder nach seinen Fähigkeiten gefördert wurde, und konzipierte die moderne Universität als Stätte der Lehre und Forschung. Schon zuvor wurde die allgemeine Schulpflicht eingeführt und bestimmt: »Schulen und Universitäten sind Veranstaltungen des Staates.«

Radikale Ideen: Seit dem 18. Jahrhundert kritisierten Erneuerer Lehrinhalte und Methoden des Schulsystems. In Musterschulen verwirklichten sie ihre Ideen, etwa der Schweizer Pädagoge Heinrich Pestalozzi (1746 bis 1827), der eine Bildung »mit Kopf, Herz und Hand« propagierte, die Italienerin Maria Montessori (1870 bis 1952), welche auf das Lernen aus eigenem Antrieb setzte, oder der Deutsche Rudolf Steiner (1861 bis 1925) mit seiner Waldorfpädagogik. Diese Konzepte konnten das Regelschulsystem nicht wandeln. Was sich tatsächlich änderte, war das Bildungsniveau: Immer mehr Menschen lernen immer länger, als Ziel gar ein Leben lang.

»Goethe schlägt Asterix«

Was ist Bildung?

Im Blick auf die Person bedeutet Bildung die Einheit von Wissen und Können. Erworben wird sie durch Einführung in eine Welt, ihre Regeln und ihr Wissen – und die Fähigkeit der Distanzierung gegenüber Welt und Wissen. Dieses Wechselspiel von Initiation und Reflexion macht den Prozess jeder Bildung aus.

Und das lernt man nur in der Schule?

Vor allem dann, wenn man Gütekriterien durchsetzen will. Die Hauptaufgabe der Schule ist, den Kindern die Fähigkeit zu vermitteln, unterscheiden zu lernen: zwischen richtig und falsch, esoterisch und wissenschaftlich, erlaubt und verboten, kompetent oder inkompetent. Diese Urteilsfähigkeit lernt man am besten an konkreten Themen, welche die Schule in einem Kanon vorgibt.

Kann es denn heute noch einen Kanon geben? Das Wissen expandiert doch ständig.

Einen Kanon gab es immer und wird es immer geben. Ich meine damit nicht die unsinnige Anhäufung von Wissen. Man muss nicht alle linken Zuflüsse der Donau aufzählen können. Richtig verstanden, bildet jeder Kanon eine Wissensstruktur, durch die und an der man gebildet wird. Es gibt die These: Bildung ist, was übrig bleibt, wenn ich alles vergessen habe, was ich gelernt habe. Wilhelm von Humboldt nannte dies das »Lernen lernen«.

Ist es also egal, ob man Sprachkompetenz durch Goethe oder Comics lernt?

Im Prinzip ja, wobei ein Goethe reichhaltigere Lernmöglichkeiten bietet als Asterix. Zudem ist es sinnvoll, Texte zu behandeln, welche die Lebenswelt der Schüler repräsentieren. Das ist von Land zu Land verschieden und zeitabhängig.

HEINZ-ELMAR TENORTH
ist Professor
für Historische
Erziehungswissenschaft
an der Humboldt-
Universität in Berlin

Mehr zum Thema:

Franz-Michael Konrad:
Geschichte der Schule
Von der Antike bis zur Gegenwart;
C. H. Beck 2007; 128 S.

Hartmut von Hentig:
Mein Leben – bedacht und bejaht;
Schule, Polis, Gartenhaus,
Bd. 2; Hanser 2007; 664 S.

FILM

Vom KINOTERMINATOR
zum Realgouverneur:
Arnold Schwarzenegger

AUSSER ATEM:
Jean-Paul Belmondo
als Polizistenmörder

1929: **DSIGA WERTOWS**
»Der Mann mit der Kamera«,
auf einer Kastenkamera

»PFERD IN BEWEGUNG«:
1878 fotografiert
von Eadweard Muybridge

Hospital der Bilder

Die ersten Kinopioniere hießen ausgerechnet »Licht«. Den Brüdern
Lumière folgten Eisenstein, Welles, Godard und Scorsese. Im Bunker
des New Yorker Museum of Modern Art sind die Werke
aller Meisterregisseure versammelt – zur Rettung vor dem Verfall

Von Katja Nicodemus

RASIERMESSER:
Szene aus
Ein andalusischer
Hund« von
Buñuel und Dalí

Cooler Hipster:
John Lurie
in Jim Jarmuschs
**»STRANGER
THAN PARADISE«**

»CITIZEN KANE«
startete als
finanzieller Misserfolg
und wurde zu einem
Meilenstein von
und mit Orson Welles

Regisseur
Alfred Hitchcocks
AUFTRITT
in »Die Vögel«

JEAN SEBERG
verkauft
Zeitungen in
Jean-Luc Godards
»Außer Atem«

Von Truffaut
bis Obelix:
der Schauspieler
**GÉRARD
DEPARDIEU**

Es gibt kein Schild, keine Markierung, nicht den winzigsten Hinweis. Nur Wälder, Wiesen, Angelteiche. Schwer vorstellbar, dass sich hier, in Hamlin, Pennsylvania, im Nirgendwo der amerikanischen Provinz, eine wahre Schatztruhe der Kinogeschichte verbirgt. Ganz genau: 22 500 Filme in 100 000 Blechdosen, das Filmarchiv des Museum of Modern Art, eine der bedeutendsten Sammlungen der Welt. Am Steuer sitzt der junge Rajendra Roy, seit einem Jahr Leiter der Filmabteilung des Museums. Er war schon einige Male an diesem Ort und verpasst die Einfahrt trotzdem. Irgendwann passieren wir zwischen Kuhweiden ein Metallgatter, das sich wie von Geisterhand öffnet. Und da liegt er, elegant an einen Hügel geschmiegt: Der MoMA-Bunker, ein flaches, hochmodernes Gebäude aus Beton, Glas und Stahl. Man könnte auch sagen: der wohl sicherste und luxuriöseste Ort, an dem sich eine Filmkopie auf diesem Planeten aufhalten kann. Auf den ersten Blick wirkt die 1996 gebaute Anlage mit ihren Bewegungsmeldern, den automatischen Türen und dem ständigen leisen Elektrobrummen wie die Hightech-Trutzburg eines *James Bond*-Bösewichts. Begrüßt werden wir aber nicht von Blofeld, sondern von einem ausnehmend freundlichen älteren Herrn mit weißem Schnurrbart, der in einem klassischen Western den ausgefuchsten Sheriff spielen könnte: Arthur Wehrhahn, genannt Artie, seit 40 Jahren Archivleiter des MoMA.

Die Führung durch sein Reich hat Wehrhahn als liebevoll aufgebauten Parcours angelegt. Zur Einstimmung führt er uns in die akribisch geordnete Asservatenkammer des Archivs, eine Art Zauberland der Filmgeschichte. In verschiebbaren Metallschränken lagern vergilbte Plakate, Originaldrehbücher mit Notizen, Korrespondenzen zwischen Regisseuren und Studios. An der Wand stehen Vorführgeräte, auch aus den frühesten Jahren des Kinos. Stolz zeigt Wehrhahn den Vorläufer des Filmprojektors, ein 1893 gebautes Kinetoscope der Edison Company. Nach dem Einwurf einer Münze konnte man sich durch einen Sehschlitz kurze 35-Millimeter-Filmaufnahmen von Boxkämpfen, Akrobatikshows, Tänzen anschauen. Es war die Geburt des Kinos aus dem Geist des Jahrmarkts.

Bevor er uns in die Tresorräume und damit ins Herz des Bunkers lässt, erklärt Wehrhahn die elektronische Katalogisierung, eine mit dem MoMA-Hauptgebäude in Manhattan vernetzte Datenbank, in der sich die Informationen über technische Details, Herkunft, Regisseure, Format und Zustand der Filme finden. Ganz Zeremonienmeister, landet Wehrhahn mit einem Tastendruck erst einmal bei: Lumière.

Es ist ein schöner Zufall, dass der Name der allerersten Kinopioniere Licht bedeutet. Licht im Sinne einer klassischen Kinovorstellung wurde es zum ersten Mal am 28. Dezember 1895, als die Brüder Louis und Auguste Lumière in Paris mit ihrem Kinematografen, einer Mischung aus Kamera, Kopiergerät und Projektor, eine öffentliche Filmvorführung gegen Geld organisierten. Die Veranstaltung im Keller des Grand Café auf dem Pariser Boulevard des Capucines war nicht nur der Beginn des Kinos, sondern

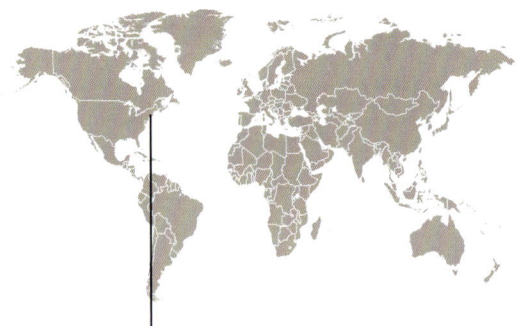

HAMLIN
An diesem kleinen Ort in Pennsylvania, im Nirgendwo der amerikanischen Provinz, befindet sich eine Schatztruhe der Kinogeschichte: 22 500 Filme lagern im Bunker des Museum of Modern Art

auch einer seiner Hauptströmungen. Von Anfang an sahen die Lumières die Kamera als Instrument zur Aufzeichnung von Alltag, Leben, Wirklichkeit. Sie filmten Arbeiter, die ihre Fabrik verlassen, eine Mutter, die ihr Kind füttert, oder wenig später auch die berühmte in den Bahnhof von La Ciotat einfahrende Lokomotive, vor der manche Zuschauer noch in panischem Schrecken davonliefen.

Von den Lumière-Brüdern führen die Linien der Filmgeschichte zu all jenen Regisseuren, die – ob im Spiel- oder Dokumentarfilm – reale Lebensumstände und gesellschaftliche Wirklichkeiten abbilden. Der Geist der Lumières weht in den experimentellen Gesellschaftsporträts von Dsiga Wertow, im italienischen Neorealismus, im amerikanischen Direct Cinema der sechziger Jahre. Er findet sich im klassenkämpferischen britischen Free Cinema wie im engagierten Gegenwartskino der belgischen Brüder Dardenne und des Briten Ken Loach.

Fast zeitgleich mit den Lumières schickte der Franzose Georges Méliès das Kino mit einem Kontrastprogramm auf seine zweite große Reise. Schon die Titel der im MoMA-Archiv lagernden Méliès-Filme sprechen vom erfinderischen Geist, der hier am Werke ist: *Reise zum Mond* (1902), *Illusionist, Jahrhundertwende* (1899) oder auch *Der Palast der 1001 Nacht* (1905). Im Gegensatz zu den dokumentarisch arbeitenden Lumières erzählte der Schauspieler, Artist und Theaterproduzent Méliès fantastische Geschichten. In rührend gebastelten Dekors schickte er Züge zum Mond, erfand Zauberer, die Puppen zum Leben erwecken, oder Schneeriesen, die Wissenschaftler auffressen. Bei Georges Méliès ist der Film Magie, Fiktion, Illusion. Und auch wenn rund hundert Jahre Tricks und technische Entwicklungen dazwischenliegen, ist es letztlich doch nur ein kleiner Schritt von Méliès' Monstern und Fantasiegestalten zu *Terminator*, *Indiana Jones* und *Harry Potter*, zu den Superhelden- und Fantasy-Spektakeln unserer Zeit. Oder auch zu 007. Gerade eben sei eine Sendung mit dem neuesten *James Bond*-Film angekommen, sagt Arthur Wehrhahn gespielt beiläufig. «Wollen Sie sie sehen?» Auf den Filmdosen, die wir im Nebenraum betrachten, steht der Tarnname *Alcazar* – in Hamlin, das zeigen auch die Lichtschranken und Videokameras, schützt man die Filme nicht nur gegen die Zeit, sondern auch vor dem unrechtmäßigen Kopiertwerden.

Die schwarze Seele des deutschen Expressionismus beherrscht den Raum

Endlich. Wehrhahn holt drei gefütterte Jacken mit dem MoMA-Logo aus dem Schrank, denn es ist kalt in den Tiefen des Filmbunkers: zwischen zwei und sieben Grad Celsius. Auf Rajendra Roys Jacke steht zwar schon der Name gestickt, und doch ist der Gang in die Filmgeschichte auch für den Chefkurator noch etwas Besonderes. Schließlich empfinde er eine enorme Verantwortung für seine Schützlinge: »22 500 Mal Kinogedächtnis in Dosen.«

Damit die empfindlichen Kopien von der Kälte nicht allzu sehr überrascht werden oder gar vor Schreck beschlagen, müssen sie erst für ein paar Tage in den Akklimatisierungsraum, eine Art Basislager vor der Reise in die Kälte. Von dort geht es durch Flure voller Rohre, Kabel und Messinstrumente in die endgültigen Lagerräume: begehbare Tresore mit versiegelten Türen und jeweils einem eigenen Klimacomputer, der für stabile Kühlung und exakt 30 Prozent Luftfeuchtigkeit sorgt. Wehrhahn wählt einen Raum mit Stummfilmen von D. W. Griffith, der dem Kino seine Grammatik gab. Über eine halbe Regalreihe erstreckt sich sein 1916 gedrehtes Mammutwerk *Intolerance*, der Versuch einer moralisch-philosophischen Interpretation der Menschheitsgeschichte. Er wurde stilbildend durch seinen dramatischen Rhythmus der Nah- und Großaufnahmen, Totalen und Parallelmontagen. Von einer berühmten Szene, in der Fabrikmilizen eine streikende Menge niedermetzeln, ließ sich knapp zehn Jahre später Sergej Eisenstein bei der Arbeit zu seinem Film *Streik* inspirieren. Und siehe da, sie liegen gleich im Raum nebenan: *Streik* und *Panzerkreuzer Potemkin* von Eisenstein. Man hat das Gefühl, dass die Filme nachts, in der Stille der amerikanischen Provinz, durch die Tresorwände hindurch miteinander flüstern.

Ohnehin ist der Gedanke nicht fern, dass die Filmrollen in ihren Metallregalen ein Eigenleben führen könnten. Beim deutschen Expressionismus der zwanziger Jahre, dessen schwarze Seele den nächsten Raum beherrscht, steht allein die Suggestivkraft der Titel im seltsamen Gegensatz zu den sterilen Kühlkammern: *Nosferatu – Eine Symphonie des Grauens* von Friedrich Wilhelm Murnau, *Dr. Mabuse* und *Metropolis* von Fritz Lang, Paul Wegeners *Golem*, *Das Cabinet des Dr. Caligari* von Robert Wiene. Es sind Filme, deren bizarre Dekors schiefe Linien und Schwarz-Weiß-Welten von Identitätsspaltung und unsichtbaren Mächten erzählen, vom Verlust des Ichs, von versklavten Massen, von Schicksalen, die aus dem Lot geraten und sich im Bösen verlieren. Ahnungsvoll nahm der deutsche Film der zwanziger Jahre die Schatten des »Dritten Reichs« vorweg, seine wichtigsten Regisseure emigrierten nach Hollywood. Der deutsche Expressionismus in Hamlin: Das ist Murnaus Vampir Nosferatu, der bei Einbruch der Dunkelheit seine ledrigen Finger aus der Filmdose streckt und, zum riesenhaften Schattenwesen anwachsend, durch die Flure des Archivs spukt.

Der Großmeister der Tiefenschärfe verhalf dem Kino zur dritten Dimension

»All diese Filme sind letztlich lebendig«, sagt Wehrhahn, der seine Zelluloidwesen übrigens nur ganz vorsichtig, mit weißen Schutzhandschuhen in ihrem ewigen Archivschlaf stört. »Es sind Geister, fixiertes Leben, das im Licht des Projektors lebendig wird.« Und es ist eine Parade der großen Namen, eine Reise durch die Kinogenres, die von ihnen triumphal geprägt wurden. Billy Wilder und Leo McCarey und ihre *sophisticated comedies,* John Ford und der Western, Alfred Hitchcock und der Thriller, William Wyler und seine psychologischen Gesellschaftsfilme. Und doch: In der Stille eines solchen für die Ewigkeit gebauten Archivs wirken all die Revolutionäre und großen Einzelgänger der Kinogeschichte auch auf seltsame Weise befriedet.

Manchmal gibt es trotzdem noch Aufregung. Eines Tages, sagt Wehrhahn, sei er beim Räumen auf eine versiegelte Filmdose gestoßen. »Beim Öffnen merkte ich, dass es das bisher unbekannte Original eines Films war, den Orson Welles in seiner Collegezeit gedreht hatte. Hätte ich *Citizen Kane* gefunden, wäre ich nie so aufgeregt gewesen. Aber diesen frühen Film hatte Welles selbst bearbeitet und geschnitten. Man sah jede einzelne Klebestelle! Ich konnte die Aura geradezu spüren, mir sträubten sich die Nackenhaare.« Selbstredend besitzt das MoMA auch eine Kopie des Meilensteins *Citizen Kane* von 1941, in dem Welles, der Großmeister der Tiefenschärfe, dem Kino gewissermaßen zur dritten Dimension verhalf.

Beim Gang durch die Tresore kann man förmlich sehen, wie Hollywood, die weltmächtige Bildermaschine, durch die Jahrzehnte zwischen Erstarrung und Erneuerung schwankte. Und wie die schwergängigen Studiofabriken etwa durch die »Sex and Drugs and Rock and Roll«-Generation von New Hollywood aus dem Trott gebracht wurden: Arthur Penn und Dennis Hopper, Francis Ford Coppola, Mike Nichols und Robert Altman feierten mit ihren Filmen ein neues, freies Lebensgefühl, erzählten aber auch von uramerikanischer Gewalt und den Erschütterungen des Vietnamkrieges. In Hamlin liegen sie friedlich unter einem Dach mit den Regisseuren, deren Blockbuster die Aufbruchstimmung beendeten und die moderne Kommerzialisierung der Traumfabrik einleiteten. In irgendeinem Regal im Keller zieht auch Steven Spielbergs *Weißer Hai* seine Bahnen.

Vielleicht hat es ja auch etwas Beruhigendes, dass sogar die großen Gegenbewegungen und Protestwellen des Kinos im Pantheon von Pennsylvania sanft ausrollen in der ewigen Dünung der Filmgeschichte. Wim Wenders, Alexander Kluge, Werner Herzog, Volker Schlöndorff und Rainer Werner Fassbinder, die mit dem Neuen Deutschen Kino gegen die heile

Welt des Wirtschaftswunderkinos anfilmten. Godard, Truffaut, Chabrol, Rivette und ihre Nouvelle-Vague-Attacke gegen die gediegene Bürgerlichkeit des *cinéma de qualité*. Mit seinem Originalton, sprunghaften Schnitten und einer Handkamera, die sich plötzlich nicht mehr durch gebaute Räume, sondern im Getümmel der Pariser Straßen und Bistros bewegte, war *Außer Atem* 1960 eine Revolution. Jean-Paul Belmondo und Jean Seberg, die sich in zerknitterten Bettlaken lümmeln – kein anderes Bild erzählt so schön und so einfach von der Kraft des Kinos, immer wieder neu und immer wieder anders Lebens- und Protestgefühle aufzusaugen.

Griffith und Eisenstein, Kubrick, Buñuel und Warhol. Dreyer, Bresson und Rivette. De Niro und Léaud. Hayworth und Deneuve. Von Méliès zu *Toy Story*, von Lumière zu Loach – seit 1936 kauft und sammelt das Museum of Modern Art Filme. In der Sammelfreudigkeit seiner Kuratoren liegt allerdings auch ein Problem, dem sich der neue MoMA-Filmchef Rajendra Roy nun stellen muss: Stets wurden mehr Filme gesammelt als restauriert. Tausende von Filmdosen wurden lange Zeit nicht geöffnet, andere Kopien halb beschädigt archiviert. Manchmal wurden ganze Sammlungen übernommen oder aufgekauft, ohne dass man ihren Zustand wirklich überprüft hätte.

Die Folge davon sehen wir im Nitratbunker, dem technologischen Glanzstück des MoMA-Archivs. Hier lagern die hochentzündlichen, auf Zellulosenitrat gedrehten Filme der frühen Kinogeschichte. Jede Filmdose ist mit einer Sprinkleranlage verbunden. Alle elektrischen Geräte für Kühlung, Alarm und Luftfeuchtigkeit sind von den Tresoren mit einer 30 Zentimeter dicken Betonwand getrennt. Die Filme hier sind höchst fragil, höchst kostbar und höchst anfällig. Im Grunde ist der Nitratbunker eine Mischung aus Altersheim und Fünf-Sterne-Hotel für Filmkopien.

Es riecht, als hätte einer ein Fass Salatsoße ausgekippt

Zum Schluss gehen wir ins Hospiz. In diesem Tresor sind die Filme abgesondert, die bereits unter dem sogenannten Essigsyndrom leiden, weil sie in ihrem vorherigen Leben falsch aufbewahrt wurden. Das Zelluloid hat angefangen zu schrumpfen und Essig abzugeben. Der Zerfall kann in Hamlin verlangsamt, aber nicht mehr aufgehalten werden. Es ist ein trauriger Raum. Und er riecht, als hätte jemand ein Fass Salatsoße ausgekippt.

Was also nützt ein Archiv, das die Kinogeschichte zwar auf höchstem Niveau verwahren, aber viele ihrer Filme nicht zeigen kann? Rajendra Roy sieht die große Herausforderung der nächsten Jahre in der zunehmenden Öffnung von Hamlin: für die Forschung, für die Lehre und natürlich für mehr Kinovorführungen im hauseigenen MoMA-Kino in Manhattan. Jede Vorführung bedeutet jedoch eine weitere Beschädigung des Originals. Das heißt, von vielen Filmen muss zunächst einmal eine Kopie erstellt werden. Und das berührt wiederum eine Jahrhundertfrage des Mediums: Kopiert man digital oder auf das gute alte Zelluloid beziehungsweise auf Polyester?

Rajendra Roy und Arthur Wehrhahn sind sich einig: Es gibt noch kein digitales Format, das stabil, verlässlich und günstig genug wäre, um die Kinoschätze darauf zu übertragen. Im Moment werden diese Formate von den großen Hollywoodstudios und der Industrie vorgegeben. Das heißt aber, sie können sich auch jederzeit ändern. Filme in einer für Kinovorführungen geeigneten Auflösung digital zu speichern ist außerdem immer noch um ein Vielfaches teurer und technisch komplizierter als die Aufbewahrung von Zelluloid. In Hollywood mag das Kino längst in die Ära der Pixel eingetreten sein. In Hamlin wird entschieden, wie es in die Ewigkeit eingeht.

Was das heißt, wird noch einmal deutlich, als uns Arthur Wehrhahn in sein Büro führt. Am Computer zeigt er ein Programm, das die Haltbarkeit der gelagerten Filme berechnet. Variabel sind Luftfeuchtigkeit und Temperatur. Nachdem er die Daten eingegeben hat, erscheint eine kleine Zahl in der Ecke des Bildschirms. »874 Jahre können sie bei uns überleben«, sagt Wehrhahn und dreht sich auf seinem Schreibtischstuhl um. Im Hintergrund sieht man die Patronenhülsen, die der Hobbyjäger fein säuberlich auf seiner Fensterbank aufgereiht hat. Tatsächlich wirkt er ein wenig wie ein Sheriff. Hüter des Kinos, Sheriff von Hamlin. »874 Jahre!«, er sagt es noch einmal, laut und stolz, »das sind acht mal hundert Jahre Filmgeschichte. Wir haben Zeit.«

Was ist ein Genre? Eine Antwort in zwölf Sequenzen

Genres sind die grundlegenden Kategorien für Filme. Je nach Thema, Stil, Helden, Ausstattung oder dem Milieu, in dem sie spielen. Bei den bekanntesten Genres ist die Einordnung klar:

Melodrama: wenn zum Beispiel bei Scarlett O'Hara und Rhett Butler der Abschiedskuss ausbleibt.

Actionfilm: wenn Bruce Willis im Unterhemd New York rettet.

Komödie: wenn Louis de Funès in Nonnenkleidung durch Saint-Tropez rast.

Science-Fiction: wenn Sigourney Weaver im Raumschiff gegen Säure sabbernde Monster kämpft.

Western: wenn John Wayne im Bild ist.

Fast 800 Genres haben sich im Lauf der Filmgeschichte herausgebildet. Manche entstehen aus der Verschmelzung anderer Genres (Western-Musical, Horror-Komödie). Andere kann man wörtlich nehmen, wie den Splatterfilm, in dem viel Blut verspritzt wird *(to splatter)*. Wieder andere beziehen sich auf die Erzählweise, etwa die Screwball-Komödie, eine rasante Unterform der Komödie, bei der man wie beim gleichnamigen rotierenden Baseball auf blitzschnelle Richtungsänderungen gefasst sein muss.

Film noir: Er ist als Genre ein Sonderfall, bezeichnet eher eine Stilrichtung. Ursprünglich handelt es sich um Detektivfilme aus den vierziger und frühen fünfziger Jahren, mit pessimistischer Stimmung, gedreht in stilisierter Schwarz-Weiß-Ästhetik. Sie erzählen von Gewalt und Korruption in den Großstädten, von der Krise der amerikanischen Gesellschaft. Nicht jede Liebesgeschichte mit bösem Ende ist ein Film noir. Aber im Film noir wird immer unglücklich geliebt. Die Frauen sind Femmes fatales, denen die Männer schicksalhaft verfallen. Es wird viel geraucht und fast immer geschossen.

Filmgenres und Filmbewegungen werden oft miteinander verwechselt. Große Bewegungen wie der italienische Neorealismus, die französische Nouvelle Vague oder New Hollywood sind ästhetische Revolutionen und Ausdruck eines Generationen- und Lebensgefühls. Ihre Stärke liegt aber im unterschiedlichen Blick der Regie-Autoren. In Francis Ford Coppolas *Der Pate* ist der Mafiafilm eine amerikanische Metapher, während sein Regie-Kollege Dennis Hopper in *Easy Rider* das Sex-Drugs-and-Rock-'n'-Roll-Gefühl seiner Zeit *on the road* und ins Kino brachte. In Nouvelle-Vague-Filmen wiederum werden die Gefühle zum Diskurs: In Jean-Luc Godards *Außer Atem* spielen Jean Seberg und Jean-Paul Belmondo den Gangsterfilm nach und erkunden dabei verschiedene Formen der Liebe. In Eric Rohmers *Meine Nacht bei Maude* wird ein Abendessen zur großen Abhandlung über Moral und Ethik menschlicher Beziehungen.

Der Blockbuster wird als Bezeichnung fast wie ein Filmgenre verwendet, obwohl er diverse Genres tangiert. Er meint einen Film, der so erfolgreich ist, dass er die Kinos über Wochen blockiert. Das Wort stammt von der Bezeichnung für die im Zweiten Weltkrieg von der britischen Armee eingesetzten Fliegerbomben. Andere Erklärungen beziehen sich auf die Menschenschlangen, die sich bei den ersten Blockbustern (Steven Spielbergs *Weißer Hai* und George Lucas' *Krieg der Sterne*) von den Kinos rund um die Straßenblocks erstreckten.

Genreschauspieler: Manchmal sind Darsteller und die Kino-Genres, die von ihnen geprägt wurden, kaum zu trennen. Mit einem Doris-Day-Film verbindet man in den fünfziger, sechziger Jahren gedrehte biedere Komödien, in denen eine ständig überrascht aussehende Doris Day zum Eheglück geführt wird. Wer Mitte der achtziger Jahre in einen Sylvester-Stallone- oder Arnold-Schwarzenegger-Film ging, bekam stets die erwartete Mischung aus Testosteron und Hau-drauf-Dramaturgie.

Regisseure als Genre-Erfinder: Wenn Regisseure ihre ganz eigenen Fantasmen, Obsessionen und Mythologien auf die Leinwand bringen, können private Genres entstehen. Sieht man etwa auf der Leinwand Frauen mit gigantischen Oberweiten, die in der amerikanischen Wüste Männer überfahren, dann kann es sich nur um das Genre des Russ-Meyer-Films handeln (drei seiner bizarren Werke befinden sich in der Sammlung des New Yorker Museum of Modern Art).

Digitales Kino wird kommen

Was ist Kino?

Im besten Fall eine unvergleichlich intensive Erfahrung in einem dunklen Saal, in dem man gemeinsam mit anderen Leuten sitzt, um sich von der Welt, zu der die Leinwand dann wird, faszinieren zu lassen.

Was sind die wichtigsten technischen Schritte der Kinogeschichte?

Es gab mehrere große technische Revolutionen: der Sprung vom Stumm- zum Tonfilm, die Entdeckung der Farbe. Dann die wichtige Möglichkeit der Breitwand. Und schließlich die Erfindung der digitalen Bildbearbeitung – all diese Durchbrüche haben natürlich auch ganz neue Möglichkeiten des filmischen Erzählens erschlossen.

Wie hat sich das Kino verändert?

Entscheidend ist, dass für Großproduktionen, die sogenannten Blockbuster, ein neues breites weltweites Zielpublikum definiert wurde. Und von der Architektur und den Sälen her ist das Kino komfortabler, aber auch uniformer geworden.

Was sind für Sie die entscheidenden ästhetischen Bewegungen der Kinogeschichte?

Der Autorenfilm.

Erklären Sie den Begriff ...

Der Autorenfilm geht von einer persönlichen Sicht auf die Welt aus. Diese Sicht auf die Welt verwandelt er in eine Kinovision. So wurden Stile und Bildsprachen entwickelt, Themen und Tonlagen erschlossen, die im kontrollierten Studiosystem einfach nicht möglich gewesen wären. Das hat das Kino freier und erwachsener gemacht, nicht nur in Europa, sondern auf der ganzen Welt. Man denke an Jean-Luc Godard, an Martin Scorsese, an den Iraner Abbas Kiarostami oder an den großen taiwanesischen Regisseur Hou Hsiao-hsien.

Wie sehen Sie die Zukunft des Kinos?

In der völligen Umstellung auf digitale Techniken, und zwar auch was die Distribution, also Verleih und Vorführung, der Filme betrifft. Das digitale Kino wird wohl zugleich eine neue Form des Archivkinos mit sich bringen. Neben den digital ausgerüsteten Kinos wird es Säle geben, die nur noch die Filme in den alten Formaten spielen.

RAINER ROTHER
ist Künstlerischer Direktor
der Deutschen Kinemathek
und Leiter der
Retrospektive der Berlinale

Mehr zum Thema:

Steven Higgins: Still Moving
The Film and Media Collections
of The Museum of Modern Art;
MoMa 2006; 376 S.

**Das Jahrhundert des Kinos
– 100 Jahre Film: Gesamtedition**
u. a. vorgestellt von Martin Scorsese,
Stephen Frears, Jean-Luc Godard
und Edgar Reitz;
16 Teile auf 7 DVDs;
absolut MEDIEN

KUNST

Als Siebdruck von Warhol
sind weltberühmt
CAMPBELL'S SUPPENDOSEN
geworden

Da Vincis **MONA LISA** –
noch immer weiß
keiner, warum die
Ikone lächelt

Kunst = Kapital

Neben Lichtenstein
und Rauschenberg
Mitbegründer der Pop-Art:
ANDY WARHOL

Fett, Filzhut,
Freie Hochschule –
Deutschlands
umstrittenster Künstler
JOSEPH BEUYS

Auftragsarbeit:
Michelangelos gut
gebauter **DAVID**

Wie der Mensch zum Künstler wurde

Vor über 30 000 Jahren entstanden erste Höhlenzeichnungen.
Seit 30 Jahren verwandelt James Turrell einen Vulkan in eine Skulptur
– und führt uns zurück zu den Anfängen der Kunst

VON HANNO RAUTERBERG

Auszug aus dem
»TESTAMENT«
von Joseph Beuys

Der Himmel leuchtet
ins Innere von Turrells
Land-Art-Werk.
JE NACH BLICKRICHTUNG
erkennt man einen Kreis
oder ein Oval

Seit 30 Jahren baut Turrell
den **RODEN CRATER** südlich
des Grand Canyon zum
Kunstwerk um

Neben diesem Bison finden
sich in der **CHAUVET-HÖHLE**
in Südfrankreich Hunderte
weiterer Zeichnungen

JAMES TURRELL
wollte weder Maler
noch Bildhauer
werden. Er wurde
Land-Art-Künstler

Am Straßenrand ein paar zerbeulte Briefkästen, dort biegen wir ab. Es geht hinein ins große Nichts, hinein in Staub und Weite, darüber ein Himmel voller Licht. Der dicke Jeep rüttelt und buckelt über den schmalen Weg, doch James Turrell geht nicht vom Gas. »Wir müssen uns ranhalten«, sagt er und kneift die Augen zusammen. »Nicht dass wir die Dämmerung verpassen.« Er hält drauf, den Bergen entgegen, die sich weit vor uns in den Horizont schieben. Sanfte Riesen, rötlich schimmernd und wie alles hier in der Wüste Arizonas von dürren Sträuchern überwuchert. Jetzt müsste nur noch John Wayne vorbeigaloppieren, im Schlepptau eine Rinderherde, dann wär's wie im schönsten Western.

Turrell könnte auf der Stelle mitspielen, vielleicht in der Rolle des reichen Farmers. Einen Cowboyhut aus Leder trägt er eh, dazu den weißen, fein gekämmten Rauschebart, und Rinder züchtet er außerdem, ein paar Tausend sind es derzeit. Doch seine wahre Rolle ist eine andere, sie ist viel größer. »Dort, da ist er!«, ruft Turrell. »Mein Krater.« Mit mächtigem Schwung erhebt sich vor uns ein Riesenkegel, ein erloschener Vulkan – eines der imposantesten Kunstwerke der Gegenwart.

Lange musste er suchen, flog mit seinem kleinen Flugzeug kreuz und quer, tagelang, wochenlang, bis er ihn endlich fand, nördlich von Flagstaff, südlich des Grand Canyon, den Roden Crater. »Ein perfekter Krater musste es sein«, erzählt er. »Scharf die Ränder und ganz symmetrisch.« Nach langen Verhandlungen konnte er ihn kaufen, 30 Jahre ist das her. In diesen 30 Jahren hat er geplant, vermessen, gebaggert, gebohrt, ausgeschachtet, hat den Vulkan in ein Bergwerk verwandelt, in eine Skulptur, breit wie Manhattan, hoch wie das Chrysler Building.

20 Millionen Dollar hat das gekostet und ist noch immer nicht fertig. Nur selten empfängt er Besucher, wandert mit ihnen den Geröllhang hinauf und hinein in sein Kunstreich, in die Kavernen und Schächte, die schwarzen und die leuchtenden Räume. Dann steht er da, die Fäuste tief in die Jackentaschen gestopft, und freut sich. Genießt die staunenden Blicke, die verwunderten Fragen. Denn das soll sein Krater sein: ein Ort des Staunens, eine Forschungsstation in Sachen Kunst.

Was heißt eigentlich *sehen*? Wie formen sich unsere Bilder der Welt? Und was hat das mit Kunst zu tun? Wer Turrells Labyrinth durchstreift, stößt unweigerlich auf diese Fragen. Und spätestens in einer der schrägen Röhren fühlt er sich wie im *time tunnel*, wie in einem Zeitschlund. Aus der Dunkelheit des Kraters bewegt er sich zurück in eine vergangene Dunkelheit, in die der Höhlen, in denen alles begann.

FLAGSTAFF
In der Wüste Arizonas steht der Roden Crater. Land-Artist JamesTurrell verwandelt den erloschenen Vulkan in monumentale Kunst

Nie käme ein Tier auf die Idee, von einem anderen Tier ein Bild zu malen

Vor gut 40 000 Jahren war es, da griff der Homo sapiens sapiens, der besonders kluge Mensch, nach einem Stück Kohle und malte eine Gazelle auf die Felswand. Griff nach einem Stück Elfenbein und schnitzte daraus ein Mammut. Er tat etwas, was kein Lebewesen vor ihm getan hatte: Er gab seinen inneren Bildern, seiner Fantasie, eine bleibende Form.

Auch Tiere schmücken sich, bauen kunstvolle Nester. Und wer Affen einen Pinsel gibt, dazu Farbe und Leinwand, kann sich bald über die wunderlichsten Formgewitter freuen. Doch nie wird ein Tier ein anderes Tier malen. Einzig den Menschen drängt es zum Symbol, einzig er kann sich Bilder ausdenken, kann sie mit Sinn und Bedeutung aufladen. Er kann der realen Welt seine Welt der Zeichen entgegenstellen, nachahmend, erinnernd, frei erfindend.

Wer das erste Bild erfand, wann und wo das genau war, weiß niemand. Und wohl niemand kann sich vorstellen, wie unsere Gegenwart wäre, hätte es dieses erste Bild nie gegeben. Heute sind Bilder allgegenwärtig, jeder hat sie, macht sie, sieht sie. Sie sind so selbstverständlich, dass wir selten fragen, wie alles anfing – wie der Mensch zum Bilde kam.

Bei James Turrell, 1943 geboren, fing es damit an, dass er dem Bild entkommen wollte, dem klassischen Künstlerbild. Er wollte kein Maler, kein Bildhauer werden. Kunst hatte er zwar studiert, dazu Mathematik und Psychologie, doch irgendwann hielt es ihn nicht mehr in den Städten der Westküste. Auch anderen Künstlern ging es so, sie wollten ins Unbekannte, Unberührte, in die Weiten der amerikanischen Landschaft; ihre Kunst nannten sie Land-Art.

»Im Grunde ist hier alles so, wie es war, als noch nichts war«, sagt Turrell und schaut nach Westen, wo die Sonne schon über dem Horizont hängt. Wir stehen oben auf dem Rand seines Kraters, es ist ein stolzer Ort, die Welt ist flach, und wir sind hoch. Der Blick geht weit, immer weiter, fast könnte man meinen, über den Tag hinaus. »Vor 400 000 Jahren hat die Erde hier mächtig gespuckt«, sagt Turrell. »Seither ist nicht mehr viel passiert.« Und es soll auch nicht mehr viel passieren, er hat das

Land hier gekauft, eine Fläche, groß wie Hamburg. Er will das Erhabene bewahren, das Gefühl, hier, am Roden Crater, der Unendlichkeit ein wenig näher zu kommen.

Diese Hoffnung auf das Bleibende, darauf, dass etwas vom eigenen Ich, von der eigenen Kultur die Zeit überdauern möge, hat die Kunst schon immer geprägt. Turrell hat sich zurückgezogen in eine Landschaft ohne Bilder, eine Urlandschaft, und er handelt, wie der Urmensch handelte: Er schreibt sich ein, bohrt sich mit seiner Kunst ins Archaische.

Vermutlich war es anfangs nur Zufall. Ein Kind, das in die kalte Asche griff und sich mit seiner kleinen rußigen Hand an der Höhlenwand abstützte. Am nächsten Tag war die Hand noch immer da, am Tag darauf auch noch, sie blieb. Das sahen die anderen, waren verwundert und fingen ihrerseits damit an, Spuren zu hinterlassen, Zeichen des Wiedererkennens, die nicht verblassen sollten. Viele davon gibt es noch heute, 30 000 Jahre danach.

Selten allerdings malte der Mensch den Menschen. Er malte Steinböcke, Pferde, Wollnashörner, Moschusochsen, lauter große Tiere. Vielleicht weil er sie gern erbeutet hätte und ihm das auf den Felswänden wunderbarerweise auch gelang, sogar ohne um Leib und Leben fürchten zu müssen. Was draußen so wild war und oft unbezwingbar schien, ließ sich hier, in der Kunst, zähmen und beherrschen.

Die eigenen Ängste bekamen eine Form, die greifbar schien, mit kräftigem Strich umrissen, kontrollierbar. Der Mensch hatte nicht das Eigentliche, aber er hatte das Bild – und das Bild war Macht. Mochte die Welt Chaos sein, ohne entzifferbare Ordnung, in der Kunst zeichneten sich Muster ab. Sie lehrte Beobachten, sie half, Unterschiede zu erkennen. Sie stellte still, was flüchtig war, Zeit wurde spürbar. Das war der Anfang der Ordnung.

Bei Turrell gibt es keine Tiere, auch keine Strichmännchen, keine Spur von Lagerfeuerruß und Hammelkeulen. Mit mathematischer Präzision hat er seine Pläne entworfen, die Schneisen und Blickachsen sind präzise kalkuliert. Die Wände sind glatt und weiß, die Kanten scharf, er legt größten Wert aufs Detail. Doch obwohl bei ihm alles von unserer Zeit kündet, ist Turrells Höhle wie die Höhle der Urväter: Sie erlaubt einen geschützten Blick hinaus auf die Welt. Wir können uns einer höheren Ordnung vergewissern. Sie macht das Flüchtige greifbar.

»Nicht dass Sie mich für einen dieser Esoteriker halten«, sagt er brummelnd, als wir hinabsteigen in einen der Schächte, die Sonne ist gerade untergegangen. »Meine Kunst ist reine Physik, nichts weiter. Nur dass man bei mir Sachen sieht, die man sonst nicht so leicht sieht.« Einmal hat er in einem Museum eine Wand aus blauem Licht gebaut, die so echt aussah, dass eine Besucherin sich dagegenlehnen wollte, umfiel und sich das Handgelenk brach. »Sie hat mich verklagt«, erzählt Turrell lachend. »Für mich war es aber ein Kompliment. Meine Kunst soll ja nicht Licht darstellen, sie soll Licht sein. Licht ist ja nicht nichts, es ist eine Substanz – auch wenn man sich nicht unbedingt dagegenlehnen sollte.«

In scincm Krater hält er das genauso: Oft verwandelt er Licht in räumliche Erfahrung, er zieht das Ferne ins Nahe. Wie in einem Observatorium kann man sich hier fühlen, viele seiner Gänge und Röhren sind ausgerichtet am Universum, am Lauf der Sterne. Hier lässt sie sich am eigenen Leib erfahren: die ewige Wiederkehr des Immergleichen, eine kosmische Verlässlichkeit. An bestimmten Tagen jedenfalls, immer dann, wenn jene von Turrell vorausberechneten Konstellationen auftreten und zum Beispiel die untergehende Sonne in den einen Schacht, der aufgehende Mond in den anderen Schacht hineinleuchtet. Beider Licht lenkt er tief in den Berg hinein – und vereint sie auf einer mächtigen Marmorwand. Das kommt alle 18,61 Jahre vor, für jeweils zwei, drei Minuten.

Das Spiel mit dem Seltenen reizt Turrell; nur zu gern macht er sich das Unwahrscheinliche zu eigen – und es damit wahrscheinlich. »Wir leben ja viel zu eng«, sagt er und weist hinauf an die Decke einer runden Kammer, wo durch ein Dachauge der Himmel hereinschaut; erste Sterne zeigen sich gerade. »In den Städten sieht man das nicht mehr, da ist so viel Licht in der Atmosphäre.« Hier aber, in der Wüste, öffnet sich nachts das Weltall. »Das ist doch ein Raum, der zu uns gehört, den unsere Augen durchwandern können, visuelles Territorium.« Eines Tages will er einen Tunnel bauen, der das Licht der Venus einfängt. »Und dann werde ich an der Wand meinen Schatten sehen, einen bärtigen Venusschatten.«

Wir setzen uns auf die runde Bank in der runden Kammer und schauen noch ein wenig zum Dachauge hinaus. Das Abendblau ist jetzt ganz tief und klar und scheint immer tiefer und klarer zu werden. Man kann nicht davon lassen, sich in dieses Blau hineinzusehen, bis plötzlich etwas Seltsames geschieht. Das Blau springt herab, füllt mit einem Mal das Deckenauge, fast meint man, es sauge sich ein wenig hinein zu uns in die Kammer. Das Ferne rückt nah, der Himmel kehrt auf Erden ein. Und auch wenn das nur ein Bild ist, eine Täuschung – nur zu gerne mag man ihr glauben.

Turrells Krater ist eben nicht nur streng und technoid. Etwas Weihevolles liegt über vielen der Räu-

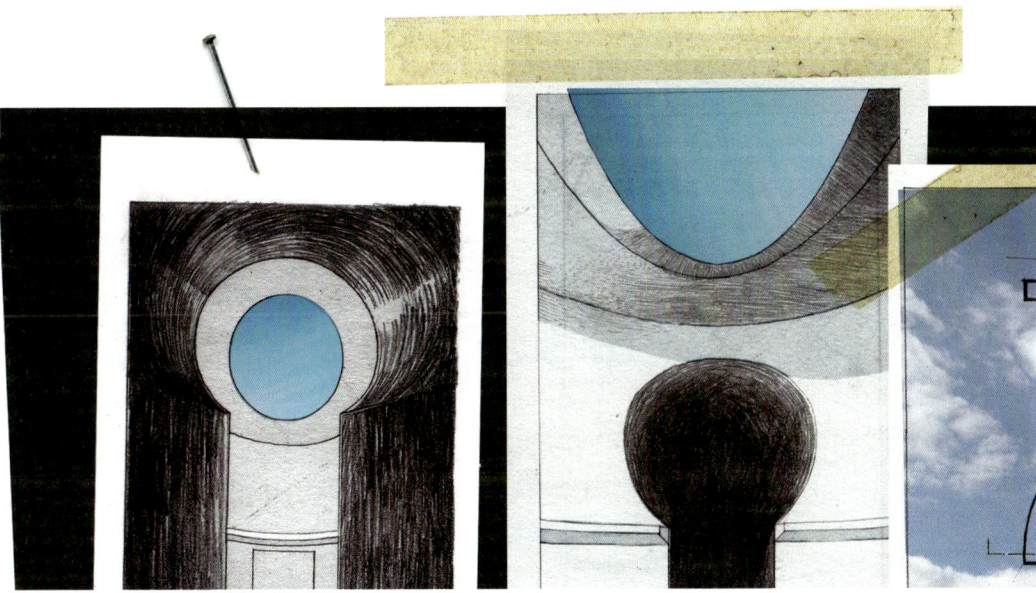

me. Würden singende Glaubensbrüder die Gänge entlangwandeln, hielte man das Kunst- für ein Kultwerk. Und auch in dieser Zwittrigkeit, in der Nähe von Auf- und Verklärung, weist Turrells Vulkanskulptur weit zurück in die Urzeit. Die ersten Künstler, so erzählen es viele Anthropologen, waren als Schamanen begehrt, die Kunst galt als Mittel der Beschwörung, der Ekstase, des Zaubers. Eine höhere Wahrheit schien sich in den Bildern zu zeigen, manchmal wurden sie angebetet, als wären sie nicht menschen-, sondern gottgemacht.

Später sollten auch die Griechen manche ihrer Kunstwerke wie lebendige Wesen verehren. Die Skulpturen hielt man nicht selten für die Götter selbst. Manchen war das unheimlich, dem Theologen Paulus zum Beispiel, einem Missionar des Urchristentums, der vor gut 2000 Jahren lauthals gegen derlei Götzendienste protestierte. Doch der Glaube daran, dass im Bild eines Heiligen auch etwas vom Heiligen selbst zugegen sei, hielt sich lange, in Teilen der katholischen Kirche bis heute. Nicht zuletzt waren auch die Künstler oft glücklich, wenn man ihren Werken übersinnliche Kräfte beimaß. Noch in der Moderne wurde immer wieder die grundstürzende, weltverwandelnde Macht der Kunst angerufen. Der Mensch werde ein anderer, ein besserer, wenn er sich nur innig in die Werke der Künstler vertiefe, das war von Wassily Kandinsky ebenso zu hören wie von Marc Rothko. Und wer einen Joseph Beuys dabei erlebte, wie er sich selbst zum Schamanen stilisierte, dem konnte es vorkommen, als habe sich über all die vielen Jahrtausende nicht sonderlich viel verändert.

Auch Turrells Krater wurde von manchen zum neuen Zentrum der Erweckung erkoren. Wenn nur ein jeder Mensch die Erfahrung dieses Kunstwerks machen könnte, sagte der italienische Sammler Graf Panza di Buomo, »dann brauchte man keine Drogen mehr, niemand würde sich umbringen, und die Gewalt würde enden«. Turrell kann da nur in sich hineinlachen. »Ich bin als Quäker aufgewachsen«, sagt er. »Da ist man gegen so etwas gefeit.« Wenn er mächtige Steinblöcke mitten in seine Kraterschüssel stellt, dann nicht als Altäre. Sie sind ihm Mittel der Sinnenschulung, er möchte, dass wir uns rücklings auf die Blöcke legen, den Kopf weit in den Nacken gelegt, den Kraterrand fest im Blick – und abermals unseren Augen nicht trauen. Denn mit einem Mal wölbt sich der Himmel, wie er sich sonst nie wölbt, wie eine mächtige Domkuppel.

Turrell führt uns in Platons Höhle, an die Grenzen der Wahrnehmung

»Da sehen Sie es«, sagt Turrell stolz. »Wir Menschen sind es, die dem Himmel seine Farbe und seine Gestalt verleihen. Nicht die Formen schaffen uns, wir schaffen die Formen.« Immer wieder stößt uns sein Krater auf diese Wahrheit: dass wir oft nichts sehen, wenn wir sehen. Einen Gang laufen wir entlang, einer kreisrunden Himmelsöffnung entgegen; nur um ganz am Ende zu erkennen, dass der Kreis eine Ellipse ist, die allein in unserer Wahrnehmung als Kreis erschien, weil wir uns ihr schräg von unten näherten. So ist es oft bei Turrell: Er führt uns in die Höhle Platons.

In einer Erzählung schilderte der Philosoph vor fast 2400 Jahren, was heute immer noch das Thema vieler Künstler ist: Er beschrieb die Menschen als gefesselt in einer Höhle sitzend, mit dem Rücken zum Eingang, sie sehen nichts als die Schatten dessen, was sich außerhalb der Höhle ereignet. »Auf keine Weise also können diese irgendetwas anderes für das Wahre halten ...«

Doch nie würde sich Turrell mit der Erkenntnis begnügen, dass wir nichts erkennen. Das Begrenzte unserer Wahrnehmung interessiert ihn weniger als das Entgrenzen, für ihn ist sein Kunstkrater ein Ort, an dem sich der Blick weitet. »Wir sind nicht gemacht für das scharfe, harte Licht«, sagt er. »Der

Mensch braucht die Höhle, das Zwielicht.« Deshalb führt er uns in Räume, die uns blind machen, so dunkel sind sie. Er macht uns Überbelichtete zu Unterbelichteten, und nur wer in Ruhe abwarten kann, erfährt, wie die Pupillen sich öffnen und das Undurchdringliche sich in uns aufhellt. Gern darf man das metaphorisch nehmen: als Hoffnung darauf, dass selbst in größter Dunkelheit noch Licht ist.

»So richtig dunkel wird's ja hier draußen nie«, sagt er, als wir zurück zum Ausgang gehen und schließlich wieder am Fuß des Kraters stehen. »Sehen Sie, wie hell die Sterne sind, ihr Licht ist immer da.« Auch als der Mensch die Kunst erfand, war es da, und oft hat er seither gen Himmel geschaut, sich fragend, woher das Licht nur kommt und wie es sein kann, dass etwas, das selbst nicht zu sehen ist, so vieles sichtbar macht.

Auch auf diese Weise kam der Mensch zur Kunst: Seine Angst wollte er bannen, eine bleibende Spur in der Zeit wollte er hinterlassen, wollte Schöpfer sein und nicht nur Geschöpf. Und er wollte wissen, wie das alles zusammenhängt: Er setzte auf den Schein der Kunst, um zu erkennen, was sich hinter dem Schein der Wirklichkeit verbirgt.

»Na ja«, sagt Turrell trocken und steigt in seinen Jeep. »Was sich hinter dem Licht verbirgt, das ist mir schon klar. Zerstörung, was sonst. Wo nichts verbrennt, da kann nichts leuchten.« Kurz hält er inne und setzt seinen Hut ab. »Das Seltsame ist nur, ohne Licht wäre auch alles Zerstörung, die Welt könnte nicht sein.« Er lässt die Scheinwerfer anspringen, und wir sind wie geblendet, alles ist fort, was wir eben noch sahen, der Himmel, die nachtdunkle Wüste. »Licht erhellt nicht, Licht verfinstert«, sagt Turrell und tritt aufs Gas. Ein letzter Blick zurück, doch da ist keine Kunst mehr. Nur Staub, so weit das Auge reicht.

Schönheit, Täuschung, Ruhe, Unruhe – 25 Ansichten zur Kunst

Herbert Achternbusch (Jahrgang 1938): »Kunst kommt nicht, wie der Kulturminister meint, von Können, sondern von Kontern. Aber es kann auch von Kunsthonig kommen.«

Max Liebermann (1847–1935): »Ich bin immer noch der Meinung, daß Kunst von Können herkommt; wäre sie von Wollen, hieße sie Wulst.«

Joseph Beuys (1921–1986): »Kunst kommt von Kunde, man muss etwas zu sagen haben, auf der anderen Seite aber auch von Können, man muss es auch sagen können.«

Edgar Degas (1834–1917): »In der Kunst ist es anders als beim Fußballspiel. In Abseitsstellung erzielt man die meisten Treffer.«

Max Beckmann (1884–1950): »Kunst dient der Erkenntnis, nicht der Unterhaltung, der Verklärung oder dem Spiel.«

Georges Braque (1882–1963): »Die Kunst ist da, um die Unruhe zu nähren, die Wissenschaft macht sicher.«

Kurt Schwitters (1887–1948): »Kunst ist Form. Formen heißt entformeln.«

Albrecht Dürer (1471–1528): »Dann wahrhaftig steckt die Kunst in der Natur, wer sie heraus kann reißen der hat sie.«

Honoré de Balzac (1799–1850): »Es ist nicht Aufgabe der Kunst, die Natur zu kopieren, sondern sie auszudrücken!«

Marcel Duchamp (1887–1968): »Ich sage bloß, die Kunst ist eine Täuschung.«

Pablo Picasso (1881–1973): »Wir alle wissen, dass Kunst nicht die Wahrheit ist. Kunst ist eine Lüge, die uns die Wahrheit begreifen lehrt, wenigstens die Wahrheit, die wir als Menschen begreifen können.«

Markus Lüpertz (Jahrgang 1941): »Kunst ist, was man nicht begreift.«

Theo van Doesburg (1883–1931): »Mit Kunst kann man sich nicht die Zähne putzen.«

Giorgio de Chirico (1888–1978): »Früher waren die Maler verrückt und die Bilderkäufer clever. Heute ist es umgekehrt.«

Michelangelo Buonarroti (1475–1564): »Solange der Künstler arbeitet, um ein reicher Mann zu werden, wird er immer ein armseliger Künstler bleiben.«

Paul Cézanne (1839–1906): »Der Geschmack ist der beste Richter. Er ist selten. Die Kunst wendet sich nur an eine äußerst beschränkte Zahl von Individuen.«

Max Ernst (1891–1976): »Kunst hat mit Geschmack nichts zu tun. Kunst ist nicht da, daß man sie schmecke.«

Vincent van Gogh (1853–1890): »Ich kenn noch keine bessere Definition für das Wort Kunst als diese: Kunst – das ist der Mensch.«

KO Götz (Jahrgang 1914): »Kunst ist das, was in den Museen hängt.«

Claes Oldenburg (Jahrgang 1929): »Kunst soll etwas anderes tun, als im Museum auf dem Hintern zu sitzen.«

Karl Marx (1818–1883): »Kunst ist nicht ein Spiegel, den man der Wirklichkeit vorhält, sondern ein Hammer, mit dem man sie gestaltet.«

Novalis (1772–1801): »Die Kunst ist dazu da, die Wunden zu heilen, die der Verstand schlug.«

Ad Reinhardt (1913–1967): »Kunst ist Kunst-als-Kunst. Und alles andere ist alles andere.«

Seneca (4 v. Chr.–65 n. Chr.): »Keine Kunst ist, was durch Zufall seinen Zweck erfüllt.«

Marshall McLuhan (1911–1980): »Alles ist Kunst, solange man damit durchkommt.«

»Huldigungsprosa«

Wer sind denn die besseren Kunstforscher: Künstler oder Bildwissenschaftler?

Künstler haben im Allgemeinen ein viel besseres Gespür für das, was in der Kunst aktuell passiert. Die Stärke der Wissenschaftler liegt hingegen darin, die bereits entdeckte Kunst einzuordnen und das jeweils Spezifische an ihr zu verbalisieren. Leider gibt es zu wenige Wissenschaftler, die sich um eine Bewertung zeitgenössischer Kunst bemühen. Sie überlassen dies oft den Akteuren des Kunstmarkts.

Der größte Irrtum Ihrer Disziplin?

Man hat die Kunst oft überschätzt, hat ihr einerseits zugetraut, die Mentalität ihrer Zeit besser als alles andere auszudrücken. Andererseits hat man sie davon freigesprochen, von den Ideologien der jeweiligen Zeit geprägt und deformiert zu sein. So galt sie, in idealistischer Übertreibung, als positiver Ausnahmezustand, was eine nüchterne Forschung beeinträchtigt hat. Statt kritisch-distanzierter Analyse, wie man sie von der Wissenschaft zu erwarten hat, wurde – und wird zum Teil bis heute – häufig Huldigungsprosa geboten.

Auf welche Einsicht wartet Ihre Forschergemeinde am sehnsüchtigsten?

Das Internet hat Zugänglichkeit und Rezeption von Bildern stark verändert und neue Bildsprachen hervorgebracht. Portale wie YouTube oder Flickr, auf denen jeder seine Bildproduktionen öffentlich machen kann, sind zu unerschöpflichen Quellen für jegliche Form von Kulturwissenschaft geworden. Es ist die Aufgabe der Kunst- beziehungsweise Bildwissenschaft, Analysetechniken für diese ersten wirklich demokratischen Bilderpools bereitzustellen.

Warum ist es wichtig, über die Macht der Bilder nachzudenken? Sind sie denn überhaupt mächtig?

Für sich allein bedeutet ein Bild alles oder nichts, hat also noch keine Macht. Wem es jedoch gelingt, ein Bild durch einen Kontext zum Sprechen zu bringen, der kann damit starke Emotionen auslösen oder bestimmte Ansichten und Haltungen propagieren. Über die Macht der Bilder nachzudenken gehört somit zum ewigen Prozess der Aufklärung.

WOLFGANG ULLRICH
Professor für
Kunstwissenschaft an
der Hochschule
für Gestaltung Karlsruhe

Mehr zum Thema:

Nigel Spivey: Wie Kunst die Welt erschuf
Philipp Reclam 2006; 288 S.

Ulrike Gehring: Bilder aus Licht
James Turrell im Kontext der
amerikanischen Kunst nach 1945;
Kehrer 2006; 351 S.

Wolfgang Ullrich: Was war Kunst?
Biographien eines Begriffs;
Fischer 2005; 288 S.

Hanno Rauterberg: Und das ist Kunst?!
Eine Qualitätsprüfung;
S. Fischer 2007; 304 S.

LITERATUR

ROBERT WALSER
schrieb den »Gehülfen«
und verschwand
im »Bleistiftgebiet«

PATRICIA HIGHSMITH
machte aus Krimis litera-
rische Ereignisse

Schuf mit »Finnegans
Wake« Unübersetzbares:
JAMES JOYCE

Große Russen:
**FJODOR M.
DOSTOJEWSKI**
und
**ALEXANDER S.
PUSCHKIN**
(hinten)

Die ganze Welt, das ganze Leben

Oben Schiller im Museum, unten Kafka im Keller –
das Deutsche Literaturarchiv in Marbach zeigt in seinen
Sammlungen und Ausstellungen die Dichtung
als das Gedächtnis der Menschheit

VON ULRICH GREINER

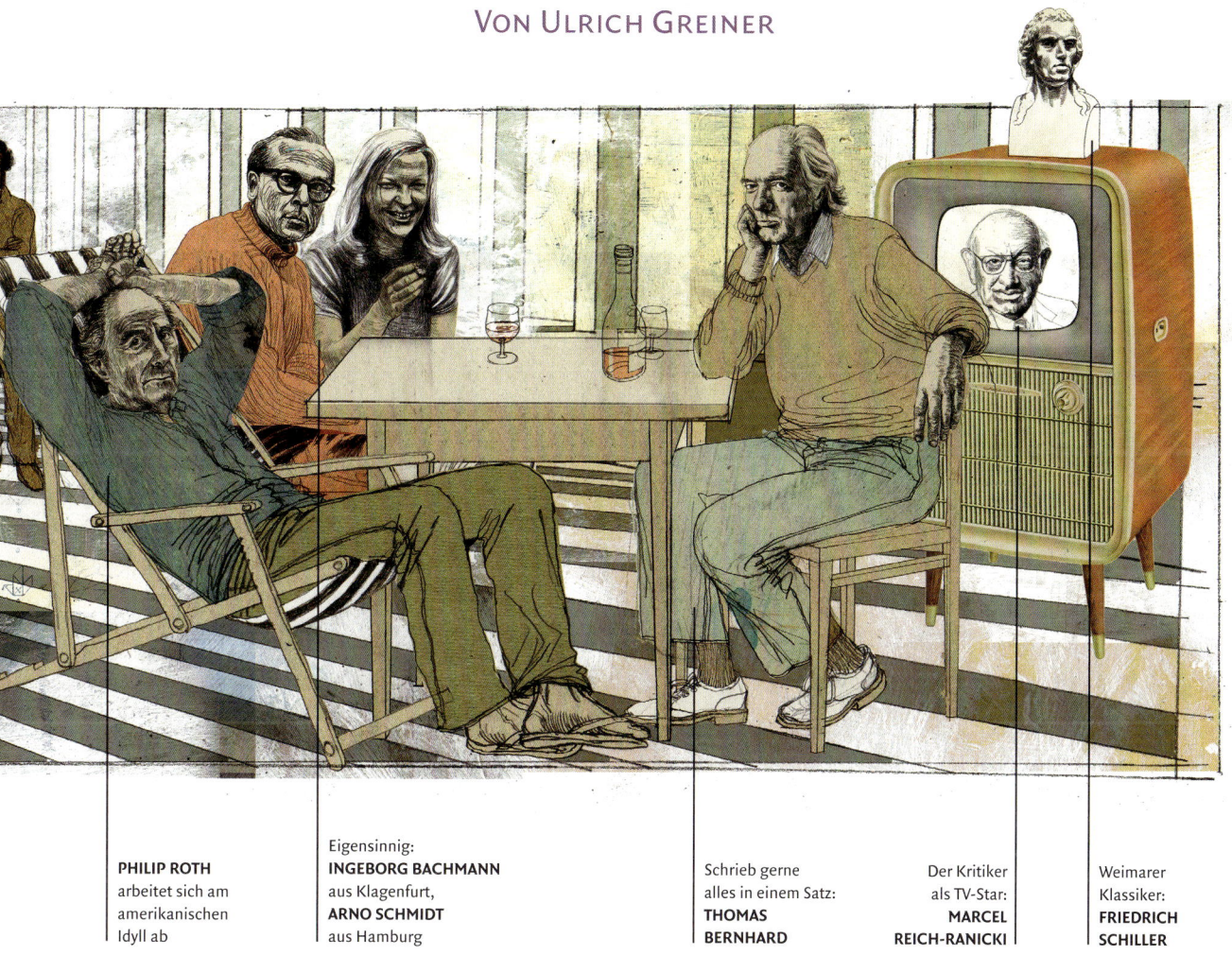

PHILIP ROTH
arbeitet sich am
amerikanischen
Idyll ab

Eigensinnig:
INGEBORG BACHMANN
aus Klagenfurt,
ARNO SCHMIDT
aus Hamburg

Schrieb gerne
alles in einem Satz:
**THOMAS
BERNHARD**

Der Kritiker
als TV-Star:
**MARCEL
REICH-RANICKI**

Weimarer
Klassiker:
**FRIEDRICH
SCHILLER**

Was ist Literatur? Bevor wir die Lexika befragen, fahren wir lieber nach Marbach. Das ist ein nettes Städtchen am Neckar und wäre nicht der Rede wert, wäre nicht Schiller hier geboren, was insofern unübersehbar ist, als oben auf dem Hügel sein Denkmal und das 1903 errichtete Schiller-National-museum stehen. Daneben (in der Hauptsache: darunter) liegt das Deutsche Literaturarchiv, das sei-nesgleichen sucht. Man muss sich dieses Archiv als ein riesiges Bergwerk vorstellen, dessen Gänge und Stollen tief in den Neckarhang hineingetrieben wurden.

Oben also der weit ins Land schauende Dichterfürst von nationaler Dimension, unten die licht-scheuen Magazine mit ihren Millionen von Büchern, Briefen, Handschriften, Zetteln und Lebens-zeugnissen. Sie enthüllen das dunkle Treiben der Sinnsucher in den Wüsteneien des Daseins, der Entdeckungsreisenden im Dickicht der Seele.

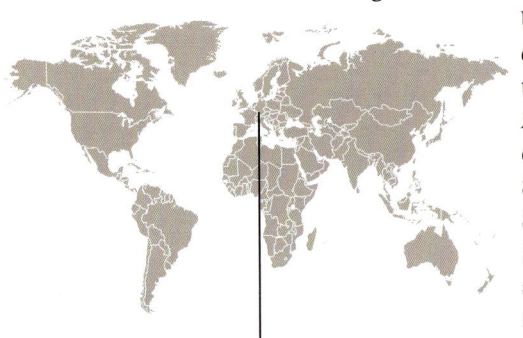

Und schon haben wir die zwei Seiten der Literatur: ihre staatstragende oder staatskritische, mithin öffentliche Funktion und ihre unsichtbare, unterminierende, oft verstörende. Einerseits gibt es den Schriftsteller als Agenten ohne Auftrag, der die eigene, oft schmerzliche Sache verfolgt und damit nicht selten die von uns allen; andererseits den erzieherisch tätigen Seher und Mahner, der sich in den Dienst einer moralischen Idee stellt.

Schiller zum Beispiel. Seine *Briefe über die ästhetische Erziehung des Menschen* (1795) sind eine wahrhaft beflügelnde Schrift mit weltverbessernder Ab-sicht. Der Philosoph Odo Marquard hat einmal bemerkt, Schiller habe »das politische Scheitern ästhetisch überlebt«. Dies in der Tat war die große Idee der deutschen Klassik und Romantik: den politisch zugemau-erten Horizont mit der Kraft der Fantasie aufzubrechen – »tatenarm und gedankenvoll«, wie Hölderlin kritisch bemerkt hat. Aber was für Gedan-ken! Auch Ideen können Taten sein.

Der Entzauberung des Menschheitsprojekts, das man in der Französi-schen Revolution zunächst erblickt hatte, folgte nun die Verzauberung der Welt mit den Mitteln der Poesie. Eichendorff hat diese Chance ein für alle-mal in seinem Gedicht *Wünschelrute* festgehalten: »Schläft ein Lied in allen Dingen, / die da träumen fort und fort. / Und die Welt hebt an zu singen, / triffst du nur das Zauberwort.«

Aus der romantischen Idee entstand die Nationalliteratur

Es war aber die romantische Idee, die damals ganz Europa ergriff, mehr als nur ein Handlungsersatz. Wenig später beschleunigte sie die Entste-hung der Nationalliteraturen, und ähnlich wie Schiller in den Augen der Deutschen die Kulturnation begründete, geschah es mit Puschkin und Russland, mit Mickiewicz und Polen, mit Manzoni und Italien – um drei Beispiele aus der romantischen Epoche zu nennen.

Es fällt auf, dass diese Helden der Nationalliteratur von den Lesern der Nachbarstaaten oft nicht in derselben Weise geschätzt werden. Mickie-wicz zum Beispiel, der seinen Landsleuten kulturelles Selbstbewusstsein

MARBACH AM NECKAR
In Schillers Geburtsstadt steht das Deutsche Literaturarchiv, wo zahlreiche Schätze deutscher Dichtung lagern. Zum Beispiel das Originalmanuskript von Franz Kafkas Roman »Der Process«

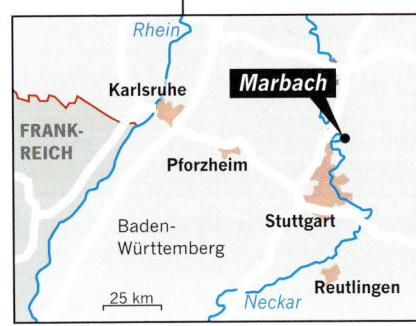

gab, als das dreigeteilte Polen keine Staatsnation mehr war, ist in Deutschland nahezu unbekannt. Auch Puschkin spielt hier nur eine geringe Rolle. Trifft man einen gebildeten Russen und lässt unbedacht den Namen Puschkins fallen, so erlebt man nicht selten, wie dem Gesprächspartner die Tränen in die Augen schießen. Von Manzoni wiederum heißt es, sein Roman *Die Brautleute* (1827) habe den Grundstein der italienischen Hochsprache gelegt. Auch wenn das für einen Nichtitaliener keine übermäßige Bedeutung haben mag, so wird er doch sehen, dass dies ein bewegendes Buch ist, das von der Grausamkeit der Kriege und politischer Machenschaften erzählt, vor allem aber von einer Liebe, die all das heil übersteht.

Die Übersetzung des ästhetischen Projekts ins Politische (man kann auch sagen, die Politisierung des Romantischen) hat oftmals fatale Wirkungen gehabt, vor allem in Deutschland, und in Marbach liegt der Nachlass zweier Schriftsteller und Philosophen, von Martin Heidegger und Ernst Jünger, deren überragendes Werk vor Augen führt, wie durchlässig die Grenze zwischen geistiger Größe und politischem Irrtum oft sein kann. Das ist kein deutsches Dilemma allein. Der Norweger Knut Hamsun, dessen Werke – sein erster Roman *Hunger* (1890) war ein Geniestreich – zu den größten der Weltliteratur zählen, sah in Hitler eine Verheißung, und ähnlich fatale Sympathien kann man Ezra Pound nachsagen, einem der bedeutendsten Dichter der USA.

Allein schon wegen solcher Irrungen wird man nicht bezweifeln können, dass Literatur ins öffentliche Leben hineinwirkt, manchmal sogar gegen die Absicht des Autors oder ohne sein willentliches Zutun. Kafkas Roman *Der Process* (1915) ist ein Buch, dessen Bedeutung für das 20. Jahrhundert (und darüber hinaus) gar nicht hoch genug eingeschätzt werden kann. Im Marbacher Literaturmuseum der Moderne, jenem anmutigen Tempel in filigranem Weiß, den David Chipperfield neben das Schiller-Museum gesetzt hat, liegt Kafkas Manuskript, das mit dem berühmten Satz beginnt: »Jemand musste Josef K. verleumdet haben, denn ohne dass er etwas Böses getan hätte, wurde er eines Morgens verhaftet.« Das ist der Anfang totalitärer Systeme, der Anfang einer Geschichte, die keinen Erzähler im hergebrachten Sinn mehr kennt, sondern kalt, anonym ins Zentrum eines damals noch unerhörten Vorgangs führt. Kafka wollte nichts beweisen, sondern er unternahm Forschungsreisen ins Unbekannte, in die »ungeheure Welt« des eigenen Kopfs. Auch das, gerade das ist Literatur.

Der kleine Stapel schütterer Blätter im Quartheft-Format (etwa DIN A5) liegt in jenem Raum, der die Dauerausstellung des Museums beherbergt und der Schatzkammer eines Zwergenkönigs gleicht, wo in den rahmenlosen Glasvitrinen zahllose LED-Lichter ein kaltes Glimmen erzeugen, das gerade ausreicht, um Kafkas elegante und entschlossene Tintenschrift entziffern zu können. Der Raum ist die sichtbare Fortsetzung der unsichtbaren Verliese Marbachs, und wer ihn kennt, etwa seine Erzählungen aus der Perspektive eines Maulwurfs (*Der Bau*) oder einer Maus (*Josefine, die Sängerin*), spürt, dass Kafka in dieses Bergwerk hineinpasst. Jedenfalls wäre ein Denkmal an der Seite Schillers ziemlich unpassend. Kafka, der einer bürgerlichen Familie jüdischer Herkunft entstammte, lebte in Prag, in jener deutschsprachigen Enklave, aus der so viele Dichter gekommen sind, Rilke etwa, Franz Werfel, Max Brod. Mit den Dienstboten des Hauses und den Händlern an der Ecke sprach er tschechisch. Sein Werk verkörpert in bestem Sinne das, was man Weltliteratur nennt.

Am Anfang war die mündliche Überlieferung, sie brauchte das Versmaß

Was nun die Weltliteratur betrifft: Ihr Ort ist eben die Welt und kein bestimmter Ort, während Marbach in vorbildlicher Weise die Traditionen lediglich der deutschen Literatur erschließt. Immerhin ist der Begriff Weltliteratur deutschen Ursprungs (er stammt von Goethe), und er meint die Universalität der Literatur, die grundsätzlich keine Grenzen kennt. Aber Marbach widmet sich einem modernen Verständnis von Literatur, was bedeutet, dass hier das Papier (als Manuskript, als Buch) die zentrale Rolle spielt, neuerdings ergänzt durch Fotos, Filme, Tondokumente und elektronische Speichermedien.

Man muss sich aber, wenn man von Literatur redet, vor Augen halten, dass sie nicht ans Buch gebunden ist, nicht ans Papier, an das Pergament, an den Stein, nicht einmal an die Schrift. Der Ursprung der Literatur ist die mündliche Erzählung, und jeder, der das Glück hatte, in seinen Kindheitstagen Geschichten, Märchen, Familienanekdoten von den Eltern oder Großeltern gehört zu haben, weiß, was das heißt. Die mündliche Überlieferung stand am Anfang, und selbst später noch, als die Schrift hinzukam und man begann, das Überlieferte aufzuschreiben, spielte das Mündliche die Hauptrolle, denn Bücher gab es nicht, und lesen konnten nur sehr wenige. Das ist der Grund für die heute ungewöhnlich wirkende Verserzählung, wie sie uns in den homerischen Epen (die *Ilias*, die *Odyssee*) überliefert ist und wie wir sie aus den Epen des Mittelalters kennen, aus dem *Nibelungenlied* oder aus dem *Parzival* des Wolfram von Eschenbach (um nur zwei deutsche Beispiele zu nennen).

Wer je das Pech hatte (man kann es auch eine Chance nennen), Texte auswendig lernen zu müssen, weiß, wie unendlich leichter es ist, sich an einem Versmaß oder Endreim festhalten zu können. Einen Prosatext auswendig zu lernen ist wirklich eine Mühsal. Im Zeitalter der Schriftlichkeit spielte das Versmaß als Gedächtnisstütze keine große Rolle mehr, geriet sogar in Verdacht. Es war Johannes von Tepl, der um 1400 seinen Traktat *Der Ackermann aus Böhmen* in einfacher Prosa verfasste. Der Grund dafür liegt nicht allein in der Tatsache, dass es sich hier um das einem Gerichtsverfahren ähnelnde Streitgespräch zwischen einem Bauern und dem Tod handelt, sondern vor allem in einer neuartigen Ästhetik: Sie verzichtet zugunsten der Wahrheit auf Schönheit. In dem von Gott moderierten Streit geht es darum, dass der Bauer, eben der Ackermann aus Böhmen, den Tod in die

Schranken fordert, weil der ihm die geliebte Frau genommen hat. Der Tod ist zunächst ungehalten, unwillig zu einem Disput, aber dann sagt er sinngemäß: Weil der Ackermann nicht in Versen spreche, schließe er daraus, dass jener es ernst meine.

Das Neue daran ist die Empfindung, dass die schöne, sich selbst genügende und zuweilen in sich selbst verliebte Form, wie sie vom Reim- und Metrikzwang nahegelegt wird und wie sie jahrhundertelang praktiziert wurde, den fundamentalen, existenziellen Fragen ausweiche, dass sie nicht mehr geeignet sei, zum Kern der Wahrheit vorzudringen. Denn die Wahrheit sei ungereimt, krude, und wer bloß schöne Reime liefere, verfehle sie. Dieser Gedanke ist dann viel später von den Dichtern der modernen Lyrik aufgegriffen und radikalisiert worden.

Nur der erzählende Mensch ist ein Mensch. Und nur der erzählte

Wenn also der Ursprung der Literatur das Erzählen ist, kann man weiter fragen: Was ist der Ursprung des Erzählens? Der Schriftsteller Ludwig Harig hat einmal gesagt: Nur der erzählende Mensch sei ein Mensch. Und nur der erzählte Mensch sei ein Mensch. Indem wir etwas erzählen, geben wir unserer Erfahrung eine Form, dem Leben einen Sinn. Das etwa tun die Ursprungsmythen der Menschheit, wie wir sie aus allen Kulturen kennen. Die Erzählungen von der Entstehung der Welt und vom Kampf der Götter untereinander deuten das Dunkel des eigenen Herkommens und die Unfassbarkeit menschlicher wie natürlicher Gewalt. Oft haben diese frühen Texte magischen Charakter. Sie wollen, wie es die *Merseburger Zaubersprüche*, eines der frühesten Dokumente der deutschen Literatur, vor Augen führen, mit Hilfe des Wortes die Wirklichkeit bannen.

Man glaube nicht, das Magiertum habe sich in der Neuzeit erledigt. Das Marbacher Museum zeigt just in diesem Sommer die Ausstellung *Das geheime Deutschland*. Sie gilt dem Dichter Stefan George und jenem Kreis von Bewunderern, Freunden oder Ministranten, die sich seinem Führungsanspruch unterwarfen. Man tritt in den dunklen Raum und steht wahrhaft vor Golgatha, vor einer Schädelstätte, wo sich in die Tiefe 200 Porträtskulpturen staffeln. Einige zeigen Freunde, vor allem die geliebten Knaben, die meisten aber den Meister höchstselbst, die tiefen Augen, die mächtige Nase, die ausgeprägten Wangenknochen, die herrische Haltung. Der Dichter bedarf hier der Schrift oder des Buches nicht mehr, hier gilt das gesprochene, aber längst verklungene Wort, hier behauptet sich nur noch die Pose. Und es ist nicht ohne Komik, unter der abblätternden Farbe den weißen Gips hervorleuchten zu sehen. Man fühlt sich geneigt, George vor George zu schützen und daran zu erinnern, dass er einige der schönsten deutschen Gedichte geschrieben hat: »Komm in den totgesagten park und schau: / Der schimmer ferner lächelnder gestade – / Der reinen wolken unverhofftes blau / Erhellt die weiher und die bunten pfade.«

Ob oben oder unten, oben, wo das kleine Schloss des Schiller-Museums im Licht der Sonne strahlt, oder unten, wo rund 1200 Nachlässe in grünen Kästen und in kilometerlangen Rollregalen unterm blassen Neonlicht ruhen wie aufgebahrt: Der Geist weht, wo er will, und keiner, selbst der größte Dichter nicht, ist Herr seiner Unsterblichkeit. Jede Zeit entdeckt bestimmte Bücher neu und vergisst dafür andere. Damit aber das Vergessen nie endgültig sei, gibt es die Bibliotheken und die Archive. Sie bilden das Gedächtnis der Menschheit, und die Literatur ist die wirksamste Form, in der dieses Gedächtnis verfasst ist. Es enthält all das, was Menschen je gedacht, fantasiert, erhofft und erlitten haben: Reisen ins *Herz der Finsternis*, wie der berühmte Roman von Joseph Conrad heißt (1902), oder ins Zentrum des Wahnsinns wie Edgar Allan Poes *Arthur Gordon Pym* (1838); Erkundungsfahrten in die Welt feinster Empfindungen wie bei Jane Austen oder Virginia Woolf; Kondolenzbesuche beim Bürgertum wie Thomas Manns *Buddenbrooks* (1901) oder beim Adel wie Dostojewskis *Brüder Karamasow* (1881). Und immer, immer die Liebe, unglücklich zumeist: Fontanes *Effi Briest*, Flauberts *Madame Bovary*, Margaret Mitchells *Vom Winde verweht*. Die ganze Welt, das ganze Leben ist in der Literatur aufgehoben.

Je mehr Vergangenheit aber sich hinter uns auftut, umso gewaltiger werden die Bibliotheken überall, umso mehr wächst das Marbacher Archiv. Jan Bürger, einer der Mitarbeiter der Handschriftenabteilung, hat kürzlich Elisabeth Eich besucht, die Witwe des 1998 verstorbenen Dichters Clemens Eich. In dessen Nachlass fand sich ein ganzer Stapel kleiner Jahreskalender und Notizbücher seines Vaters Günter Eich.

In seinem Arbeitszimmer hütet Bürger diesen Schatz. Fast jeder Tag enthält ein mit winzigem Bleistift vermerktes Stichwort, darunter viele Namen aus der Gruppe 47, die Eich mitbegründet hat: »Johnson« steht da oder »Bachmann«. Man kann, sagt Bürger, mit Hilfe dieser Notizen das Netzwerk der Gruppe 47 und ihre Begegnungen rekonstruieren. Marbach wird diese Hefte erwerben, keine Frage. So wie kürzlich der Nachlass von Hilde Domin ins Archiv kam und der von Robert Gernhardt. Während normale Bergwerke sich allmählich erschöpfen, wird dieses immer reichhaltiger.

In einem der Notizbücher Günter Eichs, wohl aus den fünfziger Jahren, findet sich diese Bemerkung: »Geschichte – die fortschreitende Verwirklichung des Menschen. Seine Mitgift! Was ihn zur Tiefe befähigt, zerstört zugleich die Erde. Dieser ›Fortschritt‹ ist vielleicht zu hemmen, nicht zu hindern. Zivilisation als nihilistischer Akt.« Man sieht die modernitätskritische Haltung Günter Eichs und hat das Gefühl, sie sei sozusagen ganz grün. In der Literatur geht selten etwas für immer verloren.

Die Schrift ist 5000 Jahre alt, das älteste Werk knapp 4000 Jahre

Material der Literatur sind **Sprache** und **Schrift.** Man nimmt an, dass die Menschen seit etwa 200 000 Jahren sprechen können. Seitdem werden sie einander alles Mögliche erzählt haben. Diese Erzählungen wurden mündlich überliefert. Eine Schrift gibt es erst seit etwa 5000 Jahren. Als Schriftträger nutzte man zunächst Stein, Ton, Holz, Metalle, Tierhäute – und Papyrus.

Papier (abgeleitet von Papyrus) wurde in China Anfang des 2. Jahrhunderts nach Christus erfunden. Johannes Gutenberg entwickelte den mechanischen Druck um 1442, seitdem gibt es das **Buch,** wie wir es heute kennen.

Wie viele Sprachen gibt es? Je nach Definition zwischen 4000 und 6000, theoretisch also ebenso viele Literaturen. Aber nur ein kleiner Teil dieser Sprachen hat eine eigene literarische Kultur hervorgebracht. Die am meisten gesprochene Sprache ist **Chinesisch,** und China hat die älteste Literaturtradition. Auf Platz 2 folgt **Englisch,** in dieser Sprache werden heute die meisten der international verbreiteten literarischen Werke geschrieben. **Hindi** folgt auf Platz 3, aber viele Werke dieser Sprache sind uns kaum zugänglich, da sie selten übersetzt werden. An vierter Stelle kommt das **Spanische,** und in spanischer Sprache schreiben die meisten Schriftsteller aus Mittel- und Südamerika. Auf Platz 11 übrigens erscheint die deutsche Sprache.

Literatur nennt man heute alles Geschriebene, was erfunden oder gefunden ist und keinem unmittelbar sachlichen Zweck dient (wie etwa ein Lehrbuch oder eine Gebrauchsanweisung). Es handelt sich um **Fiktion.** Der Witz dabei ist, dass das Fiktive zuweilen wirklicher wirkt als das Wirkliche. Die Formen, in denen sich Fiktion mitteilt, sind Gegenstand wissenschaftlicher Abhandlungen. Man kann unterscheiden zwischen **Lyrik, Drama, Prosa.** Die Prosa wiederum kann man unterteilen in Märchen, Sage, Erzählung, Novelle, Roman. Es gibt aber noch viel mehr Untergruppen, und ähnlich ist es beim Drama und bei der Lyrik. Natürlich findet man jede Menge Überschneidungen, und um das Maß der Verwirrung vollzumachen, kann man literarische Charaktere benennen: **das Lyrische, das Dramatische, das Epische.** Es gäbe dann lyrische Dramen, epische Gedichte und dramatische Epen. Die gibt es ja auch. Aber man muss sich mit solchen Dingen nicht aufhalten. Der Anfang und das Ende der Literatur heißt: Lesen.

Lesen und Schreiben gelten heute als die Grundbedingung des literarischen Lebens, und das sind sie auch. Der Ursprung der Literatur aber ist das Erzählen, und erzählen kann auch der, der nicht zu schreiben vermag, zuhören kann auch der, der nicht zu lesen vermag. Insofern bedeutet die Beliebtheit der Hörbücher und auch der öffentlichen Lesungen eine **Wiederkehr der Mündlichkeit.**

Zu den ältesten literarischen Werken der Menschheit, sofern sie überliefert sind, zählt das **Gilgamesch-Epos,** eine anonyme babylonische Dichtung, die frühere sumerische Epen zu einem Werk von etwa 3000 Versen bündelt. Sie stammt in der frühesten Fassung etwa aus dem Jahr 1800 v. Chr. Das **Alte Testament** ist ähnlich alt: Seine verschiedenen Teile kommen aus der Zeit zwischen dem 12. und 3. Jahrhundert. Eines der ältesten Werke der deutschen Literatur ist das **Hildebrandslied** aus der zweiten Hälfte des 8. Jahrhunderts n. Chr. Von ihm sind lediglich 68 Zeilen erhalten.

Die Zeit der modernen Buchkultur beginnt Ende des 18. Jahrhunderts. Zwischen 1750 und 1800 verdoppelt sich die Zahl derer, die lesen können. Man liest nicht mehr ein Buch viele Male, wie es lange Zeit mangels Masse der Fall war, sondern viele Bücher einmal. In Deutschland erscheinen zwischen 1790 und 1800 zweieinhalbtausend Romantitel, so viele wie in den 90 Jahren zuvor.

Die **Frankfurter Buchmesse** präsentiert in jedem Jahr etwa 80 000 **Neuerscheinungen.** Davon fällt aber nur ein geringer Teil (vielleicht 15 Prozent) unter das Stichwort Literatur. Diese Menge entspricht etwa der Menge der Neuerscheinungen in Indien, dessen Bevölkerung mehr als zehnmal so groß ist. Da die Zahl der Leser sowie derer, die sich ein Buch leisten können, in der Dritten Welt ständig zunimmt, befindet sich der **Buchmarkt** dort in einem rasanten Wachstum, während der unsere schon aus demografischen Gründen stagniert. Aber trotz des Internets scheint das Buch längst nicht am Ende.

»Geprägt hat mich Kafka«

Sie verlegen nichts als Literatur. Warum?
Aus angeborener Leidenschaft, denke ich, das Literarische ist einfach mein Temperament. Ich lese, wähle aus und lektoriere jedes meiner Bücher in der Frankfurter Verlagsanstalt.

Können Sie sagen, was das ist, Literatur?
Literatur ist vollendeter Ausdruck des Lebens. Sie schafft aus dem rohen Material der Wirklichkeit eine in sich geschlossene und schlüssige Welt voll Schönheit und Trauer, eine Parallelwelt, die dauerhafter und wertvoller ist als alles Flüchtige und Zusammenhanglose des globalen Alltags.

Und was bedeutet Literatur für Sie selber?
Es gibt die kulinarisch-unterhaltende und die analytisch-erkennende Literatur, und ich selber optiere jederzeit für letztere, für Autoren wie Hermann Broch, Robert Musil, Marcel Proust, für Gegenwartsautoren wie Ernst-Wilhelm Händler und Bodo Kirchhoff. Damit wir immer wieder zu einem Bewusstsein darüber kommen, wovon uns die tolle Welt um uns herum täglich ablenken will.

Welcher Autor hat Sie am meisten geprägt?
Franz Kafka, über den ich mit den Worten Rilkes sagen kann: »Ich habe nie eine Zeile dieses Autors gelesen, die nicht auf das Eigentümlichste mich angehend oder erstaunend gewesen wäre.«

Ist das Verlegen heute schwieriger?
Durch das Buchhandels-Sterben und das Aufkommen großer Filialisten wird de facto der lukrativere Mainstream mit auswechselbaren Bestsellern bedient. Die Brutalität amerikanischer Marktgesetze wird sich spätestens dann bei uns durchsetzen, wenn die für die qualitativ hochstehende Literatur so wertvolle Preisbindung fällt.

Ist das Buch bedroht?
Nein. Das Buch ist als Objekt ebenso ideal und ausgereift wie ein Korkenzieher zum Öffnen einer Weinflasche: Es zählt, was drin ist. Solange es Menschen gibt, die beim Lesen noch Unterschiede machen und die Welt wirklich erkennend erleben wollen, wird es Literatur und Bücher geben.

JOACHIM UNSELD,
geboren 1953,
ist seit 1994 Verleger
der Frankfurter
Verlagsanstalt

Mehr zum Thema:

Der Neue Conrady:
Das große deutsche Gedichtbuch
Von den Anfängen bis zur Gegenwart;
Artemis & Winkler 2000; 1307 S.

Franz Kafka: Der Prozess
dtv/Bibliothek der Erstausgaben 1925;
320 S.

Ulrich Greiners Leseverführer
Eine Gebrauchsanweisung zum Lesen
schöner Literatur;
C. H. Beck 2005; 208 S.

MEDIEN

Steuerung für über
4000 Spiele:
DIE PLAYSTATION

4:42

PLAYBOY

Seit 1955 drahtlos:
TV-FERNBEDIENUNG

JUGENDSCHUTZ:
Verpixelte Badende
aus »Sims2«

Text über Bürotische, Bilder
von Marilyn Monroe:
Der erste »**PLAYBOY**« aus
dem Jahr 1953

»**KREISCH!**«:
Janet Leigh
unter der
Kinodusche
– in Hitchcocks
»Psycho«

Wir sind Schurken

Computerspiele sind heute das größte Massenmedium.
Die erfolgreichsten Neuerscheinungen kommen aus
der kalifornischen Stadt Irvine. Dort entwickelt die Firma Blizzard ihre
Kunstwelten: Droht den Spielern in ihnen eine reale Gefahr?

Von Götz Hamann

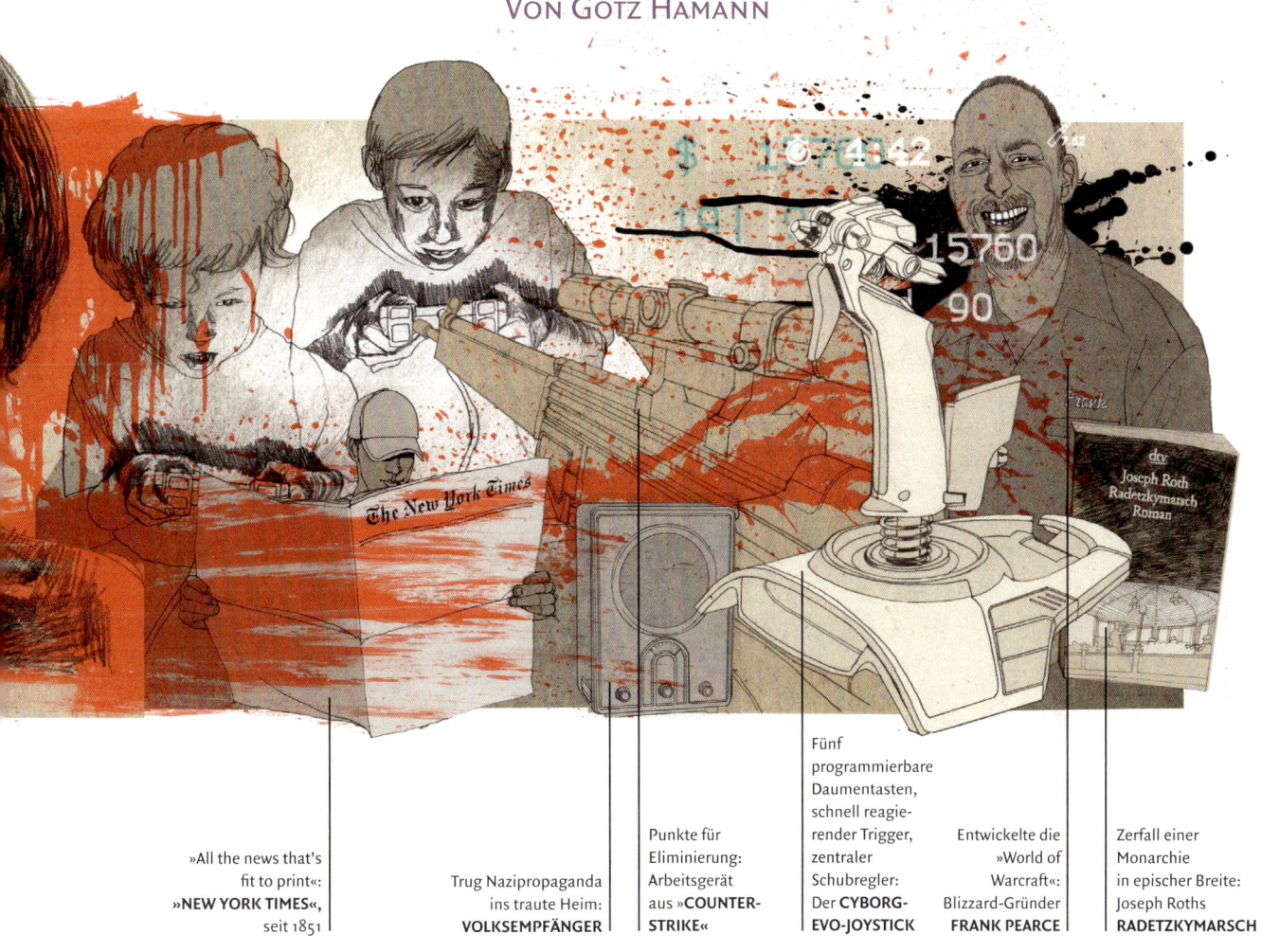

»All the news that's
fit to print«:
»NEW YORK TIMES«,
seit 1851

Trug Nazipropaganda
ins traute Heim:
VOLKSEMPFÄNGER

Punkte für
Eliminierung:
Arbeitsgerät
aus »**COUNTER-
STRIKE«**

Fünf
programmierbare
Daumentasten,
schnell reagie-
render Trigger,
zentraler
Schubregler:
Der **CYBORG-
EVO-JOYSTICK**

Entwickelte die
»World of
Warcraft«:
Blizzard-Gründer
FRANK PEARCE

Zerfall einer
Monarchie
in epischer Breite:
Joseph Roths
RADETZKYMARSCH

Die Büste ist grün wie Galle. Vier Meter hoch ragt sie empor, und ganz oben, auf einem stierigen Nacken, sitzt der kleine Kopf. Die Nase wurde sicher mehrfach zerschlagen und ist krumm zusammengewachsen. Nun schmückt sie ein goldener Ring, während aus dem unterbissigen Kiefer gelbe Hauer hervorstehen. Gewalttätig, einfach nur garstig sähe dieser Ork aus, wenn er nicht aus so traurig gutmütigen Augen herabblickte – wie ein Gefangener aus seinem Käfig.

Seine Bewunderer verstehen das nur zu gut. Sie stehen in schlottrigen Jeans und T-Shirts vor ihm, und viele von ihnen wissen offenbar nicht, wohin mit ihren langen Gliedmaßen. Heranwachsend und pickelig blicken sie zum Ork auf – aus ihren jungen, gutmütigen Augen.

Das traurige Wesen und seine Fans haben sich in Paris getroffen, doch eigentlich kommt der Ork aus einer anderen Welt. In Irvine in Kalifornien wurde er erschaffen, bekam von Entwicklern der Firma Blizzard seine Gestalt und seine Rolle im Computerspiel *World of Warcraft* – wo er nun haust. Seinen Fans ist er deshalb in der physischen Welt nie näher gewesen als in Paris, wo sich 10 000 auf einem Fantreffen drängten, 10 000 von 10,7 Millionen Menschen, die *World of Warcraft* spielen.

Zunächst kaufen Spieler ein Programm für ihren Computer, dann schließen sie ein Abonnement ab, das in Deutschland monatlich um die zwölf Euro kostet. Besitzen sie auch einen schnellen Internetzugang, ist der Weg frei, um durchs Internet in die *World of Warcraft* zu reisen.

Diese lehnt sich in vieler Hinsicht an den Roman *Der Herr der Ringe* von J. R. R. Tolkien an, und auch wer nur die gleichnamige Hollywood-Verfilmung von Peter Jackson gesehen hat, wird die Parallelen erkennen. Elfen, Menschen, Gnome, Orks und Zwerge bevölkern das Computerspiel, das ein anderes Erleben bietet als Kinofilm und Roman: Während der Leser Zeile für Zeile einer vorgegebenen Geschichte folgt und der Zuschauer sich der Bildgewalt eines Regisseurs unterordnet, greift der Computerspieler in die Handlung ein. Denn er ist der Ork. Der Elf. Der Zwerg. Er steuert seine eigene Figur und erschafft in einem vorgegebenen Rahmen seine eigene Geschichte.

Computerspiele sind das jüngste und am schnellsten wachsende Massenmedium, und als solches steht es in mal engerer, mal weiterer Verwandtschaft zu anderen Massenmedien unserer Zeit: näher an Kino, Fernsehen, Internet, entfernter von Büchern, Zeitungen, Zeitschriften und Radio. Eine moderne Gesellschaft wäre ohne Massenmedien gar nicht vorstell-

IRVINE
Die Stadt in Kalifornien ist der Geburtsort von Zwergen, Orks und Elfen. Hier entwickelt die Firma Blizzard Computerspiele wie World of Warcraft oder Diablo

USA

KALIFORNIEN

Irvine

Pazifischer
Ozean

200 km

MEXIKO

bar. Denn sie wird dadurch angeregt, mit sich selbst ins Gespräch zu kommen. Massenmedien stellen Gemeinschaft her und liefern den Stoff, über den die Menschen miteinander reden – weil sie das Gleiche gesehen, gehört oder gelesen haben. Wahrscheinlich wären moderne Gesellschaften nicht einmal entstanden, wenn es nicht mit dem Buchdruck eine erste Technik gegeben hätte, Literatur und politische Ideen industriell zu vervielfältigen. Nur so konnten sie in kurzer Zeit ein großes Publikum erreichen.

Mit dem technischen Fortschritt haben sich im Verlauf des vergangenen Jahrhunderts weitere Massenmedien entwickelt – mit ihrer jeweiligen Mischung aus Information und Unterhaltung. Als Letztes die Computerspiele mit einigen Hundert Millionen Anhängern bis weit ins Erwachsenenalter hinein. Technisch verbreitet werden sie auf CD-ROMs, auf Speicherkarten und über Computernetzwerke, auf die man übers Internet oder über Mobilfunknetze zugreifen kann. Gespielt wird auf Handys, auf tragbaren Spielkonsolen und Standgeräten, die an den Fernseher angeschlossen werden. Alternativ laufen viele Computerspiele auch auf dem heimischen PC.

Mit Spielen lässt sich längst mehr Umsatz machen als mit Musik und Kino

In der Spielewelt sind Fantasy-Abenteuer wie *World of Warcraft* echte Bestseller, Hits, Blockbuster, Straßenfeger, um es in der Sprache von Literatur, Musik, Kino und Fernsehen zu sagen. Populär sind auch Kampf- und Schießspiele wie *Crysis* und *Counterstrike*, Autorennen wie *Grand Theft Auto*, seit Langem eine Gesellschaftssimulation namens *Sims*, Sportspiele wie *Fifa 08*, Strategiespiele wie *Die Siedler* und seit einiger Zeit das Genre der Karaoke-Spiele.

Ökonomisch haben die Spiele Musik und Kino längst abgehängt, wie die Unternehmensberatung PricewaterhouseCoopers erhoben hat. Sie sagt den Spieleherstellern für dieses Jahr einen weltweiten Umsatz von 48 Milliarden Dollar voraus. Demgegenüber wird die Musikindustrie gerade einmal 32 Milliarden Dollar einnehmen, und an den Kinokassen werden Umsätze von etwa 28 Milliarden Dollar erwartet. Das sind natürlich bloß Zahlen. Aber sie drücken mehr aus: Schließlich übersetzen sie die Anziehungskraft, wenn nicht gar die mit den Spielen verbundene Leidenschaft, in Dollar und Cent.

»Manchmal spiele ich zwölf Stunden am Tag«, sagt Pontus Widell Orustfjord (18) aus Stockholm. Seine Mutter sehe das zwar nicht gern, habe aber schon lange aufgegeben, mit ihm darüber zu debattieren. So hat er seine Figur bis auf die höchste Erfahrungsstufe spielen können. Es ist eine Kriegerin namens Althor.

Bei Michael Grab, 25, aus der Nähe von Saarbrücken ging die Schule immer vor. Aber abgesehen davon, hat er Tausende von Stunden gespielt. Derzeit vor allem *World of Warcraft*. »Mein Stolz ist die Rüstung meines Taurenschamanen. Die ist etwas Besonderes. Es sind ganz seltene Teile dabei.«

Andrew Tanti, 22, aus Cardiff fährt Gabelstapler und hat gleich zehn Figuren, die er abwechselnd benutzt. Sie sind seine allabendliche Flucht aus dem Alltag, und am liebsten schlüpft er in die Rolle seines Nastyrogue, seines gemeinen Schurken. »Ich spiele meist mit meinem Bruder und meinem Schwager zusammen. Wir sind allesamt Schurken.«

In seltenen Fällen nimmt diese Begeisterung auch gesundheitsschädliche Züge an. Vor Kurzem wurde ein 15-jähriger Belgier bewusstlos, weil er bis zur Erschöpfung vor dem Bildschirm saß. Und es sind Fälle bekannt, in denen Spieler ihr reales Leben völlig vernachlässigen.

Computerspiele haben einen kulturellen, vor allem aber jugendkulturellen Einfluss gewonnen, der jenem ähnelt, den Musik in den 1960er Jahren hatte und das Fernsehen in den 1980er Jahren. Statt Musikern hängen heute Fantasiehelden aus *World of Warcraft*, *Crysis*, *Grand Theft Auto* oder *Counterstrike* als Poster an den Wänden, und wo früher die rausgestreckte Zunge der Rolling Stones auf ein T-Shirt gedruckt wurde, macht heute ein Krieger obszöne gewalttätige Gesten. Jugendkultur bedroht mal aggressiv, mal unterschwellig die herrschende Moral – um sich von der vorigen Generation abzugrenzen. Wer mitmacht, ist oft schon durch diesen Umstand ungehorsam.

Diese Gegenwelt fasziniert allerdings nicht alle gleich. Computerspiele sind ein Massenmedium vor allem für männliche Jugendliche und junge Männer: Vier von fünf spielen hierzulande zumindest gelegentlich, und fast 60 Prozent besitzen eine eigene Spielkonsole oder benutzen ihren Computer, um darauf zu spielen. Bei den Mädchen sind es laut einer Studie des Medienpädagogischen Forschungsverbunds Südwest nur 30 Prozent. Gleichzeitig steigt die Zahl der Geräte im Kinderzimmer, je geringer das Bildungsniveau der Eltern ist, wie eine Untersuchung des Kriminologen Christian Pfeiffer zeigt. Wer einmal eine Spielkonsole hat, der nutzt sie auch intensiv. Laut Pfeiffer verbringen Zehnjährige an Schultagen fast eine Stunde mit einem Spiel, an Wochenendtagen sogar mehr als drei Stunden. Diese Werte reichen an den Fernsehkonsum heran.

Die Fans rufen wie Groupies nach den Spieleentwicklern

Unter den Entwicklern von Computerspielen sind wenige so erfolgreich wie der US-Amerikaner Frank Pearce. Er ist Gründer und Vorstand bei Blizzard Entertainment, hat *World of Warcraft* und damit eines der langlebigsten und finanziell erfolgreichsten Spiele überhaupt mitentwickelt. Zusammen mit ein paar Freunden hat Pearce in den frühen neunziger Jahren angefangen und seine Firma bald an den französischen Medienkonzern Vivendi verkauft. Doch statt weiterzuziehen, blieb Pearce bis heute bei Blizzard in Irvine im US-Bundesstaat Kalifornien.

Wie viel Leidenschaft die Fans für seine Spiele empfinden, bekommt Pearce ganz real zu spüren. Täglich stehen sie vor der Firmenzentrale, und irgendwann waren es so viele, die wie Groupies nach den Entwicklern riefen, dass Blizzard umzog und an der neuen Adresse auf ein Firmenschild verzichtete.

Pearce, 40 Jahre alt, ist ein schlanker Mann mit rotblondem Haar, das er wie seinen Vollbart zentimeterkurz geschoren hat. Meist in Jeans und T-Shirt, sieht er aus wie die älteren Fans seiner Spiele, nur ein Detail fällt auf: der silberne Siegelring mit tiefblauem Stein. Darauf steht »Blizzard«. »Den

Ring habe ich für 15 Jahre Dienst bekommen«, verrät er. »Nach fünf Jahren bekommt man bei uns ein Schwert, nach zehn einen Schild und nach 15 einen solchen Ring. Die Schwerter und Schilde sehen Sie bei uns in vielen Büros hängen.« Nicht nur daran wird klar, wie sehr Pearce zu diesem männlich geprägten Massenmedium passt, zu all den Heldengeschichten, dem ewigen Kampf der Guten gegen das Böse. Pearce spricht häufig von Ehre, Stolz. Wie sehr er den Wettkampf Mann gegen Mann schätze, und dass er in der *World of Warcraft* natürlich der »Horde« angehöre, die aus eher wilden Kreaturen besteht.

Auf die Frage, ob er sich in seine jugendlichen Fans hineinversetze, um als Entwickler erfolgreich zu sein, sagt er: »Warum soll ich das tun? Ich kann mich genauso wenig in eine Frau hineinversetzen. Das will ich auch gar nicht. Ich bin als Erstes und Wichtigstes ein Spieler, und deshalb versuche ich, Dinge zu entwickeln, die mir selbst Spaß machen. Ich will gut unterhalten sein.« Dass er von Dingen unterhalten wird, die zu einem sehr traditionellen Verständnis von Männlichkeit passen, darüber witzelt selbst seine persönliche Pressefrau. Aber das stört ihn nicht, er lächelt nur – zustimmend.

Auch einer Gilde gehört er an, so heißt bei *World of Warcraft* ein Zusammenschluss von Spielern. Die Mitglieder verabreden sich, manchmal bis zu 40 gleichzeitig, um gemeinsam am Computer besonders schwere Abenteuer zu überstehen. Den Oberhäuptern dieser Gilden fällt es dabei zu, die Aufgaben zu verteilen und die Gruppe auf ihren Streifzügen mit Hilfe von Internettelefonie zu steuern. Während gespielt wird, läuft sozusagen eine mehrstündige Telefonkonferenz aller mit allen.

Manche halten die großen Hersteller von Computerspielen für die Hollywoodstudios des 21. Jahrhunderts. Gemeint sind Blizzard, das kürzlich mit Activision fusionierte, und auch Electronic Arts, der lange Zeit größte Computerspielkonzern der Welt. An dem Vergleich mit Hollywood ist einiges dran, denn Film- und Computerspielindustrie beeinflussen einander seit Jahren intensiv. Die Studios verlässt kaum ein Blockbuster, der nicht optische und technische Anleihen bei Computerspielen nimmt: Allein im Sommer 2008 trifft das auf *Hancock* mit Will Smith, den neuen Batman-Film *The Dark Knight*, *Die Mumie 3* und *Die Chroniken von Narnia* zu.

Umgekehrt versuchen die Hersteller von Computerspielen, viel von Filmregisseuren zu lernen.

Denn es ist zwar richtig, dass man seine Figur im Spiel selbst steuern kann. Aber man tut es eben innerhalb einer Rahmenhandlung, und die ist bis heute in den meisten Spielen ziemlich plump. Das wissen die Hersteller, und so hat Electronic Arts, um das Erzählen zu lernen, schon mit Regisseuren wie Steven Spielberg zusammengearbeitet. Gelegentlich werden auch Szenen für die Rahmenhandlung mit echten Akteuren in traditionellen Filmstudios gedreht, um die Bilder hinterher in

Spielszenen zu verwandeln – immer in der Hoffnung, noch authentischer zu werden und ein noch tieferes Versinken ins Computerspiel zu erlauben.

Wie sehr Spieler es schätzen, wenn die Entwickler mit technischen Raffinessen oder neuen Effekten aufwarten, ist immer wieder zu sehen. Als Blizzard auf dem Fantreffen eine neue Version des Spiels *Diablo* vorstellte, saßen 4000 Spieler wie bei einem Konzert vor einer 50 Meter breiten Bühne. Plötzlich ging ein brüllendes »Yeah!« durch den Saal. Tausende Fäuste wurden gereckt. Pfiffe gellten, als hätte ein Popstar gerade seinen größten Hit angekündigt. Was war passiert? Auf einer Kinoleinwand war eine kurze, offensichtlich gelungene Spielszene eingeblendet worden.

Diablo ist ein Fantasy-Spiel, bei dem sich die Figur, zum Beispiel ein Barbar, durch Tempel, Landschaften und Höhlen kämpfen muss. Wenn dieser Barbar stampft, bebt die Erde, die Schockwellen schießen in Kreisen durch den Raum und töten die einfachen Gegner sofort. Die Starken nehmen zumindest Schaden. Danach kann sie der Koloss leichter mit Elektroaxt und Frost-Morgenstern erledigen. Mit etwas Geschick kann der Spieler seinen Protagonisten sogar in einen tödlichen Kreisel verwandeln. Die Zuschauer klatschten und lachten, weil sie die Übertreibung von Kraft, Können und Muskelmasse offenbar als guten Witz verstanden. Tatsächlich hat es etwas absurd Komisches, wenn sich ein Monster, schwer getroffen, ein letztes Mal verbeugt, nach hinten kippt, dann sein weißer, michelinmännchenartiger Körper birst und ein Dutzend kleiner molchartiger Monster hervorkreucht – die selbstredend wieder von dem Barbaren niedergemetzelt werden.

Andererseits setzt genau dort, bei der Gewaltdarstellung, auch die kulturkritische und gesellschaftspolitische Debatte um Computerspiele an. Denn oft wird Gewalt viel realistischer dargestellt als in *Diablo* oder *World of Warcraft*. Anderswo spritzt das Blut, bersten Knochen und Körper realitätsnah, können Unbeteiligte überfahren werden, liegt die Kunst des Herstellers darin, die Wirkungen eines Dumdum-Geschosses noch intensiver darzustellen. Spiele, in denen man kämpfen, schießen, meucheln und zerstören muss, um voranzukommen, sind die Königsdisziplin unter Entwicklern und Herstellern, hier werden besonders viele, aufwendige Spiele entwickelt, unter Einsatz der neuesten Programmiertechniken. Sichtbar ist zwar, dass die Branche in den vergangenen Jahren viele neue Ideen ausprobiert und beworben hat. Im Kern gilt aber weiterhin: Die Familie mag gemeinsam am Bildschirm Fußball spielen – nebenan wird die Kanone ausgepackt.

Als Massenmedium funktionieren Computerspiele wie Fernsehen, Kino und Literatur. Niemand glaubt, dass sie die Wirklichkeit widerspiegeln. Aber jeder weiß, dass sie Rollenmuster und -vorbilder anbieten und so eben auch Werte für den Alltag vermitteln können. Regisseure und Schriftsteller verarbeiten die Themen ihrer Zeit in fiktiven Geschichten und tragen dazu bei, dass eine Gesellschaft in einen Diskurs mit sich selbst tritt. Wo Computerspiele sich in eine Art individuelles Kinoerlebnis für junge Männer verwandeln, können auch sie diese Bedeutung erlangen.

Medien machen uns zwar nicht klüger – aber geschickter und tüchtiger

Regt die Gewalt im Spiel mögliche Gewalt im realen Leben an? Einige Forscher glauben, eine kurzfristig erhöhte aggressive Grundstimmung nach dem Eintauchen in gewalthaltige Computerspiele für eine Minderheit der Spieler nachweisen zu können (siehe Interview). Langfristige Folgen sind hingegen weitgehend unerforscht. Immerhin sei relativ sicher, sagt Stefan Aufenanger, Professor für Medienpädagogik an der Universität Mainz, dass »übermäßiger Konsum von gewalthaltigen

Computerspielen zu einer Abstumpfung gegenüber alltäglicher Gewalt sowie zu einer Verminderung von Empathie für die Opferperspektive führt«.

Bei einer kleinen Zahl von Spielern, die ohnehin zu Aggression neigten, »können solche Spiele zu einer Bestätigung ihres Verhaltens führen und zu aggressiveren Verhaltensweisen, da sie die Modelle der Spiele übernehmen«, sagt Aufenanger. Ließe sich das in Langzeitstudien nachweisen, wäre das Bindeglied gefunden, das erklärte, wieso Computerspiele mehr als einmal im Zusammenhang mit Morden und Amokläufen eine Rolle spielten, von Emsdetten bis Erfurt.

Verbieten muss man sie deshalb nicht. Aber auch aus anderen Erkenntnissen der Lernforschung ergibt sich eine Empfehlung: Die Zeit, die Heranwachsende mit audiovisuellen Medien verbringen, sollte auf weit unter drei Stunden täglich begrenzt sein. Ansonsten können nicht nur die schulischen Leistungen leiden, auch die Entwicklung der persönlichen geistigen Fähigkeiten kann beeinträchtigt werden. Die Zahl der späteren Hochschulabsolventen ist unter den Kindern, die wenig Zeit mit audiovisuellen Medien verbringen, viermal so hoch wie unter den intensiven Nutzern. Den größten negativen Einfluss gibt es offenbar bei den Mittelbegabten. In schlichten Worten: Zu viele audiovisuelle Eindrücke rauben Lebenschancen.

Andererseits kann einer nützliche Erfahrungen mitnehmen. Wer im Computerspiel erfolgreich sein will, muss leistungsbereit sein, zielstrebig, lernbereit. Dann erlangt seine Spielfigur zusätzliche Fähigkeiten und löst Probleme, die am Anfang unüberwindlich schienen. Hinzu kommt: Je mehr Spiele in Gruppen absolviert werden, die sich untereinander absprechen müssen, umso mehr üben die Spieler, Aufgaben zu teilen, sich zu organisieren, eine Hierarchie festzulegen – und sich unterzuordnen. Wer im Spiel führt, muss lernen, seine Mitstreiter zu motivieren und sie gegebenenfalls machiavellistisch zu manipulieren, wenn es dem Interesse der Gruppe dient.

Man kann also zu dem Schluss kommen, dass Computerspiele hervorragend auf ein Leben in der Marktwirtschaft vorbereiten – und dass der amerikanische Autor Steven Johnson durchaus recht hat. Die deutsche Übersetzung seines Buchs trägt den Titel *Die neue Intelligenz. Warum wir durch Computerspiele und TV klüger werden*. Der englische Titel trifft es allerdings noch besser. Demnach machen uns Medien *smarter* – also nicht klüger, sondern geschickter und tüchtiger.

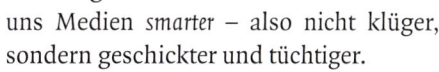

Unter diesem Blickwinkel kann man schon mal ohne Gewissensbisse in den Welten von *World of Warcraft* umherstreifen und ein paar Disteleber und Schattenweberspinnen jagen. Auch schwächliche Fabelwesen fallen schon durch die Hiebe eines Neulings in den Staub. Das ist bei diesem Spiel nicht einmal blutig.

Buchdruck, Zensur, Browser – eine kleine Geschichte der Massenmedien

Bücher: Nachdem Johannes Gutenberg zwischen 1440 und 1450 den Buchdruck mit beweglichen Lettern und damit eine Technik zur massenhaften Vervielfältigung von Schriften erfunden hatte, wurden sie das erste Massenmedium der Neuzeit. Zunächst für religiöse Werke genutzt, trägt die Drucktechnik 300 Jahre später entscheidend zur Verbreitung der Ideen der Aufklärung bei.

Literatur: Erst mit dem Buchdruck konnten die Werke von Johann Wolfgang Goethe, Friedrich Schiller, Thomas Mann, Heinrich Böll und Günter Grass ihren kulturellen Einfluss entfalten. Insofern sind Bücher seit Beginn der Neuzeit der wichtigste (Über-)Träger von Zivilisation und westlicher Kultur. Heute kommen allein in Deutschland jedes Jahr etwa 80 000 Neuerscheinungen auf den Markt. Die meisten davon sind Fachbücher.

Elektronik: Um die Verbreitung von Texten zu erleichtern, arbeiten vor allem US-amerikanische Unternehmen daran, das Papier als Trägermedium zu ersetzen. Der Onlinehändler Amazon verkauft elektronische Lesegeräte. Texte werden auf dem Gerät digital gespeichert und auf einem Bildschirm in der Größe einer Buchseite angezeigt. Der Internetkonzern Google digitalisiert im Rahmen des Projekts »Booksearch« ganze Bestände großer Bibliotheken und veröffentlicht im Internet alle Texte, bei denen es keine rechtlichen Beschränkungen gibt oder deren Autoren und Verlage der Publikation zustimmen.

Zeitungen: Politische Nachrichten wurden zunächst auf einseitigen Flugblättern verbreitet. Im Jahr 1605 begann dann das Zeitalter der modernen Zeitung. Der Straßburger Nachrichtenhändler Johann Carolus fing an, wöchentliche Zusammenfassungen des politischen Geschehens zu drucken. Bald ahmten ihn viele nach. Deren Zeitungen beschränkten sich nicht auf Politik, sondern waren oft eine Mischung aus Nachrichten, Reiseberichten, Literatur und Kolportagen. Im 18. und 19. Jahrhundert wurden Zeitungen zum Wesensmerkmal gut informierter bürgerlicher Gesellschaften und zum Ort der politischen Debatte.

Radio: »Hier ist Berlin, Voxhaus.« Das waren die ersten Worte, die in Deutschland 1923 über den Äther gingen. Mit dem Radio bekamen Nachrichten eine neue Dimension: Hörer konnten einem Ereignis beiwohnen, obwohl sie weit entfernt waren. Auch Gefühle wurden in einer bis dahin unbekannt intensiven und unmittelbaren Weise transportiert. Deshalb machten die Nazis das Radio zum zentralen Propaganda-Medium; inzwischen war die Entwicklung so weit fortgeschritten, dass sie ein billiges Gerät produzieren lassen und millionenfach verkaufen konnten: den Volksempfänger.

Wirkung: Die suggestive Kraft des Mediums in der damaligen Zeit belegt eine nach dem Roman *Krieg der Welten* von H. G. Wells entstandene fiktive Reportage von Orson Welles. Als sie 1938 an der Westküste der USA ausgestrahlt wurde, löste sie eine Massenpanik aus – das Hörspiel über eine Invasion vom Mars hielten viele Zuhörer für realistisch. Aus Angst vor der manipulativen Kraft des Radios und um die Unabhängigkeit der Journalisten zu garantieren, wurden in Deutschland nach dem Zweiten Weltkrieg zunächst keine privaten Radiosender zugelassen. Erst in den 1980er Jahren kamen Private wieder zum Zug.

Fernsehen: Aus Sorge um das ihm anvertraute neue Massenmedium mahnte Hanns Hartmann, der erste Intendant des WDR, eindringlich: Das Fernsehen sei eine »Massenstanze, ein Instrument von grenzenloser Überredungsmacht, ein Mittel der Narkose und der Suggestion. Ich glaube, man sollte an die Schalthebel dieses Instruments nur Leute heranlassen, die das nie vergessen.« Richtig ist, dass Fernsehen das erfolgreichste aller Massenmedien geworden ist. Die durchschnittliche tägliche Sehdauer liegt heute bei knapp 200 Minuten.

Das Internet wurde in den 1960er Jahren von Rüstungsunternehmen und dem US-amerikanischen Verteidigungsministerium entwickelt, später von Universitäten verbessert und 1990 für kommerzielle Nutzer geöffnet. Mit dem ersten Browser namens Mosaic bekam das Netz Mitte der 1990er Jahre seine grafische Oberfläche und wurde für das breite Publikum interessant. Seither nimmt die Nutzung mit dem Ausbau der Datennetze und der wachsenden Leistung von Computern zu. Heute surfen zwei Drittel der deutschen Bevölkerung im Internet. Es dient vor allem der Kommunikation, der Informationssuche und der Unterhaltung.

»Eltern geben zu schnell auf«

Was war zuletzt die wichtigste Erkenntnis über die Wirkung von Computerspielen?
Die in vielen empirischen Studien bestätigte und gesicherte Erkenntnis, dass gewalthaltige Computer- und Videospiele unerwünschte Wirkungen zeitigen, insbesondere im Hinblick auf das Denken und Fühlen.

Steigen durch diese Spiele das Aggressionspotenzial und die reale Gewalt?
Die Folgen sind vielfältig und manifestieren sich bei verschiedenen Spielern unterschiedlich. Kurzfristig kann man sehr gut nachweisen, bei wem das Aggressionspotenzial steigt. Wesentlich schwieriger ist es indes, längerfristige Auswirkungen nachzuweisen. Dazu gehört vor allem die sozialisatorische Wirkung, die Spiele unter Umständen auf Heranwachsende haben. Wir wissen noch sehr wenig darüber. Denn solche Langzeitstudien sind teuer und insofern selten.

Was ist die größte positive Wirkung von audiovisuellen Medien auf Heranwachsende?
Lehrstoff, der über audiovisuelle Medien vermittelt wird, erscheint zunächst einmal dynamischer und attraktiver und wird deshalb von Heranwachsenden eher »angenommen«. Wenn die Aufgaben dann auch noch interaktiv gelöst werden können, wird er für die meisten noch interessanter. Darin liegt eine große Chance. Hinzu kommt, dass dieser Lehrstoff individuell angepasst werden kann. So kann er optimal anspruchsvoll oder redundant, innovativ oder repetitiv sein. Das ist ganz sicher ein Vorteil gegenüber traditionellem Lernen.

Worauf wartet Ihre Forschergemeinde am sehnsüchtigsten?
Auf eine Antwort auf die Frage, ob man mit Computerspielen tatsächlich besser, schneller, intensiver, tiefer und nachhaltiger lernen kann als mit traditionellen Lernmethoden und -materialien. Forschungen zeigen eine Überlegenheit in bestimmten Fällen. Wir wissen aber noch nicht genau, woran es im Einzelnen liegt.

Was raten Sie Eltern zum audiovisuellen Medienkonsum ihrer Kinder?
Oft geben Eltern den Versuch, die Medienrealität der Kinder wahrzunehmen und zu verfolgen, zu schnell auf. Das halte ich für einen Fehler. Auch wenn's schwierig ist: Lassen Sie sich von Ihren Kindern durch diese Medienwelten führen, versuchen Sie, teilzuhaben. Sie wissen sonst nicht, in welcher Welt Ihr Kind einen Gutteil der Zeit lebt.

Welche Rolle werden Schriftmedien künftig noch in unserer Gesellschaft spielen?
Eine weniger exklusive, aber keinesfalls geringere Rolle als in der Vergangenheit. Man denke nur daran, dass auch das Internet vor allem textbasiert ist.

PETER VORDERER
ist Professor für
Sozialwissenschaften
an der Freien
Universität Amsterdam

Mehr zum Thema:

Steven Johnson: Die neue Intelligenz
Warum wir durch Computerspiele
und TV klüger werden;
Kiepenheuer & Witsch 2006; 238 S.

Dieter Prokop: Der Kampf um die Medien
Das Geschichtsbuch der neuen kritischen
Medienforschung; VSA 2001; 496 S.

MUSIK

Wer schneller
lebt, ist
früher fertig:
JIMMY HENDRIX

Trommler aus
Afrika:
**DRUMMERS
OF BURUNDI**

Nicht immer
jugendfrei: Rapper
SNOOP DOGG

THE
SOUNDS
OF
EARTH

Moderne aus
Russland:
**IGOR
STRAWINSKY**

Jung, genial:
**WOLFGANG
AMADEUS MOZART**

Irdische Klänge
für Außerirdische:
CD an Bord der
»VOYAGER«

Klatschrhythmen,
Zischgeräusche:
TÄNZERIN IN KISORO

Die Freiheit der Töne

Komponisten schufen Werke, um Gottes Größe in Klang
zu fassen oder der Rebellion eine Sprache zu geben.
Seit Urzeiten ist Musik mehr als Unterhaltung. Sie führt Menschen
in transzendente Höhen – und die Lebenden zu den Toten.
Ein Besuch bei den Pygmäen in Uganda

VON CLAUS SPAHN

Jazz-Ikone:
Trompeter
MILES DAVIS

»Primadonna
Assoluta«:
MARIA CALLAS

Sänger bei Nipple
Erectors und Pogues:
SHANE MACGOWAN

Exzentrischer
Bach-Interpret:
GLENN GOULD

Beim Überqueren
der Londoner
Abbey Road:
THE BEATLES

D ie T-Shirts der Musiker sind überkrustet von Dreck, ihre Augen vom vielen Alkohol und dem Marihuana ganz wässrig und blutunterlaufen. Und in der schwieligen Haut ihrer nackten Füße hat das Leben tiefe Risse hinterlassen. Auf Kuhhörnern blasen sie. Aus einem ausgehöhlten Stück Brennholz, rostigen Schrauben und Drähten haben sie sich eine fünfsaitige Gitarre gebaut. Einer steckt den Kopf in die Öffnung eines großen, runden Tongefäßes und formt mit seiner Stimme dumpfe Basstöne, dazu schüttelt er eine mit Steinchen gefüllte verbeulte Coladose. Ein wundersames Musikensemble ist das. Auf einem Fetzen Brachland ist es zu Hause, am Ortsrand von Kisoro, einem staubigen Provinzstädtchen im äußersten Südwesten Ugandas. An den ungeputzten Rotznasen der Kinder kann man erkennen, dass hier die Armut zu Hause ist, und aus dem Anblick der vor sich hin dösenden Erwachsenen spricht Perspektivlosigkeit.

Die Musiker sind Pygmäen, Batwa genannt, Ureinwohner des afrikanischen Kontinents. Bis vor drei Generationen lebten sie abseits der Zivilisation als Jäger und Sammler im unberührten Regenwald. Der wurde durch Abholzungen immer kleiner, und was von ihm übrig blieb, erklärte die ugandische Regierung zum Nationalpark – wegen der letzten Berggorillas, die im Länderdreieck zwischen Uganda, Ruanda und dem Kongo leben. Für die Batwa bedeutete das: Sie mussten den Wald verlassen. Fern sind seitdem der Honig, die Früchte, die Jagdbeute, von denen sie sich ernährten, die Kräuter, aus denen sie jahrhundertelang ihre Medizin gewannen, die Gräber der Ahnen, die sie gottgleich verehren. Die Batwa leben nach ihrer Vertreibung aus dem Regenwald in der Agonie eines landlosen, entwurzelten Volks. Ganz unten stehen sie in der Hierarchie der afrikanischen Stämme.

Aber sie haben noch ihre Musik. Rhythmen, die in fremdländischen Ohren so undurchdringlich klingen wie das Dickicht des Regenwalds. Gesänge, die die alten Traditionen heraufbeschwören. Ihre Lieder besitzen, wie in vielen afrikanischen Musikstilen, eine einfache äußere Form: Eine getrommelte Rhythmuslinie oder ein Chorus werden im immergleichen Grundmuster wiederholt. Dafür sind die inneren Strukturen umso komplizierter. Denn jeder Mitwirkende will den Kreisbewegungen etwas Eigenes hinzufügen, eine weitere Stimme, einen synkopierten Klatschrhythmus, Zischgeräusche, Pfeifsignale oder einen exaltierten »Jallalalala«-Ruf.

Immer verschlungener, dichter, farbiger wird das musikalische Geflecht. Und die Füße der Dorfbewohner fegen in Sprungtänzen durch den Staub, dass die Erde nur so bebt. Beidbeinig hüpfen die Batwa, wenn sie tanzen, und reißen die Knie hoch bis vor die Brust. Die in den Staub gestampfte Landung ist dabei wichtiger als der federnde Absprung. Der herb kraftvolle Bodenkontakt ist Ausdruck von Erdverbundenheit, er verleiht dem

KISORO
Im ugandischen Provinzstädtchen leben Pygmäen, Batwa genannt. Die Lieder dieser Ureinwohner sind Produkte kollektiver Kreativität – sie werden mündlich weitergegeben und wandeln sich stetig

Körper Energie. »Brüder, nehmt eure Speere«, ruft Francis, einer der Alten, »macht euch bereit zum Jagen. Setzt eure Schritte mit Mut! Wenn wir losgehen, stehen wir zusammen, und keiner weicht vor einem wilden Tier zurück!« Die Rhythmen brodeln. Euphorisch klingen die Stimmen der Frauen. Der Musik wächst eine mitreißende, unwirkliche Kraft zu.

»Was ist das, was an Musik so schön ist?«, hat sich der deutsche Musikwissenschaftler Hans Heinrich Eggebrecht in einem Essay gefragt. Der Ursprungsmoment des Schönen ist für ihn der Ton, der nicht zufällig entsteht, nicht Geräusch, Natur- oder Tierlaut ist, sondern vom Menschen zweckfrei hervorgebracht wird. Die Schönheit dieses »musikalischen« Tons liege in der Freiheit, allein zum Hinhören und in seinem »Dasein ganz und gar für den extrem sensiblen Sinn des Ohres« bestimmt zu sein.

Ein Ton, wie ihn schon die Steinzeitmenschen auf Flöten aus Schwanenknochen produziert haben. In einer Höhle im schwäbischen Jura hat man eine solche 35 000 Jahre alte, dreilöchrige Schwanenflöte gefunden. Sie ist das älteste bekannte Musikinstrument. Wer das zierliche Röhrchen betrachtet, versteht sofort, welches Versprechen Musik von jeher für den Menschen birgt – das Eintauchen in einen Kosmos der Sinne, der jenseits des Hier und Jetzt liegt. Eggebrecht nennt es »das Für-sich-Sein der Musik gegenüber dem Realitätsernst der Wirklichkeit«, vergleichbar mit dem Wegsein der Kinder im Spiel.

Genau das empfindet man auch als Gast der Batwa in Uganda, wenn ein ganzes Dorf sich in die Musik hineinsteigert und die Mitwirkenden eins werden mit ihren Klängen, wenn die Tänzer immer größere Augen machen, ihre Arme wie Vogelschwingen ausbreiten, als seien sie bereit zum Abheben, und selbst die kleinsten Kinderfüße von den Rhythmen gepackt werden.

Orpheus' Gesang ist so betörend, dass ihm Ungeheuerliches gelingt

Ist es nicht paradox, dass ausgerechnet die Musik, die untrennbar an die Zeit gebunden ist, die nicht anders kann, als zu vergehen und zu verklingen und nur im Augenblick lebendig zu sein, wie keine

zweite Kunstform dem Menschen die Möglichkeit eröffnet, aus der Zeit herauszutreten? Die Batwa erzählen, dass sie durch die Musik zu ihren Vorvätern Kontakt aufnehmen. Die Verstorbenen lassen sich herbeitrommeln und herbeisingen, sprechen dann wiedererkennbar mit ihrer Ahnenstimme durch den Mund eines Lebenden und erteilen Ratschläge vor schwierigen Entscheidungen.

In unserer westlichen Kultur handelt der Orpheus-Mythos von der grenzüberschreitenden Kraft der Musik. So betörend und steiner-

weichend ist der Gesang des thrakischen Sängers, dass ihm Ungeheuerliches gelingt: Er singt den Fährmann Caron am Ufer des Totenflusses Styx in den Schlaf und setzt mit dessen Kahn ins Jenseits über, von wo er seine verstorbene Geliebte Eurydike ins Leben zurückholen will. Der Orpheus-Mythos kleidet in eine Szene, welch utopisches Potenzial der Musik innewohnt. Und der Italiener Claudio Monteverdi hat daraus eine Oper gemacht. Anfang des 17. Jahrhunderts schrieb er sie, an der Schwelle von der Renaissance zum Barock, als der Mensch sich in der Kunst als fühlendes, freudig erregtes und todestrüb leidendes Individuum entdeckt hatte. Monteverdis *Orfeo* markiert die Geburtsstunde der Oper und ist zugleich bereits ein vollendetes Werk der gerade erst entstehenden Gattung.

Natürlich greift Musik nicht immer in transzendente Höhe aus. Es gibt sie einfach, unterhaltend, auf Menschenmaß, auch bei den Batwa. »Ich bin ein alter Mann«, singt einer aus ihren Reihen und begleitet sich selbst auf der Endingiri, einer einsaitigen afrikanischen Fidel, »ich jage nicht mehr und arbeite nicht mehr. Ihr gebt mir zu essen und zu trinken. Aber ich kann noch am Feuer sitzen und Geschichten erzählen ...« Schlicht klingt das Lied. Die Melodie ist aus einer für Afrika typischen pentatonischen Skala gebildet, bei der die Oktave in fünf Intervalle gegliedert ist. Der Text des Sängers habe eine sehr schöne Gedichtform, erklärt die Übersetzerin.

Vielleicht muss man als Europäer erst ins Zentrum von Afrika reisen und abends unter dem Moskitonetz Pygmäenmusik vor dem Einschlafen im Ohr haben, um festzustellen, wie eigenartig im Grunde doch unsere abendländische Musikkultur ist. Dass wir Musik meist nur noch hören und nicht mehr selbst machen – und dabei trotzdem tief empfinden. Dass in einem Konzert alle still sitzen, während wenige spielen. Dass Musik bei uns (mit Ausnahme des Jazz) ein für allemal fixiert und festgeschrieben wird und spontane Veränderungen und Hinzufügungen nicht erwünscht sind. Dass wir Musik in kleinen elektronischen Geräten mit uns herumschleppen und sie mit Knöpfen im Ohr als Mittel zur Abschottung verwenden, anstatt sie mit anderen zu teilen. Das alles wird ein Batwa schwer verstehen, denn unter dem Laubdach des afrikanischen Regenwalds ist Musik eine Feier der Gemeinschaft, an der alle teilhaben. Die Lieder sind Produkte kollektiver Kreativität, zu der jeder aufgefordert ist, etwas beizutragen. Die mündlich weitergereichte Tradition unterliegt einem immerwährenden Wandel durch neue Ideen, fremde Einflüsse, sich verändernde Lebenslagen. Und Musikmachen ohne Tanz und Bewegung ist in Afrika sowieso kaum denkbar.

Nichts war so folgenreich wie die Idee, Töne in Schriftform zu fixieren

Sehr seltsam auch, dass westliche Werke stets wohlformulierte Anfänge haben und bewusst formulierte Schlüsse, während die Batwa-Musik kein Ende zu kennen scheint. Unsere Musik ist geprägt von linearen Verlaufsformen, die afrikanische bewegt sich in Spiralwindungen, ohne auf ein Ziel hin ausgerichtet zu sein. Mitunter drehen die Trommler und Sänger, Instrumentalisten und Tänzer nächtelang ihre Rhythmusschleifen. Oder sie brechen einfach ab, weil sie zu erschöpft sind, um weiterzumachen. Der deutsche Komponist Wolfgang Rihm hingegen schreibt, über seine Arbeit nachdenkend: »Die Musik unseres Kulturkreises ist geprägt vom Exponieren und Durchführen. Musik loszumachen und strömen zu lassen gibt uns Schwierigkeiten auf. Wir scheinen abhängig zu sein von unseren Themen, Leitmotiven, Formeln, um Durchführungen oder Verläufe zu begründen. Vielleicht entspricht es unserer zielgerichteten Lebensgestaltung? Ich weiß es nicht.«

Ist es, vom Süden Ugandas aus betrachtet, nicht überhaupt sehr merkwürdig, dass in der Welt, in der Rihm Musik macht, ein Werk immer zuerst gedacht wird? Dass es anschließend stumm in einer Häkchenschrift zu Papier gebracht wird? Dass wiederum andere Musiker die Zeichen entziffern müssen und diese dann erst in etwas Klingendes verwandeln? Nichts war für die Entwick-

lung der abendländischen Musik so folgenreich wie die Idee, Töne in Schriftform zu fixieren. Die Anfänge, Musik aufzuschreiben, finden sich im 9. Jahrhundert bei den Gelehrten der Kirche. Mit zunehmender Ausdifferenzierung der Notation entsteht neben der musikalischen Praxis Musiktheorie. Man studiert die Töne, analysiert sie, stellt Regeln für ihr Zusammenklingen, ihr Dauern, ihre Folgerichtigkeit auf. »Das Erfassen der Musikausübung«, schreibt der Musikwissenschaftler Eggebrecht, »zwingt das Naturwüchsige in Richtung des Kunstmäßigen.« Theoretische Überlegungen prägen fortan die Entstehung von Musik. Neues setzt sich bewusst von Altem ab oder entwickelt es weiter. Geschichtsbewusstsein kommt in Gang. Aus selbstverständlichem Musizieren wird hochreflektiertes Komponieren. »Musik im abendländischen Sinne«, sagt Eggebrecht, »ist geprägt von rationalisierter Emotion und emotionalisierter Rationalität.«

Sprechen wir mit Elvis und Sid Vicious nicht wie die Pygmäen mit den Ahnen?

Der begabte, fantasievolle, metiersichere Einzelne und seine Schöpfungen rücken ins Zentrum der musikalischen Entwicklungen. Der Kirche ist der Komponist zunächst verpflichtet, dann den Fürsten und schließlich nur noch seinem eigenen, freien Künstler-Ich. Vor dem leeren Papier mit den fünf Notenlinien sitzt er und will viel: Gottes Größe in Klang fassen und dem Lied nachlauschen, das in allen Dingen der Natur schläft; die Spielarten der Liebe in Tönen ergründen und dem Todesgedanken Ausdruck verleihen; mit Musik an das Humane im Menschen appellieren und manchmal auch nur beweisen, dass er der größte Könner seines Fachs ist. Er träumt im Gesamtkunstwerk von einer Fusion aller Künste oder zieht sich zurück auf das abstrakte Spiel tönend bewegter Formen. Er verleiht der Rebellion der Jugend eine Stimme oder legt das Notenpapier beiseite, um nur noch den spontan improvisierten musikalischen Augenblick zu leben. Schon steht die lange Ahnengalerie der Großmusiker vor uns: Perotin, de Machaut, Josquin, Monteverdi, Schütz, Händel, Bach, Haydn, Mozart, Beethoven, Schubert, Brahms, Wagner, Mahler, Strawinsky, Schönberg, Cage, Monk, Coltrane, Miles Davis, Dylan, Elvis, Lennon, Sid Vicious, Prince und all die anderen. Sprechen wir mit ihnen nicht ganz ähnlich wie die Pygmäen mit ihren toten Vorvätern, indem wir sie immer wieder aufführen, sie unentwegt hören und uns auf sie beziehen, zurückblickend, die Gegenwart vergessend?

So eine Liste der Giganten und Genies lässt sich leicht als eindrucksvolle Bestätigung der These lesen, dass wahre Kunstgröße nur in der westlichen Musik wurzelt. Wir sind es, die Bach, Mozart und Beethoven hervorgebracht haben. Unsere Musikkultur ist die am höchsten stehende, am weitesten entwickelte, erhabenste, kreativste. Sie besitzt – unterfüttert durch die Massenwirksamkeit des Pop – ihre Vormachtstellung in der Welt zu Recht.

Welch ein Irrtum! Dass der Globus auch jenseits der Musikzentren von Wien, Paris, Berlin und Venedig reich ist an musikalischen Hochkulturen, ist im Verlauf des 20. Jahrhunderts erst langsam ins westliche Bewusstsein der Musikinteressierten vorgedrungen. Indische, arabische, indonesische, chinesische, japanische oder südamerikanische Musik stehen auf ihre ganz eigene Weise der westlichen Musik an Kunstfertigkeit und Traditionstiefe nicht nach.

Und keiner soll behaupten, dass die Gesänge der Batwa nur ein faszinierend primitives Relikt aus der Steinzeit sind. Als die ersten Ethnologen von ihren Afrikaexpeditionen mit Feldaufnahmen nach Hause kamen, haben sie sich die Zähne daran ausgebissen, die Rhythmen der aufgenommenen

Musik in westliche Notenschrift zu übertragen. Die Gesänge der Aka-Pygmäen etwa, die im Kongobecken leben, sind polyphon geschichtet und in ihrer rhythmischen Kontrapunktik so verquer verzahnt, dass der Pariser Musikethnologe Simha Arom sie mit den Werken aus der Blütezeit der frankoflämischen Mehrstimmigkeit im Europa des 14. und 15. Jahrhunderts auf eine Stufe stellt. »Und in der Polyrhythmie«, sagt Arom, »scheinen die Pygmäen einen Grad an Differenziertheit und Komplexität zu beherrschen, den keine andere Kultur erreicht hat.« György Ligeti, der ungarische Komponist aus dem 20. Jahrhundert, dem Rhythmuskonstruktionen nicht anspruchsvoll genug sein konnten, hat sich von der Pygmäenmusik südlich der Sahara inspirieren lassen. Im Kreis der großartigen Musiker dürfen die von der Welt vergessenen Batwa nicht fehlen.

»Weißer Mann«, hatte der alte Sänger in Kisoro zu Beginn seines Vortrags gerufen, »ich habe keine Schule besucht. Ich spreche kein Englisch, und meine Sprache wirst du nicht verstehen. Trotzdem will ich für dich singen.« Dann hatte er sich seiner Fidel zugewandt und sie gefragt: »Wollen wir ihn willkommen heißen?« Mit einem zögerlich geschnarrten Ton hatte sie geantwortet: »é« – das heißt Ja. Das war eine gute Nachricht.

Ohrenschmaus für Außerirdische:
Die Nasa-Liste der irdischen Highlights

1977 schickte die Nasa die Weltraumsonden *Voyager 1* und *Voyager 2* mit der Mission ins All, bis ans Ende unseres Sonnensystems und darüber hinaus zu fliegen. Für eine eventuelle Begegnung mit Außerirdischen gab die Nasa beiden Sonden je eine goldene Schallplatte (inklusive Bedienungsanleitung!) mit auf den Weg. Sie enthalten Grußbotschaften in 55 Sprachen, Geräusche der Erde, Bilder und 27 Musikstücke. Wenn Außerirdische diese Flaschenpost irgendwann einmal öffnen sollten, werden sie feststellen, dass der wichtigste Komponist auf dem Planeten ein gewisser Johann Sebastian Bach ist. Oder war.

Johann Sebastian Bach: *Brandenburgisches Konzert Nr. 2, 1. Satz;* Münchner Bachorchester

J. S. Bach: *Gavotte en rondeaux aus der Partita Nr. 3 in E-Dur für Violine solo;* Arthur Grumiaux

J. S. Bach: *Präludium und Fuge C-Dur aus dem zweiten Teil des Wohltemperierten Klaviers;* Glenn Gould

Ludwig van Beethoven: *Symphonie Nr. 5, 1. Satz;* Philharmonia Orchestra, London, Leitung: Otto Klemperer

Ludwig van Beethoven: *Streichquartett in B-Dur, Op. 130, Cavatina;* Budapest String Quartet

Anthony Holborne: *Pavans, Galliards, Almains and Other Short Airs; The Fairie Round;* David Munrow and the Early Music Consort of London

Wolfgang Amadeus Mozart: *Arie der Königin der Nacht Nr. 14 aus Die Zauberflöte;* Edda Moser (Sopran), Orchester der Bayerischen Staatsoper; Leitung: Wolfgang Sawallisch

Igor Strawinsky: *Le Sacre du Printemps – Opfertanz der Auserwählten;* Columbia Symphony Orchestra, Leitung: Igor Strawinsky

Chuck Berry: *Johnny B. Goode*

Louis Armstrong and his Hot Seven: *Melancholy Blues*

Blind Willie Johnson: *Dark Was the Night*

Aserbajdschan: Musik für Dudelsäcke

Australien: Zwei Songs der Aborigines: *Morning Star* und *Devil Bird*

Bulgarien: Das Lied *Izlel je Delyo Hagdutin*, gesungen von Valya Balkanska

China: *Fließende Ströme*, gespielt von Kuan P'ing-hu

Georgien: Chormusik *Tchakrulo*

Indien: Der Raga *Jaat Kahan Ho*, gesungen von Surshri Kesar Bai Kerkar

Japan: Shakuhachi-Flöte, *Tsuru No Sugomori* (»Kranichnest«), gespielt von Goro Yamaguchi

Java: Königliche Gamelan-Hofmusik: *Kinds of Flowers*

Kongo: Initiations-Lied der Pygmäen-Mädchen

Mexico: *El Cascabel*, gespielt von Lorenzo Barcelata and the Mariachi México

Navajo-Indianer: Nachtgesang

Neuguinea: Männerlied

Peru: Musik für Panflöten und Trommel

Peru: Hochzeitslied

Senegal: Percussion

Salomon-Inseln: Musik für Panflöten

»Neue akustische Horizonte«

Was kann Musik, was andere Künste nicht können?
Sie kann ein körperliches Erleben sein, auch für den, der sie nur hört und nicht selbst spielt. Und sie verstellt die Bilder der eigenen Imagination nicht. Im Hören ist man freier als im Sehen.

Kann Musik die Welt verändern?
Leider nicht. Aber eine starke künstlerische Erfahrung kann Menschen verändern, davon bin ich überzeugt. Insofern …

… hat die globalisierte Welt unsere Wahrnehmung von Musik verändert.
Sicher auch das. So ganz nebenbei. Und nicht nur zum Nachteil. Sie eröffnet uns bislang unbekannte akustische, kulturelle Horizonte, die hoffentlich irgendwann auch an den deutschen Musikhochschulen wahrgenommen werden. Und die Dezentralisierung des Musikbusiness erlaubt uns inzwischen den unkomplizierten Zugriff auf ein weitaus größeres Repertoire, auch jenseits des Mainstreams. Ich glaube, unser Hören ist viel komplexer geworden.

Was wird uns die Musik der Zukunft bringen?
Ich bin kein Visionär. Vor denen sollte man sich in Acht nehmen! Und für die Lehre gilt: Wer unterrichtet, sollte nicht glauben zu wissen, wo es langgeht, sondern jungen Studierenden dabei helfen, ihre eigene künstlerische Sprache zu finden – das, wovon wir heute noch nicht wissen, wie es morgen klingt und aussieht.

Was ist für Sie das größte Missverständnis, dem Komponisten je aufgesessen sind?
Dass die Welt auf sie gewartet habe.

Worüber muss sich ein Komponist heute im Klaren sein, wenn er Musik erfindet?
Über die Erfahrbarkeit seiner Musik. Nicht die Klänge sind entscheidend, sondern die Bedingungen, unter denen man sie hört. Es reicht nicht, Fragen des musikalischen Materials zu reflektieren. Man sollte sich über den Kunstbegriff, mit dem man arbeitet, im Klaren sein.

Was hat die Musikgeschichte dem Pop und dem Jazz zu verdanken?
Eine ganze Menge. Zum Beispiel, dass man als Hörer bei der Entstehung der Musik dabei sein kann wie beim Jazz oder in seine Strukturen eingeweiht ist wie beim Pop. Das sind wichtige antididaktische und – meist – antitotalitäre Impulse für die Souveränität des Hörers. Oder dass sich nicht alles um die Musik selbst dreht, sondern auch um das damit verbundene Lebensgefühl. Dass gute Musik nicht immer auf dem Papier entstehen muss und es wunderbare Teams gibt, die zusammen komponieren, im Gegensatz zum genialen Eigenbrötler. Das kann zu einer Art von komplexer Polyphonie führen, zur Polyphonie von Haltungen beim Pop oder zur Polyphonie unabhängig agierender Musiker beim Jazz.

HEINER GOEBBELS
ist Komponist, Regisseur, Professor für Angewandte Theaterwissenschaft und Präsident der Hessischen Theaterakademie

Mehr zum Thema:

Hans Heinrich Eggebrecht: Musik im Abendland
Piper TB 1991; 838 S.

György Ligeti/Steve Reich: African Rhythms
Pierre-Laurent Aimard (Klavier); Aka-Pygmäen;
1 CD, Warner 8573 86584

Claudio Monteverdi: L'Orfeo
Lawrence Dale, Jennifer Larmore u. a.;
Concerto Vocale; Ltg: René Jacobs;
2 CDs, harmonia mundi HMC901553.54

POP

Keiner schrieb cooler:
TOM WOLFE,
Mitbegründer des
New Journalism und
Popliterat

Keiner ist kürzer:
Der **MINIROCK**
endet mindestens
zehn Zentimeter
über dem Knie

Keiner verkauft
mehr: **MCDONALD'S,**
seit 1954 ein Symbol
für Gleichheit

Keiner zählt
mehr:
Der **GRAMMY**
ist der wichtigste
Musikpreis
der Welt

Keine war dünner:
TWIGGY,
Gesicht der
Swinging Sixties

Keiner tanzt lässiger:
JUSTIN TIMBERLAKE,
bester Popsänger 2008

Alles Performance

Pop ist Gleichheit, Hoffnung, Lüge und ein großes Geschäft,
in der Kunst, Literatur, Politik, Mode – und in der Musik.
Bei der Grammy-Verleihung in
Los Angeles feierte sich die Branche jedes Jahr selbst
Von Georg Diez

Keiner stirbt zweimal: **JAMES BOND,** die Ikone des Unterhaltungskinos

Keiner ist wie er: Alles an **ELTON JOHN** ist Inszenierung

Keiner wundert sich: **ANDY WARHOL** gestaltet ein Cover

Keines taucht bunter: **YELLOW SUBMARINE,** Traumschiff der Beatles

Keiner war größer: **ELVIS PRESLEY,** einsamer Held und einsamer Toter

Keiner fiel tiefer: **MICHAEL JACKSON,** früher einmal King of Pop

Keine küsst besser: **MADONNA** versucht einfach mal Britney Spears

Keiner knallt lauter: **ROY LICHTENSTEIN** brachte den Krach in die Kunst

Keiner vergisst es: **WILLY BRANDT** in Warschau – ein Bild geht um die Erde und wird Symbol, wird Botschaft

E s ist kurz nach zwei Uhr früh, als der lustige kleine Mann im knallroten Anzug auf die Bühne kommt. Er hat eine dunkle Sonnenbrille auf, und die Frau, der er das goldene Grammofon überreichen soll, das sie jedem Grammy-Gewinner in die Hand drücken, überragt ihn um fast einen Kopf.

Prince nimmt es gelassen; er ist schließlich Popstar, einer der größten sogar, könnte man sagen, die es je gab. Er ist eine Ikone, *larger than life*, er ist für manche wahrscheinlich so etwas wie ein Gott. Doch dann passiert etwas Merkwürdiges. Prince nimmt seine Sonnenbrille ab und hält sie etwas schüchtern in der Hand; er weiß nicht wirklich, wohin damit; er dreht sie etwas ratlos hin und her. Das sind die Momente, auf die man als Zuschauer hier wartet: dass die Schale platzt, dass der Spiegel bricht, dass etwas Menschliches möglich ist.

Aber wir sind hier schließlich bei den Grammy Awards, der weltgrößten und weltwichtigsten Verleihung von Musikpreisen, und wenn die Amerikaner schon nicht in der Lage sind, einen Krieg in einem Dritte-Welt-Land so zu organisieren, dass sie ihn gewinnen – das hier, das können sie, diesen Showdown der Superstars kriegen sie so militärisch streng durchgeplant hin, dass am Ende nach fast fünf Stunden Tränen, Dröhnen, Sangessalven jeder Stein wieder auf dem anderen steht. Fast, als sei nichts gewesen.

So etwas wie die kurze Unsicherheit des Popstars, der sich wieder Prince nennt, ist da schon die Ausnahme. Millionen Menschen sitzen vor dem Fernseher an diesem Abend, in dieser Nacht, an diesem Morgen, in Djakarta und in Lagos, in Dubai und in Bombay; es ist zwei Uhr früh in Deutschland und fünf Uhr nachmittags an der amerikanischen Westküste; und es ist im Grunde egal, ob ich nun im Staples Center in Los Angeles bin, wo sich die Hände in die Höhe recken, wenn die Stars wie Feuerpilze aus dem Boden wachsen, wo also die Grammy-Party live und tatsächlich steigt – oder ob ich in meinem Wohnzimmer in Essen, München oder Wuppertal hocke, wo ich die virtuelle Party möglicherweise mit deutlich besserer Sicht präsentiert bekomme. Es herrschen in dieser Nacht ausnahmsweise so etwas wie televisionäre Gemeinsamkeit und ein rares globales Gleichgewicht.

Und das ist ja auch eines der Versprechen des Pop: Gleichheit. Das ist der demokratische Aspekt dieser vielleicht einzig friedlichen weltweiten Massenbewegung des 20. Jahrhunderts. Es geht um die Gleichheit, die das Fernsehen erzeugt, diese technische Erfindung, die so alt ist wie der Pop; die Gleichheit, die es einem Jungen oder einem Mädchen mit einer Gitarre in der Hand möglich macht, berühmter, reicher und vielleicht sogar mächtiger zu werden als jeder gewählte Politiker; die Gleichheit, die es seit 1954 bei McDonald's zu kaufen gibt, dessen goldene Bögen längst zur Ikonografie des Pop gehören und dessen zivilisatorische Leistung bis heute nicht recht verstanden wird. Einheitliche Lebensverhältnisse sind

LOS ANGELES ist an Grammy-Abenden die Hauptstadt der westlichen Welt. Das Fernsehen macht die Veranstaltung zur globalen Party. Auch unser Autor saß zu Hause vor dem Bildschirm

aber schließlich eines der Grundversprechen auch der Demokratie. Dass dann so eine Veranstaltung wie der Grammy aussieht wie eine TV-Orgie der *Super Size Me*-Art, das ist eine andere Sache.

Das Mikrofon in der Hand ist die Geste des Rock 'n' Roll

Die Show jedenfalls funktioniert nach dem guten alten Pop-Prinzip der Überforderung: Wie eine einzige fette, fette Torte mit sehr viel Zuckerguss ist diese Schau, wie eine Torte, aus der dauernd jemand hüpft, fünf Stunden lang, ein Mädchen mit einem Schirm, noch ein Mädchen mit kaum einem Kleid und noch ein Mädchen mit einer tollen Stimme und dann ein Mann mit einer leuchtenden Brille, aber immer mit Mikrofon in der Hand. Das ist das Erkennungszeichen, das ist vor allem das Ritual. Und mehr noch als um die Preise und die Party und das Business geht es bei den Grammys um dieses Ritual.

Das Mikrofon in der Hand ist die Geste des Rock 'n' Roll. Das Mikrofon in der Hand ist der Beweis, dass man noch jung ist und lebt und nicht alles anders ist als früher. Aber es ist die 50. Grammy-Verleihung. Höchste Zeit für die Midlife-Crisis.

Pop, könnte man sagen, schlittert rapide aufs Rentenalter zu; und wenn gegen drei Uhr mitteleuropäischer Zeit Ringo Starr auf die Bühne schwankt, dieser Ringo, den sie schon damals nicht richtig ernst genommen haben, die anderen Beatles nicht und auch nicht die Milliarden von Fans, dieser Ringo, der immer etwas gerupft aussieht und immer mal wieder hektisch die Hände in die Höhe reißt und ein *peace*-Zeichen formt – dann ist das so ein Moment, in dem man sich fragt, ob die Uhr nicht schon eine ziemliche Umdrehung weiter ist. Ob die Zukunft des Pop nicht gestern war. Ob die Gegenwart des Pop nicht seine eigene Geschichte ist.

Pop ist zwar nicht die Erfindung der Jugend, Pop ist eher die schöne Verpackung einer Gesellschaft, in der Jugend ein Wert an sich ist und eine Macht; in der alternden Gesellschaft wiederum ist Jugend ein rares, ein bedrohtes Gut: Und Pop, diese drängende, verändernde Kraft, wirkt heute

manchmal wie eine rückwärtsgewandte Ideologie, um den sozialen Wandel zu verbergen. Pop, diese Distinktionsmaschine, mit deren Hilfe sich die Jungen spätestens seit den 1950er Jahren von den Alten abgrenzen wollten, durch ihre Musik, ihre Mode, ihre Wut, Pop funktioniert heute eher wie ein großes Inklusionsangebot. Gut, dass es dich gibt; gut, dass du da bist.

Der Grammy zum Beispiel wird in 110 Kategorien vergeben, vom Song des Jahres über das beste Album mit elektronischer Musik, die beste Rap-Performance, das beste Country-Duo bis zum besten Bluegrass-Album, dem besten New-Age-Album, dem besten Latin-Jazz-Album, dem besten Tejano-, Norteno-, Banda-Album. Die Rolling Stones taten wenigstens noch so, als wollten sie die Stadt niederbrennen, als seien sie eine Herausforderung für die herrschende Klasse, die sich dann auch, kurz jedenfalls, herausgefordert fühlte, durch zu viel Drogen, zu viele Frauen, zu viel Musik. Heute geht es nicht mehr um irgendeine Art von Widerstand oder Rebellion; heute geht es im Pop um Teilhabe und Repräsentation. Und der Grammy ist der Gottesdienst dieser sehr weltlichen Gemeinde.

Mainstream also ist es, was hier gepredigt wird, und Versöhnung. Da springt etwa einer wie der softe Rapper Kanye West erst vor einer dunkel drohenden Pyramide herum, zu metallischen Beats, als seien es futuristische Hammerschläge der französischen Band Daft Punk – und im nächsten Augenblick, im nächsten Song zwirbelt dieser Kanye West, der sich die Buchstaben MAMA in seine kurzen Haare hat schneiden lassen, ein Liebeslied an seine Mutter unters Volk, dass man selbst die gute Frau unbedingt gern kennenlernen will.

Es macht einen dann auch nur kurz stutzig, dass West, einer der großen Gewinner des Abends, sich ein wenig später wie eine einzige Ego-Attrappe aufführt und irgendetwas daherredet, dass seine Mutter gewollt habe, dass er »the number-one artist of the world« werde. Es ist eben alles an diesem Abend Performance, und all die Feuerwerke und alle Lichtermeere sind doch nur dafür da, jenes Showtalent zu feiern, das in Amerika fast schon wie eine bürgerschaftliche Tugend belohnt wird.

Die amerikanische Ruhmindustrie ist in voller Fahrt in dieser langen globalen Grammy-Nacht vor dem Fernseher – jener Ruhm, den Andy Warhol, einer der großen Denker des Pop, jedem für die Zukunft versprach, 15 Minuten lang wenigstens; jener Ruhm, der einmal ein Bestandteil des Pop war und der heute, in den verschiedensten Ausprägungen, überdreht, ins Negative verkehrt, heroisiert, das ist, was die Maschine fast allein am Laufen hält. Klatsch etwa ist ein Abfallprodukt von Ruhm und bestimmt die öffentliche Wahrnehmung. Hollywood ist die Manufaktur des Ruhmes und liefert ständig Nachschub. Und Los Angeles ist überall, ist an solchen Grammy-Abenden tatsächlich die Hauptstadt der westlichen Welt.

Bei den Grammys verdichtet sich all das, was spätestens in den 1950er Jahren entstand und gesellschaftlich deutlich wurde: der Nachkriegs-Teenage-Boom, der damit zu tun hatte, dass die Jugend auf einmal mehr Geld in der Tasche hatte und mehr Haare auf dem Kopf und mehr Freiheit suchte und vor allem mehr Spaß – Spaß, diese unwahrscheinlichste revolutionäre Kraft, die unsere Gesellschaft wohl mehr verändert hat als alles, was Marx und Engels je aufgeschrieben haben. Oder, komplizierter gesagt: »Pop ist der kulturelle Ausdruck einer deregulierten Aufklärung«, so hat es der kluge Professor Beat Wyss beschrieben. »Der freie Wettbewerb um das Glück schafft neben beträchtlichem Reichtum jene Form der Armut, die den Nährboden der Subkulturen bildet, die wiederum – über die Verteilungsnetze von Pop – in der Hoffnung leben, an den Reichtum angeschlossen zu werden.«

Pop war der Rocksaum, der höher rutschte, bis er nur noch ein Mini war

So hat Pop die letzten 50 Jahre funktioniert, und gut funktioniert: als kapitalistische Kulturform, die sich stets neue Energie aus sich abspaltenden Subkulturen holte. Pop war eben nicht nur der Hüftschwung von Elvis, der im Fernsehen anfangs nur von der Taille an aufwärts gezeigt wurde; Pop war die lässige Befreiung der Malerei vom Furor der Abstraktion; Pop war eine Literatur, die sich mit Jack Kerouac gemeinsam auf die Straße hinauswagte und ins Leben; Pop war eine Fotografie, die aus dem Studio strebte und den Augenblick feierte; Pop war der Rocksaum, der höher rutschte und höher, bis er nur noch ein Mini war; Pop war natürlich immer auch Sex, in seiner ungebundenen und damit sozial gefährlichen Variante.

Und von all den Versprechen des Pop war das vielleicht am Ende sogar das politischste. In den weltweiten Revolten des Jahres 1968 jedenfalls, von Prag bis Paris, von Memphis bis Mexiko City, war

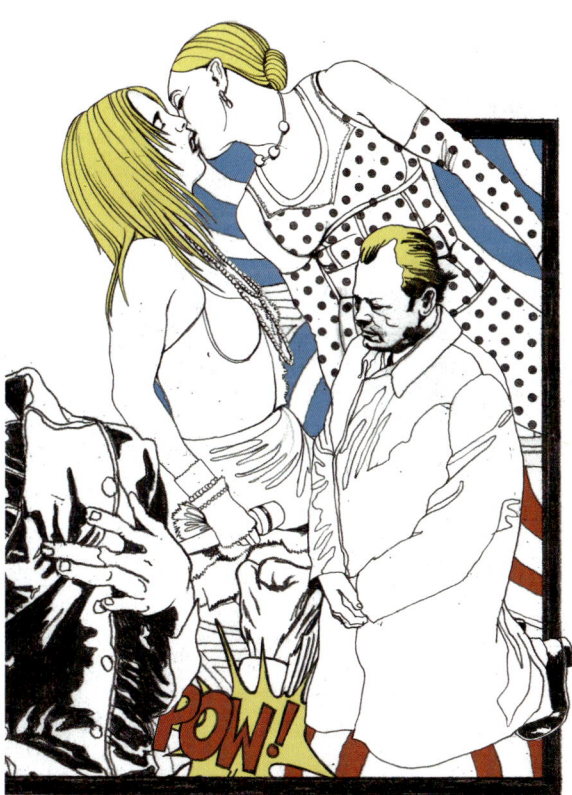

es bei aller Wut über den Krieg in Vietnam und die Ungerechtigkeit der alten Regime und die ermordeten Hoffnungsträger der Jugend, Robert Kennedy und Martin Luther King, immer auch diese diffuse Ahnung von Sex und der damit verbundenen Freiheit, die die Menschen auf die Barrikaden brachte – und die die Gesellschaft bis in die einzelnen Familien hinein ja auch auf eine Art und Weise direkt verändert hat wie sonst kaum etwas. Sex und Pop und Politik gehören von Anfang an zusammen, und wenn heute Sarko und Carla ihre Liebe so öffentlich feiern, dann sieht man schon, wie die Schrumpfvariante der Zukunftsversprechen von damals aussieht.

Aber was zählt, ist eben die Geste, was zählt, ist die Pose – das ist eine andere

Wahrheit des Pop, und auch sie ist untrennbar verbunden mit der politischen Ikonografie nicht nur der sechziger Jahre, sondern bis heute. Und doch begann es eben damals, in Mexico City etwa, wo die beiden amerikanischen Sprinter Tommie Smith und John Carlos ihre Faust mit dem schwarzen Handschuh in den Abendhimmel streckten, als Zeichen des Protestes der Black Panther; oder auf einer Straße in Saigon, als der Polizeichef Nguyen Ngoc Loan einen vermeintlichen Vietcong mit seinem Revolver erschoss – und dieses eine Foto, zur Ikone eines falschen Krieges geronnen, mehr bewirkte als alle Straßenproteste zusammen.

Das ist es, was einem so durch den Kopf geht, wenn man das Lied *Let It Be* der an diesem Grammy-Abend hoch gefeierten Beatles hört und dazu die schwarz-weißen Bilder sieht von Krieg und Feuer und Verzehrung, die hinter dem schwarzen Jungen flimmern, der dieses Lied singt, das vielleicht wirklich einmal schön war – aber in dieser absichtsvollen musealen Veredelung nur noch kitschig wirkt und nichts mehr hat von der Strahlkraft jener Tage. Um reale Veränderung und die Illusion von Veränderung, auch darum geht es an diesem Abend, und das ist eben der Unterschied zwischen dem Schrein, der diese Grammy-Veranstaltung ist, und der Straße.

Man wird weich im Kopf – und glaubt plötzlich, Roger Cicero habe gewonnen

Und so macht einen diese Fernsehnacht doch eher etwas melancholisch. Der eiserne Wille im Gesicht von Tina Turner, die sich in einen silbernen Body gepresst hat, Aretha Franklin im gelben Wallegewand, ein Foto von Cab Calloway: Musik war das Geschenk Amerikas an die Welt im 20. Jahrhundert, vom Jazz angefangen, über den Blues, den Pop; aber wenn die Jugend so weit weg ist und so fern an diesem Abend, was sagt das dann über
diese Kultur, die ja auch unsere ist?

50 Jahre sind eben eine lange Zeit, auch das zeigt der Grammy. Viel hat sich verändert, nicht zuletzt die Technik. Als Marshall McLuhan, einer der frühen Denker des Pop, verkündete, *the medium is the message*, da klang das noch wie ein Versprechen. Heute klingt es eher wie eine Drohung. Die Branche, die sich beim Grammy so sehr feiert, feiert sich im Fernsehen und für das Fernsehen, das sie gemacht hat – aber dort draußen, in den Weiten des Internets, dort werden Stars ganz anders gemacht, dort wird Musik ganz anders konsumiert, dort findet Jugend ganz anders statt. Der Historisierungsfuror dieses Abends wirkte da fast wie ein Versuch, den Schutz vor der eigenen Zukunft zu beschwören.

Und so wirkt es auch, je länger es dauert, desto anachronistischer: nachts aufstehen, um sich diese Show anzusehen, deren Höhepunkte morgen früh doch auf YouTube zu sehen sind. Es ist ein wenig wie ein gefühltes 1974, wenn man um zwei Uhr früh da sitzt, um sich allein oder eben in Gesellschaft einer weltweiten Schattengemeinde von Fans vor den Fernseher zu schleppen: nur dass sich eben heute nicht Ali und Foreman gegenüberstehen in Kinshasa zum *Rumble in the Jungle*, sondern Lang Lang und Herbie Hancock sich an ihren Flügeln gegenübersitzen zur *Rhapsody in Blue*.

Aber man wird eben etwas weich im Kopf in so einer Nacht, vor allem durch die Werbepausen, in denen sich dann alles vermischt, was die Gegenwart des Pop-Senders ProSieben so zu bieten hat – dieses Senders, der die Grammys überträgt und natürlich auch den Oscar, der so gerne Hollywood spielt und sich mit seiner »Starforce« so *Top Gun*-mäßig inszeniert wie George W. Bush auf seinem Flugzeugträger im Persischen Golf. Propeller wirbeln da, Scheinwerfer blenden, alles glänzt, und

Stefan Raab und Will Smith und Bully Herbig und Uma Thurman und Kati Witt und Heidi Klum und Mel C und Bruce Darnell und alle möglichen Desperate Housewives springen durcheinander; und am Ende wirkt es so, als habe Roger Cicero einen Grammy bekommen – dabei wurde das Video, in dem er allein in einer grauen Gasse steht (und der Wind weht so einiges an ihm vorbei), nur wieder und wieder und so oft gespielt, dass man sich selbst irgendwann fragt: Wovon träumst du nachts?! So senkt sich eine heitere und leicht beschwingte Müdigkeit über diese ganze Veranstaltung, die so laut und angeberhaft begonnen hatte. »Hip-Hop ist tot«, sagt irgendwann jemand, und man zuckt nur kurz mit den Achseln und freut sich über das Foto von Burt Bacharach, der gleich mal als der größte lebende Komponist vorgestellt wird. Aber Hybris ist ja auch eines der Pop-Prinzipien, und wenn die Hybris so unverstellt daherkommt, dann kann man fast gar nichts mehr dagegen haben. Sie ist alle Mal ehrlicher als so manches, das sich bescheiden gibt.

Denn das ist letztlich die ultimative Pop-Lektion: Nichts ist so wahr wie die schönste Lüge. Also mehr davon. Lauter. Besser. *Bigger.*

Wer freihändig einen Berg herunterfährt: Pop in Stichworten

Pop und Politik: Pop hat die Welt verändert, und wenn es nach Karl Marx geht, dann ist das ein Zeichen für erfolgreich angewandte Philosophie. Pop war von Anfang an ein gesellschaftliches Phänomen, und wenn die ersten Veränderungen in den fünfziger Jahren eher im Privaten waren, in der Art, wie man tanzte oder liebte – spätestens in den sechziger Jahren dann war Pop immer auch ein Mittel, politische Inhalte zu transportieren. Es war die Macht der Geste, der Pose, der Bilder, die das 20. Jahrhundert so prägte. Die Jugend der Welt wusste das, als sie sich Che Guevara aufs T-Shirt druckte; und auch Willy Brandt muss es gespürt haben, diese Macht des Augenblicks, als er im Dezember 1970 in Warschau auf die Knie fiel. Was von ihm bleibt, ist mehr als dieses Foto. Aber in diesem Foto ist alles enthalten, was von ihm bleibt.

Pop und Wirtschaft: Der Aufstieg des Pop hat mit harten sozioökonomischen Fakten zu tun. Nach dem Ende des Zweiten Weltkriegs gab es ein historisches Novum: eine Jugend, die genügend Geld besaß, um als eigenes Marktsegment interessant zu werden. Pop hat seinen Anfang im Konsum; aber je länger die Jugend umgarnt wurde, je mehr die Werbung sie entdeckte, je länger sie Hamburger aß und Pommes frites, je mehr Freizeit sie hatte in der prosperierenden Wohlstandsgesellschaft – desto größer wurde das Selbstvertrauen, desto mehr verstand man sich als eine Generation.

Pop und Wut: Widerstand und Wut waren von Anfang an wichtige Antriebskräfte des Pop: Marlon Brando und seine Filme »The Wild One« von 1953 und »On the Waterfront« von 1954 waren entscheidend für den Kult des Außenseiters; die Schlachten und Schlägereien, die sich Teds und Mods in den späten fünfziger Jahren lieferten, gaben der Gesellschaft ein Gefühl dafür, was in der Jugend so alles brodelte. In den siebziger Jahren fand diese Wut ihren Ausdruck in der Punk-Bewegung und Bands wie den Sex Pistols oder den Dead Kennedys, in den achtziger Jahren im Hip-Hop und in Bands wie Public Enemy, in den Neunzigern war es die eher depressive und nach innen gerichtete Aggression des Grunge-Rock, der durch die Band Nirvana und ihren Sänger Kurt Cobain bekannt wurde, der sich 1994 erschoss. Der Wut-Pop von heute wirkt dagegen etwas künstlich – gerade wenn er mit so einer brachialen Bildermacht vorgetragen wird wie von der Band Rammstein, die direkt bei Leni Riefenstahl gelernt hat, einer, wenn man so will, sehr frühen Exponentin des Pop.

Pop und Sex: In Prag, erzählen sich manche, die dabei waren, hätten die Frauen in jenem Frühjahr 1968 so kurze Röcke getragen und so schöne Beine gehabt, dass man eigentlich wissen konnte: Das kann nur böse enden. Sex war immer eines der Hauptversprechen des Pop, und besonders attraktiv wurde es noch mal dadurch, dass sich die Gesellschaft von zu viel Sex bedroht fühlte – von den sechziger Jahren an über Madonna bis zu den Sexplosionen des heutigen Rap.

Pop und Schönheit: Irgendwann um das Jahr 1955 herum, als alles anfing, als Andy Warhol seine ersten Dollarnoten malte und Elvis Presley langsam in seine *Blue Suede Shoes* schlüpfte und James Dean in seinem Porsche unter der Sonne Kaliforniens in den Tod raste, irgendwann um diese Zeit herum muss die Jugend verstanden haben, »dass man an heißen Sommertagen freihändig einen Berg herunterfahren sollte. Dass man immer zu Recht hasst. Dass es schön ist, an Drogen sterbenskrank zu sein. Dass das, was man sowieso will, immer richtig ist.« Von Diedrich Diederichsen stammt diese Definition. Sie bringt die widersprüchlichen Glücksversprechen des Pop auf einen Nenner: diese abstrakte, unvergleichliche, immer schon verlorene Schönheit, die es bedeutet, jung zu sein.

Pop und Traurigkeit: Amy Winehouse war eine der Gewinnerinnen der Grammys 2008, fünf der sechs wichtigsten Preise gewann sie – und wer gesehen hat, wie sie da in London saß, von wo aus sie nach Los Angeles zugeschaltet war, und wie sie sich da bei ihrer Mutter festhalten musste, um nicht irgendwohin abzurutschen, wo sie keiner mehr fängt, der weiß, wie schmal der Grat ist, auf dem sie geht, zwischen Drogen und Ruhm. Sie führte mal wieder eindrucksvoll und bestürzend das komplizierte Spiel mit der Authentizität vor – das ist ja der Witz an diesem Maskenspiel des Pop, jeder will wissen, wie es dahinter aussieht, und dann gruselt man sich davor. Britney Spears ist das krasseste Beispiel für diese Dynamik: Dieses verwirrte ehemalige Teenagerwunder ist heute schon eine Ikone des Mitleids.

»Verlagerung der gesellschaftlichen Konfrontation ins Alltagskulturelle«

Was ist Pop?

Eine vor circa 50, 60 Jahren entstandene kulturelle Konstellation, die weder Massen- noch Hochkultur war. Sie verdankte sich dem Zusammenwirken neuer Kulturindustrien (Fernsehen, Popmusik), Medien (Nähetechniken von Kameras, Mikrofone) und gesellschaftlicher Dynamiken (Bürgerrechtsbewegung, Generationenkonflikte mit den fordistisch geprägten Kriegsgenerationen).

Wo beginnt Pop?

Mit dem Zusammenwirken von personenbezogen genauer und direkter aufgezeichneter Musik und deren weltweiter Verbreitung, irgendwann zwischen Sinatra, Big Joe Turner, Elvis und dem dazugehörigen Design und der entsprechenden Kleidermode. Wichtig war auch die zeitnahe Reflexion des Phänomens durch vor allem britische Künstler (Richard Hamilton) und Theoretiker (Birmingham School).

Was ist das dümmste Vorurteil gegen Pop?

Dass sich der Begriff allein von populär herleiten und erklären lasse.

Ist Pop links oder rechts?

Pop war lange mit gesellschaftlichen Bewegungen verbunden, die in unterschiedlicher Weise links waren (libertär-anarchistisch, arbeiterkulturell, sexualrevolutionär). Pop wurde aber immer schnell rechts, wenn Pop mit einem Thema allein blieb – die sexuelle Revolution wird unter den Händen eines allein gelassenen Pop zu Sexismus. Pop hat mit den Aufbrüchen zu tun, danach werden die Dinge oft von der Schwerkraft der herrschenden Verhältnisse herabgezogen. Dazwischen gab es immer auch Ansätze, dass Pop sich selbst politisch organisiert und um dieses Problem kümmert. Davon sind wir im Moment weit entfernt. Wenn Pop eine Konstante aller künftigen Gesellschaften sein soll, kann Pop natürlich links oder rechts sein. Wenn wir Pop als historisches Phänomen verstehen wollen, das sich in der digitalen Kultur zur Unkenntlichkeit erweitert, verfeinert und aufgehoben hat, dann war Pop – im Ansatz – links.

Ist Pop überhaupt politisch?

Ja, wie alles, was Geschichte macht.

Ist Pop heute bloß noch ein Schatten von früher?

Nein, Pop ist nur etwas anderes geworden.

Erfindet jede Generation einfach den Pop neu?

Es ist umgekehrt. Pop hat die Verlagerung der gesellschaftlichen Konfrontation ins Alltagskulturelle eingeführt beziehungsweise erfunden. Der Generationenbegriff und der dazugehörige Konflikt sind die Schwundstufe dieser Konfrontation.

Ist Pop also Privatsache?

Das wäre sein Ende in Langeweile.

Was war Ihr größter Popmoment?

Es gab zu viele.

DIEDRICH DIEDERICHSEN
ist Professor am Institut für Theorie, Praxis und Vermittlung von Gegenwartskunst an der Akademie der Bildenden Künste in Wien

Mehr zum Thema:

John Savage: Teenage
The Creation of Youth Culture;
Viking Books 2007; 576 S.

Diedrich Diederichsen: Sexbeat
Kiepenheuer & Witsch 2002; 224 S.

Greil Marcus: Mystery Train
Rock 'n' Roll als amerikanische Kultur;
Ullstein TB 1999; 560 S.;
nur noch antiquarisch

THEATER

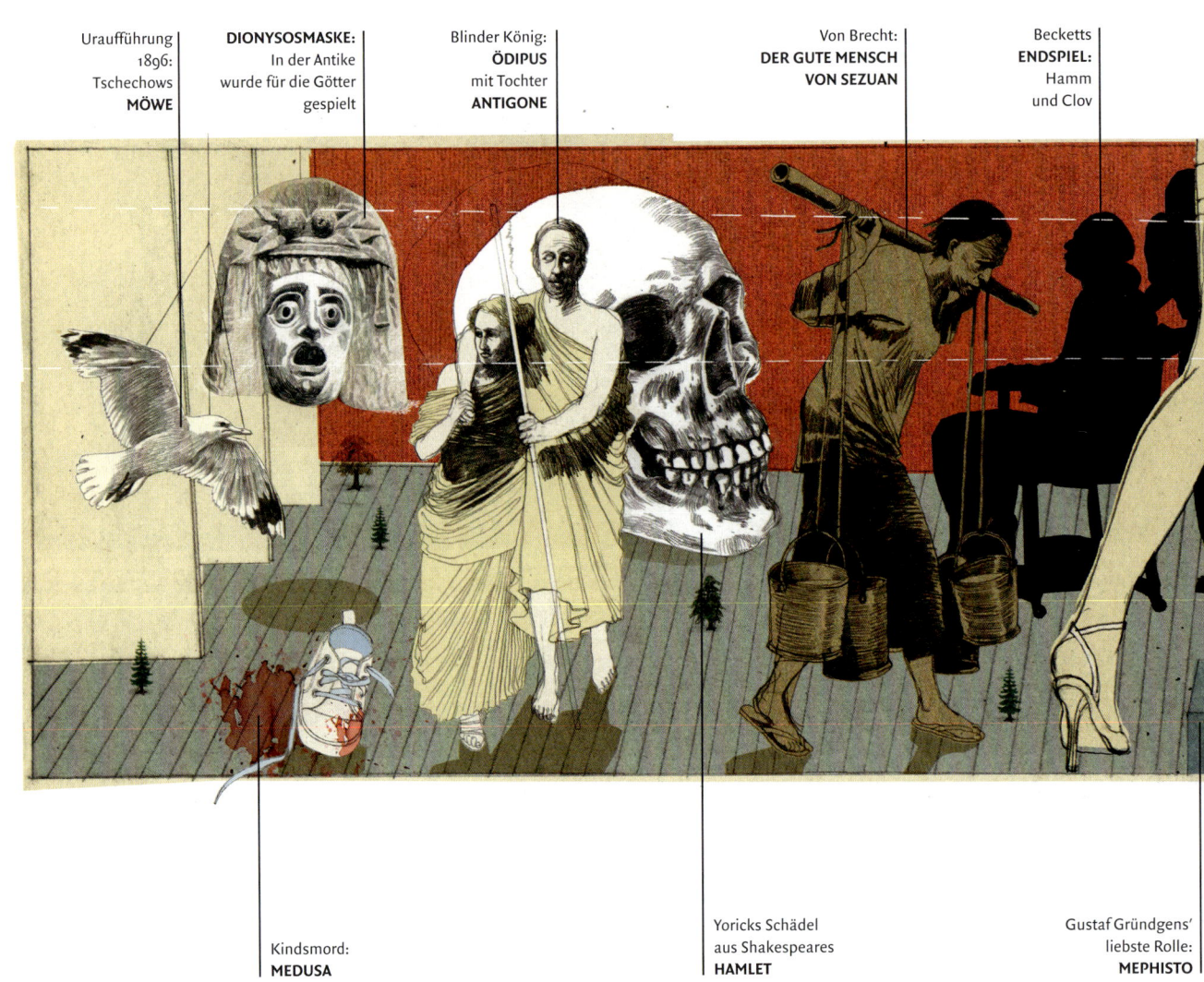

Uraufführung
1896:
Tschechows
MÖWE

DIONYSOSMASKE:
In der Antike
wurde für die Götter
gespielt

Blinder König:
ÖDIPUS
mit Tochter
ANTIGONE

Von Brecht:
**DER GUTE MENSCH
VON SEZUAN**

Becketts
ENDSPIEL:
Hamm
und Clov

Kindsmord:
MEDUSA

Yoricks Schädel
aus Shakespeares
HAMLET

Gustaf Gründgens'
liebste Rolle:
MEPHISTO

Die Erfindung der modernen Seele

Hamlet, Othello, Julia, Macbeth – in William Shakespeares Figuren erkennen wir uns selbst. Auch vier Jahrhunderte nach seinem Tod hat der englische Dramatiker noch immer den größten Einfluss auf das moderne Theater

VON PETER KÜMMEL

Zwei Beine: Wedekinds **LULU**

Doppelter Freitod: **ROMEO UND JULIA**

Vladimir und Estragon: **WARTEN AUF GODOT**

Unterm Apfel: Walterli, der Sohn von **WILHELM TELL**

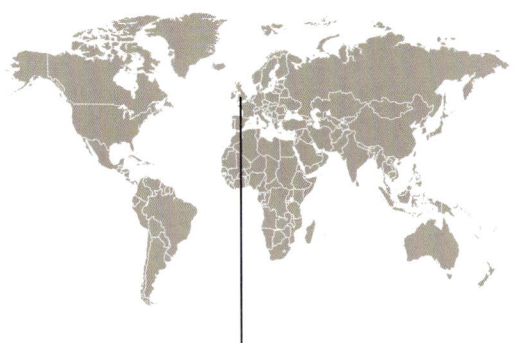

E r kam zur Welt in Stratford in der Henley Street, er starb in Stratford in der Chapel Street, er ist begraben in Stratford in der Holy Trinity Church. Die Koordinaten sind schlicht – zwischen Wiege, Sterbebett und Grab liegt nicht mal eine Meile. Und so reisen jährlich Hunderttausende nach Stratford-upon-Avon in Warwickshire, um dem Mann nahe zu sein, der tief unter der Kanzel der Trinity Chapel begraben liegt und dort, beschützt vor »Junker Wurm«, den seine Theaterfiguren so fürchten, schon seine 392. Ruherunde um die Sonne dreht.

Als William Shakespeare im Jahr 1616 starb, war von seinen sieben Geschwistern nur noch die Schwester Joan am Leben. Shakespeares letzter Abkömmling, die Enkelin Elizabeth Barnard, starb 1670. So ist die Shakespeare-Forschung, wo sie sich nicht allein mit dem Werk begnügt, sondern auch den Mann zu verstehen sucht, ein Feld der blühenden Spekulation und des wissenschaftlichen

Wunschdenkens. Über keinen Dichter wurde mehr geschrieben, aber kaum einer ist so mysteriös. Eine Million Wörter dramatischen und lyrischen Textes sind von ihm überliefert, aber nur 14 in seiner Handschrift geschriebene Wörter bis heute gefunden worden. Keine Originalmanuskripte, keine Briefe, keine persönlichen Notizen.

Der Mann hat uns das reichhaltigste Ensemble der vitalsten und abgründigsten Theaterfiguren hinterlassen. Aber was Shakespeare selbst dachte, fühlte, glaubte, wissen wir nicht. Die erste Beschreibung seiner Erscheinung und seines Wesens wurde 64 Jahre nach seinem Tod verfasst, von John Aubrey – einem Mann, der erst zehn Jahre nach Shakespeares Tod geboren wurde.

Seine Figuren, so scheint's, sind seine eigentlichen Nachfahren und Meldereiter, die von ihm künden und in seinem Namen weiterleben: Hamlet, Othello, Viola, Lear, Macbeth, Julia, Falstaff, Richard III., Heinrich IV., Prospero. Und ihnen untergeordnet und völlig ergeben: das Heer der Schauspieler, die sich seit Jahrhunderten in deren Dienst stellen.

Die tiefsten und rätselhaftesten Theaterfiguren hat er uns gegeben, und der amerikanische Literaturwissenschaftler Harold Bloom liegt vielleicht nicht ganz falsch, wenn er sagt, dass Shakespeare jener Mann sei, der den modernen Menschen erst »erfunden« habe: »Shakespeare wird immerfort uns erklären, schließlich ist er es auch, der uns erfunden hat. Seine Dramen sind größer und mächtiger als mein Bewusstsein, und sie lesen mich besser als ich sie.«

In seinen Stücken hat Shakespeare die Dramenwerke, Erzählungen, Mythen, die er vorfand, weidlich verarbeitet: die Stücke seiner Zeitgenossen (etwa Christopher Marlowe), die Werke der Griechen und Römer, Volksbücher und Chroniken. Jedoch, die Stoffe und Figuren erlangten unter seiner Hand eine Qualität, die man nur mit Universalität bezeichnen kann: Sie verloren ihre örtliche und zeitliche Beschränkung. Die Anmutung praller Vollständigkeit, ein über den dramatischen Plan hinausschießender, zweckfreier Lebensübermut prägt seine Figuren. Man hat beim

STRATFORD-UPON-AVON kennt man nur aus einem Grund: In dem Städtchen in der englischen Grafschaft Warwickshire wurde William Shakespeare 1564 geboren. Und dort liegt er auch begraben

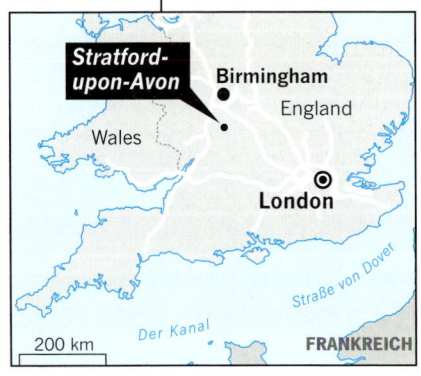

Lesen seiner Stücke den Eindruck, keinen Schreiber, sondern einen Schöpfer eigensinniger Wesen zu studieren.

Die Figuren suchten nicht mehr Gott, sondern ihren ureigenen Lebenssinn

Einstmals waren Theaterfiguren in ihrem Denken und Handeln auf Gott bezogen, vor ihm bewährten sie sich, vor ihm versagten sie. In der protestantischen Shakespeare-Zeit änderte sich das: Die Figuren, die nun die Bühne betraten, maßen sich untereinander, und sie suchten nicht mehr Gott, sondern ihren ureigenen Lebenssinn. Sie wandelten sich andauernd, sagt Bloom, da sie sich selbst beim Reden belauschten und also neu begriffen: »Selbstbelauschung ist ihr Königsweg zur Individuation.«

Der österreichische Schriftsteller Robert Musil hat jenes Moment wunderbar beschrieben: Shakespeare sei es gelungen, eine Welt zu erschaffen aus nichts als Luft. Seine Figuren entstünden aus einer barocken Suada, »die nicht aus dem Munde wirklicher Menschen kommt, sondern gar nichts braucht, in der Luft entsteht, da ist, wächst ... und auf einmal unter sich Menschen ansetzt«. William war zwar das zweite Kind von John Shakespeare und Mary Arden, doch seine ältere Schwester starb als Säugling. Und so trug er die Last und genoss die Privilegien eines Erstgeborenen. Sein Leben war, wie das jedes Zeitgenossen, in steter Gefahr. Drei Monate nach seiner Geburt brach in Stratford die Pest aus. Zu normalen Zeiten lag die Kindersterblichkeit bei 16 Prozent, nun starben zwei Drittel. England war im 16. Jahrhundert ein durch Krankheiten entvölkertes Land, seine Einwohnerzahl lag bei 3 bis 5 Millionen Menschen, sie war viel geringer als etwa im 13. Jahrhundert. Shakespeares allergrößte Leistung, so schreibt einer seiner vielen Biografen, Bill Bryson, war nicht der *Hamlet*, sondern die Tatsache, dass er sein erstes Lebensjahr überstand.

Vermutlich – Beweise gibt es auch dafür keine – hat William die Grammar School von Stratford besucht, deren Fachwerkgebäude noch heute in der Church Street steht und die jetzt als Wohnhaus dient. Der Unterricht war hart, er dauerte von sechs Uhr früh bis fünf Uhr nachmittags, er erfolgte unter der Androhung und Exekution von Gewalt, und in seinem Mittelpunkt stand der Drill des Lateinischen. In dieser strengen Schule muss Shakespeare den Genuss entdeckt haben, den es bedeutet, mit Wörtern zu spielen. Ihm verdankt die englische Sprache unzählige neue Ausdrücke, und sein Wortschatz ist gewaltig. Schon deshalb gab es über die Jahrhunderte hinweg zahlreiche »Experten«, die mit aller Entschiedenheit bestritten, dass Shakespeare, ein einfacher Junge vom Land, der Schöpfer großer Dramen sein könne. In der Tat war sein Vater »bloß« ein Handschuhmacher,

der sich zum *bailiff* (Bürgermeister) Stratfords emporarbeitete. Aber offenbar war ein unerbittlicher Bildungszwang, gepaart mit begnadetem Talent, genug, um das größte Dramenwerk der Weltgeschichte herzustellen.

Und Stratford war zwar Provinz, aber es war ein wohlhabendes Städtchen, und es lag an einer strategisch wichtigen Brücke, sodass immer wieder Wandertheatertruppen aufkreuzten und, unter Fanfarenstößen und Trommelwirbel, beim Bürgermeister ihre Empfehlungsschreiben vorwiesen. Kurzum, Shakespeare hat durchaus Theater gesehen und Literatur gelesen. Ein Wunder bleibt es aber doch, wie dieses Inspirationsmaterial im Inneren des Mannes ein solches schöpferisches Feuer entfachen konnte.

Als Shakespeare 19 war, kam seine Tochter Susanna zur Welt, zwei Jahre später folgten die Zwillinge Judith und Hamnet. Und dann, wir wissen nicht, wie und wann, ging Shakespeare nach London und ließ seine Familie in Stratford zurück. London war im 16. Jahrhundert eine der prächtigsten und finstersten Städte. 200 000 Menschen lebten hier, nur Neapel und Paris waren größer. Die Seefahrer brachten Luxuswaren und Krankheiten aus aller Herren Länder, die Pest war nie völlig zu besiegen, und wenn sie ausbrach, wurden Menschenansammlungen aller Art (auch Theatervorstellungen) sofort untersagt.

Die Todesrate übertraf die Geburtenrate, und dennoch war London eine fiebrig junge Stadt. Der Zustrom von hungrigem und ehrgeizigem Landvolk und von protestantischen Flüchtlingen aus Kontinentaleuropa sorgte dafür, dass die Einwohnerschaft ständig wuchs. Im Süden, am Ufer der Themse, ausgelagert aus dem eigentlichen, ummauerten Stadtgebiet, befand sich, in den sogenannten *liberties*, ein umfangreiches Vergnügungsviertel.

Hier waren die Gesetze außer Kraft gesetzt, und hier stand das Globe Theatre, für das Shakespeare Stücke schrieb, auf dessen Bühne er als Schauspieler stand und dessen Anteilseigner er wurde. Das Globe war umgeben von Pubs und Bordellen, die Luft stank nach Fäulnis und nach den Werkstätten der Färber und Gerber. Das Volksvergnügen bestand darin, blutende Tiere aufeinanderzuhetzen, Hahn gegen Hahn, Hund gegen Bär, und wer die London Bridge überquerte, dessen Blick fiel auf die Holzpfähle am Südende der Brücke, auf welche die Köpfe von Mördern, Dieben und Betrügern gespießt waren. Die Kriminalitätsrate war hoch, die Strafen drastisch. Wurde ein Verbrecher gefasst, so war es nicht unüblich, dem Mann die Tathand abzuhacken und ihn mit blutendem Armstumpf unverzüglich zum Richtplatz zu führen.

Das Globe war umgeben von Pubs und Bordellen, die Luft stank nach Fäulnis

Das unerbittlich Theaterhafte des Londoner Lebens ist in Shakespeares Werk eingegangen. Seine Welt ist blutrünstig, und seine Figuren sind prall voll Witz und Eigensinn, als wüssten sie, wie begrenzt ihre Zeit ist. Sie leben, so könnte man sagen, gänzlich auf eigene Rechnung und in eigener Verantwortung.

Das Theater ist die Urkunst der menschlichen Gattung. Schon früh hat die Menschheit »Theater« gespielt, um ihre Götter milde zu stimmen, um sich auf die Jagd und auf die Schlacht vorzubereiten.

In gewisser Weise ist auch Familienleben eine Schule des Theaters: Beobachtung und Nachahmung. Und die Welt des Glaubens wäre undenkbar ohne Theater. Der religiöse Kult, die Wechselgesänge der Liturgie in der Kirche, die frommen Spiele auf dem Kirchplatz, die Fronleichnamsspiele – all das richtet sich an einen, an den großen Zuschauer, an Gott.

So ist die Geschichte des Theaters auch die Geschichte seiner Emanzipation von Gott oder, wenn man so will, des Gottesverlustes. Der Anfang des europäischen Theaters war ein Gottesdienst – das große Fest der Griechen für Dionysos, Zeus' Sohn, den bocksfüßigen Gott von Rausch und Verwandlung, Wein und Fruchtbarkeit. Ihm wurden seit dem 5. Jahrhundert vor Christus am Südhang der Akropolis die ersten Festspiele, die Großen Dionysien, dargeboten.

Das Theater war auch ein Selbstdarstellungsfest der Polis (und seine Zuschauer erhielten sogar ein Zuschauergeld, das für den Verdienstausfall entschädigen sollte, der durch den Theaterbesuch entstand). Es entfesselte die Menge und hielt sie in Schach. Eröffnet wurden die Dionysien mit einer Prozession. Dann wurden 200 bis 300 Opfertiere geschlachtet, gebraten und verzehrt. Erst jetzt begann das Spiel auf der Bühne, welche eigens mit dem Blut geopferter Jungtiere gereinigt worden war.

Das Ensemble bestand aus einem als Bocksherde verkleideten Chor und professionellen Schauspielern, die, in Masken gekleidet, dem Chor gegenüberstanden. 534 vor Christus war es ein Mann namens Thespis, der einen Spieler aus dem Chor herauslöste und ihn dem Kollektiv gegenüberstellte. Erstmals artikulierte sich ein Einzelner auf der Bühne. Es begann der Dialog, die Zwiesprache zwischen Individuum und Gruppe. Es begann das moderne Theater ...

Im London des 16. und 17. Jahrhunderts war Theater keine kultische oder politische Handlung mehr, es gab keine Polis, die auf ein Ziel eingeschworen werden konnte. Es herrschte die elisabethanische Gesellschaft, sie war unerbittlich hierarchisch. Wer seine gesellschaftliche Stufe verließ oder nur frech hinaufblickte in höhere Sphären, wurde fauchend zurückgescheucht und bestraft. Noch in der Vollstreckung der Todesstrafe zeigte sich der Furor der Distinktion: Die Elite wurde enthauptet, das einfache Volk gehängt.

Theater war in dieser Gesellschaft vor allem ein hartes und lukratives Geschäft. Die Theatertruppen waren klein, und so spielte jeder Schauspieler mehrere Rollen pro Aufführung und musste sich immerzu umkostümieren. Es gab kein Bühnenbild und kaum Requisiten, Frauenrollen wurden von Männern und Knaben gespielt, kurzum: Das Theater war ohne die wohlwollende Imagination des Publikums undenkbar. Das Globe Theatre fasste 2000 Zuschauer, die Vorstellungen begannen am frühen Nachmittag, denn bei Dämmerung wurden die Stadttore geschlossen, und bei Dunkelheit herrschte *curfew*, Ausgangssperre. 2000 pro Vorstellung – Shakespeare sah also täglich im Theater so viele Menschen, wie seine Heimatstadt Stratford Einwohner hatte. In der großen Zeit des elisabethanischen Theaters (sie endete mit der Schließung aller Theater durch die Puritaner 1642) sahen 50 Millionen Zuschauer eine Theatervorstellung in London.

Becketts schwach beseelte Figuren wären ohne Shakespeare nicht denkbar

Es war eine Epoche von geradezu beängstigender innenpolitischer Konstanz. 45 Jahre lang regierte Elisabeth – als Shakespeare geboren wurde, war sie schon seit fünf Jahren im Amt. 1588 erfuhr das Nationalbewusstsein der Engländer einen enormen Schub, denn in der Seeschlacht von Gravelines wurde die vermeintlich unbesiegbare spanische Armada vernichtend geschlagen. Es begann der englische Aufstieg zur Weltmacht. Von all diesen äußeren Geschehnissen erfuhren die Engländer auch aus Shakespeares Stücken.

Hier sahen sie, zur Theaterhandlung komprimiert, was draußen (außerhalb Englands) und oben (bei Hofe) geschah. Der Literaturwissenschaftler Jan Kott schreibt über diese Kunst der Verdichtung: »Shakespeare verwandelte ganze Jahre in Monate, in Tage, in eine einzige große Szene, in zwei, drei Repliken, in denen der ganze Kern der Geschichte enthalten ist.« Shakespeare komme es darauf an, die Geschichte als »großen Mechanismus« zu zeigen.

Ein Dialog aus Shakespeares *Richard III* mag veranschaulichen, was Kott meint.

Die Königin sagt:

I had an Edward, till a Richard kill'd him;
I had a Harry, till a Richard kill'd him;
Thou hadst an Edward, till a Richard kill'd him;
Thou hadst a Richard, till a Richard kill'd him.

Die Herzogin antwortet:

I had a Richard too, and thou didst kill him;
I had a Rutland too, thou holp'st to kill him ...

Die Vorgänge und die Namen gleichen sich über Generationen hin. Der Mordimpuls rast durch die Zeiten, als durchforste er ein unermessliches Register längst verscharrter Personen. Ich hatte einen Edward, aber ein Richard ermordete ihn. Shakespeare zeigt das unerbittliche Mahlwerk der Geschichte, aber auch das paradoxe Wunder der Individualität, das im immerwährenden Untergang blüht.

Der Philosoph Friedrich Nietzsche hat in seiner Schrift *Die Geburt der Tragödie aus dem Geist der Musik* (1872) die Tragödie als Phänomen der Erkenntnis beschrieben: Der Zuschauer erlebt seine eigene Nichtigkeit, und das gibt ihm die Freiheit, sein Dasein zu bejahen. Er gibt den ohnehin nutzlosen Versuch auf, zweckhaft zu leben, und gerät in die Lage – »dem unheimlichen Bild des Mährchens gleich, das die Augen drehn und sich selber anschaun kann« –, sich selbst als stürzende Spielfigur zu sehen. Im gedachten Sturz erst erfasst er die Welt in ihrem Zusammenhang. Zwar schaffen wir es nicht, unsere Augen in ihren Höhlen umzuwenden und uns selbst anzusehen, aber wir haben Hamlet, Othello, Jago, Lear, Macbeth.

In Shakespeares Stücken gibt es immer wieder jene »modernen« Momente, da wir nicht mehr wissen, ob wir uns in einer Tragödie oder einer Komödie befinden, Szenen, in denen die Tragödie sich über die Komödie wölbt und die Komödie aus dem Grauen herauslacht.

Macbeth sagt, als er den Tod seiner Frau begreift:

»... – Aus! Kleines Licht! –
Leben ist nur ein wandelnd Schattenbild:
Ein armer Komödiant, der spreizt und knirscht
Sein Stündchen auf der Bühn und dann nicht mehr
Vernommen wird. Ein Märchen ist's, erzählt
Von einem Dummkopf, voller Klang und Wut,
Das nichts bedeutet.«

In diesen Worten kündigt sich die heutige Zeit schon an. Shakespeare hat das Innenleben seiner Figuren zum eigentlichen Thema seines Theaters gemacht, und er hat die Erforschung dieses Lebens bis an den Punkt des Wahnsinns, des Selbstzweifels getrieben. Der frühe Existenzialismus eines Georg Büchner, das absurde Theater der Moderne und die schwach beseelten Theaterschachfiguren eines Samuel Beckett – sie alle wären ohne Shakespeare nicht denkbar. In seinen Figuren wirkt ein Furor, der die Moderne prägt: Sie wundern sich über die Welt – und über die Welt im eigenen Kopf. Das Theater erzählt die Geschichte der Befreiung des Individuums und der Ausdehnung seiner Persönlichkeit. Die Spieler auf den Bühnen lösen sich im Lauf der Jahrhunderte aus den Schicksalsfäden, in die sie zu athenischer Zeit noch verstrickt waren. Sie schütteln den sengenden Blick Gottes ab, den sie im Mysterienspiel noch gespürt haben. Sie rufen im Zeichen der Aufklärung die Herrschaft der Vernunft aus und fassen Mut, die Abgründe der eigenen Psyche zu ergründen. Sie emanzipieren sich im bürgerlichen Trauerspiel von der Vorherrschaft des Adels. Sie zertrümmern im »Sturm und Drang« die geschlossene Form des Schauspiels, sie finden sich nackt und bloß auf den Bühnen des modernen Theaters wieder. In Shakespeares Werk ist diese Entwicklung so beiläufig vollzogen, als stehe er außerhalb jeder Tradition und Zeitlichkeit. Sein Dramatikerkollege Ben Jonson hatte das erkannt. Er schrieb, Shakespeare gehöre nicht einer Zeit, sondern der Ewigkeit. Shakespeare wurde 52 Jahre alt. Er war ein wohlhabender Mann, der sich in seinen Geburtsort zurückzog und im Jahr 1616 an jenem Kalendertag starb, an dem er auch geboren worden war, am 23. April.
Wer nach Stratford reist (wo das große Theatergebäude der Royal Shakespeare Company derzeit aufwendig renoviert wird und faktisch in Trümmern liegt) und nach London (wo die skizzierten Umrisse von Shakespeares Globe Theatre unter einem Wohnblock hervorlugen wie ein verschütteter Zirkelkreis), wird von Shakespeare nichts finden. Nichts außer der Evidenz, dass dieser Geist tatsächlich einmal – irdisch gewesen ist.

Sechs Anmerkungen zum deutschen Theaterwunder

Das System: Die Geschichte des europäischen Theaters begann vor mehr als 2500 Jahren in Athen, sie hatte ihren Gipfelpunkt im elisabethanischen England mit Shakespeare. In gewisser Weise aber erlebt das Theater heute in Deutschland seine größte Blüte. Das Stadt- und Staatstheatersystem dieses Landes ist einmalig in der Welt.

5800 Inszenierungen – pro Saison!: Rund 150 von der öffentlichen Hand finanzierte Theater – Stadttheater, Staatstheater, Landesbühnen – gibt es in Deutschland, außerdem etwa 280 Privattheater, rund 40 Festspiele und eine unschätzbare Anzahl freier Gruppen. Weiterhin: 130 Opern-, Sinfonie- und Kammerorchester und etwa 100 Tourneebühnen. 5800 Inszenierungen werden pro Saison neu aufgeführt; 2500 Werke, meldet der Deutsche Bühnenverein, werden gespielt. Darunter sind 360 Stücke, die als Ur- oder als deutsche Erstaufführungen herauskommen.

Shakespeare, Goethe und Gemetzel: Zu den beliebtesten klassischen Stücken in Deutschland gehören Shakespeares *Sommernachtstraum*, Goethes *Faust* und Lessings *Nathan der Weise*. Im aktuellen Theater hat sich die französische Dramatikerin Yasmina Reza nach vorn geschoben mit den Komödien *Drei Mal Leben* und *Der Gott des Gemetzels*.

Amerika hat nur Manhattan: Anders als Frankreich und England, deren große Bühnen sich in Paris und London ballen, anders als die USA, deren Theaterleben im Wesentlichen von einem Bezirk des New Yorker Stadtteils Manhattan repräsentiert wird, hat Deutschland viele Theaterzentren: Berlin mit fünf großen Bühnen (Berliner Ensemble, Schaubühne, Volksbühne, Deutsches Theater und Gorki Theater), München (mit dem Residenztheater und den Kammerspielen), Hamburg (mit dem Deutschen Schauspielhaus, dem größten deutschen Sprechtheater, und dem Thalia Theater), Stuttgart (mit seinem drei Sparten umfassenden Staatstheater), das Ruhrgebiet mit Theatern in Bochum, Dortmund und Essen und seinen bedeutenden Festivals (Ruhrtriennale und Ruhrfestspiele in Recklinghausen).

Repertoirebetrieb statt En-suite-Spielprinzip: In vielen Ländern dominiert das En-suite-Spielprinzip. In Deutschland herrscht der Repertoirebetrieb. Das heißt: Es wird nicht über Wochen oder Monate dasselbe Stück allabendlich gespielt (wie im Londoner Westend), sondern es kommt im Lauf der Woche allabendlich eine andere Inszenierung auf die Bühne. So kann das Publikum in einer Saison etliche Stücke und ein festes Ensemble in dauernder Verwandlung sehen.

Preisgünstig: Nur zwei Milliarden Euro: Länder und Kommunen lassen sich die Finanzierung der Theaterlandschaft zwei Milliarden Euro kosten. Das sind nur 0,2 Prozent der Gesamtausgaben von Bund, Ländern und Gemeinden. Das deutsche Theaterwunder ist also eine preisgünstige Angelegenheit. Denn für dieses Geld bekommt die Gesellschaft jährlich 10 000 Theateraufführungen und 7000 Konzerte zurück, die von 35 Millionen Zuschauern besucht werden.

Mehr zum Thema:

Peter Ackroyd: Shakespeare
Die Biografie;
Knaus 2006; 656 S.

Harold Bloom: Shakespeare
Die Erfindung des Menschlichen;
Berlin 2002; 560 S.

»Die Kindheit in der Tasche«

Worin besteht das Wunder des Theaterspielens?
Um es mit Friedrich Schiller zu sagen: Der Mensch ist nur da ganz Mensch, wo er spielt. Ich habe Anglistik und Germanistik studiert und das Studium abgebrochen. Mir fehlte in der Literaturwissenschaft die kindliche Seite – der spielerische Umgang mit den Texten. Max Reinhardt hat gesagt: Ein Schauspieler ist derjenige, der sich seine Kindheit in die Tasche gesteckt hat. Das Theater gibt mir eine Verbindung zur Kindheit, die ich nicht abreißen lassen möchte.

Ist jeder Mensch ein Schauspieler?
Natürlich. Um zu überleben, muss man ein Schauspieler sein. Man schafft ja sonst das Leben gar nicht. Man ist ständig in Rollensituationen. Das darf man sich allerdings nicht zu bewusst machen, sonst dreht man durch.

Müssen Politiker Schauspieler ihrer selbst sein?
Na klar. Nehmen Sie Angela Merkel. Sie geht mit ihrem Politikerstatus relativ selbstironisch um. Bei Merkel kann ich mir immer das junge Mädchen vorstellen, das sie mal war. Das kann ich bei einem Erwachsenendarsteller wie Guido Westerwelle nicht – oder ich will es nicht. Ein beliebtes Spiel von mir ist, auf Flughäfen oder an anderen öffentlichen Orten, dass ich mich frage, wie alle diese wichtigen, seriösen Menschen als Kinder gewesen sind: Wie haben die wohl gespielt, ganz real, auf dem Spielplatz, im Hof, zu Hause? Diesen Röntgenblick, hindurch durch die Erwachsenenhülle, den muss man haben als Schauspieler. Sonst bleibt das Spiel reine Konzeption, Wichtigtuerei.

Hat das Theater in den letzten Jahrzehnten einen Bedeutungsverlust erlitten?
Ja, zweifellos. Mein alter Kollege Thomas Holtzmann erzählte mir einmal, dass in seinen jungen Jahren am Bühneneingang nach der Vorstellung Trauben begeisterter Mädchen auf ihn gewartet haben. So etwas ist heute unvorstellbar. Der Theaterschauspieler ist heute von marginaler Bedeutung für das Kulturleben einer Stadt. Gesellschaftlich hat das Theater kaum mehr Relevanz. Der Bedeutungsanspruch, mit dem Claus Peymann in Berlin angetreten

ist – er sagte ja, er wolle der Reißzahn sein im Regierungsviertel –, ist absurd. An solche Sätze glaubt überhaupt niemand mehr.

Warum nicht?
Weil es keine Tabus mehr gibt, sei es inhaltlicher oder formaler Art, die das Theater noch brechen könnte. Ich bin mir sehr unsicher, ob das gut so ist oder ganz furchtbar. Vielleicht beides.

Wird es in 50 Jahren noch die einzigartige deutsche Theaterlandschaft geben?
Es wird vielleicht einige Bühnen in kleinen Städten nicht mehr geben, aber noch die Theaterlandschaft und ein Theaterpublikum. Warum? Es riecht einfach anders im Theater als zu Hause …

Gibt es Fortschritt im Theater?
Das Theater schielt auf unheilvolle Weise aufs Kino. Umgekehrt ist das nicht der Fall. Ich nehme wahr, dass auch im Theater die Schnitte immer schneller sind. Aber ich denke, es wird auch wieder die Gegenbewegung geben, es werden junge Regisseure kommen, die wieder Geschichten mit den Mitteln des Theaters erzählen wollen.

ULRICH MATTHES
(1959 geboren) ist einer der großen Theaterschauspieler dieser Zeit. Er ist engagiert am Deutschen Theater Berlin

VOR 2,5 MIO. JAHREN

Der **Homo rudolfensis** gilt als die erste Menschenart, die Werkzeuge herstellt, die denen des heutigen Schimpansen überlegen sind.

VOR 790 000 JAHREN

Der Mensch nutzt vermutlich zum ersten Mal das **Feuer.**

VOR 400 000 JAHREN

Der **Homo erectus** stellt die ersten Fernwaffen her – hölzerne Wurfspeere.

VOR 200 000 JAHREN

Die Menschen beginnen zu **sprechen.**

~ 33 000 V. CHR.

Die vermutlich ersten **Kunstwerke** der Menschheit, kleine Figuren aus Elfenbein, werden auf der Schwäbischen Alb gefertigt.

~ 33.000 V. CHR.

Der Mensch entwickelt aus Vogelknochen und Elfenbein Flöten. Diese **ältesten Musikinstrumente** werden in der Geißenklösterle-Höhle bei Blaubeuren gefunden.

~ 30.000 V. CHR.

Die über 300 Wandbilder in der Chauvet-Höhle entstehen. Sie zählen zu den ältesten **Kunstwerken.**

~ 25 000 V. CHR.

Die altsteinzeitliche **Venus von Willendorf,** die Figur einer nackten, gesichtslosen Frau, wird gefertigt.

~ 14 000 V. CHR.

Der Mensch domestiziert vermutlich erstmals den **Hund,** in den kommenden Jahrtausenden folgen weitere Nutztiere.

~ 9 500 V. CHR.

Mit der Entwicklung des **Ackerbaus** im Gebiet des Fruchtbaren Halbmonds beginnt der Übergang von Jägern und Sammlern zu sesshaften Bauern, die »neolithische Revolution«.

8. JTSD. V. CHR.

In Anatolien wird erstmals Kupfer zur Herstellung von **Werkzeugen** verwendet, später übernehmen Bronze und Eisen diese Funktion.

~ 7000 V. CHR.

In Mesopotamien werden **Trommeln** benutzt, die gemeinsam mit den Flöten ältesten noch genutzten Musikinstrumente der Menschheit.

6. JTSD. V. CHR.

Die langsam drehende **Töpferscheibe** wird in Vorderasien erstmals zur Herstellung von Keramikgegenständen genutzt.

~ 5300 V. CHR.

Die Vinča-Kultur im heutigen Serbien und Rumänien beschriftet erstmals Tafeln mit längeren **Zeichensequenzen.**

~ 5000 V. CHR.

Im Kaukasus und in Mesopotamien wird erstmals **Wein** angebaut.

~ 4000 V. CHR.

In Ägypten werden die ersten **Harfen** verwendet.

~ 3500 V. CHR.

Die vermutlich älteste eindeutige Schriftform der Welt, die sumerische **Keilschrift,** entsteht in Mesopotamien.

~ 2600 V. CHR.

Der mythische Sumererkönig **Gilgamesch** wird zentrale Figur des *Gilgamesch-Epos.* Dabei handelt es sich um eines der ältesten literarischen Werke der Menschheit.

~ 2500 V. CHR.

Unter den Pharaonen Cheops, Chephren und Mykerinos werden die drei **Pyramiden von Giseh,** das einzige erhaltene antike Weltwunder, errichtet.

~ 2300 V. CHR.

Auf einer Karte aus dem akkadischen Reich in Mesopotamien werden erstmals die **Himmelsrichtungen** verzeichnet.

~ 1400 V. CHR.

Die ältesten bisher entdeckten **chinesischen Schriftzeichen,** Träger der jahrtausendealten chinesischen Kultur, werden angefertigt – auf Orakelknochen.

~ 1350 V. CHR.

Unter der Regentschaft von **Pharao Echnaton** entwickelt sich die ägyptische Kunst weiter. Personen werden realistischer dargestellt, und erstmals wird detailgetreu die Natur abgebildet.

~ 1200 V. CHR.

Die Phönizier entwickeln die erste **Buchstabenschrift.** Sie bildet die Basis für unser heutiges **Alphabet.**

8. JH. V. CHR.

Homer schreibt seine Epen *Ilias* und *Odyssee,* die als Ausgangspunkt der abendländischen Literatur gelten.

~ 500 V. CHR.

Die ersten **Nazca-Linien,** riesige Scharrbilder in den Wüsten Perus, entstehen.

472 V. CHR.

Die Tragödie *Die Perser* des athenischen Dichters **Aischylos** wird uraufgeführt, das älteste erhaltene Drama der Welt.

447 V. CHR.

Nach der Zerstörung der Athener **Akropolis** durch die Perser beginnt auf Initiative Perikles' der Bau des **Parthenons,** eines der ältesten und bekanntesten Kulturdenkmäler.

433 V. CHR.

Sophokles vollendet sein Drama *König Ödipus,* das zu den herausragenden Werken der Weltliteratur gehört.

300 V. CHR.

Euklid beschreibt bei Nachforschungen am Fünfeck erstmals den **Goldenen Schnitt** genau. Dieser wurde 150 Jahre zuvor entdeckt.

210 V. CHR.

Das **Mausoleum Qin Shihuangdis** wird vollendet, es ist nicht nur einer der größten Grabbauten der Welt, sondern beherbergt auch die 7000 Figuren große **Terrakotta-Armee.**

2. JH. V. CHR.

Antipatros von Sidon benennt erstmals die antiken sieben **Weltwunder,** von denen die Pyramiden als Einziges bis heute erhalten sind.

2. JH. V. CHR.

Die germanische **Runenschrift** wird erstmals nachgewiesenermaßen verwendet. Sie ist, anders als lange vermutet, nicht aus der griechischen Schrift entstanden.

~ 100 V. CHR.

Die **Venus von Milo,** die bekannteste Skulptur der Antike, wird als Sinnbild der weiblichen Schönheit geschaffen.

~ 20 V. CHR.

Vitruv, womöglich erster Architekt von Wassermühlen und bekannt durch seine von Leonardo da Vinci aufgegriffenen Proportionsstudien, schreibt seine *Zehn Bücher über Architektur.*

19 V. CHR.

Vergil vollendet die Arbeit an *Aeneis.* Das Epos über die römischen Gründungsmythen ist eines der bedeutendsten Werke lateinischer Sprache.

80

Das **Kolosseum** in Rom, das größte Amphitheater der römischen Antike und ein Wahrzeichen der Stadt, wird vollendet.

105

Tsai Lun, Ackerbauminister unter der Han-Dynastie, beschreibt erstmals ein Verfahren zur Herstellung von **Papier.**

3. JH.

In Ägypten entstehen die letzten **Mumienporträts.** Die meisten dieser Brust- oder Kopfbildnisse sind auf Holztafeln gemalt, andere direkt auf die Leichentücher.

4. JH.

In Ägypten wird erstmals die Form des **Kodex** verwendet. Die mit Tafeln umschlossenen Dokumentenstapel erinnern, anders als Schriftrollen, schon stark an das heutige Buch.

4. JH.

Das **Mahabharata,** mit über 90 000 Versen das bedeutendste Epos der Sanskritliteratur, erscheint erstmals in seiner heutigen Form.

8. JH.

Tang-Kaiser Xuanzong gründet die erste chinesische Schauspieltruppe, den **Birnengarten.** Diese Akademie gilt als Vorläufer der Chinesischen Oper.

760

Lu Yu veröffentlicht **Chajing.** Es wird das wichtigste Werk über Tee und ein bedeutender Bestandteil der chinesischen Ess- und Trinkkultur.

9. JH.

Die berühmte arabische Geschichtensammlung **Tausendundeine Nacht** wird vervollständigt. Die Erzählungen sind persisch-indischen Ursprungs.

~ 1070

Der **Teppich von Bayeux,** ein 70 Meter langer Tuchstreifen, der die normannische Eroberung Englands darstellt, wird angefertigt.

~ 1100

Herzog Wilhelm IX. von Aquitanien gilt als erster Troubadour, also als Dichter und Sänger höfischer Lieder.

~ 1170

Walther von der Vogelweide wird geboren. Er gilt als der wichtigste mittelalterliche Lyriker des deutschsprachigen Raums.

~ 1200

Die wohl bekannteste deutsche Sage, das **Nibelungenlied,** wird erstmals niedergeschrieben.

~ 1230

Die **Carmina Burana** entsteht. Diese Sammlung der Vagantendichtung wird später durch die Vertonung von Carl Orff weltberühmt .

~ 1270

Auf Island entsteht die **Lieder-Edda,** das bekannteste Beispiel altnordischer Kultur und die Haupt-Quelle ihrer Mythologie.

1307

Dante Alighieri beginnt die *Göttliche Komödie,* das bedeutendste Werk der italienischen Literatur.

1337

Giotto di Bondone stirbt. Mit seiner perspektivischen Malerei war er zum Wegbereiter der italienischen Renaissance geworden.

14. JH.

Der chinesische Autor **Luo Guanzhong** schreibt *Die Geschichte der drei Reiche,* den ersten der »vier klassischen Romane« des alten China.

1387

Geoffrey Chaucer schreibt die *Canterbury Tales* und erhebt damit das bisher nur vom Volk gesprochene Mittelenglisch zur Literatursprache.

1430

Im Süden Deutschlands, im oberdeutschen Sprachraum, wird erstmals die Technik des **Kupferstichs** angewandt.

~ 1450

Der Inkaherrscher Pachacútec Yupanqui beginnt den Bau von **Machu Picchu,** dem größten Kulturdenkmal Amerikas.

1455

Johannes Gutenberg entwickelt in Mainz die Technik des Buchdrucks mit beweglichen Lettern.

1463

Der berühmteste französische Dichter des Mittelalters, **François Villon,** wird in Paris wegen krimineller Machenschaften hingerichtet.

1493

Der **Ming-Kaiser Hongzhi** beginnt mit der letzten großen Ausbauphase der **Chinesischen Mauer.** Mit 6350 Kilometern Länge ist sie das größte Bauwerk der Welt.

1498

Leonardo da Vinci vollendet das Fresko *Das letzte Abendmahl,* es gilt als Höhepunkt seines Schaffens.

1503

Leonardo malt die **Mona Lisa,** heute das berühmteste Gemälde der Welt. Es hängt im Pariser Louvre.

1504

Michelangelo vollendet seinen David, die erste Monumentalstatue der Hochrenaissance.

1508

Albrecht Dürer zeichnet die *Betenden Hände,* eines seiner am häufigsten reproduzierten Kunstwerke.

1512

Die Erschaffung Adams, das bekannteste Deckenfresko der Sixtinischen Kapelle, wird von Michelangelo fertiggestellt.

1532

François Rabelais, der große Schriftsteller der französischen Renaissance, veröffentlicht den ersten Band seiner Satire *Gargantua und Pantagruel.*

1580

Der portugiesische Nationaldichter **Luís Vaz de Camões** stirbt, sein Todestag, der 10. Juli, ist heute Nationalfeiertag.

~1070 bis 1812

1597

William Shakespeare schreibt *Romeo und Julia*. Die Tragödie wird im Globe, dem bekanntesten englischen Theater, uraufgeführt.

1605

Der erste Teil des Romans *Don Quijote* des spanischen Nationaldichters **Miguel de Cervantes** erscheint.

1607

Claudio Monteverdis *L'orfeo* wird in Mantua uraufgeführt. Manchen gilt sie als die erste Oper überhaupt.

1617

Die **Fruchtbringende Gesellschaft** in Köthen, auch Palmenorden genannt, wird gegründet. Die erste deutsche Sprachgesellschaft widmet sich der Vereinheitlichung und Pflege der deutschen Sprache.

1645

Die **Post- och Inrikes Tidningar**, die älteste heute noch erscheinende Zeitung der Welt, wird erstmals in Stockholm gedruckt.

1648

Der **Tadsch Mahal**, das Mausoleum im Indischen Bundesstaat Uttar Pradesh, wird fertiggestellt.

17. JH.

Die **Laterna magica**, Vorläuferin von Dia- und Filmprojektoren, kommt in Europa auf.

1668

Hans Jakob Christoffel von Grimmelshausen veröffentlicht sein Buch *Der abenteuerliche Simplicissimus*. Es ist der erste große Abenteuer- und Schelmenroman in deutscher Sprache.

1711

Bartolomeo di Francesco Cristofori entwickelt das erste moderne Hammerklavier.

1712

In Madrid eröffnet die **Biblioteca Nacional,** die erste Nationalbibliothek Europas.

1719

Daniel Defoe veröffentlicht das gemeinhin als erster englischer Roman geltende Werk *Robinson Crusoe*.

1723

Der italienische Barockkomponist **Antonio Vivaldi** komponiert die *Vier Jahreszeiten*, sein bekanntestes Werk.

1729

Johann Sebastian Bachs *Matthäuspassion*, von vielen als Höhepunkt seines Schaffens bezeichnet, wird am Karfreitag uraufgeführt.

~ 1770

Der **Wiener Walzer** entsteht als erster moderner Gesellschaftstanz. Er wird in der ersten Hälfte des 19. Jahrhunderts populär und ist heute einer der beliebtesten Tänze der Welt.

1781

Friedrich Schiller veröffentlicht *Die Räuber*, das bekannteste Drama des Sturm und Drang, das bei seiner Uraufführung in Mannheim zu einem Skandal führt.

1783

In London erscheint unter dem Namen *The Daily Universal Register* erstmals die Zeitung **The Times,** die bis heute zu den führenden Blättern der Welt gehört.

1791

Die Zauberflöte von **Wolfgang Amadeus Mozart** erlebt in Wien ihre Uraufführung. Sie wird die meistgespielte Oper aller Zeiten.

1792

Claude Joseph Rouget de Lisle komponiert die *Marseillaise*, die später als französische Nationalhymne weltbekannt wird.

1799

Friedrich Schiller schreibt *Das Lied von der Glocke*, das wohl meist zitierte deutsche Gedicht.

1808

Johann Wolfgang von Goethe verfasst mit *Faust* den Inbegriff des deutschen Dramas.

1812

Jacob und Wilhelm Grimm veröffentlichen den ersten Band der *Kinder- und Hausmärchen,* der bekanntesten europäischen Märchensammlung.

ZEITLEISTE KULTUR

1822

Anhand der dreisprachig verfassten Inschrift des Steins von Rosette gelingt **Jean François Champollion** die Entzifferung der ägyptischen Hieroglyphen.

1824

Ludwig van Beethoven vollendet die Neunte Sinfonie, deren Schlusschor Ode an die Freude 1972 zur Europahymne erklärt wird.

1826

Friedrich Hölderlin, tragischer deutscher Lyriker, vollendet seine Sammlung *Gedichte*.

1827

Franz Schubert schließt den Liederzyklus Die *Winterreise* ab, die bedeutendste Sammlung von Kunstliedern der Romantik.

1830

Eugène Delacroix malt *La liberté guidant le peuple,* ein Gemälde, das zum Symbol des Freiheitskampfes schlechthin wird.

1830

Frédéric Chopin, der polnischstämmige Komponist und Pianist, schreibt unter dem Eindruck des polnischen Novemberaufstands die *Revolutionsetüde.*

1834

Adam Mickiewicz schreibt *Pan Tadeusz,* das bis heute als polnisches Nationalepos gilt.

1837

Der Schriftsteller **Alexander Puschkin,** Wegbereiter der Moderne in Russland und Nationaldichter des Landes, stirbt.

1837

Hans Christian Andersen, der dänische Schriftsteller und Schöpfer vieler Kunstmärchen, veröffentlicht *Die kleine Meerjungfrau.*

1837

Joseph von Eichendorff, der große Dichter der deutschen Romantik, schreibt das berühmte Gedicht *Mondnacht.*

1839

Die französische Akademie der Wissenschaften gibt die Nutzung einer verbesserten Technik der Fotografie frei. Als Erfinder der Daguerreotypie wird **Louis Daguerre** weltberühmt.

1840

Der Instrumentenbauer **Adolphe Sax** erfindet das Saxofon, als klangvolles Holzblasinstrument der tiefen Lage; mit dem Jazz beginnt die Erfolgsgeschichte des Instruments.

1844

Heinrich Heines satirisches Versepos *Deutschland. Ein Wintermärchen* erscheint, wird jedoch kurz darauf verboten.

1849

Edgar Allan Poe, Begründer der Genres Kriminalliteratur, ScienceFiction und Horror, stirbt.

1851

Herman Melvilles Roman *Moby Dick* wird veröffentlicht, die Geschichte einer schicksalhaften Jagd.

1853

Giuseppe Verdis *La Traviata,* eine der erfolgreichsten Opern der Musikgeschichte, wird uraufgeführt.

1855

Walt Whitman, Begründer der modernen amerikanischen Dichtung, veröffentlicht seinen Gedichtband *Leaves of Grass.*

1861

James Clerk Maxwell präsentiert die erste Farbfotografie. Abgebildet: ein Band mit Schottenmuster.

1866

Der Roman *Schuld und Sühne* von **Fjodor Dostojewski** erscheint.

1872

Claude Monet malt *Impression, soleil levant.* Dem Gemälde verdankt die neue Stilrichtung des Impressionismus ihren Namen.

1874

Richard Wagner, einer der Erneuerer der Musik des 19. Jahrhunderts in Europa, vollendet seinen Opernzyklus *Der Ring des Nibelungen.*

1877

Peter Tschaikowskys bekanntestes Werk, das Ballett *Schwanensee,* wird uraufgeführt.

1822 bis 1927

1877

In der Wiener Staatsoper findet erstmals der **Wiener Opernball** statt, der bis heute jedes Jahr zahlreiche Prominente anzieht.

1890

Vincent van Gogh, einer der Begründer der modernen Malerei, erschießt sich. Seine Werke werden erst nach seinem Tod gewürdigt.

1894

Richard Felton Outcault, einer der Pioniere der Comicliteratur, führt die Sprechblase zur Darstellung von Sprache ein.

~ 1900

In New Orleans entwickelt sich als Melange aus weißer und schwarzer Musik der **Jazz,** der erste Musikstil, der von allen Bevölkerungsschichten gehört wird.

1901

Thomas Mann veröffentlicht seinen wohl bekanntesten Roman *Buddenbrooks.*

1902

Thomas Nast, Vater des politischen Cartoons in Amerika, stirbt. Er war der erste Zeichner von Uncle Sam, Santa Claus und den Wappentieren der amerikanischen Parteien.

1903

Einer der einflussreichsten und bekanntesten frühen Kinofilme, der zwölfminütige **Western** *Der große Eisenbahnraub,* wird uraufgeführt.

1906

J. Stuart Blackton veröffentlicht seinen animierten Film *Humorous Phases of Funny Faces.* Dies gilt als Geburtsstunde des Zeichentricks.

1907

Pablo Picasso beginnt, kubistisch zu malen, und verhilft so dieser Kunstrichtung sowie sich selbst zu großem Erfolg.

1909

Selma Lagerlöf, die große schwedische Autorin, erhält als erste Frau den Literaturnobelpreis.

1910

Edvard Munch vollendet sein expressionistisches Gemälde *Der Schrei,* das zu den bekanntesten Bildern der Welt zählt.

1911

Die ersten sechzehn Filmstudios lassen sich in **Hollywood** nieder und begründen dessen Aufstieg zum Mekka des amerikanischen Films.

1913

Igor Strawinski komponiert *Le sacre du printemps,* das als Schlüsselwerk der Musik des 20. Jahrhunderts gilt.

1913

Rabindranath Tagore, Erneuerer der bengalischen Literatur und Dichter der Nationalhymnen von Indien und Bangladesch, erhält als erster Asiate den Nobelpreis für Literatur.

1917

Der Journalist und Zeitungsverleger **Joseph Pulitzer** vergibt erstmals den nach ihm benannten Preis, heute die angesehenste Auszeichnung im journalistischen Bereich.

1919

Der Architekt **Walter Gropius,** einer der Mitbegründer der Neuen Sachlichkeit und damit der modernen Architektur, wird erster Direktor des Bauhauses in Weimar.

1921

James Joyce vollendet *Ulysses,* eines der wegweisenden Werke des modernen Romans.

1925

Ein Jahr nach **Franz Kafkas** Tod wird dessen berühmtestes Werk, *Der Process,* veröffentlicht.

1925

Sergej Eisensteins Stummfilm *Panzerkreuzer Potemkin* wird erstmals im Moskauer Bolschoi-Theater gezeigt – zum Gedenken an die Revolution von 1905.

1927

Fritz Langs *Metropolis* kommt in die Kinos – mit anfänglich mäßigem Erfolg. Heute gilt das Werk als einer der einflussreichsten Science-Fiction-Filme überhaupt.

1927

Mit der Premiere des ersten abendfüllenden **Tonfilms** *The Jazz Singer* geht die Ära des Stummfilms zu Ende.

1929

Der **Oscar,** heute der bedeutendste Filmpreis der Welt, wird erstmals verliehen, stößt aber zunächst auf geringes öffentliches Interesse.

1932

Die **Internationalen Filmfestspiele von Venedig,** das älteste der großen internationalen Filmfestivals, finden erstmals statt.

1939

Vom Winde verweht wird uraufgeführt. Der Streifen erhält zehn Oscars und wird zu einem der kommerziell erfolgreichsten Filme aller Zeiten.

1941

Orson Welles' Erstling *Citizen Kane,* der vielfach als bedeutendstes Werk der Filmgeschichte bezeichnet wird, kommt in die Kinos.

1942 *:r Fremde* von **Albert Camus** erscheint. Der Roman ist eines der Hauptwerke des Existenzialismus und eines der wichtigsten der französischen Literatur.

1946

In Paris wird die **Unesco** gegründet, die sich unter anderem der Erhaltung des kulturellen Erbes der Menschheit widmet.

1949

Die Erstausgabe von **George Orwells** dystopischem Roman *1984* erscheint. Das Buch kann noch heute als Warnung vor dem Überwachungsstaat und totalitären Regimen gelesen werden.

1951

Der als »Patriarch der Fotografie« bekannte **Edward Steichen** beginnt mit der Auswahl von Fotos für die Ausstellung *Family of Man,* die heute Teil des Weltdokumentenerbes ist.

1952

Ernest Hemingway veröffentlicht seinen Roman *Der alte Mann und das Meer,* für den er mit dem Pulitzerpreis ausgezeichnet wird. 1954 erhält der Schriftsteller auch den Literaturnobelpreis.

1954

Bill Haleys Platte *Rock around the Clock* verhilft dem Rock 'n' Roll zum internationalen Durchbruch.

1955

Die ersten Bände von *Der Herr der Ringe* wird veröffentlicht. **J. R. R. Tolkiens** Roman wird zu einem stilbildenden Werk der Fantasy-Literatur.

1958

Alfred Hitchcocks *Vertigo – Aus dem Reich der Toten* erscheint. Der Thriller zum Thema Höhenangst wird anfänglich kritisch rezensiert – heute gilt er als Meisterwerk.

1962

Andy Warhol, einer der Begründer der Pop-Art, hat seine erste Ausstellung als Künstler. Sie stößt auf großes Unverständnis.

1968

Stanley Kubricks *2001: Odyssee im Weltraum,* oft als einer der besten Filme der Filmgeschichte bezeichnet, erscheint.

1972

Der Pate, **Francis Ford Coppolas** Mafia-Meisterstück nach dem Roman von Mario Puzo, kommt in die Kinos. Die Filmhandlung soll teilweise auf tatsächlichen Ereignissen beruhen.

1970ER

Auf großen unangemeldeten, **block party** genannten Musikfesten in der Bronx entwickelt sich der **Hip-Hop.** Erst Teil der Subkultur, wird er zu einer kommerziell erfolgreichen Musikrichtung.

1981

Bob Marley, bedeutendster Reggae-Musiker und eine Identifikationsfigur vieler Menschen vor allem in der Dritten Welt, stirbt an Krebs.

1982

Michael Jackson veröffentlicht sein Album *Thriller,* das 15 Jahre lang das meistverkaufte Album aller Zeiten bleibt.

1986

Rock me Amadeus erreicht als bislang einzige deutschsprachige Single Platz 1 der US-Charts. Interpret ist der österreichische Sänger **Falco.**

1997

Philip Roth, amerikanischer Bestsellerautor, veröffentlicht seinen Roman *Amerikanisches Idyll* – und erhält dafür den Pulitzerpreis.

1929 bis 2007

1999

Günter Grass, deutscher Schriftsteller, dem schon mit seinem ersten großen Roman *Die Blechtrommel* der internationale Durchbruch gelang, erhält den Literaturnobelpreis.

2005

Die Rockstars Bob Geldof und Bono organisieren das weltumspannende Konzert **Live8,** dessen Motto die Bekämpfung der Armut ist. Weltweit setzen sich Millionen vor die Fernseher.

2006

Nam June Paik, der als Begründer der Video- und Medienkunst gilt, stirbt.

2007

Nach sieben Jahren globaler Wahl werden in Lissabon die **Neuen Sieben Weltwunder** bekannt gegeben: Chichén Itzá, die Mayaruinen in Yucatán, die Chinesische Mauer, Cristo Redentor, das Kolosseum, Machu Picchu, die Felsenstadt Petra und der Tadsch Mahal.

Kind | Florenz

Erst 1989 erhielten Kinder weltweit ein verbrieftes Recht auf Leben. Seither schützt sie eine UN-Konvention. Schon im 15. Jahrhundert baute Florenz ein Findelhaus, um Neugeborene zu retten. In ihm kämpft heute die Unicef weiter für die Rechte des Kindes.

Küche | Villeneuve-Loubet

Ein Spitzenkoch muss mehr können, als atemberaubende Gerichte zu kreieren. Er sorgt dafür, dass sie x-tausendfach in gleicher Güte die Gäste erreichen. Ihren Anfang nahm die moderne französische Küche im provenzalischen Villeneuve-Loubet, dem Geburtsort von Auguste Escoffier.

Luft | Davos

Von keinem Stoff sind wir so abhängig wie von der Luft. Ohne sie überleben wir nur vier Minuten. Ihre Zusammensetzung lässt sich verändern – und damit sogar das Klima. In Davos ist die Luft so rein, dass sie Leiden lindert – früher Tuberkulose, heute Allergien.

Mode | Mailand

Niemals war Mode so demokratisch. Die Gesellschaft kann sich auf neonfarbene Leggings ebenso einigen wie darauf, dass Unterhosen aus dem Hosenbund hervorlugen. Wer treibt die Trends an? Ein Besuch bei Giorgio Armani, der seit 30 Jahren die Modeszene von Mailand beherrscht.

Sex | Bloomington

Kaum ein Aspekt des menschlichen Lebens ist durch so viele Hemmungen, Normen und religiöse Vorschriften eingeengt wie die Sexualität. Das Kinsey Institute im amerikanischen Bloomington erforscht die Geheimnisse, die Sex so kompliziert machen.

Sport | Peking

Der Pharao rennt um seine Macht, Turnvater Jahn stählt die Deutschen für den Krieg gegen Frankreich, und die neue Sportmacht China löst die alte, die Vereinigten Staaten, ab: Seit Menschen ihren Körper stählen, hat Sport eine politische Dimension.

Stadt | Kairo

Erstmals in der Geschichte leben mehr Menschen in Städten als auf dem Land. Gewinner und Verlierer der Globalisierung wohnen hier dicht an dicht – ein Besuch in Kairo, der größten Metropole Afrikas.

Verbrechen | Berlin

Eifersucht und Gier, Hass und Geltungswahn – die Motive der Mörder sind jahrtausendealt, wie auch die Hoffnung, ihre Tat könne ungesühnt bleiben. Doch die heutige Kriminaltechnik ist so ausgeklügelt, dass den Fahndern kaum ein Verbrecher entkommt. Eine Spurensuche in Berlin.

■ Sex

ALLTAG

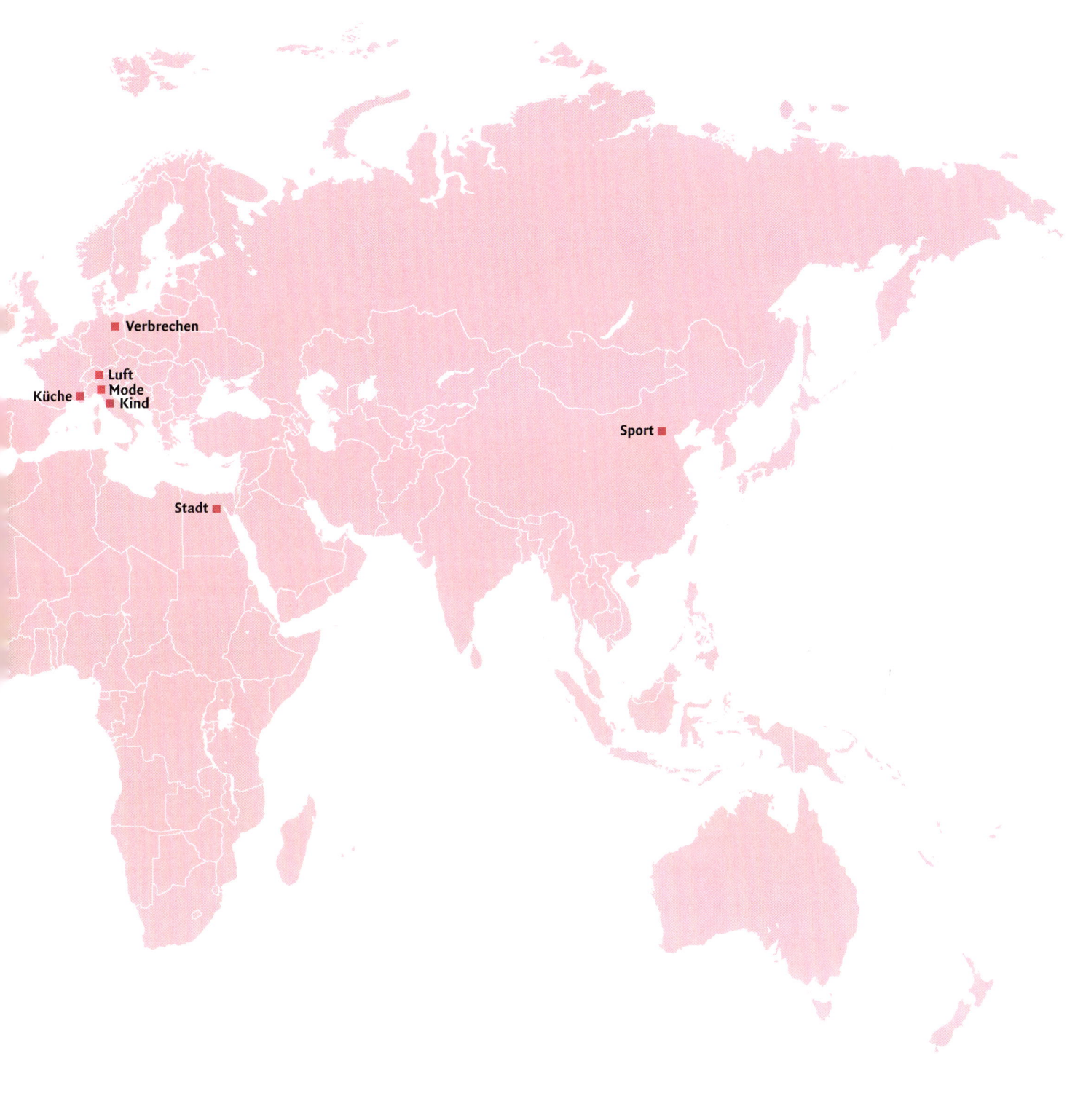

KIND

»Atemberaubend
schöne Gestalt«:
**OSPEDALE
DEGLI INNOCENTI**

Kätzchenfigur
in japanischem
Design:
HELLO KITTY,
seit 1976

Oft von
Kinderhänden
hergestellt:
SPORTARTIKEL

Bester Freund
seit einem
Jahrhundert:
DER TEDDYBÄR

Dem Baby beigelegt:
AMULETT als
letzter
Liebesbeweis

Nostalgieobjekt:
GUMMISOLDAT
aus DDR-
Beständen

Gefährdete Existenzen

Erst 1989 erhielten Kinder weltweit ein verbrieftes Recht auf Leben.
Seither schützt sie eine UN-Konvention. Schon im 15. Jahrhundert
baute Florenz ein Findelhaus, um Neugeborene zu retten.
In ihm kämpft heute die Unicef weiter für die Rechte des Kindes

Von Susanne Mayer

Mitschuld an
Kinderdiabetes
und Übergewicht:
LOLLI

Für spielende
Jungs:
PLASTIKPANZER

Wohnidylle im
Kleinformat:
**DEUTSCHE
PUPPENSTUBE**

Kein Patchwork:
LEGO-FAMILIE
aus Sohn, Tochter,
Vater, Mutter
und Oma

Erste-Hilfe-
Einrichtung,
um
ungewollte
Kinder
vor dem Tod
zu retten:
BABYKLAPPE

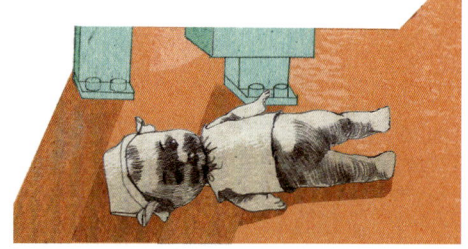

A m Anfang sind alle Kind. Alle Kinder werden, mit Glück, Erwachsene. So einfach, und doch tun sich so viele Rätsel auf, wenn wir über Kindheit nachdenken! Zum Beispiel dieses: Wie lange dauert Kindheit? Wie fühlt sie sich an? Was könnte Marcel Proust gemeint haben, als er auf der Suche nach der verlorenen Zeit schrieb: »Zärtlich drückte ich meine Wange an die schönen Wangen des Kopfkissens, die in ihrer Fülle und Kühle wie die Wangen unserer Kindheit sind«?

Der Mensch vergisst seine ersten Jahre. Er wird hilflos geboren, kaum ein Wesen auf der Welt, das länger des Schutzes, der Hilfe, mehr der Liebe bedürfte als das Kind, um groß zu werden. Und doch ist es von einzigartiger Lernfähigkeit und darin dem Erwachsenen überlegen. Das Kind lernt Bengali, Arabisch oder Finnisch, es kann sich in die Gesellschaft afrikanischer Nomaden einfügen oder auf Booten im Delta des Mekong überleben, ein Kind lässt sich zu einem sanftmütigen Arapesh-Indianer heranziehen oder in einen aggressiven Nundugumor-Kannibalen verwandeln. Mit vier oder fünf spielt es womöglich geschickter am Computer als seine Eltern. Oder sortiert Müll auf Abfallhalden, zum Unterhalt der Familie. Manchmal scheint es, als bräuchten Kinder Erwachsene kaum.

Erstaunt beobachten Anthropologen autonome Kinderclans bei den Iatmul-Stämmen in Papua-Neuguinea, wie sie ihre eigenen Rituale pflegen. Beklommen sehen wir zu, wie sich in Afrika Aids-Waisen zusammenscharen zu neuartigen Kleinstfamilien, in denen Zwölfjährige für die Kinder der Toten sorgen. Derweil entstehen inmitten der Hochleistungsgesellschaften seltsam kindentleerte Landschaften, weil Erwachsene, die sich bis ins dritte Lebensjahrzehnt auf ihr Leben vorbereiten, von der Aufgabe, ein Kind großzuziehen, überfordert sind. Aber sie fühlen sich doch selber noch als Kind!

Wer Kind ist und wer erwachsen, ist hochstrittig und auch, was Erwachsene dem Kind schulden oder dieses den Erwachsenen wert ist. Ausgerechnet im armen Tschechien werden Kinder besser als in vielen reichen europäischen Staaten versorgt, sind gesünder, fühlen sich wohler. Und nie wurde die Frage, was die Gesellschaft den Kindern schuldet, mit solcher Grandezza beantwortet wie in Florenz vor 600 Jahren, selten hat die Vorstellung von Kindheit eine so atemberaubend schöne Gestalt angenommen wie in Architektur und Geist des Ospedale degli Innocenti. Eine Utopie in *bella figura* – als Findelhaus.

Kinderklappe heißt es heute verschämt. An dieser Einrichtung ist aber gar nichts verschämt, sie ist ein Kunstwerk des großen Architekten Filippo Brunelleschi. Vollendet 1445. Das Ospedale degli Innocenti präsentiert sich im Herzen von Florenz, an der Piazza Santissima Annunziata, dem

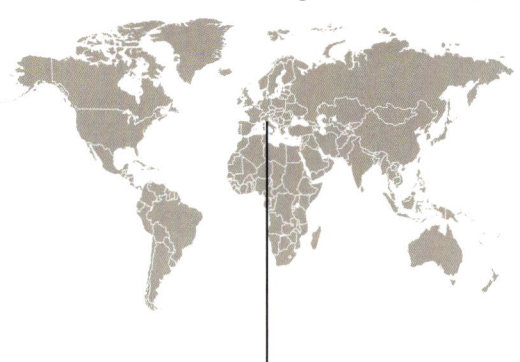

FLORENZ
Mitten
im Zentrum
gründete die
Stadt bereits 1445
ein Findelhaus –
das Ospedale
degli Innocenti

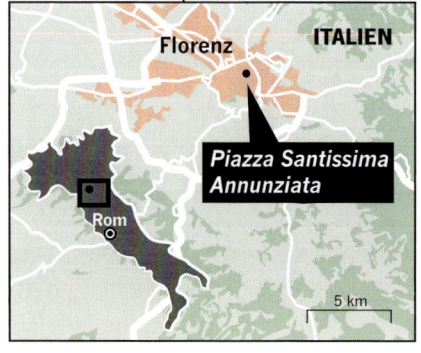

Florenz ITALIEN

Piazza Santissima Annunziata

Rom

5 km

vielleicht elegantesten Platz der Stadt. Von Süden her leuchtet die Kuppel des Doms die Via dei Serviti herauf, auch sie ein Geniestreich dieses Brunelleschi, im Norden haben sich die Institute der Universität ausgebreitet. Zur Linken: das Viertel, welches die Akademie der Künste beherbergt, wo junge Leute in den Höfen an ihren Skulpturen feilen, wie sie es in dieser Stadt seit Hunderten von Jahren tun.

Das Ospedale zieht sich über die gesamte rechte Seite der Piazza. Fünf Stufen. Sie führen hinauf zu einer Loggia, die sich ihrerseits über die Länge des Hauses erstreckt mit einem Kreuzgewölbe, das von den schlichten Kapitellen dunkler Säulen getragen wird. Eine transparente Räumlichkeit, in der sich Öffentliches und Privates begegnen und austauschen können. Die Loggia ist eine Einladung – an wen? Das verkünden die runden Fayencen aus blau schimmernder Keramik, die in die Schenkel der Arkaden eingelassen sind – Wickelkinder sind dort zu sehen. Eines erhebt die Ärmchen, dort sieht man eine Windel nach unten wegrutschen, die Bäuchlein weich und nackt.

Wie es wohl damals war? Man kann es sich in einer frühen Morgenstunde vorstellen, die Zeit, in der die Welt noch ohne Zeugen ist. In den ausgetretenen Steinplatten glitzert das Regenwasser. Die Luft ist kühl. Heute hustet in der Ferne ein Moped. Ein Bus dröhnt auf seiner Umlaufbahn. Und vorbei. Schritte. Jemand nähert sich aus der Via degli Alfani, mit hastigem Schritt. Die Schritte werden schneller und kürzer. Der Hall der Schritte pulsiert über der Stille der Piazza wie das Klopfen eines Herzens.

Eine Gestalt vor den Stufen der Loggia. Die Gestalt geht hinauf, blickt sich um. Vorn die hohen Türen, die ins Innere führen – zu dieser Stunde sind sie natürlich noch zu. Linker Hand ein Fenster. Noch mal vier Stufen hoch. Die erste Stufe ...

Unter diesem Fenster kann man heute eine Inschrift lesen: *Questo fu per quattro secoli segreto Rifugio di Miserie ...* – »Hier war, über vier Jahrhunderte lang, die Zuflucht der Elenden und Schuldbeladenen ...« Das Kind wurde durch das Fenster in eine hölzerne Tonne gelegt, die sich auf die Innenseite des Hauses drehen ließ. Sie wurde erst 1660 eingebaut und ersetzte die *pila*. Die *pila* war aus Stein und hatte die Gestalt eines großen Kelchs. Am Tag der Eröffnung des Ospedale, am 25. Januar 1445, hatte man die *pila* auf die Loggia gestellt, neben die Tür. Zehn Tage später, es war ein Freitag, lag darin das erste Kind. Ein Mädchen, in ein Wolltuch gewickelt. Zwei Leintücher daneben. Eine Babyhaube. Niemand hatte gesehen, wer es brachte. Man taufte es auf den Namen Agata Smeralda.

Das Drama des ungewollten Kindes ist in der Geschichte der Menschheit in vielen Fassungen gegeben worden. Was mag sich in den Höhlen von Lascaux abgespielt haben, wenn in Zeiten von Hunger Kinder geboren wurden? In Rom oblag die Entscheidung über Gedeih und Verderb eines Neugeborenen dem männlichen Oberhaupt der Familie. Weigerte der sich, das Kind aufzunehmen, wurde es an Wegkreuzungen entsorgt, ein Angebot für Kinderlose oder Sklavenhändler. Heute verhökern Familien in Asien, deren Mittel nicht für alle reichen, die Töchter als Dienstboten oder in die Kinderprostitution, in Afrika landen ungewollte Kinder in Kindersoldatenheeren, aus Ländern wie Paraguay oder Kambodscha werden Tausende von Kindern jedes Jahr in das reiche Amerika oder Europa zur Adoption – nun, Menschenrechtsorganisationen sprechen von »verkauft«. Wohin mit ihnen in der Not? Die Einrichtung des Findelhauses in Florenz wirkte jedenfalls wie eine Offenbarung.

Das Ospedale degli Innocenti fängt Kinder der Armen auf – Wegwerfkinder

Im ersten Jahr wurden 62 Kinder abgegeben. 1455 wird die Zahl 100 überschritten, im Jahr 1465 sind es schon 202 Kinder. In den ersten 20 Jahren kommen insgesamt 2360 Kinder in das Ospedale. Das Ospedale von Florenz ist eines der ersten Findelhäuser Europas, die sich bald von St. Petersburg bis London ziehen, von Rom bis Paris, wo im 18. Jahrhundert fast jeder dritte Täufling im Findelhaus landet. Die Zahlen der abgegebenen Kinder schwellen an in Jahren von Seuchen, sie legen zu, wenn die Getreidepreise steigen und mit ihnen der Hunger. Im Jahr 1681 werden nicht weniger als 3467 Kinder im Ospedale abgegeben. Was für Kinder? Kinder der Armen, Kinder von Dienstboten, Sklavenkinder. Kinder der Sünde. Mehr Mädchen übrigens als Jungen. Vor allem Neugeborene und Wickelkinder. Kinder, die vor der Einrichtung des Findelhauses noch erstickt worden waren oder im Gebüsch versteckt. Wegwerfkinder.

Eine mittelalterliche Miniatur zeigt ein Holzboot auf scharfen Wellen, in dem Männer ein Netz hochziehen, das drei kleine Leichen birgt. Die Zeile darunter: »Wie Fischer und Diener des Papstes im Tiber fischten und nichts als Kinder fanden, die man in den Fluss geworfen hat, was sie entsetzte ...«

Die Tötung von Kindern, schreibt die amerikanische Anthropologin Sarah Blaffer Hrdy, sei eines der größten Tabus der Geschichte. Kindstötung war über Jahrhunderte ein allerletztes Mittel der Familienplanung. Das schreckliche Geheimnis hallt wider in den Beschwörungen der Priester, die Kinder doch nicht im Bett schlafen zu lassen, auf dass man sie des Nachts nicht versehentlich zerquetsche! Vergeblich. »Welches weib jre kind, das leben und glidmaß empfangen hett, heymlicher boßhafftiger williger weiß ertödtet, die werden gewonlich lebendig begraben und gepfelt ...«, so drohte die Carolina, Gerichtsordnung von Kaiser Karl V. aus dem Jahr 1532. Noch heute vergeht kaum eine Woche, in der wir nicht über Zeitungsmeldungen erschrecken, die von toten Kindern erzählen – versteckt in der Kühltruhe, vergraben in Blumenkästen.

Kindstötung wie Aussetzung von Kindern schüren den Verdacht, Eltern könnte es an Liebe fehlen. Aber man muss nur jene winzigen Amulette sehen, die heute im oberen Schlafsaal des Ospedale ausgestellt sind, um die Wahrheit zu fühlen. Ein talergroßes Herz aus roter Seide. Drei Holzperlen, aufgefädelt, zwei hellblaue und eine braune. Letzte Zärtlichkeiten, versteckt in den Windeln, kleine Amulette, um die Gunst von wem auch immer zu erflehen, für was? Eine gütige Aufnahme des Kindes. Dass es überleben möge. Dass der Tod es verschone, der Tod, der alle bedrohte, aber unter den Kindern schon immer reiche Ernte hielt.

Es gab Jahre, in denen über 50 Prozent der Kinder das erste Jahr im Ospedale nicht überlebten. In guten Zeiten starben 25 Prozent, in schlechten, wie im Schreckensjahr 1700, waren es 83 Prozent. Was das Findelhaus als kulturelle Geste so bedeutsam macht, ist nicht, dass man einen Weg gefunden hatte, Kinder vor dem Tod zu retten, das konnte man nicht. Die Größe der zivilisatorischen Leistung bestand darin, dass es den Versuch gab, sie zu retten.

Es war eine historische Zäsur. Zu jenem Zeitpunkt, als der große Künstler Masaccio in der Capella Brancacci auf der anderen Tiberseite Menschen malte, die vor Emotionen vibrierten, sowie ein Baby, das mit seinem nackten Hintern auf dem Arm der Mutter saß, da rückte also auch das wirkliche Kind in den Blick – als Individuum.

Die Linie zwischen Barbarei und Zivilisation, die der Anthropologe Lévi-Strauss zwischen dem Rohen und dem Gekochten entdeckt hatte, wurde also neu gezogen, schützend um das Kind herum. Und dieses Kind würde vor allen Zeugnis von dieser Fürsorge ablegen. Auf den religiösen Umzügen der Stadt sah man die Findelkinder in weißen Kleidern, sie trugen das Gemälde, das heute in der Kirche des Ospedale hängt und eine Mutter Maria zeigt, unter deren Mantel bange kleine Gestalten Schutz suchen, deren Patschhändchen sich an den Falten des Stoffs festhalten.

50 Millionen sind in keinem Register verzeichnet – wie kann man sie schützen?

Aus der Kinderrechtskonvention der Vereinten Nationen, beschlossen 1989 in New York:

Artikel 1: »Im Sinne dieses Übereinkommens ist ein Kind jeder Mensch, der das achtzehnte Lebensjahr noch nicht vollendet hat ...«

Artikel 6: »Die Vertragsstaaten erkennen an, dass jedes Kind ein angeborenes Recht auf Leben hat ...« Die 54 Paragrafen der Konvention sind Ergebnis der Einsicht, dass Kinder überall in der Welt auf erstaunliche Weise übersehen werden, missachtet, marginalisiert – sogar von Eltern. Die Konvention macht Kinder zu Trägern von Rechten. Alle Staaten haben sie anerkannt. Den florentinischen Kaufmann Francesco Datini, der im Jahr 1410 sein Vermögen in eine Stiftung verwandelte, auf »dass die kleinen Kinder ernährt werden, gebildet und erzogen«, würde es mit großer Genugtuung erfüllen, könnte er sehen, wie Mütter heute mit ihren Buggys durch den Hof der Frauen zur kostenlosen Familienambulanz kurven. Oder wie des Mittags die Kinder hier herumjagen, aus der Kita kommend, die sich im ehemaligen Speisesaal der Findelkinder eingerichtet hat, unter dem deckenhohen Fresko, auf dem Frauen wehenden Haares vor den Totschlägern des Herodes fliehen, die Kinder an sich gepresst – Babys, die links unten im Bild sicher im Bettchen liegen, übrigens zwei unter einer Decke. In den oberen Stockwerken des Ospedale logiert das Unicef Innocenti Research Centre (IRC). Es hat die Aufgabe, weltweit jene Aufmerksamkeit zu erzeugen, die nötig ist, um Kinder ins Zentrum von gesellschaftlichem Wandel zu stellen, wo sie hingehören, die Träger auch unserer Zukunft. Es soll diesen Prozess wissenschaftlich begleiten, anregen, überwachen. »Eine immerwäh-

rende Herausforderung« sei das, sagt Marta Santos Pais, die Leiterin dieses Forschungszentrums. Eine erstaunlich jung wirkende Dame mit grauem Haar. Die Konvention über die Rechte der Kinder hat sie mit auf den Weg gebracht, als Berichterstatterin des Komitees der Vereinten Nationen über dieses Thema, jahrelang.

Artikel 8: »Das Kind ist unverzüglich nach seiner Geburt in ein Register einzutragen. Es hat das Recht auf einen Namen von Geburt an ...« Und heute, sagt Marta Santos Pais mit Leidenschaft, gibt es noch immer weltweit 50 Millionen Kinder ohne Geburtsurkunde! Kinder, die nirgendwo verzeichnet sind. Wie soll man die schützen? Jedes Kind eine Persönlichkeit. Jeder Lebensweg einzigartig. Welche

Arbeit es ist, solche kulturellen Bilder festzuschreiben, kann man in der Bibliothek des Ospedale besichtigen. Ein herrliches Gewölbe über staubig wirbelndem Licht. Die Bibliothek ist das Reich von Signor Settini. Der ältere Herr mit liebenswürdigem Bärtchen war viele Jahre lang Archivar des Ospedale. *Libri della muraglia*, die Unterlagen über den Bau dieser Institution! *I registri di balie e bambini*, das Verzeichnis der Kinder und ihrer Ammen und Lebenswege! *Libri di medicamenti*, die medizinischen Bulletins! Über 15 000 Bände. In Jahrhunderten erstellt.

Aus den *Balie e bambini*:

»Brigida: Wir werden nie wissen, wer sie ist oder wer sie brachte, weil wir sie nicht sahen. Wir glauben, sie gehört zu den Armen, die draußen betteln. Sie lag zwei Stunden lang vor unserer Türschwelle, dann brachte sie unser Steinmetz, der sie weinen hörte, herein.«

»Ein totes Mädchen wurde in der *pila* gefunden. Man hatte sie an vielen Stellen auf den Kopf geschlagen. Es war ein furchtbarer Anblick, entsetzlich und düster.«

Pro Kind eine ganze Seite des kostbaren Pergaments, keine Kleinigkeit. Alles steht hier: das Kind aufgenommen, gewaschen, bei Bedarf getauft. Frauen standen bereit, es zu stillen, vielleicht saßen sie im vorderen Hof, wo die langen Holzbänke in den Schatten der Arkaden gerückt sind, mit Blick auf die Uhr, deren Zifferblatt die Jahrhunderte weggebleicht haben.

Die Babys wurden zu Ammen aufs Land verteilt. Mit zwei Jahren kamen sie zurück nach Florenz. Das Ospedale nahm Maler *in residence*, damit sie die Kinder unterrichteten, Priester zogen ein, um sie singen zu lehren. Bürger stifteten Weinberge, Landgüter, auch Gemälde, einen herrlichen Ghirlandaio, sogar einen Botticelli, nichts war zu kostbar, um der Erbauung der Hilflosesten der Ärmsten zu dienen, so würden sie ihrerseits tüchtige Bürger werden.

Kinder, die mit drei Jahren erste Buchstaben schrieben, durften bei der Buchführung helfen. Mit sieben, acht Jahren zogen die Jungen als Lehrlinge in die Werkstätten von Florenz, die Mädchen wurden mit 12 oder 13 als Hilfen in Familien vermittelt. Für ihre Verheiratung investierte das Ospedale in einen Mitgiftfonds. Ging die Ehe schief, kehrten die Mädchen zurück, das Ospedale war für sie *tutta la famiglia*, in Vertretung jenes Florenz, das Jacob Burckhardt als den ersten modernen Staat beschrieb: »Hier treibt ein ganzes Volk das, was in den Fürstenstaaten die Sache einer Familie ist. Der wunderbare, florentinische Geist, scharf raisonnierend und künstlerisch zugleich, gestaltet den politischen und sozialen Zustand unaufhörlich um ...«

Das Beharren auf der Altersgrenze für Kinderarbeit trieb Tausende ins Elend

Unaufhörlich! Wie viele der großen Seiten in den *Balie e bambini* enden mit einem *morta* oder *morto*, immer wieder ein Strich von unten links nach oben rechts, quer über die Seite, *morto* und wieder *morta*, man ahnt die Frustration. Es sind, so gesehen, auch Protokolle der Beharrlichkeit. Ähnlich wie die vielen Bände, die das Innocenti Research Centre anhäuft, *Kindertodesarten in Wohlstandsländern* oder *Kinder mit Handicaps im Baltikum* oder *Migrantenkinder in Indonesien und Thailand*.

Weltweit legt sich eine unübersehbare Anzahl von Gruppen für Kinder ins Zeug, sie heißen Save the Children oder Kindernothilfe oder Plan International oder Defenseurs des Enfants. Zukünftige Generationen werden sich einmal wundern, welcher Mühen es bedurfte, um in unserem Jahrhundert so etwas wie einen Weltmindeststandard für das Wohlergehen von Kindern zu sichern. Das Forschungsteam des IRC umfasst 25 Leute, übrigens so viele, wie vor einigen Hundert Jahren für die Kinder des Ospedale sorgten. Das Team wirkt wie die Vorwegnahme jener Weltgesellschaft, die doch erst kommen soll – Marta Santos Pais ist Portugiesin, ihr Stellvertreter ein Amerikaner, eine Kanadierin leitet das Team »Kinderrechte«, die Wirtschafts- und Sozialpolitik eine Dänin. Fragt man Eva Jespersen, was ein Erfolg sei, dann sagt sie: »Wenn Zeitungen in London drei Tage lang auf Seite 1 debattieren, was in der Report Card No. 7 der Unicef über Armut in Wohlstandsländern steht!« Da steht, dass England wie Amerika da die schlechtesten Noten kriegt.

Vergleichszahlen, sagt Susan Bissell, die Kanadierin, seien ja so schön, weil sich darin ablesen lasse, was unter vergleichbaren Bedingungen eben doch möglich sei. Wenn also Schweden oder Frankreich dreimal so viel in die frühkindliche Bildung investieren wie die Schweiz. Das wirft Fragen auf. Wie auch, dass gerade die ärmsten Kinder in Rumänien vom gelobten Wirtschaftsaufschwung so gar nicht profitieren.

Die Kinderrechtskonvention weltweit über ihre Ratifizierung hinaus umzusetzen, da liege die Aufgabe des Forschungszentrums, sagt Santos Pais. Kriterien sind zu entwickeln. Wie werden die Rechte von Flüchtlingskindern gewahrt, deren Schutz Artikel 22 verlangt? Ein Team plant eine Untersuchung zur Lage von Migrantenkindern in 20 Ländern. Einkreisen des Themas. Befragung von Experten. Präzisierung des Forschungsvorhabens im Rahmen von Zielvorgaben der UN.

Man liebt hier Erfolgsmeldungen. Ost-Timor schult Richter in Kinderrechten! Südafrika hat die Prügelstrafe für Jugendliche ausgesetzt, das betrifft pro Jahr 35 000 junge Menschen! Der Libanon hebt die Altersgrenze für Kinderarbeit auf zwölf Jahre! Das wäre also der Standard des Ospedale. Die Konvention beharrt auf einer Altersgrenze von 18. In Bangladesch haben solche Forderungen von Kinderfreunden über 50 000 Kinder um den Job gebracht und ins Elend getrieben. Die Frage sei auch, sagt Susan Bissell, wozu man die Kinder aus den Fabriken hole – »für welches Leben?«.

Das ist für einen späten Nachmittag eine große Frage. In den Höfen des Ospedale ist es schon wieder so ruhig wie am frühen Morgen. Die Kita-Kinder sind zu Hause, anders als vor einigen Hundert Jahren, als sie abends aus ihren Werkstätten zurückströmten, den riesigen Badewannen zu, die im Hof der Frauen warteten. Noch eine Stunde, dann stürzen im vorderen Hof die Mauersegler vom Himmel herab und fegen über die ganze Geschichte hinweg.

Krieg, Liebe, Glück und Strafe – sieben Beispiele von Kindheit

Kindertag: Ich bin mit meinem kleinen Bruder Malwan allein zu Hause. Er scheißt auf den Boden, und ich putze es mit Kokosfasern auf und werfe es hinter das Haus. Ich arbeite an meiner Netztasche weiter. Als ich die Treppe runtersteige, um zum Bach zu gehen, ruft Malwan: *»Meira, meira wuah!«* Ich nehme ihn auf den Arm und mit zum Baden. Später kommt meine Mutter vom Fischfang und sagt: »Hol Feuerholz.« Ich spalte das Holz und backe Sagofladen.
TUWIMOE, PAPUA-NEUGUINEA, 12 JAHRE ALT

Kindersoldat: Am Abend saßen wir ums Feuer, bis uns eine Soldatin aufforderte, vor der Schlacht noch ein paar Stunden zu schlafen. Etwas widerstrebend legten wir uns schlafen, so als könnten wir das Unabwendbare damit aufschieben. Ich weiß nicht mehr, ob es die Mücken oder meine Sorgen waren, die mich plagten – ich wälzte mich ruhelos hin und her und konnte einfach nicht einschlafen. Schließlich gab ich es auf und schaute in den sternklaren Himmel. Während der ganzen Nacht versuchte ich, meine Gefühle unter Kontrolle zu bringen, bis die Stunde des Blutbads anbrechen würde.
CHINA KEITETSI, UGANDA, 10 JAHRE ALT

Kinderglück: Mein Elternhaus war umgeben von Kokos- und Zuckerpalmen, Blumen und riesigen dunkelgrünen Mangobäumen. Jeden Nachmittag wurde das Land von Regenschauern reingewaschen. Stundenlang spielte und schwamm ich mit den Kindern im Fluss. Gemeinsam lagen wir nackt in der Sonne. Manchmal bildeten wir einen Kreis und pressten unseren Körper in den Sand. Dann legten wir uns reihum in die Abdrücke, um zu spüren, wie es sein mochte, in der Haut eines anderen zu stecken.
DARAN KRAVANH, KAMBODSCHA, CA. 9 JAHRE ALT, VOR DEM SIEG DER ROTEN KHMER IM JAHRE 1975

Kinderliebe: Ich ging zum Arbeiten an die Weizenmaschine, das Stroh binden oder die Heubündel, wenn sie aus der Presse kamen. Ich hatte nicht darauf geachtet, wer auf der anderen Seite der Maschine war. Wie ich aber hingeschaut habe, da war es ein schöner Mann, blond, mit blauen Augen. Ich sagte »Sie« zu ihm, weil ich im Vergleich zu ihm ein Kind war, ich war 14 Jahre alt und er 25. Nie hätte ich gedacht, dass dieser schöne Junge mich fragen würde, ob ich mit ihm Liebe mache.
CLELIA MARCHI, 14 JAHRE ALT, ITALIEN 1914

Kinderstrafe: Verwichenen Dienstag is das jüngsthin in Verhaft gebrachte Mägdlein von ohngefähr vierzehn Jahren, so verschiedene Feuer angeleget und großen Schaden getan, verurteilt und selbigem erstlich der Kopf abgehauen und hernach verbrannt worden.
HANAU, 1681 (AUS: DEUTSCHE KINDERCHRONIK, K. RUTSCHKY)

Kinderprostitution: Eines Tages war ich vor dem Haus, als Ariana von nebenan kam und sagte: Komm einfach mit mir, du kannst bei mir bleiben und wirst meine kleine Schwester sein. Wir werden zu essen haben und irgendwann kommen wir zurück. Aber sie hat mich belogen. Wir fuhren in die Stadt, und als wir dort waren, hat sie mich geschlagen. Ich war 10 Jahre alt, und sie war 13 oder 14 Jahre alt, ich hatte Angst vor ihr. Sie stellte mich einer Menge von Jungen vor, und ich musste den ganzen Tag mit ihnen verbringen. Sie gaben mir Geld, und sie nahm mir alles ab. Sie kaufte sich damit Essen und gab mir nichts ab. Sie drohte mir und sagte: Ich werde dich im Meer ertränken. Wir fuhren auch in die Hauptstadt, und da musste ich betteln gehen.
ALBANISCHES MÄDCHEN, 10 JAHRE ALT.

Kinderhäftling: Am dritten Arbeitstag wandelte sich mein Schicksal zum besseren. Ein hellblondes, blauäugiges, etwa gleichaltriges Mädchen gesellte sich zu mir. Es wohnte in dem unversehrt gebliebenen Haus gegenüber den Trümmern, in denen ich arbeitete. Es hieß Gretchen und begann mich auszufragen, wie ich hierher geraten sei, wo und mit wem ich früher gelebt hätte. Gretchens Anteilnahme erstaunte mich, waren mir doch bisher deutsche Altersgefährten sehr häufig mit Hass begegnet, die, sobald sie mich sahen, hässliche, beleidigende Ausdrücke gebrauchten und mich mit Gegenständen bewarfen, die ihnen gerade in die Hände fielen.
NIKOLAI KARPOW, 12 JAHRE ALT, MÜNSTER-HILTRUP, 1944

»Unfertig bei der Geburt«

Was ist Kindern naturgegeben?

Ihre Unfertigkeit bei der Geburt. Das Vertrauen, mit dem sie von Erwachsenen Hilfe erwarten. Dass sie in ihren Eltern Schutzimpulse auslösen und die Energie, den eigenen Nachwuchs vorteilhaft zu platzieren. Das wird aber kulturell überformt, die Natur sagt uns nicht, wie lange die Unfertigkeit durch ein Moratorium geschützt werden muss. Die Frühgeborenen lebenstüchtig zu machen in einer hochkomplexen Gesellschaft dauert offensichtlich lange, unsere ausgedehnte moderne Kindheit ist historisch einzigartig. Man kann sich allerdings fragen, ob es zum Vorteil der Nachkommen gerät, dass man sie drei Jahrzehnte lang ökonomisch abhängig hält.

Die Kinderrechtskonvention setzt global einen Maßstab für den Umgang mit Kindern. Kann das erfolgreich sein?

Globale Maßstäbe sind denkbar in dem Maße, wie sich die Welt auch ökonomisch globalisiert. Geht es um den Schutz der Kinder vor Gewalt und Hunger, fehlen Sanktionsmöglichkeiten. Aber es entwickelt unser Bild der Kindheit weiter, wenn die Sichtweisen der ganzen Welt darin eingehen. In der Diskussion über universelle Normen wird neuerdings ja auch überlegt, wie globale Standards für gute Bildung aussehen könnten.

Die Forschung interessiert sich neuerdings sehr für die Sicht der Kinder auf ihr Leben. Ist das mehr als eine Mode?

Die Sicht des Kindes auf die Welt ist für Psychologen oder Pädagogen prinzipiell unzugänglich. Es bleiben Versuche der Einfühlung von Erwachsenen. Vielleicht hat diese Faszination für den Blick des Kindes mit der Wissensgesellschaft zu tun. Wenn man sich lebenslang auf Neues einstellen muss, will man sich abschauen, wie diese begabten Lernanfänger das tun.

Würden Sie gern wissen, was Sie von Ihrer Kindheit vergessen haben?

Vergessen habe ich das sicher nicht ohne Grund. Lieber würde ich wiederbeleben, was ich als Erwachsene verlernt habe. Als Kind habe ich intensiver mitgefühlt mit den Menschen und mit Tieren.

Wie lange trägt Glück, das wir in der Kindheit erfahren? Wie weit das Unglück?

Wir können wohl seit Freud nicht mehr anders, als das geheime Erleben der Kindheit als schicksalhaft zu verstehen. Damit laden sich Eltern und Pädagogen viel auf. Das muss nicht schaden. Aber würde man sich selbst nur durch seine eigene Kindheit determiniert sehen wollen? Man kann das Glück der Kindheit verspielen. Und die Prägung durch frühes Leid mit Arbeit an sich selbst überwinden.

DONATA ELSCHENBROICH
ist Kindheitsforscherin
am Deutschen Jugendinstitut
in München

Mehr zum Thema:

Philippe Ariès:
Geschichte der Kindheit
dtv 2003; 587 S.

Hans Bertram (Hg.):
Mittelmaß für Kinder
Der Unicef-Bericht
zur Lage
der Kinder in
Deutschland;
C. H. Beck 2008; 304 S.

KÜCHE

Beeinflusste als
Droge das Orakel
von Delphi:
LORBEER

Guter Freund gegrillten
Fischs: **FENCHEL.**
Der Inder
liebt dessen Samen

Anders als der Franzose
pflegt der Russe die
Pausen zwischen den
Gängen mit einem
SCHNAPS zu füllen

Fand aus der
afghanischen Steppe
den Weg in fast alle
Küchen der Welt:
Die **ZWIEBEL**
(Allium cepa)

1908 brachte
der Zürcher
Julius Maggi den
MAGGI-WÜRFEL
auf den Markt

Kann
mehr als
Glühwein
würzen:
STERNANIS

Viele **SARDELLEN**
landen als Würze
auf italienischen Pizzen

ARTISCHOCKE:
Nur die
fleischigen Teile
des Korbblütlers
sind genießbar

Jährlich werden weltweit
14 Millionen Tonnen
KNOBLAUCH angebaut.
Vorsicht beim Braten: Braun
schmeckt er bitter

Wunder der Würzkunst

Ein Spitzenkoch muss mehr können, als atemberaubende Gerichte
zu kreieren. Er sorgt dafür, dass sie x-tausendfach in
gleicher Güte die Gäste erreichen. Ihren Anfang nahm die moderne
französische Küche im provenzalischen Villeneuve-Loubet,
dem Geburtsort von Auguste Escoffier

VON MICHAEL ALLMAIER

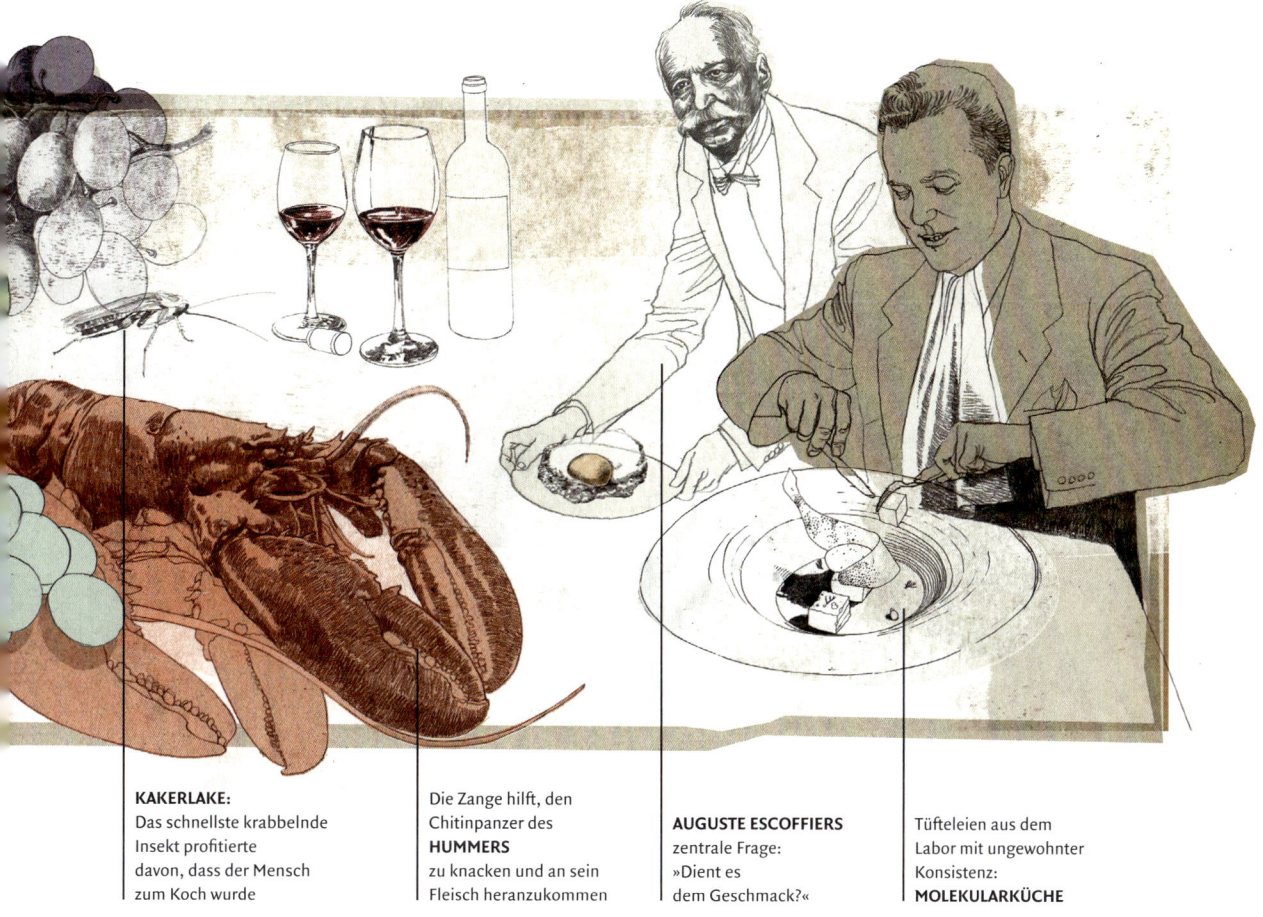

KAKERLAKE:
Das schnellste krabbelnde
Insekt profitierte
davon, dass der Mensch
zum Koch wurde

Die Zange hilft, den
Chitinpanzer des
HUMMERS
zu knacken und an sein
Fleisch heranzukommen

AUGUSTE ESCOFFIERS
zentrale Frage:
»Dient es
dem Geschmack?«

Tüfteleien aus dem
Labor mit ungewohnter
Konsistenz:
MOLEKULARKÜCHE

Wer Ehrfurcht vor der Kochkunst lernen will, ist im Louis XV. richtig. Das Restaurant neben dem Casino von Monte Carlo ist nicht bloß nach dem Barockkönig, einem Feinschmecker, benannt. Es sieht auch so aus, als erwarte man ihn jeden Moment zurück. An die 15 Kellner umschwirren die wenigen Tische. Der Gast sitzt erwartungsvoll vor einem vergoldeten Platzteller, in dem sich das Deckengemälde mit den nackten Himmelstöchtern spiegelt. Der Champagner perlt noch im Glas, als der erste Gang vom Überraschungsmenü eintrifft. Und er ist wirklich eine Überraschung: *Légumes de nos paysans à cru, sauce aux herbes pilées* – Rohkost mit Kräuterdip. Rohkost, die im handsignierten Muranokristallkelch gereicht wird, aber ansonsten doch arg an die Gemüsestifte erinnert, die sich die gesundheitsbewusste Angestellte im Supermarkt für die Mittagspause kauft.

Vielleicht ein Wunder der Würzkunst: Man beißt in die schnöde Artischocke und merkt dann ...

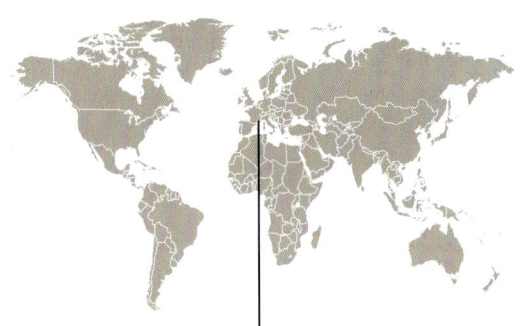

Nein, bis auf ein paar Körner Meersalz schmeckt sie nur nach Artischocke. Und zwar nach einer sehr guten, mit zartem Fleisch, Kräuternoten und einer feinen, fruchtigen Säure. Man riecht und fühlt und kaut und staunt. Und als dann abgetragen wird, steht der Dip kaum angetastet neben dem Teller, weil diesem Gemüse nichts fehlte.

Danach kommen viel raffiniertere Speisen, bei denen die Küche zeigt, was sie kann. Aber mit dieser Verbeugung vor der Natur bekennt sie erst einmal, woran sie glaubt: dass es vor allem darum geht, den Geschmack einer Landschaft und einer Jahreszeit einzufangen. Dass eine perfekte Rübe mehr wert ist als ein mittelmäßiger Hummer. Und dass auch ein Dreisternekoch seine Kunst manchmal beschränken sollte auf eine Prise Salz.

Solche Demonstrationen glücken nicht überall; das merkt man schnell, wenn man dieses Nichtrezept mit Treibhausgemüse nachkocht. Aber die Provence ist auch nicht überall, sie bildet neben Paris und dem Elsass ein Zentrum der französischen Kochkunst. Ein Zentrum, das gewandert ist, an die Côte d'Azur, zu den Reichen. Aber man schmeckt den örtlichen Spezialitäten ihre Herkunft noch an. Kräuter statt importierter Gewürze, Olivenöl anstelle der Butter und eben Gemüse statt Fleisch – das deutet alles auf Armeleuteküche hin. Nur dass es eben die Natur mit diesem Landstrich gut gemeint hat. Was in den provenzalischen Böden wächst, wirkt oft, als sei es schon gewürzt. Und diese Würze wird in den Töpfen konzentriert. Eine Küche zum Kindererschrecken, voll von geröstetem Knoblauch und getrockneten Tomaten, von Oliven, Auberginen, Anchovis und all den kräftigen Kräutern. Anfangs staunt auch der erwachsene Besucher über die Heftigkeit der Aromen. Aber wenn man sich daran gewöhnt hat, wirken viele Schöpfungen der Pariser Küche daneben angestrengt und unpräzise, als spielte man dort ständig Akkorde, um den richtigen Ton nicht zu verfehlen.

Es ist kaum ein Zufall, dass der bedeutendste Koch von allen aus dieser Gegend stammt. Villeneuve-Loubet liegt im Hügelland hinter Nizza, eine halbe Autostunde von Monte Carlo entfernt. Eine kleine Gemeinde mit

VILLENEUVE-LOUBET
In dem kleinen Ort in der Provence wurde 1846 Auguste Escoffier geboren. Ein Museum erinnert an den Botschafter der französischen Küche, an dessen Regeln sich die Spitzengastronomie bis heute hält

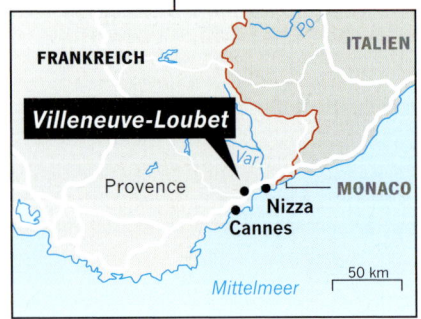

efeuumrankten Steinhäuschen, Orangenbäumen und vielen Treppen. In einer dieser Treppengassen prangt eine Tafel an einer Hauswand: »Hier wurde am 28. Oktober 1846 Auguste Escoffier geboren, Botschafter der französischen Küche.«

Wer hier verschämt denkt: »Muss ich den kennen?«, darf beruhigt sein. Die Hoffnung, sich Starruhm zu erkochen, ist kaum älter als die Fernsehküchen. Selbst in Frankreich reicht das kollektive Gedächtnis nur bis zum rührigen Paul Bocuse. Trotzdem wurde Escoffier zur rechten Zeit geboren. Denn Mitte des 19. Jahrhunderts begann eine entscheidende Umwälzung: die Demokratisierung der feinen Küche.

Zwar wurde zu jeder Zeit gut gegessen. Schon die ersten Rezeptsammlungen aus der Antike verzeichnen manche Speisen, die wir noch heute gern äßen. Doch das war der Luxus einer Minderheit und wurde es immer mehr. Mit dem Untergang des Römischen Reiches verschwanden die Tavernen aus der westlichen Welt. Fortan speiste man daheim, ein jeder nach seinem Vermögen. Die einen hatten Personal für sich und ihre Gäste. Die anderen machten sich zurecht, was eben erschwinglich war, meist Kohl- oder Hülsenfruchteintöpfe mit Brot. Am ärgsten stand es um die Esskultur im späten Mittelalter. Damals predigte man den Armen, ihnen gezieme nur minderwertige Nahrung, und die Reichen tafelten hinter verschlossener Türe, um nicht der Todsünde Völlerei angeklagt zu werden.

Zur Zeit von Escoffiers Geburt gab es in den meisten Teilen Europas noch immer keine Restaurants, bloß Trinklokale und für Reisende Herbergen mit einfacher Kost. Dass Frankreich ein halbes Jahrhundert weiter war, verdankte es der Revolution. Sie hatte viele Hofköche »freigesetzt« und zugleich ein Bürgertum geschaffen, das selbst speisen wollte wie die Fürsten. Es wurde schick, essen zu gehen. Gelehrte Männer wie Jean Anthelme Brillat-Savarin schrieben Gerichte zu Kunstwerken hoch. Aber für die, die sie erschufen, interessierte sich damals noch niemand.

Als er seine Lehre begann, wurde in den Küchen noch gesoffen und geprügelt

Als Escoffier 1859 im Restaurant seines Onkels in Nizza seine Lehre begann, waren Köche Schwerarbeiter, deren Anblick die Wirte ihren Gästen tunlichst ersparten. Die Küchen waren furchtbar heiß, man kochte ja noch mit Kohle. Es wurde geschwitzt, gebrüllt, gesoffen und oft auch geprügelt.

Wie anders heute die Küche des Louis XV. Hier ist es sauber wie im Operationssaal und ange-

nehm kühl, weil die Induktionsherde keine Hitze abstrahlen. An die 20 Köche arbeiten hier für kaum doppelt so viele Gäste. Es wird nicht gerufen oder gerannt, weil jeder weiß, was er tut.

Dies ist das Reich von Alain Ducasse, dem höchstdekorierten Koch unserer Zeit. Er kam 1987 als junger Küchenchef nach Monte Carlo. Sein Auftrag war, für das neu eröffnete Gourmetrestaurant des Hôtel de Paris drei Michelin-Sterne zu erkochen, und das binnen vier Jahren. Er brauchte nur drei. Ducasse ist heute nicht da. Und wäre er da, würde er gewiss nicht kochen. Der 51-Jährige herrscht über ein Imperium von etwa 40 Restaurants, Hotels und Kochschulen. Sein Platz in der Küche des Louis XV. ist ein winziges Büro mit sechs Bildschirmen, über die er alles beobachten kann.

Eine solche Karriere wäre kaum denkbar ohne die Errungenschaften Escoffiers. Er arbeitete in genügend Küchen, um die Schwächen des Systems zu erkennen. Und als er selbst Verantwortung

bekam, machte er es besser. Er sorgte für Belüftung, humane Arbeitszeiten, klare Abläufe. Er verbot das Bier, das bis dahin für die Köche ein Hauptnahrungsmittel war. Er gab seinen Angestellten feste Aufgaben: Der Saucier machte nur Saucen, der Rôtisseur nur Braten, der Gardemanger überwachte die Vorräte und so weiter. Und Escoffier beschaffte moderne Maschinen; manche ersann er sogar selbst. Mit ihm zog das Industriezeitalter in die Küchen ein.

Escoffiers Geburtshaus in Villeneuve-Loubet ist heute ein Museum der Kochkunst. Darin kann man einige seiner Erfindungen sehen: den Semmelbröseler, die Kleinobstentkernungsmühle. Und Fotos von einem korrekten Herrn mit *moustache*, fast immer im schwarzen Anzug. Das soll er gewesen sein, der viel gelobte »König der Köche«, der die magersüchtige Sarah Bernhardt mit einem Rührei verzückte und Wilhelm II. in seiner Küche empfing? Ja, das war er. Ein bedächtiger Mensch, ordnungsliebend und steif, mit einer sehr technischen Intelligenz. Wer darüber staunt, hat ein naives Bild vom Beruf eines Kochs. Eine Künstlernatur würde verzweifeln über der ewigen Wiederholung. Es genügt ja nicht, ein atemberaubendes Gericht zu kreieren. Man muss auch dafür sorgen, dass es x-tausendfach in gleicher Güte die Gäste erreicht. Und andere finden, denen man es beibringen kann. Denn wer nie aus der Küche kommt, macht sich niemals einen Namen. Auguste Escoffier bildete in seinem Leben etwa 2000 Köche aus und setzte die Standards, nach denen europäische Spitzenrestaurants bis heute funktionieren. Die konzentrierte Stille in der Küche des Louis XV., die glatt ineinandergreifenden Bewegungen, das ist der Geist von Escoffier.

Nizza war ein guter Ausgangspunkt für den jungen Koch. Der Hafen brachte fremde Waren in die Stadt und weit gereiste Gourmets. Escoffier begann früh damit, jede Anregung zu sammeln. Doch schon 1865 zog es ihn nach Paris, in die Welthauptstadt der Kochkunst. Seine provinzielle Herkunft kam ihm dort zugute. So stolz die Pariser auf ihre Küche waren, so gern verklärten sie doch die einfachen Genüsse des Landlebens. Die Speisekarten waren voll von Gerichten à la Bretonne, Bourguignonne, Niçoise, die zur Gaumenreise verlockten. Und Escoffier lernte schnell, dem Knoblauchekel im Norden zu begegnen. Sarah Bernhardt etwa tat er keinen ins Rührei; er drückte nur eine Zehe auf die Spitze des Schneebesens, mit dem er die Eier rührte.

Aus der Resteverwertung wurde das Herzstück der französischen Küche

Die Pariser Haute Cuisine jener Zeit stand noch im Zeichen eines Vorgängers von Escoffier, Marie-Antoine Carême. Carême entsprach eher unserem Bild vom Meisterkoch als Genie. Vom bettelarmen Vater in den Straßen von Paris ausgesetzt, schlug er sich schon im Kindesalter als Küchenjunge durch. Später bekochte er die Mächtigen in ganz Europa. Er starb jung 1833, der Legende nach mit einem Rezept auf den Lippen.

Carême war gelernter Patissier, wie alle Könner seiner Sparte ein Tüftler. Beim Dessert gibt es ja keine Delikatessen mehr, um den Appetit wachzuhalten. Da braucht es Ideen und nicht zuletzt: Dekor. Diese Einsicht übertrug Carême auf das gesamte Menü. Er tischte bis zu 150 Speisen gleichzeitig auf, die miteinander verbunden waren zu Türmen, Brücken, Tempeln. Ihn lockte das Kunstvolle, Schwierige, das auch denen, die es nicht schmeckten, seine Meisterschaft zeigte. Dass die meisten seiner Gerichte bei all dem Aufwand kalt geworden sein müssen, kümmerte ihn weniger.

Eine solche Haltung lag dem Systematiker Escoffier fern. Seine Devise hieß: *Faites simple*, haltet es einfach. Er stellte bei jedem Arbeitsschritt die Frage: »Dient es dem Geschmack?« So entstanden Menüs, wie wir sie heute kennen. Kein ungenießbarer Zierrat mehr an den Speisen. Kein Buffet auf der Tischmitte, sondern sieben bis zehn Gänge, die jedem Gast in harmonischer Folge auf dem eigenen Teller serviert wurden. So blieb das Essen heiß, und wichtiger noch: Es bekam eine Dramaturgie.

Im 1903 erschienenen *Guide Culinaire* legt Escoffier seine Kochphilosophie nieder: »Wir werden die Vereinfachung so weit wie nur möglich führen, gleichzeitig aber Geschmack und Nährwert der Speisen erhöhen und sie leichter und für den Magen verdaulicher machen. Kurz gesagt: Das Kochen wird, ohne seinen Charakter als eine Kunst einzubüßen, zur Wissenschaft erhoben.«

Ein Angriff auf Carême? Nein, wenige Zeilen weiter nennt Escoffier ihn »unseren erlauchten Meister«. Polemik kam in der Kochkunst immer von außen, von Quereinsteigern, Kritikern, unzufriedenen Gästen. Die Köche selbst verstanden sich als Bewahrer eines Erbes. Was sie konnten, war abgeschaut von erfahreneren Köchen. Sie fügten eigene Kniffe hinzu und gaben ihr Wissen weiter, indem sie sich selbst zuschauen ließen und bisweilen etwas erklärten. Noch heute misst man einen Koch daran, bei wem er »gewesen ist«.

Den *Guide Culinaire* schrieb Escof-

fier für Profis, denen diese mündliche Überlieferung nicht genügte. Das Buch enthält kein Bild, kein Beiwerk, dafür sein gesamtes Repertoire, über 5000 Rezepte. Viele stammen von ihm selbst, ohne dass er es vermerkte: Sole Coquelin (Seezunge mit Weißweinsauce und Kartoffeln), Les suprèmes de volailles Jeannette (eisgekühlter Aspik aus Hühnerbrust und Gänseleber) oder Homard à l'américaine (Hummer in einer kräftigen Brühe aus Tomaten, Fleischglace, Schalotte, Cognac und seinen Innereien). Doch am Anfang steht etwas ganz Schlichtes: die Fonds.

Fonds sind Brühen aus Fleisch- oder Fischabfällen, mit Gemüse in Wein ausgekocht – ursprünglich wohl eine Resteverwertung und eines Meisterkochs kaum würdig. Aber Escoffier erkannte klarer als all seine Vorgänger, was sie wirklich sind: das Herzstück der französischen Küche. Der Esser sieht das natürlich anders. Für ihn ist die Hauptsache das Fleisch mit einer passenden Sauce. Aber woher nimmt man die? Man kann dem Braten so lange einheizen, bis aller Saft herausläuft. Nur ist er danach ausgelaugt und ohne die Sauce kaum mehr genießbar. Die Fonds lösen das Problem. Sie sind Fleischgeschmack ohne Fleisch, der beliebig dosiert, konzentriert und konserviert werden kann. Noch heute fertigt jede ambitionierte Restaurantküche ihre Fonds selbst. »Eine Sauce muss auf Braten oder Fisch zugeschnitten sein wie ein knapper Rock auf eine Frau«, schreibt Escoffier. Sein *faites simple* war also nicht nur ein Gebot der Ökonomie. Er hatte erkannt, dass Nahrungsmittel auch in den Händen eines Könners kein beliebig formbares Material sind. Diese Einsicht macht seinen *Guide* selbst zum Fond, zum Fundament der modernen Küche.

Molekularköche basteln Pralinen, die im Mund zerplatzen

Dass sein Ruhm schon früh über Frankreich hinausreichte, verdankte Escoffier einem Schweizer, den er 1884 in Paris kennenlernte: César Ritz. Ritz war der bedeutendste Hotelier seiner Epoche, und bis er sich 1902 zurückzog, hielt er den Meisterkoch an seiner Seite. Erst pendelten die beiden zwischen dem Grand Hotel in Monaco und dem Grand National in Luzern, doch bald schon zwischen den angesehensten Häusern: dem Savoy in London und dem Ritz in Paris. Escoffier sah die Welt, und in seinem Gefolge reiste eine Entourage von Gourmets. Er kochte auf Kreuzfahrtschiffen oder in Luxuszügen, was immer gerade schick war. Und er verstand es, der Kundschaft zu schmeicheln, indem er Gerichte nach ihr benannte. So wurde die Opernsängerin Nellie Melba unsterblich – als Pfirsichdessert.

Escoffier arbeitete bis ins hohe Alter, wohl nicht nur aus Begeisterung. »Er war ja zeitlebens Angestellter«, sagt Michel Escoffier, »da blieb nicht viel für ihn übrig.« Der stattliche Mann von 64 Jahren hätte seinen Urgroßvater beinah noch kennengelernt. Er arbeitet in der Ölbranche und leitet nebenher die Stiftung, die das kleine Museum in Villeneuve-Loubet betreibt. Stolz zeigt er die letzten Geschäftsideen des großen Kochs: eine Konservenfabrik, geleitet von Michels Großvater, aufgegeben im Ersten Weltkrieg. Ein Werbeplakat aus den Zwanzigern für Maggi-Suppenwürfel. Verzweiflung? »Nein, neue Einfälle interessierten ihn. Lebte er heute, würde er es bestimmt mal mit Molekularküche versuchen, vielleicht sogar mit Fast Food. Solange nur die Basis stimmt.« Welche Basis? Natürlich: »Beste Produkte.«

1935 starb Auguste Escoffier in Monte Carlo, nicht weit vom Louis XV. Michel Escoffier sagt: »Von allen modernen Köchen kommt Alain Ducasse meinem Urgroßvater am nächsten.« Ducasse, der pausenlos die Welt bereist, der die verschiedensten Restaurantkonzepte erprobt vom Purismus des

Louis XV. bis zum »Sexy Spoon«-Menü in Hongkong. Der nebenbei Enzyklopädien der Kochkunst schreibt. Und seinen Schülern erklärt, sie brauchten sich über neue Gerichte gar nicht den Kopf zu zerbrechen: »Steht alles schon bei Escoffier.«

Das ist natürlich ein bisschen kokett, eine Spitze gegen die Carêmes von heute. Denn seit dem Aufkommen der Molekularküche bauen viele Spitzenköche wieder auf Ideen und starke Effekte. Sie backen in Stickstoff bei minus 200 Grad oder basteln Pralinen, die im Mund zerplatzen – sehr zum Missfallen der alten Schule. Doch der Kanon der Kochkunst wächst ständig weiter. Escoffier wusste das am besten. Sein *faites simple* setzte den Experimenten keine Grenzen, aber ein Ziel: dem Geschmack der Ware zu dienen.

Es kommen noch viele denkwürdige Gerichte an diesem Abend im Louis XV.: grüner Risotto mit Froschschenkeln und Champignons. Gebratener Steinbutt mit kleinen Zwiebeln, Kapern und gratinierten jungen Karotten. Brust von der provenzalischen Taube mit Entenstopfleber und neuen Kartoffeln vom Holzkohlengrill ... Aber wenn man nach Wochen erzählen will, was der stärkste Eindruck war, dann ist gleich wieder dieser Geschmack im Mund, und man sagt: Artischocke.

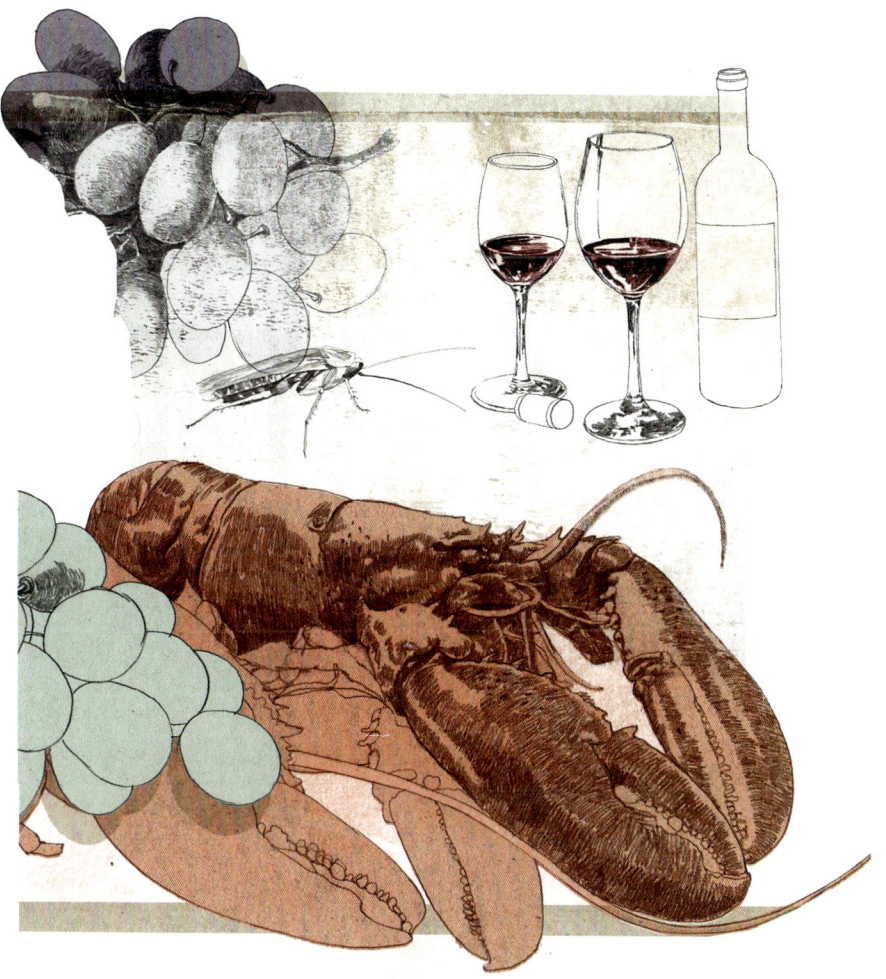

Konflikt auf dem Teller – sieben strittige Speisen

Austern sind die einzige Nahrung, die vornehmlich lebend verspeist wird – eine Vorsichtsmaßnahme, weil ihr Eiweiß bei der Verwesung leicht zu Giftstoffen zerfällt. Ansonsten zeigen sich die meisten Kulturen sehr bemüht darum, die für Raubtiere noch fast identischen Akte des Tötens und Essens so weit wie nur möglich zu trennen. In Ländern wie Japan, die auf Frische höchsten Wert legen, kann es einem allerdings passieren, dass die Sushi-Garnele im Mund noch zuckt. Man könnte es als ausgleichende Gerechtigkeit betrachten, dass die Auster im Todeskampf gleichsam zurückbeißt. Bei Köchen sieht man oft keilförmige Narben in der linken Hand von abgerutschten Austernmessern.

Innereien flößen vielen Menschen Ekel ein, weil sie deutlicher als Fleisch daran erinnern, dass sie einmal Teil eines uns sehr ähnlichen Organismus waren. Bis ins 20. Jahrhundert verwendete man vom Schlachttier so gut wie alles. Unser moderner Luxus, Tiere für wenige Prozent ihres Körpergewichts zu töten und den Rest als Abfall zu betrachten, befördert einen unfreiwilligen Kannibalismus: Viele unverkäufliche Stücke werden, zu Fleischmehl verarbeitet, an die Artgenossen des Schlachtviehs verfüttert. Zur Rechtfertigung heißt es mitunter, das verstärke immerhin den Eigengeschmack.

Lachs ist ein Fisch, an dem man gut die Willkür der Moden erkennt. Bis in die siebziger Jahre hinein galt er als ausgesprochene Delikatesse. Sein Name allein verfing so sehr, dass man sogar eine billige Dorschart in »Seelachs« umbenannte, ihr Fleisch rot färbte und als »Lachsersatz« verkaufte. Doch seit der Verbreitung des Aquafarmings, der Massentierhaltung zur See, sind der Preis und mit ihm der Ruf rapide gesunken, obwohl die Qualität oft noch tadellos ist. Die Modefische der letzten Jahre sind Steinbutt und Wolfsbarsch; die Seezunge erlebt ein Comeback. Nur bis zu den Buffets hat sich das nicht herumgesprochen. Da greifen die Gäste noch immer wie ferngesteuert als Erstes nach dem Räucherlachs.

Schokolade war ursprünglich ein Getränk, wie der Name *xocóatl* (»bitteres Wasser«) schon sagt. Bitter wohl vor allem darum, weil die Azteken den Kakao mit Cayennepfeffer versetzten und zu Ehren der Götter tranken. Die feste Schokolade, die seit gut 200 Jahren in Europa verspeist wird, ist auch geschmacklich das Gegenteil, nämlich süß, und nur sehr sparsam mit Aromen versetzt. So war es jedenfalls, bis vor wenigen Jahren die Experimentierwut einsetzte. Inzwischen bieten eigens eröffnete Schoko-Läden die verwegensten Geschmacksvarianten an – ob mit Chili, Garam Masala oder Teeblättern. Dabei steigen auch die Preise in eine Höhe, die Schokolade wieder zum Kultobjekt macht.

Sonntagsbraten gilt als »rechtes« Essen, weil man ihn mit einem althergebrachten Familienritual verbindet: Kochen durfte ihn die Mutter, aber der Vater zerteilte ihn wichtigtuerisch mit dem Messer und entschied, wer die besten Stücke bekam. Das »linke« Pendant ist der Auflauf. Ihn können auch Berufstätige oder Studenten mit wenig Aufwand herstellen. Er besteht aus einfachen Zutaten, die so gleichmäßig verteilt sind, dass kein Neid aufkommt. Und man kann ihn mühelos aufwärmen, falls die Familie gar nicht mehr gemeinsam isst.

Tofu besteht aus geronnener Sojamilch und ist das asiatische Gegenstück zum Käse. Dort schätzt man ihn hoch, weil man meint, dass es bei den Zutaten nicht allein auf den Geschmack ankommt. Der darf ruhig fade sein, wenn die Konsistenz, das Mundgefühl interessant ist. In der europäischen Küche hat sich dieses Produkt nie durchgesetzt, die Idee dahinter aber offenbar schon. Wie erklärte man sich sonst die Allgegenwart des Mozzarella?

Zucker und die Art seiner Verwendung sind eine Eigentümlichkeit der europäischen Küche. Wir unterscheiden seit der Barockzeit strikt zwischen Desserts und herzhaften Speisen. Die einen werden immer gesüßt, die anderen nie. Die meisten übrigen Küchen der Welt machen diese Unterscheidung nicht. Ein Marokkaner streut ohne Bedenken Puderzucker auf eine Fleischpastete; ein Thai zähmt seine Currys mit reichlich Kokosmilch. Inzwischen freilich schleicht sich der Zucker auch in die pikanten Gerichte des Westens zurück – durch Balsamessig, Früchte (Toast Hawaii!), oder er wird klammheimlich in die Sauce gerührt als einer jener kleinen Geschmackstricks, über die kein Koch gern spricht.

»Mehr Respekt!«

Was braucht man, um ein guter Koch zu sein?
Vor allem gute Produkte. Besser einen Steinbutt und kein Talent als Talent und keinen Steinbutt. Der Koch muss den Gaben der Natur Respekt erweisen, indem er das jeweils richtige Rezept und die richtige Garzeit so genau wie nur möglich ermittelt. Diese Demut verlangt sehr viel Übung.

Die Rolle der Köche hat sich in den letzten Jahrzehnten sehr gewandelt. Früher waren sie namenlose Schwerarbeiter. Heute sind sie, zum Teil jedenfalls, Stars. Wird die Selbstvermarktung nicht allmählich wichtiger als das Kochen?
Savoir faire, faire faire, faire savoir – Geschick erwerben, Routine erlangen, sein Handwerk weitervermitteln. Das sind die drei Schritte für einen ernsthaften Koch. Es erscheint mir weder sinnvoll noch seriös, die ersten zwei zu überspringen.

Von technischen Verbesserungen abgesehen – sehen Sie einen Fortschritt in der Kochkunst oder nur wechselnde Moden?
Das Essen ist immer ein Spiegel seiner Epoche. Unsere ist vielschichtig und komplex. Entsprechend gibt es auch beim Kochen viele kurzlebige Moden. Manche sind nur experimentell und neigen darum zur Übertreibung. Aber dahinter sind zwei Entwicklungen erkennbar: die wachsende Zahl der Zubereitungsformen und das wachsende Interesse eines breiten Publikums an unserer Arbeit.

Wie kommt es, dass die Menschen immer weniger kochen, aber immer mehr Kochshows im Fernsehen anschauen?
Kochen war mal eine Lebensnotwendigkeit; heute ist es ein Hobby. Dieselben Menschen, die unter der Woche Fast Food essen, verbringen am Wochenende vielleicht einen ganzen Tag damit, ihre Freunde zu bewirten.

Wie essen wir in 50 Jahren?
Mit dieser Frage werde ich die nächsten 49 Jahre verbringen. Fragen Sie mich danach noch einmal.

ALAIN DUCASSE
ist einer der wichtigsten französischen Köche und führt mehr als 30 Restaurants

Mehr zum Thema:

Auguste Escoffier:
Kochkunstführer
Pfanneberg 1993; 726 S.

Kenneth James:
Escoffier.
The King of Chefs
Hambledon and London 2002;
320 S.

Paul Freedman (Hg.):
Essen
Eine Kulturgeschichte
des Geschmacks;
Primus 2007; 368 S.

LUFT

Der tägliche
»WITTERUNGSCHARAKTER«
gemäß »Davoser Wetterkarte
vom Januar 1888«: von
heiter (gelb) bis trübe (grau)

Diese schlimmen Feinde
der Allergiker sind in der
Bergluft seltener anzutreffen:
BLÜTENPOLLEN

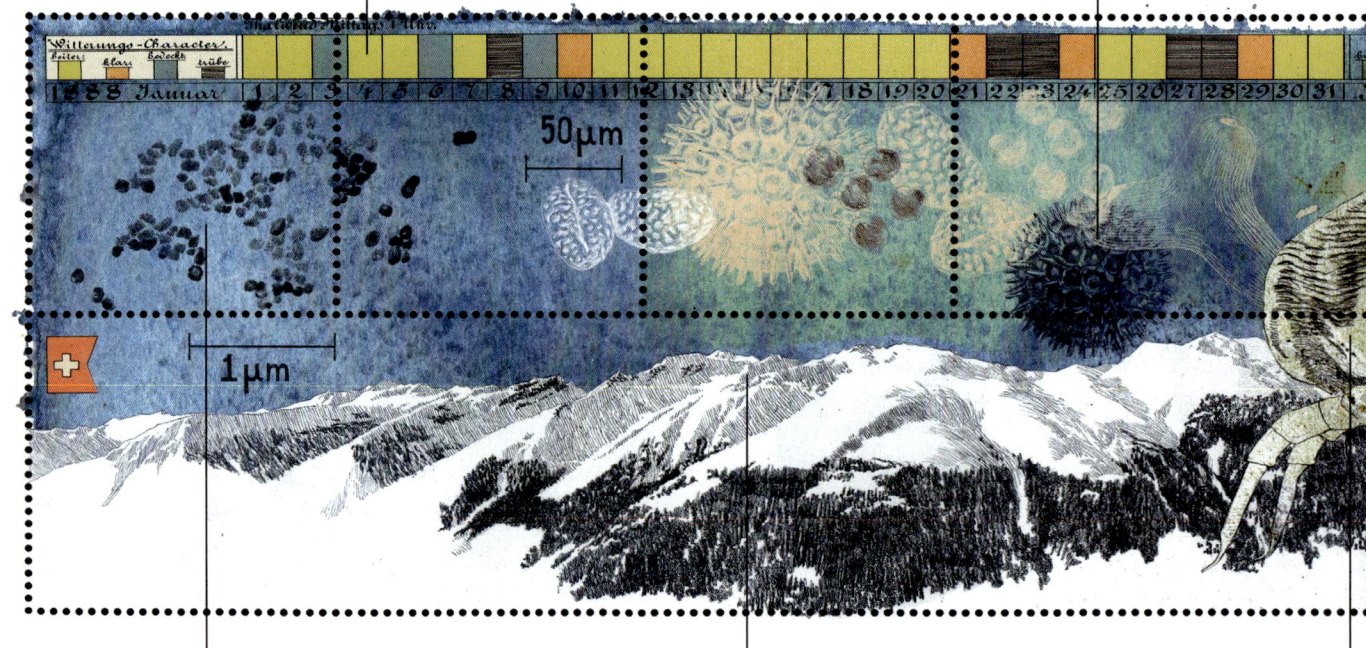

Unauffällig, aber gefährlich:
FEINSTÄUBE fordern allein
in Deutschland jährlich
Zehntausende Todesopfer

ALPENPANORAMA
über Davos, vom 2590 Meter
hohen Jakobshorn
aus gesehen

Allergieauslösenden
HAUSSTAUBMILBEN
bekommt das
Höhenklima schlecht

Wunderheilung am Zauberberg

Von keinem Stoff sind wir so abhängig wie von der Luft. Ohne sie
überleben wir nur vier Minuten. Ihre Zusammensetzung lässt sich
verändern – und damit sogar das Klima. In Davos ist die Luft so rein,
dass sie Leiden lindert – früher Tuberkulose, heute Allergien

VON ULRICH STOCK

50 µm

2 µm

THOMAS MANN
begleitete seine Frau Katia zur
Kur nach Davos –
und schrieb den »Zauberberg«

**MYCOBACTERIUM
TUBERCULOSIS**
heißt der Erreger
der Tuberkulose

DIE LUNGE ist unsere größte
Kontaktfläche zur Außenwelt;
mehr als 10 000 Liter Luft
durchströmen sie täglich

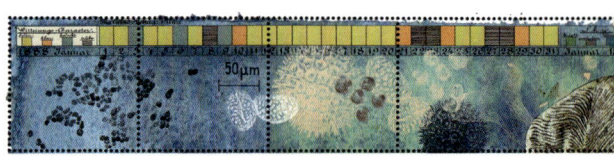

V on Hamburg bis dort hinauf, das ist aber eine weite Reise! Zwei Tage währt die Fahrt des jungen Mannes mit dem Zug in die Schweiz, »dahin über Schlünde, die früher für unergründlich galten«. Und wie die Dampfmaschine im Gebirge sich quält! Gebannt legt der Schiffbau-Ingenieur seine Lektüre aus der Hand, ein Buch über *Ocean Steamships*, »indes der hereinstreichende Atem der schwer keuchenden Lokomotive seinen Umschlag mit Kohlenpartikeln verunreinigte«.

So steht's bei Thomas Mann im *Zauberberg*: Luftverschmutzung im Nebensatz, Emission durch Fernverkehr. Nun, damals hatte man andere Sorgen. Es war die Zeit vor dem ersten großen Krieg, und jener Hans Castorp aus Hamburg, fertig studiert, zur Karriere bereit, wird von seinem Arzt statt auf die Werft in die Berge geschickt: »Mit Norderney oder Wyk auf Föhr, sagte er, sei es dieses Mal nicht getan.« Also auf nach Davos, sind ja nur drei Wochen!

Sieben Jahre werden es dann, der kränkliche Kurgast sinkt ein ins Sanatorium. Erst der Krieg reißt ihn wieder heraus; tausend Seiten europäischer Sitten- und Röntgenbilder liegen dazwischen. Als der Roman 1924 erscheint, macht er den Autor, der schon die *Buddenbrooks* geschrieben hatte, noch weltberühmter.

Zauberberg ist nach wie vor ein Zauberwort in Davos, der höchstgelegenen Stadt Europas, dem größten Kurort der Schweiz. Das Historische hat sich allerdings ins Werbliche gewendet. Das Zauberberg ist ein Chinarestaurant, und die Küche eines anderen Hauses, damals Spital, heute Lokal, kalauert auf Plakaten: »Mann war hier. Man isst hier.« Guten Appetit mit Schwindsucht!

Sehr vieles in Davos hat sich in den vergangenen 100 Jahren sichtbar verändert, bloß das Unsichtbare nicht, das dem Menschen durch Mund und Nase in den Körper strömt. Auf Seite 18 nimmt Hans Castorp einen tiefen, probenden Atemzug von der fremden Luft: »Sie war frisch – und nichts weiter. Sie entbehrte des Duftes, des Inhaltes, der Feuchtigkeit, sie ging leicht ein und sagte der Seele nichts.« Sein Urteil, durchaus spöttisch: »Ausgezeichnet!«

Wer als Gesunder nach Davos kommt, wird erst einmal krank, Halsweh, Nasenbluten. Die Trockenheit der Luft nagt an den Schleimhäuten, und der niedrige Druck auf 1600 Metern zwingt den Emporgehobenen zum Kürzertreten und zum Durchatmen. So liegt der gewöhnungsbedürftige Vorzug des Höhenklimas eigentlich in einem physikalischen Mangel: Oben ist weniger Luft als unten.

Aber was ist Luft, und inwiefern kann sie von Ort zu Ort verschieden sein? Ist Luft nicht überall gleich? Die Durchmischung liegt doch in der Natur der Atmosphäre! Fast acht Teile Stickstoff, gut zwei Teile Sauerstoff, und zum Weltraum hin einfach dünner. Auf 5000 Meter Höhe fühlt sich ein

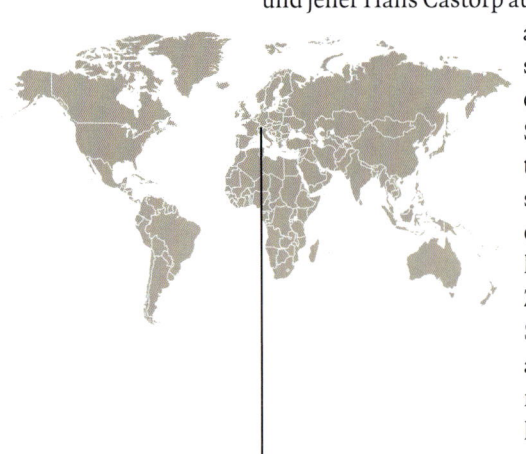

DAVOS
zieht Lungenkranke und Literaten an: In der höchstgelegenen Stadt Europas spielt Thomas Manns Roman »Der Zauberberg«

Mensch schon nicht mehr richtig wohl; untrainiert ausgesetzt auf 8000 Metern, haucht er alsbald sein Leben aus, und auf 10 000 Metern im Flugzeug schmeckt dem Passagier das Bordfrühstück nur so lange, wie der Kabinendruck stimmt.

Das Aufregendste an der Luft sind ihre winzigen Beimischungen

Die atembare Luft ist hauchdünn um unsere dicke Kugel: Was sind schon die acht Kilometer Luft gegenüber dem Durchmesser der Erde und der unendlichen Weite des Universums? Wenn uns die Luft in Atem hält, dann in ihrem Bemühen um Ausgleich. Wind weht, wo es Druckunterschiede gibt, die durch regional unterschiedliche Sonnen- und Wärmestrahlung entstehen. Gewitter ereignen sich, um die Spannung zwischen Himmel und Erde abzubauen. Diese Kapriolen des Wetters haben Tradition; man muss sich damit abfinden. Wen der Blitz trifft oder eine Sturmflut heimsucht, der hat eben Pech gehabt.

Dass nun so große Aufregung herrscht bezüglich der Zukunft der Luft, hat zu tun mit einem Gas, das gegenüber Stickstoff und Sauerstoff kaum ins Gewicht fällt: Kohlendioxid. Zu 0,0378 Prozent ist es in der Atmosphäre enthalten. Dieser Anteil schwankt, aber er war in den zurückliegenden 100 Jahren, in denen fleißig gemessen worden ist, noch nie so hoch wie jetzt, und er ist seit der industriellen Revolution um gut ein Drittel gestiegen.

Kohlendioxid fängt – wie der Wasserdampf – von der Erde ins All zurückgestrahlte Wärmeenergie auf und hält sie in der Atmosphäre fest. So wird Terra immer wärmer. Treibhauseffekt!

Man darf sich die Zusammensetzung der Luft nicht als etwas Statisches vorstellen. Die anteilig

größten Bestandteile scheinen zwar seit langer Zeit kaum veränderlich zu sein, allerdings ist dies mehr ein dynamisches Gleichgewicht unzähliger Prozesse im Ökosystem denn eine Gewissheit auf Dauer. Und was noch beunruhigender ist: Manche von der Menschheit in die Umwelt gebrachten Gase und Partikel können in kleinen Mengen das Klima verändern, weil sie in große Prozesse eingreifen.

Wie komplex von Natur aus alles ist, sieht man an den Stürmen, die das Salz von den Schaumkronen der Ozeane lecken oder den roten Staub aus der Sahara fegen, um mit ihm die schneebedeckten Gipfel über Davos weihnachtlich zu dekorieren. Salz wie Sand greifen als Kondensationskeime in die Wolkenbildung ein. Und was ist mit den vielen Kondensstreifen, die Düsenflugzeuge an den strahlend blauen Davoser Himmel schreiben? In welcher Weise verändern sie das Klima? Man untersucht es noch, und das scheint auch nötig, wächst der globale Luftverkehr doch jedes Jahr um fünf Prozent.

Zur Zeit des *Zauberbergs* war die Sorge um die Luft noch nicht so perspektivisch wie heute, sondern eine konkrete Frage von Leben und Tod. Jeder siebte Europäer starb hustend, »ein Husten«, wie Thomas Mann notierte, »ganz ohne Lust und Liebe, der nicht in richtigen Stößen geschah, sondern nur wie ein schauerlich kraftloses Wühlen im Brei organischer Auflösung klang«.

Tuberkulose! Man wusste über Jahrhunderte hinweg weder, woher die »weiße Pest« kam, noch, was man gegen sie tun sollte. Da bemerkte ein deutscher Arzt, der sich Mitte des 19. Jahrhunderts als steckbrieflich gesuchter Revolutionär aus Baden in die Schweiz geflüchtet hatte, dass diese Krankheit im Davoser Tal seit Generationen nicht aufgetreten war und allenfalls Auswanderer befiel, die als Zuckerbäcker im Russischen ihr Glück suchten, bis sie reumütig heimkehrten. Alexander Spengler hieß der Fremde, der das unzugängliche Bergdorf zu Europas Höhenklinik machte.

Die reichen Kranken kamen von weit her und ließen viel Geld hier. Oft genug auch das Leben, weil ihr Leiden schon zu weit fortgeschritten war, als dass sie sich wieder hätten erholen können. Als Medizin bekamen sie Ziegenmolke, Cognac mit Milch oder Veltliner Wein, dazu rustikale Speisen; zusätzlich wurden kräftige Duschen verordnet und stundenlanges Ruhen im Freien, in Bärenfelle eingemummelt, auf den zur Wintersonne ausgerichteten Balkonen.

»Die Kranken brachten oft ganze Schachteln voll von Quecksilber-, Antimonial-, Baryt- und Cicuta-pulvern mit«, notierte die *Schweizerische Zeitschrift für Medizin, Chirurgie und Geburtshilfe 1845*, »sie blieben aber in Davos unberührt«, und aus heutiger Sicht war das gewiss auch besser so.

Manchen hilft die Liegekur. Bloß woran liegt's? An der dünnen Luft? Der Höhenstrahlung? Während mehr und mehr Patienten kommen, aus London, Paris, Moskau, Berlin, und ein gestrandeter Kapitän aus Holland 1890 die Rhätische Eisenbahn ins Rollen bringt, um Davos zu vernetzen, beginnen wissenschaftliche Pioniere, das »wunderthätige« Klima zu dokumentieren und zu untersuchen.

Von Neujahr 1886 an gibt der aus Hamburg zugereiste Ingenieur Carl Wetzel monatliche Wettertabellen heraus, die, bis zu 45 000-fach gedruckt, an deutsche, englische, französische und belgische Ärzte zur Patientenakquisition verschickt werden: Viele Sonnentage, kaum Nebel und trockene Kälte sollen gerade im Winter für Davos werben. Gegen einen Aufenthalt spricht allenfalls »der Schneeglanz, der oft Augenentzündungen hervorbringt«, wie der Kurarzt Ruedi anmerkt, um sogleich »das schöne Grün der Wiesen und Wälder im Sommer« zu loben, »eine gute Mithülfe bei der Heilung«.

Weil viele Patienten sterben, liegt ein Hauch des Todes über der Stadt

Der Ruf wird erhört. Im Jahr 1904 bringt der Königsberger Chemiker Carl Dorno seine einzige, schwindsüchtige Tochter nach Davos – aber zu spät, sie stirbt. Er bleibt und forscht. Seine *Studie über Licht und Luft des Hochgebirges* erregt 1911 großes Aufsehen und macht ihn zum Begründer der Bioklimatologie. Ihm erscheint die Strahlung bald wichtiger als die Atmosphäre; visionär sind seine Fragen: »Ist es nicht erstaunlich, daß erst an etwa einem halben Dutzend Orten der Erde auf Grund von Beobachtungen die Berechnung durchgeführt ist, wieviel Kalorien die Sonne der Erde im Jahresverlaufe zustrahlt? Und dies zu einer Zeit, da intensiv an dem großen Problem gearbeitet wird, die Sonnenstrahlung dem Menschen direkt nutzbar zu machen, gewissermaßen zum Ersatz des Kapitals, das das heutige ... egoistische Zeitalter den Ersparnissen von Jahrtausenden (angelegt in Kohle und Kohlenwasserstoffen) raubt und trotz der großen Leistungen der Technik nur in einem kleinen Teil sich nutzbar zu machen versteht, den weitaus größten Teil nutzlos vergeudend.«

Während Dorno sich der UV-B-Strahlung zuwendet, die bis heute Dorno-Strahlung heißt, schießen die Spitäler wie Pilze aus dem Boden. Bald hat Davos zwei Bahnhöfe und 600 000 Übernachtungen jährlich. Dann kommt Katia Mann.

Sie berichtet ihrem Gatten brühwarm aus dem Waldsanatorium. Klatsch gibt es reichlich, weil die gesünderen unter den Patienten sich fürchterlich langweilen und jeder Ausschweifung zugetan sind. Thomas Mann kommt im Mai 1912, seine Frau zu besuchen und sich selbst ein Bild zu machen. Der *Zauberberg* braucht dann noch zwölf Jahre bis zur Vollendung. Inzwischen ist der Krieg durch Europa gezogen, und im Roman erscheint Davos retrospektiv als ein Ort des unheilvollen Ennui.

Mehr noch: Davos gerät in Verruf. Weil viele der Patienten sterben, liegt ein Hauch des Todes über der Stadt. Manch ein durchreisender Herr lässt seinen Chauffeur das Fenster schließen aus Furcht vor Ansteckung. Dass Tbc von einem Bakterium ausgelöst wird und hoch ansteckend ist, hatte ein gewisser Robert Koch in Berlin 1882 ja endlich herausgefunden. So erfährt Davos die Ambivalenz seiner Prominenz. Man lebt vom Sterben und umgekehrt. Denn als von 1950 an das Antibiotikum Streptomycin dem Mycobacterium tuberculosis den Garaus macht, werden die Moribunden plötzlich munter und bleiben fort. In Davos beginnt das große Kliniksterben, dem auch das Sanatorium zum Opfer fällt, in dem Katia Mann sich einst kuriert hatte.

»Sie hatte gar keine Tbc«, sagt Günter Menz, heute Chefarzt an der Davoser Hochgebirgsklinik. Sein Vorgänger habe ihm noch von ihrem Röntgenbild vorgeschwärmt: Eine schöne Bronchitis sei das gewesen. Aber als Tho-

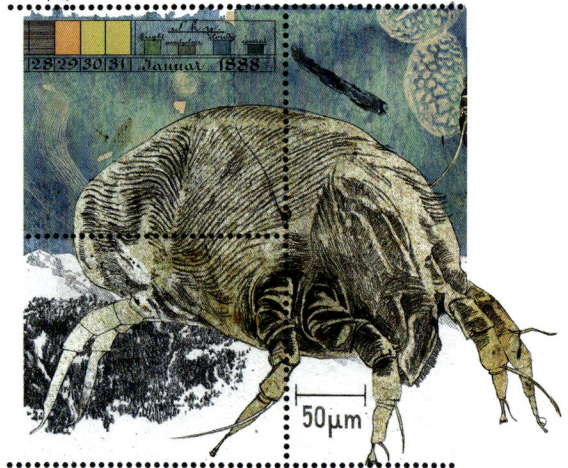

mas Mann, dem außer seiner Frau wenig fehlte, 1912 auf Besuch da war, wollten ihn die Ärzte am liebsten gleich auch noch dabehalten. Der Schriftsteller ergriff die Flucht. Dass dem Gesundheitswesen eine krank machende Tendenz innewohnt – das immerhin konnte er noch notieren, und seine Sottisen über die Geschäftstüchtigkeit der Ärzte hallen in Davos bis heute nach. Das muss man im Hinterkopf haben, wenn man sich über die Bedeutung des »wunderthätigen« Klimas heute unterhält. Die Tbc-Kranken sind vor 40 Jahren aus Davos verschwunden, an ihre Stelle rücken nun Allergiker und Autoimmunkranke, von Asthma bis Schuppenflechte.

Allergisches Asthma ist eine Hysterie der Immunabwehr: Sie richtet sich gegen natürlich oder nicht natürlich in der Luft vorkommende Stoffe, die für sich harmlos sind und erst durch die entfesselte Abwehr im Körper Schaden anrichten.

Bald sind 40 Prozent aller Europäer allergisch; warum die Allergien zunehmen, kann letztlich niemand erklären. Zu den plausiblen Spekulationen zählt die Hygienetheorie: Weil wir als Kinder zu keimarm aufwachsen, bleibt unsere potente Immunabwehr unterfordert und sucht sich neue, sinnlose Ziele.

Für Davos trifft es sich, dass die dünne und an UV-Strahlen reiche Luft Allergikern guttut – wenn auch niemand genau zu sagen weiß, warum. Das mag an den sonst allgegenwärtigen Hausstaubmilben liegen, die auf dieser Höhe nicht gut gedeihen. Oder an der Pollenarmut. Oder an eher geringen Konzentrationen industrieller Schadstoffe, die von den noch einmal um tausend Meter höher aufragenden Bergen abgehalten werden.

Jeder Körper schwingt mit im Ensemble der Pflanzen, Meere und Vulkane

Uns begrüßt Frau Steiner, stammend aus Basel, die einst an der amerikanischen Ostküste, in London und in Frankfurt am Main als Forschungsleiterin gearbeitet hat. Die grauhaarige Pharmakologin ist eine Biotech-Managerin ohne jedes Faible für Spiritismus und Tüdelüt. Ihr Körper spielte jahrelang verrückt, eine Lungenentzündung nach der anderen, Antibiotika, in großen Mengen Cortison, nicht nur zum Inhalieren, sondern, wie sie es sagt, »zum Essen«.

Was ihr fehlte, erzählt die Patientin, habe kein Arzt herausfinden können. So tat sie es selber, mit Hilfe des Internets: Ihre Beschwerden passten zu einer seltenen, sehr schweren Allergie gegen allgegenwärtige Schimmelpilze. Dann las sie vom Davoser Arzt Günter Menz, der sich darauf verstehe, und schrieb ihm eine E-Mail. Er habe ihr, erinnert sich Sandra Steiner, binnen Tagesfrist zurückgeschrieben: »Kommen Sie vorbei!«

Sie kam vorbei, blieb und ist ihr Leiden inzwischen los. Wie viele andere, die hier – vielleicht auch der Ruhe wegen – trotz schwerer Allergien nahezu beschwerde- und medikamentenfrei leben können. Durch bloßes In-Davos-Sein. Seit einem Jahr nimmt Frau Steiner kein Cortison mehr und fühlt sich wie neugeboren. »Für mich«, sagt sie, »hat sich das Herkommen gelohnt.« Freilich hat sie einen Preis gezahlt. Ihren Spitzenjob gab sie auf und arbeitet nun auf einem ganz anderen Feld, in der Davoser Arbeitsgemeinschaft für Osteosynthesefragen, einem Institut, in dem man sich Gedanken macht, wie die beim Skilaufen gebrochenen Knochen möglichst elegant wieder zusammengefügt werden können.

Und Frau Steiner muss das Tiefland meiden. Drei, vier Tage vom Berg hinunter gingen noch, sagt sie. Würden es mehr, komme die Krankheit wieder: »Ich hatte die Wahl: Noch ein paar Jahre in meinem Job unterwegs zu sein und den Rest meines Lebens einen Sauerstoffschlauch durch die Nase zu haben – oder hierzubleiben.«

So landete eine weltgewandte Frau in einem weltabgewandten Tal, der Luft wegen, die ja eigentlich überall gleich sein sollte. Aber den Allergiker können eben kleinste Stäubchen umwerfen. »Was man alles einatmet«, sagt Sandra Steiner, »dessen ist man sich ja gar nicht bewusst.« Wie schmerzlich hat sie erfahren müssen, dass »die Lunge eine Außenfläche ist, wie die Haut«.

Die Lunge ist die wichtigste Schnittstelle zwischen Leib und Welt. Vier Wochen ohne Essen, vier Tage ohne Wasser, aber nur vier Minuten ohne Luft – dann ist Schluss. Aus einem Atemzug alle drei Sekunden holen sich die Alveolen den Sauerstoff ins Blut. Über die Gefäße erreicht er die Zellen; in deren Kern-Kraftwerken, den Mitochondrien, kommt es zur oxydativen Phosphorylierung – der feinstregulierten Energiegewinnung aus Nahrung und Luft.

Das Kohlendioxid, das dabei abfällt, fließt mit dem Blut zurück zur Lunge und wird ausgepustet. So schwingt jeder Körper mit im Ensemble der dampfenden Pflanzen, der blubbernden Meere und rauchenden Vulkane. Nichts ist hier statisch. Das Gas der Welt dringt in uns bis in unsere letzte Faser, und wir hauchen der Welt unseren Atem ein.

Luftiges von A bis Z

Argon, griechisch: »das Träge«, nach Stickstoff und Sauerstoff dritthäufigster Bestandteil der Luft (1 Prozent)

Blei, von Thomas –> Midgley 1921 dem Benzin beigemischt, um das Klopfen von Motoren zu beenden. Wir atmen es ein.

CH_4 (Methan), klimawirksames Gas, auch aus Rinderfürzen. Erderwärmung durch Steaks?

Davos will seinen Verbrauch fossiler Energie von 2004 bis 2014 um 15 Prozent senken.

Eruptionen großer Vulkane tragen ihren Teil zum Klima bei: vor allem Staub, der die Sonne verschattet und so die Erderwärmung bremst.

Freon, von Thomas –> Midgley 1930 konzipiertes Kühlmittel aus Fluorchlorkohlenwasserstoffen (FCKW).

Gletscher sind das Gedächtnis der Luft: Durch die Untersuchung eingefrorener Bläschen lässt sich die Atmosphäre früherer Zeiten ermitteln.

H_2 (Wasserstoff), wiegt weniger als jedes andere Gas, fliegt von der Erde einfach ins All davon.

Ionosphäre heißt jene elektrisch geladene Luftschicht, die durch Reflexion der Wellen den globalen Funkverkehr ermöglicht. Erstreckt sich von 80 Kilometer Höhe aus bis weit ins Nichts.

Jetstreams sind erdumspannende, recht stabile Winde, die in großer Höhe mit bis zu Tempo 500 dahinrasen.

Kohlendioxid, CO_2, entfachte in den siebziger Jahren das Disco-Fieber: qua Nebelmaschine!

London Smog, 1952, entstanden durch das Heizen mit schwefelhaltiger Kohle. 4000 Tote.

Midgley, Thomas, 1889 bis 1944, amerikanischer Ingenieur und Chemiker, brachte dem Kühlschrank das –> Freon und dem Benzin das –> Blei. Gilt inzwischen als größter Luftverschmutzer aller Zeiten.

Nichts hören kann man im Vakuum. In der Carnegie Hall ermöglichen 32 000 Kilo Luft den Konzertgenuss.

Ozon, O_3, aggressives Gas. In großer Höhe umhüllt es die Erde und hält –> UV-Strahlung ab.

Phlogiston war ein Etwas, von dem man vor 300 Jahren glaubte, dass es bei der Verbrennung aus den Gegenständen entweiche – so eine Art Seele der Materie. Hat sich nicht durchgesetzt.

Quecksilber dient seit 1643 zur Anzeige des Luftdrucks. Das flüssige Metall drückt eine luftleere Röhre hoch.

Rost fraß den ersten –> Sauerstoff. So bekam eisenhaltiges Gestein seine Farben – vom Himmel herab.

Sauerstoff, O_2, war nicht schon immer in der Luft. Er wurde durch die Pflanzen aus einer CO_2-Atmosphäre freigesetzt. Vor 350 Millionen Jahren erreichte er seine heutige Konzentration.

Troposphäre heißt die unterste Luftschicht, die nach oben hin kälter wird und in elf Kilometer Höhe bei minus 60 Grad endet. Es folgt die durch das –> Ozon bis auf 0 Grad erwärmte Stratosphäre.

UV-Strahlung: Ein Zuviel verbrennt die Haut. Ein Zuwenig aber stört die Vitamin-D-Entstehung im Körper.

Venus und Mars haben auch Atmosphären. Diese ist glutheiß, jene eiskalt – und beiden fehlt der Sauerstoff, den die irdische Fauna zum Antrieb vielzelliger Organismen braucht.

Weltwirtschaftsforum, jährliches Gipfeltreffen Tausender Manager in Davos, führt letzthin das »Globale Treibhausgas Register« zur Erfassung klimawirksamer Emissionen.

Xenon, ein Edelgas wie –> Argon, aber so ungewöhnlich, dass man es »das Fremde« genannt hat. Eingeatmet verfremdet es die Stimme, indem es den Schall drastisch verlangsamt.

Yang, chinesisch: Sonne, Licht, Luft, Wind, Feuer. Demgegenüber Yin: das Kühle und Feuchte, das Wasser, die Erde, der Schatten. Beides gehört zusammen, im Gleichgewicht.

Zusammensetzung der Luft, allmählich aufgeklärt nach 1754. Bis dahin dachte man, die Luft sei ein Gas – und verstand auch nicht, was das Atmen mit dem Essen zu tun hat.

»Kein Weltuntergang«

Warum messen Sie Sonnenstrahlung in Davos?
Die Reinheit der Luft bestimmt, wie viel Strahlung den Erdboden erreicht. Schwebeteilchen, auch Wasserdampf, machen sie trüb. In Davos ist es oft so klar wie auf dem 4000 Meter hohen Mana Loa auf Hawaii, einem der klarsten Orte überhaupt.

Was war Ihre wichtigste Erkenntnis in den vergangenen Jahren?
Wir haben über Satellitenmessungen festgestellt, dass die Sonnenstrahlung etwas abgenommen hat. Wenn sich das Weltklima aufheizt wie jetzt, kann das daher nicht an der Sonne liegen.

Welche Erkenntnis erwarten Sie in Zukunft?
In zehn Jahren werden wir den Mechanismus verstehen, wie genau die Sonne das Klima beeinflusst. Das fängt in der Stratosphäre an, in der die UV-Strahlung vom Ozon herausgefiltert wird, und setzt sich dann in einer komplizierten, nichtlinearen Reaktion bis auf den Boden hin fort.

Was wissen Sie, ohne es beweisen zu können?
Die Sonne hat die Hälfte der Erderwärmung zwischen 1880 und 1980 bewirkt. Und die andere Hälfte ... das sind dann wohl wir.

Was war der größte Irrtum Ihrer Disziplin?
Der Forscher Charles Greeley Abbot untersuchte in den vierziger Jahren in Amerika vom Boden aus die Sonnenstrahlung und glaubte eine Schwankung von mehr als drei Prozent ermittelt zu haben, die aufs Wetter durchschlägt. Heute wissen wir, dass die Schwankung um den Faktor zehn kleiner ist. Vermutlich hat das Wetter seine Messungen beeinflusst. Es ist sehr schwer, die Sonne vom Boden aus zu messen. Um präzise zu sein, müssen wir in den Weltraum gehen.

Auf welche Einsicht wartet Ihre Forschergemeinde am sehnsüchtigsten?
Auf die weltweite Einsicht, dass die Erde kein Treibhaus werden darf und dass man gegensteuern sollte. Aber ohne in Panik zu verfallen: Einen Weltuntergang wird es nicht geben.

WERNER SCHMUTZ
Direktor des World
Radiation Center Davos

Mehr zum Thema:

Gabrielle Walker: Ein Meer von Luft
Eine Naturgeschichte der Atmosphäre;
Berlin 2007; 366 S.

Thomas Mann: Der Zauberberg
Fischer (Tb.) 2008; 1008 S.

Unda Hörner: Hoch oben in der guten Luft
Die literarische Bohème in Davos;
edition ebersbach 2005; 128 S.

MODE

KÜHNER KOPFSCHMUCK
aus der Kreativabteilung
von Christian Lacroix

ZU DÜNN, um gesund zu
bleiben: Models auf der
London Fashion Week 2007

Auf dem Laufsteg

Niemals war Mode so demokratisch. Die Gesellschaft kann sich
auf neonfarbene Leggings ebenso einigen wie darauf,
dass Unterhosen aus dem Hosenbund hervorlugen. Wer treibt
die Trends an? Ein Besuch bei Giorgio Armani,
der seit 30 Jahren die Modeszene von Mailand beherrscht

VON TILLMANN PRÜFER

Maestro der
Mailänder Szene:
GIORGIO ARMANI legt
letzte Hand an

Die Beine frieren nicht:
Model von **GIVENCHY** vor
seinem Auftritt
auf dem Laufsteg

Passt: Kleid von
KARL LAGERFELD,
Handtasche von
FENDI

Er revolutionierte
die Mode und starb
kürzlich, 71-jährig,
in Paris:
YVES SAINT LAURENT

D ie Fassade ist unfreundlich wie eine Novembernacht. Und doch so anziehend, dass sie an diesem Sonntagmorgen von einer schwarz gekleideten Schar belagert wird, die sich auch durch Regenschauer nicht wegpeitschen lässt. Der Sichtbetonbau, den der japanische Architekt Tadao Ando in ein Mailänder Gewerbegebiet geklotzt hat, könnte ein Bunker sein. Er ist aber ein Theater. Und die Gestalten, die vor seinem Eingang zehenwippend auf Einlass warten, könnten Krähen sein. Es sind aber Moderedakteurinnen.

Tief drin in diesem Gebäude geht der Modeschöpfer Giorgio Armani seiner Arbeit nach. In Kürze wird er hier im Teatro Armani die Herbst-Winter-Kollektion seiner jungen Marke Emporio Armani vorstellen. Hinter der Bühne wimmelt es von Händen, die durcheinandergreifen. Models, Modistinnen, Visagisten, Friseure. Und Armani mittendrin.

Er inspiziert eine Reihe junger Frauen und Männer. Hier richtet er eine Strähne, dort wischt er eine nicht vorhandene Fluse von der Schulter. Er sieht nur die Mäntel, Blazer, Anzüge, die vor ihm aufgereiht sind. Mit fast religiöser Erhabenheit dominiert er die Szene. Als würde er die jungen Menschen in eine Schlacht schicken. Dabei ist da draußen nur ein Laufsteg.

Kurz darauf beginnt die Schau: Im Zuschauerraum ein wildes Gestöber aus Tausenden Blitzlichtpunkten, über den Laufsteg tippeln lächelnde Pärchen, scheinbar entspannt, als kämen sie von einem Picknick. Mit schwarzen Skianzügen, samtenen Kapuzenjacken, Nadelstreifenanzügen. Es ist eine Männer-Schau, trotzdem präsentiert Armani auch Frauenlooks. Einfach, weil das besser aussieht. Applaus.

Die Armani-Schau ist einer der Höhepunkte der Mailänder Modewoche. Jeweils zu den Frühlings-Sommer- und Herbst-Winter-Modeschauen strömen 15 000 Kritiker, Einkäufer und Prominente von Termin zu Termin. Allein in der Damen-Modewoche werden 90 Schauen gezeigt. Fast 150 weitere Kollektionen stellen sich in Showrooms vor. Die Designer betreiben unerhörten Aufwand, um hier dabei zu sein. Eine Viertelstunde Präsentation im internationalen Rampenlicht kostet bis zu einer Million Euro. In die Produktion einer Minute-Show investieren die Modemacher bis zu 80 000 Euro.

Mailand ist stets im Wettstreit mit Paris um den Rang der Welthauptstadt der Mode. Vom Umsatz her ist es das auf jeden Fall. Italien ist der führende Kleiderproduzent in Europa. Die wichtigsten Marken haben ihren Sitz in der Industriestadt. Große Namen wie Gucci und Prada logieren hier. Aber auch junge Trendmarken wie Diesel.

Seit über 30 Jahren beherrscht Giorgio Armani die Modeszene Mailands. In diesem Geschäft, das unstet ist wie kein anderes, bildet er eine der wenigen Konstanten. Viele Designer blühten in der italienischen Industriestadt auf und gingen unter. Armani denkt nicht daran, unterzugehen. Andere, wie Gianfranco Ferré, sind gestorben. Armani denkt nicht dar-

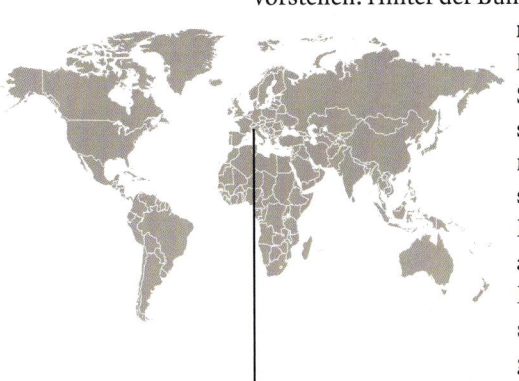

MAILAND
Italien ist Europas führender Kleiderproduzent. Viele Firmen haben ihren Sitz in Mailand. Die Stadt ist, neben Paris, die weltweit wichtigste Modemetropole

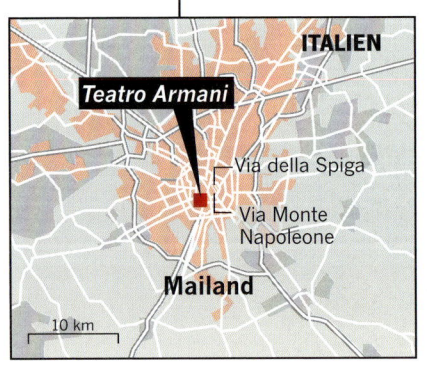

an, zu sterben. Wieder andere sind abgetreten wie Valentino Garavani. Ans Abtreten denkt Giorgio Armani noch viel weniger als ans Sterben.

Sein Name ziert Möbel, Brillen, Autos, Schokolade und sogar Mobiltelefone

Allen Gerüchten über einen Verkauf widerspricht er vehement. Wenn er über sein Unternehmen spricht, sagt er immer »ich«, nie »wir«. Seit der Italiener 1974 seine Marke gegründet hat, ist ein Imperium gewachsen, das jährlich zwei Milliarden Euro umsetzt; es gehört ihm ganz allein. »Meine erste Kollektion war eine ganz kleine Show, in einem ganz kleinen Raum – aber für mich war es ein magisches, fantastisches, nervenaufreibendes Gefühl.« Inzwischen verkaufen mehr als 2000 Geschäfte seine Waren, er hat über 500 eigene Boutiquen in mehr als 30 Ländern. Er brachte eine Kosmetiklinie heraus, sein Name ziert Möbel, Brillen, Autos, Schokolade, sogar Mobiltelefone. Der Firmenchef macht den Eindruck, als wäre das erst der Anfang. Und lässt keine Gelegenheit aus, um zu zeigen, dass er noch mittendrin ist. Alles soll das zeigen: das schwarze T-Shirt, das über seinem Bizeps spannt. Die perfekte Bräune. Nur das weiße Haar weist darauf hin, dass er 73 Jahre alt ist.
»Ein Geschäft von Verführung und Vernichtung«, so beschreibt die Amerikanerin Alicia Drake in ihrem Buch *The Beautiful Fall* die Modeszene. Vielleicht konnte Armani deshalb der Vernichtung entgehen, weil er stets darauf bedacht war, die Kontrolle zu behalten. Mit fast manischer Perfektion betreibt er sein Geschäft. Jedes Stück, das auf den Markt kommt, überprüft der Chef persönlich – bei 16 Marken. Regelmäßig kontrolliert er die Schaufenster seiner Boutiquen. Und manchmal steigt er zur Pein seiner Angestellten grummelnd in die Dekoration, um sie neu zu arrangieren.
Mit was handelt Armani, mit was handelt diese Stadt? Mit Kleidung? Mit Schönheit? So allgegenwärtig das Phänomen Mode ist, so schwer ist es zu fassen. Es geht im Wesentlichen um die Kleidung des Menschen – aber nicht alle Kleidung hat mit Mode zu tun. Niemand würde eine Polizeiuniform als Modestück sehen. Wenn aber Models wie bei der jüngsten Yves-Saint-Laurent-Schau in Uniformen über den Laufsteg stöckeln, werden diese plötzlich modisch. Dazu vereinnahmt die Mode immer mehr Bereiche, die man ihr zuvor nicht zugerechnet hätte. Modekonzerne richten heute Häuser ein, betreiben Restaurants und statten Autos aus.

Die Kulturwissenschaftlerin Ingrid Loschek definiert: »Mode ist eine gesellschaftlich verhandelte Form der Bekleidung.« Im Gegensatz etwa zu Trachten, die historisch überbracht sind, oder zu Uniformen, die verordnet sind. Mode ist die demokratischste Form von Bekleidung, jeder Bürger stimmt durch seine persönliche Wahl mit darüber ab, was modern ist. Auf alles Mögliche kann sich die Gesellschaft einigen: Es waren schon neonfarbene Leggings in Mode, Unterhosen, die über dem Hosenbund hervorlugen, bunte Gummistiefel und Plateausandalen, auf denen man wie auf Stelzen läuft.

Entziehen kann sich niemand. Auch wer im T-Shirt mit dem Aufdruck »Bier formte diesen wunderschönen Körper« auf die Straße geht, macht eine modische Aussage. Durch die Wahl der Kleidung verorte man sich in der Gesellschaft, sagt Loschek: Wer sich modisch kleidet, möchte sich in die Mitte einordnen. »Wer sich verweigert, wird als Außenseiter wahrgenommen – außer, man ist Popstar oder etwas Vergleichbares, dann wird eine Avantgarde-Funktion geradezu erwartet.« Um mit schmutzigem Unterhemd akzeptiert zu werden, empfiehlt es sich, Pete Doherty zu sein.

Seit es Menschen gibt, tragen sie Kleidung nicht nur ihrer Funktionalität wegen. Schon das Tierfell war mehr als Schutz vor der Kälte, es überzeugte die Umgebung von der persönlichen Stärke. Auch Naturvölker, die so gut wie keine Kleidung kennen, benutzen doch Schmuck und Körperfarbe. Die Eitelkeit ist Teil der Zivilisation.

Die Mode, wie wir sie kennen, sei aber ein junges Phänomen, sagt Gertrud Lehnert, Kulturwissenschaftlerin an der Universität Potsdam. Sie hänge eng mit der Entwicklung der bürgerlichen Gesellschaft zusammen: »Mode im eigentlichen Sinne gibt es frühestens seit dem späten Mittelalter.« Damit Mode entstehen kann, müssen Kleidungsstücke reproduzierbar und vielen Menschen zugänglich sein. Es muss auch ein relativer Wohlstand herrschen, ansonsten würde Kleidung vor allem aus pragmatischen Gründen gekauft.

Vor allem braucht es die freie Wahl. Erst wenn ständische Ordnungen wegfallen, können Menschen über ihr Äußeres entscheiden. Vor 2000 Jahren mit einer frei gewählten Garderobe durch eine italienische Stadt zu wandeln hätte einen in Schwierigkeiten gebracht. Im Römischen Reich trugen alle Bürger eine Toga vom selben Schnitt. Die Details waren entscheidend. Knaben trugen ein Gewand mit purpurfarbenem Rand, das sie später gegen die weiße Toga der Männer tauschten. Senatoren war eine weiße Toga mit breitem purpurnem Rand vorbehalten. Vollends farbige Gewänder durften nur Feldherren tragen. Noch unter Karl dem Großen im 9. Jahrhundert war vorgeschrieben, wer wie viel für sein Äußeres ausgeben durfte.

Die Geburt der modernen, wechselnden Mode geschah im Wettstreit zwischen Aristokratie und aufstrebendem Bürgertum im 18. Jahrhundert. Die zu Geld gekommene Bourgeoisie versuchte mit dem Adel gleichzuziehen – und kopierte dessen Stil. Für die Aristokratie war die äußere Erscheinung aber überlebenswichtig. »Nur sie konnte die Abgrenzung gegenüber jenen unterprivilegierten Schichten garantieren, die nicht adelig waren«, sagt Lehnert. Also musste sich die Mode stetig ändern, damit man sich abgrenzen konnte. Erste Modejournale wie *Gallerie des Modes* zeugen von diesem Kampf.

Heute folgt die Mode noch immer diesem Mechanismus: Zur Pflege des persönlichen Prestiges muss man immer wieder unter Beweis stellen, dass man Zeit und vor allem Geld hat, um sich mit den wechselnden Moden zu beschäftigen. »Dass man dabei die freie Wahl hat, ist allerdings eine

Illusion«, sagt Lehnert. »Die Mode wird immer noch durch das Angebot eingeschränkt. Wenn ich heute ein lila Kleid suche, finde ich keines – weil es unmodisch ist.« Die Mode ermöglicht also nur eine scheinbare Individualität.

Hinter der heutigen Mode steht eine mächtige Industrie. In den vier Metropolen Paris, Mailand, London und New York werden pro Saison 65 000 Entwürfe vorgestellt. Ein Spaziergang durch Mailand genügt, um einen Eindruck davon zu bekommen: Im Triangolo d'Oro, dem goldenen Dreieck, wie das Gassengewirr in der Innenstadt genannt wird, starrt dem Flaneur aus jedem Schaufenster eine Marke entgegen. Kaum ein Café lädt zum Verweilen ein, kein Straßenkünstler würde es wagen, sich dem Strom der Powershopper entgegenzustellen, die aus allen Teilen der Welt hierherkommen. Nur Store an Store an Store.

Devot nickende Türsteher öffnen die Ladenpforten. Wenn es regnet, stehen Putzkräfte bereit, um diskret hinter den Besuchern herzufeudeln, damit sie keine Spuren auf dem Parkett hinterlassen. Louis Vuitton hat den Shop wie ein Werksmuseum eingerichtet. Das holländische Designerduo Viktor und Rolf hat seinen Laden auf den Kopf gestellt: Alle Möbel kleben an der Decke. Wer in diese Geschäfte tritt, erwirbt nicht nur Kleidung, er erwirbt eine Illusion: ganz vorn und ganz oben dabei zu sein.

Die erotisch markierte Frau an der Seite betont die Potenz des Mannes

So vielfältig die modischen Imperative sind, gemein ist fast allen: Sie richten sich an die Frau. Das war nicht immer so. Erst seit dem 14. Jahrhundert gibt es in Mitteleuropa überhaupt getrennte Kleidung für Mann und Frau. Dann experimentierte zunächst der Mann. Er entdeckte die Zweiteilung in Beinkleid und Oberkörperkleidung. Männer trugen zuerst enge Hosen, während das weibliche Bein praktisch nicht stattfand. Frauen hatten sich geziemt zu kleiden. Sie sollten nicht auffallen, schon gar nicht durch ihre Reize. Die modische Gestalt der Frau, wie wir sie heute kennen, ist ebenfalls eine Erfindung der bürgerlichen Gesellschaft. Nicht mehr der Mann musste nun repräsentieren, sondern die Frau – während er im oberen Bürgertum arbeitete, sollte sie vor allem schön sein. »Der Mann sollte unscheinlich sein«, sagt die Literaturwissenschaftlerin Barbara Vinken. Er sollte nicht durch seine Erscheinung auffallen, sondern durch Leistung. In gewisser Hinsicht wurde so der Modemuffel geboren.

Damit war ein Paradigmenwechsel vollzogen. Zuvor hatte sich der Mann wie ein Pfau ausgestattet; lederne, öfters mit Schleifen behängte Schamkapseln betonten seine Potenz. »Heute ist die Frau erotisch markiert«,

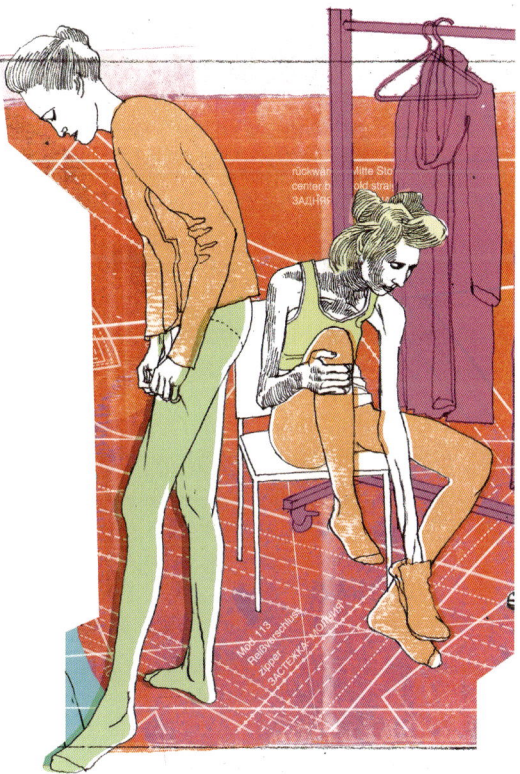

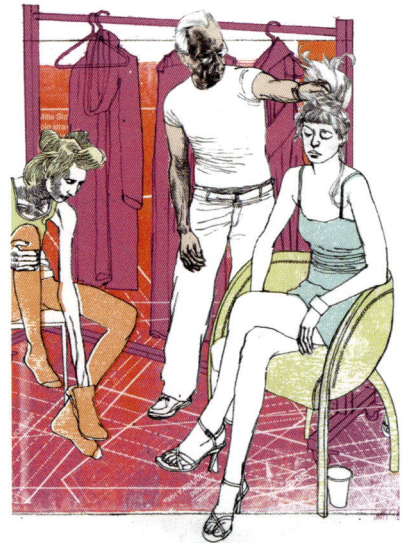

erklärt Vinken. Die Dame ist es, die ihre Geschlechtsmerkmale betont – Po, Busen: »Sie stellt die Potenz des Mannes aus.« An der Pracht, die die Frau trägt, wird die Macht des Mannes an ihrer Seite sichtbar.

So kümmert sich seit dem 19. Jahrhundert die Mode vor allem um das weibliche Geschlecht. Der Beruf des Couturiers entstand, des Modeschöpfers. Da gemäß der Überzeugung jener Zeit nur Männern Geniales zugetraut wurde, waren die Inhaber der Modehäuser meist männlich. Erst im 20. Jahrhundert sollten Frauen eine stärkere Rolle spielen, besonders Coco Chanel und Madeleine Vionnet. Nach dem Zweiten Weltkrieg entwarfen mit Christian Dior, Christobal Balenciaga und Yves Saint Laurent wieder Männer die großen Linien. Was Dior in Paris vorstellte, wurde stilprägend für die Mode in der ganzen westlichen Welt.

Die große Zeit von Mailand begann in den siebziger Jahren, vorher waren die führenden Modestädte Italiens Rom und Florenz. In Mailand aber suchten die jungen Talente die Nähe der Seiden- und Wollproduzenten in Como und Biella. Und die Textilindustrie suchte neue Ideen. Das Mailänder Kartell entstand: Die Unternehmer statteten die jungen Wilden mit Geld und professionellen Vertriebswegen aus. Die Pariser Haute Couture dagegen geriet in die Krise, die Entwürfe aus der französischen Hauptstadt galten als elitär, sperrig und nicht mehr zeitgemäß. Aus Mailand kamen hingegen die Ideen für tragbare Mode.

Armanis Aufstieg begann mit einem beherzten Griff in das Innere eines Anzugs. Armani riss alles heraus: Futter, Schulterpolster. Eben das, was einen Anzug damals ausmachte. Armani entstrukturierte diese Rüstungen. Plötzlich war der Anzug nicht mehr steif, er war cool. Die ganze Welt sah das 1980 im Film *American Gigolo*. Richard Gere war der erste Botschafter der Marke. Kurz darauf trug Don Johnson Armanis Anzüge in Miami Vice – über einem T-Shirt. Von da an wollten viele Männer so aussehen.

Durch die Verbindung mit dem Fernsehen wurde die Mode allgegenwärtig. Vorbild waren nicht mehr die Entwürfe von Modeschöpfern, sondern der Look von Film- und Popstars. Dem Couturier wurde der »Trendscout« an die Seite gestellt. Die Inspiration kommt nicht mehr aus dem Gehirn eines Schöngeists, sondern von der Straße. Niemals war Mode so demokratisch wie heute.

Billiganbieter kopieren ein Prada-Kleid innerhalb von wenigen Wochen

»Die Globalisierung ist ein bestimmendes Merkmal der heutigen Mode«, sagt die Kulturwissenschaftlerin Lehnert. Sie sorgt allerdings auch dafür, dass das Business immer weniger ein Geschäft mit Kleidung ist. Modemarken sind selten noch Privatunternehmen wie das von Armani, sondern Konzernsparten. In Paris logiert der Luxuskonzern LVMH, zu dem Dior und Louis Vuitton gehören, ein anderer Riese Frankreichs ist PPR, der Gucci, Yves Saint Laurent und Balenciaga vereinigt. In der Schweiz sitzt Richemont, wo neben vielen Uhren- und Schmuckmarken auch der Modehersteller Chloé beheimatet ist. Diesen Konsortien geht es darum, umsatzstarke Produkte zu entwickeln, dazu zählt Designerkleidung nicht unbedingt.

Kleidungsstücke sind saisonabhängig. Eine Kollektion hängt wenige Monate im Laden und muss dann zu Dumpingpreisen losgeschlagen werden. Dazu kommt, dass Billiganbieter wie Zara oder

H &M fähig sind, ein Prada-Kleid innerhalb weniger Wochen zu kopieren und für einen Bruchteil des Originalpreises zu verkaufen. Dies lässt die Margen schrumpfen. Mit einer Handtasche hingegen lässt sich Geld verdienen. Die Rendite beträgt, Branchenkreisen zufolge, 80 Prozent, wenn sie zum vollen Preis verkauft werden kann. Ähnlich gute Geschäfte versprechen Schmuck und Uhren. Also sind die Kleider bei Modeschauen immer öfter die Staffage für die Präsentation von Taschen und Ohrringen. Zwar sollen die Prêt-à-porter-Schauen die Kollektion zeigen, die in den Boutiquen verkauft wird. Aber vieles, was die Kundin im Laden kaufen würde, fiele im Fernsehen und in der Presse kaum auf. Also werden auf den Laufstegen mitunter Stücke präsentiert, die nie in den Geschäften zu finden sein werden.

Nicht bei Armani. Er betont stets, dass es bei ihm keine Laufstegkollektion gibt. Aber ansonsten treibt er die Expansion in andere Segmente voran wie kaum ein anderer. Fragt man ihn, was Mode mit Mobiltelefonen und Wohnzimmereinrichtungen zu tun hat, erklärt er, es gehe darum, eine »komplexere Ästhetik« herzustellen. »Es fußt alles auf meiner Strategie, ein Universum aufzubauen, eine übergreifende Lifestyle-Marke.«

Doch die Globalisierung, die er mit vorantreibt, zerrt gleichzeitig an der Bedeutung der Modemetropolen. Die Talente sehen ihre Chance eher im Ausland. Was sich daran zeigt, dass viele der Mailänder Modewoche untreu werden. Die italienischen Trendlabels Diesel und Miss Sixty zeigen ihre Entwürfe seit Jahren in Manhattan. Die Traditionsmarke Salvatore Ferragamo feierte das 80-jährige Firmenjubiläum im chinesischen Shanghai – auf einem Containerschiff.

Die Show ist zu Ende. Armani hat 15 Minuten lang lächelnde Mädchen mit lächelnden Jungs über den Laufsteg spazieren lassen. Am Ende tritt er selbst hervor, sich freundlich verbeugend. Er lässt sich fotografieren, küsst in alle Richtungen, posiert mit seiner Nichte Roberta. Sie ist für die PR im Konzern verantwortlich. Manche sehen in ihr seine Nachfolgerin.

Hinter der Bühne sieht es derweil aus, als sei eingebrochen worden. Überall liegen Plastiküberwürfe und Kleiderbügel. Einzelne Models picken am Buffet. Andere zwängen sich aus Outfits, befreien sich aus Schuhen, lassen sich von den Hairdressern die Frisuren auflösen. Schließlich muss bald die nächste Frisur drapiert werden, der nächste Schuh an den Fuß, die nächste Tasche in die Hand. Die Modewoche hat gerade erst begonnen.

Dann kommt der Meister selbst noch einmal vorbei. Atemlos, auf dem Weg irgendwohin. Sein Blick schweift ruhelos durch den Raum. Überall applaudiert es. Armani hebt die Arme, winkt zweimal, nickt. Dann ist er weg.

Die Geschichte der Mode von der Steinzeit bis heute

Vorgeschichte: Die Geschichte der Bekleidung beginnt mit dem Tragen von Fellen. Die erste Revolution ist die Erfindung der knöchernen Nähnadel in der Altsteinzeit. Vermutlich zwischen 4000 und 3000 vor Christus entsteht die Webtechnik in Ägypten. Schon die Germanen der Bronzezeit kannten kurze Hosen.

Antike: Bei den Griechen und Römern tragen beide Geschlechter Stoffrechtecke, die ohne Nähte und Zuschnitt um den Körper gelegt und durch Gürtel, Schnallen und Broschen zusammengehalten werden.

Mittelalter: Alle Stände tragen im frühen Mittelalter denselben Schnitt, nur die Stoffe sind unterschiedlich. Das Christentum verhüllt die Frauen immer mehr. Im 12. Jahrhundert entsteht das Schneiderhandwerk, bis dahin sind die Kleider von den Frauen in Heimarbeit gefertigt worden. Erst im 14. Jahrhundert entwickeln sich endgültige getrennte Kleidungsformen für Männer und Frauen.

Renaissance: Männer tragen überhohe Hüte und enge, mitunter zweifarbige Beinkleider. Die Frauenkleidung hingegen ist darauf abgestellt, die Geschlechtlichkeit zu verbergen. In England tragen die adeligen Damen Mieder, die ihre Körper völlig verformen und eine Brustwölbung nicht einmal ahnen lassen.

Barock: Die höfische Mode brilliert, die Mode wird üppiger. Männer wie Frauen tragen große Spitzkragen. In der Damenmode werden die Dekolletés tiefer.

Empire und Biedermeier: Nach der Französischen Revolution ist zunächst Natürlichkeit angesagt, man besinnt sich auf die Antike zurück. Die Herrenmode erreicht Anfang des 19. Jahrhunderts ihre klassische Form, die sie bis heute nicht mehr verloren hat. Bei den Damen werden die Korsetts enger denn je geschnürt, an Durchatmen ist nicht mehr zu denken. Mitte des 19. Jahrhunderts entstehen in Paris die ersten Modehäuser.

Jahrhundertwende: Mode wird zum Massenphänomen. Das Korsett verschwindet, Frauen tragen Hosen und kurze Röcke. Die Mode orientiert sich wieder an der Körperlinie und wird auch für Frauen funktionell.

Die zwanziger Jahre: Coco Chanel macht Furore, indem sie die Schlichtheit der Herrenkleidung zum Vorbild für gerade geschnittene Kleider und strenge Kostüme nimmt. Androgynie ist das Ideal. Jersey, Strickstoffe und Kunstfasern kommen auf. Gleichzeitig wird die Mode demokratisiert. War sie früher der gehobenen Gesellschaft vorbehalten, wird modische Konfektionsware nun für viele erschwinglich.

Die dreißiger und vierziger Jahre: Die Röcke werden enger und länger, was die Beine optisch verlängert. Das Kostüm setzt sich als Tagesmode durch. Die Damenmode wird von Frauen bestimmt, wie Madeleine Vionnet, Nina Ricci, Madame Grès und Elsa Schiaparelli.

Nachkriegszeit: Christian Diors »New Look« leitet eine neue Üppigkeit der Mode ein. Die natürlichen Körperformen werden wieder idealisiert, die Oberteile liegen eng an, Busen, Po und Hüften werden betont.

Die sechziger Jahre: Die Jeans setzt sich durch, zierliche, kindliche Frauen wie Audrey Hepburn und das Model Twiggy prägen das Jahrzehnt. Mit der Hippie-Bewegung kommt die erste Protest-Mode auf. Die Trends entstehen nicht mehr in den Modehäusern, sondern auf der Straße.

Die siebziger Jahre: Die Freizeitmode durchdringt alle Schichten. Minirock und Hotpants kommen auf. Das T-Shirt wird zum Trend. Die Kleiderordnung wird über den Haufen geworfen. Die Mode wird geschlechtsneutraler, Bequemlichkeit ist das Leitmotiv. Abendmode unterscheidet sich kaum mehr von Tagesmode.

Die achtziger Jahre: Ein neuer Materialismus verdrängt das Natürlichkeitsideal. Es wird wichtig, Erfolg zu zeigen. Dementsprechend werden die Anzüge und Kostüme bei Männern wie Frauen breitschultrig. Der Körperkult beginnt – Aerobic und Bodybuilding. Sportmode wird wichtig. Industriell gefertigte Prêt-à-porter-Mode verhilft Marken wie Jil Sander, Calvin Klein, Giorgio Armani, Ralph Lauren zum Erfolg.

Die neunziger Jahre und die Jahrtausendwende: Der Markenkult setzt ein. Mode und Medien sind stärker miteinander verbunden, siehe *Sex and the City*. Viele Modestile existieren nebeneinander und werden miteinander kombiniert. Die Mode wird körperbetonter, mit tiefen Dekolletés und bauchfreien Oberteilen. Die Mode zitiert vergangene Jahrzehnte wie die sechziger und siebziger Jahre. In der Männermode entwickelt sich ein feminineres Männerbild. Im neuen Jahrtausend spielen Öko- und Ethno-Mode eine größere Rolle.

»Keine Experimente«

Was ist denn zurzeit in Mode?

Wir müssen unterscheiden, welche Ideen die Designermode in Paris oder Mailand prägen – und was davon letztlich in der Massenkonfektion ankommt. Die Sommerkleider aus Paris und Mailand sind für diesen Sommer ausgesprochen bunt, mit exzessiven, fast malerischen Mustern. Der Massentrend ist dagegen ähnlich wie im Vorjahr: kurze Hängerchen und Babydollkleider, die im Grunde keinen Schnitt haben.

Also täuscht der Eindruck, dass wir uns von den Modefirmen jedes Jahr etwas anderes diktieren lassen?

Es ist ein Irrtum, dass Mode flüchtig ist. In Wahrheit ist sie sehr träge. Die bauchfreie Mode hält beispielsweise schon sieben Jahre.

Ist Mode heute wichtiger als früher?

In der Designermode gibt es heute mehr Vielfalt denn je. Bei der Konfektionsware, die von den großen Bekleidungsketten angeboten wird, gibt es hingegen wenig Bewegung. Die Bevölkerung ist kaum zu Experimenten bereit.

Aber das hält sie nicht davon ab, immer mehr zu kaufen …

Sicherlich wird deutlich mehr Kleidung konsumiert. Sie ist zu einem Verbrauchsartikel geworden wie Dosensuppe. Auf extrovertierte modische Kleidung wird aber viel weniger Wert gelegt als etwa in den fünfziger Jahren. Damals unterschied man auch zwischen Tag-, Abend- und Sonntagsgarderobe. Heute gibt es allenfalls im Berufsleben noch einen Kleidungskodex.

Was sagt das über unsere Gesellschaft?

Das Augenmerk geht weg von der Kleidung und hin zum Körper. Menschen geben heute viel mehr Geld aus, um ihren Körper attraktiver zu machen. Kosmetik, Ernährung und auch Schönheitsoperationen sind immens wichtig geworden. Das zeigt sich auch in der Bekleidung: Viele Menschen achten heute mehr darauf, wie sie sich im Fitnessstudio kleiden als auf der Straße.

Kann man sich der Mode entziehen?

Im Prinzip nicht. Alles bezieht sich auf die vorherrschende Mode. Auch Gruppen, die sich bewusst von der herrschenden Mode distanzieren wie etwa die Punks, entwickeln intern einen eigenen Modekodex.

Wie werden wir morgen aussehen?

Allgemein kann man sagen, dass ethische Maßstäbe eine größere Rolle spielen werden. Es wird mehr auf Herkunft, Verarbeitung und Verträglichkeit des Kleidungsangebots geachtet werden. Die Zeit, als Mode ein massenhaft konsumierter Artikel war, geht langfristig dem Ende zu.

Mehr zum Thema:

Gertrud Lehnert: Schnellkurs Mode
DuMont 2008; 192 S.

Ingrid Loschek: Wann ist Mode?
Strukturen, Strategien und Innovationen;
Reimer 2007; 272 S.

Alicia Drake: The Beautiful Fall
Fashion, Genius and Glorious Excess in 1970s
Paris; Back Bay Books 2006; 448 S.

Barbara Vinken: Mode nach der Mode
Geist und Kleid am Ende des
20. Jahrhunderts;
Fischer TB 1993; 169 S.;
nur noch antiquarisch

Georg Simmel: Philosophie der Mode (1905)
Suhrkamp 2006; 497 S.

René König: Menschheit auf dem Laufsteg
Carl Hanser 1985; 448 S.;
nur noch antiquarisch

INGRID LOSCHEK
ist Professorin
für Modetheorie und
Modegeschichte
an der Hochschule
Pforzheim

Sex

LILIE: Aphrodite verpasste ihr den »Eselsphallus«

WOODY ALLEN erklärt als Spermazelle »Was Sie schon immer über Sex wissen wollten...«

ZWEI BONOBOWEIBCHEN vergnügen sich beim gleichgeschlechtlichen Sex

PHALLOGRAFIE: Der Rigiscan misst die Steifheit des Penis

Lange das wichtigste Anschauungsobjekt der Sexualkunde: **DIE BIENE**

STERIL: Die meisten Bananensorten werden als Klone vermehrt

Halt dank Klammerreflex: **KRÖTENMÄNNCHEN** (mit Weibchen)

Hilft beim Erinnern an die Liebe: **VERGISSMEINNICHT**

Die Last der Lust

Kaum ein Aspekt des menschlichen Lebens ist durch so viele Hemmungen, Normen und religiöse Vorschriften eingeengt wie die Sexualität. Das Kinsey Institute im amerikanischen Bloomington erforscht die Geheimnisse, die Sex so kompliziert machen

VON SIGRID NEUDECKER

Kopulieren bis zu 18 Stunden lang: **MARIENKÄFER**

Motiv des französischen Porno-Illustrators **ÉDOUARD-HENRI AVRIL**

UNTER ZWITTERN: Aus dem Leben der Weinbergschnecke

Die Erektionspille **VIAGRA** veränderte das Leben vieler Alter

LEPORIDAE vermehren sich lebhaft. Die Kleinen kommen nackt zur Welt

ALFRED CHARLES KINSEY untersuchte menschliches Sexualverhalten

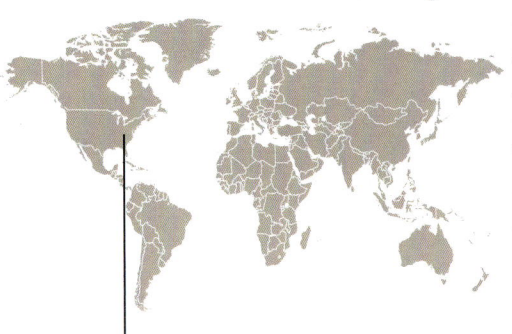

Wenn wir Probanden hier drin haben, ist es nicht so kalt«, sagt Erick Janssen. »Da versuchen wir schon, es ihnen gemütlich zu machen.« Ein bisschen Frösteln ist für Janssens Testpersonen wohl das geringste Problem. Wer sich dem Kinsey Institute in Bloomington, Indiana, für eine Laborstudie zur Verfügung stellt, muss damit rechnen, halb entblößt in einem abgedunkelten Raum allein vor einem Computerbildschirm zu sitzen und mit Gerätschaften verkabelt zu sein. Frauen führen sich ein tampongroßes Gerät namens Vaginaler Fotoplethysmograf ein, das mittels Lichtquelle und Fototransistor die Durchblutung der Scheidenwand und somit ihren Erregungszustand registriert. Männer legen sich zwei dünne Kabelschlaufen um den Penis, die sich alle 15 Sekunden zusammenziehen und so den Umfang messen. Falls dieser zunimmt, wird alle 30 Sekunden noch die Festigkeit aufgezeichnet. Die Apparatur heißt Rigiscan. Von Rigidität: Steifheit.

Dazu bekommen die Probanden ein Blutdruckmessgerät um einen Finger gewickelt. Sensoren, rund um die Augen geklebt, messen die Heftigkeit ihres Lidschlages. Kopfhörer auf die Ohren, ein Handtuch über die Hüften – der Test kann beginnen.

Angenehm sind Erick Janssens Versuche für seine Probanden allerdings nicht unbedingt. Was diese auf dem Bildschirm sehen, gleicht eher einer emotionalen Kneippkur. Sie bekommen beispielsweise eine herzzerreißende Abschiedsszene aus dem Film *Sophies Entscheidung* vorgespielt, in der eine Mutter entscheiden muss, welches ihrer beiden Kinder vor der Gaskammer gerettet wird. Und danach einen Sexfilm. Oder sie sehen eine Vergewaltigungsszene aus *Extremities.* Und danach wieder einen kurzen Porno.

Janssen will herausfinden, wie sich Gemütszustände auf die Erregungsfähigkeit auswirken. Er könnte seine Testpersonen natürlich auch einfach befragen. Doch das ist eines der Grundprobleme der Sexualforschung: Entweder ist es den Menschen peinlich, auf intime Fragen ehrlich zu antworten. Oder sie sind sich ihrer Reaktionen gar nicht bewusst. »Ich wollte echtes Verhalten«, sagt der niederländische Psychologe, »nicht nur Aussagen.«

Um direkte, von guter Erziehung oder introvertiertem Charakter unbeeinflusste Reaktionen zu erlangen, muss die Sexualwissenschaft manchmal Umwege nehmen. Als Janssen herausfinden wollte, welche Stimmungen zu riskanten sexuellen Entscheidungen führen können, tarnte er seine Versuchsreihe als Marketingstudie für ein Aphrodisiakum, komplett mit Broschüren, eigener Webseite und zwei Phiolen, von denen die Proban-

BLOOMINGTON
Im Jahr 1947 gründete Alfred Charles Kinsey (1894–1956) an der Universität des amerikanischen Bundesstaats Indiana das Institut für Sexualforschung. Es ist heute nach ihm benannt

den eine auswählen mussten: jene mit höherer Dosierung, aber auch höherer Gefahr von Nebenwirkungen, oder eine softe Version mit geringerem Risiko. »Manche inhalierten die Substanz so stark, dass wir es im Nebenraum hören konnten.«

Die Interviewerin sollte den Probanden nicht an die eigene Mutter erinnern

»Wir wollen die sexuelle Gesundheit und das Wissen über Sexualität weltweit verbessern«, sagt Julia Heiman, seit 2004 Direktorin des Kinsey Institute for Research in Sex, Gender and Reproduction. »Wir versuchen herauszufinden, wie die Menschen ihre Sexualpartner auswählen. Denn auch das hat Auswirkungen auf ihre sexuelle Gesundheit.« Einfach ist das nicht. Das Forschungsobjekt Mensch ist eine harte Nuss. Kaum ein anderer Aspekt des menschlichen Lebens ist durch so viele Hemmungen, gesellschaftliche Normen und religiöse Vorschriften eingeengt wie die Sexualität. Vielleicht erschütterten vor allem deshalb die beiden Werke des Institutsgründers Alfred C. Kinsey, *Sexual Behavior in the Human Male* (1948) und *Sexual Behavior in the Human Female* (1953), die legendären Kinsey-Reports, die amerikanische Nachkriegsgesellschaft dermaßen. Erstmals konnte jeder lesen, dass auch andere Menschen masturbieren, vor- und außerehelichen Sex oder homosexuelle Neigungen haben, gar Sex mit Tieren praktizieren und sexuelle Fantasien hegen oder ausleben, von denen sie nie jemandem erzählen würden. Kinsey führte dafür mit seinen Mitarbeitern über 18 000 Einzelinterviews, die rund 300 Fragen umfassten und bis zu eineinhalb Stunden dauerten. Dabei legte er großen Wert darauf, die Gesprächspartner in keiner Weise zu beurteilen.

Unter anderem befragte Kinsey einen Mann über seine sexuellen Erfahrungen mit Kindern, ohne ihn danach der Polizei zu melden. Daraus versuchen konservative Kreise bis heute, dem Institut einen Strick zu drehen. Zuletzt scheiterte im Jahr 2005 ein Versuch, ihm alle staatlichen Mittel zu streichen – was sein Ende bedeutet hätte. »Kinsey sagte nicht: Jedes Verhalten, egal wie, ist gut oder schlecht. Er sagte nur: Es existiert«, betont Heiman.

Kinseys Faszination für die Vielfalt stammte aus seinen Jahren als Biologe, in denen er mehr als fünf Millionen Gallwespen gesammelt hatte. Genau diese Vielfalt ist für die Sexualforschung Segen und Fluch zugleich. »Variabilitäten sind immer vorhanden«, sagt Heiman. »Wenn eine Studie ergibt, dass 60 Prozent aller Männer irgendwann eine Affäre haben, bedeutet das auch, dass 40 Prozent keine haben. Darauf sollte man genauso hinweisen.« Denn jede neue Erkenntnis über das sexuelle Verhalten des Menschen birgt die Gefahr, als neue Norm missverstanden zu werden.

Jeder Mensch reagiert unterschiedlich, sogar auf nebensächlichste Kleinigkeiten. In Erick Janssens Labor steht gerade einmal eine Zimmerpflanze. »Es gibt viele Menschen, die Pflanzen hassen.« Das Gleiche gilt für die von Kinsey bevorzugte Befragungsmethode, das direkte Gespräch. »Erinnert die Interviewerin Sie auch nur ein bisschen an Ihre Mutter, werden Sie ihr kaum erzählen, dass Sie schon einmal Sex mit Tieren hatten«, sagt Julia Heiman.

Das nächste Problem ist, ob man überhaupt dasselbe meint. »Wir Forscher verwenden Begriffe, mit denen unsere Probanden nicht viel anfangen können«, sagt Erick Janssen. »Die kommen nicht nach Hause und sagen: ›Schatz, heute bin ich sexuell erregt!‹ Trotzdem gibt es viele Kollegen, die, wenn sie sexuelle Erregung messen wollen, einfach ihre Probanden fragen: ›Auf einer Skala von eins bis zehn: Wie erregt sind Sie?‹«

Die wahren Antworten erhält man am ehesten durch die Kombination mehrerer Untersuchungsmethoden. Seit Kurzem zählen auch Gehirnscans dazu, die im benachbarten Psychologieinstitut

auf dem Campus der Indiana University durchgeführt werden. »Das Gehirn wurde immer schon als das größte Sexualorgan bezeichnet«, sagt Heiman. »Jetzt haben wir eine Möglichkeit, es zu untersuchen. Sex wurde entweder als biologisch determiniert angesehen oder als kulturell erlernt. Diese Unterscheidung wird in der Wissenschaft nicht mehr aufrechterhalten. Sex ist primär eine Gehirnaktivität, der Körper liefert das Feedback.«

Allerdings sind auch hier die Ergebnisse im besten Falle mehrdeutig, im schlechtesten lassen sie den Betrachter ratlos zurück. »Die Methode ist stark«, sagt Heiman, »die Theorie dahinter leider schwächer. Das ist ein sehr junger Forschungsbereich. Wir wissen zum Beispiel, dass die Amygdala bei Männern aktiver ist, wenn sie sexuelle Stimuli betrachten. Wir sind überzeugt, bald besser erklären zu können, was das bedeutet.«

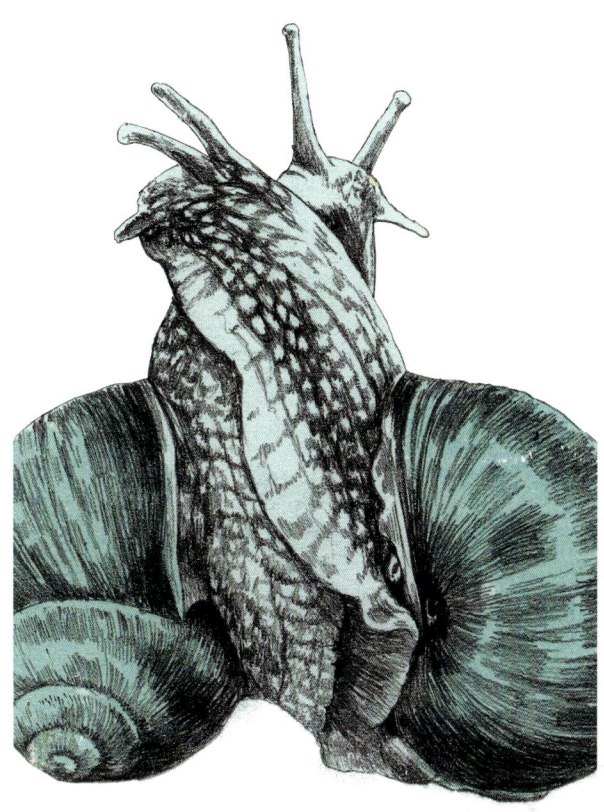

Mit einer ähnlichen Interpretation kämpft gerade Heather Rupp, eine junge Psychologin. Sie legte Frauen in unterschiedlichen Zyklusphasen in den Gehirnscanner und zeigte ihnen Bilder von computergenerierten Männergesichtern sowie die Information, wie viele Sexualpartner derjenige angeblich bereits hatte und ob er häufig oder selten Kondome verwendet. Die Gesichter wurden dabei künstlich unterschiedlich »männlich« gestaltet, einige hatten also beispielsweise ein markanteres Kinn.

»Es hat sich ein wirklich starker Zusammenhang zwischen der hormonellen Situation der Frauen und ihrer Gehirnaktivität gezeigt«, sagt Rupp. »Offensichtlich ist die gesichtsverarbeitende Region rund um den Eisprung aktiver.« Doch was genau diese Resultate bedeuten, weiß Rupp noch nicht. »Es kann sein, dass die Frauen während des Eisprungs mehr Interesse an männlichen Gesichtern haben, aber auch, dass sie größere Schwierigkeiten haben, diese Gesichter zu entschlüsseln. Meine Annahme ist, dass sie aufmerksamer sind und dass die Hormone diese Hirnregionen anregen, sodass die Frauen besser imstande sind, die geringen Unterschiede festzustellen.«

Das Kürzel H♀GO bedeutet »homosexual female genital-oral«

Rupps Ziel ist, Frauen darauf hinzuweisen, dass sie während ihrer fruchtbaren Tage möglicherweise riskanteres sexuelles Verhalten zeigen. Ob sie sich nach dem Hinweis dann tatsächlich vorsichtiger verhalten? »In manchen Fällen produzieren wir nur Erkenntnisse, und die Leute können diese verwenden, wie sie wollen«, sagt Kinsey-Direktorin Heiman. »Wir sind wohl noch nicht so weit, dass wir auch Ratschläge geben können.«

So wird in Bloomington vor allem ausgiebig gesammelt, und vieles noch ganz in der Tradition Alfred C. Kinseys. Außer Gallwespen und Interviews zusammenzutragen, legte er eine Kunstsammlung sowie eine umfangreiche Bibliothek an. Beide werden auch lange nach seinem Tod 1956 laufend ausgebaut. Denn irgendwann wird ein Kollege für seine Studien nach genau jenem mexikanischen Groschen-Pornoheftchen suchen, das heute am Eingang zur Bibliothek auf einem Stapel liegt. Bücher, Magazine und Broschüren werden immer noch nach Kinseys Systematik abgelegt. Das Kürzel D steht dabei für *dictionaries* (darunter zahlreiche für Vulgärsprache), PR für *prostitution*, SM für *sadomasochism* und P für *physical education*.

T. C. Boyle verbrachte hier zwei Tage, um für seinen Roman *Dr. Sex* über Kinsey zu recherchieren. Momentan sitzt an dem Lesetisch Betty Mooney, frisch gebackene Urgroßmutter. Sie gibt jene Vermerke ein, die Kinsey und sein Team an den Rändern ihrer Interviewauswertungen notiert haben. Wie die Auswertungen selbst verfassten sie diese Notizen in einem von Kinsey erfundenen Code, um die Privatsphäre der Befragten zu schützen. Erst vor Kurzem kam Paul Gebhard, der letzte noch lebende Mitarbeiter aus Kinseys Urteam, ins Institut, um bei der Entschlüsselung zu helfen.

Mit wissenschaftlicher Gründlichkeit katalogisiert Catherine Johnson-Roehr zwei Stockwerke tiefer die von ihr kuratierte Kunstsammlung, die dem Institut den scherzhaften Ruf eingetragen hat, die »größte Pornosammlung« zu haben. Die sechs Studenten in Basketball-Trikots, die an diesem Nachmittag die Galerie besuchen, hat vermutlich eher dieser Ruf angelockt als die Aussicht auf Kunstgenuss. Und tatsächlich befindet sich hier, auf dem idyllischen Campus inmitten des erzkonservativen Bundesstaats Indiana, eine Sammlung überraschend expliziter Darstellungen – wie etwa das Foto eines Mannes, der sich selbst oral verwöhnt.

Catherine Johnson-Roehr bekniet jeden Künstler, der an ihrer jährlichen Art-Show teilnimmt, sein Werk dem Institut zu stiften. Dabei stapeln sich die Bilder bereits in ihrem Archiv. Die Flure sind ebenso dicht behängt wie die Zimmer jedes Kinsey-Mitarbeiters. Lediglich die Zimmerdecken blieben bislang verschont. Privatpersonen stiften ganze Sammlungen. Entweder weil sie keinen Platz mehr dafür haben oder, wie im Fall eines Fotografen, weil sie in ein Land ziehen, in dem es keine gute Idee ist, eine Sammlung von Fotos Transsexueller zu besitzen.

Die Sammlung von rund 100 000 Exponaten wird laufend von Rechercheuren benutzt, etwa um die Unterwäschemode des beginnenden 19. Jahrhunderts zu studieren. In Johnson-Roehrs Archiv stapeln sich die Kartons bis unter die Decke. Von *»prisoner«* bis »AN HT« (heterosexueller Analverkehr) gibt es 46 Kategorien. Die Zeichenkombination »H♀GO« bezeichnet beispielsweise *»homosexual female genital-oral«*. Zu Johnson-Roehrs Sammlung zählen aber auch Dinge wie Scherzkondome mit Gesichtern, Hütchen oder gar Vogelköpfen aus der Mitte des vergangenen Jahrhunderts.

Kunstsammlung und Bibliothek konnten vor staatlichen Zugriffen bislang nur geschützt werden, weil Kinsey ein eigenständiges Institut ist und nicht zur Indiana University gehört. Denn gegen Anfeindungen kämpft die Sexualforschung nicht nur in konservativen Kreisen. Heather Rupp erinnert sich an einen Kongress vor zwei Jahren: »Nach unserem Vortrag gab es angeblich Beschwerden, weil manche Kollegen unsere Präsentation als unangebracht empfanden. Auf demselben Meeting wurden aber Bilder und Filme von kopulierenden Tieren gezeigt, ohne dass jemand mit der Wimper gezuckt hätte.«

Vielleicht will uns der Penis etwas sagen, wenn er keine Erektion hat

Immerhin verleihe der Name Kinsey Glaubwürdigkeit. »Das ist der einzige Grund, wieso meine Eltern ihren Freunden erzählen können, was ich mache«, sagt Rupp. Doch was hat die Sexualwissenschaft in den 60 Jahren seit Kinsey tatsächlich herausgefunden? Machen »es« die Menschen heute nicht noch genauso wie vor Tausenden von Jahren? »Wir haben viel über sexuelle Vielfalt und körperliche Abläufe gelernt«, sagt Stephanie Sanders, die seit 28 Jahren am Kinsey Institute forscht. »Wir finden langsam einen Angriffspunkt, um nicht nur die ganze Verkabelung zu verstehen, sondern auch die Mechanismen, mit denen die Emotionen daran gekoppelt sind.«

Die Entwicklung von Viagra habe die Forschung allerdings in einen »medikalisierenden Bereich« gedrängt. Entsprechend kommt ein großer Teil der Forschungsgelder aus der Pharmaindustrie. »»Vergessen Sie Ihre Gefühle, Hauptsache, wir bekommen das Ding zum Funktionieren!'«, sei deren Einstellung, sagt Sanders. »Ich finde das schade, denn manchmal versucht einem sein Penis etwas zu sagen. Vielleicht will er gerade keine Erektion haben! Aber ich sehe ein, dass das keine besonders populäre Sicht der Dinge ist ...«

»Der Fokus auf das Individuum ist bei der Sexualforschung vielleicht ein bisschen aus dem Ruder gelaufen«, sagt Erick Janssen. »Wir sollten verstärkt die Beziehungen zwischen den Menschen erforschen. Wir wissen, dass die Frequenz des Geschlechtsverkehrs nach den ersten beiden Jahren ziemlich abfällt – aber nicht so viel darüber, wie man als Paar damit umgeht.« Vor allem müsse man endlich diese Fixierung auf die Unterschiede zwischen den Geschlechtern loswerden: »Sonst wird sich der Glaube, Männer haben andauernd Erektionen und wollen ständig Sex haben, ewig halten. Das wird uns, auf lange Sicht gesehen, davon abhalten, sexuell erwachsen zu werden.«

»Viele Leute glauben, Sex müsse immer großartig sein«, sagt Stephanie Sanders. »Das ist so unrealistisch! Es gibt viele Dinge, die Menschen am Sex genießen: Nähe, Wärme. Da gibt es viel mehr als nur die Akrobatik. Wenn wir glauben, dass der Orgasmus der Messwert für das Vergnügen beim Sex ist, haben wir etwas verpasst.«

»Und manchen Menschen ist er einfach nicht so wichtig«, fügt Janssen hinzu. »Das vergisst man als Sexualforscher manchmal.«

Kritisiert, angefeindet, verfolgt: 14 Aufklärer

Karl Heinrich Ulrichs (1825–1895): Der Kämpfer gegen die Verfolgung Homosexueller erfand eigene Begriffe für den heterosexuellen (Dioning) und den homosexuellen Mann (Urning), als der er sich 1867 beim Deutschen Juristentag öffentlich »outete« und für den er Straffreiheit forderte. Seine Rede ging im empörten Geschrei seiner Kollegen unter.

Paolo Mantegazza (1831–1910): Für viele ist Mantegazza der »Pionier der Pioniere« der Sexualwissenschaft. Die Interessen des italienischen Arztes spannten sich von experimenteller Forschung bis zu Ethnologie, besonders im Bereich psychotroper Substanzen. Bereits Ende des 19. Jahrhunderts schrieb er der Frau eine höhere sexuelle Potenz zu als dem Mann.

Richard Freiherr von Krafft-Ebing (1840–1902): Sein Werk *Psychopatia sexualis* (1886) gilt als Wegbereiter der Sexualpathologie. Homosexualität hielt er für eine angeborene Anomalie, die psychiatrisch behandelt, nicht jedoch strafrechtlich verfolgt werden sollte.

Havelock Ellis (1859–1939): Der britische Arzt bekämpfte die viktorianische Verklemmtheit und die Tabuisierung der Sexualität, hielt sich selbst jedoch bis zu seinem 60. Lebensjahr für impotent, bevor er herausfand, dass eine urinierende Frau ihn sexuell erregen kann.

Magnus Hirschfeld (1868–1935): Der offen homosexuelle Arzt war Verfechter einer Adoptions- oder psychischen Milieutherapie, die vorsah, einen Homosexuellen »in eine Umgebung zu bringen, die dem entspricht, was er ist«.

Helene Stöcker (1869–1943): Die deutsche Frauenrechtlerin gründete 1905 den Bund für Mutterschutz, der sich um ledige Mütter kümmerte und über Sexualität und Empfängnisverhütung aufklärte. Sie forderte, dass Frauen ihre Sexualität auch außerhalb der Ehe ausleben dürfen. Wie viele andere Sexualforscher musste sie vor den Nazis flüchten. Zuvor propagierte sie selbst noch eine Art Rassenhygiene mittels »Ausschaltung unterwertiger Menschensprößlinge«.

Max Marcuse (1877–1963): Der deutsche Dermatologe war als Mitbegründer der Internationalen Gesellschaft für Sexualforschung an der Strukturierung der Sexualwissenschaft beteiligt. Allerdings hielt er Homosexualität für bekämpfenswert und ansteckend.

William Masters (1915–2001), **Virginia Johnson** (geb. 1925): Dem Gynäkologen und der Psychologin wurde vorgeworfen, die Sexualität lediglich von der technisch-physiologischen Warte aus zu betrachten. Liebe könne man eben nicht messen, erwiderten die beiden. Sie entwickelten einen mit einer Kamera ausgestatteten Kunstpenis, der die Vorgänge in Vagina und Uterus während des Geschlechtsverkehrs filmte.

Oswalt Kolle (geb. 1928): Der deutsche Aufklärer der Nation musste seinen ersten Film *Wunder der Liebe* 1968 geradezu eigenhändig in die Kinos kämpfen.

Gunter Schmidt (geb. 1938): Der Exvorsitzende der Deutschen Gesellschaft für Sexualforschung führte mit *Beziehungsbiographien* die letzte große ernst zu nehmende Beziehungsstudie hierzulande durch.

Günter Amendt (geb. 1939): Er promovierte über das Sexualverhalten von Jugendlichen in der Drogensubkultur. Seine Bücher *Sexfront* (1970) und *Das Sex Buch* (1979) sind heute Klassiker der gesellschaftskritischen Sexualaufklärung.

Reimut Reiche (geb. 1941): Zusammen mit Martin Dannecker schrieb der Soziologe und Psychoanalytiker 1973 das Buch *Der gewöhnliche Homosexuelle* und arbeitete am Frankfurter Institut für Sexualwissenschaft, das 2006 geschlossen wurde.

Shere Hite (geb. 1943): Die in den USA geborene Feministin erregte mit ihrem *Hite-Report on Female Sexuality* 1976 großes Aufsehen, in dem sie behauptete, dass 70 Prozent aller Frauen nicht beim Geschlechtsverkehr, jedoch problemlos durch Selbstbefriedigung zum Orgasmus kämen. Allerdings wurden ihre Daten als nicht-repräsentativ kritisiert. Hite wurde für ihre Ansichten so stark angefeindet, dass sie 1995 ihre US-Staatsbürgerschaft zurückgab und seither Deutsche ist.

»Neue Störungsformen«

Was hat sich in unserem Sexualverhalten in den vergangenen Jahrzehnten geändert?

Die Selbstbefriedigung ist zu einer eigenen Sexualform geworden. Davor gab es ja teils drastische Versuche, sie zu bekämpfen. Heute wird damit auf fantasmatischem Gebiet erledigt, was die Beziehung sonst gefährden könnte. Was wir noch nicht überblicken, ist, wie sich die neuen Medien in einer Beziehung positionieren. Männer gehen viel häufiger ins Internet, um explizit sexuelle Bilder oder Filme anzusehen. Es wird aber das angeschaut, was zu den eigenen Vorlieben passt.

Wieso wird heutzutage so viel Wert auf das »Funktionieren« gelegt?

Die Pharmaindustrie hat die sensationelle Entdeckung Viagra gemacht. Nun will sie natürlich dieses Geschäft auch auf das weibliche Geschlecht erweitern. Es gibt einen wahnsinnigen ökonomischen Druck in diese Richtung. Man hat ja neue Störungsformen für die Frau erfunden. Darüber ärgern sich zwar viele, aber viele verbreiten diese Erfindungen auch weiter.

Ist es nicht schlimm, dass etwas so Sinnliches mit Begriffen wie »funktionieren« belegt wird?

Ich trenne körperlich bedingte Funktionsstörungen von Erlebensstörungen. Wenn jemand nicht mehr »funktioniert«, hat er meistens Gründe dafür. Ein Mann, der vor der Trennung steht oder seine Ehefrau nicht mehr liebt, ist plötzlich impotent. Doch wenn alles überstanden ist, sind alle Funktionen wieder da! Das hat mit Physiologie nichts zu tun. Für eine Funktionsstörung muss man schon ein Medikament einnehmen, das die Funktionen lahmlegt, oder so operiert worden sein, dass ein Nerv durchtrennt wurde.

Ist die Sexualforschung heutzutage zu sehr auf physiologische Vorgänge fixiert?

Der Forschernachwuchs orientiert sich an dem, was gewünscht wird. Derzeit gelten eben die Neurowissenschaften als der Renner.

VOLKMAR SIGUSCH
war Direktor des Instituts
für Sexualwissenschaft
am Klinikum der
Goethe-Universität
Frankfurt/Main

Mehr zum Thema:

Volkmar Sigusch:
Geschichte der
Sexualwissenschaft
Campus 2008; 720 S.

Mary Roach: Bonk
The Curious Coupling
of Science and Sex;
W. W. Norton 2008; 288 S.

Tom Coraghessan Boyle:
Dr. Sex
dtv 2007; 544 S.

Gunter Schmidt:
Das neue Der Die Das:
Über die Modernisierung
des Sexuellen.;
Psychosozial 2005; 166 S.

SPORT

4 GOLDMEDAILLEN
gewann Jesse Owens
1936 in Berlin

8,90 METER WEIT
sprang 1968
Bob Beamon

ANABOLIKA
sorgen für Rekorde,
auch in
der Viehzucht

1960 zuerst 100 Meter
IN 10 SEKUNDEN,
dann Gold
in Rom:
Armin Hary

**ZWEIMAL
BESTER** im
Marathonlauf:
Legende
Waldemar
Cierpinski

Für Bodybuilder:
DIANABOL

118 KILOGRAMM:
Chen Xiexia

BALLGEFÜHL:
früher Kicker

STEROIDE
machen schnell:
Betrüger
Ben Johnson

»Blaue Blitze«:
**ORAL-
TURINABOL** von
Jenapharm

Politik mit anderen Mitteln

Der Pharao rennt um seine Macht, Turnvater Jahn stählt die
Deutschen für den Krieg gegen Frankreich, und die
neue Supermacht China löst die alte, die
Vereinigten Staaten, ab: Seit Menschen ihren Körper stählen,
hat Sport eine politische Dimension

VON CHRISTOF SIEMES

GOLDSAMMLER
in Athen
und Peking:
Michael Phelps

BLUTDOPING:
Beutel für
die körpereigene
Verstärkung

OLYMPIAPIONIER:
Der Franzose
Pierre de Coubertin

WELTREKORDHALTERIN
noch 10 Jahre nach
ihrem Tod:
Florence Griffith-Joyner

EUROPAMEISTERIN
mit der Kugel:
Astrid Kumbernuss

SCHNELLSTER
trotz offenen
Schnürsenkels:
Usain Bolt, 2008

Als Roberto Echeverria, geboren am 23. Februar 1976 in Cunco, Chile, sich dem Olympiastadion nähert, ist das Brüllen der 50 000 schon leiser geworden. Vor zwei Stunden und gut 20 Minuten ist Echeverria am Platz des Himmlischen Friedens gestartet, zusammen mit 97 anderen Läufern. 21 Grad Celsius betrug die Temperatur da bereits, aber die Sonne war gerade erst aufgegangen. Jetzt, um kurz vor zehn, sind es schon über 30 Grad. Verzweifelt hat Echeverria versucht, Schritt zu halten mit dem mörderischen Tempo der Spitzengruppe, den Blick immer auf das blaue Band gerichtet, das die exakt 42,195 Kilometer lange Strecke markiert.

Als Neunundvierzigster läuft der Chilene ins Stadion ein, fast siebzehn Minuten nach dem Sieger, dem frenetisch bejubelten Samuel Wanjiru aus Kenia. Eine Runde auf der Tartanbahn muss Echeverria nun noch drehen. Dass die Zuschauer bereits abzuwandern beginnen, kann er kaum noch erkennen. Um 9.53 Uhr überquert er an diesem 24. August 2008, dem letzten Tag der Olympischen Spiele von Peking, die Ziellinie und bricht zusammen. Vier Sanitäter und ein Arzt sind sofort bei ihm. Das Letzte, was Roberto Echeverria sieht, als er auf einer Fahrtrage hinausgerollt wird, ist der strahlende Sieger beim Fernsehinterview.

Warum tun Menschen sich das an? Warum rennen sie mehrere Stunden in sengender Hitze, atmen eine Luft ein, die waffenscheinpflichtig ist, bereiten sich jahrelang auf eine Qual vor, von der Minuten später schon kaum jemand mehr Notiz nimmt? Der erste aller Marathonläufer, Pheidippides, schien noch eine sinnvolle Aufgabe zu haben, 2498 Jahre ist das her. Nach der Schlacht von Marathon rannte er nach Athen, um vom Ausgang des Kampfes zwischen Griechen und Persern zu berichten. »Freut euch, wir haben gesiegt!«, rief Pheidippides, dann brach auch er zusammen, tot.

Ein Lauf zum Ruhm, zur Unsterblichkeit. Eine Höchstleistung aus der Zeit, als Sport noch kein Spiel war, sondern militärische Pflichterfüllung. Eine Heldentat im Dienst des Volkes. Und eine komplette Erfindung. Den ersten Marathonlauf hat es nie gegeben. Es gab nur den Boten Pheidippides, wenn überhaupt. Von ihm berichtet der Geschichtsschreiber Herodot, dass er im nämlichen Jahr 490 vor Christus von Athen nach Sparta lief, um von den Spartanern Hilfe im Krieg gegen die Perser zu erbitten. Zwei Tage brauchte er angeblich für die 240 Kilometer lange Strecke. Eine vergebliche Mühe, die Spartaner wollten nicht helfen. Also lief der Bote unverrichteter Dinge wieder zurück. Erst 500 Jahre später strickten Plutarch und andere aus der Geschichte einer Abfuhr die Legende vom heldenhaften Marathonläufer, der, hätte es ihn gegeben, auch nur 34 Kilometer hätte laufen müssen, um auf dem schnellsten Weg von Marathon nach Athen zu gelangen. 42,195 Kilometer lang ist die offizielle Distanz erst seit den Olympischen Spielen 1908 in London, als die Strecke zu Ehren des englischen Königs an Schloss Windsor vorbeiführen musste und so lange verlängert wurde, bis es passte.

Die ganze Vor- und Frühgeschichte der Körperertüchtigung ist eine von

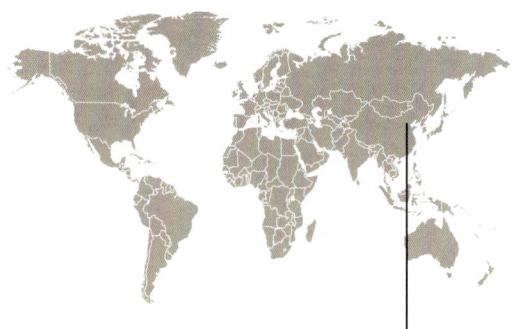

PEKING
In der chinesischen Hauptstadt fanden 2008 die XXIX. Olympischen Spiele der Neuzeit statt. Die Gastgeber gewannen selbst 51-mal Gold – häufiger als jedes andere Land

Mutmaßungen, Konstruktionen, Interpretationen. Was wir heute Sport nennen, ist kaum älter als das Wort selbst. Das lateinische *disportare* meinte zunächst weg-, auseinandertragen, in dem Sinne, dass die Aufmerksamkeit von ernsten auf heitere Dinge gelenkt wird. Im Altfranzösischen wurde daraus *se desporter*, sich vergnügen, sich gehen lassen, was im Englischen zum Verb *to disport* wurde, herumtollen, sich belustigen. Um 1400 wird in einem Roman erstmals gesportet, das Hauptwort »Sport« ist erst 1828 bezeugt, da sind die ersten Turnvereine längst gegründet.

Ist der Sport also nur knapp 200 Jahre alt? Nein. Solange es den Menschen gibt, läuft er. Eine frühe Jägerhorde von 30 Köpfen braucht 750 Quadratkilometer Land, um ihren Fleischbedarf zu decken. Wer da nicht gut zu Fuß ist, verhungert. An Ausdauer kann es der frühe Mensch mit Hirsch oder Antilope aufnehmen, und nach und nach erfindet er die Geräte, die ihm das Leben leichter machen: zunächst Speer sowie Pfeil und Bogen, später das Boot. Und Zehntausende, Hunderttausende Jahre später sind die Überlebenstechniken von einst globale Disziplinen, in denen man sich nun zum Zeitvertreib und Gelderwerb misst: Die Pekinger Goldmedaillen im Speerwerfen gehen nach Tschechien und Finnland, die Olympiasieger im Bogenschießen kommen aus China, Korea und der Ukraine, im Kanadier, wie der Einbaum heute heißt, gewinnen Deutsche, Ungarn, Weißrussen.

Lionel Messi rollt den Ball übers Feld wie der Skarabäus seine Mistkugel

Wann freilich aus dem Daseinskampf ein Spektakel vor Publikum wird, lässt sich nicht mit letzter Sicherheit sagen. Aus der Zeit um 4000 vor Christus weiß man von Fruchtbarkeitsfesten am Nil mit kultischen Tänzen und Spielen, bei den frühen Königreichen in dieser Gegend sind Ballspiele und Ringkämpfe bezeugt. Der Kampf mit bloßen Händen, Mann gegen Mann, ist so etwas wie die

Ursportart, die nomadischen Steppenvölker Innerasiens kennen ihn ebenso wie die Ägypter, und im ersten Epos der Weltliteratur ringen Gilgamesch und Enkidu so heftig miteinander, dass sie Türpfosten ruinieren. In den Gräbern von Bani Hasan in Mittelägypten finden sich über 400 Zeichnungen von Ringkämpfen und Bilder von Gewichthebern.

Aus der gleichen Zeit, um 2500 vor Christus, sind Darstellungen von Ballspielen überliefert, die von Sklavinnen durchgeführt werden. Ein Ball aus weißem Leder, gefüllt mit Stroh und Schilf, hat sich als Grabbeigabe erhalten. Das Spiel habe sich der Mensch bei der Natur abgeschaut, besagt eine Theorie: beim Skarabäus, dem Käfer, der Mist zu Kugeln rollt und mit Artgenossen darum kämpft wie Jahrtausende später der Argentinier Lionel Messi im olympischen Fußballendspiel mit Chi-

buzor Okonkwo aus Nigeria. All die frühen Formen der Leibesübung haben zumeist rituelle Bedeutung. Im altägyptischen Hebsed-Lauf geht es wohl um so etwas wie Erneuerung des Königtums, jedenfalls hat der Pharao, der auch »der Schnellste der Schnellen« genannt wird, ein sportlicher Mann zu sein. Dass mitunter die gesamte Königsfamilie Schwimmunterricht erhält, ist urkundlich belegt. Ebenso bezeugt sind die Heldentaten des Pharaos Amenophis II. um 1400 vor Christus in den Disziplinen Laufen, Rudern, Bogenschießen, Streitwagenfahren. Der »starke Stier mit großer Kraft«, wie einer seiner Beinamen lautet, wird mehrfach als Läufer darge-

stellt – der erste Mensch, der nicht läuft, um zu jagen, sondern auch aus rein sportlichen Gründen. Der König hat ein König der Athleten zu sein, Leistungsfähigkeit ist Ausdruck von Macht und begründet die herausragende Stellung.

Könige der Athleten gibt es heute noch – Zehnkämpfer. Aber sie sind keine Machthaber mehr, sondern Hilfsarbeiter in der Unterhaltungsindustrie, die der Sport geworden ist. Im Schatten der Spezialisten wird von ihnen alles verlangt, Kraft, Ausdauer, Schnelligkeit. Aber ihr zermürbender Wettkampf zieht sich über zwei volle Tage, zu so einer Aufmerksamkeitsspanne ist das moderne Publikum nicht mehr fähig. Als der US-Amerikaner Bryan Clay sich nach einem ersten Wettkampftag mit monsunartigen Regenfällen und einem zweiten mit tropischer Hitze zu Gold geschleppt hat, wird ihm sogar die obligate Ehrenrunde geklaut – der Jamaikaner Usain Bolt hat die Bahn usurpiert und feiert mit seinen Kollegen den Sieg in der 4-x-100-Meter-Staffel. Sie haben für den Weltrekord-Lauf zu globalem Ruhm nur 37,10 Sekunden gebraucht.

In der Frühzeit des Sports spielt die herausragende Einzelleistung keine Rolle, all die Anstrengungen haben jenseits von ritueller und symbolischer Bedeutung einen ganz praktischen Sinn – als militärischer Drill. Die Wagenrennen, die schon die Sumerer um 3000 vor Christus veranstalten (mit Wildeseln vor den Streitwagen), sind ja nicht eine Art Formel 1 der Antike, sondern dienen der Vorbereitung auf Kriegseinsätze. Gleiches gilt für das Training im Bogenschießen, Fechten, Bootfahren, das in den frühen Kulturen von China bis Ägypten praktiziert wird. Selbst der Fußball hat hier seine Wurzeln: Erfunden wird er in China, wo der Kaiser Huang-ti seinen Truppen mit Hilfe des Spiels Disziplin, Gewandtheit und Gemeinschaftssinn beibringen will. Selbst ein frühes Regelbuch mit 25 Kapiteln über Mannschaftsstärke, Spielzüge und Fouls bis hin zur Beschaffenheit des Tores wird aufgelegt, fast 4000 Jahre bevor 1857 in England der FC Sheffield gegründet wird, der erste moderne Fußballclub der Welt.

Schon die antiken Athleten dopten sich, mit Wein, Fliegenpilzen und Stierhoden

Von der rituellen und militärischen Bedeutung ist es nur ein kleiner Schritt zu dem, was der Sport heute noch ist: ein Politikum. Die Olympischen Spiele, die der Antike wie die der Neuzeit, sind dafür der sinnfälligste Ausdruck. Erste Wettkämpfe hat es an der Kultstätte auf der Halbinsel Peloponnes lange vor dem »offiziellen« Beginn der Spiele im Jahr 776 vor Christus gegeben; aus diesem Jahr ist nur die erste Siegerliste überliefert. Bereits 800 Jahre früher weist eine Inschrift auf einem Diskus auf Wettkämpfe in Olympia hin. Diese Spiele dienten wohl dazu, das Wohlgefallen der Götter zu erringen, die schon Platon »Freunde der Kampfspiele« nennt. Die straff organisierte Glanzzeit der Spiele beginnt erst, als König Iphitos von Elis mit seinem Kollegen aus Sparta einen Vertrag schließt, um das nach den Perserkriegen zerrüttete Land zu befrieden. Die Spiele sollen der sichtbare Ausdruck dieser neuen Allianz sein, sie sind ein politisches Forum, bei dem Diplomaten und politische Vertreter aus allen Teilen der griechischen Welt alle vier Jahre in einer waffenfreien Zone zusammenkommen.

Die Wettkämpfer sind zunächst einfach nur sportliche freie Männer; später treten vor allem Berufssportler aus begüterten Verhältnissen an, die sich die langen Trainingszeiten finanziell leisten können. Denn schon zehn Monate vor Beginn der Wettkämpfe wird ein Trainingslager eingerichtet, das die Athleten mindestens 30 Tage vor Beginn der Spiele bezogen haben müssen – eine Vorform des Olympischen Dorfs der Neuzeit. Die Spiele selbst finden immer im Hochsommer statt, dauern fünf Tage und beginnen mit einer Opferzeremonie; an den folgenden Tagen stehen Wettreiten, Wagenrennen, Fünfkampf, Diskus- und Speerwurf, Weitsprung, Lang- und Waffenlauf sowie Ringkämpfe und Boxen auf dem Programm. Die Rekordhysterie des modernen Sports ist in Olympia unbekannt, es zählt allein der Sieg, Zeiten oder Weiten werden nicht gemessen. Allein der Sieger erhält zum Lohn den Kranz aus Zweigen des wilden Ölbaums, in ihren Heimatstädten überhäuft man die Gewinner mit Privilegien wie Steuerbefreiung, Geldprämien, bürgerlichen Ehrenrechten. Zweit- und Drittplatzierte gehen leer aus; einige Athleten wollen lieber sterben, als Zweiter bei den Olympischen Spielen zu werden. Und auch die Geißel des modernen Sports, Doping, ist wahrscheinlich schon im antiken Olympia am Start, obwohl das Wort dafür noch lange nicht erfunden ist (es kommt erst Ende des 19. Jahrhunderts vom afrikanischen Dialektwort *dop*, einem starken, stimulierenden Schnaps, ins Englische). Der berühmteste Olympionike des Altertums, Milon von Kroton, soll angeblich täglich 10 Liter Wein getrunken haben, andere Athleten experimentierten mit Fliegenpilzen oder Stierhoden. Ihre modernen Nachfahren haben es mit Kokain, Morphin, Strychnin oder einfach Luft im Darm (gibt Schwimmern besseren Auftrieb) versucht; zurzeit gelten Designersteroide und Genmanipulationen als letzter Schrei. Die Betrugsversuche gehören zum Sport wie der Schweiß und die Erschöpfung.

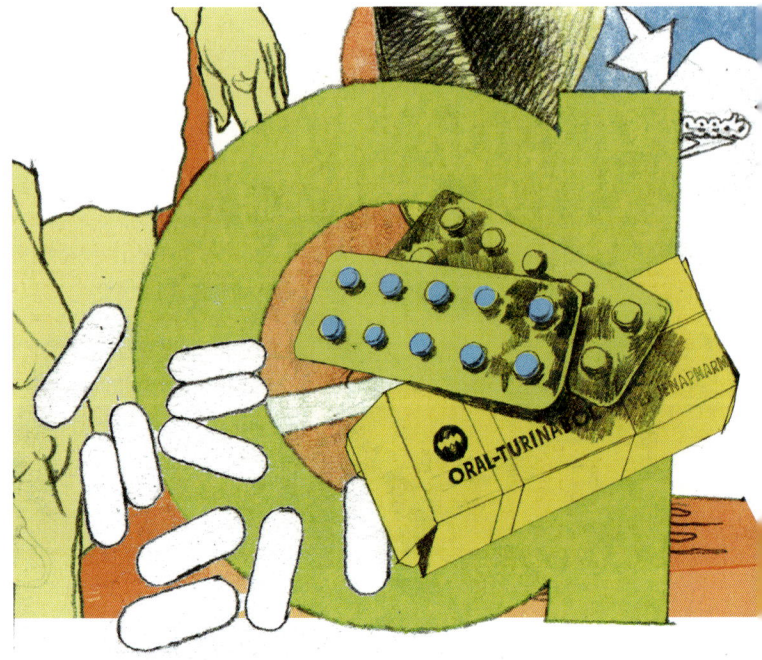

Die antike Polit- und Religionsshow namens Olympia funktioniert über 1000 Jahre lang, bis der zum Christentum bekehrte römische Kaiser Theodosius im Jahr 393 nach Christus alle heidnischen Feste verbieten lässt. Und es dauert weitere anderthalb Jahrtausende, bis ein französischer Baron hartnäckig an ihrer Wiederauferstehung arbeitet.

Raufereien zwischen Dörfern werden mit Regeln zivilisiert – der Fußball entsteht

Dazwischen liegt die Geburt des modernen Sports. Seine Eltern sind die Aufklärung und die Wettleidenschaft. Der Siegeszug der Vernunft setzt an die Stelle des tödlichen Duells die sportlichen Vergleiche; die Raufereien zwischen ganzen Dörfern – als solche begann Fußball in England – werden durch Regeln zivilisiert. Je risikoärmer die Auseinandersetzungen selbst werden (bei mittelalterlichen Ritterturnieren starben mitunter ja Dutzende von Teilnehmern), desto risikofreudiger wird das Publikum – es wettet. Und damit entsteht erst, wie das Wort es sagt, der eigentliche Wettkampf. Der moderne Sport ist also von Anfang an kommerzialisiert, weil Geld gesetzt wird: bei Wettrennen von Berufsläufern etwa, die für Adlige an den Start gehen. 1618 verliert der englische Schatzkanzler 6000 Pfund, weil sein Läufer einem von König Jakob I. unterliegt.

Aber wo sich eine Entwicklung rasch dem Exzess nähert, ist die Gegenbewegung nicht weit. In diesem Fall heißt sie: Turnen. Die Sportart, wie das Wort von Friedrich Ludwig Jahn erfunden, stellt in ihren Anfängen gerade nicht den herausragenden Einzelkönner ins Zentrum, sondern ist auf Gemeinsinn und Gruppenbewusstsein ausgerichtet. Zudem bedeutet das Turnen eine Repolitisierung des Sports – Jahn will die Deutschen fit machen für den Kampf gegen die Besatzungsmacht Frankreich.

Die ersten Spiele der Neuzeit werden von der Deutschen Turnerschaft noch boykottiert – einem Franzosen, der Internationalismus und Frieden auf Zeit predigt, traut man nicht über den Weg. Inzwischen turnt, schießt, läuft, boxt bereitwillig jeder gegen jeden; in Peking treten fast 11 000 Athleten aus 204 Ländern beim Kampf der Nationen an. Es geht nicht nur um Medaillen, sondern um den Platz eines jeden Landes in der Welt. »Jia you!«, rufen die chinesischen Zuschauer in allen Stadien unentwegt, auf geht's, China! Keine gastgebende Nation zuvor hat so viel investiert in dieses globale Dorf auf Zeit: wenigstens 40 Milliarden Euro, dazu ein gnadenloses staatliches Sportförderprogramm, das Olympiasieger produzieren soll. Der erste Platz in der Nationenwertung mit 51 Goldmedaillen ist aber nicht nur ein sportlicher Triumph, sondern ein politisches Signal: Die kommende Supermacht China hat die alte, die Vereinigten Staaten, abgelöst.

Noch das Ende des Pekinger Marathonlaufs wird zu einer politischen Geste: Roberto Echeverria ist längst aus dem Stadion gerollt, da trabt Atsuhsi Sato erst hinein. Gestartet ist er als der Stärkste der stolzen Langlaufnation Japan, nun muss er, dessen Bestzeit bei zwei Stunden und sieben Minuten liegt, vor den Augen Zehntausender Chinesen als Letzter ins Ziel laufen. Bei der verzwickten Geschichte, die beide Länder verbindet, könnte es kein heikleres Schlusstableau geben: Der Star der ehemaligen Besatzungsmacht als Geschlagener, ach was, Vernichteter – welch eine Demütigung! Und welch eine Genugtuung für das Publikum! Die Faszination des Sports besteht nicht zuletzt darin, solche symbolischen Bilder zu kreieren. Und darin, dass er die Kraft hat, die Verhältnisse neu zu deuten. Denn nun erheben sich die Zuschauer und erweisen dem geschlagenen Erzfeind klatschend und jubelnd Respekt. Und Atsushi Sato lächelt.

Rekordjagd auf dem Friedensfest: 3000 Jahre Olympische Spiele

Olympia – die antike Stätte: Im 11. Jahrhundert vor Christus entsteht im Westen der griechischen Halbinsel Peloponnes eine Kultstätte, das Heiligtum des Zeus in Elis. Schon aus dieser Zeit sind sportliche Wettkämpfe überliefert. Von 776 vor Christus an führen die Priester Buch über die Spiele, die nun alle vier Jahre stattfinden. 393 nach Christus verbietet der christliche Kaiser Theodosius alle heidnischen Spiele. Damit endet die Geschichte der antiken olympischen Spiele, ein Erdbeben zerstört später die Stätten. Von 1875 an werden sie von deutschen Archäologen ausgegraben; die Arbeiten dauern bis heute an.

Pierre de Frédy, Baron de Coubertin: Der Begründer der Olympischen Spiele der Neuzeit wird am Neujahrstag 1863 als Kind einer alten französischen Adelsfamilie in Paris geboren. Er studiert Kunst, Philologie und Rechtswissenschaften, wirkt dann aber vor allem als Pädagoge. Angeregt von den Ausgrabungen im antiken Olympia, setzt er sich von 1880 an für eine Wiederbelebung der Spiele als Mittel zur Friedenssicherung und internationalen Verständigung ein. 1894 gründet er das Internationale Olympische Komitee und wird dessen Generalsekretär, von 1896 bis 1916 ist er der Präsident des IOC. 1912 wird Coubertin selbst Olympiasieger – in der damals noch olympischen Disziplin Literatur. 1913 entwirft er die Olympischen Ringe, die 1920 zum bis heute gültigen Symbol der Spiele werden. Coubertin stirbt 1937 in Genf.

IOC: Gegründet am 23. Juni 1894, ist das Internationale Olympische Komitee heute ein in der Schweiz eingetragener Verein mit Sitz in Lausanne. Seine Hauptaufgabe ist die Betreuung und Organisation der olympischen Sommer- und Winterspiele. Die 13 Gründer waren überwiegend Freunde Pierre de Coubertins, heute hat das IOC 140 Mitglieder, die jeweils für acht Jahre gewählt werden. Die Interessen der einzelnen Länder vertreten die Nationalen Olympischen Komitees, von denen es zurzeit 205 gibt.

Paralympics: Die Spiele für Sportler mit körperlicher Behinderung fanden erstmals 1960 in Rom statt, Winterspiele der Behinderten gab es erstmals 1976 in Stockholm. Aber erst 1991 wurde in einem Vertrag festgeschrieben, dass die Paralympics stets am selben Ort wie die Olympischen Spiele stattfinden sollen. Bei den Paralympics von Peking (6. bis 17. September 2008) treten Athleten in 20 verschiedenen Sportarten an: Bogenschießen, Leichtathletik, Boccia, Radsport, Reiten, 5er-Fußball, 7er-Fußball, Goalball, Judo, Gewichtheben, Rudern, Segeln, Schießen, Schwimmen, Tischtennis, Sitzvolleyball, Rollstuhl-Basketball, -Fechten, -Tennis und Rollstuhl-Rugby.

Olympisches Feuer: Im antiken Olympia wurde ein Feuer zu Ehren der Göttin Hestia entzündet, bei den neuzeitlichen Spielen gab es ein Feuer erstmals 1928 in Amsterdam. Der inzwischen zum weltumspannenden Ereignis aufgepumpte Fackellauf wurde erstmals vor den Spielen von Berlin 1936 auf Anweisung von Joseph Goebbels veranstaltet. 3331 Läufer trugen die vom Rüstungskonzern Krupp aus Holz und Metall gebaute Fackel in Form eines Ölbaumblattes über 3187 Kilometer in zwölf Tagen und elf Nächten von Griechenland nach Berlin.

Olympische Spiele der Jugend: Die Idee zu diesem Sportfest für Jugendliche von 14 bis 18 Jahren hatte der gegenwärtige IOC-Präsident Jacques Rogge; die Einführung der Jugendspiele wurde 2007 beschlossen. 2010 sollen sie erstmals in Singapur stattfinden; erste Winterspiele der Jugend sind für 2012 geplant.

Leistungsentwicklung 100-Meter-Lauf: Der erste Olympiasieger im 100-Meter-Lauf, der Amerikaner Thomas Burke, lief in Athen 12,0 Sekunden. 36 Jahre später rannte Thomas »Eddie« Tolan im Finale der Spiele von Los Angeles mit 10,38 Sekunden zu einem neuen Weltrekord und wurde der erste schwarze Olympiasieger. Der legendäre Jesse Owens gewann in Berlin 1936 vier Goldmedaillen (neben den 100 Metern auch über 200 Meter, im Weitsprung und in der 4-x-100-Meter-Staffel); Weltrekord lief er zwei Monate früher in Chicago (10,2 Sekunden). Armin Hary war bei seinem Olympiasieg in Rom 24 Jahre später auch nicht schneller, hatte kurz zuvor aber als Erster die magische Zahl von 10,0 Sekunden erreicht. In Mexiko City 1968 durchbrach der US-Amerikaner Jim Hines mit elektronisch gestoppten 9,95 Sekunden erstmals diese Marke. In den folgenden 40 Jahren wurde der Rekord nur noch um 26 Hundertstelsekunden verbessert; den gegenwärtigen Rekord hält seit seinem Sieg von Peking der Jamaikaner Usain Bolt: 9,69 Sekunden.

»Der Sport ist unnütz«

Warum treiben Menschen Sport?

Der Sport selbst ist unnütz, er hinterlässt ja kein Produkt. Er ist auch alles andere als natürlich. Mit einem Stab sechs Meter hoch zu springen – das hat nichts mit Natur zu tun. Deshalb ist Sport auf der Ebene von Kunst und Literatur zu diskutieren: Etwas, das nicht notwendig ist, wird bedeutsam für das menschliche Zusammenleben. Deshalb gehört der Sport auch nicht als Staatsziel ins Grundgesetz – wenn überhaupt, gehört die ganze Kultur dort hinein.

Welche Aufgabe hat er in der Moderne?

Er unterhält den Menschen in der Konsumgesellschaft. Kein anderes Kulturgut hat nach dem Zweiten Weltkrieg eine vergleichbare Karriere gemacht. 1950, bei der Gründung des Deutschen Sportbunds, gab es 20 Mitgliedsverbände, 20 Sportarten. Heute unterscheiden Architekten, wenn sie eine Anlage planen, 240 Sportaktivitäten. Eine solche Ausdifferenzierung eines Kulturprodukts ist in der Menschheitsgeschichte nie zuvor da gewesen. Zudem ist der Sport ein Wirtschaftsfaktor. Er ist ökonomisch bedeutsamer als die gesamte Pharmaindustrie. Auch in Phasen der Rezession ist einzig der Sport weiter gewachsen.

Welches war die wichtigste Veränderung in den vergangenen Jahren?

Die Abschaffung der Amateurregel beim Olympischen Kongress in Baden-Baden 1981. Das hat den olympischen Sport revolutioniert, sichtbar geworden mit der Teilnahme der US-Basketball-Profis. In der jüngsten Vergangenheit war es der Dopingskandal bei der Tour de France. Da ist zum ersten Mal weltweit klar geworden, dass der Hochleistungssport ein umfassendes Problem hat.

Wie sollte der Sport der Zukunft aussehen?

Der Athlet soll wieder im Mittelpunkt stehen. Heute sind Medaillen Ingenieurleistungen. Dadurch wird das Faszinosum des Sports infrage gestellt: der chancengerechte Wettkampf.

Wird der Sport an seinen Exzessen zugrunde gehen?

Er wird getrieben vom Steigerungsimperativ. Aber kulturelle Systeme können auch untergehen. Es muss den Sport nicht ewig geben. In großen Perioden der Menschheitsgeschichte ist man auch ohne ihn ausgekommen.

HELMUT DIGEL,
Sportsoziologe am
Institut für
Sportwissenschaft
in Tübingen

Mehr zum Thema:

Walter Umminger:
Sportchronik
5000 Jahre Sportgeschichte
Alinea 2000; 792 S.;
nur noch antiquarisch

STADT

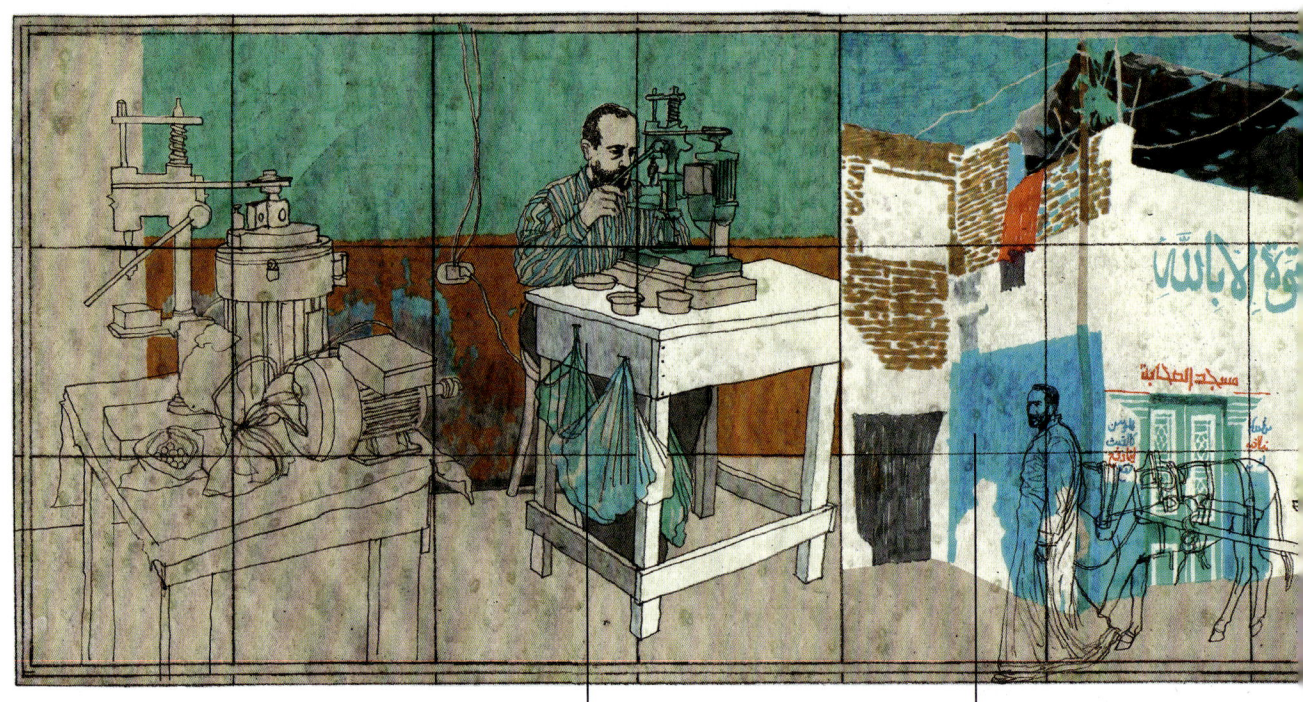

AHMED ABOU-MOUSTAFA
in seiner Werkstatt im Armenviertel
Manshiet Nasser. Die Elendskulisse lässt
nicht erahnen, dass seine
Geschäftskontakte bis nach China reichen

DIE HÄLFTE DER MENSCHEN
in Kairo lebt in illegal
gebauten Häusern. Eine
provisorische Moschee
im Erdgeschoss
schützt vor dem Abriss

Das urbane Jahrhundert

Erstmals in der Geschichte leben mehr Menschen in Städten
als auf dem Land. Gewinner und Verlierer der
Globalisierung wohnen hier dicht an dicht – ein Besuch
in Kairo, der größten Metropole Afrikas

VON HENNING SUSSEBACH

القاهرة
CAIRO

KAIROS ALTES ZENTRUM
ist mit Wohnblocks
überbaut. Die Bevölke-
rungsdichte ist in
manchem Viertel 60-mal
so hoch wie in Köln

IM WESTEN Kairos entstehen
Villenkolonien, deren
Fläche zusammengenommen
größer ist als
die eigentliche Stadt

KAIRO selbst verliert
seine wohlhabenden
Bürger; sie ziehen weg

IM OSTEN wächst
New Cairo, eine
neue Kommune für
2,5 Millionen
Menschen

Der Tag hat eben erst begonnen, doch draußen tost die Stadt schon wieder wie ein aufgewühltes Meer, als sich Mohamed Ibrahim hinter verdunkelten Fenstern auf seinen Flug begibt. Im siebten Stock des Annex Building in der Salah Salem Street rückt er seinen Stuhl zurecht und fährt den Computer hoch. Ibrahim ist ein Büromensch, schmal und still und glatt rasiert, kein dröhnender Eroberer – und doch versucht er gerade wieder, die Welt da draußen zu erkunden, Planquadrat für Planquadrat. Denn Google Earth hat neue Satellitenbilder.

Im Sturzflug fällt sein Blick auf Afrika hinab. Dorthin, wo die Natur eines ihrer prägnantesten Landschaftsbilder hinterlassen hat, wo sich das Niltal zum Delta öffnet wie ein Blütenkelch – und wo ein steingrauer Klumpen dieses Tal verstopft, verkrustete Landschaft, kantiger Siedlungsschorf im Grün der Flussoase, von Mal zu Mal dicker, dichter, alles andere bedeckend: Kairo. Die größte Stadt Afrikas. Die größte Stadt der arabischen Welt.

Ibrahim fliegt an diesem Morgen also auf sich selbst zu. Auf seine Heimat, auf sein Leben, in das er vor 32 Jahren als Stadtrandkind geboren wurde, »in Gizeh«, sagt er – und zeigt auf die Dreimillionenstadt, die heute kaum mehr ist als ein Vorort von Kairo, verwachsen zu einem wild wuchernden Stadtwesen, an dessen Rand die Pyramiden wie verloren wirken, nebensächlich. Ägyptens Regierung behauptet, im Großraum Kairo lebten zwischen zehn und fünfzehn Millionen Menschen. Kann man das nicht genauer sagen? Wie viele sind es wirklich? Ibrahim lächelt müde über diese naiven, diese europäischen Fragen. »Niemand weiß das, ich schätze, 17 Millionen. Nein, eher 18.«

So zwangsläufig sich der Nil ins Mittelmeer ergießt, so zwangsläufig spült er Jahr für Jahr Tausende Menschen und deren Hoffnungen ins Delta. Arbeiter, Bauern, Hirten aus Oberägypten und dem Sudan. Weil 96 Prozent des ägyptischen Staatsgebiets Wüste sind, konzentrierte sich das Leben schon immer am Fluss, doch mittlerweile ist die Region Kairo, neben Tokyo, das am dichtesten besiedelte Gebiet der Erde. Wo vor 100 Jahren 600 000 Menschen lebten, werden bald 20 Millionen sein. Allein in den vergangenen zehn Jahren hat sich die bebaute Fläche verdoppelt.

Ibrahim schaut auf seinen Monitor und macht schmale Augen. »Da ...«, sagt er, »und da ... und da.« Er zeigt auf graue Flecken im verbliebenen Grün, neue Siedlungen im Delta, die auf den letzten Bildern noch fehlten. Ibrahim weiß, dass hier neue Städte wachsen, Orte ohne Namen, sehr reale und doch fremde Welten, denen er sich auf eine Weise nähert, wie sich die Menschen früher dem Mond genähert haben. Aus dem All und voller Ehrfurcht. Wie einem Phänomen, das aus normaler menschlicher Perspektive nicht mehr zu überblicken ist, auch nicht zu verstehen. »Wir Ägypter sagen: Man kann Kairo nicht begreifen, man kann es nur lieben oder hassen«, sagt er.

Doch Ibrahim, der Afrikaner, soll Antworten auf europäische Fragen finden. Auf seiner blendend weißen Visitenkarte steht »Senior Technical

KAIRO
In der Hauptstadt Ägyptens werden bald 20 Millionen Menschen leben. Hier wurde im Jahr 988 die erste Universität der Welt gegründet

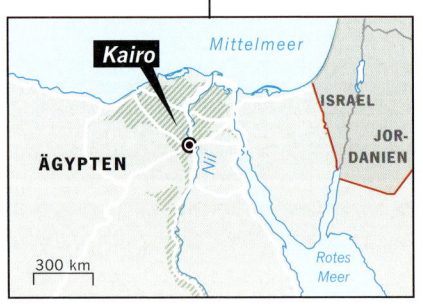

Officer«, er arbeitet für die deutschen Entwicklungshelfer der Gesellschaft für Technische Zusammenarbeit (GTZ). Wann immer es neue Satellitenbilder gibt, macht Ibrahim daraus Stadtpläne und Landkarten – Standbilder einer rasenden Entwicklung: der Verstädterung der Welt.

Das erste urbane Jahrhundert hat begonnen. Obwohl es nur vage Zahlen gibt, gilt als sicher, dass seit dem Jahr 2007 erstmals mehr Menschen in Städten leben als auf dem Land. Dieser Zeitenwechsel vollzieht sich abseits der westlichen Welt, obwohl er hier begann, als London, Paris, Berlin und New York durch den Sog der Industrialisierung zu Metropolen wurden. Heute findet sich unter den zehn größten Städten der Erde keine europäische mehr. Es sind Schwellen- und Entwicklungsländer, in denen die Menschen vor Hunger, vor Kriegen, auch vor manchen Folgen der Globalisierung fliehen, wie in Afrika. Und es sind Schwellen- und Entwicklungsländer, in denen sie zu neuem Wohlstand pilgern, wie in Ostasien. Seit den siebziger Jahren sind allein in China rund 200 Millionen Menschen vom Land in die Stadt gezogen, es gibt dort mittlerweile 166 Millionenstädte, nur neun in den USA. Indiens Hauptstadt Delhi wächst jährlich um 500 000 Menschen. Das nigerianische Lagos hatte 1950 rund 300 000 Einwohner, jetzt sollen es 13 Millionen sein.

Eine Million Menschen leben auf Kairos Friedhöfen – aus Platzmangel

Und Kairo, genannt *umm al-duniya*, Mutter der Welt? Wo im Jahr 988 die Koranschule der Al-Azhar-Moschee zur ersten Universität der Erde erhoben wurde, liegt die orientalische Altstadt fast verschüttet unter Wohnwürfeln, wirkt wie eingesponnen in ein Netz aus Stromkabeln und Wäscheleinen. Nur noch die Minarette ragen aus der Enge, wie trotzige Zeugen einer Epoche, in der Städte noch planbar waren. Heute leben allein um das alte Zentrum etwa eine Million Arme auf Friedhöfen, wo sie jahrhundertealte Mameluckengräber als Wohnhöhlen nutzen. In den Häusern der Stadt ist kein Platz mehr für sie.

Seit vor mehr als 5000 Jahren in Mesopotamien mit Uruk, Ur und Babylon die ersten großen Siedlungen entstanden, ist die Stadt der Sehnsuchtsort des Menschen. Schauplatz des Auf- oder Abstiegs, Ausdruck von Herrschaft der Mächtigen und Hoffnung der Machtlosen. Doch nun ziehen derart viele Menschen zu den Knotenpunkten der Globalisierung, an denen vielleicht ein wenig vom Reichtum der Welt für sie abfällt, dass es naiv wäre, sich unter dem Begriff »Stadt« noch immer ein zwar großes, aber überschaubares Ensemble aus Häusern und Straßen vorzustellen, strukturiert durch staatliche Hierarchien. Die neue Siedlungsform ist eine Stadtlandschaft ohne Mitte, ohne Ränder, ohne Halt. Und eher aus Wellblech als aus Stein, denn das Wachstum der Städte ist in erster Linie ein Wachstum der Elendsviertel. Schätzungen der Vereinten Nationen zufolge leben bereits jetzt eine Milliarde Menschen in Slums, fast ein Sechstel der Weltbevölkerung.

»Städte sind ihrem Wesen nach Orte, an denen sich der Einzelne mit ungeahnten Chancen und

unerwarteten Risiken, mit schreiender Ungerechtigkeit und außergewöhnlichen Möglichkeiten konfrontiert sieht«, schreiben Peter Hall und Ulrich Pfeiffer in ihrem Buch *Urban 21.* In den neuen Megacitys stellten sich Fragen der Verteilungsgerechtigkeit, der Ökologie, der Demografie so offenkundig wie sonst nirgends. Deshalb seien Städte »die Brennpunkte der Probleme der Gegenwart. Und deshalb entscheidet sich in den Städten die künftige Lebensqualität der Menschheit.«

Wenn in der Gegenwart einer Metropole wie Kairo womöglich die Zukunft zu finden ist, wie sieht die Zukunft dann aus? Obwohl eine solche Frage in einer solchen Stadt kaum an einem einzelnen Menschen zu beantworten ist, lohnt es sich, mit Mohamed Ibrahim am Computer bis zum Fuß des schroffen Mokattam-Gebirges östlich des Nils und der Altstadt zu fliegen, hinab ins Häusergewirr, bis in die Werkstatt des Ahmed Abou-Moustafa, wo die Gegenwart Kairos sehr an Europas Vergangenheit erinnert.

Es wird nie richtig hell in der kleinen, staubigen Manufaktur, in der sich Abou-Moustafa über eine selbst gebaute Bohrmaschine beugt, ein Mann von 40 Jahren, am Kinn ein krauser Bart, wie sein Prophet ihn trug. Seine Bewegungen wirken matt und geringfügig, als sei keine Zeit zum Gestikulieren, nur zum Arbeiten, wie er das tut seit seinem achten Lebensjahr. Brrrt ... brrrt ... brrrt ... macht die Maschine, mit der er Löcher in schwarze Kügelchen bohrt. Frauen aus der Nachbarschaft werden die Kugeln polieren und zu Gebetsketten fädeln.

Abou-Moustafas Vater kam aus Oberägypten und arbeitete mit Leder, so wie Moustafas Bruder, der Schuster nebenan, es heute tut. Abou-Moustafa hat vergessen oder nie erfahren, wann seine Eltern ihr Dorf verließen und welcher Traum sie bis nach Kairo trug – als habe es in seinem Leben nie einen Blick zurück gegeben, nur ein strebsames Vorwärts.

Ahmed Abou-Moustafas Werkstatt ist eine von 5000 Manufakturen im Stadtviertel Manshiet Nasser, einem alten Steinbruch in den Mokattam-Bergen. Hier ließen die Pharaonen einst den Kalksandstein für die Pyramiden schlagen, nun haben sich im Fels zahllose Menschen angesiedelt, ihre Häuser und Hütten im Halbrund des Steinbruchs fügen sich zu einer Szenerie, der derselbe Rhythmus innewohnt wie einem kubistischen Gemälde, voller Details, die in ihrer Gesamtheit kaum zu überschauen sind. Verschleierte Frauen ziehen zu Wasserstellen. Ziegen stöbern auf Hausdächern. Kinder spielen im Schutt. Hinter jeder Tür, jedem Fenster: Gesichter. Über allem liegt ein Dom aus Geräuschen, ein Rauschen von Menschen und Maschinen, zerrissen von Eselsschreien, Autohupen, Pfiffen, die klingen wie kurze Existenznachweise einzelner Individuen in der Stadtmasse.

Orte, die es offiziell nicht gibt, benötigen weder Straßen noch Krankenhäuser

In Manshiet Nasser leben knapp eine Million Menschen, so viele wie in Köln, allerdings auf einem Sechzigstel der Fläche. So kommen 140 000 Einwohner auf einen Quadratkilometer, in Köln sind es 2450. Jede zweite Familie muss mit einem einzigen Raum auskommen. Zwei Drittel der Bewohner haben keine eigene Toilette. Die Hälfte der Menschen kann weder lesen noch schreiben.

Vor rund 50 Jahren hatten erste Migranten den Steinbruch mit Holzhütten besiedelt. Wenn sie zu Geld kamen, ersetzten sie die Hütten durch steinerne Häuser, die mit den Jahren weiterwuchsen; die größten sind mittlerweile zwölf Etagen hoch. So ist ein Hochhausslum entstanden, ein unübersehbares Stück im Kairoer Stadtmosaik – doch auf vielen Karten ist Manshiet Nasser bis heute nicht vermerkt. Es wurde illegal auf staatlichem Land errichtet und ist deshalb leicht zu ignorieren.

Städte, die es nicht gibt, benötigen keine Straßen, keine Schulen, keine Krankenhäuser, keine Zuwendung.

Die GTZ hat der Regierung das Viertel mit Karten, wie Mohamed Ibrahim sie anfertigt, gewissermaßen aufgedrängt. Es gibt inzwischen eine Polizeistation, ein Postamt und mehrere Schulen. Doch die Realität in Megastädten wie Kairo ist noch immer wendiger und schneller als die Stadtplanung. Während Manshiet Nasser von Westen her erschlossen wird, wächst es weiter nach Osten, die Felsen hinauf in die Wüste. Mehr als die Hälfte der Einwohner Kairos lebt inzwischen »informell«, in sogenannten Squatter-Siedlungen, was aus Ahmed Abou-Moustafas auf den ersten Blick randständigem Leben ein gewöhnliches macht in diesem neuen Typ Stadt, der nicht mehr von Behörden geprägt wird, sondern von globalen und lokalen Geschäftsbeziehungen. Elektrizität kauft Abou-Moustafa bei einem Stromdealer, der die öffentlichen Leitungen anzapft. Die Kugeln für seine Gebetsketten bekommt er seit einiger Zeit aus China, weil sich die Chinesen die menschlichen Ressourcen in Afrikas Slums ähnlich resolut erschließen wie die Rohstoffe des Kontinents. Abou-Moustafa hat rechnen gelernt, weil er zum Rechnen gezwungen war, mittlerweile verkauft er seine Ketten nach Saudi-Arabien und in den gesamten Maghreb. In seinem Viertel entstehen Möbel, Schuhe, Nägel, Töpfe, Hemden, Hosen und Souvenirs für die Welt, hier stehen Glasöfen, Aluminiumschmelzen, Webstühle; Schauplätze Zigtausender höchstpersönlicher Industrialisierungen.

Man braucht als Europäer einiges an Überwindung, um in Manshiet Nasser nicht nur Elend zu sehen, sondern auch Optimismus und Effizienzdenken. Dann versteht man: Das Viertel ist nicht allein aus Not entstanden, sondern auch aufgrund einer ökonomischen Standortentscheidung. Es liegt nah der Altstadt mit ihren Souvenirshops und nicht weit von den Hotels am Nil, in denen viele Bewohner Manshiet Nassers in Küchen und Wäschereien, als Gärtner und Wächter arbeiten.

Die Nähe von Arm und Reich, die Europäer als obszön empfinden, ist – zumindest von den Armen – gewollt. Und auch ihr Viertel selbst ist bis ins letzte Detail strukturiert: Man lebt in Eigentum, zur Miete oder Untermiete. Wo der Staat nicht richtet, schlichten Familienoberhäupter. Zünfte und Gewerke sind nach Herkunft aufgeteilt: Migranten aus der Stadt Fayoum werden Bauarbeiter, junge Männer aus Sohag Anstreicher, jene aus Esna fahren Laster und Busse. Und die Zabbaleen, koptische Christen, rücken Nacht für Nacht mit ihren Eselskarren aus und sammeln den Müll, den die 18 Millionen am Tag hinterlassen haben. Was essbar ist, fressen ihre 70 000 Schweine, der Rest wird sortiert, verwertet, verkauft. Ganz Manshiet Nasser wirkt wie durchzogen von Produktions- und Verwertungsketten, die Verwandtschaften einbeziehen, Nachbarschaften stabilisieren, Kriminalität vermeiden, weshalb Stadtforscher mittlerweile davon abraten, Slums durch gut gemeinte Wohnungsbauprojekte zu ersetzen, weil dieses feine Netz dann reißen würde.

Man kann tatsächlich lange fragen und findet doch niemanden, der sagt, es gehe ihm schlechter als seinen Eltern. Die Stadt, auch in ihren ärmsten Vierteln, garantiert ein karges Einkommen. Allah wird täglich beschworen, doch die Muslimbrüder sind in ihrem Werben um extremistische Jünger nur mäßig erfolgreich. Die Menschen in Manshiet Nasser fühlen sich nicht als Opfer des Kapitalismus, sondern geben sich wie dessen radikale Fangemeinde. So auch Ahmed Abou-Moustafa, stolz

auf seine Werkstatt, seinen Kühlschrank, seinen Fernseher, seine Kontakte nach Fernost. Einmal in der Woche gebe es Fleisch, sagt er, seine Familie bewohnt drei Zimmer. Er verdient zwischen 100 und 200 Euro im Monat, dreimal so viel wie der Durchschnitt in seiner Gasse. Sein Sohn ist zwölf und geht noch immer zur Schule. »Er kann lesen und schreiben!«, sagt Abou-Moustafa, überzeugt davon, dass sich die Ungerechtigkeiten der Welt in der Stadt besser abfedern lassen.

Für die Zukunft des Sohnes bohrt der Vater Kugeln, Tag für Tag, bis die blaue Stunde kommt. In Manshiet Nasser ist sie golden. Auf den Straßen lodern dann Feuer, und der Tee, den die Männer zu ihren Wasserpfeifen trinken, leuchtet bernsteinfarben. Abends, wenn das Licht seine Härte verliert und Kairo sich beruhigt, und sei es nur ein wenig, erkennt man für einen Augenblick die tausend Dörflichkeiten, die sich zu diesem Stück Stadt gefügt haben. Dann ist es sogar schön.

Die bunte Villen-Werbung wirkt wie ein zynischer Gruß an die Armen

Das ist auch die Zeit, in der Nadia Suelam in ihrem Peugeot Platz nimmt. Nadia Suelam, 49, leitet eine Bankfiliale in der Innenstadt, auf ihren Schultern liegt ein weiter weißer Kragen wie ein Schmetterling, blauer Lidschatten lässt ihre Augen müde wirken. Vorn am Lenkrad sitzt Saber, ihr Fahrer, der sie unter eifrigem Gebrauch der Hupe nach Hause bringt, hinaus aus Kairo. Weder Hitze noch Lärm, noch Gestank dringen in ihr Auto, das auf einer Hochstraße westwärts rauscht. Draußen zerfällt die Stadt, am Horizont reisen die Pyramiden mit. Nach einer halben Stunde Fahrt stören keine Eselskarren mehr, keine Mopeds, keine klapprigen Taxen. Auf einer beleuchteten Autobahn erklimmt der Wagen das Wüstenplateau und bringt Nadia Suelam hinein in eine neue Welt, die mit viel Wasser und noch mehr Geld erschlossen wurde: Rings um Kairo sind Dutzende von *gated communities* entstanden, umzäunte Siedlungen mit Namen wie Dreamland, Utopia, Palm Hills, Magic Land, Belle Ville I und wegen des großen Erfolges nun auch Belle Ville II. Es geht vorbei an hohen Mauern. Wo in goldenen Buchstaben das Wort »Karma« glänzt, öffnet sich ein gusseisernes Tor, ein Wächter winkt den Wagen durch. Bougainvillea blüht, Alleen aus Palmen tun sich auf, ein Gärtner wässert die grüne Insel eines Kreisverkehrs.

»Ich wollte Stille«, sagt Nadia Suelam, »das Schlimmste an Kairo war der Stress. Der Stress, mit den Kindern rauszugehen. Der Stress, einen Parkplatz zu suchen. Der Stress, nie allein zu sein.« Jetzt führt sie durch ihr Haus, das sie freimütig »Villa« nennt, drei Etagen voller Holz und Marmor, kühl, ruhig, staubfrei, keimfrei – all das, was Kairo nicht ist.

Zunächst hatte Nadia Suelam, eine Tochter Kairos, der Entwicklung nur zugesehen – auf den Konten ihrer Kunden. Als Bankerin kann sie vom Geldfluss auf die Psyche der Wohlhabenden schließen. Fließt Geld in Aktien, sind sie optimistisch. Wird es zu Festgeld, sind sie besorgt. Wird eine große Summe abgehoben, nehmen sie Abschied. »Immer wenn ein Konto plötzlich leer war, wusste ich: Es ist wieder jemand rausgezogen.«

Vor drei Jahren dann nahm Nadia Suelam so viel Geld in die Hand, wie es Ahmed Abou-Moustafa in Manshiet Nasser in Jahrhunderten nicht verdienen wird, und kaufte diese Villa in Karma, weil aus einer Mode fast ein Zwang geworden war, denn mit dem Kapital hatten auch die besten Ärzte, die besten Schulen, die besten Kindergärten das eigentliche Kairo verlassen. Seither funktionieren die neuen Städte in der Peripherie wie eine sich selbst erfüllende Prophezeiung von Sicherheit und Sorglosigkeit – fast alternativlos für jeden, der Alternativen hat.

Im Prinzip ist Karma so staatenlos wie Manshiet Nasser, seine Bewohner leben allerdings am anderen Ende der Einkommensskala. Dies ist nicht Afrika, dies ist umzäunter Westen. Die Architektur der Häuser erinnert an mediterrane Ferienparks, die Weite der Wege an Los Angeles. Im Westen Kairos haben die privaten Kolonien bereits die einst abgelegene staatliche Wüstensiedlung »6. Oktober« erreicht, im Osten wächst New Cairo, eine neue Stadt für zweieinhalb Millionen Menschen. Im nächsten Jahr zieht die American University dorthin, sogar ägyptische Ministerien denken über einen Umzug nach.

Auf Mohamed Ibrahims Satellitenbildern sieht es so aus, als würden der Stadt Flügel wachsen, während ihr Körper verkümmert. Die Ausfallstraßen sind plakatiert mit Reklametafeln für die neuen Siedlungen, die wie zynische Grüße an die Armen in den Hütten am Rande der Fahrbahn wirken – gerade jetzt, da die steigenden Lebensmittelpreise und mit ihnen der Hunger auch Kairo erreicht haben. Eine der größten Baufirmen Ägyptens wirbt für ihre Städte der Sorglosigkeit mit dem Slogan *Life as it should be*.

Das Leben, wie es sein sollte? Diese Siedlungen seien »Bastionen«, in denen die Wohlhabenden Zuflucht vor »einer aufgegebenen Metropole« suchten, schreibt der französische Geograf Eric Denis im Buch *Cairo Cosmopolitan*. Derzeit entstehe ein weltumspannendes Archipel umzäunter Enklaven, von denen aus die Eliten die wirtschaftliche Liberalisierung weiter vorantrieben »und sich zugleich vor den damit verbundenen Folgen, Risiken, Verschmutzungen und Krankheiten fernhalten«.

Nadia Suelam draußen in Karma lebt allerdings in der Gewissheit, Gutes zu tun. »Ich gebe zwei Menschen ein Heim, Arbeit und Lohn, mit dem sie ihre Familien ernähren.« Sie sitzt tief in ihrem Sofa und sagt, dass ihr Fahrer Saber kaum noch von seiner Frau wiedererkannt werde – so rund sei er geworden! Und Hainay, ihr Dienstmädchen, verdiene hier draußen doppelt so viel wie in der Stadt!

Die Reichen brauchen die Armen – als Hausmädchen und Chauffeure

Und dann erzählt Nadia Suelam von der großen Dienstmädchendebatte in Karma und davon, dass das Leben hier teurer ist, als alle gedacht haben, weil ... ja: weil es keine Armen gibt! Sie vermisst die Stadt, vor der sie geflohen ist. Nicht nur die alten Cafés, die sich in den neuen Shoppingmalls nicht nachbauen ließen. Nicht nur die Briefträger, die sich hier draußen nicht zurechtfinden, weshalb sich Nadia Suelam alle Post an die Bank schicken lässt. Sie vermisst auch die Armut, die ein Leben in Reichtum ermöglicht. Ein Ort wie Karma wird erst funktionieren, wenn ein Ort wie Manshiet Nasser in der Nähe liegt. Denn die Reichen brauchen die Armen, weil sie Hausmädchen und Chauffeure benötigen. Und die Armen brauchen die Reichen, damit sie Hausmädchen und Chauffeure sein können.

Noch einige Jahre, und Mohamed Ibrahim wird auf seinem Monitor im siebten Stock des Annex Building erste Hütten im Schatten der Mauern von Dreamland, Utopia und Karma finden. Anders als die Europäer wird Ibrahim darin nicht nur Ungerechtigkeit erkennen, sondern schon den Umgang mit der Ungerechtigkeit – die ihren Ursprung oft woanders hat, in untätigen Behörden, in fernen Kriegen, auf unsichtbaren Weltmärkten. Er wird sich also nicht über die neuen Bilder wundern, nicht in einer Stadt wie Kairo, dieser Triumphstätte des Neoliberalismus. Das Leben hier ist nicht *life as it should be*, erst recht kein Modell für die Zukunft. Und doch ist es – man mag es kaum schreiben – für viele in der Stadt die pragmatischste Lösung.

Verdichtete Gesellschaft – Stichworte zur Verstädterung der Welt

Älteste Zentren: Viele Städte möchten die älteste der Welt sein, unter anderem Aleppo und Damaskus in Syrien sowie Jericho in den Palästinensergebieten – schon vor 11 000 Jahren umschloss eine Mauer die Siedlung am Jordan, die mit ihrer Lage 250 Meter unter dem Meeresspiegel die tiefstgelegene Stadt der Welt ist. In Deutschland gelten die Römerstädte Trier und Augsburg sowie das von den Kelten gegründete Worms als älteste Städte.

Die Liebe zur Geometrie: Griechische und römische Städte der Antike waren meist Gründungsstädte, Kolonialstädte, die im Zuge gewonnener Kriege entstanden. Die römische Stadt besaß in der Regel einen rechtwinkligen Grundriss. Zwei Hauptachsen schnitten sich im Forum, dadurch wurde der Ort geometrisch aufgeteilt – eben in Stadtviertel beziehungsweise Quartiere.

Retorte als Ideal: Den Traum von der Idealstadt verwirklichten Machthaber, indem sie ganze Hauptstädte neu gründeten. So ließ Zar Peter der Große Sankt Petersburg errichten und machte es 1712 zur Hauptstadt, um Russland nach Westen zu öffnen. 1800 wurde Washington, D. C., die dritte Hauptstadt der USA (nach New York und Philadelphia); die Neugründung im bis dahin unbedeutenden Sumpfland lag symbolisch bedeutsam an der Grenze zwischen Nord- und Südstaaten. 1927 machten die Australier Canberra zur Hauptstadt, weil die Rivalität der Metropolen Sydney und Melbourne zu groß war. 1960 wurde Brasília, Oskar Niemeyers kühnmoderner Stadtentwurf im brasilianischen Niemandsland, anstelle von Rio de Janeiro Hauptstadt, um den Föderalismus und die Entwicklung des Landesinneren zu fördern.

Bürgerstädte: Im Mittelalter entstanden in Europa erst Bischofs- und dann Bürgerstädte. Typische Bürgerstädte sind Hansestädte wie Lübeck, Wismar oder Danzig, in denen neben Kirchen auch Bürgerhäuser, Speicher und Handelskontore das Bild dominieren – und das reich verzierte Rathaus als bürgerliches Symbol.

Folgen der Industrialisierung: Auf Residenzstädte wie Karlsruhe, Mannheim, Potsdam oder Versailles folgte mit der Industrialisierung die Sprengung alter Stadtstrukturen: So verdoppelte sich die Einwohnerzahl Wiens zwischen 1870 und 1910 auf zwei Millionen Menschen, rasterförmig wurden Wohnhäuser errichtet. Diese Stadtteile prägen bis heute vielerorts das Stadtbild.

Urbane Gesellschaften: Heute ist der am stärksten urbanisierte Kontinent Nordamerika, dort leben 79 Prozent aller Einwohner in Städten (gefolgt von Latein- und Südamerika mit 76 Prozent, Europa und Ozeanien mit 72 Prozent, Asien mit 41 Prozent und Afrika mit 37 Prozent). Die am schnellsten wachsenden Städte finden sich in den Entwicklungsländern. Ursachen sind Landflucht und starkes Bevölkerungswachstum.

Die größten Metropolen: Größte Metropolregion der Erde ist der Großraum Tokyo/Yokohama mit 37 Millionen Menschen, gefolgt von Mexiko-Stadt, New York und Seoul mit jeweils 22 Millionen sowie Mumbai und São Paulo mit je 20 Millionen. Größte europäische Stadtregion ist Moskau (Platz 15/14,5 Millionen), gefolgt von London (Platz 17/12,6 Millionen), dem Rhein-Ruhr-Gebiet (Platz 24/11,8 Millionen) und Paris (Platz 25/11,6 Millionen). Berlin (mit Umland 4 Millionen Einwohner) liegt in dieser Rangfolge auf Platz 93.

Raumgewinn und dicke Luft: Theoretisch betrachtet, könnte die Verstädterung einige Umweltprobleme lösen: Urbane Verdichtung bedeutet andernorts Raumgewinn für Land- und Energiewirtschaft. Allerdings schaffen Megastädte neue Probleme. Die Luft von Mumbai zu atmen bedeutet heute dasselbe, wie zweieinhalb Päckchen Zigaretten täglich zu rauchen. Und schätzungsweise 30 000 Menschen sterben jeden Tag weltweit an Krankheiten, die mit mangelhafter Wasserversorgung und Abfallentsorgung zusammenhängen.

Die Weltstadt: Angesichts der Verstädterung der Küsten Ostasiens prognostizieren japanische Wissenschaftler, dass in diesem Jahrhundert von Japan über Korea und China bis nach Indonesien ein urbaner Korridor entstehe, eine Weltstadt im buchstäblichen Sinne – mit gewaltigen Auswirkungen auf Geld- und Informationsflüsse. Wobei das mit Prognosen so eine Sache ist: 1850 sagten Stadtplaner voraus, New Yorks Straßen würden wegen der Zunahme an Kutschen im Jahr 1910 meterhoch mit Pferdemist bedeckt sein.

»Rasante Urbanisierung«

Was ist eine Stadt?

Mehrheitlich nicht mehr das, was wir Europäer uns unter dem Begriff vorstellen – ein kompaktes Gebilde mit einem Zentrum und einer klaren Grenze zum Land. Eine überschaubare Lebenswelt gibt es in den neuen Megastädten nicht mehr. Sie sind diffuse, großräumige Gebilde mit mehreren Zentren, urbanisierten Zwischenräumen, Brachflächen und einem Nebeneinander von Extremen.

Was zeichnet diese Megastädte aus?

Sie sind Motoren des Wachstums und der Veränderung. Gleichzeitig manifestiert sich hier aber auch die Polarisierung in Gewinner und Verlierer besonders krass und in einer Größenordnung, die unsere Vorstellungskraft übersteigt. Wir haben dort innerhalb einer Stadt Einkommensunterschiede, die extremer sind als jene zwischen Ländern in Nord und Süd.

In den Städten manifestiert sich also alles Unrecht der Welt?

Bislang waren Städte immer, quer durch die Geschichte, Problem und Lösung zugleich. Sie haben seit je Integration geleistet. Erst wenn diese Integrationsleistung nicht mehr funktioniert, zerfällt eine Stadt physisch, sozial und ökonomisch. Für diesen Trend gibt es eindeutige Hinweise.

Beleg dafür ist das Wachstum der Slums?

Unter anderem. Für die allermeisten Slumbewohner hat sich ihr Leben im Vergleich zu ihrer Situation auf dem Land real verbessert. Wir Europäer sehen Elend, Abwasserprobleme, Gesundheitsprobleme.

Und wir Europäer haben einen konsumorientierten Blick auf das Wohnen. Wir fragen uns: Was kann ich mir leisten zum Wohlfühlen, zur Selbstrepräsentation? Die Argumentation der Armen in den Megastädten ist umgekehrt. Sie fragen sich: Welcher Wohnort verhilft mir am ehesten zu einem Einkommen? Das ist zunächst ein zentral gelegener Wohnort in der Nähe von Einkommensmöglichkeiten.

Aber führt das ins Glück?

Die Städte garantieren den Menschen jedenfalls ein minimales Einkommen, sonst würden sie nicht kommen. Slumbewohner nennen klare Gründe für die Stadt. Es wäre naiv, anzunehmen, ein Bauer könne seine Familie noch mit Subsistenzlandwirtschaft ernähren. Die Zukunft der menschlichen Entwicklung liegt in Städten. Das zeigen alle demografischen Trends und alle Untersuchungen einschlägiger Institutionen. Deshalb geht es um Integration oder »Inklusion« – wie wir das nennen – in lokale Versorgungsnetze und Wirtschaftskreisläufe.

Ist das die wichtigste Entdeckung Ihrer Disziplin?

Die wichtigste Entdeckung ist die unumkehrbare Tendenz zur rasanten Urbanisierung des Lebens, die zu neuen, durch globale Prozesse geprägten Siedlungsformen führt, die wir bisher nicht kannten. Slums sind ein Teil davon.

Und der größte Irrtum Ihrer Disziplin?

Die Annahme, dass Megastädte etwas Ähnliches sind wie eine nochmals aufgeblasene Großstadt – und damit der Glaube, deren Probleme mit den Mitteln einer konventionellen Stadtplanung, Flächennutzungsplanung oder Wohnungsversorgung lösen zu können. Das funktioniert erwiesenermaßen nicht.

PETER HERRLE
ist Professor für Architektur und internationale Stadtentwicklung an der TU Berlin

Mehr zum Thema:

Mike Davis: Planet der Slums
Assoziation A 2007; 247 S.

Peter Hall/Ulrich Pfeiffer: Urban 21
Der Expertenbericht
zur Zukunft der Städte;
DVA 2000; 454 S.;
nur noch antiquarisch

VERBRECHEN

Für DNA-Tests von Verdächtigen nimmt die Polizei **SPEICHELPROBEN** mit Wattestäbchen. Das Ergebnis liefert das Labor nach einem Tag

Beliebt als Mordwaffe, bekannt aus Kino und Fernsehen: der Colt **M1911**

RÖHRCHEN für die Aufbewahrung von gesammelten Speichelproben

Jagd nach dem Phantom

Eifersucht und Gier, Hass und Geltungswahn – die Motive der Mörder
sind jahrtausendealt, wie auch die Hoffnung, ihre Tat
könne ungesühnt bleiben. Doch die heutige Kriminaltechnik
ist so ausgeklügelt, dass den Fahndern kaum ein Verbrecher
entkommt. Eine Spurensuche in Berlin

Von Jörg Burger

Vorbild London:
ÜBERWACHUNGSKAMERAS
sollen in deutschen Städten
Verbrecher abschrecken

Jeder Polizist trägt
HANDSCHELLEN bei
sich – in Berlin ein Modell
von Smith & Wesson

FINGERABDRÜCKE
werden mit Rußpulver
bearbeitet und unter
Folie konserviert

Manch nervöser
Täter raucht. An
ZIGARETTENKIPPEN
haften häufig
brauchbare Spuren

Für Kriminalisten ist die
LEICHE nur Spurenträger.
Die Obduktion verrät oft den
Tatablauf

VERBRECHEN

Ingo Kexel weiß noch, wann der Anruf kam, der seine Tage auf den Kopf stellte, mehr als einen Monat lang. Es war halb fünf Uhr morgens, am 4. November 2004. Der Polizist schlich durch den Flur eines Berliner Mietshauses und notierte Namen von Türschildern. Er war auf der Spur eines chinesischen Auftragskillers. Zermürbende Nachtarbeit. Dann klingelte das Handy, Kexel erinnert sich gut. Auch die Zeit, die folgen sollte, ist für ihn auf gespenstische Weise präsent geblieben – Gesichter, Namen, sogar Tatortskizzen. Die Stimme am Telefon sagte: »Wir haben einen Toten.«

Ingo Kexel, 40, leitet die zweite Mordkommission des Landeskriminalamts Berlin, damals war er noch Stellvertreter. Ein schmaler Mann, der gern weite Jacketts trägt, als wollte er zeigen, dass er auch zu Großes ausfüllen kann. Sein Büro in einem muffigen Altbau ist grau und voller Akten, Kexels Füße liegen auf dem Tisch. »Hat doch jerade een Türke seinem Vater in die Brust jeflammt.« So redet Kexel. Den Fall eines Türken, der den eigenen Vater erschoss, hat er aufgeklärt, Routine. Das Erschrecken über den Zustand der Welt ist ihm abhandengekommen. Vielleicht kann er so den Glauben bewahren, dass sie eine Ordnung hat. Nur die schwierigen Fälle dauern in seinem Gedächtnis fort – jene, deren Hauptfiguren lange unsichtbar blieben, denen er nachstellen musste wie Phantomen. Wie dem Täter, der in jener Novembernacht seine letzte Hoffnung auf Schlaf zunichte machte.

Seit 15 Jahren jagt Kexel Mörder. An die hundert hat der Hauptkommissar bereits in Haft gebracht. Sieben Mordkommissionen sind in Berlin beschäftigt, so viele wie in keiner anderen deutschen Stadt. 30 Menschen wurden voriges Jahr hier absichtsvoll und heimtückisch getötet; bundesweit waren es 375. Kexel nutzt Fallanalysen, Telefonortung, DNA-Tests, die raffiniertesten Techniken der Kriminalistik. Ihnen ist es zu verdanken, dass Kexel lediglich drei ungeklärte Fälle mit sich herumschleppt. Er hat an einer Fachhochschule der Polizei studiert, wo Kriminalistik gelehrt wird, ein Fach mit wissenschaftlicher Tradition. »Det is doch keene Wissenschaft«, brummt Kexel. »Det is jesundet Fachwissen, jepaart mit Kreativität und Intuition.«

Im November 2004 wird sein Spürsinn auf die Probe gestellt werden wie selten zuvor. Ein Mann ist erschlagen worden, im Stadtteil Neukölln. Man hat ihn gegen elf Uhr abends in einem unbeleuchteten Fußweg gefunden, bewusstlos. Maximilian Berdich, geboren 1961 in Bromberg, Polen, arbeitsloser Automechaniker. Nun ist er Aktenzeichen 2326/04. Er wohnte in einem Obdachlosenheim in der Nähe. Wer bringt einen Armen, Hilflosen um?

Fast alle Mordopfer, mit denen sich Kexel beschäftigen muss, stammen aus Unterschichten. Wie die Täter sind auch sie häufig Menschen mit Migrationshintergrund, Türken, Russen, Araber. Fast immer sind es Män-

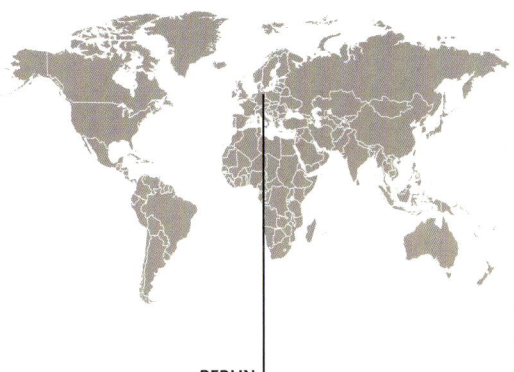

BERLIN
In unmittelbarer Nähe des Flughafens Tempelhof liegt die Fahndungszentrale der Hauptstadt – das Landeskriminalamt

ner. Kexel lacht über Fernsehkommissare, die nur in reichen Vororten herumstöbern. »Is ja wie im schlechten Film!«, das ist sein Lieblingsspruch. Vielleicht, weil es für ihn keine Filme gibt, die die Realität seiner Arbeit zeigen.

Auf dem Boden Blut, feuchtes Laub, Bierdosen, Flaschen, verrottete Kippen

Früh um acht Uhr trifft Kexel am Tatort ein, er hat keine Minute geschlafen. Das Opfer ist am Morgen im Krankenhaus gestorben. Zuerst deutete vieles auf einen Raubüberfall hin, die Brieftasche war weg. Doch während der Notoperation entdeckten die Ärzte, dass Berdichs Schädel völlig zertrümmert worden war, offenbar in rasender Wut. In der Absicht zu töten. Das passt nicht zu einem gewöhnlichen Raub. Deshalb ist es ein Fall für Kexel.

Der besichtigt erst mal den Tatort, einen schmalen Weg unter Bäumen. Auf dem Boden Blut, feuchtes Laub, Bierdosen, Flaschen, verrottete Zigarettenkippen. Schwer, hier überhaupt Spuren zu finden. An die zwanzig Polizisten sind da, auch Kexels acht Leute aus der Mordkommission. Bereitschaftspolizei sucht das Gelände nach der Tatwaffe ab. Ein Polizeifotograf und ein Zeichner dokumentieren es. Zwei Kriminaltechniker des LKA sind mit dem Tatortwagen gekommen, einem mobilen Labor. Sie suchen Gegenstände, mit denen der Täter in Berührung gekommen sein könnte. Vielleicht klebt daran Zellmaterial für DNA-Tests – genetische Fingerabdrücke, die einen Täter überführen können. Mit Wattestäbchen wischen die Techniker über die Mundstücke von Bierflaschen und -dosen. Sie

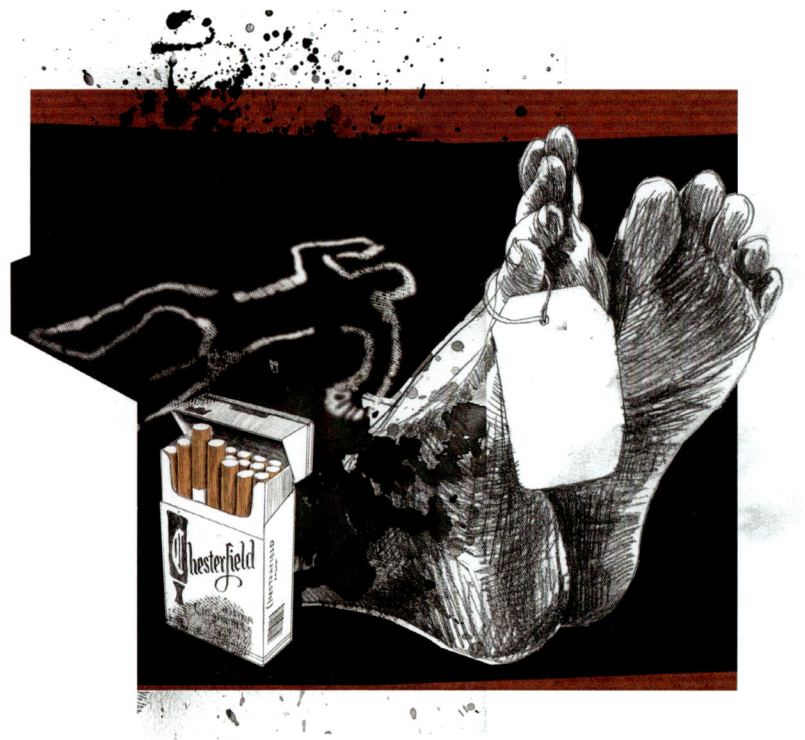

sammeln Flaschen, Tuchfetzen und Zigarettenkippen, füllen 40 Papier- und Plastiktüten. Sie nehmen alles, was halbwegs frisch aussieht, auch eine Kippe der Marke Chesterfield, Spurnummer 5.2.

Ohne dass Kexel viel tun muss, kommt eine Ermittlungsmaschinerie in Gang. Das Berliner Kompetenzzentrum Kriminaltechnik ist die größte derartige Einrichtung Deutschlands. Voriges Jahr gingen durch das Labor 200 000 Spuren – Blut, Speichel, Sperma, Haare, Gewebeproben. Selbst von gereinigten Messern und gewaschenen Laken lösen die Techniker brauchbare Zellen. Das Ergebnis liefern sie den Mordkommissionen nach einem Tag. 1989 wurde erstmals in Berlin bei Ermittlungen eine Erbgutanalyse durchgeführt. In Kexels Alltag gibt es kaum noch Fälle, in denen sich nicht eine DNA-Spur findet.

Er beauftragt Kollegen, sich in der Umgebung des Tatorts umzuhören. Wer war dieser Berdich? Wer könnte einen Grund gehabt haben, ihn zu töten? Er fährt zur Gerichtsmedizin, wo die Leiche obduziert wird. Für andere Menschen schockierende Bilder, Kexel hat sich daran gewöhnt. Der tote Körper ist für ihn nur noch »Beweisgegenstand, ein Spurenträger«. Abstriche werden gemacht, Zellproben genommen. Er erfährt wenig Neues: Der Mann war betrunken, hat sich kaum gewehrt.

Ein paar Tage später ist Kexel ratlos wie lange nicht. Auf die entscheidenden Fragen erhält er keine Antwort: Warum hat der Täter so stark zugeschlagen? Warum suchte er sich als Opfer diesen Mann in einer schäbigen Lederjacke, der mit Bierdosen in den Händen nach Hause lief? Neben dem Tatort haben Überwachungskameras von Firmen die Straße im Blick, ein Dutzend. Sie müssten den Mörder gefilmt haben. Aber alle Kameras waren ausgefallen oder gerade nicht in Betrieb. In der Besucherliste des Obdachlosenheims hat sich an Berdichs letztem Abend eine Frau eingetragen. Sie stammt aus der Ukraine. Bevor er ermordet wurde, hatte Berdich sie zur S-Bahn gebracht.

Kexel lässt sie vorführen, das Vernehmungszimmer liegt am Ende des Flurs. Ein nüchternes Büro wie jedes andere in dem Gebäude, mit einem zusätzlichen kleinen Tisch. Hier sitzen Vernehmer und Verhörter über Eck, daneben Beisitzer und Schreibkraft. Die Ukrainerin weint. Sie habe den Ermordeten geliebt. »Gibt es noch andere Männer?«, fragt der Vernehmer. Kexels Job ist es, alle Möglichkeiten zu prüfen – auch ein Eifersuchtsmotiv. »Nur einen«, sagt die Frau. »Aber das ist lange vorbei.«

Kexel besorgt sich ein Schwarzweißfoto des Getöteten. Er pinnt es an die Bürowand neben die Fotos anderer Opfer, die schwierigen Fälle. Es sind 35 aus zehn Jahren. Kexel konzentriert sich nun allein auf Berdich, die Routinesachen gibt er an andere Mordkommissionen ab. Das Foto zeigt den Getöteten mit Seitenscheitel, verlebtem Gesicht, in kariertem Hemd. Wie mahnend blickt er auf Kexel herab.

Acht Tage nach der Tat bittet der Kommissar die Fallanalytiker des Landeskriminalamts um Hilfe, früher als üblich. Die Kollegen sind erfahrene Ermittler, mit einer Zusatzausbildung beim Bundeskriminalamt. Sie haben gelernt, Täter und Opfer mit den Augen eines Psychologen zu betrachten. Lassen sich aus dem Verhalten beider Schlüsse ziehen, die dem Kommissar nicht aufgefallen sind? Vier Kollegen, drei Männer und eine Frau, schließen sich zwei Tage lang mit den Akten in ihren Büros ein. Am dritten Tag besichtigen sie den Tatort – nachts, weil auch der Mord bei Dunkelheit geschah. Am vierten Tag finden sie zu einer Theorie. In der Gegend um die Weserstraße gibt es Jugendbanden, die Raubüberfälle verüben. Die Fallanalytiker nehmen an: Der Mörder ist Mitglied einer solchen Gang. Ein Mitläufer, »psychisch ein Schwächling«. Sein Opfer hat er zufällig ausgewählt. Durch die brutale Tat hat er sich beweisen wollen. Als er Berdich gegenübertrat, versuchte er ganz schnell die Kontrolle zu erlangen – aus Unsicherheit schlug er besonders heftig zu.

Vor lauter Überstunden vergisst Kexel sogar, die Krallenfrösche zu füttern

Für Kexel ist das keine gute Nachricht. Er sucht jetzt einen jungen Mann, der wahrscheinlich zum ersten Mal gewalttätig geworden ist. Sein Name steht in keiner Datenbank. Kexel macht die Suche nach einer Jugendgang zur Chefsache. Nachts zieht er durch die Jugendclubs und Kneipen Neuköllns, eines Viertels mit hoher Ausländer- und Arbeitslosenquote. Er wird beschimpft, sobald er aus seinem dunkelblauen VW Passat steigt, mit seinen kurzen Haaren und dem Trenchcoat ist er ganz offensichtlich ein Polizist. Er hört von einer Gang, die sich »Die Herzberger« nennt, sie geht um die Herzbergstraße auf Raubtour. Sie soll Teleskopschlagstöcke benutzen. Kexel horcht auf. Ein Schlagstock könnte das Mordwerkzeug gewesen sein.

Auch ein Kollege kommt mit einer Neuigkeit ins Büro. Ein Freund Berdichs hat ihm verraten, die Freundin des Ermordeten habe einen zweiten Liebhaber, einen Ukrainer namens Kolja. Der habe Berdich am Telefon bedroht: Er bringe ihn um, wenn dieser nicht von der Frau lasse. Aber Kexel glaubt nicht an einen Liebesmord. Die These ist für ihn nur »eine Richtung, die man abarbeiten muss«. Kexel lässt das Handy der Ukrainerin überwachen. Die Ukrainerin befindet sich in Abschiebehaft, sie ist illegal in Deutschland. Alle Gespräche werden von nun an aufgezeichnet und übersetzt. Eine mühselige Arbeit, um die sich zwei Polizisten kümmern. Kexel sucht währenddessen nach einem jungen Jugoslawen, der am Tag nach dem Mord mit Schürfwunden im Gesicht gesehen worden ist. »Diese Spur ist heiß«, denkt er.

Die Kollegen lesen auch die Textnachrichten, die auf dem Handy der Ukrainerin eintreffen. Da ist

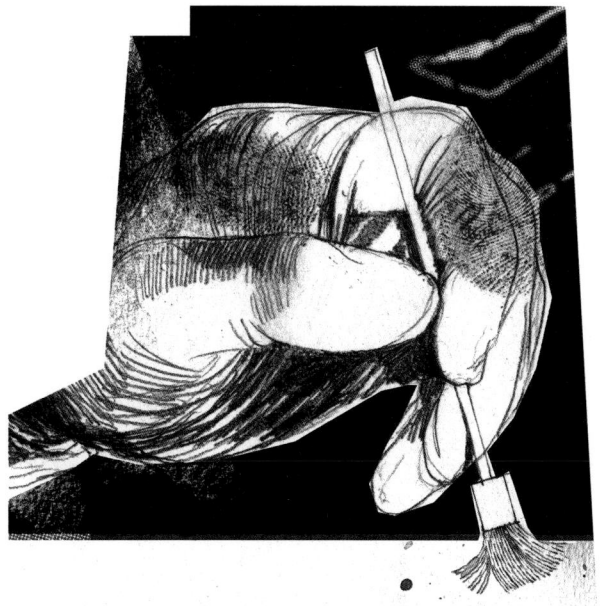

eine, die sie neugierig macht. Sie stammt von dem Mann, der angeblich vor längerer Zeit ihr Liebhaber war. Er kommt ebenfalls aus der Ukraine. »Grüß dich Hase. Hast du dich beruhigt? Kolja.« Nun haben sie dessen Nummer. Sie zapfen auch sein Handy an. Die Frau meldet sich fast täglich, benutzt aber das Handy einer Freundin. Der Polizei hat sie erzählt, sie habe keinen Kontakt zu dem Mann. Warum lügt sie?

Die Fahnder hören noch mehr Handys ab, auch von Freunden der Frau, insgesamt fünf. Der Mann, von dem die SMS kam, spricht von Heirat. Er hofft, dass die Freundin bald aus der Haft freikommt; sie kann nicht abgeschoben werden, denn in der Ukraine ist eine Frau ihres Namens nicht bekannt.

Vier Wochen sind seit dem Mord vergangen. Kexel hat alles daran gesetzt, in Neukölln einen Informanten aufzubauen, der ihm Hintergründe über Jugendgangs liefert. Doch über den Fall Berdich erfährt er nichts, auch nicht von den »Herzbergern«, mit denen er spricht. Auch den Jugoslawen findet er. Dieser hat mit dem Mord nichts zu tun.

»Ich war kaputt und frustriert«, sagt Kexel heute. Er erzählt von der Erschöpfung, in die er immer tiefer hinabsank, wegen der Überstunden, der Nachtarbeit. Jeden Morgen sitzt er mit seinen acht Polizisten zerknirscht an dem großen Tisch im Büro und frühstückt, Lagebesprechung. Auf einer Tafel die Namen der in den Fall Verwickelten und ein Knäuel von Pfeilen. Ungefähr so durcheinander fühlt sich Kexel. Er vergisst sogar, die beiden afrikanischen Krallenfrösche zu füttern, die in einer Glasbox auf seinem Schreibtisch leben. Sie vertragen es, wenn er sich mal nicht um sie kümmert. Für Kexels Familie, Frau und Sohn, gilt das nicht so sehr.

Als einziger Verdächtiger bleibt Kexel der Mann, der sich Kolja nennt. Wenn sein Handy eingeschaltet ist, weiß die Polizei, wo er sich ungefähr befindet, sie kann Mobiltelefone orten. Am 9. Dezember nimmt ein mobiles Einsatzkommando Kolja fest, er steigt gerade in Schöneberg aus dem Bus. Ein hagerer, ausgezehrter Mann, der kaum Deutsch spricht. Ihm wird eine Speichelprobe entnommen, für einen DNA-Test. Das Verhör dauert den ganzen Tag, von halb elf Uhr bis abends um sieben, mit Pausen.

Man sieht keinem an, dass er ein Mörder ist. Aber Fehler machen sie alle

»Wenn Sie reden möchten, vielleicht hilft's Ihnen ja auch«, bohren Kexels Leute. Nikolaj G., so sein richtiger Name, ist 30 Jahre alt, geboren in der Ukraine, er hat das Recht zu schweigen. Aber er redet, wie das fast alle tun – auch die Schuldigen, und schuldig sind fast alle, die hier sitzen, das ist Kexels Erfahrung. Vielleicht glaubt Nikolaj G. den Polizisten, die ihn bedrängen: »Dies ist die Chance, Ihre Sicht der Dinge zu erklären.« Verhöre sind für sie »Theater«. Schauspielerei, Manipulation. Die Kniffe, mit denen man Verdächtige zum Reden bringt, lernen die jungen Kollegen von den alten. Insgeheim hofft Kexel: »Der lügt sich fest.« Je mehr Aussagen er hat, desto größer ist die Chance, Lügen nachzuweisen.

Nikolaj G. wirkt ängstlich, verhuscht. »Ein schlichter Typ«, so schätzt ihn der Dolmetscher ein. G. hat illegal in Deutschland gelebt, als Handwerker gearbeitet, immer auf der Flucht vor der Abschiebung. Mit dem Mord habe er nichts zu tun: »Keinerlei Beziehung dazu.« In dem Fußweg in Neukölln, wo der Mord geschah, sei er nie gewesen. Am nächsten Tag wird G. wohl wieder frei sein. Ohne begründeten Verdacht darf die Polizei ihn nicht länger festhalten. Am Abend ist einer der Polizisten überzeugt: »Der sagt die Wahrheit.«

Dass Kexel den Fall trotzdem am nächsten Tag abschließen kann, erwartet niemand, am wenigsten er selbst. Zwei Wochen lang hat er den Ukrainer verfolgt, aber er hat nicht an dessen Schuld geglaubt. 15 Ordner haben er und seine Leute gefüllt, mehr als 1000 Seiten Ermittlungsberichte, Verhörprotokolle. Mit Maximilian Berdich, dem obdachlosen Alkoholiker, macht sich Kexel so viel Mühe wie mit jedem anderen Mordopfer. Kein Rechtsanwalt soll ihm später vor Gericht vorwerfen können, er ermittle einseitig.

Am 10. Dezember um elf Uhr morgens kommt der Anruf, der Ingo Kexel von dem Fall erlöst. Auch daran erinnert er sich genau. Am Apparat ist das kriminaltechnische Labor: Die DNA des Ukrainers ist dieselbe, die man an der Chesterfield-Kippe am Tatort fand. Er hat behauptet, er habe sich dort nie aufgehalten – das ist der Beweis, der ihn um seine Glaubwürdigkeit bringt. Kexel stürzt in das Zimmer, in dem der Verdächtige gerade zum zweiten Mal vernommen wird: »Bingo, er isses!« –»Blöd gelaufen«, sagen heute die Fallanalytiker.

Nikolaj G. wird den Mord nie gestehen, aber seine Freundin widerruft ihre Aussagen. Sie habe immer einen Verdacht gehabt, sagt sie, sei sich aber nicht sicher gewesen – und belastet den Freund. Entscheidend für die Verurteilung wird später die DNA-Spur an der Zigarettenkippe sein. G. muss lebenslang in Haft, er verbüßt sie in Berlin. Fotos zeigen einen sanft wirkenden Mann mit hochgekämmten blonden Haaren. »Sieht man ja keinem an, dass er ein Mörder ist«, sagt Kexel. »Aber Fehler machen sie alle.«

Am Abend, nachdem er den Fall Berdich abgeschlossen hat, besucht Kexel die Weihnachtsfeier des Kommissariats. Später ziehen er und seine Leute weiter in eine Bar. Diesmal ist er froh, dass er früh um fünf noch nicht zu Hause ist.

Kriminalistik – die Wissenschaft von der Verbrecherjagd

Hans Gross (1847 bis 1915) gilt als Begründer der Kriminalistik, der Wissenschaft von der Aufdeckung, Untersuchung und Verhütung von Straftaten. Der Österreicher verfasste in der Mitte des 19. Jahrhunderts das »Handbuch der gerichtlichen Untersuchungskunde«.

Kriminologie ist nicht zu verwechseln mit der Kriminalistik. Sie erforscht die Ursachen und Erscheinungsformen von Verbrechen.

Fingerabdrücke sind für die Ermittlungen noch immer wichtig, obwohl mittlerweile an Tatorten mehr DNA-Spuren gesammelt werden. Das Muster der Papillarleisten auf der Haut ist genetisch festgelegt und bei jedem Menschen einzigartig. Kriminaltechniker machen die Abdrücke mit Rußpulver oder magnetischem Pulver sichtbar und nehmen sie mit klebender Klarsichtfolie ab. Daktyloskopen bestimmen die Identifizierungsmuster und vergleichen sie mit den Abdrücken Verdächtiger unter Verwendung eines Automatischen Fingerabdruck-Identifizierungs-Systems (Afis). In dieser Datenbank des BKA sind 3,2 Millionen Fingerabdrücke gespeichert. Mittlerweile verraten aber nicht mehr nur die Linienmuster etwas über den Täter, sondern auch die Inhaltsstoffe dieser Fingerspuren: Mit Hilfe von Fluoreszenzverfahren und Massenspektrometern im Schweiß sind winzige Mengen von Drogen oder Medikamenten nachweisbar.

Operative Fallanalysen (OFA) sind der Versuch, einen Tathergang anhand objektiver Daten neu zu bewerten. Diese Methode wurde in den siebziger Jahren des 20. Jahrhunderts in den USA und Kanada entwickelt, heute gelten Großbritannien und Deutschland als führend. Teams speziell ausgebildeter Ermittler arbeiten mit Kriminaltechnikern, Psychologen oder Ballistikexperten zusammen, um schwerwiegende Straftaten (Tötungsdelikte, Serienmorde, sexuell motivierte Gewalttaten und Erpressungen) aufzudecken. Die OFA bildet auch die Grundlage für die Erarbeitung eines »Täterprofils«: Wie alt könnte der Täter sein? Wie gebildet ist er? Wie denkt und handelt er? In einigen Fällen konnte die Polizei anhand solcher Spekulationen die Wohnorte von Tätern bestimmen. OFA-Teams gibt es seit wenigen Jahren in allen Bundesländern und beim Bundeskriminalamt.

Telekommunikationsüberwachung: Da auch Kriminelle fleißig Handys benutzen, steigt der Aufwand der Polizei, diese abzuhören oder gar zu orten. Im Jahr 2006 hat sie mehr als 35 000 Festnetzanschlüsse und Handys abgehört. Eine Ortung ist möglich, solange das Handy eingeschaltet ist. So erfahren Ermittler, in welcher Funkzelle sich ein Gerät befindet. In Großstädten haben diese Gebiete einen Radius von etwa 300 Metern; auf dem Land können sie mehrere Quadratkilometer groß sein. In Berlin nimmt der Einsatz der Ortungstechnik stark zu: Bis Oktober 2007 stellte die Polizei 142 Anfragen an Netzbetreiber, um die Daten für eine Handy-Ortung zu erlangen. Im Jahr zuvor waren es noch 105.

DNA-Tests benutzt die deutsche Polizei seit Ende der achtziger Jahre, vor allem für die Untersuchung von Tatortspuren. Dabei erstellt sie genetische Fingerabdrücke aus Körperzellen, die sie in Resten von Haut, Blut, Speichel, Schweiß und anderem zellkernhaltigem Material findet. Für einen Test genügt theoretisch eine einzige Zelle. Eine Hautschuppe enthält gewöhnlich mehrere Hundert intakte Zellen. Das Labor untersucht in der Regel acht verschiedene Bereiche – und darin jeweils sich wiederholende Sequenzen des Erbguts. Diese werden farbig markiert und vermehrt, ein Laser liest die Muster. Seit 1997 ist die Nutzung von DNA-Material als Beweismittel vor Gericht gesetzlich verankert. Wer einer schweren Straftat beschuldigt wird, kann vom Gericht gezwungen werden, seine DNA für einen Vergleichstest zur Verfügung zu stellen. Die Probe wird meist durch einen Abstrich der Mundschleimhaut genommen. Die Wahrscheinlichkeit, dass ein genetischer Fingerabdruck dem anderen gleicht, ist extrem gering. Bei der Einführung dieser Kriminaltechnik lag die statistische Häufigkeit bei eins zu hunderttausend – heute ist sie eins zu zehn Milliarden. Das Bundeskriminalamt führt eine Datenbank mit den DNA-Mustern von Beschuldigten, Verurteilten und von Tatortspuren.

Vernehmung: Bei ihren Gesprächen mit Zeugen, Verdächtigen und Beschuldigten nutzen Polizisten die Grundlagen der Kommunikationspsychologie. Die Abläufe sind nicht standardisiert. Verdächtige müssen die Tatabläufe immer wieder schildern und werden mit Widersprüchen und Gegenbeweisen konfrontiert. Vernehmungen dauern deshalb viele Stunden. Sie sollen den Beschuldigten dazu bringen, dass er am Ende die Wahrheit sagt – auch, weil sie sich leichter erzählen lässt als konstruierte Lügen.

»Ausspähen ist nötig«

Was bringen die Theorien der Kriminalistik einem Polizisten?

Er lernt, wie er bei der Untersuchung von Straftaten vorgehen muss. Wie man Spuren sucht und sichert und diese zu beurteilen sind. Selbst ein Schutzpolizist muss Tatorte inspizieren. Die Kriminalistik nützt aber auch den Juristen, dem Zoll und anderen Behörden.

Von DNA-Tests hört man häufig. Ein Riesenfortschritt, oder?

Sie haben die Kriminalistik revolutioniert. Trotzdem halte ich diese Technik für überbewertet. Das Sichern der Spuren ist schwierig, das Verfahren bei Massentests sehr kostenaufwendig. Und es gibt viele Straftaten, bei denen das Verfahren wirkungslos ist, etwa bei einfachen Diebstählen oder der Computerkriminalität.

Vor welchen Herausforderungen steht Ihre Wissenschaft?

Die Phänomenologie der Straftaten und Täterprofile hat sich in Deutschland sehr verändert, es wird auch mehr Gewalt ausgeübt. Das muss untersucht werden. Und mit der Globalisierung wächst die Internetkriminalität. Die Polizei bildet jetzt eigene Experten zur IT-Forensik aus.

In einem neuen Gesetz will Bundesinnenminister Wolfgang Schäuble das verdeckte Ausspähen von Computern erlauben. Das regt Datenschützer auf. Sie auch?

Nein, unter der Voraussetzung, dass kein Missbrauch betrieben wird, ist das in Ordnung. Die Polizei braucht mehr Mittel zur Terrorabwehr, auch für Ermittlungen zu besonders schweren Verbrechen wie organisierter Kriminalität, Gruppen- oder Gewaltstraftaten.

ROLF ACKERMANN,
Mitautor des Standardwerks »Handbuch der Kriminalistik«, lehrte bis 1999 an der Fachhochschule der Polizei, Brandenburg

Mehr zum Thema:

Mark Benecke: Mordmethoden
Ermittlungen der bekanntesten
Kriminalbiologen der Welt;
Lübbe 2004; 352 S.

John Le Carré:
Der Spion, der aus der Kälte kam
List; 255 S.

Raymond Chandler: Der lange Abschied
Diogenes; 384 S.

Friedrich Dürrenmatt: Das Versprechen
Requiem auf den Kriminalroman;
dtv; 160 S.

James Ellroy: Die schwarze Dahlie
Ullstein Taschenbuch Verlag; 496 S.

Thomas Ott: Tales of Error
(inkl.: 10 Ways to Kill Your Husband);
Edition Moderne; 48 S.

Jean-Patrick Manchette: Volles Leichenhaus
Distel Literatur; 200 S.

Maj Sjöwall und Per Wahlöö:
Die Tote im Götakanal
Band 1 der Kommissar-Beck-Dekalogie;
Rowohlt; 256 S.

ZEITLEISTE ALLTAG

Wichtige Ereignisse und Meilensteine

~ 8500 V. CHR.

Jericho wird gegründet. Es ist eine der ältesten ununterbrochen bewohnten Städte und möglicherweise die älteste Stadt der Welt.

~ 5000 V. CHR.

Die Stadt **Eridu** wird gegründet, damit beginnt die urbane Revolution in Mesopotamien. Laut sumerischem Mythos ist Eridu der Ort, an dem die Geschichte anfing.

~ 3500 V. CHR.

In Ägypten wird bereits die **Webtechnik** genutzt. Über Jahrtausende bleibt sie die wichtigste Technik zur Stoffherstellung.

~ 2500 V. CHR.

Auf den Orkney-Inseln entsteht ein unterirdisches **Abflusssystem** für Fäkalien, eine der ersten Kanalisationen der Welt.

2. JTSD. V. CHR.

In der Bronzezeit wird **Mühle** gespielt, das belegen Grabbeigaben. Mühle ist somit eines der ältesten erhaltenen Spiele der Welt.

~ 1700 V. CHR.

Auf babylonischen Schrifttafeln werden erstmals **Kochrezepte** festgehalten (»erstes Kochbuch der Welt«).

~ 1500 V. CHR.

Die **Essstäbchen** tauchen als Besteck in China auf. Heute werden sie von über einer Milliarde Menschen verwendet.

900 - 700 V. CHR.

In Griechenland entwickeln sich die **Poleis,** von den Bürgern selbst verwaltete Stadtstaaten, anstelle eines zentral verwalteten Reiches.

776 V. CHR.

Im griechischen **Olympia** finden die ersten schriftlich belegten antiken Olympischen Spiele statt.

753 V. CHR.

Einer römischen Sage zufolge gründen **Romulus und Remus** die Stadt Rom.

~ 700 V. CHR.

Eine babylonische Schrifttafel beschreibt zum ersten Mal eine Methode für einen **Schwangerschaftstest.**

6. JH. V. CHR.

Eupalinos, einer der ersten namentlich bekannten **Ingenieure,** legt auf Samos einen 1036 Meter langen Tunnel an. Bis heute ist rätselhaft, wie die unterirdische Röhre genau gebaut wurde.

~ 500 V. CHR.

Das Brettspiel **Go** hat in China die ersten Fans. Heute wird es von mehr als 100 Millionen Menschen gespielt.

490 V. CHR.

Ein Bote läuft nach Athen, verkündet den Sieg in der Schlacht von Marathon, bricht tot zusammen – sagt die Legende. In Wahrheit gibt es den Marathonlauf erst seit 1896. Und 42,195 Kilometer beträgt die Distanz erst seit 1908.

~ 100 V. CHR.

Rom hat als erste Stadt der Geschichte über eine Million Einwohner.

1. JH. V. CHR.

Heron verbessert die 200 Jahre zuvor entworfene **Wasserpumpe.** Die Zweikolbenpumpe mit drehbarer Spritze wird jahrhundertelang eingesetzt.

45 V. CHR.

Julius Cäsar führt einen neuen, astronomisch genaueren **Kalender ein,** der bis ins 16. Jahrhundert gültig bleibt.

64

Nach der Feuersbrunst in Rom verbietet **Kaiser Nero** den Bau von Wohngebäuden, die höher als 20 Meter sind.

3. JH.

In der Spätantike erreichen **Mode** und **Körperpflege** ein Niveau, wie es in Europa erst wieder im 19. Jahrhundert üblich wird.

3. JH.

In Indien erscheint das **Kamasutra,** das bis heute gelesene Standardwerk über Liebe, Erotik und Sexualität.

306

Die Diokletiansthermen in Rom werden fertiggestellt. Mit einer Fläche von 135 000 Quadratmetern sind sie die größte öffentliche Badeanstalt im antiken Rom und Höhepunkt der römischen **Badekultur.**

~8500 v. Chr. bis 1752

6. JH.

Schatrandsch, der aus Indien stammende Vorläufer und Namensgeber des heutigen Schachspiels, wird in Persien bekannt.

~ 600

Das dem heutigen **Fußballspiel** ähnelnde Zu Qiu ist im China der Sui-Dynastie Nationalsport – es gibt sogar eine Profiliga. In den folgenden Jahrhunderten gerät es aber in Vergessenheit.

620

In China wird das **Porzellan** entwickelt, dies gelingt in Europa erst über tausend Jahre später.

9. JH.

In Venedig tauchen erstmals **Familiennamen** auf. Im 13. und 14. Jahrhundert verbreiten sich Nachnamen auch in Deutschland.

10. JH.

In Deutschland werden **Hüte** getragen. Diese bleiben in den verschiedensten Variationen bis heute bedeutende Kleidungsstücke.

12. JH.

Der **Schnabelschuh** taucht in Europa auf. Bis zum Ende des Mittelalters wird er von fast allen sozialen Schichten in verschiedenen Ausführungen getragen.

~ 1300

In der Gotik werden erstmals aus vielen Teilen zusammengesetzte **Bleiglasfenster** zum Kirchenbau und wenig später auch zum Hausbau verwendet.

1335

Erstmals wird eine mechanische **Uhr** urkundlich erwähnt.

1352

Auf einem italienischen Gemälde wird eine **Brille** abgebildet.

1442

In Zürich findet der erste bezeugte **Schützenwettbewerb** statt, ihm folgt die Gründung von Schützengilden.

1516

Herzog Wilhelm IV. von Bayern erlässt das in seinen Grundzügen in Deutschland bis heute gültige **Reinheitsgebot** für Bier.

1564

Eine französische Reform legt den **Jahresbeginn** auf den 1. Januar fest. Missverständnisse unter Bürgern, die bisher den 1. April feierten, sollen der Ursprung des Aprilscherzes sein.

1582

Papst Gregor XIII. verkündet eine Kalenderreform und führt den bis heute gültigen **Gregorianischen Kalender** ein.

1586

In England wird das ursprünglich aus Mittelamerika stammende **Tabakrauchen** populär. Es verbreitet sich in der Folgezeit über die ganze Welt.

16. JH.

In Italien kommt die **Gabel** als Essbesteck in Mode. Sie wird aber von vielen Zeitgenossen abgelehnt.

~ 1600

Weihnachtsbäume finden erstmals Verbreitung als Schmuck in Haushalten, zunächst in Straßburg und anderen elsässischen Städten.

1703

Zar Peter der Große beginnt mit dem Bau seiner neuen Hauptstadt **St. Petersburg.** Es wird die größte und bedeutendste Planstadt der Welt.

1710

Das bis heute bestehende Berliner Krankenhaus **Charité** wird gegründet. Es ist inzwischen eine der größten Universitätskliniken Europas.

1739

Wien hat als erste Stadt Europas ein flächendeckendes Kanalsystem.

1744

Der Golfclub der **Gentleman Golfers of Leith** wird gegründet und bringt das erste Regelwerk des Golfsports heraus.

1752

Kaiser Franz I. Stephan gründet den Tiergarten Schönbrunn in Wien. Heute ist dieser der älteste noch bestehenden **Zoo** der Welt.

1770

Edward Nairne entdeckt, dass sich mit Kautschuk Bleistiftstriche entfernen lassen, und entwickelt den **Radiergummi.**

AB ~ 1800

Durch die fortschreitende Industrialisierung setzt ein rapides **Städtewachstum** ein, neue Städte entstehen, und alte verändern ihre Struktur komplett.

AB ~ 1800

Die englische Mode-Ikone Beau Brummell, der erste »Dandy«, macht den **Herrenanzug** mit Krawatte populär. Dieser wird in ganz Europa zum regulären Kleidungsstück des Bürgertums.

~ 1805

Die **Handtasche** hat sich bei Frauen der Oberschicht endgültig als Mode-Accessoire durchgesetzt.

1809

Carl Friedrich Zelter gründet mit der »Berliner Liedertafel« den ersten **Gesangverein** Deutschlands.

~ 1810

»Turnvater« Friedrich Ludwig **Jahn** begründet die deutsche Turnbewegung.

1810

Anlässlich der Hochzeit des bayerischen Kronprinzen Ludwig wird auf der Theresienwiese in München das erste **Oktoberfest** gefeiert. Heute ist es das größte Volksfest der Welt.

1817

Karl Freiherr von Drais konstruiert eine zweirädrige Laufmaschine, den Vorläufer des modernen **Fahrrads.**

1824

Die erste **Meinungsumfrage** der Welt erscheint in der Zeitung *Harrisburg Pennsylvanian.* Es geht dabei um die anstehende Präsidentschaftswahl in den USA.

1826

Vier Jahre nach der Erfindung des Feuerzeugs entwickelt der englische Apotheker John Walker das moderne **Streichholz.**

1832

In Großbritannien erscheint erstmals ein Buch mit Empfehlungen zur **Empfängnisverhütung.**

1833

Eugène François Vidocq eröffnet »Le bureau des renseignements«, die erste Privatdetektei. Er gilt damit als erster **Detektiv.**

1834

Der Buchautor Jonathan E. Green warnt vor dem neu aufkommenden **Pokerspiel,** das sich in den USA verbreitet.

~ 1837

Das moderne **Wettkampfschwimmen** entwickelt sich in den Bädern Londons.

1840

Die heute als One Penny Black bezeichnete erste **Briefmarke** der Welt wird im Vereinigten Königreich herausgegeben.

1841

Der Baptistenprediger **Thomas Cook** organisiert eine Erholungsreise für Arbeiter. Später wird er Namensgeber eines Touristikkonzerns.

1841

Im sächsischen Meißen wird die erste freiwillige **Feuerwehr** Deutschlands gegründet.

1845

Bürger von Rio de Janeiro übernehmen europäische Karnevalspraktiken. Daraus wird eines der größten Feste der Welt, der **Karneval** in Rio.

1847

Der französische Erfinder Antoine Redier entwickelt den mechanischen **Wecker.**

1848

Studenten der Universität Cambridge verfassen **Fußballregeln.** Sie unterscheiden die Sportart vom Rugby.

1848

John Curtis Jackson beginnt im großen Stil Kaugummi zu produzieren.

1853

Georges-Eugène Baron Haussmann wird von Napoleon III. zum Präfekten von Paris ernannt und gestaltet die Stadt radikal um, was zum Vorbild für andere Herrscher des 20. Jahrhunderts wird.

1854

Als Reaktion auf das verbreitete »wilde« Ankleben von Plakaten stellt man in Berlin **Litfaßsäulen** auf.

1855

Charles Goodyear, der Entdecker der Vulkanisation von Kautschuk, produziert ein **Gummikondom**. 15 Jahre später werden Kondome serienmäßig hergestellt.

1857

In den USA wird das erste speziell angefertigte **Toilettenpapier** produziert.

1858

Das erste **Seekabel** als Telegrafenverbindung zwischen Europa und Nordamerika wird verlegt.

1863

Auf Initiative von Henri Dunant wird in Genf das **Internationale Rote Kreuz** gegründet.

1865

Im Wettrennen um die Erstbesteigung des **Matterhorns** unterliegt der Italiener Jean-Antoine Carrel dem Briten Edward Whymper.

1872

Auf dem Landsitz **Badminton** des Herzogs von Beaufort wird ein Spiel gespielt, das die Grundlage für die heutige Sportart und das Freizeitspiel Federball liefert.

1872

Das erste **Fußballspiel** zwischen zwei Nationalmannschaften, England und Schottland, findet statt.

1873

Die **Jeans** wird als praktische Arbeitshose patentiert.

1874

Das amerikanische Unternehmen Remington bringt eine industriell gefertigte **Schreibmaschine** auf den Markt. Bis zur Einführung des Computers ist sie ein wichtiger Teil der Schriftkultur.

1876

Alexander Graham Bell meldet das Patent für das **Telefon** an, seine Urheberschaft an dieser Erfindung ist jedoch umstritten.

1876

Acht **Baseball**-Teams gründen die noch heute bestehende National League für die wohl populärste Sportart in den USA.

1877

Die ersten **Tennis**-Meisterschaften in Wimbledon finden statt.

1879

Thomas Alva Edison entwickelt die **Glühlampe** entscheidend weiter und trägt damit zur Elektrifizierung der Haushalte bei.

1880

Werner von Siemens stellt den elektrischen **Aufzug** vor, eine wichtige Voraussetzung für den Bau von Hochhäusern.

~ 1880

Der **Füllfederhalter** wird dank einer neuen Federform, die das Schreiben erleichtert, zu einem Massenprodukt.

1883

Auf der Weltausstellung in Amsterdam präsentiert ein Pariser Parfümhersteller den **Lippenstift.**

1885

Das **Home Insurance Building** in Chicago wird fertiggestellt. Es gilt mit seinen zehn Etagen als erstes Hochhaus der Welt.

~ 1885

London ist die erste Stadt der Welt, die über fünf Millionen Einwohner beheimatet.

1886

Die **Freiheitsstatue** wird im Hafen von New York eingeweiht. Sie wird zum Wahrzeichen der Stadt.

1887

Das **Grammofon,** der Vorgänger des Plattenspielers, wird von Emil Berliner zum Patent angemeldet.

1888

Ein **Jack the Ripper** genannter Serienmörder tötet und verstümmelt in London fünf Prostituierte. Trotz intensiver Ermittlungen wird er nie gefasst.

1889

Anlässlich der Weltausstellung wird in Paris der **Eiffelturm** errichtet. Ursprünglich sollte er nach 20 Jahren wieder abgerissen werden, bewährt sich aber als Funkturm.

1890

Die die erste elektrische **U-Bahn** der Welt, die »City and South London Railway«, wird eröffnet.

1891

Auf der Leipziger Messe präsentiert die Firma Märklin, noch heute Weltmarktführer, eine **Modelleisenbahn.**

1891

Die Urform der Sportart **Basketball** wird vom kanadischen Pädagogen James Naismith erfunden.

1893

In Paris findet die erste **Fahrprüfung** der Welt statt; 70 Jahre später sind Fahrprüfungen in ganz Europa verpflichtend.

1893

Der Dessauer Automobilkonstrukteur Friedrich Lutzmann begründet den ersten motorisierten **Taxiverkehr** der Welt.

1893

Der Erfinder Whitcomb Judson aus Chicago erhält ein Patent auf den **Reißverschluss.** Erst ab 1925 wird dieser für Alltagskleidung benutzt.

1895

Die heute als **Volleyball** bekannte Sportart Mintonette wird in Massachusetts als sanfte Alternative zum Basketball der Öffentlichkeit vorgestellt.

1896

Die ersten **Olympischen Spiele** der Neuzeit werden in Athen ausgetragen.

1897

In Kalkutta im damaligen Britisch-Indien wird eine Behörde zur Aufklärung von Verbrechen mittels **Fingerabdrücken** gegründet.

1898

Der britische Sozialreformer Ebenezer Howard entwickelt als Antwort auf das planlose Städtewachstum das Konzept der **Gartenstadt** im Grünen, das weltweit viele Nachahmer findet.

1899

Der Norweger Johan Vaaler erhält ein Patent für die **Büroklammer,** zugleich wird in den USA mit der industriellen Herstellung begonnen.

1900

Auf der Pariser Weltausstellung schafft die acht Jahre zuvor entwickelte **Rolltreppe** den Durchbruch zur kommerziellen Nutzung.

~ 1900

Die **Warmwasserzentralheizung** wird in immer mehr Wohnungen eingebaut, nachdem sie jahrzehntelang nur von der reicheren Bevölkerung genutzt worden ist.

1903

Die erste **Tour de France** führt in sechs langen Etappen von Paris über Marseille und Bordeaux zurück nach Paris.

1903

In Leipzig und New York werden **Teddybären,** benannt nach dem US-Präsidenten Theodore Roosevelt, ausgestellt.

1904

Der Pilot Alberto Santos Dumont lässt aus beruflichen Gründen eine Uhr mit Armband anfertigen. Die »Cartier Santos« gilt als erste **Männerarmbanduhr.**

1905

Die »San Pedro, Los Angeles and Salt Lake Railroad« versteigert ein Stück Land im südlichen Nevada an Spekulanten. Dies gilt als eigentliches Gründungsdatum der Stadt **Las Vegas.**

1907

Ein Dresdner Apotheker erfindet eine Zahncreme, die nach Pfefferminze schmeckt und in Metalltuben verkauft wird. Die »Chlorodont« erlangt Weltruhm.

1907

In Berlin wird das **Kaufhaus des Westens** eröffnet, bis heute ist es das größte Warenhaus Kontinentaleuropas.

1888 bis 1946

1908

À l'Écu d'or ou la Bonne Auberge (Zum goldenen Ecu oder Die gute Herberge) gilt als der erste erhaltene und datierbare **pornografische Film.**

1914

In Cleveland wird die moderne Wechsellichtzeichenverkehrsanlage, umgangssprachlich **Ampel** genannt, in Betrieb genommen.

1914

Der **Schlüpfer** als Slip mit Beinansatz wird Standardunterbekleidung und bleibt es bis in die siebziger Jahre.

1917

Der Berliner Oberturnwart Max Heiser nennt sein für Frauen entwickeltes »Torball« in **»Handball«** um; zwei Jahre später wird daraus ein Männersport.

1919

Der **Converse All Star,** ein knöchelhoher Sportschuh, kommt auf den Markt. Er bleibt jahrzehntelang der bedeutendste Sneaker und feiert Anfang des 21. Jahrhunderts eine Renaissance.

1920

In Pittsburgh nimmt die erste kommerzielle **Radiostation** der Welt ihren Betrieb auf.

1924

Im französischen Chamonix findet die Internationale Wintersportwoche statt, die später als erste **Winterolympiade** anerkannt wird.

1925

Der moderne **Nagellack** kommt auf den Markt.

1928

In Berlin und London finden die ersten **Fernsehübertragungen** statt.

1929

Ein **Papiertaschentuch** aus reinem Zellstoff wird patentiert und verbreitet sich unter dem Namen »Tempo« schnell in ganz Europa.

1930

In Uruguay findet die erste **Fußballweltmeisterschaft** statt, Gewinner ist der Gastgeber.

1930

Im New Yorker Stadtteil Queens eröffnet Michael J. Cullen den Lebensmittelladen King Kullen Grocery Co. Wegen des Selbstbedienungsprinzips gilt der Laden als erster moderner **Supermarkt.**

1932

Der berüchtigste Bandenchef der zwanziger Jahre, **Al Capone,** tritt in Chicago seine später auf sieben Jahre verkürzte Haftstrafe wegen Steuerhinterziehung an.

1934

In einem Kaufhaus in Philadelphia wird das Gesellschaftsspiel **Monopoly** verkauft, das später zu einem weltweiten Verkaufsschlager wird.

1937

Jeder zweite US-amerikanische Haushalt verfügt über einen **Kühlschrank.** In Europa setzt sich diese Erfindung erst nach dem Zweiten Weltkrieg durch.

1938

Superman, der heute als der begriffsprägende Superheld gilt, tritt erstmals in einem amerikanischen Comic auf.

1938

Der Ungar László Biró erhält nach achtzehnjähriger Entwicklungsarbeit ein Patent auf einen **Kugelschreiber** mit Farbmine und rollendem Kügelchen in der Minenspitze.

1940

Ganze 42 Jahre nach der Entdeckung des **Polyethylen** gibt es ein wirtschaftlich rentables Herstellungsverfahren für den Kunststoff.

1940

Frank Sinatra gelingt mit *I'll Never Smile Again* sein erster Nummer-1-Hit.

1942

Bing Crosby nimmt *White Christmas,* seinen größten Hit, auf. Er gilt heute mit 900 Millionen verkauften Tonträgern als einer der erfolgreichsten Musiker aller Zeiten.

1946

Der Modeschöpfer Louis Réard präsentiert einen zweiteiligen Badeanzug, den er werbewirksam nach dem Südseeatoll **Bikini** benennt, auf dem Tage zuvor Atombombentests durchgeführt wurden.

ZEITLEISTE ALLTAG

1946

Die vollautomatische **Waschmaschine** kommt in den USA auf den Markt.

1948

Der *Kinsey-Report* über die menschliche **Sexualität** schockiert die Öffentlichkeit.

1949

Das dänische Unternehmen **Lego** bringt aus Kunststoff hergestellte Bauklötze auf den Markt.

1950

Das Entscheidungsspiel der vierten **Fußballweltmeisterschaft** in Rio de Janeiro wird von circa 199 000 Zuschauern verfolgt – die größte Kulisse aller Zeiten bei einem Fußballspiel.

1953

Die erste **Minigolfbahn** wird in der Nähe des schweizerischen Locarno gebaut.

1955

Aufgrund des Arbeitskräftemangels beginnt die Bundesrepublik wie andere europäische Staaten zuvor mit der Anwerbung von **Gastarbeitern,** was die Gesellschaft dauerhaft verändert.

1955

Walt Disney gründet in der Nähe von Los Angeles **Disneyland.** Seine Idee: Er will einen Freizeitpark errichten, der im Gegensatz zu saisonalen Jahrmärkten ständig geöffnet ist.

1960

Das weltberühmte Foto vom südamerikanischen Revolutionär **Che Guevara** entsteht. Es ist heute das meistkopierte Bild der Welt und findet sich unter anderem auf Postern und T-Shirts.

1960

Die Firma Olivin präsentiert nach dem Deostift das **Deospray** bac.

1960

Die **Pille** kommt in den USA auf den Markt. Heute ist sie in den Industriestaaten das am meisten verwendete Verhütungsmittel.

1961

Loewe stellt der Öffentlichkeit den **Videorekorder** und damit das erste Gerät zur privaten Aufzeichnung von Filmen vor.

1962

Der **Minirock** wird in der britischen Zeitschrift *Vogue* abgebildet, seine Schöpferin erhält ob des enormen Erfolgs einen Orden von der Queen.

1962

Marilyn Monroe, Schauspielerin und Sexsymbol, stirbt an einer Überdosis Schlaftabletten.

1962

LEDs (lichtemittierende Dioden) werden gebaut. Heute finden sie sich in zahllosen Anwendungen.

1962

Der erste **Bond-Film** kommt ins Kino: Sean Connery jagt Dr. No.

1962

Beate Uhse eröffnet in Flensburg mit dem »Fachgeschäft für Ehehygiene« den ersten Sexshop der Welt.

1963

Das amerikanische Hochsicherheitsgefängnis **Alcatraz** wird 29 Jahre nach Eröffnung geschlossen. Bis heute ist ungewiss, ob je einem Gefangenen die Flucht gelang.

1963

Für die **Beatles,** eine der einflussreichsten Bands der Musikgeschichte, beginnt eine vierjährige Erfolgsserie, in der jede ihrer Singles Platz eins der britischen Charts erreicht.

1963

Bei einem Überfall auf den Postzug von Glasgow nach London erbeuten fünfzehn Männer über 2,5 Millionen Pfund. Das Verbrechen wird als der **große Postzugraub** bekannt.

1967

Der **Sexualkundeatlas** stellt den Anfang der als Sexwelle bezeichneten Aufklärungsbewegung dar.

1967

In der Bundesrepublik Deutschland beginnt die Ausstrahlung von **Farbfernsehsendungen.**

1969

Eine Razzia in einer Kneipe in der New Yorker Christopher Street wird zum Ausgangspunkt der weltweiten Bewegung für die Gleichstellung von **Homosexuellen.**

1946 bis 2007

1969

Das von über 400 000 Menschen besuchte Musikfestival von **Woodstock** gilt als musikalischer Höhepunkt der amerikanischen Hippiebewegung.

1969

Die Mondlandung der Apollo-11-Mission wird weltweit von 500 Millionen Menschen am Fernseher verfolgt.

1970ER

Das **T-Shirt** wird vom Unterhemd zum Modeobjekt und beginnt seinen Siegeszug um die Welt.

1971

Mit dem Abfallbeseitigungsgesetz werden in der Bundesrepublik Deutschland Recycling und **Mülltrennung** auf Bundesebene festgeschrieben.

1974

Im Kongo besiegt Muhammad Ali im als **Rumble in the Jungle** bekannten Boxkampf den Favoriten George Foreman und wird damit wieder Weltmeister.

1977

Apple Computer stellt mit dem **Apple II** erstmals einen schicken und komplett ausgestatteten Rechner für die Massenproduktion vor. Er verkauft sich über 16 Jahre lang.

1977

Elvis Presley, der »King of Rock 'n' Roll«, stirbt, was einige bis heute kursierende Verschwörungstheorien hervorruft.

1981

Die Compact Disc, kurz **CD,** wird auf der Berliner Funkausstellung vorgestellt.

1983

In Japan bringt Nintendo die **Spielkonsole** NES heraus. Wenige Jahre später beherrscht der Hersteller neunzig Prozent des Konsolenmarktes.

1984

In der Bundesrepublik Deutschland wird mit den Sendern RTL und Sat.1 das **Privatfernsehen** eingeführt.

1992

Das flächendeckende digitale **Mobilfunknetz** in Deutschland geht in Betrieb. Es ist die Grundlage für die heute selbstverständliche Nutzung von Mobiltelefonen.

1993

Der Internetdienst WWW (**World Wide Web)** wird zur weltweiten Nutzung freigegeben.

1996

ICQ wird von vier israelischen Studenten als erster Instant Messenger entwickelt und hat heute 470 Millionen registrierte Benutzer.

1998

Das Potenzmittel **Viagra** kommt auf den Markt. Es erfreut sich nicht nur großer Beliebtheit, sondern trägt auch zum Artenschutz bei, da weniger Aphrodisiaka aus Tieren gewonnen werden.

1999

In Neuseeland wird erstmals die Sendung *Popstars* ausgestrahlt, die den Beginn der internationalen Welle von **Castingshows** markiert.

2000

Tristan Louis entwickelt das Konzept des **Podcasts.** Solche im Internet angebotenen Audio- und Videodateien sind heute weit verbreitet.

2007

Es erscheint der siebte Band der Buchreihe **Harry Potter,** die sich insgesamt über 400 Millionen Mal verkauft und zu einem weltweiten Phänomen wird.

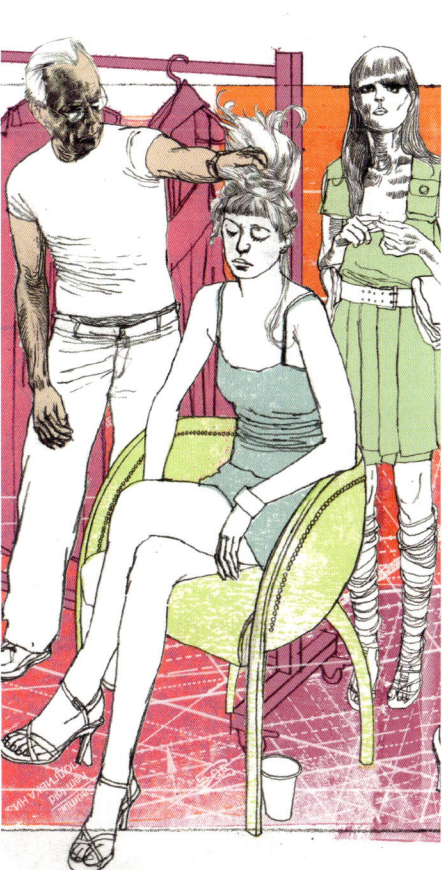

REGISTER

ORTSREGISTER

PERSONENREGISTER

SACHREGISTER